Bergmann · Schaefer
Lehrbuch der Experimentalphysik
Band 7   Erde und Planeten

Bergmann · Schaefer

Lehrbuch der Experimentalphysik

Band 7

Walter de Gruyter
Berlin · New York 2001

Erde und Planeten

Herausgeber Wilhelm Raith

Autoren
Siegfried J. Bauer, Rudolf Gutdeutsch,
Michael Hantel, Heinz Reuter,
Helmut O. Rucker, Gerold Siedler, Tilman Spohn,
Reinhold Steinacker, Walter Zenk

2., aktualisierte Auflage

W DE G

Walter de Gruyter
Berlin · New York 2001

Herausgeber

Dr.-Ing. Wilhelm Raith
Professor Emeritus
Universität Bielefeld
Fakultät für Physik
Postfach 100131
D-33501 Bielefeld
Email: raith@physik.uni-bielefeld.de

Das Buch enthält 382 Abbildungen, 19 Farbbilder und 50 Tabellen.

♾ Gedruckt auf säurefreiem Papier, das die US-ANSI-Norm über Haltbarkeit erfüllt.

Die Deutsche Bibliothek – CIP-Einheitsaufnahme

Lehrbuch der Experimentalphysik / Bergmann ; Schaefer. – Berlin ; New
York : de Gruyter

Bd. 7. Erde und Planeten : [50 Tabellen] / Hrsg. Wilhelm Raith.
Autoren Siegfried J. Bauer ... – 2., aktualisierte Aufl. – 2001
ISBN 3-11-016837-5

Satz und Druck: Tutte Druckerei GmbH, Salzweg-Passau. Bindung: Lüderitz & Bauer GmbH,
Berlin. Einbandgestaltung: Hansbernd Lindemann, Berlin.

Vorwort zur 2. Auflage

Wie die freundliche Aufnahme der 1. Auflage zeigte, hat sich diese gemeinsame Behandlung von Geophysik und (solarer) Planetologie bewährt. Auch die ausführliche Darstellung der Biosphären-Physik in den Kapiteln Ozeanographie, Meteorologie und Klimatologie fand großes Interesse. Für die 2. Auflage waren nur Aktualisierungen erforderlich. Neu sind die Internet-Hinweise am Ende der Kapitel und die Angaben der Email-Adressen von Autoren und Herausgeber. In der 2. Auflage von Band 8 („Sterne und Weltraum") wird in Kapitel 4 auch die junge „Extrasolare Planetologie" behandelt.

Auf den Webseiten des Verlags (www.degruyter.de) wird der Bergmann-Schaefer im Fachgebiet Natural Sciences/Naturwissenschaften vorgestellt. Von dort erreicht man über Hyperlinks die Homepage von Autor oder Herausgeber, wo weitere Information (ggf. auch eine Fehlerberichtigung) zu finden ist.

Berlin, April 2001   *Wilhelm Raith*

Vorwort zur 1. Auflage

Die Aufnahmen vom blauen Planeten Erde gegen den Hintergrund des Weltraums, ergänzt durch Erkenntnisse über die lebensfeindlichen Bedingungen auf Venus und Mars, haben viele Menschen bewußt werden lassen, wie kostbar unser lebensfreundlicher Heimatplanet ist. Ein wichtiges Ergebnis der Raumfahrt!

Mit der Raumfahrt entstand die Planetologie. Meilensteine sind: Bilder von der Rückseite des Mondes (1959), Gesteinsproben vom Mond (1969), Erkundungen von Venus und Mars mit Landesonden (1970/71), Vorbeiflüge an Jupiter, Saturn, Uranus und Neptun (1973–89), Rendezvous mit dem Halleyschen Kometen (1986). Die neue Wissenschaft ist eine Erweiterung der Geophysik auf alle Körper des Sonnensystems.

Zu den in diesem Buch behandelten Fachgebieten ist begrifflich folgendes anzumerken: Die „Geophysik *im weitesten Sinn*" umfaßt alles, was zur Erde gehört; der Zuständigkeitsbereich erstreckt sich vom Erdmittelpunkt bis zur Grenze zwischen Erdmagnetosphäre und interplanetarischem Plasma. Die „Geophysik *im engeren Sinn*" beschränkt sich auf Erdkörper und Erdmagnetfeld (Kapitel 1). Die „Planetologie *im weitesten Sinn*" umfaßt alle Kapitel dieses Buches, die „Planetologie *im engeren Sinn*" nur Körper und Magnetfelder der Planeten (Kapitel 5).

Die Erde unterscheidet sich grundsätzlich von allen anderen Planeten durch das Vorkommen von flüssigem Wasser. Der Bereich nahe der Erdoberfläche, in dem es Land und Meer, Wetter und Klima gibt, ist die einzige dauernd bewohnbare Zone des Sonnensystems. Nur in dieser *Biosphäre* konnten sich die in Band 5 beschriebenen biologischen Vielteilchen-Systeme – biogene Moleküle, Viren, Zellen, Organismen – entwickeln.

Auf der Grundlage der „Geophysik" von Kapitel 1 geben die Kapitel 2–4 über „Ozeanographie", „Meteorologie" und „Klimatologie" ausführliche Darstellungen zur *Physik der Biosphäre*, einem Thema, das großes allgemeines Interesse findet. Zu Recht werden Gefährdungen der Biosphäre durch Störungen von außen oder innen als existentielle Probleme der Menschheit betrachtet. Störungen von außen sind z.B. Einschläge großer Körper (Meteoriten, Kometen mit Durchmessern von einigen km), die Katastophen von globalem Ausmaß verursachen können. Störungen von innen sind z.B. die vieldiskutierten anthropogenen Veränderungen der Atmosphäre, die mit Erhöhung des Treibhauseffektes und Abbau der UV-absorbierenden Ozonschicht in Verbindung gebracht werden.

In den äußeren Bereichen unterscheidet sich die Erde nicht so deutlich von anderen Planeten. Deshalb wird die Erdmagnetosphäre bei den „Planetenmagnetosphären" (Kapitel 6) und die obere Erdatmosphäre, das Forschungsgebiet der *Aeronomie*, bei den „Planetenatmosphären" (Kapitel 7) mitbehandelt.

Die Behandlung der „Struktur der Materie" im Bergmann-Schaefer erstreckt sich über mehrere Bände: Die früher erschienenen Bände 4 **Teilchen**, 5 **Vielteilchen-Systeme** und 6 **Festkörper** werden nun ergänzt durch die Bände 7 **Erde und Planeten** und 8 **Sterne und Weltraum**.

Herausgeber und Verlag haben sich bemüht, die von verschiedenen Autoren geschriebenen Kapitel thematisch aufeinander abzustimmen, so daß sie zusammen ein verständliches Fachbuch ergeben. Mit dem ausführlichen Register soll das Buch auch als Nachschlagewerk nützlich sein.

Bielefeld, Juni 1997   *Wilhelm Raith*

Autoren

em. Univ. Prof. Dr. Siegfried J. Bauer
Universität Graz
Institut für Geophysik, Astrophysik und
Meteorologie
Universitätsplatz 5
A-8010 Graz, Österreich
siegfried.bauer@kfunigraz.ac.at

em. Univ. Prof. Dr. Rudolf Gutdeutsch
Universität Wien
Institut für Meteorologie und Geophysik
UZAII, Althanstraße 14
A-1090 Wien, Österreich
Rudolf.Gutdeutsch@univie.ac.at

o. Univ.Prof. Dr. Michael Hantel
Universität Wien
Institut für Meteorologie und Geophysik
Abteilung für Theoretische Meteorologie
Hohe Warte 38
A-1190 Wien, Österreich
michael.hantel@univie.ac.at

em. Univ. Prof. Dr. Heinz Reuter
Universität Wien
Institut für Meteorologie und Geophysik
Direktor der Zentralanstalt für
Meteorologie und Geodynamik a. D.
(1994 verstorben)

Prof. Mag. Dr. Helmut O. Rucker
Österreichische Akademie
der Wissenschaften
Abteilungsleiter, Institut für
Weltraumforschung
Halbärthgasse 1
A-8010 Graz, Österreich
helmut.rucker@oeaw.ac.at

Prof. Dr. Gerold Siedler
Institut für Meereskunde
an der Universität Kiel
Düsternbrooker Weg 20
D-24105 Kiel
gsiedler@ifm.uni-kiel.de

Prof. Dr. Tilman Spohn
Westfälische Wilhelms-Universität
Institut für Planetologie
Wilhelm-Klemm-Str. 10
D-48149 Münster
spohn@uni-muenster.de

o. Univ. Prof. Dr. Reinhold Steinacker
Universität Wien
Institut für Meteorologie und Geophysik
Abteilung für Allgemeine Meteorologie
und Klimatologie
Hohe Warte 38
A-1190 Wien, Österreich
reinhold.steinacker@chello.at

Dr. Walter Zenk
Institut für Meereskunde
an der Universität Kiel
Forschungsbereich 1:
Ozeanzirkulation und Klima
Physikalische Ozeanographie II
Prozesse und Beobachtungssysteme
Düsternbrooker Weg 20
D-24105 Kiel
wzenk@ifm.uni-kiel.de

VIII   Autoren

Inhalt

Helmut O. Rucker

Siegfried J. Bauer

1 Geophysik

Rudolf Gutdeutsch

1.1 Einleitung

Die geophysikalischen Disziplinen haben sich im Rahmen der allgemeinen Spezialisierung aus der Physik entwickelt. Sie befassen sich mit den physikalischen Vorgängen und Zuständen der Erde und ihrer engeren Umgebung, sofern diese einen Einfluß auf die Erde haben. Darum wird die Grenze des Interessengebietes nicht an der oberen Begrenzung der *Atmosphäre* gesehen. Das Erdmagnetfeld reicht ja noch viel weiter, und zwar bis zu einer feststellbaren Grenzfläche, der *Magnetopause*. Diese befinet sich auf der sonnenzugewandten Seite in der Entfernung von einigen Erdradien und bildet auf der abgewandten Seite einen Schweif. Innerhalb des von ihr umschlossenen Raumes, der *Magnetosphäre* spielen sich viele wichtige von der Sonnenstrahlung gesteuerte Prozesse ab, die das Erdmagnetfeld beeinflussen (vgl. Abb. 1.1). Sachlich greift die Geophysik also auch auf so junge Forschungszweige wie die Planetologie über. Dies ist aber erst nach Entwicklung der Raumsondentechnik möglich geworden. Einige geophysikalische Arbeitsrichtungen haben sich so stark entwickelt, daß sie heute eigene Disziplinen bilden. Sie umfassen die *Physik des Erdkörpers*, die *physikalische Ozeanographie* und die *Meteorologie* (Physik der unteren Atmosphäre). Die Aeronomie (*Physik der oberen Atmosphäre*) befaßt sich mit den stark verdünnten Luftschichten in Höhen über ca. 50 km. Vorgänge in der oberen Atmosphäre wirken nur geringfügig auf die untere Atmosphäre mit ihrem Wettergeschehen ein. Dagegen ist ihr Einfluß auf das Erdmagnetfeld infolge von Ionisierungseffekten durch Partikel- und Wellenstrahlung von der Sonne erheblich. Deshalb rechnet man die Aeronomie mehr zum Interessenbereich der Physik des Erdkörpers als zur Meteorologie.

Der Name Geophysik im engeren Sinne hat sich für die Physik des Erdkörpers eingebürgert. Von ihr soll hier die Rede sein.

Was ist methodisch Besonderes an der Geophysik? Zwei Punkte sind hervorzuheben:

1. Der Geophysiker mißt bzw. beobachtet und interpretiert physikalische Vorgänge wie Erdbebentätigkeit, Erdmagnetfeld, Gravitation, Temperatur, Radioaktivität und elektrische Ströme in der Erde. Nur selten kann er die Beobachtungsbedingungen frei wählen, geschweige denn den untersuchten geophysikalischen Prozeß beeinflussen oder steuern. Er experimentiert also nicht wirklich. Allgemein laufen die Vorgänge ohne sein Zutun ab, und er kann sich mit seiner Beobachtung bestenfalls anpassen. So bedeutet für die Aeronomie eine Sonnenfinsternis wegen der genauen Vorhersagbarkeit ihres Eintreffens und Ausmaßes eine wichtige Zeitspan-

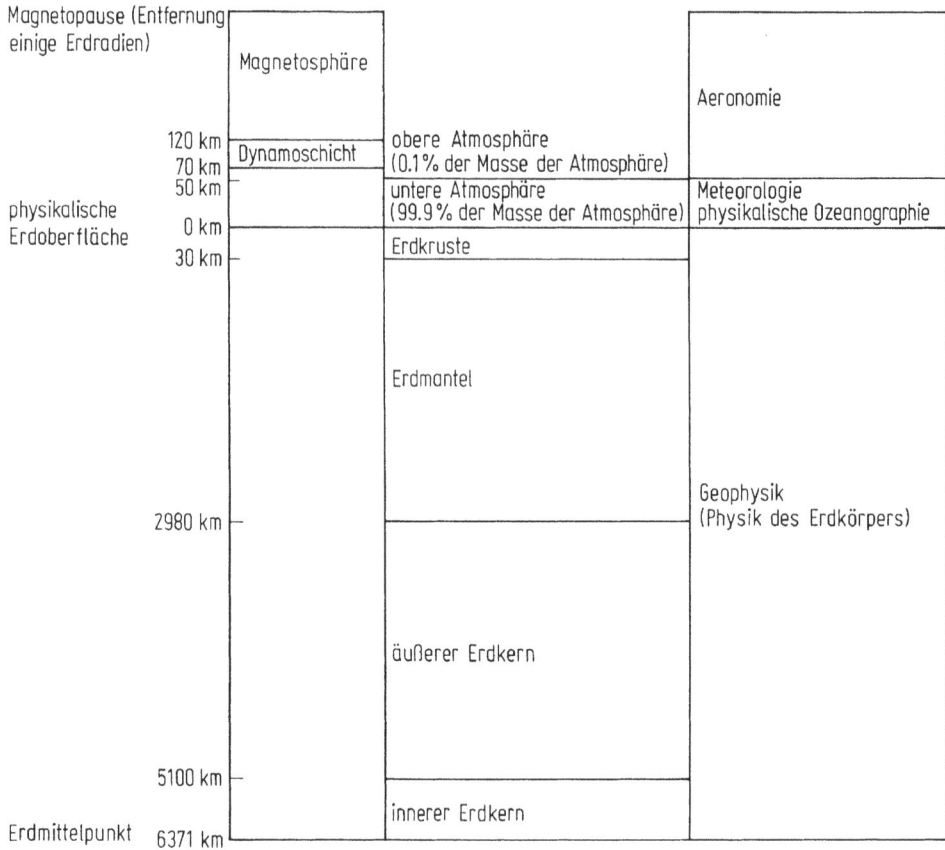

Abb. 1.1 Geophysik und Nachbardisziplinen.

ne mit der Chance, bestimmte Messungen des Ionisierungsab- und Wiederauf-
baues in den äußeren Luftschichten durchzuführen, die sonst nicht gemacht werden könnten. Diese Art des wissenschaftlichen Planens unterscheidet den Geophysiker vom Experimentalphysiker.

2. Dieser Punkt betrifft die extremen Bedingungen, z. B. in bezug auf Zeitspannen,
   Druck und Temperatur, die für die geophysikalische Forschung typisch sind.
   Manche physikalischen Prozesse auf der Erde laufen sehr langsam ab, wie z. B.
   Landhebungen und bestimmte Variationen erdmagnetischer Felder. Geophysika-
   lisches Arbeiten setzt daher oft Langzeitbeobachtungen voraus, die unter Umständen erst dann relevante Deutungen zulassen, wenn sie die Dauer eines Men-
   schenlebens weit übersteigen. Darum spielt die Arbeit des stetigen Datensammelns
   und Dokumentierens in Observatorien eine zentrale Rolle im Leben vieler Geophysiker.

Langzeitbeobachtungen stellen methodisch, aber auch in der Fragestellung eine Verbindung zur *Geologie* her, der – historisch gesehen – Ältesten in der Familie der
Geowissenschaften. Diese befaßt sich mit zeitlichen Abläufen und Veränderungen

in der obersten, etwa 100 km dicken festen Schale der Erde, der *Lithosphäre*, zum Beispiel mit der Gebirgsbildung (*Orogenese*) und der Entwicklung der Kontinente und Ozeane. Spezielle geophysikalische Methoden, die man unter dem Namen *Paläogeophysik* zusammenfaßt, helfen dem Geologen einige seiner Fragen, wie z. B. nach dem Alter von Gesteinen, quantitativ zu beantworten.

Im tiefen Erdinneren können Druck und Temperatur extrem hohe Werte annehmen. Es gibt noch keinen experimentellen Versuchsaufbau, mit dem man etwa die Prozesse im Erdkern (Tiefe ab 2980 km) direkt nachbilden könnte. Im Erdkern liegt nach gut begründeten Berechnungen der Druck über $1.4 \cdot 10^{11}$ Pa. Die viel weniger gut erfaßbare Temperatur wird heute mit über 6000 K abgeschätzt. Man kann zwar heute die Druck- und Temperaturverhältnisse des unteren Erdmantels im Labor realisieren, aber nur für Proben der Größe von Bruchteilen eines Kubikmilimeters. Insgesamt ist daher festzuhalten, daß zu den wichtigsten Fragen der Geophysik solche gehören, die experimentell zur Zeit noch nicht beantwortet werden können.

1.2 Mechanik des Erdkörpers

1.2.1 Schwere und Figur der Erde

1.2.1.1 Das Geoid

Die Erde hat annähernd kugelförmige Gestalt. Das war schon den Griechen im Altertum bekannt. Von Erathostenes (ca. 274–214 v. Chr.) wird die erste Bestimmung des Erdumfanges auf der Grundlage einer Winkel- und Längenmessung (*Gradmessung*) berichtet. Er erhält als Ergebnis 250 000 Stadien. Wenn man davon ausgeht, daß ein Stadion 185 m ist, so erhält man mit 46 250 km einen Wert, der dem heutigen erstaunlich nahe kommt.

In Wirklichkeit ist die Erde wie die meisten Planeten der Sonne infolge der Zentrifugalkräfte ihrer Eigendrehung an den Polen schwach abgeplattet. Die physische Erdoberfläche bildet ungefähr eine Gleichgewichtsfigur, die man ganz gut durch ein Rotationsellipsoid annähern kann. Für die lange und kurze Halbachse dieses Ellipsoides benutzt man heute die auch durch Satellitenmessungen gestützten Werte von

$$a = (6378.2 \pm 0.1) \, \text{km} \,, \quad c = (6356.8 \pm 0.1) \, \text{km}$$

mit der Abplattung

$$f = \frac{a-c}{a} = \frac{1}{298.2} \,.$$

Man muß zwischen der *geographischen Breite* ψ, der *geozentrischen Breite* ϕ und der *reduzierten Breite* φ entsprechend Abb. 1.2 unterscheiden. Es gilt

$$\tan \psi = \frac{a^2}{c^2} \tan \phi = \frac{a}{c} \tan \varphi \,.$$

Weil die Näherung durch ein Rotationsellipsoid sehr gut ist, glaubte man früher, daß die Bestimmung der Erdgestalt auf eine möglichst genaue Bestimmung der Halb-

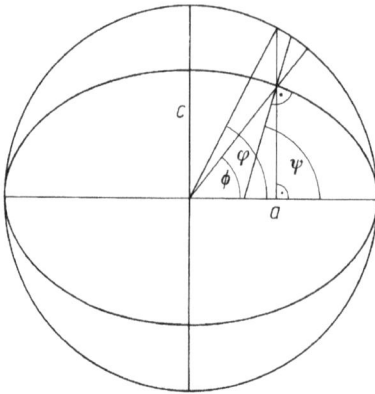

Abb. 1.2   Geographische, geozentrische und reduzierte Breite.

achsen hinausliefe. Diese Bestimmung wäre dann ein geometrisches Problem, welches mit Längen- und Winkelmessungen (Triangulation) zu lösen ist. Es zeigte sich aber, daß dieser Ansatz unzulänglich ist. Einer der Gründe dafür ist, daß jede geodätische Messung die Lotrichtung mitverwendet. Das Lot wird aber durch die *Gravitationskräfte* von Massenunregelmäßigkeiten, z. B. nahegelegener Gebirge, von der Ellipsoidnormalen abgelenkt (*Lotabweichung*). Darum erwies es sich als notwendig, den Begriff der Erdgestalt zu modifizieren. C. F. Gauß (1777–1855) schlug vor, da für die *Äquipotentialfläche* des Schwerefeldes (man spricht in der Geophysik von *Niveaufläche*) das mittlere Meeresniveau zu wählen (NN = Normalnull). Dieser Gedanke geht davon aus, daß sich eine Flüssigkeitsoberfläche immer senkrecht zur Lotrichtung einstellen muß. 1872 führte Listing hierfür die Bezeichnung *Geoid* ein.

Man benötigt zur Festlegung des Geoids Zeit-, Winkel-, Entfernungs- und Schweremessungen an jedem Punkt. Erst durch die Beobachtung von künstlichen Erdsatelliten wurde es möglich, die „Geoidstücke" der einzelnen Kontinente untereinander über die Ozeane hin zu verbinden. Die Bahn eines Satelliten kann z. B. durch gleichzeitige Anpeilung von zwei Kontinenten aus zur relativen Lagebestimmung der Kontinente zueinander verwendet werden. Die Bahn des Satelliten wird durch Massenunregelmäßigkeiten im Erdinneren gestört. Nur dann, wenn man die Massen von Erde und Satellit als punktförmig ansehen und die Luftreibung vernachlässigen würde, wäre seine Bahn um den gemeinsamen Schwerpunkt elliptisch. Durch Luftreibung, Strahlungsdruck der Sonne, Gravitationskräfte durch die Abplattung der Erde und sonstige Massenunregelmäßigkeiten erfahren die Parameter der Bahn, (z. B. die numerische Exzentrizität oder die Neigung der Bahnebene) Störungen, die sich teilweise bei jedem Umlauf aufaddieren (säkulare Anteile) oder kompensieren (periodische Anteile). Es sind vor allem die säkularen Anteile, die sich ziemlich genau durch optische Verfolgung des Satelliten bestimmen lassen. Man verwendet zu diesem Zweck hochauflösende Fernrohre mit einer empfindlichen Kamera, die dem Satelliten automatisch nachgeführt wird. Die Zeitbestimmung für den Kameraverschluß wird hier mit einer Genauigkeit von 1 ms festgelegt, was bei einem Satelliten in 400 km Höhe einem Winkelfehler von nur 4″ entspricht.

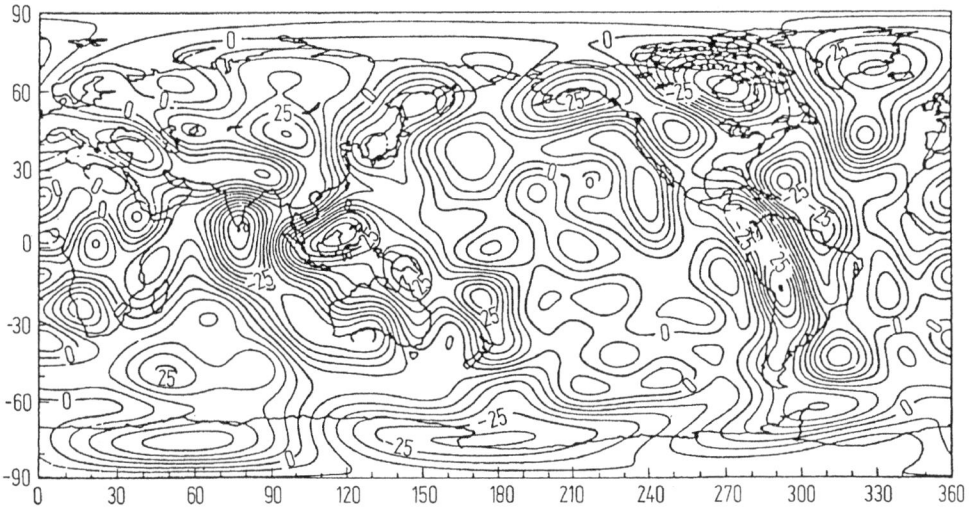

Abb. 1.3 Geoidhöhen in bezug auf ein Ellipsoid mit der Abplattung 1/298.255 in 10 m-Intervallen (nach Wagner et al., 1977).

Das Geoid ist eine in sich geschlossene, sehr glatte und mindestens einmal differenzierbare Fläche mit einer gewissen Welligkeit. Man pflegt sie in Metern über dem Ellipsoid oder für kleinere Gebiete über einem bestanschließenden Referenzellipsoid anzugeben. In Abb. 1.3 sind Geoidhöhen nach Wagner et al. (1977) in Metern über dem Ellipsoid aufgrund von Satelliten- und Bodenmessungen dargestellt. Die stärksten Veränderungen (*Undulationen*) der Geoidhöhen treten unter Hochgebirgen und Inselbögen auf. Hier verlaufen auch die Tiefseegräben und die Zonen erhöhter Erdbebentätigkeit. Es gibt aber auch starke Undulationen in Gebieten, die von der Oberfläche her keine geologischen Besonderheiten erkennen lassen. Man vermutet, daß die Geoidundulationen stärker noch als das Schwerefeld tief gelegene Massenunregelmäßigkeiten widerspiegeln und damit einen Hinweis auf die wirkenden tektonischen Kräfte der Gebirgsbildung geben.

1.2.1.2 Messung und Deutung der Schwere

Die Schwere, auch Schwerebeschleunigung oder Fallbeschleunigung, wird in der Geophysik noch in der Einheit Gal (nach Galilei) angegeben. Es ist $1\,\mathrm{Gal} = 10^{-2}\,\mathrm{m\,s^{-2}}$. Wenn auch die Schwere an der Erdoberfläche rund 1000 Gal beträgt, so sind doch die geophysikalisch interessanten Anomalien sehr viel kleiner. Darum benutzt man meistens die um den Faktor 10^3 kleinere Einheit, das Milligal: $1\,\mathrm{mGal} = 10^{-3}\,\mathrm{Gal}$. In der Geophysik hat sich leider die unrichtige Schreibweise „mgal" eingebürgert! Den Begriff der Schwere verstehen wir als die Superposition der Massenanziehungs- und der Zentrifugalbeschleunigung. Letztere ist klein gegen die Massenanziehung und beträgt am Äquator rund 3 Gal. Die Schwere nimmt mit der geographischen Breite zu und ist an den Polen am größten. Das liegt nicht nur daran, daß hier die

Zentrifugalbeschleunigung Null ist, sondern daß infolge der Abplattung der Abstand zum Erdmittelpunkt kleiner als am Äquator ist. Dieser Effekt übertrifft auch die Wirkung der Massenanziehung des Äquatorwulstes.

Absolute Schweremessungen wurden bis ins 20. Jahrhundert hinein mit *Pendelapparaten* ausgeführt. Die dabei verwendeten Meßverfahren werden in Bd. 1 detailliert besprochen. In neuerer Zeit sind Apparate entwickelt worden, in denen die Fallbeschleunigung direkt an einem fallenden Gegenstand, etwa einer Kugel oder einem Stab, gemessen wird. Hier kommt es auf eine genaue Zeit- und Wegbestimmung an. Die Schwere kann auf diese Weise mit einem Fehler von ca. 0.1 mGal ermittelt werden. Unter *relativen Schweremessungen* versteht man Messungen, bei denen Schwereunterschiede, nicht die Gesamtschwere selbst, bestimmt werden. Hierfür benützt man *Gravimeter*. Das besondere an diesen Instrumenten ist, daß ihre Empfindlichkeit gegen Schwereänderungen theoretisch beliebig erhöht werden kann. Dies geschieht auf rein mechanischem Wege durch Manipulation am Meßsystem. Freilich kauft man mit dem Vorteil einer hohen Empfindlichkeit bestimmte Nachteile ein, was an der nun folgenden Überlegung gezeigt werden soll. Ein Gravimeter ist ein Schweremesser, bei dem die auf eine kleine Masse wirkende Kraft durch die Rückstellkraft f einer elastischen Feder kompensiert wird. Dieses zeigt nachfolgendes vereinfachtes Bild. An einer Spiralfeder ist die Masse M aufgehängt (s. Abb. 1.4).

Die Gleichgewichtsbedingungen für zwei aufeinanderfolgenden Meßpositionen mit den Schwerepunkten g_1 und g_2 sind

$$f(z_1 - z_0) = mg_1 \quad f(z_2 - z_0) = mg_2$$
$$\text{mit } z_0 = \text{Länge der unbelasteten Feder}$$

Es ist

$$f\Delta z = m\Delta g$$

mit

$$\Delta z = z_2 - z_1 \quad \text{und} \quad \Delta g = g_2 - g_1 .$$

Die Empfindlichkeit des Gerätes wird definiert durch

$$E = \frac{\Delta z}{\Delta g} = \frac{m}{f} .$$

Wenn man durch einen kurzzeitigen Vertikalstoß die Masse in Bewegung setzt, führt sie freie Schwingungen mit der Eigenperiode

$$T = 2\pi \sqrt{\left(\frac{m}{f}\right)} = 2\pi \sqrt{E}$$

aus. Durch diese Gegenüberstellung soll deutlich werden, daß die Eigenperiode und damit auch die für die Messung benötigte Zeit mit der Empfindlichkeit anwächst. Für praktische Aufgaben schließt man einen Kompromiß zwischen ausreichender Empfindlichkeit und erträglicher Meßzeit. Dieses einfache Beispiel zeigt, daß ein Gravimeter gleichzeitig auch ein Seismograph ist. Um die Empfindlichkeit zu erhöhen, könnte man f, das im Nenner steht, verkleinern, d.h. die Feder „weicher" machen. Eine technische Vorrichtung, um die effektive Rückstellkraft des Gravimeters zu verkleinern, nennt man *Astasierung*.

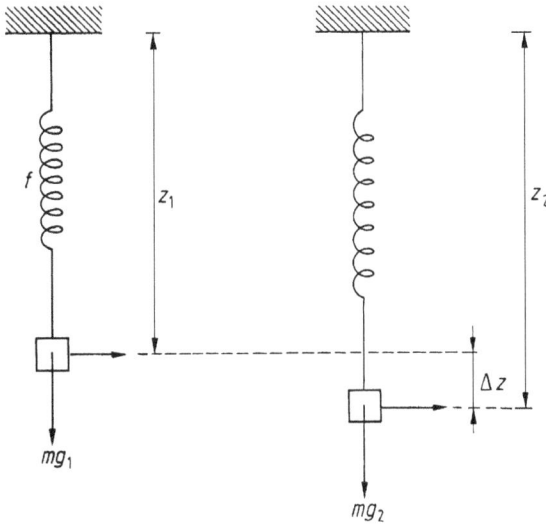

Abb. 1.4 Prinzip des Federgravimeters.

Das La Coste-Romberg-Gravimeter, dessen Meßprinzip in Abb. 1.5 veranschaulicht wird, erreicht eine Auflösung von $\delta g = 10^{-2}$ mGal bei einer Eigenperiode von ca. 15 s. Die Astasierung wird hier durch eine künstliche Vorspannung der Feder erreicht (Zero length spring, Prinzip der automatischen Türschließer-Spange). Hier ist das durch die elastische Rückstellkraft bewirkte Drehmoment T_s annähernd proportional zur Länge s der Feder, nämlich

$$T_s = fr(s - \varepsilon) \quad \text{mit} \quad \varepsilon \ll s \,.$$

Das durch die Schwere erzeugte Drehmoment

$$T_g = Mgd \cos \alpha$$

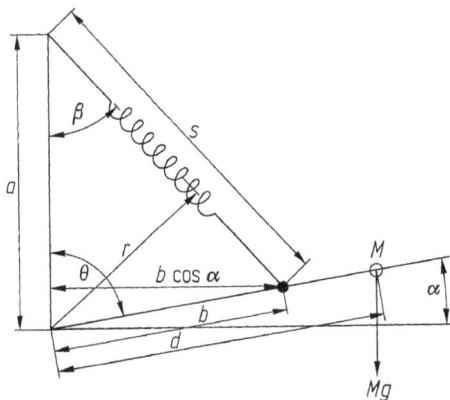

Abb. 1.5 Prinzip des La Coste-Romberg-Gravimeters.

steht mit T_s im Gleichgewicht, so daß $T_s = T_g$ ist. Aus Abb. 1.5 ist abzulesen, daß

$$r = a \sin\beta, \quad s = \frac{b \cos\alpha}{\sin\beta}, \quad s = \sqrt{a^2 + b^2 - 2ab \sin\alpha}\,.$$

Diese Ausdrücke in die Gleichgewichtsbedingung eingesetzt ergeben

$$Mgd \cos\alpha = fab \cos\alpha \left(1 - \frac{\varepsilon}{\sqrt{a^2 + b^2 - 2ab \sin\alpha}}\right).$$

Da $\cos\alpha$ sich herauskürzt ergäbe sich für $\varepsilon = 0$ Unabhängigkeit der Gleichung von α, also indifferentes Gleichgewicht. In anderen Worten, das Gravimeter hätte dann eine unendlich große Empfindlichkeit und Eigenperiode. Durch Adjustierung der Vorspannung kann man aber ε verstellen und stabile Meßlagen erzeugen. Das ganze Gerät wiegt nur 5 kg. Es muß mit Hilfe eines Thermostaten für die Meßzeiten sehr genau auf konstanter Temperatur gehalten werden. Außerdem wird durch einen Auftriebskörper am bewegten Teil des Systems sichergestellt, daß Luftdruckschwankungen keinen Einfluß auf die Messungen haben.

Die höchste bisher erreichte Auflösung relativer Schwerewerte von besser als 1 µGal (das ist 10^{-9} der Erdbeschleunigung!) wird heute mit Tieftemperaturgravimetern erreicht. Das Meßprinzip ist folgendes: Eine durch Abkühlung auf wenig über 4.2 °K supraleitend gemachte Metallkugel wird in einem von außen angelegten Magnetfeld schwebend in einer bestimmten Lage gehalten. Durch Schwereänderungen bewirkte Lageveränderungen werden durch Adjustierung des Magnetfeldes kompensiert. Diese Geräte sind vorzüglich für Dauerregistrierungen in Observatorien geeignet und wegen ihrer hohen Empfindlichkeit in der Lage, sehr kleine Schwereänderungen infolge von Bewegungen im Erdkern und langsam veränderlicher tektonischer Prozesse festzustellen.

Wenn man im Gelände relative Schweremessungen durchgeführt hat, sind die Ergebnisse zunächst nicht direkt miteinander vergleichbar. Man muß den Instrumentengang und den Einfluß der Gezeiten eliminieren. Hinzu kommt die Notwendigkeit der *Reduktion* der Schweremessungen auf ein vergleichbares Niveau über NN. Die *topographische* Reduktion δg_{top} entfernt den Einfluß der ungleichen Massenverteilung durch Geländeunregelmäßigkeiten und bezieht den Schwerewert auf eine theoretisch vollkommen eingeebnete Erdoberfläche am Meßpunkt. Um Vergleichbarkeit mit den anderen Meßpunkten herzustellen, muß noch der Einfluß der zwischen Beobachtungspunkt und Bezugsniveau liegenden Gesteinsplatte durch die *Gesteinsplattenreduktion* δg_{Pl} entfernt werden. Für die Durchführung der beiden Schritte ist aber Kenntnis der Gesteinsdichte erforderlich. δg_{Pl} beträgt für eine 10 m dicke Gesteinsplatte der mittleren Dichte 2500 kg/m^3 ungefähr 1 mGal. Man rechnet dann durch die Niveaureduktion δg_{Niv} auf den Schwerewert im Bezugsniveau zurück, so als ob sich zwischen diesem und dem Beobachtungspunkt keine Massen befunden hätten. δg_{Niv} ist etwa dreimal so groß wie die Gesteinsplattenreduktion. Schließlich wird noch die von der geographischen Breite abhängige *Normalschwere* γ subtrahiert. Das schwierigste Problem besteht darin, daß man die zumeist nicht meßbare Gesteinsdichte kennen muß. Es gibt verschiedene Wege, mit diesem Problem fertig zu werden, zum Beispiel durch Zugrundelegen von bestimmten Annahmen. Häufig setzt man voraus, daß die sichtbaren Massen, etwa Gebirge, auf dem Untergrund einfach aufgesetzt sind, daß also kein Zusammenhang zwischen Dichte und Geländehöhe besteht. Die nach Anbringung dieser Reduktionen erhaltenen Restschwere ist die *Bouguer-Anomalie* $\Delta g''$.

Die Beobachtung, daß die Niveaureduktion δg_{Niv} um so vieles größer ist als die Gesteinsplattenreduktion δg_{Pl} zeigt einerseits, daß die gesamte Schwere weniger durch die sichtbaren oder oberflächennahen Massen in Nähe der Erdoberfläche, sondern überwiegend durch sehr tief liegende Massen bestimmt wird. Andererseits zeigt sie aber auch, daß die Genauigkeit der Höhenmessung eine besonders kritische Aufgabe der Gravimetrie ist, besonders im Hochgebirge. Durch Verwendung von Satelliten seit etwa 1992 für geodätische Vermessungen, dem GPS (Global Positioning System), hat sich die Situation bahnbrechend verbessert. Das GPS verwendet etwa 24 Satelliten mit Umlaufbahnen in ca. 20 000 km Höhe, deren Bahnparameter so dimensioniert sind, daß sich bezogen auf jeden Ort der Erdoberfläche mindestens

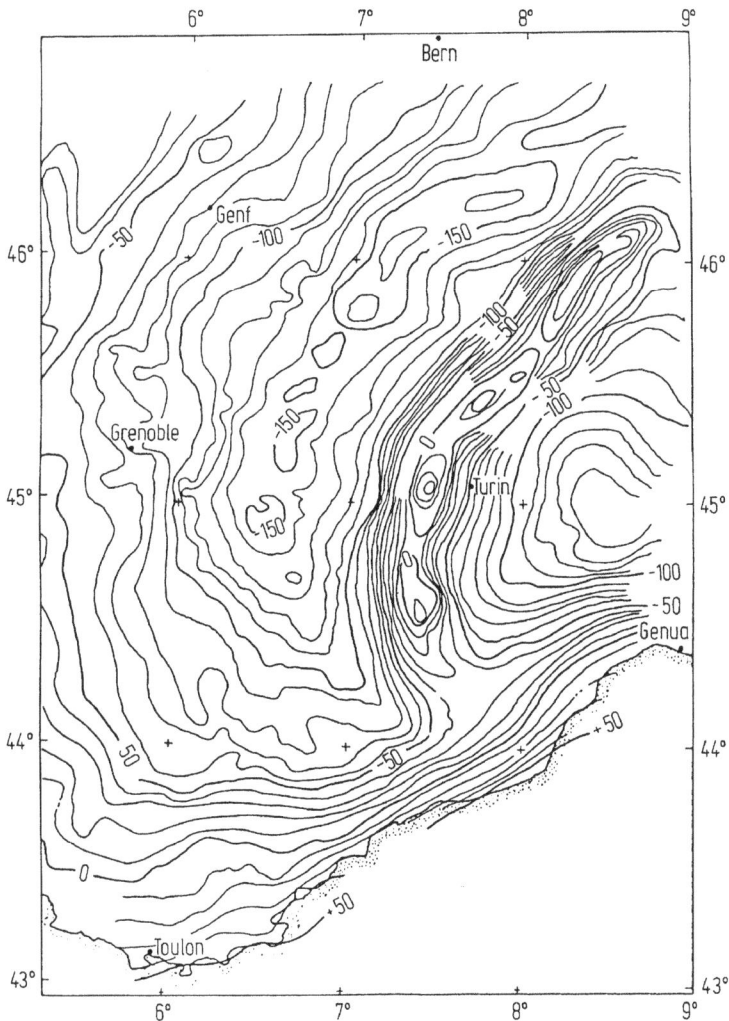

Abb. 1.6   Bouguer-Anomalie in den Westalpen (nach Bott, 1982).

4 Satelliten für 24 Stunden über dem Horizont befinden. Die Satelliten senden kodierte elektromagnetische Signale zum Beobachtungspunkt an der Erdoberfläche. Aus den Laufzeitdifferenzen lassen sich Abstandsdifferenzen und, wenn eine bekannte Basislinie mitvermessen wird, die Position des Beobachtungspunktes zurückrechnen. Mit Hilfe des GPS wird der Fehler der Höhenmessung auf einige Zentimeter verkleinert. Man bemüht sich heute durch das GPS auch Lageänderungen der Erdoberfläche zu erfassen, die durch langanhaltende tektonische Kräfte zurückzuführen sind. In den meisten Schwerekarten werden Isolinien von $\Delta g''$ angegeben. Die Bouguer-Anomalie der Westalpen (Abb. 1.6) zeigt das für junge Faltengebirge der Erde typische ausgedehnte Minimum entlang des Hauptkammes. Dieses ist auf das Vorhandensein einer „Gebirgswurzel" geringerer Dichte zurückzuführen.

1.2.1.3 Isostasie

Die Bouguer-Anomalie im Bereich von jungen Faltengebirgen erreicht stark negative Werte, eine Beobachtung, die auch durch andere, unabhängige geophysikalische Meßergebnisse wie der Lotabweichung gestützt wird. Daß die Lotabweichungen an Gebirgsrändern fast immer viel kleiner sind als man auf Grund der sichtbaren Massen erwartete, war schon bekannt, lange bevor man Gravimetermessungen machen konnte. Im 19. Jahrhundert entwickelten Pratt (1809–1871) und Airy (1801–1892) ihre Hypothesen der *Isostasie*, die heute noch als konkurrierende Vorstellungen verwendet werden (s. Abb. 1.7 und 1.8). Beide gehen davon aus, daß die äußere leichte Erdrinde auf dem darunterliegenden säkularflüssigen Material „schwimmt". Pratt geht von einer konstanten *Ausgleichstiefe* aus. Die Kontinente stellt er sich als vertikal bewegliche Prismen vor, die umso weiter über NN hinausragen, je geringer ihre Dichte ist. Airy dagegen erreicht das Schwimmgleichgewicht ebenfalls für vertikal bewegliche Prismen, jedoch gleichbleibender Dichte. Hier müssen die Erhebungen mit entsprechenden Wurzeln in Verbindung stehen. Die Wurzeln reichen gemäß dem Archimedischen Prinzip umso tiefer, je höher das Gebirge aufragt. Die letzte Vorstellung paßt gut zu der Ansicht, daß unter den meisten Hochgebirgen „Gebirgswurzeln" vorhanden sind, was auch durch seismische Messungen bestätigt wird. Man kann anhand der Schwereanomalie unter bestimmten Annahmen über die Tiefe der Ausgleichsfläche entscheiden, ob die Masseneinlagerung zu hoch oder zu tief gestellt ist – und dementsprechend gravitativ absinken oder ansteigen müßte –,

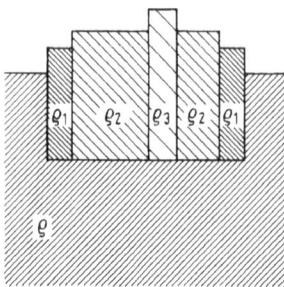

Abb. 1.7 Isostasie nach Pratt

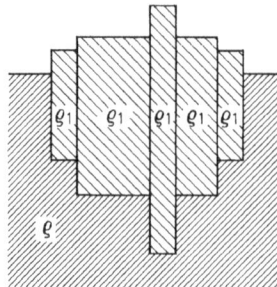

Abb. 1.8 Isostasie nach Airy (nach Kertz, 1964).

oder ob sie sich tatsächlich im Schwimmgleichgewicht befindet. Ein interessanter Modellfall ist die Landhebung Skandinaviens nach der letzten Eiszeit. Die jungen Faltengebirge und die Tiefseerinnen sind im allgemeinen zu tief gestellt, die alten Gebirge dagegen, wie etwa der Harz, liegen zu hoch im Mantelmaterial. Der durch Schweremessungen kontrollierbare isostatische Endzustand setzt voraus, daß Ausgleichsbewegungen nach dem Erlahmen der gebirgsbildenden Kräfte durch die Schwere bedingt sind und daher im wesentlichen vertikal verlaufen. Neue, aus der Plattentektonik gewonnene Einsichten lassen aber vermuten, daß die Schwere neben den übrigen gebirgsbildenden Mechanismen eine eher sekundäre Rolle spielt. Nichtsdestoweniger ergibt sich aus der isostatischen Interpretation von Schweredaten viel Diskussionsstoff für die Geowissenschaftler, der freilich durch die immer noch mangelhafte Kenntnis über die Zeitkonstanten bei gebirgsbildenden Prozessen belastet ist.

1.2.2 Effekte der Erdrotation

Die Erde dreht sich mit der Periode von 1 Sterntag = 0.99727 Sonnentage gleich 23 Stunden, 56 Minuten und 4.12 Sekunden um eine annähernd raumfeste Achse. Wegen der gewaltigen bewegten Masse verläuft die Rotation extrem gleichförmig, so daß man sie seit langem zur Zeitmessung benutzte. Moderne Quarz- und Atomuhren laufen aber noch gleichmäßiger als die Erde und geben ein noch präziseres Zeitmaß. Sie zeigen, daß die Tageslänge nicht ganz konstant ist und in Größenordnungen von 10^{-2} s schwankt. Massenverlagerungen der Gebirgsbildung oder Veränderungen im Erdkern könnten die Ursache sein. Äquatorial gerichtete Windsysteme teilen der Erde über die Bodenreibung ebenfalls ein Drehmoment mit. Dieses führt wegen Erhaltung des Gesamt-Drehimpulses zu einer mit der Jahreszeit periodische Veränderung der Tageslänge um etwas weniger als 1 ms. Indizien sprechen dafür, daß eine säkulare Verlangsamung der Rotationszeit von einigen Millisekunden pro Jahrhundert als real anzusehen ist. Freilich ist der Beobachtungszeitraum der heutigen sehr genauen Zeitmessungen für signifikante Schlüsse über kommende Jahrhunderte noch nicht lang genug. Andererseits lassen die Bestimmungen der Tageslängen anhand der Wachstumsringe von Korallen in der geologischen Vergangenheit die Deutung zu, daß die Tageslänge früher kürzer war als heute. Wells (1963) fand auf Grund solcher Untersuchungen für die Zeit des Devon vor 375 Millionen Jahren eine Jahreslänge von 400 Tagen. Eine Verlangsamung der Erdrotation ist auf Grund der *Gezeitenreibung* theoretisch zu erwarten.

1.2.2.1 Gezeiten der festen Erde

Das Studium der Gezeiten hat viel zu unserem heutigen Wissen über Effekte der Erdrotation beigetragen. Das liegt an dem großen Vorteil, die Vorausberechenbarkeit der gezeitenerregenden Beschleunigungen durch Sonne und Mond ausnutzen zu können. Weit besser als in anderen geophysikalischen Fragen ist man hier in der Lage, die theoretischen Werte mit den beobachteten zu vergleichen und die auftretenden

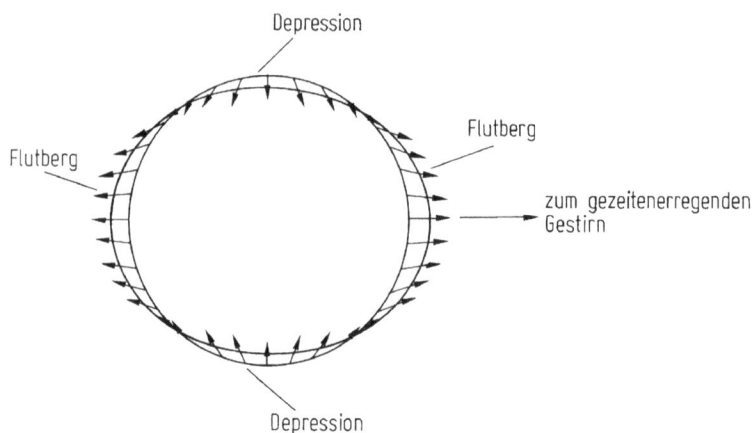

Abb. 1.9   Vektoren der gezeitenerregenden Beschleunigungen (nicht maßstabgetreu).

Abweichungen quantitativ zu deuten. Die grundlegende, in Band 1 dargestellte Theorie stellt die gezeitenerregenden Beschleunigungen als die Differenz zwischen Gravitations- und Fliehkräften dar, die bei der Rotation von Erde und Mond bzw. Erde und Sonne um ihren jeweiligen gemeinsamen Schwerpunkt auftritt. Diese ergibt nur im Schwerpunkt der Erde Null. Die gezeitenerregende Beschleunigung verändert die Niveauflächen in der Weise, daß sich auf der gestirnzu- und abgewandten Seite der Erde jeweils ein *Flutberg* ausbildet. Dazwischen liegt eine ringförmige Depressionszone. Für die beweglichen Wassermassen ist natürlich nur die horizontale Komponente der gezeitenerregenden Beschleunigung wirksam, die bei einer Zenitdistanz des Gestirnes von $45°$ am größten ist (vgl. Abb. 1.9). Die gezeitenerregende Beschleunigung setzt sich zusammen aus den Einflüssen von Sonne $\Delta g_{S}'^{G}$ und Mond $\Delta g_{L}'^{G}$

$$\Delta g'^{G} = \Delta g_{L}'^{G} + \Delta g_{S}'^{G} ;$$

$\Delta g_{L}'^{G}$ erreicht maximal 0.0821 mGal, $\Delta g_{S}'^{G}$ 0.0372 mGal. Bei Springflut wird die Summe, bei Nippflut die Differenz dieser beiden Werte erreicht. Durch Langzeitregistrierungen mit Gravimetern hat man aber bei mittleren Breiten etwas größere Werte gemessen, nämlich $\Delta g = 1.12\,\Delta g'^{G}$. Auch die Hebung bzw. Absenkung der Niveauflächen H'^{G} für Mond $\Delta H_{L}'^{G} = 26.7$ cm und Sonne $\Delta H_{S}'^{G} = 12.3$ cm sind durch Pegelmessungen nachgeprüft worden. Hier ergaben sich systematisch kleinere Beträge, und zwar $\Delta H^{G} = 0.74\,\Delta H'^{G}$. Schließlich zeigte sich auch noch eine zeitliche Verspätung des beobachteten Flutberges gegenüber dem erwarteten. Hieraus ist zu ersehen, daß die Erde kein starrer Körper ist. Sie gibt den Gezeitenkräften ein wenig nach und versucht sich in Richtung der Flutberge auszustrecken, jedoch bleibt diese Reaktion sowohl ihrem Betrag als auch ihrer Zeit nach hinter den gezeitenerzeugenden Kräften zurück. Die Deformation führt zu einer veränderten Massenverteilung und damit einer Veränderung des Gravitationsfeldes. Die mitbewegte Erdoberfläche hebt auch den Beobachtungspunkt, was die verkleinernde Auswirkung auf die Pegelstände erklärt. Für mittlere Breiten kann man zeigen, daß sich die Erdoberfläche im Takte der Gezeiten mit Amplituden von 9 cm bei Nippflut und 21 cm bei Springflut hebt und senkt. Die periodisch sich wiederholende Deformation der Erde führt zu einer Verringerung der Rotationsgeschwindigkeit. Einerseits übt die Gravitation des zurückbleibenden Flutberges fortwährend ein Drehmoment auf die Erde aus, das der Rotationsbewegung entgegenwirkt, also sie langsam verzögert, und gleichzeitig wird die Rotationsenergie durch allmähliche Umwandlung in Wärme aufgebraucht.

Neben den Perioden des halben Mond- und Sonnentages enthalten die Gezeiten auch noch die jeweiligen ganztägigen Anteile und im geringeren Ausmaß auch noch längere Perioden infolge Schrägstellung der Erde gegenüber Ekliptik und Mondbahn.

1.2.2.2 Die Erde als Kreisel

Die Erde ist ein riesiger nahezu symmetrischer Kreisel. Doch sie verhält sich – wie wir eben gesehen haben – nicht wie ein starrer Körper, sondern gibt mechanischen Kräften durch Deformation ein wenig nach. Die in Band 1 besprochenen Kreiselgesetze beinhalten, daß ein kräftefreier symmetrischer Kreisel nur dann eine stabile Rotationsachse behält, wenn Drehimpuls- und Figurenachse zusammenfallen. Andernfalls wandert die momentane Rotationsachse mit der Umlaufzeit von

$$T_E = \frac{TA}{(A-C)}$$

um die raumfeste Drehimpulsachse (A = größtes Trägheitsmoment, C = kleinstes Trägheitsmoment, T = Rotationsperiode, T_E = *Eulersche Periode*). Wenn man die für die Erde bekannten Werte $A/(A-C) = 300$ und $T = 1$ Tag einsetzt, kommt man auf $T_E = 300$ Tage. Diesen Effekt nennt man *Breitenschwankung*. Eine Breitenschwankung muß sich dadurch bestimmen lassen, daß man an mehreren Stationen, deren geographische Längen möglichst weit auseinander liegen, die Polhöhe mißt.

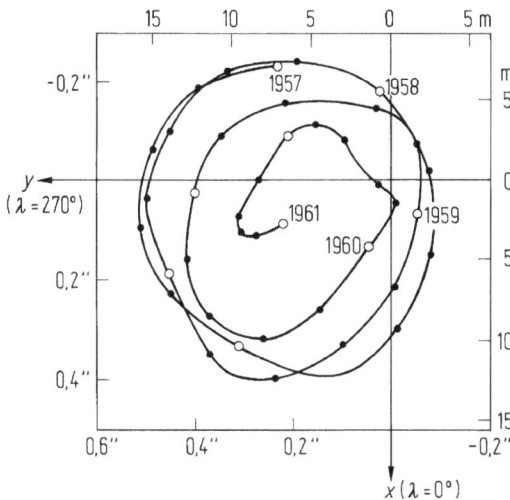

Abb. 1.10 Breitenschwankungen der Erde (Bahn des Durchstoßpunktes der Erdachse an der Erdoberfläche).

Solche Messungen werden seit Ende des 19. Jahrhunderts an fünf weltweit verteilten Observatorien durchgeführt. Chandler hat die Beobachtungsreihe 1892–1903 ausgewertet und gefunden, daß der Durchstoßpunkt der Rotationsachse an der Erdoberfläche angenähert einen Kreis von 10 m Radius mit einer mittleren Periode von $T_C = 430$ Tagen durchläuft. Dieser Wert ist größer als die Eulersche Periode, die nur für starre Kreisel gilt. Für die Umlaufzeit T_C gab Newcomb eine theoretische Deutung als Folge der Deformation der Erde. Der Effekt ist jenem vergleichbar, der auch die Streckung der Erde in Richtung der Flutberge bei den Gezeiten bewirkt. Abb. 1.10 zeigt eine Darstellung der Breitenschwankungen durch die Durchstoßpunkte der Erdachse am Pol.

Außer diesem Effekt gibt es noch die sogenannte *lunisolare Präzession*, die durch die von außen durch Sonnen und Mond verursachten Gravitationskräfte auf den Erdkreisel hervorgerufen wird. Die Erdachse ist gegen die Normale der Ekliptikebene um etwa 23° geneigt. Der Teil des Äquatorwulstes, welcher der Sonne zugewandt ist, erfährt durch diese eine stärkere gravitative Anziehung als der abgewandte. Entsprechendes gilt auch für die Gravitationskraft des Mondes, dessen Bahnebene nur geringfügig von der Ekliptik abweicht. Die Wirkung beider ist wegen der Rotation und der jeweiligen Umlaufzeiten vorwiegend periodisch. Jedoch verbleibt ein säkularer Anteil, der auf die Erde ein zeitlich konstantes Drehmoment ausübt. Dieses versucht, die Erdachse senkrecht zur Ebene der Ekliptik auszurichten. Infolge der Kreiselwirkung weicht die Rotationsachse senkrecht dazu aus und durchläuft einen Kegelmantel mit dem halben Öffnungswinkel 23° um den Himmelspol in ca. 26000 Jahren (*platonisches Jahr*). Man beobachtet diese Kreiselpräzession der Erde im *Vorrücken der Tag und Nachtgleichen*, das etwa 50″ pro Jahr beträgt. Die Bahn wird durch das Zusammenwirken von Sonne und Mond durch eine weitere Kegelmantelbahn mit einigen Minuten Öffnungswinkel und einer Periode von 18.5 Jahren

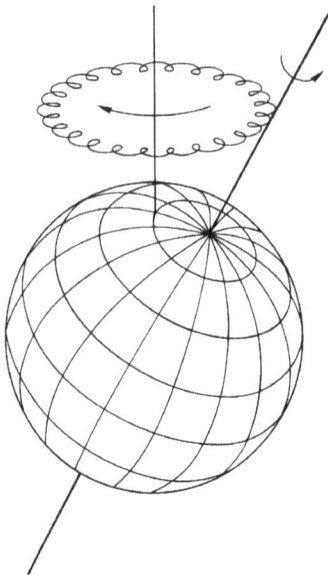

Abb. 1.11   Lunisolare Präzession (Prinzipskizze).

überlagert. Darum beschreibt die Rotationsachse der Erde eine schlaufenförmige
Bahn (*Mondknoten*, siehe Prinzipskizze Abb. 1.11).

1.2.3 Erdbeben und Ausbreitung seismischer Wellen im Erdinneren

Die Erde unter unseren Füßen ist nicht so ruhig wie es scheint. Am offensichtlichsten
zeigt sich das am „Augenblicksbild" der heutigen geologischen Strukturen, die das
Ergebnis jener gewaltigen gebirgsbildenden Kräfte sind, die auch die Kontinente
und Ozeane geschaffen haben. Das „Augenblicksbild" macht deutlich, daß seit Millionen von Jahren Kräfte im Erdinneren wirken. In der Betrachtungsweise des Phy-
sikers wird die Erde durch diese Kräfte teils elastisch, teils unelastisch deformiert,

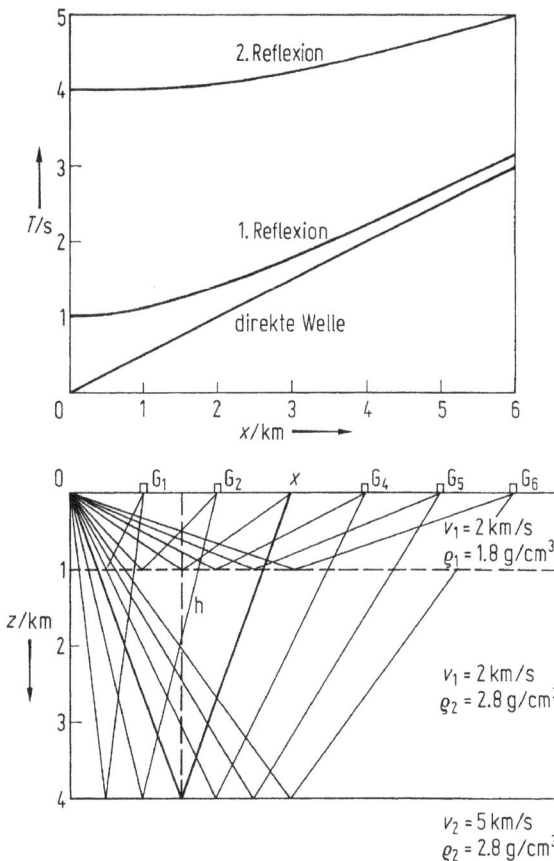

Abb. 1.12 Erkundung durch reflexionsseismische Verfahren. Unten: Vom Schußpunkt Null
gehen Kompressionswellen aus, die an den geologischen Grenzflächen in 1 km und 4 km Tiefe
reflektiert werden, weil sich hier die akustische Impedanz ϱv ändert (ϱ = Dichte, v = Wellengeschwindigkeit). Die akustischen Signale werden von den Geophonen $G_{1,2,...}$ aufgenommen,
in elektrische umgewandelt und digitalisiert bzw. analog als Seismogramme aufgezeichnet.
Oben: Laufzeitkurven der reflektierten und direkten Wellen.

etwa durch Fließvorgänge oder durch Bruch. Die Vorgänge sind nicht immer gleichförmig, sondern spielen sich auch in Episoden großer oder kleinerer räumlicher Umwälzungen und kurzzeitig auch in mechanischen Erschütterungen, den *Erdbeben*, ab. Bei einem Erdbeben wird die Erde mechanisch, ähnlich wie eine Glocke durch den Klöppel, angestoßen. Es breiten sich als Folge im Erdinneren elastische Wellen aus, die bei sehr großen Beben ein über Wochen anhaltendes Interferenzsystem aufbauen, das man als ein „Nachklingen" in den charakteristischen Eigenfrequenzen (*Eigenschwingungen der Erde*) beobachtet.

Der *Seismologie* oder *Erdbebenkunde* verdanken wir die wichtigsten Erkenntnisse über den mechanischen Aufbau des Erdinneren und die physikalischen Prozesse bei der Gebirgsbildung. In ihren Anwendungen greift sie auf Fragen der Rohstoffexploration als *Angewandte Seismik* über. In der angewandten Seismik erzeugt man durch Sprengungen oder Vibratoren künstlich kleine Erdbeben. Die von ihnen ausgehenden seismischen Wellen werden an geologischen Formationsgrenzen reflektiert und gebrochen und dienen zur Lokalisierung von Lagerstätten (s. Abb. 1.12). Die Seismologie spielt auch für die Risikoabwendung von Naturkatastrophen im *Erdbeben-Ingenieurwesen* eine Rolle. In Ländern, in denen große Erdbeben selten sind, muß man zu diesem Zweck den Beobachtungszeitraum bis weit in die historisch belegbare Vergangenheit ausdehnen (Historische Erdbebenforschung, s. z. B. Gutdeutsch, Hammerl und Vocelka, 1987). Schließlich aber war sie – wenn auch nur indirekt – über Jahrzehnte hin ein Werkzeug zur Kontrolle des politischen Gleichgewichtes der Supermächte, weil sie die Identifikation von geheimgehaltenen Nukleartests ermöglicht. Sie wurde deswegen stark vorangetrieben.

1.2.3.1 Sichtbare Wirkungen im Nahbereich

In der *meizoseismischen Zone* (der Zone stärkster Erschütterungen) eines Erdbebens treten je nach seiner Größe mehr oder weniger dramatische Effekte auf, die vom leisesten Schwingen hängender Gegenstände über kleinere und größere Gebäudeschäden zu Zerstörungen, Bergstürzen und Lawinen bis hin zu gewaltigen Landschaftsveränderungen wie Landhebungen und der Entstehung oder dem Verschwinden von Seen reichen. Erdbeben werden oft von Geräuschen wie Rumpeln, Donnern oder ein an Wind erinnerndes Sausen begleitet. Durch das mehrere Sekunden andauernde Rütteln tritt an stark durchfeuchteten sandigen Bodenschichten oft ein völliger Verlust der Scherfestigkeit dadurch auf, daß die Sandpartikel untereinander den Kontakt verlieren. Der Boden verwandelt sich dann in einen Brei (*Bodenverflüssigung*), in den Häuser einsinken können. Man nennt die sichtbaren und fühlbaren Wirkungen eines Erdbebens *makroseismische* Effekte. Sehr gefürchtete Folgen großer Beben sind Feuersbrünste, welche oft mehr Schaden anrichten als das Beben selbst und in Küstennähe die gelegentlich auftretenden *seismischen Wogen* (jap.: *Tsunami = Welle im Hafen*). Wenn bei einem Beben der Meeresboden eine vertikale Versetzung erfährt, wird das Wasser wie mit einem riesigen Paddel „geschoben". Der Vorgang führt zur Verformung der Wasseroberfläche und zur Ausbreitung von *Schwerewellen*. Diese steilen sich ähnlich wie die Brecher der Ozeanwellen an den Küsten auf, erreichen jedoch bei sehr großen Beben Gipfelhöhen bis ca. 30 m. Abb. 1.13 zeigt einen Tsunami beim Einlaufen in eine Bucht. Seismische Wogen

Abb. 1.13   Tsunami beim Einlaufen in eine Flußmündung (McDonald, 1946).

können an Küstenstreifen in Tausenden von Kilometern Entfernung vom Bebenherd schwerste Verwüstungen anrichten. Da ihre Fortpflanzungsgeschwindigkeit bekannt ist, kann man ihre Ankunftszeit nach Beben an bestimmten Küsten vorausberechnen, wenn das *Epizentrum* – das ist der Punkt an der Erdoberfläche, unter dem sich der *Bebenherd* (*Hypozentrum*) befindet – und die *Herdzeit* bekannt sind. Es ist ein Tsunami-Warndienst für die Küsten des sehr bebengefährdeten Pazifik eingerichtet worden, der sehr verläßlich funktioniert. Auch an den Grundlagen einer *Erdbebenprognose* arbeiten heute viele Geowissenschaftler. Obwohl gewisse Prozesse wie Landhebungen und Variationen des Grundwassers in seiner Höhe und seinem Gehalt an gelösten Mineralien und Gasen einem Erdbeben vorangehen können, treten diese Effekte nicht regelmäßig auf. Darum sind die in der Öffentlichkeit sehr beachteten Erfolge der Erdbebenvorhersage in China (s. B. A. Bolt 1984 und andere) noch nicht als fundiert zu bezeichnen. Es gibt heute noch kein Vorhersagemodell der Erdbebenentstehung, das alle Vorläuferphänomene befriedigend erklärt. Aber selbst dann, wenn es ein solches gäbe, muß man den hohen Genauigkeitsanspruch einer für die Praxis brauchbaren Erdbebenvorhersage bedenken: Wer ist zur Verantwortung zu ziehen, wenn eine Erdbebenwarnung zu Angstreaktionen (Abwanderung, Verkauf von Grundstücken usw.) mit irreparablen wirtschaftlichen Schäden führt und sich nachher als falscher Alarm erweist? Die wissenschaftliche Erdbebenprognose muß vier Angaben enthalten, (1) den Ort, (2) die Zeit und (3) die Größe des erwarteten Bebens. Viertens kommt ein Kriterium hinzu, welches die Verläßlichkeit der vorangegangenen Angaben bezeichnet (R. Gutdeutsch 1986). Die meisten als Prognose bezeichneten Erdbebenvorwarnungen der Vergangenheit enthalten nur ein oder zwei dieser Angaben. Darum hält man in vielen Ländern, z. B. den Vereinigten Staaten, das Konzept der Vorsorge durch erdbebensicheres Bauen für vordringlicher als die Erdbebenprognose.

1.2.3.2 Parametrisierung der Vorgänge in der Nähe des Erdbebenherdes

Eine auf Grund sichtbarer Effekte und Wahrnehmungen erstellte 12-gradige Skala der *Intensität* der lokalen Erschütterungsstärke ist die nach Mercalli, Sieberg und Cancani (Sieberg 1923). In Europa ist diese Skala seit einigen Jahren auf Grund eines Beschlusses der Europäischen Seismologischen Kommission von 1998 in modifizierter Form als EMS 98 (European Macroseismic Scale) in Gebrauch. Zwischen der Intensität I und dem Logarithmus der mittleren Beschleunigung b des Bodens während der Dauer der starken Bodenbewegung besteht angenähert eine lineare Beziehung – etwa vergleichbar der Beziehung zwischen der physischen Wahrnehmung des Hörens und dem Schalldruck. Die Spitzenbeschleunigung eines Bebens scheint dagegen weniger Einfluß auf die Intensität zu haben.

Aus geometrischen Gründen nimmt die Intensität mit der Epizentraldistanz ab. Ein anomaler Verlauf der *Isoseisten*, der Linien gleicher Intensität, ist nicht nur auf die Abstrahlcharakteristik am Herd, sondern auch auf die lokale Bodenbeschaffenheit zurückzuführen. Er wird als wichtiger Hinweis für die Analyse der Bebengefährdung eines Standortes verwendet. Die *Maximalintensität* I_0 eines Bebens wird im allgemeinen in der Nähe seines Epizentrums erreicht. Darum werden die Isoseistenkarten von Beben oft zur näherungsweisen Bestimmung ihres Epizentrums benutzt.

Die Intensität wird landläufig oft mit *Magnitude M* eines Bebens verwechselt. Es handelt sich aber um zwei völlig verschiedene Dinge. Richter hat 1935 die Magnitude M als Maß für die Erdbebenstärke eingeführt. M wird aus dem Logarithmus der Maximalamplitude der Bebenaufzeichnung eines Wood-Andersen-Seismographen gewonnen. Dabei wird ein Beben mit 10^{-3} mm Maximalamplitude in 100 km Herddistanz der Richter-Magnitude $M = 0$ zugeordnet. M ist angenähert proportional dem Logarithmus der gesamten angestrahlten seismischen Energie.

Die Maximalintensität I_0 sagt also noch nicht viel über die Gesamtenergie des Bebens aus. Ein kleines Beben mit kleiner Herdtiefe kann die gleiche Maximalintensität I_0 erreichen wie ein großes Beben mit entsprechend tieferem Herd.

Die Vorgänge des Aufbaues der elastischen Energie vor einem Beben und seine Auslösung sind zum ersten Mal von dem amerikanischen Geologen H. F. Reid nach dem großen kalifornischen Beben von 1906 beschrieben worden. Während dieses Bebens verschob sich die westliche Flanke der San-Andreas-Verwerfung auf einer Länge von ca. 800 km im Mittel um 3 m nach Norden. Abb. 1.14 veranschaulicht die Situation. Langanhaltende Kräfte bewirken eine langsame Verformung an einer vorgezeichneten Störung S. Wenn die Haftreibung an der Störungsfläche überschritten wird, entsteht ein Riß und die Flanken schnellen in die spannungsfreie Lage zurück. Dabei wird die gespeicherte elastische Energie in Wärme, Zerstörung des Gesteins und in elastische Wellen umgewandelt.

Der Riß schreitet mit einer *Bruchgeschwindigkeit* fort, die im allgemeinen kleiner als die Geschwindigkeit der Scherwellen ist, bis die zur Aufrechterhaltung des Vorganges notwendige elastische Spannung aufgebaut ist. Die Amplitudenvorzeichen der vom Herd abgestrahlten Kompressions- und Scherwellen geben Auskunft über die Orientierung der *Herdfläche* im Raum, d. h. über ihre Streich- und Einfallswinkel und die Richtung der *Dislokation*. Aus einer gegen die Herddimension große Distanz erscheinen die Herdvorgänge der meisten Beben als *Kräftepaare mit Moment* oder

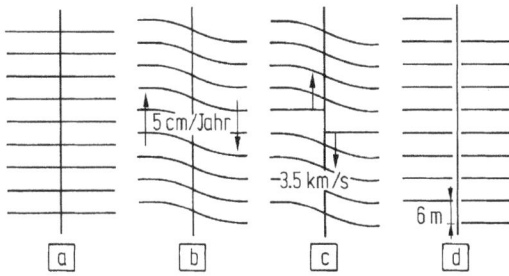

Abb. 1.14 Reidsche Scherbruchhypothese.

Kräftequadrupole ohne Moment. Beben mit einem reinen Kompressionsvorgang, was auf eine explosionsartige Quelle oder einen Einsturz hinweisen würde, sind extrem selten. Daraus wird ersichtlich, daß das Studium der *Herdmechanismen* wesentlich zum Verständnis des tektonischen Spannungsfeldes beiträgt. Abb. 1.15 zeigte einige typische Abstrahlcharakteristiken von seismischen Quellen und Erdbeben.

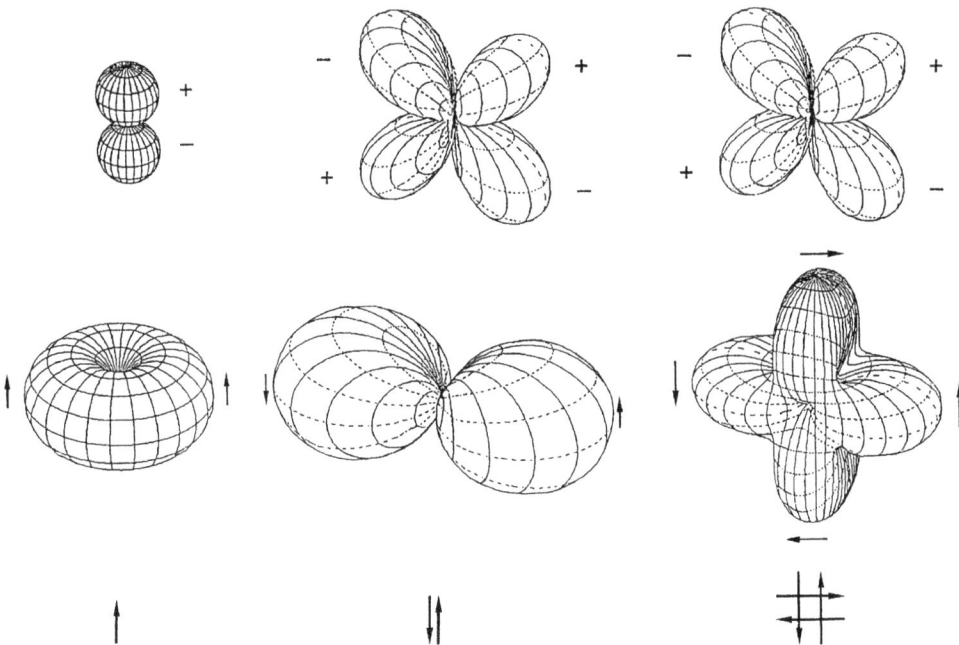

Abb. 1.15 Abstrahlcharakteristika von Erdbeben (links: Einzelkraft, Mitte: Kräftedipol mit Moment, rechts: Kräftequadrupol ohne Moment, oben: P-Wellen, Mitte: S-Wellen, unten: Konfiguration der Kräfte. Es sind Isolinien mit konstanten Polarkoordinaten ϕ (Höhenwinkel) und l (Azimut) gezeichnet. Aus Platzgründen wurden die S-Charakteristiken der Multipole um die Faktoren 4 (Mitte) bzw. 3 (rechts) verkleinert dargestellt. Erklärung der P- und S-Wellen im Text der folgenden Seite.

1.2.3.3 Die Aufzeichnung von Erdbeben

Das Prinzip des *Seismographen*, und zwar eines Vertikalseismographen wird schon in Abb. 1.4 beschrieben. Anders als beim Gravimeter werden bestimmte Anforderungen an Eigenperiode und Dämpfung gestellt, um vor allem Störungen der *mikroseismischen Bodenunruhe* auszuschalten. Das mechanische Signal wird in ein elektrisches umgewandelt, und es erfolgt eine Dauerregistrierung auf einen Monitor, bzw. analog oder digital auf einer Speichereinheit. Wichtig ist die gleichzeitige Registrierung eines Zeitzeichens. Dieses wird meist durch eine funkgesteuerte Quarzuhr erzeugt. Abb. 1.16 zeigt zwei typische Erdbebenseismogramme und zum Vergleich das Seismogramm einer Atombombensprengung. Sie stammen von Ereignissen vergleichbarer Energie, was man an den eingetragenen Magnituden m_b erkennt (m_b ist die aus Raumwellen abgeleitete Magnitude). Diese drei Aufzeichnungen zeigen ganz markante Unterschiede, die uns Hinweise auf den Herdvorgang geben.

Zunächst enthalten alle drei Aufzeichnungen als ersten Einsatz die *Kompressionswellen* P. Später folgen weitere Signale, wie etwa die *Scherwellen* S. Während sich P- und S-Wellen räumlich ausbreiten und den Erdkörper durchdringen, bleibt die Energie der *Oberflächenwelle* LR, hier vom Typ der Rayleigh-Welle, an der Erdoberfläche. Sie ist beim oberen Seismogramm besonders schön sichtbar und bildet hier einen langen, über 9 Minuten anhaltenden Schwingungszug mit zeitlich abfallender Periode. Es handelt sich also um eine Wellenausbreitung mit *Dispersion*. Oberflächenwellen werden verständlicherweise bei dem tiefen Erdbeben überhaupt nicht angeregt (unteres Seismogramm). Außer diesen gibt es noch eine Fülle weiterer Einsätze, die

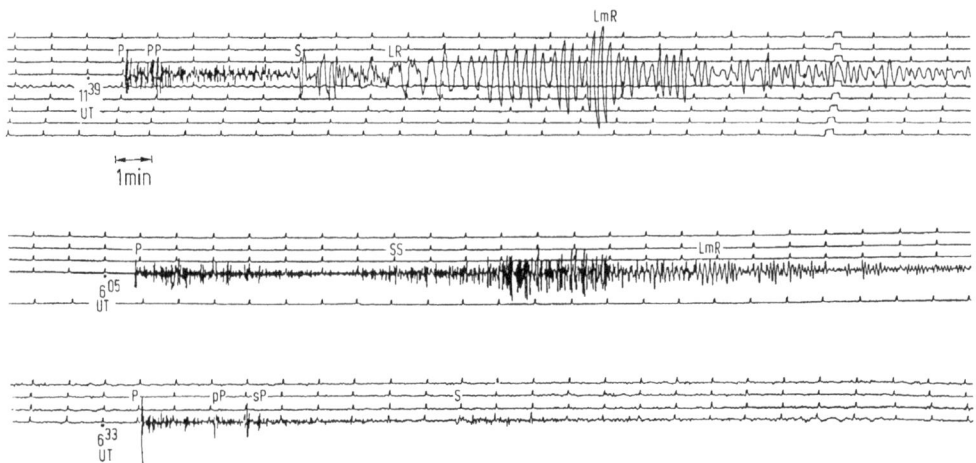

Abb. 1.16 Drei Seismogramme von Ereignissen bei etwa gleichen Herddistanzen und vergleichbaren Magnituden. *Oben*: Oberflächennahes Beben mit starken S- und Oberflächenwellen LmR (Distanz 2900 km, Magnitude 5.9). Die Oberflächenwellen zeigen starke Dispersion und erreichen bei LmR maximale Amplitude. *Mitte*: Nuklearexplosion (1 Megatonne TNT, Distanz 3300 km, Magnitude 6.3). S-Wellen werden kaum angeregt, was auf eine Explosionsquelle hinweist. Es fehlt auch der langperiodische Anteil der Oberflächenwellen. *Unten*: Tiefes Erdbeben (Distanz 8150 km, Tiefe 578 km, Magnitude 5.9). Es werden überhaupt keine Oberflächenwellen angeregt (Aufzeichnungen der Station Wien-Cobenzl, zusammengestellt von Dr. G. Duma, Wien).

von Wellen mit unterschiedlichen Ausbreitungsmechanismen herrühren. Die Entzifferung eines Erdbebenseismogrammes führt zu einem sehr interessanten Arbeitsgebiet, der Bestimmung von Modellen des Erdinneren. Das Seismogramm einer nuklearen Explosion enthält vor allem relativ große Amplituden der P-Wellen, was auf einen Explosionsherd hinweist. Die vorherrschend hohen Frequenzen im Nuklearexplosions-Seismogramm sind dadurch zu erklären, daß das Herdvolumen einer solchen Explosionsquelle viel kleiner ist als das eines natürlichen Erdbebens.

Erdbeben werden auf einem weltweiten Netz von Observatorien aufgezeichnet. Zu ihren Aufgaben gehört die regelmäßige Publikation der wichtigsten Daten von registrierten Beben wie Ankunftszeit, Vorzeichen der ersten Einsätze usw. in Bulletins. Sie erfüllen auch einen Sofortmeldedienst dieser Daten an das *International Seismological Center* in Newbury, Berkshire/GB. Dieses nimmt übergeordnete Aufgaben, wie etwa die genaue Positions- und Herdzeitbestimmung und die Abschätzung der Magnitude von Erdbeben und Nukleartests, auf Grund dieser Einsendungen wahr. Die Ergebnisse dieser Ausdeutung werden ebenfalls in Bulletins veröffentlicht. In einigen Ländern werden außerdem engmaschige flächendeckende seismische Netze (*seismische Arrays*), unter anderem auch zur Kontrolle von Nukleartests, betrieben. Sie bestehen aus sehr vielen Seismographen, die von einer zentralen Stelle überwacht und nach allen modernen Methoden der Signalanalyse verarbeitet werden. Das seismische Stationsnetz Deutschlands bei Gräfenberg/Oberpfalz besteht aus 19 breitbandigen Seismographen. Seismische Netze können ähnlich wie Richtantennen zum optimalen Empfang von seismischen Wellen aus bestimmten vorgegebenen Richtungen ausgelegt werden. Abb. 1.17 zeigt die geographische Verteilung der 1901 bis 1981 aufgezeichneten Erdbeben in Mitteleuropa.

1.2.3.4 Erdbebengeographie und Plattentektonik

Die Erdbeben sind meistens an engbegrenzte, langgestreckte und in sich geschlossene Zonen gebunden (s. Abb. 1.17 und Abb. 1.18). Die Herde liegen oft nahe der Erdoberfläche bis zu Tiefen von ca. 30 km in der obersten Schicht, der *Erdkruste*. Diese besteht vorwiegend aus Sedimenten oder den aus Sedimenten durch Umwandlung entstandenen Tiefengesteinen. Die Gebiete der Tiefseegräben westlich der Andenkette, der Kurilen, des ostindischen Archipels und der Ostküste Japans sind seismisch besonders aktiv. Hier kommen auch Beben in Tiefen bis 700 km vor. Die Verteilung der Seismizität auf der Erde ist der wichtigste Hinweis auf die als *Plattentektonik* umrissene moderne Vorstellung, die sich seit den 60er Jahren als Fortsetzung der *Wegnerschen Kontinentalverschiebungshypothese* sehr rasch weiterentwickelte. Durch sie findet die Mehrzahl der vorher offenen Fragen der Gebirgsbildung eine verblüffend einfache Antwort. Man kann die Vorgänge etwa mit dem Eisgang eines Flusses vergleichen, wobei sich die schwimmenden Eisschollen knirschend und krachend gegeneinander verschieben, übereinander türmen oder auch voneinander ablösen. Ähnlich muß man sich die oberste ca. 100 bis 200 km dicke eher feste und spröde Schale der Erde, die *Lithosphäre*, vorstellen. Sie ist in ein System von acht getrennten *Platten* kontinentaler Ausmaße zerstückelt, die eurasische, die afrikanische, die indonesisch-australische, die pazifische, die nordamerikanische, die südamerikanische, die antarktische und die westlich von Südamerika liegende Nazca-Platte. Das Ge-

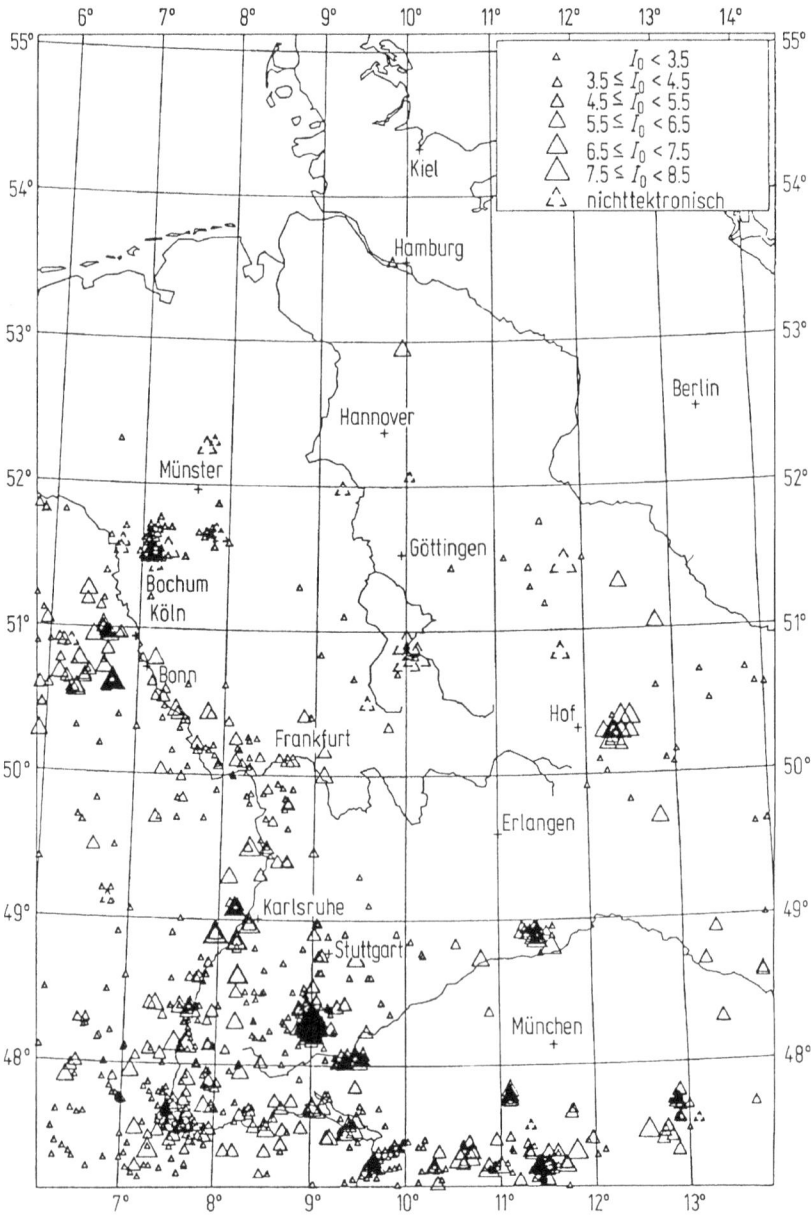

Abb. 1.17   Erdbeben in Mitteleuropa 1901–1984. Die Zahlenangaben in dem Kästchen rechts oben sind Maximalintensitäten der Beben (nach Leydecker, 1985).

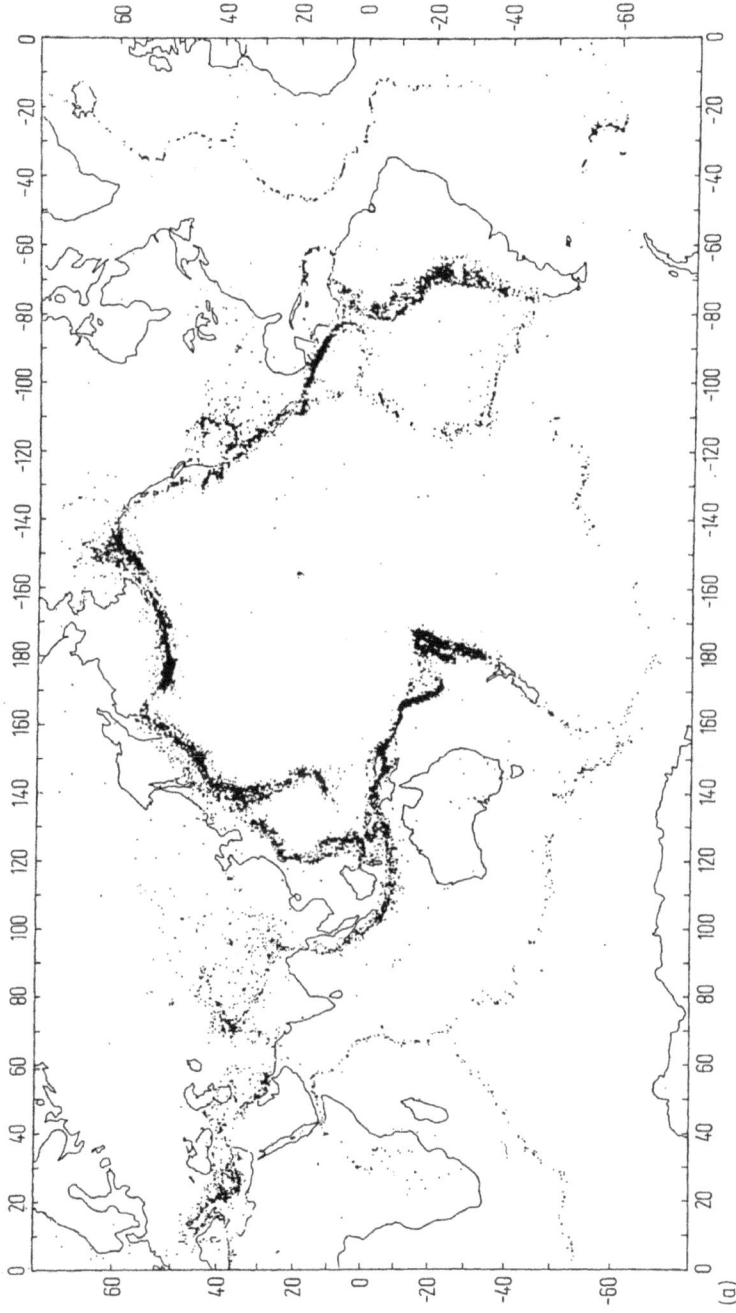

Abb. 1.18 a Globale Seismizität (Epizentren der Beben mit Herdtiefen bis 700 km 1961–1967, entnommen aus BSSA 1969, V 5S, mit freundlicher Genehmigung der Seismological Society of America, El Cerrito/Cal).

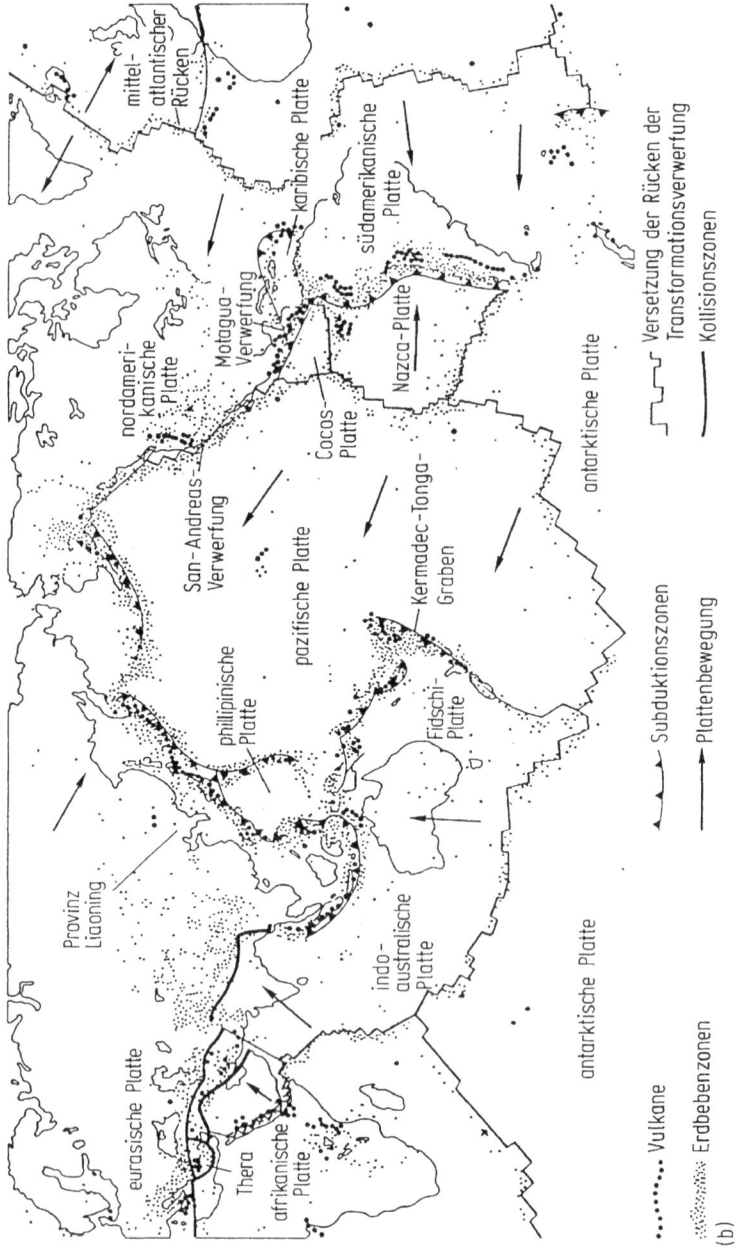

Abb. 1.18b Kontinentale Platten und Plattengrenzen (nach Bolt, 1984).

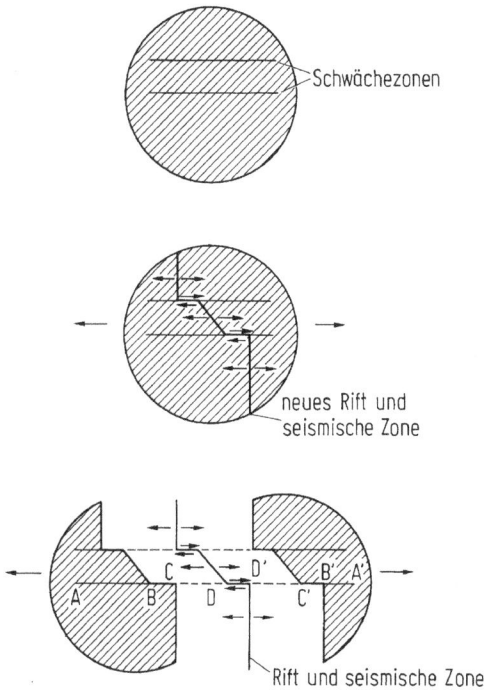

Abb. 1.19   Prinzip der Transformationsverwerfung.

samtbild wird unübersichtlich, weil die Zonen um die *Plattenränder* oft aus einer Vielzahl von abgesplitterten Teilen der kontinentalen Platten, den *Mikroplatten* bestehen. Die Plattenränder sind die Erdbebenzonen. Hier kommt es zu verschiedenen Bewegungsformen. Die *mittelozeanischen Rücken* sind Zerrgebiete, in denen die Kontinente auseinanderdriften. Es entsteht durch das Aufsteigen von untermeerischer Lava neues Krustenmaterial. Die meist schwachen Erdbeben treten hier an *Transformationsverwerfungen* auf (s. Abb. 1.19): Verwerfungen dieses Types gibt es auch im Festland (z. B. Gutdeutsch u. a. 1987). An Zonen mit Tiefbebenherden findet Kollision zweier Platten statt, wobei eine von beiden steil unter die andere gepreßt wird und dabei Krustenmaterial mitschleppt. Hierdurch entstehen die Tiefseegräben und die jungen Faltengebirge. Der abtauchende Teil kann bis in Tiefen von 700 km hinunterreichen (*Subduktionszone*, s. Abb. 1.20). Dieses Konzept setzt freilich voraus, daß unter der Lithosphäre eine weichere Schicht existieren muß, die *Asthenosphäre*, in der die Antriebsmechanismen vermutet werden.

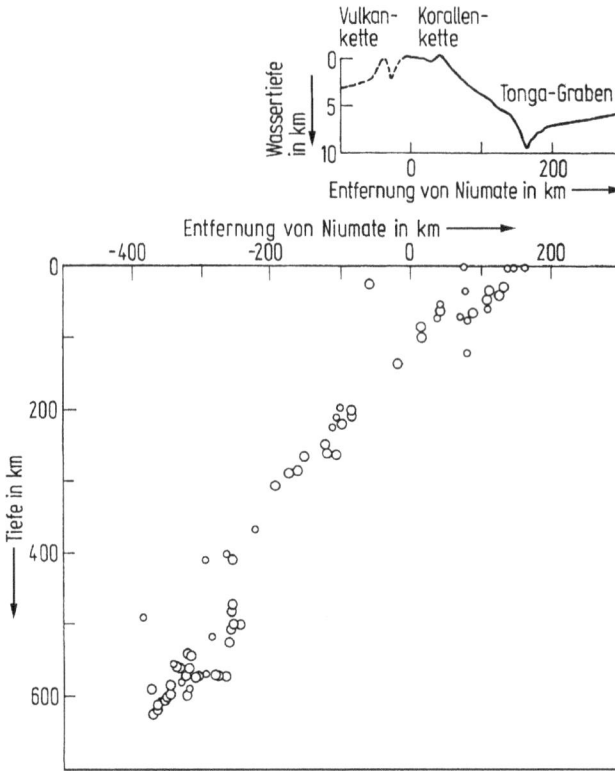

Abb. 1.20   Tiefbebenherde unter dem Tonga-Bogen im Südpazifik. Der Vertikalschnitt zeigt, daß die Bebenzentren sich an einer schmalen Zone häufen, die unter dem Tiefseegraben beginnt und von dort unter einem Winkel von etwa 45° bis zu einer Tiefe von ca. 600 km abtaucht (Subduktionszone, umgezeichnet nach Bolt 1984).

1.2.4 Eigenschwingungen der Erde

Love hat schon 1911 theoretisch vorausberechnet, daß die längste Eigenperiode einer homogenen Kugel mit der gleichen Masse und Ausdehnung der Erde und dem Schermodul von Stahl ungefähr eine Stunde beträgt. Um Schwingungen von derartig langer Periode zu beobachten, benötigt man entsprechend abgestimmte Seismographen oder hochempfindliche Gravimeter, wie sie auch in der Erdgezeitenvermessung benutzt werden. Offenbar werden Eigenschwingungen nur bei sehr großen Weltbeben angeregt, denn zum ersten Mal wurden sie als Folge des Chile-Erdbebens mit der Magnitude 8.5 vom 22. Mai 1960 aufgezeichnet. Die Schwingungen hielten länger als 10 Tage an. Das zweite Weltbeben mit deutlich aufgezeichneten Eigenschwingungen war das Alaska-Beben vom 28. März 1964 mit der Magnitude 8.6 nach Richter.

Die Schwingeigenschaften der Erde werden durch ihre Dichteverteilung und ihre elastischen Parameter bestimmt. Die Bestimmung der Eigenfrequenzen läuft auf die Lösung einer homogenen Schwingungsgleichung hinaus. Bei der Erde muß man außerdem ihre Schwere und Eigenrotation berücksichtigen. Letztere bewirkt eine Aufspaltung der Spektrallinien ähnlich dem Zeeman-Effekt, die überall auf der Erde, nur nicht an den Polen beobachtbar ist. Die Erde kann *sphäroidale* und *torsionale* Schwingungen ausführen, wobei erstere Radialkomponenten hat und letztere in einer Verdrehung der Kugelflächen ohne Radialkomponente besteht. Durch Spektralanalyse der Aufzeichnungen (Gravimeter, Seismometer) gewinnt man Aussagen über den Aufbau der Erde, die die seismologischen Informationen in willkommener Weise ergänzen.

1.3 Aufbau und Geschichte der Erde

1.3.1 Schalenaufbau des Erdinneren

Da die Laufzeitkurven der Erdbeben auf der ganzen Welt fast gleich aussehen, kann man zunächst schließen, daß die Geschwindigkeitsverteilung im Inneren vorwiegend radialsymmetrisch ist. Es gibt Methoden, nach denen man aus der Laufzeitkurve der S- und P-Wellen die radiale Verteilung von V_s und V_p, der Geschwindigkeit der S- bzw. P-Welle, bestimmen kann (Tab. 1.1). Diese funktionieren voraussetzungsfrei in Tiefenbereichen $r < R$, wo – z.B. im Falle von V_p – die Beziehung

$$\frac{V_p(r)}{V_p(R)} \leq \frac{r}{R}$$

erfüllt ist (R = Erdradius, r = Abstand des tiefsten Punktes des beobachteten Wellenstrahles vom Erdmittelpunkt). Nur bei Geschwindigkeitsverteilungen, die diese Beziehung erfüllen, werden die Wellenstrahlen nach oben abgelenkt und kehren zur Erdoberfläche zurück. Wenn von einer bestimmte Tiefe an die Wellengeschwindigkeit stärker abnimmt, reißen die Laufzeitkurven ab. Dieses Abreißen deutet auf das Vorhandensein einer *Geschwindigkeitsinversion* hin, erkennbar daran, daß eine seis-

Tab. 1.1 Geschwindigkeiten V_p, V_s [m/s] einiger magmatischer Gesteine in den Tiefen 5 und 15 km (umgerechnet nach Posgay in Galfi et al., 1967, Kap. 5).

Gestein	Poissonzahl	Dichte [kg/m³] · 10³	Druck/äquivalente Tiefe			
			1.3 · 10⁵ kPa/5 km		4.0 · 10⁵ kPa/15 km	
			V_p	V_s	V_p	V_s
Syenit	0.26	2.61	5900	3400	6100	3500
Dranit	0.23	2.65	5600	3400	5900	3600
Granodiorit	0.24	2.71	5800	3400	6000	3500
Quarzdiorit	0.25	2.73	6000	3500	6100	3600
Diorit	0.26	2.76	6400	3600	6500	3700
Gabbro	0.27	3-04	6800	3800	6900	3900
Olivin-Gabbro	0.27	3.21	7000	3900	7100	4000
Peridotit	0.27	3.35	7400	4200	7500	4200
Dunit	0.27	3.29	7900	4500	8100	4500

mische Welle nur bis zu einer bestimmte Epizentraldistanz beobachtbar ist und dann verschwindet. Es tritt ein „Schatten" auf, der gewissermaßen die Sicht von der Erdoberfläche her abdeckt. Es gibt einige Geschwindigkeitsinversionen im Erdinneren. Weil Laufzeitbeobachtungen der P- und S-Wellen beim Vorhandensein von Inversionszonen auf direktem Wege keine eindeutigen Modelle ermöglichen, bedient man sich zusätzlich der Information aus den Eigenschwingungen der Erde und der Dispersion der seismischen Oberflächenwellen.

Wodurch werden Inversionszonen hervorgerufen? Mit wachsendem Druck nehmen die Geschwindigkeiten der P- und S-Wellen zu, mit wachsender Temperatur aber ab. Da mit der Tiefe beide, Druck und Temperatur zunehmen, hängt es davon ab, ob der Einfluß des Druckes oder der Temperatur überwiegt. Es kann daher sein, daß Geschwindigkeitsinversionen bei gleichbleibendem Gestein vorkommen, dann nämlich, wenn die Temperatur besonders stark mit der Tiefe ansteigt. Im allgemeinen nimmt aber die Wellengeschwindigkeit tatsächlich mit der Tiefe zu. Es gibt auch echte Grenzflächen, an denen sich die Geschwindigkeit sprunghaft ändert. Abb. 1.21 zeigt die Verteilung von V_p und V_s im Erdinneren. Da die Geschwindigkeit vorwiegend mit der Tiefe zunimmt, werden die Wellenwege vom Einfallslot weggebrochen und daher nach oben hin abgebogen.

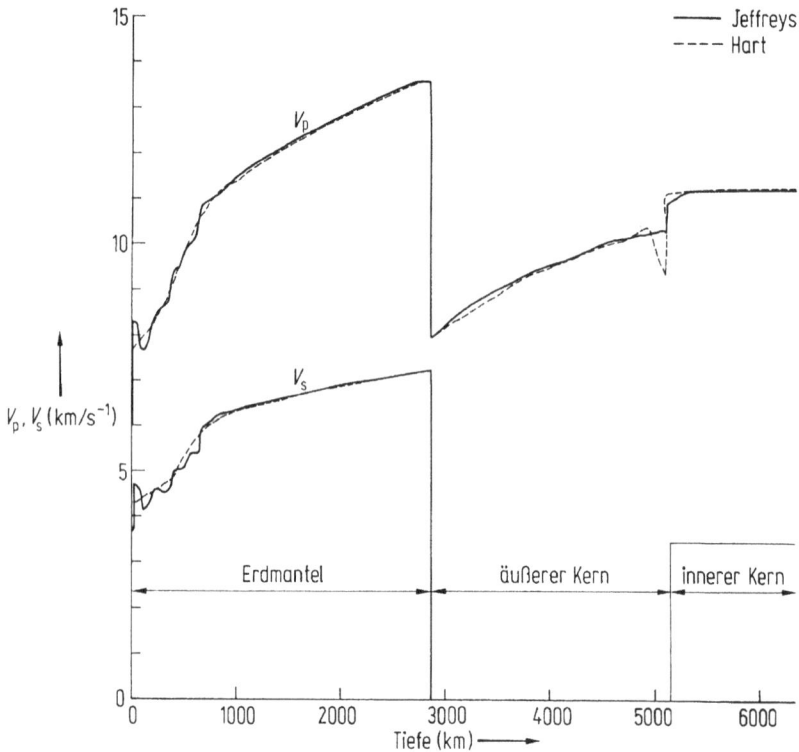

Abb. 1.21 V_p und V_s im Erdinneren. *Gepunktet*: nach H. Jeffreys (The times of *P*, *S* and *SKS*, and the velocities of *P* and *S*. Monthl. Not. R. astr. Soc. geophys. Suppl., **4**, 489–533, 1939). *Gestrichelt*: nach R. S. Hart, D. L. Anderson and H. Kanamori (The effect of attenuation on gross earth models, J. geophys. Res. **82**, 1647–1654, 1977) (nach Bott 1982).

In älteren Arbeiten findet man allein auf Grund seismologischer Evidenzen eine Einteilung der Erde in 6 konzentrische Kugelschalen, von außen nach innen: Erdkruste, oberer Erdmantel, Zwischenschicht, unterer Erdmantel, äußerer Erdkern und innerer Erdkern. Neuere Arbeiten weichen teilweise davon ab, weil genauere Untersuchungen und das Aufkommen neuer Einsichten andere Zuordnungen sinnvoll erscheinen lassen.

Weltweit nachweisbar ist die untere Begrenzung der Erdkruste, deren Entdeckung auf den Seismologen Mohorovicic zurückgeht. Er beobachtete ein Abknicken der Laufzeitkurve der P-Wellen eines kroatischen Erdbebens von 1909 in ca. 100 km Herddistanz und schloß daraus auf das Vorhandensein einer echten Grenzfläche in ca. 50 km Tiefe. Die nach ihm benannte Grenzfläche liegt im Mittel bei 33 km Tiefe unter den Kontinenten und in ca. 12 km unter den Ozeanen. An ihr steigt die P-Wellengeschwindigkeit sprunghaft von ca. 6.5 km/s auf ca. 8.1 km/s. Man nimmt an, daß die Erdkruste, also die äußerste Schale von ca. 33 km Dicke überwiegend aus Sedimenten oder aus durch Umschmelzung aus sedimentären Gesteinen entstandenen Erstarrungsgesteinen besteht. Sie ist weltweit sehr genau, vor allem mit seismischen und gravimetrischen Messungen, untersucht worden. Die Ergebnisse zeigen, daß sie unter jungen Faltengebirgen bis über 60 km in die Tiefe reicht (Gebirgswurzeln) und überdies eine laterale Feinstruktur aufweist, die wichtige Hinweise auf die Gebirgsbildung gibt. Man hat in der Erdkruste auch Geschwindigkeitsinversionen gefunden.

Der deutliche Geschwindigkeitssprung an der Mohorovicic-Diskontinuität folgt aus einer Unstetigkeit der elastischen Parameter und könnte durch eine Änderung der chemischen Beschaffenheit des Gesteins hervorgerufen sein. Unter den Druck- und Temperaturverhältnissen der unteren Erdkruste kommen ultrabasische Gesteine für eine so hohe P-Wellengeschwindigkeit in Betracht (vgl. Tabelle am Ende des Buches). Der obere Erdmantel dürfte aus ultrabasischem Material, also eisenreichen Silikaten, zusammengesetzt sein. Erdkruste und oberer Erdmantel sind überwiegend der Schauplatz beobachtbarer oder indirekt nachweisbarer geologischer Prozesse. Dies hat zur Folge, daß sie ziemlich inhomogen aufgebaut sind, d. h. es kommen sehr interessante laterale Aufweichungen der physikalischen Parameter vor. Sie zeugen von Strukturen, die die neueren Ansichten der Plattentektonik über die Entwicklungsgeschichte der Erde begründen. Eine besondere argumentative Stütze bildet die von Gutenberg 1953 postulierte und seither durch Beobachtung seismischer Oberflächenwellen nachgewiesene Inversionszone für Scherwellen in einer Tiefe von 80–200 km. Abnahme der Scherwellengeschwindigkeit bedeutet aber Abnahme des Widerstandes gegen eine Formänderung. Die Annahme ist also begründet, daß sich in diesem Tiefenbereich die Temperatur der Schmelztemperatur nähert und daß das Gestein sich nicht idealelastisch sondern eher viskoelastisch verhält. Massenbewegungen mit Zeitkonstanten geologischer Vorgänge sind durchaus denkbar.

Seitdem die neuen Ansichten der Plattentektonik (s. Abschnitt 1.3.4) Fuß gefaßt haben, neigt man eher dazu, die obersten Schalen der Erde in die vorwiegend starre Lithosphäre und die darunterliegende weiche Asthenosphäre, einzuteilen. Man faßt also Erdkruste und obersten Erdmantel als Lithosphäre zusammen, was auch physikalisch sinnvoll ist. Die Asthenosphäre bezeichnet die oben erwähnte Inversionszone.

Bei etwa 20° Herddistanz ändert sich die Neigung der Laufzeitkurven seismischer Wellen innerhalb eines kurzen Entfernungsbereichs. Dies ist ein Hinweis darauf, daß die Wellen einen Tiefenbereich mit abweichendem Geschwindigkeitsgradienten erreicht haben. Genauere Untersuchungen zeigen, daß es sogar mehrere solcher Tiefenbereiche gibt. Man sieht sie im Zusammenhang mit Phasenänderungen eisenhaltiger Silikate, die mit wachsendem Druck in Konfigurationen mit weniger Raumbedarf übergehen. Die Übergänge finden in 400 und 670 km Tiefe statt.

Der untere Erdmantel, ab etwa 1000 km Tiefe, ist weit homogener als der obere. Seine Grenze zum äußeren Erdkern wird in einer Tiefe von 2898 km erreicht. Hier fällt die P-Geschwindigkeit von 13.7 km/s auf 8.1 km/s und die S-Geschwindigkeit von 7.30 km/s auf Null. Es liegt eine Inversionszone vor, die zu einer Schattenzone für P-Wellen ab 103° Herddistanz führt. Das Verschwinden der S-Geschwindigkeit zeigt an, daß der äußere Erdkern nicht fest ist. Innerhalb dieser Schattenzone treten aber spätere P-Einsätze auf, die durch das Vorhandensein eines inneren Erdkerns erklärt werden, an dem die Geschwindigkeit wieder ansteigt. Da es sehr schwer ist, die den inneren Erdkern durchlaufenden Scherwellen zu messen, war man sich lange nicht sicher, ob er fest ist. Mehr Klarheit haben neuere Untersuchungen, besonders die der Eigenschwingungen der Erde nach dem großen Alaskabeben von 1964 gebracht. Innerer und äußerer Erdkern geben uns wichtige Hinweise auf die Entstehungsgeschichte der Erde (s. auch die Abschn. 1.3.3 und 1.3.4).

Die Formeln für die P-Wellengeschwindigkeit

$$V_p = \sqrt{\frac{\left(\frac{4}{3}\kappa + \mu\right)}{\varrho}}$$

und die S-Wellengeschwindigkeit

$$V_s = \sqrt{\frac{\mu}{\varrho}}$$

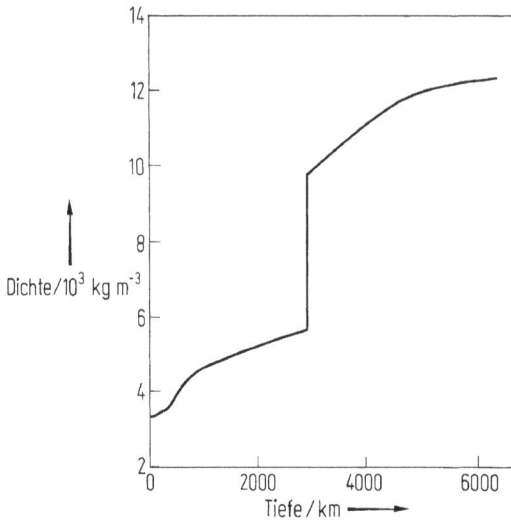

Abb. 1.22   Dichteverteilung im Erdinneren (nach Bott, 1982).

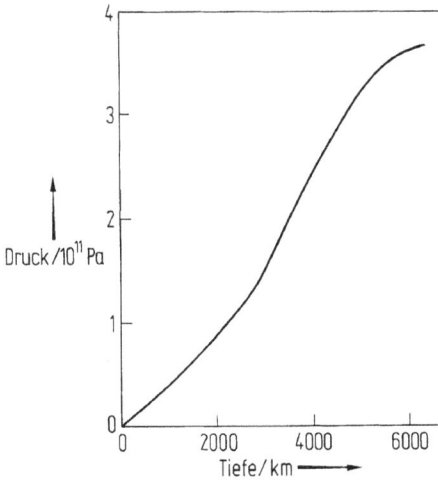

Abb. 1.23 Druckverteilung im Erdinneren (nach Bott, 1982).

enthalten drei Parameter: die dynamische Inkompressibilität κ, den Schermodul μ und die Dichte ϱ. Wenn man V_p und V_s kennt, ist man also noch nicht in der Lage, die drei Parameter zu bestimmen. Man braucht noch weitere Informationen. Diese gewinnt man aus gewissen Nebenbedingungen, etwa der Vorgabe von Gesamtmasse und Hauptträgheitsmomenten der Erde. Auch das Vorhandensein echter Grenzflächen im Erdinneren, an denen sich physikalische Parameter sprunghaft ändern, wird als Nebenbedingung verwendet. Als Ergebnis folgt eine Dichteverteilung (Abb. 1.22), die mit diesen Vorgaben in Einklang steht. Abb. 1.23 zeigt die daraus folgende hydrostatische Druckverteilung im Erdinneren, die im Erdmittelpunkt den Wert von $3.6 \cdot 10^{11}$ Pa (1 Pascal = 1 N/m²) erreicht.

1.3.2 Temperatur und elektrische Leitfähigkeit

Unsere Vorstellungen über die Temperaturverteilung im Erdinneren enthalten viel mehr hypothetische Elemente als die der mechanischen Eigenschaften und sind daher weniger gut belegt. Direkt messen kann man die Temperatur ja nur bis in einige Kilometer Tiefe. Ihrem mittleren vertikalen Gradienten an der Erdoberfläche von 3 K/km ist, wenn reine Wärmeleitung vorliegt, eine aufwärts gerichtete Wärmestromdichte von $q_E \approx 60$ mW/m² zuzuordnen. Dieser Wert wird in den Gebieten junger tektonischer Aktivität (Erdbeben- und Vulkanische Gebiete) über- und in den Gebieten der geologisch konsolidierten alten Schilde (nördliches Rußland, Kanada, usw.) etwas unterschritten. Die kontinentale Tiefbohrung der Sowjetunion auf der Halbinsel Kola in Nordsibirien zeigt bis zu einer Tiefe von ca. 11 km eine langsame Zunahme des geothermischen Gradienten (Kozlovsky 1984). Die Erde verliert also dauernd Wärme an den Weltraum, wenn auch nur wenig, wobei die Wärmeproduktion vorwiegend aus radioaktiven Prozessen, durch den Zerfall des natürlichen Urans (99.2 % ^{238}U, 0.71 % ^{235}U, 0.01 % ^{234}U), des Kaliums (0.0119 %

Tab. 1.2 Radioaktive Wärmeproduktion in Gesteinen
(umgerechnet nach Kappelmeyer und Haenel, 1977, Buntebarth, 1980).

	Konzentration in 1 t Gestein in g		Th	K/U	Leistung durch Masse in $W\,kg^{-1}$	Dichte in $10^{-3}\,kg\,m^{-3}$	Dicke einer Schicht in km, die $q = 60\,mW/m^2$ erzeugt
	U	K					
Sedimente	3.00	$2 \cdot 10^4$	5.0	$6.7 \cdot 10^4$	$50000 \cdot 10^{-14}$	2.3	59
Granit	4.75	$3.79 \cdot 10^4$	18.5	$8.0 \cdot 10^3$	$110000 \cdot 10^{-14}$	2.7	22
Basalt	0.60	$0.84 \cdot 10^4$	2.7	$1.4 \cdot 10^4$	$16000 \cdot 10^{-14}$	3.0	140
Eklogit mit wenig U	0.048	360	0.18	$7.5 \cdot 10^3$	$1100 \cdot 10^{-14}$	3.2	1900
Eklogit mit viel U	0.250	2600	0.45	10^4	$4600 \cdot 10^{-14}$	3.2	460
Peridotit	0.015	63	0.05	$4.2 \cdot 10^3$	$300 \cdot 10^{-14}$	3.2	7000
Dunit	0.008	8	0.023	10^3	$140 \cdot 10^{-14}$	3.3	14000
Chondrite	0.012	845	0.040	$7.04 \cdot 10^4$	$20 \cdot 10^{-14}$	3.6	

^{40}K) und des Thoriums (^{232}Th) stammt. Diese Elemente sind in den meisten Gesteinen in Spuren vorhanden. In der Tab. 1.2 sind die wichtigsten in Gesteinen vorkommenden Isotope und ihre Beiträge zur Wärmeproduktion dargestellt. Eine Abschätzung zeigt, daß eine Granitschicht von 20 km Dicke wegen ihres hohen U- und K-Gehaltes bereits ausreicht, um die terrestrische Wärmestromdichte q_E hervorzurufen. In diesem Falle würde aber die gesamte Wärmeproduktion in der Erdkruste stattfinden. Das widerspricht der Beobachtung, daß q_E auf den Ozeanböden, wo die Erdkruste nur sehr dünn ist, praktisch genauso groß ist wie auf den Kontinenten. Wenn man annimmt, daß die gesamte Erde aus dem gleichen Material wie die Steinmeteoriten (Chondrite) besteht, würde die hierdurch erzeugte Wärme ebenfalls zur Erklärung von q_E ausreichen.

Über die Tempertur T im tieferen Erdinneren gibt es nur indirekte Hinweise durch den spezifischen elektrischen Widerstand ϱ und durch den besser bekannten hydrostatischen Druck (die Verteilung von ϱ wird durch erdmagnetische Tiefensondierungen gewonnen, s. Abschn. 1.4.4.5). Da aber bei 1200 K Halbleitereigenschaften überwiegen, kann man eine Beziehung zwischen ϱ und T der Form

$$\varrho = \varrho_0\, e^{E/kT}$$

verwenden (ϱ_0 = Konstante, T = Temperatur, k = Boltzmann-Konstante, E = Aktivierungsenergie). Man hat im Gutenberg-Kanal eine Zone verringerten spezifischen Widerstandes gefunden und daraus geschlossen, daß die Temperatur hier anormal hoch sein müßte. Es wird beinahe Schmelztemperatur erreicht. Im äußeren Erdkern wird sie unter-, im inneren Erdkern überschritten. Heute werden Modelle der Temperaturverteilung diskutiert, die Maximalwerte von 7000 K im Erdmittelpunkt voraussagen.

1.3.3 Alter und Entwicklungsgeschichte der Erde

Der Zerfall radioaktiver Isotope in den Gesteinen wird zur Bestimmung der Entstehungszeit des betreffenden Gesteins verwendet. Auf Grund der radioaktiven Altersbestimmung ist eine Datierung der geologischen Epochen erfolgt, die in Abb. 1.24 wiedergegeben ist. Die Paläogeophysik kennt aber auch weitere Methoden, wie etwa die der *geomagnetischen Zeitskala*, welche die Zeiten des Umklappens des Erdmagnetfeldes verwendet. Darüber mehr in Abschn. 1.4.1.1.

Man nimmt heute auf Grund der Altersbestimmung von Steinmeteoriten an, daß die Erde rund 4.5 Milliarden Jahre alt ist. Ihre ältesten kontinentalen Gesteine sind etwa 3.8 Milliarden, ihre ozeanischen erstaunlicherweise höchstens 200 Millionen Jahre alt. Die Ozeane sind also geologisch sehr junge Gebilde.

Die Diskussion über Temperaturverteilung und Alter der Erde führen auf die sehr interessanten Fragen nach ihrer frühen Entwicklungsgeschichte. Zu ihrer Beantwortung helfen auch Analogieschlüsse durch Vergleich mit anderen Planeten und ihren Trabanten (Abplattung an den Polen, Formierung eines nicht festen äußeren und festen inneren Kernes usw.). Es konkurrieren heute zwei Hypothesen, die des *homogenen Akkretionsmodelles* und des *inhomogenen Akkretionsmodelles*. Beide enthalten in ihren Grundzügen die schon auf Kant und Laplace zurückgehende Nebularhypothese. Hiernach ist die Erde auf kaltem Wege aus einer Wolke kosmischen Staubes durch gravitative Ansammlung von Materieteilchen entstanden. Beim homogenen Akkretionsmodell erfolgt die Ansammlung durch homogenes Material. Erst bei den später einsetzenden höheren Temperaturen durch Druckerhöhung und radioaktive Prozesse kommt es zur Trennung der ungleich dichten Gesteine durch Steigerung und zur Bildung des Erdkerns. Ernsthaft diskutiert wird aber vor allem das inhomogene Modell. Nach dieser Vorstellung entstand zunächst eine Ansammlung aus eisenreicher Urmaterie, die durch Durchschmelzen infolge Umwandlung von Gravitations- in Wärmeenergie und durch radioaktive Prozesse den Erdkern und den unteren Erdmantel bildete. Durch weitere gravitative Anlagerung von leichteren kosmischen Staubpartikeln entstand dann der obere Erdmantel, aus dem sich schließlich die Erdkruste absonderte.

1.3.4 Geschichte der Lithosphäre und globale Tektonik

Die intensive Erforschung der Lithosphäre in jüngsten Jahren hat viel Licht in unsere Vorstellungen über ihre Entwicklungsgeschichte gebracht. Hierzu haben nicht nur die Seismologie durch ihre Festlegung der Plattenränder als seismische Zonen, sondern auch andere geowissenschaftliche Disziplinen beigetragen. Bei der magnetischen Vermessung der Tiefseegebiete erhielt man ein seltsames Streifenmuster magnetischer Anomalien, das etwa parallel und in seiner Form sogar symmetrisch zu den Tiefseegräben verläuft (Abb. 1.25). Zunächst rief dieses Ergebnis Erstaunen hervor, erstens weil es in allen Tiefseegebieten gleichartig auftrat und zweitens weil man von Messungen auf den Kontinenten solche Strukturen überhaupt nicht kennt. Dieses Streifenmuster hat Hess 1962 und Dietz 1961 zur Theorie des *Sea floor spreading* inspiriert. Man könnte diese Bezeichnung sinngemäß mit „*langsame Verbreiterung des Meeresbodens*" übersetzen. Damit ist folgendes gemeint: In dem Längsspalt

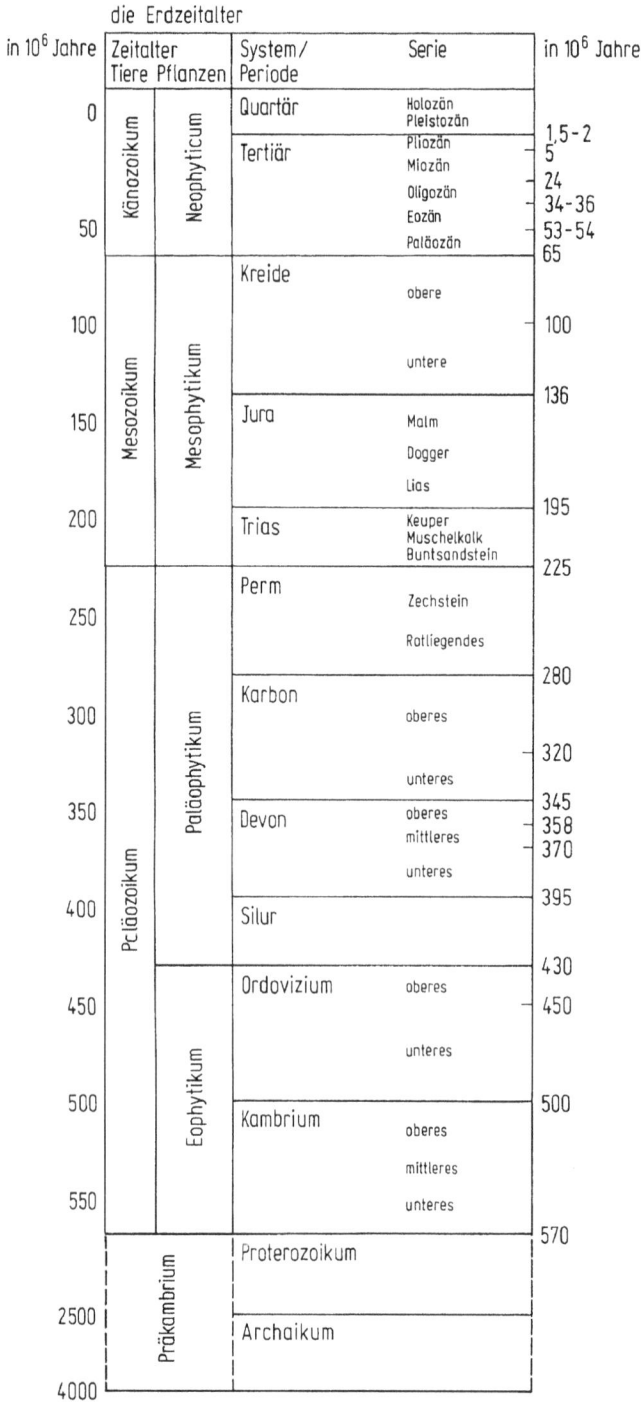

Abb. 1.24 Zeittafel der geologischen Epochen (entnommen aus Beiblatt zu „Spektrum der Wissenschaft").

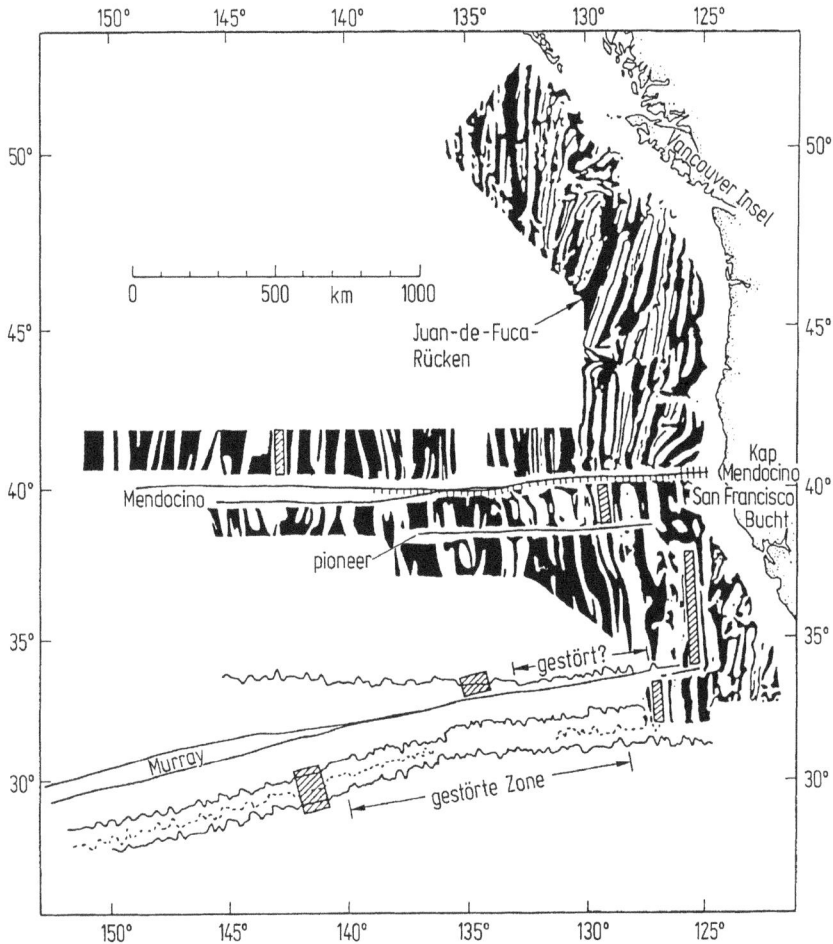

Abb. 1.25 Streifenmuster magnetischer Anomalien vor der Westküste Nordamerikas. Positive Anomalieen sind schwarz ausgezeichnet. Sie verlaufen annähernd symmetrisch zum zentralen Tiefseerücken (Juan de Fuca-Rücken), welcher die Grenze zwischen zwei Platten markiert. Entlang des Rückens bildet sich durch Emporquellen heißen Mantelmaterials neue Erdkruste. Durch geologische Bruchzonen sind die magnetischen Anomalien stückweise etwa in ost-westlicher Richtung versetzt (aus Bott, 1982).

des mittelozeanischen Rückens quillt von Zeit zu Zeit Lava mit vorwiegend basaltischer, also eisenreicher Zusammensetzung aus dem Erdmantel nach oben. Die thermoremanenten Mineralien des Gesteins, vor allem der Magnetit (Fe_3O_4), werden durch Auskühlung bei der Auskühlung unter den Curie-Punkt durch das Erdmagnetfeld magnetisiert. Wegen der schon erwähnten erdmagnetischen Feldumkehr in verschiedenen geologischen Zeiten kommt es zu nebeneinander geschichteten Basaltlagen mit entgegengesetzter Magnetisierung und dem Streifenmuster der magnetischen Anomalie. Diese Streifen stellen Zeitmarken der Bewegungsvorgänge der Platten durch die im Abschn. 1.4.3 erwähnte geomagnetische Zeitskala dar. Man liest daraus ab, daß entlang der Tiefseerücken fortwährend neues Krustenmaterial entsteht, indem die Flanken auseinanderrücken und der entstehende Spalt sich mit basaltischem Gestein füllt. Das Gestein muß also umso älter sein, je weiter es vom Tiefseerücken entfernt liegt. Diese Theorie hat bahnbrechende neue Einsichten über die Erdgeschichte zur Folge gehabt. Es ist zum Beispiel herausgekommen, daß die Ozeane ziemlich junge Gebilde sind, verglichen mit der kontinentalen Kruste, die aus verschiedenen Gesteinen, darunter solchen aus dem Präkambrium mit einem Alter von bis zu 3.5 Milliarden Jahren besteht. Auf Grund paläomagnetischer Befunde (s. Abschn. 1.4.3) läßt sich auch die Lage der Kontinente in verschiedenen Epochen in bezug auf den magnetischen Pol bestimmen. Abb. 1.26 zeigt, wie man sich heute die Wanderung der Festländer seit dem Kambrium auf der Erdoberfläche vorstellt. Hiernach müssen sich alle Festlandmassen nach einer sehr bewegten Geschichte schließlich vor ca. 200 Millionen Jahren zu einem Superkontinent, der Pangäa, vereinigt haben. Dieser zerbrach dann in einzelne Stücke. Den darauf folgenden Ablauf der Bewegungen der Kontinentalplatten bis ins geologische Mittelalter hinein kann man mit Hilfe der erdmagnetischen Zeitskala rekonstruieren. Man kann z.B. die Geschichte der Ablösung der eurasischen von der amerikanischen Platte durch eine Drehung Eurasiens entgegen dem Uhrzeigersinn nachvollziehen. Auch Prognosen für die geologische Zukunft lassen sich anstellen: Es bildet sich z.B. im Roten Meer ein neuer Tiefseerücken, der im Verlauf der Verbreiterung einen neuen Ozean entstehen lassen wird.

Es bedurfte freilich weiterer Evidenzstücke zur Stützung dieser Theorie. Zum Beispiel war es wichtig zu wissen, ob wirklich eine Umkehr der Magnetisierungsrichtung der Gesteine die Ursache für das Streifenmuster war. Um dies zu prüfen, mußten orientierte Gesteinsproben aus Bohrungen genommen werden. Das erwies sich als erhebliches technisches Problem, was man versteht, wenn man sich einmal die Bedingungen auf See vor Augen hält: Die Ozeane sind etwa 5 km tief. Man kann daher keine Bohrinseln wie im Schelfgebiet anlegen sondern muß alle Arbeiten vom Schiff aus machen. Dieses unterliegt der Abdrift (bis zu einigen m/s) und den durch den Seegang bedingten unregelmäßigen Schiffsbewegungen. Es ist dann ein Problem, nach dem Ziehen und Verlängern des Gestänges das Bohrloch in 5 km Tiefe wiederzufinden. Dies entspricht etwa der Aufgabe, von der schwankenden Spitze des Eiffelturms einen Strohhalm herunterzuwerfen, so daß er genau in die Öffnung einer unten aufgestellten Flasche fällt. Man hat diese Aufgabe durch ein ausgeklügeltes System von sonargesteuerten Antriebsmechanismen gelöst. Das erste von den Amerikanern für Tiefseebohrungen 1968 bis 1984 eingesetzte Forschungsschiff Glomar-Challenger ist durch diese und viele andere sehr bedeutsame geowissenschaftliche Arbeiten bekannt geworden. Seit 1984 werden diese Arbeiten mit dem neuen und moderner ausgerüsteten Forschungsschiff JOIDES Resolution im Rahmen des ODP (s. Abschn. 1.5) fortgesetzt (JOIDES = **J**oint **O**ceanographic Institutions for **D**eep **E**arth **S**ampling).

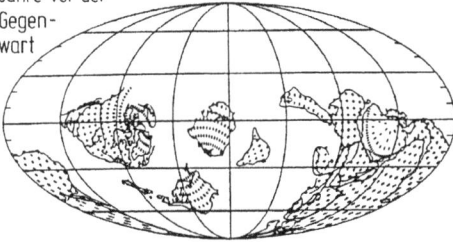

540 Millionen Jahre vor der Gegenwart

240

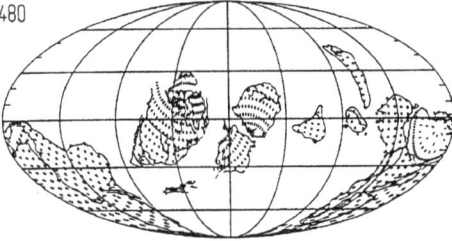

480

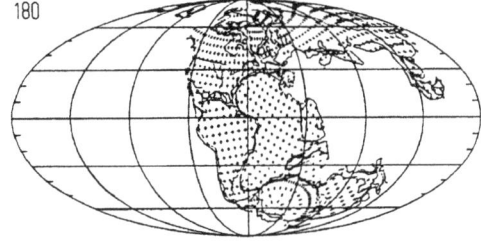

180

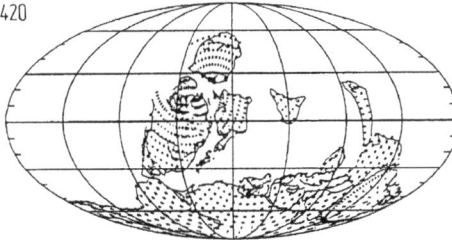

420

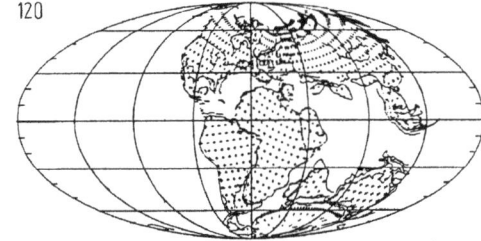

120

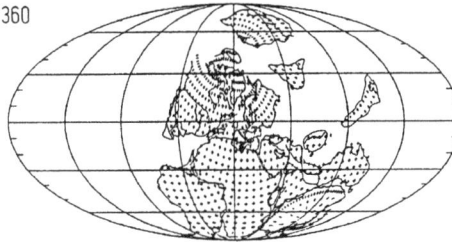

360

60

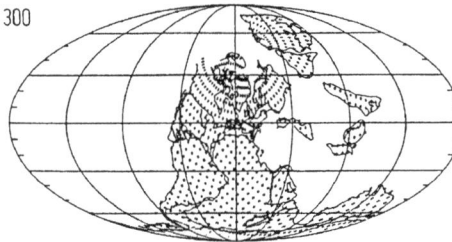

300

Gegenwart

Abb. 1.26 Verteilung der Festländer auf der Erde seit dem Kambrium. Die Zahlen geben die verflossene Zeit in Einheiten von Millionen Jahren an. Bis etwa zur Trias wuchsen die Kontinente zu einem Superkontinent Pangäa zusammen, der danach wieder auseinanderbrach (nach Sievers, 1987).

1.4 Erdmagnetismus und damit verbundene Erscheinungen

Der natürliche Magnetismus von Gesteinen war vermutlich schon Thales von Milet (624–544 v. Chr.) bekannt. In chinesischen Schriften um die Zeitenwende wird der Kompaß als Navigationsinstrument erwähnt. Um 1600 stellt der Engländer William Gilbert den damaligen Wissensstand über den Erdmagnetismus zusammen und vergleicht in einem Modellexperiment die Erde mit einer Kugel aus Magneteisen.

1.4.1 Meßmethoden und Beobachtungsmaterial

Das erdmagnetische Feld ist ein Vektorfeld mit den drei Komponenten X (nach Norden), Y (nach Osten) und Z (nach unten). In einem weltweiten Netz von Observatorien werden regelmäßig die erdmagnetischen Elemente, d. h. X, Y und Z oder daraus abgeleitete Größen wie etwa die Totalintensität $T = \sqrt{(X^2 + Y^2 + Z^2)}$, die Horizontalintensität $H = \sqrt{(X^2 + Y^2)}$ oder die Deklination $D = \arctan(Y/X)$ gemessen und die erhaltenen Werte in Bulletins publiziert. Diese dienen dazu, weltweit die Variationen des Erdmagnetfeldes zu erfassen und auch Karten der erdmagnetischen Elemente für bestimmte *Epochen* (Jahresmittelwerte) zu erstellen. Viele Observatorien, wie z. B. in Göttingen, Wien oder Straßburg, existieren schon weit über hundert Jahre, so daß heute ein sehr reiches Beobachtungsmaterial zur Verfügung steht.

Bei den „klassischen" Methoden der Feldmessung wird das Erdmagnetfeld mit dem Feld eines Permanentmagneten mit bekanntem magnetischen Moment verglichen. Diese in vielfältiger Form abgewandelte Methode geht im Prinzip auf C. F. Gauß zurück. Da sich die magnetischen Eigenschaften und die Ausdehnung des Systems mit der Temperatur ändern, ist es nötig, bei einer weitgehend konstanten Raumtemperatur zu arbeiten, was einigen technischen Aufwand erfordert. Seit Beginn der 60er Jahre verwendet man zunehmend Meßinstrumente, die diesen Nachteil nicht in solchem Maß besitzen. Das sind vor allem die Protonen-Präzessionsmagnetometer und die Absorptionszellen-Magnetometer. Bei beiden wird die Intensitätsmessung der Totalintensität auf eine Frequenzmessung zurückgeführt, was sehr genau gemacht werden kann. Beim Protonen-Präzessionsmagnetometer nutzt man die Tatsache aus, daß die meisten Atomkerne sowohl ein spontanes magnetisches Moment als auch einen Drehimpuls, den Kernspin, besitzen. Sie verhalten sich wie Kreisel. Gerät nun ein solcher Kreisel in ein äußeres Magnetfeld, so wirkt auf ihn ein Drehmoment, dem er im rechten Winkel ausweicht und eine Präzessionsbewegung um die Richtung dieses Feldes ausführt. Zwischen der Präzessionsfrequenz ν_p und der Totalintensität T besteht die lineare Beziehung

$$\nu_p/\mathrm{Hz} = p\, T/\mathrm{nT}$$

(1 Nanotesla = 1 nT = 10^{-9} Tesla). Der Proportionalitätsfaktor $p = 0.042576$ hängt nur von inneratomaren Parametern ab und ist direkt proportional dem magnetischen Moment des Protons. Er hängt nicht von der Temperatur ab, was ein gewaltiger Vorteil gegenüber den klassischen Beobachtungsmethoden ist. Für das erdmagnetische Feld in mittleren Breiten mit T = 60 000 nT kommt man auf die Frequenz von etwa 2500 Hz, die sehr genau gemessen werden kann. Der Meßvorgang besteht

aus zwei Schritten. Beim Polarisieren werden die Elementarkreisel der Flüssigkeit, die sich in der Meßsonde befindet, durch ein starkes künstliches Magnetfeld nach Möglichkeit senkrecht zur Richtung des Erdfeldes ausgerichtet. Dieser Vorgang dauert 2 bis 5 Sekunden. Dann wird das Polarisationsfeld abgeschaltet. Die Elementarkreisel präzedieren nun um die Richtung des Erdfeldes, was zur Induktion einer elektrischen Wechselspannung mit der Präzessionsfrequenz in der Spule führt. Diese Frequenz wird gemessen. Die Empfindlichkeit ist proportional dem Faktor p und über das magnetische Moment auch proportional dem Verhältnis e/m_e (m_e: Masse des Protons, e = Ladung des Protons). Protonenpräzessionsmagnetometer sind imstande, Feldanomalien aufzulösen, die kleiner als 0.1 nT sind, also nur den millionsten Teil des erdmagnetischen Hauptfeldes ausmachen! Noch höhere Empfindlichkeiten werden allerdings mit Geräten erreicht, die den Effekt der Elektronenresonanz ausnützen, weil das magnetische Moment des Elektrons 6570 mal größer ist als das des Protons (Absorptionszellenmagnetometer). Bei ihnen wird die Aufspaltung der Absorptionslinien unter dem Einfluß eines äußeren Magnetfeldes (Zeeman-Effekt) ausgenutzt. Die beiden letztgenannten Magnetometer haben den Vorteil, daß sie vor der Messung nicht in Feldrichtung ausgerichtet werden müssen. Darum verwendet man sie gerne für Messungen in Raumsonden oder im Gelände.

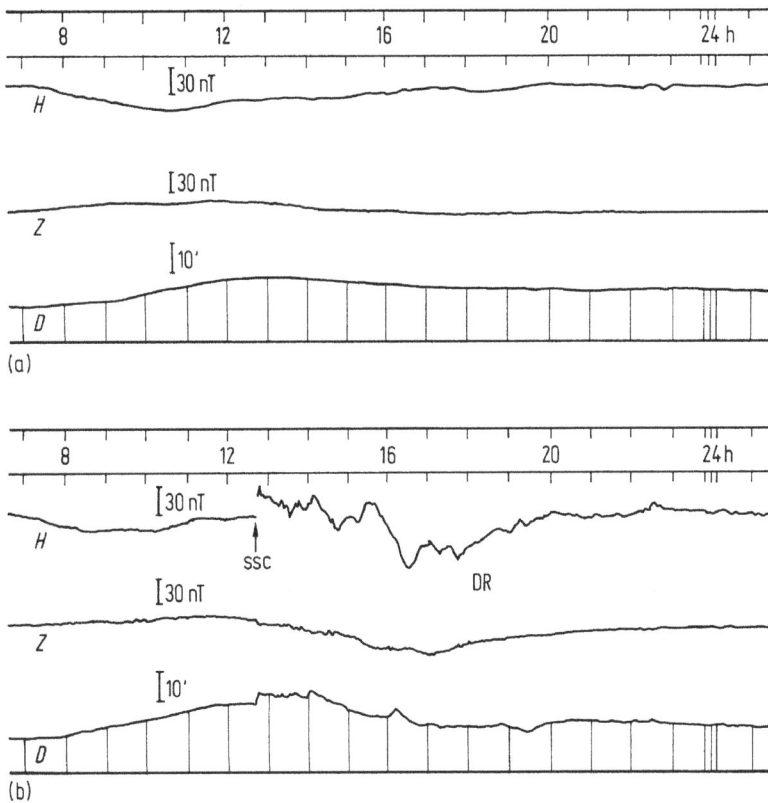

Abb. 1.27 Zwei typische magnetische Registrierungen: (a) ruhiger Tag, (b) unruhiger Tag (aus den Aufzeichnungen des geomagnetischen Observatoriums Wien-Cobenzl, zusammengestellt von Dr. G. Duma, Wien).

Abb. 1.27 zeigt zwei typische Registrierungen von D, H und Z des magnetischen Observatoriums Wien-Cobenzl über eine Dauer von 24 Stunden, und zwar an einem „ruhigen Tag" und einem „unruhigen Tag".

1.4.2 Trennung des Erdmagnetfeldes in einen inneren und einen äußeren Anteil

In erster Näherung ist das erdmagnetische Feld im Außenraum das eines Dipols im Erdmittelpunkt mit dem magnetischen Moment $8 \cdot 10^{22}\,\mathrm{Am^2}$. Der magnetische Südpol befindet sich in der Nähe des geographischen Nordpols. Hier beträgt zur Zeit die erdmagnetische Induktion 62 000 nT. Zu den wichtigsten wissenschaftlichen Leistungen von C. F. Gauß in der Geophysik gehört sein 1839 mit potentialtheoretischen Methoden entwickeltes Trennverfahren des Erdmagnetfeldes. Dieses ermöglicht, das Erdmagnetfeld nach seiner Herkunft in einen inneren und einen äußeren Anteil zu zerlegen. Gauß wies nach, daß der weit überwiegende Teil seinen Sitz im Erdinneren hat (innerer Anteil). Als Ursache des *äußeren Anteiles* nahm er elektrische Ströme außerhalb der Erde an. Diese Vermutung wurde erst durch den experimentellen Nachweis der Ionosphäre durch Appleton und Barnett (Großbritannien) und Breit und Tuve (USA) 1925 bestätigt. Die Parameter des erdmagnetischen Feldes ändern sich mit der Zeit. Gegenwärtig nimmt die magnetische Deklination in Mitteleuropa etwa um 10′ pro Jahr ab. Diesen langperiodischen Veränderungen (Säkularvariationen) stehen die kürzerperiodischen Variationen gegenüber. Um sie zu verstehen, muß man bedenken, daß das Erdmagnetfeld, vor allem seine äußeren Anteile, in einer starken Wechselwirkung mit der Wellen- und Partikelstrahlung der Sonne steht. Diese bewirkt auch andere Effekte wie die Bildung und den Abbau der Ionosphäre und die Nordlichter. Alle diese Phänomene werden, seitdem Raumsonden zur Exploration eingesetzt werden, sehr intensiv erforscht, so daß der Wissensstand darüber in den letzten Jahren sehr stark angewachsen ist.

1.4.3 Erdmagnetisches Innenfeld

Man hat gute Gründe anzunehmen, daß der Innenanteil des Erdmagnetfeldes durch die Bewegung von elektrisch hochleitfähiger Materie im äußeren Erdkern hervorgerufen wird: Die Säkularvariationen des Feldes zeigen an der Erdoberfläche Anomalien, die im Mittel mit einer Geschwindigkeit von einigen km/Jahr nach Westen driften. Da so große Geschwindigkeiten nicht durch geologische Vorgänge zu erklären sind, sieht man sie als Folge von Bewegungen im äußeren Erdkern an. Eine indirekte Stütze erhält diese Theorie auch durch die Beobachtung, daß der Mond praktisch kein eigenes Magnetfeld hat und daß man bisher auch noch keinen flüssigen Mondkern hat nachweisen können. Die Materie im Erdkern muß bei extrem hohen Drücken und Temperaturen eine sehr hohe metallische Leitfähigkeit besitzen. Das bedeutet das Vorhandensein frei beweglicher Elektronen. Wegen des nicht festen Aggregatzustandes der Materie vermutet man Konvektionsvorgänge, die von elektrischen Strömen und einem Magnetfeld begleitet sind. Die Ströme fließen wahrscheinlich im äußeren Erdkern dicht unter der Grenze zum Erdmantel. Entstehung und Aufrechterhaltung des Erdmagnetfeldes sind hiernach mit dem eines selbster-

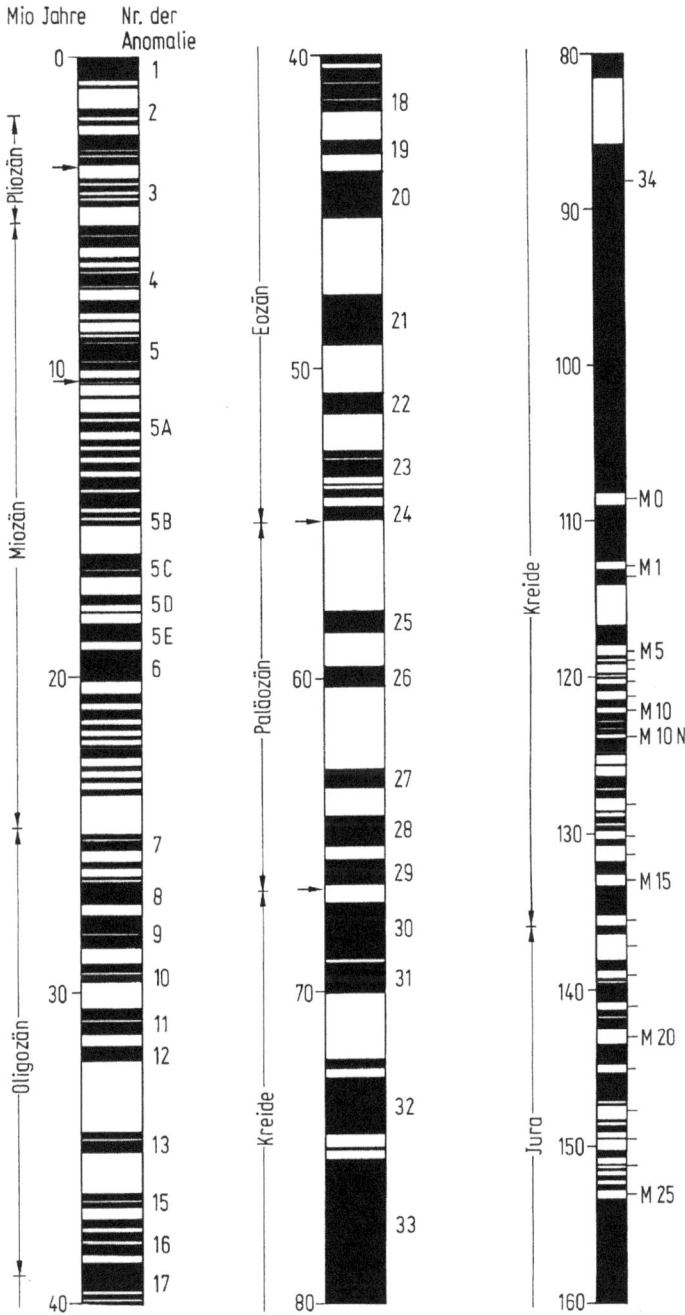

Abb. 1.28   Geomagnetische Zeitskala, Kalibrierungspunkte auf Grund radioaktiver Alters-
bestimmungen in der Skala sind durch Pfeile bezeichnet (nach Bott 1982).

regenden Dynamos zu vergleichen. Über die Ursachen der Konvektion gibt es verschiedene Ansichten, z. B. Absinken und Sedimentation von schwerem und Aufsteigen von leichterem Material. Durch solche Vorgänge wird aber ein Dipolfeld nicht direkt erzeugt. Vielmehr entsteht es in der Folge durch sekundäre Effekte. Eine Schwierigkeit besteht darin, daß man prinzipiell nur jenen Teil des im Erdinneren erzeugten Magnetfeldes messen kann, der an die Erdoberfläche gelangt.

Die Magnetisierung vor allem der Erstarrungsgesteine liefert einen wichtigen Hinweis auf den Zustand des Innenfeldes in der geologischen Vergangenheit. Durch die Thermoremanenz wird das Erdmagnetfeld zum Zeitpunkt der Unterschreitung der Curie-Temperatur im Gestein „eingefroren". Die Arbeitsrichtung des *Paläomagnetismus*, die sich mit diesen Fragen befaßt, hat viel zu unserem heutigen Wissen über die Bewegungen der Kontinente in der geologischen Vergangenheit beigetragen. Aus paläomagnetischen Untersuchungen ist ebenfalls bekannt, daß die Richtung des Dipolfeldes der Erde sich von Zeit zu Zeit umkehrt. Die letzte Feldumkehr geschah vor etwa 500 000 Jahren. Dieses episodische Umklappen des Erdfeldes spiegelt sich in der Magnetisierung der Gesteine wieder. Es hat in Verbindung mit der radioaktiven Altersbestimmung von Gesteinen zur Aufstellung der in Abschn. 1.3.3 erwähnten geomagnetischen Zeitskala geführt, die heute Datierungen bis ins geologische Mittelalter ermöglicht (s. Abb. 1.28). Die Aufstellung einer Theorie des Dynamos im Erdkern muß also auch dieser Beobachtungstatsache Rechnung tragen. Es sind schon theoretische, stark vereinfachte Modelle vorgeschlagen worden, die diesen zeitweilig eintretenden Umklappeffekt enthalten (Parker 1969 und Levy 1972). In diesen werden mehrere getrennte Ringströme vorausgesetzt, die über ihre Magnetfelder miteinander verkoppelt sind.

1.4.4 Erdmagnetisches Außenfeld

1.4.4.1 Antriebsmechanismen durch die Sonnenaktivität

Von der Sonne geht ein ständiger, zeitlich variabler *Partikelstrom* geladener und neutraler Teilchen mit Geschwindigkeiten um 500 km/s aus. Weil es sich um Materie mit der Eigenschaft eines hochverdünnten Gases handelt, spricht man auch vom *Sonnenwind*. Außerdem sendet die Sonne die mit Lichtgeschwindigkeit fortschreitende *elektromagnetische Strahlung* aus. Auf diese Aktivitäten der Sonne reagiert das erdmagnetische Außenfeld wie ein hochsensibler Anzeiger. Dies geschieht durch verschiedene komplizierte Steuermechanismen über verschiedene Zwischenstufen, von denen hier nur die wichtigsten besprochen werden sollen. Man benutzt in der erdmagnetischen Forschung verfeinerte Verfahren der Signalanalyse, um diese Zusammenhänge aufzuspüren, z. B. die „Kreuzkorrelation mit periodischen Signalen" und die Einführung von speziellen Kennziffern, welche die erdmagnetische Aktivität charakterisieren. J. Bartels hat 1949 als global gültiges Maß für die erdmagnetische Aktivität die planetare erdmagnetische Charakterzahl K_p vorgeschlagen. Sie wird in den Observatorien aus der Amplitude der erdmagnetischen Variationen nach einer bestimmten Vorschrift ermittelt. Später zeigten Messungen in Raumsonden, daß K_p eine Korrelation mit vielen von der Sonne gesteuerten Mechanismen wie etwa der Geschwindigkeit des solaren Windes (s. a. Abschn. 1.4.4.2) aufweist.

Um einen Zusammenhang der erdmagnetischen Elemente mit der Sonnenaktivität festzustellen, ist es sinnvoll zu fragen, ob die bekannten Periodizitäten von Sonne und Erde in den Aufzeichnungen der Magnetogramme wiederzufinden sind. Es sind hier vor allem 4 Perioden wichtig: die mittlere synodische Rotationsdauer der Sonne von $T_s = 27.27$ Tagen, der Erde von $T_e = 1$ Sonnentag und der signifikanteste Term, die Gezeitenperiode der Erde von $T_g = 1/2$ Sonnen- bzw. Mondtag. Auch der Zyklus der Sonnenaktivität von etwa 11 Jahren, welcher durch die *Sonnenflecken-Relativzahl* $R = 10 g + f$ ($f = $ Zahl der Fleckengruppen, $g = $ Zahl der einzelnen Flecken) bestimmt werden kann, dürfte einen Einfluß haben. Die Sonnenflecken werden auf lokal begrenzte, starke Magnetfelder auf der Sonnenoberfläche zurückgeführt. Auch andere Formen der Sonnenaktivität wie die Häufigkeit der Protuberanzen (Materieansammlungen in der Photosphäre) und chromosphärische Eruptionen (kurzzeitige Aufhellungen engbegrenzter Gebiete, engl.: *solar flare = sf*), die neben verstärkter Wellenstrahlung auch verstärkte Partikelemission bedeuten können, zeigen einen etwa elfjährigen Gang. Um die Mechanismen zur Steuerung des erdmagnetischen Außenfeldes zu verstehen muß man Eigenschaften von zwei Zonen kennen, welche die Erde einschließen, die *Magnetosphäre* und die *Ionosphäre*. Hier soll in Kürze über die beiden Themen nur das zusammengetragen werden, was zum unmittelbaren Verständnis des Erdmagnetfeldes nötig ist. Mehr über dieses wichtige Gebiet ist in Kap. 6 zu finden.

1.4.4.2 Die Magnetosphäre

Da die numerische Teilchendichte nur bei $5\,\text{cm}^{-3}$ liegt, kann man die Vorgänge auch durch ein hochverdünntes Plasma beschreiben, das mit hoher Geschwindigkeit von der Sonne abgeblasen wird. Man spricht von *Plasmawolken* und vom *solaren Wind*, denn die Prozesse haben viel Ähnlichkeit mit der Strömung eines Gases. Wegen der frei beweglichen Ladungsträger hat das Plasma eine hohe elektrische Leitfähigkeit. Was passiert nun, wenn sich eine solche Plasmawolke der Erde nähert? Das Magnetfeld der Erde, in erster Näherung ein Dipolfeld, induziert auf der Stirnseite der vorrückenden Front elektrische Ströme, deren sekundäres Magnetfeld die Tendenz hat, die Plasmawolke zu bremsen. Dieser Effekt wird umso stärker, je geringer der Abstand r_E zum Erdmittelpunkt ist. Die Front kommt in einer bestimmten Entfernung zum Stillstand, die sich aus dem Gleichgewicht zwischen dem magnetischen Druck des Erdfeldes und dem kinetischen Druck der Plasmaströmung an der Front ergibt. Auf der sonnenzugewandten Seite geschieht dies in der Entfernung von einigen Erdradien vom Erdmittelpunkt. In Wirklichkeit aber kommt der Plasmastrom gar nicht zum Stillstand sondern umfließt die Erde außerhalb eines stromlinienförmigen, die Erde umschließenden Raumes. Diesen Raum nennt man die Magnetosphäre (s. Abb. 1.29), ihre Begrenzung gegen den interplanetaren Raum die *Magnetopause*. Diese ist im sonnenzugewandten Bereich schon ziemlich gut durch magnetische Feldmessungen in Raumsonden erforscht. Über den auf der abgewandten Seite liegenden Schweif weiß man dagegen noch viel weniger. Man kann zeigen, daß trotz der geringen Dichte des Plasmas die Ausbreitungsgeschwindigkeiten der Schallwellen und der hydromagnetischen Alfvén-Wellen vergleichbar mit der Strömungsgeschwindigkeit sind. Das Plasma wird also aus Überschallgeschwindigkeit

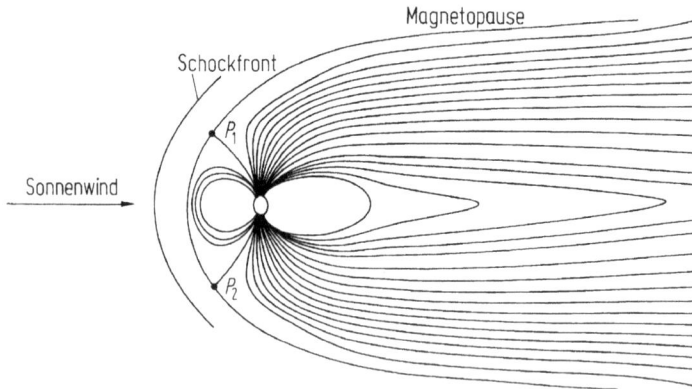

Abb. 1.29   Magnetosphäre (an den Punkten P_1 und P_2 ist die magnetische Feldstärke Null, hier könnten Ladungsträger in die Magnetosphäre eindringen) (nach Bott, 1982).

abgebremst. Darum entsteht, im reziproken Sinne einem die Schallmauer durchbrechenden Düsenflugzeug vergleichbar, eine stehende *Schockfront*. Diese ist der Magnetopause vorgelagert. Störungen an der Schockfront – z. B. nach einer Sonneneruption – können sich durchaus als magnetohydrodynamische Wellen, einem Vorgang ähnlich dem Nachhallen in einem großen Saal, in das Innere der Magnetosphäre ausbreiten. Theoretisch könnte das Plasma nicht in die Magnetosphäre eindringen, denn an der Magnetopause verschwindet im allgemeinen die Normalkomponente der solaren Windgeschwindigkeit. Es gibt nur zwei ausgezeichnete Punkte P_1 und P_2, also zwei „sehr enge Tore", wo dies denkbar wäre, denn hier ist das resultierende Magnetfeld ebenfalls Null.

1.4.4.3 Die Ionosphäre

Im Gegensatz zum solaren Wind dringt die elektromagnetische Strahlung praktisch ungehindert in die Magnetosphäre ein und erreicht die Luftschichten der Erde. In der oberen Atmosphäre kommt es zu Reaktionen mit Luftmolekülen und zur Photoionisation. Da die Strahlungsdichte mit der Höhe zunimmt, die Luftdichte aber abnimmt, entstehen infolge der variablen Zusammensetzung der Luft in verschiedenen Höhen Maxima der Ionenproduktion, die *Ionosphärenschichten*. Die untersten Ionosphärenschichten (D-Schicht in etwa 90 km Höhe und E-Schicht in etwa 100 km Höhe) werden durch Rekombinationsprozesse in der Nacht abgebaut (s. Abb. 1.30). Tagsüber treten zwei weitere Schichten (genauer: Maxima der Ionenkonzentration), die F1- und F2-Schicht, in Höhen zwischen 170 und 300 km auf, die sich in der Nacht zu einer Schicht vereinigen.

In der Ionosphäre breiten sich elektromagnetische Wellen mit Dispersion aus. Die Anwesenheit des Erdmagnetfeldes hat außerdem eine Anisotropie der Brechzahl n und Doppelbrechung zur Folge. Diese ist von dem Winkel zwischen Ausbreitungsrichtung der Welle und der Richtung des Magnetfeldes abhängig. Wichtige Parameter sind die *Plasmafrequenz*

$$f_0 = \frac{1}{2\pi} \sqrt{\frac{N_e e^2}{m \varepsilon_0}}$$

und die *Gyrationsfrequenz*

$$f_g = \frac{e T_n}{2\pi m \mu_0}$$

(N_e = numerische Elektronendichte, e = Ladung, m = Masse des Ladungsträgers, T_n = wirksame Komponente des Erdmagnetfeldes in Tesla, ε_0 = elektrische Feldkonstante, μ_0 = magnetische Feldkonstante); n ist von der Frequenz f abhängig: Wenn sich die Welle z. B. in Richtung des Magnetfeldes ausbreitet, ist

$$n^2 = 1 - \frac{f_0^2}{f(f \pm f_H)}.$$

Das obere Vorzeichen gilt für die *ordentliche Komponente* und das untere für die *außerordentliche Komponente* der Welle. Bei $n = 0$ kehrt die Welle um, so daß man von einer Reflexion sprechen kann. Die Ionosphäre wirkt auf die langen Wellen wie ein Spiegel, kurze Wellen dagegen durchdringen sie. Diese Spiegelwirkung erklärt die Ausbreitung der Rundfunkwellen im Lang- und Mittelwellenbereich durch multiple Reflexionen zwischen Ionosphäre und Erdoberfläche. Störungen wie etwa eine anomal hohe Ionenproduktion im Bereich der D-Schicht nach einer Sonneneruption wirken sich unmittelbar auf ihr Reflexionsvermögen und damit auf den Rundfunkverkehr aus. Darum ist die laufende Überwachung der Ionosphäre durch Observatorien eine dringende Notwendigkeit. In diesen Observatorien werden durch elek-

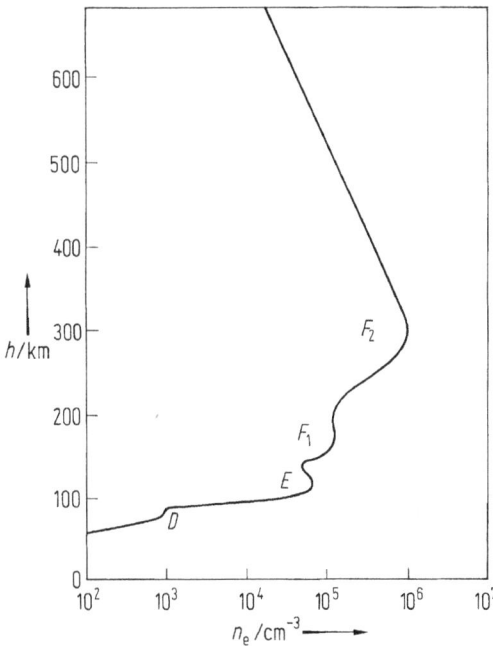

Abb. 1.30   Ionosphäre. h = Höhe, n_e = Elektronendichte (S. Bauer, Graz, private Mitteilung).

tromagnetische Echolotung die Plasmafrequenzen und näherungsweise die Höhen der Ionosphärenschichten bestimmt und in regelmäßig erscheinenden Bulletins publiziert. Seitdem man auch Raumsonden zur Untersuchung der Ionosphäre verwendet, ist das Wissen darüber stark angewachsen. Für die Wirkungen auf das äußere erdmagnetische Feld ist die Tatsache festzuhalten, daß die Erde von einer elektrisch leitenden, vom Sonnenstand abhängigen Schicht umgeben ist, die sich durch Erwärmung bzw. Abkühlung ausdehnt bzw. zusammenzieht und die außerdem den Gezeitenkräften folgt.

1.4.4.4 Pulsationen

Große und kleine Veränderungen des Sonnenwindes bewirken eine Verformung der Magnetopause, ähnlich wie bei einer Seifenblase, die unter einer Windböe zu zittern beginnt. Sie überträgt durch einen komplizierten Mechanismus Variationen auf das Erdmagnetfeld, z. B. die *Pulsationen*. Diese werden durch kurzzeitige kleinere Schwankungen des Sonnenwindes – etwa von der Dauer einiger Sekunden oder Minuten – erzeugt. Die Störung an der Magnetopause wird in Form von magnetohydrodynamischen Wellen in die Magnetosphäre hinein abgestrahlt. Diese erreichen die Ionosphäre und erzeugen hier elektromagnetische Wellen, die wiederum von einem durch elektrische Leitfähigkeitsunterschiede im Erdinneren beeinflußtes Sekundärfeld begleitet werden. In erdmagnetischen Registrierungen beobachtet man die Pulsationen als die magnetischen Komponenten dieses Vorganges. Sie treten allgemein als unregelmäßige Schwingungen mit kurzer Periode auf. Für die Erforschung des tieferen Erdinneren sind sie sehr wichtig, weil sie über die elektrische Leitfähigkeitsverteilung im Erdinneren Aufschluß geben.

1.4.4.5 Der magnetisch ruhige Tag – S_q- und L-Variationen

Auf der Registrierung an einem magnetisch ruhigen Tag in Abb. 1.27a sieht man einen sehr gleichmäßigen Tagesgang, vor allem in der H-Komponente. Eine genauere Analyse würde hier außerdem einen Halbtagsanteil im Spektrum herausbringen. Es handelt sich um die S_q-*Variation* (S_q = Solar$_{quiet}$). Die S_q-Variation ist von der geomagnetischen Breite abhängig. Für ihre Erklärung hat man den periodischen Auf- und Abbau eines Sonnentages der Ionosphäre und die Gezeitenwirkung auf die Ionosphäre herangezogen. Man kann sich die Ionosphäre als dünne Schicht mit einer hohen elektrischen Leitfähigkeit vorstellen, die mit dem lokalen Sonnenstand variiert. Die Gezeiten bewirken ein Windsystem, welches die beiden sonnenzu- und abgewandten Hochdruckzonen abzubauen sucht, jedoch unterliegt es ebenfalls den ablenkenden Kräften der Coriolisbeschleunigungen und des erdmagnetischen Feldes. Auf diese Weise stellt sich ein System ein, das sich aus 4 Wirbeln jeweils auf der Nord- und Südhalbkugel zusammensetzt. Diese Stromwirbel der Ionosphäre werden von den erdmagnetischen S_q-Variationen begleitet. Die Stromwirbel werden also ähnlich wie die elektrischen Ströme in einem Dynamo erzeugt (s. Abb. 1.31). Hierbei übernimmt die Erde, mit welcher das Erdmagnetfeld fest verbunden ist, die Rolle des Stators. Die Atmosphäre entspricht dann dem Anker und die Ionosphäre

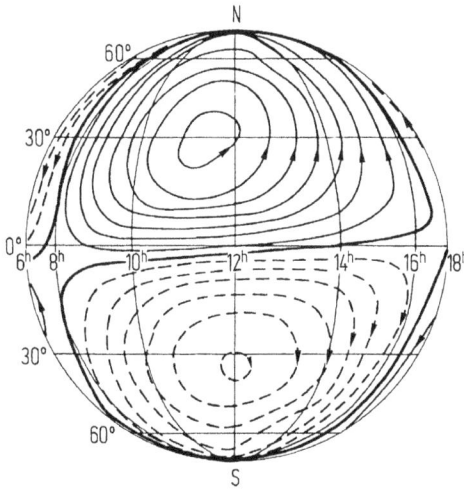

Abb. 1.31 Modell zur Entstehung der S_q-Variation. Stromfunktionen des mittleren ionosphärischen S_q-Stromsystems 1957/58, Koordinaten: magnetische Ortszeit und Breite. Zwischen je zwei Stromlinien fließen 25000 A (nach Kertz, 1964).

der Spule mit den Windungen. Wegen dieser Ähnlichkeit nennt man diesen Mechanismus zur Erklärung des S_q auch *Dynamotheorie*. Von sehr viel kleinerer Amplitude sind die entsprechenden L-Variationen durch den Mond. Ihr Mechanismus ist sehr ähnlich, jedoch überwiegt der halbmondtägige Gang, weil der Mond nur eine Gezeitenwirkung ausübt, aber keine Ionisation bewirkt. Die L-Variationen können nur durch hochauflösende Verfahren der Periodogrammanalyse aus den Aufzeichnungen entnommen werden.

1.4.4.6 Der erdmagnetische Sturm und damit gleichzeitig auftretende Erscheinungen

Abb. 1.27 b zeigt die erdmagnetische Registrierung an einem unruhigen Tag. Sie enthält einen typischen *erdmagnetischen Sturm*, besonders klar erkennbar in der H-Komponente. Er beginnt mit einem plötzlichen Anstieg, dem ssc = sudden storm commence. Danach folgt ein starker Abfall auf Werte, die kleiner sind als der Normalwert. Es folgen weitere kurzperiodische Störungen in unregelmäßiger Folge. Der typische Tagesgang erscheint mit abnormal großer Amplitude. Nach längerer Zeit steigt die H-Komponente in Form eines langperiodischen Signales langsam wieder auf ihren Normalwert an (*Hauptphase* oder DR = Ringstromvariation). Bei sehr großen Stürmen kann die DR-Variation viele Tage andauern. Erdmagnetische Stürme treten überall auf der Erde gleichzeitig auf. Besonders starke Stürme sind oft von Polarlichtern in höheren geomagnetischen Breiten und Störungen im Rundfunkverkehr begleitet.

Wie in Abschn. 1.4.4.1 dargestellt wurde, sind kurzzeitige Störungen auf der Sonnenoberfläche mit der Emission von geladenen und neutralen Partikeln verbunden.

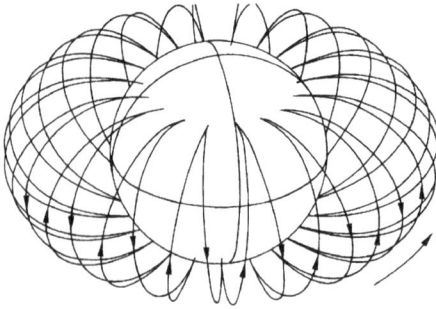

Abb. 1.32   Drift von Elektronen und Protonen um die Erde (vereinfachte Prinzipskizze). Die Bahnen sind in Wirklichkeit Schraubenlinien und verlaufen annähernd entlang der magnetischen Feldlinien. Durch die Ost-West-Drift entsteht eine äquatoriale Komponente, die den Ringstrom erklärt.

Diese erreichen wegen ihrer relativ kleinen Geschwindigkeit erst nach 12 bis 20 Stunden den Bereich des Dipolfeldes der Erde (Die elektromagnetische Strahlung braucht nur 8 Minuten!). Als Folge dieses zum „Sonnensturm" gesteigerten Sonnenwindes entsteht dann der erdmagnetische Sturm.

Die Hauptphase des erdmagnetischen Sturmes, die DR-Variation, ist von einem nahezu homogenen, der Dipolachse der Erde parallelen Magnetfeld begleitet und könnte theoretisch durch einen elektrischen Ringstrom, der die Erde äquatorial umfließt, hervorgerufen sein. Schon 1911 hat der norwegische Geophysiker Störmer den DR als Nebeneffekt bei der Deutung der Polarlichter zu erklären versucht. Sein Gedanke war, daß geladene Partikel von der Sonne im Erdmagnetfeld auf bestimmte Bahnen gelenkt werden. Er glaubte, daß zu diesen „erlaubten Bahnen" auch gewisse, die Erde äquatorial umschließende Wege gehören. Damals wußte man aber noch nichts über die Existenz der Magnetosphäre. Heute stellt man sich den Mechanismus so vor, daß sich innerhalb der Magnetosphäre geladene Teilchen bestimmter Bewegungsenergie infolge der Lorentz-Kraft auf Schraubenbahnen um die magnetischen Feldlinien bewegen, wobei „Ganghöhe" und „Schraubendurchmesser" bei Annäherung an die Erde kleiner werden. In einer bestimmten Distanz von der Erde kehren sie um und wandern auf derselben Feldlinie wieder zurück. Außerdem erfolgt vor allem wegen der Krümmung der magnetischen Feldlinien und der Gravitation eine langsame Westdrift der Protonen und eine Ostdrift der Elektronen (s. Abb. 1.32). Man kann sagen, daß diese Teilchen „in einem magnetischen Käfig eingefangen" sind. Der „Käfig" eines Teilchens bestimmter Bewegungsenergie ist ein entsprechender Raum im Erdmagnetfeld, der die Erde wie eine Kalotte umschließt. Diese Driftbewegung wurde schon versuchsweise zur Deutung des Ringstromes herangezogen. Teilchen beliebiger Herkunft, die längs der Feldlinien zwischen Nord- und Südhalbkugel hin- und herpendeln, machen neben dem DR eine Reihe anderer interessanter Beobachtungen verständlich, z. B. das *Polarlicht* und den *Van-Allen-Gürtel*.

Das Polarlicht. Das Teilchen kann auf seinem Weg mit einem Luftmolekül kollidieren. Wegen der Konvergenz der Feldlinien geschieht dies vorwiegend in den Polarregionen in geomagnetischen Breiten um 65° und führt zu den eindrucksvollen,

an Farben und Formen sehr reichen Erscheinungen des Polarlichtes. Die Schwierigkeit bestand früher vor allem darin, daß die Lichtintensität vergleichsweise schwach
und eine spektroskopische Analyse deswegen schwierig war. Das Polarlicht besitzt
eine Leuchtdichte, die höchstens den hunderttausendsten Teil des Lichtes bei Voll-
mond ausmacht. Die wichtigste grüne Linie im Spektrum stammt aus der Anregung
des Sauerstoffatoms und entspricht dem Übergang zwischen den beiden metastabilen
Zuständen ^{1}S und ^{1}D. Wegen der Aufenthaltsdauer von 0.74 s im ^{1}S-Niveau ist
dieser Übergang unter den typischen Druckverhältnissen an der Erdoberfläche nicht
zu realisieren. Im Spektrum gibt es auch noch weitere Linien und Banden vor allem
von Stickstoff und Wasserstoff. Man glaubt heute, daß die Polarlichter durch den
Einfall sehr energiereicher Elektronen, die sich entlang der magnetischen Feldlinien
ausbreiten, erzeugt werden. Es ist interessant, daß auch schon bei Nuklearexplo-
sionen in der oberen Atmosphäre Polarlichter künstlich erzeugt worden sind.

Der Van-Allen-Gürtel. Um die Erde legt sich eine schalenförmige Zone, in der sich
Protonen, Elektronen und in geringerem Ausmaß Heliumkerne hoher Energie befinden (s. Abb. 1.33). Ihre Bahnen entlang der magnetischen Feldlinien sind wegen
ihrer hohen Bewegungsenergie verhältnismäßig stark von der oben erwähnten äquatorialen Driftbewegung mitbestimmt. Die ersten Beobachtungen dieser nach ihrem
Entdecker Van Allen benannten Zone verdanken wir der intensiven Erforschung
der oberen Atmosphäre im internationalen Geophysikalischen Jahre 1957/58. Man
sah zunächst in dieser Zone ein mögliches grundsätzliches Hindernis für die Möglichkeit der Raumfahrt, doch die ersten Raumflüge konnten diese Befürchtung zer-
streuen. Neben der oben erwähnten Deutung der magnetischen DR-Variation gibt
der Van-Allen-Gürtel weitere Einblicke in den Zustand der oberen Atmosphäre. So
haben beispielsweise die Zählratenmessungen in Raumsonden ergeben, daß sich in
den erdnahen Bereichen vor allem energiereiche Protonen (bis zu 30 MeV), in größeren Distanzen dagegen energiereiche Elektronen (bis zu 1.6 MeV) befinden. Es

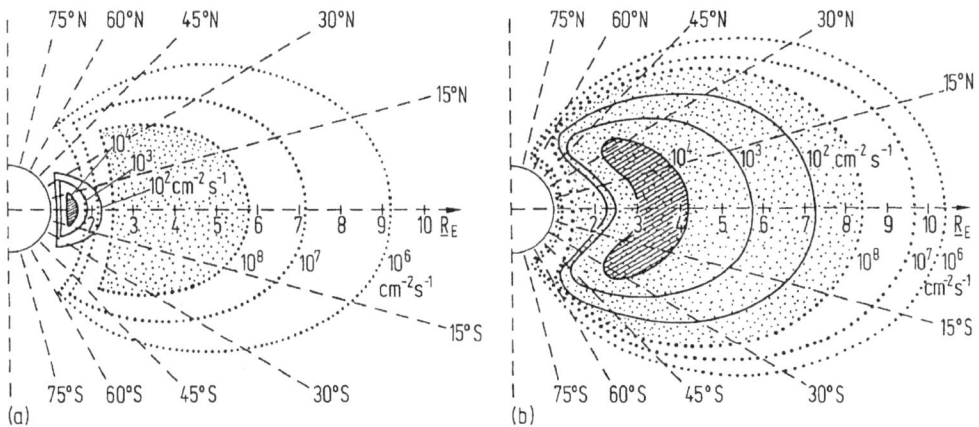

Abb. 1.33 Van-Allen-Gürtel. Koordinaten: Invarianter geozentrischer Abstand und invariante Breite. (a) allseitiger Fluß energiereicher Protonen; ausgezogen: Energie $E_p > 30$ MeV; punktiert: $0.1 < E_p < 5$ MeV. (b) allseitiger Elektronenfluß; ausgezogen: Energie $E_e > 1.6$ MeV,
punktiert: $0.04 < E_e < 1$ MeV (nach Kertz, 1964).

gibt auch eine spezielle Verteilung niederenergetischer Teilchen, die allerdings noch weniger genau erforscht ist. Während sich der innere Bereich des Van-Allen-Gürtels sehr stabil verhält, zeigt der äußere eine enge Korrelation der niederenergetischen Protonen mit der Sonnenaktivität und den erdmagnetischen Stürmen. Über die Herkunft der Energiequelle für den Van-Allen-Gürtel wird z. Zt. noch diskutiert. Man denkt an die kosmische Strahlung als Energielieferant der energiereichsten Protonen.

1.5 Gemeinschaftsprojekte der Geophysik

Erdbeben machen ebensowenig an Landesgrenzen halt wie das Magnetfeld, Wärmestromfeld oder Schwerefeld der Erde. Darum sehen Geophysiker in verschiedenen Ländern die dringende Notwendigkeit übergreifender internationaler Zusammenarbeit und arbeiten oft an gleichen Objekten. So ist die Kooperation in überregionalen Projekten, an denen sich einige oder gar alle Länder der Erde beteiligen, typisch für die Geophysik. Ein weiterer Grund für eine weltweite Zusammenarbeit liegt auch in den hohen Kosten der Erforschung unseres Planeten mit modernen Methoden, die für ein einziges Land allein nicht tragbar wären. Es haben sich internationale Organisationen etabliert, an denen Länder in Ost und West in gleicher Weise teilnehmen, zum Beispiel die in sechs Sektionen unterteilte *Internationale Union für Geodäsie und Geophysik (IUGG)*. Die Sektionen vertreten die speziellen Arbeitsgebiete und teilen sich ihrerseits in Kommissionen auf, z. B. die *Europäische Seismologische Kommission (ESC)*. Die Arbeit der IUGG besteht unter anderem in Empfehlung und Entwurf bestimmter Forschungsschwerpunkte für begrenzte Zeitintervalle, die dann durch nationale Geldgeber der beteiligten Länder finanziert werden. Mit diesen Empfehlungen fördern sie die internationale fachübergreifende Zusammenarbeit, insbesondere zwischen Ost und West. Projekte dieser Art sind zum Beispiel das *Internationale Geodynamische Projekt* (IGP, 1970–1978), das *Internationale Lithosphärenprojekt* (seit 1979), das *Internationale Tiefseebohrprogramm* (ODP seit 1984) und das Projekt *Kontinentale Tiefbohrungen* (seit ca. 1985). 1980 bis etwa 1990 wurden das Projekt *Europäische Geotraverse* (EGT) abgewickelt. Auf einem über 4000 km langen Streifen von ca. 250 km Breite zwischen Nord-Norwegen und Tunesien wurden sowohl geophysikalische Meßkampagnen durchgeführt als auch geowissenschaftliches Datenmaterial wie Seismizitäts- und Wärmestromdaten zusammengestellt. Das Ziel bestand vor allem in der Darstellung eines Querschnittes der physikalischen Eigenschaften des oberen Erdmantels in völlig verschiedenen tektonische Einheiten Europas. Nur durch diese Gegenüberstellung werden Prozesse der Gebirgsbildung in der Geschichte der Kontinente durchsichtig.

Man kann sagen, daß vor allem dieser konzentrierten Zusammenarbeit internationaler Forschungsgruppen aus verschiedenen Disziplinen der Geophysik und der übrigen Geowissenschaften die neuen und sehr umfassenden Einsichten der Plattentektonik zu verdanken sind. Weitere Schwerpunkte liegen bei der Antarktisforschung und in der Raumfahrt zur Erforschung der Magnetosphäre und anderer Planeten mit geophysikalischen Meßmethoden.

Literatur

Weiterführende Literatur

Gesamtgebiet der Geophysik

Haber, H., Unser blauer Planet, DVA, Stuttgart, 1965 (allgemein verständlich)
Kertz, W., Einführung in die Geophysik, Bd. 1, Bd. 2; BI-Hochschultaschenbücher Bd. 275
    und 535, Mannheim, 1969, 1971 (z. Zt. das meistgebrauchte Lehrbuch der Geophysik im
    deutschen Sprachraum, umfaßt auch die Aeronomie)

Größere Teilgebiete der Geophysik

Blundel, D., Freeman, R., Müller, S. (Eds.), A continent revealed – The European Geotrav-
    erse, European Science Foundation, 1992
Bolt, B. A., Erdbeben, eine Einführung, Springer, Berlin, 1984 (allgemein verständlich)
Bott, M. H. P., The Interior of the Earth: its structure, constitution and evolution, 2nd ed.,
    Edward Arnold, 1982
Bullen, K. E., Bolt, B. A., An introduction to the theory of seismology, Cambridge University
    Press, London, New York, 1985 (Überarbeitung des gleichnamigen Werkes von K. E. Bullen,
    1963, unter Hinzunahme neuer Ergebnisse)
Buntebarth, G., Geothermie, Springer, Berlin, 1980
Cox, A., Hart, R. B., Plate tectonics: how it works, Blackwell, Oxford, 1989 (allgemein ver-
    ständlich)
Irving, E., Dunlop, D. F. J., Paleaomagnetism, Wiley, London, New York, Sydney, Toronto,
    1982
Matsushita, S., Campbell, W. H. (Eds.), Physics of Geomagnetic Phenomena, New York, Lon-
    don, 1967 (wichtiges Standardwerk, in dem die vor 1967 publizierten originalen Referenzen
    zum Abschnitt „Erdmagnetisches Außenfeld" zu finden sind)
Melchior, P., The Tides of the Planet Earth, Pergamon Press, Oxford, 1978
Munk, W. H., MacDonald, G. J. F., The rotation of the Earth, Cambridge University Press,
    London, New York, 1960
Sieberg, A., Geologische, physikalische u. angew. Erdbebenkunde, G. Fischer, Jena, 1923
Spektrum der Wissenschaft. Verständliche Forschung (Übersetzungen aus der Zeitschrift
    „Scientific American"), besonders folgende Bände: Die Dynamik der Erde, 1987, Erdbeben,
    1985, Ozeane und Kontinente, 1985, Vulkanismus, 1985, Drift der Kontinente, 1979
Torge, W., Goedäsie, Walter de Gruyter, Berlin, 1991
Wegener, A., Die Entstehung der Kontinente und Ozeane, Vieweg, Braunschweig, 1920
    (originale Darstellung der Wegenerschen Theorie der Kontinentalverschiebung, allgemein
    verständlich)

Angewandte Geophysik

Bender, F. (Hrsg.), Angewandte Geowissenschaften, Bd. 1, Geologische Geländeaufnahme,
    1981; Bd. 2, Methoden der angewandten Geophysik und mathematische Verfahren in den
    Geowissenschaften, 1985; Bd. 3, Geologie der Kohlenwasserstoffe, Hydrogeologie, Inge-
    nieurgeologie. Angewandte Geowissenschaften in Raumplanung und Umweltschutz, Enke,
    Stuttgart, 1984
Militzer, H., Weber, F. (Hrsg.), Angewandte Geophysik, Bd. 1, Gravimetrie und Magnetik,
    1984; Bd. 2, Geoelektrik, Geothermik, Radiometrie und Aerogeophysik, 1985; Bd. 3, An-
    gewandte Seismik, Springer, Berlin, 1987

Zitierte Publikationen

Airy, G. B., On the computation of the effect of the attraction of mountain-masses, as disturbing the apparent astronomical latitude of stations in geodetic surveys, Phil. Trans. R. Soc. **145**, 101–104, 1855

Bauer, S., Private Mitteilung, Graz, 1994

Dieminger, W., Julius Bartels und die Hohe Atmosphäre, in: Julius Bartels, † am 6. März 1964, 3 Gedenkvorträge von Sydney Chapman, Walter Dieminger, Walter Kertz, Nachrichten der Akademie der Wissenschaften in Göttingen, II. Mathematisch-Physikalische Klasse, Nr. 22, Göttingen, 1964

Dietz, R. S., Continent and ocean evolution by spreading of the sea floor, Nature, **190**, 854–857, 1961

Gutdeutsch, R., Naturkatastrophen der Gegenwart – Vorhersage und Vorsorge, in: Erdgeschichtliche Katastrophen, Öffentliche Vorträge 1986, 65–85, Verlag der Österreichischen Akademie der Wissenschaften 1986

Gutdeutsch, R., Hammerl, Ch., Vocelka, K., Meyer, I., Erdbeben als historisches Ereignis – die Rekonstruktion des Erdbebens vom 15./16. September 1590 in Niederösterreich, Springer, Berlin, 1987

Gutdeutsch, R., Aric, K., Tectonic Block Models Based on the Seismicity in the East Alpine-Carpathian and Pannonian Area, in: Geodynamics of the Eastern Alps (Faupl, W., Flügel, H., Eds.) Deuticke, Wien, 1987

Gutenberg, B., Wave velocities at depths between 50 and 600 km, Bull. Seis. Soc. of Am. **23**, 223–232, 1933

Hess, H. H., History of ocean basins, in: Petrologic studies: a volume in honor of A. F. Buddington, Geological Society of America, 599–620, 1962

Kappelmeyer, O., Haenel, R., Geothermics with Special Reference to Application, Geoexploration Monographs, Series 1, No. 4, (Rosenbach, O., Morelli, C., Eds.) Borntraeger, Berlin, Stuttgart, 1974

Kozlovsky, Y. A., The superdeep well of the Kola Peninsula, Springer, Berlin, 1987

Levy, E. H., Kinematic reversal schemes for the geomagnetic dipole, Astrophysical Journal, **171**, 635–642, 1972

Leydecker, G., Erdbebenkatalog der Bundesrepublik Deutschland mit Randgebieten für die Jahre 1000–1981, Geologisches Jahrbuch Reihe E, Heft 36, Schweizerbart'sche Verlagsbuchhandlung, Hannover, 1986.

McDonald, Tsunami of April 1, 1946, in the Hawaiian Islands, Pacific Science 1, 21–37, 1946

Mohorovivic, A., Das Beben vom 8.10.1909, Jb. Met. Obs. Zagreb, **9**, 1–63, 1909

Parker, E. N., Hydrodynamic dynamo models, Astrophysical Journal, **122**, 293–314, 1955

Pratt, J. H., On the attraction of the Himalaya mountain, and of the elevated regions beyond them, upon the plumb-line in India, 1855, Phil. Trans. Roy. Soc, **145**, 53–100, 1855

Richter, Ch. F., An instrumental earthquake magnitude scale. Bull. Seism. Soc. Am. **25**, 1–32

Seismologisches Zentralobservatorium Gräfenberg der Bundesanstalt für Geowissenschaften und Rohstoffe (Hrsg.), Erdbeben in der Bundesrepublik Deutschland 1981, Bundesanstalt für Geowissenschaften und Rohstoffe, Hannover, 1984

Wagner, C. A., Lerch, F. J., Brownd, J. E., Richardson, J. A., Improvement of the geopotential derived from satellite and surface data, Journal of Geophysical Research, **82**, 901–914, 1977

Wells, J. W., Coral growth and geochronology, Nature, **197**, 948–950, London, 1963

Internet-Hinweise

Deutsche Geophysikalische Gesellschaft: http.//www.dgg-online.de
Erdbebenwesen und Baudynamik: http:///www.dgeb.tu-berlin.de
European Geophysical Association: http://copernicus.org/EGS/EGS.hlml
Paleomap Project, Christopher R. Scotese: http://www.scotese.com

2 Ozeanographie

Gerold Siedler, Walter Zenk

2.1 Einführung

Die *Ozeanographie* behandelt physikalische Vorgänge im Meer und ist damit ein Teilgebiet der Physik bzw. der geophysikalischen Wissenschaften. Die *Meereskunde* umfaßt dagegen alle naturwissenschaftlichen marinen Fächer von der Physik, Chemie, Biologie und Geologie bis zur Geophysik. Dabei stellt die physikalische Ozeanographie Umweltinformationen für andere Disziplinen zur Verfügung, insbesondere in Bezug auf chemisch-biologische Vorgänge.

Hydrodynamik und Thermodynamik sind die wichtigsten physikalischen Teilgebiete in der Ozeanographie, aber auch Optik, Elektrodynamik und Atomphysik spielen eine Rolle. Die folgende Darstellung behandelt die in der Ozeanographie gewählten Zustandsgrößen, die grundlegenden Gleichungen zum Zustand des Meerwassers und zu den Kräften und Bewegungen im Meer sowie die Ansätze zu Vermischungsprozessen. Es folgen Beschreibungen zur Topographie des Meeres, zum Wärme- und Wasserhaushalt, zur Schichtung der Wassermassen und zum Eis im Meer. Anschließend geht es um die Dynamik des Ozeans, mit einer Diskussion der dominierenden stationären und der zeitlich veränderlichen Strömungen. Den Abschluß bildet ein Überblick zu den wichtigsten Meßmethoden in der Ozeanographie. Die verwendeten Symbole und Einheiten sind am Ende des Kapitels zusammengefaßt.

Ausführlichere Darstellungen zur Physik des Meeres findet man bei Dietrich et al. (1975), Pedlosky (1982), Pickard und Emery (1982), Gill (1982), Emery und Thomson (1998), Grasshoff et al. (1999), Pond und Pickard (1983), Warren und Wunsch (1981), Apel (1987), Tomczak und Godfrey (1994) und in den drei Bänden des Landolt-Börnstein zur Ozeanographie (Sündermann, 1986a, 1986b, 1989).

2.2 Physikalische Grundlagen

2.2.1 Zustandsgrößen

Zur Beschreibung des Zustands des reinen Meerwassers verwendet man im allgemeinen die drei Größen Salzgehalt, Temperatur und Druck. Die Benutzung der integralen Größe „Salzgehalt" ist möglich, weil durch Beobachtungen nachgewiesen wurde, daß die Zusammensetzung der Salze des Meerwassers im offenen Ozean als nahezu konstant angenommen werden darf. Es ist möglich, je eine dieser drei Zu-

standsgrößen durch andere, z. B. durch die elektrische Leitfähigkeit, die Schallgeschwindigkeit oder die optische Brechzahl zu ersetzen.

Der *Salzgehalt S* ist gegeben durch die Masse Salz pro Masse Meerwasser. Im
tiefen Ozean sind die räumlichen und zeitlichen Änderungen so klein, daß bei einem
Massenverhältnis von $35 \cdot 10^{-3}$ Abweichungen von ca. 10^{-6} erfaßt werden müssen.
Man verwendet in der Ozeanographie deshalb eine Definition des Salzgehalts, die
über einen Vergleich mit Normalwasser eine mit hoher Genauigkeit reproduzierbare
Bestimmung erlaubt. Die heute gültige Definition (International Practical Salinity
Scale 1978) bezieht sich auf das Verhältnis der elektrischen Leitfähigkeit der Meer-
wasserprobe zur Leitfähigkeit einer in ihrer Konzentration passend festgelegten KCl-
Lösung (UNESCO, 1987). Ein Massenverhältnis von $35 \cdot 10^{-3}$ entspricht in guter
Näherung dem dimensionslosen Salzgehalt $S = 35$ (psu).

Die *Temperatur T* wird in der Ozeanographie im allgemeinen in °C angegeben
(Rusby et al., 1991). Für den Druck p verwendet man bevorzugt die Einheit dbar
(Dezibar), weil eine Änderung des Drucks um 1 dbar im Rahmen eines Fehlers von
ca. 1 % einer Tiefenänderung von 1 m entspricht. Seltener wird die SI-Einheit MPa
verwendet, die 100 dbar entspricht. Druckangaben beziehen sich in der Ozeanographie im allgemeinen auf den Wert relativ zu Atmosphärendruck.

2.2.2 Thermodynamik

Meerwasser ist ein *Elektrolyt*, in dem fast alle Elemente des Periodensystems nachgewiesen wurden. Die größten Anteile in der Reihenfolge mit abnehmendem Massenanteil sind Cl, Na, Mg, S, Ca, K, Br, C, Sr, B, Si und F. Alle übrigen Elemente
liegen jeweils unter 1 mg/kg. Viele Eigenschaften des Meerwassers unterscheiden
sich nicht wesentlich von denjenigen des Süßwassers oder sind nur leicht modifiziert.
Wichtige Abweichungen gibt es aber vor allem bei der Dichte, bei der elektrischen
Leitfähigkeit und beim Gefrierpunkt.

Die Zustandsgleichung des Meerwassers (Dietrich et al., 1975; Levitus and Isayev,
1992), also die Dichte ϱ als Funktion von Salzgehalt S, Temperatur T und Druck p,
läßt sich wegen der komplizierten Zusammensetzung des Meerwassers mit hinreichender Genauigkeit nur empirisch bestimmen:

$$\varrho = f(S, T, p) . \tag{2.1}$$

Oft gibt man statt der Dichte ϱ die Dichteanomalie σ oder γ an, die im SI-System
definiert ist durch:

$$\sigma = \varrho - 10^3 \, \mathrm{kg \, m^{-3}} . \tag{2.2}$$

Die Temperaturabhängigkeit der Dichte des Süßwassers wird stark dadurch beeinflußt, daß die Moleküle wegen ihrer Dipoleigenschaften assoziieren und Komplexe
(Cluster) bilden, mit denen die Molekülabstände im Mittel größer sind als in der
reinen flüssigen Phase. Dies führt zu einer Erniedrigung der Dichte. Das ist ein
Effekt, der mit zunehmender Temperatur kleiner wird, weil die thermische Bewegung
der Komplexbildung entgegenwirkt. Andererseits führt aber die Temperaturerhöhung zu der für alle Flüssigkeiten „normalen" Dichteerniedrigung. Wegen der ent-

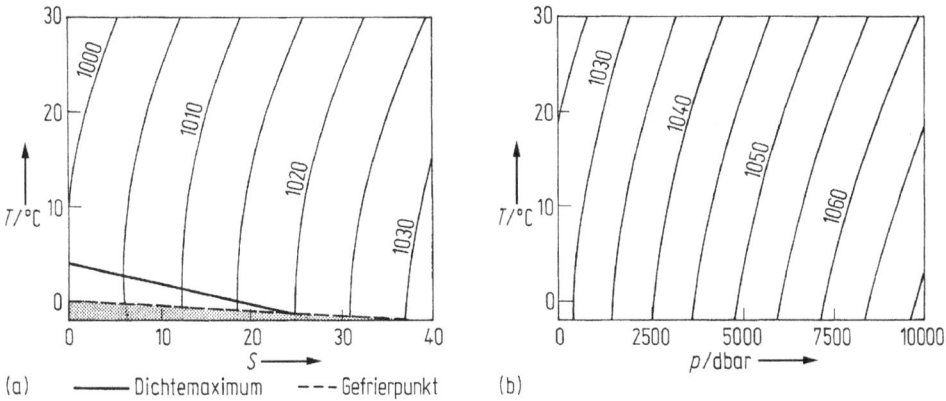

Abb. 2.1 Isopyknen (Linien gleicher Dichte des Meerwassers) in $kg\,m^{-3}$ (a) bei Atmosphärendruck als Funktion von Salzgehalt und Temperatur und (b) bei einem konstanten Salzgehalt ($S = 35$) als Funktion von Druck und Temperatur.

gegengesetzten Temperaturabhängigkeit beider Effekte tritt ein Dichtemaximum auf, wenn sich die damit verbundenen Ableitungen $d\varrho/dT$ kompensieren.

Bei Meerwasser verschiebt sich dieses Maximum mit zunehmendem Salzgehalt zu tieferen Temperaturen. Außerdem erhöht sich die Dichte mit zunehmendem Salzgehalt und zunehmendem Druck. Abb. 2.1 zeigt die Abhängigkeit der Dichte von Temperatur und Salzgehalt (T/S-Diagramm) für Atmosphärendruck sowie die Abhängigkeit von Temperatur und Druck für den Salzgehalt $S = 35$. Im T/S-Diagramm ist zusätzlich die Temperatur des Dichtemaximums und des Gefrierpunkts angegeben. Die beiden Linien treffen sich bei $S = 24.6$. Bei höheren Salzgehalten tritt kein Dichtemaximum auf.

Die *Kompressibilität* des Meerwassers ist Voraussetzung für die Existenz von Schallwellen im Ozean und für die *adiabatische Temperaturänderung* Γ bei Druckänderungen. Die Kompressibilität ist klein und hat typische Werte von $4 \cdot 10^{-6}$ $dbar^{-1}$. Sie ist jedoch trotzdem im tiefen Ozean für adiabatische Temperaturänderungen von erheblicher Bedeutung, weil bei der Tiefenverschiebung eines Wasservolumens diese Änderungen so groß werden können (Größenordnung $\Gamma = 0.1\,°C/1000$ dbar), daß sie denjenigen der *in-situ-Temperaturänderungen* entsprechen. Um Temperaturangaben für Wasservolumina unabhängig von einer Tiefenverschiebung zu machen, führt man die *potentielle Temperatur* Θ ein, die das Wasser hätte, wenn es adiabatisch vom Druck p auf den Referenzdruck p_r gebracht würde:

$$\Theta(S, T, p, p_r) = T + \int_{p}^{p_r} \Gamma(S, T, p')\,dp'. \tag{2.3}$$

Als Referenzdruck p_r verwendet man entweder Atmosphärendruck oder in großer Tiefe auch einen höheren Druck, um Schwierigkeiten infolge der Abhängigkeit der adiabatischen Erwärmung vom Salzgehalt zu vermeiden, also z. B. Θ_4 für einen Referenzdruck 4000 dbar.

Die Schallgeschwindigkeit c im Meerwasser ergibt sich aus der Laplaceschen Gleichung:

$$c = \sqrt{\frac{1}{\varrho \varkappa_{\text{ad}}}} = \sqrt{\frac{\gamma}{\varrho \varkappa_{\text{T}}}} \tag{2.4}$$

mit der *adiabatischen* bzw. der *isothermen Kompressibilität* $\varkappa_{\text{ad}}$ und $\varkappa_{\text{T}}$ und mit $\gamma = c_p/c_v$, dem Verhältnis der spezifischen Wärmekapazitäten bei konstantem Druck und konstantem Volumen. Wegen der relativ großen Fehler bei der Ermittlung von $\varkappa_{\text{ad}}$ sind direkte Labor-Fundamentalbestimmungen von $c(S, T, p)$ jedoch genauer als die Bestimmungen mit der obigen Gleichung (Wilson, 1960). Die Schallgeschwindigkeit steigt mit der Zunahme von Salzgehalt, Temperatur und Druck. Wegen der kleinen Salzgehaltsänderungen im offenen Ozean dominieren dort die Effekte von Temperatur und Druck. In Neben- und Randmeeren mit starken Süßwasserzuflüssen muß dagegen der Salzgehalt bei der Berechnung der Schallgeschwindigkeit berücksichtigt werden.

Die *elektrische Leitfähigkeit* C des reinen Wassers, also der reziproke Wert des spezifischen Widerstandes, ist vernachlässigbar klein gegenüber derjenigen des Meerwassers. Sie steigt mit einer Zunahme von Salzgehalt, Temperatur und Druck. Im tiefen Ozean hat sie einen Wert von ca. $30 \cdot 10^{-3} \, \Omega^{-1} \text{cm}^{-1}$ (Dietrich et al., 1975).

Die *spezifische Wärmekapazität* des Meerwassers, also die Wärmemenge, die zur Erwärmung von 1 kg Wasser um 1 °C benötigt wird, ändert sich vor allem mit dem Salzgehalt. Abb. 2.2 zeigt die spezifische Wärmekapazität als Funktion von Temperatur und Salzgehalt. Sie ist im offenen Ozean bei $S = 35$ um ca. 5 % kleiner als in Süßwasser.

Vermischung kann im Ozean durch molekulare Diffusion oder durch turbulente Bewegungen erfolgen. Der *molekulare Wärmediffusionskoeffizient* liegt bei etwa $10^{-7} \, \text{m}^2 \text{s}^{-1}$, der *Salzdiffusionskoeffizient* bei etwa $10^{-9} \, \text{m}^2 \text{s}^{-1}$. Diese großen Unterschiede in den Koeffizienten können im Meer unter bestimmten Bedingungen zur Bildung von Salzfingern und Treppenstrukturen in der Schichtung führen (s. Abschn. 2.3). Die *molekulare Viskosität* hat Werte nahe $10^{-3} \, \text{Pa s}$.

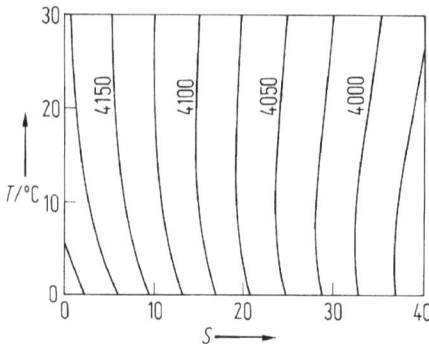

Abb. 2.2 Spezifische Wärmekapazität des Meerwassers in J kg^{-1} K^{-1} als Funktion von Salzgehalt und Temperatur bei Atmosphärendruck.

2.2.3 Hydrodynamik

Statik und Dynamik des Ozeans ergeben sich aus dem Zusammenwirken aller an einem Massenelement wirkenden Kräfte, also aus dem zweiten Newtonschen Gesetz der Mechanik, angewandt auf ein kompressibles viskoses Medium. Folgende Kräfte pro Masse sind im Innern des Meeres zu berücksichtigen:

- Druckgradientkraft: $-\dfrac{1}{\varrho}\,\mathrm{grad}\,p$;
- Coriolis-Kraft (ablenkende Kraft der Erdrotation): $-2\,\boldsymbol{\Omega}\times\boldsymbol{v}$
- Gravitationskraft der Erde: $\boldsymbol{g}$ mit Betrag $-g$;
- Gezeitenerzeugende Kraft (Gravitationskräfte und Zentrifugalkräfte; System Erde–Mond–Sonne): $\boldsymbol{G}$;
- Reibungskraft: $\boldsymbol{F}$.

Für einen festen Ort gelten dann für die Kräfte pro Masse die hydrodynamischen Grundgleichungen in der Eulerschen Form:

$$\frac{\mathrm{d}\boldsymbol{v}}{\mathrm{d}t} = -\frac{1}{\varrho}\,\mathrm{grad}\,p - 2\,\boldsymbol{\Omega}\times\boldsymbol{v} + \boldsymbol{g} + \boldsymbol{G} + \boldsymbol{F}\,. \tag{2.5}$$

Dabei sind: $\boldsymbol{v}$ = Geschwindigkeitsvektor, t = Zeit, ϱ = Dichte, p = Druck, $\boldsymbol{\Omega}$ = Winkelgeschwindigkeit der Erdrotation.

In den kartesischen Koordinaten x (nach Osten), y (nach Norden) und z (nach oben) mit den entsprechenden Geschwindigkeitskomponenten u, v und w erhält man unter Vernachlässigung von einigen stets kleinen Anteilen der Coriolis-Kraft und mit der geographischen Breite ϕ und dem *Coriolis-Parameter* $f = 2\,\Omega\sin\phi$, der auch als Trägheitsfrequenz bezeichnet wird:

$$\frac{\partial u}{\partial t} + u\frac{\partial u}{\partial x} + v\frac{\partial u}{\partial y} + w\frac{\partial u}{\partial z} = -\frac{1}{\varrho}\frac{\partial p}{\partial x} + fv + G_x + F_x\,,$$

$$\frac{\partial v}{\partial t} + u\frac{\partial v}{\partial x} + v\frac{\partial v}{\partial y} + w\frac{\partial v}{\partial z} = -\frac{1}{\varrho}\frac{\partial p}{\partial y} - fu + G_y + F_y\,,$$

$$\frac{\partial w}{\partial t} + u\frac{\partial w}{\partial x} + v\frac{\partial w}{\partial y} + w\frac{\partial w}{\partial z} = -\frac{1}{\varrho}\frac{\partial p}{\partial z} - g + G_z + F_z\,. \tag{2.6}$$

Zu diesen drei Bewegungsgleichungen, die Impulserhaltungssätze darstellen, und zu der in 2.2.2 vorgestellten Zustandsgleichung kommen noch die Erhaltungssätze für die Masse (Kontinuitätsgleichung), für die Wärme und für das Salz:

$$\frac{\partial \varrho}{\partial t} + \frac{\partial (\varrho u)}{\partial x} + \frac{\partial (\varrho v)}{\partial y} + \frac{\partial (\varrho w)}{\partial z} = 0\,,$$

$$\frac{\partial T}{\partial t} + u\frac{\partial T}{\partial x} + v\frac{\partial T}{\partial y} + w\frac{\partial T}{\partial z} - k_{\mathrm{T}}\Delta T = 0\,,$$

$$\frac{\partial S}{\partial t} + u\frac{\partial S}{\partial x} + v\frac{\partial S}{\partial y} + w\frac{\partial S}{\partial z} - k_{\mathrm{D}}\Delta S = 0\,. \tag{2.7}$$

Dabei sind: k_{T} = Wärmediffusionskoeffizient, k_{D} = Salzdiffusionskoeffizient, Δ = Laplace-Operator.

An den Berandungen des Meeres sind die Bewegungsgleichungen durch dynamische und die Kontinuitätsgleichung durch kinematische Grenzflächenbedingungen zu ersetzen, und an die Stelle der Wärme- und Salzdiffusionsgleichung treten Gleichungen für den Wärme- und Salzfluß.

Die *Reynolds-Zahl* $Re = UL/v$, ein Maß für das Verhältnis von Trägheitstermen zu Reibungstermen (U = charakteristische Geschwindigkeit, L = charakteristische Länge, v = Viskosität), ist im Ozean meistens deutlich größer als 10^5, so daß turbulente Austauschvorgänge gegenüber molekularen dominieren. Beschreibt man das Geschwindigkeitsfeld mit einem Störungsansatz, der z. B. die Geschwindigkeitskomponente u durch $\bar{u} + u'$ ersetzt, wobei jetzt $\bar{u}$ die mittlere und u' die fluktuierende Größe darstellen soll, so erhält man u. a. die folgende Reynoldsterme, die man näherungsweise durch einen *turbulenten Viskositätskoeffizienten* $\{A_x, A_y, A_z\}$ und den mittleren Gradienten des Strömungsfeldes beschreiben kann:

$$\varrho \langle u'u' \rangle = - A_x \frac{\partial \bar{u}}{\partial x},$$

$$\varrho \langle u'v' \rangle = - A_y \frac{\partial \bar{u}}{\partial y},$$

$$\varrho \langle u'w' \rangle = - A_z \frac{\partial \bar{u}}{\partial z}. \tag{2.8}$$

Im Gegensatz zum molekularen Viskositätskoeffizienten, einer Materialgröße, ist der turbulente Viskositätskoeffizient vom Bewegungszustand und damit auch von der Dichteschichtung abhängig mit $A_z \ll A_x, A_y$. Die Größen A_x/ϱ, A_y/ϱ, A_z/ϱ bezeichnet man als *Austauschkoeffizienten*. Unter Vernachlässigung der Querstriche lauten die Bewegungsgleichungen für die mittleren Größen

$$\frac{\partial u}{\partial t} + u\frac{\partial u}{\partial x} + v\frac{\partial u}{\partial y} + w\frac{\partial u}{\partial z} = -\frac{1}{\varrho}\frac{\partial p}{\partial x} + fv + G_x + A_x\frac{\partial^2 u}{\partial x^2} + A_y\frac{\partial^2 u}{\partial y^2} + A_z\frac{\partial^2 u}{\partial z^2},$$

$$\frac{\partial v}{\partial t} + u\frac{\partial v}{\partial x} + v\frac{\partial v}{\partial y} + w\frac{\partial v}{\partial z} = -\frac{1}{\varrho}\frac{\partial p}{\partial y} - fu + G_y + A_x\frac{\partial^2 v}{\partial x^2} + A_y\frac{\partial^2 v}{\partial y^2} + A_z\frac{\partial^2 v}{\partial z^2},$$

$$\frac{\partial w}{\partial t} + u\frac{\partial w}{\partial x} + v\frac{\partial w}{\partial y} + w\frac{\partial w}{\partial z} = -\frac{1}{\varrho}\frac{\partial p}{\partial z} - g + G_z + A_x\frac{\partial^2 w}{\partial x^2} + A_y\frac{\partial^2 w}{\partial y^2} + A_z\frac{\partial^2 w}{\partial z^2}. \tag{2.9}$$

Analog lassen sich turbulente Koeffizienten für die Wärme- und Salzdiffusionsgleichung definieren. Im offenen Ozean, außerhalb der konzentrierten westlichen Randströmungen (z. B. Golfstrom, Kuroshio, Agulhasstrom), fern von Berandungen und einige Breitengrade entfernt vom Äquator, lassen sich die Bewegungsgleichungen wesentlich vereinfachen.

Mit der charakteristischen Geschwindigkeit U, der charakteristischen Länge L und den horizontalen Viskositätskoeffizienten $A_h = A_x = A_y$ ergeben sich dort für die *Rossby-Zahl* $Ro = U/fL$, das Maß für das Verhältnis von nichtlinearen Termen zum Coriolis-Term, und für die *Ekman-Zahl* $Ek = A_h/fL^2$, das Maß für das Verhältnis von turbulenten Reibungstermen zu Coriolis-Termen, typische Werte unter 10^{-3}. Andererseits ist die horizontale Druckgradientkraft dort von der gleichen

Größenordnung wie die Coriolis-Kraft. Damit gilt ein vereinfachtes Gleichungssystem für stationäre reibungsfreie Strömungen auf der rotierenden Erde. Die durch das Gleichgewicht von Druckgradientkraft, Corioliskraft und Schwerkraft gegebenen Bewegungen bezeichnet man als *geostrophische Strömungen*.

$$0 = -\frac{1}{\varrho}\frac{\partial p}{\partial x} + fv \,,$$

$$0 = -\frac{1}{\varrho}\frac{\partial p}{\partial y} - fu \,,$$

$$0 = -\frac{1}{\varrho}\frac{\partial p}{\partial z} - g \quad \text{(hydrostatische Grundgleichung)} \,. \tag{2.10}$$

Durch Umformung dieser Gleichungen läßt sich zeigen, daß sich die Vertikalscherung der Strömungen aus dem Dichtefeld, also aus Temperatur-, Salzgehalts- und Druckmessungen, bestimmen läßt (*dynamische Methode*). Der Übergang zur Strömung selbst erfordert die Kenntnis einer zunächst unbekannten Integrationskonstanten, die sich durch Annahmen über Nullflächen bzw. Referenzflächen mit als bekannt angesetzter Geschwindigkeit, aus direkten Messungen der Strömung oder aus Inversmodellen für abgeschlossene Gebiete mit der Anwendung von Erhaltungssätzen bestimmen läßt (Wunsch 1996).

In der Nähe der Berandungen, vor allem im windbeeinflußten, stark turbulenten Bereich nahe der Oberfläche, ergibt sich für die Ekman-Zahl die Größenordnung 1, die Reibungskräfte sind also dort nicht vernachlässigbar. Für homogene Dichte und ein horizontal und vertikal unendlich ausgedehntes Meer ohne horizontale Druck- und Strömungsgradienten folgt dann als vereinfachtes Gleichungssystem:

$$0 = fv + A_z \frac{\partial^2 u}{\partial z^2} \,,$$

$$0 = -fu + A_z \frac{\partial^2 v}{\partial z^2} \,. \tag{2.11}$$

Die Lösung dieser Gleichung ergibt für einen konstanten *Windschub* τ (in Windrichtung) an der Oberfläche eine winderzeugte Strömung, die *Ekman-Spirale* genannt wird und folgende charakteristische Merkmale hat (Abb. 2.23): Die Oberflächenströmung fließt 45° abgelenkt zur Windrichtung nach rechts (auf der Nordhalbkugel) und dreht in der Tiefe nach rechts in einer Spirale, die in der Reibungs- bzw. *Ekman-Tiefe* entgegengesetzt zur Oberflächenströmung zeigt und deren Amplitude mit dem Faktor $e^{-\pi}$ abgenommen hat. Der integrierte *Volumentransport Tr* $= \tau/\varrho f$ zwischen Oberfläche und Ekman-Tiefe zeigt 90° nach rechts relativ zur Windrichtung. Auf der Südhalbkugel kehren sich die Vorzeichen der Richtungsänderung um.

Geostrophische Strömungen sind durch Gl. (2.10) definiert. Alle anderen Terme in den Bewegungsgleichungen (2.6) müssen dagegen vernachlässigbar klein sein. Wenn die zeitlichen Änderungen der Strömungen so schnell erfolgen, daß $\partial u/\partial t \approx fv$ bzw. $\partial v/\partial t \approx fu$ werden, wenn also die Zeitskala der Bewegungen gleich der *Trägheitsperiode*

$$\frac{1}{f} = \frac{12}{\sin\phi}\,\text{h} \tag{2.12}$$

wird, so ist dies nicht mehr der Fall. Die Bezeichnung „langsam veränderliche Strömungen" soll sich deshalb auf solche Strömungen beziehen, deren Änderungen langsam im Vergleich zur Trägheitsperiode ablaufen. Im überwiegenden Teil des Ozeans
läßt sich das langsam veränderliche Bewegungsfeld in guter Näherung durch die
lineare Überlagerung von geostrophischen und Ekman-Strömungen beschreiben.
Unmittelbar am Äquator wird die Corioliskraft zu Null, und die horizontalen
Druckgradientkräfte werden durch die Reibungskräfte balanciert. Auch in kleinen
Meeresgebieten wie Flußmündungen überwiegen Druckgradient- und Reibungsterme.

In einer reibungsfreien Flüssigkeit bleibt die Wirbelstärke, also das Produkt aus
der Rotation der Geschwindigkeit rot v und der dazu senkrechten Fläche stets erhalten. Im Ozean setzen sich die Geschwindigkeiten zusammen aus der Bewegung
durch die Erdrotation und aus Bewegungen relativ zur Erde, die großräumig im
wesentlichen horizontal verlaufen. Sie können damit in guter Näherung allein durch
die Vertikalkomponente der Rotation charakterisiert werden, die man als *absolute
Vorticity* ζ_a bezeichnet:

$$\zeta_a = f + \zeta \,. \tag{2.13}$$

Hier ist ζ die *relative Vorticity* als Folge der horizontalen Bewegungen relativ zur
rotierenden Erde.

$$\zeta = \frac{\partial v}{\partial x} - \frac{\partial u}{\partial y} \,.$$

Die Drehrichtung der Vertikalkomponente der Erdrotation bezeichnet man als zyklonal (Nordhalbkugel: entgegen dem Uhrzeigersinn), die entgegengesetzte Drehrichtung als antizyklonal. Da das Volumen innerhalb von Wirbelfäden erhalten
bleibt, folgt für eine Wassersäule der Höhe H aus der Erhaltung der Wirbelstärke
die Erhaltung der *potentiellen Vorticity* ζ_a/H:

$$\frac{\mathrm{d}}{\mathrm{d}t} \left(\frac{f + \zeta}{H} \right) = 0 \,. \tag{2.14}$$

Häufig ist $f \gg \zeta$, und es gilt in guter Näherung:

$$\frac{\mathrm{d}}{\mathrm{d}t} \left(\frac{f}{H} \right) \approx 0 \,.$$

Die Erhaltung der potentiellen Vorticity führt für konstante geographische Breite,
also konstantes f bei Änderungen von H durch Zu- oder Abnahme der Bodentiefe
oder bei Änderungen des Abstandes von zwei Dichteflächen im geschichteten Ozean
zur Änderung der Rotation des entsprechenden Wasservolumens. Bei konstantem H
führt eine Verschiebung des Volumens nach Süden zu einer Abnahme von f und
einer Zunahme von ζ, also zu zusätzlicher zyklonaler Bewegung.

Bei hinreichend engabständiger Erfassung des Dichtefeldes lassen sich Abstands-
änderungen von Dichteflächen und die zugehörigen Änderungen der potentiellen
Vorticity ermitteln. Die Forderung nach Erhaltung der potentiellen Vorticity bei
angenähert linearen Änderungen von $f = f_0 + \beta y$ (mit dem Coriolis-Parameter f_0
bei einer Referenzbreite) führt dann zu einem Bestimmungsverfahren für die absolute

Strömung. Man bezeichnet die vertikale Verteilung der sich in der Richtung ändernden Strömung als *β-Spirale* (Stommel und Schott, 1977).

In mittleren geographischen Breiten der Nordhalbkugel erzeugen die vorherrschenden Westwinde und der Nordostpassat einen Wasseranstau durch den Ekman-Transport in den zentralen Subtropen. Die zugehörige Strömung verläuft im Uhrzeigersinn um dies Gebiet mit hohem Druck, mit Strömungen nach Süden im Ostteil und nach Norden im Westteil (siehe Abb. 2.28). Bei der Südbewegung im Ostteil nimmt die planetarische Vorticity f ab, und die relative Vorticity ζ muß dann zunehmen. Die Übertragung negativer Vorticity aus dem Windfeld durch Reibung kompensiert dabei diese Zunahme der relativen Vorticity. Die Erhaltung der potentiellen Vorticity ist in guter Näherung gewährleistet. Bei der Nordbewegung im Westteil haben die Änderungen der relativen Vorticity zur Kompensation der Änderungen der planetarischen Vorticity und die Vorticity-Änderungen aus dem Windfeld gleiches Vorzeichen. Ein starker positiver Strömungsgradient $\partial v/\partial x$ normal zur Westküste ist erforderlich, um durch Reibung positive Vorticity (*Reibungsvorticity*) hinzuzuführen und das Gleichgewicht herzustellen. Aus der Änderung von f mit der Breite folgt also die Existenz gebündelter westlicher Randströmungen mit starken zonalen Strömungsgradienten in mittleren Breiten (Stommel, 1948; Munk, 1950). Dazu gehören z. B. der Golfstrom im Nordatlantik, der Brasilstrom im Südatlantik und der Kuroshio im Nordpazifik.

Berücksichtigt man Druckgradient-, Coriolis- und Reibungsterme mit vertikalen Strömungsgradienten, so läßt sich der vertikal integrierte Massentransport aus dem Windschub τ berechnen. Mit der linearen Näherung $f = f_0 + \beta y$ und der Vertikalkomponente der Rotation des Windfeldes $\mathrm{rot}_z\,\tau = \partial\tau_y/\partial x - \partial\tau_x/\partial y$ erhält man den meridionalen (Süd-Nord-)Massentransport M_y aus der folgenden *Sverdrup-Gleichung*:

$$M_y = \frac{\mathrm{rot}_z\,\tau}{\beta} \qquad (2.15)$$

Der zonale (West-Ost-)Massentransport folgt aus der Kontinuitätsgleichung (Massenerhaltung):

$$\frac{\partial M_x}{\partial x} + \frac{\partial M_y}{\partial y} = 0 \ .$$

Das Gebiet, in dem die obigen Voraussetzungen gültig sind, bezeichnet man als *Sverdrup-Regime*. Die Bedingungen sind in guter Näherung in den zentralen und östlichen Teilen der Ozeane bei mittleren und niedrigen Breiten erfüllt.

Meeresströmungen entstehen nicht nur durch Windschub, sondern auch als Folge einer Dichtezunahme bei Wärmeabgabe oder Salzgehaltserhöhung durch Verdunstung an der Meeresoberfläche. Wird lokal die Dichte so erhöht, daß eine statisch instabile Schichtung entsteht, so sinkt das Oberflächenwasser bei laufender Vermischung mit der Umgebung ab bis zu Tiefen, wo es Wasser gleicher Dichte findet. Zur Kompensation der Vertikalbewegung ist oberflächennah eine Horizontalbewegung in das Wassermassenbildungsgebiet und in der Tiefe eine Bewegung aus diesem Gebiet heraus erforderlich. Das entstehende Strömungssystem in der Vertikalebene bezeichnet man als *thermohaline Zirkulation*. Beispiele findet man in Nebenmeeren mit aridem Klima, also mit einem Überwiegen des Wasserverlustes durch Verdunstung gegenüber dem Wassergewinn durch Niederschlag und Flußwasser. In einem solchen Nebenmeer sinkt dann salzreiches Wasser ab und fließt zur Verbindungs-straße zum Ozean, und in Oberflächennähe fließt salzarmes Wasser vom Ozean in das Nebenmeer ein.

Eine bedeutende Rolle spielt die thermohaline Zirkulation im offenen Ozean. Die wichtigsten Bildungsgebiete mit starker Oberflächenabkühlung liegen im subpolaren Nordatlantik und im Weddell-Meer vor dem antarktischen Kontinent. Die Bedin-gung für die Erhaltung der potentiellen Vorticity führt auch im Fall der thermo-halinen Zirkulation zu einer Konzentration der Transporte im Westteil der Ozeane.

Die Ergebnisse aus einfachen Modellen, die sich mit einer Linearisierung der Glei-chungssysteme erhalten lassen, beschreiben grundlegende Eigenschaften der Strö-mung und Schichtung im Ozean. Eine Berücksichtigung der nichtlinearen Terme in Modellen mit den detaillierten Verteilungen von Temperatur und Salzgehalt sowie Oberflächenflüssen erfordert wie in der Meteorologie den Einsatz leistungsfähiger Computer-Modelle. In *diagnostischen Modellen* gibt man Beobachtungsdaten, vor allem das Dichtefeld, fest vor und bestimmt die zugehörige Zirkulation des Ozeans. In *prognostischen Modellen* entwickelt sich die Zirkulation aus den gewählten An-fangsbedingungen (Anderson and Willebrand, 1989).

2.3 Vermischung und Wassermassen

An der Meeresoberfläche werden Temperatur und Salzgehalt durch Wärme- und Wasserflüsse zwischen Atmosphäre und Ozean verändert. Im oberflächenfernen Be-reich dagegen werden Änderungen von Temperatur und Salzgehalt eines Wasser-volumens, wenn man von den im allgemeinen vernachlässigbaren Quellen und Sen-ken absieht (s. Abschn. 2.4.2), nur durch Vermischung verursacht. Temperatur und Salzgehalt sind also konservative Größen. Beobachtungen zeigen, daß die Werte-paare in einem T/S-Diagramm in bestimmten Bereichen angeordnet sind, daß also ein funktioneller Zusammenhang zwischen diesen Größen besteht. Die schraffierten Bereiche in Abb. 2.3 zeigen die in den wichtigsten Regionen des Weltmeeres vor-kommenden Wertepaare. Außerdem sind Linien gleicher Dichte bei Atmosphären-druck angegeben. Aus der Verteilung der T/S-Werte relativ zu den Dichtelinien kön-nen Rückschlüsse auf die statische Stabilität in die Wassersäule gezogen werden.

In Abb. 2.3 erkennt man unten, daß sich die Werte in dem die drei Ozeane ver-bindenden antarktischen Wasserring nur geringfügig unterscheiden. In den Berei-chen nördlich davon findet man dagegen große Unterschiede in den verschiedenen Ozeanen. Der Pazifik weist den geringsten und der Atlantik den höchsten Salzgehalt auf. Die Salzgehaltwerte des Indik liegen, abgesehen von denjenigen des Roten Mee-res, dazwischen.

Um die Häufigkeit von Wassermassen mit ausgewählten Eigenschaften dazustel-len, bedient man sich des *volumetrischen T/S-Diagramms*. Es gibt an, wie groß die Wassermenge in einem vorgegebenen Rasterfeld ist. Die Darstellung in Abb. 2.4 (Worthington, 1981) zeigt die globale T/S-Verteilung in der Tiefsee für Temperatu-ren unter $4\,°C$. Man erkennt ein Maximum im Intervall $1.1\,°C < T < 1.2\,°C$ und $34.68 < S < 34.69$, das zu Wassermassen im tiefen Pazifik gehört. Diese Wassermen-

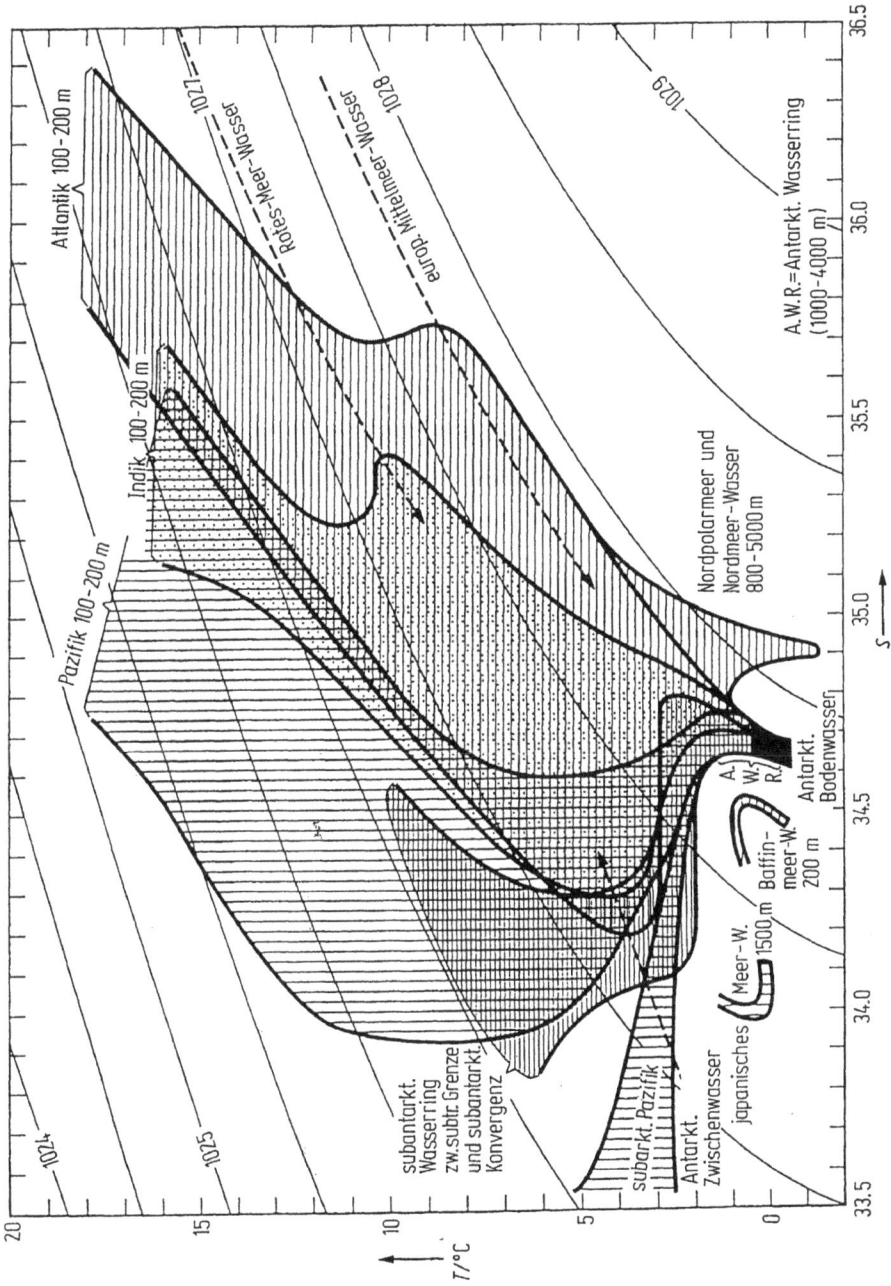

Abb. 2.3 Temperatur-Salzgehalt-Diagramm für die Wassermassen des Weltmeeres unterhalb der oberflächennahen Schicht (nach Dietrich et al., 1975). Isopyknen sind in $kg\,m^{-3}$ angegeben (vgl. Abb. 2.1).

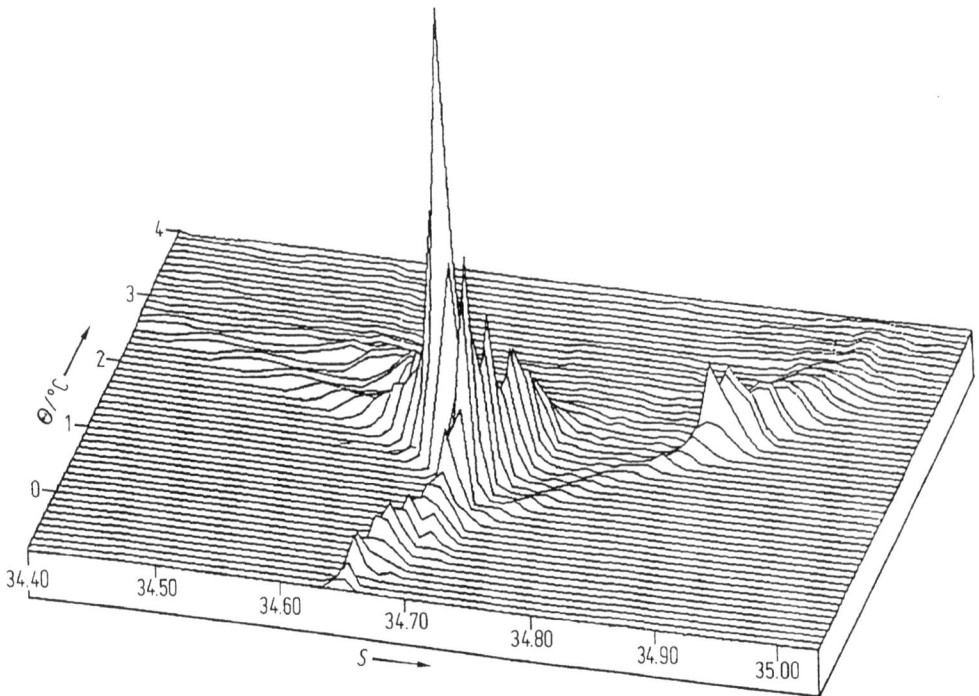

Abb. 2.4 Volumetrisches Temperatur-Salzgehalts-Diagramm für den tiefen Weltozean (potentielle Temperatur $\theta < 4\,°C$). Als Grundlage der Darstellung dienen Klassen mit $\Delta\theta = 0.1\,°C$, $\Delta S = 0.01$. Die höchste Spitze entspricht einem Klassenvolumen von $26 \cdot 10^6\ \mathrm{km}^3$ (nach Worthington, 1981).

ge ist größer als das gesamte Volumen mit $T > 19\,°C$. Die global gemittelte potentielle Temperatur des Ozeans liegt bei $3.52\,°C$, der mittlere Salzgehalt bei 34.72 (Dietrich et al., 1975).

Die Anordnung der T/S-Paare in bevorzugten Bereichen ist eine Folge der turbulenten Vermischung, bei der Wärme und Salz gleich schnell ausgetauscht werden. Turbulente Vermischung kann durch Windschub und Scherung an der Oberfläche, durch das Brechen von Oberflächen- oder internen Wellen oder durch mittlere Scherströmungen im Inneren der Wassersäule verursacht werden.

Im folgenden wird an einem idealisierten Zwei- bzw. Dreischichtenmodell gezeigt, wie es zur Ausbildung dieser Verteilungen kommt. Der einfachste Fall, im oberen Teil der Abb. 2.5 dargestellt, geht von einer Zweischichtung der Wassersäule in Temperatur und Salzgehalt aus. Durch Vermischung kommt es zu einem Abbau der zunächst scharf ausgeprägten Grenzschicht (Fall A). Die Treppenstufe in den Vertikalprofilen wird allmählich abgebaut (B, C). Bei vollständiger Vermischung kommt es zur Homogenisierung (D). In der rechten Bildhälfte sind die zugehörigen Wertepaare im T/S-Diagramm wiedergegeben. Sobald die Vermischung einsetzt, entsteht eine Vermischungsgerade zwischen den Wertepaaren der Ausgangswasserarten. Aus dem Streckenverhältnis d_1/d_2 läßt sich das Mischungsverhältnis m_2/m_1 in jeder Tiefe ablesen.

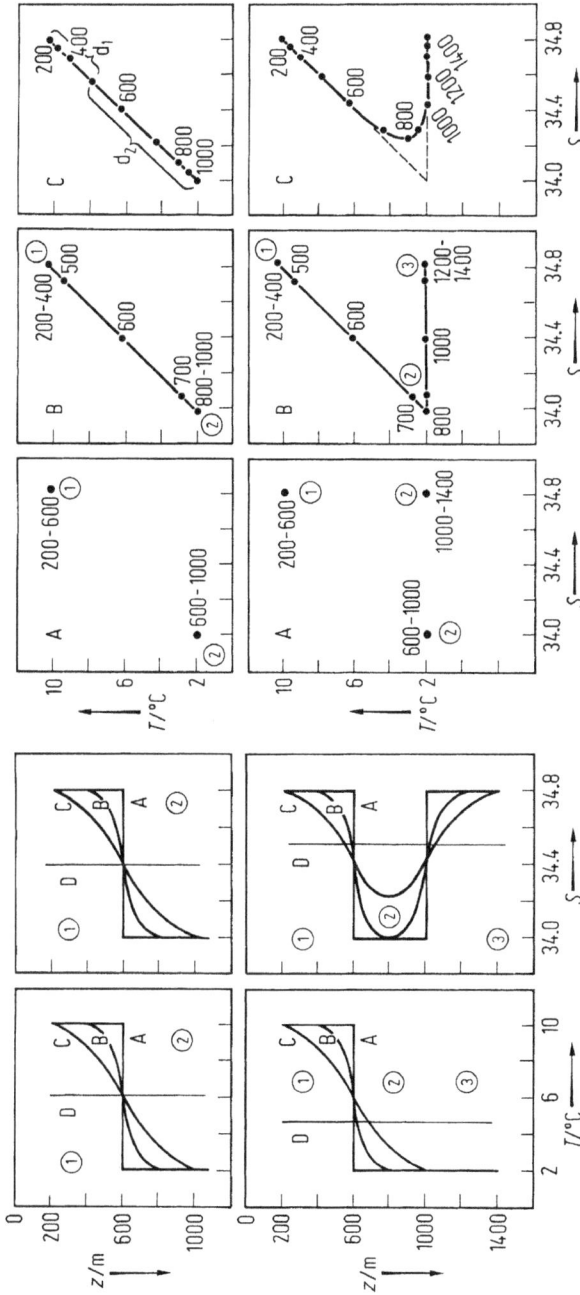

Abb. 2.5 Vermischung von zwei (oben) bzw. drei (unten) charakteristischen Wassermassen in Profildarstellung und in Form von Temperatur-Salzgehalts-Diagrammen. Die zeitliche Entwicklung der Vermischung ist in den Zuständen A–D dargestellt. Die unbeschrifteten Zahlen in den T/S-Diagrammen kennzeichnen Wassertiefen in Meter.

Für das Dreischichtenmodell in Abb. 2.5 (unten) erhält man im T/S-Diagramm drei Wasserarten (A), deren Vermischung zunächst zu Werten auf den Schenkeln eines Dreiecks (B) und bei weiterer Vermischung dann zu einer parabelähnlichen Kurvenform (C) führt. Nach vollständiger Vermischung bildet sich eine neue Wasserart innerhalb des Dreiecks.

Als *charakteristische Wassermasse* bezeichnet man Wasser, das einem bestimmten Bereich im T/S-Diagramm zugeordnet werden kann. Mit Hilfe der räumlichen Änderung von T/S-Verteilungen ist es möglich, charakteristische Wassermassen anhand von Extrema in der Verteilung (*Kernschichtmethode* nach Wüst, 1936) bis zu ihrem Entstehungsort zurückzuverfolgen. Dies kann ein Seegebiet sein, in dem Wärme- und Süßwasserflüsse an der Oberfläche die Ausgangswasserart gebildet haben. Es kann auch eine Meeresstraße sein, durch die horizontal Wasser zugeführt wird. Beispiele sind die Straße von Gibraltar (Mittelmeer) oder Bab-el-Mandeb (Rotes Meer), wo warmes und salzreiches Wasser aus dem Nebenmeer in den Atlantik bzw. in den Indik einfließt und absinkt. Im Ozean kommt es dann unter Vermischung zur lateralen Ausbreitung dieser salzreichen Wassermassen in größeren Tiefen.

Wenn nur molekulare Diffusionsvorgänge auftreten, laufen die Vermischungsvorgänge in anderer Form ab. Die molekularen Diffusionskoeffizienten für Wärme und Salz unterscheiden sich um zwei Größenordnungen (s. Abschn. 2.2.2). Wärme wird sehr viel schneller als Salz ausgetauscht, es kommt zur *Doppeldiffusion* (Schmitt, 1981; Brandt, A. & H. J. S. Fernando, 1995). An Grenzflächen zwischen Schichten mit etwa gleicher Dichte, wo warmes, salzreiches Wasser über kaltem, salzarmem Wasser liegt, wird die Dichte oberhalb der Grenze durch den schnelleren Wärmeaustausch erhöht und unterhalb der Grenze erniedrigt. Damit wird die Schichtung instabil. Das absinkende salzreiche Wasser hat die Form von *Salzfingern*, und bei nachfolgender Wirbelbildung entstehen Treppenstrukturen von Temperatur und Salzgehalt mit den Salzfingern im Treppenabsatz. Auch in dem Fall, wenn warmes, salzreiches Wasser unter kaltem, salzarmem Wasser liegt, entstehen durch einen etwas anders ablaufenden Doppeldiffusionsprozeß Treppenstrukturen.

2.4 Beschreibung des Ozeans

2.4.1 Topographie des Meeres

Es ist üblich, das Weltmeer in drei Ozeane aufzuteilen, wobei die Grenzen zwischen Atlantik, Indik und Pazifik auf der Südhalbkugel durch die Längengrade $20\,°$E (Kap Agulhas), $147\,°$E (Südkap Tasmanien) und durch die kürzeste Verbindung über die Drake-Straße vom Kap Hoorn über Deception Island zur antarktischen Halbinsel festgelegt werden. Das Nordpolarmeer wird dem Atlantik zugeordnet. In der angelsächsischen Literatur wird das Südpolarmeer (zirkumantarktischer Wasserring) oft wie ein vierter Ozean (Southern Ocean) behandelt. Seine nördliche Grenze ist jedoch nicht präzise festlegbar.

Das *Gesamtvolumen* des Weltmeeres beträgt $1.35 \cdot 10^{18}\,\mathrm{m^3}$ und seine Oberfläche $3.6 \cdot 10^{14}\,\mathrm{m^2}$. Mit einer Oberfläche der gesamten Erdkugel von $5.1 \cdot 10^{14}\,\mathrm{m^2}$ werden also $71\,\%$ der Erdoberfläche vom Meer bedeckt. Die Verteilung ist allerdings sehr

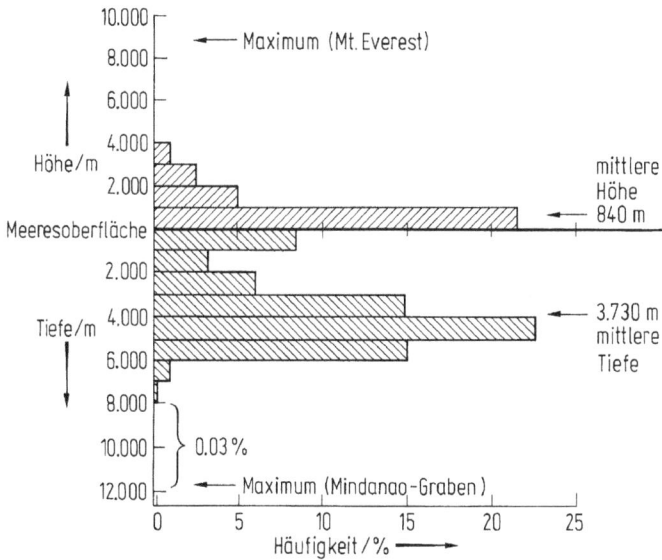

Abb. 2.6 Häufigkeitsverteilung der Höhen und Tiefen auf der Erde (nach Pickard und Emery, 1982). Von den 8.4 % des Tiefenbereichs 0–1.0 km entfallen 5.3 % auf den Teilbereich 0–0.2 km, 3.1 % auf 0.2–1.0 km.

ungleichförmig. Während die „Landhalbkugel" mit Zentrum in Westeuropa nur mit 53 % Wasser bedeckt ist, nehmen die Ozeane auf der gegenüberliegenden „Wasserhalbkugel" mit Zentrum bei Neuseeland 89 % der Oberfläche ein. Bei einer mittleren Dichte des Meerwassers von 1037 kg m^{-3} erhält man eine Gesamtmasse des Ozeans von $1.4 \cdot 10^{21}$ kg. Das entspricht nur 0.024 % der Erdmasse.

Die *mittlere Tiefe* aller Ozeane beträgt 3730 m, die maximale Tiefe wurde im Marianen-Graben im westlichen Pazifik mit 11022 m festgestellt. Dem steht eine mittlere Geländehöhe von 840 m auf der festen Erde gegenüber. Die Häufigkeitsverteilung von Tiefenstufen in Abb. 2.6 zeigt die Verteilung von Höhen und Tiefen auf der Erde. Eine weitere Aufteilung des Meeres in Ozeane und Nebenmeere enthält Tab. 2.1 (Dietrich, 1970).

In Farbbild 1 (siehe Bildanhang) ist das Relief der Erde dargestellt. Die *Kontinentalränder* umfassen den Schelf, den Kontinentalabfall, die Fußregion und in bestimmten Gebieten auch die Tiefseegräben. Schelfmeere sind den Kontinenten vorgelagert. Die *Schelfkante* liegt meist bei etwa 200 m Tiefe, findet sich in subpolaren und polaren Gebieten aber auch in Tiefen bis ca. 500 m. Der daran anschließende Kontinentalabfall (Gefälle ca. 1/40) wird oft von Canyons unterbrochen, deren Entstehung mit Gefällströmen und Sedimentlawinen in Zusammenhang gebracht wird. Den Übergang zum Tiefseebecken bildet die *Fußregion* mit einem deutlich geringeren Gefälle (< 1/700). Eine Sonderform des Übergangs stellen die langgestreckten Tiefseegräben (Gefälle ca. 1/40) mit Tiefen von mehr als 6000 m dar, vorwiegend im Pazifik. Oft fehlen Schelf und Fußregion in der Nähe von Tiefseegräben, die meist Zentren untermeerischer Erdbeben sind.

Tab. 2.1 Aufteilung der Ozeane und ihrer Nebenmeere nach Flächen und Inhalten sowie mittlere und maximale Tiefen (nach Dietrich, 1970).

Meere	Fläche $10^{12}\,m^2$*	Inhalt $10^{15}\,m^3$*	Mittl. Tiefe m*	Max. Tiefe m**
Ozeane ohne Nebenmeere				
Pazifischer	166.24	696.19	4188	11022[d]
Atlantischer	84.11	322.98	3844	9219[e]
Indischer	73.43	284.34	3872	7455[f]
Summe bzw. Mittel	323.78	1303.51	4026	–
Mittelmeere, interkontinental				
Arktisches[a]	12.26	13.70	1117	5449
Australasiatisches[b]	9.08	11.37	1252	7440
Amerikanisches	4.36	9.43	2164	7680
Europäisches[c]	3.02	4.38	1450	5092
Summe bzw. Mittel	28.72	38.88	1354	–
Mittelmeere, intrakontinental				
Hudson Bay	1.23	0.16	128	218
Rotes Meer	0.45	0.24	538	2604
Ostsee	0.38	0.04	101	459
Persischer Golf	0.24	0.01	25	170
Summe bzw. Mittel	2.30	0.45	193	–
Randmeere				
Beringmeer	2.26	3.37	1491	4096
Ochotskisches	1.39	1.35	971	3372
Ostchinesisches	1.20	0.33	275	2719
Japanisches	1.01	1.69	1673	4225
Golf von Kalifornien	0.15	0.11	733	3127
Nordsee	0.58	0.05	93	725[g]
St.-Lorenz-Golf	0.24	0.03	125	549
Irische See	0.10	0.01	60	272
Übrige	0.30	0.15	470	–
Summe bzw. Mittel	7.23	7.09	979	–
Ozeane mit Nebenmeeren				
Pazifischer	181.34	714.41	3940	11022[d]
Atlantischer	106.57	350.91	3293	9219[e]
Indischer	74.12	284.61	3840	7455[f]
Weltmeer	362.03	1349.93	3729	11022[d]

[a] Nordpolarmeer + Barentssee + Kanadische Straßensee + Baffinmeer + Hudson Bay.
[b] Einschließlich Andamanensee.
[c] Einschließlich Schwarzes Meer.
[d] Vitiaz-Tiefe im Marianen-Graben.
[e] Milwaukee-Tiefe im Puerto-Rico-Graben.
[f] Planet-Tiefe im Sunda-Graben.
[g] Im Skagerrak gelegen.
* Nach H. W. Menard und S. M. Smith (1966).
** Nach J. Ulrich (1966).

Tiefseebecken enthalten Tiefsee-Ebenen, Tiefseehügel und Tiefseekuppen, Tiefseeschwellen und Stufenregionen. *Schwellen* sind von besonderer Bedeutung für den Wasseraustausch zwischen Tiefseebecken. Beispiele sind der Grönland-Schottland-Rücken im Nordatlantik oder die Rio-Grande-Schwelle im Südatlantik. Die wichtigste Passage für das Bodenwasser in der Rio-Grande-Schwelle zwischen dem Argentinischen und dem Brasilianischen Becken ist der Vema-Kanal, der in Farbbild 2 dargestellt ist (Zenk et al., 1993).

Der *Mittelozeanische Rücken* hat insgesamt eine Länge von ca. 60 000 km. Eine Zentralspalte, an der die Platten der Erdkruste auseinanderdriften, ist jeweils flan-

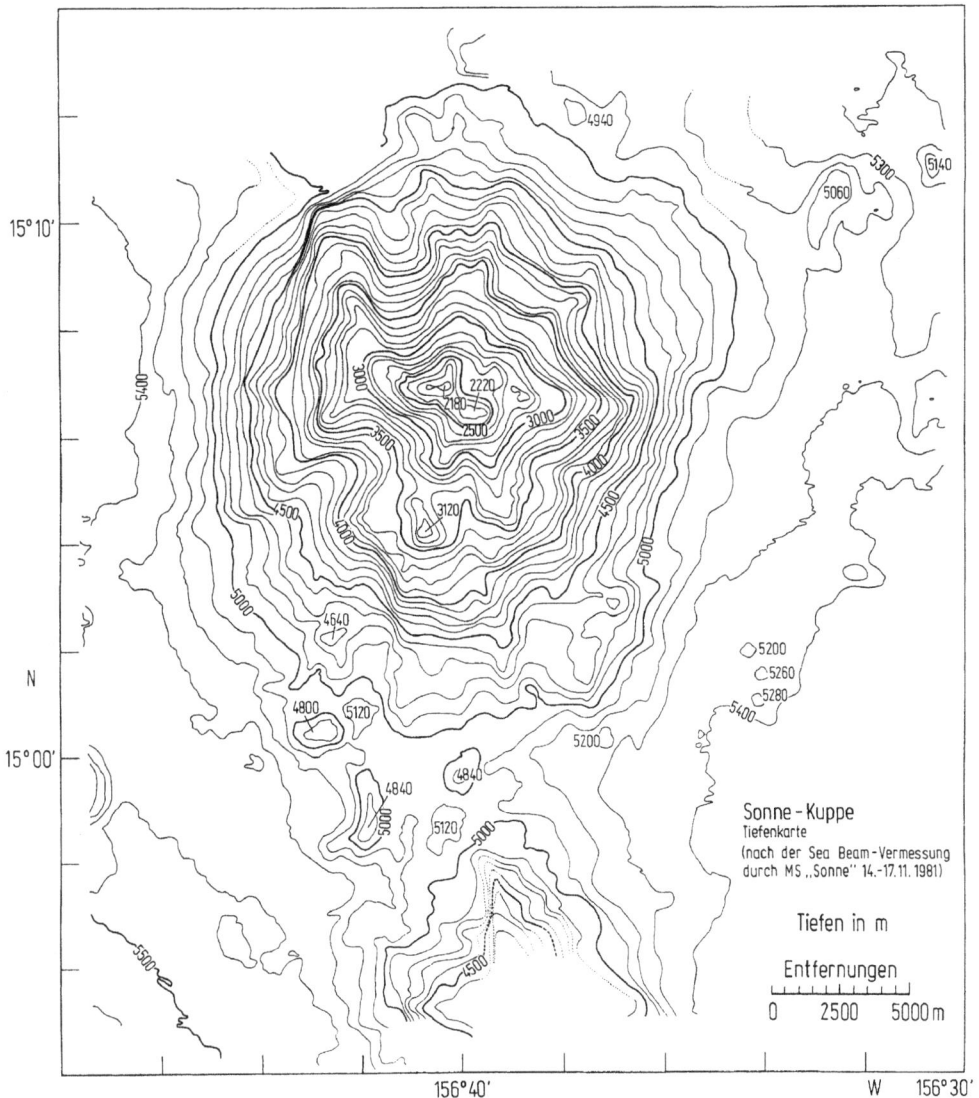

Abb. 2.7 Die Sonne-Kuppe im Pazifik, aufgenommen mit einem Fächerlot (nach Ulrich und Kögler, 1982).

kiert von den Kamm- und Flankenregionen, die mit den Platten wandern. Die Mittelozeanischen Rücken sind seismisch und vulkanisch besonders aktiv.

Untermeerische *Kuppen* stellen eine Sonderform dar (Abb. 2.7). Dabei handelt es sich um erloschene Vulkane, die mehrere hundert oder tausend Meter über ihre Umgebung hinausragen. Vielfach sind sie in Ketten angeordnet. In tropischen Meeren bilden sie die Basis für *Korallenriffe*. Kuppen mit einem ebenen Gipfelplateau werden *Guyots* genannt. Die Gesamtanzahl untermeerischer Kuppen im Weltmeer wird auf einige hundert geschätzt.

Zusammenfassende Darstellungen zur Topographie des Meeresbodens findet man bei Dietrich und Ulrich (1968) und Gierloff-Emden (1986).

2.4.2 Wärme- und Wasserhaushalt

Die Wärmebilanz Q, das heißt die Änderung des Wärmeinhalts einer Wassersäule, ergibt sich aus dem Wärmefluß durch die Oberfläche (Q_o), durch die Seitenwände (Q_t), durch den Boden (Q_b) und durch Flüsse aus Quellen bzw. in Senken im Innern (Q_q) (Abb. 2.8):

$$Q = Q_o + Q_t + Q_b + Q_q .\qquad(2.17)$$

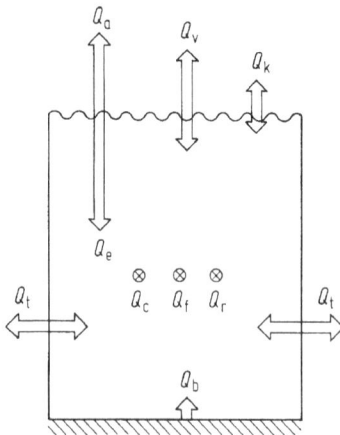

Abb. 2.8 Wärmeflüsse und -quellen in einem Wasservolumen (Bezeichnungen: siehe Text)

Der Oberflächenfluß setzt sich zusammen aus dem Wärmegewinn bzw. -verlust durch Einstrahlung (Q_e) und Ausstrahlung (Q_a), durch Übertragung latenter Wärme bei Verdunstung bzw. Niederschlag (Q_v) sowie durch Wärmeleitung (Q_k). Der Fluß durch die Seitenwände ergibt sich durch horizontalen Transport (Advektion) und Vermischung beim Vorhandensein horizontaler Temperaturgradienten. Der Wärmefluß durch den Boden führt dem Wasser Erdwärme zu. Die Quellen und Senken im Innern bestehen aus drei Anteilen: Wärmegewinn oder -verlust durch chemisch-biologische Umsätze (Q_c) und Wärmegewinn durch Reibungsvorgänge (Q_f) und durch radioaktiven Zerfall (Q_r), also

$$Q = (Q_e + Q_a) + Q_v + Q_k$$
$$+ Q_t$$
$$+ Q_b$$
$$+ Q_c + Q_f + Q_r \,. \qquad (2.18)$$

Wählt man den Wärmegewinn des Meeres als positive Größe, so sind Q_e, Q_b, Q_f und Q_r positiv, Q_a negativ und alle übrigen Terme positiv oder negativ. Wendet man die Gleichung auf das globale Mittel an, so werden Q und Q_t zu Null. Man erhält dann folgende mittlere Größen:

$$0 = (\bar{Q}_e + \bar{Q}_a) + \bar{Q}_v + \bar{Q}_k + \bar{Q}_b + \bar{Q}_c + \bar{Q}_f + \bar{Q}_r \,. \qquad (2.19)$$

In der mittleren globalen Wärmebilanz dominieren zwei Anteile: die Wärmeübertragung durch Strahlung und diejenige durch latente Wärme. In gewissem Umfang spielt außerdem die Wärmeleitung an der Meeresoberfläche eine Rolle, alle übrigen Terme sind vernachlässigbar klein.

Die auf die Meeresoberfläche auftreffende Strahlung hat ihr Energiemaximum wie die Strahlung am Außenrand der Atmosphäre im kurzwelligen Spektralbereich

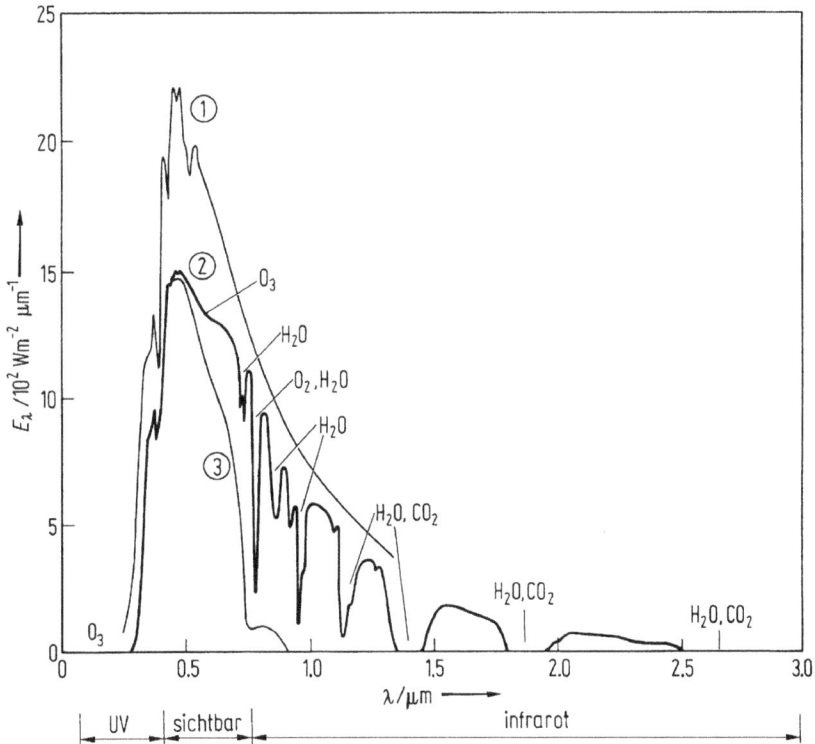

Abb. 2.9 Spektrale Energieverteilung der senkrecht einfallenden Sonnenstrahlung am Außenrand der Erdatmosphäre (1), an der Meeresoberfläche (mit Hinweis auf die Absorption atmosphärischer Bestandteile) (2) und in 1 m Tiefe (3) (nach Dietrich, 1975, und Gast, 1965).

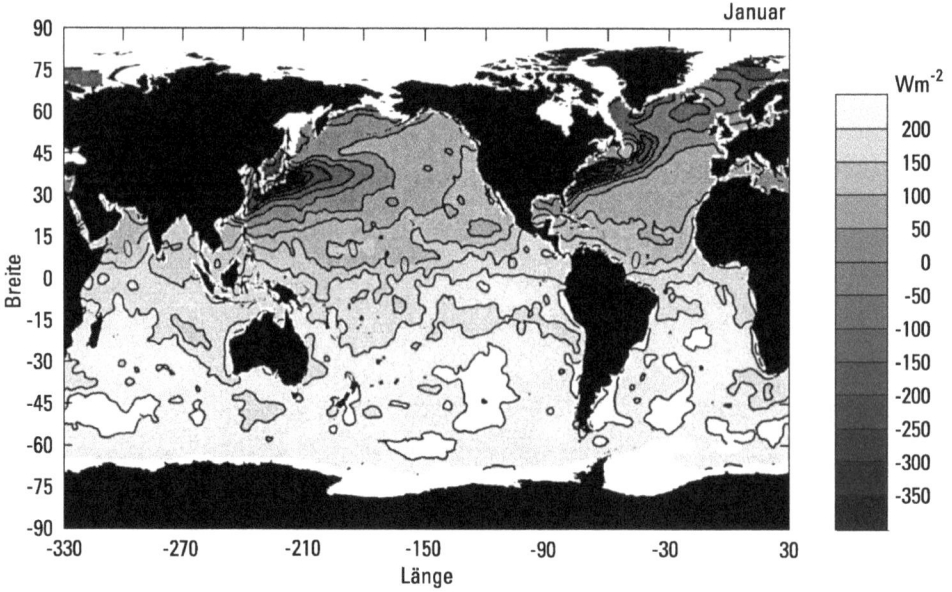

Abb. 2.10 Mittlerer Nettowärmefluß für Januar auf der Grundlage der Flußklimatologie des Southampton Oceanography Centre (Josey et al., 1999).

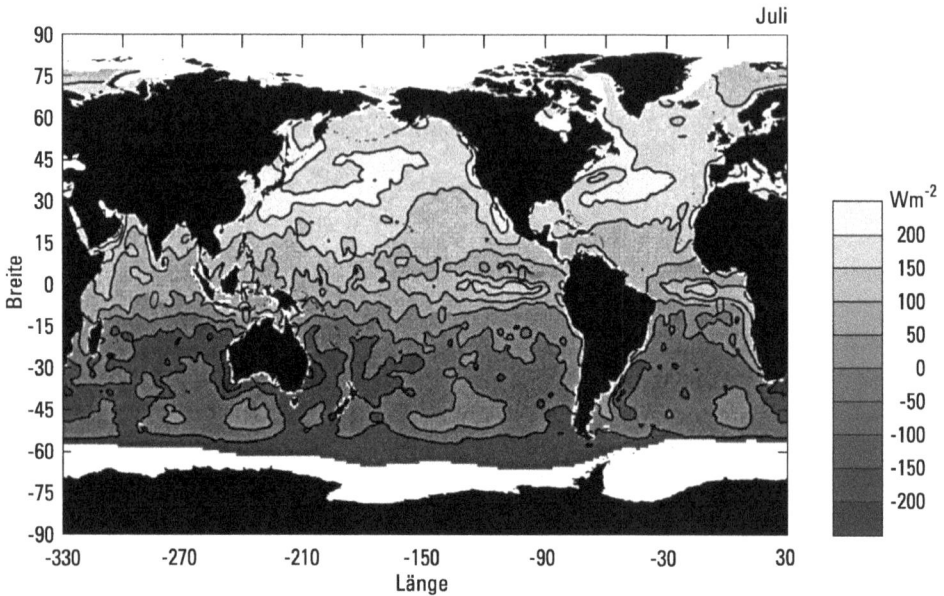

Abb. 2.11 Mittlerer Nettowärmefluß für Juli auf der Grundlage der Flußklimatologie des Southampton Oceanography Centre (Josey et al., 1999).

des sichtbaren Lichts. Im infraroten Bereich gelangt wegen der verschiedenen Absorptionsbanden atmosphärischer Gase die Strahlung unterschiedlich geschwächt zur Meeresoberfläche (Abb. 2.9). Die *Reflexion* an der Meeresoberfläche weicht von derjenigen, die sich aus den Fresnel-Gleichungen für glatte Oberflächen ergeben würde, ab. Das Reflexionsvermögen bei Seegang ist für kleine Sonnenhöhen, also bei großen Einfallswinkeln gegen die Vertikale, wesentlich niedriger als bei glatter Oberfläche, weil der Reflexionsgrad durch unterschiedliche Oberflächenneigungen herabgesetzt wird.

Der nichtreflektierte Strahlungsanteil dringt nach Richtungsänderung durch *Refraktion* ins Meer ein und wird auf seinem Weg in die Tiefe durch zwei Prozesse geschwächt: durch die *Absorption* und durch die *Streuung* an Partikeln oder Dichteinhomogenitäten. Nur der absorbierte Anteil von Q_e steht für Wärmeinhaltsänderungen zur Verfügung. Die gestreute Strahlung wird zum Teil anschließend absorbiert, zum Teil gelangt sie aber zurück zur Oberfläche und verläßt das Meer als kurzwellige Rückstrahlung. Das Verhältnis der Strahlungsflußdichten aus der Summe der reflektierten und zurückgestreuten Strahlung zu den aus der Atmosphäre eindringenden Strahlung bezeichnet man als *Albedo*. Wegen der starken Variation der Bedingungen für Reflexion, Absorption und Streuung ändert sich die Albedo des Meeres über einen weiten Bereich von etwa 3% bis zu mehr als 50%.

Der Ozean verhält sich in guter Näherung wie ein *schwarzer Strahler* im Sinne des Planckschen Strahlungsgesetzes. Das Energiemaximum dieser Ausstrahlungskomponente liegt im Infrarot bei einer Wellenlänge von etwa 10 µm. Der Wärmebilanzterm Q_a enthält also die kurzwellige Rückstrahlung aus dem Streulicht und die langwellige Wärmestrahlung. Der latente Wärmeverlust durch Verdunstung hat hohe Werte bei einem niedrigen Wasserdampfgehalt der Luft und starkem Wind. Das führt zu Maxima in den zentralen Subtropen.

Den mittleren Gesamtwärmefluß durch die Meeresoberfläche zeigt Abb. 2.10. Man erkennt die Regionen mit Wärmegewinn des Meeres in den Tropen und den Wärmeverlust in hohen Breiten. Besonders hohe Verlustraten findet man im Gebiet des Golfstroms und des Nordatlantischen Stroms im Nordatlantik. Der Strahlungshaushalt und damit der Gesamtwärmefluß an der Oberfläche haben wegen der jahreszeitlichen Änderungen des Sonnenstandes einen starken saisonalen Gang.

Im Mittel gewinnt der Ozean Wärme im äquatorialen Bereich und verliert sie in den polaren Regionen. Eine ausgeglichene Wärmebilanz kann nur dann bestehen, wenn im globalen Mittel Wärme im Ozean von niedrigen zu hohen Breiten transportiert wird. Die Kenntnis der Vorgänge beim meridionalen Wärmetransport ist wichtig für das Verständnis von Klimaschwankungen. Beobachtungen haben gezeigt, daß die mittleren meridionalen Wärmetransporte im Ozean und Atmosphäre gleiche Größenordnungen bis etwa 1 PW (1 Petawatt = 10^{15} W) besitzen, mit ozeanischen Maxima in den Subtropen und atmosphärischen Maxima in gemäßigten Breiten (Abb. 2.12). Die Transporte sind jedoch nicht in allen Ozeanen symmetrisch zum Äquator (Abb. 2.13), weil nur der Atlantik in der Tiefe einen Zugang zum Nordpolargebiet hat und die Ozeane im antarktischen Bereich miteinander verbunden sind, so daß besondere Bedingungen für die thermohaline Zirkulation gegeben sind (s. Abschn. 2.1). Die stärkste Wärmeabgabe vom Ozean an die Atmosphäre findet

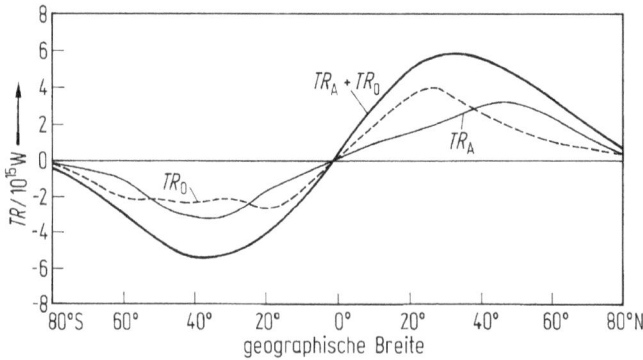

Abb. 2.12 Mittlere meridionale Verteilung des nordwärts gerichteten Wärmetransports in der Atmosphäre (TR_A) und im Ozean (TR_O) sowie die Summe beider Anteile (nach Peixoto und Oort, 1992, und nach Carissimo et al., 1985).

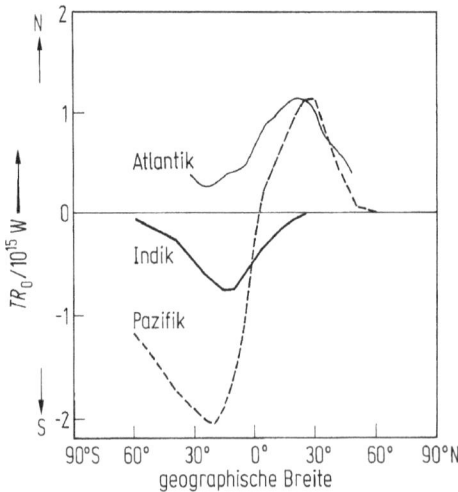

Abb. 2.13 Mittlere meridionale Verteilungen von nordwärts gerichteten Wärmetransporten in den drei Ozeanen (nach Peixoto und Oort, 1992, nach Hastenrath, 1982 und nach Holfort und Siedler, 2001).

man in mittleren und höheren Breiten des Nordatlantiks, ermöglicht durch einen im ganzen Atlantik nordwärtigen mittleren Wärmetransport (Oort and Vonder Haar, 1976; Hastenrath, 1982; Bryden and Hall, 1980; Holfort und Siedler, 2001).

Die Wasserbilanz W einer Wassersäule ergibt sich aus dem Umsatz an der Oberfläche (W_o), dem horizontalen Zustrom (W_t) und Zuflüssen aus dem Boden (W_b):

$$W = W_o + W_t + W_b. \tag{2.20}$$

Der Oberflächenfluß W_o setzt sich zusammen aus dem Süßwassergewinn durch Niederschlag (W_n) und dem Verlust durch Verdunstung (W_v). In kalten Gebieten kommt ein Süßwassergewinn durch Eisschmelze (W_s) und ein Süßwasserverlust durch Gefrieren (W_g) hinzu. Der Transportterm W_t enthält die Flußwasser- und Grundwasserzufuhr (W_f) und advektive Horizontaltransporte salzreicheren oder salzärmeren Wassers. Der Bodenterm W_b spielt nur in Ausnahmefällen bei Instabilitäten in der untermeerischen Erdkruste, vor allem in den Zentralspalten der Mittelozeanischen Rücken, eine Rolle und kann im allgemeinen vernachlässigt werden.

Damit folgt:

$$W = W_n + W_v + W_s + W_g + W_t. \tag{2.21}$$

Im globalen Mittel gilt für den Ozean

$$0 = \bar{W}_n + \bar{W}_v + \bar{W}_f .$$

Eine Zusammenstellung der mittleren globalen Bilanzterme gibt Abb. 2.14 (Baumgartner und Reichel, 1975). Die lokale Bilanz im offenen Ozean ist jedoch weitgehend bestimmt durch die Summe ($W_n + W_v$), und der Oberflächensalzgehalt ist hoch für negative und niedrig für positive Werte dieser Klammer.

Eine besondere Bedeutung gewinnt die Wasserbilanz in Nebenmeeren. Im Fall des ariden Klimas wie beim Mittelmeer, Roten Meer oder Persischen Golf ist $W_n + W_v + W_f < 0$, und der Salzgehalt steigt. Im Gleichgewicht muß ein Einstrom salzärmeren Wassers (W_e) durch die Meeresstraße vom Ozean kommen. Das damit hinzukommende Salz muß in Form eines Ausstroms salzreichen Wassers (W_a) am Boden der Meeresstraße wieder wegtransportiert werden, wobei ($W_e + W_a$) > 0 ist. Die Wasserhaushaltsgleichung lautet im Mittel für ein Nebenmeer

$$0 = \bar{W}_n + \bar{W}_v + \bar{W}_f + \bar{W}_e + \bar{W}_a . \tag{2.22}$$

Im Fall des humiden Klimas wie bei der Ostsee oder beim Schwarzen Meer gilt entsprechend $W_n + W_v + W_f > 0$ und $W_e + W_a < 0$. Dort schichtet sich salzreiches

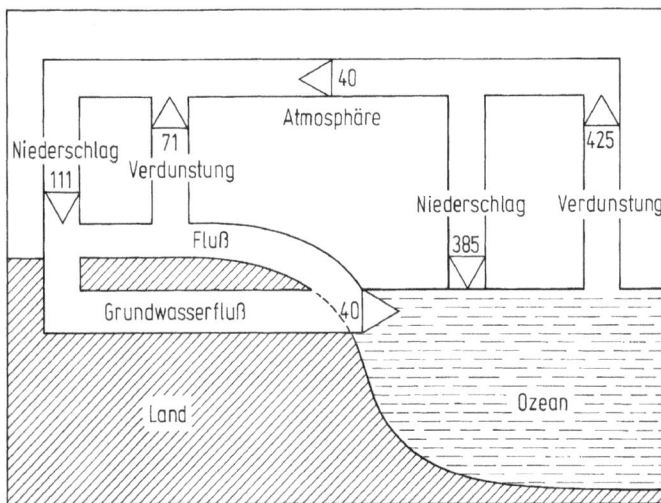

Abb. 2.14 Globaler Wasserkreislauf in 10^3 km^3 a^{-1} (nach Baumgartner und Reichel, 1975).

Wasser aus dem bodennahen Einstrom in der Meeresstraße unter das salzärmere
Wasser im Nebenmeer.

2.4.3 Schichtung und Wassermassenverteilung

Die Schichtung in Temperatur, Salzgehalt, Dichte und anderen Größen ergibt sich
aus der Wirkung von Oberflächenflüssen, von Vermischung und von horizontalen
und vertikalen Transportvorgängen. Bei den Wassermassenverteilungen im Ozean
überwiegen vertikale gegenüber horizontalen Gradienten. Die zwischen zwei Breitenkreisen zonal gemittelte Verteilung von Temperatur und Salzgehalt im Atlantik,
wie sie schematisch in einem Meridionalschnitt in Abb. 2.15 dargestellt ist, zeigt
eine Zweischichtung in eine obere relativ dünne *Warmwassersphäre* ($T > 10\,^{\circ}\mathrm{C}$)
(Krauss, 1996) und eine darunterliegende tiefreichende *Kaltwassersphäre*. Die Warmwassersphäre tritt nur in niedrigen und mittleren Breiten auf. Die Grenzfläche zwischen der Warm- und der Kaltwassersphäre liegt mit mehr als 700 m am tiefsten
in den Zentren der Subtropenwirbel (s. Abschn. 2.2), hat ein weiteres (in Abb. 2.15
nicht gezeigtes) Tiefenmaximum am Südrand der *Intertropischen Konvergenzzone*
(ITCZ) bei etwa 5 °N, wo sich in der Atmosphäre der Nordost- und der Südostpassat
treffen. Die Bereiche, wo die Schichtgrenze mit starken Temperaturunterschieden
an die Oberfläche stößt, bezeichnet man als *ozeanische Polarfronten*. Unter der *Deckschicht* des Atlantiks befinden sich in der permanenten *Hauptsprungschicht* der
Warmwassersphäre das *Nord-* und das *Südatlantische Zentralwasser* (s. Tab. 2.2).

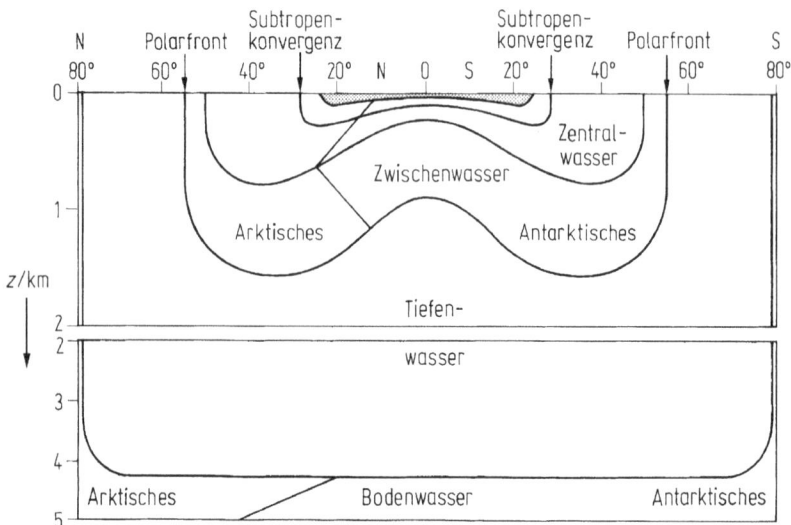

Abb. 2.15   Schematische Verteilung ozeanischer Wassermassen auf einem Meridionalschnitt
durch den Atlantik. Im oberen Teil der Abbildung ist zwischen der nördlichen und südlichen
Polarfront die Warmwassersphäre dargestellt. Alle übrigen Regionen werden der Kaltwassersphäre zugerechnet (nach Tomczak, 1984). Die horizontalen Übergänge beim Zentral-,
Zwischen- und Bodenwasser, die auf unterschiedliche Entstehungsregionen in höheren Breiten
hinweisen, sind fließend.

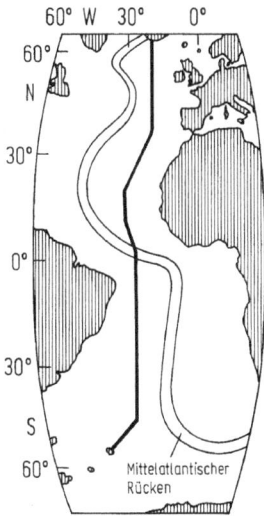

Abb. 2.16a Weiserkarte zum Verlauf des Meridionalschnitts durch den Atlantik auf der Grundlage von Beobachtungen des Scripps Institution of Oceanography (Tsuchija et al., 1992, 1994). Der Verlauf des Mittelatlantischen Rückens ist durch eine schematisierte 3000 m-Tiefenlinie angedeutet.

Abb. 2.16b Meridionale Verteilung der potentiellen Temperatur. Deutlich ist die dünne warme Deckschicht in den Subtropen und Tropen zu erkennen. Der Äquator liegt bei km-Marke 6200, wo sich auch der Mittelatlantische Rücken abhebt. Durch den Einstrom von warmem Mittelmeerwasser aus der Straße von Gibraltar liegt der Übergang von der Warm- zur Kaltwassersphäre ($\theta \cong 10\,°C$) im Nordatlantik tiefer als im Südatlantik. Die darunter gelegene Kaltwassersphäre nimmt den größten Teil der Wassersäule ein. Der Einfluß von Antarktischem Bodenwasser mit $\theta < 2\,°C$ reicht bis zur Azorenschwelle bei 37 °N oder km-Marke 10 600.

Abb. 2.16c Meridionale Verteilung des Salzgehaltes. In den Subtropen sind sehr hohe Werte (> 36.8) an der Oberfläche anzutreffen. Im Südatlantik finden sich intermediäre Extrema im Antarktischen Zwischenwasser (< 34.50) und im darunter gelegenen Nordatlantischen Tiefenwasser (> 34.80). Das Antarktische Bodenwasser liegt unterhalb von 34.70. Im Nordatlantik fällt das Maximum des Mittelmeerwassers in ~ 1200 m Tiefe auf (> 35.70). Im Bereich der Kapverde-Frontalzone bei km-Marke 8500 ($\sim 18\,°N$) schiebt sich die Zunge des Antarktischen Zwischenwassers über das Mittelmeerwasser.

Abb. 2.16d Meridionale Verteilung des gelösten Sauerstoffs. Im Südatlantik fällt das absinkende, frisch ventilierte Antarktische Bodenwasser am äußersten linken Bildrand auf. Werte $> 230\,\mu\,mol\,kg^{-1}$ findet man in weiten Bereichen des zentralen Südatlantiks in Form von Nordatlantischem Tiefenwasser. Sein Ursprung läßt sich in das Islandbecken am rechten Bildrand zurückverfolgen. Einen weiteren Einschub von ventiliertem Wasser findet man in der Zunge des Antarktischen Zwischenwassers südlich der km-Marke 2800 und als subpolares Mode-Wasser in den oberen 500 m südlich Islands. Die Warmwassersphäre oberhalb 1000 m Tiefe ist in den Tropen und Subtropen durch starke O_2-Zehrung charakterisiert ($< 160\,\mu\,mol\,kg^{-1}$).

Abb. 2.16e Meridionale Verteilung des Silikatgehalts. Der weite Meßbereich ($< 2 - > 230\,\mu\,mol\,kg^{-3}$) erlaubt eine genaue Analyse der Ausbreitungspfade von den Quellen in hohen Breiten des Südatlantiks. Der Mittelatlantische Rücken bei km-Marke 6200 bildet eine äquatoriale Barriere für Antarktisches Bodenwasser. Die biologische Produktivität wird durch die niedrigen Werte des Nährstoffsalzes Silikat ($< 3\,\mu\,mol\,kg^{-3}$) in den Subtropen beider Hemisphären begrenzt. In der physikalischen Ozeanographie verwendet man Spurenstoffe wie Silikat als Tracer für Ausbreitungspfade.

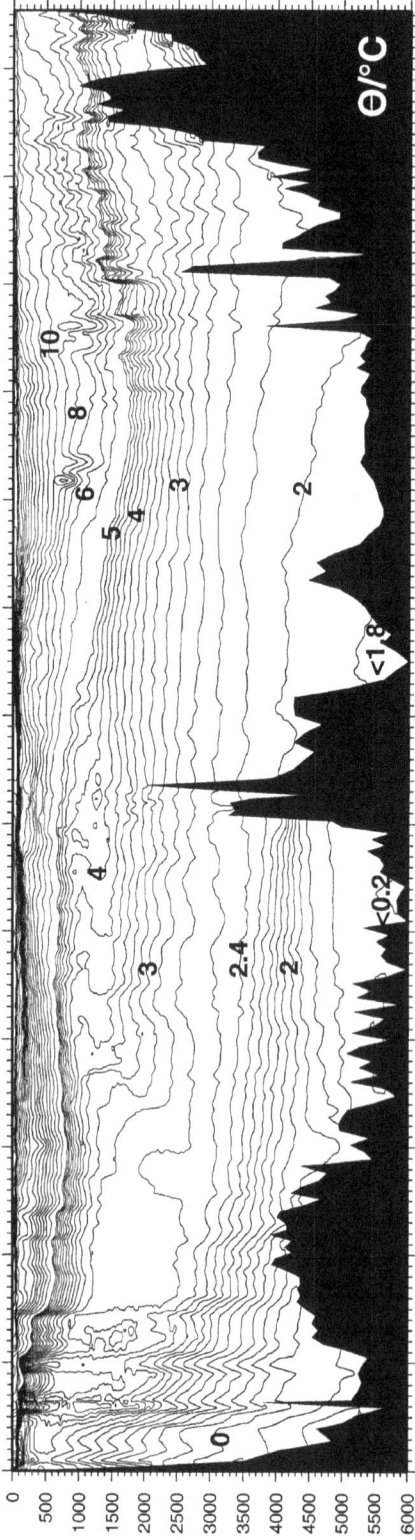

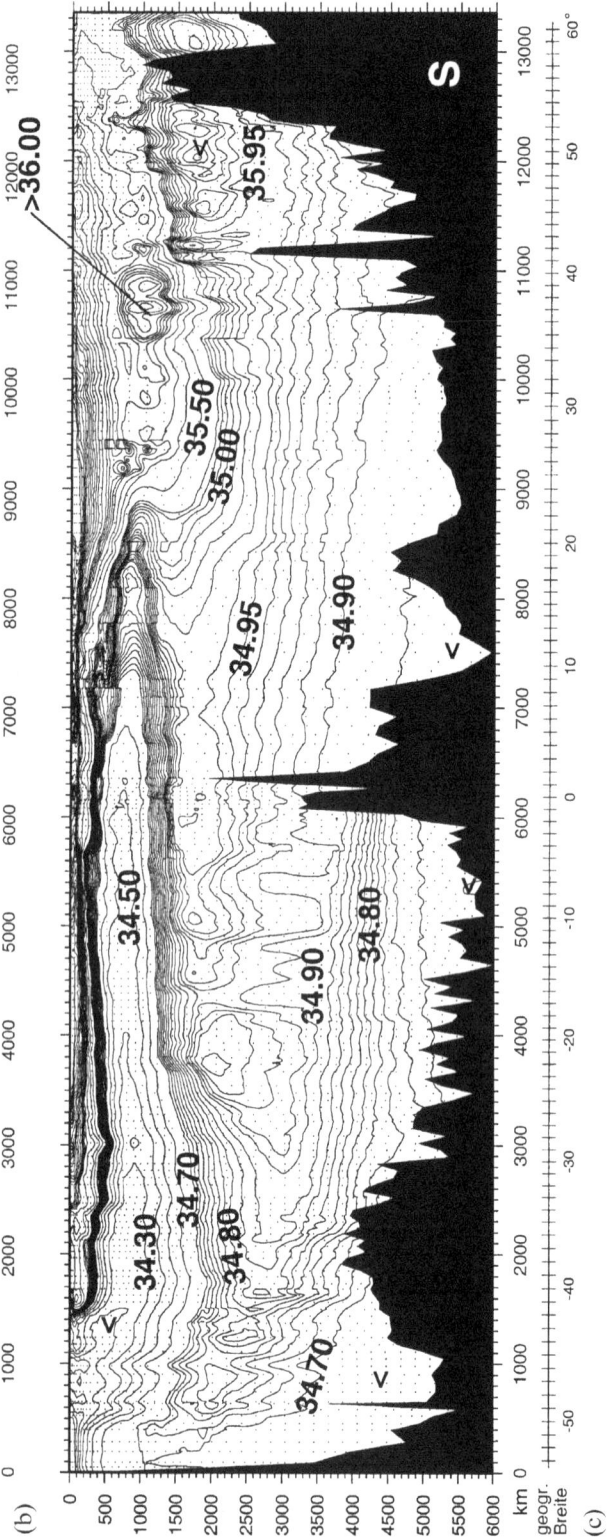

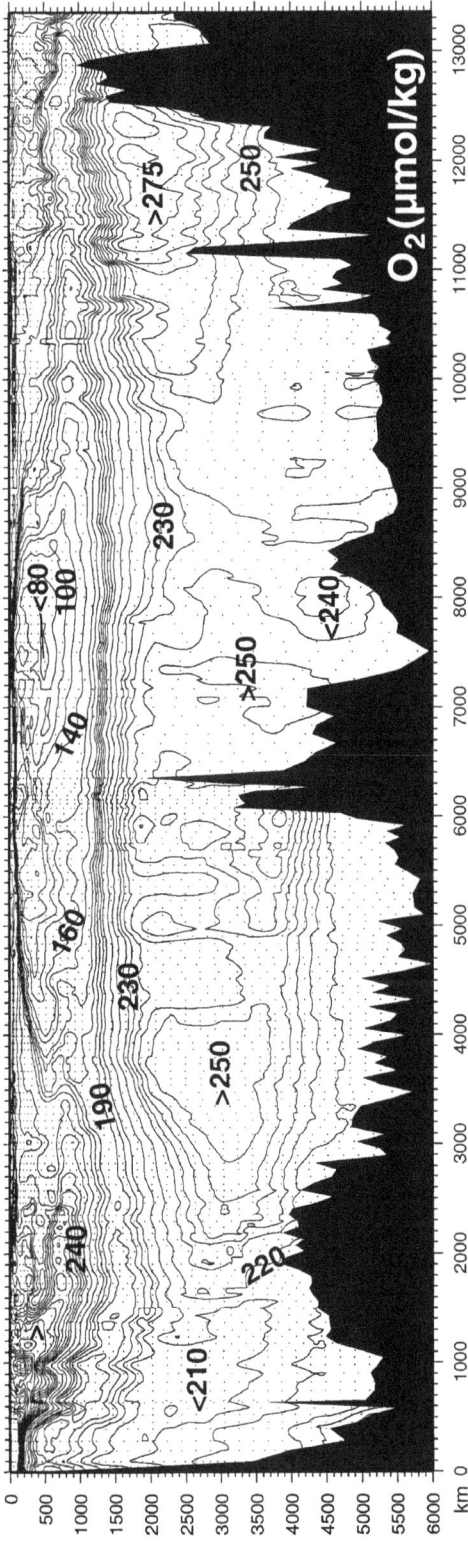

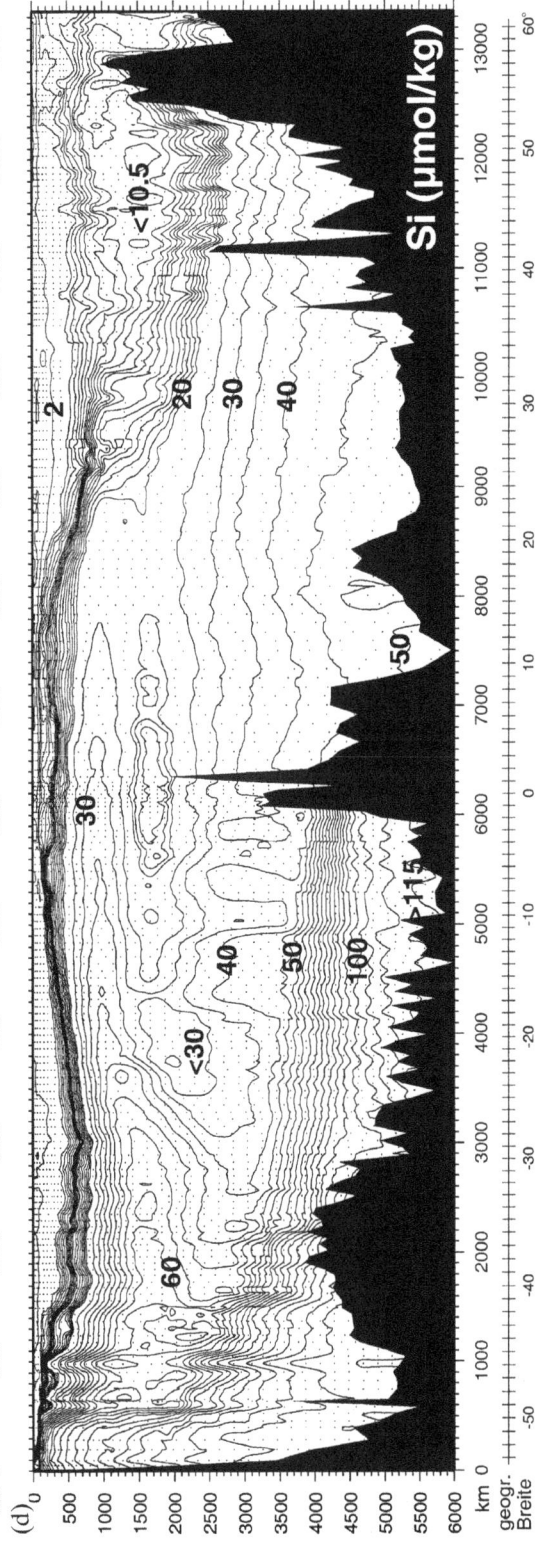

(d) O$_2$(µmol/kg)

(e) Si (µmol/kg)

Tab. 2.2 Ausgewählte charakteristische Wassermassen des Nord- und Südatlantiks unter Ausschluß des Weddellmeeres. Zahlen in den Klammern geben Auskunft über die vorkommenden Bereiche von potentieller Temperatur und Salzgehalt (nach Emery und Meincke, 1986).

Vorkommen der Wassermassen	Nordatlantik	Südatlantik
Oberflächennähe (0–500 m)	Oberes Subarktisches Wasser einschließlich Labradorseewasser (0.0–4.0 °C, 34.0–35.0)	Antarktisches Oberflächenwasser (−1.0–1.0 °C, 34.0–34.6) Subantarktisches Oberflächenwasser (3.2–15.0 °C, 34.0–35.5)
	Nordatlantisches Zentralwasser (7.0–20.0 °C, 35.0–36.7)	Südatlantisches Zentralwasser (5.0–18.0 °C, 34.3–35.8)
Zwischenwasser (500–1500 m)	Mittelmeerwasser (2.6–11.0 °C, 35.0–36.2)	Antarktisches Zwischenwasser (2.0–6.0 °C, 33.8–34.8)
Tiefenwasser (> 1500 m)	Nordatlantisches Tiefenwasser (1.5–4.0 °C, 34.8–35.0)	
		Zirkumpolares Tiefenwasser (0.1–2.0 °C, 34.62–34.73)
Bodenwasser (0–200 m ü. B.)	Arktisches Bodenwasser (−1.8– −0.5 °C, 34.88–34.94)	Antarktisches Bodenwasser (−0.9–1.7 °C, 34.64–34.72)

In der Kaltwassersphäre findet man als Hauptwassermassen von oben nach unten das *Arktische* bzw. das *Antarktische Zwischenwasser*, das *Nordatlantische Tiefenwasser* und das *Arktische* bzw. *Antarktische Bodenwasser* (s. Tab. 2.2). Ergebnisse hydrographischer Beobachtungen auf einen Meridionalschnitt durch den Atlantik zwischen der südlichen Polarfrontzone und dem Kontinentalhang südlich von Island sind in Abb. 2.16 dargestellt. Auffallend ist das Vordringen des südatlantischen Zwischen- und Bodenwassers bis weit in den Nordatlantik und das Vordringen des Nordatlantischen Tiefenwassers bis weit in den Südatlantik.

Der Pazifik unterscheidet sich vom Atlantik dadurch, daß ein Nordpazifisches Bodenwasser nicht existiert und die Verteilungen der Nord- und der Südpazifischen Zentral- und Zwischenwassermassen etwa symmetrisch zum Äquator auftreten. Der Indik erstreckt sich nur bis etwa 25 °N und hat kein Zwischen- und Bodenwasser aus dem Norden. Eine Zusammenstellung zu den Wassermassen im Weltmeer und ihren regionalen Verteilungen findet man bei Emery und Meincke (1986).

Während die Ergebnisse einzelner hydrographischer Aufnahmen im tiefen Wasser das langzeitige Mittel der Schichtung recht gut wiedergeben, ist das in Oberflächennähe in mittleren und höheren Breiten nicht gewährleistet. Die Schichtung ändert sich dort vor allem mit dem Jahresgang. Abb. 2.17 zeigt als Beispiel die Temperaturänderung während der Frühjahrserwärmung in der westlichen Ostsee. Kurzzeitige

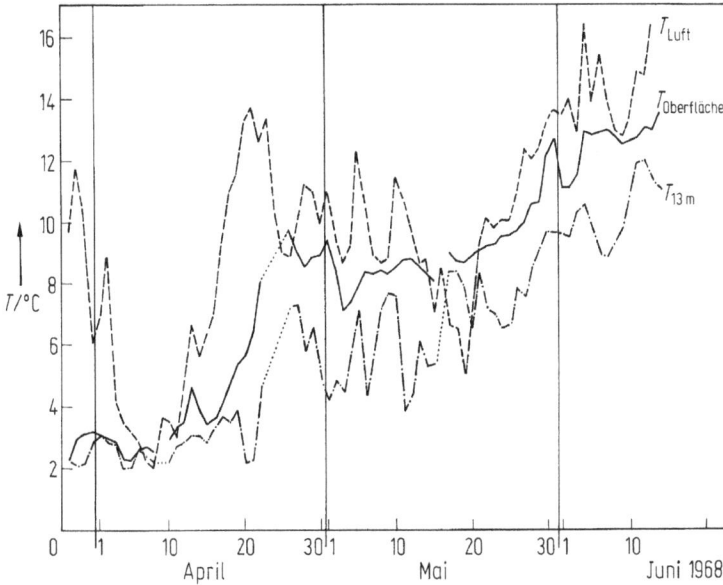

Abb. 2.17 Eindringen der Frühjahrserwärmung in die oberflächennahen Schichten (nach Münzer, 1969). T_{Luft} = Lufttemperatur; $T_{Oberfläche}$ = Wassertemperatur an Oberfläche; $T_{13\,m}$ = Wassertemperatur in 13 m Tiefe.

Schwankungen sowohl des Wärmeflusses als auch des Windschubs führen zu Änderungen in der Temperaturschichtung. In Abb. 2.18 ist die jahreszeitliche Änderung der vertikalen Temperaturprofile aus Beobachtungen vom Wetterschiff „P" im zentralen Nordpazifik dargestellt. Man erkennt das Entstehen einer homogenen Deckschicht und der darunterliegenden jahreszeitlichen Sprungschicht im Frühjahr, die weitere Erwärmung und Vertiefung der Deckschicht im Sommer und den Abbau der Sprungschicht bei Vertiefung der Deckschicht im Herbst. Das Maximum des Wärmeinhalts der Deckschicht findet man im Ozean jeweils 1 bis 2 Monate nach dem Maximum des Strahlungsflusses, weil die zugeführte Wärme vom Meer gespeichert wird. In zahlreichen Modellrechnungen werden die klimatologischen Mittelwerte der hydrographischen Schichtung von Levitus (1982) oder in ihrer aktuellsten Form (Conkright et al., 1999) verwendet.

2.4.4 Eis im Meer

Die eisbedeckten Meeresgebiete findet man vor allem auf den Polkappen der Erde. Sie lassen sich in eine innere und eine äußere Polarregion einteilen (Dietrich, 1970). Die innere Region ist ständig eisbedeckt, in der äußeren findet man mit 50 % Wahrscheinlichkeit Eis im Polarwinter. Auch in den Nebenmeeren der höheren Breiten mit dem Einfluß kontinentaler Klimabedingungen gibt es Eisbedeckung mit einem ausgeprägten Jahresgang. Die Vereisung sowie ihre räumlichen und zeitlichen Schwankungen können sehr unterschiedliche Formen annehmen. Sie sind außer von

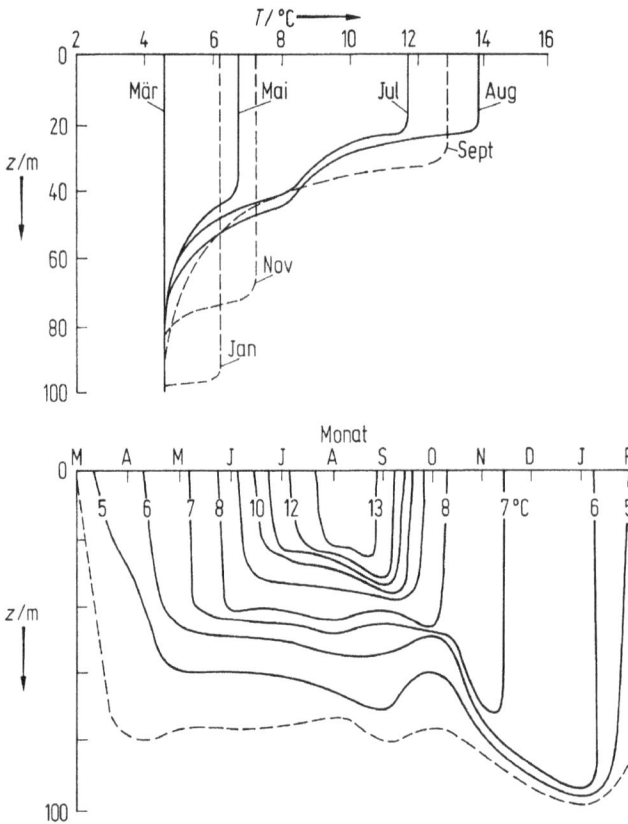

Abb. 2.18 Jahresgang der Temperatur beim Wetterschiff „P" in Vertikalprofilen (oben) und Isothermen (unten). Kurzperiodische Änderungen wurden durch Filtern der Daten entfernt (nach Pickard und Emery, 1982).

den Temperaturunterschieden zwischen Luft und Wasser stark von der wind- und strömungsbedingten Drift des Eises, vom Salzgehalt an der Oberfläche, von der Dichteschichtung des Meeres sowie in Küstennähe von topographischen Einflüssen abhängig. Die Vereisung von Seegebieten hat Auswirkungen auf die Bildung und Ausbreitung von Wassermassen (thermohaline Zirkulation, s. Abschn. 2.2) sowie auf die Albedo und damit auf Klimaschwankungen.

Meereis entsteht aus gefrierendem Meerwasser. Alle übrigen Eisarten im Meer bestehen aus Süßwassereis. Land- und Schelfeis an der Küste werden aus Firnschnee und Gletschern gespeist. Das Seeeis wird auf festländlichen Seen und das Flußeis auf Flüssen aus Süßwasser gebildet und gelangt dann ins Meer. Allerdings haben See- und Flußeis im offenen Ozean keine große Bedeutung.

Die *Entstehung von Meereis* ist in Abb. 2.19 schematisch dargestellt (Lange et al., 1989). Sinkt die Temperatur an der Meeresoberfläche unter den Gefrierpunkt (s. Abschn. 2.2.2), so bilden sich zunächst reine Eiskristalle in der Größenordnung von Millimetern. Bei Windstille und leichter Dünung kommt es zur Bildung von Eisbrei mit einer Viskosität, die mit derjenigen einer ölbedeckten Oberfläche vergleichbar ist. Zwischen den Eiskristallen bleibt Meerwasser mit erhöhtem Salzgehalt eingeschlossen. Die einzelnen Salze kristallisieren erst bei unterschiedlichen tieferen Temperaturen aus.

Bei weiterem Wärmeverlust erfolgt eine Verdichtung des Eisbreis in Form von Pfannkucheneis, das seine charakteristische Größe und Form durch Reibung im Seegang und durch Strömung und Windschub erhält. Bildet sich eine geschlossene Neueisdecke, so ist es möglich, daß durch Eisstau und Eispressungen eine sekundäre Festeisdecke mit Furchen und Spalten entsteht.

Die Dicke mehrjährigen Wintereises liegt bei 3 bis 3.5 m in der Arktis und bei 1 bis 2 m in der Antarktis. Im Sommer verringert sich die Dicke auf etwa die Hälfte. Eispressungen können zu Packeis mit Höhen von 10 m führen. Große offene Wasserflächen werden im Weddell-Meer angetroffen. Diese von Satelliten aus (Barry et al., 1993) leicht zu erkennenden eisfreien Areale (Polynja) können mehrere hundert Quadratkilometer groß sein. Ihre Entstehung und Aufrechterhaltung hängt von einer Kombination von Faktoren ab. Dazu gehören der langwellige Strahlungshaushalt, Wind und Meeresströmungen, insbesondere Gezeitenströmungen, und der lokale Auftrieb (Smith et al., 1990).

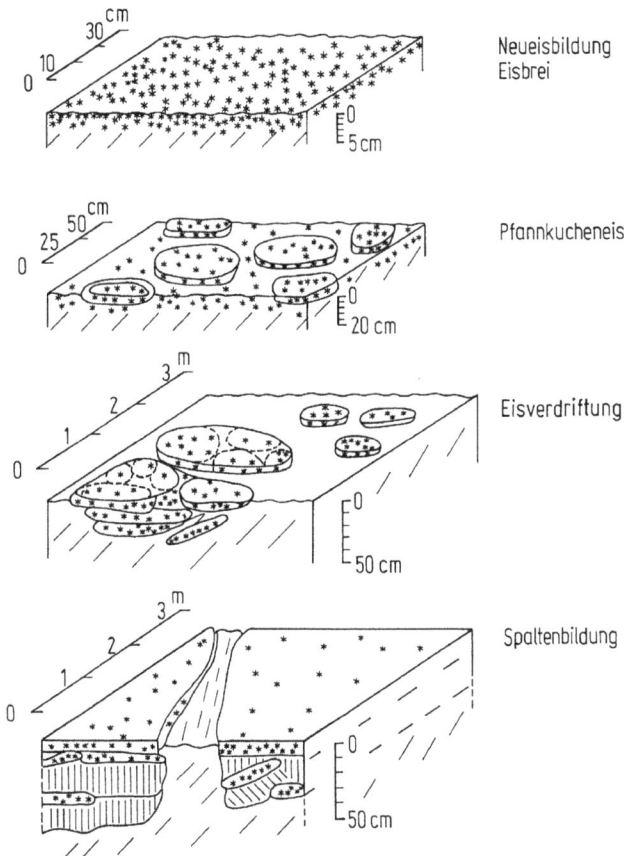

Abb. 2.19 Schematische Darstellung zur Meereisentstehung (nach Lange et al., 1989). Man beachte die Unterschiede in den räumlichen Skalen der Einzelbilder.

Ein großes Gefährdungspotential für die Schiffahrt haben Eisberge, die sich in den Küstenregionen der Arktis und Antarktis bilden. Sie brechen aufgrund von Auftriebskräften unter den Eiszungen, die vom Land ins Meer hinausragen, ab. *Gletschereisberge* findet man auf der Nordhalbkugel, *Tafeleisberge* sind charakteristisch für hohe Breiten der Südhalbkugel. Sie entstehen durch Abbruch großer Schelfeisplatten, etwa am Rönne- und Filchner-Eisschelf am Südrand des Weddell-Meeres.

Die für Grönland charakteristischen Gletschereisberge können bizarre Formen annehmen. Beim Abbrechen (Kalben) des Gletschers kommt es zu hohen *langen Wellen* (s. Abschn. 2.5.2). Die mittlere Dichte von Eisbergen liegt wegen der Lufteinschlüsse mit $900 \, \mathrm{kg\,m^{-3}}$ unterhalb derjenigen des reinen Eises. Das Verhältnis der Volumenanteile unter und über Wasser beträgt 7/1. In Abhängigkeit von Eisbergform und Abschmelzgeschichte schwankt das Tiefen- zu Höhenverhältnis relativ zur Oberfläche zwischen 5/1 und 1/1 (Pickard und Emery, 1982).

Mittlere Verteilungen des Eisvorkommens auf der Nord- und Südhalbkugel sind in Abb. 2.20 zusammengefaßt (Martin und Augstein, 2000). Die Verteilungen sind mit dem Oberflächenstromsystem (s. Abschn. 2.5.1) korreliert. Besonders markant ist im Atlantik die Wirkung des weit nach Norden vordringenden warmen Norwegischen Stromes und des südwärts gerichteten kalten Labradorstroms. Charakteristische Typen der Meeresvereisung sind im Vergleich von Polarmeeren und von Nebenmeeren in Tab. 2.3 dargestellt (Dietrich et al., 1975). Ein Vergleich der Eiseigenschaften in den beiden Polargebieten ist in Anlehnung an Spindler (1990) in Tab. 2.4 wiedergegeben. Eine umfangreiche Darstellung zum Eis im Meer findet man bei Gow und Tucker (1990).

Die physikalischen Eigenschaften des Meereises unterscheiden sich wesentlich von denjenigen des reinen Eises. Meereis ist ein Mehrphasensystem, das ein komplexes Verhalten zeigt. Die nach Beginn der Meereisbildung durch Diffusion und Konvektion ausfließende Salzlauge erniedrigt den Salzgehalt des Meereises beständig. Mit dem Salzverlust geht ein Auffüllen der Ausflußkanäle mit Luft einher, so daß Meereis im Temperaturbereich zwischen dem Gefrierpunkt (s. Abschn. 2.2.2) und $-8.2\,°\mathrm{C}$ aus reinem Eis, Salzlauge und Luft besteht. Unterhalb diese Grenztemperatur kommen die ersten Salzkristalle vor. Bei $-55\,°\mathrm{C}$ ist auch die verbleibende Lauge völlig erstarrt.

Tab. 2.3 Eigenschaften von Eis in Polarmeeren und in den Nebenmeeren der höheren Breiten (nach Dietrich et al., 1975).

Eis der Polarmeere	Eis der Nebenmeere
Mehrjähriges Alteis neben einjährigem Jungeis vorhanden	Nur winterliches Jungeis vorhanden, Sommer eisfrei
Packeis, z. T. mit Eisbergen	Festeis und flachscholliges Treibeis
Dicke etwa 2.5 bis 3.5 m	Dicke kleiner als 0.5 bis 1.0 m
Randgebiete	
Frühsommer am eisreichsten	Winter am eisreichsten
Von Schiffen nur in Rinnen und Waken befahrbar	Von Schiffen nach Aufbrechen von Fahrrinnen befahrbar

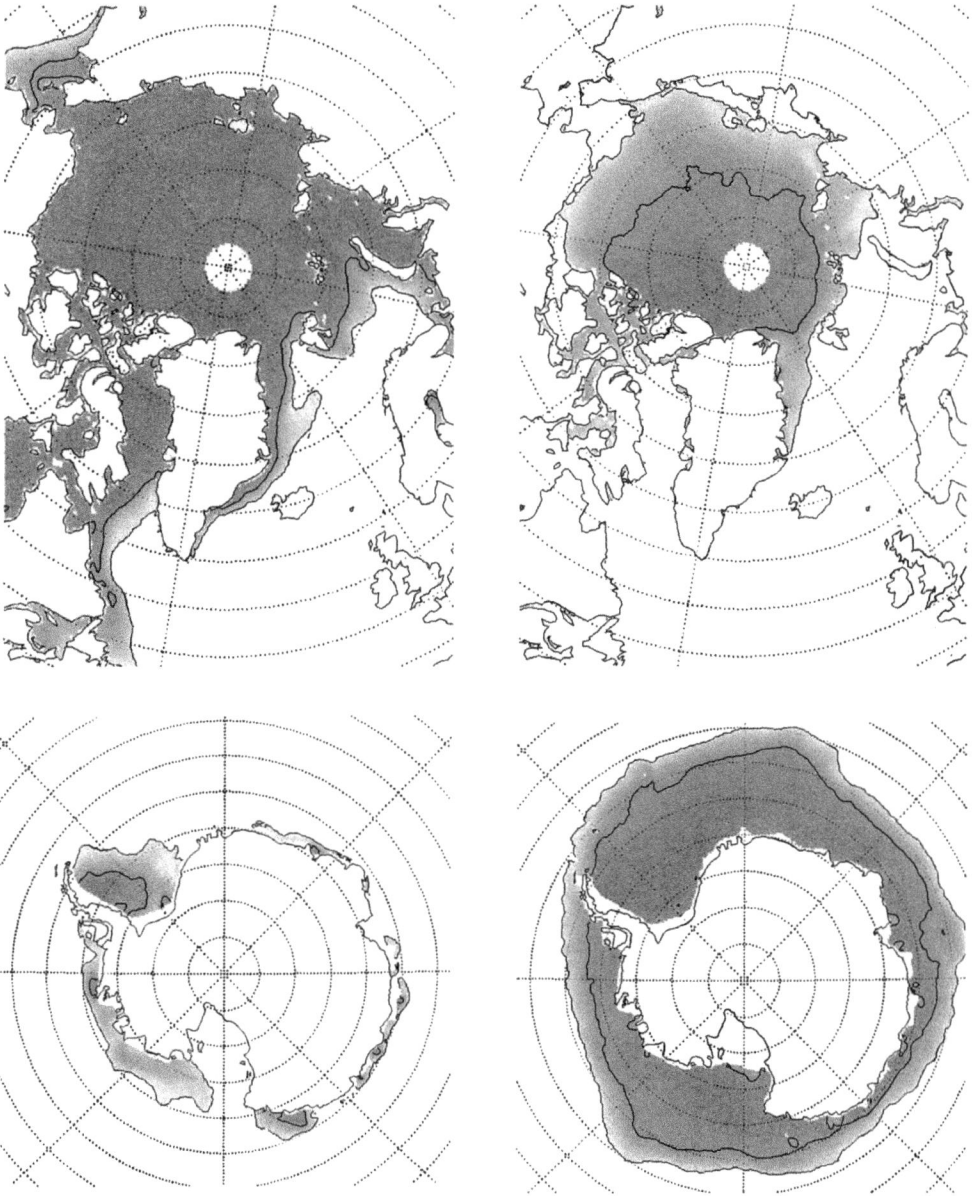

Abb. 2.20 Mittlere Meereisbedeckung im Februar (links) und September (rechts) für die Arktis (oben) und die Antarktis (unten) auf der Grundlage zehnjähriger Satellitenbeobachtungen von 1989 bis 1999. Die Ergebnisse wurden aus Mitteln über 25 km × 25 km-Felder erhalten. In den Polbereichen gibt es keine Meßdaten, weil die Satellitenumlaufbahnen die Pole nicht erreichen. Die Isolinien zeigen 15 % bzw. 80 % Eisbedeckung. Zur besseren Übersicht ist auf Landoberflächen keine Eisbedeckung angegeben (nach Martin und Augstein, 2000).

Tab. 2.4 Vergleich von Vereisungsformen in der Arktis und in der Antarktis
(nach Spindler, 1990).

Eigenschaft	Arktis	Antarktis
Alter des Eises	mehrjährig	hauptsächlich einjährig
Eisdecke	$> 2\,\mathrm{m}$	$< 2\,\mathrm{m}$
Eisberge	Gletschereisberge	Tafeleisberge
vorwiegender Abschmelzpunkt	an atmosphärischer Grenzschicht	an wassernaher Grenzschicht
maximale Bedeckung	$14 \cdot 10^6\,\mathrm{km}^2$	$20 \cdot 10^6\,\mathrm{km}^2$
minimale Bedeckung	$7 \cdot 10^6\,\mathrm{km}^2$	$4 \cdot 10^6\,\mathrm{km}^2$

Je nach Alter liegt der Salzgehalt im Meereis zwischen Werten von 20 und 2. Die Übergänge sind wegen der heterogenen Zusammensetzung des Meereises und der Wechselwirkung mit dem Meerwasser an der Unterseite und an den Eisrändern fließend. Neuere Ergebnisse (Lange et al., 1989) weisen auf die wichtigen dynamischen Vorgänge gerade an Eisrändern hin.

Die Dichte ϱ_E des Meereises ist nicht nur eine Funktion seiner Temperatur T und seines Salzgehaltes S, sondern auch von den eingeschlossenen Luftvolumina abhängig. Schwerdtfeger (1963) gibt folgende Dichteformel für Temperaturen $< -1\,°C$ an:

$$\frac{\varrho_E}{g\,cm^{-3}} = \left(1 - \frac{\alpha}{Vol.\%}\right)\left(1 + \frac{4.56\,S}{T/°C}\right) \cdot 0.917\,. \tag{2.23}$$

Die spezifische Wärmekapazität des Meereises ist in Gefrierpunktsnähe stark temperaturabhängig, weil latente Wärme des Meereises beim Ausfrieren der Salzlauge eine Rolle spielt. Nach Schwerdtfeger (1963) liegt die spezifische Wärmekapazität des Meereises am Gefrierpunkt um bis zu drei Größenordnungen über dem Wert bei $< -10\,°C$, wo sie sich derjenigen von reinem Eis nähert.

Die Wärmeleitfähigkeit des Meereises unterscheidet sich nicht wesentlich von der molekularen Wärmeleitfähigkeit des Meerwassers. Typische Werte liegen bei 1.5 bis 2.5 $W\,m^{-1}\,°C^{-1}$ (Dietrich et al., 1975). Die Eisdecke in polaren Breiten stellt somit im Vergleich zur turbulenten offenen Wasserfläche einen wirksamen Schutz gegen eine Abkühlung des Meeres durch die Atmosphäre dar.

Zusammenfassende Darstellungen zu den physikalischen Eigenschaften des Meereises, auch der mechanischen, optischen und elektrischen Eigenschaften, sind bei Langleben (1962, 1971), Koslowski (1986) sowie bei Oura (1967) zu finden.

2.5 Dynamik des Ozeans

2.5.1 Meeresströmungen

Strömungen im Meer sind *überwiegend horizontal* ausgerichtet, mit Geschwindig-keiten im Bereich von mm/s bis m/s. Wie in Abschn. 2.2.3 dargestellt wurde, gibt es im offenen Ozean einen engen Zusammenhang mit dem Dichte- bzw. Druckfeld, weil in guter Näherung das geostrophische Gleichgewicht angenommen werden kann. Den vereinfachten Fall der geostrophischen Strömung im zweigeschichteten Ozean zeigt Abb. 2.21. Alle Richtungsangaben in diesem Abschnitt beziehen sich auf die Nordhalbkugel der Erde, wo die Coriolis-Kraft, bezogen auf die Strömungs-richtung, nach rechts zeigt.

Die Neigung der Meeresoberfläche quer zur Richtung der geostrophischen Strö-mung ist im allgemeinen um 2 bis 4 Größenordnungen kleiner als diejenige der internen Dichtegrenzfläche, weil bei Vertikalverlagerungen der Oberfläche der Dich-teunterschied zwischen Luft und Meerwasser und an der internen Grenzfläche nur der Unterschied zwischen zwei Wassermassen mit sehr viel kleineren Dichteunter-schieden eine Rolle spielt. Im einfachen Fall der Abb. 2.21 sind die Dichte und die Strömung in jeder der beiden Schichten tiefenunabhängig. Die Oberfläche muß für den Fall der Nordhemisphäre auf der rechten Seite der Oberschichtströmung höher als links liegen. Die Unterschichtströmung kann je nach Grenzflächenneigung und Dichteunterschied dazu entgegengesetzt oder gleich gerichtet sein. Man bezeichnet die Strömung im Fall paralleler Flächen konstanter Dichte (Isopyken) und kon-stanten Drucks (Isobaren) als *barotrop* und im Fall gegeneinander geneigter Iso-pyknen- und Isobarenflächen als *baroklin*.

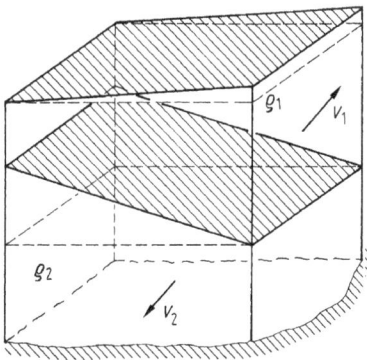

Abb. 2.21 Zweischichtenmodell zum geostrophischen Strom.

Abbildung 2.22 zeigt als Beispiel für *barokline Strömungen* einen Isothermen-schnitt quer zum Golfstrom. Weil die Dichteänderungen in diesem Seegebiet we-sentlich stärker von der Temperatur als vom Salzgehalt bestimmt werden, entspricht die Struktur der Temperaturverteilung weitgehend derjenigen der Dichte. Man er-kennt einen Bereich engliegender Isothermen mit starker Neigung, der den darüber-

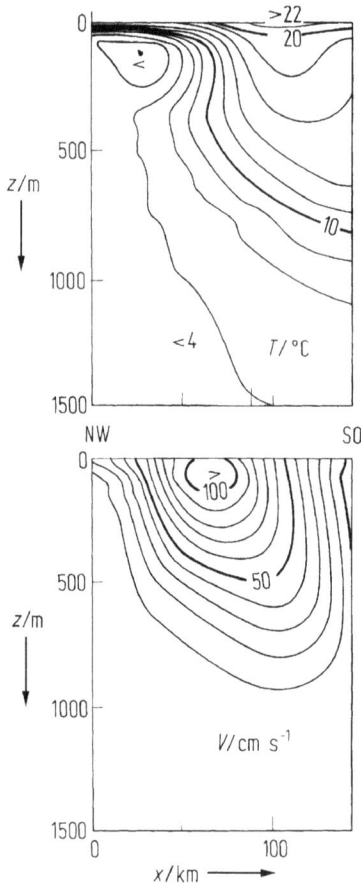

Abb. 2.22 Temperaturverteilung (oben) auf einem Nordwest-Südost-Schnitt aus dem Neufundlandbecken und die zugehörige barokline Strömung v (unten) nach Nordosten (nach Krauss, 1986).

liegenden Kern des Golfstroms kennzeichnet. Die zugehörige Oberflächenauslenkung, die sich indirekt über Nullflächen-Annahmen (s. Abschn. 2.2.3) oder aus Satellitenaltimeter-Beobachtungen erhalten läßt, liegt hier im dm-Bereich.

Geostrophische Strömungen existieren also dort, wo horizontale Druckdifferenzen vorhanden sind. Diese können unterschiedliche Ursachen haben: Anstau durch Windschub, Druckvariationen durch Wasser- bzw. Wärmebilanzänderungen oder Vertikalkonvektion mit resultierender thermohaliner Zirkulation.

Wie in Abschn. 2.2.3 erläutert wurde, ergibt sich im stationären Fall durch Windschub ein Ekman-Transport in der oberflächennahen Schicht, der gegenüber der Windrichtung um 90° nach rechts gedreht ist. In Abb. 2.23 sind schematisch die vom konstanten Wind erzeugte *Ekman-Spirale* und der zugehörige *Ekman-Transport* dargestellt. Abb. 2.24 zeigt an einem Beispiel, wie aus einem mittleren Windschubfeld ein Ekman-Transportfeld folgt. Wegen der Inhomogenität des zeitlich gemittelten Windfeldes führt der Ekman-Transport Wasser in *Konvergenzzonen* zusammen und

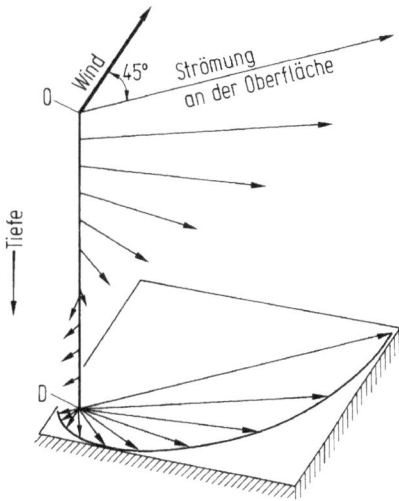

Abb. 2.23 Windgetriebene Meeresströmung: Ekman-Spirale und Projektion auf die Horizontalebene in der Reibungstiefe D am Beispiel der Nordhalbkugel.

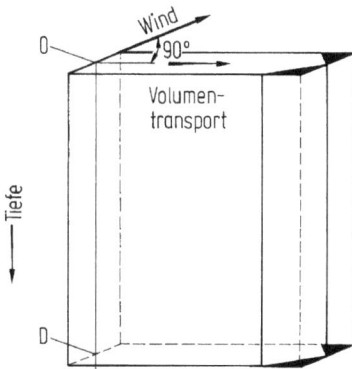

Abb. 2.24 Ekman-Transport zwischen Oberfläche und Reibungstiefe D für die Nordhalbkugel.

in *Divergenzzonen* auseinander. In Oberflächenkonvergenzen folgen daraus Wasserstandserhöhung und Absinkbewegung, in Divergenzen abnehmender Wasserstand und aufsteigende Bewegung.

Aus dem großräumigen mittleren Windfeld (Hellerman and Rosenstein, 1983; Isemer and Hasse, 1985) läßt sich so auf grundlegende Eigenschaften des Systems geostrophischer Oberflächenströmungen schließen. Dies wird in dem Schema in Abb. 2.25, das dem Atlantik bzw. Pazifik entspricht, gezeigt. Die Angaben zu den Windrichtungen beziehen sich im folgenden stets auf die Richtung, aus der die Luft kommt, diejenigen zu den Strömungsrichtungen auf die Richtung, in die das Wasser fließt. Von Norden nach Süden findet man im Mittel Zonen mit Ostwind, Westwind, Nordostpassat, schwachem Wind in der Intertropischen Konvergenzzone, Südost-

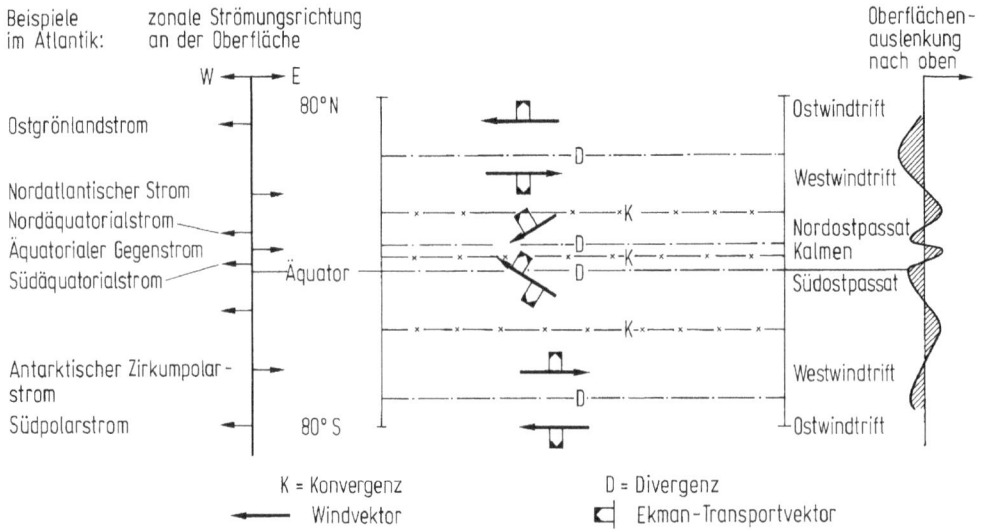

| Beispiele im Atlantik: | zonale Strömungsrichtung an der Oberfläche | | Oberflächen- auslenkung nach oben |

Abb. 2.25 Schematische Darstellung des zonalen geostrophischen Strömungsfeldes mit zugehörigen Oberflächenauslenkungen sowie Divergenz- und Konvergenzzonen auf einem Meridionalschnitt durch den Atlantik.

passat, Westwind und Ostwind. Die zugehörigen Ekman-Transporte und die resultierenden Konvergenz- und Divergenzzonen sind ebenfalls in der Abb. 2.25 dargestellt. Beim Übergang von der Nord- zur Südhalbkugel ändern sich die Richtungen der Ekman-Transporte um 180°. Die aus Konvergenz bzw. Divergenz folgenden Wasserstandsänderungen findet man rechts in der Abbildung. Je nach Vorzeichen der Neigung folgen damit westwärtige oder ostwärtige geostrophische Strömungskomponenten, die auf der linken Seite angegeben sind.

Der durch die Passate verursachte Ekman-Transport hat auch eine westwärtige Komponente, die zu einem Anstau an den Westseiten der tropischen Ozeane führt. Der zonale Druckgradient erzeugt am Äquator, wo die Coriolis-Kraft gegen Null geht, eine Strömung nach Osten, den *Äquatorialen Unterstrom* mit seinem Kern in etwa 100 m Tiefe. Bei Abweichungen der Strömung vom Äquator stabilisiert die dann auftretende Coriolis-Kraft den Unterstrom, so daß er auf den Bereich zwischen etwa 1°N und 1°S beschränkt bleibt.

Beim geostrophischen Gleichgewicht geht man zunächst von einem lokal konstanten Coriolis-Parameter $f = 2\Omega \sin\phi$ aus. Es ist nach der Diskussion zur potentiellen Vorticity in Abschn. 2.2.3 naheliegend, bei großräumigen Strömungen zu erwarten, daß die Änderung von f mit der geographischen Breite berücksichtigt werden muß und daß darüberhinaus Reibungsvorgänge im westlichen Teil der Ozeane eine wichtige Rolle spielen. Stommel (1948) hat mit dem linearen Ansatz $f = f_0 + \beta y$ und einem einfachen Reibungsansatz zeigen können, daß sich daraus eine Konzentration der winderzeugten Strömung an der Westseite der Ozeane ergibt. Abb. 2.26 zeigt links die Stromlinien für den Fall, daß f konstant gehalten wird, und rechts für den Fall des breitenabhängigen Coriolis-Parameters.

Die tatsächlich im Ozean gefundenen Felder der Strömungen bzw. der Volumentransporte sind natürlich weitaus komplizierter, aber das Grundschema ist korrekt. Abb. 2.27 zeigt als Beispiel die Transporte im oberen Teil des Nordatlantiks in einer Zusammenfassung aus vielen Einzeluntersuchungen. Man erkennt im subpolaren Bereich einen entgegen dem Uhrzeiger drehenden *zyklonalen Wirbel*, in den Sub-

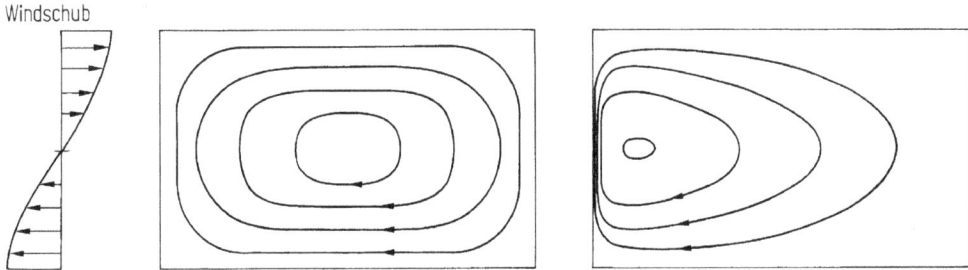

Abb. 2.26 Modell nach Stommel (1948) zur Entstehung der winderzeugten Strömungen mit konstantem (Mitte) und breitenabhängigem Coriolisparameter (rechts) auf der Nordhalbkugel.

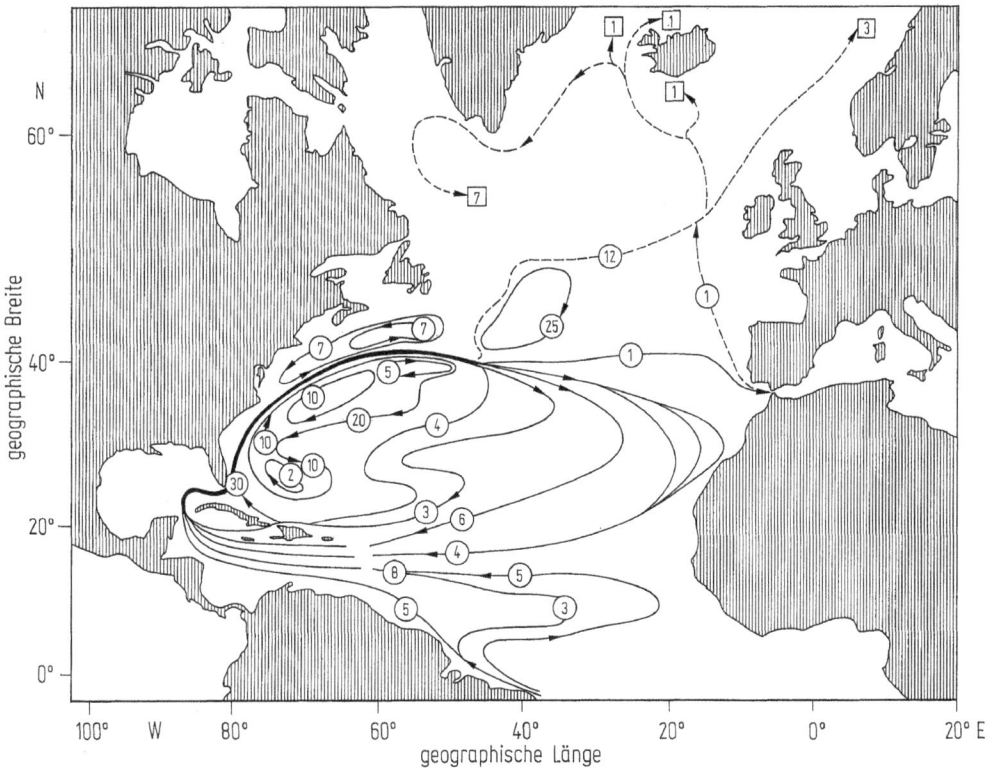

Abb. 2.27 Transporte von Wassermassen mit Temperaturen $> 7\,°C$ in Sverdrup (1 Sv $= 10^6\,\mathrm{m}^3\,\mathrm{s}^{-1}$) im Nordatlantik. Absinkende Wassermassen sind durch Quadrate gekennzeichnet (nach Schmitz und McCartney, 1993).

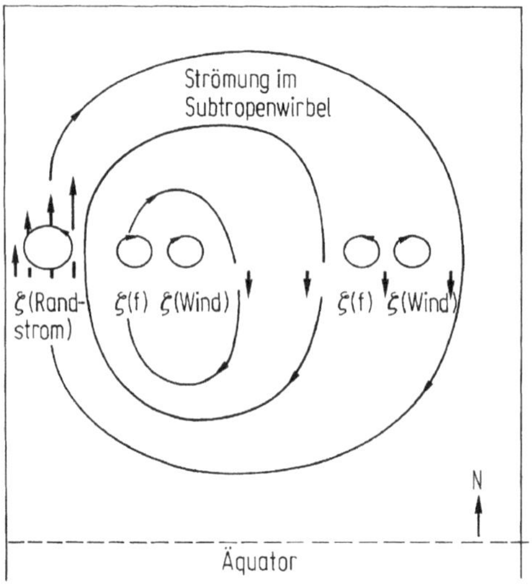

Abb. 2.28 Verstärkung der polwärts gerichteten Strömung im Westen bei konstanter potentieller Vorticity und konstanter Wassertiefe. Die Änderung der relativen Vorticity ζ als Folge
der Reduzierung der planetarischen Vorticity f wird bei äquatorwörtiger Bewegung im Osten
durch die Windschubvorticity kompensiert. Im Westen gleicht die Reibungsvorticity im Randstrom die gleichsinnigen Änderungen von ζ durch Änderung von f und durch den Wind aus.

tropen einen *antizyklonalen Wirbel* mit konzentriertem westlichen Randstrom und
der nach Abb. 2.25 zu erwartenden westwärtigen Strömung nördlich der ITCZ in
den Tropen.

Die in Abschn. 2.2.3 diskutierte Erhaltung der potentiellen Vorticity ist der Grund
dafür, daß sich der Subtropenwirbel im Südosten früh von der Küste löst (Abb. 2.28).
Es entsteht dort eine ausgeprägte Grenze zwischen dem Subtropenwirbel und der
südöstlich davon gelegenen „Schattenzone" (Luyten et al., 1983) und ebenso zwischen den Zentralwassermassen der Nord- und der Südhemisphäre (s. Abschn. 2.3).

Die ostwärts gerichtete Strömung auf der Südseite des südhemisphärischen Sub-
tropenwirbels (vgl. Abb. 2.25) ist nicht auf einzelne Ozeane beschränkt, sondern ist
Teil des einzigen die Erdachse umkreisenden Strömungssystems, des *Antarktischen
Zirkumpolarstroms*. Eine Darstellung der Strömungsverhältnisse in dieser Region
enthält Abb. 2.29.

Hat der Windschub vor einer Küste eine starke küstenparallele Komponente, so
bewirkt der Ekman-Transport eine Konvergenz bzw. Divergenz in Küstennähe.
Abb. 2.30 zeigt schematisch den Fall eines homogenen Meeres mit meridionaler
Küste und Nordwind. Der Ekman-Transport ist nach Westen gerichtet, an der Küste
entsteht eine Divergenz und damit ein Gefälle der Oberfläche zur Küste hin. Zu
dieser Neigung der Oberfläche gehört eine tiefenunabhängige geostrophische Strömung nach Süden. Die Bodenreibung bremst diese Strömung in Bodennähe ab,
und es überlagert sich eine umgekehrte Ekman-Spirale mit einem Transport nach
Osten. Die Ekman-Transporte sind Teil einer Zirkulationszelle mit aufsteigender

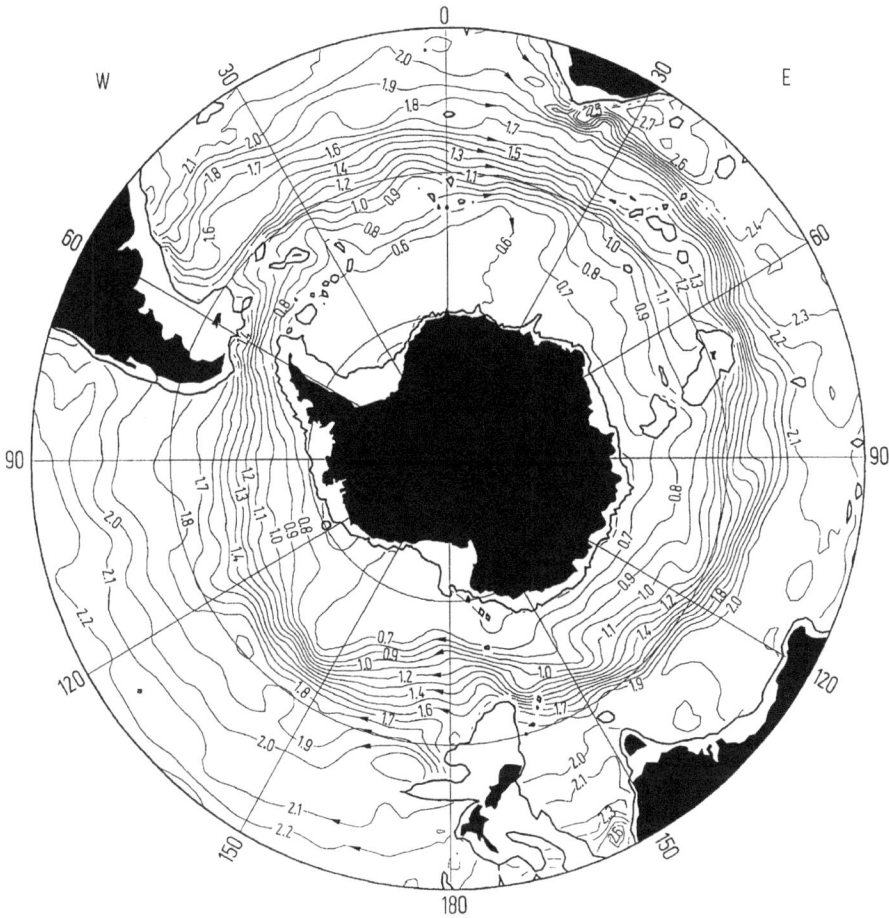

Abb. 2.29 Die Änderungen der „Anomalie der sterischen Höhe" in Metern, die das Tiefenintegral der Änderung des spezifischen Volumens relativ zu dem eines Standardozeans (Temperatur und Salzgehalt konstant) ist, ergeben ein Bild der geostrophischen Oberflächenströmungen im antarktischen Wasserring (Olbers et al., 1992).

Wasserbewegung vor der Küste, dem „Auftrieb". Das gesamte Strömungssystem bezeichnet man als *Ekmansches Elementarstromsystem.*

Abbildung 2.31 zeigt als Beispiel für ein Auftriebsgebiet einen Temperaturschnitt normal zur nordwestafrikanischen Küste. Im Gegensatz zum Fall des homogenen Meeres finden wir hier eine Temperaturschichtung, die näherungsweise auch die Dichteschichtung wiedergibt. Das Aufsteigen der Isothermen in Richtung Küste in der oberen Sprungschicht ist eine Folge der Vertikalbewegung im Auftrieb und weist gleichzeitig auf das entgegengesetzte Oberflächengefälle zur Küste und damit auf den geostrophischen Strom hin.

Die gegensinnige Neigung der tieferen Isothermen weist auf eine Umkehr des küstennormalen Druckgradienten und damit auf einen polwärtigen Unterstrom hin.

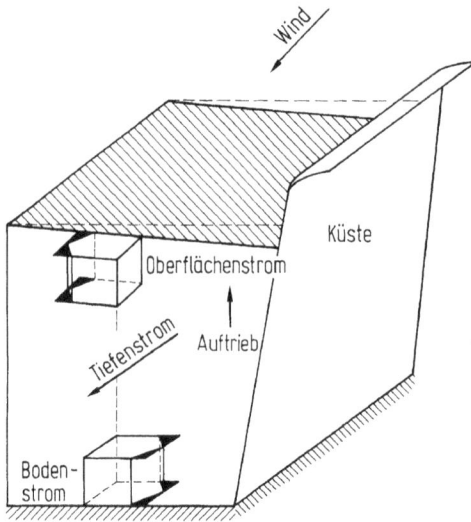

Abb. 2.30 Modelldarstellung zum Ekmanschen Elementarstromsystem für die Nordhemisphäre.

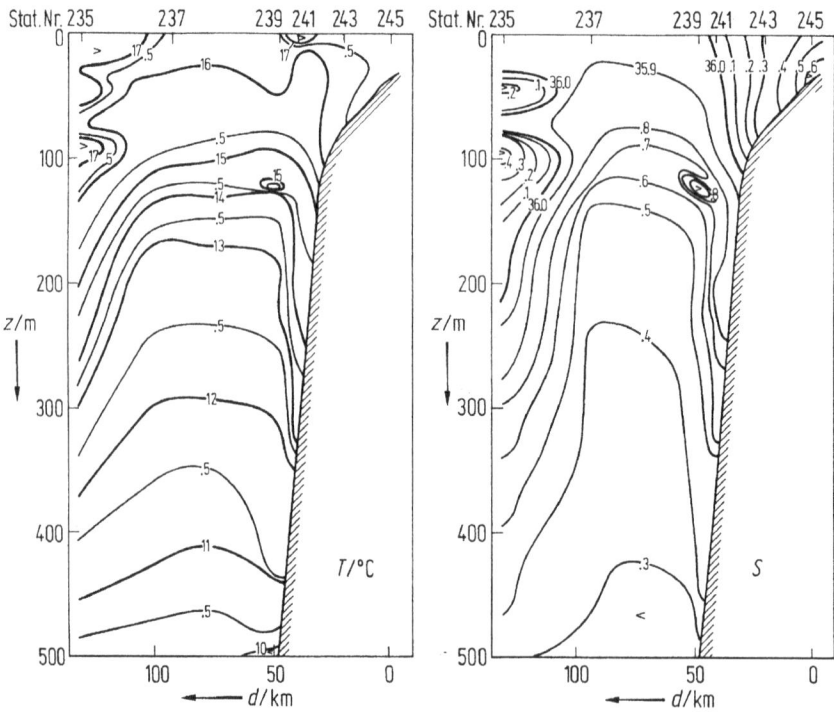

Abb. 2.31 Vertikale Temperatur- und Salzgehaltsverteilung auf einem küstennormalen Schnitt auf 21,5 °N vor Mauretanien. Das Aufwölben der Isolinien wird durch Auftrieb verursacht (nach Mittelstaedt, 1976).

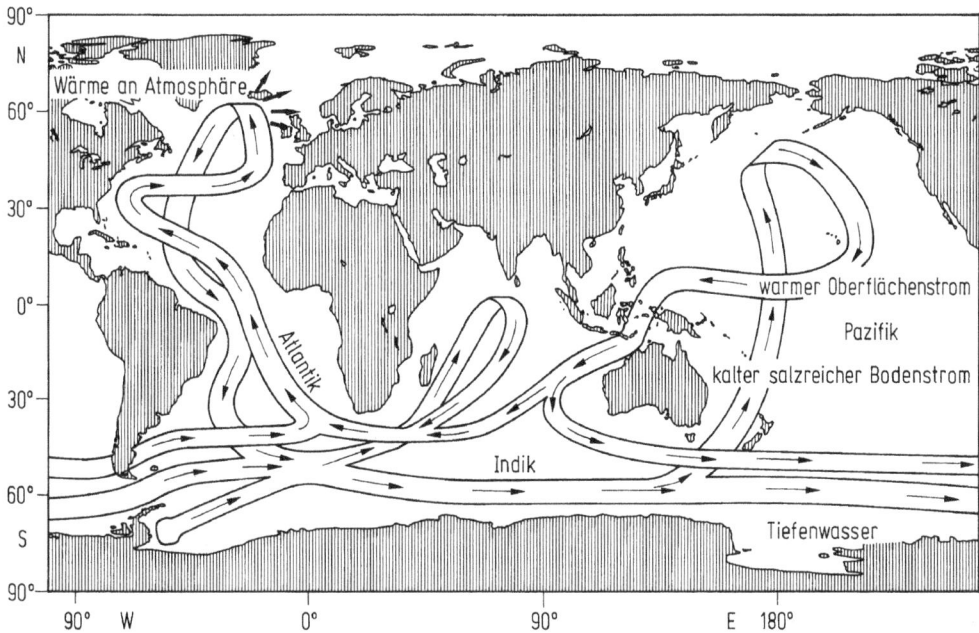

Abb. 2.32   Stark vereinfachtes Schema der thermohalinen Zirkulation des Weltozeans (nach Broecker, 1991, mit Modifikationen von Meier-Reimer, 1999).

Auftriebsgebiete mit entsprechenden Schichtungs- und Strömungsverhältnissen und kaltem Wasser an der Oberfläche findet man vor allem in den mittleren Breiten an den Ostseiten des Atlantischen und Pazifischen Ozeans und im Sommer während des Südwestmonsuns am Westrand des nördlichen Indischen Ozeans. Auftrieb tritt wegen des Vorzeichenwechsels der Coriolis-Kraft auch am Äquator auf, wo der Südostpassat im Mittel von der Südhalbkugel über den Äquator hinwegweht und die resultierenden entgegengesetzt gerichteten Ekman-Transporte nördlich und südlich des Äquators eine Divergenzzone im offenen Ozean entstehen lassen.

   Die bisher diskutierten Strömungen waren winderzeugt. Ein wichtiger weiterer Entstehungsprozeß für Meeresströmungen steht im Zusammenhang mit der *Änderung der Dichte* an der Meeresoberfläche durch thermohaline Effekte, also durch Abkühlung oder Erwärmung bzw. durch Salzgehaltserhöhung oder -erniedrigung (Marshall and Schott, 1999). Wird durch thermohaline Effekte in einem bestimmten Gebiet die Oberflächendichte so stark erhöht, daß die Schichtung instabil wird, so ergibt sich eine Zirkulation, wie sie schematisch in Abb. 2.32 dargestellt ist. Als Beispiel für thermohaline Effekte zeigt Abb. 2.33 die Schichtung im Mittelmeer. In diesem Meeresgebiet überwiegt der Wasserverlust durch Verdunstung den Wassergewinn durch Niederschlag und Flußwasserzufuhr (s. Abschn. 2.4.2). Im Winter können in bestimmten Gebieten instabile Verhältnisse mit Absinkbewegungen zustande kommen, und es entsteht im Mittel ein thermohalines Zirkulationssystem mit oberflächennaher Bewegung aus dem Atlantik in das Mittelmeer und Ausstrom von besonders salzreichem Wasser am Boden der Straße von Gibraltar in den Atlantik (Bryden et al., 1994).

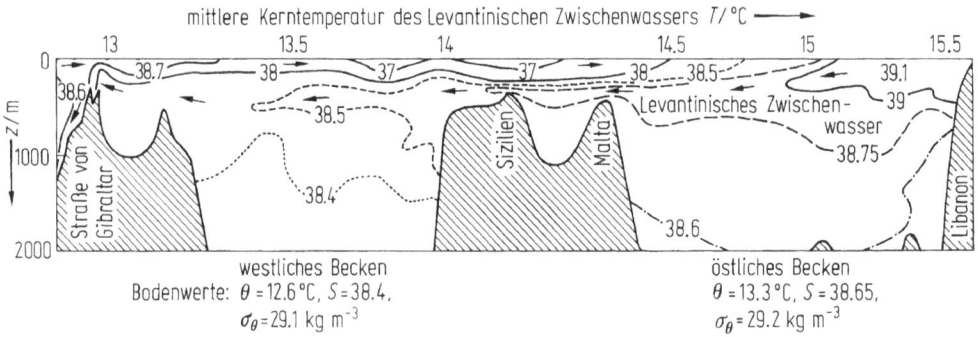

mittlere Kerntemperatur des Levantinischen Zwischenwassers $T/\,°C$ ⟶

Abb. 2.33   Hydrographische Schichtung auf einem zonalen Schnitt durch das Europäische Mittelmeer (nach Pickard und Emery, 1982).

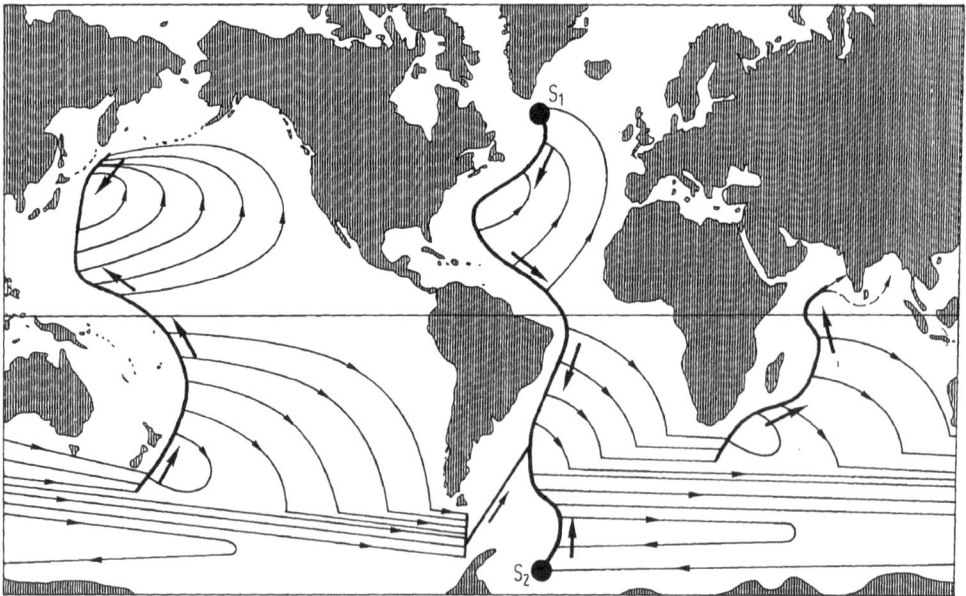

Abb. 2.34   Modelldarstellung zur Tiefenzirkulation im Weltmeer mit den Absinkgebieten S_1 und S_2. Die Tiefenzirkulation wird von westlichen Randströmen im Atlantik gespeist (nach Stommel, 1958).

Die wichtigsten Absinkregionen der *thermohalinen Zirkulation* im offenen Ozean befinden sich im nördlichen Nordatlantik (Grönlandsee, Labradorsee) und am Antarktischen Kontinent (Weddell-Meer). Das grundlegende Modell zur thermohalinen Zirkulation wurde von Stommel (1958) bzw. Stommel und Arons (1960) entwickelt. Mit je einer Quelle absinkenden Wassers bei Grönland und im Weddellmeer und gleichförmig verteilter aufsteigender Bewegung im übrigen Ozean sowie Vorticity-Erhaltung ergibt sich die schematische Abb. 2.34. Auch bei der thermohalinen Zirkulation findet man also eine Konzentration in westlichen Randströmen. Wassermassenanalysen und Modelle haben zu einer verbesserten, wenn auch in vielen Details noch nicht endgültigen Vorstellung von der thermohalinen Zirkulation in Form eines globalen Förderbandes geführt (Gordon, 1986; Rintoul, 1991). Die schematische Darstellung in Abb. 2.32 zeigt, wie das im Nordatlantik absinkende kalte Wasser unter fortlaufender Vermischung in alle Ozeane gelangt und dann als warmes Oberflächenwasser auf einer „Warmwasserroute" aus dem Pazifik über den Indik bzw. auf einer „Kaltwasserroute" aus dem Pazifik durch die Drakestraße in den Atlantik gelangt.

In vielen Gebieten der Ozeane übersteigen die Strömungsamplituden langsam veränderlicher *mesoskaligen Wirbel* die mittleren Strömungen um ein Vielfaches. Das Schemabild in Abb. 2.35 zeigt die Höhenverteilung der Oberfläche und der

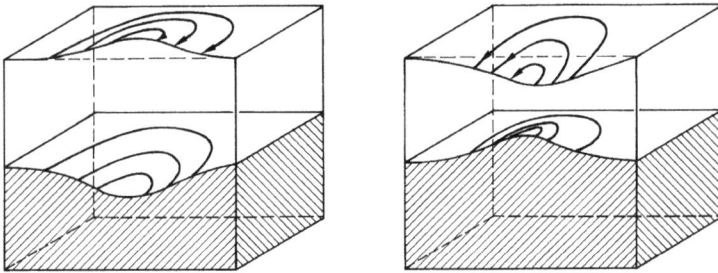

Abb. 2.35 Antizyklonaler (links) und zyklonaler (rechts) Wirbel im zweigeschichteten Ozean auf der Nordhalbkugel.

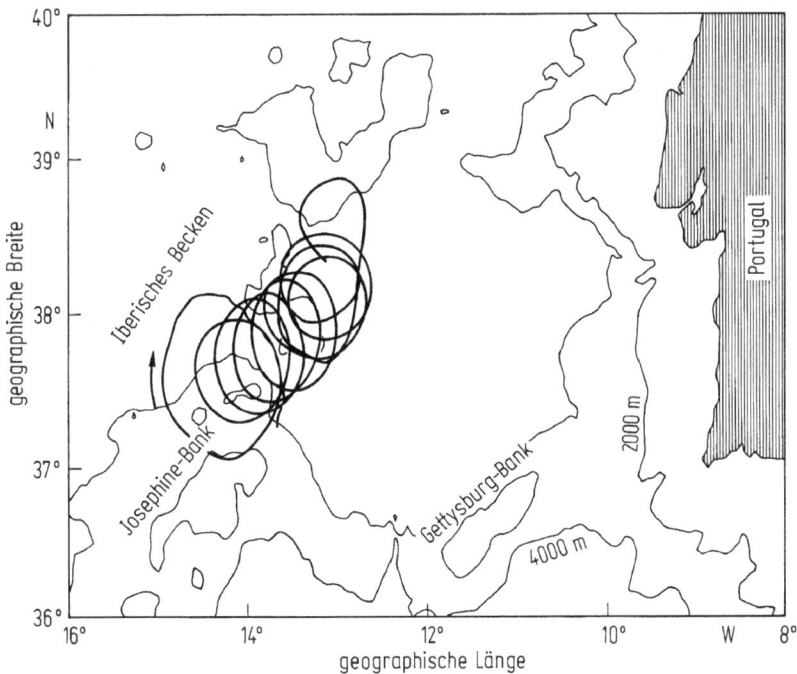

Abb. 2.36 Trajektorie eines RAFOS-Floats im Iberischen Becken in ca. 1000 m Tiefe. Die antizyklonale Bewegung wird durch eine Linse von Mittelmeerwasser (Meddy) verursacht, die mehrere Monate verfolgt wurde (nach **Schultz Tokos et al.**, 1994).

internen Grenzfläche in einem zweigeschichteten Ozean bei Anwesenheit eines antizyklonalen bzw. zyklonalen Wirbels im geostrophischen Gleichgewicht. Die typische Horizontalskala solcher Wirbel hat die Größenordnung von 100 km, und sie benötigen etwa 1 bis 3 Monate, um sich am Beobachter vorbeizubewegen. Gebiete mit besonders hoher Energie des Wirbelanteils findet man im Agulhasstrom südlich von Afrika, im Zirkumpolarstrom und in den westlichen Randströmen. Abb. F5 (am Buchende) zeigt ein Falschfarbenbild, das auf der Grundlage von Satelliten-Infrarotaufnahmen der Golfstromregion entstanden ist. Die Kalt-Warmwasser-Grenze entlang der Achse des Golfstroms mäandriert, wird instabil, und Wirbel schnüren sich ab, die im zyklonalen Wirbel kaltes bzw. im antizyklonalen Wirbel warmes Wasser enthalten. Die Wirbel wandern meistens entgegengesetzt zur Golfstromrichtung. Abb. 2.36 zeigt ein Beispiel aus dem tiefen Ozean. Hierbei handelt es sich um den Weg der Wasserverfrachtung, der mit freischwebenden Driftkörpern in etwa 1000 m Tiefe erhalten wurde. Die kreisförmige Bewegung gehört zu Wirbeln, die sich beim Einströmen von salzreichem, warmem Mittelmeerwasser in den Nordatlantik bei Mittelmeerwasserlinsen (*Meddies*) bilden und mehrere Jahre existieren können (Armi and Zenk, 1984; Schultz Tokos et al., 1994, Richardson et al., 2000).

2.5.2 Wellen

Wellen treten im Ozean als *Transversal-* und als *Longitudinalwellen* (Schallwellen) auf. Sie lassen sich mit den Bewegungsgleichungen und der Kontinuitätsgleichung (s. Abschn. 2.2.3) beschreiben. Es soll hier zunächst die Gruppe der Transversalwellen mit Hilfe des schematischen Frequenzspektrums in Abb. 2.37 vorgestellt werden. Die Perioden reichen über einen weiten Bereich von mehreren Jahren auf der linken Seite des Diagramms bis zu Bruchteilen von Sekunden auf der rechten Seite. Die dominierenden rücktreibenden Kräfte sind oben angegeben. Die kürzesten Perioden haben *Kapillarwellen*, also Oberflächenwellen, deren rücktreibende Kräfte durch Komponenten der Oberflächenspannung gegeben sind. Dann folgt zu längeren Perioden der große Bereich der *Schwerewellen*. Dazu gehören an der Oberfläche der Seegang mit Windsee und Dünung, die erdbebenverursachten *Tsunamis* und die *Fernwellen* (storm surges) aus Sturmgebieten. Im Ozean mit Dichteschichtung spielen aber auch interne (barokline) Schwerewellen eine wichtige Rolle.

Bei Perioden, die nahe bei der Trägheitsperiode (s. Abschn. 2.2.3) oder bei größeren Perioden liegen, wirkt die Coriolis-Kraft als rücktreibende Kraft mit. Man bezeichnet diese Wellen als *Kelvin-Wellen*. Im langperiodischeren Bereich tritt bei den *planetarischen Wellen* (*Rossby-Wellen*) eine rücktreibende Kraft auf, die aus der Breitenabhängigkeit der Coriolis-Kraft resultiert. Die halb- und ganztägigen Gezeiten liegen mit ihrer Periode meist in der Nähe der Trägheitsperiode, sind damit also Schwerewellen, die durch die Coriolis-Kraft modifiziert werden. Abb. 2.38 zeigt das Dispersionsdiagramm für verschiedene Wellentypen (Magaard, Mysak, 1986). Die Phasengeschwindigkeiten ergeben sich aus ω/κ, die Gruppengeschwindigkeiten aus der Steigung $\partial\omega/\partial\kappa$ mit $\omega = 2\pi\nu$ und $\kappa = 2\pi\lambda^{-1}$.

Die grundlegenden Eigenschaften von *Oberflächen-Schwerewellen* erhält man durch Linearisierung der Grundgleichungen und der Annahme kleiner Amplituden im Vergleich zur Wellenlänge. Man unterscheidet *lange* und *kurze Schwerewellen*,

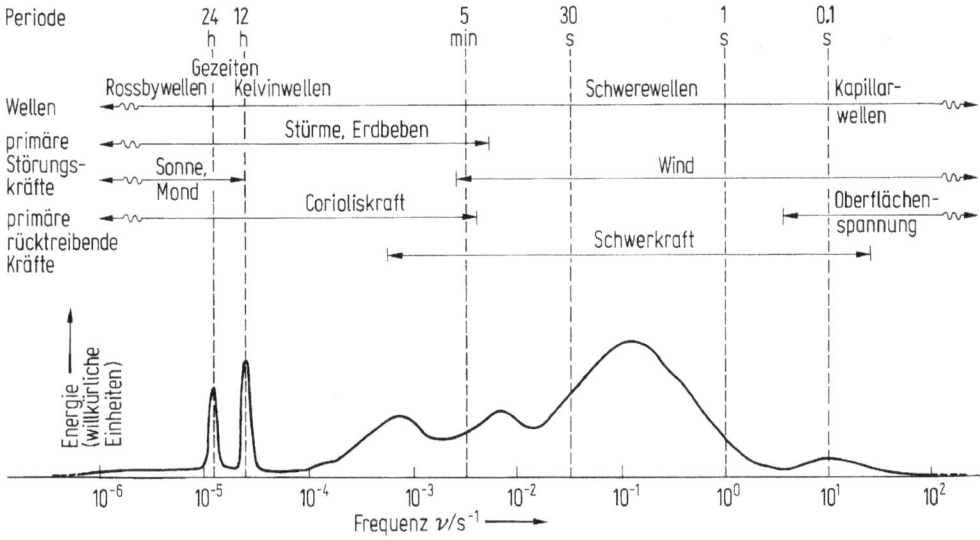

Abb. 2.37 Schematisches Frequenzspektrum zur Energieverteilung von Oberflächenwellen im Ozean (nach Kinsman, 1965).

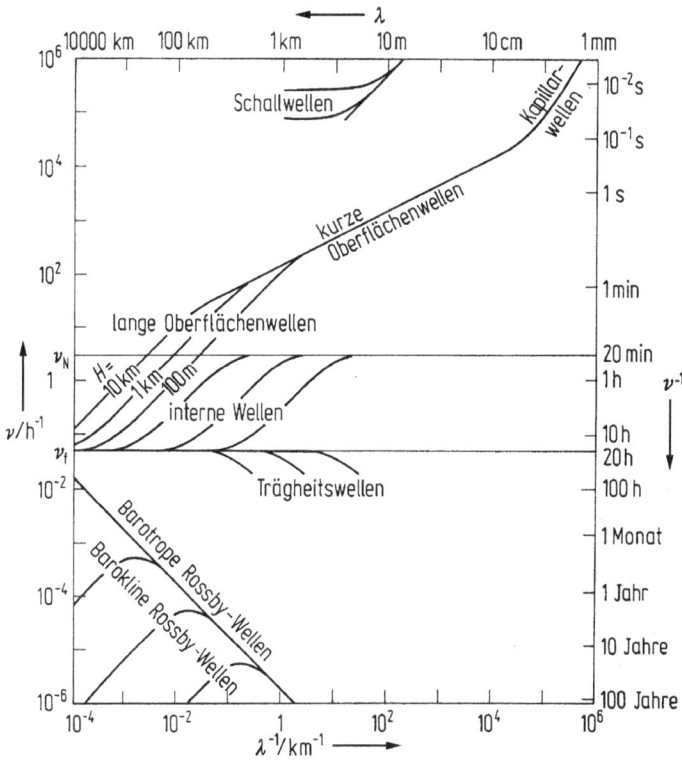

Abb. 2.38 Dispersionskurven ozeanischer Wellen (nach Magaard, Mysak 1986). Skalen: oben – Wellenlänge λ, unten – reziproke Wellenlänge $\lambda^{-1}/\mathrm{km}^{-1}$, links – Frequenz ν/h^{-1}, rechts – Periode ν^{-1}. $\nu_N = N/2\pi$, N = Väisälä-Kreisfrequenz; $\nu_f = f/2\pi$, f = Coriolis-Parameter.

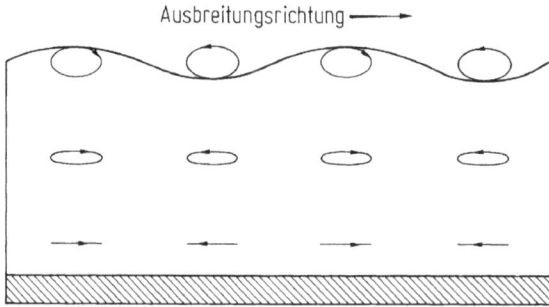

Abb. 2.39 Oberflächenschwerewellen für eine Wassertiefe, die kleiner als die Wellenlänge ist, mit zugehöriger Partikelbewegung.

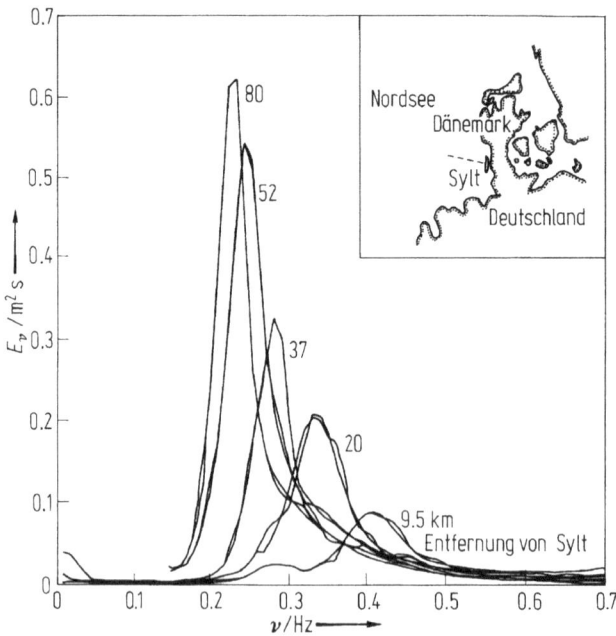

Abb. 2.40 Spektrum der Energiedichte E_v an einem Beispiel aus der Nordsee. Die Zahlen an den Kurven beinhalten die küstennormale Entfernung von der Insel Sylt (nach Hasselmann et al., 1973).

definiert durch $\kappa H \ll 1$ bzw. $\kappa H \gg 1$, wobei $\kappa = 2\pi/\lambda$ die Wellenzahl mit der Wellenlänge λ und H die Wassertiefe ist. Die Wellenlänge langer Wellen ist also größer als die Wassertiefe, diejenige kurzer Wellen kleiner als die Wassertiefe. Lange Schwerewellen breiten sich mit der Phasengeschwindigkeit $c = \sqrt{gH}$ aus, die periodische Bewegung einzelner Wasserteilchen ist horizontal und die periodischen Druckschwankungen sind tiefenunabhängig (Abb. 2.39). Dagegen wächst die Phasengeschwindigkeit $c = \sqrt{g/\kappa}$ kurzer Schwerewellen mit zunehmender Wellenlänge, und die Teilchenbewegung und die Druckschwankungen nehmen mit zunehmender Tiefe (z negativ) mit dem Faktor $e^{\kappa z}$ ab. Der *Seegang* im offenen Ozean läßt sich durch die Überlagerung solcher kurzen Wellen beschreiben. Die längerperiodischen Anteile des Seegangs, die als *Dünung* aus den Entstehungsgebieten heraus wenig gedämpft über weite Strecken laufen, können bei Annäherung an die Küste in flachen Gebieten auch die Eigenschaften langer Wellen annehmen. Die Gesamtenergie und das Spektrum des Seegangs ändern sich in Abhängigkeit von der Wirkdauer und der Wirklänge der Windanregung. Abbildung 2.40 zeigt ein Beispiel für die Abhängigkeit von der Küstenentfernung.

Kommt die Wellenlänge in die Größenordnung der Horizontalausdehnung von Meeresbecken, so können *stehende Wellen* (*Seiches*) entstehen, mit ein oder mehreren Knoten der Oberflächen-Vertikalauslenkung im Innern und Bäuchen am Rand des Beckens (Abb. 2.41). Ein Beispiel von Wasserstandsschwankungen als Folge der Windanregung von Eigenschwingungen der Ostsee zeigt Abb. 2.42. Die Überlagerung gleichperiodischer stehender Wellen mit unterschiedlichen Schwingungsrichtungen führt zu *Drehwellen*, deren Knotenpunkt als *Amphidromie* bezeichnet wird.

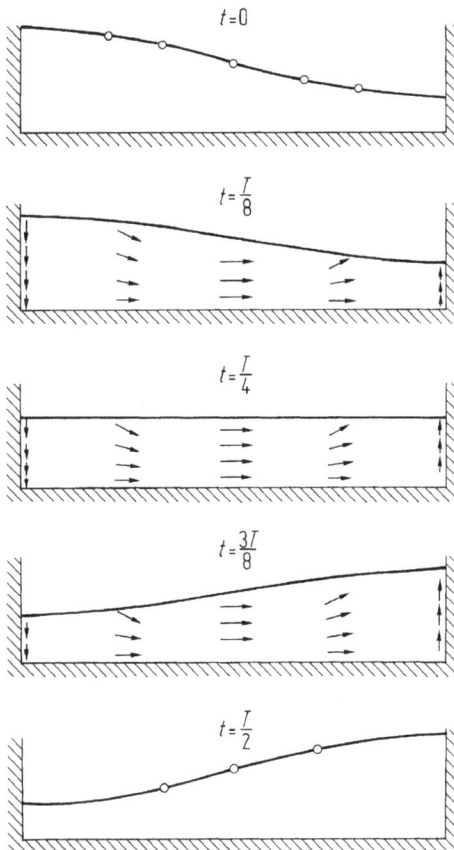

Abb. 2.41 Seiches in einem Meeresbecken (T = Periode, t = Zeit). Die Oberflächenauslenkung ist im Vergleich zur Wassertiefe übertrieben groß dargestellt (nach Neumann und Pierson, 1966).

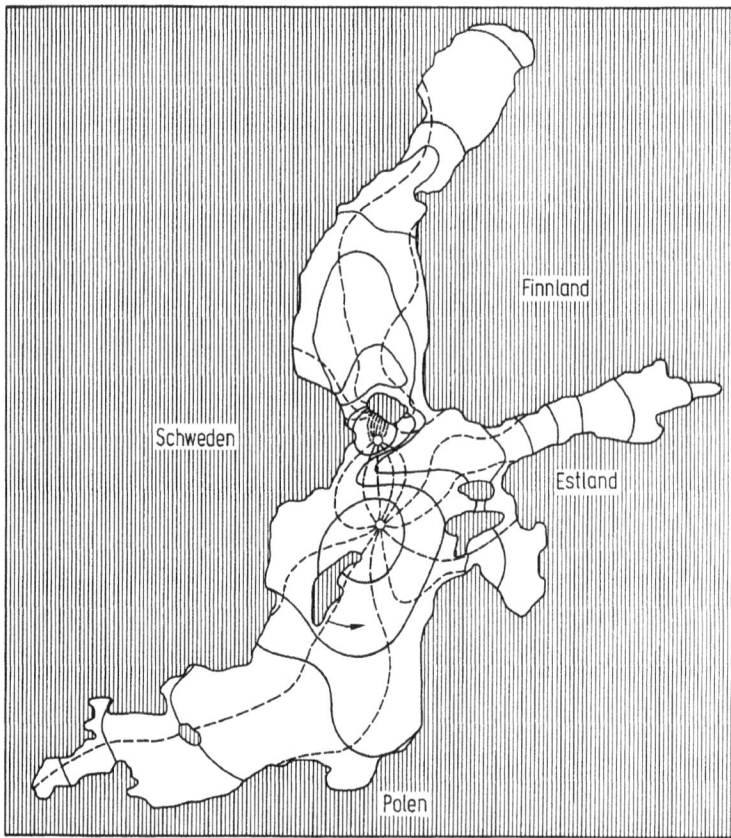

Abb. 2.42 Modellergebnisse zur Eigenschwingung erster Ordnung der Ostsee. Die durchgezogenen Linien stellen Hubhöhenlinien im Abstand von 2,5 cm dar, die gestrichelten Linien stehen für Flutstundenlinien mit 30° Abstand (nach Wübber, 1979).

Bei langen Oberflächenwellen, deren Periode so lang ist, daß die Coriolis-Kraft zu berücksichtigen ist, entstehen bei Vorhandensein einer seitlichen Berandung *Kelvin-Wellen* (Abb. 2.43). Sie haben im wesentlichen die Eigenschaften langer Schwerewellen, die Amplituden der Oberflächenauslenkung und der Teilchengeschwindigkeiten ändern sich jedoch quer zur Ausbreitungsrichtung. Bei Reflexion in einem Kanal entstehen Drehwellen (Abb. 2.44). Kelvin-Wellen sind, wenn sie von West nach Ost laufen, auch im offenen äquatorialen Ozean möglich, wo der Vorzeichenwechsel der Coriolis-Kraft die feste Wand ersetzt.

Auch *Oberflächengezeiten* sind Wellenvorgänge, und zwar Schwere- bzw. Kelvinwellen. Die gezeitenerzeugenden Kräfte sind die Differenzen zwischen den auf die Wasserteilchen wirkenden Gravitationskräften im System Erde-Mond-Sonne und den Zentrifugalkräften, die wegen der Revolution der drei Gestirne überall auf der Erde gleich groß und gleich gerichtet sind. Der Mond hat eine größere Wirkung als die Sonne. Die gezeitenerzeugenden Kräfte sind schematisch in Abb. 2.45 dargestellt. Die Vertikalkomponenten sind sehr viel kleiner als die Schwerkraft, aber

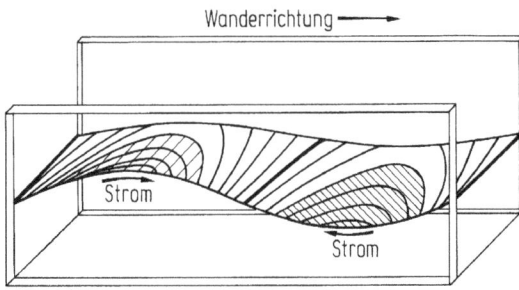

Abb. 2.43 Topographie der Meeresoberfläche bei einer Kelvin-Welle in einem breiten Kanal auf der Nordhalbkugel (nach Dietrich et al., 1975).

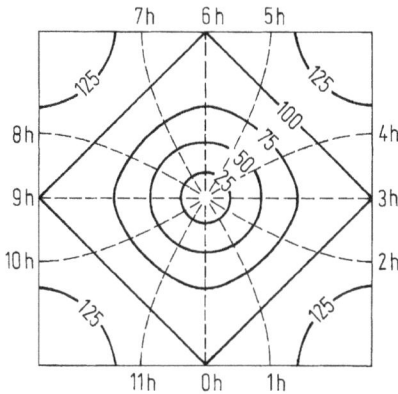

Abb. 2.44 Flutstundenlinien und Hubhöhen in Meter für eine Drehwelle (Amphidromie) in einem quadratischen Becken (nach Dietrich et al., 1975).

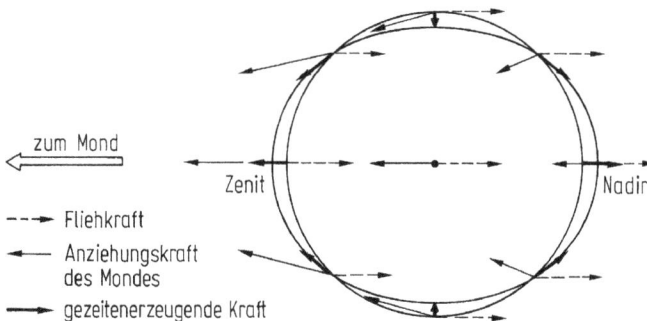

Abb. 2.45 Gezeitenerzeugende Kräfte als Resultierende aus Anziehungskraft und Fliehkraft auf einem Meridionalschnitt durch die Erde. Die Gleichgewichtsgezeiten erzeugen je einen Wellenberg beim Mond im Zenit und im Nadir.

es ergeben sich Horizontalkomponenten, die in der Größenordnung anderer Horizontalkräfte im Ozean liegen, insbesondere der Druckgradientkräfte. Diese horizontalen Kräfte können deshalb Wasserstandsänderungen erzeugen.

Weil Sonne und Mond sich bei ihren periodischen Bewegungen nicht immer in der Äquatorebene befinden und die Lage der Hauptachsen ihrer elliptischen Bahnen sich relativ zur Erde ändert, ergeben sich insgesamt 6 Grundfrequenzen der Änderungen des Potentials der Gezeitenkräfte. Die resultierenden Kräfte haben Perioden, die sich aus den Linearkombinationen dieser Grundfrequenzen ergeben.

Könnte die Meeresoberfläche den Kräften stets unmittelbar folgen, so gäbe es im Erde-Mond-System zwei Maxima des Wasserstandes, je eins auf der mondzugewandten und der mondabgewandten Seite. Die Rotation der Erde um ihre Achse würde an einem festen Ort zu zwei Hochwassern während der Zeit führen, die der Mond von Zenith zu Zenith braucht, also wegen der Mondbewegung um die Erde etwas mehr als ein Tag, nämlich 24.84 h. Die resultierende Schwingung mit 12.42 h bezeichnet man als Hauptmondtide M 2. Die wichtigsten Anteile der gezeitenerzeugenden Kräfte, nach Größe geordnet, haben halbtägige und eintägige Perioden: M 2 (12.42 h), K 1 (23.93 h), S 2 (12.00 h) und O 1 (25.82 h). Wenn Mond, Sonne und Erde sich etwa auf einer Geraden befinden, verstärken sich ihre Kraftanteile (*Springtide*), und wenn die Verbindungsgeraden zur Erde senkrecht aufeinander stehen, schwächen sie sich (*Nipptide*). Die zugehörige Periode beträgt im Mittel 14.77 Tage.

Da die Wasseroberfläche den Gezeitenkräften nicht immer direkt folgen kann, werden Wellen angeregt, die gleiche Perioden wie die gezeitenerzeugenden Kräfte haben, deren Amplituden und Phasen aber räumlich stark variieren. Es entstehen dabei Drehwellen in den Meeresbecken, deren Wellenlängen groß gegenüber den Wassertiefen sind. Abb. 2.46 zeigt die Verteilung der M 2-Drehwellen mit ihren Amplituden und Phasen. Die Phasenlinien treffen sich in den Knotenpunkten (Amphidromien). Die Anregung kann durch die gezeitenerzeugenden Kräfte direkt erfolgen (*Eigengezeit*) oder indirekt durch Wasserstandsschwankungen im Übergangsbereich zum benachbarten größeren Meeresbecken (*Mitschwingungsgezeit*). Im allgemeinen dominiert die halbtägige Gezeitenform, es gibt aber vor allem im Westpazifik auch Gebiete mit vorherrschend eintägigen Wasserstandsschwankungen. Die höchsten Gezeiten ergeben sich bei Resonanz mit der Eigenschwingung des Beckens oder der Bucht. Das Maximum findet man bei der halbtägigen Gezeit in der Bay of Fundy in Ostkanada mit einem Gezeitenhub (doppelte Amplitude) von mehr als 14 m.

Freie interne Schwerewellen können im dichtegeschichteten Ozean in einem Frequenzbereich auftreten, der einerseits durch Schwingungen mit horizontaler Wasserbewegung und Trägheitsfrequenz f und andererseits durch Stabilitätsschwingungen mit vertikaler Wasserbewegung und einer (höheren) *Väisälä-Frequenz N* gekennzeichnet sind, die gegeben ist durch:

$$N^2 = -\frac{g}{\varrho}\frac{\partial \varrho}{\partial z} \tag{2.24}$$

Interne Wellen können Schwankungen der internen Grenzfläche bis zu vielen Metern, manchmal sogar bis zu mehr als 100 m haben. Sie entstehen unter anderem durch die Wirkung der barotropen Oberflächengezeit über geringen Wassertiefen.

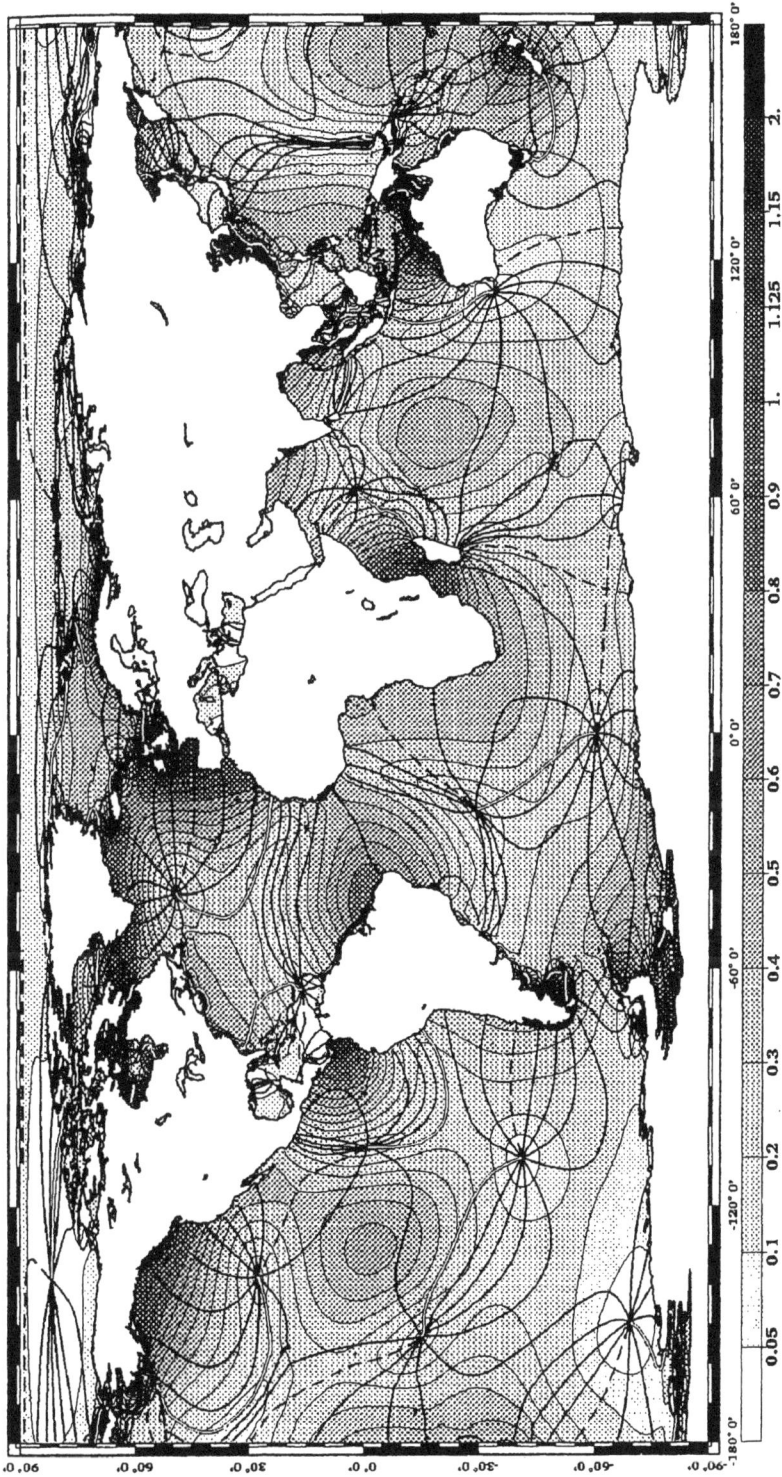

Abb. 2.46 Modellergebnisse zu Amplitude in Meter und Phase in 15°-Schritten der M2-Gezeit, errechnet aus globalen Wasserstands-schwankungen. Die Wellen drehen sich von den durchgezogenen Linien in Richtung der gestrichelten Linien (90°) (nach Le Provost et al., 1994).

Abb. 2.47 zeigt als Beispiel Strömungsänderungen im tiefen Ozean, die auf interne Gezeitenwellen zurückzuführen sind.

Es gibt ferner *planetarische Wellen* im niederfrequenten Bereich, wenn die Änderung der Coriolis-Kraft, also der β-Effekt, eine Rolle spielt. Bei Erhaltung der potentiellen Vorticity $(\zeta + f)/H$ ergibt sich aus der Verschiebung eines Wasservolumens in meridionaler Richtung durch die Änderung von f oder bei Verschiebung in ein Gebiet anderer Tiefe oder Schichtdicke H eine Rotationsbewegung. Daraus resultiert eine rücktreibende Kraft. Planetarische Wellen haben stets eine westwärtige Komponente der Phasengeschwindigkeit. Typische Perioden liegen im Bereich von wenigen Monaten bis zu vielen Jahren, die Wellenlängen im Bereich weniger Kilometer bis zu mehr als 1000 km, die Phasengeschwindigkeiten nur in der Größenordnung von $1\,\mathrm{cm\,s^{-1}}$ (s. Abb. 2.38). Überwiegt die Wirkung der Tiefenänderung, so spricht man von *topographischen Wellen*.

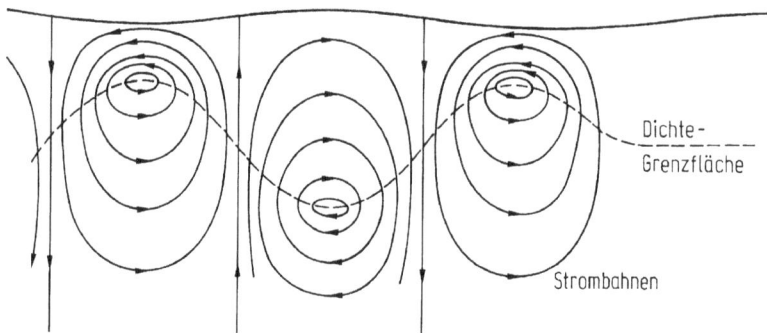

Abb. 2.47   Schematische Darstellung einer internen Gezeitenwelle (nach Dietrich et al., 1975).

Durch Refraktion können am Schelfrand und auch am Äquator *Wellenleiter* entstehen, in denen Schwere- oder planetarische Wellen eingefangen werden. Es entstehen *Schelfwellen* oder *äquatoriale Wellen*.

Äquatoriale Wellen spielen eine Rolle bei der großräumigen Wechselwirkung von Ozean und Atmosphäre im Pazifik. Normalerweise liegt im äquatorialen Pazifik in der Atmosphäre im Westen ein Tief- und im Osten ein Hochdruckgebiet, und die Ozeanoberfläche insbesondere in den Auftriebsgebieten vor Südamerika ist relativ kalt. Alle 2 bis 7 Jahre kehrt sich diese Luftdruckverteilung um. Dann schiebt sich warmes Wasser mit Kelvin-Wellen nach Osten und führt zu ungewöhnlichen Oberflächentemperatur-Erhöhungen vor den Westküsten Südamerikas, dem *El Niño*, mit einer erheblichen Reduzierung der Nährstoffe und des Fischereiertrags in dieser Region.

Im Gegensatz zu allen bisher behandelten Wellen im Meer handelt es sich bei der *Schallausbreitung* um Longitudinalwellen, wobei die rücktreibende Kraft aus der adiabatischen Kompressibilität resultiert. Die mittlere Schallgeschwindigkeit ist gegeben durch die Laplacesche Gleichung (s. Gl. (2.4)) und hat im Meer Werte um $1500\,\mathrm{m\,s^{-1}}$. Die Dämpfung von Schallwellen ist bei Frequenzen unter etwa 1 MHz

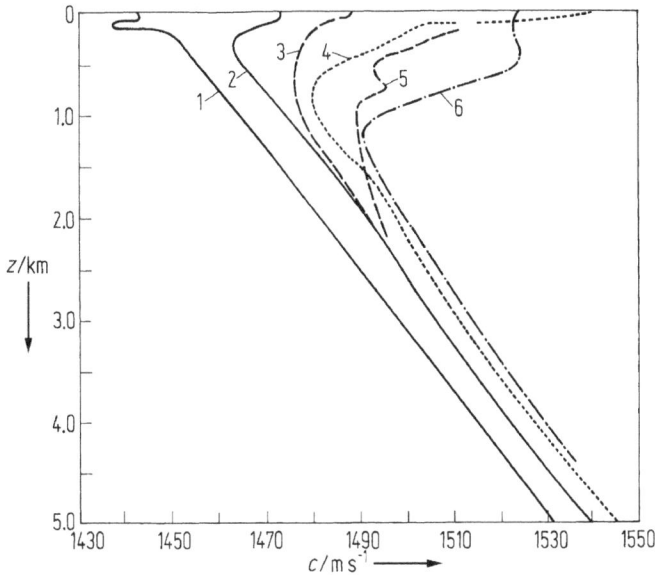

Abb. 2.48 Vertikalprofile der Schallgeschwindigkeit für ausgewählte Regionen des Weltmeeres (nach Wille, 1986, und Urick, 1983). 1 = 60° S, 2 = N.Pazifik, 3 = 45–55° S, 4 = S.Pazifik, S.Atlantik, 5 = Indik, 6 = N.Atlantik.

um Größenordnungen geringer als bei elektromagnetischen Wellen. In einer Vielzahl von Meßverfahren wird deshalb der Schall zur Signalübertragung im Meer eingesetzt (s. Abschn. 2.5).

Die Schallgeschwindigkeit steigt mit zunehmenden Werten von Temperatur, Salzgehalt und Druck (Wille, 1986). Typische vertikale Schallgeschwindigkeitsprofile zeigt Abb. 2.48. Den Bereich um das Minimum, das je nach Seegebiet in Tiefen zwischen etwa 100 und 1800 m zu finden ist, bezeichnet man als *SOFAR*(**So**und **F**ixing **a**nd **R**anging)-*Kanal*. In ihm kann sich der Schall, gebündelt durch Refraktion und Reflexion, über Strecken von mehr als 1000 km ausbreiten.

Eine zusammenfassende Darstellung von Wellen im Ozean findet sich bei LeBlond and Mysak (1978).

2.6 Meßmethoden und Instrumente

2.6.1 Einleitung

Fortschritte in der physikalischen Ozeanographie sind häufig untrennbar verknüpft mit technologischen Entwicklungen. Große Bedeutung haben dabei neue Sensoren, Wandler, Datenübertragungstechniken, rechnergestützte Systemsteuerungen, Verfahren zur Datenaufbereitung und -analyse sowie zur Fernerkundung.

Bevor im folgenden die wichtigsten Meßgrößen, Beobachtungsmethoden und Instrumente vorgestellt werden, sollen eine Reihe von Grundanforderungen an ozeanographische Meßgeräte und -systeme zusammengestellt werden:

1. Auf die im Meer (*in situ*) einzusetzenden *Meßgeräte* wirkt der hydrostatische Druck. Sie müssen eine hohe mechanische Festigkeit haben, was ein großes Gewicht zur Folge haben kann. Stoß- und Schwingungsbelastungen sowie die Einsatzmöglichkeiten an Bord von Forschungsschiffen in der oft rauhen Umgebung des Einsatzortes sind beim Entwurf von Meßverfahren und der Konstruktion von Geräten zu berücksichtigen.
2. Seegängige Meßgeräte müssen ausreichend gegen Korrosion im Elektrolyten Meerwasser geschützt werden. Dies erreicht man durch Verwendung korrosionsunempfindlicher Materialien oder durch geeigneten Korrosionsschutz. In vielen Fällen kann auch Bewuchs die Messung nachhaltig beeinflussen.
3. Meßgrößen wie Temperatur und Salzgehalt variieren im tiefen Meer so wenig, daß zu ihrer Erfassung sehr hohe Anforderungen an Empfindlichkeit, Langzeitstabilität, Auflösung und Genauigkeit gestellt werden müssen.
4. Es ist im Ozean schwierig, das Abtasttheorem zu erfüllen, weil dominierende Bewegungsabläufe oft Raumskalen unter 100 km und Zeitskalen über viele Monate haben.
5. Das Verhältnis von Nutz- zu Störsignal ist oft ungünstig. Beispiele dafür sind Störgeräusche bei akustischen Messungen oder der Einfluß atmosphärischer Änderungen auf die Fernerkundung mit Satelliten. In vielen Fällen sind aufwendige Korrekturverfahren erforderlich.

Die wichtigsten Zustandsgrößen zur Beschreibung des Meerwassers sind der Salzgehalt, die Temperatur und der Druck, aus denen vor allem die Dichte berechnet werden kann (s. Abschn. 2.2.1). Hinzu kommen weitere Parameter, zum Beispiel optische oder akustische Meßgrößen. Strömungsmessungen sind erforderlich, um den Bewegungszustand des Meeres zu erfassen. Empirische Bestimmungen und die daraus abgeleiteten Algorithmen sind Voraussetzung für die Verknüpfung der verschiedenen Meßgrößen.

2.6.2 Meßplattformen

Für alle ozeanographischen Beobachtungen sind Plattformen erforderlich, von denen aus die Messungen durchgeführt werden. Dazu gehören Schiffe, im Meer verankerte oder driftende Meßgeräteträger, Flugzeuge und Satelliten.

Universalforschungsschiffe (Abb. 2.49) haben spezielle Einrichtungen zur Durchführung ozeanographischer Messungen. Dazu gehören:

- vibrationsarme Antriebssysteme für universelle Manövrierbarkeit,
- nahe an der Wasseroberfläche liegende, große Arbeitsdecks mit Winden, Kränen und anderen Hebezeugen,
- hochgenaue Navigationseinrichtungen und Tiefseelote,
- Stauräume und Stellplätze für Labor- und Transportcontainer,
- Vielzweck- und Spez?allabors und
- Unterbringungsmöglichkeiten für wissenschaftliches und technisches Personal.

Abb. 2.49 Das deutsche Forschungsschiff „Meteor" wurde 1986 in Betrieb genommen. Es dient als Universalforschungsschiff allen Disziplinen der marinen Grundlagenforschung. Die Besatzung umfaßt 32 Personen, das Forschungspersonal bis zu 28 Personen.

Außerdem gibt es Spezialschiffe, z. B. Tiefbohrschiffe, Schiffe für nautische Vermessungen, geophysikalische Meßschiffe, eisbrechende Forschungsschiffe und Tauchboote. Neben den bemannten Tauchbooten werden zunehmend ferngesteuerte unbemannte Unterwasserplattformen eingesetzt. Außer den hochseegängigen Forschungsschiffen und den Spezialschiffen gibt es eine Vielzahl kleinerer Seefahrzeuge für die Forschung im Schelf-, Küsten- und Flußmündungsbereich.

2.6.3 Wasserschöpfer

Man führt heute physikalische Messungen im Meer bevorzugt *in situ* mit elektronischen Meß- und Übertragungsverfahren durch. Trotzdem besteht auf Schiffen häufig Bedarf für die Gewinnung von Wasserproben, die anschließend im Labor untersucht werden. Dies gilt zum Beispiel für Proben, die zur Kontrolle und zum Kalibrieren von in-situ-Meßgeräten benötigt werden, aber auch für Spurenstoffproben, wenn deren geringe Konzentration durch in-situ-Verfahren nicht erfaßbar ist.

Aus dem von F. Nansen entwickelten Kippwasserschöpfer mit Fallgewichtauslösung entstand der heutige *Kranz-* oder *Rosettenwasserschöpfer* mit elektronischer Fernauslösung. Meistens wird dieses Schöpfersystem in Verbindung mit einer CTD-Sonde, einer elektronischen Sonde zur Messung der elektrischen Leitfähigkeit (conductivity C), der Temperatur (temperature T) und der Tiefe (depth D), eingesetzt (Abb. 2.50). Die 12 bis 24 zylinderförmigen Wasserschöpfer sind auf dem Weg in

Abb. 2.50 Kranz- oder Rosettenwasserschöpfer an der Tiefseewinde des Forschungsschiffes „Meteor" (links). Die Auslösung der Probenschöpfer erfolgt über das koaxiale Trägerkabel. Im unteren Teil des Kranzwasserschöpfers befindet sich häufig eine eingebaute CTD-Sonde zur Registrierung von Temperatur und elektrischer Leitfähigkeit, die hier als separates Gerät dargestellt ist (rechts).

die Tiefe beidseitig geöffnet und werden durch Steuerung über das tragende Koaxialkabel in den gewünschten Tiefen geschlossen.

2.6.4 Bestimmung der Wasser- und Instrumententiefe

Zur Bestimmung der Wassertiefe verwendet man das *Echolot*, bei dem aus der Laufzeit eines Schallsignals, das von einem Schwinger am Boden des Schiffes ausgesandt und am Meeresboden reflektiert wird, der Abstand zum Boden ermittelt wird. Die Sendefrequenz liegt im hörbaren oder Ultraschallbereich (ca. $10-30$ kHz). Damit erreicht man eine Tiefenauflösung im Dezimeterbereich, wenn die Schallgeschwindigkeitsverteilung hinreichend gut bekannt ist. Echolote sind meist auf eine mittlere Schallgeschwindigkeit von $1500\,\mathrm{m\,s^{-1}}$ eingestellt. Die Tiefenangaben müssen deshalb noch entsprechend dem Seegebiet und der Jahreszeit korrigiert werden. Störungen können bei Echolotmessungen vor allem durch die Schiffsbewegung im Seegang, durch Mehrfachreflexionen zwischen Boden und Meeresoberfläche und durch akustische Streuschichten in mittleren Tiefen entstehen.

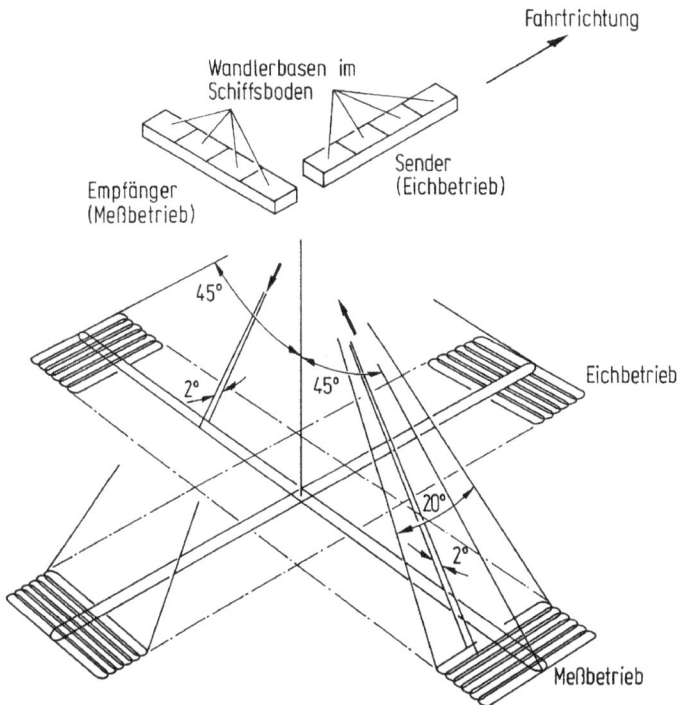

Abb. 2.51 Schematische Darstellung eines Fächerlotes. Das Bild entspricht der HYDRO-SWEEP®-Anlage auf dem Forschungsschiff „Meteor". Die Anlage erlaubt im Meßbetrieb die Abtastung eines Streifens am Meeresbodens, der doppelt so breit ist wie die Wassertiefe. Im Eichbetrieb werden Unterschiede in der Schallausbreitung erkannt, so daß die Tiefenbestimmung laufend korrigiert werden kann.

Auf neueren Hochseeforschungsschiffen werden zunehmend *Fächerlote* eingesetzt. Dabei wird im Gegensatz zum normalen Echolot ein fächerförmiges Bündel von Schallstrahlen bis zu 45° zu beiden Seiten des Schiffes abgestrahlt (Abb. 2.51). Aus dem reflektierten Signal kann dann nicht nur die Tiefe auf der Kurslinie, sondern für einen breiten Streifen ermittelt werden. Die Sendefrequenz beträgt z. B. 210 kHz. Der Meßfehler im Tiefenbereich 100 bis 6000 m liegt bei ± 1 %. Neben der Echtzeitdarstellung des jeweils erfaßten Bodenstreifens bieten Fächerlotanlagen die Möglichkeit, umfangreiche Datensätze in Tiefenkarten zusammenzufassen.

Den Bodenabstand von Geräten bestimmt man über einen Schallsender (*Pinger*). Die Schallimpulse laufen zum einen direkt, zum anderen nach einer Reflexion am Boden zum Schiff. Der Bodenabstand ergibt sich aus der Laufzeitdifferenzmessung. Die Genauigkeit der Methode liegt auch in großen Tiefen im Dezimeterbereich.

Die Tiefe eines kabelgeführten, verankerten oder frei driftenden Meßgerätes kann über eine Druckmessung bestimmt werden. Druckaufnehmer müssen hohe Genauigkeit, geringe Hysterese und gute Langzeitstabilität besitzen.

2.6.5 Temperaturmessung

Die Bestimmung der Temperatur und des Salzgehalts gehört zu den wichtigsten Meßaufgaben in der physikalischen Ozeanographie. Die Genauigkeitsanforderungen sind mit 0.02 bis 0.002 °C besonders hoch im tiefen Ozean und mit ca. 0.1 bis 1 °C geringer in Oberflächen- und Küstennähe. *Thermosalinographen* erlauben eine kontinuierliche Temperatur- und Salzgehaltsaufzeichnung nahe der Oberfläche vom fahrenden Schiff. Die Temperatur der Meeresoberfläche läßt sich auch mit Fernmeßverfahren vom Flugzeug oder vom Satelliten über die Erfassung der infraroten Eigenstrahlung des Meeres bestimmen. Beim Vergleich der Temperaturwerte aus Strahlungsmessungen und aus Messungen mit Berührungsthermometern in einigen Metern Tiefe ist zu berücksichtigen, daß in einem dünnen Film an der Oberfläche große vertikale Temperaturgradienten auftreten können.

Die Temperatur als Funktion der Tiefe auf festen Positionen erhält man für ausgewählte Niveaus mit *Umkippthermometern* und quasikontinuierlich mit *elektronischen Sonden*. Das Quecksilber-Umkippthermometer wird in Verbindung mit Wasserschöpfern benutzt. Die Fixierung des Meßwertes in situ erfolgt durch ein Abreißen des Quecksilberfadens bei Drehung der Meßeinheit um 180°. Das Standard-Meßgerät zur Erfassung von Temperatur- und Salzgehaltsprofilen ist die *CTD-Sonde*, bei der die Meßgrößen mit elektrischen Sensoren erfaßt und entweder in der Sonde gespeichert oder über Kabel während der Messung zum Schiff übertragen werden (Kroebel, 1973). Als Temperatursensoren werden schnelle Platin- und Halbleiterthermometer verwendet, wobei Genauigkeiten von wenigen 0.001 °C erreicht werden.

Temperaturprofile vom fahrenden Schiff erhält man mit *Einweg-Temperaturmeßsonden* (Expendable **B**athythermograph, XBT) oder mit einem am Kabel geschleppten Geräteträger mit CTD-Sonde, der über eine Flossensteuerung zyklisch zwischen zwei Tiefenniveaus bewegt wird. Die XBT-Sonden (Abb. 2.52) werden vom fahrenden Schiff abgeworfen, mit dem sie während der Meßzeit von einigen Minuten Dauer durch ein sehr dünnes zweiadriges Kabel verbunden sind. Das Kabel wird gleichzeitig von je einer Spule an Bord und in der fallenden Sonde abgewickelt, so daß keine Zugkräfte entstehen. Die Tiefe erhält man aus der Falldauer. Die maximale Meßtiefe liegt je nach Sondentyp zwischen 375 und 1800 m, und die Genauigkeit der Temperaturmessung liegt bei 0.1 °C. Temperaturzeitreihen an festen Orten oder von driftenden Plattformen erhält man mit langsameren *elektrischen Thermometern* in verankerten oder driftenden Meßgeräten. Dabei ist eine gute Langzeitstabilität über Monate oder Jahre besonders wichtig.

2.6.6 Salzgehaltsmessung

Die im offenen Ozean nachgewiesene Konstanz der Zusammensetzung der Salze im Meerwasser erlaubt die Bestimmung des Salzgehalts von Schöpferproben allein aus dem Chloridgehalt mit einem *Titrationsverfahren*. Genauer sind jedoch die Bestimmungen über eine Messung der elektrischen Leitfähigkeit. Dabei verwendet man *galvanische* Verfahren mit Elektroden oder *induktive* Meßanordnungen. Die Salzgehaltsbestimmung an Schöpferproben erfolgt mit *Laborsalinometern* und bei profilierenden Messungen mit CTD-Sonden (Abb. 2.50). Dabei ergibt sich der Salzgehalt als eine Funktion von Leitfähigkeit, Temperatur und Druck (UNESO, 1981).

Ein CTD-System besteht meist aus einem Unterwassergerät mit Sonde, Kranzwasserschöpfer und Bodenabstandsmeßgerät, aus einem Einleitertragekabel mit Winde und aus einer Bordeinheit zur Stromversorgung, Schöpferauslösung und Datenerfassung. Die Sensoren für die Basismeßgrößen Temperatur, Leitfähigkeit und Druck werden je nach Aufgabenstellung ergänzt durch Fühler für Sauerstoff, pH-Wert und optische sowie akustische Meßgrößen.

Um eine gute Vergleichbarkeit von Messungen zu verschiedenen Zeiten, mit unterschiedlichen Geräten und durch verschiedene Beobachtergruppen sicherzustellen, verwendet man international festgelegte *Normalwasserproben* (s. Abschn. 2.2.1). Es gelingt damit, relative Genauigkeiten beim Salzgehalt bis zu $\pm\ 0.002$ zu erreichen.

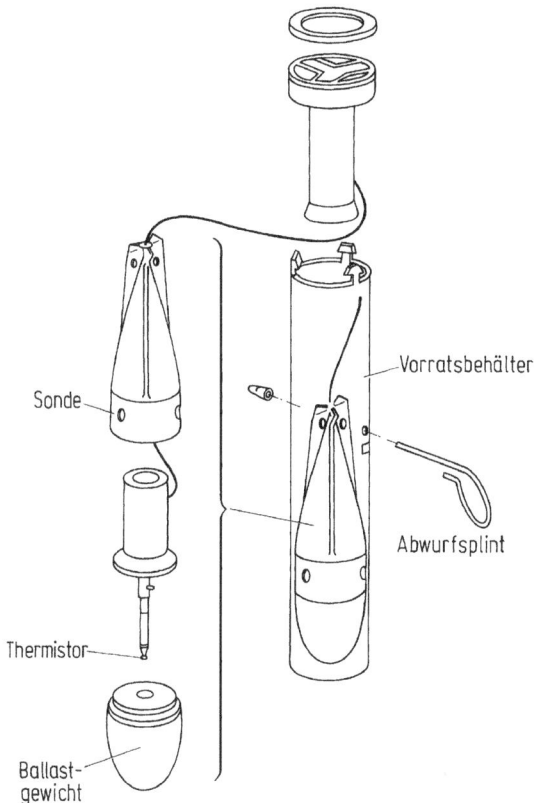

Abb. 2.52 XBT-Sonde zur einmaligen Bestimmung eines Temperaturprofils. Die freifallende Sonde (links) verläßt den Vorratsbehälter (rechts), während das Meßschiff in Fahrt ist. Die dünne Kabelverbindung zwischen dem Thermistor in der Sonde und der Datenerfassungseinheit an Bord wird durch beiderseitiges Abwickeln so lange aufrechterhalten, bis sie reißt und die Sonde verlorengeht. Die zugehörige Tiefenbestimmung erfolgt über eine Zeitmessung. Der Abwurf dauert 3–5 min.

2.6.7 Schallgeschwindigkeitsmessung

Die Kenntnis der Schallgeschwindigkeitsverteilung ist von entscheidender Bedeutung für Ortung und Kommunikation unter Wasser. Der Wert der Schallgeschwindigkeit ist abhängig von Temperatur und Druck (Wilson, 1960; Wille, 1986), ändert sich aber nur wenig mit dem Salzgehalt (s. Abschn. 2.2.2). Daher läßt sich im offenen Ozean die Schallgeschwindigkeit in guter Näherung aus dem Temperaturprofil bestimmen. Eine direkte Messung der Schallgeschwindigkeit erlauben Sonden mit Meßstrecken, auf denen die Phasengeschwindigkeit über eine Laufzeitmessung direkt bestimmt wird.

2.6.8 Messung von Wasserstand und Seegang

Zur Wasserstandsmessung werden *Pegel* verwendet. Die Meßdaten von Gezeitenpegeln sind Grundlage für die Gezeiten- und Sturmflutvorhersage und damit von großer praktischer Bedeutung für den Küstenschutz und die Schiffahrt. Bei Küstenpegeln werden Wasserstandsschwankungen in einem Schacht, der zur hydraulischen Dämpfung des Seegangs nur durch eine enge Rohrleitung mit dem Meer verbunden ist, über die Bewegung eines Schwimmers erfaßt. Bei Hochseepegeln werden Schwankungen des hydrostatischen Druckes am Boden genutzt, um Wasserstandsschwankungen zu erfassen. Genauigkeiten im Millimeterbereich lassen sich auch in großen Tiefen erreichen.

Zur Beobachtung des Seegangs lassen sich Verfahren mit Schwimmerpegeln, Beschleunigungsmesserbojen, umgekehrten Echoloten und Druckmessern einsetzen. In neuerer Zeit sind Fernmeßverfahren mit Mikrowellen hinzugekommen (s. Abschn. 2.6.10).

2.6.9 Strömungsmeßverfahren

Bewegungsabläufe im Ozean erstrecken sich über große Skalenbereiche von Millimetern bei kleinskaliger Turbulenz bis zu den Abmessungen von Ozeanbecken von vielen 1000 km und von Sekunden bis zu säkularen Schwankungen, und sie haben Geschwindigkeiten von einigen $mm\,s^{-1}$ bis zu mehreren $m\,s^{-1}$. Im folgenden werden *direkte Strömungsmeßverfahren* behandelt. Die Gewinnung von Daten zu geostrophischen Strömungen aus hydrographischen Beobachtungen mit Hilfe der dynamischen Methode, d.h. aus der Verteilung des Massenfeldes, wurde in Abschn. 2.2.3 angesprochen.

Die weitaus überwiegende Zahl der Meßgeräte zur Strömungsmessung sind nur für die Beobachtung der horizontalen Komponenten der Strömung geeignet. Messungen der Strömung an einem festen Ort entsprechen dem Eulerschen Bewegungsgleichungen, die in Abschn. 2.2.3 behandelt wurden. Die Driftmessungen mit Bojen oder anderen Driftkörpern entsprechen der Lagrangeschen Form der Bewegungsgleichungen. Eine zusammenfassende Übersicht zu diesen beiden Verfahren findet man bei Krause (1986).

Induktive Strömungsmeßverfahren nutzen nach dem Faradayschen Prinzip die Bewegung des elektrisch leitfähigen Meerwassers in einem magnetischen Feld (Sanford, 1971). Das entstehende elektrische Potential ist proportional zur Strömungsgeschwindigkeit. Dabei kann man als Magnetfeld die Vertikalkomponente des erdmagnetischen Feldes nutzen oder das Magnetfeld am Meßort künstlich erzeugen. Beim XCP (**E**xpendable **C**urrent **P**rofiler) fällt eine Sonde mit Elektroden im Erdmagnetfeld, und beim GEK (**G**eoelektrischer **K**inetograph) werden vertikal integrierte Strömungen quer zu einem Meßschiff in Fahrt über zwei nachgeschleppte Elektroden im Erdmagnetfeld erfaßt (v. Arx, 1950; Krauß et al., 1987). Das Verfahren versagt in der Nähe des Äquators, weil dort die Vertikalkomponente des erdmagnetischen Feldes zu Null wird.

Für die Gewinnung von Zeitreihen müssen Strömungsmesser an einem festen Ort verankert werden. Im Flachwasserbereich können dazu feste Plattformen dienen. Auf tieferem Wasser werden Verankerungssysteme vom Schiff ausgelegt. Man unterscheidet Oberflächen- und Unterwasserverankerungen.

Bei *Oberflächenverankerungen* erstreckt sich das Meßsystem vom Ankergewicht am Meeresboden über eine Geräte- und Leinenanordnung bis zu einer Boje, die Messungen über und unter der Oberfläche erlaubt. Bei *Unterwasserverankerungen* reicht die Anordnung nur bis zu einigen 100 m unter der Meeresoberfläche und ist so keinen Beanspruchungen durch den Seegang und Gefährdungen durch die Schifffahrt ausgesetzt. Der Einsatz von akustischen *Doppler-Strömungsmessern* (acoustic Doppler current profiler, ADCP) ermöglicht auch in diesem Fall Strömungsmessungen im oberflächennahen Tiefenbereich.

Für die Eulerschen Verfahren werden Geräte mit Strömungsmeßfühlern vor Beginn der Messung ortsfest montiert. Als mechanische Aufnehmer verwendet man

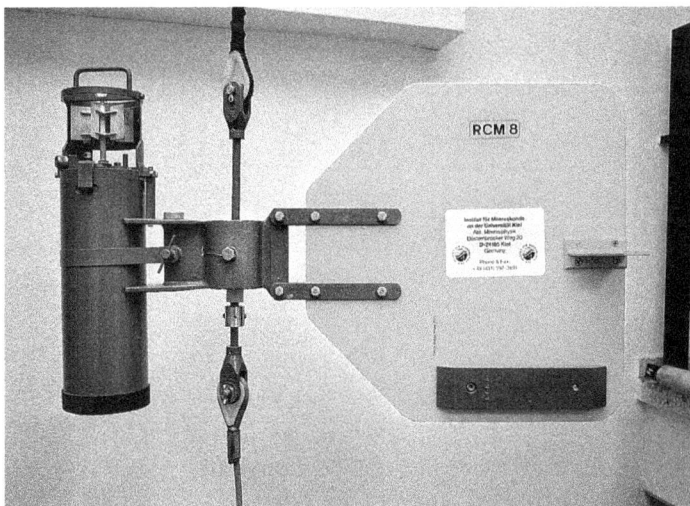

Abb. 2.53 Selbstregistrierender Aanderaa-Strömungsmesser. Das Gerät wird verankert. Die Richtungsfahne stellt das Instrument in Strömungsrichtung. Die Strömungsgeschwindigkeit wird durch elektronisches Zählen von Rotorumdrehungen bestimmt. Das Gerät ist aus unmagnetischen Materialien gebaut, was die Verwendung eines elektrisch abfragbaren Kompasses zur Richtungsbestimmung erlaubt.

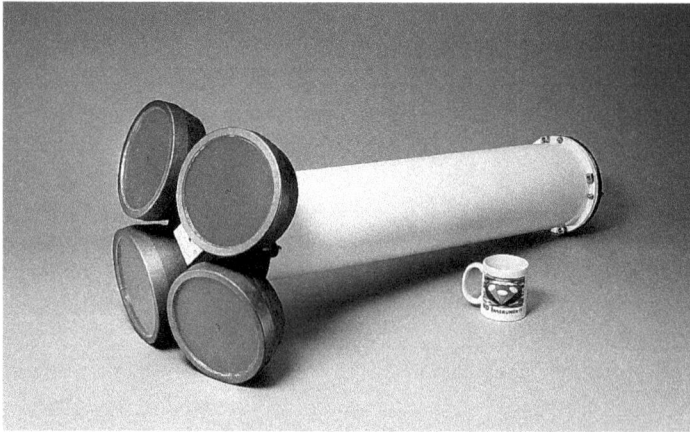

Abb. 2.54   Verankerbarer akustischer Doppler-Strömungsmesser mit interner Aufzeichnung.
Das Meßprinzip ist in Abb. 2.55 dargestellt (Foto: RD Instruments, Inc.).

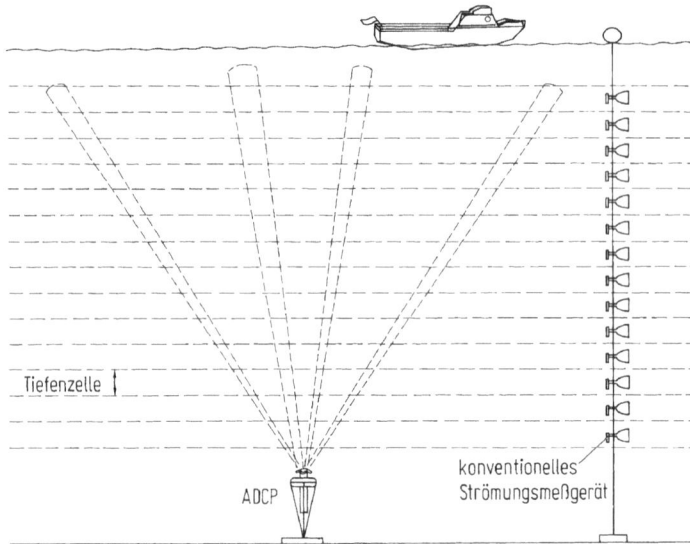

Abb. 2.55   Prinzip eines Strömungsmessers nach dem Doppler-Verfahren. Die von vier Schall-
gebern ausgesandten Strahlen werden von Schwebeteilchen in der Wassersäule reflektiert und,
falls sich diese mit dem Wasser bewegen, mit einer dopplerverschobenen Frequenz von den
Schwingern empfangen. Eine rechnergesteuerte interne Datenanalyse erlaubt die Aufzeichnung dreidimensionaler Strömungskomponenten in gestaffelten Meßtiefen. Die rechte Bild-
seite verdeutlicht das Prinzip des Fernmeßverfahrens. Anstelle von zahlreichen herkömmlichen
Strömungsmessern (vgl. Abb. 2.53). überdeckt der Strömungsmesser nach dem Doppler-Verfahren eine Wassersäule, die bis zu mehreren hundert Metern mächtig sein kann.

Rotoren, Flügelräder oder Impeller, wobei die Asymmetrie des Anströmwiderstandes zur Erzielung eines Drehmomentes genutzt wird. Die Umdrehungszahlen werden erfaßt und zusammen mit dem Richtungswert aus Kompaß- und Richtungsfahnenwert registriert (Abb. 2.53). Meßfehler bei der Strömungsmessung mit mechanischen Fühler entstehen durch das träge Verhalten dieser Fühler, durch ihre Abweichungen vom Cosinusverhalten bei Schräganströmung und durch das ungleiche Ansprechverhalten der Fühler für Strömungsgeschwindigkeit und -richtung.

Akustische Strömungsmesser nutzen die Schallausbreitung in einem begrenzten Wasservolumen zur Bestimmung der Wasserbewegung. Man mißt entweder den Mitführeffekt, also die Erhöhung oder Erniedrigung der Schallsignallaufzeit bei Überlagerung durch die Wasserbewegung oder die Dopplerverschiebung eines Signals, das an mit der Strömung mitgeführten Partikeln rückgestreut wird (Abb. 2.54 und 2.55). Zur Aufnahme des Verankerungssystems verwendet man einen akustisch ferngesteuerten Auslöser, der das Meßsystem vom Ankergewicht trennt und das System zur Oberfläche aufsteigen läßt. Eine Übersicht von Bojenformen und anderen technischen Aspekten findet man bei Berteaux (1976) und Blendermann (1980).

Der Großteil der Kenntnisse über die Oberflächenströmungen beruht auf systematisch gesammelten Daten zur Schiffsversetzung, der Differenz zwischen dem aus Fahrtgeschwindigkeit und Kurs vorausberechneten und dem wahren Ort des Schiffes. Sie stellen die älteste Quelle für Strömungsverläufe dar. Dabei werden *Schiffe als Driftkörper* genutzt. Eine Vielzahl anderer Driftkörper werden für wissenschaftliche Beobachtungen genutzt. Dazu gehören Driftkörper an der Oberfläche (Abb. 2.56) oder gewichtsneutrale Bojen unter der Oberfläche (Abb. 2.57). Dies reicht von Flaschenposten über Drifterpostkarten bis zu Driftbojen mit einem gro-

Abb. 2.56 Oberflächendriftboje mit Strömungswiderstand („Segel") zur Messung der Strömung unterhalb der Oberfläche. Die Position der Boje wird mehrmals täglich über einen Satelliten (ARGOS) abgefragt. Beim Verlust des Segels (typische Tiefe 100 m) geht die Boje in eine horizontale Schwimmlage, welche gemeldet wird. Auslegen der Boje (links), „Treibsegel" vor dem Abtauchen (rechts).

ßen Strömungswiderstand („Segel") in Oberflächennähe. Die wiederholte Positions-
bestimmung und damit die Feststellung der Strömungsgeschwindigkeit erhält man
durch Radarverfolgung oder durch satellitengestützte Ortung. Der Einfluß des
Windschubs auf die Messung beschränkt die Genauigkeit der Methode.

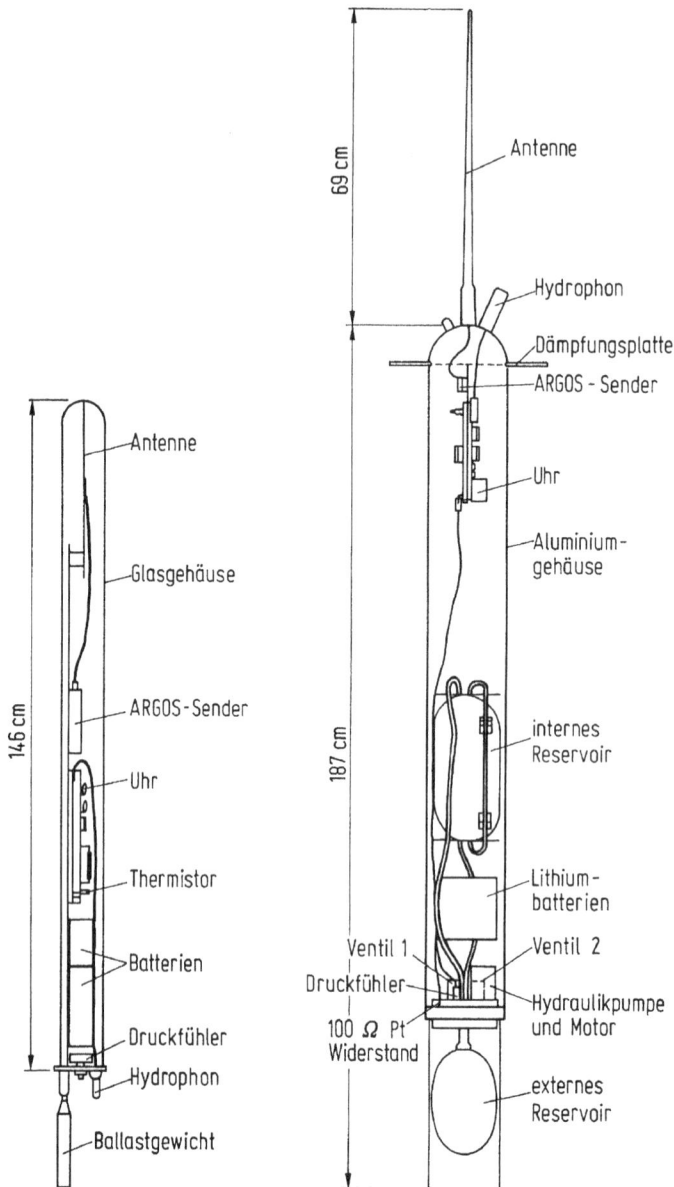

Abb. 2.57   Gewichtsneutrale Schwebebojen (Floats). Diese Bojen sinken bis zu einer voraus-
berechneten Tiefe, wo ihre Dichte derjenigen des umgehenden Wassers entspricht (passive
Bojen), oder sie ändern ihre Verdrängung so lange, bis sie ihre Zieldichte erreicht haben (aktive
Bojen). RAFOS-Floats (links, passiv) und MAVOR-Bojen (rechts, aktiv) verwenden beide
Weltraumfunkverbindungen (ARGOS) zur Datenübertragung an Land (nach Ollitrault, 1994).

In größeren Tiefen setzt man gewichtsneutrale Schwebekörper (*Floats*) ein, die vor dem Absenken auf einen bestimmten hydrostatischen Druck eingestellt werden. Dies geschieht entweder durch Tarieren mit einem Ballastgewicht oder durch aktive hydraulische Ballastsysteme, die den Auftrieb des Floats kontrolliert verändern. Die Kompressibilität von Floats muß kleiner als diejenige des Wassers am Meßort sein, wenn es die Tiefe halten soll. Nur bei gleicher Kompressibilität folgt das Float den Vertikalverlagerungen des Wassers.

Zur Ortsbestimmung nutzt man akustische Verfahren mit SOFAR-Floats (driftende Schallsender im SOFAR-Kanal und festliegende Empfänger) und mit RAFOS-Floats (driftende Empfänger und festliegende Schallsender). Beim *RAFOS-Verfahren* (Rossby et al., 1986; König und Zenk, 1992) werden im Beobachtungsgebiet mindestens drei Schallquellen verankert, die regelmäßig zeitversetzt ein kodiertes Signal senden. Im Float wird die Eintreffzeit, d. h. bei bekannter Schallgeschwindigkeit die Laufstrecke und mit mehreren Signalen der Ort registriert. Nach einer voreingestellten Meßzeit wirft das Float ein Gewicht ab, steigt zur Oberfläche und gibt die Daten über einen Satelliten zum Land (Abb. 2.58). Geschwindigkeiten bis herunter zu $\mathrm{mm\,s^{-1}}$ können erfaßt werden.

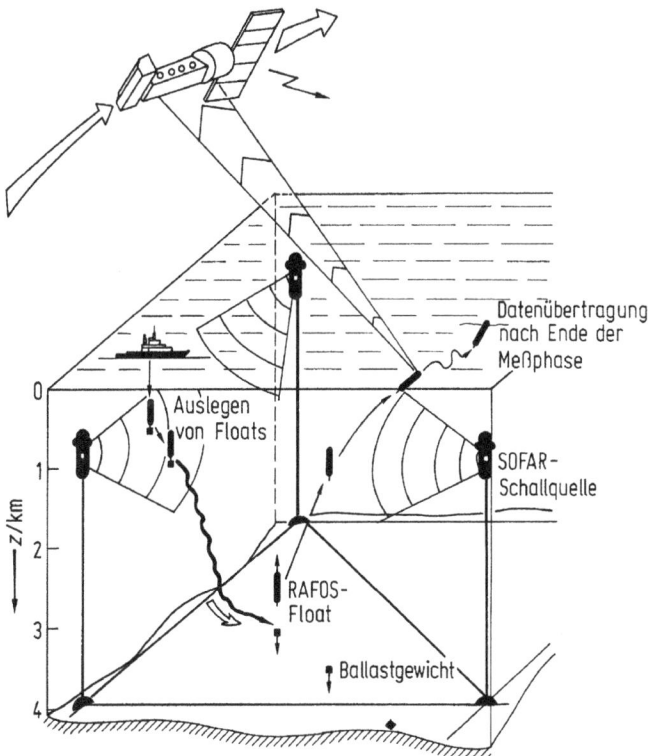

Abb. 2.58 Das RAFOS-System verwendet freitreibende RAFOS-Floats zur ortsveränderlichen Strömungsmessung. Die Floats zeichnen die Eintreffzeiten von Signalen der Schallquellen auf. Aus den Laufzeiten zwischen verschiedenen Schallquellen und dem Float lassen sich Positionsbestimmungen im Inneren des Ozeans gewinnen. Nach Ende der Meßmission werfen die Floats ihre Ballastgewichte ab, steigen zur Oberfläche auf und setzen ihre Daten über einen Fernmeldesatelliten ab (nach König und Zenk, 1992).

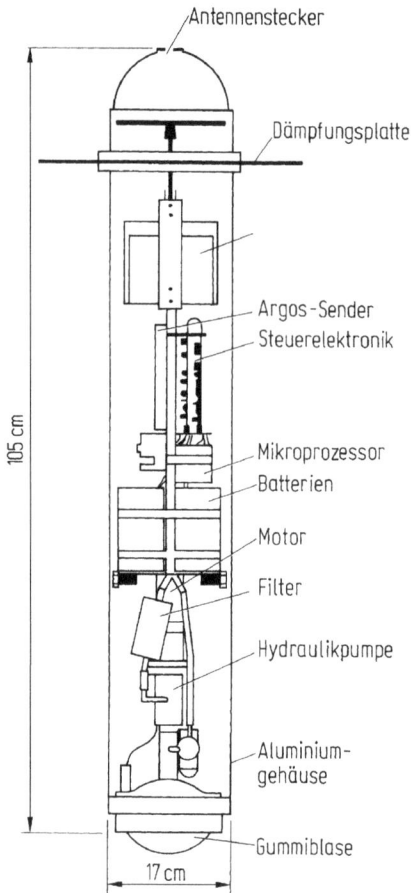

Abb. 2.59 Aktive Schwebeboje ALACE (Autonomous Lagrangian Circulation Explorer). Dieses Float taucht regelmäßig zur Meeresoberfläche auf, wo eine automatische Ortsbestimmung mit Datenübertragung durchgeführt wird. Aus dem Versatz der Auftauchorte wird die Strömung im Drifthorizont geschlossen, wo im Gegensatz zum RAFOS-System keine Ortsbestimmung erfolgt (nach Davis et al., 1992).

Für großräumige Float-Messungen werden ALACE (**A**utonomous **L**agrangian **C**irculation **E**xplorer) eingesetzt (Abb. 2.59). Der Drifter kann in vorgegebenen Zeitabständen bis zu 50 mal zur Oberfläche aufsteigen und seinen Ort zu diesem Zeitpunkt über einen Satelliten bekanntgeben (Davis et al., 1991). Der Vorteil dieses Verfahrens ist die fehlende Notwendigkeit akustischer Schallquellen im Meßgebiet.

Profilierende Sonden liefern in kurzer Zeit ein vertikales Profil der horizontalen Strömungsverteilung. Die bereits früher genannten XCP-Sonden (**E**xpendable **C**urrent **P**rofiler) verwenden das Faraday-Prinzip. Sie nutzen also das erdmagnetische Feld, um ein elektrisches Potential zu messen, welches von der zu messenden Meeresströmung induziert wird (Sanford, 1971). Ihr Einsatz als Einwegsonden, jedoch mit Funkverbindung zum Schiff, ist mit derjenigen von XBT-Sonden vergleichbar.

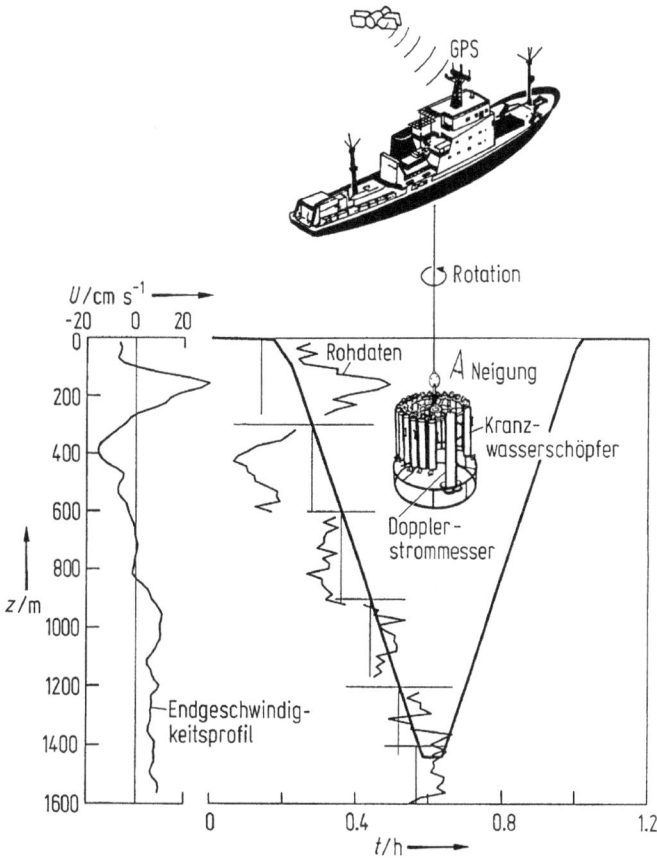

Abb. 2.60 Kranzwasserschöpfer im Einsatz mit einem profilierenden akustischen Doppler-Strommesser. Durch Integration der Vertikalkomponente w der Strömungsgeschwindigkeit am Meßgerät erhält man die Wassertiefe z des Instrumentes. Die Meßtiefe des Strömungs-messers überschreitet die Gerätetiefe um mehrere 100 m (nach Fischer und Visbeck, 1993).

Zusätzlich zu den Strömungskomponenten bis zu 1000 m Tiefe messen XCP-Sonden die vertikale Temperaturverteilung.

Profilierende akustische Doppler-Strömungsmesser (**A**coustic **D**oppler **C**urrent **P**rofiler, ADCP) mit gegen die Vertikale geneigter Abstrahlrichtung werden entweder verankert, im Schiff fest eingebaut oder zusammen mit einer CTD-Sonde und einem Rosettenwasserschöpfer am Kabel eingesetzt (Abb. 2.60) (Fischer und Visbek, 1993). Bei festem Einbau werden die reflektierten Signale in bestimmten Zeitfenstern erfaßt und registriert. Die Kombination dieser Signale liefert das Vertikalprofil der Hori-zontalgeschwindigkeit.

2.6.10 Satellitenmeßverfahren

Aktive oder passive Fernmeßverfahren von polarumlaufenden Satelliten in ca. 900 km Höhe haben den großen Vorteil, den Ozean innerhalb von wenigen Tagen oder Monaten global erfassen zu können. Sie erlauben außerdem Messungen in schwer zugänglichen Gebieten, in den eisbedeckten Polarregionen oder in Orkangebieten. Die Signale kommen jedoch nur aus einer dünnen Oberflächenschicht. Die verwendeten Wellenlängenbereiche liegen im sichtbaren Licht, im Infrarot und im Mikrowellenbereich. Voraussetzung für die Messung ist, daß ein Signal aus einem Spektralfenster der Atmosphäre gewählt wird, wo atmosphärische Absorption keine große Rolle spielt.

Im sichtbaren und im Infrarotbereich verwendet man *passive Verfahren* mit verschiedenen Spektralbereichen und Meßeinrichtungen, die den Zielpunkt regelmäßig wiederholt quer zur Bahn des Satelliten schwenken und so die Erfassung eines breiten Streifens erlauben (Scanner). Das Vorgehen entspricht dem Fächerlot (s. Abschn. 2.6.4). Aus der Farbverteilung der Meeresoberfläche im Sichtbaren lassen sich Informationen über Verschmutzungsgrad, Auftriebserscheinungen, Oberflächenströmung und Vermischung erhalten. Die Infrarotverteilung liefert eine Angabe zur Eigenstrahlung der Meeresoberfläche und damit zur Oberflächentemperatur. Eine Messung ist jedoch nur in wolkenfreien Gebieten möglich.

Passive Mikrowellenradiometer erlauben eine Oberflächentemperaturmessung auch bei Wolkenbedeckung, die Bildauflösung und Genauigkeit ist jedoch geringer als bei Infrarotverfahren.

Eine wichtige Rolle spielen *aktive Mikrowellenverfahren.* Die Rückstreuung des schräg abgestrahlten Mikrowellensignals an Wellen im Zentimeterbereich (Bragg-Streuung), die von den längeren Wellen mitgeführt werden, erlaubt beim *Scatterometer* die Messung des Seegangsspektrums. Beim vertikal abgestrahlten Mikrowel-

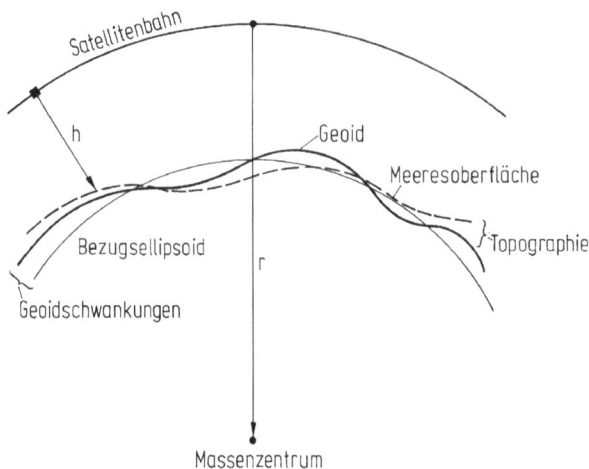

Abb. 2.61 Altimetermessung von erdumlaufenden Satelliten. Gemessen wird die Höhe *h* zwischen Satellit und der Meeresoberfläche. Um daraus die Topographie der Meeresoberfläche als Folge geostrophischer Ströme ableiten zu können, ist eine genaue Kenntnis des Geoids erforderlich (nach Stewart, 1985).

lensignal eines *Altimeters* lassen sich zwei verschiedenartige Informationen gewinnen. Aus der Steilheit der Anstiegsflanke des reflektierten Signals erhält man eine Angabe zur Rauhigkeit, also zur signifikanten Wellenhöhe im Seegang. Aus der Laufzeit des Signals erhält man bei wiederholter Messung die Änderung der Meeresoberfläche relativ zum Geoid bzw. zu Äquipotentialflächen im Schwerefeld. Aus dieser Neigung der Oberfläche läßt sich der geostrophische Oberflächenstrom (s. Abschn. 2.2.3) berechnen. Voraussetzung für diese Verfahren sind eine möglichst genaue Kenntnis des Geoids und umfangreiche Laufzeitkorrekturen, die durch die Wirkung atmosphärischer Bestandteile nötig werden (Abb. 2.61). Besonders schwierig sind die exakten Bestimmungen des Geoids. Das führt dazu, daß nur räumliche und zeitliche Änderungen der geostrophischen Strömung, nicht aber die mittleren Strömungen hinreichend genau zu erhalten sind.

Große Bedeutung für die Qualitätskontrolle und Kalibrierung bei Fernmessungen kommt der Kombination von Satelliten- und in-situ-Daten zu. Zusammenfassende Darstellungen zu Satellitenmeßverfahren findet man bei Maul (1985), Robinson (1985) und Stewart (1985).

2.6.11 Akustische Tomographie

In der medizinischen Diagnose wird die Röntgen- und die kurzwellige akustische Tomographie seit längerer Zeit eingesetzt. Die Strahlen durchlaufen auf unterschiedlichen Wegen das inhomogene Meßvolumen. Die Änderungen in den Laufzeiten werden genutzt, um auf die Strukturen im Innern zu schließen. Die Anwendung

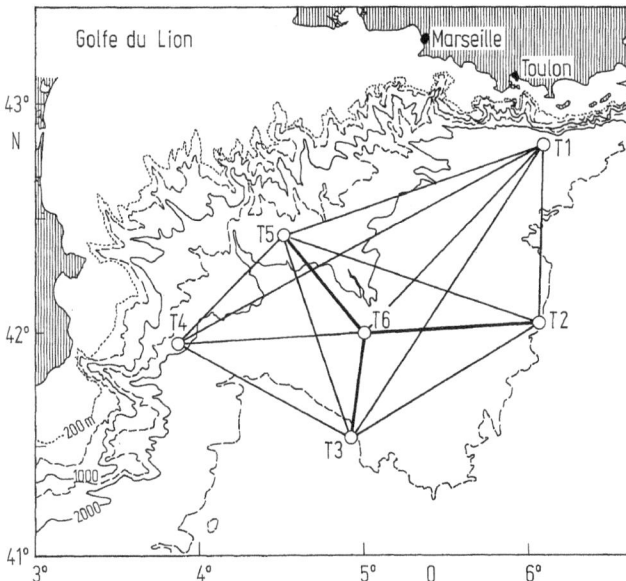

Abb. 2.62 Beispiel für ein Experiment mit akustischer Tomographie aus dem Golf von Lion. Änderungen in der Schallausbreitung zwischen den Sende- und Empfangsstationen T1–T6 beinhalten räumlich gemittelte Temperaturinformationen, die Rückschlüsse über tiefe Konvektionsereignisse zulassen (nach Send et al., 1995).

der akustischen Tomographie in der Ozeanographie wurde erstmals von Munk und Wunsch (1979) vorgeschlagen. Man verwendet niederfrequente Schallwellen im Bereich einiger hundert Hertz, die von mehreren Sendern abgestrahlt und nach Durchlaufen einer Meßstrecke empfangen werden (Abb. 2.62). Strukturen in der Schallgeschwindigkeitsverteilung, die durch Temperaturstrukturen im Zusammenhang mit geostrophischen Strömungen, Wirbeln, Fronten und internen Wellen entstehen können, verursachen Zeitverzögerungen in den Signaleintreffzeiten. Mit Inversverfahren (Cornuelle et al., 1985) lassen sich Rückschlüsse auf diese Strukturen ziehen. Weil die Größenordnung der Schallgeschwindigkeit um den Faktor 10^3 bis 10^4 größer als die Strömungsgeschwindigkeit im Meer ist, erhält man eine synoptische Messung (Knox, 1989).

Bei der akustischen Thermometrie (Munk, 1983) schließt man aus der Laufzeitänderung des Schalls beim Durchlaufen globaler Entfernungen auf langsame Änderungen der räumlich gemittelten Temperatur.

Tab. 2.5 Physikalische Symbole und Einheiten.

Symbol	Einheit	Name des Parameters
$A_x\ A_y\ A_z$	Pa s	turbulenter Viskositätskoeffizient für Richtung x, y bzw. z
C	$\Omega^{-1}\,\mathrm{m}^{-1}$	elektrische Leitfähigkeit
c	$\mathrm{m\,s}^{-1}$	Schallgeschwindigkeit
		Phasengeschwindigkeit von Wellen
c_p	$\mathrm{J\,kg}^{-1}\,\mathrm{K}^{-1}$	Spezifische Wärmekapazität bei konstantem Druck
c_v	$\mathrm{J\,kg}^{-1}\,\mathrm{K}^{-1}$	Spezifische Wärmekapazität bei konstantem Volumen
Ek	1	Ekman-Zahl
f	s^{-1}	Coriolis-Parameter — Trägheitsfrequenz
g	$\mathrm{m\,s}^{-2}$	Betrag der Erdbeschleunigung
$\boldsymbol{G}$	$\mathrm{m\,s}^{-2}$	gezeitenerzeugende Kraft pro Masse
$\boldsymbol{g}$	$\mathrm{m\,s}^{-2}$	Gravitationskraft pro Masse — Erdbeschleunigung
$\boldsymbol{F}$	$\mathrm{m\,s}^{-2}$	Reibungskraft pro Masse
H	m	Vertikalausdehnung einer Schicht
h	m	Wassertiefe
k_D	$\mathrm{m}^2\,\mathrm{s}^{-1}$	Salzdiffusionskoeffizient
k_T	$\mathrm{m}^2\,\mathrm{s}^{-1}$	Wärmediffusionskoeffizient
L	m	charakteristische Länge
$M_x,\ M_y$	$\mathrm{kg\,s}^{-1}\,\mathrm{m}^{-1}$	Massentransport pro Einheitsbreite in x- bzw. y-Richtung
m	kg	Masse
N	s^{-1}	Väisälä-Frequenz
p	dbar	Druck
Re	1	Reynolds-Zahl
Ro	1	Rossby-Zahl
S	1	praktischer Salzgehalt
T	°C	Temperatur
T_r	$\mathrm{m}^3\,\mathrm{s}^{-1}$	Volumentransport
U	$\mathrm{m\,s}^{-1}$	charakteristische Geschwindigkeit
$\boldsymbol{v}$	$\mathrm{m\,s}^{-1}$	Geschwindigkeitsvektor
u	$\mathrm{m\,s}^{-1}$	Ost-Komponente des Geschwindigkeitsvektors
v	$\mathrm{m\,s}^{-1}$	Nord-Komponente des Geschwindigkeitsvektors

Symbol	Einheit	Name des Parameters
w	$\mathrm{m\,s^{-1}}$	aufwärtsgerichtete Komponente des Geschwindigkeitsvektors
$\bar{X}$	$[X]$	Mittel von X
X'	$[X]$	fluktuierender Anteil von X
x	m	Ost-Koordinate
y	m	West-Koordinate
z	m	aufwärtsgerichtete Koordinate
β	$\mathrm{m^{-1}\,s^{-1}}$	Größe zur Geschreibung der Breitenabhängigkeit des Coriolis-parameters
Δ	1	Laplace-Operator
ς	$\mathrm{s^{-1}}$	relative Vorticity
Γ	$\mathrm{^\circ C\,dbar^{-1}}$	adiabatische Temperaturänderung
γ	1	Verhältnis der spezifischen Wärmekapazitäten
κ	$\mathrm{m^{-1}}$	Wellenzahl
κ_{ad}	$\mathrm{Pa^{-1}}$	adiabatische Kompressibilität
κ_T	$\mathrm{Pa^{-1}}$	isotherme Kompressibilität
λ	m	Wellenlänge
ν	Pa s	molekulare Viskosität
Ω	$\mathrm{s^{-1}}$	Winkelgeschwindigkeit der Erdrotation
ω	$\mathrm{s^{-1}}$	Kreisfrequenz
ϱ	$\mathrm{kg\,m^{-3}}$	Dichte
σ	$\mathrm{kg\,m^{-3}}$	Dichteanomalie (auch mit γ bezeichnet)
Θ	$\mathrm{^\circ C}$	potentielle Temperatur
τ	Pa	Windschub

Literatur

Weiterführende Literatur

Anderson, D. L. T., Willebrand, J. (Eds.), Ocean circulation models: Combining data and dynamics, NATO ASI Series **C**, 284, Kluver, Academie Publishers, Dordrecht, 605, 1989

Apel, J. R., Principles of ocean physics, International Geophysics Series, **38**, Academic Press, London, 634, 1987

Berteaux, H. O., Buoy Engineering, John Wiley, New York, 314, 1976

Blendermann, W., Buoys, in Dobson, F., Hasse, L., Davis, R. (Eds.), Air-Sea Interaction – Instruments and Methods, Plenum Press, New York, London, 645–679, 1980

Dietrich, G., Kalle, K., Krauss, W., Siedler, G., Allgemeine Meereskunde. Eine Einführung in die Ozeanographie, 3. Aufl., Borntraeger, Berlin, Stuttgart, 593, 1975

Emery, W. J., Thomson, R. E., Data analysis methods in physical oceanography, Elsevier, Oxford, 634, 1998

Gierloff-Emden, H.-G., Geographie des Meeres, Ozean und Küsten, in: Lehrbuch der Allgemeinen Geographie (Schmithüsen, J., Hrsg.), Teil 1 u. 2, de Gruyter, Berlin, New York, 766 (Teil 1); 768–1310 (Teil 2), 1986

Gill, A. E., Atmosphere-ocean dynamics, International Geophysics Series, **30**, Academic Press, New York, 662, 1982

Grasshoff, K., Kremling, K., M. Ehrhardt, (Ed.), Methods of seawater analysis, Wiley-VCH, Weinheim, 600, 1999

Krause, G., In-situ instruments and measuring techniques, in Landolt-Börnstein, Neue Serie, Gruppe V, Geophysik und Weltraumforschung, Bd. 3, Ozeanographie, Teilbd. A (Sündermann, J., Hrsg.), Springer, Berlin, 134–232, 1986

Krauss, W. (Ed.), The Warmwatersphere of the North Atlantic Ocean, Gebrüder Borntraeger, Berlin, 446, 1996

Landolt-Börnstein, Neue Serie, Gruppe V, Geophysik und Weltraumforschung, Bd. 3, Ozeanographie, Teilbd. A (Sündermann, J., Hrsg.), Springer, Berlin, 474, 1986

Landolt-Börnstein, Neue Serie, Gruppe V, Geophysik und Weltraumforschung, Bd. 3, Ozeanographie, Teilbd. C (Sündermann, J., Hrsg.), Springer, Berlin, 349, 1986

Landolt-Börnstein, Neue Serie, Gruppe V, Geophysik und Weltraumforschung, Bd. 3, Ozeanographie, Teilbd. B (Sündermann, J., Hrsg.), Springer, Berlin, 398, 1989

LeBlond, P. H., Mysak, L. A., Waves in the ocean, Elsevier Scientific Publishing Company, Amsterdam, 602, 1978

Maul, G. A., Introduction to satellite oceanography, Martinus Nijhoff, Dordrecht, 606, 1985

Pedlosky, J., Geophysical fluid dynamics, Springer, New York, 624, 1982

Pickard, G. L., Emery, W. J., Descriptive physical oceanography, 4th ed., Pergamon Press, Oxford, 249, 1982

Pond, S., Pickard, G. L., Introductory dynamical oceanography, 2nd ed., Pergamon Press, Oxford, 329, 1983

Robinson, I. S., Satellite oceanography, an introduction for oceanographers and remote-sensing scientists, Ellis Horwood, Chichester, 455, 1985

Stewart, R. H., Methods of satellite oceanography, University of California Press, Berkeley, Los Angeles, 360, 1985

Tomczak, M., Godfrey, J. S., Regional oceanography: An introduction, Pergamon, Elsevier Science, Oxford, 422, 1994

Warren, B. A., Wunsch, C. (Eds.), Evolution of physical oceanography, MIT Press, Cambridge, 623, 1981

Zitierte Publikationen

Aagaard, K., Swift, J. H., Carmack, E. C., Thermohaline circulation in the Arctic Mediterranean Sea, Journal of Geophysical Research, **90** (C3), 4833–4846, 1985

Armi, L., Zenk, W., Large lenses of highly saline Mediterranean water, Journal of Physical Oceanography, **14**, 1560–1576, 1984

Arx, W. S. von, An electromagnetic method for measuring the velocities of ocean currents from a ship under way, Papers in Physical Oceanography and Meteorology, **11** (3), 1–62, MIT and Woods Hole Oceanographic Institution, 1950

Barry, R. G., Maslanik, J., Steffen, K., Weaver, R. L., Troisi, V., Cavalieri, D. J., Martin, S., Advances in sea-ice research based on remotely sensed passive microwave data, Oceanography, **6**, 4–12, 1993

Baumgartner, A., Reichel, E., Die Weltwasserbilanz. Niederschlag, Verdunstung und Abfluß über Land und Meer sowie auf der Erde im Jahresdurchschnitt, Oldenbourg, München, 179, 1975

Brand, A., H. J. S. Fernando (Eds.), Double-diffusive convection, Geophysical Monography, **94**, American Geophysical Union, Washington, DC, 334, 1995

Broecker, W. S., The great ocean conveyor, Oceanography, **4**, 79–89, 1991

Bryden, H. L., Hall, M. M., Heat transport by currents across 25 °N latitude in the Atlantic Ocean, Science, **207**, 884–886, 1980

Bryden, H. L., Candela, J., Kinder, T. H., Exchange through the Strait of Gibraltar, Progress in Oceanography, **33**, 201–248, 1994

Carissimo, B. C., Oort, A. H., Vonder Haar, T. H., Estimating the meridional energy transport in the atmosphere and ocean, Journal of Physical Oceanography, **15**, 82–91, 1985

Conkright, M.E., Levitus, S., O'Brien, T., Boyer, T.P., Stephens, C., Johnson, D., Baranova, O., Antonov, J., Gelfeld, R., Rochester, J., Forgy, C., World ocean data base 1998, National Oceanographic Data Center Internal Report 14, ⟨http: //www.nodc.nooa.gov⟩, 1999

Cornuelle, B., Wunsch, C., Behringer, D., Birdsall, T., Brown, M., Heinmiller, R., Knox, R., Metzger, K., Munk, W., Spiesberger, J., Spindel, R., Webb, D., Worcester, P., Tomographic maps of the ocean mesoscale, Part 1, Pure acoustics, Journal of Physical Oceanography, **15**, 133–152, 1985

Davis, R.E., Webb, D.C., Regier, L.A., Dufour, J., The autonomous Lagrangian circulation explorer (ALACE), Journal of Atmospheric and Oceanic Technology, **9**, 264–285, 1992

Dietrich, G., Ulrich, J., Atlas zur Ozeanographie, in: Meyers Großer Physikalischer Weltatlas, Bd. 7, Bibliographisches Institut, Mannheim, 76, 1968

Emery, W.J., Meincke, J., Global water masses: summary and review, Oceanologica Acta, **9**, 383–391, 1986

Fischer, J., Visbeck, M., Deep velocity profiling with self-contained ADCPs, Journal of Atmospheric and Oceanic Technology, **10**, 764–773, 1993

Gast, P.R., in: Valley, S.L. (Ed.), Handbook of geophysical and space environments, 16.1–16.10, New York, 1965

Gordon, A.L., Interocean exchange of thermocline water, Journal of Geophysical Research, **91** (C4), 5037–5046, 1986

Gordon, A.L., Molinelli, E., Baker, T., Large-scale relative dynamic topography of the Southern Ocean, Journal of Geophysical Research, **83** (C6), 3023–3032, 1978

Gow, A.J., Tucker III, W.B., Sea ice in the polar regions, in: Smith, Jr., W.O. (Ed.), Polar Oceanography, A, Physical Science, Academic Press, San Diego, 47–126, 1990

Hasselmann, K., Barnett, T.P., Bouws, E., Carlson, H., Cartwright, D.E., Enke, K., Ewing, J.A., Gienapp, H., Hasselmann, D.E., Kruseman, P., Meerburg, A., Müller, P., Olbers, D.J., Richter, K., Sell, W., Walden, H., Measurements of wind-wave growth and swell decay during the Joint North Sea Wave Project (JONSWAP), Ergänzungsheft zur Deutschen Hydrographischen Zeitschrift, A, **12**, 95, 1973

Hastenrath, S., On meridional heat transport in the World Ocean, Journal of Physical Oceanography, **12**, 922–927, 1982

Hellermann, S., Rosenstein, M., Normal monthly wind stress over the World Ocean with error estimates, Journal of Physical Oceanography, **13**, 1093–1104, 1983

Holfort, J., Siedler, G., The meridional oceanic transport of heat and nutrients in the South Atlantic, Journal of Physical Oceanography, 31, 5–29, 2001

Isemer, H.-J., Hasse, L., The Bunker climate atlas of the North Atlantic Ocean, observations, Bd. 1, Springer, Heidelberg, 218, 1985

Josey, S.A., Kent, E.C., Taylor, P.K., New insights into the ocean heat budget closure problem from analysis of the SOC air-sea flux climatology, Journal of Climate, **12** (9), 2856–2880, 1999

Kinsman, B., Wind waves, their generation and propagation on the ocean surface, Prentice-Hall, Englewood Cliffs, N.J., 676, 1965

Knox, R.A., Ocean acoustic tomography: a primer, in: Anderson, D.L.T., Willebrand, J. (Eds.), Oceanic Circulation Models: Combining Data and Dynamics, NATO ASI Series C, **284**, V/3c, 141–188, 1989

König, H., Zenk, W., Principles of RAFOS technology at the Institut für Meereskunde Kiel, Berichte aus dem Institut für Meereskunde, Kiel, **222**, 99, 1992

Koslowski, G., Ice in the ocean, in: Landolt-Börnstein, Neue Serie, Gruppe V, Geophysik und Weltraumforschung, Bd. 3, Ozeanographie, Teilbd. C (Sündermann, J., Hrsg.), Springer, Berlin, 167–189, 1986

Krauss, W., The North Atlantic Current, Journal of Geophysical Research, **91** (C4), 5061–5074, 1986

Krauss, W., Fahrbach, E., Aitsam, A., Elken, J., Koske, P., The North Atlantic Current and its associated eddy field southeast of Flamish Cap, Deep-Sea Research, **34A**, 1163–1185, 1987

Kroebel, W., Die Kieler Multimeeressonde, „Meteor" Forschungsergebnisse, **A12**, 53–67, 1973

Lange, M.A., Ackley, S.F., Wadhams, P., Dieckmann, G.S., Eicken, H., Development of sea-ice in the Weddell Sea, Antarctica, Annals of Glaciology, **12**, 92–96, 1989

Langleben, M.P., Young's modulus for sea ice, Canadian Journal of Physics, **40**, 1–8, 1962

Langleben, M.P., Albedo of melting sea ice in the Southern Beaufort Sea, Journal of Glaciology, **10**, 101–104, 1971

Le Provost, C., Genco, M.L., Lyard, F., Vincent, P., Canceill, P., Spectroscopy of the world ocean tides from a finite-element hydrodynamic model, Journal of Geophysical Research, **99** (C12), 24.777–24.797, 1994

Levitus, S., Climatological atlas of the World Ocean, NOAA Professional Paper, **13**, U.S. Department of Commerce, Rockville, 173, 1982

Levitus, S., Isayev, G., Polynomial approximation to the international equation of state for seawater, Journal of Atmospheric and Oceanic Technology, **9**, 705–708, 1992

Luyten, J.R., Pedlosky, J., Stommel, H., The ventilated thermocline, Journal of Physical Oceanography, **13**, 292–309, 1983

Magaard, L., Mysak, L.A., Ocean waves, classification and basic features, in: Landolt-Börnstein, Gruppe V, Geophysik und Weltraumforschung, Bd. 3, Ozeanographie, Teilbd. C (Sündermann, J., Hrsg.), Springer, Berlin, 1–16, 1986

Marshall, J., Schott, F., Open-ocean convection: observations, theory and models, Reviews of Geophysics, **37**, 1–64, 1999

Martin, T., Augstein, E., Large-scale drift of Arctic Sea ice retrieved from passive microwave satellite data, Journal of Geophysical Research, **105**, C4, 8775–8788, 2000

Menard, H.W., Smith, S.M., Hypsometry of ocean basin provinces, Journal of Geophysical Research, **71**, 4305–4325, 1966

Mittelstaedt, E., On the currents along the northwest African coast south of 22° North, Deutsche Hydrographische Zeitschrift, **29**, 97–117, 1976

Munk, W.H., On the wind-driven ocean circulation. Journal of Meteorology, **7**, 79–83, 1950

Munk, J.W., Acoustics and ocean dynamics, in: Brewer, P.G. (Ed.), Oceanography: The present and future, Springer, New York, 109–126, 1983

Munk, W., Wunsch, C., Ocean acoustic tomography: a scheme for large scale monitoring, Deep-Sea Research, **26A**, 123–161, 1979

Münzer, E.B., Die Temperaturschichtung in der Eckernförder Bucht während der Frühjahrserwärmung, Kieler Meeresforschungen, **26**, 43–55, 1970

Neumann, G., Pierson, Jr., W.J., Principles of physical oceanography, Prentice-Hall, Englewood Cliffs, N.J., 545, 1966

Olbers, D., Gouretski, V.V., Seiss, G., Schröter, J., Hydrographic atlas of the southern ocean, Alfred-Wegener-Institut, Bremerhaven, 1992

Ollitrault, M., Loaëc, G., Dumortier, C., MARVOR: a multicycle RAFOS float. Sea Technology, **35** (2), 39–44, 1994

Oort, A.H., Vonder Haar, T.H., On the observed annual cycle in the ocean-atmosphere heat balance over the Northern Hemisphere, J. of Physical Oceanography, **6**, 781–800, 1976

Oura, H. (Ed.), Physics of snow and ice, Part 1, 1–711; Part 2, 713–1414, Sapporo, 1967

Peixoto, P.J., Oort, A.H., Physics of climate, American Institute of Physics, New York, 1992

Richardson, P.L., Bower, A.S., Zenk, W., A census of Meddies tracked by floats, Progress in Oceanography, **45**, 209–250, 2000

Rintoul, S.R., South Atlantic interbasin exchange, Journal of Geophysical Research, **96** (C2), 2675–2692, 1991

Rossby, T., Dorson, D., Fontaine, J., The RAFOS system, Journal of Atmospheric and Oceanic Technology, **3**, 672–679, 1986

Rusby, R. L., Hudson, R. P., Durieux, M., Schooley, J. F., Steur, P. P. M., Swenson, C. A., Thermodynamic basis of the ITS-90, Metrologia, **28**, 9–18, 1991

Sanford, T. B., Motionally induced electric and magnetic fields in the sea, Journal of Geophysical Research, **76**, 3476–3492, 1971

Schmitt, R. W., Form of the temperature-salinity relationship in the Central Water: Evidence for double-diffusive mixing, Journal of Physical Oceanography, **11**, 1015–1026, 1981

Schmitz, Jr., W. J., McCartney, M. S., On the North Atlantic circulation, Reviews in Geophysics, **31**, 29–49, 1993

Schultz Tokos, K., Hinrichsen, H. H., Zenk, W., Merging and migration of two meddies, Journal of Physical Oceanography, **24**, 2129–2141, 1994

Schwerdtfeger, P., The thermal properties of sea ice, Journal of Glaciology, **4**, 789–807, 1963

Send, U., Schott, F., Gaillard, F., Desaubies, Y.: Observation of a deep convection regime with acoustic tomography, Journal of Geophysical Research, **100** (C4), 6927–6941, 1995

Siedler, G., Peters, H., Properties of sea water, Physical properties (general), in: Landolt-Börnstein, Neue Serie, Gruppe V, Geophysik und Weltraumforschung, Bd. 3, Ozeanographie, Teilbd. A (Sündermann, J., Hrsg.), 233–264, 1986

Smith, S. D., Muench, R. D., Pease, C. H., Polynyas and leads: An overview of physical processes and environment, Journal of Geophysical Research, **95** (C6), 9461–9479, 1990

Spindler, M., A comparison of Arctic and Antarctic sea ice and the effects of different properties on sea ice biota, in: Bleil, U., Thiede, J. (Eds.), Geological history of the Polar Oceans: Arctic versus Antarctic, NATO ASI Series C, **308**, Kluwer Academic Publishers, Dordrecht, 173–186, 1990

Stommel, H., The westward intensification of wind-driven ocean currents, Transactions American Geophysical Union, **29**, 202–206, 1948

Stommel, H., The abyssal circulation. Deep-Sea Research, **5**, 80–82, 1958

Stommel, H., Arons, A. B., On the abyssal circulation of the World Ocean. I. Stationary planetary flow patterns on a sphere, Deep-Sea Research **6**, 140–154, 1960

Stommel, H., Schott, F., The beta spiral and the determination of the absolute velocity field from hydrographic station data, Deep-Sea Research, **24**, 325–329, 1977

Tomczak, Jr., M., Ausbreitung und Vermischung der Zentralwassermassen in den Tropengebieten der Ozeane. 1: Atlantischer Ozean, Oceanologica Acta, **7**, 145–158, 1984

Tsuchiya, M., Talley, L. D., McCartney, M. S., An eastern Atlantic section from Iceland southward across the equator. Deep-Sea Research, **39**, 1885–1917, 1992

Tsuchiya, M., Talley, L. D., McCartney, M. S., Water mass distributions in the western Atlantic: a section from South Georgia Island (54 S) northward across the equator, Journal of Marine Research, **52**, 55–81, 1994

Turner, J. S., Buoyancy effects in fluids, Cambridge University Press, Cambridge, 368, 1973

Ulrich, J., Die größten Tiefen der Ozeane und ihrer Nebenmeere, in: Geographisches Taschenbuch 1966–1969, Jahresweiser für Landeskunde (Meynen, E., Hrsg.), F. Steiner, Wiesbaden, 1966

Ulrich, J., Kögler, F.-C., Zur Topographie und Morphologie des „Sonne-Seamount" südlich Hawaii, Deutsche Hydrographische Zeitschrift, **35**, 239–250, 1982

Urick, R. J., Principles of underwater sound, McGraw-Hill, New York, 3rd ed., 423, 1983

UNESCO, The practical salinity scale 1978 and the international equation of state of seawater 1980, Tenth Report of the Joint Panel on Oceanographic Tables and Standards, UNESCO Technical Papers in Marine Science, **36**, UNESCO, Paris, 110, 1981

Wille, P., Properties of sea water, Acoustical properties of the ocean, in: Landolt-Börnstein, Neue Serie, Gruppe V, Geophysik und Weltraumforschung, Bd. 3, Ozeanographie, Teilbd. A, (Sündermann, J., Hrsg.), 265–272, 1986

Wilson, W. D., Speed of sound in sea water as a function of temperature, pressure and salinity, Journal of the Acoustic Society of America, **32**, 641–644, 1960

Whitworth III, T., Nowlin Jr., W. D., Water masses and currents of the Southern Ocean at the Greenwich Meridian, Journal of Geophysical Research, **92** (C6), 6462–6476, 1987

Worthington, L. V., The water masses of the World Ocean: Some results of a fine-scale census, in: Warren, B. A., Wunsch, C. (Eds.), Evolution of physical oceanography, MIT Press, Cambridge, 42–69, 1981

Wübber, C., Die zweidimensionalen Seiches der Ostsee, Berichte aus dem Institut für Meereskunde Kiel, **64**, 47, 1979

Wunsch, C., The ocean circulation inverse problem, Cambridge University Press, Cambridge, 442, 1996

Wüst, G., Die Stratosphäre des Atlantischen Ozeans, in; Schichtung und Zirkulation des Atlantischen Ozeans. Wissenschaftliche Ergebnisse der „Meteor" 1925–1927, Bd. VI, Erster Teil, de Gruyter, Berlin, Leipzig, 109–288, 1936

Zenk, W., Speer, K. G., Hogg, N. G., Bathymetry at the Vema Sill, Deep-Sea Res., Part I, **40**, 1925–1933, 1993

Internet-Hinweise

Meeresphysikalische Institutionen
    in Deutschland: http://www.ifm.uni-kiel.de; http://www.awi-bremerhaven.de; http://www.marum.de; http:///www.io-warnemuende.de; http://www.uni-hamburg.de/Wiss/SE/ZMK/index.html; http://www.bsh.de;
    in USA: http://www.whoi.edu; http://www.sio.ucsd.edu; http://www.ldeo.columbia.edu; http://www.pmel.noaa.gov; http://www.aoml.noaa.gov;
    in Frankreich: http://www.ifremer.fr;
    in Großbritannien: http://www.soc.soton.ac.uk;
    in Dänemark: http://www.ices.dk.

Großexperimente in physikalischer Ozeanographie: http://www.soc.soton.ac.uk/OTHERS/woceipo/ipo.html; http://www.soc.soton.ac.uk/CLIVAR.

Direkte Messungen (on-line-Datenquellen)
    zu El Niño: http://www.pmel.noaa.gov/toga-toa/realtime.html;
    zu Driftermessungen: http://www.aoml.noaa.gov/phod/dac/dac.html; http://www.argo.ucsd.edu;
    zur Satellitenfernerkundung: http://www-ccar.colorado.edu/∼realtime/global-real-time ssh; http://psbsgi1.nesdis.noaa.gov/OSDPD/OSDPD2.html;
    Lehrstoff: http://www.es.flinders.edu.au/∼mattom/IntroOc/index.html.

3 Meteorologie

Heinz Reuter*, Michael Hantel, Reinhold Steinacker

3.1 Einführung und Überblick, historische Entwicklung

3.1.1 Grundfragen der Meteorologie

Die Meteorologie ist in wichtigen Schwerpunkten ein Fach der angewandten Physik. Ihre primäre Aufgabe besteht darin, die (beobachteten) atmosphärischen Prozesse mit Hilfe der (bekannten) physikalischen Prinzipien zu beschreiben und damit kausale Zusammenhänge zu erklären. Es gibt keine Möglichkeit zu experimentieren bzw. künstliche Rand- und Anfangsbedingungen zu schaffen. Zur Beschreibung der meteorologischen Prozesse müssen neben den physikalischen Gesetzen auch statistische oder empirisch ermittelte Zusatzinformationen benutzt werden. Ziel der Arbeit ist es, die in der Atmosphäre ablaufenden Prozesse in ihrer räumlichen und zeitlichen Variation so zu erfassen, daß nicht nur eine Erklärung der Wetterphänomene ermöglicht wird, sondern auch eine solide Grundlage für eine *Wetterprognose* entsteht. Dies erfordert eine dreidimensionale Beobachtung derjenigen meteorologischen Parameter wie Temperatur, Luftdruck, Windströmung etc., die für die Wetterentwicklung wichtig sind. Dazu wurde ein *weltweites Beobachtungsnetz* geschaffen, wobei viele Schwierigkeiten überwunden werden mußten, vor allem in den nicht besiedelten Teilen der Erdoberfläche und bei der Messung in der freien Atmosphäre.

Wegen des großen Aufwandes, den diese Primärinformationen erfordern, spielt bei der Beurteilung meteorologischer Resultate das Nützlichkeitsprinzip eine große Rolle. Naturgemäß ist die Erstellung einer wissenschaftlich fundierten Wettervorhersage die Grundaufgabe der Meteorologie. Meist wird die Arbeit des Meteorologen nach der Trefferquote der Wetterprognosen qualifiziert. Das ist aus der Perspektive des Publikums gerechtfertigt. Doch ist die Wetterprognose keineswegs die einzige Aufgabe dieses Faches.

Seit jeher ist die Meteorologie eng mit der *Klimatologie* verwandt. Im Grenzbereich beider Fächer kann man das Feld der *Umweltmeteorologie* ansiedeln. Daraus fällt in das engere Gebiet der Meteorologie der Problemkomplex der Luftverschmutzung, allgemein der *Emission*, des *Transports* sowie schließlich der *Immission von Spurenstoffen* durch das Medium der Atmosphäre. Wesentlich für das Verständnis sind hier die chemischen Umwandlungen der beteiligten natürlichen und schädlichen Stoffe. Daher ist heute die Chemie, besonders die *Luftchemie*, zu einem eigenständigen Teilbereich der Meteorologie geworden.

---

* Verstorben 1994.

Ein wichtiger Aspekt der praktischen Arbeit des Meteorologen besteht darin, daß stets ein Kompromiß zwischen den von der Öffentlichkeit geäußerten Wünschen und den Möglichkeiten der Wissenschaft gefunden werden muß. Da wir heute durch den Einsatz technischer Hilfsmittel wie Satelliten und Hochleistungscomputer Probleme lösen können, die vor nicht allzu langer Zeit als schlechthin unlösbar galten, erhebt sich die Frage, ob ein Blick in die zukünftige Entwicklung etwa der Wetterprognose überhaupt getan werden kann, ohne die weiteren technischen Möglichkeiten zu kennen. Doch beschäftigen sich gerade die neuesten Untersuchungen mit dem von der Computerentwicklung unabhängigen grundsätzlichen Problem der Vorhersagbarkeit meteorologischer Prozesse, bzw. mit prinzipiell unvermeidbaren Ungenauigkeiten. Da der (beobachtete) Anfangszustand immer Lücken aufweist und diese auch durch modernste technische Hilfsmittel nicht gänzlich eliminiert werden können, müssen auch die prognostizierten Größen Ungenauigkeiten aufweisen. Das Unangenehme bei dieser Tatsache ist jedoch, daß sich diese Ungenauigkeiten beim Rechenprozeß vergrößern können und zwar aus mehreren Gründen. Dabei spielen Instabilitätsprozesse ebenso eine Rolle wie Turbulenzerscheinungen oder Ungenauigkeiten, die zwangsläufig bei numerischen Integrationen nichtlinearer Modellgleichungen auftreten. Derzeit ist es lediglich möglich, einen relativ großräumigen Bereich aus der gesamten Skala von Vorgängen (englisch scale) prognostisch zu erfassen. Dessen ungeachtet werden bei einer speziellen Fragestellung, z. B. bei der Ausbreitung von Schadstoffwolken, die besonderen Gegebenheiten kleinräumiger Prozesse in die Modellrechnungen einbezogen. Doch sind diese Untersuchungen sowohl räumlicher als auch zeitlicher Einschränkung unterworfen und haben daher nur limitierte Gültigkeit.

Da die Wettererscheinungen mit den Feldverteilungen der meteorologischen Elemente eng korreliert sind, behandeln die Grundfragen der Meteorologie die Diagnose und Prognose dieser Feldverteilungen. Als erster hat V. Bjerknes den Begriff der physikalischen Hydrodynamik kompressibler Medien eingeführt. Hierbei werden gewisse physikalische Zusatzannahmen getroffen, die das Problem wesentlich vereinfachen. Bei dem Studium der Feldverteilungen hat die Luftdruckverteilung immer eine Vorrangstellung eingenommen. Dabei konzentrierte sich das Interesse besonders auf die *Wirbeldynamik*, insbesondere die Tiefdruckgebiete, da mit dieser Drucksituation die markantesten Wettererscheinungen gekoppelt sind (z. B. Polarfronttheorie).

3.1.2 Die Besonderheiten des Planeten Erde

Die Erde nimmt unter ähnlichen Himmelskörpern eine Sonderstellung ein (vgl. auch Kap. 7). Sie zeigt im Sonnensystem optimale Bedingungen für die Entwicklung biologischer Systeme auf der Grundlage der Kohlenstoffchemie. Um diese Anforderungen zu erfüllen, müssen gewisse Voraussetzungen gegeben sein, die die anderen Planeten der Sonne nicht aufweisen. Bei der Erdatmosphäre handelt es sich nicht um einen Überrest des Sonnennebels, sondern sie ist (ähnlich wie die Ozeane) sekundär aus vulkanischen Exhalationen entstanden. Diese enthielten allerdings keinen freien Sauerstoff. Daher ist die *Bildung von Sauerstoff* zum Kernpunkt der Entstehung der Erdatmosphäre geworden. Eine mögliche Zerlegung von Wasserdampf durch UV-Strahlung könnte nur etwa ein Tausendstel des heute vorhandenen Sauerstoffgehaltes geliefert haben. Daher bleibt als Quelle für den Sauerstoff nur die Photosynthese in Lebewesen (Pflanzen) übrig. Man schätzt, daß der gesamte O_2-Gehalt der Erdatmosphäre in rund 10000 Jahren den Prozeß der Photosynthese durchläuft. Dies ist geologisch ein sehr kurzer Zeitraum. Für die Entwicklung der Lebewesen bis zum Menschen war die *Ausbildung des Ozonschutzschildes* in der Stratosphäre von ausschlaggebender Bedeutung. Dieser Prozeß begann vor rund 600 Millionen Jahren. Das Ozon in den höheren Luftschichten ist notwendig, um die für höhere Lebewesen äußerst gefährliche harte UV-Strahlungskomponente abzuschirmen. Dabei ist ein ständiger Ozonbildungsprozeß mit einem Ozondestruktionsprozeß gekoppelt. Bei der *Ozondestruktion* spielen die Radikale (ungesättigte Elektronenbindungen) eine große Rolle. Hier bereiten die FCKW (Fluor-Chlor-Kohlenwasserstoffe), die als Treibgas für Spraydosen, als Kühlmittel etc. Verwendung finden, große Sorge. Sie wurden ursprünglich wegen ihrer Reaktionsträgheit sowie wegen ihrer Geruchslosigkeit und Ungiftigkeit geschätzt und als nicht umweltbelastend angesehen. Man hatte übersehen, daß sie durch UV-Strahlung in der Stratosphäre dissoziiert werden können. Die FCKW sind langlebig genug, um durch turbulente Austauschvorgänge in die hohen atmosphärischen Schichten zu gelangen, wo die UV-Strahlung noch stark genug ist, um sie zu zerlegen. Man hat die FCKW auch für das sogenannte Ozonloch im Bereich der Antarktis verantwortlich gemacht. Die Ozonproblematik zeigt, daß in der Erdatmosphäre auch Spurenstoffe in extremer Verdünnung (der Ozongehalt liegt größenordnungsgemäß bei 10^{-8} Volumanteilen) eine wichtige Rolle spielen können.

Die Hauptbestandteile der Atmosphäre, Stickstoff (78 %) und Sauerstoff (21 %) erfahren nur geringfügige anthropogene Variationen. Ein weiterer Bestandteil, das *Kohlendioxid*, ist zwar auch nur mit etwa $3 \cdot 10^{-4}$ Volumanteilen (300 ppm) vertreten, spielt aber im Wärmehaushalt eine nicht zu unterschätzende Rolle, wovon später noch die Rede sein wird. Man schätzt, daß das Kohlendioxid durch anthropogene Einflüsse bis zum Jahr 2050 eine Verdopplung erfahren kann, doch sind solche Überlegungen mit vielen Unsicherheiten verbunden. Wegen der starken Absorptionsbanden im Infrarotbereich muß eine Zunahme von CO_2 ohne Berücksichtigung von Rückkopplungen eine Temperaturerhöhung der Atmosphäre zur Folge haben (hauptsächlich in der unteren Troposphäre).

Neben dem Ozonschutzschild hat der Planet Erde noch andere Möglichkeiten, biologisch gefährliche Strahlungen abzuschirmen. Die von der Sonne neben der elektromagnetischen Strahlung emittierte Korpuskularstrahlung, der *Sonnenwind*, wird schon in einer Entfernung von rund 10 Erdradien vom Magnetfeld der Erde abgelenkt. Nur die energiestärksten Teilchen erreichen im Magneteinfallsgebiet der Pole die oberen Luftschichten und führen dort zu den *Polarlichtphänomenen*. Auch für eine weitgehende Reduzierung der kosmischen Ultrastrahlung ist im Bereich der Ionosphäre durch den *Van-Allen-Strahlungsgürtel* gesorgt, dessen Entdeckung erst durch die künstlichen Satelliten erfolgte.

Eine weitere Besonderheit der Erde ist die Entfernung vom *Energiespender Sonne* (rund 150 Millionen km). Durch diesen Parameter und durch eine Reihe von physikalischen Prozessen (Absorption, Streuung an den Luftmolekülen, Reflexion an Wolken und der Erdoberfläche) zusammen mit der Kugelgestalt der Erde, ihrer Eigenrotation und ihrer Rotation um die Sonne sowie der Neigung der Erdachse gegenüber der Ekliptik, liegen die Voraussetzungen dafür vor, daß die Temperaturen in einem für die biologischen Wesen erträglichen Intervall verbleiben. Gleichzeitig werden Temperaturgradienten aufrechterhalten, die eine Umwandlung der Strahlungsenergie in kinetische Energie ermöglichen. Weiter ist die Erdmasse und damit die Gravitationsbeschleunigung so groß, daß die thermische Fluggeschwindigkeit der Luftmoleküle überkompensiert wird. Wichtig ist auch die Tatsache, daß 71 % der Erdoberfläche mit Ozeanen bedeckt ist, so daß die für den Wasserhaushalt nötige Wassermenge zur Verfügung steht und die Abkühlung einer zu stark erwärmten Erdoberfläche durch Verdunstung gewährleistet ist. Auch die Größe der Winkelgeschwindigkeit der Erdrotation hat eine meteorologische Bedeutung, weil dadurch die Trägheitskräfte bei Bewegungen relativ zur Erdoberfläche so stark in Erscheinung treten, daß Hoch- und Tiefdruckgebiete und damit Wetterlagen eine gewisse Beständigkeit aufweisen. Alle diese Eigenheiten des Planeten Erde haben zur Folge, daß sich Wetter- und Klimaverhältnisse ausbilden können, die auf einem anderen Planeten des Sonnensystems nicht möglich sind. Bei den sehr komplizierten Energieumwandlungsprozessen im globalen Klimasystem ist nicht immer gewährleistet, daß eine einzige Möglichkeit der Realisierung von Klima und Wetter gegeben erscheint, so daß *Klimaschwankungen* auftreten können. Diese können kurz- oder langfristig, periodisch oder aperiodisch sein. Wir kommen bei der Besprechung der Problematik von Langfristprognosen darauf zurück.

3.1.3 Organisation des Beobachtungsnetzes

Erste Schritte zur regelmäßigen, mindestens täglichen Erfassung des Wetters wurden bereits frühzeitig gemacht; ein Beispiel zeigt Abb. 3.1. Die Geburtsstunde der Meteorologie als Wissenschaft fällt in die Mitte des neunzehnten Jahrhunderts, als man erkannte, daß die meisten Wetterphänomene nur durch eine Erfassung der advektiven[1] Prozesse in einem hinreichend großen Bereich erklärt werden können. Daher wurde die *Wetterkarte* Grundlage für die Diagnose und Prognose des Wetters. Daraus ergab sich die Aufgabe, die meteorologischen Beobachtungen nicht nur im eigenen Land zu organisieren, sondern auch Vorsorge zu treffen, daß meteorologische Meldungen zeitgerecht von den Wetterdienststellen anderer Länder eintreffen, um in Form der *Synoptischen Wetterkarten* ausgewertet werden zu können. Als erstes tauchte die Frage auf, wie groß das Gebiet der Wetterkarte sein muß, um Entwicklungen von mindestens 24 Stunden verfolgen zu können. Man fand, daß dafür eine Wetterkarte erforderlich ist, die mindestens ganz Europa und die Hälfte des nordatlantischen Ozeans umfaßt (vgl. Abschn. 3.3.1). Für Wetterentwicklungen, die einen längeren Zeitraum als einen Tag betreffen, vergrößert sich, wie wir heute wissen, dieser „Einflußbereich" drastisch.

Die in der Mitte des 19. Jahrhunderts in fast allen europäischen Staaten gegründeten Wetterdienststellen hatten mithin nicht nur die Aufgabe, den Wetterbeobachtungsdienst im eigenen Land zu organisieren, sondern mußten auch Vorsorge treffen,

---

[1] Meteorologische Terminologie: ADVEKTION = Zufuhr von Luftmassen in *horizontaler* Richtung, im Gegensatz zu KONVEKTION = Zufuhr von Luftmassen in *vertikaler Richtung*, vgl. Abschn. 3.2.7.1.

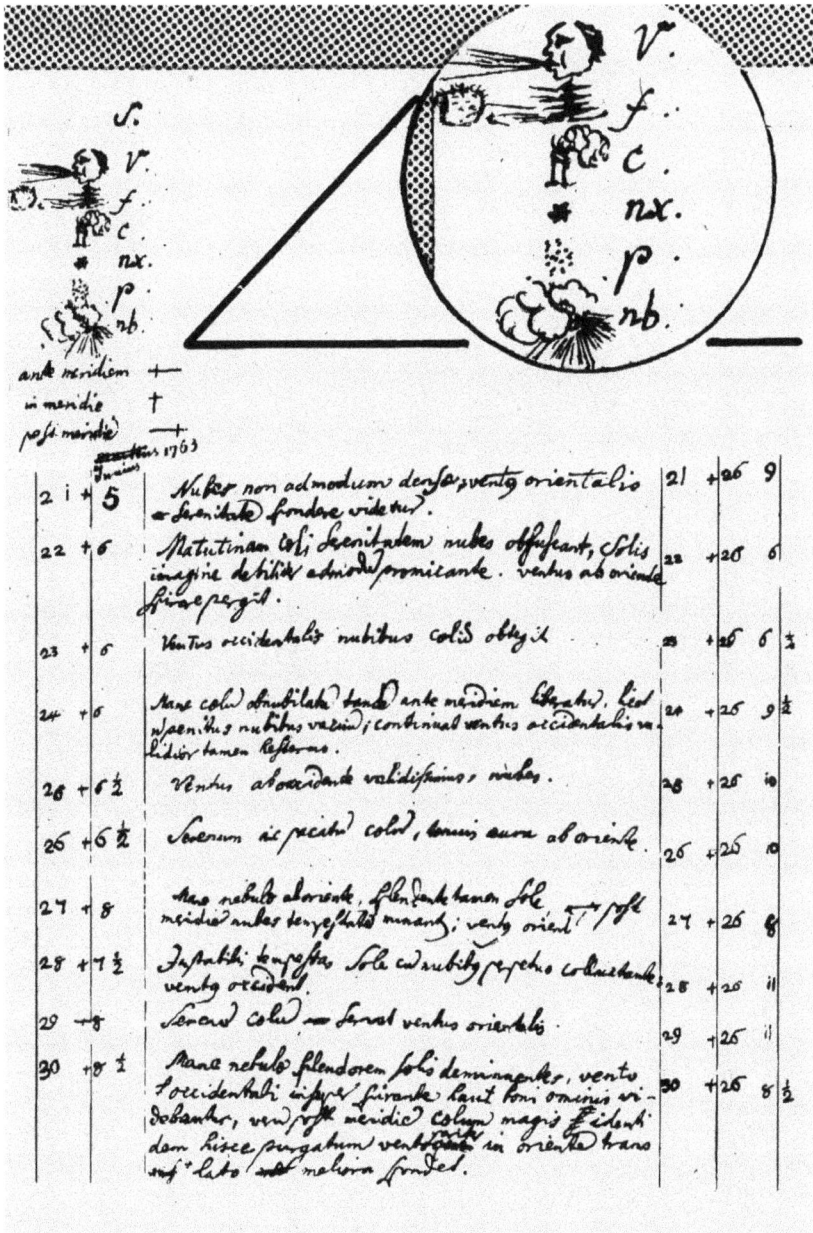

Abb. 3.1 Erste laufende Wetterbeobachtung in Österreich durch die von Maria Theresia im Benediktinerstift Kremsmünster 1744 gegründete Ritterakademie (Reproduktion nach der Originalzeichnung aus der Stiftsbibliothek Kremsmünster). Beginn: 21. Juni 1763. Der Ausschnitt zeigt erste Versuche, meteorologische Symbole zu entwickeln. Das Schema sieht vor: Sonnenschein (*s* – sol), Wind (*v* – ventus), Kälte (*f* – frigor), Wärme (*c* – caligo), Schnee (*nx* – nix), Regen (*p* – pluvium), Wolken (*nb* – nubes). Lesebeispiele für die beschreibenden Eintragungen: 23. Juni – Westwind hat den Himmel mit Wolken bedeckt (*Ventus occidentalis nubibus coelum obtegit*); 29. Juni – Ostwind bringt heiteren Himmel (*Serenum coelum servat ventus orientalis*).

daß diese Beobachtungen möglichst rasch an die Wetterzentralen des betreffenden Landes sowie anderer Länder übermittelt werden konnten. Dies war praktisch erst möglich, als man zu diesem Zweck den 1843 von Samuel Morse erfundenen Telegraphen routinemäßig einsetzen konnte. Wenn man sich das heutige hochentwickelte Satelliten-Telekommunikationsnetz vor Augen hält, muten die ersten Versuche mit simplen Morsetelegraphen reichlich primitiv an. Doch leisteten sie damals schon erstaunlich gute Dienste, so daß bald von den verschiedenen Wetterdiensten tägliche Wetterkarten mit Prognosen veröffentlicht werden konnten. Für die Organisation dieses die Grenzen der Länder überschreitenden Dienstes mußten internationale Abkommen getroffen werden. Der erste diesbezügliche Meteorologenkongreß fand 1873 in Wien statt. Dort kam es zur Gründung einer internationalen Organisation IMO (International Meteorological Organization), die unter anderem einheitliche Richtlinien für die meteorologischen Beobachtungen, für deren Codierung und für die telegraphische Übermittlung herausgab. In kürzeren Abständen fanden dann weitere Kongresse statt, so 1879 in Rom, wo besonders auf die Bedeutung von Bergobservatorien für die Erfassung meteorologischer Vorgänge verwiesen wurde. Dies war auch für Österreich Anlaß, die Installierung eines Gipfelobservatoriums auf dem Hohen Sonnblick in Angriff zu nehmen.

Dieses Observatorium wurde im Jahr 1886 in Betrieb genommen. Auf dem Kongreß in Rom wurde auch darauf hingewiesen, daß Beobachtungen im Polargebiet wesentlich für das Verständnis der Wetterentwicklung in Nord- und Zentraleuropa sein können. Auf Grund dieser Anregung wurde 1882/83 das erste sogenannte *Polarjahr* unter der Direktion der Deutschen Seewarte (Leitung Georg von Neumayer) organisiert. Es folgten eine Reihe von Kongressen, bei denen zwischen den beiden Weltkriegen viele Fragen des Ausbaus und der Übermittlung der Wetterbeobachtungen einer Lösung zugeführt wurden. Nach dem zweiten Weltkrieg wurde 1951 die IMO in eine Sonderorganisation der Vereinten Nationen (UNO) umgewandelt. Seitdem nennt sie sich WMO (*World Meteorological Organization*) und hat ihren Sitz in Genf. Die Mitglieder rekrutieren sich aus allen Ländern der Erde. Die Hauptaufgaben der WMO sind neben wissenschaftlichen und technischen Fragen die laufende Verbesserung des Nachrichtensystems und des Beobachtungsnetzes, vor allem in den unterentwickelten Ländern. Dazu wurde eine eigene Unterabteilung WWW (*World Weather Watch*) gegründet. Eine weitere wichtige Aufgabe der WMO ist es, internationale Forschungsprojekte zu organisieren, wie das GARP (*Global Atmospheric Research Programme*), bei denen in einem beschränkten Zeitraum mit allen zur Verfügung stehenden Beobachtungsmethoden die Wetterverhältnisse in ausgewählten Gebieten der Erde in einem Ausmaß studiert werden, das weit über die unter „normalen" Umständen zur Verfügung stehenden Möglichkeiten hinausgeht. In Mitteleuropa war vor allem ALPEX (*Alpine Experiment*) wichtig, das in den Jahren 1981/82 stattfand. Seit 1979 läuft das weltweite *World Climate Research Programme* – WCRP, das als langjähriges Beobachtungsprogramm der physikalischen, chemischen und biologischen Komponenten des irdischen Klimasystems konzipiert ist; es erfaßt die Beobachtungen nicht nur der Atmosphäre, sondern auch des Ozeans, des Eises, der weltweiten Süßwasservorkommen, der Landoberflächen und der Biosphäre (insbesondere der Vegetation).

3.1.4 Die Entwicklung der meteorologischen Vorstellungen

Eine der frühesten Fragen der Meteorologie betraf das Verständnis des planetaren Windsystems; man bezeichnet dies als die *allgemeine Zirkulation der Atmosphäre*. Diese Frage erwuchs aus den Erfahrungen der Seefahrer, die das System der Westwinde unserer Breiten, der Passatwinde der Subtropen und der Schwachwindgebiete der inneren Tropen zu verstehen suchten.

Man fand drei typische Zirkulationszellen (vgl. Abb. 3.32): Die tropische oder Passatzirkulation (heute nach ihrem Entdecker als *Hadley-Zelle* bezeichnet), die Zirkulationszelle der gemäßigten Breiten (*Ferrel-Zelle*) sowie die *polare Zelle*. Besonderes Kopfzerbrechen verursachte die Ferrel-Zelle, weil sie – wie die Theoretiker sagen – indirekt, d.h. nicht im Sinne des Zirkulationssatzes (vgl. Abschn. 3.3.2.8) verläuft: Die Luftströmung ist in den unteren Luftschichten nicht von tieferen zu höheren Temperaturen, sondern umgekehrt gerichtet. Wegen der ablenkenden Kräfte der Erdrotation kommt es in den gemäßigten Breiten zu einem ausgeprägten *Westwindband*, das vor allem in den oberen Luftschichten dominiert.

Zur Lösung der Problematik der allgemeinen Zirkulation wurde zunächst für meridionale Luftversetzungen das Prinzip der Erhaltung des Drehimpulses angewendet. Dabei zeigte sich, daß bei der äquatorialen Zirkulationszelle die (beobachtete) Zunahme der Windgeschwindigkeit in höheren Luftschichten (Antipassat) mit der geographischen Breite im Einklang mit dieser Annahme steht. Für die gemäßigten Breiten mußte allerdings nach Rossby ein anderes Postulat aufgestellt werden. Hier gilt weitgehend die *Erhaltung der absoluten Vorticity*. Diese Größe setzt sich aus der Summe der relativen Vorticity (Vertikalkomponente des Rotorvektors des Windes) und des Coriolis-Parameters (doppelte Vertikalkomponente des Vektors der Erdrotation) zusammen. Rossby legte seinen Überlegungen eine sogenannte *barotrope Atmosphäre* zu Grunde, bei der der Luftdruck nur eine Funktion der Dichte ist. Trotz dieser einfachen Modellatmosphäre ergab die Theorie eine befriedigende Erklärung für die Ausbildung von *Strahlströmen* im Bereich des Subtropenhochs.

Für alle Wettererscheinungen spielen die Phasenübergänge von Wasser, also Verdunstung, Kondensation und Sublimation, die dominierende Rolle. Der Wolkenphysik kommt daher seit je ein besonderer Stellenwert zu. Neben theoretischen Beziehungen (z. B. Magnus-Formel für den Sättigungsdampfdruck) sind dabei experimentelle Untersuchungen (z. B. über Kondensationskerne) unerläßlich. Allerdings muß eine Voraussetzung immer erfüllt sein, wenn es zur Kondensation kommen soll: Es muß ein Gegenstand vorhanden sein, an dem sich der flüssig oder auch fest werdende Wasserdampf ansetzt. An der Erdoberfläche geschieht dies direkt an den Pflanzen oder dem Boden selbst (Tau- oder Reifbildung). In der Luft müssen kleine Partikel, die sogenannten *Kondensationskerne*, vorhanden sein. Obwohl es an solchen Teilchen in der Atmosphäre nicht mangelt, kommen aus den verschiedensten Gründen viele für den Kondensations- oder Sublimationsprozeß nicht in Frage.

Obwohl die Atmosphäre praktisch ständig in Bewegung ist, können viele Prozesse durch die quasistatische Approximation beschrieben werden. Ursache sind die im Vergleich zur Gravitationsbeschleunigung kleinen Vertikalbeschleunigungen. Aus der statischen Grundgleichung (vgl. Abschn. 3.2.2.4, 3.2.2.5) läßt sich die folgende Beziehung ableiten:

$$\frac{\delta p_{\mathrm{o}}}{p_{\mathrm{o}}} - \frac{\delta p_{\mathrm{u}}}{p_{\mathrm{u}}} = \frac{\Phi_{\mathrm{o}} - \Phi_{\mathrm{u}}}{R T_{\mathrm{m}}} \frac{\delta T_{\mathrm{m}}}{T_{\mathrm{m}}}$$

Hier ist $\delta p / p$ die relative Druckvariation in einer gegebenen Höhe (Index o für oben, Index u für unten), $\delta T_{\mathrm{m}} / T_{\mathrm{m}}$ die relative Variation der Mitteltemperatur zwischen o und u, und Φ_{o}, Φ_{u} das Geopotential in den jeweiligen Niveaus; R ist die massenspezifische Gaskonstante. Obige Beziehung kann man als *thermische Drucktendenzgleichung* bezeichnen.

In der überwiegend empirisch orientierten synoptischen Meteorologie (von der Mitte des 19. Jahrhunderts bis zum zweiten Weltkrieg) spielte die thermische Drucktendenzgleichung eine große Rolle und wurde für die Erklärung von Druckänderungen herangezogen. Wird dabei die relative Druckänderung an der oberen Begrenzung der Schicht, also $\delta p_{\mathrm{o}} / p_{\mathrm{o}}$ gegenüber der relativen Druckänderung $\delta p_{\mathrm{u}} / p_{\mathrm{u}}$ am Boden vernachlässigt, so zeigt die Gleichung einen negativen Zusammenhang zwischen Bodendruckänderung und Temperaturänderung der darüber befindlichen Luftschicht. Dies bedeutet, daß ein Kaltlufteinbruch mit Bodendruckanstieg, ein Warmluftvorstoß dagegen mit Bodendruckfall verbunden sein sollte. Diese Korrelation besteht in der Tat, wenn nur die unteren Luftschichten betrachtet werden. In höheren Troposphärenschichten ergibt sich jedoch eine positive Korrelation. Dort nämlich ist $\delta p_{\mathrm{u}} / p_{\mathrm{u}}$ kleiner als $\delta p_{\mathrm{o}} / p_{\mathrm{o}}$. Dann ergibt sich die Regel, daß die (relative) Höhendruckänderung positiv korreliert ist mit einer Temperaturänderung der darunter liegenden Luftschicht (sogenannte *Schedler-Dines-Korrelation*). Das bedeutet, daß Druckanstieg an einer entsprechend hohen Bergstation auftritt, wenn die Temperatur in der Schicht darunter steigt und umgekehrt. In den modernen Vorhersagemodellen wird zwar die hydrostatische Approximation, aber nicht die thermische Drucktendenzgleichung verwendet.

Der nächste Schritt bestand darin, die Kinematik der Bewegungen zu nutzen. Rein kinematische Betrachtungen bestehen in einem Studium der Bewegungsvorgänge, ohne auf die kausalen Kraftwirkungen einzugehen. Man versuchte nun, die Kinematik in der meteorologischen Praxis zu Vorhersagen aus der Vergangenheit in die Zukunft zu verwenden. Diese Methode der *kinematischen Extrapolation*, meist unter Verwendung der Drucktendenz, ist jedoch nur für kurze Prognosenzeiträume erfolgreich (Stunden- oder Tagesvorhersagen). Sie wird auch verwendet, um z. B. Wolkenfelder oder Störungsfronten der Satellitenaufnahmen zu verlagern.

Eine wichtige Rolle in der Geschichte der dynamischen Meteorologie spielte naturgemäß die parallel verlaufende Entwicklung der theoretischen Physik fluider Medien. In einer idealen inkompressiblen Flüssigkeit gilt beispielsweise der *Helmholtzsche Wirbelsatz*, also die Tatsache, daß kein Wirbel entsteht, aber auch ein vorhandener nicht vernichtet werden kann. Die Atmosphäre ist sicher kein ideales fluides Medium. Für die reale Atmosphäre ist aber auch ein Wirbelsatz (*Ertelscher Wirbelsatz*) abgeleitet worden, der die Rolle der Kompressibilität bei einer Wirbelbildung beschreibt.

Um die großen Schwierigkeiten bei der Lösung der vollständigen Gleichungssysteme zu umgehen, traf man von vornherein gewisse vereinfachende Zusatzannahmen. So schlug V. Bjerknes vor, eine *„physikalische" Hydrodynamik* zu schaffen, bei der solche Zusatzvoraussetzungen getroffen werden. Dazu gehört z. B. das Modell einer polytropen Atmosphäre, also die Annahme eines linearen Temperaturverlaufs mit der Höhe, oder die Annahme von isentropen Vorgängen, oder die Voraussetzung einer barotropen Atmosphäre, bei der die Dichte nur eine Funktion des Druckes ist und vor allem die hydrostatische Approximation (Vertikalbeschleunigung ist klein gegenüber der Schwerebeschleunigung).

Man kann in der Strömungsmechanik auch die Annahme machen, daß die Strömung überhaupt wirbelfrei sein sollte. Dies führt zur *Potentialströmung*, in welcher ein Geschwindigkeitspotential eingeführt werden kann. Wie Laplace schon zeigen konnte, geht bei einer inkompressiblen Flüssigkeit die Kontinuitätsgleichung in die sogenannte (lineare) Laplace-Gleichung über. Dies hat den Vorteil, daß die unbequemen nichtlinearen Terme in den Eulerschen Bewegungsgleichungen verschwinden. In der Meteorologie ist jedoch eine rotationsfreie Strömung eher die Ausnahme: *Die meteorologisch relevanten Strömungen* sind stets *wirbelbehaftet*. Daher müssen bei der meteorologischen Dynamik sowohl Wirbelentstehung wie auch Wirbelvernichtung berücksichtigt und ferner die Nichtlinearität der Gleichungen in Kauf genommen werden. Dies führt zu mathematischen Schwierigkeiten, da bei nichtlinearen Gleichungen das Superpositionsprinzip von Lösungen nicht gilt. Im allgemeinen können Lösungen nur durch numerische Integration gewonnen werden, wie dies auch bei den modernen Vorhersagemodellen geschieht.

Man versuchte ferner, Lösungen der hydrodynamischen Gleichungen durch die sogenannte Linearisierung zu finden. Diese Methode nimmt an, daß ein (zumeist relativ einfacher) Grundzustand als partikuläres Integral der Gleichungen bekannt ist. Diesem Grundzustand sind dann kleine Störungen überlagert. Die Störungen werden so klein vorausgesetzt, daß Glieder höherer Ordnung vernachlässigt werden können und die Gleichungen linear werden. Mit solchen linearisierten Gleichungen stellte V. Bjerknes zusammen mit seinen Mitarbeitern die *Polarfronttheorie der Entstehung von Zyklonen* auf. Sie beruht darauf, daß bei einer gewissen Scherung der Grundströmung an der Polarfront (Westwind in der gemäßigten Warmluft, Ostwind in der polaren Kaltluft) eine Instabilität auftritt, die zu einer Amplitudenvergrößerung einer Polarfrontwelle und in weiterer Folge zur Wirbelbildung führt. Diese *barotrope Instabilität* hatte im übrigen schon Helmholtz für die inkompressible Flüssigkeit abgeleitet.

Später zeigte sich (Eady und Charney), daß außertropische Zyklonen auf andere Art als durch barotrope Instabilität an der Polarfront entstehen. Nach der Theorie der *baroklinen Instabilität* ist wesentliche Voraussetzung eine Windscherung in der vertikalen Luftsäule. Sowohl bei der Polarfronttheorie als auch bei der baroklinen Instabilitätstheorie wird die für die zyklonale Entwicklung benötigte Energie aus dem (horizontalen) Temperaturgradienten bezogen. Es war daher für die Theoretiker eine Überraschung, als man bei den tropischen Zyklonen feststellen mußte, daß diese sich in einer praktisch barotropen Atmosphäre entwickeln. Heute weiß man, daß die beträchtliche Energie für die Entwicklung dieser Sturmzyklonen aus der latenten Energie des Wasserdampfes stammt, die beim Kondensationsvorgang frei wird. Die Prozesse, die zur Entwicklung der *Hurrikane* und *Taifune* führen, sind kompliziert und in manchen Einzelheiten weiterhin Gegenstand der Forschung.

Seit dem Beginn meteorologischer Forschung sah man als vordringlichste Aufgabe an, signifikante Wettererscheinungen mit der Druckverteilung zu korrelieren. Die statistische Bearbeitung der Feldverteilungen meteorologischer Elemente, insbesondere der Luftdruckverteilung ergibt verschiedene Konfigurationen mit verschiedener Wahrscheinlichkeit, sogenannte typische Wetterlagen. Man hat diese zur Klassifikation bestimmter Witterungsabschnitte verwendet und als *Großwetterlagen* bezeichnet. Auch die Definition von Wetterlagen mit sogenanntem hohem oder niedrigem *zonalem Index* wurde üblich. Darunter versteht man eine rechnerisch ermittelte zonale Windkomponente. Hierbei handelt es sich allerdings um eine räumliche und nicht zeitliche Mittelbildung. Für eine statistische Bearbeitung meteorologischer Meßwerte ist nicht nur die Mittelbildung erforderlich. Zur Charakterisierung untersuchter Zeitreihen müssen zusätzlich Kenngrößen der Statistik herangezogen werden (z. B. Streuungsparameter, Varianzanalysen etc.).

Um die Mitte des 19. Jahrhunderts entwarf Abercromby eine Einteilung der Isobarengebilde in sieben Grundformen: 1. *Tiefdruckgebiet*, 2. *Hochdruckgebiet*, 3. *Sattel hohen Druckes* zwischen zwei Hochdruckgebieten, 4. Teilminima oder *sekundäre Tiefdruckgebiete*, 5. *V-Depressionen* oder *Tiefdruckausläufer*, 6. *Keil hohen Druckes* zwischen zwei Tiefdruckgebieten. 7. *Geradlinig verlaufende Isobaren*. Natürlich ist eine solche Charakterisierung, die den ersten Schritt einer Klassifizierung darstellt, subjektiv und unvollständig. Es gibt immer wieder Situationen, die sich nicht eindeutig in das Schema von Abercromby einordnen lassen, doch hat sich gezeigt, daß die synoptischen Wetterlagen in der Mehrzahl der Fälle durch eine derartige Typisierung beschreibbar ist. Man hat die Wetterlagen auch auf Grund der vorherrschenden Strömungskomponenten zu charakterisieren versucht. In diesem Fall spricht man z. B. von *Westwetter* oder *Südostlage* und dergleichen mehr.

Der zweite Schritt bei dieser Einteilung der Luftdruckverteilung bestand darin, die solcherart festgelegten typischen Drucksituationen mit den eigentlichen Wetterphänomenen Bewölkung und Niederschlag in Beziehung zu bringen. Man fand, daß im zyklonalen Bereich (Tiefdruckgebiete) vielfach Bewölkung und Niederschläge auftraten, während im antizyklonalen Bereich (Hochdruckgebiete) Schönwetterlagen dominierten. Doch gab es dabei eine Reihe von Ausnahmen. Zunächst war klar, daß für die starke Bewölkung im Bereich von Tiefdruckgebieten und die geringe Bewölkung im Bereich von Hochdruckgebieten nicht die Luftdruckverteilung verantwortlich gemacht werden konnte, da letztlich Kondensation (*Wolkenbildung*) nur durch Abkühlung, bzw. Verdunstung (*Wolkenauflösung*) nur durch Erwärmung hervorgerufen werden kann. Die Theoretiker zeigten, daß die erforderlichen Temperaturänderungen durch die vertikalen Strömungskomponenten (im Tiefdruckgebiet Aufwärtsbewegung, im Hochdruckgebiet Absinkbewegung) und die damit gekoppelten isentropen Temperaturvariationen zustande kommen. Dadurch konnten auch Wettererscheinungen, bei denen die vertikalen Windkomponenten durch das Relief der Erdoberfläche bedingt sind, erklärt werden (z. B. *Föhnsituation*). Im Zeitalter der rein synoptischen Meteorologie (etwa bis zum Ende des zweiten Weltkrieges) brachte man neben der Druckverteilung vor allem der Druckänderung (*Isallobarenverteilung*) besonderes Interesse entgegen. Dies war im Grunde eine Anwendung der kinematischen Methode, aus der Differenz „Gegenwart minus Vergangenheit" in die Zukunft zu extrapolieren. Der nächste Schritt bestand darin, statt der Extrapolation die Vorhersagegleichungen zu nutzen, für welche theoretisch die Kenntnis der Gegenwart genügt. Heute wird durch die moderne Datenassimilation für die Initialisierung der Prognose erneut zusätzlich die Kenntnis der Vergangenheit herangezogen.

Neben der Analyse des Druckfeldes wurde auch versucht, die anderen meteorologischen Elemente bzw. Beobachtungsgrößen feldmäßig darzustellen. Schon bei der Analyse des Temperaturfeldes traten Schwierigkeiten auf, die beim Druckfeld keine Rolle spielen, nämlich die Randeffekte an der Erdoberfläche. Daher werden Feldverteilungen der Temperatur nur im Höhendruckfeld routinemäßig verwendet. Noch viel schwieriger stellte sich der Versuch heraus, Wolkenbeobachtungen oder Niederschlagswerte auf der Wetterkarte zu analysieren. Hier kam ein wesentlich neuer Gesichtspunkt durch die Polarfronttheorie von V. Bjerknes und die dadurch ausgelöste Luftmassensynoptik zum Tragen. Der Fortschritt bestand darin, die beobachtete Verteilung von Wolken und Niederschlag im Tiefdruckgebiet durch die Frontenanalyse, d. h. durch Einzeichnen einer Kalt- oder Warmfront, zu präzisieren und zu erklären, wodurch für die Wetterprognose eine wichtige Informationsquelle geschaffen wurde. Eine eigene Wissenschaftsdisziplin entstand, die sich mit der Klassifizierung der Luftmassen beschäftigte. Zur Charakterisierung der Luftmassen wurden thermodynamische Größen (z. B. Temperaturen) ebenso herangezogen wie geographische Merkmale (Ursprungsgebiet, Transportstrecke, vgl. Tab. 3.1). Man unterscheidet zunächst zwischen *polaren* und *tropischen Luftmassen*, doch hat sich eine weitere Unterteilung in „gemäßigte" modifizierte Luftmassen als notwendig erwiesen. Beim Ursprungsgebiet der tropischen Luftmassen wird auch eine Differenzierung nach kontinentalem oder maritimem Ursprung vorgenommen, während dies bei den polaren Luftmassen nicht erforderlich ist. Jedenfalls trat vor allem in der Zeit zwischen den beiden Weltkriegen die Luftmassensynoptik neben der Isobarensynoptik als besonderes Charakteristikum der Wetterlage hervor.

Als man Ende der zwanziger Jahre durch die Entwicklung der Radiosonden und durch verstärkten Einsatz von Flugzeugaufstiegen, ergänzt durch Beobachtungen der Bergobservatorien, in die Lage versetzt war, auch das Höhendruckfeld zu studieren, konzentrierte sich das Interesse auf die Zusammenhänge zwischen charakteristischen Änderungen der Boden- und Höhendruckverteilung. Diese sogenannte

Tab. 3.1 Übersicht über die Hauptluftmassen Europas (nach Scherhag, aus DWD, 1990).

Luftmasse		Ursprungsgebiet	Weg über
afrikanische Tropikluft	kontinental	Sahara	–
	maritim	Sahara	Mittelmeer
Tropikluft	kontinental	südlicher Balkan	–
	maritim	Azorenhoch	Atlantik
gemäßigte (Tropik)Luft	kontinental	Zentraleuropa	–
	maritim	Nordatlantik	–
gealterte Polarluft	kontinental	Polargebiet	Südosteuropa
	maritim	Polargebiet	Atlantik südl. von 50° N
Polarluft	kontinental	Polargebiet	Osteuropa
	maritim	Polargebiet	Atlantik westl. von Island
arktische Polarluft	kontinental	Polargebiet	Nordosteuropa
	maritim	Polargebiet	Atlantik östl. von Island

aerologische Synoptik brachte weitere Fortschritte. Die Analyse des Höhendruck-
feldes beschränkte sich im allgemeinen auf eine Höhenlinienanalyse (Höhen bestimmter Druckflächen). Es zeigte sich, daß die typischen Grundformen der Boden-
karte im wesentlichen auch im Höhendruckfeld zu finden sind, allerdings viel großräumiger und ausgeglichener. Es gibt auch spezielle Situationen (z. B. *Höhenzyklone*),
bei denen Boden- und Höhendruckfeld nicht konform gehen.

Zu Beginn der Erforschung von Wetterphänomenen, d. h. vor dem synoptischen
Zeitalter, wurden vornehmlich statistische Überlegungen angewendet, meistens auf
Grund von Beobachtungen an einer einzelnen Station oder für einen eng begrenzten
Bereich. Dabei konnten einige althergebrachte Wetterregeln verifiziert oder auch
widerlegt werden. Für kurzfristige Prognosen wurde fast ausschließlich die Drucktendenz herangezogen, die jedoch nur eine beschränkte Korrelation zur Wetterentwicklung aufweist. Mit der Einführung der synoptischen Wetterkarte traten die kinematischen Methoden in den Vordergrund. Da man zur Überzeugung kam, daß
das Wettergeschehen an einem bestimmten Ort zu einem guten Teil durch die Advektion von Luftmassen bestimmt wird, war die Verlagerung der meteorologischen
Phänomene (vor allem der Bewölkung und des Niederschlags) mit der vorherrschenden Windströmung der erste Schritt einer Vorhersage. Auch hier zeigte sich bald,
daß eine solche Prognose mit vielen Fehlern behaftet ist und nur für sehr kurzfristige
Zeitspannen verwendet werden kann.

Der nächste Schritt war die eigentliche *synoptische Methode*, nämlich die Analyse
der Druckverteilung, die dann als Grundlage für die Wetterprognose dienen sollte.
Auch bei der Voraussage der Druckverteilung kamen zunächst *kinematische* Überlegungen zum Einsatz. Allmählich wurden auch *dynamische* Überlegungen in die
Vorhersagemethodik eingebaut, doch ließ die Möglichkeit einer physikalisch deterministischen Vorgangsweise lange auf sich warten, da hierzu erst entsprechende
Computer entwickelt werden mußten. Immerhin konnten bis zum zweiten Weltkrieg
die empirisch-synoptischen Methoden so weit ausgebaut werden, daß es gelang,
eine 24-stündige Vorhersagekarte zu konstruieren, die nicht nur die Druckverteilung,
sondern auch die Lage der Fronten (Luftmassengrenzen) mit einer relativ großen
Treffsicherheit voraussagte. Wesentlich bei der synoptischen Arbeitsweise war die
Tatsache, daß empirische Regeln (z. B. Steuerung der Bodendruckänderungsgebilde,
sogenannte *Isallobaren*, mit der Höhenströmung) aufgestellt wurden, die von dem
Gedanken beherrscht waren, daß der Drucktendenz für die Prognose eine große
Bedeutung zukommt. Der Erfolg der synoptischen Vorhersagekarte gab dieser Auf-
fassung zu einem gewissen Grad recht.

3.2 Physikalische Grundlagen der meteorologischen Prozesse

Schwerpunkte dieses Teils sind Darstellung und Veranschaulichung vor allem der
physikalischen Mechanismen, in qualitativer und quantitativer (d. h. elementar-
mathematischer) Form. Der Hauptwert wird auf die Herausarbeitung der Begriffe
gelegt.

3.2.1 Elektromagnetische Strahlung

3.2.1.1 Irradianz und Radianz

Der Strahlungsfluß ist die gesamte von einem Sender abgestrahlte Energie, bezogen auf die dafür benötigte Zeit. Dies ist eine *Leistung*. Beispiel: Strahlungsfluß der Sonne $W_S = 3.85 \cdot 10^{26}$ W.

Die abgestrahlte Energie tritt durch eine Fläche hindurch. Im Beispiel von Abb. 3.2 denken wir uns eine Kugel mit dem Radius R der Erdbahn um die Sonne gelegt. Der Strahlungsfluß der Sonne, geteilt durch die Oberfläche dieser Kugel, ist die Strahlungsflußdichte der Sonne im Erdabstand; sie heißt traditionell *Solarkonstante S*. Allgemein kann man den Strahlungsfluß auf die Fläche beziehen, durch die er senkrecht hindurchtritt. Die so definierte Größe wird international *Irradianz E* genannt[2]. Wenn man W_S auf die Oberfläche der Sonne bezieht (Radius der Sonne $r_S = 6.96 \cdot 10^8$ m), so folgt

$$E_S = \frac{W_S}{4\pi r_S^2} = 6.37 \cdot 10^7 \, \frac{W}{m^2} \,. \qquad (3.1)$$

Dies ist die Irradianz der Sonne an der Sonnenoberfläche.

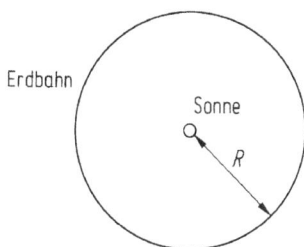

Abb. 3.2   Die Solarkonstante $S = W_S/4\pi R^2$. Mit $R = 149.6 \cdot 10^6$ km ist $S = 1368$ W/m^2 (Wert von S nach Fröhlich, 1993).

Als nächstes betrachten wir die Irradianz E am Ort einer empfangenden Fläche; die Fläche soll horizontal liegen (Abb. 3.3). Der Anteil der Strahlung, der von df bei der Bezugsfläche ankommt, ist

$$dE = L \cos\vartheta \, \frac{df}{r^2} \,. \qquad (3.2)$$

Dieser Zusammenhang heißt *Lambertsches Gesetz*. Die Abhängigkeit von $\cos\vartheta$ leuchtet unmittelbar ein: Bei senkrechter Bestrahlung ($\vartheta = 0$, $\cos\vartheta = 1$) ist die empfangene Strahlung maximal, bei streifendem Einfall ($\vartheta = \pi/2$, $\cos\vartheta = 0$) ist sie Null. Der Faktor L (ein Skalar) ist eine Funktion des Einheitsvektors $r/|r|$; er heißt *Ra-*

---

[2] Die Irradianz ist eine Flußdichte. In deutschen Physikbüchern wird sie auch *spezifische Ausstrahlung* (aus der Perspektive des Senders) oder *Bestrahlungsstärke* (aus der Perspektive des Empfängers) genannt.

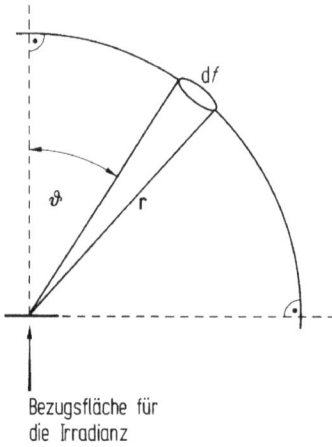

Bezugsfläche für
die Irradianz

Abb. 3.3   Schema des Lambertschen Gesetzes. r = Ortsvektor mit $|r| = r$ = Betrag; $r/|r|$ = Richtung, aus der die Strahlung kommt; df = strahlendes Flächenelement.

dianz (auch Intensität, Strahldichte). Die Radianz ist die für die Strahlungsphysik relevante Größe; man kann sie als „Irradianz durch Raumwinkel" auffassen. Um das zu verdeutlichen, führen wir in Analogie zum ebenen Winkel (Einheit Radiant, rad) den Raumwinkel

$$\omega = \frac{f}{r^2};$$

f = Fläche auf der Kugel mit Radius r;

$$0 \leq \omega \leq 4\pi;$$

(Einheit Steradiant, sr) ein. Das Lambertsche Gesetz lautet also in differentieller und integraler Form

$$dE = L\cos\vartheta\, d\omega\,; \quad E = \int_\omega L\cos\vartheta\, d\omega\,. \tag{3.3}$$

Die Integration ist über alle Raumwinkel auszuführen, aus denen Strahlung kommt.

Für viele Zwecke benötigt man den Raumwinkel explizit zerlegt in die Differentiale von Azimut und Zenitwinkel (Abb. 3.4). Für das markierte Flächenstück auf der Oberfläche einer Kugel vom Radius r ergibt sich

$$df = (r\sin\vartheta\, d\varphi)(r\, d\vartheta) \tag{3.4}$$

und daher:

$$d\omega = \frac{df}{r^2} = \sin\vartheta\, d\vartheta\, d\varphi\,. \tag{3.5}$$

Die Einheit von E ist W/m^2, die von L ebenfalls; man beachte, daß der Raumwinkel als Verhältnis zweier Flächen eine reine Zahl ist. Dennoch ist es zweckmäßig, die „dimensionslose" Einheit sr in der Radianz explizit mitzuführen, wodurch L die

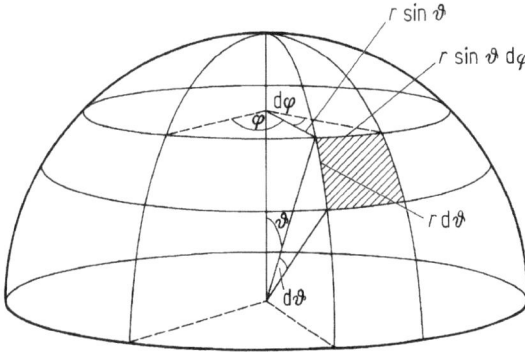

Abb. 3.4 Zur Schreibweise des Raumwinkeldifferentials, ausgedrückt durch Zenitwinkel ϑ und Azimut φ.

Einheit $\mathrm{W\,m^{-2}\,sr^{-1}}$ bekommt. Für die Symbole wird vielfach folgende Nomenklatur verwandt:

- E für die Irradianz; Ausnahme: Solarkonstante S (Irradianz der Sonne im Erdabstand).
- L für die Radianz; Ausnahme: Plancksche Funktion B (Radianz des schwarzen Strahlers, vgl. Abschn. 3.2.1.2).

Parallele Strahlung (z. B. Sonne). Hier wird angenommen, daß die Strahlung nur aus einem sehr kleinen Raumwinkel kommt (Abb. 3.3, Strahlung nur von $\mathrm{d}f$), so daß ϑ als konstant angenommen werden kann. Ein typischer Fall ist die Bestrahlung einer unter dem Winkel ϑ geneigten Fläche nur durch die Sonne. Da gilt (Solarkonstante S, Radius der Sonne r_S, Abstand Sonne-Erde R)

$$E = S\cos\vartheta = L_S \cos\vartheta \int \mathrm{d}\omega = L_S \cos\vartheta \,\Delta\omega \quad \text{mit} \quad \Delta\omega = \frac{\pi r_S^2}{R^2}. \tag{3.6}$$

Aufgelöst erhält man für die Radianz der Sonne

$$L_S = \frac{S}{\Delta\omega} = W_S \frac{1}{4\pi R^2}\frac{R^2}{\pi r_S^2} = \frac{E_S}{\pi} \simeq 2.01 \cdot 10^7 \,\frac{\mathrm{W}}{\mathrm{m}^2}. \tag{3.7}$$

Die Radianz ($=$ Flächenhelligkeit) hängt also nicht vom Abstand ab, aus dem man sie betrachtet (vorausgesetzt, zwischen Strahler und Empfänger befindet sich Vakuum).

Diffuse Strahlung (z. B. Himmel). Hier wird angenommen, daß die Strahlung aus dem gesamten Halbraum $\omega = 2\pi$ kommt (s. Abb. 3.4), und daß L als konstant (unabhängig von $\mathbf{r}/|\mathbf{r}|$) angenommen werden kann. Ein typischer Fall ist die diffuse Strahlung des Himmelsgewölbes. Da gilt unter Beachtung von Formel (3.5)

$$E = \int\limits_{\omega=0}^{2\pi} L\cos\vartheta\,\mathrm{d}\omega = L \int\limits_{\varphi=0}^{2\pi}\int\limits_{\vartheta=0}^{\frac{\pi}{2}} \cos\vartheta\sin\vartheta\,\mathrm{d}\vartheta\,\mathrm{d}\varphi = \pi L. \tag{3.8}$$

Das Spektrum. Elektromagnetische Wellen können durch ihre Wellenlänge, ihre Schwingungsdauer und ihre Phasengeschwindigkeit charakterisiert werden. Für den Zusammenhang zwischen Wellenlänge λ und Frequenz v gilt

$$c = \lambda v \tag{3.9}$$

mit der Vakuumlichtgeschwindigkeit $c = 2.998 \cdot 10^8$ m/s. Relevant für Meteorologie und Klimatologie sind die folgenden Bereiche des elektromagnetischen Spektrums $(10^{-6} \text{ m} = 1 \, \mu\text{m})$:

Mikrowellen im Bereich 10^2 bis $10^7 \, \mu\text{m}$ als Radarstrahlung,
Infrarot (IR) im Bereich 3 bis $10^2 \, \mu\text{m}$ als terrestrische (langwellige) Strahlung,
nahes IR im Bereich 0.7 bis 5 μm $\left.\right\}$
(sichtbares) Licht im Bereich 0.39 bis 0.76 μm $\left.\right\}$ als solare (kurzwellige) Strahlung,
Ultraviolett (UV) im Bereich 10^{-3} bis $10^{-1} \, \mu\text{m}$ (Hochatmosphäre).

Das Spektrum setzt sich zu längeren Wellen (Radio-, Fernsehwellen) und zu kürzeren Wellenlängen hin (Röntgen, kosmische Strahlung) fort.

3.2.1.2 Das Modell des schwarzen Körpers

Ein Körper soll schwarz heißen, wenn die von ihm abgestrahlte Irradianz (seine maximale oder ideale *Emittanz*) nur von der Temperatur abhängt. Die zugehörige Radianz ist isotrop. Experimentell wird der schwarze Körper durch einen Hohlraum mit sehr kleiner Öffnung realisiert. Dafür gilt das *Stefan-Boltzmannsche Gesetz*

$$E_{\text{ideal}} = \sigma T^4 \,;$$
$$\sigma = 5.67 \cdot 10^{-8} \, \text{Wm}^{-2} \text{K}^{-4} \,. \tag{3.10}$$

Da die Strahlung im Hohlraum isotrop ist, gilt nach Gl. (3.8) für die Radianz $B = B(T)$ der idealen *schwarzen Strahlung*

$$E_{\text{ideal}} = \pi B \quad \Leftrightarrow \quad B = \frac{\sigma T^4}{\pi} \,. \tag{3.11}$$

Die spektrale Darstellung von B (und damit auch die von E_{ideal}) gibt die *Plancksche Strahlungsformel*

$$B = \int\limits_0^\infty B_\lambda \, d\lambda \,; \quad B_\lambda = B_\lambda(\lambda, T) = 2hc^2 \frac{\lambda^{-5}}{e^{hc/\lambda kT} - 1} \tag{3.12}$$

mit:

$$k = 1.387 \cdot 10^{-23} \, \frac{\text{J}}{\text{K}} \,;$$

$$2hc^2 = 1.191 \cdot 10^{-16} \, \text{Wm}^2 \,;$$

$$\frac{hc}{k} = 1.439 \cdot 10^{-2} \, \text{mK} \,.$$

Das *Stefan-Boltzmannsche Gesetz* (3.11) gewinnt man durch analytische Integration von (3.12) über alle Wellenlängen. Abb. 3.5 zeigt B_λ in normierter Form. Dabei

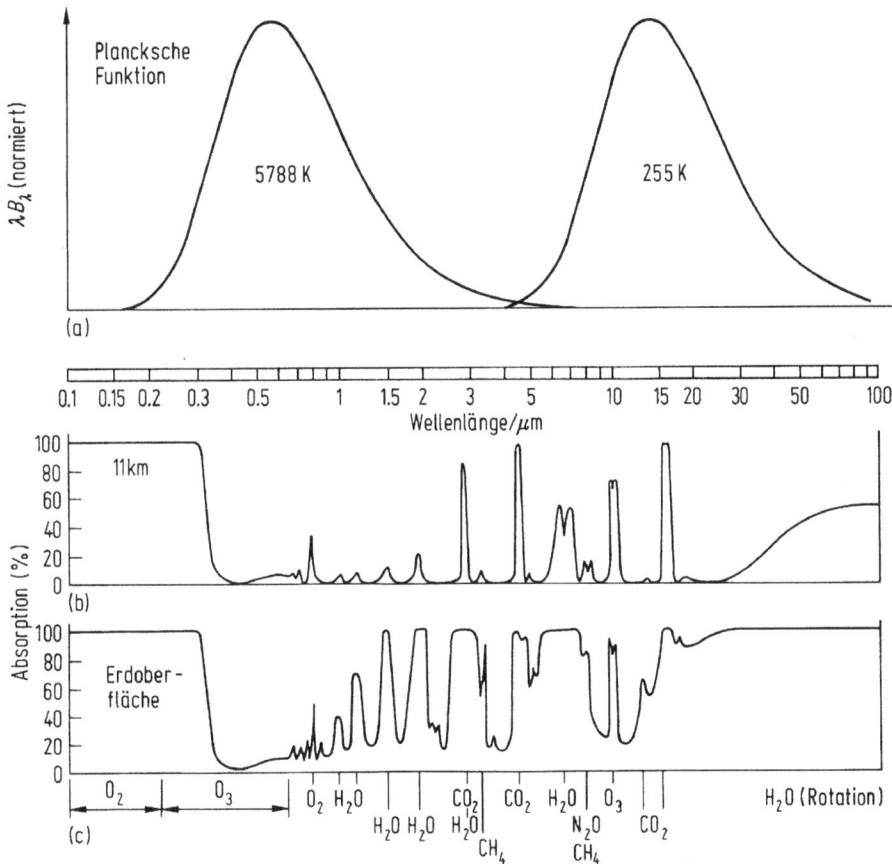

Abb. 3.5 Spektrale Verteilung der Strahlung in der Atmosphäre (nach Goody and Yung, 1989). (a) Spektrale Radianz $B_\lambda(\lambda, T)$ des schwarzen Körpers – Plancksche Funktion – im Wellenlängenbereich für Strahlungstemperaturen von Sonne ($T = 5788$ K) und Erde ($T = 255$ K). Geplottet ist $\lambda B_\lambda/B$ gegen $\log \lambda$ mit $B = \sigma T^4/\pi$; die Flächen unter beiden Kurven haben den Wert 1. (b) Absorption für Solarstrahlung (Zenitwinkel 50°) und für diffuse terrestrische Strahlung. Dargestellt ist der Prozentsatz der Strahlung, der von der klaren Atmosphäre bis hinunter zum Niveau der Tropopause (ca. 11 km) absorbiert worden ist. (c) Wie (b), jedoch bis zum Niveau der Erdoberfläche.

ist λB_λ statt B_λ als Ordinate und $\log \lambda$ statt λ als Abszisse aufgetragen (beachte $\mathrm{d} \log \lambda = \mathrm{d}\lambda/\lambda$ und vgl. Fußnote auf S. 150). Also ist

$$B = \int\limits_0^\infty (\lambda B_\lambda)\,\mathrm{d}\lambda/\lambda \,. \tag{3.13}$$

Die Normierung der Ordinate suggeriert, daß die Kurven für Sonne und Erde sich etwa bei $\lambda = 5\,\mu$m schneiden. Dies ist jedoch ein Trugschluß. Würde man λB_λ in nichtnormierter Form plotten, so würde sich für die solare Kurve der Ordinatenmaßstab um den Faktor $T_S^4/T_E^4 \simeq 2.6 \cdot 10^5$ vergrößern. In Wahrheit liegt dadurch die Kurve λB_λ für die Sonne überall oberhalb der Kurve für die Erde. Das ändert jedoch nichts daran, daß der relative Anteil der solaren Strahlung im terrestrischen Teil des Spektrums vernachlässigbar ist, ebenso wie der relative Anteil der terrestrischen Strahlung im solaren Teil des Spektrums vernachlässigbar ist. Die Gleichheit der Flächen unter den beiden so verschiedenen Kurven in Abb. 3.5 betont den wesentlichen Punkt: die energetische Gleichheit der solaren und terrestrischen Strahlungsbilanz angesichts ihrer spektralen Verschiedenheit. Zur Terminologie: Der kurzwellige (Sonnentemperaturen entsprechende) Teil des Spektrums wird üblicherweise als *solar*, der langwellige (irdischen Temperaturen entsprechende) Teil des Spektrums als *terrestrisch* (vielfach ungenau als *thermisch*) bezeichnet.

3.2.1.3 Wechselwirkung von Strahlung mit Materie

Wenn solare Strahlung auf Materie fällt, so wird sie teilweise reflektiert, teilweise absorbiert und teilweise durchgelassen (Abb. 3.6):

$$\varrho + \alpha + \tau = 1 \,. \tag{3.14}$$

Diese Aufteilung kann für jede Wellenlänge verschieden sein. Darauf beruht letzten Endes die Farbenpracht der Natur. In der Praxis betrachtet man größere Wellenlängenbereiche und bezeichnet für optisch dichte Oberflächen, insbesondere für die Erdoberfläche, die Reflexionszahl[3] im solaren Teil des Spektrums als *Albedo* (Weißegrad):

$$\varrho = A \tag{3.15}$$

Repräsentative Mittelwerte gibt Tab. 3.2. Die Begriffsbildungen von Abb. 3.6 und Formel (3.14) setzen voraus, daß die Materieschicht selbst keine Strahlung erzeugt; diese Näherung ist im solaren Teil des Spektrums recht gut erfüllt. Im terrestrischen Teil des Spektrums gibt es jedoch einen in Gl. (3.14) nicht berücksichtigten Prozeß, die Emission, repräsentiert durch die *Emissionszahl* ε, die emittierte Irradianz:

$$E = \varepsilon \cdot E_{\text{ideal}} \,. \tag{3.16}$$

Tab. 3.2 Solare Albedo der Erdoberfläche für unterschiedliche Bodenbeschaffenheit.

unbewachsener Boden	$10-25\%$
Wüstensand	$25-40\%$
Gras	$15-25\%$
Wald	$10-20\%$
Schnee (verschmutzt; frisch)	$25-75\%$; $75-95\%$
Meer (Sonne hoch; niedrig)	$\leq 10\%$; $10-70\%$
planetare Albedo der Erde	30%

---

[3] auch Reflexionsvermögen oder Reflexionsgrad genannt

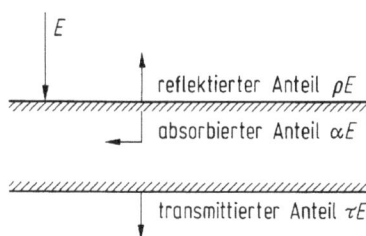

Abb. 3.6 Definition von Reflexionszahl ϱ, Absorptionszahl α und Transmissionszahl τ bei gegebener Irradianz E für den solaren Teil des Spektrums.

Die ideale Irradianz E_{ideal} wurde in Gl. (3.10) definiert. Für die Emissionszahl gilt $0 \le \varepsilon \le 1$. Wenn man sich für die Wellenlängenabhängigkeit interessiert, so schreibt man Gl. (3.16) in der Form

$$E_\lambda = \varepsilon_\lambda \cdot \pi B_\lambda \,. \tag{3.17}$$

Für den schwarzen Körper ist $\varepsilon_\lambda \equiv 1$. Ferner gilt für jeden Körper

$$\varepsilon_\lambda = \alpha_\lambda \tag{3.18}$$

Die Gleichheit von Emissions- und Absorptionszahl heißt *Kirchhoffsches Gesetz*.

Die wichtigste Anwendung von Gl. (3.14) für die Erde als ganzes bzw. die Erdoberfläche im solaren Spektralbereich ($\tau = 0$) ist die Aussage: $\alpha = 1\text{-}A$, wobei A die Albedo ist. Die wichtigste Anwendung von Gl. (3.16) im terrestrischen Spektralbereich ($\tau = 0$) ist die Aussage: $E = \varepsilon \cdot \sigma T^4$ mit $\varepsilon \simeq 1$ und $T = $ Temperatur von Erdoberfläche bzw. Atmosphäre.

Extinktion und optischer Weg. Die soeben eingeführten Zahlen α, ε, ϱ, τ kennzeichnen die Strahlungseigenschaften eines Mediums in integraler Weise, d. h. gewissermaßen von außen; daraus folgt insbesondere, daß alle vier Koeffizienten nicht negativ sind und ferner den Wert 1 nicht überschreiten dürfen. Die Dicke der absorbierenden bzw. strahlenden Schicht geht nicht in die Betrachtung ein; das Phänomen der Streuung kann mit den integralen Kennzahlen nicht erfaßt werden. Wenn man das Strahlungsfeld im Inneren eines Mediums als Funktion des Ortes beschreiben will, so benötigt man den Begriff des optischen Weges.

Dazu betrachten wir zunächst unter dem Winkel $\vartheta = 0$ parallel einfallende Strahlung (Abb. 3.7). Wir messen die Radianz L_1 im Niveau der Koordinate s_1 und anschließend die Radianz L_2 im Niveau der Koordinate s_2; zwischen s_1 und s_2 befinde sich ein homogenes, die Strahlung *extingierendes* (schwächendes) Medium mit der Massendichte ϱ (man verwechsle dies nicht mit der im vorigen Abschnitt benutzten Reflexionszahl). Experimentell stellt man fest (*Beersches Gesetz*):

$$L_2 - L_1 = -L_1 k \varrho (s_2 - s_1) \,. \tag{3.19}$$

Dieses Ergebnis ist mit der Definition der Zahlen in Gl. (3.14) konsistent (keine Reflexion; Transmissionszahl $= L_2/L_1$).

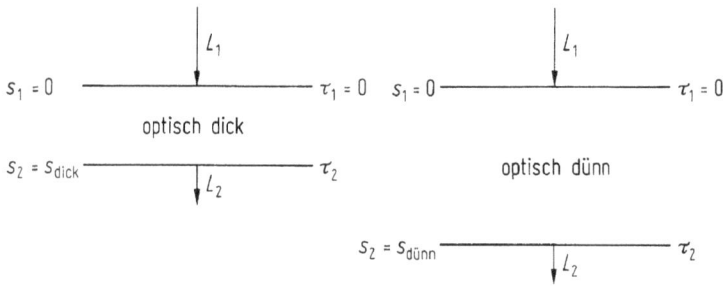

Abb. 3.7 Zur Begriffsbildung des Beerschen Gesetzes.

Die Größe k in Gl. (3.19) heißt *Extinktionskoeffizient*; ϱ ist die Dichte des Absorbers. Für hinreichend dünne Schichten schreiben wir

$$\mathrm{d}L = -L\,\mathrm{d}\tau \tag{3.20}$$

mit dem *optischen Weg*

$$\tau = \int\limits_0^s k(\zeta)\varrho(\zeta)\mathrm{d}\zeta\,. \tag{3.21}$$

Das Differential von τ ist $\mathrm{d}\tau = k(s)\varrho(s)\mathrm{d}s$. Der optische Weg τ ist gewissermaßen die optische Koordinate für die Strahlung. Beim Durchlaufen des gleichen optischen Weges τ kann der geometrische Weg s ganz verschieden sein, je nachdem ob das Medium *optisch dünn* oder *optisch dick* ist (Abb. 3.7).

Gl. (3.20) läßt sich integrieren, ohne die Abhängigkeit des optischen Weges vom geometrischen Weg explizit zu kennen[4]:

$$\log(L/L_0) = -(\tau - \tau_0) \quad \rightarrow \quad L = L_0\mathrm{e}^{\tau_0 - \tau}\,. \tag{3.22}$$

Typische Anwendung von Gl. (3.22) auf solare Strahlung: L_0 ist die Radianz am Oberrand der Atmosphäre, dort gilt $\tau_0 = 0$. Da die solare Strahlung parallel einfällt, sind L und E gemäß Gl. (3.8) einander proportional, d.h. die Berechnung der Radianz ist gleichbedeutend mit der Berechnung der Irradianz; das gilt auch spektral.

Eine hübsche Anwendung von Gl. (3.22) ist in Abb. 3.8 wiedergegeben. Für den Zenitwinkel ϑ ist der geometrische Weg der Strahlung durch die Atmosphäre nicht Δz, sondern $\Delta s = \Delta z/\cos\vartheta$. Wenn man annimmt, daß ϑ auf dem Weg durch die Atmosphäre vom Oberrand bis zum Unterrand der Atmosphäre konstant ist, kann man Gl. (3.21) schreiben:

$$\tau = \frac{1}{\cos\vartheta}\int\limits_{z=0}^{z=\infty} k(\zeta)\varrho(\zeta)\mathrm{d}\zeta = \frac{1}{\cos\vartheta}\,\tau_{\min}\,. \tag{3.23}$$

---

[4] In diesem Kapitel steht *log*, gemäß mathematischem Sprachgebrauch, für den natürlichen Logarithmus. Die gängigen Sonderbezeichnungen (*ln* für den natürlichen, *lg* oder *log* für den dekadischen und *ld* für den dualen Logarithmus) werden nicht benötigt.

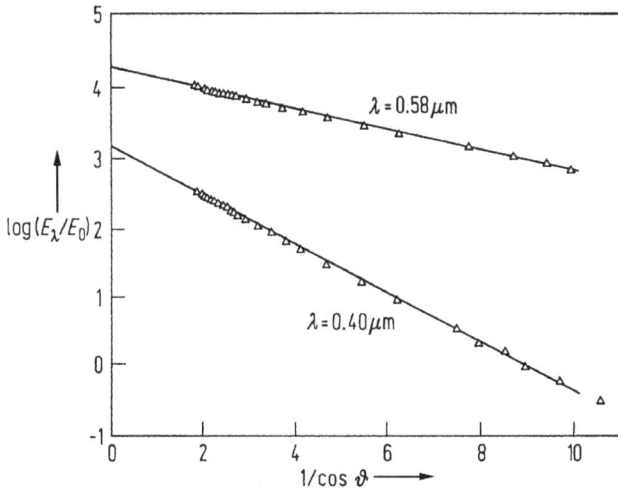

Abb. 3.8 Spektrale Irradianz von solarer Strahlung am Boden, gemessen in Einheiten E_o, als Funktion von $\sec \vartheta = 1/\cos \vartheta$; ϑ = Zenitwinkel der Sonne. Messung für klaren Himmel, stabile Atmosphäre, bei Tucson (Arizona), 12. Dez. 1970 (nach Shaw, Reagan und Herman, 1973).

Hierin ist $\tau_{\min}$ der minimale optische Weg für die Durchquerung der gesamten Atmosphäre (d. h. $\vartheta = 0$). Gleichung (3.22) schreibt sich

$$\log (L/L_0) = -\frac{1}{\cos \vartheta}\, \tau_{\min}\,. \tag{3.24}$$

Die am Boden gemessene Radianz L trägt man gegen $1/\cos \vartheta$ auf. Weil Gl. (3.24) eine Gerade wird, sofern $\tau_{\min}$ im Laufe eines bewölkungsfreien Tages konstant ist (was hier angenommen sei), so kann man bis hin zum mathematisch unmöglichen Wert $1/\cos \vartheta = 0$ extrapolieren und damit die extraterrestrische Radianz L_0 als Achsenabschnitt der Ordinate bestimmen. Dies ist in Abb. 3.8 für die spektrale Irradianz gemacht worden. Das Verfahren wurde zur Bestimmung des solaren Spektrums außerhalb der Atmosphäre weit vor den Satellitenmessungen verwendet. Als zweiten Meßwert liefert das Diagramm die Größe $\tau_{\min}$ als Steigung der Geraden; man beachte, daß diese Werte spektralabhängig sind.

Die Extinktion der Strahlung, repräsentiert durch die Messung von k, wird durch *Absorption* und *Streuung* bewirkt.

Beim Absorptionsvorgang wird die elektromagnetische Energie der Strahlung vom Absorber aufgenommen und in andere Energieformen umgewandelt, und zwar in:

- kinetische Energie der Moleküle (Wärme);
- Schwingungsenergie der Moleküle (Anregung).

Beim Streuvorgang wird die Strahlung unter Beibehaltung ihrer elektromagnetischen Energie in einen anderen Raumwinkel abgelenkt.

Im terrestrischen Spektralbereich ist die Absorption für den Extinktionsprozeß maßgebend; im solaren Spektralbereich bei wolkenfreier Luft und klarem Himmel dominiert dagegen die Streuung. Pauschal gilt im solaren Spektralbereich folgende Proportionalität:

Rayleigh-Streuung: $(k\varrho)_{\text{Moleküle}} \sim 1/\lambda^4$;

Mie-Streuung: $(k\varrho)_{\text{Aerosol}} \sim 1/\lambda^{1.3}$.

Für spektrale Strahlungstransportrechnungen hat man die spektrale Abhängigkeit von k für jeden einzelnen Absorber (ϱ = Partialdichte von Wasserdampf, Kohlendioxid, etc.) anzusetzen und die entsprechenden verschiedenen optischen Wege zu berechnen.

Strahlungsübertragung. Gleichung (3.20) ist insofern unvollständig, als nur die Extinktion der Strahlung berücksichtigt ist; sie gilt daher exakt nur für ein Medium, das in dem betrachteten Spektralbereich nicht selbst strahlt, also insbesondere im solaren Teil des Spektrums (und auch dort nur, wenn die Streuung vernachlässigbar ist).

Im allgemeinen Fall hat man Gl. (3.20) durch eine Quellfunktion J zu ergänzen, die die gleiche physikalische Dimension wie die Radianz hat; sie beschreibt die Strahlungserzeugung. Das liefert die differentielle *Strahlungsübertragungsgleichung*

$$\mathrm{d}L = (-L + J)\mathrm{d}\tau . \tag{3.25}$$

$L = L(\tau)$ ist die Radianz, $J = J(\tau)$ die Quelle. Insbesondere ist $J = B$ für terrestrische Strahlung; für solare Strahlung ist J durch die Streuung gegeben.

Die Strahlungsübertragungsgleichung ist der Ausgangspunkt für die theoretische Berechnung des Strahlungsfeldes. Dies geschieht in zwei Schritten. Im ersten Schritt wird τ als Funktion der Wellenlänge, der Absorberverteilung und der Strahlrichtung bestimmt. Im zweiten Schritt wird Gl. (3.25) integriert, wobei $J(\tau)$ gegeben sein muß. Das Ergebnis ist die spektrale, nach Absorbern und Richtung getrennte Verteilung von L als Funktion des optischen Weges τ.

3.2.1.4 Strahlungsflußdichte, Strahlungsheizung, Strahlungsbilanz

Die spektrale Radianz L der Strahlung ist ein Skalar, der im allgemeinen in komplizierter Weise von der Richtung $r/|r|$ (vgl. Abb. 3.3), d.h. von einem 2D-Vektor, abhängt. Die aus L gemäß Gl. (3.3) berechnete Irradianz E hat dagegen Vektorcharakter. Wir erkennen dies, indem wir uns anhand von Abb. 3.3 klarmachen, daß die horizontale Lage der Bezugsfläche willkürlich und nicht vom Strahlungsfeld, sondern vom Experimentator vorgegeben ist. Nun kann man E im Inneren eines Mediums nach Maßgabe von Gl. (3.3) messen und anschließend durch Drehen der Bezugsfläche das Maximum von E bestimmen: Die Richtung, in die die Normale der Bezugsfläche jetzt zeigt, ist die Richtung des Strahlungsflußvektors F; genauer: F ist der *Vektor der Strahlungsflußdichte* (Einheit W/m^2); in der Elektrodynamik heißt er *Poyntingscher Vektor*.

Für die meisten Anwendungen in der Atmosphäre läßt sich F jedoch so behandeln, als ob dieser Vektor nur eine vertikale Komponente hätte; der Grund ist, daß der Divergenzanteil der horizontalen Komponente (obwohl diese selbst nicht klein ist) gegenüber dem Divergenzanteil der vertikalen Komponente nicht ins Gewicht fällt.

Das bedeutet, daß in der Praxis der Ansatz $\boldsymbol{F} = (0, 0, E)$ eine gute Näherung ist. Diese Näherung wollen wir im folgenden benutzen.

Aus der Thermodynamik der Atmosphäre (Vorgriff auf Abschn. 3.2.3.4) übernehmen wir die aus der Gibbsschen Form abgeleitete differentielle Energiegleichung:

$$\varrho \, c_p \frac{\mathrm{d}T}{\mathrm{d}t} = \varrho \, T \frac{\mathrm{d}s}{\mathrm{d}t} + \frac{\mathrm{d}p}{\mathrm{d}t} \, . \tag{3.26}$$

Das erste Glied rechts ist der Entropiefluß durch Energiezufuhr in Form von Wärme; den Ausdruck $T\mathrm{d}s/\mathrm{d}t = Q$ bezeichnen wir nach Lorenz kurz als *Heizung* der Atmosphäre. Wenn die Energiezufuhr ausschließlich durch Umwandlung von Strahlungsenergie in Wärmeenergie zustande kommt, so gilt

$$\varrho Q = - \boldsymbol{\nabla} \cdot \boldsymbol{F} = - \frac{\partial E(z)}{\partial z} \, . \tag{3.27}$$

Anschaulich ist klar, daß die Konvergenz eines Energieflußdichtevektors Erwärmung bewirken muß. Gl. (3.26) und (3.27) sind übrigens die Grundlage für die Energiehaushaltsgleichungen des Klimasystems (vgl. Kap. 4, Abschn. 4.4.6).

Gl. (3.27) stellt die *Strahlungsheizung* des Mediums dar. Um die zugehörige Erwärmung zu bestimmen, spezialisiert man Gl. (3.26) für eine statische Atmosphäre ($\mathrm{d}T/\mathrm{d}t \equiv \partial T/\partial t$; $\mathrm{d}p/\mathrm{d}t \equiv 0$; $\partial p/\partial z = - g\varrho$):

$$\varrho \, c_p \frac{\partial T}{\partial t} = - \frac{\partial E_z(z)}{\partial z} \quad \rightarrow \quad \frac{\partial T}{\partial t} = - \frac{g}{c_p} \frac{\partial E_p(p)}{\partial p} \, . \tag{3.28}$$

Hier ist $E_z = E$ und $E_p(p) = - E_z(z)$, sofern p und z dasselbe Niveau bezeichnen; das entspricht der Vereinbarung, bei der Umrechnung von z- auf p-Koordinaten, bei der sich die Koordinatenrichtung umdreht, auch die Richtung des Strahlungsflusses umzudrehen, so daß die Strahlungsflußdichte in p-Koordinaten nach unten positiv zu rechnen ist. Für die vertikal gemittelte Temperaturänderung folgt

$$\frac{\widehat{\partial T}}{\partial t} = - \frac{g}{c_p} \frac{E_p(p_s) - E_p(0)}{p_s} \, . \tag{3.29}$$

Der weltweite Mittelwert ist $E_p(p_s) - E_p(0) \simeq + 100 \, \text{W/m}^2$; vgl. z. B. Abb. 4.24 in Kapitel 4. Mit $p_s \simeq 1000$ hPa liefert das:

$$\frac{\widehat{\partial T}}{\partial t} \simeq - \frac{10 \, \text{K}}{\text{km}} \frac{100 \, \text{W/m}^2}{10^5 \, \text{N/m}^2} = - 10^{-5} \frac{\text{K}}{\text{s}} \, . \tag{3.30}$$

Die Strahlungsheizung wird also in Form einer virtuellen Strahlungserwärmung geschrieben. Diese ist hier negativ; d. h. es handelt sich um eine Abkühlung von etwa 1 K pro Tag.

Wieso Abkühlung? Wirkt denn nicht die Strahlung auf die Atmosphäre wie eine Heizung?

Gl. (3.30) sagt aus: Die Atmosphäre ist, vom reinen Strahlungshaushalt her, ein Defizitunternehmen. Das Defizit entsteht dadurch, daß zwar solare Strahlung von der Atmosphäre absorbiert wird (was erwärmend wirkt), jedoch gleichzeitig terrestrische Strahlung emittiert wird (was abkühlend wirkt); die terrestrische Emission ist stärker als die solare Absorption. Wenn die Atmosphäre nicht durch einen anderen Mechanismus den Strahlungsenergieverlust ständig zurückerhalten würde, so hätte sie eine wesentlich geringere Temperatur. Der Umstand, daß das Strahlungsdefizit der Atmosphäre nicht an das Weltall, sondern an die Erdoberfläche abgegeben wird, führt dazu, daß die Erde den Strahlungsüberschuß durch Verdunstung und fühlbare Wärme wieder abgibt – das *strahlungskonvektive Gleichgewicht* der irdischen Atmosphäre wird so verständlich (vgl. auch Abb. 4.24).

Unter Strahlungsbilanz versteht man die Summe aller Irradianzen in einem bestimmten Niveau (manchmal noch aufgeteilt in solare und terrestrische Strahlungsbilanz).

3.2.2 Hydrostatik von Geofluiden

Für viele Fragen der Geophysik ist es zweckmäßig, Luft (Atmosphäre) und Wasser (Ozean) gemeinsam als Geofluide zu betrachten. Insbesondere für die Begriffe der Zustandsgrößen, des Geopotentials und der Hydrostatik ist diese Betrachtungsweise angemessen. Die Gemeinsamkeit endet, wenn die Zustandsgleichung des jeweiligen Fluids (Gasgleichung; Zustandsgleichung für Wasser) ins Spiel kommt.

3.2.2.1 Zustandsgrößen

Wir stellen uns vor, daß wir in einem Geofluid ein gewisses Volumen V geeignet markieren, z.B. durch gedachte Seitenwände (Abb. 3.9). Unabhängig von der Bewegung des Fluids läßt sich sein Zustand durch die in Tab. 3.3 zusammengestellten Größen beschreiben.

Dichte und spezifisches Volumen. Für das Fluidpaket von Abb. 3.9 definiert man die Massendichte ϱ und das spezifische Volumen α:

$$\varrho = \frac{M}{V}; \quad \alpha = \frac{V}{M} = \frac{1}{\varrho}. \tag{3.31}$$

Tab. 3.3 Die einfachsten Zustandsgrößen in einem Geofluid.

Größe	Symbol	physikalische Einheit
Volumen	V	m^3
Masse	M	kg
Stoffmenge	M^*	mol
Massendichte	ϱ	kg/m^3
Mengendichte	ϱ^*	mol/m^3
spez. Volumen	α	m^3/kg
Molvolumen	α^*	m^3/mol
Temperatur	T	K; $^\circ$C
Druck	p	$N/m^2 = Pa$

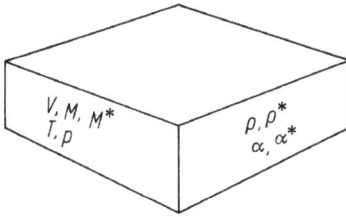

Abb. 3.9 Zustandsgrößen im Inneren eines Geofluids.

Für manche Zwecke genügt es nicht, den Stoff, aus dem das Fluid besteht, nur durch seine Masse zu kennzeichnen. Statt der *Masse M* (in kg) gibt man die *Menge M** des Stoffes (in kmol) an und definiert analog zu Gln. (3.31) die Mengendichte ϱ^* und das molare Volumen α^*

$$\varrho^* = \frac{M^*}{V}; \quad \alpha^* = \frac{V}{M^*} = \frac{1}{\varrho^*}. \tag{3.32}$$

Für die Umrechnung zwischen beiden Zustandsgrößen benötigt man die *molare Masse*:

$$m^* = \frac{M}{M^*}. \tag{3.33}$$

Das ist eine für jeden Stoff charakteristische Naturkonstante. Es gilt:

$$m^* = \frac{\varrho}{\varrho^*} = \frac{\alpha^*}{\alpha}. \tag{3.34}$$

In der Physik, bei der Kräfte und Energien im Vordergrund der Betrachtung stehen, interessiert man sich vor allem für die *Masse eines Stoffes*; in der Chemie, bei der Stoffumwandlungen und Energietransformationen im Vordergrund stehen, interessiert man sich eher für die *Menge eines Stoffes*. In gewissem Sinne sind V, M, M^* die primären (integralen, extensiven) Größen gegenüber den eher sekundären spezifischen (differentiellen, intensiven) Größen ϱ, α, ϱ^*, α^*. Unter Normalbedingungen gilt für die wichtigsten Geofluide Luft sowie flüssiges Wasser:

$$\begin{aligned} \text{Luft:} &\quad \varrho \simeq 1.3 \text{ kg/m}^3; \quad \varrho^* \simeq 0.040 \text{ kmol/m}^3; \\ \text{Wasser:} &\quad \varrho \simeq 10^3 \text{ kg/m}^3; \quad \varrho^* \simeq 56 \text{ kmol/m}^3. \end{aligned} \tag{3.35}$$

Temperatur. Die Temperatur T eines Körpers kennzeichnet seinen thermischen Zustand. Er ist von der Masse und der Stoffart des Körpers unabhängig. Zwei in Kontakt gebrachte Systeme mit verschiedenen Temperaturen haben das Bestreben, einheitliche Temperatur anzunehmen. Im gaskinetischen Bild ist die in Kelvin (K) gemessene thermodynamische („absolute") Temperatur der mittleren kinetischen Energie der Moleküle proportional. Meßtechnisch: Man mißt t in der vorläufigen Einheit °C und rechnet um:

$$T = \left[\frac{t}{°\text{C}} + 273.15 \right] \text{K}. \tag{3.36}$$

Standardinstrument für die Messung der Lufttemperatur ist das *Flüssigkeitsthermometer* (Quecksilber, Alkohol) mit 1/10 K Einteilung (Abb. 3.10). Der bei Flüssigkeiten einfache Vorgang der Temperaturmessung wird bei Gasen komplizierter, da die geringe Luftdichte einen relativ geringen Wärmeübergang zwischen Thermometerfühler und umgebendem Medium bewirkt. Dadurch spielen Strahlungseinflüsse eine bedeutende Rolle und können zu einer signifikanten Verfälschung der Temperaturmessung führen. Daher fällt dem Strahlungsschutz des Luftthermometers eine zentrale Rolle zu. Die Minimierung des solaren Strahlungseinflusses geschieht durch Verwendung der *englischen Hütte* aus weißen (hohe Albedo) Holz- oder Metall-Lamellen, die eine Ventilation ermöglichen. Der terrestrische Strahlungseinfluß wird durch eine Doppelhülse aus blankem Metall (kleiner Absorptionskoeffizient), die um den Thermometerfühler angebracht ist, minimiert. Außerdem wird das Thermometer künstlich ventiliert. Dadurch kann der *Strahlungsfehler* noch immer nicht gänzlich eliminiert werden – typischerweise ist die *Hüttentemperatur* am Tage bei Strahlungswetter und Windstille um 2 K höher als die *wahre Lufttemperatur*. Dennoch sind die gemessenen Temperaturen zumindest untereinander vergleichbar, da weltweit die gleiche Methode verwendet wird.

Für registrierende Geräte (*Thermograph*) eignen sich besonders *Deformationsthermometer* (Bimetall), wobei durch das Verschweißen zweier verschiedener Metallstreifen mit unterschiedlichen Wärmeausdehnungskoeffizienten eine temperaturabhängige Änderung der Krümmung entsteht.

Der elektrische Widerstand von Metallen ändert sich mit der Temperatur; daher kann durch eine Messung der Stromstärke bei konstanter Spannung auf die Temperatur geschlossen werden. Der Widerstand dieser *elektrischen Thermometer* nimmt gewöhnlich mit steigender Temperatur zu. Halbleiterelemente weisen eine entgegengesetzte Charakteristik auf und werden NTC-Fühler (*Negative Temperature Coefficient*) genannt.

Ein elektrisches Thermometer ohne äußere Spannungsquelle ist das *Thermoelement*. Hierbei wird der thermoelektrische Effekt ausgenützt, der an der Kontaktstelle zwischen unterschiedlichen Metallen auftritt. Sind zwei Lötstellen in Serie und auf unterschiedlicher Temperatur (ein Fühler muß eine bekannte Referenztemperatur aufweisen), so kann die gemessene Spannung in eine Temperaturdifferenz umgerechnet werden.

Akustische Thermometer gewinnen die Temperatur aus der Messung der Schallgeschwindigkeit. Um den Einfluß der Luftbewegung zu berücksichtigen, muß die Messung bidirektional durchgeführt werden. Das akustische Thermometer ist trägheitslos und erlaubt dadurch die Messung hochfrequenter Temperaturfluktuationen.

Eine Temperaturinformation ist auch mittels einer *Strahlungsmessung* (terrestrischer Spektralbereich) erzielbar. Bei festen und flüssigen Oberflächen muß dazu die spektrale Emissionszahl bekannt sein. Bei Gasen ist durch die Transmission das Verfahren noch wesentlich aufwendiger. Aus der spektralen Strahlungsmessung kann das Temperaturprofil bestimmt werden. Dies wird seit einigen Jahren operationell von meteorologischen Satelliten (z. B. TIROS) durchgeführt (TOVS = TIROS Operational Vertical Sounder).

Die *mittlere Temperatur einer Luftschicht* kann durch die Messung der vertikalen Druckabnahme, unter Annahme eines lokalen hydrostatischen Gleichgewichts, bestimmt werden. Dies wird in Abschn. 3.2.2.5 besprochen.

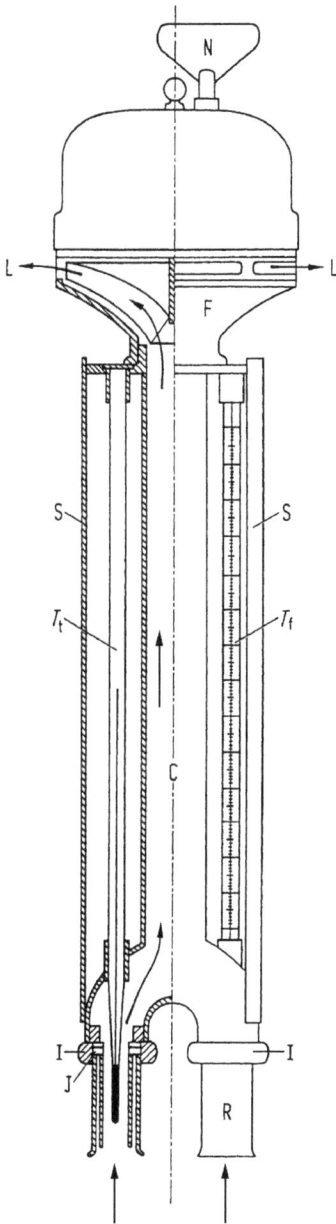

Abb. 3.10 Aspirations-Psychrometer nach Aßmann. Ein Ventilator F–N saugt einen Luft-strom L an zwei Thermometern vorbei, die strahlungsgeschützt in der Achse C zweier kon-zentrischer blankpolierter Zylinderflächen aus Metall angebracht sind. Das trockene Thermo-meter zeigt die aktuelle Lufttemperatur T_t an. Das feuchte Thermometer (umgeben von einer feucht gehaltenen Hülle) zeigt im allgemeinen eine niedrigere Temperatur T_f an, weil die Ver-dampfungswärme dem System Wärmeenergie entzieht; die Differenz der beiden Temperaturen ist ein Maß für den Feuchtegehalt der Luft (nach Liljequist und Cehak, 1984).

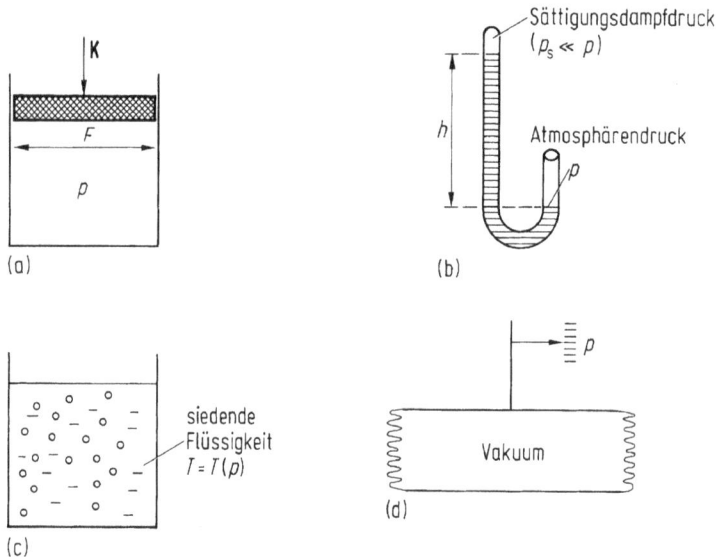

Abb. 3.11 Zur Druckmessung. (a) Prinzip. (b) Flüssigkeitsbarometer; näherungsweise gilt: $h \sim p$. (c) Hypsometer. (d) Druckdose.

Druck. Greift an einer Fläche F entgegen der Flächennormalen eine gleichmäßig verteilte Kraft K an, so bezeichnet man den Quotienten K/F als den Druck $p = K/F$; er hat die Einheit $N/m^2 = Pa$ (Abb. 3.11). Die Kraft kann auch parallel zur Fläche angreifen (*Tangentialdruck*), daher nennt man p etwas präziser den *Normaldruck*. Der Druck im *Flüssigkeitsbarometer* ist gegeben durch das Gewicht des darüber befindlichen Quecksilbers:

$$K = g M_{Hg} \quad \rightarrow \quad p = g \frac{M_{Hg}}{F \cdot h} h = g \varrho_{Hg} h \,. \tag{3.37}$$

Nach dem Prinzip von Gl. (3.37) ist prinzipiell jede Flüssigkeit zur Messung des Gasdruckes geeignet, z. B. auch Wasser. Jedoch wird die Messung gerade beim Wasser durch den Dampfdruck im „Vakuum"-Teil sowie durch die Temperaturabhängigkeit von ϱ relativ stark verfälscht. Im *Hypsometer* wird das Gesetz genutzt, daß die Siedetemperatur T nur eine Funktion von p ist. Die Messung von T liefert daher p, die Genauigkeit von p ist von der Genauigkeit der T-Messung abhängig. Die *Druckdose* (sog. *Aneroid*, flüssigkeitsloses Barometer) ist eine evakuierte Stahldose, die durch eine Feder im Inneren dem äußerem Druck standhält; die Volumenänderung wird über ein Hebelsystem zur Anzeige gebracht.

3.2.2.2 Die Zustandsgleichung für ideale Gase

Wenn es sich bei der Substanz von Abb. 3.9 um ein verdünntes Gas handelt, so gehorchen die primären Zustandsgrößen der *allgemeinen Gasgleichung*:

$$pV = R^* M^* T, \quad R^* = 8.314 \, \mathrm{J\,mol^{-1}K^{-1}} \tag{3.38}$$

mit R^*, der *universellen Gaskonstante*. Ein Gas, das der Gleichung (3.38) genügt, heißt ideales Gas. Die Atmosphäre und ihre Bestandteile für sich sind in sehr guter Näherung ideal. Jedoch ist der Gültigkeitsbereich von Gl. (3.38) nicht auf Gase beschränkt; alle in einem Medium gelösten verdünnten Stoffe gehorchen dem Modell des idealen Gases. Mit der Mengendichte lautet die Gasgleichung

$$p = R^* \varrho^* T \quad \text{oder} \quad p\alpha^* = R^* T \,. \tag{3.39}$$

Statt mengenspezifischer Größen (ϱ^*, α^*) bevorzugt man in der meteorologischen Statik und Dynamik die massenspezifischen Größen (ϱ, α). Durch Erweiterung mit der molaren Masse m^* wird Gl. (3.38) zu

$$pV = RMT \,. \tag{3.40}$$

Hier ist $R = R^*/m^*$ die für jeden Stoff verschiedene (*individuelle*) Gaskonstante. Speziell für trockene Luft (Index L) bzw. reinen Wasserdampf (Index W) ist:

$$R_{\mathrm{L}} = 287.04 \, \mathrm{J \, kg^{-1} K^{-1}}; \quad R_{\mathrm{W}} = 461.50 \, \mathrm{J \, kg^{-1} K^{-1}} \,. \tag{3.41}$$

Statt Gl. (3.39) schreibt man:

$$p = R\varrho T; \quad p\alpha = RT \,. \tag{3.42}$$

Die allgemeine Gasgleichung in einer ihrer Formen Gl. (3.38) bis (3.42) wollen wir einfach als *Gasgleichung* bezeichnen. Sie gilt *nicht* für Flüssigkeiten.

Gasgemische. Die Luft, sowohl feucht als auch trocken, hat verschiedene Bestandteile (vgl. Abschn. 3.2.5). Jedes Partialgas (Index i) erfüllt dabei eine eigene Gleichung des Typs Gl. (3.39):

$$p_i = R^* \varrho_i^* T \,. \tag{3.43}$$

Da jedes Partialgas das Volumen V ganz erfüllt, entspricht ihm ein Partialdruck p_i. Gl. (3.43) liefert das *Daltonsche Gesetz* (mit $M^* = \sum_i M_i^*$ und $\varrho^* = M^*/V$):

$$p = \sum_i p_i = R^* \underbrace{\left(\sum_i \varrho_i^* \right)}_{= \varrho^*} T \,. \tag{3.44}$$

Grundlage dafür ist das Prinzip des *thermodynamischen Gleichgewichts*, nach dem T für alle Partialgase gleich ist. Gl. (3.44) sagt aus, daß der Gesamtdruck gleich der Summe der Partialdrücke ist. Gleichzeitig haben wir die Gasgleichung in der Form (3.39) reproduziert; sie gilt für das Gasgemisch. Aus Gl. (3.43) und (3.44) folgt weiter:

$$\frac{p_i}{p} = \frac{\varrho_i^*}{\varrho^*} = \frac{M_i^*}{M^*} \,. \tag{3.45}$$

Der Mengenanteil (oder molare Anteil) der i-ten Komponente ist also gleich dem Druckbruchteil.

Diesen Quotienten kann man auch als Volumenanteil interpretieren. Dazu setzen wir $p_i V = p V_i$ in Gl. (3.43) ein; d. h. wir schreiben dem Partialgas ein Partialvolumen V_i zu, in dem es sich gedachtermaßen allein aufhält. Das hat zur Konsequenz, daß es den Partialdruck p_i nicht mehr gibt; jedes Gas in seinem Partialvolumen V_i bringt allein den Totaldruck $p = \sum_i p_i$ auf. Das liefert mit $V = \sum_i V_i$:

$$\frac{V_i}{V} = \frac{M_i^*}{M^*}. \tag{3.46}$$

Die virtuelle Temperatur. Statt mit mengenspezifischen Dichten kann man das Daltonsche Gesetz auch mit massenspezifischen Dichten schreiben. Mit

$$p = \sum_i p_i; \quad \varrho = \sum_i \varrho_i; \quad R = \frac{1}{\varrho} \sum_i \varrho_i R_i \tag{3.47}$$

lautet die zu Gl. (3.44) äquivalente Formel:

$$p = R\varrho T. \tag{3.48}$$

Hier ist R eine mit der Massendichte gewichtete Gaskonstante.

In den Anwendungen ist das Gasgemisch trockene Luft plus Wasserdampf besonders wichtig. Man nennt

$$q = \frac{M_\mathrm{W}}{M_\mathrm{L} + M_\mathrm{W}} = \frac{M_\mathrm{W}}{M} = \frac{\varrho_\mathrm{W}}{\varrho} \tag{3.49}$$

die *spezifische Feuchte*. Mit ihr schreibt sich Gl. (3.48)

$$p = p_\mathrm{L} + p_\mathrm{W} = \left(1 + \frac{R_\mathrm{W} - R_\mathrm{L}}{R_\mathrm{L}} q\right) R_\mathrm{L} \varrho T. \tag{3.50}$$

Die Gaskonstante der feuchten Luft ist $\left(1 + \dfrac{R_\mathrm{W} - R_\mathrm{L}}{R_\mathrm{L}} q\right) R_\mathrm{L}$. Es ist üblich, den feuchteabhängigen Faktor nicht in R_L, sondern in T hineinzuziehen. Man definiert die *virtuelle Temperatur*:

$$T_\mathrm{v} = \left(1 + \underbrace{\frac{R_\mathrm{W} - R_\mathrm{L}}{R_\mathrm{L}}}_{0.608} q\right) T \tag{3.51}$$

und schreibt Gl. (3.50) in der Form:

$$p = R_\mathrm{L} \varrho T_\mathrm{v}. \tag{3.52}$$

Das etwas künstliche Konzept der virtuellen Temperatur ist in der Meteorologie der Preis dafür, die Gasgleichung für feuchte Luft in massenspezifischer Form verwenden zu können, was für viele Zwecke Vorteile bringt.

3.2.2.3 Das Geopotential

Das Geopotential Φ gibt die potentielle Energie an, die ein Körper im Schwerefeld der Erde (allgemein eines Himmelskörpers bzw. einer Zentralkraft) hat. Die Schwerebeschleunigung ist die Ableitung des Geopotentials in Richtung des Vektors der Erdanziehung (Abb. 3.12):

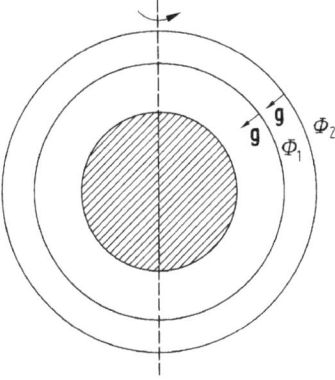

Abb. 3.12 Flächen gleichen Geopotentials über der Erde (Geopotentialflächen). Der Vektor $\boldsymbol{g}$ der Schwerebeschleunigung steht überall zu den Φ-Flächen orthogonal. Für den Betrag von $\boldsymbol{g}$ genügt meist der konstante Wert $g_0 = 9.80 \, \text{m/s}^2$.

$$\boldsymbol{g} = (0, 0, -g) \, ; \qquad g = \frac{\partial \Phi}{\partial z} > 0 \, . \tag{3.53}$$

In dieser Schreibweise ist angenommen, daß die Vertikalkoordinate z vom Erdmittelpunkt nach oben zeigt. Flächen gleicher potentieller Energie heißen Geopotentialflächen; die mittlere Meeresoberfläche ist eine Geopotentialfläche. Die Einheit von Φ ist die einer massenspezifischen Energie: $\text{J/kg} = \text{m}^2/\text{s}^2$. In der Meteorologie benutzt man vielfach eine Sonderbezeichnung, das *geopotentielle Meter*:

$$9.80 \, \frac{\text{m}^2}{\text{s}^2} = 1 \, \text{gpm} \, . \tag{3.54}$$

Wenn ein Körper im Schwerefeld der Erde um $z = 1 \, \text{m}$ gehoben wird, so gewinnt er eine potentielle Energie von

$$\Delta \Phi = \int\limits_{z_0}^{z_0 + 1\,\text{m}} g(z) \, \text{d}z = \hat{g} \cdot 1 \, \text{m} = \frac{\hat{g}}{g_0} \cdot 1 \, \text{gpm} \, . \tag{3.55}$$

Die Konstante g_0 (vgl. Abb. 3.12) ist so gewählt, daß sie dem weltweiten Mittel der Schwerebeschleunigung in der Troposphäre näherungsweise entspricht; die relative Differenz zwischen g_0 und dem lokalen $\hat{g}$ ist in der Troposphäre kleiner als $\pm 7 \cdot 10^{-4}$. Wenn also das Geopotential in der Einheit gpm angegeben wird, so ist es zahlenmäßig praktisch gleich der geometrischen Höhe in der Einheit m.

Eine andere Methode, um das Geopotential Φ anschaulich anzugeben, besteht in der Einführung des Begriffs *geopotentielle Höhe*,

$$Z = \frac{\Phi}{g_0} \, . \tag{3.56}$$

Mit der hydrostatischen Gleichung läßt sich Z aus dem Vertikalprofil der Temperatur $T = T(p)$ ohne Spezifikation von g bestimmen. Die Einheit von Z ist m.

Für manche Zwecke benötigt man den weltweiten Mittelwert der Schwerebeschleunigung an der Erdoberfläche, die sog. *Standardschwerebeschleunigung*:

$$g^* = 9.80665 \, \frac{m}{s^2} \, . \tag{3.57}$$

Wenn man die vorstehenden Definitionen mit g^* statt mit g_0 durchführt, so erhält man das sog. standardgeopotentielle Meter bzw. die standardgeopotentielle Höhe.

3.2.2.4 Die hydrostatische Gleichung

Wir betrachten zunächst eine nicht komprimierbare Flüssigkeit mit konstanter Dichte ϱ. Experimentell ist der Druck im Abstand h von der Oberfläche (der „Tiefe" h) gegeben durch:

$$p = g \varrho h \, . \tag{3.58}$$

Dieses Gesetz ist äquivalent zum *Archimedischen Prinzip*. Mit der Vertikalkoordinate z (nach oben positiv) schreibt sich Gl. (3.58) etwas vollständiger:

$$p - p_0 = g \varrho (z_0 - z) \, . \tag{3.59}$$

Hier ist z_0 das z-Niveau des Flüssigkeitsspiegels und p_0 der auf ihm lastende Referenzdruck; Gl. (3.58) ist ein Spezialfall von Gl. (3.59) für $p_0 = 0$ und $h = z_0 - z$ (im allgemeinen wird $z_0 = 0$ gesetzt, dann ist $z < 0$ und $h > 0$).

Wenn das Fluid vertikal variable Dichte hat, so betrachten wir Gl. (3.59) als Formel für den Druck*zuwachs* einer hinreichend dünnen Schicht der Dicke $z_0 - z$ mit

$$\Delta p = p - p_0 \, ; \quad \Delta z = z - z_0 \tag{3.60}$$

und schreiben (man beachte, daß $\Delta p > 0$, $\Delta z < 0$):

$$\Delta p = - g \varrho \Delta z \, . \tag{3.61}$$

Der Druckzuwachs ist also bei gegebener Schichtdicke eine Funktion der Dichte des Mediums. Wenn wir das für die verschiedenen Medien der Geo-Biosphäre berechnen, so erhalten wir Tab. 3.4. Formel (3.61) lautet für hinreichend dünne Schichten in differentieller Form:

$$dp = - g \varrho \, dz \, . \tag{3.62}$$

Das ist die *hydrostatische Gleichung* (auch: statische Grundgleichung). Sie gilt für ein ruhendes Geofluid exakt, für ein bewegtes in sehr guter Näherung. Wir wollen

Tab. 3.4 Druckzuwachs in einer Schicht der Dicke $\Delta z = 1000$ m.

Medium	Dichte $\varrho/\mathrm{kg\,m^{-3}}$	$\Delta p/100$ kPa
Luft (Atmosphäre)	1	0.1
Wasser (Ozean)	10^3	100
Gestein (Erdinneres)	$5.5 \cdot 10^3$	550

4 Anwendungen dieser Gleichung behandeln:

1. *Vertikale Druckänderung in einem Geofluid.* Aus Gl. (3.62) folgt durch Vertikal-integration von z_s bis z (Index s für surface):

$$p(z) - p(z_s) = - \int_{z_s}^{z} g(\zeta)\varrho(\zeta)\,\mathrm{d}\zeta \,. \tag{3.63}$$

Aus dem Dichtefeld kann man also das Druckfeld durch Vertikalintegration ge-winnen. Ab sofort schreiben wir $p(z_s) = p_s$. Gleichung (3.63) gilt in der Atmo-sphäre ($z > z_s$, $p < p_s$) ebenso wie im Ozean ($z < z_s$, $p > p_s$).

2. *Druck als Massenkoordinate.* Gl. (3.63) läßt sich für festes g schreiben:

$$p_s - p(z) = g \underbrace{\int_{z_s}^{z} \varrho(\zeta)\,\mathrm{d}\zeta}_{=\,M(z)/F} \,. \tag{3.64}$$

Speziell für $p(\infty) = 0$ führt das zu der Aussage: Der Bodenluftdruck p_s ist der Gesamtmasse M der Luft in der Atmosphärensäule mit der Grundfläche F pro-portional.

3. *Der Druck als Vertikalkoordinate.* Die hydrostatische Gl. (3.62) läßt sich als Trans-formation zwischen der Vertikalkoordinate z und dem Druck p interpretieren. Formal besteht hier eine Analogie zwischen dem Druck und dem optischen Weg (man vergleiche statische Gleichung und Beersches Gesetz). Im Ozean mit seiner vertikal konstanten Dichte nimmt der Druck linear mit der Tiefe zu, während er in der Atmosphäre mit ihrer nach unten hin wachsenden Dichte stärker als linear nach unten hin anwächst (Abb. 3.13).

4. *Das Geopotential als Vertikalkoordinate.* Schließlich läßt sich Gl. (3.62) auch mit dem spezifischen Volumen α schreiben:

$$\mathrm{d}\Phi = - \alpha\,\mathrm{d}p \,. \tag{3.65}$$

Hier wird nun das Geopotential als Koordinate interpretiert, so wie vorher der Druck.

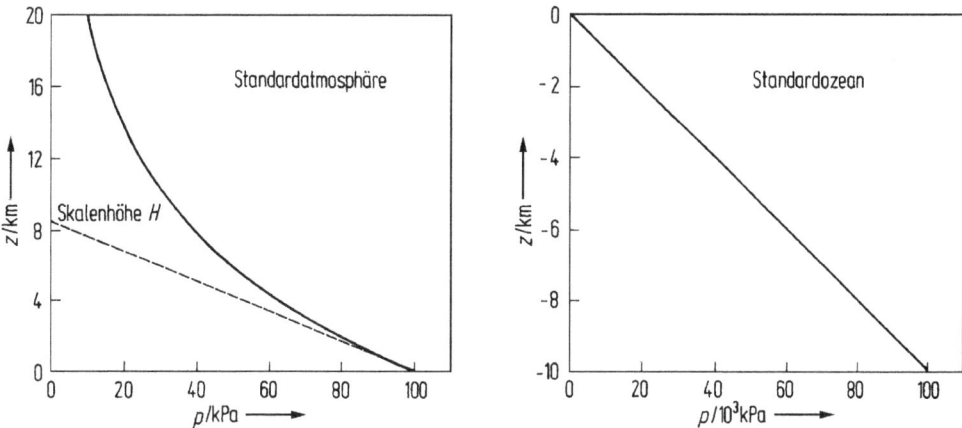

Abb. 3.13   Druck in Atmosphäre und Ozean als Funktion der Höhe bzw. Tiefe.

3.2.2.5 Die barometrische Höhenformel

Die hydrostatische Gleichung gilt für jedes Fluid im Schwerefeld (Tab. 3.4, s. auch Berckhemer, 1990). In den Anwendungen führt das zu verschiedenen Ausdrücken, denn die Dichte ist in ihrer Abhängigkeit vom Druck für die verschiedenen Stoffe ganz verschieden; gasförmiger, flüssiger und fester Aggregatzustand haben verschiedene Zustandsgleichungen.

Für die Atmosphäre kombiniert man die hydrostatische Gl. (3.65) mit der Gasgl. (3.42):

$$d\Phi = -RT\,\frac{dp}{p} \quad \text{oder} \quad \frac{dp}{p} = -\frac{d\Phi}{RT}. \tag{3.66}$$

Hier lassen sich die folgenden Spezialfälle unterscheiden:

Isotherme Atmosphäre. Integration von Gl. (3.66) zwischen den Niveaus 1, 2 liefert:

$$\Phi_2 - \Phi_1 = -RT \log \frac{p_2}{p_1} \quad \text{oder} \quad p_2 = p_1 \exp\left(-\frac{\Phi_2 - \Phi_1}{RT}\right). \tag{3.67}$$

Folgende Interpretationen sind möglich:

1. $\Phi_2 = \Phi$, $p_2 = p$; $\Phi_1 = 0$, $p_1 = p_s$. Die linke Version von Gl. (3.67) liest sich:

$$\Phi = RT \log \frac{p_s}{p}. \tag{3.68}$$

Da $p_s > p$, sind beide Seiten von Gl. (3.68) positiv. Wenn man Z statt Φ verwendet und ferner die *Skalenhöhe*

$$H = \frac{RT}{g_0} \tag{3.69}$$

einführt, so schreibt sich Gl. (3.68):

$$Z = H \log \frac{p_s}{p}. \tag{3.70}$$

Z ist praktisch gleich der geometrischen Höhe über Grund. Damit ist der Logarithmus des Druckes der Höhe proportional und so gewissermaßen selbst eine Höhenkoordinate. Der Maßstabsfaktor *Skalenhöhe der Atmosphäre* hat Werte von 7 bis 9 km.

2. $\Phi_2 = \Phi$, $p_2 = p$; $\Phi_1 = 0$, $p_1 = p_s$. Einsetzen der Skalenhöhe in die rechte Version von Gl. (3.67) liefert:

$$p(Z) = p_s e^{-Z/H}. \tag{3.71}$$

Dies ist die klassische *Barometerformel*. Wegen der Gasgleichung folgt weiter für den isothermen Spezialfall:

$$\varrho(Z) = \varrho_s e^{-Z/H}. \tag{3.72}$$

Der exponentielle Abfall von Druck und Dichte in der Atmosphäre ist damit verständlich gemacht (s. Abb. 3.13).

3. $\Phi_2 = \Phi$, $p_2 = p$; $\Phi_1 = 0$, $p_1 = p_s$. Die rechte Version von Gl. (3.67) lautet

$$p = p_s e^{-\Phi/RT}\,. \tag{3.73}$$

Wir halten das Geopotential konstant (z.B. $\Phi = 5000$ gpm) und betrachten p auf eben dieser Geopotentialfläche als Funktion der horizontal unterschiedlichen Temperatur T (in der Vertikalen war ja Isothermie angenommen). Dann liefert Gl. (3.73) das *aerologische Grundgesetz*: In Warmluft (Kaltluft) nimmt der Druck mit der Höhe langsamer (schneller) ab. Dieselbe Aussage folgt aus der differentiellen Form von Gl. (3.73), d.h. der rechten Version von Gl. (3.66).

4. $\Phi_2 - \Phi_1 = \Delta\Phi$. In der linken Version von Gl. (3.67) halten wir die Druckniveaus p_1 und p_2 fest ($p_1 > p_2$). Dann gilt:

$$\Delta\Phi = \left(R \log \frac{p_1}{p_2}\right) T\,. \tag{3.74}$$

Der Klammerausdruck rechts ist eine Konstante, d.h. der Zuwachs des Geopotentials ist der Temperatur T zwischen den Druckniveaus direkt proportional. Die Atmosphäre wirkt also wie ein Thermometer, die Messung von $\Delta\Phi$ ist eine Temperaturmessung.

Polytrope Atmosphäre. Tritt in der gesamten Atmosphäre oder in einzelnen Schichten ein konstantes vertikales Temperaturgefälle γ auf, so nennt man die Schichtung polytrop:

$$\gamma = -\frac{\partial T}{\partial Z} \quad \to \quad T(Z) = T_0 - \gamma(Z - Z_0)\,. \tag{3.75}$$

T_0 ist die Temperatur am unteren Rand der polytropen Schicht. Ein typischer Wert ist $\gamma = 6.5 \cdot 10^{-3}$ K/m. Wenn man Gl. (3.75) in die rechte Seite von Gl. (3.66) einsetzt und von p_0 bis p integriert, so folgt:

$$\log \frac{p}{p_0} = \frac{g_0}{R\gamma} \log \frac{T_0 - \gamma(Z - Z_0)}{T_0}\,. \tag{3.76}$$

Daraus ergibt sich die Barometerformel für die geopotentielle Höhe einer polytropen Atmosphäre:

$$Z - Z_0 = \frac{T_0}{\gamma}\left[1 - \left(\frac{p}{p_0}\right)^{\frac{R\gamma}{g_0}}\right]\,. \tag{3.77}$$

Ein typischer Wert für den Exponenten ist $R\gamma/g_0 \approx 0.19$.

Formel (3.77) ist die Grundlage der Höhenmessung im Flugzeug (Messung des hydrostatischen Druckes p an Bord, Umrechnung auf Z, Größen γ, Z_0, p_0, T_0 gemäß Standardatmosphäre).

Die Standardatmosphäre. Für praktische Zwecke benötigt man eine Normalatmosphäre. Dafür benutzt man als wichtigsten Parameter ein konstantes vertikales Temperaturgefälle und berechnet den statischen Aufbau gemäß Formel (3.77). Die Standardatmosphäre ist danach wie folgt definiert:

– Druck im Meeresniveau $p_0 = 1013.25$ hPa;
– Temperatur im Meeresniveau $T_0 = 288.15$ K;

Tab. 3.5 Temperatur, Druck und Dichte der Standardatmosphäre in ausgewählten Höhenstufen. Die Höhe ist als *geopotentielle Höhe Z* angegeben; für praktische Zwecke ist $Z = z$ (nach DWD, 1987).

geopotentielle Höhe in km	Temperatur in °C	Luftdruck in hPa	Luftdichte in kg/m^3
50	− 2.5	0.8	0.001
47	− 2.5	1.1	0.001
45	− 8.1	1.4	0.002
40	−22.1	1.8	0.004
35	−36.1	5.6	0.006
30	−46.5	11.7	0.012
25	−51.5	25.1	0.039
20	−56.5	54.7	0.088
15	−56.5	120.4	0.194
11	−56.5	226.3	0.364
10	−50.0	264.4	0.413
9	−43.5	307.4	0.466
8	−37.0	356.0	0.525
7	−30.5	416.6	0.590
6	−24.0	471.8	0.660
5	−17.5	540.2	0.736
4	−11.0	616.4	0.819
3	− 4.5	701.1	0.909
2	+ 2.0	794.9	1.007
1	+ 8.5	898.7	1.112
0.5	+11.75	954.6	1.168
0	+15.0	1013.2	1.226

- vertikale Temperaturabnahme bis 11 km Höhe (Tropopause, s. Abschn. 3.2.2.6) von $\gamma = 6.5$ K/km;
- Temperaturkonstanz von 11 km bis 20 km bei $-56.5\,°C$;
- Temperaturzunahme von 20 km bis 32 km Höhe von 1 K/km.

Diese Parameter entsprechen der mittleren aktuellen Atmosphäre mittlerer Breiten. Tab. 3.5 gibt die jeder geopotentiellen Höhe der Standardatmosphäre zugeordneten Werte der Temperatur an. Druck und Dichte sind daraus mit der hydrostatischen Gleichung (Gaskonstante für trockene Luft) berechnet.

Der aerologische Aufstieg. Die hydrostatische, insbesondere thermische Vertikalstruktur der aktuellen Atmosphäre weicht vom idealen Verlauf der Standardatmosphäre im allgemeinen nur geringfügig ab. Die Abweichungen sind aber für das Wetter- und Klimageschehen signifikant. An ca. 600 Stationen weltweit wird täglich mindestens zweimal (um 00 und 12 UTC) ein Ballon mit meteorologischer Meßsonde gestartet. Die Steigdauer der Sonde von 0 bis 30 km Höhe beträgt ca. 1 Stunde. Die Meßdaten werden per Funk zur Bodenstation übermittelt. Die Radiosonde mißt folgende Größen:

- Druck p,
- Temperatur $T(p)$,
- Relative Feuchte $f(p)$.

Daraus werden berechnet:
- Sättigungsdampfdruck $e_s(T)$,
- Aktueller Dampfdruck $e = f \cdot e_s$,
- Spezifische Feuchte $q \approx 0.623\, e/p$,
- Virtuelle Temperatur $T_v = T(1 + 0.608\, q)$.

Um mit diesen Meßdaten die barometrische Höhenbeziehung einfach anwenden zu können, approximiert man das Vertikalprofil durch eine Vielzahl von polytropen Schichten. Ferner wird der bisher vernachlässigte Feuchtegehalt der Atmosphäre dadurch berücksichtigt, daß man in Gl. (3.66) T durch T_v und R durch R_L ersetzt. Das liefert:

$$\Phi(p) - \Phi(p_0) = -R_L \int_{p_0}^{p} T_v(p')\,\mathrm{d}\log\left(\frac{p'}{p_0}\right) \tag{3.78}$$

und ergibt den statischen Vertikalaufbau der aktuellen Atmosphäre an der betreffenden Station.

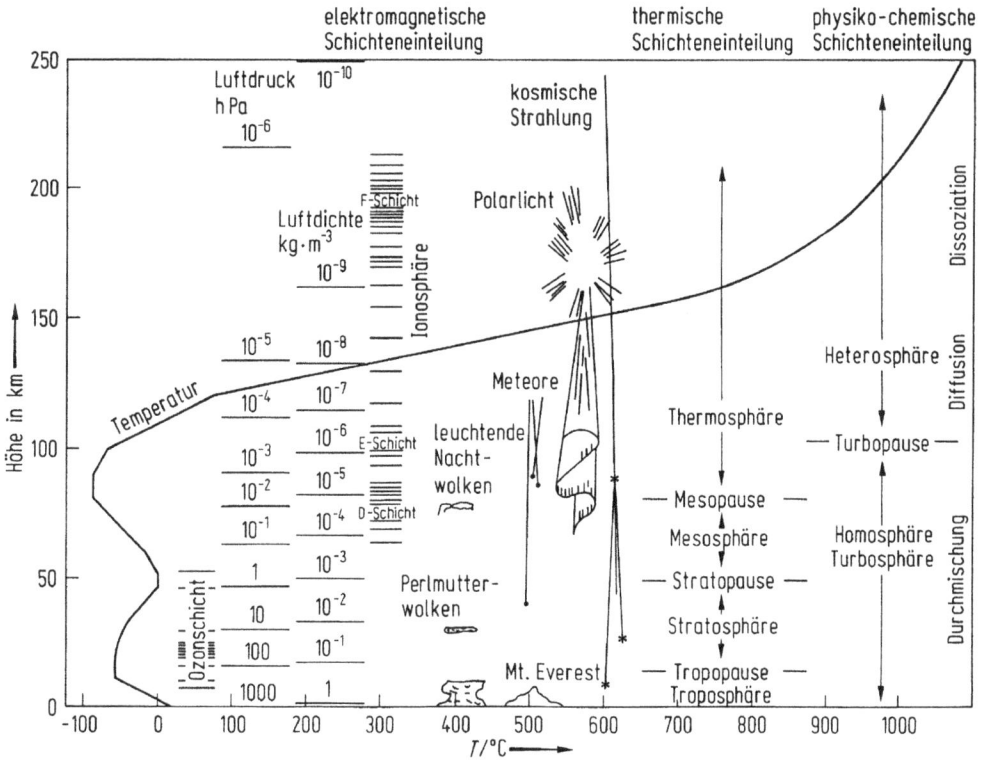

Abb. 3.14 Vertikalaufbau der Atmosphäre anhand der Zustandsgrößen Temperatur, Luftdruck und Luftdichte. Ferner dargestellt sind Namen für Schichten der Atmosphäre mit vorherrschenden physikalischen Prozessen (nach Liljequist und Cehak, 1984).

3.2.2.6 Der physikalische Aufbau der Atmosphäre

Der statische Vertikalaufbau der Atmosphäre (Abb. 3.14) ist gekennzeichnet durch exponentiellen Abfall von Temperatur und Dichte nach oben hin. Die Temperatur fällt in der *Troposphäre* nach oben hin ab, ist oberhalb der *Tropopause* in der *Stratosphäre* nach oben hin konstant bzw. nimmt zu (stabile Schichtung der Stratosphäre). Die Definition der Standardatmosphäre reicht bis an den Oberrand der Stratosphäre. Oberhalb der *Stratopause* liegt erneut eine Schicht mit vertikaler Temperaturabnahme (*Mesosphäre*), die oberhalb der *Mesopause* in den Bereich starker Temperaturzunahme in den Weltraum hinein übergeht (*Thermosphäre*). Die hohen Temperaturen bei Drucken und Dichten, die um den Faktor 10^9 niedriger liegen als die Bodenwerte, haben naturgemäß keine wärmende Bedeutung im landläufigen Sinne des Wortes.

Das für die Meteorologie wichtigste Phänomen, das Wetter, spielt sich so gut wie ausschließlich in der *Troposphäre* ab, also relativ dicht an der Erdoberfläche und im Bereich quasilinearen Vertikalabfalls aller drei Zustandsgrößen Dichte, Temperatur und Druck.

3.2.3 Meteorologische Thermodynamik

3.2.3.1 Das Prinzip der Energieerhaltung

Wenn man einem physikalischen System Energie zuführt, so wächst sein Energieinhalt. Man spricht von der Gesamtenergie oder einfach der Energie E des Systems. Es gibt viele Energieformen, aber nur eine Energie. Für sie gilt das

- **Prinzip der Energieerhaltung = 1. Hauptsatz der Thermodynamik**
  Die Energie E ist eine Zustandsgröße. Sie kann nur durch Austausch über die Grenzen des Systems hinweg zu- oder abnehmen. Wird das System nach außen hin abgeschlossen, so ist E konstant.

Die physikalische Einheit der Energie ist das Joule. Es gilt: $1\,\text{J} = 1\,\text{kg}\,\text{m}^2/\text{s}^2 = 1\,\text{Ws}$. Zur formelmäßigen Schreibweise des 1. Hauptsatzes vgl. Abschn. 3.2.7.3.

3.2.3.2 Formen mechanischer Energie

Der Begriff der Arbeit wird eingeführt durch das Skalarprodukt von Kraft und Weg: $\boldsymbol{K} \cdot \text{d}\boldsymbol{r} = K\cos\vartheta\,\text{d}r$. Hier ist ϑ der Winkel, den die Vektoren $\boldsymbol{K}$ und $\text{d}\boldsymbol{r}$ miteinander einschließen; $\text{d}\boldsymbol{r}$ ist das Wegstück, das der Körper (mit der Masse M) im Feld der Kraft $\boldsymbol{K}$ zurücklegt. Das Symbol d deutet an, daß es sich um kleine Verschiebungen handeln soll; z. B. kann $\boldsymbol{K}$ gekrümmt sein, so daß ϑ von einem $\text{d}\boldsymbol{r}$ zum nächsten jeweils andere Werte hat.

Durch die Arbeit wird Energie umgewandelt: Wenn $\boldsymbol{K}$ und $\text{d}\boldsymbol{r}$ in die gleiche Richtung zeigen ($\cos\vartheta > 0$), wenn z. B. ein freibeweglicher Körper der Kraft folgt, so gewinnt der Körper kinetische Energie, d. h. seine potentielle Energie E im Kraftfeld nimmt ab. Wenn umgekehrt $\boldsymbol{K}$ und $\text{d}\boldsymbol{r}$ entgegengesetzt gerichtet sind ($\cos\vartheta < 0$), wenn also der Körper sich gegen die Kraft bewegt, so nimmt die potentielle Energie des Körpers zu. Also ist

$$dE = -\boldsymbol{K} \cdot d\boldsymbol{r} \, . \tag{3.79}$$

Man bezeichnet diese Energieform auch als Verschiebungsenergie.

1. *Anwendung auf das Schwerefeld.* Im Gravitationsfeld der Erde ist $\boldsymbol{K}$ die Schwerkraft. Der Vektor $\boldsymbol{K}$ hat nur eine Komponente in z-Richtung, wir nennen sie K. Also lautet Gl. (3.79)

$$dE = -K\,dz \, ; \tag{3.80}$$

z ist die nach oben hin positiv gerechnete Vertikalkoordinate. Die Schwerkraft ist

$$K = -Mg \, . \tag{3.81}$$

Kombination dieser Gleichungen liefert

$$dE = Mg\,dz = M\,d\Phi \, . \tag{3.82}$$

Im Kraftfeld der Erde ist die Zunahme der Energie durch die Zunahme der Höhe gegeben. Der zweite Teil der Gleichung sagt: Dieser Energiezuwachs ist ein *Zuwachs an potentieller Energie.*

2. *Anwendung auf das Druckfeld.* Die wichtigste Kraft in einem Fluid ist die Druckkraft (Abb. 3.15):

$$K = pF \, ; \tag{3.83}$$

F ist die Fläche des Kolbens, der die Druckkraft aufnimmt. Das im Zylinder eingesperrte Gas bekommt also bei einer Verschiebung des Kolbens um dx die Energie zugeführt

$$dE = -K\,dx = -pF\,dx = -p\,dV \, . \tag{3.84}$$

Ist die Verschiebung positiv wie in der Zeichnung (Volumenvergrößerung, *Expansion*), so nimmt E ab; ist sie negativ (*Kompression*), nimmt E zu. Dieses Ergebnis läßt sich sogleich auf das ideale Gas anwenden. Elimination von p aus Gl. (3.84) mittels der Gasgleichung ergibt:

$$dE = -RMT\,\frac{dV}{V} \, . \tag{3.85}$$

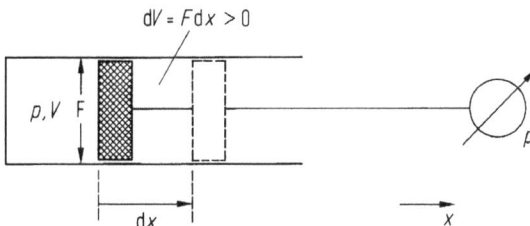

Abb. 3.15 Zur mechanischen Energiezufuhr bei Änderungen des Volumens V. F = Fläche des beweglichen Kolbens, p = Druck bei F.

Für die drei bei einem Gas möglichen Spezialfälle folgt aus Gl. (3.84) bzw. Gl. (3.85):

$$\left.\begin{array}{ll} V = \text{const. oder } dV = 0 \text{ (\textit{isochor}):} & E_2 - E_1 = 0 \\ p = \text{const. oder } dp = 0 \text{ (\textit{isobar}):} & E_2 - E_1 = - p(V_2 - V_1) \\ T = \text{const. oder } dT = 0 \text{ (\textit{isotherm}):} & E_2 - E_1 = - RMT \log(V_2/V_1) \end{array}\right\} \quad (3.86)$$

3. *Anwendung auf das Geschwindigkeitsfeld.* Ein System der Masse M und der Geschwindigkeit v (z. B. die Gasmenge in einem driftenden Luftballon) hat die kinetische Energie

$$E = M \frac{v^2}{2}. \tag{3.87}$$

E kann sich nur ändern, wenn sich die Geschwindigkeit ändert. Das entspricht einer Beschleunigung dv/dt und diese bewirkt eine Trägheitskraft

$$\mathbf{K} = - M \frac{dv}{dt}, \tag{3.88}$$

die das System der Beschleunigung entgegensetzt. Gl. (3.79) liefert also

$$dE = M \frac{dv}{dt} \cdot d\mathbf{r} = M dv \cdot \frac{d\mathbf{r}}{dt}. \tag{3.89}$$

Hier ist einfach der Skalar dt umgestellt worden. Nun ist $M dv = d\mathbf{P}$ die Änderung des Impulsvektors, und $d\mathbf{r}/dt = v$. Also ist

$$dE = v \cdot d\mathbf{P}. \tag{3.90}$$

Dieses Ergebnis hätte man auch sofort durch Differenzieren von Gl. (3.87) gewinnen können.

3.2.3.3 Energieumwandlungen

Was haben die drei bisher besprochenen Energieumwandlungen gemeinsam? Wenn dem betrachteten physikalischen System potentielle, kinetische und Kompressionsenergie gleichzeitig zugeführt werden, so nimmt seine Energie um den Wert zu

$$dE = - \mathbf{K} \cdot d\mathbf{r} - p \, dV + v \cdot d\mathbf{P}. \tag{3.91}$$

Jeder der drei Ausdrücke besteht aus dem Differential dx einer physikalischen Größe $(- d\mathbf{r}, - dV, d\mathbf{P})$, multipliziert mit einer anderen physikalischen Größe ξ, die aber nicht differenziert wird ($\mathbf{K}, p, v$). x ist eine *extensive Größe* (sie hat Mengencharakter), ξ ist eine *intensive* Größe. Man bezeichnet das Paar ξ, x als *konjugierte* Variable, die zu der jeweiligen Energieform (Verschiebungsenergie, Kompressionsenergie, kinetische Energie) gehören. Beide können Skalare oder Vektoren sein. Sind sie Vektoren, dann bildet $\xi \cdot dx$ ein inneres Produkt, wobei ξ und dx im allgemeinen nicht in dieselbe Richtung zeigen.

Daß die gleiche Volumenänderung $- \Delta V$ in Formel (3.84) bei niedrigem Druck p eine kleine Energiezufuhr, bei großem p dagegen eine hohe Energiezufuhr ΔE

bewirkt, empfindet man als einleuchtend. Ebenso hat in Gl. (3.82) die gleiche geometrische Höhenänderung Δz auf der Erde und dem Mond eine Änderung der potentiellen Energie zur Folge, die auf der Erde sechsmal so groß ist wie auf dem Mond, weil sich auf beiden Himmelskörpern die Schwerkraft g und damit auch $\Delta\Phi$ um eben diesen Faktor unterscheidet. Bei Anwendung dieses Gedankens auf die kinetische Energie betrachten wir die gleiche Geschwindigkeitsänderung $\Delta v = 1\,\text{m/s}$ bei einem schwachen Wind $v = 5\,\text{m/s}$ und bei einem Hurrikan $v = 50\,\text{m/s}$. Die spezifische kinetische Energie ändert sich beim schwachen Wind um $5\,\text{m}^2/\text{s}^2$, beim Hurrikan um $50\,\text{m}^2/\text{s}^2$.

Allgemein gilt: Die Energie E kann sich nur durch Zusammenwirken zweier konjugierter Größen gemäß

$$\mathrm{d}E = \xi\,\mathrm{d}x \tag{3.92}$$

ändern.

Dieses Prinzip wollen wir auf die Zufuhr von Wärmeenergie anwenden. Wir können in Abb. 3.15 den Kolben festschrauben (d. h. $\mathrm{d}V = 0$), so daß keine Kompressionsenergie zu- oder abgeführt werden kann. Wenn jetzt das eingesperrte Fluid von außen erwärmt wird, so muß seine Energie zunehmen und eine der Größen ξ, x muß die Temperatur T sein. Nun ist T sicher eine intensive Größe: $\xi = T$. Welches ist die konjugierte extensive Größe x? Sie heiße S. Die Formel für die *Energiezufuhr in Form von Wärme* lautet also

$$\mathrm{d}E = T\,\mathrm{d}S. \tag{3.93}$$

S ist die extensive Größe, die bei der Wärmezufuhr übertragen wird, im Gegensatz zu T – Temperatur wird nicht zugeführt. Man nennt S die *Entropie* (Verwandelbarkeit). Die gesamte bei der Zustandsänderung zugeführte Wärme ist

$$\int\limits_1^2 \mathrm{d}E = E_2 - E_1 = \int\limits_1^2 T(S)\,\mathrm{d}S. \tag{3.94}$$

Das in Gl. (3.92) ausgedrückte Prinzip der Energieumwandlung läßt sich zur Einführung einer weiteren Energieform nutzen. Das intensive p und das extensive V sind konjugiert, wie wir gesehen haben. Ebenso gehört zur intensiven Variable T die Entropie S als extensive Variable. Die Masse M, die sicher eine extensive Zustandsgröße sein muß, hat ebenfalls eine konjugierte intensive Variable, das *chemische Potential*:

$$\mathrm{d}E = \mu\,\mathrm{d}M; \tag{3.95}$$

μ ist gewissermaßen der Bruchteil, mit dem sich eine Zufügung von Masse in der Zunahme von Energie niederschlägt. Daß es da Unterschiede geben muß, leuchtet ein. Die Zufügung von 1 kg Wasser erhöht die Energie des betrachteten Systems gewiß um einen kleineren Wert als die Zufügung von 1 kg Knallgas, obwohl beide Substanzen aus den gleichen Atomen (sogar in gleicher Anzahl) bestehen; Knallgas hat eben ein höheres chemisches Potential als Wasser.

Wir stellen die uns bisher bekannten Energieformen in Tab. 3.6 zusammen: Die Variablen $E, \mathbf{r}, \mathbf{P}, V, S, M$ sind extensiv („mengenartig"); für sie gelten Erhaltungssätze. Die Variablen $\mathbf{K}, \mathbf{v}, p, T, \mu$ sind intensiv („feldartig"); für sie gelten keine Erhaltungssätze. Die hier gegebenen Definitionen sind auf andere Energieformen

Tab. 3.6 Tabelle der Energieumwandlungen.

Ändert ein physikalisches System	so erfährt es einen Zuwachs an	um dE =	Dabei ist
seinen Ortsvektor r um dr	Verschiebungsenergie	$-\boldsymbol{K} \cdot \mathrm{d}\boldsymbol{r}$	$\boldsymbol{K}$ die bei r wirkende Kraft
seinen Impuls $\boldsymbol{P}$ um d$\boldsymbol{P}$	Bewegungsenergie	$\boldsymbol{v} \cdot \mathrm{d}\boldsymbol{P}$	$\boldsymbol{v}$ die Geschwindigkeit
sein Volumen V um dV	Kompressionsenergie	$-p\,\mathrm{d}V$	p der Druck
seine Entropie S um dS	Wärmeenergie	$T\,\mathrm{d}S$	T die Temperatur
seine Masse M um dM	chemischer Energie	$\mu\,\mathrm{d}M$	μ das chemische Potential

anwendbar (z. B. elektrische Energie, Drehimpuls, Oberflächenenergie, magnetische Energie, etc.). Beim Zusammenwirken verschiedener Energieformen sind die Einzelbeiträge zu addieren. Den Zusammenhang vermittelt die *Gibbssche Fundamentalform* (Form = algebraische Funktion):

$$\mathrm{d}E = -\boldsymbol{K} \cdot \mathrm{d}\boldsymbol{r} + \boldsymbol{v} \cdot \mathrm{d}\boldsymbol{P} - p\,\mathrm{d}V + T\,\mathrm{d}S + \mu\,\mathrm{d}M + \cdots \qquad (3.96)$$

Das Rezept zur Aufstellung der Fundamentalform lautet: Man stelle fest, welche Energieumwandlungen beteiligt sind und addiere alle. Das hat zur Folge, daß man der Energie E nicht ansehen kann, durch welche Energieform sie vergrößert oder verkleinert worden ist – was zählt, ist die Summe.

Von diesem Prinzip gibt es eine praktisch wichtige Ausnahme: Äußere und innere Energie sind separierbar, d. h. man kann schreiben:

$$E = E_{\text{äuß.}} + E_{\text{inn.}} \qquad (3.97)$$

mit

$$\mathrm{d}E_{\text{äuß.}} = -\boldsymbol{K} \cdot \mathrm{d}\boldsymbol{r} + \boldsymbol{v} \cdot \mathrm{d}\boldsymbol{P} \qquad (3.98)$$

und

$$\mathrm{d}E_{\text{inn.}} = -p\,\mathrm{d}V + T\,\mathrm{d}S + \mu\,\mathrm{d}M\,. \qquad (3.99)$$

In der äußeren Energie erscheinen nur diejenigen mechanischen Anteile, die mit dem Modell des Massenpunktes erfaßbar sind. Dies gilt nicht für die oben in Gl. (3.84) als mechanisch eingeführte Energieumwandlung $-p\,\mathrm{d}V$, die damit nicht erfaßbar ist; die Kompressionsenergie gehört folglich zur inneren Energie. Im folgenden interessieren wir uns nur für die *innere Energie* und ihre Komponenten.

3.2.3.4 Die Energieform Wärme

Die einfachsten und für die Geofluide zunächst wichtigsten Zustandsänderungen gehorchen der speziellen Gibbsschen Gleichung

$$\mathrm{d}E = -p\,\mathrm{d}V + T\,\mathrm{d}S\,. \qquad (3.100)$$

Sie beschreibt die Wechselwirkung zwischen einer mechanischen und einer thermodynamischen Energiezufuhr. Dabei bleibt die Masse des Systems konstant. Die wichtige Aussage von Gl. (3.100) ist, daß die mechanische Energieänderung von der ther-

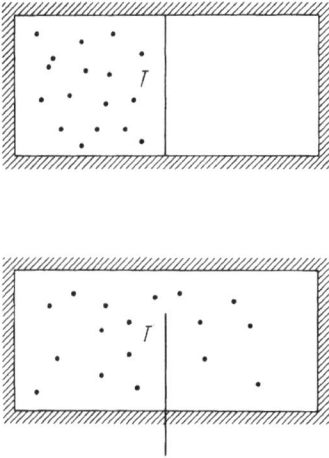

Abb. 3.16 Gay-Lussacscher Drosselversuch: Modellexperiment zur Wärmezufuhr bei konstanter Temperatur T: Ein nach außen thermisch isoliertes ideales Gas expandiert auf das Doppelte seines Volumens. Die dabei abgeführte Expansionsarbeit erscheint als zugeführte Wärme.

modynamischen grundsätzlich nicht getrennt werden kann, falls beide gleichzeitig auftreten.

Der Anfänger (und oft auch der Fortgeschrittene) hat bei der Thermodynamik die charakteristische Schwierigkeit, die Änderung der Energie (dE) nicht von der zugeführten Wärme ($T dS$) und diese nicht von der Änderung der Temperatur (dT) unterscheiden zu können. Denn, so denkt er: Wenn Wärme zugeführt wird ($T dS > 0$), so muß es doch wohl warm werden ($dT > 0$) und umgekehrt, oder?

Dieser Schluß erscheint logisch und ist doch nicht richtig. Denn beide eben gemachte Aussagen (1 – *Die Energie steigt durch Wärmezufuhr*; 2 – *Die Temperatur nimmt zu*) sind voneinander unabhängig, so wenig anschaulich dies klingen mag. Wir besprechen zuerst den (praktisch weniger wichtigen) Fall, daß Energie in Form von Wärme zugeführt wird, ohne daß es warm wird (also $dT = 0$): Isotherme Wärmezufuhr durch Expansion ins Vakuum.

Im Zustand 1 sei ein ideales Gas (im Experiment mit Stahlkugeln realisierbar, Abb. 3.16) in der linken Hälfte eines Volumens V eingesperrt; rechts herrsche Vakuum. Das System sei gegen die Außenwelt thermisch isoliert. Dann werde die Trennwand geöffnet, das Gas verteilt sich gleichmäßig in V (Zustand 2). Dabei bleibt seine Energie E nach Abschn. 3.2.3.1 konstant.

Aber auch T bleibt konstant. Das ist erstens experimentell bewiesen (Gay-Lussacscher Drosselversuch) und zweitens anschaulich verständlich: Da T dem mittleren Geschwindigkeitsquadrat der Moleküle proportional ist, das sich durch die Volumenvergrößerung offenbar nicht ändert, muß der Vorgang isotherm verlaufen.

Wir eliminieren p in der Gibbsschen Formel (3.100) mit der Zustandsgl. (3.40) und integrieren von 1 bis 2:

$$0 = E_2 - E_1 = - RMT \cdot \log \frac{V_2}{V_1} + T(S_2 - S_1) \, . \tag{3.101}$$

Wegen $V_2 = 2V_1$ folgt für die zugeführte Wärme

$$T(S_2 - S_1) = RMT \cdot \log 2 \,. \tag{3.102}$$

Dieser Ausdruck ist positiv. Das System hat also die verlorene Expansionsenergie in genau gleicher Menge als Wärmeenergie gewonnen. Hier wird die Rolle der Entropie deutlich: Energiezufuhr in Form von Wärme ist nur möglich, wenn gleichzeitig Entropie zugeführt wird. Die Entropie ist der Träger des Wärmeenergieaustausches, so wie das Volumen der Träger des Kompressionsenergieaustausches ist. Eine isentrope Zustandsänderung kann Wärmeenergie ebensowenig zuführen wie ein isochorer Prozeß Kompressionsenergie.

Wenn man in Abb. 3.16 Zahlenwerte für Luft einsetzt, z. B. $R = 287 \, \mathrm{J\,kg^{-1}K^{-1}}$, $M = 1 \, \mathrm{kg}$, $T = 293 \, \mathrm{K}$, so folgt für Gl. (3.102)

$$T(S_2 - S_1) = 58 \, \mathrm{kJ} \,. \tag{3.103}$$

Das ist also keine ganz kleine Energiemenge, die da durch Expansion in Wärme umgewandelt wird. Die Entropiezunahme beträgt

$$S_2 - S_1 = RM \cdot 0.69 = 199 \, \frac{\mathrm{J}}{\mathrm{K}} \,. \tag{3.104}$$

Das Ergebnis hängt nicht von der Temperatur ab. Woher stammt die Entropie (3.104)? Sie ist nirgendwoher zugeführt, sondern erzeugt worden.

Wir haben jetzt den Fall $T\,\mathrm{d}S > 0$, aber $\mathrm{d}T = 0$ behandelt. Der entgegengesetzte, praktisch wichtigere Fall ($T\,\mathrm{d}S = 0$, aber $\mathrm{d}T > 0$) folgt drei Seiten weiter unten.

Spezifische Wärme für homogene Systeme. Bei dem Experiment von Abb. 3.16 waren E und T konstant. Wenn sich E ändert, so im allgemeinen auch T; V werde zunächst als konstant angenommen. Wir schreiben also:

$$\mathrm{d}E = c_V \,\mathrm{d}T \quad \text{für} \quad \mathrm{d}V = 0 \,. \tag{3.105}$$

Die Größe c_V heißt *Wärmekapazität bei konstantem Volumen*.

Der Ansatz (3.105) ist kein Naturgesetz wie die Gibbssche Form, sondern zunächst nur eine Definition für den Proportionalitätsfaktor c_V. Seine Bedeutung bekommt das Konzept der spezifischen Wärme durch die Tatsache, daß c_V eine Konstante ist. Um diesen Umstand zu erläutern und auszunutzen, verschaffen wir uns weiterhin den Begriff des homogenen Systems.

Die wichtigsten elementaren Zustandsgrößen eines physikalischen Systems sind M^* und M;[5] wie E und V haben sie Mengencharakter und sind daher alle einander proportional. Also hat es Sinn, von einer spezifischen Energie zu sprechen, insbesondere der mengenspezifischen (*molaren*) Energie e^* und der massenspezifischen (*spezifischen*) Energie e:

$$e^* = \frac{E}{M^*}, \quad e = \frac{E}{M} \,. \tag{3.106}$$

---

[5] In der physikalischen Chemie wird das chemische Potential gewöhnlich nicht mit der Masse M, sondern mit der Menge M^* definiert: $\mathrm{d}E = \mu^* \mathrm{d}M^*$. Wegen der Proportionalität von M und M^* kann man mit der Molmasse m^* umrechnen: $\mu^* = m^*\mu$.

In der Fluiddynamik bevorzugt man e, in der Thermodynamik und physikalischen Chemie e^*. Da man (mit Molmasse bzw. Dichte) spezifische Größen ineinander umrechnen kann, braucht man in den Anwendungen nur eine. In der Meteorologie benutzt man:

$$\text{spezifische Energie} \qquad e = \frac{E}{M},$$

$$\text{spezifische Entropie} \qquad s = \frac{S}{M},$$

$$\text{spezifisches Volumen} \qquad \alpha = \frac{V}{M}. \tag{3.107}$$

Zu den extensiven Größen E, S, V gehören also die intensiven Größen e, s, α. Bei einem homogenen System haben alle mengenartigen Größen, beispielsweise die Energie, die Eigenschaft, daß

$$E(T, V, M) = Me\left(T, \frac{V}{M}\right) = Me(T, \alpha). \tag{3.108}$$

Für Prozesse, bei denen keine Massenumwandlungen erfolgen, kann man daher in der Gibbsschen Form (3.100) durch M teilen:

$$de = -p\,d\alpha + T\,ds. \tag{3.109}$$

Hier ist die chemische Energie weggelassen, weil sie eine Sonderbehandlung benötigt (M ist nicht mehr unbedingt konstant).

Ebenso läßt sich die in Gl. (3.105) definierte Proportionalitätskonstante in die Form bringen:

$$c_v = \frac{c_V}{M} \quad \rightarrow \quad de = c_v\,dT; \tag{3.110}$$

c_v ist die spezifische Wärmekapazität oder *spezifische Wärme bei konstantem Volumen*. Für homogene feste Körper und Flüssigkeiten wird c_v vielfach nur als c bezeichnet; c ist praktisch unabhängig von p und V, jedoch schwach temperaturabhängig. Für ideale Gase ist c_v konstant und aus der kinetischen Gastheorie berechenbar. Zahlenwerte sind in Tab. 3.7 zusammengestellt.

Tab. 3.7   Tabelle einiger spezifischer Wärmen; Einheit $10^3\,\mathrm{J\,kg^{-1}\,K^{-1}}$. Die Größen c_p/c_v und $\kappa = R/c_p$ haben die Dimension Eins.

	c	c_p	c_v	R	c_p/c_v	R/c_p
Luft		1.005	0.718	0.28705	$7/5 = 1.4$	$2/7 = 0.286$
Wasserdampf		1.846	1.389	0.46151	$4/3 = 1.333$	$1/4 = 0.25$
reines Wasser ($0\,°\mathrm{C}$)	4.22					
Meerwasser (3 % Salzgehalt)	3.9					
Eis ($-20\,°\mathrm{C}$)	1.96					
Kupfer	0.38					

Quellen: Smithsonian Meteorological Tables (1967); Herbert (1987).

Gl. (3.109) kann man in die äquivalente Schreibweise transformieren:

$$\mathrm{d}\underbrace{(e + p\alpha)}_{\equiv h} = \alpha\,\mathrm{d}p + T\,\mathrm{d}s \,. \tag{3.111}$$

Die Größe h bezeichnet man als *spezifische Enthalpie*; die zugehörige extensive Größe ist die Enthalpie $H = Mh$.

Wenn man die Zustandsgrößen e und s in Gl. (3.109) als Funktionen von T und α betrachtet, so läßt sich Gl. (3.110) unter Beachtung von $\mathrm{d}\alpha = 0$ schreiben:

$$c_v = \frac{\partial e(T, \alpha)}{\partial T} = T\,\frac{\partial s(T, \alpha)}{\partial T} \,. \tag{3.112}$$

Wenn man in analoger Weise h und s in Gl. (3.111) als Funktionen von T und p betrachtet, so kann man eine c_v entsprechende Größe einführen, die *spezifische Wärme bei konstantem Druck*:

$$c_p = \frac{\partial h(T, p)}{\partial T} = T\,\frac{\partial s(T, p)}{\partial T} \,. \tag{3.113}$$

Die Definitionen (3.110) und (3.112) für c_v sind zunächst auf isochore Prozesse beschränkt, bei denen α konstant bleibt; im allgemeinen ist daher e nicht nur eine Funktion von T, sondern auch von α. Für den Spezialfall idealer Gase läßt sich nun relativ einfach zeigen, daß $\partial e(T, \alpha)/\partial\alpha = 0$. Das bedeutet: Für Gase gelten die Gln. (3.105) und (3.110) immer, auch dann, wenn das Volumen nicht konstant ist: Die innere Energie eines Gases hängt nur von T ab. Ebenso läßt sich für ideale Gase zeigen, daß $\partial h(T, p)/\partial p = 0$, d.h. $\mathrm{d}h = c_p\,\mathrm{d}T$ gilt immer, auch dann, wenn der Druck nicht konstant ist: Die Enthalpie eines Gases hängt ebenfalls nur von T ab. c_v und c_p für Gase sind Naturkonstanten (Tab. 3.7). Für Wasser gilt wie für Eis praktisch dasselbe, denn hier ist $c_p \approx c_v$. Zur Terminologie: Die Enthalpie $h = c_p T$ der Luft bezeichnet man auch als *fühlbare Wärme*.

Zustandsänderung idealer Gase. Die beiden soeben abgeleiteten Gleichungen für homogene Systeme bilden zusammen mit der Gasgleichung die Grundlage für die elementare Thermodynamik der Atmosphäre:

$$\mathrm{d}e = -p\,\mathrm{d}\alpha + T\,\mathrm{d}s \quad \leftrightarrow \quad \mathrm{d}h = \alpha\,\mathrm{d}p + T\,\mathrm{d}s \,, \tag{3.114}$$

$$\mathrm{d}e = c_v\,\mathrm{d}T\,; \quad \mathrm{d}h = c_p\,\mathrm{d}T\,; \tag{3.115}$$

$$p\alpha = RT \quad \rightarrow \quad \frac{\mathrm{d}p}{p} + \frac{\mathrm{d}\alpha}{\alpha} = \frac{\mathrm{d}T}{T} \,. \tag{3.116}$$

In der Gibbsschen Gl. (3.114) sind Energieänderungen durch Kompressionsarbeit und Wärmezufuhr die einzig zugelassenen – alle anderen (insbesondere die Zufuhr chemischer Energie durch Änderungen der Masse des Systems bei Verdampfung oder Kondensation) werden zunächst ausgeschlossen. Die chemische Energie verdient später ein eigenes Kapitel. Ausgeklammert bleibt ferner die elektromagnetische Energie (wichtig in der Gewitter- und Hochatmosphärenphysik) sowie die Oberflächenenergie (Wolkenphysik).

Der vorstehende Gleichungssatz beschreibt 6 Zustandsgrößen (T, e, h, α, p, s) und ihre Änderungen. Die isosteren, isobaren und isothermen Zustandsänderungen wurden bereits in Abschn. 3.2.3.2 für einen Sonderfall besprochen. Wegen der Proportionalität von Gl. (3.115) genügt es, T zu berechnen; e und h folgen daraus. Bei einer isobaren Zustandsänderung beispielsweise liefern die rechten Seiten von Gln. (3.114) und (3.115):

$$c_p \, dT = T \, ds \quad \rightarrow \quad s_2 - s_1 = c_p \log \frac{T_2}{T_1} \,. \tag{3.117}$$

Die zugeführte Wärme ist hier gleich der Zunahme der Enthalpie: man mißt sie durch Messung der Temperaturdifferenz $T_2 - T_1$.

Der in der meteorologischen Praxis wichtigste Spezialfall ist die *isentrope Zustandsänderung* ($ds = 0$). Dieser Fall schreibt sich mit Gl. (3.114) für ein ideales (zweiatomiges) Gas

$$c_p \, dT = \alpha \, dp = RT \frac{dp}{p} \quad \text{oder} \quad \frac{dT}{T} = \kappa \frac{dp}{p} \quad \text{mit} \quad \kappa = \frac{R}{c_p} = \frac{2}{7} \,. \tag{3.118}$$

(Man verwechsle nicht die hier gegebene, in der Meteorologie international übliche Definition von κ mit dem Verhältnis der spezifischen Wärmen). Die Gleichung sagt aus, daß für isentrope Zustandsänderungen eine relative Druckzunahme eine relative Temperaturzunahme bewirkt. Das ist der oben angekündigte Fall: Es wird warm ($dT > 0$) ohne Wärmezufuhr ($T \, ds = 0$). Die isentrope Zustandsänderung ist eine sehr gute Näherung für die meisten meteorologisch wichtigen Prozesse.

Die Temperaturzunahme bei isentropen Zustandsänderungen kann erheblich sein. Wenn man beispielsweise p von 500 auf 600 hPa vergrößert (Absinken einer Luftmasse), so liefert die Integration von Gl. (3.118):

$$T_{600} = (600/500)^\kappa \cdot T_{500} = 1.053 \cdot T_{500} \,. \tag{3.119}$$

Falls die Luft in 500 hPa mit einer Temperatur von $-18\,°C$ startet, so kommt sie in 600 hPa mit einer Temperatur von $-4\,°C$ an – sie ist also ohne Zufuhr thermischer Energie, nur durch Kompression, um 14 K „wärmer" geworden (Föhneffekt).

Bei allen Zustandsänderungen ist nach Gl. (3.115) die Änderung der spezifischen inneren Energie gegeben durch

$$e_2 - e_1 = c_v (T_2 - T_1) \,. \tag{3.120}$$

Für ideale Gase gilt Gl. (3.120) exakt, denn für sie ist c_v nicht T-abhängig. Für Flüssigkeiten und feste Körper für die in Meteorologie und Klimatologie relevanten Fälle gilt sie in guter Näherung (vgl. Tab. 3.7).

3.2.3.5 Die potentielle Temperatur

Die Zustandsänderungen eines idealen Gases im allgemeinen Falle lassen sich durch eine geeignete Kombination der Gln. (3.114) bis (3.116) beschreiben. Wir wählen

$$T \, ds = c_p \, dT - \alpha \, dp \quad \text{oder} \quad ds = c_p \left(\frac{dT}{T} - \kappa \frac{dp}{p} \right) \,. \tag{3.121}$$

Dies läßt sich mit der *potentiellen Temperatur*

$$\Theta = T\left(\frac{p_0}{p}\right)^{\kappa}; \quad p_0 = 1000\,\text{hPa} \tag{3.122}$$

in die Form bringen:

$$\mathrm{d}s = c_p\,\frac{\mathrm{d}\Theta}{\Theta}. \tag{3.123}$$

Diese Version der Gibbsschen Form für das ideale Gas ist für die Thermodynamik von Planetenatmosphären grundlegend. Der Zusammenhang mit der Entropie gibt der potentiellen Temperatur eine fundamentale Rolle. Wenn man T in Gl. (3.121) mit der Gasgleichung eliminiert, so kann man statt Θ die *potentielle Dichte* einführen; sie ist zu Θ äquivalent. Das Konzept der potentiellen Dichte ist für Stabilitätsfragen und für Fragen der großräumigen Energetik nützlich. Wir besprechen drei Anwendungen der potentiellen Temperatur:

1. *Interpretation von* Θ. Ein Luftballen mit den Zustandsgrößen p, T werde isentrop auf den Druck p_0 komprimiert. Nach Gl. (3.123) ist dabei $\mathrm{d}\Theta = 0$, d. h. $\Theta = \text{const.}$ – das bedeutet: Beim Druck p_0 hat der Luftballen die Temperatur $T = \Theta$.
Die Zustandsgröße Θ eignet sich zur Charakterisierung von Luftmassen besser als die Temperatur T, denn sie ist gegen Druckänderungen invariant, T jedoch nicht. Für die Änderung von Θ durch Zu- oder Abfuhr von Entropie kommen in der Atmosphäre praktisch nur zwei Prozesse in Frage: Absorption von Strahlungsenergie sowie die Freisetzung von latenter Wärme durch Kondensation.
2. *Die Poissongleichung.* Wenn ein Gas seinen Zustand von Punkt 1 nach Punkt 2 isentrop ändert, so liefert Gleichsetzen der beiden Werte von Θ

$$\frac{T_2}{T_1} = \left(\frac{p_2}{p_1}\right)^{\kappa}. \tag{3.124}$$

Dasselbe ergibt sich, wenn man Gl. (3.118) zwischen 1 und 2 integriert. Gl. (3.124) heißt *Poissongleichung*. Mit der Zustandsgleichung kann man T und p durch ϱ (oder α) eliminieren und erhält die äquivalenten Poissongleichungen:

$$\frac{p_2}{p_1} = \left(\frac{\varrho_2}{\varrho_1}\right)^{\frac{1}{1-\kappa}}; \quad \frac{\varrho_2}{\varrho_1} = \left(\frac{T_2}{T_1}\right)^{\frac{1-\kappa}{\kappa}}. \tag{3.125}$$

3. *Thermodynamische Diagramme.* Die Gleichung (3.122) läßt sich in der Form schreiben

$$T = \Theta\left(\frac{p}{p_0}\right)^{\kappa}. \tag{3.126}$$

Man trägt wachsende Werte von $(p/p_0)^{\kappa}$ in einem rechtwinkligen Koordinatensystem auf der Ordinate nach unten und wachsende Werte von T auf der Abszisse nach rechts ab (Abb. 3.17). Das so entstehende *Stüve-Diagramm* wird von verschiedenen Wetterdiensten verwendet (Österreich, Deutschland). In ihm sind drei Kurvenscharen (Isothermen, Isobaren und Isentropen) Geraden; sie schneiden sich unter günstigem, d. h. nicht zu spitzem Winkel.

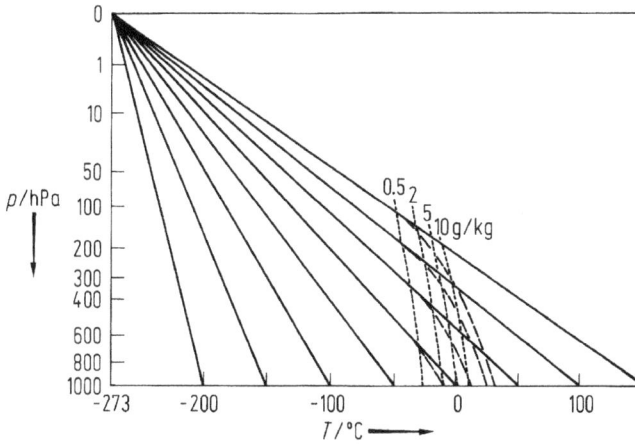

Abb. 3.17 Stüve-Diagramm oder Adiabatenblatt. Isothermen = Parallelen zur vertikalen Achse; Isobaren = Parallelen zur horizontalen Achse; Isentropen = schrägliegende Geraden, die sich im Ursprung schneiden. Abstand zweier Isothermen: äquidistant; Abstand zweier Isobaren: proportional zu $\Delta(p/p_0)^\kappa$; Steigung der Isentropen: proportional zu Θ. Gestrichelte Kurven: Feuchtisentropen, die asymptotisch in die Trockenisentropen hineinlaufen. Punktierte Kurven: Linien gleicher spezifischer Sättigungsfeuchte.

Der Wert solcher Diagramme (von denen es weitere Versionen gibt) wird in der Praxis durch zusätzliche Hilfskurven sehr gesteigert, vor allem durch Kurven gleicher pseudopotentieller Temperatur, gleicher spezifischer Sättigungsfeuchte, gleicher relativer Feuchte. Der Fachmann kann anhand eines im thermodynamischen Diagramm eingezeichneten Aufstiegs die charakteristischen Eigenschaften der Wetterlage oft mit einem Blick erkennen. – Zur Terminologie: Die Isentropen werden vielfach *Adiabaten* genannt. Und: Bisweilen wird die Größe $c_p(p/p_0)^\kappa$ als *Exner-Funktion* π bezeichnet.

3.2.3.6 Chemische Energie

Wenn das betrachtete physikalische System außer Kompressions- und Wärmeenergie auch Masse austauschen kann, so greifen wir auf die Gibbssche Gl. (3.99) zurück:

$$dE = -p\,dV + T\,dS + \mu\,dM\,. \tag{3.127}$$

Das chemische Potential μ ist die zu M gehörige intensive Größe. Analog zum Druckausgleich (durch Volumenstrom) oder Temperaturausgleich (durch Entropiestrom) gibt es einen Ausgleich des chemischen Potentials (durch Massenstrom). Das ist in Abb. 3.18 schematisch illustriert.

Wie bekommt man μ? Wir nehmen Homogenität an und schreiben Gl. (3.127) mit Hilfe von Gl. (3.107) um:

$$M(de + p\,d\alpha - T\,ds) = -(e + p\alpha - Ts - \mu)\,dM\,. \tag{3.128}$$

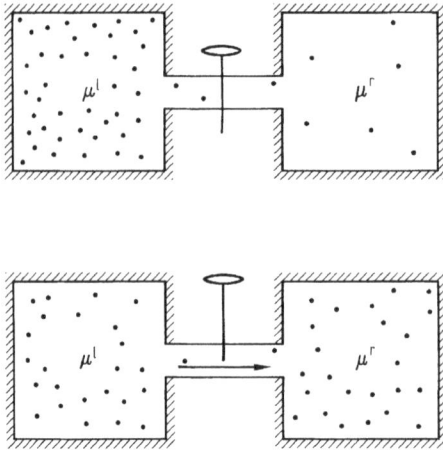

Abb. 3.18 Das chemische Potential des Gases im linken Behälter sei größer als im rechten: $\mu^l > \mu^r$. Wenn man den Hahn öffnet, so strömt Gas von links nach rechts und gleicht die chemischen Potentiale aus.

Die linke Klammer hängt wegen der Homogenität nicht von dM ab. Also muß sie verschwinden, d.h.

$$de = -p\,d\alpha + T\,ds\,. \tag{3.129}$$

Dies ist identisch mit Gl. (3.109). Weil andererseits Gl. (3.128) eine Identität ist, die auch für $dM \neq 0$ gilt, muß auch die rechte Klammer in Gl. (3.128) verschwinden, d.h.

$$\mu = e + p\alpha - Ts = h - Ts\,. \tag{3.130}$$

In der theoretischen Thermodynamik heißt diese Größe *freie Enthalpie* oder *Gibbs-Funktion*. Speziell für Gase gilt weiter

$$\mu = (c_p - s)\,T\,. \tag{3.131}$$

Was nützt das chemische Potential? Wir betrachten noch einmal den Gay-Lussac-Versuch von Abb. 3.18 und beschreiben ihn durch die Gibbssche Gleichung:

$$dE = T\,dS + \mu^l\,dM^l + \mu^r\,dM^r\,. \tag{3.132}$$

Hier wird keine Expansionsenergie abgeführt, wie in der Beschreibungsweise von Gl. (3.100), sondern das Gas in der linken Kammer (Masse M^l) hat ein anderes chemisches Potential (μ^l) als das Gas in der rechten Kammer (M^r, μ^r); E und S sind Energie und Entropie des Gesamtsystems, das Volumen des Systems (linke plus rechte Kammer) ist konstant, d.h. $dV = 0$. Wegen der Erhaltung der Masse muß

$$dM^l + dM^r = 0 \tag{3.133}$$

gelten. Da auch $dE = 0$, läßt sich Gl. (3.132) mit Gl. (3.133) schreiben

$$dS = -\frac{\mu^l - \mu^r}{T}\,dM^l\,. \tag{3.134}$$

Der Versuch verläuft von selbst so, daß die Entropie wächst ($dS > 0$) und daß Gas von links nach rechts strömt ($dM^l < 0$). Also muß zu Beginn $\mu^l > \mu^r$ sein. Nach Ende des Experiments ist $\mu^l = \mu^r$ geworden und die Entropie S hat ein Maximum erreicht.

Diese Überlegung läßt sich fast wörtlich auf das Phasengleichgewicht übertragen. Das Phasengleichgewicht beruht auf dem Austausch von Masse und daher von chemischer Energie zwischen beispielsweise der gasigen und der flüssigen Phase. *Verdampfen oder Kondensieren ist in diesem Sinne eine chemische Reaktion.* Es gibt zwei „Stoffe", die wir durch die Indizes g (gasförmig, ersetzt den Index l in Gl. (3.132) und f (flüssig, ersetzt den Index r) unterscheiden. Auch die zu Gl. (3.133) analoge Massenerhaltungsgleichung ist gültig. Also lautet die zu Gl. (3.134) analoge Gibbssche Gleichung bei der Verdampfung

$$dS = -\frac{\mu^g - \mu^f}{T}\, dM^g .\tag{3.135}$$

Gleichgewicht wird für $\mu^g = \mu^f$ erreicht. Wasser verdampft bei Untersättigung, d.h. wenn $\mu^g < \mu^f$; das Wasser fällt vom hohen chemischen Potential μ^f der flüssigen Phase in das niedrigere chemische Potential μ^g der gasförmigen Phase. Der Prozeß verläuft von selbst bei $dS > 0$, d.h. $dM^g > 0$ (der Dampfgehalt nimmt zu). Das Umgekehrte geschieht bei Übersättigung, ebenfalls mit dem Ergebnis $dS > 0$.

In der Einfachheit dieser Argumentation liegt die Bedeutung des chemischen Potentials. Die Phasenumwandlung ist in der Tat nur ein Spezialfall einer chemischen Reaktion, bei der Stoffe ineinander umgewandelt werden. Man beachte, daß die obige Darstellung keinen Gebrauch von der Gasgleichung machte, d.h. sie gilt für alle homogenen Stoffe, insbesondere auch für den Phasenübergang zwischen Wasser und Eis.

Das chemische Potential von Flüssigkeiten und Gasen. Das Differential von Gl. (3.130) lautet unter Beachtung von Gl. (3.129):

$$d\mu = \alpha\, dp - s\, dT .\tag{3.136}$$

Hier erscheint μ als Funktion von Druck und Temperatur, also

$$\frac{\partial \mu(p,T)}{\partial p} = \alpha(p,T)\,; \qquad \frac{\partial \mu(p,T)}{\partial T} = -s(p,T)\,.\tag{3.137}$$

Wegen $\alpha > 0$ und $s > 0$ steigt μ mit steigendem Druck und sinkt mit steigender Temperatur.

Die explizite Abhängigkeit $\mu = \mu(p,T)$ für einen Stoff bekommt man durch Auswertung der Formel (3.130) in Verbindung mit Gl. (3.137). Dabei benötigt man die Abhängigkeit von e, α und s von p und T. Für Wasser gilt

$$e(p,T) = e_0 + c_v(T - T_0)\,;\tag{3.138}$$

$$\alpha(p,T) = \alpha_0\,;\tag{3.139}$$

$$s(p,T) = s_0 + c_p\frac{T - T_0}{T_0}\,.\tag{3.140}$$

Die Größen e_0, α_0, s_0 sind praktisch konstant (druckunabhängig); c_p und c_v sind praktisch gleich (Tab. 3.7); die Entropie von Wasser wächst praktisch linear mit der

Temperatur. Einsetzen von Gl. (3.138) bis (3.140) in (3.130) liefert für Wasser in guter Näherung

$$\mu(p, T) = e_0 + \alpha_0 \, p - s_0 \, T \, . \tag{3.141}$$

Für Gase (speziell Wasserdampf) gilt

$$e(p, T) = e_0 + c_v(T - T_0) \, ; \tag{3.142}$$

$$\alpha(p, T) = \frac{RT}{p} \, ; \tag{3.143}$$

$$s(p, T) = \underbrace{s(p_0, T_0)}_{= \, s_0} + c_p \log \frac{T}{T_0} - R \log \frac{p}{p_0} \, . \tag{3.144}$$

c_p, c_v und R sind Naturkonstanten (Tab. 3.7). Einsetzen von Gl. (3.142) bis (3.144) in Gl. (3.131) liefert für Gase

$$\mu(p, T) = \left[R \log \frac{p}{p_0} + c_p \left(1 - \log \frac{T}{T_0} \right) - s_0 \right] T \, . \tag{3.145}$$

In Abb. 3.19 ist $\mu(p, T)$ für Wasser und für Wasserdampf bei konstanter Temperatur geplottet, zeigt also die Druckabhängigkeit des chemischen Potentials; sie ist für Wasser klein, für Wasserdampf groß. Abb. 3.19 ist so zu lesen: Wenn bei konstanter Temperatur der Dampfdruck links vom Schnittpunkt der Kurven liegt, so verdampft Wasser, denn das chemische Potential der Wasserphase ist höher als das der Gasphase. Bei Übersättigung dagegen (Dampfdruck rechts vom Schnittpunkt) tritt Kondensation auf, denn jetzt ist das chemische Potential der Gasphase höher.

In Abb. 3.20 ist $\mu(p, T)$ bei konstantem Druck geplottet, zeigt also die Temperaturabhängigkeit des chemischen Potentials. Wieder ist der Unterschied der Stei-

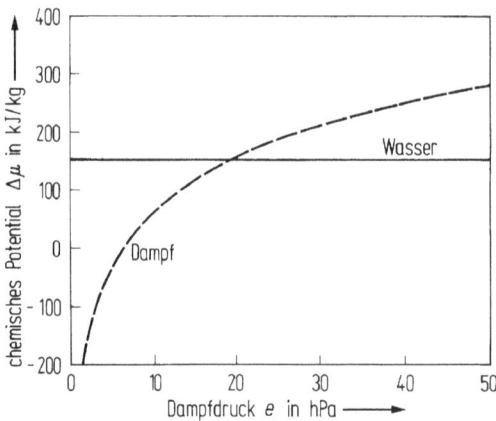

Abb. 3.19 Chemisches Potential von Wasser (Index f) und Wasserdampf (Index g) für $T_1 = 290 \, \text{K}$, $p_1 = 1918 \, \text{Pa}$, $\Delta\mu_0 = 153 \, \text{kJ/kg}$. Geplottet sind die Kurven (beachte $p \equiv e$):
$\Delta\mu^f = \mu^f(p, T_1) - \mu^g(p_0, T_1) = \Delta\mu_0$;
$\Delta\mu^g = \mu^g(p, T_1) - \mu^g(p_0, T_1) = \Delta\mu_0 + RT_1 \log(p/p_1)$.

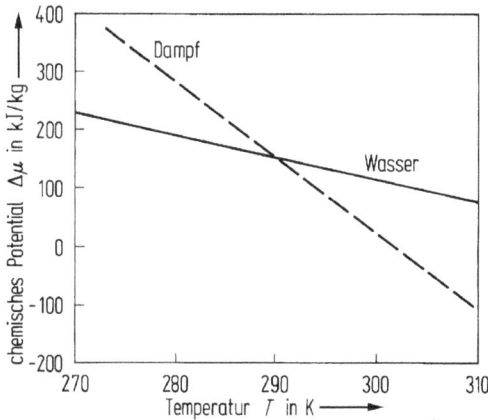

Abb. 3.20 Chemisches Potential von Wasser (Index f) und Wasserdampf (Index g) für $p_1 = 1918\,\text{Pa}$; Referenzwerte $p_0 = 611\,\text{Pa}$, $T_1 = 290\,\text{K}$, $s_0^f \simeq 3.8\,\text{kJ}\,\text{kg}^{-1}\,\text{K}^{-1}$, $s_0^g \simeq 13\,\text{kJ}\,\text{kg}^{-1}\,\text{K}^{-1}$. Geplottet sind die Kurven
$$\Delta\mu^f = \mu^f(p_1, T) - \mu^g(p_0, T_1) = \Delta\mu_0 - s_0^f(T - T_1)\,;$$
$$\Delta\mu^g = \mu^g(p_1, T) - \mu^g(p_0, T_1) = \Delta\mu_0 - s_0^g(T - T_1)\,.$$

gungen wesentlich, der hier durch den Unterschied der absoluten spezifischen Entropien bedingt wird. Abb. 3.20 ist so zu lesen: Wenn bei konstantem Dampfdruck die Temperatur zunächst rechts vom Schnittpunkt der Kurve liegt, so verdampft Wasser von höherem chemischem Potential und geht in die Gasphase. Bei sinkender Temperatur (abendliche Abkühlung) wird der Taupunkt unterschritten und das Wasser wird jetzt aus der Gasphase in die flüssige Phase gedrückt: Kondensation setzt ein.

3.2.4 Wasser in der Atmosphäre

In der Atmosphäre ist Wasser ein Spurenstoff. Sein Anteil in der Luft liegt in der unteren Troposphäre im Bereich von Promille (Außertropen) bis Prozent (Tropen). Dennoch ist das Wasser wegen seiner Umsetzbarkeit zwischen Dampf, Flüssigkeit und Eis eine besonders interessante und dazu wegen der hohen Phasenumwandlungswärmen eine energetisch besonders wichtige Substanz. Die zwischen den Phasen im globalen Maßstab fließenden Wasserströme bezeichnet man als den *hydrologischen Zyklus*.

3.2.4.1 Feuchtemaße

Für den Wasserdampf bzw. den Gehalt der Luft an kondensiertem Wasser haben sich eine Reihe von Spezialbezeichnungen eingebürgert:

1. *Spezifische Feuchte q.* Das ist das Verhältnis der Masse von Wasserdampf und feuchter Luft oder

$$q = \frac{\varrho_{\mathrm{w}}}{\varrho}\,; \quad \varrho = \varrho_{\mathrm{L}} + \varrho_{\mathrm{w}}\,. \tag{3.146}$$

ϱ_{w} ist die Dichte des reinen Wasserdampfes (auch *absolute Feuchte*), ϱ_{L} die des reinen Luftanteils. q hat die Dimension Eins. Als Einheit benutzt man vielfach $10^{-3} = \mathrm{g/kg}$. Die Werte von q liegen im Bereich 0 bis 30 g/kg. Bei Zustandsänderungen ohne Kondensation ist q konstant (*konservativ*).

2. *Mischungsverhältnis m.* Dies definiert man mit

$$m = \frac{\varrho_{\mathrm{w}}}{\varrho_{\mathrm{L}}}\,. \tag{3.147}$$

Mit $q = m/(1 + m)$ lassen sich m und q ineinander umrechnen. Zahlenmäßig sind sie praktisch gleich.

3. *Virtuelle Temperatur T_{v}.* Diese Größe wurde bereits in Gl. (3.51) definiert:

$$T_{\mathrm{v}} = T + \Delta T\,; \quad \Delta T = \frac{R_{\mathrm{W}} - R_{\mathrm{L}}}{R_{\mathrm{L}}}\, qT = 0.608\,qT\,. \tag{3.148}$$

ΔT heißt *Virtuellzuschlag* (Größenordnung 0 bis 4 K). T_{v} ist bei Zustandsänderungen im allgemeinen nicht konservativ.

4. *Dampfdruck e.* Der Partialdruck des Wasserdampfes heißt in der Meteorologie e. Dann gilt

$$e = R_{\mathrm{W}}\varrho_{\mathrm{w}} T\,. \tag{3.149}$$

Abweichungen von der idealen Gasgleichung (*van-der-Waals-Gleichung*) sind in der meteorologischen Praxis vernachlässigbar. Mit e schreiben sich spezifische Feuchte und Mischungsverhältnis

$$q = 0.622\,\frac{e}{p - 0.377e}\,; \quad m = 0.622\,\frac{e}{p - e}\,. \tag{3.150}$$

5. *Sättigungsdampfdruck e_{s}.* Jede Flüssigkeit steht mit ihrem eigenen Dampf im Gleichgewicht. Dies ist der Sättigungsdampfdruck (für den Wasserdampf e_{s}), er ist nur eine Funktion der Temperatur. Die Funktion $e_{\mathrm{s}}(T)$ wird im nächsten Abschnitt näher besprochen.

Der aktuelle Dampfdruck e kann sich von e_{s} unterscheiden, vorwiegend dann, wenn das feuchte Luftpaket weit von einer Wasseroberfläche entfernt ist. Ist $e < e_{\mathrm{s}}$ ($e > e_{\mathrm{s}}$), so spricht man von Unter-(Über-)sättigung. Die Atmosphärenluft ist praktisch stets untersättigt und nur im Inneren von Wolken gesättigt. In Abb. 3.19 ist der Abszissenwert $e = e_{\mathrm{s}}$ am Schnittpunkt der Kurven der Sättigungsdampfdruck.

6. *Relative Feuchte f.* Diese Größe ist definiert

$$f = \frac{e}{e_{\mathrm{s}}}\,; \quad 0 \le f \le 100\,\%\,. \tag{3.151}$$

Werte von $f > 100\,\%$ sind im Labor erzielbar ($f > 4$, Nebelkammer); die in der Atmosphäre vorkommenden Übersättigungen ($= f - 1$) liegen unter 1 %.

7. *Taupunkt* T_d. Der Taupunkt ist eine Temperatur. Man bestimmt sie, indem man das Luftpaket isobar bis zur Kondensation abkühlt. Dabei steigt f bis auf 1, e bleibt konstant, und $e_s(T)$ sinkt. Das Ergebnis ist

$$e_s(T_d) = e .\tag{3.152}$$

T_d ist die Abszisse am Schnittpunkt der Kurven in Abb. 3.20. Wenn e_s der Sättigungsdampfdruck über Eis ist, so heißt die zum Taupunkt T_d analoge Temperatur *Frostpunkt* (T_f).

Phasenumwandlungswärme. Für die Enthalpie eines Dampf-Wasser-Gemisches (ohne Luft) mit dem Dampfdruck p gilt nach Gl. (3.127):

$$dH = T\,dS + V\,dp + \mu^g\,dM^g + \mu^f\,dM^f .\tag{3.153}$$

Bei isobar-isothermer Verdampfung im Gleichgewicht ist

$$dp = 0 ; \quad \mu^g = \mu^f ; \quad dM^g + dM^f = 0 .\tag{3.154}$$

Das bedeutet

$$dH = T\,dS \quad \text{oder} \quad \underbrace{H^g - H^f}_{\Delta H} = T\underbrace{(S^g - S^f)}_{\Delta S} .\tag{3.155}$$

Tab. 3.8 Phasenumwandlungswärmen von Wasser, Einheit 10^3 kJ/kg (nach Herbert, 1987).

T [°C]	Kondensieren $L_{wv}/10^3$ kJ kg^{-1}	Gefrieren $L_{wi}/10^3$ kJ kg^{-1}	Sublimieren $L_{iv}/10^3$ kJ kg^{-1}
60	2.3580		
55	2.3702		
50	2.3823		
45	2.3945		
40	2.4062		
35	2.4183		
30	2.4300		
25	2.4418		
20	2.4535		
15	2.4656		
10	2.4774		
5	2.4891		
0	2.50084	0.3337	2.8345
− 10	2.5247	0.3119	2.8366
− 20	2.5494	0.2889	2.8387
− 30	2.5749	0.2638	2.8387
− 40	2.6030	0.2357	2.8387
− 50	2.6348	0.2035	2.8383
− 60			2.8366
− 70			2.8345
− 80			2.8316
− 90			2.8278
−100			2.8236

ΔH heißt *Verdampfungsenthalpie*, ΔS *Verdampfungsentropie*, die spezifische Größe

$$L = \frac{\Delta H}{\Delta M} = T \frac{\Delta S}{\Delta M} \tag{3.156}$$

heißt *latente* oder *Phasenumwandlungswärme*; ΔM ist die Masse des verdampfenden Stoffes. In der physikalischen Chemie bevorzugt man die molare Version von L. Diese Begriffsbildung gilt für alle Phasenübergänge (Kondensieren oder Verdampfen; Gefrieren oder Schmelzen; Sublimieren). L ist schwach temperaturabhängig (Tab. 3.8).

Die Clausius-Clapeyronsche Gleichung. Der Ansatz für den Phasenübergang lautet

$$\mathrm{d}(\mu^{\mathrm{g}} - \mu^{\mathrm{f}}) = 0 . \tag{3.157}$$

Er beschreibt die Gesamtheit der Zustände, in denen Phasengleichgewicht („Sättigung") herrscht; sie sind durch Gleichheit der chemischen Potentiale der beiden beteiligten Phasen gekennzeichnet. Wenn man μ^{g} und μ^{f} als Funktion von p und T betrachtet, so folgt aus Gl. (3.157) mit Gl. (3.137)

$$\underbrace{\frac{\partial \mu^{\mathrm{g}}(p,T)}{\partial p}}_{= \alpha^{\mathrm{g}}} \mathrm{d}p + \underbrace{\frac{\partial \mu^{\mathrm{g}}(p,T)}{\partial T}}_{= -s^{\mathrm{g}}} \mathrm{d}T - \underbrace{\frac{\partial \mu^{\mathrm{f}}(p,T)}{\partial p}}_{= \alpha^{\mathrm{f}}} \mathrm{d}p - \underbrace{\frac{\partial \mu^{\mathrm{f}}(p,T)}{\mathrm{d}T}}_{= -s^{\mathrm{f}}} \mathrm{d}T = 0 . \tag{3.158}$$

Umordnen liefert

$$\frac{\mathrm{d}p}{\mathrm{d}T} = \frac{s^{\mathrm{g}} - s^{\mathrm{f}}}{\alpha^{\mathrm{g}} - \alpha^{\mathrm{f}}} . \tag{3.159}$$

Die Gleichung beschreibt die Änderung des Sättigungsdampfdruckes mit der Temperatur. Für den Phasenwechsel Dampf-Wasser bzw. Dampf-Eis hat man p durch e_{s} zu ersetzen.

Für diese Phasenübergänge beachten wir $\alpha^{\mathrm{f}} \ll \alpha^{\mathrm{g}}$, d.h. α^{f} ist vernachlässigbar. Ferner wird die Phasenumwandlungsentropie $s^{\mathrm{g}} - s^{\mathrm{f}}$ gemäß Gl. (3.156) durch L/T ersetzt. Das führt Gl. (3.159) über in

$$\frac{\mathrm{d}e_{\mathrm{s}}}{e_{\mathrm{s}}} = \frac{L}{R_{\mathrm{W}}} \frac{\mathrm{d}T}{T^2} \quad \rightarrow \quad e_{\mathrm{s}}(T) = e_{\mathrm{s}}(T_0) \exp\left[\frac{L}{R_{\mathrm{W}}} \left(\frac{1}{T_0} - \frac{1}{T} \right) \right] . \tag{3.160}$$

Hierbei ist α^{g} mit der Gasgleichung für Wasserdampf eliminiert worden. Die Differentialgleichung in der Form (3.159) oder (3.160) heißt *Clausius-Clapeyronsche Gleichung*. In der integrierten Fassung ist die Temperaturabhängigkeit von L vernachlässigt. Eine entsprechende Gleichung gibt es auch für den Dampf-Eis-Übergang. Abb. 3.21 zeigt die Kurven des Sättigungsdampfdruckes. Der exponentielle Anstieg ist die Ursache, daß warme Luft im allgemeinen viel mehr Wasserdampf enthält als kalte Luft. Der Unterschied der Kurven über Wasser und Eis ist die Grundlage für den Bergeron-Findeisen-Prozeß in der Wolkenphysik (vergleiche Abschn. 3.2.4.3 unten).

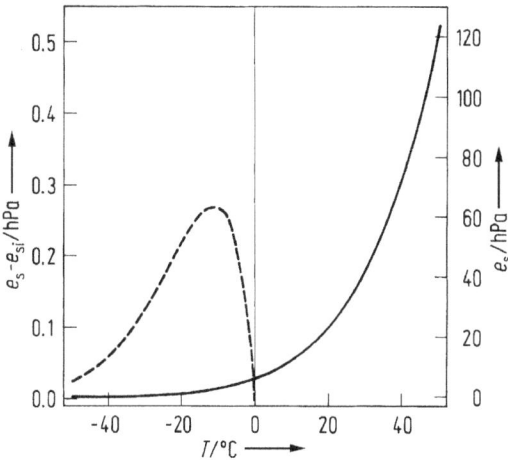

Abb. 3.21 Sättigungsdampfdruck e_s über einer ebenen Wasseroberfläche (durchgezogen, rechte Ordinate) und über Eis (gestrichelt, linke Ordinate, dargestellt ist $e_s - e_{si}$) (für tabellierte Daten vgl. List, 1986).

3.2.4.2 Die äquivalentpotentielle Temperatur

Die spezifische Enthalpie eines Luft-Wasserdampf-Gemisches läßt sich schreiben:

$$\mathrm{d}h(p, T, q) = \underbrace{\frac{\partial h(p, T, q)}{\partial p}}_{= 0} \mathrm{d}p + \underbrace{\frac{\partial h(p, T, q)}{\partial T}}_{= c_p} \mathrm{d}T + \underbrace{\frac{\partial h(p, T, q)}{\partial q}}_{= L} \mathrm{d}q \,.$$

$$= c_p \,\mathrm{d}T + L \,\mathrm{d}q \,. \tag{3.161}$$

Die ersten beiden Koeffizienten dieser Entwicklung $(0, c_p)$ ergeben sich daraus, daß die Enthalpie eines Gases durch $c_p T$ gegeben ist (solange keine Kondensation eintritt); der dritte Koeffizient folgt aus der massenspezifischen Schreibweise der Gl. (3.156). Für c_p hat man das gewogene Mittel aus c_{pL} (reine Luft) und c_{pW} (reiner Wasserdampf) zu verwenden; meist ist aber $c_p \approx c_{pL}$ eine ausreichende Näherung. Die Größe $c_p T + Lq$ nennt man auch die *feuchte Enthalpie* im Unterschied zur *trockenen Enthalpie* $c_{pL} T$.

Andererseits gilt für das homogene Gemisch die Gibbssche Form (3.111). Gleichsetzen liefert

$$T \,\mathrm{d}s = - \alpha \,\mathrm{d}p + c_p \,\mathrm{d}T + L \,\mathrm{d}q \,. \tag{3.162}$$

Wenn man hier α mit der Gasgleichung eliminiert, $T_v \approx T$ setzt und zusätzlich die Näherung

$$\frac{L}{T} \,\mathrm{d}q \simeq \mathrm{d}\,\frac{Lq}{T} \tag{3.163}$$

benutzt, so schreibt sich Gl. (3.162) in Analogie zu Gl. (3.123)

$$\mathrm{d}s = c_p \frac{\mathrm{d}\Theta_\mathrm{e}}{\Theta_\mathrm{e}} \quad \text{mit} \quad \Theta_\mathrm{e} = \Theta\, e^{Lq/c_p T}. \tag{3.164}$$

Die Größe Θ_e heißt *äquivalentpotentielle Temperatur*; Θ ist die gewöhnliche potentielle Temperatur. Der Vorsatz „äquivalent" bezieht sich darauf, daß bei isentropen Zustandsänderungen *mit* Kondensation, bei denen sich Θ ja ändert, Θ_e konstant bleibt. Folgende Prozesse lassen sich mit Hilfe von Θ und Θ_e einfach darstellen:

1. *Trockenisentrope Prozesse.* Hier ist $\mathrm{d}s = 0$ und $\mathrm{d}q = 0$, d.h. $\Theta_\mathrm{e} = \Theta = \text{const.}$
2. *Feuchtisentrope Prozesse.* Hier ist $\mathrm{d}s = 0$, d.h. $\Theta_\mathrm{e} = \text{const.}$ Obwohl Kondensation bzw. Verdunstung stattfindet, ist Θ_e konservativ. Linien gleicher äquivalentpotentieller Temperatur sind in Abb. 3.22 gestrichelt eingezeichnet. In größeren Höhen der Atmosphäre, wo q gegen Null geht, laufen sie in die Isentropen $\Theta = \text{const.}$ hinein.
3. *Feuchte statische Energie.* Wenn man $\alpha\,\mathrm{d}p$ in Gl. (3.162) mit der statischen Gleichung eliminiert, so erhält man

$$T\,\mathrm{d}s = \mathrm{d}\Phi + c_p\,\mathrm{d}T + L\,\mathrm{d}q. \tag{3.165}$$

Die Größe $\Phi + c_p T + Lq$ wird als *feuchte statische Energie* bezeichnet. Bei feuchtisentropen Prozessen ist sie ebenso konservativ wie Θ_e. Allerdings ist bei starker Konvektion die statische Gleichung verletzt; dann ist die feuchte statische Energie nur näherungsweise konservativ.

4. *Feuchtlabilität.* Eine Atmosphäre mit nach oben hin steigendem Θ ist statisch stabil (vgl. Abschn. 3.2.8.3). Die globale Atmosphäre ist in diesem Sinne trockenstabil geschichtet (Abb. 3.22). Wenn Θ_e nach oben hin zunimmt, ist die Atmosphäre stabil gegen feuchtisentrope Umlagerungen, sonst ist sie feuchtlabil. Die Atmosphäre ist in den Außertropen sowie in der Höhe in den Tropen feuchtstabil,

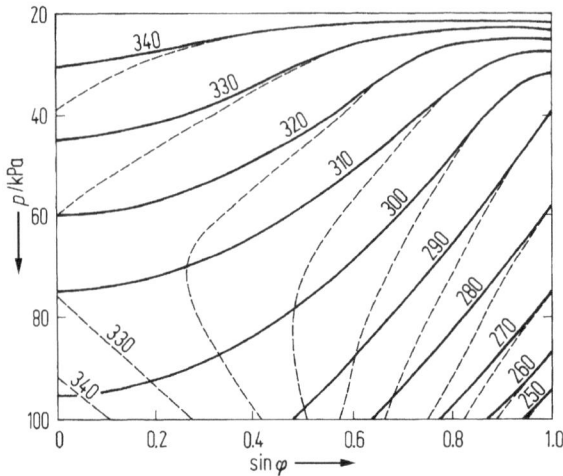

Abb. 3.22 Potentielle Temperatur (Θ, durchgezogen) und äquivalentpotentielle Temperatur (Θ_e, gestrichelt), Einheit K, im zonalen Mittel der Nordhalbkugel, Jahreszeit Dezember–Januar–Februar. Abszisse $\sin\varphi$ (φ = geographische Breite), Ordinate Druck, nach unten zunehmend (nach Lorenz, 1978).

in der unteren tropischen Troposphäre jedoch feuchtlabil. Für $\sin\varphi = 0.27$ (entspricht $10°$ Breite) herrscht an der Oberfläche z. B. $\Theta_e = 330$ K, in 70 kPa dagegen $\Theta_e = 320$ K; diese Schichtung ist feuchtlabil. Die Feuchtlabilität der Tropen äußert sich in hochreichender Konvektion und dem Niederschlagsmaximum am Äquator. Im Sommer unserer Breiten haben wir ebenfalls bisweilen tropische Verhältnisse.

3.2.4.3 Tropfenbildung und Tropfenwachstum

In der Atmosphäre tritt kondensiertes Wasser nicht über einer ebenen Oberfläche, sondern über einer gekrümmten auf. Das vergrößert den Gleichgewichtsdruck. Der Binnendruck in einem Tropfen hängt vom Radius und von der Oberflächenspannung ab. Nach Abb. 3.23 ist:

$$p_i = \frac{2\sigma}{r}; \quad \sigma_{H_2O} = 0.075 \, \text{N/m}; \quad p_i(r = 1\,\mu m) = 1.5 \cdot 10^5 \, \text{Pa} . \tag{3.166}$$

Für Tröpfchen vom Radius $1\,\mu m$ ist das ein Binnendruck von 1.5 Atmosphären. Der Sättigungsdampfdruck e_c über einer gekrümmten Oberfläche wird gegeben durch die *Kelvinsche Formel*:

$$f = \frac{e_c}{e_s} = \exp\left(\frac{p_i}{\varrho^* R^* T}\right) . \tag{3.167}$$

ϱ^* ist die Mengdichte von Wasser (ca. drei Ordnungen größer als die von Wasserdampf). Aus Gl. (3.167) folgt für die relative Feuchte $f \geq 1$, d. h. Übersättigung.

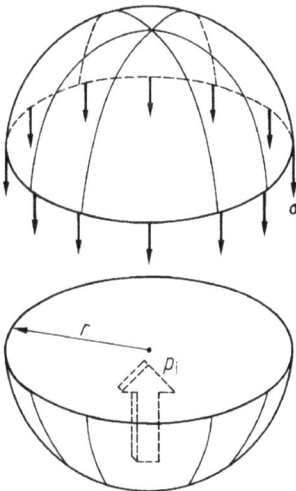

Abb. 3.23 Zum Binnendruck p_i in einem Tropfen mit dem Radius r. Man stelle sich zwei Hälften eines Ballons vor, die man mit gespannten Seilen zusammenzuhalten sucht. Dazu braucht man die Kraft $K = 2\pi r\sigma$. Der Proportionalitätsfaktor σ heißt Oberflächenspannung, definiert als Kraft durch Umfang. Andererseits übt der Binnendruck p_i die gleiche Kraft aus: $K = \pi r^2 p_i$.

Der kritische Tropfenradius ist

$$r_c = \frac{2\sigma}{nkT \log f};$$ (3.168)

n ist die Zahl der Wassermoleküle durch Volumen, k die Boltzmann-Konstante (man beachte $\varrho^* R^* = nk$). Tropfen mit $r < r_c$ verdampfen spontan. Umgekehrt braucht man Übersättigungen von > 4 (d. h. $f > 5$), um aus Wasserdampf Tropfenembryonen durch spontane *homogene* Kondensation zu erzeugen. Experimentell wird dies in der Nebelkammer gemacht.

Tropfenbildung. Homogene Kondensation kommt in der natürlichen Atmosphäre nicht vor. Natürliche Übersättigungen liegen im Bereich von $f \simeq 1.001$ vor, also nur wenig über der idealen Sättigungskurve einer ebenen Wasseroberfläche. Der Mechanismus, der die Tropfenbildung im Frühstadium ermöglicht, ist die Dampfdruckerniedrigung durch gelöste, selbst nicht verdampfende Stoffe, z. B. Salze (*Raoultsches Gesetz*)

$$f = \frac{e_s(M_A^*)}{e_s(M^*)} = \frac{M^*}{M^* + M_A^*}.$$ (3.169)

Hier ist M^* die Molzahl des Lösungsmittels (Wasser), M_A^* die der Verunreinigung, und $e_s(M^*)$ bzw. $e_s(M_A^*)$ die entsprechenden Sättigungsdampfdrucke. Wenn man die Dissoziation der Moleküle berücksichtigt, so ergibt sich für kugelförmige Tropfen aus dem Kelvinschen und dem Raoultschen Gesetz die sog. *Köhlerkurve*:

$$f = 1 + \frac{c_1}{r} - c_2 \frac{M}{r^3}.$$ (3.170)

Die Größen c_1, c_2 enthalten Naturkonstanten, c_2 insbesondere die Zahl der Ionen, in die der gelöste Stoff dissoziiert (z. B. NaCl dissoziiert in zwei, $(NH_4)_2SO_4$ in drei Ionen). M ist die Masse des gelösten Stoffes. Abb. 3.24 zeigt f als Funktion von r.

Tropfenwachstum durch Kondensation. Wenn sich der Tropfen in einer übersättigten Atmosphäre oberhalb der Köhlerkurve (Abb. 3.24) aufhält, so wächst er durch Kondensation. Der Diffusionsfluß zum Tropfen hin ist $\boldsymbol{F} = -D\nabla q\varrho$; hier ist $q\varrho$ die Wasserdampfdichte (absolute Feuchte), D ist eine Diffusionskonstante. Die Masse des Tropfens sei m, seine zeitliche Änderung ist $dm/dt = 4\pi r^2 F$, wobei $F = |\boldsymbol{F}|$. Für die zeitliche Änderung des Tropfenradius r ergibt sich daraus

$$r \frac{dr}{dt} = \frac{D}{\varrho_W R_W T} [e_\infty - e(r)].$$ (3.171)

Hierin ist ϱ_W die Dichte von kondensiertem Wasser, R_W die Gaskonstante von Wasserdampf; e_∞ ist der Umgebungsdampfdruck. Die Lösung von Gl. (3.171) ist eine Funktion, bei der Radien von 20 µm in 1 Stunde erreicht werden (Fleagle and Businger, 1980). Niederschlagsteilchen beginnen aber bei Radien von ca. 100 µm (Abb. 3.25). Mit dem Kondensationswachstum allein ist diese Lücke nicht zu überbrücken. Die Tröpfchengröße wird durch den Prozeß der Koagulation und Koaleszenz erreicht, der das selektive Sinken der Wolkentröpfchen zur Voraussetzung hat. Damit wird der Prozeß der Niederschlagsbildung eingeleitet.

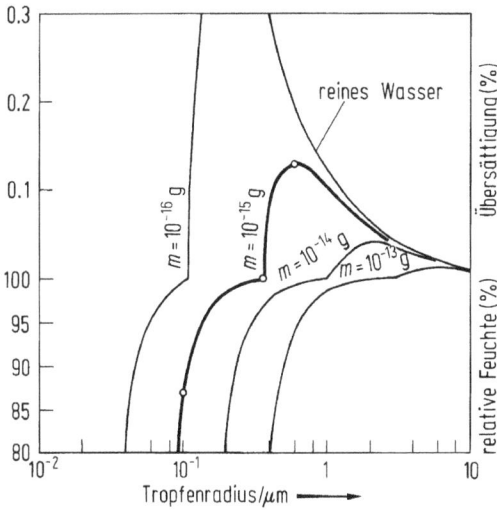

Abb. 3.24 Köhler-Diagramm: Verhältnis des Dampfdruckes über einer gekrümmten zu dem einer horizontalen Wasseroberfläche, dargestellt als relative Feuchte f (bei Untersättigung) bzw. $f_{Ü}$ (Übersättigung), jeweils in Prozent. f hängt ab von der Masse der Verunreinigung (hier Kochsalz) und dem Tröpfchenradius (nach Mason, hier reproduziert nach Fortak, 1982).

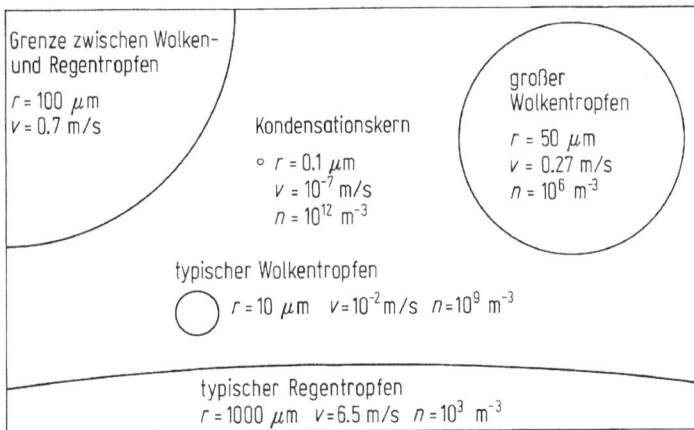

Abb. 3.25 Größenvergleich von Kondensationskernen, Wolken- und Regentropfen. Radius r in μm; Fallgeschwindigkeit v in m/s; Anzahl der Partikel im Volumen in m^{-3} (nach McDonald, 1958).

Regenbildung in warmen Wolken. Als „warm" wird eine Wolke bezeichnet, in der während ihrer gesamten Entwicklung nur flüssiges Wasser vorkommt. Da Wassertröpfchen je nach Art der Kondensationskerne stark unterkühlt werden können, also bei Temperaturen weit unter 0 °C flüssig bleiben, spricht man häufig auch bei einer unterkühlten Wasserwolke von einer „warmen" Wolke. Typischerweise sind

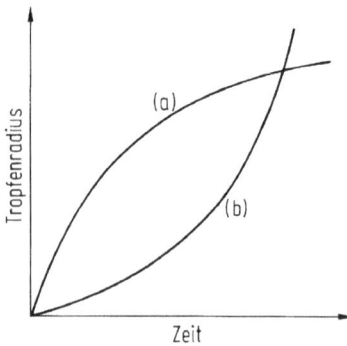

Abb. 3.26 Schematischer Zeitverlauf des Tropfenwachstums durch Kondensation (a) und Koaleszenz (b) (nach Wallace and Hobbs, 1977).

deshalb Wolken bis zu einer Temperatur von $-3\,^{\circ}$C, im Extremfall sogar noch deutlich darunter, reine Wasserwolken und daher „warm".

Das Wachstum der Wolkentröpfchen zu Regentropfen in einer warmen Wolke kann nur durch *Kollision* und *Koaleszenz* (Zusammenwachsen) erfolgen (Abb. 3.26). Die Fallgeschwindigkeit der Tröpfchen (bezogen auf ruhende Luft) hängt von ihrer Größe ab; größere Tröpfchen sinken schneller als kleine. Das führt zur Kollision von verschieden großen Tröpfchen. Nicht jedes Tröpfchen, das im Wege eines größeren Tropfens liegt, kollidiert mit diesem. Sehr kleine Tröpfchen werden häufig aerodynamisch um den größeren Tropfen herumgeführt. Auch nicht bei jeder Kollision folgt Koaleszenz. Kollisions- und Koaleszenzeffizienz in Abhängigkeit der Radien beider Tröpfchen sind durch Laborexperimente bekannt. Die Kollisionseffizienz ist besonders hoch für Tröpfchen ähnlicher Größe, die einen Radius von mindestens 30 μm haben; die Koaleszenzeffizienz ist hingegen für Tröpfchen stark unterschiedlicher Radien höher. Ein großes Tröpfchen kollidiert also zwar selten mit sehr kleinen, koalesziert dann jedoch meistens. Annähernd gleich große Tröpfchen kollidieren häufig, jedoch findet selten eine Koaleszenz statt. Das Produkt aus Kollision- und Koaleszenzeffizienz wird auch *Akkretionseffizienz* genannt.

Mit zunehmender Größe eines Tröpfchens geht das weitere Wachstum durch Koaleszenz immer rascher vonstatten, so daß es innerhalb der Lebensdauer einer warmen Konvektionswolke (20–30 min) zu Regen kommen kann. Besonders effektiv ist die Regenbildung in warmen Wolken bei hohem Feuchtegehalt der Luft, wie in den Tropen oder Subtropen, und bei wenigen, dafür aber großen Kondensationskernen, wie sie in maritimen Luftmassen typisch sind. Über den Kontinenten der mittleren und polaren Breiten ist dagegen ein nennenswerter Regen aus warmen Wolken äußerst selten.

Niederschlagsbildung in kalten Wolken. Besteht eine Wolke gänzlich oder zumindest in einem Teil während ihres Lebenszyklus aus Eispartikeln, so heißt sie „kalt". Mischformen, bei denen im oberen Teil Eis, im unteren Wassertröpfchen vorherrschen, werden auch „kühle" Wolken genannt. Im Gegensatz zu den warmen Wolken kommt bei kalten Wolken ein gänzlich anderer Mechanismus des Wachstums der

Wolkenpartikel zu Niederschlagsteilchen zum Tragen. Befindet sich ein Eiskristall in der Umgebung unterkühlter Wassertröpfchen, so bedeutet eine Wasserdampfsättigung bezüglich der flüssigen Tröpfchen eine erhebliche Übersättigung bezogen auf die Eispartikel: Der Eiskristall wächst sehr schnell auf Kosten der Tröpfchen durch Sublimation (*Bergeron-Findeisen-Prozeß*, vgl. Abb. 3.21). Der sich rasch vergrößernde Kristall beginnt relativ zu den Wassertröpfchen zu fallen und zerbricht bei einer Kollision mit Tröpfchen in Splitter, die wiederum als neue eigenständige Kristalle weiterwachsen. Eine Kettenreaktion – die Vereisung einer unterkühlten Wasserwolke – beginnt.

Wie entsteht der erste Eiskristall? Experimente an unterkühlten Tröpfchen chemisch reinen Wassers zeigen, daß eine spontane (homogene) Nukleation erst bei sehr tiefen Temperaturen einsetzt, bei Tröpfchen mit einem Radius von wenigen µm erst bei rund $-40\,°C$. Das atmosphärische Aerosol enthält jedoch neben den Kondensationskernen auch feinste kristalline (meist mineralische) Partikel, die zu einer *heterogenen Nukleation* von Eis führen und *Eiskeime* genannt werden. Dieser Vorgang findet bei wesentlich höheren Temperaturen als bei der homogenen Nukleation statt und zwar um so eher, je ähnlicher die Kristallstruktur des Eiskeimes der hexagonalen Kristallstruktur des Eises ist. Die Wahrscheinlichkeit ist hoch, daß in einem großen Tropfen ein Eiskeim eingeschlossen ist. Daher zeigt die Gefriertemperatur bei heterogener Nukleation eine starke Zunahme mit dem Tropfenradius (Abb. 3.27). Am häufigsten vereisen Wolken in der Atmosphäre zwischen $-5\,°C$ und $-15\,°C$, also gerade in einem Temperaturbereich, in dem der maximale Unterschied zwischen dem Sättigungsdampfdruck über Wasser und Eis auftritt (Abb. 3.21). Dies erklärt auch, warum die Umwandlung einer Wasser- in eine Eiswolke so rasch vor sich geht. Das Wachstum der Eiskristalle erfolgt anfänglich durch Sublimation, später zunehmend durch *Akkretion* von unterkühlten Wassertröpfchen, die bei der Kollision spontan am Eiskristall anfrieren. Im Gegensatz zur Akkretion bei warmen Wolken spielen die elektrische Ladung und die dadurch verursachten elektrostatischen Kräfte bei kalten Wolken eine bedeutende Rolle.

Die Kristallform hängt von der Temperatur und von der Übersättigung ab. Die Akkretion äußert sich als Bereifung des Kristalls. Aus dem Aussehen einer Schneeflocke läßt sich also ihr Werdegang rekonstruieren. Bei hinreichend starker Kon-

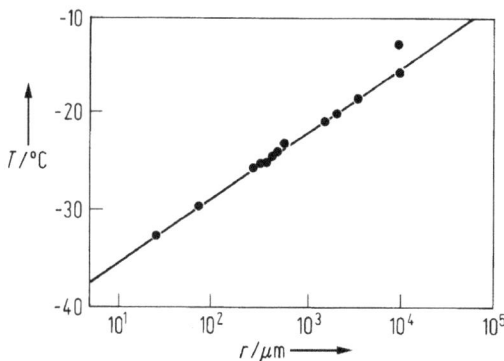

Abb. 3.27 Mittlere Temperatur T beim heterogenen Gefrieren von Wassertropfen als Funktion des Tropfenradius r (nach Wallace and Hobbs, 1977).

vektion können auch größere Niederschlagspartikel im Aufwind in Schwebe gehalten werden und dabei erheblicher Akkretion ausgesetzt werden. Graupel oder im Extremfall Hagel sind die Folge. Die Schichten aus Klareis beim Hagel entstehen durch sehr starke Akkretion oder bei Temperaturen knapp unter $0\,°C$, die porösen Eisschichten mit zahlreichen Lufteinschlüssen durch schwache Akkretion oder im Bereich weit unter $0\,°C$.

3.2.5 Chemie der Atmosphäre

Die Atmosphäre ist ein Gas, das sich aus verschiedenen Komponenten (teils konstant, teils variabel) zusammensetzt (Abb. 3.28). Bis in eine Höhe von 100 km ist die chemische Zusammensetzung der Atmosphäre annähernd konstant (*Homosphäre*). Der gesamte chemische Aufbau, insbesondere die Auswirkungen der Spurenstoffe auf die physikalischen Prozesse, sind wichtiges Teilgebiet der Meteorologie.

Wäre die chemische Zusammensetzung der Atmosphäre konstant, so würde man nicht viel Zeit damit verlieren. Schwierig wird das Thema durch die zeitlich und räumlich stark veränderlichen Bestandteile (Gase, Wolkenpartikel sowie Aerosole); ihr Massenanteil ist gering, aber Strahlungs- und sonstige Auswirkungen können erheblich sein. Die Chemie der Atmosphäre beschäftigt sich also damit, wie die Spurenstoffe erzeugt werden, wie sie sich ineinander umwandeln und schließlich, wie sie die Atmosphäre wieder verlassen.

Erzeugt werden Spurengase und Aerosole in erster Linie an der Erdoberfläche, von wo aus sie durch vertikale Vermischung in die Troposphäre gelangen; Beispiele sind Wasserdampf und Kohlendioxid sowie der Großteil des Aerosols (Staub, Pollen, Verbrennungsvorgänge über Land; Salzteilchen, Dimethylsulfid über See). Die Um-

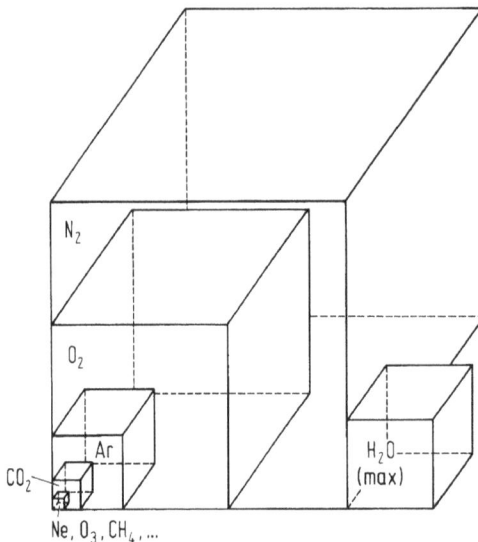

Abb. 3.28 Zusammensetzung der homogenen Atmosphäre. Volumen der Schachteln proportional zum Volumenbruchteil des jeweiligen Partialgases.

wandlung ineinander in der freien Atmosphäre ist typisch für die Aerosol- und Niederschlagsbildung (kondensierte Phase entsteht aus der gasförmigen Phase); diese Umwandlungsprozesse kann man auch als Erzeugung interpretieren. Schließlich müssen die Spurenstoffe die Atmosphäre wieder verlassen. Den großen Aerosolen gelingt dies durch Sedimentation. Den kleinen, schwebenden Teilchen und manchen Gasen gelingt es durch *nasse Deposition* (Anlagerung an Niederschlagspartikel und Ausregen) sowie durch *trockene Deposition* (vertikale Diffusion; Umwandlung in die kondensierte Phase und Sedimentation).

3.2.5.1 Chemische Grundbegriffe

Hier seien einige chemische Grundbegriffe vor allem aus dem Gebiet der Stöchiometrie zusammengestellt.

1. *Begriff der Stoffportion.* Das ist ein abgegrenzter Materiebereich; früher sagte man vielfach „System" (für gasförmige Stoffportionen auch „Paket"; für eine Stoffportion Luft auch „Luftballen"). Die *Qualität* der Stoffportion beschreibt man durch ihren Namen (Beispiel: Eine Stoffportion feuchte Luft). Die *Quantität* der Stoffportion beschreibt man durch ihre extensiven Zustandsgrößen: Stoffmenge M^*, Masse M, Volumen V, Teilchenzahl N, Energie E, Konzentration der Bestandteile etc.

2. *Umwandlung von Quantitätsgrößen.* Menge M^* und Masse M sind einander proportional; der Proportionalitätsfaktor heißt *molare Masse*. Beispiel für Umrechnung: Die molare Masse von Disauerstoff O_2 beträgt $m^*(O_2) = 32.0\ \mathrm{kg/kmol}$; man berechne die Stoffmenge $M^*(O_2)$ einer Stoffportion Disauerstoff mit der Masse $M(O_2) = 10\ \mathrm{g}$. Antwort:

$$M^*(O_2) = \frac{M(O_2)}{m^*(O_2)} = 0.31\ \mathrm{mol}\,. \qquad (3.172)$$

Allgemein nennt man stoffmengenbezogene Größen molar (in dieser Darstellung: kleine Buchstaben, *) und massenbezogene Größen spezifisch (kleine Buchstaben, kein Index). Beispiele: Molare Masse m^*; molare Enthalpie $h^* = H/M^*$; spezifisches Volumen $\alpha = V/M$. Ein weiteres Beispiel ist die molare Teilchenzahl $a^* = N/M^*$; sie ist eine Naturkonstante (auch: Avogadro-Konstante, $N_A = a^* = R^*/k = 6.022 \cdot 10^{23}\ \mathrm{mol}^{-1}$). Volumenbezogene Größen nennt man gewöhnlich Dichten. Beispiel: Teilchenzahldichte $n = N/V$.

3. *Gesetz von der Erhaltung der Masse.* Die Masse einer beliebigen Stoffportion ist unveränderlich.

4. *Gesetz von der Unveränderlichkeit der Grundstoffe.* Ein Grundstoff (genauer: der Atomkern des betreffenden chemischen Elementes) kann nicht durch chemische Reaktionen verändert oder in einen anderen Stoff übergeführt werden.

5. *Gesetz der konstanten Proportionen.* Eine chemische Verbindung hat eine konstante Zusammensetzung, d.h. sie enthält immer dieselben Elemente in bestimmten, für diese Verbindung charakteristischen, Mengenverhältnissen (Ausnahme: nichtstöchiometrische Verbindungen). In einer chemischen Verbindungsformel ist das Verhältnis der Formelindizes der Elemente gleich dem Verhältnis der Stoffmengen.

6. *Absolute und relative Masse der Atome und Moleküle.* Die atomare Masseneinheit u ist definiert als 1/12 der Masse eines Atoms des Kohlenstoffisotops ^{12}C. Mit der molaren Masse $m^*(^{12}C)$ dieses Isotops und der molaren Teilchenzahl a^* folgt

$$u = \frac{1}{12} \frac{m^*(^{12}C)}{a^*} = 1.660566 \cdot 10^{-27} \text{ kg}. \tag{3.173}$$

Die relative Atommasse mit der Dimension Eins ist bei gegebener absoluter Masse $M(A)$ des Atoms

$$A_r = \frac{M(A)}{1/12\,M(^{12}C)}. \tag{3.174}$$

Beispiel: Das Wasserstoffisotop ^{1}H hat die molare Masse $m^*(^1H) = 1.008$ kg/kmol; die relative Masse 1.008; und die absolute Masse $1.008\,u$. Analog ist die relative Molekülmasse definiert.

3.2.5.2 Chemische Zusammensetzung der Atmosphäre

In diesem Abschnitt besprechen wir zuerst kurz die Entstehung, d.h. die Geschichte der Atmosphäre und anschließend ihre heutige chemische Zusammensetzung.

Entstehung der Atmosphäre. Man nimmt heute an, daß sich die älteste Erdatmosphäre aus der Entgasung von Vulkanen entwickelt hat. Diese Primordialatmosphäre (vor 4–5 Milliarden Jahren) setzte sich vorwiegend aus Wasserdampf, Kohlendioxid und Schwefelverbindungen zusammen; freier Sauerstoff war nicht vorhanden. Die alte Atmosphäre war nicht oxidierend wie heute, sondern reduzierend.

Wie wurde der freie Sauerstoff gebildet, der für das heutige Leben unabdingbar ist? Er wurde weder aus dem Erdinneren ausgegast, noch in nennenswerten Mengen durch Photodissoziation von H_2O oder CO_2 gebildet. Jedoch reichten die geringen durch Photodissoziation gebildeten Mengen in der Frühphase der Erde aus, um erstes organisches Leben zu ermöglichen. Dadurch setzte der Mechanismus der *Photosynthese grüner Pflanzen* ein. Der heutige Sauerstoff ist also ein Nebenprodukt der Photosynthese. Die Summenreaktion dafür lautet:

$$6\,CO_2 + 6\,H_2O + hv \xrightarrow{\text{Chlorophyll}} C_6H_{12}O_6 + 6\,O_2. \tag{3.175}$$

CO_2 und H_2O sind energetisch wertlos, Zucker ($C_6H_{12}O_6$) ist energetisch wertvoll; die Energie kommt aus dem reichlich vorhandenen Sonnenlicht, das Chlorophyll ist Katalysator (Abb. 3.29).

Wird der Prozeß (3.175) in umgekehrter Richtung durchlaufen, d.h. *veratmet* der Zucker, so wird die ursprüngliche Lichtenergie als chemische Energie frei. Wenn der Zucker nicht veratmet, sondern zu Alkohol vergärt wird,

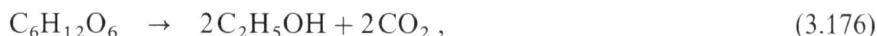

$$C_6H_{12}O_6 \quad \rightarrow \quad 2\,C_2H_5OH + 2\,CO_2, \tag{3.176}$$

so wird nur der 14. Teil der Energie gewonnen wie bei der Umkehrreaktion zu Gl. (3.175). Die von den niederen Lebewesen als Energielieferant verwendete Gärungsreaktion ist also sehr viel ineffizienter als die von den höheren Lebewesen verwendete Veratmung. Die Kohlenhydrate, welche die photosynthetisierenden Orga-

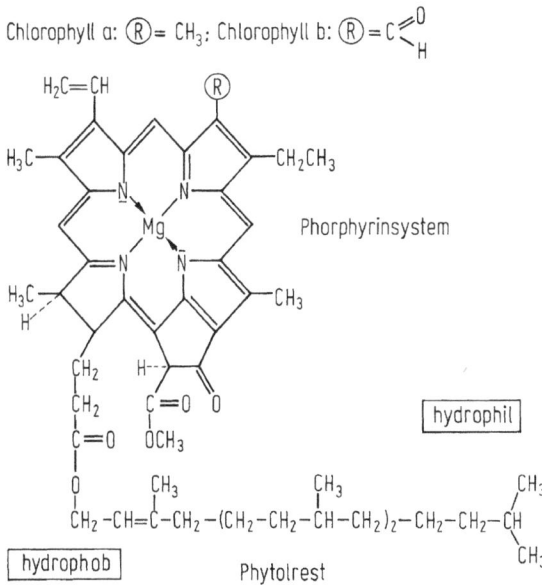

Abb. 3.29 Struktur des Chlorophylls. In der höheren Pflanze treten die beiden Chlorophylle a und b stets gemeinsam auf.

nismen gemäß (3.175) aufbauen, werden beim Absterben wieder in Kohlendioxid und Wasser zurückgeführt.

Paläoklimatisch wurde das CO_2 in den Ozeanen gelöst, in Kalzium- und Magnesiumcarbonate umgewandelt und in Form von Sedimenten auf dem Meeresboden abgelagert. Ferner wurde ein gewisser Anteil der organischen Substanz nicht oxidiert, sondern unter Luftabschluß konserviert und im Zuge der Sedimentbildung begraben (fossiler Kohlenstoff). Der nach Gl. (3.175) gebildete Sauerstoff wurde zu 95 % zur Oxidation reduzierender Bestandteile (von Fe(II) zu Fe(III) sowie von Schwefel zu Sulfat) verbraucht; ca. 5 % gingen in die Atmosphäre.

Im Laufe der Erdgeschichte wurden gebildet:

$10.0 \cdot 10^{18}$ kg   organischer Kohlenstoff (in den Sedimenten der Erdkruste abgelagert);

$28.5 \cdot 10^{18}$ kg   Sauerstoff (durch Photosynthese gebildet, ebenfalls in der Erdkruste abgelagert).

$1.2 \cdot 10^{18}$ kg   Sauerstoff in der heutigen Atmosphäre.

Fast der gesamte Stickstoffvorrat des Planeten befindet sich in der Luft. In der oberflächennahen Schicht von Ozean und Festland ist Stickstoff fast nur in den Lebewesen in gebundener Form vorhanden. Das chemisch träge molekulare Gas N_2, das von einer starken Dreifachbindung zusammengehalten wird (N≡N), wird in der Atmosphäre durch die hohe thermische Energie bei Blitzschlägen dissoziiert. Der molekulare Stickstoff reagiert mit Kohlendioxid zu Stickstoffmonoxid (NO), das in den Wolkentröpfchen zu Salpetersäure gelöst, ausgewaschen, und an der Erdoberfläche in Form von Nitraten abgelagert wird. Dieser Prozeß ist nicht sehr schnell, geht aber stets in eine Richtung und würde allmählich den Stickstoff vollständig aus der Atmosphäre entfernen, wenn nicht die Nitrate durch biologische Aktivität wieder abgebaut würden.

Wo ist die Stickstoffquelle und wie erklärt sich der hohe Stickstoffgehalt der Atmosphäre von 78 %? Nach Lovelock sind es die Lebewesen, die dauernd Stickstoff von den Meeren und von der Oberfläche des Festlandes zurück in die Luft pumpen (in Form von N_2, N_2O, NO). Bedingt durch die relativ geringe Austauschrate bei gleichzeitig hohem Massenanteil des Stickstoffs liegt die mittlere Verweilzeit eines Stickstoffmoleküls in der Atmosphäre bei 10 Millionen Jahren (zum Vergleich O_2: 10000 Jahre).

Zusammensetzung der heutigen Atmosphäre. Sie ist in Tab. 3.9 angegeben. Wir unterscheiden die Hauptgase N_2, O_2 und Ar, die zu ca. 99.9 % die Zusammensetzung der trockenen Atmosphäre bestimmen, und Spurengase, deren Gesamtanteil unter 0.1 % liegt.

Tab. 3.9   Zusammensetzung der Atmosphäre aus Partialgasen.

Name	Symbol	molare Masse in kg/kmol	Mengen-anteil	Massen-anteil	Verweil-zeit
a) Hauptgase					
Stickstoff	N_2	28.02	0.7809	0.7551	10 Mio a
Sauerstoff	O_2	32.01	0.2095	0.2314	10000 a
Argon	Ar	39.96	0.0095	0.013	
b) Spurengase (zeitlich und räumlich konstant)					
Neon	Ne	20.18	18 ppm	$12 \cdot 10^{-6}$	
Helium	He	4.00	5.2 ppm	$.7 \cdot 10^{-6}$	
Krypton	Kr	83.70	1.0 ppm	$2.9 \cdot 10^{-6}$	
Wasserstoff	H_2	2.02	.5 ppm	$.035 \cdot 10^{-6}$	
Xenon	Xe	131.30	.08 ppm	$.36 \cdot 10^{-6}$	
c) Spurengase (Auswahl vor allem strahlungsaktiver Gase, variabel bis hoch variabel)					
Wasserdampf	H_2O	18.00	0–3 %		9 d
Kohlendioxid (Homosphäre)	CO_2	44.02	360 ppm		6 a
Kohlendioxid (Vegetationszone)			305–360 ppm		4 d
Ozon (Stratosphäre)	O_3	48.00	5–10 ppm		30–150 d
Ozon (bodennah)			≤ 0.20 ppm		1 h – 10 d
Methan	CH_4	16.03	1.7 ppm		9 a
FCKW 12	CCl_2F_2	120.93	600 ppt		100–150 a

ppm $= 10^{-6}$; ppt $= 10^{-12}$; h = 1 Stunde, d = 1 Tag, a = 1 Jahr.
Daten der variablen Spurengase geben nur Größenordnung an (Status: Anfang der 90er Jahre, Schwankungsbreite des Mengenanteils 10–100 %).
Quellen: Smithsonian Meteorological Tables (1968); Deutscher Bundestag (1988); Lovelock (1992); Puxbaum (1993).

Die konstanten Spurengase haben eine hohe Verweilzeit, sie sind gleichzeitig die chemisch inerten Anteile. Die Verweilzeit der variablen und gleichzeitig chemisch aktiven Spurengase ist wesentlich kürzer; liegt die Verweilzeit im Bereich von Jahren, bezeichnet man sie als variabel, im Bereich von deutlich weniger als 1 Jahr als hoch variabel. Hoch variable Anteile sind Wasserdampf sowie Ozon und Kohlendioxid in Nähe der Erdoberfläche. Die variablen Anteile sind gleichzeitig relevant für den Treibhauseffekt. Die besondere Rolle der rein anthropogen erzeugten Fluorchlor-kohlenwasserstoffe (FCKW) zeigt sich in ihrer relativen Langlebigkeit, verglichen mit den anderen variablen Spurengasen. Als Beispiel aus ca. 20 FCKWs sei das Dichlordifluormethan CCl_2F_2 angegeben (Kurzname F 12).

Um die Zusammensetzung der Atmosphäre (also die chemischen Zustandsgrößen) zu verstehen, muß man die Quellen und Senken der Spurenstoffe (also die zugehö-rigen Flußgrößen) studieren. Das führt zu den Spurenstoffhaushalten, die in Abschn. 3.2.5.4 besprochen werden.

3.2.5.3 Aerosol

Luft mit suspendierten (flüssigen oder festen) Teilchen ist ein Kolloid, das man im weiteren Sinne Aerosol nennt. Im engeren Sinne bezeichnet man als Aerosol nicht das Luft-Teilchen-Gemisch, sondern nur die Gesamtheit der Aerosolpartikel. Diese sind nicht im chemischen Sinne gelöst (wie etwa Salz in der Flüssigkeit); die gas-förmigen Bestandteile der Luft rechnet man nicht zum Aerosol, ebensowenig wie die kondensierten Wolken- und Niederschlagspartikel.

Das Aerosolspektrum. Abb. 3.30 zeigt die Verteilung des Aerosols als Funktion der Partikelradien. Man unterscheidet Aitken-Kerne (Erfinder der Meßmethode), großes Aerosol und Riesenaerosol. Die drei Bereiche entsprechen etwa dem *Nukleations-mode* (Bildung aus der Gasphase), dem *Akkumulationsmode* (0.1 − 1 µm, z. B. Größe von Rauchpartikeln, chemisch der relevanteste Bereich) und dem *groben Mode* (z. B. Bakterien, Mineralstaub, Meersalzpartikel, Pollen). Die kompliziert aussehende Or-dinate der spektralen Darstellung von Abb. 3.30 ergibt sich aus folgender Über-legung: Die totale Teilchenzahldichte n_∞ (= Anzahl sämtlicher Aerosolteilchen in einem gegebenen Volumen, Einheit z. B. cm^{-3}) läßt sich schreiben

$$n_\infty = n(r) + [n_\infty - n(r)];\tag{3.177}$$

$n(r)$ ist die Teilchenzahldichte aller Teilchen mit einem Radius r oder kleiner; der zweite Term $n_\infty - n(r)$ ist entsprechend die Dichte aller Teilchen mit einem Radius größer als r. Da man die Zerlegung (3.177) für jedes r machen kann, ist $n(r)$ für jedes r definiert und heißt die *Verteilungsfunktion* der Teilchenzahldichte; in der Sta-tistik entspricht $n(r)$ der Wahrscheinlichkeit, daß der Radius eines Teilchens $\leq r$ ist. Statt der Verteilungsfunktion selbst gibt man ihre Ableitung nach dem Radius an; in der Statistik heißt $dn(r)/dr$ *Wahrscheinlichkeitsdichtefunktion*. Experimentell fin-det man für ein atmosphärisches Aerosol

$$\frac{dn(r)}{d\log(r/r^*)} = ar^{-\beta}\tag{3.178}$$

mit r^* = Bezugsradius, β gleich 2 bis 4 und konstantem Koeffizienten a.

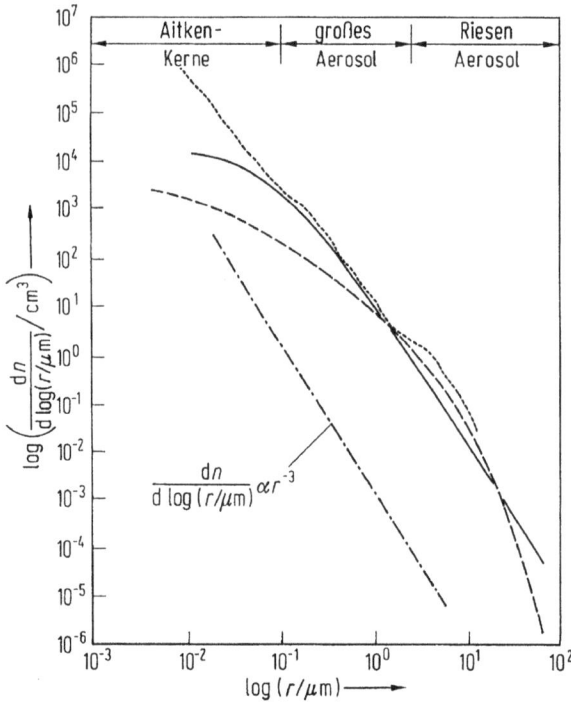

Abb. 3.30 Aerosolspektrum in der Atmosphäre. Durchgezogen: kontinentale Luft; gestrichelt: Meeresluft; punktiert: verschmutzte Stadtluft; strichpunktiert: Funktion dn/dlog r = $ar^{-\beta}$ mit $\beta = 3$ (nach Wallace and Hobbs, 1977).

Das so über 3 bis 4 Größenordnungen gültige Teilchenzahlspektrum kann für andere Zwecke umgerechnet werden. Die optischen Eigenschaften beispielsweise hängen von der Oberfläche der Aerosolpartikel ab. Für kugelförmige Partikel sei $S(r)$ die Gesamtoberfläche aller Partikel mit Radien r oder kleiner im Volumen V, $s(r) = S(r)/V$. Dann ist

$$\frac{\mathrm{d}s}{\mathrm{d}n} = \frac{\mathrm{d}S}{\mathrm{d}N} = 4\pi r^2 \, . \tag{3.179}$$

Diesem Ansatz liegt die Vorstellung zugrunde, daß die Gesamtoberfläche S aller N Partikel sich durch Hinzufügung eines Teilchens vom Radius r gerade um dessen Oberfläche ändert. Aus Gl. (3.179) folgt mit Gl. (3.178) für das Oberflächendichtespektrum

$$\frac{\mathrm{d}s(r)}{\mathrm{d}\log\,(r/r^*)} = 4\pi ar^{2-\beta} \, . \tag{3.180}$$

Entsprechend findet man für das Massendichtespektrum $m(r)$ (m = Masse aller Aerosolteilchen in Volumen V mit Radien r oder kleiner, dividiert durch V)

$$\frac{\mathrm{d}m(r)}{\mathrm{d}\log\,(r/r^*)} = \frac{4}{3}\pi a\varrho_0 r^{3-\beta} \, . \tag{3.181}$$

Hier ist die Dichte der Aerosolsubstanz

$$\varrho_0 = (1 - 2) \cdot 10^3 \text{ kg/m}^3. \tag{3.182}$$

Gl. (3.181) besagt für $\beta = 3$, daß die Gesamtmasse des Aerosols

$$m(r_\infty) - m(r_0) = \frac{4}{3} \pi a \varrho_0 \log \frac{r_\infty}{r_0} \tag{3.183}$$

beträgt. Da $m(r_0)$ praktisch vernachlässigbar ist, hängt die Gesamtmasse des Aerosols vom Verhältnis des größten zum kleinsten vorkommenden Radius ab.

Eigenschaften von Aerosol. Das Spektrum ist das wichtigste Quantifizierungsdiagramm für das Aerosol. Davon zu unterscheiden ist der Gesamtgehalt. Ferner werden im folgenden einige der Bildungsmechanismen zusammengestellt.

1. *Absoluter Aerosolgehalt der Luft.* Dieser schwankt von weniger als 1 µg/m³ über der Antarktis und über dem freien Ozean ($r = 0.16 \ldots 0.17$ µm, Teilchendichten $n = 25 \ldots 600$ cm^{-3}) bis zu 1 mg/m³ in Ausbrüchen von Wüstenstaub ($r = 3$ bis 30 µm) oder im dichten Rauch bei Waldbränden ($r = 0.03$ µm, $n = 10^6$ cm^{-3}). Typische kontinentale Aerosolpartikel bestehen aus Mineralstaub (Sulfat, Nitrat, Ammonium) sowie organischen Bestandteilen und Kohlenstoff (Ruß). Oberhalb einer relativen Feuchte von 80 % gehen die lösbaren Bestandteile in Lösung; selbst bei konstanter Aerosolmasse hängen daher die optischen Eigenschaften des Aerosols von der relativen Feuchte ab. Die globale Aerosolproduktion wird auf 2 bis 3 · 10^{12} kg/a geschätzt.
2. *Die Aerosolbildung an der Erdoberfläche.* Wichtigste Quellen für Aerosolpartikel über Kontinenten sind die Aufwirbelung von Staub und Pollen sowie Verbrennungsvorgänge (natürliche und anthropogene). Die durch Verbrennung entstandenen Partikel enthalten einen hohen Rußanteil; ebenfalls hoch ist der Schwefelanteil (Tab. 3.10).
3. *Aerosolbildung an der Meeresoberfläche.* Bestimmte Meeresalgen enthalten das Salz Dimethylsulfonpropionat (DMSP), mit dem sie den osmotischen Druck in

Tab. 3.10 Globale Emission gasförmiger Schwefelverbindungen von der Erd-/Meeresoberfläche in die Atmosphäre (nach IPCC, 1990).

Quelle	Schwefelerzeugung in 10^9 kg/a
Anthropogene (vorwiegend SO$_2$ aus Verbrennung fossiler Treibstoffe)	80
Verbrennung von Biomasse (SO$_2$)	7
Ozeane (DMS)	40
Böden, Pflanzen (H$_2$S, DMS)	10
Vulkane (H$_2$S, SO$_2$)	10
Summe	147

Geschätzter Fehler der Angaben: 30 % für die anthropogenen, 100 % für die natürlichen Quellen. DMS = Dimethylsulfid.

ihren Zellen regeln. Beim Absterben der Algen zerfällt das DMSP und bildet Dimethylsulfid (DMS), das einen süßen, ätherischen Duft hat wie frischer Meeresfisch. Das DMS entweicht in die Atmosphäre und bildet Kondensationskerne für Wolken (*cloud condensation nuclei* CCN). Die CCN in reiner Meeresluft bestehen vornehmlich aus Schwefelsäuretröpfchen, die durch DMS gebildet werden; die Kochsalzkerne sind demgegenüber untergeordnet (Tab. 3.10).

4. *Atmosphärische Bildung.* Ein Großteil des Aerosolhaushaltes im Submikronbereich erfolgt durch Gas-zu-Teilchen-Konversion. Ein Beispiel ist die Oxidation von SO_2 zu H_2SO_4 durch Reaktion mit OH unter Beteiligung photochemischer Prozesse. Die Schwefelsäure hat einen niedrigen Gleichgewichtsdampfdruck und kondensiert auf existierendem Aerosol oder bildet neue Partikel. Die Schwefelverbindungen lagern sich auch an Wolkentröpfchen an; diese werden entweder im Regen ausgewaschen oder verdampfen wieder (das ist der größere Anteil) und lassen die Sulfate in der Aerosolphase zurück.

5. *Stratosphärisches Aerosol.* Die Aerosolteilchendichte fällt in der Troposphäre nach oben hin ab und hat ein sekundäres Maximum in etwa 20 km Höhe; diese Schicht wird durch den aufwärts gerichteten Fluß gasförmiger Bestandteile aufrecht erhalten, vor allem durch Carbonylsulfid (COS). Vulkanausbrüche bis in die Stratosphäre (z. B. El Chichon 1982) können die Aerosoldichte global über mehrere Jahre stark erhöhen.

6. *Lebenszeit des Aerosols.* In der Troposphäre ist die Lebenszeit des Aerosols von der Ordnung Tage bis Wochen und damit viel kürzer als die der meisten Spurengase. Dies ist ähnlich wie beim Wasser (Wasserdampf $\tau = 9$ Tage, Wolkenpartikel $\tau =$ Minuten bis einige Stunden). Der Aerosolgehalt variiert also empfindlich mit der Emission der vorhergehenden Tage; Aerosole können in der Atmosphäre nicht akkumuliert werden. Das troposphärische Aerosol ist ferner regional stark konzentriert, mit hoher räumlicher Variabilität.

7. *Treibhauseffekt des Aerosols.* Der zusätzliche Treibhauseffekt stratosphärischen Aerosols ist negativ: Er liefert eine Abkühlung von 0.1 bis 0.2 K für 1 bis 2 Jahre nach Vulkanausbrüchen. In der Troposphäre kann das Aerosol durch erhöhte Absorption von Sonnenlicht auch erwärmend wirken. Der Gesamteffekt scheint global abkühlend zu sein (vgl. Preining, 1993).

3.2.5.4 Spurenstoffhaushalte

In diesem Abschnitt stellen wir verschiedene Kriterien zusammen, die als Unterscheidungsmerkmale zur Charakterisierung der Spurenstoffhaushalte dienen.

Skala des Phänomens. Ein erstes zentrales Unterscheidungsmerkmal der verschiedenen Spurenstoffhaushalte ist die raum-zeitliche Skala, auf sich die physikochemischen Prozesse abspielen. Hier kann man mit einer gewissen Willkür unterscheiden (Abb. 3.31):

1. *Nukleationsprozeß.* Dieser Vorgang umfaßt den einzelnen chemischen bzw. photochemischen Elementarprozeß in der Gasphase und den Kernbildungsvorgang, beides im Bereich molekularer Dimensionen und kürzester Zeitkonstanten.

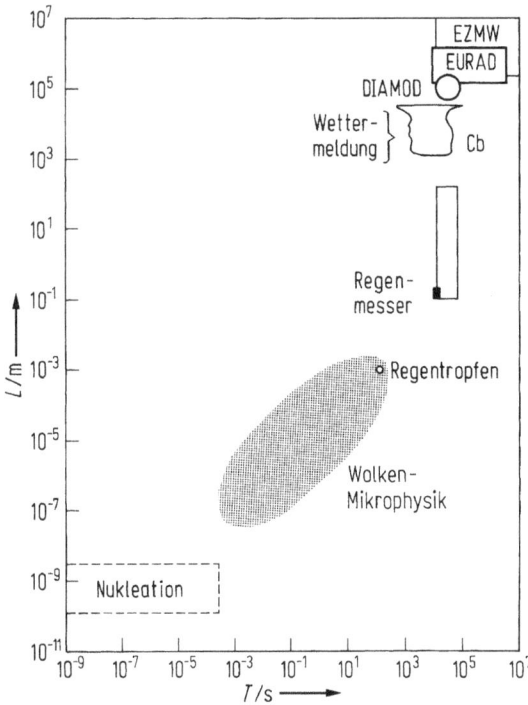

Abb. 3.31 Typische Längen- (L) und Zeitskalen (T) für luftchemische Bildungs- und Transportvorgänge. Akronyme in der rechten oberen Ecke bedeuten: EZMW = Europäisches Zentrum für Mittelfristwettervorhersage (globales Modell für 10-Tage-Vorhersagen); EURAD = European Model for Acid Deposition (chemisches Transportmodell über Europa); DIAMOD = Diagnostisches Modell (hochauflösende Energiehaushalte).

2. *Wolkenmikrophysik*. Hier geht es um die Wachstums- und Umwandlungsprozesse von Wolken bis hin zu Niederschlagsteilchen unter Einbezug der Aerosolchemie. Der räumliche Größenordnungsbereich umfaßt 0.01 µm bis 10 mm.

3. *Atmosphärische Grenzschicht, Konvektion*. Niederschlag und Verdunstung werden kleinräumig registriert (Punktmessung), gelten aber als repräsentativ für größere Areale und stellen das Bindeglied zwischen freier Atmosphäre und Erdoberfläche dar. Der Spurenstofftransport durch die Grenzschicht hindurch bis in die freie Troposphäre hinein geschieht im räumlichen Bereich von 0.1 bis 10^4 m.

4. *Wettervorgänge*. Eine einzelne Wettermeldung (z. B. Wolkenbeobachtung; Aufstieg einer Radiosonde; einzelnes Pixel einer Strahlungsmessung vom Satelliten) beschreibt Vorgänge mit einer räumlichen Auflösung von 1 bis 10 km; die zeitliche Auflösung ist 10 min bis 1 Stunde.

5. *Großräumiger Transport*. Die horizontalen Austauschvorgänge über die Ländergrenzen, Kontinente und in die globale Dimension hinein liegen im Bereich von 100 bis 10 000 km; ihre Zeitskala ist 1 bis 100 Tage. Eine weitere raum-zeitliche Steigerung ist auf der Erde nicht möglich. Denn einmal setzt der Erdumfang eine natürliche Obergrenze, zum anderen definiert die mittlere typische Windgeschwindigkeit in der Atmosphäre (10 m/s) die zugehörige zeitliche Obergrenze.

Phase der chemischen Umwandlungen. Die Angabe der Phase ist bedeutsam für den Chemismus der Umwandlungen. Wir erläutern dies für den Ozon-(O_3-)Zyklus: Atmosphärisches Ozon wird vornehmlich in der *Gasphase* gebildet. In der *Flüssigphase* sind Schwefeloxide (SO_2) und Stickoxide (NO, NO_2, N_2O_5) in gelöster Form beteiligt. Dies ist der eigentliche Bereich der Wolkenchemie. Ein Beispiel für Ozon-Reaktionen in der *festen Phase* sind die Eiskristalle ($< -85\,°C$) in polaren stratosphärischen Wolken (12–22 km Höhe). Dabei sind FCKWs beteiligt; durch Photodissoziation liefern sie Chloratome, die als reaktive Cl- und ClO-Radikale auftreten. Diese zerstören Ozon katalytisch (Mechanismus des *Ozonlochs*). Die Phasen stehen in Wechselwirkung miteinander, alle Prozesse sind stark temperaturabhängig.

Bildungsmechanismen. Hier unterscheidet man:

1. *Bildung in der freien Atmosphäre.* Typisches Beispiel ist wieder O_3, das durch photochemische Prozesse aus anderen chemischen Bestandteilen gebildet wird. In der Stratosphäre wird molekularer Sauerstoff durch UV-Licht ($\lambda < 0.242\ \mu m$) photochemisch dissoziiert (Chapman):

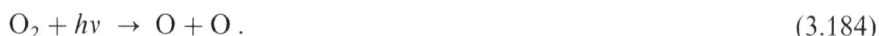

$$O_2 + hv \;\rightarrow\; O + O\,. \tag{3.184}$$

Jedes der beiden O-Atome kann sich mit einem O_2-Molekül verbinden:

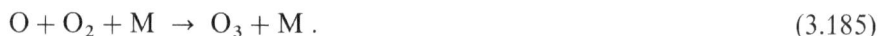

$$O + O_2 + M \;\rightarrow\; O_3 + M\,. \tag{3.185}$$

M bezeichnet einen für die Bildung notwendigen Partner (*Dreierstoß*), der sich dabei chemisch nicht verändert. Analog zur Reaktion (3.184) kann NO_2 photolysieren und freie O-Atome bilden:

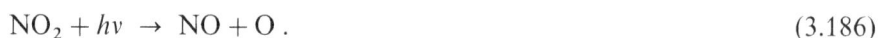

$$NO_2 + hv \;\rightarrow\; NO + O\,. \tag{3.186}$$

Dieser Prozeß überwiegt in der Troposphäre. Die Ozonbildung erfolgt anschließend durch Dreierstoß gemäß (3.185).

2. *Bildung an der Erdoberfläche (Emission).* Die von der Erdoberfläche emittierten natürlichen und anthropogenen Spurenstoffe bzw. Vorläufersubstanzen durchlaufen folgende Stadien:

   - Bildung (z. B. CO_2 aus der natürlichen Vegetation bzw. aus der anthropogenen Verbrennung; FCKWs aus der industriellen Produktion).
   - Transport in die freie Atmosphäre. Die Stoffe müssen die atmosphärische Grenzschicht durchqueren, was je nach Turbulenzzustand unterschiedlich lange dauert.
   - Einbezug in chemische oder biologische Umwandlungsmechanismen.

Atmosphärische Transportprozesse. Hier unterscheidet man:

1. *Vertikaltransport.* Der Spurenstoff wird entsprechend dem Konzentrationsgradienten durch turbulente Mechanismen aufwärts transportiert. In der Grenzschicht geschieht dies durch Mikroturbulenz (ähnlich wie beim Wasserdampf). In der freien Atmosphäre übernimmt die Konvektion den Vertikaltransport. Bei kurzen Lebensdauern (z. B. NO_x) können die Substanzen bereits in der Grenz-

schicht umgewandelt werden. Bei längeren Lebensdauern (z.B. CO_2, FCKWs) werden die Spurenstoffe global verteilt.

2. *Horizontaltransport.* Die großräumigen horizontalen Austauschvorgänge in der freien Atmosphäre sind Gegenstand der meteorologischen Teildisziplin „allgemeine Zirkulation". Die Ausbreitung von Spurenstoffen, die mit der Meeresoberfläche im Austausch stehen, wird zusätzlich durch die ozeanische Zirkulation kontrolliert. Beide Geofluide (Atmosphäre, Ozean) sind also am globalen Austausch beteiligt.

Abbaumechanismen. Hier kommen in Betracht:

1. *Umwandlungen in der Gasphase.* Dies sind chemische und photochemische Reaktionen, z.B. für Ozon:

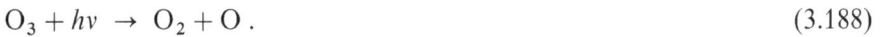

$$NO + O_3 \rightarrow NO_2 + O_2 ; \tag{3.187}$$

$$O_3 + h\nu \rightarrow O_2 + O . \tag{3.188}$$

Dabei werden in der Regel neue Spurenstoffe gebildet – dies bedingt die starke Kopplung der luftchemischen Haushalte.

2. *Nasse Deposition.* Hier wird der Spurenstoff in der Flüssigphase in Wolken- und Regentropfen gelöst und damit der Gasphase entzogen. Er beeinflußt den Chemismus der Flüssigphase (Lösung oder chemische Umsetzung); Beispiel: Wasserstoffperoxid (H_2O_2). Bei Niederschlag werden die Schadstoffe wirksam aus der Atmosphäre entfernt. Dies ist der Bildungsmechanismus des sauren Regens.

3. *Trockene Deposition.* Physikalische Adsorption an Aerosolteilchen mit nachfolgenden chemischen Reaktionen binden den Spurenstoff, die Sedimentation des Aerosols transportiert ihn zur Erdoberfläche, wo er abgelagert bzw. weiter umgesetzt wird. Dieser Prozeß ist dominierend für die Entfernung von Ozon aus der planetarischen Grenzschicht; die Depositionsgeschwindigkeit liegt etwa im Bereich 0.1 bis 1 cm/s.

Bei der Diskussion der nassen und trockenen Deposition hat man zwischen dem physikochemischen Umwandlungsmechanismus (Lösung, Adsorption, chemische Reaktion) und dem meteorologisch kontrollierten Depositionsprozeß des Aerosols (Absinken bis zur Erdoberfläche) zu unterscheiden.

Methankreislauf. Beispiele für Spurenstoffhaushalte (Kohlenstoff, Biomasse) sind im Kapitel Klimatologie diskutiert. Anhand des Methankreislaufs (Tab. 3.11) soll die Aufstellung eines vollständigen Spurenstoffhaushaltes skizziert werden. Die vorwiegend biogenen Methanquellen an der Erdoberfläche haben sich in den letzten Jahrzehnten durch anthropogene Aktivitäten mehr als verdoppelt. Hier ist vor allem die CH_4-Freisetzung bei der Gewinnung fossiler Brennstoffe, durch Verbrennung von Biomasse (Brandrodungen in den Tropen) und die Steigerung der Rinderhaltung und des Reisanbaus zu nennen. Hauptsenke in der Troposphäre ist die Oxidation durch OH-Radikale.

Nach Tab. 3.9 beträgt der Mengenanteil von Methan in der globalen Atmosphäre derzeit

$$\mu_{CH_4} = 1.7 \cdot 10^{-6} . \tag{3.189}$$

Tab. 3.11 Quellen und Senken von Methan für die globale Atmosphäre (Einheit 10^9 kg/a) (nach IPCC, 1992).

	Mittel	Fehlerbereich
natürliche Quellen		
Feuchtgebiete	115	100–200
Termiten	20	10–50
Meere	10	5–20
Seen	5	1–25
Sonstige	5	0–5
	155	
anthropogene Quellen		
Kohlebergbau, Erdgasverluste	100	70–120
Reisfelder	60	20–150
Wiederkäuer (Fermentation)	80	65–100
Tierabfälle	25	20–30
Mülldeponien	25	?
Landgewinnung	30	20–70
Verbrennung von Biomasse	40	20–80
	360	
Senken		
chemischer Abbau in Atmosphäre	470	420–520
Abbau durch Bodenorganismen	30	15–45
	500	
zeitliche Änderungen		
Zunahme des atmosphärischen Methananteils	32	28–37

Mit Hilfe der molaren Massen von Methan ($m^*_{CH_4} = 16$ kg/kmol) und Luft ($m^* = 29$ kg/kmol) sowie der Gesamtmasse der Atmosphäre ($M = 5.1 \cdot 10^{18}$ kg) ergibt sich daraus die Gesamtmasse des Methans in der Atmosphäre

$$M_{CH_4} = \mu_{CH_4} \frac{m^*_{CH_4}}{m^*} M = 4.8 \cdot 10^{12} \text{ kg}. \tag{3.190}$$

Der Gesamtfluß in die Atmosphäre hinein bzw. aus ihr heraus beträgt nach Tab. 3.11:

$$Q \approx 331 \cdots 880 \cdot 10^9 \text{ kg/a}. \tag{3.191}$$

Wenn wir Stationarität, d. h. Gleichheit von Quellen und Senken annehmen (was nach Tab. 3.11 näherungsweise gegeben ist), so ergibt sich aus der Masse und aus der Quelle des Methans eine Verweilzeit in der Atmosphäre

$$\tau = \frac{M_{CH_4}}{Q} = 5 \cdots 15 \text{ a}. \tag{3.192}$$

Die in Tab. 3.9 angegebenen Werte der Verweilzeiten sind auf diese Weise gewonnen. Man überzeuge sich etwa für den Wasserdampf davon, daß die mittlere globale Niederschlagsrate (1 m/a) und der mittlere Massenanteil (2.5 g/kg gemäß Abschn. 5

des Kapitels Klimatologie, entsprechend einem niederschlagsfähigen Wasser von 2.5 kg/m²) mit der in Tab. 3.9 angegebenen Verweilzeit des Wassers in der Atmosphäre ($\tau = 9$ d) konsistent ist. Für Spurenstoffe mit stark schwankenden Konzentrationen (z. B. O_3 in Nähe der Erdoberfläche) ist diese Methode ungeeignet, denn die Voraussetzung der Stationarität ist verletzt. Hier ist die Verweilzeit im wesentlichen durch die Zykluszeit der Konzentrationsschwankung gegeben.

Weitere Daten zu den Spurenstoffhaushalten sind z. B. angegeben bei: Bolin (1984), Deutscher Bundestag (1988), Kuhn (1990), IPCC (1990), Lovelock (1992), IPCC (1992), Puxbaum (1993). Angesichts der bestehenden Unsicherheiten, wie sie etwa Tab. 3.11 demonstriert, besteht ein starker Forschungsbedarf im Bereich der Geophysiologie des Klimasystems. Dem wird durch die weltweiten Klimaprogramme in zunehmendem Maße Rechnung getragen.

3.2.6 Geofluiddynamik

Abb. 3.32 zeigt schematisch das planetare Windfeld; man bezeichnet es in seiner Gesamtheit als die *allgemeine Zirkulation der Atmosphäre*. Die vertikale Koordinate in Abb. 3.32 ist stark überhöht. In Wirklichkeit ist die Atmosphäre ein ganz flaches Gebilde. Wenn man mit Kreide einen Kreis mit dem Durchmesser 1 m zeichnet, so erhält man ein zutreffendes Bild von ihren Dimensionen. Etwa das gleiche Verhältnis Strichdicke/Kreisdurchmesser ergibt sich, wenn man die Dicke der Homosphäre (Abb. 3.14) mit dem Erddurchmesser vergleicht (13 000 km).

Diese geometrische Anisotropie bedingt eine starke Anisotropie des dreidimensionalen Windfeldes. Die drei Komponenten des Windvektors bezeichnet man als u (Westwind: $u > 0$; Ostwind: $u < 0$), v (Südwind: $v > 0$, Nordwind: $v < 0$) und w (Aufwind: $w > 0$, Abwind: $w < 0$). In der freien Atmosphäre ist die *zonale* Komponente u die größte; sie ist für *Strahlstrom* (Jet) und *Passat* maßgebend. Die *meridionale* Komponente v und die *vertikale* Komponente w faßt man in meridional verlaufenden Zirkulationsrädern (sog. Zellen) zusammen. Für die drei großen Breitenzonen der Erde ergibt sich daraus folgendes Bild:

1. *Niedrige Breiten:* Sie sind charakterisiert durch eine ausgeprägte Meridionalzirkulation (die thermisch direkte *Hadley-Zelle*): Aufsteigen in der *innertropischen Konvergenzzone*, Polwärtstransport in der Höhe, Absinken im Wüstengürtel, äquatorwärtiger Transport in der untersten Troposphäre (Passatgebiet). Der Zonalwind ist schwach (in der unteren Troposphäre von Ost nach West). Die Tropopause liegt hoch (16–18 km). Nord- und südhemisphärische Hadley-Zelle wechseln sich in ihrer Intensität im Jahresrhythmus ab.

2. *Mittlere Breiten:* Sie sind beherrscht von den langen Wellen der Westwindzone. Die Tröge und Rücken der Wellen sind mit wandernden Tief- und Hochdruckgebieten gekoppelt. Der Zonalwind ist kräftig (von West nach Ost) und zeigt ein breites Maximum (hochtropospärischer Strahlstrom) unterhalb der Tropopause; es wird durch Zusammenwirken von differentieller Heizung und Rotation des Planeten aufrechterhalten. Die mittlere Meridionalzirkulation (thermisch indirekte *Ferrel-Zelle*) ist schwach. Energie, Wasserdampf und Impuls werden durch nichtlinearen Korrelationstransport polwärts verfrachtet.

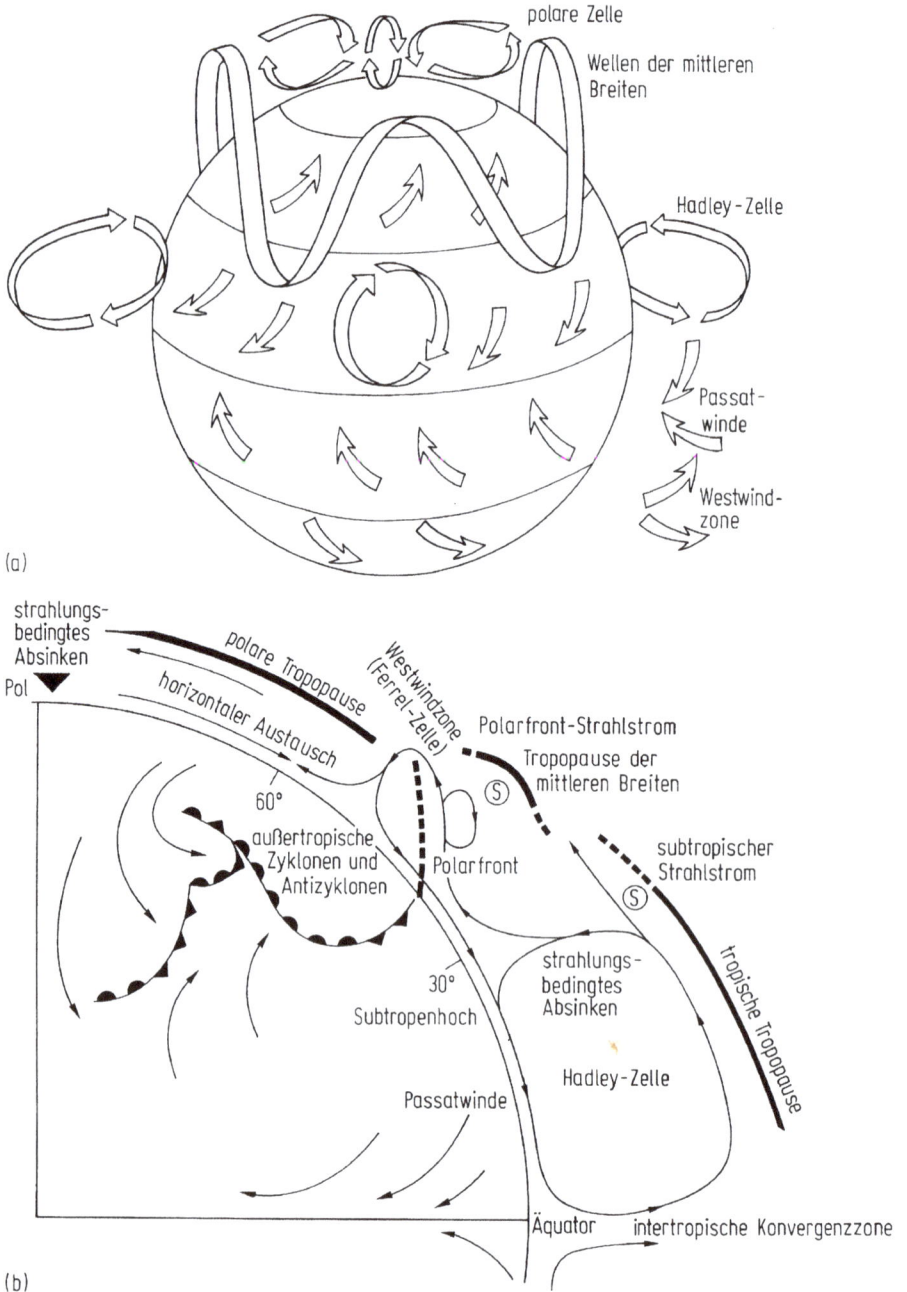

Abb. 3.32 Schema der allgemeinen Zirkulation der globalen Atmosphäre in (a) perspektivischer Darstellung, (b) Querschnittsdarstellung (typisch für Winter der Nordhalbkugel). Die Vertikalskala ist um den Faktor 200 vergrößert.

3. *Polargebiete:* Diese Zone zeigt eine schwache thermisch direkte Zirkulationszelle, die räumlich wesentlich kleiner als die Hadley-Zelle ist. Bei der Zonalkomponente überwiegt schwacher Ostwind. Die Tropopause liegt niedrig (≈ 8 km).

Groß- und kleinräumige Windsysteme, allgemein alle Strömungsvorgänge der Geofluide, gehorchen dem zweiten Newtonschen Bewegungsgesetz. Es sagt aus, daß die Beschleunigung, die ein Massenpunkt erfährt, durch die Summe der auf ihn wirkenden Kräfte gegeben ist. In der Geofluiddynamik haben wir es mit der Schwerkraft, mit Druckkräften sowie mit Scheinkräften zu tun.

3.2.6.1 Erdbeschleunigung

Die Gravitationskraft der Erde ist zunächst die wichtigste Kraft, die auf ein Geofluid wirkt. Zusätzlich ist jedoch die Rotation des Planeten zu berücksichtigen.

Gravitation. Das Newtonsche Gravitationsgesetz sagt aus, daß sich zwei Körper mit den Massen M_E und M, deren Schwerpunkte den Abstand r haben, mit der Kraft

$$\boldsymbol{K}_{g^E} = M\boldsymbol{g}^E \tag{3.193}$$

anziehen. Dabei ist die Gravitationsbeschleunigung gegeben durch den Vektor

$$\boldsymbol{g}^E(\boldsymbol{r}) = -G\,\frac{M_E}{r^2}\frac{\boldsymbol{r}}{r}\,; \tag{3.194}$$

G ist die Gravitationskonstante mit dem Wert $G = 6.67 \cdot 10^{-11}$ m^3 s^{-2} kg^{-1}. M_E sei die Masse der Erde und M die Masse des Fluidballens im Gravitationsfeld der Erde. Wenn der Ortsvektor $\boldsymbol{r}$ von M_E nach M zeigt, so wirkt nach Gl.(3.193) die Kraft $\boldsymbol{K}$ auf M. In der Schreibweise Gl.(3.194) kommt der Feldbegriff der Physik zum Ausdruck: Das Gravitationsfeld, charakterisiert durch den Vektor $\boldsymbol{g}^E$, existiert unabhängig von der Anwesenheit des als Probekörper aufgefaßten Fluidballens.
r ist der Abstand zwischen den Schwerpunkten von M_E und M, d.h. der Abstand von M vom Erdmittelpunkt. Sei $r = a + z$, wobei a der Erdradius

$$a = 6371\,\text{km} \tag{3.195}$$

ist. Dann gilt für den Betrag von $\boldsymbol{g}^E$:

$$g^E = \frac{GM_E}{a^2(1+z/a)^2} \approx \frac{GM_E}{a^2}\left(1 - \frac{2z}{a}\right). \tag{3.196}$$

Da für Flachfluide wie Ozean und Atmosphäre $z/a \ll 1$, wird für alle praktischen Zwecke $g^E = g_0$ konstant gesetzt (zu g_0 vgl. Abschn. 3.2.2.3).
Die Newtonschen Bewegungsgesetze gelten in einem Inertialsystem. Ein mit der rotierenden Erde fest verbundenes Koordinatensystem ist kein Inertialsystem. Wenn man ein solches nicht-Newtonsches System benutzt, muß man daher die Beschleunigung der Koordinaten mitberücksichtigen. Als besonders zweckmäßig hat sich hier die Einführung von Scheinkräften erwiesen. Die *Scheinkräfte* sind die Trägheitskräfte als Reaktion auf die Beschleunigung der Koordinatenrichtungen. Relevant für die Geofluide sind die folgenden zwei: die Zentrifugalkraft, die auf jeden

Körper im rotierenden System wirkt, und die Coriolis-Kraft, die zusätzlich auf Körper wirkt, die relativ zum rotierenden System eine Geschwindigkeit haben.

Zentrifugalkraft und effektive Schwere. Ein Massenpunkt, der mit der Winkelgeschwindigkeit Ω gleichförmig um eine Achse rotiert, erfährt die *Zentripetalbeschleunigung* $d\boldsymbol{v}/dt = +\Omega^2\boldsymbol{R}$; der Vektor $\boldsymbol{R}$ zeigt vom Massenpunkt zur Achse. Sie gibt die Führungskraft aus der Perspektive des Inertialsystems an. Vom rotierenden System aus betrachtet erfährt dagegen der Massenpunkt vermöge seiner Trägheit ständig eine Scheinkraft, die *Zentrifugalbeschleunigung*:

$$\frac{d\boldsymbol{v}}{dt} = -\Omega^2\boldsymbol{R} \ . \tag{3.197}$$

Sie ist vom Drehzentrum weggerichtet.

Die Erde ist nicht starr. Ihre Oberfläche hat sich in langen Zeiten auf die kombinierte Wirkung aus Gravitations- und Zentrifugalkraft eingestellt und bildet in guter Näherung ein Rotationsellipsoid: Die Erde ist abgeplattet, ihr Radius am Pol ist ca. 11 km kürzer als am Äquator. Die Abplattung hat zur Folge, daß der Vektor $\boldsymbol{g}^{\mathrm{E}}$ der Gravitationsbeschleunigung nicht genau senkrecht zur Erdoberfläche steht. Dagegen steht der Vektor

$$\boldsymbol{g} = \boldsymbol{g}^{\mathrm{E}} - \Omega^2\boldsymbol{R} \tag{3.198}$$

überall auf der rotierenden Erde senkrecht zu einer gedachten freien Flüssigkeitsoberfläche an dieser Stelle. Die Abweichung zwischen den Richtungen von $\boldsymbol{g}^{\mathrm{E}}$ und $\boldsymbol{g}$ ist sehr klein. Am Pol und am Äquator ist sie Null, in mittleren Breiten am größten. Die Zentrifugalbeschleunigung hat am Äquator den Wert:

$$\Omega^2 a = \left(\frac{2\pi}{86\,164\,\mathrm{s}}\right)^2 \cdot 6.37 \cdot 10^6\,\mathrm{m} \approx 4 \cdot 10^{-2}\,\frac{\mathrm{m}}{\mathrm{s}^2} \ . \tag{3.199}$$

Dies ist 4 Promille der Gravitationsbeschleunigung und in $\boldsymbol{g}$ sowie im obigen Standardwert g_0 enthalten. Wir bezeichnen $\boldsymbol{g}$ als *effektive Schwere* oder einfach als *Schwerebeschleunigung*.

3.2.6.2 Die Coriolis-Kraft

Wenn ein Körper sich relativ zum rotierenden System bewegt, so tritt zusätzlich zur Zentrifugalkraft die Coriolis-Kraft auf (Coriolis, französischer Mathematiker 1844). Im Unterschied zur Zentrifugalkraft ist die Coriolis-Kraft der täglichen Anschauung nicht vertraut. Doch kann sie jeder erfahren, der auf der Oberfläche einer rotierenden Scheibe – wie man sie bisweilen auf Jahrmärkten oder Kinderspielplätzen findet – hin- und herzulaufen versucht. Ein solcher Versuch ist in zweierlei Hinsicht lehrreich. Einmal spürt man am eigenen Leibe, daß die Coriolis-Kraft, obwohl „nur" eine Scheinkraft, sehr real ist. Darüberhinaus merkt man für die Anwendung auf die Erde, daß die Coriolis-Kraft von der Rotation des Bezugssystems herrührt und nicht etwa davon, daß die Erde rund ist.

Wir begründen die Coriolis-Beschleunigung zunächst für ein lokales kartesisches Koordinatensystem (Abb. 3.33a), das auf einer Scheibe mit dem Radius R um die

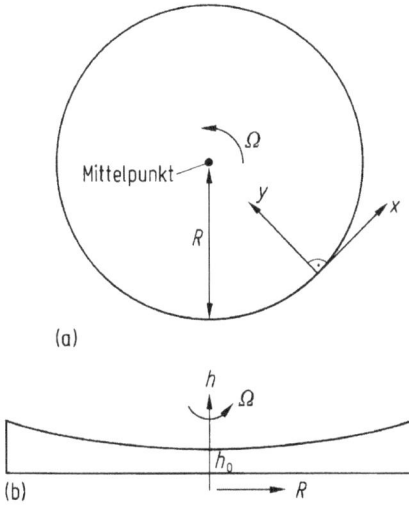

Abb. 3.33 Oberfläche eines rotierenden Wassertanks zur experimentellen Demonstration der Coriolis-Kraft. (a) Aufsicht: Natürliches, lokal kartesisches Koordinatensystem; Ω = Winkelgeschwindigkeit. (b) Vertikalschnitt: Rotationsparaboloid; Formel der Wasseroberfläche $h(R) = h_0 + \dfrac{1}{2}\dfrac{\Omega^2}{g}\dfrac{R^2}{2}$.

Drehachse so angebracht ist, daß die positive y-Achse stets zum Rotationszentrum zeigt (dem „Nordpol"); dadurch liegt die positive x-Achse parallel zum „Breitenkreis" und zeigt nach „Osten". Die zugehörigen Geschwindigkeitskomponenten seien $u = \mathrm{d}x/\mathrm{d}t$, $v = \mathrm{d}y/\mathrm{d}t$.

Wenn die Scheibe zunächst nicht rotiert ($\Omega = 0$), so fragen wir nach der Beschleunigung, die ein Fluidballen erfährt, der auf dem Breitenkreis mit konstanter Zonalgeschwindigkeit u relativ zur Scheibe entlang schwimmt. Das entspricht einer Winkelgeschwindigkeit u/R und liefert daher eine Zentripetalbeschleunigung

$$\frac{\mathrm{d}v}{\mathrm{d}t} = \left(\frac{u}{R}\right)^2 R = \frac{u^2}{R}. \tag{3.200}$$

Man nennt das eine *metrische Beschleunigung*; sie entsteht durch die Krümmung des Koordinatensystems. Auf der Erde sind die metrischen Beschleunigungsglieder in exakten Wettervorhersagemodellen berücksichtigt, quantitativ jedoch klein und im weiteren ohne Interesse.

Jetzt rotiere die Scheibe, jedoch ruhe der Fluidballen relativ dazu. Dann entsteht aus der Perspektive des mitrotierenden Systems die zu Gl. (3.200) entgegengesetzte Zentrifugalbeschleunigung, die jedoch nach Abschn. 3.2.6.1 in die effektive Schwere hineingezogen ist und nicht mehr berücksichtigt werden muß. Die Zentrifugalbeschleunigung kann im Modell der rotierenden Scheibe experimentell dadurch eliminiert werden, daß man die Oberfläche der Scheibe als Rotationsparaboloid ausbildet, so daß eine Kugel an jeder beliebigen Stelle der Oberfläche kräftefrei liegenbleiben und gleichmäßig mit der Scheibe mitrotieren würde (Abb. 3.33 b).

Wenn man beides kombiniert, d. h. nicht nur die Scheibe rotieren läßt (Ω), sondern auch eine Zonalgeschwindigkeit u relativ zur Scheibe gestattet, dann gibt es einen neuen Effekt.

Coriolis-Beschleunigung in y-Richtung. Der Fluidballen hat jetzt die Zonalgeschwindigkeit $u + R\Omega$ und daher die Winkelgeschwindigkeit $u/R + \Omega$. Also erfährt er die Zentrifugalbeschleunigung

$$\frac{\mathrm{d}v}{\mathrm{d}t} = -\left(\frac{u}{R} + \Omega\right)^2 R = -\frac{u^2}{R} - \Omega^2 R - 2\Omega u \,. \tag{3.201}$$

Das erste Glied ist der metrische Effekt (der klein ist), das zweite der in der effektiven Schwere bereits berücksichtigte Zentrifugaleffekt (der also beim Rotationsparaboloid durch die leichte Wölbung der Flüssigkeitsoberfläche exakt balanciert würde). Das dritte Glied, das von der Nichtlinearität der Formel (3.201) herrührt, ist die Coriolis-Beschleunigung. Sie ist unabhängig von R, also an jeder Stelle der rotierenden Scheibe gleich, solange nur u jeweils gleich ist, und sie ist hier die relevante Beschleunigung.

Das Konzept der effektiven Schwere, das den Term $\Omega^2 R$ quantitativ entfernt, ist sehr wichtig, denn absolut gesehen ist die Zentrifugalbeschleunigung viel größer als die Coriolis-Beschleunigung:

$$\frac{\Omega^2 R}{2\Omega u} = \frac{\Omega R}{2u} \approx \frac{40\,000\ \mathrm{km/d}}{2 \cdot 10\ \mathrm{m/s}} \approx 20 \,. \tag{3.202}$$

Hier haben wir für ΩR den Breitenkreisumfang am Äquator sowie für u eine typische Windgeschwindigkeit zugrundegelegt. Das natürliche Gefühl des Anfängers, daß doch die Zentrifugalkraft der rotierenden Erde (Umfangsgeschwindigkeit am Äquator ca. 1700 km/h) einen starken Einfluß auf die Fluidbewegungen haben sollte, ist also grundsätzlich richtig. Nur sorgt eben die Erdabplattung und die damit gegebene leichte „Schiefstellung" der Erdoberfläche dafür, daß dieser Einfluß in der effektiven Schwere (die noch viel stärker ist) exakt berücksichtigt ist. Anschaulich gesagt: Würde die Erdrotation bei gleichbleibender Erdabplattung plötzlich aufhören, so würden Ozeane und Atmosphäre zu den Polen hin abfließen.

Umgekehrt kann man in Gl. (3.201) die Coriolis-Beschleunigung mit der metrischen Führungsbeschleunigung vergleichen:

$$\frac{2\Omega u}{u^2/R} = \frac{2\Omega R}{u} \approx 80 \,. \tag{3.203}$$

Dies zeigt, daß die Coriolis-Beschleunigung bei weitem die wichtigste Scheinbeschleunigung ist.

Von der Gl. (3.201) bleibt also nur übrig

$$\frac{\mathrm{d}v}{\mathrm{d}t} = -2\Omega u \,. \tag{3.204}$$

In Worten: Ein Westwind ($u > 0$) führt zu einer nach Süden gerichteten Beschleunigung ($\mathrm{d}v/\mathrm{d}t < 0$), ein Ostwind ($u < 0$) zu einer nach Norden gerichteten ($\mathrm{d}v/\mathrm{d}t > 0$); d. h. der Fluidballen wird stets nach rechts beschleunigt, wenn man in Strömungsrichtung blickt.

Coriolis-Beschleunigung in x-Richtung. Bei der Bewegung des Fluidballens haben wir bisher angenommen, daß R konstant ist. Die Beschleunigung in y-Richtung, die in Gl. (3.201) angegeben ist, entspricht einer Kraft, die den Radius zwar zu ändern sucht, doch ist die Änderung noch nicht eingetreten. Wenn nun aber bereits zu Beginn der Bewegung eine Komponente in y-Richtung vorliegt, d. h. (Abb. 3.33 a):

$$\frac{\mathrm{d}R}{\mathrm{d}t} = -\frac{\mathrm{d}y}{\mathrm{d}t} = -v\,, \tag{3.205}$$

so ändert sich R. Dadurch wird nun eine andere Größe relevant – der Drehimpuls des Fluidballens:

$$I = R\left(\frac{u}{R} + \Omega\right)R = Ru + \Omega R^2\,. \tag{3.206}$$

Nach dem Drehimpulserhaltungssatz muß I konstant bleiben, d. h.

$$\frac{\mathrm{d}I}{\mathrm{d}t} = \frac{\mathrm{d}R}{\mathrm{d}t}u + R\frac{\mathrm{d}u}{\mathrm{d}t} + 2\Omega R\frac{\mathrm{d}R}{\mathrm{d}t} = 0\,. \tag{3.207}$$

Da zu Beginn $u = 0$, fällt der erste Term in Gl. (3.207) fort und es folgt unter Beachtung von Gl. (3.205)

$$\frac{\mathrm{d}u}{\mathrm{d}t} = 2\Omega v\,. \tag{3.208}$$

In Worten: Ein Südwind ($v > 0$) führt zu einer nach Osten gerichteten Beschleunigung ($\mathrm{d}u/\mathrm{d}t > 0$), ein Nordwind ($v < 0$) zu einer nach Westen gerichteten; d. h. der Fluidballen wird auch hier stets nach rechts beschleunigt, wenn man in Strömungsrichtung blickt.

Der Trägheitskreis. Wenn man Gln. (3.204) und (3.208) kombiniert, so kann man durch zeitliche Ableitung einer der beiden Gleichungen u oder v eliminieren:

$$\frac{\mathrm{d}^2u}{\mathrm{d}t^2} = -(2\Omega)^2u\,. \tag{3.209}$$

Diese Differentialgleichung hat die Lösung (setze $V^2 = u^2 + v^2$)

$$u = V\sin(2\Omega t)\,, \quad v = V\cos(2\Omega t)\,. \tag{3.210}$$

Wenn $\Omega > 0$, d. h. die Scheibe die in Abb. 3.34 skizzierte Drehrichtung hat, so entspricht das Geschwindigkeitsfeld Gl. (3.210) der dort skizzierten Umlaufung des Trägheitskreises. Bei entgegengesetzter Rotation kehrt sich auch der Umlaufungssinn des Trägheitskreises um. Das bedeutet: Drehsinn des rotierenden Systems und Umlaufungssinn des Trägheitskreises sind entgegengesetzt gerichtet. Die Umlaufungszeit des Trägheitskreises ist

$$\frac{2\pi}{2\Omega} = \frac{\pi}{2\pi/24\,\mathrm{h}} = 12\,\mathrm{h}\,. \tag{3.211}$$

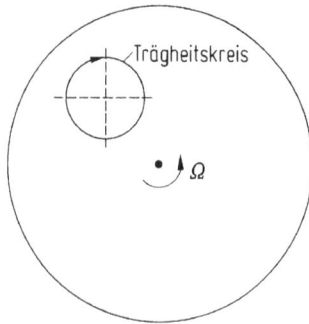

Abb. 3.34   Antizyklonal umlaufener Trägheitskreis für eine reibungsfreie Bewegung unter dem Einfluß der Coriolis-Kraft.

Der Coriolis-Parameter. Die bisherigen Betrachtungen ließen außer acht, daß die Erde eine Kugel ist; in den Abb. 3.33 und 3.34 spielt nur die Rotation des Koordinatensystems eine Rolle. Als nächstes berücksichtigen wir die Kugelgestalt der Erde (Abb. 3.35). Auf der Erdoberfläche ist die Winkelgeschwindigkeit der Rotation als Vektor überall gegenwärtig. Seine lokal zur Erdoberfläche senkrechte Komponente wird als *Coriolis-Parameter*

$$f = 2\,\Omega \sin \varphi \tag{3.212}$$

bezeichnet. f ist positiv auf der Nord- und negativ auf der Südhalbkugel und verschwindet am Äquator. Dies kann man so ausdrücken: In einer anderen Breite als $\varphi = 90°$ N „sieht" der in horizontaler Bewegung befindliche Fluidballen nicht den Vektor $2\,\Omega$, sondern nur die Projektion von $2\,\Omega$ auf die lokale Senkrechte; das ist f. In den Formeln (3.204), (3.208) bis (3.211) ist daher $2\,\Omega$ durch f zu ersetzen. Das liefert:

$$\frac{\mathrm{d}u}{\mathrm{d}t} = fv\,; \quad \frac{\mathrm{d}v}{\mathrm{d}t} = -fu\,; \quad T = \frac{2\pi}{f} = \frac{12\,\mathrm{h}}{\sin\varphi}\,. \tag{3.213}$$

Die Zeit T heißt *Trägheitsperiode*; sie ist am Pol 12 h, in 30° Breite 24 h und wird am Äquator unendlich. Für den Radius des Trägheitskreises folgt

$$R = \frac{V}{f}\,. \tag{3.214}$$

Hier ist $V = (u, v)$ der in Gl. (3.210) eingeführte Absolutwert der Geschwindigkeit.

Die Breitenabhängigkeit des Coriolis-Parameters f und seiner Ableitung in meridionaler Richtung (sog. *Rossby-Parameter β*) ist in Abb. 3.36 dargestellt. Während f auf beiden Halbkugeln verschiedenes Vorzeichen hat und am Äquator verschwindet, ist β auf der ganzen Erde positiv, wird jedoch an den Polen Null. Aus diesen Verteilungen ergeben sich später wichtige Konsequenzen für die planetaren Wellenbewegungen. Die in Gleichung (3.213) ausgedrückte Wirkung von f läßt sich anschaulich so beschreiben: Die Vertikalkomponente der Coriolisbeschleunigung koppelt die Horizontalkomponenten u, v des Geschwindigkeitsvektors. Wenn der Geschwindigkeitsvektor auch eine Vertikalkomponente w hat, so gilt (was hier nicht näher abgeleitet wurde): Die Horizontalkomponente f' der Coriolisbeschleunigung

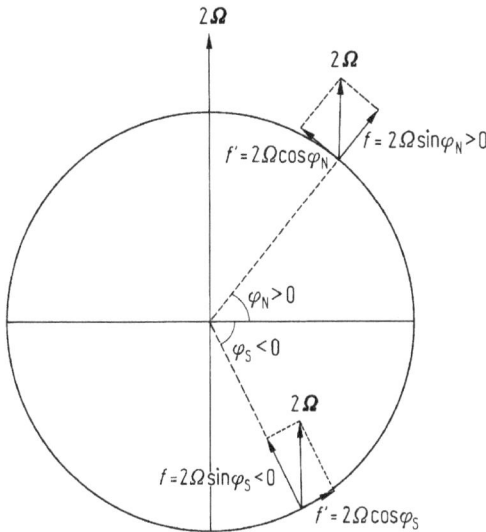

Abb. 3.35 Komponenten f, f' des Vektors 2Ω senkrecht und parallel zur Erdoberfläche. Die lokal vertikale Komponente f ist auf der Nordhalbkugel positiv, d.h. sie zeigt nach oben; auf der Südhalbkugel ist sie negativ, d.h. sie zeigt in die Erde hinein.

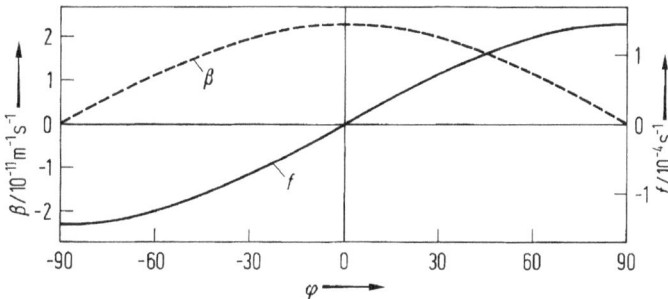

Abb. 3.36 Coriolis-Parameter $f = 2\Omega \sin\varphi$ und Rossby-Parameter $\beta = df/dy = 2\Omega a^{-1}\cos\varphi$ (a = Erdradius) als Funktion der geographischen Breite.

(Abb. 3.35) koppelt die Geschwindigkeitskomponenten u, w. Dieser durch f' ins Spiel kommende Effekt ist jedoch (wegen der Kleinheit von w) in der Praxis ohne Bedeutung. Die dritte denkbare Kopplung zwischen v und w tritt schließlich überhaupt nicht auf.

3.2.6.3 Die Druckgradientkraft (Normaldruck)

Wie groß ist die Druckkraft auf ein Fluidelement? Wir betrachten einen kleinen quaderförmigen Fluidballen mit der Masse M und dem Volumen $V = L_x L_y L_z$ (Abb. 3.37). Auf die darin eingesperrte Fluidmenge wirkt in positive x-Richtung

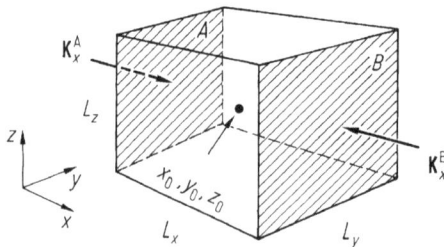

Abb. 3.37   Zur Ableitung der Kraft des Druckgefälles auf einen Fluidballen.

über die Fläche A der Druck p^A und daher die Kraft $K_x^A = p^A L_y L_z$; ebenso wirkt in negative x-Richtung über die Fläche B der Druck p^B und daher die Kraft $K_x^B = -p^B L_y L_z$. Der Fluidballen erfährt also in x-Richtung die Nettokraft

$$K_x = K_x^A + K_x^B = (p^A - p^B)L_y L_z. \tag{3.215}$$

$L_y L_z$ ist der Inhalt der Flächen A und B. Dieses Ergebnis besagt anschaulich: Wenn der Druck links größer ist als rechts ($p^A > p^B$), so wirkt auf den Ballen eine Nettokraft nach rechts, d.h. $K_x > 0$ zeigt in positive x-Richtung; sind die Drücke gleich, so wirkt keine Nettokraft, gleichgültig wie groß $p^A = p^B$ sein mag.

Der Fluidballen liege symmetrisch zum Punkt x_0, y_0, z_0; der Druck dort sei p_0. Wir wollen p als differenzierbare Größe ansehen. Dann kann man für den Druck als Funktion von x den Ansatz machen (Entwicklung in eine Taylor-Reihe um x_0, y_0, z_0 in x-Richtung):

$$p^A = p_0 + \left(\frac{\partial p}{\partial x}\right)_{x_0} \cdot \left(-\frac{1}{2} L_x\right) + \cdots. \tag{3.216}$$

Die Punkte kennzeichnen die höheren Glieder der Reihenentwicklung. Der Druck auf die Fläche B hat analog dazu den Wert

$$p^B = p_0 + \left(\frac{\partial p}{\partial x}\right)_{x_0} \cdot \left(+\frac{1}{2} L_x\right) + \cdots. \tag{3.217}$$

Einsetzen der beiden vorstehenden Formeln in Gl. (3.215) und Ausklammern des gemeinsamen Faktors $(\partial p/\partial x)_{x_0}$ liefert

$$K_x = -\frac{\partial p}{\partial x} L_x L_y L_z. \tag{3.218}$$

Die Kraft auf den Ballen ist also (zunächst sehr unanschaulich) nicht abhängig vom Absolutwert p_0, sondern nur vom *Druckgefälle* an der Stelle x_0 (wobei wir diesen Index bei $\partial p/\partial x$ sofort wieder der Einfachheit halber weggelassen haben). Das erklärt die Tatsache, daß angesichts riesiger Drücke (z. B. in einer Stahlflasche 200 atm, oder am Boden der Tiefsee 900 atm) Bewegungslosigkeit herrschen kann, weil die Kräfte im Gleichgewicht sind; ein Fisch in der Tiefsee spürt 900 atm nicht, er bewegt sich kräftefrei.

K_x in Gl. (3.218) ist ferner nicht abhängig von der Fläche $L_y L_z$, sondern nur vom Volumen des Fluidballens; halbiert man beispielsweise V bei gleichem Wert von $\partial p/\partial x$, so halbiert man auch die Kraft K_x. Da nun $V = \alpha M$, so folgt für die massenspezifische Kraft

$$\frac{K_x}{M} = -\alpha \frac{\partial p(x, y, z)}{\partial x}. \tag{3.219}$$

Eine analoge Argumentation führt zu den Kraftkomponenten durch Masse (= Beschleunigungskomponenten) in y- und z-Richtung:

$$\frac{K_y}{M} = -\alpha \frac{\partial p(x, y, z)}{\partial y}; \quad \frac{K_z}{M} = -\alpha \frac{\partial p(x, y, z)}{\partial z}. \tag{3.220}$$

Die Komponentengleichungen lauten in Vektorschreibweise

$$\frac{\boldsymbol{K}}{M} = -\alpha \boldsymbol{\nabla} p. \tag{3.221}$$

Diese Kraft heißt Kraft des Druckgefälles oder *Druckgradientkraft*. Sie ist grundlegend für die Fluiddynamik. Der Druckgradient ist der Vektor $\boldsymbol{\nabla} p$, das Druckgefälle ist $-\boldsymbol{\nabla} p$. Der Vektor $\boldsymbol{K}$ zeigt also *entgegen* dem Druckgradienten und *in* Richtung des Druckgefälles.

3.2.6.4 Reibungskräfte (Tangentialdruck)

Der Druck ist eine *Normalkraft*, die senkrecht zur Fläche angreift, auf die sie wirkt. Es gibt auch Kräfte, die tangential zu einer Fläche angreifen, und auch sie liefern Beschleunigungen. Diese *Tangentialkräfte* sind Schubspannungs- oder Scherkräfte. Wir erläutern dies anhand von Abb. 3.38 mittels einfacher Modellexperimente. Ein mit der Normalkraft K_n belastetes Brett B mit der Fläche F (Teilbild a) wird in eine Schaumgummimatte S hineingedrückt (Abb. 3.38b). Der ausgeübte Normaldruck ist $p = K_n/F$. In Abb. 3.37c ist das Brett am Schaumgummi festgeklebt und auf B wird eine horizontale, tangentiale Kraft ausgeübt. Unter ihrem Einfluß ver-

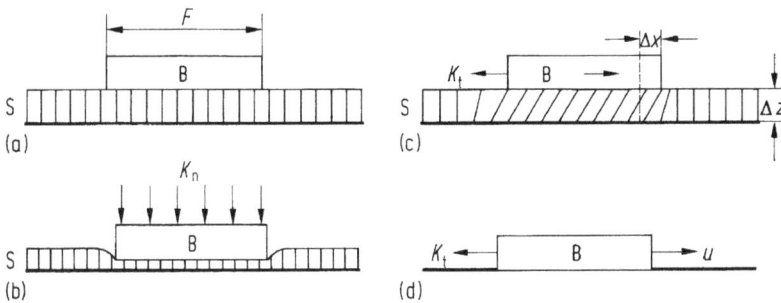

Abb. 3.38   Zur Begriffsbildung von Normaldruck und Tangentialdruck. B Brett, F Fläche von B, S Schaumgummimatte, K Kraft (Index n Normal-, t Tangentialkraft). $\Delta x > 0$ Horizontalverschiebung, $\Delta z > 0$ Dicke von S. (a) Versuchsanordnung; (b) Normalbelastung; (c) Tangentialverschiebung; (d) Tangentialgeschwindigkeit (nach Raethjen, 1970).

schiebt sich dieses um Δx und hält ihr schließlich vermöge der rücktreibenden Kraft K_t das Gleichgewicht. Experimentell findet man

$$K_t = -\lambda F \frac{\Delta x}{\Delta z}. \tag{3.222}$$

Dabei hat die Proportionalitätskonstante λ die Bedeutung eines statischen *Schubmoduls*. Daß K_t der Fläche F des Brettes und dem Betrag Δx der Auslenkung direkt proportional sein muß, ist unmittelbar einleuchtend. Daß die Dicke Δz der Schaumgummimatte dagegen mit umgekehrter Proportionalität eingeht, ergibt sich aus der Überlegung, daß bei gleicher Tangentialkraft K_t die erzielte Auslenkung Δx umso größer wird, je dicker die Matte ist. Das Vorzeichen schließlich folgt aus der Konvention, daß wir uns für die rücktreibende Kraft der Schaumgummimatte (also des Fluids) interessieren.

Der Tangentialdruck wird nun in Analogie zum Normaldruck ebenfalls durch den Quotienten Kraft/Fläche eingeführt:

$$\pi_x = \frac{K_t}{F}. \tag{3.223}$$

Seine Dimension ist wie die des Normaldrucks das Pa (N/m^2). λ in (3.222) hat die gleiche Dimension wie π.

Das Kraftgesetz (3.222) gilt bisher nur für den *statischen* Fall von Abb. 3.38c. In Abb. 3.38d ist der Fall skizziert, daß das Brett unter dem Einfluß einer konstanten Kraft über den Fußboden gleitet und dabei die bremsende Kraft K_t erfährt. Kombination der Gln. (3.222) und (3.223) gibt

$$\pi_x = -\lambda \Delta t \frac{\Delta x/\Delta t}{\Delta z} = -\lambda \Delta t \frac{u}{\Delta z}. \tag{3.224}$$

Die auf das Brett wirkende bremsende Kraft ist der Geschwindigkeit u (hier $u > 0$) entgegengesetzt (und daher hier $\pi_x < 0$). In Zähler und Nenner wurde mit dem Zeitintervall Δt erweitert, die das Brett benötigt, um die Strecke Δx zurückzulegen. Damit ist der Tangentialdruck proportional zur Geschwindigkeitsdifferenz $u = \Delta x/\Delta t$ zwischen Brett und Fußboden (*Newtonsches Reibungsgesetz*). Man erkennt, daß das Brett Impuls an den Erdboden abgibt.

Wir wenden diese Überlegungen auf den Fall an, daß viele dünne Bretter parallel aneinander vorbeigleiten (Abb. 3.39). Dann wirkt auf jedes einzelne eine innere Reibung oder Scherkraft

$$\pi_x = -\eta \frac{\Delta u}{\Delta z}. \tag{3.225}$$

Dies folgt aus Gl. (3.224) mit $\eta = \lambda \Delta t$. Δz ist die Dicke der Bretter, u ist durch $\Delta u = u_2 - u_1$ definiert.

Wir können die Bretter in Abb. 3.39 auch als Flüssigkeitsschichten interpretieren, die horizontal aneinander vorbeigleiten; Gl. (3.225) schreibt sich dann

$$\pi_{xz} = -\eta \frac{\partial u}{\partial z}. \tag{3.226}$$

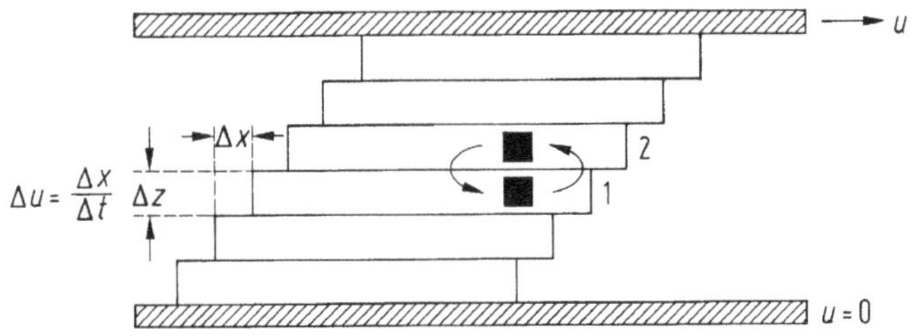

Abb. 3.39 Zum Tangentialdruck im Spielkartenmodell einer Flüssigkeit. In der skizzierten Konfiguration sind u und Δu positiv.

Der Tangentialdruck in einer bestimmten Richtung (hier x) ist gegeben durch den zugehörigen Geschwindigkeitsgradienten *senkrecht* zu dieser Richtung (hier z). Deshalb bekommt π in Gl. (3.226) zwei Indizes.

Der Tangentialdruck π besteht also aus unterschiedlichen Komponenten, anders als der Normaldruck p, der ja in allen Richtungen gleich ist. Der Tangentialdruck ist aber kein Vektor, sondern ein Tensor zweiter Stufe, s. weiter unten.

Die Konstante η heißt *Koeffizient der dynamischen Zähigkeit*; er wird im Fall turbulenter Reibung als Austauschkoeffizient interpretiert. Dem liegt die Vorstellung zugrunde, daß die innere Reibung in einer Flüssigkeit durch Impulsaustausch senkrecht zur Richtung von π_{xz} (hier x-Richtung) und in Richtung der Normalen zur x-y-Fläche (hier: z-Richtung) zustande kommt. Wenn etwa durch Wirbelbildung die beiden schwarzen Fluidballen im Niveau 1 und 2 in Abb. 3.39 ihren Platz wechseln, so hat die Schicht 2 einen Teil ihres Horizontalimpulses (der ja größer ist als der von 1) an die Schicht 1 abgegeben. Je mehr Fluidballen pro Zeit auf diese Weise senkrecht zur Geschwindigkeitsrichtung ausgetauscht werden, desto stärker sind die Schichten miteinander verzahnt, desto größer sind innere Reibung, Austauschkoeffizient und Tangentialdruck. Bei turbulenter Reibung werden mehr oder weniger große Fluidballen ausgetauscht; sie behalten dadurch ihre Identität länger und der turbulente Austauschkoeffizient ist um Größenordnungen größer als der molekulare.

Wir stellen also fest: Der Tangentialdruck in Gl. (3.226) ist der Impulstransport senkrecht zur Bewegungsrichtung:

$$\pi_{xz} = \text{Flußdichte von } x\text{-Impuls in } z\text{-Richtung}\,. \tag{3.227}$$

Die Einheit von π_{xz} (Pascal) ist also die Einheit einer Impulsflußdichte; dies gilt für Tangential- und Normaldruck in gleicher Weise und bestätigt unsere obige Interpretation.

Obwohl wir den Tangentialdruck als Kraft eingeführt haben, übt π im Inneren eines Fluids noch nicht unbedingt eine Kraft aus. Das liegt daran, daß etwa im Spielkartenmodell die beiden benachbarten Fluidelemente von π betroffen sind, und zwar beide mit entgegengesetztem Vorzeichen (*actio = reactio*). Wenn die Geschwindigkeit u in Abb. 3.39 in z-Richtung linear zunimmt, so daß π_{xz} vertikal konstant ist, so tritt trotz dieser Scherung des Geschwindigkeitsfeldes im ganzen keine Reibungskraft auf – ein recht verblüffender Sachverhalt. Die Situation ist äquivalent zum Normaldruck, bei dem ja auch trotz hoher Druckwerte (Fisch in der Tiefsee) Nettokräftefreiheit vorliegen kann.

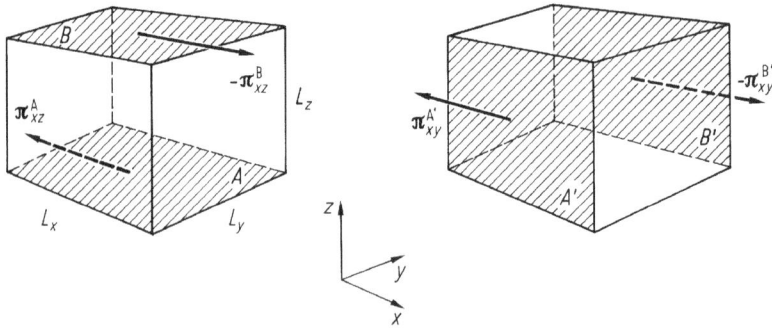

Abb. 3.40 Zur Ableitung der Kraft des Tangentialdruckgefälles auf einen Fluidballen.

Analog zum Normaldruck sagen wir, daß es das Gefälle des Tangentialdrucks ist, das eine Kraftwirkung ausübt. Zur Ableitung dieser *Reibungskraft* betrachten wir wie vorher (Abb. 3.40) einen Fluidballen in Form eines Probequaders. Das Geschwindigkeitsfeld in dem Fluid habe eine positive x-Komponente u, die nach oben hin zunimmt. Der Probequader erfährt (linkes Teilbild) an seiner unteren Fläche A eine bremsende Tangentialkraft (man multipliziere in Gl. (3.227) beide Seiten mit F)

$$K_{xz}^{A} = \pi_{xz}^{A} L_x L_y \,. \tag{3.228}$$

An der oberen Fläche B erfährt er eine mitschleppende Tangentialkraft

$$K_{xz}^{B} = - \pi_{xz}^{B} L_x L_y \,. \tag{3.229}$$

Hier tritt π_{xz}^{B} mit negativem Vorzeichen auf, so daß $K_{xz}^{B} > 0$. Wir können nun π_{xz}^{A}, π_{xz}^{B} analog zu Gl. (3.216) und (3.217) in eine Taylor-Reihe um den Mittelpunktswert π_{xz}^{0} entwickeln, jedoch nicht in x-Richtung, sondern in z-Richtung. Insgesamt wird also duch die Flächen A und B auf den Probequader die Reibungskraft ausgeübt

$$K_{xz} = K_{xz}^{A} + K_{xz}^{B} = - \frac{\partial \pi_{xz}}{\partial z} L_x L_y L_z \,. \tag{3.230}$$

Sie ist unabhängig vom absoluten Wert π_{xz} des Tangentialdrucks und hängt nur vom Tangentialdruckgradienten ab.

Die Flächen A und B des linken Teilbildes von Abb. 3.40 sind nicht die einzigen, durch die reibende Kräfte in x-Richtung auf den Probequader ausgeübt werden. Im rechten Teilbild sind die auf der y-Richtung senkrecht stehenden Flächen A', B' skizziert, die in gleicher Weise Kraftanteile in x-Richtung liefern. Analog zu Gl. (3.226) ergibt sich

$$\pi_{xy} = - \eta \, \frac{\partial u}{\partial y} \tag{3.231}$$

und analog zu Gl. (3.230) daher

$$K_{xy} = - \frac{\partial \pi_{xy}}{\partial y} L_x L_y L_z \,. \tag{3.232}$$

Weitere Tangentialdrücke in x-Richtung gibt es nicht. Wir erhalten damit

$$K_x = K_{xy} + K_{xz} = -\left(\frac{\partial \pi_{xy}}{\partial y} + \frac{\partial \pi_{xz}}{\partial z}\right) L_x L_y L_z \qquad (3.233)$$

als Gesamtkomponente in x-Richtung, die der Probequader durch die Wirkung des Flächentangentialdruckes erfährt. Die auf die Masse bezogene Kraft ist damit analog zu Gl. (3.219)

$$\frac{K_x}{M} = -\alpha \left(\frac{\partial \pi_{xy}}{\partial y} + \frac{\partial \pi_{xz}}{\partial z}\right). \qquad (3.234)$$

Die Kraftkomponenten in den anderen Koordinatenrichtungen ergeben sich durch zyklische Vertauschung:

$$\frac{K_y}{M} = -\alpha \left(\frac{\partial \pi_{yz}}{\partial z} + \frac{\partial \pi_{yx}}{\partial x}\right); \quad \frac{K_z}{M} = -\alpha \left(\frac{\partial \pi_{zx}}{\partial x} + \frac{\partial \pi_{zy}}{\partial y}\right). \qquad (3.235)$$

Man erkennt, daß es 6 Tangentialdruckkomponenten von π gibt. Sie sind Komponenten eines Tensors, der auch den gewöhnlichen Druck enthält; in ihm sind Normal- und Tangentialdrücke zusammengefaßt.

Für die praktische Anwendung ist fünferlei wichtig. Einmal ist der Tensor symmetrisch, d.h. $\pi_{xy} = \pi_{yx}$ usw.; damit gibt es insgesamt nur drei unabhängige Normaldruckkomponenten: $\pi_{xy}, \pi_{xz}, \pi_{yz}$. Von diesen sind zweitens nur die beiden letzten meteorologisch bedeutsam, weil die höchsten Windgradienten nur in vertikaler z-Richtung auftreten. Drittens ist wegen der weitgehenden Gültigkeit der statischen Grundgleichung der Reibungsanteil K_z/M in der z-Gleichung so gut wie immer vernachlässigbar. Mit $\pi_{xz} = \pi_x$, $\pi_{yz} = \pi_y$ und Gl. (3.226) haben wir also Beschleunigungen durch Reibungskräfte nur in horizontaler Richtung zu berücksichtigen:

$$\frac{K_x}{M} = -\alpha \frac{\partial \pi_x}{\partial z} = \alpha \frac{\partial}{\partial z} \eta \frac{\partial u}{\partial z}; \quad \frac{K_y}{M} = -\alpha \frac{\partial \pi_y}{\partial z} = \alpha \frac{\partial}{\partial z} \eta \frac{\partial v}{\partial z}. \qquad (3.236)$$

Wenn viertens π_x, π_y durch molekulare Reibung bedingt ist, so ist der entsprechende Kraftanteil in den Bewegungsgleichungen vernachlässigbar. Wenn man diese Größen jedoch als turbulente Schubspannungen interpretiert, was an ihrer Form nichts ändert, so ist der Kraftanteil in der Grenzschicht nicht vernachlässigbar (vgl. dazu Abschn. 3.2.9). Die fünfte Bemerkung bezieht sich auf das Vorzeichen des *Tangentialdrucktensors* π. Es ist vielfach üblich, ihm ein negatives Vorzeichen zu geben und ihn dann den *Schubspannungstensor* zu nennen. Wir haben hier den Tangentialdruck als Impulsfluß eingeführt; daraus ergibt sich ohne Willkür das oben gewählte Vorzeichen (dies gilt für den molekularen ebenso wie für den turbulenten Fall, vgl. Abschn. 3.2.9.3).

Massen- und Volumenkräfte. Die eben diskutierten Begriffsbildungen sind für das Verständnis der Fluiddynamik und damit für die Meteorologie von grundlegender Bedeutung; sie wurden daher in einiger Ausführlichkeit dargestellt. Man beachte vor allem die Analogie zwischen p und π einerseits (gleiche physikalische Dimension von Normal- und Tangentialdruck) und die Analogie zwischen den von ihnen hervorgerufenen Kraft- bzw. Beschleunigungskomponenten andererseits.

Ein weiterer Gesichtspunkt sei abschließend betont: Die *Gravitationskraft* ist eine *Massenkraft*, sie ist nach Gl. (3.193) proportional der Masse M des Probekörpers. *Druck- und Reibungskräfte* dagegen sind *Volumenkräfte*: K_x in Gl. (3.218) und Gl. (3.233) sind dem Volumen V des Probekörpers proportional.

3.2.6.5 Die Bewegungsgleichung für Geofluide

Die Gesamtbeschleunigung eines Fluidballens mit der Masse M setzt sich aus den Einzelbeschleunigungen durch Schwerkraft, Scheinkräfte und Druckkräfte zusammen. In Vektorschreibweise lautet sie

$$\frac{\mathrm{d}\boldsymbol{v}}{\mathrm{d}t} = \frac{\boldsymbol{K}}{M} = \boldsymbol{g} - f\boldsymbol{k} \times \boldsymbol{V} - \alpha\nabla p - \alpha\frac{\partial\boldsymbol{\pi}}{\partial z}. \tag{3.237}$$

In kartesischen Koordinaten ist

$$\begin{aligned}
\mathbf{g} &= (0, 0, -g) \quad \text{mit} \quad g = 9.81\,\mathrm{m/s^2}\,; \\
\boldsymbol{k} &= (0, 0, 1)\,; \\
\boldsymbol{V} &= (u, v, 0)\,; \\
\boldsymbol{v} &= (u, v, w)\,; \\
\boldsymbol{\pi} &= (\pi_x, \pi_y, 0)\,.
\end{aligned} \tag{3.238}$$

f ist der Coriolis-Parameter, $\alpha = 1/\varrho$, ∇ der dreidimensionale Nabla-Operator (auch Del-Operator), $\times$ bezeichnet das Vektorprodukt. Wir zerlegen Gl. (3.237) in seine Komponenten:

1. *Horizontale Bewegungsgleichung.* Die Horizontalkomponenten von Gl. (3.237) lauten

$$\frac{\mathrm{d}u}{\mathrm{d}t} - fv + \alpha\frac{\partial p}{\partial x} + \alpha\frac{\partial\pi_x}{\partial z} = 0\,; \quad \frac{\mathrm{d}v}{\mathrm{d}t} + fu + \alpha\frac{\partial p}{\partial y} + \alpha\frac{\partial\pi_y}{\partial z} = 0\,. \tag{3.239}$$

Die jeweils ersten drei Terme in jeder der beiden Gleichungen berücksichtigt man in der freien Atmosphäre, die jeweils letzten drei in der planetarischen Grenzschicht und die jeweils mittleren zwei beschreiben das geostrophische Gleichgewicht, s. weiter unten.

2. *Vertikale Bewegungsgleichung.* Die vertikale Komponente von Gl. (3.193) lautet

$$\frac{\mathrm{d}w}{\mathrm{d}t} + g + \alpha\frac{\partial p}{\partial z} = 0\,. \tag{3.240}$$

Bei Vernachlässigung der Beschleunigung beschreibt Gl. (3.240) das hydrostatische Gleichgewicht, in dem Schwerkraft und Druckgradientkraft einander balancieren.

3. *Der Druck als Vertikalkoordinate.* Die Druckgradientbeschleunigung in der horizontalen Bewegungsgleichung schreibt sich

$$\alpha\frac{\partial p(x, y, z)}{\partial x} = \alpha\lim_{x_2 \to x_1}\frac{p_2 - p_1}{x_2 - x_1}\,. \tag{3.241}$$

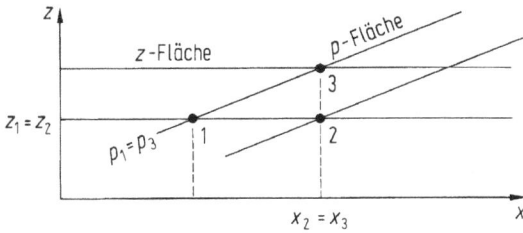

Abb. 3.41 Schema zur Transformation von kartesischen Koordinaten (z-Koordinaten) auf Druckkoordinaten (p-Koordinaten).

Der Bruch auf der rechten Seite läßt sich durch Erweitern mit $z_3 - z_2$ wie folgt umformen (vgl. Abb. 3.41):

$$\frac{p_2 - p_1}{x_2 - x_1} = \frac{p_2 - p_3}{z_3 - z_2} \frac{z_3 - z_1}{x_3 - x_1} . \tag{3.242}$$

Nun ist aber

$$\lim_{z_2 \to z_3} \frac{p_2 - p_3}{z_3 - z_2} = - \frac{\partial p(x, y, z)}{\partial z} ; \quad \lim_{x_1 \to x_3} \frac{z_3 - z_1}{x_3 - x_1} = \frac{\partial z(x, y, p)}{\partial x} . \tag{3.243}$$

Kombination dieser Gleichungen liefert

$$\alpha \frac{\partial p(x, y, z)}{\partial x} = - \alpha \frac{\partial p(x, y, z)}{\partial z} \frac{\partial z(x, y, p)}{\partial x} = \frac{\partial \Phi(x, y, p)}{\partial x} . \tag{3.244}$$

Im letzten Schritt rechts haben wir die statische Gleichung eingebracht und $g z = \Phi$ beachtet. Gl. (3.244) stellt die Transformation von z- auf p-Koordinaten dar: Der Druckgradient wird als Geopotentialgradient geschrieben. Die reibungsfreien hydrostatischen Bewegungsgleichungen (3.239), (3.240) nehmen damit die Form an

$$\frac{du}{dt} - fv + \frac{\partial \Phi}{\partial x} = 0 ; \quad \frac{dv}{dt} + fu + \frac{\partial \Phi}{\partial y} = 0 ; \quad \alpha + \frac{\partial \Phi}{\partial p} = 0 . \tag{3.245}$$

In dieser Schreibweise kommt die Bedeutung des Geopotentials $\Phi = \Phi(x, y, p)$ in auffälliger Weise zum Ausdruck. Die horizontalen Komponenten von Gl. (3.245) sind einfacher als die reibungsfreie Version von Gl. (3.239), weil die Zustandsgröße α durch die Transformation eliminiert ist. Darin (und in der später zu besprechenden Vereinfachung der Massenerhaltungsgleichung) liegt die Bedeutung der p-Koordinaten für die Geofluiddynamik.

Man beachte, daß (u, v) in Druckkoordinaten identisch ist mit (u, v) in kartesischen Koordinaten; $u = dx(t)/dt$ besitzt auf der p-Fläche keinen anderen Wert als auf der z-Fläche.

Gleichungssysteme für die Atmosphäre. Welche Koordinaten soll man bevorzugen: z- oder p-Koordinaten? Vereinfachend kann man sagen: Für kleinskalige, stark reibungsbeeinflußte Prozesse (z. B. in der planetaren Grenzschicht) sind z-Koordinaten günstiger. Hier arbeitet man mit der Gibbsschen Form (3.123), wobei vielfach $ds/dt = 0$ gesetzt oder durch die reine Strahlungsheizung angenähert wird; Bewegungsgleichungen sind (3.239), (3.240).

In der freien Atmosphäre dagegen und für alle Vorgänge, bei denen die Reibung keine Rolle spielt, sind p-Koordinaten zweckmäßiger. Hier benutzt man ebenfalls (3.123) sowie die hydrostatischen Bewegungsgleichungen (3.245).

Die eben genannten Gleichungssätze sind noch nicht vollständig, denn sie enthalten mehr Unbekannte als es Gleichungen gibt. Dieses Manko wird durch die Kopplung der Geschwindigkeitskomponenten mittels der Massenerhaltungsgleichung beseitigt (vgl. Abschn. 3.2.7). Die zusätzliche Gleichung in z-Koordinaten ist (3.276), in p-Koordinaten (3.267).

3.2.6.6 Besonderheiten des Horizontalwindes

Obwohl das atmosphärische Windfeld dreidimensional ist, spielen horizontale Bewegungen eine überragende Rolle in der meteorologischen Dynamik. Einer der Gründe ist, daß nur die horizontale Windkomponente direkt meßbar ist, während die vertikale aus ihr indirekt ermittelt werden muß. Mit den in Abschn. 3.2.6.5 definierten Symbolen schreibt sich die horizontale Komponente der reibungsfreien Bewegungsgleichungen in p-Koordinaten:

$$\frac{dV}{dt} + f\boldsymbol{k} \times V + \nabla\Phi = 0 \, ; \tag{3.246}$$

$\boldsymbol{k}$ ist der vertikale Einheitsvektor; der Operator $\nabla = (\partial/\partial x, \partial/\partial y)$ ist auf der p-Fläche anzuwenden.

Natürliche Horizontalkoordinaten. Dazu führt man ein kartesisches Koordinatensystem ein mit den Einheitsvektoren τ in Windrichtung (*tangential*) und $\mathbf{v}$ senkrecht dazu (*normal*). Der horizontale Windvektor schreibt sich damit (vgl. Abb. 3.42)

$$V = V\tau \, . \tag{3.247}$$

In natürlichen Koordinaten ist nicht nur der Betrag V des Windes variabel, sondern auch die Richtung des Einheitsvektors τ:

$$dV = \tau \, dV + V \, d\tau \, . \tag{3.248}$$

Die Einheitsvektoren τ, $\mathbf{v}$ (Punkt 1 in Abb. 3.42) haben sich nach Durchlaufen der Strecke δs auf der Kurve um die Zuwächse $\delta\tau$, $\delta\mathbf{v}$ geändert. Die am Punkt 2 ansetzenden gestrichelten Vektoren $\tau + \delta\tau$, $\mathbf{v} + \delta\mathbf{v}$ sind wiederum Einheitsvektoren. Die drei in Abb. 3.42 skizzierten kleinen Winkel müssen daher alle gleich sein; für sie gilt

$$\delta\beta = \frac{\delta s}{R} = \frac{|\delta\tau|}{|\tau|} = |\delta\tau| \, . \tag{3.249}$$

Das ist der Betrag des Vektors $\delta\tau$. Seine Richtung ist $\mathbf{v}$. Also ist

$$\delta\tau = \mathbf{v} \, \frac{1}{R} \, \delta s \quad \text{und daher} \quad dV = \tau \, dV + \mathbf{v} \, \frac{V}{R} \, ds \, . \tag{3.250}$$

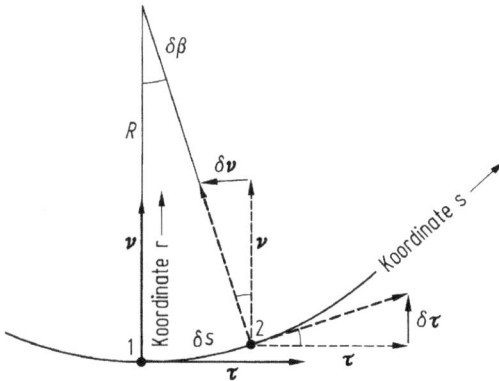

Abb. 3.42 Natürliche Koordinaten in der Ebene. Gekrümmte Kurve angenähert durch Krümmungskreis mit Radius R. τ = Einheitsvektor in Windrichtung, $\mathbf{v}$ = Einheitsvektor normal nach links zur Windrichtung. $\delta\tau, \delta\mathbf{v}$ = Änderungen der Einheitsvektoren. δs = Zunahme der Koordinate s zwischen den Punkten 1 und 2.

R ist der Radius des Krümmungskreises, der den Bogen zwischen den Punkten 1 und 2 approximiert. Die zu τ gehörige dimensionierte Variable (nach welcher differenziert wird) ist die Koordinate s. Analog ist die zu $\mathbf{v}$ gehörige dimensionierte Variable (nach welcher später ebenfalls differenziert wird) die Radiuskoordinate r; sie wächst in Richtung zum Mittelpunkt des Krümmungskreises (man verwechsele nicht r und R).

V, R, τ und $\mathbf{v}$ können als Funktion des Raumes (d.h. der Koordinaten s, r) bei festem Zeitpunkt angesehen werden – dann heißt die Kurve in Abb. 3.42 *Stromlinie* und $R = R_s$ ist ihr Krümmungsradius; hier sind s und r durch die Stromlinien definiert. Sie können aber auch als Funktion der Zeit t für einen individuellen Fluidballen angesehen werden – dann heißt die Kurve in Abb. 3.42 *Trajektorie* und $R = R_t$ ist ihr Krümmungsradius; hier sind s und r durch die Trajektorien definiert. Um die Beschleunigung zu bestimmen, muß man den letzteren Standpunkt einnehmen. Auf dieser Grundlage ist ds/d$t = V$ und Gl. (3.250) liefert den Beschleunigungsvektor als Linearkombination der Einheitsvektoren $\tau, \mathbf{v}$.

In natürlichen Koordinaten $\tau, \mathbf{v}$ schreibt sich daher die horizontale Bewegungsgleichung (3.246)

$$\frac{dV}{dt}\,\tau + \frac{V^2}{R_t}\,\mathbf{v} + fV\mathbf{v} + \nabla\Phi = 0\,. \tag{3.251}$$

Hier ist $\mathbf{k} \times \tau = \mathbf{v}$ beachtet worden. Wenn man Gl. (3.251) auf die Koordinatenvektoren projiziert, so erhält man die Komponentengleichungen:

$$\frac{dV}{dt} + \frac{\partial\Phi}{\partial s} = 0\,; \quad \frac{V^2}{R_t} + fV + \frac{\partial\Phi}{\partial r} = 0\,. \tag{3.252}$$

Der geostrophische Wind. Das geostrophische Gleichgewicht drückt die wichtigste Balance in den horizontalen Bewegungsgleichungen aus: Kräftegleichgewicht bei

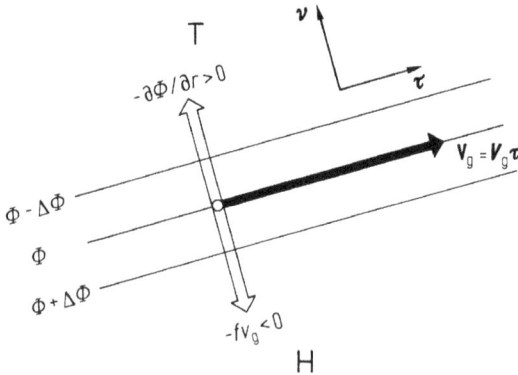

Abb. 3.43 Kräftegleichgewicht bei geostrophischer Strömung auf der Nordhalbkugel. Natürliche Koordinaten auf der Druckfläche; Einheitsvektor τ zeigt tangential, Einheitsvektor $\mathbf{v}$ normal zum geostrophischen Wind $V_g = V_g \tau$. V_g weht parallel zur Linie $\Phi \equiv$ const. Φ nimmt in $\mathbf{v}$-Richtung für steigendes r zum Tief hin („nach links") ab, für fallendes r (zum Hoch hin, „nach rechts") zu. Richtung der Coriolis-Beschleunigung zeigt zum Hoch, Richtung der Druckgradientbeschleunigung zum Tief.

unbeschleunigter Horizontalströmung ($dV/dt = 0$, $R_t \to \infty$). In natürlichen Koordinaten auf der p-Fläche lautet dies

$$\nabla \Phi = \left(0, \frac{\partial \Phi}{\partial r}\right); \quad f V_g + \frac{\partial \Phi}{\partial r} = 0 \,. \tag{3.253}$$

Das geostrophische Gleichgewicht entspricht der hydrostatischen Balance: Kräftegleichgewicht bei unbeschleunigter Vertikalströmung. Aber: In vertikaler Richtung kann unbeschleunigte Strömung praktisch nur für $w \equiv 0$ existieren, wegen der Randbedingung $w = 0$ an der ebenen Erdoberfläche. In horizontaler Richtung dagegen ist unbeschleunigte Strömung für $V_g \neq 0$ möglich und eine typische und gute Näherung für den wahren Wind V. Der geostrophische Wind ist für beliebige Lage des Koordinatensystems mit den Einheitsvektoren τ, $\mathbf{v}$ in Abb. 3.43 skizziert. Die Darstellung gilt für die Nordhalbkugel; auf der Südhalbkugel wechseln $\partial \Phi / \partial r$ und f das Vorzeichen, d. h. *Tief* und *Hoch* sind zu vertauschen.

In kartesischen Koordinaten schreibt sich der geostrophische Wind

$$V_g = \frac{1}{f} \, k \times \nabla_p \Phi \,. \quad V_g = \frac{1}{\varrho f} \, k \times \nabla_z p \,. \tag{3.254}$$

Der Index p bzw. z am zweidimensionalen Operator ∇ gibt an, welche Koordinate bei der horizontalen Ableitung festzuhalten ist (wird, wenn aus dem Zusammenhang eindeutig, fortgelassen).

Gradientwind und Rossby-Zahl. Bei stark zyklonal (antizyklonal) gekrümmten Trajektorien ist der wahre Wind oft subgeostrophisch, d. h. $V < V_g$ (supergeostrophisch, $V > V_g$), obwohl τ weiterhin in Richtung der Geopotentiallinien zeigt. Ursache ist die Zentripetalbeschleunigung durch die Krümmung der Trajektorien. Dies beschreibt man durch das Konzept des *Gradientwindes*: Es gibt nur eine Normal-, aber keine Tangentialbeschleunigung:

$$\mathbf{V}\Phi = \left(0, \frac{\partial\Phi}{\partial r}\right); \quad \frac{V^2}{R_t} + fV + \frac{\partial\Phi}{\partial r} = 0 \,. \tag{3.255}$$

Die zweite Gleichung läßt sich mit Gl. (3.253) schreiben

$$1 + Ro = \frac{V_g}{V} \tag{3.256}$$

mit $Ro = \dfrac{V}{fR_t}$, der *Rossby-Zahl*. Die Rossby-Zahl ist ein Parameter mit der Dimension Eins, der die Winkelgeschwindigkeit V/R_t der Strömung mit der Rotation f des Koordinatensystems vergleicht. Für großräumige Bewegungen ist $Ro \lesssim 0.1$, d.h. die Zentripetalkraft des Gradientwindes ist fast vernachlässigbar; eine solche Strömung heißt *quasigeostrophisch*. In stark ausgeprägten Trögen der Außertropen mit Krümmungsradien $R_t \lesssim 200$ km kann $Ro \geq 1$ werden.

3.2.6.7 Kinematische Größen des Stromfeldes

Die Disziplin, die das Feld des Geschwindigkeitsvektors beschreibt, heißt Kinematik. Die wichtigsten Größen in der Kinematik horizontaler Stromfelder sind Vorticity und Divergenz.

Vorticity und Zirkulation. Atmosphärische Druckgebilde (Tief-, Hochdruckgebiete) haben einen eindeutigen Umströmungssinn. Wie läßt sich die Drehbewegung in einem Geofluid quantifizieren? Dazu denke man sich eine geschlossene Kurve im Strömungsfeld (V sei der Geschwindigkeitsvektor in der Ebene) und bilde die über die zugehörige Fläche F gemittelte Wirbelstärke oder *Vorticity*:

$$\zeta = \frac{\oint V \cdot \mathrm{d}r}{F} \,. \tag{3.257}$$

Der Zähler des Bruches heißt *Zirkulation*. Für die Zirkulation gilt mit dem Stokesschen Integralsatz (vgl. Abb. 3.44)

$$Z = \oint V \cdot \mathrm{d}r = \iint (\mathbf{V} \times V) \cdot \mathrm{d}\boldsymbol{\sigma} \,. \tag{3.258}$$

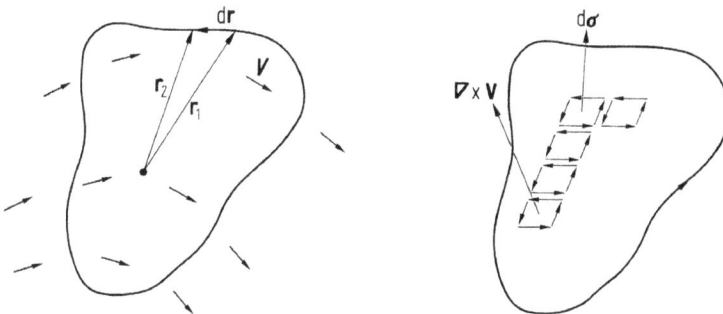

Abb. 3.44 Zirkulation als Linienintegral über eine geschlossene Kurve (links) oder als Flächenintegral (rechts).

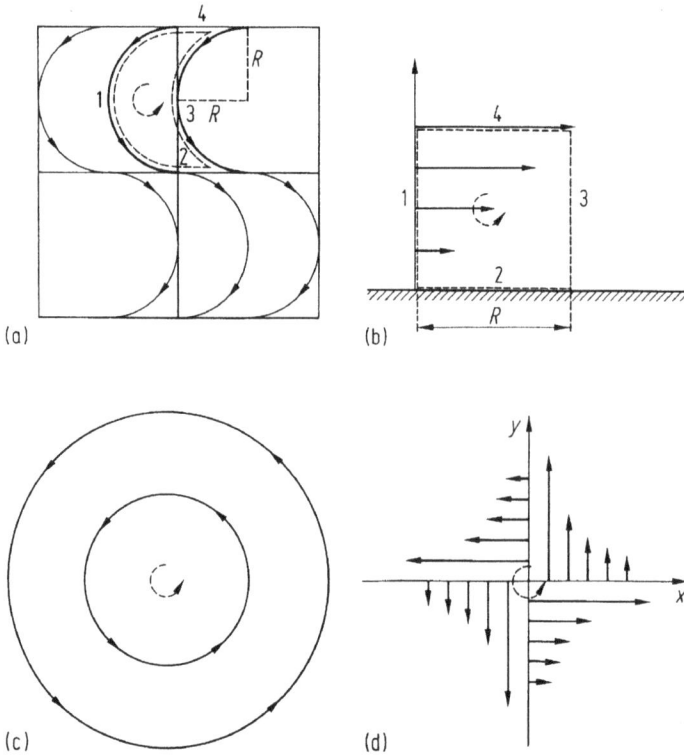

Abb. 3.45 Spezialfälle atmosphärischer Strömungen und zugehörige Zirkulation. Dicke Pfeile: Richtung des Geschwindigkeitsvektors. Gekrümmte gestrichelte Pfeile: Umlaufungssinn des Zirkulationsintegrals. (a) Skiläufermodell (reine Krümmungsvorticity). (b) Strahlstrommodell (reine Scherungsvorticity). (c) Schallplattenmodell (starre Rotation). (d) Hurrikanmodell (Potentialwirbel).

Hier ist r der Ortsvektor eines Punktes auf der geschlossenen Kurve und $d\boldsymbol{\sigma}$ das Differential des Vektors der Flächennormalen. Gl. (3.258) gilt auch, wenn V und dr nicht in einer Ebene liegen, sondern 3D-Vektoren sind. Das Vorzeichen von F werde nach dem Umlaufungssinn gewählt (Umlaufung gegen den Uhrzeiger: $F > 0$). Dadurch wird ζ von der Richtung der Integration unabhängig; das Vorzeichen von ζ ist nur vom Strömungsfeld abhängig. Für allgemeine 3D-Felder mit v statt V bildet man den Grenzwert für $F \to 0$ und definiert die Richtung der Flächennormalen als positive Richtung des Vektors $\boldsymbol{\zeta}$ der dreidimensionalen Vorticity. Vektoranalytisch schreibt man: $\boldsymbol{\zeta} = \nabla \times \boldsymbol{v}$ (*Rotation* von $\boldsymbol{v}$).

Die Vorticity ist eine zentrale Größe für atmosphärische Bewegungen. Wir besprechen einige einfache Spezialfälle anhand von Abb. 3.45. Für diese Fälle setzen wir den Stromlinienradius $R_s = R$.

1. *Skiläufermodell.* Parallel wedelnde Skiläufer mit überall gleicher Bahngeschwindigkeit V erzeugen ein Geschwindigkeitsfeld, dessen Zirkulation längs der Wegstücke 1, 2, 3, 4 sich wie folgt ergibt (Abb. 3.45a):

Beitrag zur Zirkulation auf Kreisbogen 1: $V \cdot \pi R$;
Beitrag zur Zirkulation auf Geradenstück 2: $V \cdot R$;
Beitrag zur Zirkulation auf Kreisbogen 3: $- V \cdot \pi R$;
Beitrag zur Zirkulation auf Geradenstück 4: $V \cdot R$.
Daraus folgt die Zirkulation $\oint V \cdot ds = 2VR$; die mittlere Vorticity längs der umlaufenen Fläche $F = 2R^2$ hat den Wert $\zeta = V/R$. Obwohl die Kreisbogenstücke zur Zirkulation rechnerisch nichts beitragen, ist ζ nur durch die Krümmung der Bahnkurve bedingt: *Krümmungsvorticity*.

2. *Strahlstrommodell*. Für parallele Scherströmung $V(r) = \alpha r$ mit konstantem α werde die Zirkulation längs eines Quadrates der Seitenlänge R gebildet (Abb. 3.45b). Die Stücke 1, 2, 3 tragen zur Zirkulation nichts bei, dagegen $\int_4 V \cdot ds = -\alpha R \cdot R$. Die Vorticity dieses Strömungsfeldes ist also $\zeta = -\alpha = -\partial V(r)/\partial r$. Dieser Spezialfall reiner *Scherungsvorticity* ist auf der antizyklonalen Seite des Strahlstromes verwirklicht.

3. *Schallplattenmodell*. Im Fall starrer Rotation (Winkelgeschwindigkeit Ω, siehe Abb. 3.45c) ist $V(r) = \Omega r$. Anders als im Strahlstrommodell sind die Stromlinien hier aber gekrümmt. Längs eines beliebigen Kreisbogens mit Radius r ergibt sich die Zirkulation $\oint V \cdot ds = \Omega r \cdot 2\pi r$, also die Vorticity $\zeta = 2\Omega$. Im Teilbild c) hat Ω positiven (zyklonalen) Umlaufungssinn, also ist die Vorticity zyklonal. Der Faktor 2 rührt daher, daß hier Scherungs- und Krümmungsvorticity gleich sind und gleiches Vorzeichen haben.

4. *Hurrikanmodell*. Wenn Scherungs- und Krümmungsvorticity entgegengesetztes Vorzeichen haben (Abb. 3.45d), so kann die mittlere Vorticity Null sein. Das Windfeld in d) hat die Komponenten $u = -y/r^2$, $v = x/r^2$, wobei $r^2 = x^2 + y^2$. Für einen Umlauf mit konstantem r verschwindet die Zirkulation, also $\zeta = 0$ (Potentialwirbel). Dies ist ein Modell für einen Hurrikan außerhalb des Kerns. Das Unendlichwerden von u, v für $r = 0$ tritt natürlich nicht ein, im Bereich des Kerns ($r \lesssim 300$ km) herrscht annähernd starre Rotation und im Auge ($r \lesssim 30$ km) Windstille.

Divergenz. Die Divergenz ist wie die Vorticity eine zentrale Größe für das Verständnis atmosphärischer Bewegungen. Sie soll jedoch nicht hier, sondern in Abschn. 3.2.7 besprochen werden.

Kinematische Größen in natürlichen Koordinaten. In kartesischen Koordinaten x, y lauten Vorticity und Divergenz des horizontalen Windvektors $V = (u, v)$

$$\zeta \equiv \frac{\partial v}{\partial x} - \frac{\partial u}{\partial y}; \quad \delta \equiv \frac{\partial u}{\partial x} + \frac{\partial v}{\partial y}. \tag{3.259}$$

In natürlichen Koordinaten (vgl. Abb. 3.42) sind s und r zum festen Zeitpunkt durch die Stromlinie definiert. Wir benutzen für den Krümmungsradius wieder den (zunächst nicht indizierten) Buchstaben R. Dann folgt

$$\zeta = \mathbf{V} \times V = \underbrace{\frac{\partial \beta}{\partial s} V}_{\substack{\text{Krümmungs-} \\ \text{vorticity}}} - \underbrace{\frac{\partial V}{\partial r}}_{\substack{\text{Scherungs-} \\ \text{vorticity}}}; \tag{3.260}$$

$$\delta = \mathbf{\nabla} \cdot V = \underbrace{\frac{\partial V}{\partial s}}_{\substack{\text{Geschwindigkeits-}\\\text{divergenz}}} + \underbrace{\frac{\partial \beta}{\partial r} V}_{\substack{\text{Richtungs-}\\\text{divergenz}}} . \tag{3.261}$$

Die Vorticity ζ ist hier als Feldgröße definiert, während sie im vorigen Abschnitt als mittlere Größe eingeführt wurde. In der Praxis ist das kein Unterschied, da die Auswertung der Definitionen (3.259) bis (3.261) stets mit endlichen Differenzen erfolgt.

Für die Ableitung der vorstehenden Formeln (z. B. Pichler, 1997) benutzt man die Definitionen (3.247) bis (3.250), zusammen mit $\mathbf{V} = \mathbf{\tau}\,\partial/\partial s + \mathbf{v}\,\partial/\partial r$ und $\mathbf{\tau} \times \mathbf{v} = \mathbf{k}$, $\mathbf{v} \times \mathbf{\tau} = -\mathbf{k}$; dabei ist $\mathbf{k}$ wie vorher der vertikale Einheitsvektor. Obwohl $\mathbf{\nabla}$ und V zunächst nur in der Ebene definiert sind, hat man sie als 3D-Vektoren aufzufassen, denn die Rotationsbildung (3.260) führt ja aus der Ebene heraus. Korrekt ist also ζ als Vektor in Richtung von $\mathbf{k}$ anzusehen; (3.260) gibt nur seinen Betrag an. Die Divergenz dagegen ist ein Skalar.

Für die Ableitungen des Winkels β kann man die beiden Radien von Abb. 3.42 heranziehen: $\partial\beta/\partial s = 1/R_K$ (dieser Radius ist in Abb. 3.42 explizit eingezeichnet, $R = R_K$, *Krümmungsradius*); $\partial\beta/\partial r = 1/R_D$ (dieser Radius ist nicht eingezeichnet, er ist implizit durch die Diffluenz der Stromlinien definiert und kann als *Diffluenzradius* bezeichnet werden).

Vorticity und Divergenz sind echte physikalische Größen des Strömungsfeldes in dem Sinne, daß sie vom Koordinatensystem unabhängig sind. Außerdem gibt es als weitere kinematische Größe die *Deformation* (*Scherung* und *Dehnung*), die jedoch gegen Koordinatentransformationen nicht invariant ist. Deformationen spielen bei der Frontendynamik eine Rolle (vgl. Abschn. 3.3.2.7).

3.2.7 Erhaltungssätze für Geofluide

Ein Geofluid besteht zwar im Prinzip aus Massenpunkten, doch wäre der Versuch, etwa für jedes Molekül der Atmosphäre die Bewegungsgleichung aufzustellen, von vornherein aussichtslos. Man idealisiert daher das Fluid durch das Modell eines Flüssigkeitskontinuums, in dem alle Feldgrößen stetig verteilt sind. Die *Körnigkeit* der Materie, die erst in molekularen Dimensionen spürbar wird, vernachlässigt dieses Modell. Es gilt daher nur für Raumelemente, deren Dimensionen hinreichend groß gegen die mittlere freie Weglänge der Moleküle sind. Diese Voraussetzung ist für alle Fragen der Dynamik von Geofluiden erfüllt.

Die Kontinuitätsgleichung sagt aus, daß alle zu einem bestimmten Zeitpunkt gegebenen, stetig verteilten Massenpunkte des Kontinuums ihre Identität behalten, auch wenn sie durch das Geschwindigkeitsfeld ständig durcheinander gebracht werden. Da wir unterstellen, daß die Masse eines Kontinuumselementes eine unzerstörbare Eigenschaft dieses Elementes ist, kann man seine Masse geradezu für die Definition seiner Identität verwenden; das geschieht im folgenden Unterabschnitt.

3.2.7.1 Die Massenerhaltungsgleichung

Wir betrachten (Abb. 3.46) ein Fluidelement zwischen zwei Druckflächen p_o, p_u, das seitlich durch gedachte senkrechte Wände begrenzt sein soll. Obwohl diese isobaren Flächen beliebig schräg liegen können, haben sie überall den gleichen Druck-Abstand Δp voneinander. Für ihn gilt nach Gl. (3.59) $\Delta p = g M / \Delta x \, \Delta y$ oder

$$M = g^{-1} \Delta x \, \Delta y \, \Delta p \, . \tag{3.262}$$

Der Erhaltungssatz für die Masse lautet $\mathrm{d}M/\mathrm{d}t = 0$ oder

$$\frac{1}{M} \frac{\mathrm{d}M}{\mathrm{d}t} = 0 \, . \tag{3.263}$$

Durch logarithmisches Differenzieren folgt (g ist eine Konstante)

$$\frac{1}{M} \frac{\mathrm{d}M}{\mathrm{d}t} = \frac{1}{\Delta x} \frac{\mathrm{d}\Delta x}{\mathrm{d}t} + \frac{1}{\Delta y} \frac{\mathrm{d}\Delta y}{\mathrm{d}t} + \frac{1}{\Delta p} \frac{\mathrm{d}\Delta p}{\mathrm{d}t} = 0 \tag{3.264}$$

oder

$$\frac{1}{\Delta x} \left(\frac{\mathrm{d}x_r}{\mathrm{d}t} - \frac{\mathrm{d}x_l}{\mathrm{d}t} \right) + \frac{1}{\Delta y} \left(\frac{\mathrm{d}y_h}{\mathrm{d}t} - \frac{\mathrm{d}y_v}{\mathrm{d}t} \right) + \frac{1}{\Delta p} \left(\frac{\mathrm{d}p_u}{\mathrm{d}t} - \frac{\mathrm{d}p_o}{\mathrm{d}t} \right) = 0 \, . \tag{3.265}$$

Nun ist aber

$$\frac{\mathrm{d}x}{\mathrm{d}t} = u \, ; \quad \frac{\mathrm{d}y}{\mathrm{d}t} = v \, ; \quad \frac{\mathrm{d}p}{\mathrm{d}t} = \omega \, ; \tag{3.266}$$

u, v sind die horizontalen Geschwindigkeitskomponenten, ω die *generalisierte Vertikalgeschwindigkeit*; damit schreibt sich Gl. (3.265):

$$\frac{\Delta u}{\Delta x} + \frac{\Delta v}{\Delta y} + \frac{\Delta \omega}{\Delta p} = 0 \quad \rightarrow \quad \frac{\partial u}{\partial x} + \frac{\partial v}{\partial y} + \frac{\partial \omega}{\partial p} = 0 \, . \tag{3.267}$$

Der Übergang von den Differenzenausdrücken zu den partiellen Ableitungen geschieht durch eine Limesbildung, bei der $M, \Delta x, \Delta y, \Delta p$ sämtlich gegen Null gehen.

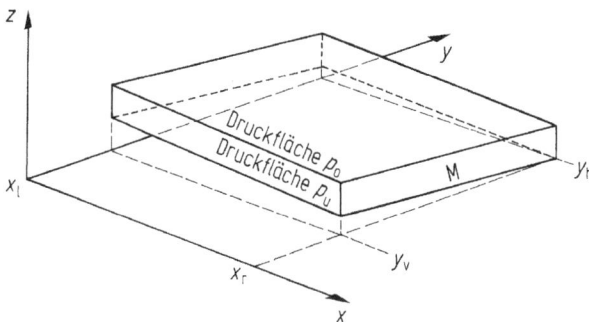

Abb. 3.46 Fluidelemente der Masse M, eingesperrt zwischen den horizontalen Koordinaten x_{links}, x_{rechts} bzw. y_{vorn}, y_{hinten} sowie zwischen den (im allgemeinen schräg liegenden) isobaren Flächen p_{oben} und p_{unten}. Es gilt $\Delta x = x_r - x_l$; $\Delta y = y_h - y_v$; $\Delta p = p_u - p_o$.

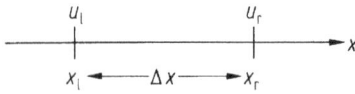

Abb. 3.47 Modell der Autoschlange. Man beachte, daß die 1D-x-Koordinate nicht geradlinig sein muß, sondern gekrümmt sein kann. Indizes r, l für rechts, links; $\Delta x = x_r - x_l$.

Gl. (3.267) heißt *Kontinuitätsgleichung* in *p-Koordinaten*. In dieser Form ist die Massenerhaltungsgleichung für die Anwendung in der Meteorologie besonders zweckmäßig. Die Gleichung sagt aus, daß die Strömung in p-Koordinaten divergenzfrei ist. Die Rolle der Divergenz erläutern wir anhand einiger einfacher Modelle.

1D-Divergenz: das Modell der Autoschlange. In einem Koordinatensystem mit nur einer Achse (z. B. einer Landstraße mit Ampeln, Abb. 3.47) betrachten wir zwei markierte Punkte (Autos). Ihr Abstand sei Δx, und er ändere sich im Laufe der Zeit. Dann gilt:

$$\lim_{\Delta x \to 0} \frac{1}{\Delta x} \frac{\mathrm{d}\Delta x}{\mathrm{d}t} = \frac{\partial u}{\partial x}. \tag{3.268}$$

Die relative Abstandsänderung der Autos pro Zeitintervall entspricht also der Divergenz (dem *Auseinandergehen*) des zugehörigen Geschwindigkeitsfeldes.

Zwischen den beiden markierten Autos x_l, x_r mögen sich weitere Autos befinden, insgesamt ΔN. Diese Zahl kann sich nicht ändern (wohl aber ihr Abstand). Also setzen wir als Gesetz von der Erhaltung der Autos $\mathrm{d}\Delta N/\mathrm{d}t = 0$ oder

$$\frac{1}{\Delta N} \frac{\mathrm{d}\Delta N}{\mathrm{d}t} = 0. \tag{3.269}$$

Das läßt sich mit Gl. (3.268) kombinieren zu

$$\frac{1}{\Delta N} \frac{\mathrm{d}\Delta N}{\mathrm{d}t} - \frac{1}{\Delta x} \frac{\mathrm{d}\Delta x}{\mathrm{d}t} = \frac{1}{\Delta N/\Delta x} \frac{\mathrm{d}}{\mathrm{d}t} \frac{\Delta N}{\Delta x} = -\frac{\Delta u}{\Delta x}. \tag{3.270}$$

Was liegt näher, als die Größe $\Delta N/\Delta x$ als Autodichte a zu interpretieren:

$$a = \lim_{\Delta x \to 0} \frac{\Delta N}{\Delta x} \quad \to \quad \frac{1}{a} \frac{\mathrm{d}a}{\mathrm{d}t} + \frac{\partial u}{\partial x} = 0. \tag{3.271}$$

Das besagt:

- Konvergenz ($\partial u/\partial x < 0$) führt zur Zunahme der Autodichte ($\mathrm{d}a/\mathrm{d}t > 0$);
- Divergenz ($\partial u/\partial x > 0$) führt zur Abnahme der Autodichte ($\mathrm{d}a/\mathrm{d}t < 0$).

Dieser Zusammenhang ist jedem Autofahrer vertraut.

2D-Divergenz: das Gummituchmodell. Wir betrachten jetzt ein Modell in der Ebene (Abb. 3.48). 4 markierte Punkte mögen die Fläche ΔF definieren. Sie ändert sich gemäß

$$\frac{1}{\Delta F} \frac{\mathrm{d}\Delta F}{\mathrm{d}t} = \frac{1}{\Delta x} \frac{\mathrm{d}\Delta x}{\mathrm{d}t} + \frac{1}{\Delta y} \frac{\mathrm{d}\Delta y}{\mathrm{d}t} = \frac{\Delta u}{\Delta x} + \frac{\Delta v}{\Delta y}. \tag{3.272}$$

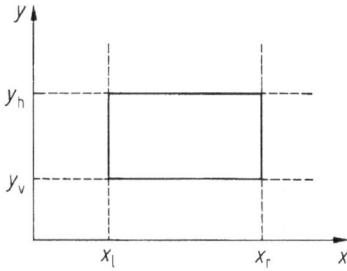

Abb. 3.48   Gummituchmodell eines 2D-Fluids. $\Delta x = x_r - x_l$, $\Delta y = y_h - y_v$, $\Delta F = \Delta x \Delta y$.

Wenn wir die Zahl markierter Punkte auf dem Tuch mit ΔN und ihre Flächendichte mit $b = \Delta N / \Delta F$ bezeichnen, wobei sich ΔN nicht ändern kann, so erhalten wir aus $d\Delta N/dt = 0$ mit der gleichen Argumentation wie vorher für $\Delta F \to 0$

$$\frac{1}{b}\frac{db}{dt} + \frac{\partial u}{\partial x} + \frac{\partial v}{\partial y} = 0 \,. \tag{3.273}$$

In Worten: Eine relative Flächenänderung kann als horizontale Divergenz interpretiert werden. Das hat Relevanz für Satellitenbeobachtungen. Wenn etwa ein Cumulonimbus-Schirm (= ausgedehnter Oberteil einer Gewitterwolke) in einer Stunde seine Fläche um 20 % vergrößert (und damit seine Flächendichte um den gleichen Wert verringert), so entspricht das einer Divergenz von

$$\frac{\partial u}{\partial x} + \frac{\partial v}{\partial y} = 0.2\,(3600\,\text{s})^{-1} \approx 5 \cdot 10^{-5}\,\text{s}^{-1} \,. \tag{3.274}$$

Solche Werte der horizontalen Divergenz kommen in der Atmosphäre vor (vgl. Abb. 3.49).

Das Luftballonmodell. Die Verallgemeinerung zum 3D-Modell ist jetzt ein einfacher Schritt. Ein quaderförmiger Luftballen habe die Masse M und das Volumen $V = \Delta x \Delta y \Delta z$. Dann gilt zunächst analog zu Gln. (3.268), (3.272)

$$\lim_{V \to 0} \frac{1}{V}\frac{dV}{dt} = \frac{\partial u}{\partial x} + \frac{\partial v}{\partial y} + \frac{\partial w}{\partial z} \,. \tag{3.275}$$

In Worten: Die 3D-Divergenz des Geschwindigkeitsfeldes ist gleich der relativen Volumenänderung durch Zeit. Dies ist die *fluidmechanische Kontinuitätsgleichung* im eigentlichen Sinn, da sie keine Beziehung auf eine Erhaltungsgröße enthält, sondern nur die Identität der Fluidpartikel feststellt.

Ferner muß die Masse im Ballen trotz der Volumenänderung erhalten bleiben; Kombination von $dM/dt = 0$ mit Gl. (3.275) liefert

$$\frac{1}{\varrho}\frac{d\varrho}{dt} + \frac{\partial u}{\partial x} + \frac{\partial v}{\partial y} + \frac{\partial w}{\partial z} = 0 \,. \tag{3.276}$$

Dies ist die *Massenkontinuitätsgleichung* in *z*-Koordinaten.

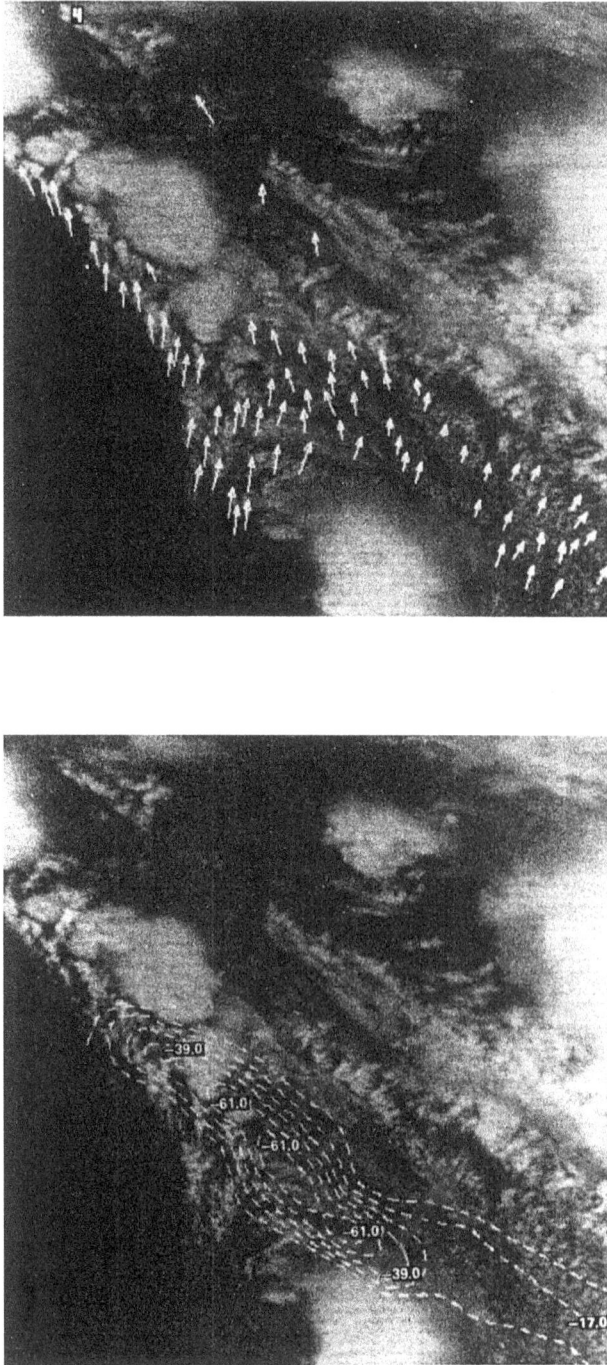

Abb. 3.49   Kinematisches 2D-Windfeld, bestimmt aus Wolkenbildern im sichtbaren Spektral-bereich, geostationärer Satellit SMS-2, Wolkenhöhen zwischen 1.0 und 2.8 km, Zeitabstand zweier Bilder 5 min, Datum 6. Mai 1975, Gebiet umfaßt Teile von Nebraska, Iowa, Kansas und Missouri. (a) Wolkenvektoren. (b) 2D-Divergenz ($10^{-6}\,\mathrm{s}^{-1}$) (nach Peslen, 1980).

Der Euler-Operator. Wir sind bereits früher auf den Unterschied zwischen der Lagrangeschen und der Eulerschen Betrachtungsweise gestoßen, der sich durch die unterschiedliche Bedeutung von $d\Psi/dt$ und $\partial\Psi/\partial t$ äußert, wenn Ψ eine beliebige Funktion der Zeit ist. $d\Psi/dt$ beschreibt die zeitliche Änderung von Ψ ohne Änderung der Identität des Fluidelements; dagegen beschreibt $\partial\Psi/\partial t$ die zeitliche Änderung von Ψ ohne Änderung des Ortes.

Um dies näher zu erläutern, interpretieren wir Ψ allgemein als meteorologische Größe (z. B. die Temperatur oder den Geschwindigkeitsvektor) und setzen

$$\Psi = \Psi(t, x, y, z)\,. \tag{3.277}$$

Die Änderung von Ψ in der Eulerschen Betrachtungsweise ist gegeben durch die *lokalzeitliche Änderung* von Ψ:

$$\frac{\partial\Psi}{\partial t} = \frac{\partial}{\partial t}\,\Psi(t, x, y, z)\,. \tag{3.278}$$

Andererseits kann man auch die Ortskoordinaten x, y, z als Funktion der Zeit auffassen:
$$x = x(t)\,; \quad y = y(t)\,; \quad z = z(t)\,. \tag{3.279}$$

Dies entspricht der Lagrangeschen Betrachtungsweise, bei der das Fluidelement seine Identität beibehält, jedoch seinen Ort ändert. Gl. (3.277) geht dann über in

$$\Psi = \Psi[t, x(t), y(t), z(t)]\,. \tag{3.280}$$

Die Ableitung nach der Zeit ist hier zu verstehen als die *totalzeitliche Änderung* von Ψ:

$$\frac{d\Psi}{dt} = \frac{\partial\Psi(t, x, y, z)}{\partial t} + \frac{\partial\Psi(t, x, y, z)}{\partial x}\frac{dx}{dt} + \frac{\partial\Psi(t, x, y, z)}{\partial y}\frac{dy}{dt} + \frac{\partial\Psi(t, x, y, z)}{\partial z}\frac{dz}{dt}\,. \tag{3.281}$$

Das schreibt sich

$$\frac{d\Psi}{dt} = \frac{\partial\Psi}{\partial t} + u\frac{\partial\Psi}{\partial x} + v\frac{\partial\Psi}{\partial y} + w\frac{\partial\Psi}{\partial z} = \frac{\partial\Psi}{\partial t} + \boldsymbol{v}\cdot\boldsymbol{\nabla}\Psi\,. \tag{3.282}$$

Wir können Ψ weglassen und erhalten den *Euler-Operator*

$$\frac{d}{dt} = \frac{\partial}{\partial t} + \boldsymbol{v}\cdot\boldsymbol{\nabla}\,. \tag{3.283}$$

Er vermittelt den Zusammenhang zwischen der Eulerschen (räumlichen) und der Lagrangeschen (individuellen) Betrachtungsweise. In der elementaren Physik, speziell der Punktmechanik, ist die Lagrangesche die einzige überhaupt vorkommende zeitliche Ableitung, weil die Massenpunkte stets unverändert bleiben und die zeitlichen Änderungen der Feldgrößen nur an der Stelle betrachtet werden, an welcher der Massenpunkt gerade ist. In der Physik fluider Medien braucht man jedoch auch die zeitliche Änderung einer Feldgröße an *einem und demselben Ort* im Raum. Diese ergibt sich durch Anwendung von $\partial/\partial t$ auf die Feldgröße. Den Ausdruck $-\boldsymbol{v}\cdot\boldsymbol{\nabla}\Psi$ bezeichnet man als *Advektion* von Ψ.

Gl. (3.283), die den Zusammenhang zwischen advektiver, lokaler und totalzeitlicher Ableitung angibt, ist für die Flüssigkeitsdynamik und damit auch für die Meteorologie grundlegend. Ihre Anwendung ist nicht auf die Kontinuitätsgleichung und auch nicht auf kartesische Koordinaten x, y, z beschränkt.

Dazu betrachten wir Ψ als Funktion beliebiger generalisierter, eventuell auch krummliniger Koordinaten q, r, s, welche die räumliche Abhängigkeit beschreiben:

$$\Psi = \Psi(t, q, r, s) \,. \tag{3.284}$$

Dann gilt

$$d\Psi = \frac{\partial \Psi}{\partial t} \, dt + \frac{\partial \Psi}{\partial q} \, dq + \frac{\partial \Psi}{\partial r} \, dr + \frac{\partial \Psi}{\partial s} \, ds \,. \tag{3.285}$$

Hier erkennt man die Symmetrie, die hinter dem scheinbar unsymmetrischen Euler-Operator steckt. Gl. (3.285) kann man in die Operatorgleichung umschreiben:

$$\frac{d}{dt} = \frac{\partial}{\partial t} + \dot{q} \frac{\partial}{\partial q} + \dot{r} \frac{\partial}{\partial r} + \dot{s} \frac{\partial}{\partial s} \,. \tag{3.286}$$

Der Punkt über dem Symbol bedeutet die totalzeitliche Ableitung. Wir interpretieren $\dot{q}, \dot{r}, \dot{s}$ als die Geschwindigkeitskomponenten in den generalisierten Koordinaten. Die Gleichung (3.286) entspricht Gl. (3.283).

Die Flußform der Kontinuitätsgleichung. Gl. (3.276) ist nicht die einzige Art, in der man die Massenkontinuitätsgleichung schreiben kann. Mit dem Euler-Operator ergibt sich eine andere Form, indem man den 3D-Nablaoperator $\mathbf{V}$ und den 3D-Geschwindigkeitsvektor $\boldsymbol{v}$ benutzt.

$$\frac{1}{\varrho} \frac{d\varrho}{dt} + \mathbf{V} \cdot \boldsymbol{v} = 0 \,; \quad \frac{\partial \varrho}{\partial t} + \mathbf{V} \cdot \varrho \boldsymbol{v} = 0 \tag{3.287}$$

Die zweite Version von (3.287) heißt *Flußform*.

3.2.7.2 Die Haushaltsgleichung für den Wasserdampf

ϱ sei die Dichte der feuchten Luft, q die spezifische Feuchte des Wasserdampfes. Dann ist ϱq die Wasserdampfdichte. Die totalzeitliche Änderung von q

$$\frac{dq}{dt} = Q \tag{3.288}$$

wird als Wasserdampfquelle (allgemein *Quelle*) bezeichnet.

Die Wasserdampfquelle. Wenn wir Gl. (3.288) mit ϱ und Gl. (3.276) mit ϱq multiplizieren und beides addieren, so ergibt sich

$$\frac{d\varrho q}{dt} + \varrho q \mathbf{V} \cdot \boldsymbol{v} = \varrho Q \quad \text{oder} \quad \frac{1}{\varrho q} \frac{d\varrho q}{dt} + \mathbf{V} \cdot \boldsymbol{v} = \frac{Q}{q} \,. \tag{3.289}$$

Das ist die Massenhaushaltsgleichung für den Wasserdampf, sie entspricht im Aufbau Gl. (3.276). Anders jedoch als die quellenfreie Gesamtgleichung hat Gl. (3.289) eine Quelle; Q beschreibt den Übergang von kondensiertem Wasser in gasförmiges Wasser ($Q > 0$: Verdunstung; $Q < 0$: Kondensation).

Wir nehmen an, daß 3.6 g/kg Wasser pro Stunde kondensieren sollen. Das liefert

$$Q = -\frac{3.6 \text{ g/kg}}{3600 \text{ s}} = -10^{-6} \text{ s}^{-1} \quad \rightarrow \quad \frac{Q}{q} = -10^{-4} \text{ s}^{-1} \,. \tag{3.290}$$

Für die spezifische Feuchte haben wir $q \approx 10$ g/kg zugrundegelegt. Wenn man die so gefundene, für Niederschlagsgebiete typische Größenordnung von Q/q mit der Größenordnung von $\mathbf{V} \cdot \boldsymbol{v} \approx 10^{-5} \text{ s}^{-1}$ vergleicht, so erkennt man, daß die 3D-Divergenz in Fällen starker Phasenumwandlungen relativ wenig Einfluß auf den Wasserhaushalt hat.

Massen-, Volumen- und Wasserdampf-Fluß. Wir können $\varrho \, dq/dt$ auch in eine andere Form bringen. Durch Anwendung des Euler-Operators ergibt sich

$$\varrho \frac{dq}{dt} = \frac{\partial \varrho q}{\partial t} + \mathbf{V} \cdot \varrho q \boldsymbol{v} \,. \tag{3.291}$$

Hier ist über die Bedeutung der Feldgröße q (Skalar, Vektor, Tensor) nichts angenommen worden. Wenn man also q einfach wegläßt, so zeigt sich, daß Gl. (3.291) eine weitere Umformung der Lagrangeschen in die Eulersche Schreibweise darstellt.

Kombination von Gl. (3.288) und (3.291) liefert die Gleichung für den Wasserdampf in Flußform:

$$\frac{\partial \varrho q}{\partial t} + \mathbf{V} \cdot \varrho q \boldsymbol{v} = \varrho Q \,; \tag{3.292}$$

$\varrho q \boldsymbol{v}$ ist der Vektor der *Wasserdampfflußdichte*. Obwohl die Vektoren $\boldsymbol{v}$, $\varrho \boldsymbol{v}$ und $\varrho q \boldsymbol{v}$ alle in die gleiche Richtung weisen, bedeuten sie physikalisch etwas sehr Verschiedenes. Dies lehrt eine einfache Dimensionsbetrachtung:

$$\text{Dimension von } \boldsymbol{v}: \qquad \frac{\text{m}}{\text{s}} = \frac{\text{m}^3}{\text{m}^2 \text{s}} \,;$$

$$\text{Dimension von } \varrho \boldsymbol{v}: \qquad \frac{\text{kg m}}{\text{m}^3 \text{s}} = \frac{\text{kg}}{\text{m}^2 \text{s}} \,;$$

$$\text{Dimension von } \varrho q \boldsymbol{v}: \qquad \frac{\text{kg}_{\text{Luft}}}{\text{m}^3} \frac{\text{kg}_{\text{H}_2\text{O}}}{\text{kg}_{\text{Luft}}} \frac{\text{m}}{\text{s}} = \frac{\text{kg}_{\text{H}_2\text{O}}}{\text{m}^2 \text{s}} \,. \tag{3.292a}$$

Alle drei Vektoren haben die Dimension Eigenschaft mal Fläche^{-1} mal Zeit^{-1}. Das Wort Eigenschaft steht hier für die Dimension der zugehörigen extensiven Größe. Wir interpretieren dies beim Massenstromvektor so, daß die extensive Größe *Masse* (und zwar die von Luft oder Wasserdampf) durch Zeit durch eine zu $\varrho \boldsymbol{v}$ (bzw. $\varrho q \boldsymbol{v}$) senkrechte Fläche transportiert wird. Im Rahmen dieser Interpretation ist die Geschwindigkeit ein Transportvektor für die extensive Größe *Volumen*: Geschwindigkeit = Volumenflußdichte. Ein weiterer Zusammenhang zwischen $\boldsymbol{v}$ und $\varrho \boldsymbol{v}$ ergibt sich aus dem Impulsbegriff: $\varrho \boldsymbol{v}$ ist der Impuls durch Volumen, $\boldsymbol{v}$ dagegen der Impuls durch Masse (spezifischer Impuls). Da man in der Meteorologie, zumal in der Energetik der Atmosphäre, gewöhnlich mit massenspezifischen Größen arbeitet, hat es sich eingebürgert, $\boldsymbol{v}$ schlechthin als Impuls zu bezeichnen. Dagegen ist nichts einzuwenden. Jedoch erkennt man, daß eine unkritische Benutzung dieses Begriffs zu

Widersprüchen führt (z. B. in der Hochatmosphäre: Dort treten extreme Windge-schwindigkeiten auf, jedoch ist der Impuls durch Volumen wegen der verschwin-denden Dichte äußerst klein, d. h. der Wind ist zwar stark, seine Wirkung jedoch schwach).

Diese Betrachtungen gelten allgemein für Flüsse extensiver Größen, nicht nur für Volumen- oder Massenfluß. Beispielsweise können wir in der 3. Gleichung von (3.292a) q durch die spezifische Energie e ersetzen. Dann ergibt sich eine Flußdichte $J\,m^{-2}\,s^{-1} = W/m^2$.

Die Ausdrücke $\mathbf{V} \cdot \mathbf{v}$, $\mathbf{V} \cdot (\varrho\,\mathbf{v})$ und $\mathbf{V} \cdot (\varrho q\,\mathbf{v})$ sind jeweils die *Divergenz eines Fluß-dichtevektors* (Volumen-, Massen-, Wasserdampf-Flußdichte). Allgemein ist die Di-vergenz $\mathbf{V}$ (= div) eines Vektorfeldes seine Ergiebigkeit: Es ist das, was das Feld an Fluß hergibt. In den zugehörigen Kontinuitätsausdrücken haben sich folgende Son-derbezeichnungen eingebürgert:

$$\mathrm{div} > 0: \text{ Feld divergent}$$

$$\mathrm{div} < 0: \text{ Feld konvergent}$$

$$\frac{\partial}{\partial t} = 0: \text{ stationär}$$

$$\frac{\mathrm{d}}{\mathrm{d}t} = 0: \text{ Erhaltungssatz der betreffenden Größe}$$

$$\frac{\mathrm{d}\varrho}{\mathrm{d}t} = 0: \text{ inkompressibel} \tag{3.293}$$

Weitere Erhaltungssätze. Die bisher erarbeitete Methodik ist Grundlage für die For-mulierung allgemeiner differentieller Erhaltungssätze in der Fluiddynamik, z. B. für die Gesamtenergie, die kinetische Energie, die innere Energie, Spurenstoffe oder auch den Impuls. Bei strengen (d. h. quellfreien) Erhaltungsgrößen (Gesamtenergie, Gesamtmasse) spricht man von Erhaltungssätzen im engeren Sinne; sonst von Haus-halts- bzw. Budget- oder Bilanzgleichungen. Prototyp ist die Haushaltsgleichung für den Wasserdampf (3.289) oder (3.292).

3.2.7.3 Die Erhaltung der Energie

In Abschn. 3.2.3.1 wurde das Prinzip der Energieerhaltung ausgesprochen. Sein In-halt ist im ersten Hauptsatz der Thermodynamik formuliert. Man kann den ersten Hauptsatz in integraler (globaler) oder in differentieller (lokaler) Form schreiben:

$$\frac{\mathrm{d}E}{\mathrm{d}t} + \int_{\Sigma} \mathbf{F}_\sigma \cdot \mathrm{d}\boldsymbol{\sigma} = 0\,; \tag{3.294}$$

$$\frac{\partial \varrho e}{\partial t} + \mathbf{V} \cdot \mathbf{F} = 0\,. \tag{3.295}$$

Hier ist E die Energie in einem Volumen V, das die Masse M enthält und von dem geschlossenen Rand Σ begrenzt ist. $\mathbf{F}$ ist der Vektor der Energieflußdichte in V, $\mathbf{F}_\sigma$ der Wert von $\mathbf{F}$ auf dem Rand Σ, $\mathrm{d}\boldsymbol{\sigma}$ das vektorielle Differential des Flächenelementes auf Σ (nach außen positiv), $e = \lim_{M \to 0} E/M$ die spezifische Energie (Einheit J/kg), ϱ die Massendichte.

Bei der Anwendung dieser Formel muß man das System spezifizieren, d. h. Σ, e und F; die Gesamtenergie folgt aus:

$$E = \int\limits_V \varrho e \, dV \, . \tag{3.296}$$

Für die spezifische Energie kommt in der Meteorologie vorwiegend die innere Energie der Luft $c_v T$, die potentielle Energie Φ und die kinetische Energie $k = v^2/2$ vor. Sind alle drei beteiligt, so ist

$$e = c_v T + \Phi + k \, . \tag{3.297}$$

Bei der Energieflußdichte wird im einfachsten Fall (keine Strahlung, keine Wärmeleitung) die Energie nur durch das strömende Medium transportiert, dann ist $F = \varrho e v$. Hier ist der 1. Hauptsatz der Massenerhaltungsgleichung exakt äquivalent; man ersetze ϱ in Gl. (3.287) durch ϱe. Von den nichtkonvektiven Energieflüssen ist die Strahlung (Vektor R) bei weitem der wichtigste. Also ist

$$F = \varrho e v + R \, . \tag{3.298}$$

Die molekulare Wärmeleitung wird in den Geofluiden stets vernachlässigt. Die turbulente „Wärmeleitung" ist formal im ersten Glied von F enthalten.

Wegen der Separabilität von mechanischer und innerer Energie wird der 1. Hauptsatz selten in der kompakten Form (3.294) oder (3.295) benutzt. Vielmehr verwendet man die aus der Impulserhaltung folgende Gleichung für die kinetische Energie und gewinnt dadurch eine Erhaltungsaussage für die mechanische Energie; ferner benutzt man die Gibbssche Form und gewinnt daraus eine Aussage für die innere Energie. Von besonderem Interesse ist bei diesem Vorgehen der Austausch zwischen beiden Energieformen.

Schließlich wird oft die Haushaltsgleichung für den Wasserdampf in den Energiesatz einbezogen. Dies ist gerechtfertigt, denn die latente Wärme, die der Wasserdampf repräsentiert, ist eine Form innerer Energie. Jedoch ist die Wasserdampfgleichung, und damit dann auch die Energiegleichung, wegen der Phasenumwandlung nicht mehr quellfrei.

3.2.7.4 Die Vertikalgeschwindigkeit

Die oben eingeführte Größe $\omega = dp/dt$ (Einheit Pa/s) kann man in Analogie zur üblichen Vertikalgeschwindigkeit $w = dz/dt$ (Einheit m/s) als *Druckgeschwindigkeit* bezeichnen. Vermöge der statischen Gleichung gilt die Näherung:

$$\omega \approx -g\varrho w \, . \tag{3.299}$$

Für aufwärts gerichtete Bewegung ($w > 0$) ist $\omega < 0$; entsprechend für Abwind ($w < 0$) ist $\omega > 0$. Die vertikale Windkomponente ist für großräumige Bewegungen (z. B. Aufsteigen im Tiefdruckgebiet, Absinken im Hoch) viel kleiner als die horizontale Komponente. Typische Werte sind

$$\omega \approx 10^{-3} \, \frac{\text{hPa}}{\text{s}} \; \stackrel{\wedge}{=} \; w \approx 1 \, \frac{\text{cm}}{\text{s}} \, . \tag{3.300}$$

Solche Vertikalgeschwindigkeiten kann man nicht direkt messen. Man ermittelt sie aus der Kontinuitätsgl. (3.267) durch Vertikalintegration:

$$\int_{p_0}^{p_u} \text{Div}\, V_2\, dp + \omega_u - \omega_o = 0\,. \tag{3.301}$$

Hier ist V_2 der horizontale Geschwindigkeitsvektor, Div bezeichnet den 2D-Divergenzoperator, für die Indizes vgl. Abb. 3.46. Die mittlere Horizontaldivergenz einer Schicht ergibt also die Differenz der Vertikalgeschwindigkeiten durch die Schichtgrenze – eine praktisch besonders wichtige und anschauliche Anwendung des Divergenzbegriffs. In z-Koordinaten ergibt sich die gleiche Formel für den inkompressiblen Fall ($d\varrho/dt \equiv 0$).

Als einfachste Anwendung von Gl. (3.301) setzen wir $\omega_o = 0$ (im Niveau $p = 0$) und erhalten im Niveau p:

$$\omega(p) = - \int_{p=0}^{p} \text{Div}\, V_2\, dp\,. \tag{3.302}$$

ω ist in einer hydrostatischen Atmosphäre also durch die horizontale Massenkonvergenz in die Vertikalsäule hinein bestimmt, die sich von dem betreffenden Niveau bis zum Oberrand der Atmosphäre erstreckt. Speziell an der Erdoberfläche ($p = p_s$) ist ω andererseits durch die Bodendrucktendenz gegeben, sie ist von der Ordnung $\lesssim 10$ hPa/Tag). Das liefert eine mittlere Divergenz der gesamten Atmosphäre von:

$$\text{Div}\, V_2 \simeq 10^{-7}\, \text{s}^{-1}\,. \tag{3.303}$$

Das ist zwei Ordnungen kleiner als die typische beobachtete Divergenz. Die Ursache ist eine starke Kompensation in jeder vertikalen Säule: Bei Divergenz unten herrscht oben Konvergenz und umgekehrt.

Als weitere Anwendung von Gl. (3.301) oder Gl. (3.302) berechnen wir die Vertikalgeschwindigkeit am Oberrand der Grenzschicht. Mit $\widehat{\text{Div}\, V_2} \simeq 10^{-5}\, \text{s}^{-1}$ folgt aus Gl. (3.302) am Oberrand der Grenzschicht

$$\omega_{900\,\text{hPa}} \simeq \widehat{\text{Div}\, V_2} \cdot 100\, \text{hPa} \simeq 10^{-3}\, \text{hPa/s}\,. \tag{3.304}$$

Hier ist ω_u als vernachlässigbar angesehen. Das Ergebnis (3.304) entspricht (3.300).

Wesentlich höhere Vertikalgeschwindigkeiten als (3.300) kommen in Nähe der nicht strikt horizontalen Erdoberfläche sowie in der freien Atmosphäre kurzzeitig und kleinräumig in konvektiven Bereichen (Wolken) vor; in Gebieten heftiger Konvektion sind Werte $w > 10$ m/s keine Seltenheit. Hier ist Gl. (3.267) wegen der implizit unterstellten Hydrostasie nicht mehr exakt, man hat Gl. (3.276) zu verwenden.

3.2.8 Wellen und Instabilitäten

In Geofluiden gibt es eine reiche Vielfalt von Wellenvorgängen. Die in der Meteorologie wichtigsten sind elektromagnetische Wellen (elektrische und magnetische Feldstärke), Schallwellen (Kompressibilität), Schwerewellen (Erdbeschleunigung), Poincarè-Wellen (Coriolis-Parameter) und Rossby-Wellen (Breitenabhängigkeit des Coriolis-Parameters); in Klammern ist jeweils der die Welle kontrollierende Parameter angegeben.

Ein System zeigt Wellenvorgänge, wenn es dynamischen Gleichungen gehorcht, in denen zeitliche und räumliche Änderungen miteinander verknüpft sind. Diese Aussage ist relativ unbestimmt; es gibt keine präzise Definition für eine Welle. Whitham (1974) unterscheidet *hyperbolische Wellen* (beschrieben durch eine hyperbolische Differentialgleichung) und *dispersive Wellen*; beide Klassen sind nicht exakt trennbar. Lighthill (1978) charakterisiert Wellen klassisch durch das Gleichgewicht zwischen Trägheits- und Rückstellkraft und unterscheidet *lineare dispersive Wellen* (die Phasengeschwindigkeit hängt von der Länge der Welle ab) und *nichtlineare nichtdispersive Wellen* (die Phasengeschwindigkeit hängt von der Amplitude der Welle ab); beide sind Spezialfälle des allgemeinen nichtlinearen dispersiven Wellenvorganges.

Wir wollen hier die wichtigsten Wellenvorgänge in Geofluiden (Schall-, interne und Rossby-Wellen) in ihrer jeweils einfachsten Form angeben sowie den Begriff der Stabilität anhand von Wellen mit zeitabhängiger Amplitude erläutern.

3.2.8.1 Beschreibung von Wellen

Bei einer Welle ändert sich der Zustand des Mediums periodisch. Am einfachsten ist eine harmonische Schwingung der Zustandsgröße Ψ als Funktion der Zeit und des Ortes:

$$\Psi(x, t) = \Psi_0 \cos(\kappa x + \omega t) ; \tag{3.305}$$

κ heißt *Wellenzahl* (reell), ω heißt *Frequenz* (reell oder komplex); der Realteil von ω wird jedenfalls als positiv angenommen. In der Physik nennt man diese Größen **Kreis**wellenzahl und **Kreis**frequenz, weil sie den Faktor 2π, gegeben durch die Periodizität der trigonometrischen Funktionen, mit enthalten. In der Meteorologie wird auf die Vorsilbe „Kreis" verzichtet, weil die den Faktor 2π nicht enthaltenden Größen „physikalische Wellenzahl" und „physikalische Frequenz" (und die Frequenzeinheit „Hertz") gar nicht verwendet werden. Das Argument der harmonischen Funktion, also $\kappa x + \omega t$, heißt *Phase*. Die Geschwindigkeit eines virtuellen Beobachters, der stets die gleiche Phase wahrnimmt, heißt *Phasengeschwindigkeit c*:

$$d(\kappa x + \omega t) = 0 \quad \rightarrow \quad c = \frac{dx}{dt} = -\frac{\omega}{\kappa} . \tag{3.306}$$

Hier ist unterstellt, daß κ und ω räumlich konstant sind, jedoch kann $\omega = \omega(\kappa)$ bzw. $c = c(\kappa)$ sein; dies wird als *Dispersion* bezeichnet. Wellenzahl und Frequenz hängen mit *Wellenlänge L* und *Periode T* gemäß

$$\kappa = \frac{2\pi}{L} ; \quad \omega = \frac{2\pi}{T} \tag{3.307}$$

zusammen.

Die harmonische Funktion (3.305) löst die hyperbolische *Wellengleichung*

$$\frac{\partial \Psi}{\partial t} + c \frac{\partial \Psi}{\partial x} = 0 . \tag{3.308}$$

Alternative Formen der Wellengleichung sind

$$\frac{\partial^2 \Psi}{\partial t^2} - c^2 \frac{\partial^2 \Psi}{\partial x^2} = 0 \; ; \quad \frac{\partial^2 \Psi}{\partial t\, \partial x} - c\kappa^2 \Psi = 0 \; . \tag{3.309}$$

Superposition harmonischer Wellen liefert *Schwebungen*, verallgemeinert Wellengruppen, deren Einhüllende im allgemeinen nicht mit der Phasengeschwindigkeit wandern, sondern mit der *Gruppengeschwindigkeit* $c_g = - \,\mathrm{d}\omega(\kappa)/\mathrm{d}\kappa$. Für räumliche Wellen ersetzt man κx im Ausdruck für die Phase durch $\boldsymbol{\kappa} \cdot \boldsymbol{x}$, wobei $\boldsymbol{\kappa}$ der Wellenzahlvektor und $\boldsymbol{x}$ der Ortsvektor ist. Die Verallgemeinerung von Gl. (3.306) liefert:

$$\text{Vektor der Phasengeschwindigkeit} \quad \boldsymbol{c} \;=\; - \frac{\omega}{|\boldsymbol{\kappa}|^2} \, \boldsymbol{\kappa} \; ;$$

$$\text{Vektor der Gruppengeschwindigkeit } \boldsymbol{c}_g = - \,\boldsymbol{\nabla}_\kappa \omega \; ; \tag{3.310}$$

$\boldsymbol{c}$ zeigt entgegengesetzt zu $\boldsymbol{\kappa}$. Im allgemeinen zeigen $\boldsymbol{c}$ und $\boldsymbol{c}_g$ in verschiedene Richtungen; mit $\boldsymbol{\nabla}_\kappa$ ist der dreidimensionale Deloperator gemeint, mit dem nach den Komponenten von $\boldsymbol{\kappa}$ abgeleitet wird.

3.2.8.2 Schallwellen

Schallwellen sind reine Kompressionswellen; die Partikel bewegen sich in Ausbreitungsrichtung (Longitudinalwellen). Die Wellengleichung wird aus der kompressiblen Kontinuitätsgleichung (koppelt Volumenänderung und Divergenz) und der Poisson-Gleichung (isentrope Zustandsänderung) abgeleitet:

$$\frac{\dot{\varrho}}{\varrho} + \boldsymbol{\nabla} \cdot \boldsymbol{v} = 0 \; ; \quad (1 - R/c_p)\,\frac{\dot{p}}{p} - \frac{\dot{\varrho}}{\varrho} = 0 \; . \tag{3.311}$$

Aus beiden Gleichungen wird ϱ eliminiert. Für $p = \bar{p}(z) + p'(x, y, z, t)$ nimmt man $|p'| \ll \bar{p}$ an und $\partial \bar{p}(z)/\partial z = - g\bar{\varrho}$, wobei die z-Abhängigkeit von $\bar{\varrho}$ vernachlässigt wird. Also kann man für ein ruhendes (advektionsfreies) Medium den linearen Ansatz $\dot{p} \approx \partial p'/\partial t$ machen, d. h.

$$\frac{\partial p'}{\partial t} + \frac{\bar{p}}{1 - R/c_p} \, \boldsymbol{\nabla} \cdot \boldsymbol{v} = 0 \; . \tag{3.312}$$

Die linearisierte 3D-Bewegungsgleichung (Coriolis- und reibungsfrei) lautet:

$$\frac{\partial \boldsymbol{v}}{\partial t} + \frac{1}{\varrho} \, \boldsymbol{\nabla} p' = 0 \; . \tag{3.313}$$

Auf Gl. (3.312) wendet man den Operator $\partial/\partial t$ und auf Gl. (3.313) den Operator $\boldsymbol{\nabla}$ an und eliminiert dadurch $\boldsymbol{v}$:

$$\frac{\partial^2 p'}{\partial t^2} - \frac{\bar{p}/\bar{\varrho}}{1 - R/c_p} \, \boldsymbol{\nabla}^2 p' = 0 \; . \tag{3.314}$$

Wegen der Zustandsgleichung ist

$$c^2 = \frac{\bar{p}/\bar{\varrho}}{1 - R/c_p} = \frac{c_p}{c_v} \, R\bar{T} \, .$$ (3.315)

Das ist die klassische *Laplacesche Formel* für die *Schallgeschwindigkeit*. Für Ausbreitung in x-Richtung ist Gl. (3.314) identisch mit der ersten Gleichung von (3.309).

3.2.8.3 Auftriebsschwingungen und interne Schwerewellen

Das vertikale Dichteprofil $\bar{\varrho}(z)$ in einem ruhenden Medium sei gegeben (Kurve *Umgebung* in Abb. 3.50). Ein Fluidballen starte im Niveau 0 und werde isentrop in das Niveau 1 geführt; die dabei durchlaufene Zustandskurve ist im allgemeinen anders als die Umgebungskurve. Für Druck und Dichte setzen wir allgemein an

$$p(t, x, z) = \bar{p}(z) + p'(t, x, z) \, ; \quad \varrho(t, x, z) = \bar{\varrho}(z) + \varrho'(t, x, z) \, .$$ (3.316)

Für $\bar{p}$ gilt Hydrostasie: $\partial \bar{p}(z)/\partial z + g\bar{\varrho}(z) = 0$. Die Dichtestörung ϱ' (für die $|\varrho'| \ll \bar{\varrho}$) entspricht einem *Auftrieb* (*buoyancy*) im Niveau 1:

$$b = -g \, \frac{\varrho'}{\varrho} \, .$$ (3.317)

Wenn man die Dichtestörung nach Abb. 3.50 hier einsetzt, so folgt

$$b = -g \left\{ \left(\frac{\partial \varrho}{\varrho} \right)^B - \left(\frac{\partial \varrho}{\varrho} \right)^U \right\} \, .$$ (3.318)

Allgemein gilt für die Zustandsänderung eines idealen Gases Gl. (3.116), die man schreiben kann

$$\frac{d\varrho}{\varrho} = (1 - \kappa) \, \frac{dp}{p} - \frac{d\Theta}{\Theta} \, .$$ (3.319)

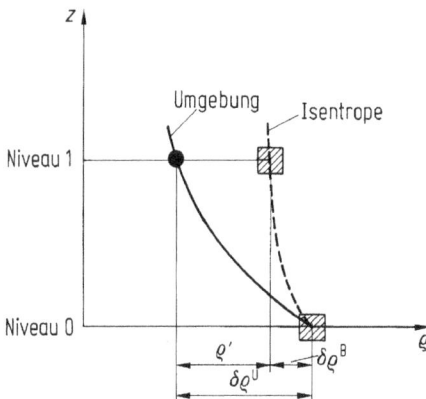

Abb. 3.50 Zum Mechanismus von Auftriebsschwingungen. Schraffiertes Quadrat: Luftballen. Gestrichelte Kurve: Isentrope Zustandsänderung des Ballens (Index B). Durchgezogen: Zustandskurve der Umgebung (Index U). Dichtezuwachs für den Ballen: $\delta\varrho^B = \varrho_1^B - \varrho_0^B$; für die Umgebung: $\delta\varrho^U = \varrho_1^U - \varrho_0^U$. Dichtestörung: $\varrho' = \delta\varrho^B - \delta\varrho^U$.

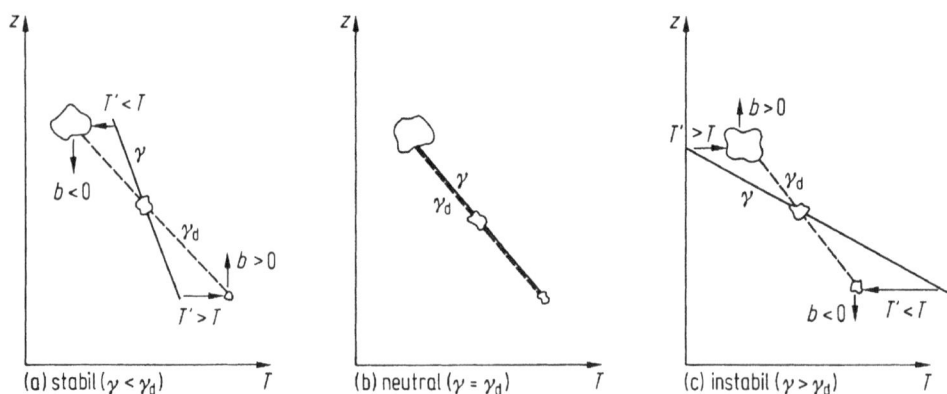

Abb. 3.51 Hydrostatische Stabilität für ungesättigten Luftballen wird kontrolliert von vertikalem Temperaturgefälle γ der vorhandenen Umgebungsluft (durchgezogene Kurve), verglichen mit dem trockenisentropen Temperaturgefälle γ_d (gestrichelte Kurven). (a) Stabil: $\gamma < \gamma_d$, $N^2 > 0$; (b) Neutral: $\gamma = \gamma_d$; (c) Instabil: $\gamma > \gamma_d$, $N^2 < 0$. Auftriebskraft bzw. Abtriebskraft b entspricht der reduzierten Schwerebeschleunigung.

Das läßt sich separat auf den Ballen (für diesen ist $d\Theta/\Theta = 0$) und auf die Umgebung anwenden:

$$\left(\frac{\delta\varrho}{\varrho}\right)^B = \left(1 - \frac{R}{c_p}\right)\frac{\delta p}{p};$$

$$\left(\frac{\delta\varrho}{\varrho}\right)^U = \left(1 - \frac{R}{c_p}\right)\frac{\delta p}{p} - \left(\frac{\delta\Theta}{\Theta}\right)^U. \tag{3.320}$$

Die Druckzuwächse δp in Ballen und Umgebung sind gleich. Also wird Gl. (3.318) zu

$$b = -g\left(\frac{\delta\Theta}{\Theta}\right)^U \approx -N^2 z. \tag{3.321}$$

Hierbei ist der Nullpunkt von z ins Niveau 0 gelegt. Ferner gilt $\Theta^U = \bar\Theta(z)$. Die Größe

$$N^2 = g\frac{1}{\bar\Theta}\frac{d\bar\Theta}{dz} = g\frac{\gamma_d - \gamma}{\bar T} \tag{3.322}$$

ist das Quadrat einer Frequenz; $\gamma_d = g/c_p$, $\gamma = -d\bar T(z)/dz$. N heißt *Auftriebsfrequenz* (auch *Brunt-Väisälä-Frequenz*).

Das Ergebnis (3.321) sagt anschaulich (Abb. 3.51): Bei Auslenkung nach oben ($z > 0$) wird der Auftrieb negativ, d.h. der Ballen wird im Niveau 1 nach unten beschleunigt; bei Auslenkung nach unten wird er nach oben beschleunigt – die typische Situation einer stabilen Schwingung. Formal folgt dies aus der vertikalen Bewegungsgl. (3.240), die mit Gl. (3.316) und Gl. (3.317) die Form annimmt

$$\frac{dw}{dt} - b + \bar\alpha\frac{\partial p'}{\partial z} = 0. \tag{3.323}$$

Wenn der Fluidballen hinreichend klein ist, so ist in ihm der Druck durch den statischen Druck $\bar{p}(z)$ der Umgebung definiert, d.h. p' verschwindet. Wegen $w = \mathrm{d}z/\mathrm{d}t$ wird Gl. (3.323) mit Gl. (3.321) zu

$$\frac{\mathrm{d}^2 z}{\mathrm{d}t^2} + N^2 z = 0 \; ; \tag{3.324}$$

$z = z(t)$ ist die Höhe, in der sich der schwingende Luftballen gerade befindet. Für mittlere Werte von γ_d und γ in Gl. (3.322) findet man $N = 2\pi/Z \approx 10^{-2}\,\mathrm{s}^{-1}$; die zugehörige zeitliche Schwingungsperiode ist $Z \approx 10$ min.

Auftriebsschwingungen, beschrieben durch Gl. (3.324), sind keine Wellen. Jedoch ist der Mechanismus der Auftriebsschwingungen eine Art Skelett der internen Schwerewellen. Dazu schreiben wir Gl. (3.321)

$$\delta b = -N^2 \delta z \quad \rightarrow \quad \frac{\mathrm{d}b}{\mathrm{d}t} = -N^2 w \,, \tag{3.325}$$

d.h. die Auftriebs*änderung* ist proportional zur Niveau*änderung* des Fluidballens.

Die rücktreibenden Kräfte durch den Auftrieb (oder Abtrieb) bewirken interne Schwerewellen; maßgebender Parameter ist N. Im einfachsten Fall der Ausbreitung in x-Richtung lauten die Bewegungsgleichungen in x- und z-Richtung:

$$\frac{\partial u}{\partial t} + \bar{\alpha}\,\frac{\partial p'}{\partial x} = 0 \; ; \quad \frac{\partial w}{\partial t} - b + \bar{\alpha}\,\frac{\partial p'}{\partial z} = 0 \,. \tag{3.326}$$

Hier ist $\mathrm{d}/\mathrm{d}t$ durch $\partial/\partial t$ ersetzt (Linearisierung), ferner ist die Coriolis-Beschleunigung vernachlässigt und $\alpha \mathbf{V}_3\, p'$ durch $\bar{\alpha}\mathbf{V}_3\, p'$ approximiert worden. Außerdem nutzen wir die inkompressible Kontinuitätsgleichung und die linearisierte Fassung von Gl. (3.325):

$$\frac{\partial u}{\partial x} + \frac{\partial w}{\partial z} = 0 \; ; \quad \frac{\partial b}{\partial t} + N^2 w = 0 \,. \tag{3.327}$$

p' wird aus Gl. (3.326) eliminiert, indem man die erste Gleichung nach z und die zweite nach x ableitet; dabei wird das Glied mit $\partial\bar{\alpha}/\partial z$ vernachlässigt. Die entstehende Gleichung enthält $\partial b/\partial x$; b wird mit Gl. (3.327) eliminiert, N wird als konstant angenommen. Durch nochmaliges Differenzieren wird u mit der ersten Gleichung von Gl. (3.327) eliminiert. Das Ergebnis lautet

$$\left\{ \frac{\partial}{\partial t^2}\left(\frac{\partial^2}{\partial x^2} + \frac{\partial^2}{\partial z^2} \right) + N^2\,\frac{\partial^2}{\partial x^2} \right\} w(t, x, z) = 0 \,. \tag{3.328}$$

Eine Lösung dieser Wellengleichung ist

$$w = w_0 \cos(\kappa x + \mu z + \omega t) \,. \tag{3.329}$$

Einsetzen liefert die Dispersionsrelation

$$\omega = \pm\, \frac{N}{\sqrt{1 + \mu^2/\kappa^2}} \,. \tag{3.330}$$

Für gegebene Wellenzahlkomponenten κ (horizontal), μ (vertikal) gibt es zwei Lösungen ω; auch die Phasengeschwindigkeit hat zwei entgegengesetzte Lösungen,

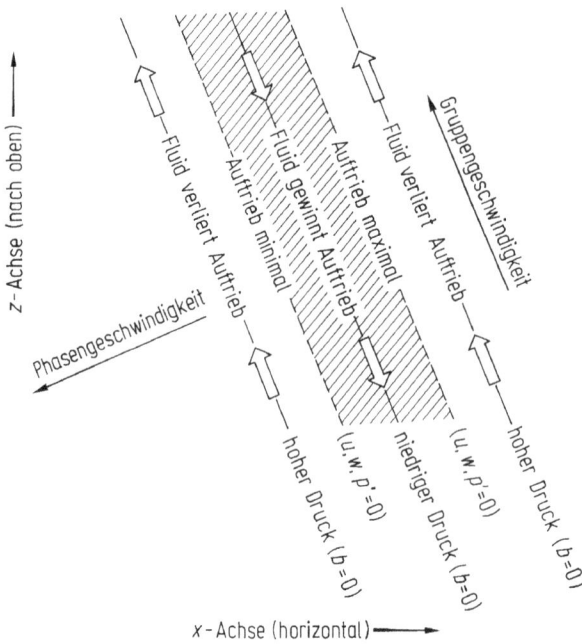

Abb. 3.52 Augenblicksbild einer internen Schwerewelle. Die Phase $\kappa x + \mu z + \omega t$ ist längs der schrägen Linien konstant. Auftrieb b hat Extremwerte längs der gestrichelten und verschwindet längs der durchgezogenen Linien. Offene Pfeile: Vektor (u, w) = Geschwindigkeit der Fluidpartikel; diese ist stets parallel zu den Phasenlinien (nach Durran, 1990).

d. h. die Wellen sind isotrop. Gl. (3.330) besagt, daß $|\omega| \le N$; der maximale Wert wird für $\mu \ll \kappa$ erreicht, d. h. für horizontale Ausbreitung. Abb. 3.52 zeigt das Wellenfeld. Das nach oben wandernde Fluid verliert Auftrieb, die abwärts wandernden Fluidballen gewinnen Auftrieb. Die Gruppengeschwindigkeit der Welle ist definiert als Geschwindigkeit des Energieflusses; das liefert den Vektor

$$c_{\mathrm{g}} = - \left(\frac{\partial \omega}{\partial \kappa}, \frac{\partial \omega}{\partial \mu} \right). \tag{3.331}$$

Die hier gegebene Darstellung nach Durran (1990) beschränkt sich auf den einfachsten Fall linearer freier 2D-Wellen. In der Praxis hat man es oft mit stehenden (orographisch fixierten) Wellen zu tun. Für Gebirgswellen und die damit verbundenen Phänomene (Impulstransport, Brechung) vgl. z. B. Gill (1982) oder Blumen (1990).

3.2.8.4 Rossby-Wellen

Für Schall- und Schwerewellen haben wir z-Koordinaten verwendet, für die großräumigen Wellenprozesse dagegen sind p-Koordinaten zweckmäßiger, weil sie hydrostatisch verlaufen. Aus den horizontalen Komponenten von Gl. (3.245) zusammen mit der 2D-Kontinuitätsgleichung $\partial u/\partial x + \partial v/\partial y = 0$ auf der Druckfläche leitet man durch Elimination von Φ die *Vorticitygleichung* ab (ζ ist in Abschn. 3.2.6.7 definiert)

$$\frac{\mathrm{D}(\zeta+f)}{\mathrm{D}t}=0\,;\quad \frac{\mathrm{D}}{\mathrm{D}t}=\frac{\partial}{\partial t}+u\,\frac{\partial}{\partial x}+v\,\frac{\partial}{\partial y}\,. \tag{3.332}$$

Der Operator $\mathrm{D}/\mathrm{D}t$ ist der horizontale Spezialfall des allgemeinen dreidimensionalen Euler-Operators (3.283). Für die totalzeitliche Änderung des Coriolis-Parameters in horizontaler Richtung gilt:

$$\frac{\mathrm{D}f}{\mathrm{D}t}=v\,\frac{\partial f}{\partial y}=\beta v \quad\text{mit}\quad \beta=\frac{2\,\Omega}{a}\cos\varphi \tag{3.333}$$

β heißt *Rossby-Parameter*, vgl. Abb. 3.36. Wenn man Wellen nur in x-Richtung zuläßt und die zonale Windkomponente (oft *Grundstrom* genannt) als verschwindend ansieht, so ist $\zeta=\partial v/\partial x$ und die Vorticitygleichung vereinfacht sich:

$$\frac{\partial^{2}v}{\partial t\,\partial x}+\beta v=0\,. \tag{3.334}$$

Sie hat die Form der zweiten Gleichung von Gl. (3.309). Phasen- und Gruppengeschwindigkeit lauten

$$c=-\frac{\beta}{\kappa^{2}}\,;\quad c_{\mathrm{g}}=\frac{\beta}{\kappa^{2}}\,. \tag{3.335}$$

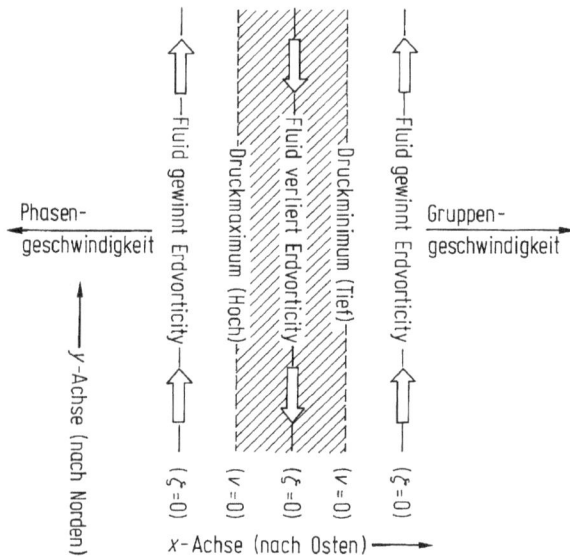

Abb. 3.53 Augenblicksbild einer (relativ zum Grundstrom) westwärts wandernden barotropen Rossby-Welle. Phase $\kappa x+\omega t$ ist konstant längs der Nord-Süd-verlaufenden Phasenlinien. Schraffierter Bereich: Fluid gewinnt relative Vorticity ζ auf Kosten der Erdvorticity f. ζ hat Extremwerte längs der gestrichelten Linien (dort $v=0$), und verschwindet längs der durchgezogenen Linien. Offene Pfeile: Vektor (u,v) = Geschwindigkeit der Fluidpartikel; diese ist stets parallel zu den Phasenlinien.

Bemerkenswert ist die Anisotropie der Wellen – für alle Rossby-Wellen ist die Phasengeschwindigkeit negativ, d.h. nach Westen gerichtet. Die Gruppengeschwindigkeit der Rossby-Wellen ist dagegen nach Osten gerichtet (Abb. 3.53).

Wenn die Wellen relativ zum Breitenkreis geneigt sind (Verallgemeinerung des hier gegebenen einfachen Spezialfalles), kann für die längsten Wellen auch die Gruppengeschwindigkeit eine westwäts gerichtete Komponente haben.

3.2.8.5 Instabilitäten

Eine besonders wichtige Eigenschaft eines dynamischen Systems ist seine Stabilität. Die Instabilität von Wellenlösungen beschreibt man in der Fluiddynamik vielfach durch das exponentielle Wachstum der Amplitude. Dies läßt sich anhand der komplexen Funktion demonstrieren

$$\Psi(x, t) = \Psi_0 \, e^{i(\kappa x + \omega t)} ; \qquad (3.336)$$

sie ist die gegenüber Gl. (3.305) verallgemeinerte Lösung einer der Gleichungen (3.308), (3.309). Wenn die Dispersionsgleichung komplexe Lösungen für ω hat, d.h. $\omega = \omega_r + i\omega_i$, so schreibt sich Gl. (3.336)

$$\Psi(x, t) = \Psi_0 \exp(-\omega_i t) \cdot e^{i(\kappa x + \omega_r t)} . \qquad (3.337)$$

Das Argument im ersten Exponentialfaktor ist reell; das im zweiten repräsentiert die harmonische Welle. Das bedeutet, je nach Vorzeichen von ω_i wird die Amplitude von Ψ exponentiell gedämpft oder verstärkt. Da nun die Dispersionsgleichungen in der Regel algebraische Gleichungen in ω sind, für die komplexe Lösungen nur konjugiert auftreten, so gibt es, falls ω überhaupt komplex wird, stets eine exponentiell anwachsende Partialwelle.

Dieser Fall von Instabilität steht bei der Frage nach dem Verhalten dynamischer Systeme gewöhnlich im Vordergrund. Die wichtigsten Fälle atmosphärischer Instabilität (statische und barokline) lassen sich mit dem Wachstumsverhalten der Amplitude gemäß Gl. (3.337) behandeln.

Statische Instabilität. Diese Instabilitätsform betrifft interne Schwerewellen. Für sie ist die Auftriebsfrequenz (3.322) maßgebend, sie legt ω gemäß Gl. (3.330) fest. Wenn $\gamma > \gamma_d$ wird, so wird $N^2 < 0$, d.h. ω wird imaginär. Anschaulich: Das aktuelle vertikale Temperaturgefälle wird größer als das isentrope Temperaturgefälle γ_d. Diese Bedingung ist gewöhnlich nur in Nähe der Erdoberfläche bei starker sommerlicher Einstrahlung gegeben. Jedoch kann man γ_d durch γ_f ersetzen, wobei γ_f das *feuchtisentrope* Temperaturgefälle ist; typisch ist $\gamma_f \approx 6-7\,\mathrm{K/km}$ (dagegen $\gamma_d = 9.81\,\mathrm{K/km}$). Dieser Fall von *bedingter* oder *feuchter* Instabilität tritt häufig ein und ist mit Kondensation verbunden. In den Tropen ist die mittlere Atmosphäre stets feuchtlabil (was jedoch nicht zwingend zur Instabilität führt). Statische Instabilität in diesem Sinne ist die Grundlage der atmosphärischen Konvektion, d.h. des Vertikalflusses von Eigenschaften (Energie, Wasser, Impuls); diese Transportprozesse geschehen in Wolken und beim schrägen Aufsteigen im Frontenbereich.

Barokline Instabilität. Barokline Wellen sind vom Typ der Rossby-Wellen. Der Mechanismus der baroklinen Instabilität geht über die in Abschn. 3.2.8.4 behandelte

Tab. 3.12 Gemeinsame Kennzeichen der Instabilität von internen Schwerewellen und baroklinen Rossby-Wellen für den jeweils einfachsten Fall.

	statische Instabilität	barokline Instabilität
zugehörige Differential-gleichung beschreibt	Schwingungen	Wellen
Instabilität durch	Umkippen	Wellenbrechung
Maßzahl für Instabilität	$N^2 = \dfrac{g}{\Theta}\dfrac{\partial\Theta}{\partial z}$	$f\dfrac{\partial U}{\partial z} = -\dfrac{g}{\Theta}\dfrac{\partial\Theta}{\partial y}$
mittlerer Zustand stellt sich ein durch	moist convective adjustment	baroclinic adjustment

barotrope Rossby-Welle hinaus. Bei baroklinen Wellen tritt Instabilität ein, wenn die vertikale Scherung des mittleren geostrophischen Windes, gekennzeichnet durch den horizontalen Temperaturgradienten, einen kritischen Wert überschreitet (vgl. dazu Abschn. 3.3.2.5 unten). Der so eingeleitete Wellenbrechungsprozeß ist die Grundlage der Zyklonenbildung, d. h. des Horizontalflusses von Eigenschaften (Energie, Wasser, Impuls).

Die gemeinsamen Kennzeichen der beiden grundlegenden Instabilitätstypen sind in Tab. 3.12 skizziert. Wesentlich ist die Struktur der mittleren potentiellen Temperatur $\Theta(y, z)$ im Vertikal-Meridionalschnitt der Atmosphäre, letzten Endes also das mittlere Entropiefeld. Statische Instabilität tritt ein, wenn $\partial\Theta/\partial z$ einen kritischen Wert unterschreitet. Barokline Instabilität tritt ein, wenn $-\partial\Theta/\partial y$ einen kritischen Wert überschreitet ($\partial U/\partial z$ repräsentiert den *thermischen Wind*, vgl. Abschn. 3.3.2.3).

3.2.9 Die Grenzschicht

Die Atmosphäre ist unten durch die Erdoberfläche begrenzt. Dort muß der Windvektor Null sein, und zwar sowohl die zur Erdoberfläche senkrechte Komponente (das ist unmittelbar einsichtig) wie auch die Tangentialkomponente (Haften der Luftmoleküle am Rand). Das geostrophische Gleichgewicht (Gl. (3.254), Spezialfall von Gl. (3.239)), das in der freien Atmosphäre mit guter Näherung gilt

$$u_{\mathrm{g}} = -\frac{1}{\varrho f}\frac{\partial p}{\partial y}, \quad v_{\mathrm{g}} = \frac{1}{\varrho f}\frac{\partial p}{\partial x}, \tag{3.338}$$

kann der Randbedingung $V_{\mathrm{g}}(z = 0) = 0$ nicht folgen. Der horizontale Druckgradient ∇p aus der Höhe setzt sich bis zur Erdoberfläche hin fort, wodurch die Balance Gl. (3.338) zerstört wird. Der Bereich, in dem die Randbedingung an der Erdoberfläche das Windfeld stark beeinflußt, heißt *Grenzschicht*, im Unterschied zur *freien Atmosphäre* (Abb. 3.54). Die Grenzschicht ist ein planetares Phänomen. Ihre Dicke ist von der Ordnung 1 km, also eine Größenordnung weniger als die der freien Atmosphäre.

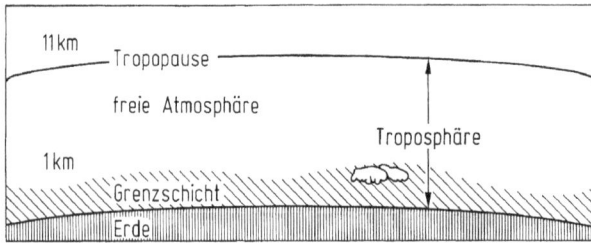

Abb. 3.54 Die Troposphäre besteht aus der Grenzschicht (Turbulenzreibung ist bestimmend für die Dynamik) und der freien Atmosphäre (Reibung ist vernachlässigbar) (nach Stull, 1988).

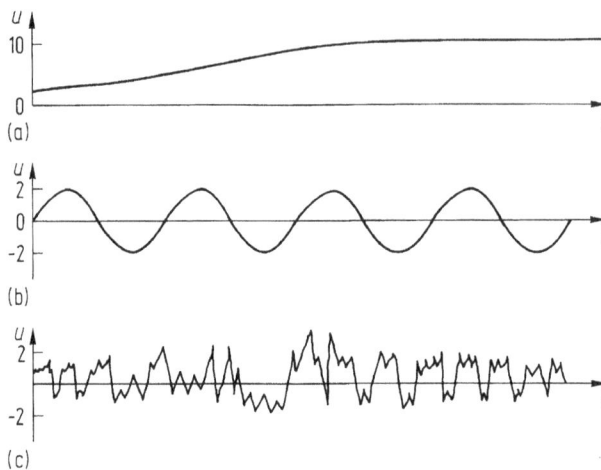

Abb. 3.55 Idealisierte Schwankungen der Windkomponente u als Funktion der Zeit. (a) Zeitverlauf des mittleren Windes; (b) wellenartige Schwankungen; (c) rein turbulente Schwankungen. Im realen Fall ist u das Ergebnis der Superposition aller drei Komponenten (nach Stull, 1988).

3.2.9.1 Das Turbulenzphänomen

Zustandsgrößen in der Atmosphäre an einer festen Meßstation können in unterschiedlicher Weise als Funktion der Zeit variieren (Abb. 3.55). Die erratischen irregulären Schwankungen in Teil c bezeichnet man als *Turbulenz*. Wir fragen nach dem massenspezifischen Energiebeitrag der einzelnen Turbulenzballen. Sei $\mathrm{d}u^2/\mathrm{d}v = S(v)$ das Spektrum, dann ist $u^2(v) = \int\limits_0^v S(v)\,\mathrm{d}v$ der Beitrag des Frequenzbandes von O bis v zur kinetischen Energie. Abb. 3.56 zeigt ein Maximum der Energie im Bereich zwischen einem Tag und zwei Wochen. Das ist der Bereich der wetterbedingten Windfluktuationen (wobei die Tageswelle einen hohen Energieanteil trägt). Die hochfrequenten Energien (Böen) sind ebensowenig dominant wie die niederfrequenten jahreszeitlichen Schwankungen.

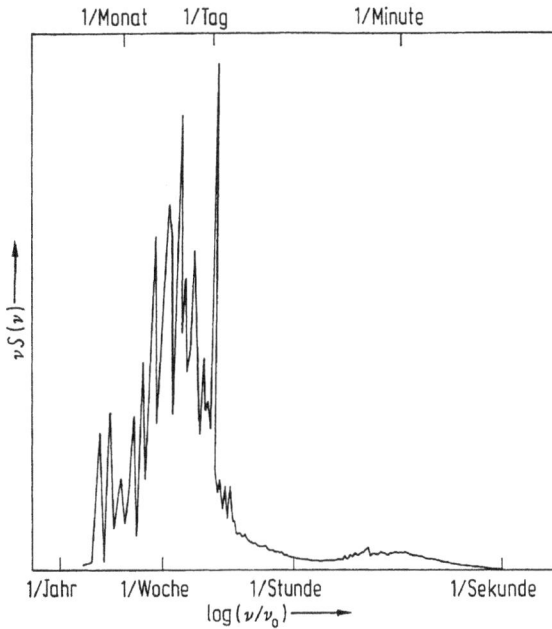

Abb. 3.56 Energiespektrum der Windgeschwindigkeit aus einer kontinuierlichen Meßreihe über flachem, homogenem Gelände in Dänemark. Die Meßdaten wurden während einer Zeitspanne von einem Jahr mit einer Frequenz von 8 Hz aufgezeichnet. Die linear-logarithmische Darstellung ist flächentreu (geplottet ist $v\,S(v)$ gegen $\log(v/v_{o})$).

3.2.9.2 Turbulente Flüsse und Eigenschaftstransporte

In Kap. 4, Abschn. 4.7.1 wird der Mechanismus der Eddy-Korrelation anhand der zeitlichen Ableitung einer Konzentrationsgröße ϱ_q (für die Feuchte) bzw. ϱ_u (für den Impuls) erläutert. Durch den Operator der *Reynoldsschen Mittelwertbildung* einer Funktion $\Psi(t)$ im Intervall von 0 bis Δt,

$$\Psi(t) = \bar{\Psi} + \Psi'(t), \quad \bar{\Psi} = \frac{1}{\Delta t} \int_{0}^{\Delta t} \Psi(t)\,\mathrm{d}t, \tag{3.339}$$

wird eine Schwankungsgröße Ψ' definiert, deren Mittelwert verschwindet, die aber die gesamten zeitlichen Fluktuationen beschreibt. Für den nichtlinearen Ausdruck $\varrho_q w$, der den vertikalen Feuchtefluß darstellt, folgt als zeitlicher Mittelwert:

$$\overline{\varrho_q w} = \overline{\varrho_q}\,\bar{w} + \overline{\varrho_q' w'}. \tag{3.340}$$

Der erste Term rechts ist gewöhnlich vernachlässigbar, da $\bar{w} = 0$. Der zweite Term entsteht durch die Korrelation zwischen ϱ_q und w. Er entspricht einem turbulenten Fluß (vgl. dazu Abb. 4.50). Dieser Mechanismus beherrscht die vertikalen Eigenschaftstransporte von Wärme, Feuchte, Spurenstoffen und Impuls in der Grenzschicht.

Die turbulenten Flüsse lassen sich im einfachsten Fall (homogene, isotrope 3D-Turbulenz) dem Gradienten des mittleren Feldes proportional setzen:

$$\overline{\varrho_q' w'} = - A \, \frac{\partial \bar{q}}{\partial z} \, . \tag{3.341}$$

In diesem Feuchtefluß ist A ein positiver Austauschparameter; die mittlere Feuchte fällt nach oben hin ab, also ist die rechte Seite positiv, $\overline{\varrho_q' w'}$ ist nach oben gerichtet.

Wenn man q in Gl. (3.341) durch u bzw. v ersetzt, so erhält man den nach unten gerichteten vertikalen turbulenten Impulsfluß mit den Komponenten π_x, π_y. Durch Vorgabe von A (*Schließung nullter Ordnung*, im einfachsten Fall $A \equiv$ const.) liefern die horizontalen Bewegungsgleichungen (3.239) eine Differentialgleichung für $\bar{u}(z)$, $\bar{v}(z)$, deren analytische Lösung (*Ekman-Spirale*, hier nicht explizit angegeben) vor einem Jahrhundert großes Aufsehen erregte und den Beginn der Grenzschichtphysik markierte. Die Ekman-Spirale wird praktisch nie rein beobachtet, was ihren Wert als idealisiertes Modell nicht beeinträchtigt.

In der Oberflächenschicht nahe dem Erdboden (Dicke 10–100 m) herrscht bei neutraler Schichtung fast ideale 3D-Turbulenz. Hier nimmt man für den vertikalen Impulstransport an (lege den horizontalen Windvektor in x-Richtung, d.h. $V = u$):

1. Dichteschwankungen haben keinen großen Einfluß: $\overline{\varrho_u' w'} \simeq \bar{\varrho} \, \overline{u' w'}$, d.h. es genügt, $\overline{u' w'}$ zu betrachten.

2. Die Impulskorrelation ist in der Oberflächenschicht näherungsweise konstant (Konzept der *constant flux layer*): $\overline{u' w'} = - u_*^2$; die Konstante u_* heißt *Reibungsgeschwindigkeit*.

3. Die Störungen der beiden Impulskomponenten sind nach der Theorie der Mischungslänge ungefähr der vertikalen Auslenkung proportional: $u' = - \dfrac{\partial \bar{u}}{\partial z} z'$; $w' = \kappa^2 \dfrac{\partial \bar{u}}{\partial z} z'$. Die positive Konstante κ^2 trägt der Anisotropie der Turbulenz in Nähe der Erdoberfläche Rechnung. Schließlich setzt man $\overline{z'^2} = z^2$.

Kombination von 1. bis 3. liefert mit einfacher Rechnung das *logarithmische Windprofil*

$$\bar{u}(z) = \frac{u_*}{\kappa} \log \frac{z}{z_0} \, . \tag{3.342}$$

Hierbei ist $\bar{u}(z = z_0) = 0$. z_0 heißt *Rauhigkeitslänge*, sie hängt von der Struktur der Erdoberfläche ab (Wüste, ruhige See: 1 mm; Vegetation: 1–10 cm; große Städte: 1 m). Die *von-Karman-Konstante* κ hat den Wert 0.4.

3.2.9.3 Ein einfaches Grenzschichtmodell

Die horizontalen Bewegungsgleichungen mit der soeben eingeführten turbulenten Reibung lauten

$$\frac{du}{dt} - f(v - v_g) + \frac{\partial \overline{u' w'}}{\partial z} = 0 \, ; \quad \frac{dv}{dt} + f(u - u_g) + \frac{\partial \overline{v' w'}}{\partial z} = 0 \, ; \tag{3.343}$$

$V = (u, v)$ ist der mittlere, $V_g = (u_g, v_g)$ der geostrophische Wind. Die Gln. (3.343) werden aus den reibungsfrei angesetzten horizontalen Bewegungsgleichungen (3.239) durch Reynolds-Mittelung von du/dt, dv/dt mittels der inkompressiblen Kontinuitätsgleichung abgeleitet; nur die Korrelationen $\overline{u'w'}$, $\overline{v'w'}$ werden berücksichtigt, $\overline{u'^2}$, $\overline{v'^2}$, $\overline{u'v'}$ dagegen vernachlässigt. Wenn man den molekularen Reibungsterm in der x-Gleichung von (3.239) mit dem turbulenten Reibungsterm in Gl. (3.343) vergleicht,

$$\alpha \frac{\partial \pi_x}{\partial z} \quad \leftrightarrow \quad \alpha \frac{\partial \varrho \overline{u'w'}}{\partial z}, \tag{3.344}$$

so erkennt man die Entsprechung von molekularen Impulsfluß π_x und turbulentem Impulsfluß $\varrho \overline{u'w'}$; der turbulente Impulsfluß ist um 5 bis 6 Größenordnungen größer als der molekulare.

Die Gln. (3.343) lassen sich für ein einfaches Grenzschichtmodell nutzen. Unter Annahme linearer Dynamik und stationärer Verhältnisse fallen die jeweils ersten Terme weg. Vertikale Mittelung zwischen $z = 0$ und $z = 1000$ m (Symbol $^\wedge$) liefert für den Reibungsterm ($\overline{u'w'}$ in 1000 m wird vernachlässigt)

$$\frac{\partial \widehat{\overline{u'w'}}}{\partial z} \approx - \frac{\overline{u'w'}|_{z=0}}{1000 \text{ m}} \simeq k\hat{u}. \tag{3.345}$$

Dieser Parametrisierung liegt die Vorstellung zugrunde, daß der vertikale Impulstransport in die Erdoberfläche hinein umso größer sein muß, je stärker der Grenzschichtwind $\hat{u}$ ist. Die mittleren Gleichungen lauten nun

$$-f(\hat{v} - \hat{v}_g) + k\hat{u} = 0, \quad f(\hat{u} - \hat{u}_g) + k\hat{v} = 0. \tag{3.346}$$

Ihre Lösungen sind

$$\hat{u} = I\hat{u}_g - \varepsilon \hat{v}_g, \quad \hat{v} = I\hat{v}_g + \varepsilon \hat{u}_g \tag{3.347}$$

mit

$$I = \frac{1}{1 + k^2/f^2}; \quad \varepsilon = \frac{k/f}{1 + k^2/f^2}. \tag{3.348}$$

In der Praxis ist $k \approx 3 \cdot 10^{-5}$/s, $f \approx 10^{-4}$/s, d.h. $k/f \approx 0.3$, $I \approx 1$, $\varepsilon \approx 0.3$. Für die Vektoren $\hat{V} = (\hat{u}, \hat{v})$ und $\hat{V}_g$ gilt: $\hat{V}$ ist dem Betrage nach etwas kleiner als $\hat{V}_g$ und nach links abgelenkt, d.h. dieser Reibungsansatz erzeugt eine schwache Windkomponente senkrecht zu $\hat{V}_g$ ins Tief hinein (typische Auslenkung $20°$). Dies repräsentiert die Grenzschichtreibung in pauschaler, aber recht brauchbarer Weise.

3.2.9.4 Die Mischungsschicht

Turbulenz in der Grenzschicht wird durch zwei verschiedene Instabilitätsmechanismen ausgelöst: 1. Durch dynamische Instabilität aufgrund vertikaler Windscherung; dieser Prozeß dominiert in der Oberflächenschicht. 2. Durch statische Instabilität aufgrund eines vertikalen Temperaturgefälles mit Maximum an der Erdoberfläche; dieser Prozeß erzeugt Konvektion und erfaßt die gesamte Grenzschicht.

Ein repräsentatives Meßergebnis zeigt Abb. 3.57. Die Mischungsschicht ist charakterisiert durch vertikal weitgehend konstante potentielle Temperatur. Am Ober-

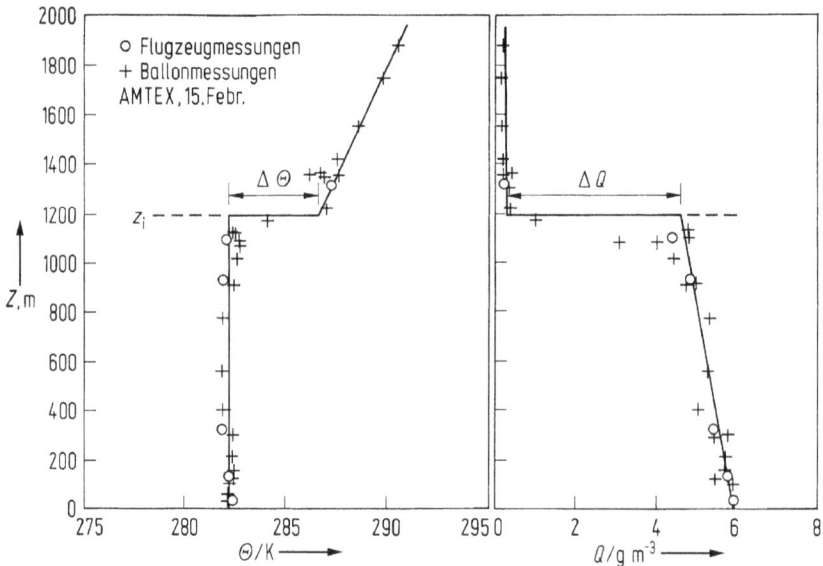

Abb. 3.57 Typische Vertikalprofile der mittleren potentiellen Temperatur und der mittleren absoluten Feuchte während AMTEX (Air Mass Transformation Experiment); Flugzeugmessungen im Februar 1975 über dem Ostchinesischen Meer (nach Wyngaard et al., 1978).

rand der Mischungsschicht, der in der Regel recht genau definiert ist (hier in 1200 m Höhe) gibt es einen kräftigen Sprung von Θ und der Feuchte. Statt der absoluten Feuchte $Q = q\varrho$ kann man die spezifische Feuchte q plotten. Für $\bar{q}$ ist der vertikale Abfall nur etwa halb so stark wie im rechten Teilbild der Abb. 3.56, d. h. $\bar{q}$ ist in der Mischungsschicht ebenso wie $\bar{\Theta}$ praktisch vertikal konstant.

Die auffällige vertikale Konstanz von Θ legt die Vermutung nahe, daß die Dynamik der Mischungsschicht isentrop verläuft. In Wirklichkeit aber wird in dieser Schicht durch Energieflüsse von der Erd-/Meeresoberfläche Wärme, d. h. Entropie, intensiv ausgetauscht; d. h. das isentrope Profil wird durch stark diabatische Zustandsänderungen aufrechterhalten. Dies ist umgekehrt wie in der freien Atmosphäre: Dort verlaufen die Prozesse in sehr guter Näherung isentrop, die vertikale Schichtung dagegen weist keine Isentropie auf, sondern Zunahme von Θ mit der Höhe. Dies zeigt, daß ein statisches Profil ($\partial\Theta/\partial z = 0$) etwas ganz anderes ist als ein dynamischer Prozeß ($d\Theta/dt = 0$).

3.2.9.5 Ekman-Pumpen

Wenn man Tee in der Tasse umrührt, so entsteht in der Mitte ein Flüssigkeitspaket, das wie ein starrer Körper rotiert; am Boden der Tasse, an welcher der Tee ja haftet, bildet sich eine Grenzschicht. Die Tangentialgeschwindigkeit in der Grenzschicht ist nun konvergent (gleichgültig, in welcher Richtung man rührt), wodurch eine Querzirkulation entsteht, die die Teeblätter zur Mitte führt und dort hochsaugt.

Dieser Effekt heißt *Ekman-Pumpen*. Er ist auch in der planetaren Grenzschicht wirksam. Die Vorticity des geostrophischen Windes sei ζ_g. Dann gilt am Oberrand der Grenzschicht mit der Dicke D

$$w \approx \frac{1}{2}\,\zeta_g D\,.\tag{3.349}$$

Für typische Werte $\zeta_g \approx 10^{-5}$/s und $D \approx 1000$ m findet man $w \approx 1$ cm/s. Das ist keine starke, aber doch wirksame Vertikalgeschwindigkeit. Zyklonale Vorticity ($\zeta_g > 0$) im Tief erzeugt Konvergenz in der Grenzschicht, w wird positiv, die Grenzschicht steigt nach oben; antizyklonale Vorticity ($\zeta_g < 0$) im Hoch erzeugt Divergenz, die Grenzschicht wird an die Erdoberfläche gedrückt. Das Ekman-Pumpen ist parameterunabhängig. Es erklärt qualitativ die Auslösung von Konvektion und Wolkenbildung im Tief und das Absinken im Hoch.

3.2.9.6 Vertikalaufbau der planetaren Grenzschicht

Einige Eigenschaften der atmosphärischen Grenzschicht sind qualitativ in Tab. 3.13 zusammengestellt. Besonders rein kommen die Eigenschaften der Grenzschicht bei ungestörtem Strahlungswetter in Hochdrucklagen in den Außertropen zur Geltung. In solchen Fällen herrscht bodennahe Divergenz des Horizontalwindes, Hochdruck und Absinken in der Höhe (Abb. 3.58), der Mechanismus des Ekman-Pumpens ist nach unten gerichtet, die Dicke der Grenzschicht ein Minimum. Bei Tiefdruck-Einfluß mit bodennaher Konvergenz geschieht das Umgekehrte, die Grenzschicht wird nach oben gesogen. Die im Bereich des Aufsteigens angefachte Konvektion sorgt für vertikale Durchmischung; jedoch werden gleichzeitig die turbulenz- und reibungsbedingten Charakteristiken der Grenzschicht abgeschwächt. Dieser Effekt erreicht sein Maximum in der äquatornahen intertropischen Konvergenzzone (ITCZ).

Tab. 3.13 Vergleich planetarische Grenzschicht/freie Atmosphäre (nach Stull, 1988)

Eigenschaft	Grenzschicht	freie Atmosphäre
Turbulenz	praktisch überall konstant	nur sporadische Turbulenz (clear air turbulence)
Reibung	starrer Widerstand durch Erdoberfläche (turbulente Reibung) starke Dissipation	schwache molekulare Dissipation
Dispersion	schnelle turbulente Vermischung, 3D	schwache molekulare Diffusion aber: advektive Verfrachtung durch mittleren Wind, 2D
Wind	logarithmisches Windprofil in Oberflächenschicht	Wind quasigeostrophisch
Vertikalflüsse	Turbulenz dominiert	mittlerer Wind dominiert
Dicke	100 bis 3000 m, starke tägliche Schwankungen (vor allem über Land), auch wetterbedingt	8 bis 18 km, zeitlich nur schwach variabel

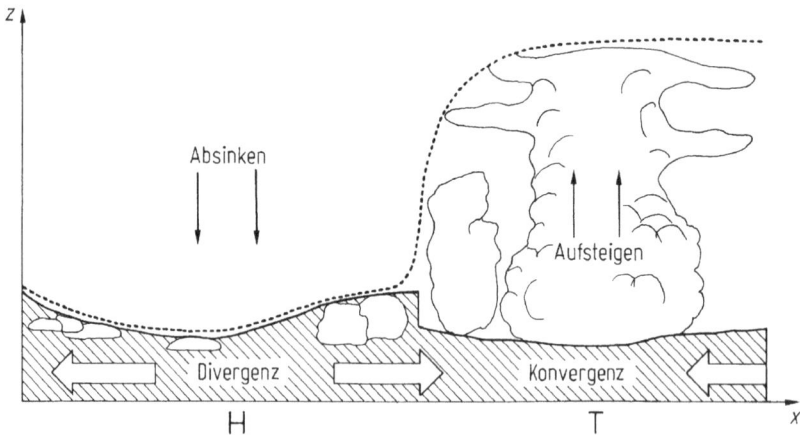

Abb. 3.58 Schema der wetterbedingten Änderungen der Grenzschichtdicke für Hoch- und Tiefdrucklagen. Punktiert: Maximale Höhe, die die Bodenluft in einer Stunde erreichen kann. Schraffiert: Bereich der Grenzschichtmeteorologie im engeren Sinne (nach Stull, 1988).

Hier, bei niedrigen Werten des Coriolis-Parameters, verlieren geostrophischer Wind und Ekman-Pumpen ihren Sinn, die klare Unterscheidung zwischen freier Atmosphäre und Grenzschicht löst sich auf.

Das Phänomen der planetaren Grenzschicht ist nicht nur für die Atmosphäre von Belang, sondern ebenso für den Ozean. Die Atmosphäre hat nur eine Grenzschicht an ihrem Unterrand. Der Ozean hat eine Grenzschicht am Meeresboden und eine an der Meeresoberfläche, wo die Strömungen von der Atmosphäre durch Windschub angetrieben werden. Besonders bedeutsam ist die obere ozeanische Grenzschicht, in der sich der Bereich der atmosphärisch-ozeanischen Wechselwirkung abspielt.

3.2.9.7 Das Parametrisierungsproblem

Die atmosphärische Grenzschicht wird vom Turbulenzphänomen dominiert. In der zugehörigen dynamischen Beschreibung tritt dabei das folgende typische Problem auf: Wenn man durch Reynoldssche Mittelung aus den physikalischen Erhaltungssätzen Gleichungen für die turbulenten Flüsse ableitet, so erhält man neue Unbekannte (Zweifach-, Dreifach- und höhere Korrelationen). Die Zahl der so erzeugten Unbekannten wächst schneller als die Zahl der verfügbaren Gleichungen. Dieses Problem versucht man dadurch zu lösen, daß man die höheren Unbekannten durch bekannte Größen ausdrückt, die im allgemeinen von niedrigerer Ordnung sind. Man nennt dies *Schließung* oder *Parametrisierung*. Ein Beispiel dafür haben wir im Abschnitt 3.2.9.3 kennengelernt: Die Parametrisierung der vertikalen Impulsflußkonvergenz durch den vertikal gemittelten Horizontalwind.

Die Parametrisierungsaufgabe ist jedoch nicht auf die Grenzschicht beschränkt, sondern wird, hauptsächlich wegen der Nichtlinearität der Gleichungen, bei vielen atmosphärischen Fragen sichtbar, vom Meßproblem bis hin zur Wettervorhersage.

Ohne den Begriff Parametrisierung allgemein definieren zu wollen, kann man sagen, daß das Problem immer dann auftritt, wenn eine benötigte Größe nicht verfügbar (z. B. nicht gemessen oder nicht durch eine Gleichung gegeben) ist. Man versucht dann, sie verfügbar zu machen, indem man sie durch eine (im allgemeinen einfachere) Größe darstellt. Dabei wird (vielfach stillschweigend) unterstellt, daß zwischen der unverfügbaren Größe und dem sie verfügbar machenden Parameter ein meteorologisch plausibler Zusammenhang besteht; das ist die Abgrenzung zu einem gewöhnlichen empirischen Ansatz. Umgekehrt spricht man von Parametrisierung nur dann, wenn die unverfügbare und die sie parametrisierende Größe eine gewisse Unabhängigkeit voneinander haben; das ist die Abgrenzung zu einer gewöhnlichen mathematischen Transformation oder zur Eichung eines Meßgeräts (wenn beispielsweise der Strahlungsfluß durch die Ausgangsspannung eines Radiometers dargestellt wird, so ist dies keine Parametrisierung).

Wichtigste Beispiele der meteorologischen Parametrisierung betreffen die mit Luftbewegungen einhergehenden Flüsse (turbulente Vertikalflüsse in der Grenzschicht und Konvektion in der freien Atmosphäre); die Phasenflüsse (Kondensation und Verdunstung); und die Strahlungsflüsse (Emission und Extinktion von Strahlung im gasförmigen Medium). In den heutigen großen Wettervorhersagemodellen bezeichnet man die Programmteile, in denen die entsprechenden Parametrisierungsansätze numerisch routinemäßig gelöst werden, gern als *physical package*; damit bringt man zum Ausdruck, daß hier ein zentraler Teil der „Physik" des Modells dargestellt wird.

3.3 Die quantitative Erfassung des Wetters

3.3.1 Meteorologische Beobachtungen

Der Zustand der Atmosphäre muß ständig gemessen werden, um eine Wetterdiagnose durchführen zu können und vor allem, um einen Anfangswert für die Wetterprognose zur Verfügung zu haben. Der Schwerpunkt der operationellen Beobachtungssysteme liegt daher auf der Bereitstellung der ständig benötigten Daten für die Wettervorhersage.

Ein weiterer Zweck von Beobachtungssystemen liegt in der Gewinnung von Klimadaten. Dafür müssen über viele Jahre (häufig wird als Klimanormalperiode ein 30jähriger Zeitraum verwendet) unter möglichst homogenen Bedingungen Meßwerte gesammelt werden. Daraus lassen sich statistische Parameter (Mittelwerte, Extremwerte, charakteristische Abweichungen) gewinnen. Durch die Existenz langer Meßreihen (die längsten bis heute lückenlosen homogenen Aufzeichnungen gehen bis in das 18. Jahrhundert zurück) kann gegebenenfalls eine Veränderung des lokalen, regionalen und globalen Klimas festgestellt werden (s. Kap. 4).

Im folgenden soll eine Übersicht über die Beobachtungssysteme und die daraus resultierende Skaligkeit meteorologischer Phänomene gegeben werden.

3.3.1.1 Beobachtete Größen

Die fünf zentralen physikalischen Größen, die zur Erfassung des Zustandes der Atmosphäre benötigt werden, sind: Luftdruck, Temperatur, Wasserdampfgehalt und horizontaler Windvektor (zwei Komponenten). Diese Größen werden an den meteorologischen Beobachtungsstationen routinemäßig gemessen. Die Luftdichte, ebenfalls eine Zustandsgröße, wird nicht gesondert gemessen, sondern mit der Zustandsgleichung für ideale Gase aus Druck und Temperatur berechnet (siehe Abschn. 3.2.2.2, 3.2.2.5). Außer der horizontalen wird auch die vertikale Windkomponente benötigt, denn sie spielt bei den meteorologischen Prozessen, insbesondere bei der Wolkenbildung, eine dominierende Rolle. Sie ist aber im Mittel wesentlich kleiner als die horizontale Komponente und in der freien Atmosphäre direkt nicht meßbar. Sie wird daher auf indirektem Wege aus der Horizontalkomponente ermittelt (vgl. Abschn. 3.2.7.4).

Weiterhin sind zeitlich variable chemische Komponenten der Atmosphäre von Interesse, in erster Linie Kohlendioxid und Ozon, ferner Spurenstoffe. Die Sonneneinstrahlung, d. h. die Energiezufuhr für die atmosphärischen Prozesse, wird an den meisten Beobachtungsstationen zwar als Summe (Dauer des Sonnenscheins) gemessen, jedoch werden nur an wenigen speziellen Observatorien separate Messungen für den solaren und terrestrischen Spektralbereich durchgeführt.

Ein für die Meteorologie charakteristischer Sprachgebrauch besteht darin, das Wort *Messung* in vielen Fällen durch den schwächeren und gleichzeitig allgemeineren Begriff *Beobachtung* zu ersetzen. Das hängt damit zusammen, daß im Unterschied zum Laborphysiker der messende Meteorologe seine Apparatur nicht selbst frei gestaltet; er bekommt sie von der Natur vorgegeben. Insbesondere kann und darf er im Unterschied zum Laborphysiker die Randbedingungen nicht selbständig wählen. Der Meteorologe ist hier in die Nähe des Astronomen gerückt, dessen Messungen der Parameter von Himmelsobjekten darin bestehen, das von diesen ausgesandte Licht zu beobachten und daraus indirekt die gewünschten physikalischen Größen abzuleiten. Auch meteorologische *Experimente*, die in den letzten Jahrzehnten verstärkt durchgeführt werden, sind in Wahrheit Meßkampagnen, bei denen die Natur das Experiment vorgibt und die Wissenschaftler Beobachterstatus haben. Das ändert nichts daran, daß die Anforderungen an die physikalische Meßtechnik beim Meteorologen nicht geringer sind als beim Laborphysiker. Das gilt für die gewöhnliche Ablesung eines Thermometers in einer meteorologischen Meßstation ebenso wie für die Registrierung von Strahlungsdaten eines Wettersatelliten.

Die für die Wetteranalyse und -prognose routinemäßig beobachteten Größen werden auch „synoptische Beobachtungen" genannt. Darin kommt zum Ausdruck, daß die Beobachtungen an allen Orten gleichzeitig, also synchron oder eben „synoptisch" durchgeführt werden. Diese Selbstverständlichkeit war in den Anfängen nicht gegeben; sie mußte organisiert werden, auch finanziell, und stellte im 19. Jahrhundert eine nicht gering zu schätzende methodische Errungenschaft dar. Der Vergleich der synoptischen Beobachtungen an mehreren Orten führte historisch zur Entdeckung der für die Wetterentwicklung wichtigsten Größenklasse meteorologischer Phänomene: der Tief- und Hochdruckgebiete der mittleren Breiten. Die synoptische Erfassung dieser wandernden Bodendruckgebilde als Hauptträger des Wettergeschehens in den Außertropen eröffnete durch ihre charakteristische Lebensdauer von einigen Tagen die Möglichkeit einer (anfangs noch empirischen) Wettervorhersage. Seit dieser Zeit wird die Skala der außertropischen Zyklonen und Antizyklonen auch als „synoptisch" bezeichnet. Da synoptische Karten aber auch Phänomene anderer Größenklassen beinhalten (z. B. Fronten, planetare Systeme) ist der Ausdruck *Zyklonenskala* eigentlich präziser und wird daher in diesem Kapitel von uns verwendet.

Im Unterschied zu den synoptischen Beobachtungen werden die mit ihnen eng verwandten *Klimabeobachtungen* asynchron zu bestimmten festgelegten wahren oder meist mittleren Ortszeiten durchgeführt. Damit ist die Erfassung des lokalen Tagesganges der meteorologischen Größen gewährleistet. Historisch gesehen waren die ersten meteorologischen Meßnetze in erster Linie zur Erforschung des Klimas und weniger des aktuellen Wetters vorgesehen.

Das für die Zyklonenskala und die eigentlichen Wettervorgänge eingerichtete synoptische Meßnetz umfaßt heute weltweit ca. 9000 Landstationen und 7000 sog. freiwillige Schiffsstationen (letztere naturgemäß variabel in Anzahl und Standort). Die meisten davon messen alle 3 Stunden; maßgebend für den Beobachtungszeitpunkt ist die Weltzeit (*Universal Time Coordinated* – UTC, im wesentlichen identisch mit der früher gebräuchlichen *Greewich Mean Time* – GMT). Etwa 10 % der Landstationen sowie bestimmte Schiffe führen täglich ein- bis viermal (00, 06, 12, 18 UTC) Vertikalsondierungen durch freifliegende Wetterballone bis ca. 30 km Höhe durch. Dieses Netz wird ergänzt durch ca. 10 000 Flugzeugmeldungen täglich, 350 automatisierte Landstationen, 300 verankerte marine Stationen und 600 frei driftende Meeresbojen. Hinzu kommen die kontinuierlichen Meßdaten von 4 polarumlaufenden und 5 geostationären Satelliten. Die Angaben in diesem Abschnitt stammen von Obasi (1994); vgl. ferner Abschn. 4.2.1.

Bei den Messungen kann man zwischen den direkt (*in situ*) und fernerkundet (*remote sensing*) erfaßten Größen unterscheiden. Einige Kennwerte des operationellen globalen Beobachtungssystems sind in Tab. 3.14 zusammengestellt. Neben den Standardwetterbeobachtungen sind in Zusammenhang mit Problemen der Umweltbelastung Beobachtungen anderer Parameter in den Bereich des meteorologischen Dienstes aufgenommen worden, wie z. B. Messungen der Radioaktivität, des Aerosols und allgemein des Gehalts an Luftschadstoffen. Da solche Messungen eine spezielle Ausstattung der Beobachtungsstation voraussetzen, können sie nur an Spezialobservatorien durchgeführt werden. Neuerdings kommt den Bergobservatorien diesbezüglich ein besonderer Stellenwert zu.

Ein charakteristisches Problem bei der Messung atmosphärischer Zustandsgrößen besteht darin, daß jede Beobachtung an einem Ort von Prozessen in allen Skalenbereichen beeinflußt ist. Eine lokale Windbeobachtung etwa setzt sich aus Beiträgen von der kleinräumigen Turbulenz über die Konvektion bis zur Zyklonenzirkulation zusammen. Um die kleinskaligen Einflüsse zu dämpfen, wird bereits bei der Beobachtung statt eines Momentanwertes des Windes ein zehnminütiger Mittelwert gebildet.

3.3.1.2 Übermittlung und Analyse der Beobachtungen

Damit aktuelle Beobachtungen über einem gewissen Gebiet oder weltweit analysiert werden können, müssen die Daten rasch übermittelt werden. Aus diesem Grunde

Tab. 3.14 Operationelles meteorologisches Beobachtungssystem im Rahmen der Weltwetterwacht (WWW).

Meßsystem	beobachtete Größe	Meßgenauigkeit	räumliche, zeitliche Auflösung	Anmerkungen
direkt (in situ)				
Radiosonde (Wetterballon)	p	$\approx 1\,\text{hPa}$	$\Delta x \approx 500\,\text{km}$	über Ozeanen wesentlich geringere räumliche Auflösung
	T	$\approx 1\,\text{K}$	$\Delta p \rightarrow$ kontinuierlich	
	RH (relative Feuchte)	$\approx 10\,\%$	$\Delta t \approx 12\,\text{h}$	
	u, v	$\approx 2\,\text{m/s}$		
Flugzeug (kommerzielle Luftfahrt)	p	$\approx 1\,\text{hPa}$	$\Delta x \approx 500\,\text{km}$	nur auf Luftfahrtrouten
	T	$\approx 1\,\text{K}$	$\Delta p \rightarrow$ einzelne Druckflächen	
	u, v	$\approx 2\,\text{m/s}$	$\Delta t \rightarrow$ asynoptisch	
Bodenstation (Wetterhütte) (Wetterschiff) (Handelsschiff)	p	$\approx 0.1\,\text{hPa}$	$\Delta x \approx 100\,\text{km}$	über Ozeanen wesentlich geringere räumliche Auflösung
	T (2 m über Grund)	$\approx 0.1\,\text{K}$	$\Delta t \approx 3\,\text{h}$	
	RH	$\approx 5\,\%$		
	u, v	$\approx 1\,\text{m/s}$		
	T_s (Oberfläche)	$\approx 1\,\text{K}$		
	Erdbodentemperatur (versch. Tiefen)	$\approx 0.1\,\text{K}$		bei Schiffen: Wassertemperatur zeitl. Auflösung meist 12 h 1mal täglich
	Niederschlagsmenge	$\approx 0.1\,\text{mm}$		
	Schneehöhe	$\approx 1\,\text{cm}$		
	Augenbeobachtung: Bewölkungsgrad	$\approx 1/8$		der Himmelsfläche
	Wolkenform			
	signifikante Wettererscheinungen			

fernerkundet

Satellit	spektrale Strahlungsflüsse sichtbar (0.4–0.7 μm) nahes IR (0.7–4 μm) terrestrisches IR (4–100 μm) Mikrowellen (mm–cm)	$\Delta x < 100$ km $\Delta t \approx 0.5$ h (geostationär) $\Delta x < 10$ km $\Delta t \approx 12$ h (polar umlaufend) $\Delta p \approx 100$ hPa	ableitbare Größen: Oberflächentemperatur, vertikales Temperaturprofil, Bewölkungsgrad, Meeresoberflächenzustand, Bodenwind über dem Meer, Meereis
Radar	reflektierter Strahlungsfluß (cm-Wellen)	$\Delta x \approx 1$ km $\Delta t \to$ kontinuierlich $\Delta p \approx 100$ hPa	Kondensatmenge in der Atmosphäre 3D-Windfeld mit Dopplerradar
Sodar	(Schallwellen)	$\Delta t \to$ kontinuierlich $\Delta p \approx 10$ hPa	Turbulenzzustand vertikales Temperaturprofil
Lidar	(Lichtwellen)	$\Delta t \to$ kontinuierlich $\Delta p \approx 10$ hPa	luftchemische Größen, Aerosolkonzentration, Luftfeuchte
RASS (Radio-Akustisches Sondier-System)	(Radio- und akustische Wellen)	$\Delta t \to$ kontinuierlich $\Delta p \approx 10$ hPa	vertikales Windprofil vertikales Temperaturprofil
Blitzortungssystem	elektromagnetische Langwellenimpulse (Sferics) Feldschwankungen	$\Delta x \approx 1$ km $\Delta t \to$ kontinuierlich	Lokalisierung von Blitzentladungen

... ...hVV $Nddff$ $1 s_n TTT$ $2 s_n T_d T_d T_d$ $4 PPPP$ $5 appp$ $7 ww W_1 W_2$ $8 N_h C_L C_M C_H$ ...
Beispiel: Salzburg 11.4.1975   15 Uhr UTC (= Universal Time Coordinated)
11150   41457   83116   10048   20034   40063   55021   76162   87871

symbolische Eintragung in die Wetterkarte   Beispiel Salzburg

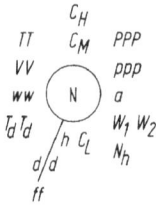

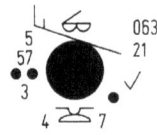

Buch-staben	Erklärung	Beispiel Salzburg	Eintragung in die Wetterkarte
h	Höhe der Untergrenze der tiefsten Wolken	300–400 m über Grund	Schlüsselzahl
VV	Sichtweite in km (Schlüsselzahl)	7 km	Schlüsselzahl
N	Gesamtbedeckungsgrad in Achtel der Himmelsfläche	8/8 = bedeckt	Symbol; Ausfüllung des Stationskreises
dd	Windrichtung in 10 Grad-Stufen	310° = NW-Wind	symbolischer Windpfeil
ff	Windgeschwindigkeit in Knoten (1 Kt = 1.852 km/h = 0.5144 m/s)	16 Kt	symbolische Fieder 1/2 Fieder: 5 Kt 1 Fieder: 10 Kt 1 Dreieck: 50 Kt
s_n	Vorzeichen der Temperatur	0 = positive Temperatur	nur Minuszeichen wird eingetragen
TTT	Temperatur in 1/10 °C	+ 4.8 °C	auf ganze Grad gerundet (ohne +)
$T_d T_d T_d$	Taupunkttemperatur in 1/10 °C	+ 3.3 °C	auf ganze Grad gerundet (ohne +)
$PPPP$	Luftdruck in 1/10 hPa (ohne Tausenderziffern)	1006.3 hPa	letzte 3 Ziffern
a	Art der 3-stündigen Drucktendenz	insgesamt Druckanstieg erst fallend, dann steigend	Symbol
ppp	3-stündige Drucktendenz in 1/10 hPa	+ 2.1 hPa	letzte 2 Ziffern (falls $ppp < 100$)
ww	Signifikante Wettererscheinung zum Beobachtungstermin	leichter Regen ohne Unterbrechung	Symbol
$W_1 W_2$	Wetter der vergangenen 3 bzw. 6 Stunden (Schlüsselzahl)	Regen	Symbol
N_h	Bedeckungsgrad der tiefsten Wolken in Achtel der Himmelsfläche	7/8	Schlüsselzahl
C_L	Art der tiefen Wolken	Stratocumulus und Cumulus	Symbol
C_M	Art der mittelhohen Wolken	Altocumulus	Symbol
C_H	Art der hohen Wolken	nicht feststellbar	Symbol

Abb. 3.59   Hauptteil des SYNOP-Schlüssels und symbolische Eintragung in eine Bodenwetterkarte mit Beispiel. Erklärung des Schlüssels in Tabelle. Aus Platzgründen wird der Windpfeil statt radial häufig als Tangente am Stationkreis gezeichnet.

existiert ein mehrfach abgesichertes globales Informationsnetz (*Global Telecommunication System* – GTS). Es gewährleistet, daß die im globalen System gemachten Beobachtungen kurz nach ihrer Durchführung überall verfügbar sind und weiterverarbeitet werden können. Der hohe Informationsgehalt der meteorologischen Beobachtungen verlangt eine möglichst kompakte Art des Datentransfers. Statt einer Textübermittlung wird deshalb eine codierte Information verbreitet, die mit dem entsprechenden Schlüssel wieder decodiert werden kann. In Abb. 3.59 ist der sog. *SYNOP-Schlüssel* (Code zur Übermittlung von Bodenbeobachtungen) und in Abb. 3.60 der *TEMP-Schlüssel* (Code zur Übermittlung von Radiosondenbeobachtungen) nebst ihrer symbolischen Eintragung in eine Wetterkarte dargestellt. Zur raschen Aufnahme der Informationsfülle durch das menschliche Auge werden die Beobachtungen in symbolischer Weise in eine Wetterkarte eingetragen (s. Abb. 3.61). Die Eintragung erfolgt an ihrem geographischen Ort durch ein Kreissymbol (SYNOP-Meldung) oder durch einen Punkt (TEMP-Meldung).

...	*pphhh*	$TTT_s T_d T_d$	*dddff*	...
Beispiel:	Wien,	12.11.1992	00 Uhr UTC	300 hPa-Fläche
...	30999	51156	22071	...

Symbolische Eintragung in die Wetterkarte   Beispiel Wien

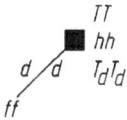

Buchstaben	Erklärung	Beispiel Wien	Eintragung in die Wetterkarte
pp	Hauptdruckniveau	300 hPa	wird nicht eingetragen
hhh	Geopotential der Druckfläche in gpdam (= lo gpm)	899 gpdam	gpdam ohne Hunderterziffer
TTT	Temperatur in 1/10 °C Vorzeichen ist in der 1/10 °C-Stelle integriert. gerade Zehntel: positiv; negative Zehntelstelle: negative Temp.	− 51.1 °C	auf ganze Grad C gerundet
$T_d T_d$	Taupunktdifferenz (Schlüsselzahl)	7 °C (= Taupunkttemp. von − 58.1 °C)	auf ganze Grad C gerundet
ddd	Windrichtung in 5°-Stufen, wobei die Einerstelle in die Hunderterstelle der Windgeschwindigkeit integriert ist.	220° SW-Wind	Symbol Pfeil
ff	Windgeschwindigkeit in Knoten	71 Kt	Symbol Fieder (auf 5 Kt gerundet)

Abb. 3.60 TEMP-Schlüssel (Auszug) und symbolische Eintragung in eine Höhenwetterkarte mit Beispiel. Erklärung des Schlüssels in der Tabelle.

Die Analyse der mit den symbolischen Eintragungen bedeckten Karte besteht in der Konstruktion von Isolinien des vorliegenden Feldes (z. B. Druck, Temperatur, Wind). Dies ist aus verschiedenen Gründen kein triviales Problem. Einmal kann die Einzelmeldung falsch oder grob fehlerhaft sein. Zweitens liegen die Beobachtungsdaten gewöhnlich in einer ungleichmäßigen räumlichen Verteilung vor (*Repräsentationsproblem*); man möchte jedoch die entsprechende Feldverteilung im gesamten Gebiet mit möglichst gleichartiger Auflösung darstellen.

Bei der klassischen *Handanalyse* werden diese Aufgaben dadurch gelöst, daß der erfahrene Meteorologe grobe Fehler im allgemeinen erkennt; ferner ist er in der Lage, die mangelnde Repräsentativität einzelner Stationen oder auch größerer Gebiete auf der Karte vermittelnd auszugleichen. Als Beispiel zeigt Abb. 3.62 die Handanalyse einer Bodendruck- und Frontenverteilung über Mitteleuropa (Analyse der Abb. 3.61).

Handanalysen sind aber naturgemäß *subjektiv*. Wenn zwei verschiedene Meteorologen die gleichen Ausgangsdaten nach Art von Abb. 3.61 bearbeiten, so führt dies niemals zu zwei identischen Karten nach Art von Abb. 3.62. Dies ist in vielen Fällen nicht bedenklich; die Technik der subjektiven Handanalyse wird für viele Spezialzwecke, vor allem für sehr detailreiche Analysen der bodennahen Atmosphäre, weiterhin angewandt. Im Routinedienst hat sich dagegen heute allgemein die *objektive* Analyse durchgesetzt; die Bezeichnung „numerische Analyse" bezieht sich

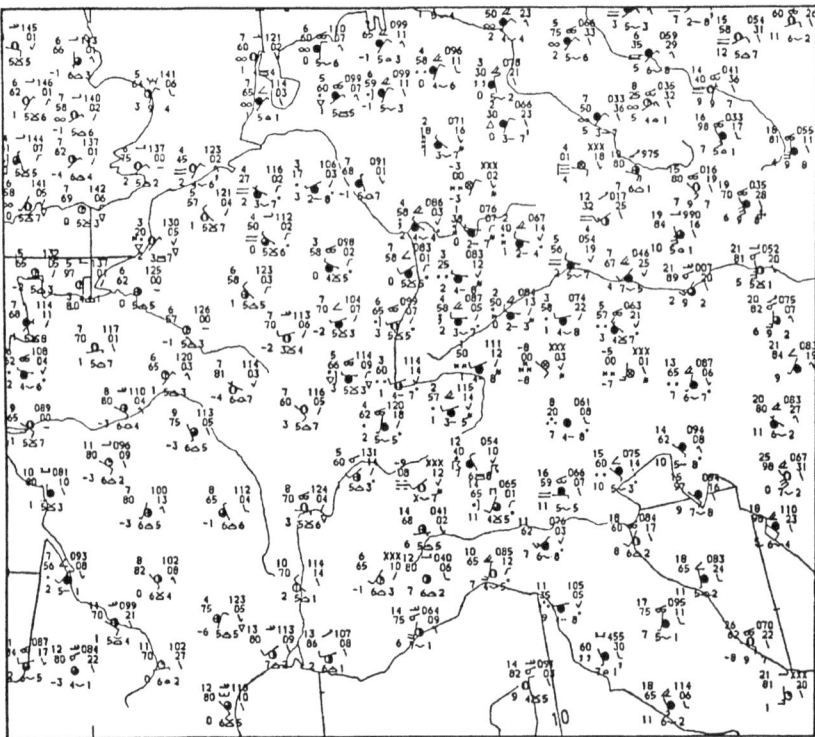

Abb. 3.61 Symbolische Eintragung der Wetterbeobachtungen auf eine Bodenwetterkarte (aus Europäischer Wetterbericht, DWD, 6. 4. 1975, 15 Uhr UTC).

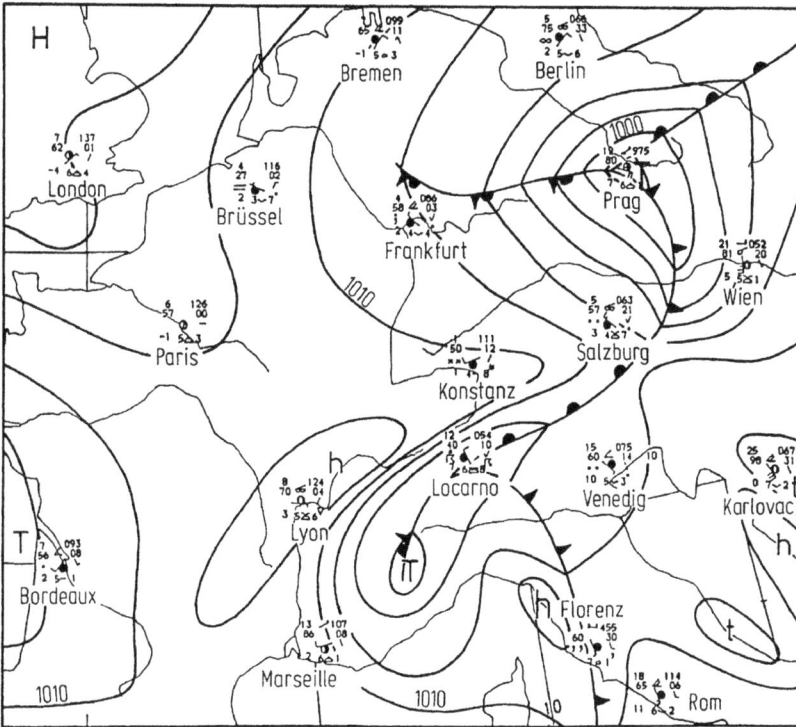

Abb. 3.62 Handanalyse einer Bodendruck- und Frontenverteilung über Mitteleuropa (Analyse der Abb. 3.61). Der Isobarenabstand beträgt 2 hPa. Zur besseren Übersicht sind nur ausgewählte Stationen eingetragen.

auf die Implementierung dieses Konzeptes durch den Computer. Dabei sind zwei Verfahren von besonderer Bedeutung: Die *statistische Analyse* und die *Variationsanalyse*.

Die statistische Methode (z. B. das *optimum interpolation Verfahren*) benötigt eine Vorinformation (*first guess*), mit der auch eine zeitliche Konsistenz der Analyse gewährleistet wird. Die Differenzen zwischen den einzelnen Beobachtungen und dem first guess-Feld werden durch bekannte (statistisch bestimmte) Strukturfunktionen zur Interpolation auf Gitterpunkte herangezogen. Dabei muß eine Minimalbedingung der Summe der Quadrate der Differenzen erfüllt sein. Als Beispiel ist in Abb. 3.63 eine mittels *optimum interpolation* erstellte numerische Analyse des Geopotentials der 300-hPa-Fläche für eine Winterlage wiedergegeben.

Eine mit statistischer Interpolation erzeugte Feldverteilung enthält jedoch immer noch unerwünschte kleinskalige Strukturen (meteorologischer Lärm), die vor einer Verwendung als Anfangszustand für eine numerische Integration gefiltert werden müssen; dies wird *Initialisierung* genannt.

Die zweite, wesentlich aufwendigere, Analysenmethode besteht in der Lösung eines Variationsproblems. Auch hier wird eine Extremalbedingung gesucht, wobei aber die Differenz zwischen Beobachtungen und einem numerisch-dynamischen Modell minimiert wird. Auf diese Weise ist nicht nur eine räumliche, sondern auch

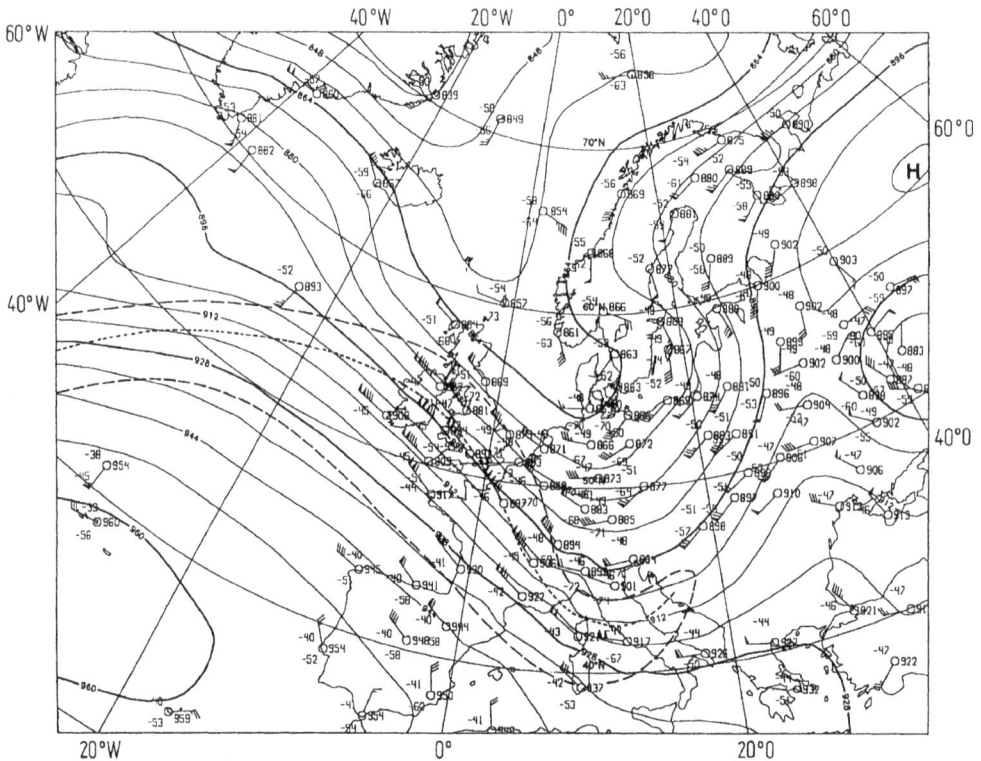

Abb. 3.63 Objektive Computer-Analyse der Topographie der 300-hPa-Fläche; Einheit 10 gpm; Isophysenabstand 8 Einheiten. Gestrichelt: 80 kt-Isotache; punktiert: Achse maximaler Geschwindigkeit (Strahlstromachse). Abbildung modifiziert nach EZMW-Karte, 12.11.1992, 12 Uhr UTC.

zeitliche Konsistenz der analysierten Felder gewährleistet (4D-VAR); ferner wird das Initialisierungsproblem im gleichen Schritt gelöst. Die 4D-VAR-Verfahren sind mittlerweile operationell.

In Abb. 3.62, 3.63 sind die atmosphärischen Felder als Funktion der geographischen Koordinaten, also im *physikalischen Raum*, dargestellt. Eine äquivalente Möglichkeit besteht darin, die Feldverteilung auf analytische Orthogonalfunktionen zu projizieren und sie dann im *Phasenraum* wiederzugeben (sog. *spektrale Darstellung*). Viele der großen Vorhersagezentren benutzen spektrale Modelle für Analyse und Prognose.

3.3.1.3 Skaligkeit der Geofluide

Geofluide verhalten sich nicht chaotisch, sondern zeigen organisierte Muster in einem immer wiederkehrenden, ähnlichen Ablauf. Sie reichen von Phänomenen kleinräumiger Turbulenz im Zentimeterbereich über Wirbel in der Umgebung von Hindernissen (z.B. Gebäuden), Tromben, Tornados, Einzelwolken, Hangwindsysteme,

Gewitterzellen, Land-Seewind- und Talwindsysteme, Hurrikane oder Taifune, Fronten, Hoch- und Tiefdruckgebieten, Strahlströme bis zu den planetaren Wellen im Ausmaß von 10000 km. Farbbild 3 (siehe Bildanhang) zeigt das Beispiel einer außertropischen Zyklone über den Britischen Inseln sowie Konvektionszentren im Mittelmeerraum. Die kleinsten Konvektionszellen haben eine Skala von etwa 5 km. Noch kleinere Gebilde sind die Turbulenzelemente in Wolken (ca. 100 m) und die Windböen in Bodennähe (ca. 10 m). Diese Skaligkeit setzt sich nach unten hin im Tropfen- und Aerosolspektrum fort. Zu Farbbild 3 und der folgenden Diskussion vgl. auch den Unterabschn. 4.1.3 und die dortigen Abbildungen.

Man kann versuchen, diese Strukturen durch Zuordnung von charakteristischen räumlichen und zeitlichen Skalen (z. B. räumliche Ausdehnung, Lebensdauer) phänomenologisch zu klassifizieren. In einem Diagramm mit logarithmischer Zeit- und Längenachse liegen die meisten Phänomene annähernd auf einer Linie (Abb. 3.64). Die verschiedenskaligen Phänomene sind ineinander eingebettet, führen aber dennoch ein Eigenleben. Ihre räumliche Skala ist gesetzmäßig mit der zeitlichen verknüpft. Dadurch ist die charakteristische Geschwindigkeit der relevanten meteorologischen Prozesse über viele Größenordnungen hinweg näherungsweise konstant; sie beträgt etwa 10 m/s.

Zu beachten ist, daß für viele Phänomene die Angabe nur einer charakteristischen Längenskala unzureichend ist. Fronten etwa haben eine typische Längenerstreckung in der Größenordnung von 1000 km, während ihre Quererstreckung nur einen Bereich von 100 km einnimmt. Noch krasser ist das Verhältnis der vertikalen zur horizontalen Skala, zumal bei großräumigen Phänomenen; für planetarische Wellen beträgt es etwa 1 : 1000.

Eine phänomenologische Klassifikation der Skalen geht auf Orlanski (1975) zurück (s. Abb. 3.64). Eine mehr physikalisch-dynamisch orientierte Klassifikation kann durch die Verwendung von dimensionsfreien Parametern wie der Aspektzahl, der Rossby-Zahl (Verhältnis von Trägheitskraft zur Coriolis-Kraft) oder der Richardson-Zahl (Verhältnis der Produktion turbulenter Energie durch Auftriebskräfte zur Produktion durch vertikale Windscherung) erzielt werden. Eine Klassifizierung nach Aspektzahl und Rossby-Zahl ist in Tab. 3.15 wiedergegeben.

Tab. 3.15 Dynamische Definition der Skalen. L/D = Aspektzahl (Verhältnis der horizontalen zur vertikalen Skala); N = Auftriebsfrequenz $= \left(g \, \dfrac{\gamma_d - \gamma}{T} \right)^{1/2}$; f = Coriolis-Parameter (f_0 = konstanter Referenzwert von f); $(u_0)_z$ = vertikale Scherung des Horizontalwindes; $Ro = u_0/f L$ Rossby-Zahl (nach Emanuel, 1986, und Pichler 1989, modifiziert).

Skala	L/D	Ro	Eigenschaften
zyklonale Skala	N/f	$\ll 1$	Erdrotation $f = f_0 + \beta y$, Advektion quasigeostrophisch
Meso- und konvektive Skala	$(u_0)_z/f_0$	≈ 1	Erdrotation $f = f_0$, ageostrophische Advektion wesentlich
Grenzschichtskala	1	$\gg 1$	Erdrotation vernachlässigbar

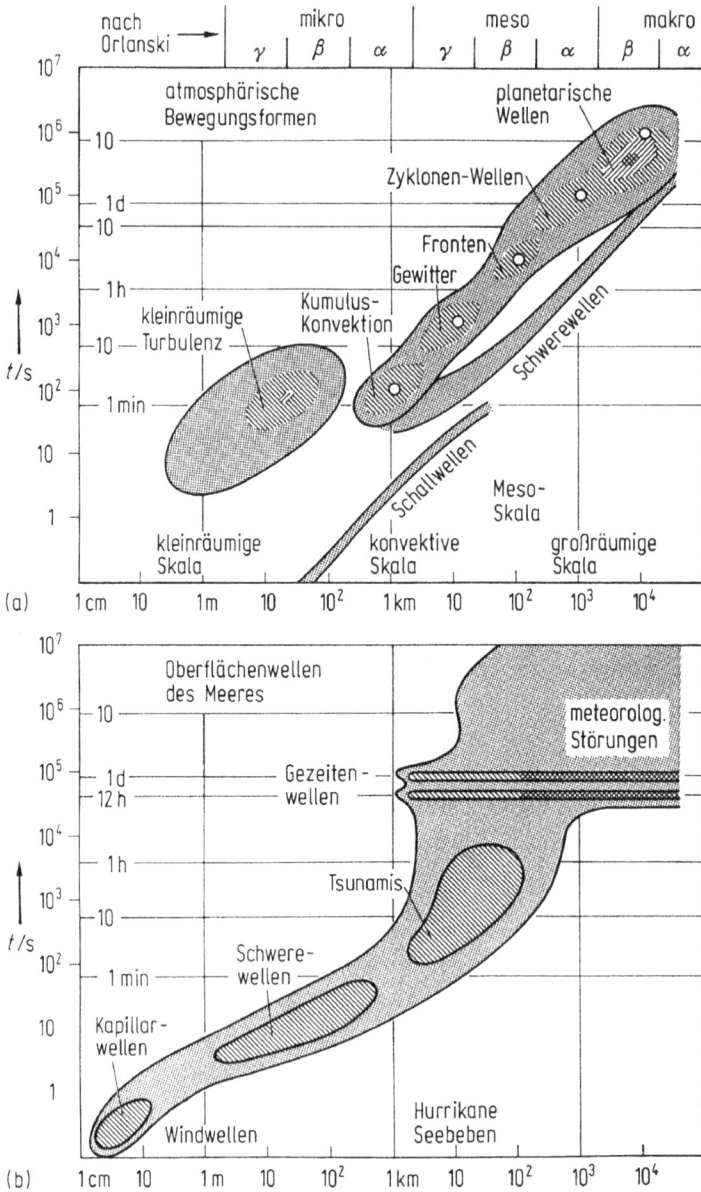

Abb. 3.64 Charakteristische Bewegungsformen in den Geofluiden (a) der Atmosphäre und (b) des Ozeans, schematisch dargestellt im Skalendiagramm (nach Fortak, 1982, modifiziert). Skala unterhalb 1 km: dreidimensional, oberhalb: zweidimensional. Für die Atmosphäre sind komplexe Erscheinungen dargestellt, für den Ozean nur die Wellen (d. h. hier: Längenskala = Wellenlänge, Zeitskala = Wellenperiode). Die Längenskala endet am rechten Rand (40 000 km, Erdumfang), am linken Rand ist sie offen; die Zeitskala ist nach oben und unten hin offen. Nicht dargestellt im atmosphärischen Teil ist der breite Bereich der Wolken-Mikrophysik (Verlängerung des schraffierten Bereichs nach links unten, Zentrum bei ca. 10 cm, 1 s) und im ozeanischen Teil der nach rechts oben offene Bereich der klimatisch bedeutsamen Tiefenzirkulation im Weltmeer (über 100 Jahre = $3 \cdot 10^9$ s). Am oberen Rand der Abbildung ist die Klassifikation nach Orlanski (1975) dargestellt.

3.3.2 Wettersysteme

3.3.2.1 Phänomenologie außertropischer Wettersysteme

Beim Blick auf eine Bodenwetterkarte der mittleren Breiten (z. B. Abb. 3.62) fällt auf, daß das Druckfeld eine zellulare Struktur aufweist, wobei der Abstand zwischen benachbarten Tief- und Hochdruckzellen (Zyklonen und Antizyklonen) im Bereich von 1000 bis einigen 1000 km liegt. Diese wandernden und über mehrere Tage verfolgbaren Zellen sind die Hauptträger des Wettergeschehens der mittleren Breiten und verantwortlich für die große räumlich-zeitliche Variabilität zwischen warmen und kühlen, trockenen und feuchten, windarmen und stürmischen Witterungsphasen.

Betrachtet man dagegen das Windfeld auf einer *Höhenwetterkarte* (z. B. Abb. 3.63), so dominiert ein mehr oder weniger stark mäandrierendes Band von Westwinden in den mittleren Breiten, das die gesamte Hemisphäre umspannt. Das Gebiet mit Geschwindigkeiten über 60 Knoten nennt man *Strahlstrom* (auch: Polarfrontjet). Die höchsten Windgeschwindigkeiten fallen mit dem stärksten troposphärischen Temperaturgefälle zwischen den kalten polaren und den wärmeren subtropischen Luftmassen zusammen. Deshalb wird der Bereich dieses Windbandes auch als (polare) *Frontalzone* bezeichnet.

Auf einem Satellitenbild fallen schließlich langgezogene Wolkenbänder auf, die durch eine aufwärts gerichtete Vertikalbewegung entstehen. Sie markieren die eigentlichen Fronten. Das Muster der Vertikalbewegung ist also nicht wie die Bodendruckverteilung zellular, sondern nur in der Längenerstreckung der Zyklonenskala angepaßt, nicht aber in der Quererstreckung. Alle drei genannten Phänomene, das obertroposphärische Windband als Frontalzone, die zellularen Bodendruckgebilde und die in der unteren Troposphäre oft sehr scharf ausgebildeten Fronten stehen in enger Wechselwirkung miteinander. Die Tiefdruckentwicklung (*Zyklogenese*) ist stets mit einer kräftig ausgeprägten obertroposphärischen Frontalzone verbunden und führt ihrerseits zu einer Verwellung und Verschärfung der niedertroposphärischen Fronten. Diese positive Rückkopplung steigert sich bis zu dem Zeitpunkt, an dem die Bodenfronten *okkludieren*, d. h. die Kaltfront die Warmfront einzuholen beginnt. Dadurch verringert sich der Temperaturkontrast und die Zyklone beginnt sich abzuschwächen. Der Ablauf einer Zyklogenese ist schematisch in Abb. 3.65 wiedergegeben. Häufig treten diese in Serien an einer langgestreckten Frontalzone auf (Abb. 3.66). Man spricht dann von *Zyklonen-Familien*.

3.3.2.2 Barotropie und Baroklinität

Fallen in einem Fluid die Flächen gleichen Druckes mit denen gleicher Dichte (oder spezifischen Volumens) zusammen, so spricht man von einer *barotropen Schichtung*:

$$\alpha = \alpha(p) = \alpha[\,p(x, y, z)]\,. \tag{3.350}$$

Gl. (3.350) kann mit der Zustandsgleichung für ideale Gase geschrieben werden:

$$T = T[\,p(x, y, z)] \quad \text{oder auch} \quad \Theta = \Theta[\,p(x, y, z)]\,. \tag{3.351}$$

Das bedeutet: In einer barotropen Atmosphäre tritt auf einer Druckfläche kein Tem-

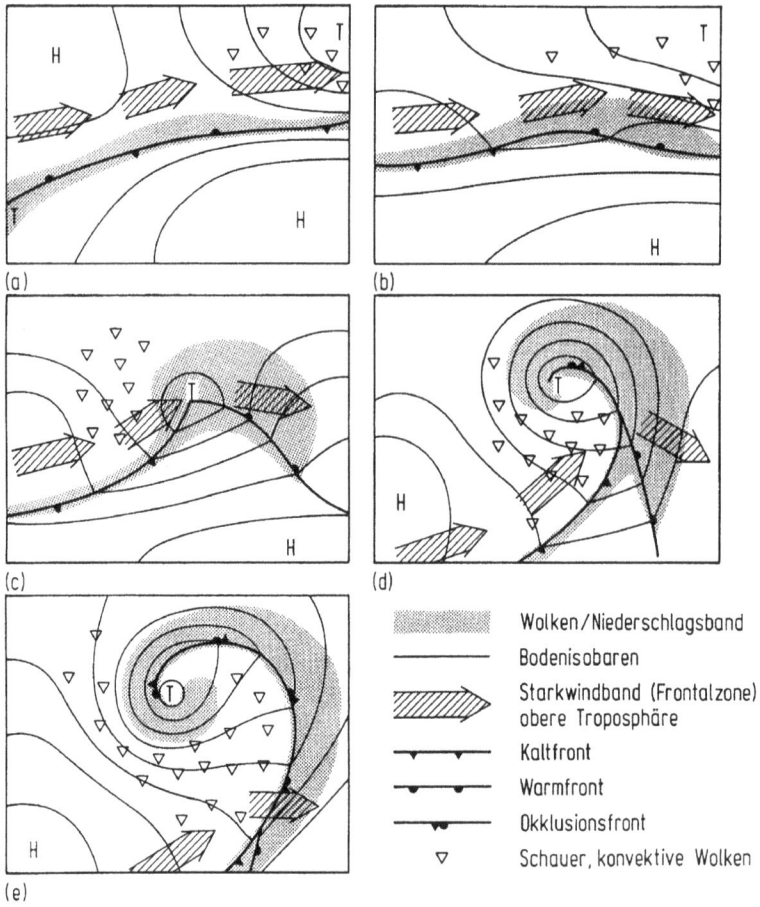

▒▒▒	Wolken/Niederschlagsband
——	Bodenisobaren
▨▶	Starkwindband (Frontalzone) obere Troposphäre
▼—▼	Kaltfront
•—•	Warmfront
•—•	Okklusionsfront
▽	Schauer, konvektive Wolken

Abb. 3.65 Lebenslauf einer Polarfront-Zyklone nach J. Bjerknes. Die einzelnen Stadien folgen im Abstand von etwa 12 Stunden aufeinander (nach DWD, 1990).

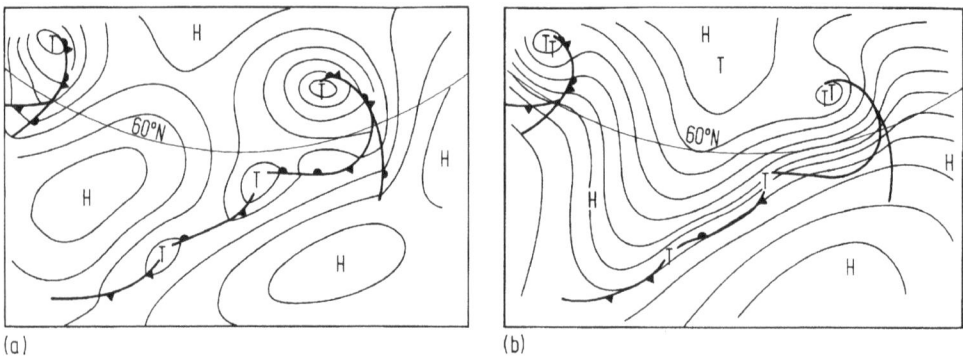

Abb. 3.66 Modell einer Zyklonen-Familie (a) Fronten und Bodendruckverteilung, (b) Fronten und Höhenströmung (nach DWD, 1990).

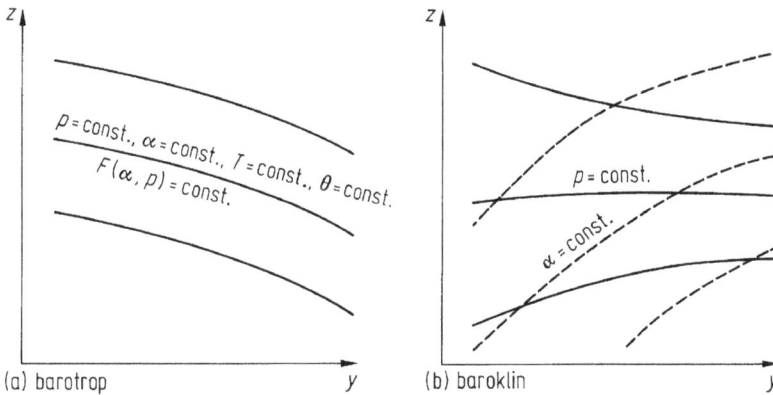

Abb. 3.67 Schematischer Querschnitt durch eine (a) barotrope und (b) barokline Atmosphäre.

peraturgradient auf. Die Neigung der Druckflächen muß daher mit der Neigung der Flächen gleicher Dichte (spezifischen Volumens), Temperatur, potentieller Temperatur oder jeder anderen nur von p und α abhängigen Variablen zusammenfallen. Außerdem darf die Neigung dieser Flächen keine Änderung in der Vertikalen erfahren (s. Abb. 3.67). Mit Gl. (3.350) bzw. Gl. (3.351) läßt sich schreiben:

$$\nabla\alpha = \nabla F(p)\,, \tag{3.352}$$

wobei $F(p)$ eine differenzierbare, aber sonst beliebige, Funktion von p mit der gewöhnlichen Ableitung $F'(p)$ darstellt. Dann gilt $\nabla\alpha = F'(p)\nabla p$. Weil das Kreuzprodukt eines Vektors mit sich selbst verschwindet, folgt daraus:

$$\nabla\alpha \times \nabla p = 0 \quad \text{bzw.} \quad \nabla T \times \nabla p = 0 \quad \text{oder} \quad \nabla\Theta \times \nabla p = 0\,. \tag{3.353}$$

Das ist die Bedingung für Barotropie. Obwohl die Atmosphäre dieses Kriterium selten und nur in Teilen erfüllt, lassen sich bestimmte Prozesse trotzdem damit beschreiben, wie etwa das Verhalten der einfachen (barotropen) Rossby-Wellen.

Alle Vorgänge, bei denen Zirkulationsbeschleunigungen (s. Abschn. 3.2.6.7 und 3.3.2.8) eine Rolle spielen, benötigen aber eine Schichtung der Atmosphäre, bei welcher die Neigung der Druck- und Dichteflächen voneinander verschieden ist. Eine solche Schichtung heißt *baroklin*. Besonders ausgeprägt ist die Baroklinität bei allen thermisch getriebenen Zirkulationen, z. B. Konvektion, Land-Seewind, Talwind, bis hin zu den Zyklonen. Dabei ist:

$$\alpha = \alpha(x, y, p) = \alpha[x, y, p(x, y, z)] \tag{3.354}$$

oder

$$T = T[x, y, p(x, y, z)] \quad \text{bzw.} \quad \Theta = \Theta[x, y, p(x, y, z)]\,. \tag{3.355}$$

Dies bedeutet, daß die Flächen gleicher Dichte und gleichen Druckes, bzw. gleicher Temperatur oder potentieller Temperatur gegeneinander geneigt sind:

$$\nabla\alpha \times \nabla p \neq 0\,; \quad \nabla T \times \nabla p \neq 0\,; \quad \nabla\Theta \times \nabla p \neq 0\,. \tag{3.356}$$

Das Kreuzprodukt $S = \nabla\alpha \times \nabla p$ nennt man *Solenoid-Vektor* (speziell hier: isochor-isobarer Solenoidvektor).

3.3.2.3 Der thermische Wind

In einer baroklinen Atmosphäre ändert sich die Neigung der Druckflächen mit der Höhe, in einer barotropen dagegen nicht. Die Neigung der Druckflächen ($\nabla_p \Phi$) ist ein Maß für den geostrophischen Wind, der nach Abschn. 3.2.6.6 durch $\boldsymbol{V}_g = f^{-1}\boldsymbol{k} \times \nabla_p \Phi$ definiert ist. Nimmt man im einfachsten Fall nur eine Neigung in y-Richtung an (vgl. Abb. 3.67 rechts), so lautet die geostrophische Windbeziehung im p-System in zwei verschiedenen Niveaus (Abb. 3.68):

$$u_{g2} = -\frac{1}{f}\left(\frac{\partial \Phi}{\partial y}\right)_2, \quad u_{g1} = -\frac{1}{f}\left(\frac{\partial \Phi}{\partial y}\right)_1 . \tag{3.357}$$

Die Differenz:

$$u_{g2} - u_{g1} = -\frac{1}{f}\frac{\partial}{\partial y}\left(\Phi_2 - \Phi_1\right) \equiv u_T \tag{3.358}$$

wird als *thermischer Wind* bezeichnet, da mit der hydrostatischen Gleichung gilt:

$$\Phi_2 - \Phi_1 = -R\int_1^2 T\,\frac{\mathrm{d}p}{p} = R\hat{T}\log\frac{p_1}{p_2} . \tag{3.359}$$

Man vergleiche dazu Formel (3.74). Kombination von Gl. (3.358) und Gl. (3.359) liefert:

$$u_T = -\left(\frac{R}{f}\log\frac{p_1}{p_2}\right)\frac{\partial \hat{T}}{\partial y} \tag{3.360}$$

oder bei beliebiger Neigung der Druckflächen:

$$\boldsymbol{V}_T = \left(\frac{R}{f}\log\frac{p_1}{p_2}\right)\boldsymbol{k} \times \nabla_p \hat{T} . \tag{3.361}$$

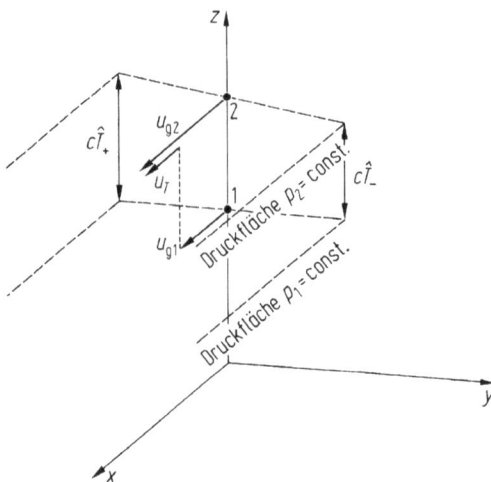

Abb. 3.68 Zur Ableitung der thermischen Windrelation. Mittlere Temperatur $\hat{T}$ zwischen den Druckflächen p_1, p_2 (mit $p_2 < p_1$) ist im Norden kleiner als im Süden ($\hat{T}_- < \hat{T}_+$). Vertikaler Abstand zwischen p_1 und p_2 ist proportional zu $\hat{T}$.

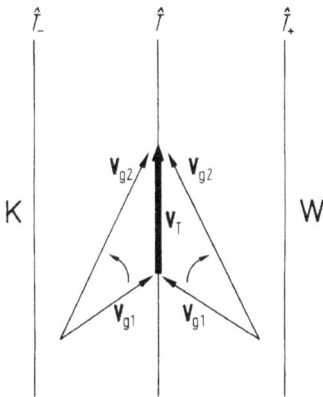

Abb. 3.69 Bestimmung des thermischen Windes aus den geostrophischen Windvektoren auf zwei unterschiedlichen Druckflächen ($p_2 < p_1$). Links für Kaltluftadvektion, rechts für Warmluftadvektion. Linien $\hat{T}$: Isothermen der Mitteltemperatur der Schicht zwischen p_1 und p_2. V_{g1} = geostrophischer Windvektor im unteren, V_{g2} im oberen Niveau, also $V_{g2} = V_{g1} + V_{T}$.

Dabei bedeutet $\hat{T}$ den barometrischen Mittelwert der Temperatur in der Schicht zwischen den Druckniveaus 1 und 2 (für die exakte Rechnung hat man statt T die virtuelle Temperatur T_v zu nehmen). Die formale Ähnlichkeit zwischen Gl. (3.361) und Gl. (3.254) ist auffällig. Der thermische Wind „weht" parallel zu den Isothermen; dabei befindet sich die höhere Temperatur rechts, wenn man in Windrichtung blickt (Nordhalbkugel).

Da in der freien Atmosphäre der geostrophische Wind eine gute Näherung für den tatsächlichen Wind darstellt, kann aus der beobachteten Windscherung auf den (isobaren) Temperaturgradienten und damit auf die Baroklinität in der betrachteten Schicht geschlossen werden. Natürlich tritt in der Atmosphäre nicht nur eine vertikale Änderung der Windgeschwindigkeit (bei konstanter Richtung), sondern auch eine Winddrehung mit der Höhe auf. Gemäß Gl. (3.357) ist der thermische Wind durch die Vektordifferenz der (geostrophischen) Winde in 2 Niveaus gegeben (Abb. 3.69). Man kann also aus einem vertikalen Windprofil auf die Temperaturadvektion schließen. *Rechtsdrehung des Windes* mit der Höhe in der betrachteten Schicht bedeutet *Warmluftadvektion, Linksdrehung* bedeutet *Kaltluftadvektion.* Eine Auswertung des gesamten vertikalen Windprofils erlaubt auch eine Aussage über die zeitliche Tendenz der Stabilität durch Horizontaladvektion: Kaltluftadvektion über Warmluftadvektion bedeutet Labilisierung, umgekehrt Stabilisierung.

3.3.2.4 Der Strahlstrom

Die thermische Windgleichung erklärt, warum im oben besprochenen Bereich der Polarfront eine besonders starke Änderung des Windes mit der Höhe auftritt. Bei geringer bodennaher Windgeschwindigkeit und einem nach Norden gerichteten Temperaturgefälle resultiert ein mit der Höhe zunehmender Westwind. In einer polaren Luftmasse liegt die Tropopause niedriger (8–10 km) als in einer subtropischen oder tropischen Luftmasse (12–18 km); oberhalb der Tropopause dreht sich die Richtung des Temperaturgefälles um, d. h. das Temperaturgefälle ist in der Stratosphäre nach Süden gerichtet. Aus diesem Grund ist selbst im klimatologischen Mittel der Strahlstrom im Bereich des Tropopausenbruches in den mittleren Breiten gut ausgebildet (Abb. 3.70; vgl. auch Kap. 4, Abschn. 4.5.3, insbesondere Abb. 4.39). Im Winter der Nordhalbkugel beträgt dort die zeitlich gemittelte Windgeschwin-

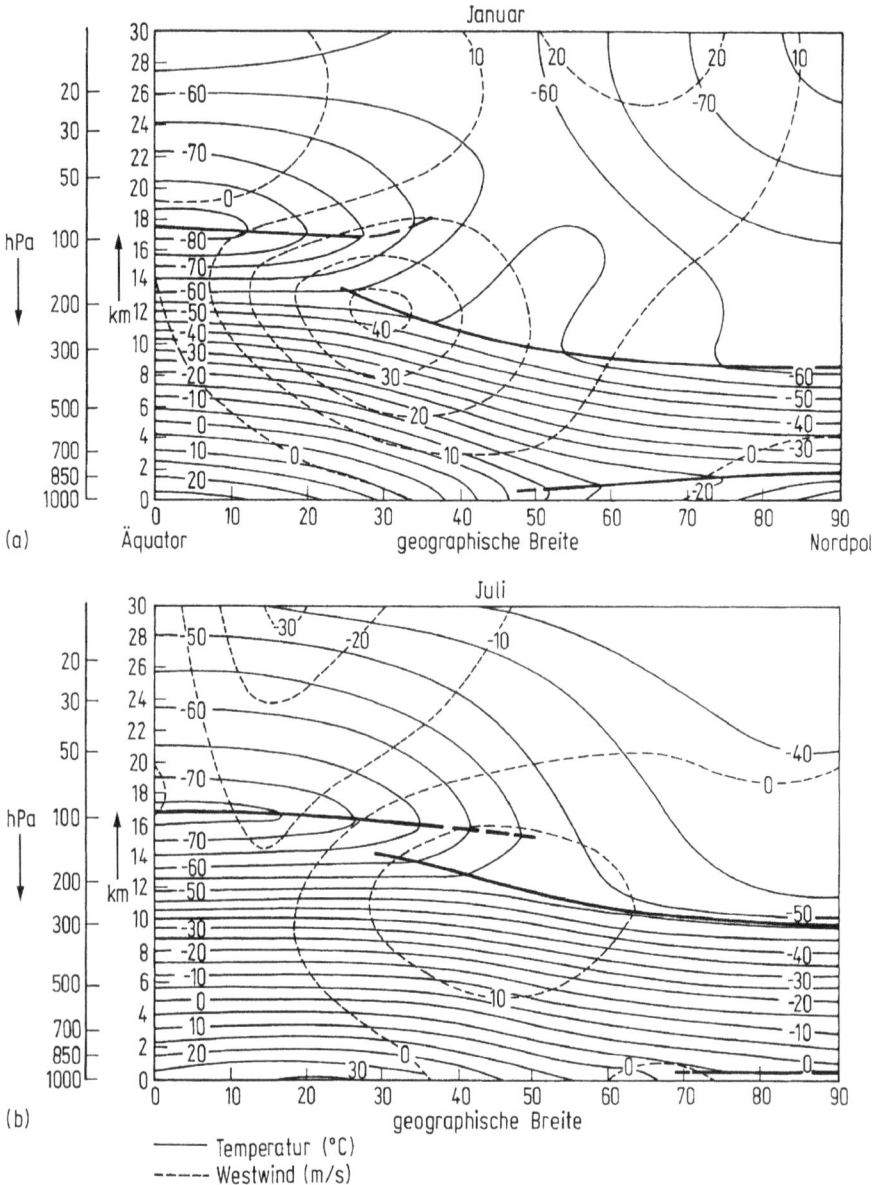

Abb. 3.70 Mittlere meridionale Querschnitte der Nordhalbkugel (a) für Januar und (b) für Juli. Durchgezogen: Isothermen (°C); gestrichelt: Isotachen (positiv = Westwind, m/s); dick durchgezogen: Tropopause (modifiziert nach Holton, 1979).

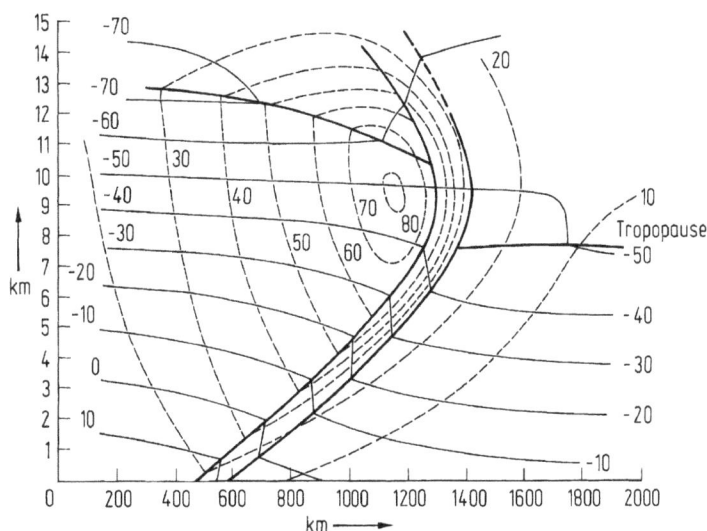

Abb. 3.71 Modell der Polarfront mit Isothermen (durchgezogen, °C), Isotachen (gestrichelt, m/s^{-1}) und Tropopause (dick durchgezogen) bzw. den Begrenzungen der Front (modifiziert nach Berggren aus Kurz, 1990).

digkeit mehr als 40 m/s ($\approx$ 150 km/h); im Einzelfall erreicht sie Werte bis 500 km/h. Da die kommerzielle Luftfahrt etwa im Höhenbereich der Tropopause stattfindet, ist die Analyse und Prognose des Strahlstromes von großem ökonomischem Nutzen. In Richtung der Strahlströme fliegende Flugzeuge versuchen möglichst im Kernbereich zu verbleiben, in Gegenrichtung fliegende weichen großräumig aus. Dadurch ist der beträchtliche Unterschied der Dauer zwischen den transatlantischen Flügen in westlicher und östlicher Richtung verständlich. Ein schematischer Querschnitt durch den Polarfrontjet ist in Abb. 3.71 wiedergegeben.

Versucht man die maximale Windgeschwindigkeit in einem Strahlstrom mit der thermischen Windgleichung zu berechnen, so ergibt sich ein zum Teil beträchtlicher Unterschied zur Beobachtung. Die nächstliegende Erklärung dafür ist der Umstand, daß die Strahlströme selten geradlinig verlaufen, sondern eine gekrümmte Längsachse aufweisen. Beispielsweise übersteigt bei antizyklonal gekrümmter Achse die beobachtete Geschwindigkeit die geostrophische erheblich, weil dort die Radialbeschleunigung (Zentrifugalkraft) zu einer zusätzlichen Beschleunigung in Richtung des tieferen Druckes führt. Eine geringe Krümmung der Achse genügt; man vergleiche dazu den Term mit V^2/R_t in Gl. (3.252).

Eine weitere Ursache für eine ageostrophische Bewegung wird durch das typische Deformationsfeld im Bereich eines Strahlstroms bewirkt (Abb. 3.72). Im Einzugsbereich (E) verringert sich in Strömungsrichtung blickend der Isohypsenabstand. Damit nimmt die horizontale Druckgradientkraft zu $\left(\dfrac{\partial}{\partial s} \left[-\dfrac{\partial \Phi}{\partial r} \right] > 0 \right)$, vgl. Abb. 3.42. Ein ursprünglich im geostrophischen Gleichgewicht strömender Luftballen wird untergeostrophisch und erfährt deshalb eine Radialbeschleunigung zum tieferen Druck hin. Im Kernbereich (K) resultiert durch die Richtungsabweichung

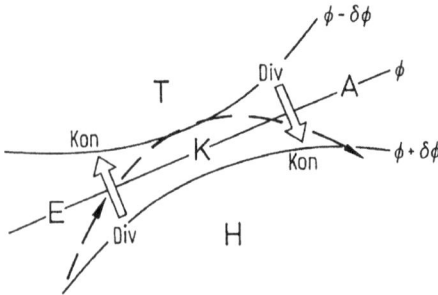

Abb. 3.72 Schema der ageostrophischen Bewegung im Ein- und Auszugsbereich eines Strahlstroms. Die Divergenz- und Konvergenzgebiete sind mit DIV und KON markiert (nach Scherhag, aus DWD, 1990).

zum geostrophischen Wind dann häufig ein übergeostrophischer Wind. Im Auszugsbereich (A) führt die übergeostrophische Geschwindigkeit schließlich zu einer rechts-
ablenkenden Bewegung und Abbremsung. Dieser Effekt ist im Bereich der Strahlstromachse stärker als auf den Flanken (sowohl der zyklonalen wie der antizyklonalen). Er erlaubt daher eine Abschätzung der Divergenz des obertroposphärischen
Geschwindigkeitsfeldes. Auffallend ist, daß die horizontale Windscherung auf der
zyklonalen Seite eines Strahlstromes im allgemeinen viel größer ist als auf der antizyklonalen Seite. Dies kommt durch die natürliche Begrenzung der antizyklonalen
relativen Vorticity durch den Wert $\zeta = -f$ zustande. Auf der zyklonalen Seite des
Strahlstroms ist hingegen ein Mehrfaches von f für die Vorticity möglich und auch
tatsächlich feststellbar.

3.3.2.5 Die barokline Instabilität

Barotrope Rossby-Wellen (Abschn. 3.2.8.4) können instabil werden, jedoch nur un-
ter der Bedingung eines Extremwertes der Vorticity des Grundstromes. In niederen
Breiten, besonders im Bereich der intertropischen Konvergenzzone, ist die *barotrope
Instabilität* hauptverantwortlich für die Entstehung von Störungen.

In den mittleren und hohen Breiten dagegen dominiert der Mechanismus der
baroklinen Instabilität. Zur theoretischen Untersuchung benutzt man das *quasigeostrophische Gleichungssystem*. Das ist eine Spezialisierung des allgemeinen Glei-
chungssystems für die freie Atmosphäre (vgl. Abschn. 3.2.6.5) mit folgenden Annahmen: Die Vorgänge sollen isentrop verlaufen; in den Bewegungsgleichungen wird
die Advektion in vertikaler Richtung vernachlässigt und die in horizontaler Richtung
wird durch den geostrophischen Wind approximiert; die Vorticity wird durch die
geostrophische Vorticity ersetzt. Das Ergebnis ist die folgende Erhaltungsgleichung:

$$\frac{D}{Dt}\left(\zeta + f + \frac{\partial}{\partial p}\frac{f_0}{\sigma}\frac{\partial \Phi}{\partial p}\right) = 0\,. \tag{3.362}$$

Der Ausdruck in Klammern heißt *quasigeostrophische potentielle Vorticity*. Hier ist
f der Coriolis-Parameter, der mitdifferenziert werden muß. f_0 ist der Wert von f

in der gerade betrachteten geographischen Breite; er wird konstant gesetzt. σ ist ein Maß der statischen Stabilität. Die Summe der ersten beiden Terme in der Klammer bezeichnet man als *absolute Vorticity*; im barotropen Fall ist sie eine Erhaltungsgröße. Beim Vergleich mit Gl. (3.332) erkennt man den Term, der hier die Baroklinität ins Spiel bringt: Es ist die Temperatur, repräsentiert durch $\partial\Phi/\partial p$. Die Eigenschaft von Gl. (3.332), eine Gleichung für eine einzige Funktion zu sein, hat auch die verallgemeinerte Gl. (3.362), da $\zeta = \zeta_g = f_0^{-1}\nabla^2\Phi$. Aus Φ lassen sich alle anderen Felder (Temperatur, Wind, Vorticity, Vertikalgeschwindigkeit) eindeutig gewinnen.

Wenn man in Gl. (3.362) den Operator $\mathrm{D}/\mathrm{D}T$ auf der Druckfläche gemäß Gl. (3.332) entwickelt und nach $\partial\Phi/\partial t$ auflöst, so erhält man die *Geopotentialtendenzgleichung*; sie gibt an, aus welchen Teilen sich die lokalzeitliche Änderung des Geopotentials zusammensetzt. Die Tendenzgleichung des Geopotentials ist vollständig äquivalent zur Erhaltungsgleichung für die quasigeostrophische potentielle Vorticity.

Im einfachsten Fall wird Gl. (3.362) für zwei Schichten in der Vertikalen angewandt. Man erhält damit zwei gekoppelte Gleichungen für zwei unbekannte Funktionen: das Geopotential der Oberschicht und das der Unterschicht. Ihre Summe wird als mittleres Geopotential der Atmosphäre interpretiert (sog. *barotrope Komponente* der Gesamtschicht), ihre Differenz als mittlere Temperatur (*barokline Komponente*). Dieser Gleichungssatz gibt über das Stabilitätsverhalten der baroklinen Welle Auskunft. Relevante Parameter sind Stärke der Baroklinität und statische Stabilität.

Zum qualitativen Verständnis betrachtet man vielfach die Einzelterme der Gleichungen und ihre Balance im Bereich des Maximums und des Minimums der Wellen. Dabei ist es üblich, das Minimum als *Trog*, das Maximum als *Keil* zu bezeichnen. Diese Bezeichnungen erklären sich durch die Deutung von Geopotential- und Temperaturkarte als Konstanzflächen der betreffenden Zustandsgröße. Wenn man diese Flächen wie eine geographische Höhenkarte liest, so ist ein Minimum wie ein von Süden nach Norden hin tiefer werdender Graben (ein Tal oder *Trog*) zu interpretieren, ein Maximum dagegen wie ein von Norden nach Süden hin ansteigender Höhenrücken (oder *Keil*). In dieser zunächst für die Nordhemisphäre zweckmäßigen Ausdrucksweise ist stillschweigend vorausgesetzt, daß mittleres Geopotential und mittlere Temperatur polwärts absinken. Auf der Südhemisphäre gelten die gleichen Bezeichnungen, nur hat man dort Süden und Norden zu vertauschen.

Ist die Geopotentialtendenz im (Geopotential-)Trog negativ (fallend) und im Keil positiv (steigend), so vergrößert sich die Amplitude der Welle, d. h. sie ist instabil. Im umgekehrten Fall verkleinert sich die Amplitude (gedämpfte Welle). Im Sonderfall einer neutralen Welle verschwindet die Geopotentialtendenz sowohl an der Trog- wie auch an der Keil-Achse.

Im Fall einer Abnahme der Temperaturadvektion mit der Höhe gilt für die Geopotentialtendenz die aus Gl. (3.362) folgende symbolische Beziehung:

$$\text{Geopotential} - \frac{\text{Anstieg}}{\text{Fall}} \propto \frac{\text{NVA}}{\text{PVA}} + \frac{\text{WLA}}{\text{KLA}} \tag{3.363}$$

Hier bedeuten PVA/NVA positive/negative *Vorticityadvektion* und WLA/KLA *Warmluft-/Kaltluftadvektion* in der mittleren Troposphäre. Der erste Term rechts in

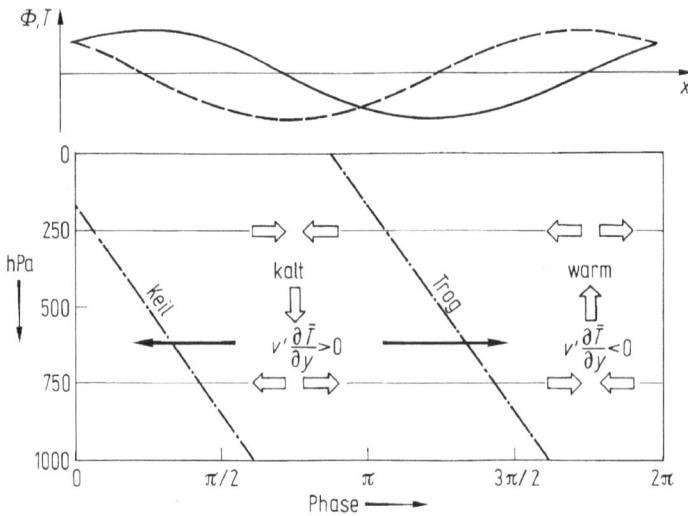

Abb. 3.73 *Oben*: Phasendifferenz zwischen Geopotentialwelle ϕ (durchgezogen) und Temperaturwelle T (gestrichelt) in der mittleren Troposphäre für eine instabile barokline Welle. Amplituden von ϕ und T hier normiert, im allgemeinen jedoch verschieden. *Unten*: Längsschnitt durch eine instabile barokline Welle mit schematischen Angaben über vertikale Phasenneigung der Trog- und Keilachsen (strichpunktiert), Temperaturverteilung, meridionale Temperaturadvektion $\left(v' \dfrac{\partial T}{\partial y} \right)$, horizontale Divergenz und Vertikalbewegung (nach Holton, 1979).

Gl. (3.363) verschwindet bei einer einfachen sinusförmigen Welle an der Trog- und Keilachse; er trägt nur zur Fortpflanzung der Welle bei. Der zweite Term heißt *differentielle Temperaturadvektion*; er ist im Trog negativ, wenn die Phase der Temperaturwelle um $-\pi < \Delta\lambda < 0$ gegen die der Geopotentialwelle verschoben ist (s. Abb. 3.73). Analog zur Geopotentialtendenz läßt sich mit Hilfe dieses einfachen Zweischichten-Modells auch die Vertikalbewegung für barokline Wellen bestimmen. In einer instabil wachsenden baroklinen Welle steigt die Warmluft auf, während die Kaltluft absinkt, wodurch verfügbare potentielle Energie in kinetische Energie umgewandelt wird. Die Amplifizierung der Druckgebilde geht mit einer Intensivierung der Zirkulation einher.

Eine weitere Möglichkeit der Untersuchung barokliner Wellen bietet sich durch einen linearisierten Wellenansatz für die Geopotentialtendenzgleichung im Zweischichten-Modell. Die Bedingungen für instabile Wellen werden von der Baroklinität (d.h. vom thermischen Wind), der statischen Stabilität und von der Wellenlänge geprägt. Die Phasengeschwindigkeit ist gegeben durch:

$$c = U - \frac{\beta(2\mu^2 + n^2)}{2\mu^2(\mu^2 + n^2)} \pm \sqrt{D}$$

mit

$$D = \frac{\beta^2 n^4}{4\mu^4(\mu^2 + n^2)^2} - \frac{u_T^2(n^2 - \mu^2)}{(\mu^2 + n^2)}, \tag{3.364}$$

wobei U den zonalen Grundstrom, β den Rossby-Parameter, μ die horizontale Wellenzahl ($\mu = 2\pi/\lambda$; $\mu^2 = \mu_x^2 + \mu_y^2$), n die vertikale Wellenzahl (ein von f_0 und σ abhängiges Stabilitätsmaß) und u_T den thermischen Wind (Baroklinitätsmaß) bezeichnet. Wellen sind instabil, wenn $D < 0$ (imaginäre Wurzel). Im Instabilitätsdiagramm (Abb. 3.74) ist die Grenze zwischen stabilen und instabilen Wellen in Abhängigkeit von diesen eingetragen. Dabei zeigt sich, daß sehr kurze barokline Wellen überhaupt nicht, und sehr lange Wellen nur bei sehr starker Baroklinität (d. h. bei großen Werten von u_T) instabil werden können. Nur Wellen mit Wellenlängen von einigen 1000 km können bereits bei der in der realen Atmosphäre beobachteten Baroklinität (typischer Wert: $u_T \approx 30$ m/s) instabil werden. Dies entspricht recht gut der Skala der außertropischen Zyklonen, die eine typische Wellenlänge in eben diesem Bereich haben.

Der zeitliche Ablauf der Zyklogenese als barokliner Instabilitätsprozeß kann folgendermaßen beschrieben werden: Durch differentielle Erwärmung der Atmosphäre nimmt die Baroklinität und damit die vertikale Windscherung (thermischer Wind) des zonalen Grundstromes zu. Erreicht der thermische Wind die kritische Grenze von $(u_T^*)_a$, so werden die praktisch stets vorhandenen kleinen wellenförmigen Störungen des Grundstromes mit einer Wellenlänge von $(\lambda^*)_a$ zu wachsen beginnen. Im aufsteigenden Ast der Vertikalzirkulation (aufsteigende Warmluft) tritt Kondensation auf, wodurch die statische Stabilität plötzlich nicht mehr durch $\partial\Theta/\partial z$, sondern durch $\partial\Theta_e/\partial z$ gegeben ist. Dadurch ist nun nicht mehr die Grenzkurve (a), sondern die Kurve (b) relevant. Die barokline Welle befindet sich weit im instabilen Bereich. Eine intensive Entwicklung (Zyklogenese) setzt sein.

Ein linearisierter Ansatz erlaubt nur die Angabe des anfänglichen Instabilitätsprozesses. Mit zunehmender Amplitude der Störung kommen jedoch nichtlineare Wechselwirkungen zum Tragen, d. h. die Störung beeinflußt ihrerseits den Grundstrom. Wenn die Zyklogenese in dieses Entwicklungsstadium gelangt ist, so wird einerseits durch differentielle Vertikalbewegungen, andererseits durch differentielle horizontale Temperaturadvektion (Kaltlufttransport nach Süden, Warmlufttrans-

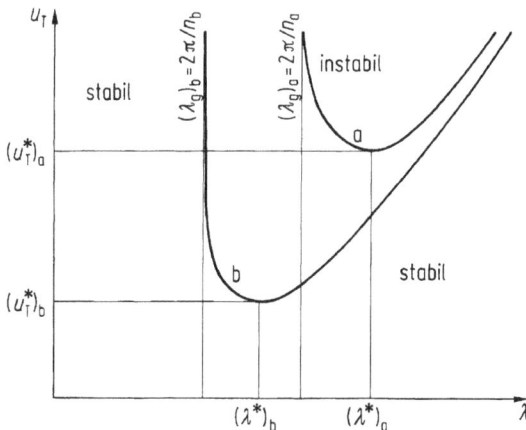

Abb. 3.74 Diagramm der baroklinen Instabilität. u_T = thermischer Wind, u_T^* = kritischer Wert des thermischen Windes, λ^* = kritische Wellenlänge; Index a: trockene Atmosphäre, b: feuchte Atmosphäre.

port nach Norden) die Baroklinität des Grundstromes wieder abgebaut. Im Diagramm wird dadurch die Atmosphäre wieder in den Bereich unterhalb der Kurve (b) zurückgeführt. Das Spiel kann von neuem beginnen.

3.3.2.6 Vorticity, Divergenz und Vertikalbewegung in baroklinen Wellen

Aus dem soeben benutzten quasigeostrophischen und hydrostatischen Zweischichtenmodell läßt sich eine weitere wichtige Information gewinnen: die Verteilung der Vertikalbewegung. In der Zyklonenskala entzieht sich die Vertikalbewegung einer direkten Messung, da sie in der Größenordnung von wenigen cm/s verbleibt. Deshalb ist man auf ein indirektes Verfahren für ihre Bestimmung angewiesen.

Außer der Tendenzgl. (3.363) liefert das Zweischichtenmodell die Aussage (sog. *Omegagleichung*):

$$\begin{matrix}\text{Auf-}\\\text{Ab-}\end{matrix}\text{wärtsbewegung} \propto \frac{\text{PVA}}{\text{NVA}} + \frac{\text{WLA}}{\text{KLA}}, \tag{3.365}$$

wobei die gleichen Abkürzungen wie in (3.363) Verwendung finden. Stromabwärts vom Geopotentialtrog bis zum Geopotentialkeil findet PVA statt, und stromabwärts vom Temperaturkeil (Warmluftachse) bis zum Temperaturtrog (Kaltluftachse) WLA. In Abb. 3.75 ist schematisch die horizontale Druck- und Temperaturverteilung einer baroklin instabilen Welle samt Längsschnitt der Vorticity- und Temperaturadvektion, der Vertikalbewegung sowie der Divergenzen und Konvergenzen dargestellt. Letztere lassen sich über die Kontinuitätsgl. (3.267) bestimmen. Da sowohl am Boden wie auch im Tropopausenniveau $\omega \sim 0$, muß im Bereich eines mitteltroposphärischen Hebungsgebietes bodennahe Konvergenz und obertroposphärische Divergenz herrschen.

Eine Anwendung der Beziehung (3.365) in der Praxis weist den Nachteil auf, daß sich die beiden rechten Terme (Antriebsterme für die Vertikalbewegung) häufig kompensieren. Aus diesem Grunde empfiehlt sich eine Alternative, die in der meteorologischen Literatur als Q-Vektor-Diagnose Eingang gefunden hat.

Kombiniert man statt der Vorticitygleichung die quasigeostrophische Bewegungsgleichung mit der isentropen Gibbsgleichung im p-System, so läßt sich ein Vektorausdruck (vgl. Holton, 1992)

$$Q = -\nabla V_g \cdot \nabla \alpha \tag{3.366}$$

formulieren, der mit der generalisierten Vertikalbewegung im einfachsten Falle eines baroklinen Zweischichten-Modells durch $\omega \propto \nabla \cdot Q$ verknüpft ist. Aufsteigende Luftbewegung ($\omega < 0$) ist also im Bereich von Konvergenz des Q-Vektors zu erwarten. Man kann dadurch das Feld der Vertikalbewegung aus nur einer Größe – dem Q-Vektor – in der mittleren Troposphäre abschätzen. Die Verteilung der Q-Vektoren und ihrer Divergenz in einer baroklinen Welle und in einem frontogenetischen Feld (s. nächster Abschn.) ist schematisch in Abb. 3.76 dargestellt.

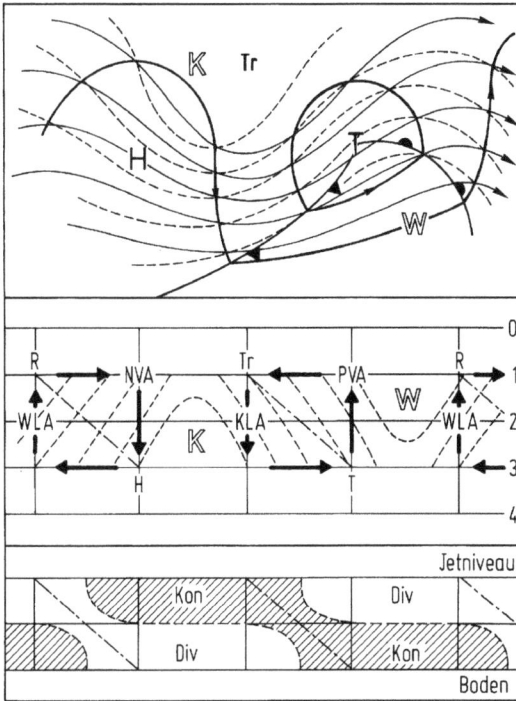

Abb. 3.75 Instabile barokline Welle (oben) mit bodennaher (dick) und obertroposphärischer Strömung (dünn) sowie Isothermen (gestrichelt). In der Mitte ist ein Längsschnitt mit Trog (Tr) und Keil-(= Rücken(R))Achsen (strichpunktiert), Isentropen (gestrichelt) und der Vertikalzirkulation (dicke Pfeile) dargestellt. Aus dem Vertikalbewegungsfeld läßt sich die Verteilung der Divergenz und Konvergenz (unten) bestimmen. PVA, NVA: positive, negative Vorticityadvektion; WLA, KLA: Warm-, Kaltluftadvektion (nach DWD, 1990).

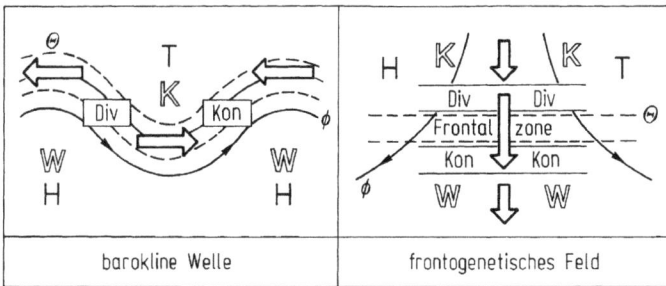

Abb. 3.76 Schematische Abbildung der Q-Vektoren (große offene Pfeile) bei einer baroklinen Welle (links) und einem frontogenetischen Feld (rechts) (nach DWD, 1990).

3.3.2.7 Fronten

In der breiten baroklinen Westwindzone der gemäßigten Breiten treten häufig enge Zonen mit konzentriertem Temperaturgradienten auf. Sie werden Fronten oder *hyperbarokline Zonen* genannt (vgl. Abb. 3.71). Wie kommt es zur Entstehung solcher Strukturen?

Die Frontbildung im Temperaturfeld auf der Isobarenfläche läßt sich durch die *Frontogenese-Funktion*

$$F = \frac{\mathrm{d}}{\mathrm{d}t} \, |\boldsymbol{\nabla}\Theta| \qquad (3.367)$$

beschreiben. Eine Umformung der rechten Seite von Gl. (3.367) ergibt unter Einführung eines auf den thermischen Wind bezogenen natürlichen Koordinatensystems (vgl. Abschn. 3.2.6.6 – die Koordinatenrichtung r weist normal zu den Isothermen, zur tieferen Temperatur hin):

$$F = -\frac{\partial}{\partial r}\left(\frac{\mathrm{d}\Theta}{\mathrm{d}t}\right) + \frac{\partial\Theta}{\partial r}\frac{\partial V_r}{\partial r} + \frac{\partial\Theta}{\partial p}\frac{\partial\omega}{\partial r} \, . \qquad (3.368)$$

Dabei ist V_r die Komponente des Horizontalwindes in Richtung von r. – Zur Terminologie: Frontverstärkung bezeichnet man als *Frontogenese*, Frontabschwächung als *Frontolyse*.

Der erste Term in Gl. (3.368) wird als *diabatischer Anteil* bezeichnet. Er trägt zur Frontogenese bei, wenn auf der wärmeren Seite des baroklinen Feldes eine stärkere Erwärmung (oder geringere Abkühlung) als auf der kalten Seite erfolgt. Dies tritt häufig im Küstenbereich (Meer oder Binnensee) am Tage ein, wenn die wärmere Luft am Lande durch einen größeren fühlbaren Wärmestrom als über dem Wasser aufgeheizt wird (siehe Abb. 3.77a).

Im zweiten Term wirkt sich ein konvergentes horizontales Geschwindigkeitsfeld frontogenetisch oder frontolytisch aus. Bei einer Aufspaltung dieses Bewegungsfeldes in die reinen kinematischen Anteile (Translation, Rotation, Divergenz und Deformation) ist es einsichtig, daß nur die letzten beiden einen Beitrag zur Frontogenese liefern; denn die reine Translation bewirkt lediglich eine Verlagerung der baroklinen Zone, die reine Rotation lediglich eine Drehung (Richtungsänderung) des Gradientvektors. Die reine Divergenz (Konvergenz) ist aber jedenfalls frontolytisch (frontogenetisch), da in jeder Richtung eine Dilatation (Kontraktion) einer materiellen Fläche auftritt (Abb. 3.77b). Die reine Deformation kann sowohl frontogenetisch wie auch frontolytisch wirken, je nach Winkel γ zwischen der Kontraktionsachse und dem Gradientvektor. Ist dieser Winkel kleiner als $45°$, so tritt Frontogenese auf (s. Abb. 3.77c).

Der letzte Term in Gl. (3.368) führt dann zur Frontogenese, wenn ein differentielles Vertikalbewegungsfeld in einer stabilen Atmosphäre solcher Art vorliegt, daß das Absinken (Aufsteigen) auf der warmen Seite der baroklinen Zone stärker (schwächer) ist als auf der kalten Seite (Abb. 3.77d).

Bei einem frontogenetischen Vorgang wird das geostrophische Gleichgewicht gestört. Um es wiederherzustellen, muß eine ageostrophische Querzirkulation in Gang kommen. Mit einer Q-Vektor-Diagnose (vgl. Abb. 3.76) läßt sich zeigen, daß im Falle einer Frontogenese durch Deformation die Warmluft gehoben wird, während

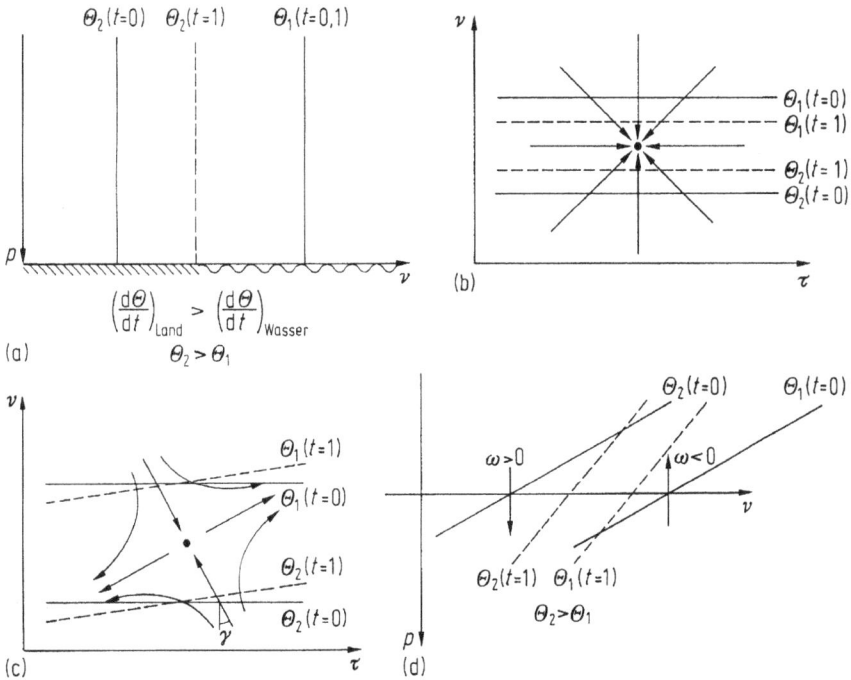

Abb. 3.77 Mechanismen der Frontogenese: (a) durch differentielle Heizung, (b) durch reine Konvergenz, (c) durch reine Deformation mit $\gamma < 45°$ und (d) durch differentielle Vertikalbewegung. In allen Teilen ist $\Theta_2 > \Theta_1$ angenommen.

die Kaltluft zum Absinken gezwungen wird. Diese Querzirkulation wirkt aber wiederum frontolytisch, sodaß das geostrophische Gleichgewicht der Bewegung längs der Front annähernd erhalten werden kann. Die ageostrophische Querzirkulation kann eine beträchtliche Intensität annehmen und ist Ursache für Wolken- und Niederschlagsbänder in außertropischen Breiten.

Besonders in Bodennähe kann eine Front so scharf werden, daß man sie in guter Näherung als Diskontinuitätsfläche zwischen zwei Medien unterschiedlicher Temperatur (Dichte) ansehen kann (Abb. 3.78 a). Wieso bleibt die Frontfläche stabil? Man würde erwarten, daß das schwere (kältere) Fluid sich unter das leichtere (wärmere) schiebt. In einem nichtrotierenden Fluid müßte das tatsächlich geschehen.

Durch die Erdrotation kann aber eine solche Konfiguration stabil bleiben. Um das zu begründen, stellen wir zunächst fest, daß das Druckgefälle längs der Frontfläche auf der warmen und kalten Seite identisch sein muß, weil der Druck stetig ist, d.h. keine Diskontinuität (nullter Ordnung) aufweisen kann. Eine Aufspaltung des Druckgefälles in einen vertikalen und horizontalen Anteil ermöglicht die Verwendung der hydrostatischen Gleichung sowie der geostrophischen Windbeziehung und führt zur folgenden von Margules (1906) angegebenen Gleichgewichtsbedingung für eine Front mit einer Temperaturdiskontinuität nullter Ordnung:

$$\tan \alpha = \frac{f\,\overline{T}}{g} \frac{u_{\mathrm{g}2} - u_{\mathrm{g}1}}{T_2 - T_1}. \tag{3.369}$$

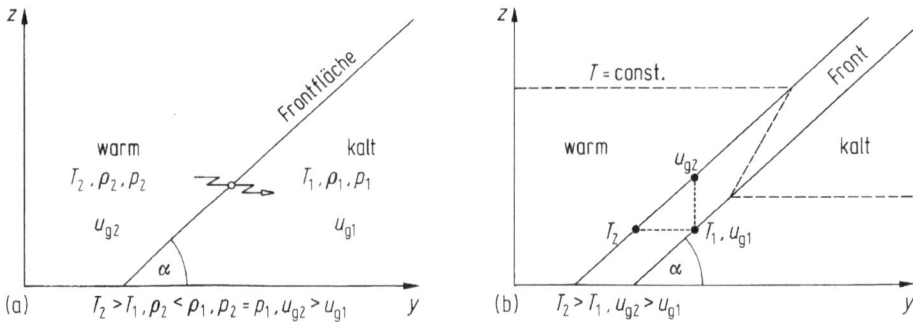

Abb. 3.78 Gleichgewichtsbedingung an Fronten: (a) für eine Dichte-(Temperatur-)Diskontinuität nullter Ordnung, (b) für eine Dichte-(Temperatur-)Diskontinuität erster Ordnung.

Hier sind f der Coriolis-Parameter, g die Erdbeschleunigung und $\bar{T}$ die Mitteltemperatur zwischen der warmen und kalten Seite. Bei einem vorgegebenen Temperatursprung $T_2 - T_1$ an der Frontfläche ist der Neigungswinkel einer stationären Front durch die Differenz (zyklonale Windscherung!) der geostrophischen Windgeschwindigkeiten auf der warmen und kalten Seite gegeben. Daraus läßt sich weiter folgern, daß die Frontfläche niemals vertikal stehen kann.

Auch für hyperbarokline Zonen (Temperatur-, Dichte-Diskontinuität erster Ordnung, Abb. 3.78 b) läßt sich eine analoge Gleichgewichtsbedingung formulieren:

$$\tan\alpha = \frac{f\,\bar{T}}{g}\,\frac{(u_{g2} - u_{g1})_z}{(T_2 - T_1)_y}. \tag{3.370}$$

Der Unterschied zu Gl. (3.369) besteht im Auftreten der Ableitungen. Die Differenz der geostrophischen Winde ist in der Vertikalen zu bilden (Richtung z), die der Temperatur in der Horizontalen (Richtung y).

3.3.2.8 Zirkulationssatz, lokale Windsysteme

Öffnet man im Winter das Fenster eines geheizten Raumes, so bildet sich unmittelbar ein Strom kalter Luft in den Raum hinein und warmer Luft aus dem Raum heraus, selbst wenn im Freien Windstille herrscht (Abb. 3.79). In der kalten Außenluft ist die (hydrostatische) Druckabnahme mit der Höhe stärker als im warmen Innenraum. Dadurch muß sich im Bereich der Fensteröffnung in der Vertikalen ein unterschiedliches Druckgefälle einstellen. Die Massenkontinuität (gleiche einströmende wie ausströmende Luftmenge) verlangt ein Druckgefälle mit unterschiedlichen Vorzeichen im Fensterquerschnitt. Wollte man nun die Stärke des Luftstromes mit Hilfe der Bewegungsgleichung bestimmen, so würde die Erfassung des horizontalen Druckgradienten in der Praxis durch den minimalen Druckgegensatz (im Bereich 1/10 Pa) scheitern.

Man löst dieses Problem mit Hilfe des Zirkulationsbegriffs (vgl. Z in Abschnitt 3.2.6.7). Die Bildung der Zirkulationsbeschleunigung ergibt unter Verwendung der

Bewegungsgleichung und der Berücksichtigung des Umstandes, daß das geschlossene Linienintegral über ein totales Differential verschwindet:

$$\frac{dZ}{dt} = - \oint \alpha \, dp + \oint \boldsymbol{F} \cdot d\boldsymbol{r} = - \int \int_{\sigma} (\boldsymbol{\nabla}\alpha \times \boldsymbol{\nabla}p) \cdot d\boldsymbol{\sigma} + \int \int_{\sigma} (\boldsymbol{\nabla} \times \boldsymbol{F}) \cdot d\boldsymbol{\sigma} \quad (3.371)$$

mit $\boldsymbol{F}$ = Reibungskraft durch Masse; wenn man Gl. (3.371) mit Gl. (3.237) ableitet, so hat man $\boldsymbol{F} = -\alpha \partial \boldsymbol{\pi}/\partial z$ zu setzen. Sobald eine barokline Schichtung vorliegt (Solenoidvektor $\boldsymbol{\nabla}\alpha \times \boldsymbol{\nabla}p \neq 0$), so kommt es zu einer Zirkulationsbeschleunigung, die solange wirkt, bis die reibungsbedingte Abbremsung der Zirkulation zu einem Gleichgewicht führt.

Eine Anwendung auf Abb. 3.79 zeigt, daß durch die nahezu senkrecht aufeinander stehenden Druck- und Dichte-(Temperatur-)Gradienten eine starke Zirkulation generiert wird, die unten kalte Luft in den Raum hinein, oben warme Luft aus dem Raum herausführt. Durch die Reibung an den Wänden stellt sich rasch ein Gleichgewicht ein.

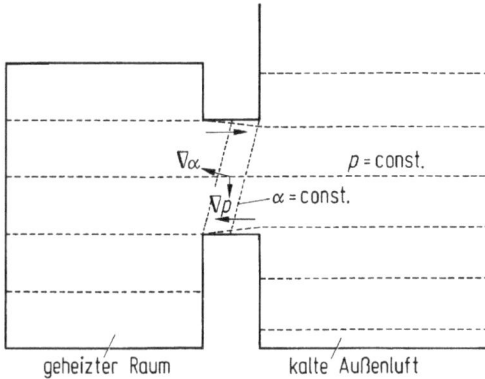

Abb. 3.79 Schema zur Erklärung der Zirkulationsbeschleunigung bei geöffnetem Fenster eines geheizten Raumes.

Lokale Windsysteme. Mit Hilfe des Zirkulationssatzes (3.371) lassen sich alle lokalen, thermisch getriebenen Windsysteme verstehen. Ein an allen Küsten vorkommendes Windsystem ist der Land-Seewind (Abb. 3.80a). Am Tage wird das Land stärker aufgeheizt als das Meer, wodurch ein baroklines Feld aufgebaut wird, das eine direkte thermische Zirkulation bewirkt – Kaltluft strömt unten vom Meer zum Land (*Seewind*), wärmere Luft strömt in der Höhe vom Land zum Meer zurück. In der Nacht drehen sich die Verhältnisse um, das Land kühlt stärker ab als das Meer, wodurch eine entgegengesetzte Zirkulation in Gang kommt (*Landwind*).

Ein anderes Lokalwindsystem ist der Talwind (Abb. 3.80b). Durch das reduzierte Luftvolumen in einem Tal erwärmt sich dort die Luft stärker als über der Ebene. Die so erzeugte Baroklinität führt zu einer thermisch direkten Zirkulation mit Kaltluftadvektion unten ins Tal (*Talwind*) und einem Rückströmen in der Höhe. Bei Nacht kühlt die Luft im Tal schneller aus, dadurch entsteht Kaltluftadvektion unten in Richtung zur Ebene (*Bergwind*).

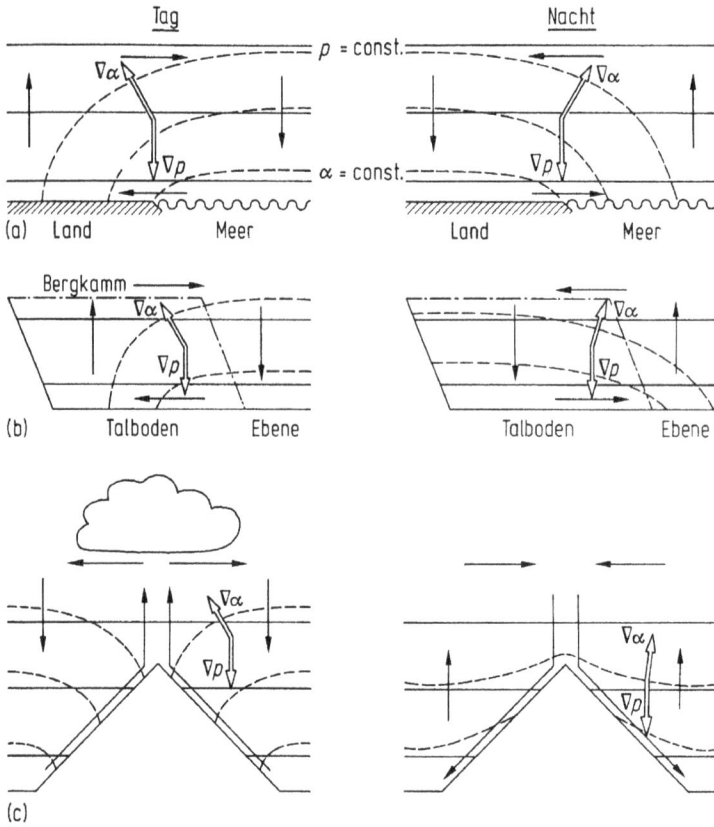

Abb. 3.80 Lokale Windsysteme: Land-Seewind (oben); Talwind (Mitte) und Hangwind (unten). Durchgezogen sind Isobaren, gestrichelt Linien gleichen spezifischen Volumens (gleicher Dichte).

Bei allen geneigten Flächen mit Energieumsatz kommt es ebenfalls zu einer Zirkulation (*Hangwind*, Abb. 3.80c). Das Hangwindsystem führt dazu, daß bei Erhebungen untertags bei Sonneneinstrahlung eine Konvergenz mit Aufsteigen und vermehrter Wolken- und Niederschlagsbildung bewirkt wird.

3.3.2.9 Verfügbare potentielle Energie, Energiekreislauf

Woher nehmen die Stürme ihre kinetische Energie (KE)? Aus der *totalen potentiellen Energie* (TPE). Die Atmosphäre wandelt ständig TPE in KE um; gleichzeitig dissipiert sie ständig KE durch Reibung in Wärme (Margules, 1903).

Als einfachsten Fall betrachten wir eine inkompressible Flüssigkeit der Gesamtmasse M (Abb. 3.81a); im oberen halben Volumen sei die Dichte ϱ_1, unten ϱ_2, mittlere Dichte ϱ_0; der Dichtesprung beträgt $2\Delta\varrho$. Die TPE ist:

$$TPE_{\mathrm{a}} = F \int_{z=0}^{z=H} \Phi(z)\varrho(z)\,\mathrm{d}z = gM\,\frac{H}{2}\left(1 - \frac{1}{2}\frac{\Delta\varrho}{\varrho_0}\right). \tag{3.372}$$

Hier ist $\Phi = gz$ mit konstantem g. TPE_a ist zur Umwandlung in KE nicht verfügbar, denn die Anordnung a) ist stabil. Im Fall b) mit senkrecht gestellter Grenzfläche gilt dagegen:

$$TPE_b = gM\frac{H}{2}. \tag{3.373}$$

$H/2$ ist die Höhe des Schwerpunktes. Die Differenz von Gl. (3.373) und Gl. (3.372) ist die zur Umwandlung in KE *verfügbare potentielle Energie* (Konzept der *available potential energy*, Lorenz, 1955):

$$APE_b = gM\frac{H}{2}\cdot\frac{1}{2}\frac{\Delta\varrho}{\varrho_0}. \tag{3.374}$$

APE_b ist gewöhnlich viel kleiner als TPE_b und wird nur dann vollständig in KE umgewandelt, wenn ϱ_1 und ϱ_2 sich nicht mischen. Eine irreversible Mischung von ϱ_1 und ϱ_2 würde nicht die Anordnung a) ergeben, sondern überall gleiche Dichte ϱ_0; das würde den Schwerpunkt nicht absenken und daher auch keine KE erzeugen, sondern Entropie. Um APE zu gewinnen, hat man also durch eine isentrope Zustandsänderung den niedrigsten Wert von TPE aufzusuchen (Übergang von b zu a). Der niedrigste Wert von TPE heißt *unverfügbare potentielle Energie* (UPE).

Für den Fall c) von Abb. 3.81 mit nach oben hin stetig abnehmender Dichte gilt:

$$TPE_c = \int_x\int_y\int_{z=0}^{z=H}\Phi(z)\varrho(x,y,z)\mathrm{d}z\,\mathrm{d}y\,\mathrm{d}x = gM\frac{H}{2}\frac{\displaystyle\int_{\varrho=0}^{\varrho=\varrho_{max}}\overline{[z(x,y,\varrho)/H]^2}\,\mathrm{d}\varrho}{\displaystyle\int_{\varrho=0}^{\varrho=\varrho_{max}}\overline{[z(x,y,\varrho)/H]}\,\mathrm{d}\varrho}. \tag{3.375}$$

TPE_c ist ebenso definiert wie TPE_a, auch hier liegt der Schwerpunkt tiefer als $H/2$; jedoch muß hier zusätzlich über y und x integriert werden. Die Umwandlung in den rechts stehenden Ausdruck geschieht mit partieller Integration (umständlich, aber elementar ausführbar); der Querstrich bezeichnet die horizontale Mittelung über x und y auf der ϱ-Fläche. Dabei tritt folgende Besonderheit auf: In der Definition ist ϱ auf Werte zwischen $\varrho_{min} > 0$ (kleinster Wert an der Oberfläche) und ϱ_{max} (größter Wert am Boden des Beckens) beschränkt. Im Ausdruck rechts dagegen nimmt die Integrationsvariable ϱ alle Werte zwischen 0 und ϱ_{max} an. Die UPE der Anordnung c) gewinnt man nach dem Rezept der isentropen Umschichtung, indem man $\overline{(z/H)^2}$ im Zähler von (3.375) durch $(\overline{z/H})^2$ ersetzt; die Differenz ist APE_c.

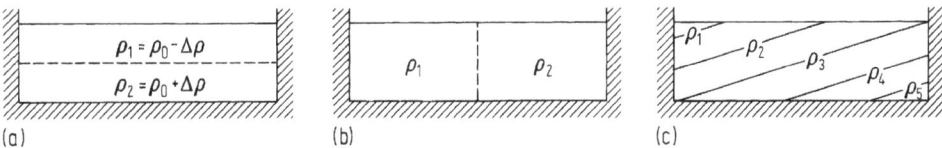

Abb. 3.81   Totale potentielle Energie einer inkompressiblen Flüssigkeit (Wasser der Gesamtmasse $M = FH\varrho_0$) in einem Becken (Grundfläche F, Höhe H). (a) M ist auf 2 Schichten verschiedener Dichte verteilt ($\varrho_1 < \varrho_2$, stabile Anordnung); (b) instabile Anordnung; (c) stetige Dichteschichtung.

Für die Atmosphäre reicht Gl. (3.375) nicht aus, denn die Kompressibilität ist nicht berücksichtigt. Die TPE eines Gases ist die Summe von potentieller und innerer Energie (vgl. auch Abschn. 4.4.1); für eine Luftsäule der Grundfläche F:

$$TPE = \frac{F}{g} \int\limits_{p=0}^{p=p_\mathrm{s}} (\Phi + c_v T)\,\mathrm{d}p \,. \tag{3.376}$$

Statt über z ist das Integral mit der statischen Grundgleichung über p ausgeführt (p_s = Bodendruck). Partielle Integration unter Beachtung der Zustandsgleichung liefert für den ersten Anteil:

$$\int\limits_0^{p_\mathrm{s}} \Phi(p)\,\mathrm{d}p = [\Phi p]_0^{p_\mathrm{s}} - g \int\limits_{p=0}^{p=p_\mathrm{s}} p(z)\,\mathrm{d}z = R \int\limits_0^{p_\mathrm{s}} T(p)\,\mathrm{d}p \,. \tag{3.377}$$

Hier sind $\Phi(p_\mathrm{s}) = 0$ sowie Gasgleichung und statische Gleichung benutzt worden. Gl. (3.377) sagt aus: Potentielle und innere Energie einer atmosphärischen Säule sind einander proportional. Mit $R + c_v = c_p$ folgt:

$$TPE = \frac{F}{g} c_p \int\limits_0^{p_\mathrm{s}} T(p)\,\mathrm{d}p \,. \tag{3.378}$$

Die TPE einer Luftsäule ist also gleich der gesamten in ihr enthaltenen fühlbaren Wärme. Der Ausdruck (3.378) scheint mit der Definition von Gl. (3.372) oder Gl. (3.375) nicht viel zu tun zu haben. Er läßt sich aber mit der potentiellen Temperatur (3.122) in die Form bringen (wie vorher: elementare partielle Integration):

$$TPE = \frac{F}{g}\,\overline{p_\mathrm{s}}\,\frac{c_p}{1+\kappa}\,\frac{\displaystyle\int\limits_{\Theta=0}^{\Theta=\Theta_{\max}} \overline{[p(\Theta)/p_0]^{1+\kappa}}\,\mathrm{d}\Theta}{\overline{p_\mathrm{s}/p_0}} \,. \tag{3.379}$$

Der Querstrich bezeichnet diesmal die horizontale Mittelung auf der Θ-Fläche, F ist die Fläche der Erde. Die Analogie zwischen Gl. (3.379) und Gl. (3.375) ergibt sich nun aus folgenden Bemerkungen:

- $F\overline{p_\mathrm{s}}/g$ ist die Gesamtmasse der Atmosphäre.
- $\Theta_{\max}$ ist die potentielle Temperatur am Oberrand der Atmosphäre.
- Θ kann als potentielle Dichte interpretiert werden (vgl. Abschn. 3.2.3.5).

Die UPE, also das Minimum von Gl. (3.379) bei isentroper Umschichtung, erhält man, indem man $\overline{(p/p_0)^{1+\kappa}}$ im Zähler durch $(\bar{p}/p_0)^{1+\kappa}$ ersetzt. Die Differenz ist die APE der Atmosphäre, dieser Ausdruck ist positiv. Auch in der kompressiblen Atmosphäre ist APE viel kleiner als TPE. Lorenz (1955) fand $APE/TPE \approx 1/200$.

Mit dem Konzept der verfügbaren potentiellen Energie allein ist zunächst nicht viel gewonnen. Es kommt jetzt darauf an, wie APE erzeugt und in KE umgewandelt, schließlich wie KE dissipiert und in welches Energiereservoir hin abgegeben wird.

Dies wird in Abb. 3.82 illustriert. Die kurzwellige Solarstrahlung KW erzeugt Wärme im System Erde + Atmosphäre; das ist zum größten Teil keine APE, sondern UPE. Nur knapp 1 % von KW, eben G, generiert APE durch *differentielle Heizung* (Heizung in den Tropen, Kühlung im Polargebiet). Das führt zur Schiefstellung der Θ-Flächen, entsprechend dem Schiefstellen der ϱ-Flächen in Anordnung c) von Abb. 3.81. APE tauscht mit KE durch die Konversionsrate C aus; diese Flußgröße

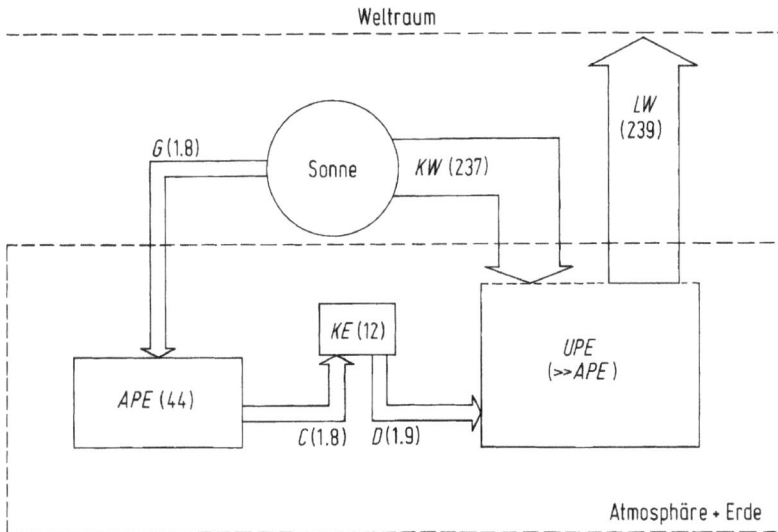

Abb. 3.82 Schema des globalen Energiekreislaufs. Reservoire (Einheit $10^5\,\mathrm{J/m^2}$): APE = verfügbare potentielle Energie; KE = kinetische Energie; UPE = unverfügbare potentielle Energie. Flüsse (Einheit $\mathrm{W/m^2}$): G = Erzeugung von APE (generation); C = Umwandlung (conversion); D = Dissipation; KW = kurzwelliger Zufluß von der Sonne; LW = langwelliger Abfluß vom System Atmosphäre + Erde. Zu KW und LW vgl. Abschn. 4.3.3.

beschreibt die Korrelation von Vertikalgeschwindigkeit und Temperatur (C ist positiv, wenn warme Luft bevorzugt aufsteigt und kalte Luft bevorzugt absinkt). KE dissipiert Energie (Umwandlungsrate D) und erzeugt UPE als Reibungswärme. UPE schließlich wird durch langwellige Abstrahlung LW zum Weltraum hin geleert. KW und D stehen mit LW im Gleichgewicht.

Die einzige Energiequelle, die für die atmosphärischen Prozesse in Frage kommt, ist die Strahlung von der Sonne. Andere geophysikalische Energiequellen, wie etwa die Erdwärme oder die Gezeitenenergie, haben lokal eine gewisse Bedeutung, sind aber global gesehen gegenüber der Sonnenstrahlung vernachlässigbar.

Die Umwandlungsraten G, C, D sollten im Klimamittel alle gleich sein; da sie unabhängig bestimmt werden, kann man die Datengenauigkeit prüfen. Die Größe von UPE ist nicht willkürfrei definierbar – wieviel vom Wärmegehalt des Bodens oder des unbewegten Ozeans soll man zum Reservoir von UPE hinzuschlagen? Jedoch ist die absolute Größe der Zustandsgröße UPE (ebenso wie die von KE oder APE) für die globale Energetik nicht wichtig; was zählt, sind die Flüsse G, C, D, KW und LW.

3.3.3 Wettervorhersage

Die Wettervorhersage und ihre wissenschaftliche Begründung ist die klassische Aufgabe der Meteorologie, so wie die Vorhersage von Sonnen- und Mondfinsternissen die klassische Aufgabe der Astronomie ist. Die Astronomie hat vor langer Zeit durch die exakte Lösung des Verfinsterungsproblems Maßstäbe gesetzt, die inzwischen in den exakten Naturwissenschaften zum Standard geworden sind. Auf unser Fach angewandt, provozieren sie die Frage: Warum schaffen die Meteorologen eigentlich die Wettervorhersage nicht mit astronomischer Genauigkeit?

Dazu sollen im folgenden Unterabschnitt zunächst die existierenden Vorhersage- methoden der Meteorologie besprochen werden. Im anschließenden Unterabschnitt wird auf die Messung der Vorhersagegüte eingegangen. Im Unterabschn. 3.3.3.3 schließlich wird die hier gestellte Frage nach den Grenzen der Vorhersagbarkeit diskutiert.

3.3.3.1 Methoden der Wettervorhersage

Vor der Entwicklung von elektronischen Rechenmaschinen und der mathematisch- physikalischen Wettervorhersage mittels numerischer Integration war man auf al- ternative praktikable Methoden angewiesen. Neben der rein *empirischen* Progno- senmethode, in welcher aus der Kenntnis des momentanen Zustands der Atmosphäre aus Erfahrung bei ähnlichen Verhältnissen auf die kurzfristige Entwicklung geschlos- sen wird, eröffneten die *kinematischen* Methoden einen ersten Schritt in Richtung auf quantitative Prognose. Die Kenntnis der Feldverteilung einer Variablen samt ihrer (vergangenen) zeitlichen Änderung (Tendenz) erlaubt eine im einfachsten Fall lineare Extrapolation in die Zukunft – ohne Kenntnis der dynamisch-kausalen Zu- sammenhänge. Kurzfristige Prognosen, z. B. einer Frontverlagerung, können hierbei oft mit erstaunlicher Genauigkeit erzielt werden.

Der Einsatz von *dynamischen* Methoden begann mit stark vereinfachten Formen der hydro-thermodynamischen Gleichungen. Der erste diesbezügliche Erfolg gelang Rossby 1939 durch die Verwendung der barotropen divergenzfreien Vorticityglei- chung mit einem linearisierten Wellenansatz. Die Verlagerung der planetaren Wellen läßt sich damit beschreiben und verständlich machen. Auch die Entwicklung (Am- plifizierung) von baroklinen Wellen läßt sich mit den vereinfachten linearisierten Gleichungen erfassen, jedenfalls so lange wie die nichtlineare Wechselwirkung zwi- schen Grundstrom und Störung klein verbleibt. Bei den *numerischen* Prognoseme- thoden erstreckt sich heute das Spektrum von der Anwendung der zeitlichen Inte- gration auf eine einzige Schicht (barotropes Modell) bis zu einem Modell mit dem kompletten Satz der hydro-thermodynamischen Gleichungen (baroklines Mehr- schichtenmodell mit primitiven, d. h. nicht vereinfachten Gleichungen).

Eine weitere Möglichkeit der Wetterprognose besteht in der Anwendung *statisti- scher* Methoden. Einerseits existieren zeitliche Zusammenhänge im Wetterablauf aufgrund der Erhaltungsneigung (*Persistenz*) oder durch periodische Vorgänge über oft lange Zeiträume hinweg, wie z. B. die „El Niño Southern Oscillation". Solche Erscheinungen werden oft durch eine Kopplung von ozeanischen mit atmosphäri- schen Zirkulationen verursacht, wobei die Kausalität vielfach nicht bekannt ist. An- dererseits gibt es räumliche Zusammenhänge (sog. *Telekonnektionen*), bei denen der Witterungsverlauf an einer bestimmten Station eine zum Teil zeitversetzte Korre- lation zu der einer anderen Station aufweist. Die Güte solcher statistischen Pro- gnosen – meist nur für längere Vorhersagezeiträume – hält sich jedoch in beschei- denen Grenzen.

Als Beispiel der Vorhersage mit statistischen Methoden auf der lokalen Skala sei *model output statistics* – MOS genannt. Hier wird eine großskalige Variable (z. B. das vorhergesagte Geopotentialfeld in 500 hPa) zur Schätzung des Wertes einer lokalen Variable (z. B. die Niederschlagswahrscheinlichkeit über einer bestimmten Großstadt) verwendet; der statistische Zusammenhang zwischen großer und lokaler Variable gilt als bekannt (d. h. er wird durch eine unabhängige Eichung vorher bestimmt).

In den folgenden Abschnitten betrachten wir als einfaches Beispiel dynamischer Vorhersagemodelle eine zweidimensionale Windprognose mittels Gl. (3.246), zuerst in Lagrangescher und anschließend in Eulerscher Schreibweise.

3.3.3.2 Ein numerisches Trajektorienmodell (Lagrange)

Gl. (3.246) mit konstantem Druckgradienten $\partial\Phi/\partial x$ und konstantem Coriolis-Parameter f schreibt sich in Komponentenform:

$$\frac{\mathrm{d}u}{\mathrm{d}t} = -\frac{\partial\Phi}{\partial x} + fv \quad \text{und} \quad \frac{\mathrm{d}v}{\mathrm{d}t} = -fu\,. \tag{3.380}$$

Bevor diese Gleichungen numerisch integriert werden können, müssen sie in Differenzenform (Integration über das Zeitintervall Δt) geschrieben werden:

$$u(t=1) - u(t=0) = -\frac{\partial\Phi}{\partial x}\Delta t + f\bar{v}^1\Delta t\,,$$

$$v(t=1) - v(t=0) = -f\bar{u}^1\Delta t\,, \tag{3.381}$$

wobei $u, v\,(t=0)$ die Windkomponenten am Ausgangspunkt des Trajektoriensegments zur Zeit $t=0$ und $u, v\,(t=1)$ am Endpunkt zur Zeit $t=1$ darstellen. Die längs der Partikelbahn zeitlich gemittelten Geschwindigkeiten können näherungsweise als

$$\bar{u}^1 = \frac{u(t=0) + u(t=1)}{2}\,,$$

$$\bar{v}^1 = \frac{v(t=0) + v(t=1)}{2} \tag{3.382}$$

geschrieben werden. Damit lauten Gl. (3.381):

$$2\bar{u}^1 - 2u(t=0) = -\frac{\partial\Phi}{\partial x}\Delta t + f\bar{v}^1\Delta t\,,$$

$$2\bar{v}^1 - 2v(t=0) = -f\bar{u}^1\Delta t\,. \tag{3.383}$$

Wenn man $\bar{u}^1$ und $\bar{v}^1$ mit Gl. (3.383) eliminiert, so wird Gl. (3.381) eine Bestimmungsgleichung für u und v bei $t=1$, wenn u und v bei $t=0$ gegeben sind. Dieser Gedanke läßt sich iterativ durch den Schritt von $t=1$ auf $t=2$ usw. wiederholen. Durch eine sukzessive Berechnung der mittleren Geschwindigkeiten mit Gl. (3.282) kann man die Trajektorienbahn bestimmen.

Vergrößert man den Zeitschritt z. B. um das Doppelte, so weicht die berechnete Trajektorie deutlich von der ersteren ab. Dies bedeutet, daß der Zeitschritt bei der

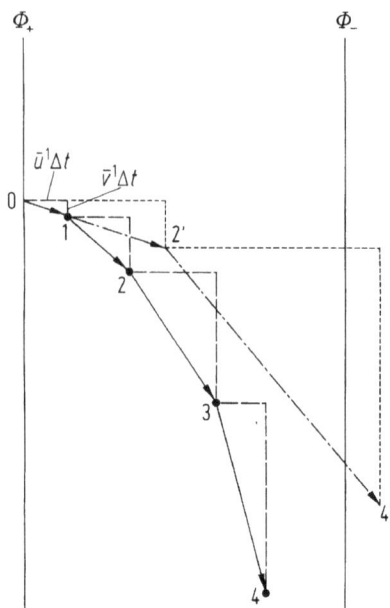

Abb. 3.83 Schematische Darstellung zur Bestimmung einer Trajektorie bei zeitlich konstantem Druckgradienten und Ausgangslage in Ruhe. Der Zeitpunkt, an dem die Partikel den jeweiligen Ort passieren, ist durch die Zahlen ($t = m\Delta t$) gegeben. Die strichpunktierte Trajektorie ergibt sich bei Verdoppelung des Zeitschrittes ($\Delta t' = 2\,\Delta t$).

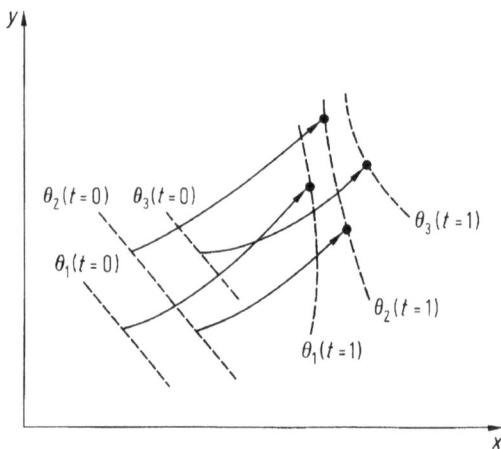

Abb. 3.84 Schematische Darstellung einer Lagrangeschen Temperaturprognose (Θ) unter Verwendung von Trajektorien. Trajektorien dürfen sich – im Gegensatz zu Stromlinien – schneiden. Der Schnittpunkt darf allerdings nicht synchron sein.

Integration nicht willkürlich gewählt werden darf. Die Veränderung des Geschwindigkeitsvektors während eines Zeitschrittes muß klein gegenüber dem Windvektor verbleiben, was in der freien Atmosphäre bei Zeitschritten bis zu einer Stunde üblicherweise gewährleistet ist.

Das hier gezeigte Modell (Abb. 3.83) ist nicht für eine selbständige Prognose des Windfeldes geeignet, da sich durch die Veränderung des Windfeldes im allgemeinen das Massenfeld und damit auch das Druckfeld ändert, das hier konstant angenommen wurde.

Eine praktische Anwendung eines Trajektorienmodells ist gegeben, wenn das Massen- oder Windfeld zu bestimmten Zeitpunkten bekannt ist (z. B. aus Beobachtungen) und der Transport einer Eigenschaft untersucht werden soll. Ist die betrachtete Größe konservativer Natur, so bleibt ihr Wert längs jeder Trajektorie konstant. Betrachtet man etwa die potentielle Temperatur für isentrope und horizontale Strömung, so läßt sich die zeitliche Veränderung des Temperaturfeldes nachvollziehen (s. Abb. 3.84).

3.3.3.3 Ein numerisches Gitterpunktsmodell (Euler)

Wollte man ein Vorhersagemodell durch zeitliche Integration der Gleichungen mit dem Lagrangeschen Operator betreiben, so wäre zu jedem Zeitschritt die Lage der erfaßten Partikel unterschiedlich. Entsprechend aufwendig wäre die Bestimmung der räumlichen Ableitungen. Will man die Vorteile eines zeitlich konstanten Gitternetzes ausnützen, so muß man die Zeitableitung in den Bewegungsgleichungen, d.h. die 3D-Beschleunigung, mittels des Euler-Operators Gl. (3.282) schreiben: $d\boldsymbol{v}/dt = \partial \boldsymbol{v}/\partial t + (\boldsymbol{v} \cdot \boldsymbol{\nabla})\boldsymbol{v}$. Der erste Term auf der rechten Seite wird lokale oder *Eulersche Zeitableitung* (Tendenz) genannt. Der zweite Term (Selbstadvektion des Windes) ist nichtlinearer Natur, da eine Größe mit der Ableitung derselben Größe verknüpft ist.

Die x-Komponente der Bewegungsgl. (3.380) lautet in Eulerschreibweise:

$$\frac{\partial u}{\partial t} = -u\,\frac{\partial u}{\partial x} - v\,\frac{\partial u}{\partial y} - \frac{\partial \Phi}{\partial x} + fv \;. \tag{3.384}$$

In Differenzenform für ein regelmäßiges Gitter (Diskretisierung) läßt sich Gl. (3.384) (vgl. Abb. 3.85) schreiben:

$$u(i, j, t = 1) = u(i, j, t = 0)$$

$$+ \Bigg[-u(i, j, t = 0)\,\frac{u(i + 1, j, t = 0) - u(i - 1, j, t = 0)}{2\,\Delta x}$$

$$- v(i, j, t = 0)\,\frac{u(i, j + 1, t = 0) - u(i, j - 1, t = 0)}{2\,\Delta y}$$

$$- \frac{\Phi(i + 1, j, t = 0) - \Phi(i - 1, j, t = 0)}{2\,\Delta x} + fv(i, j, t = 0) \Bigg] \Delta t \;. \tag{3.385}$$

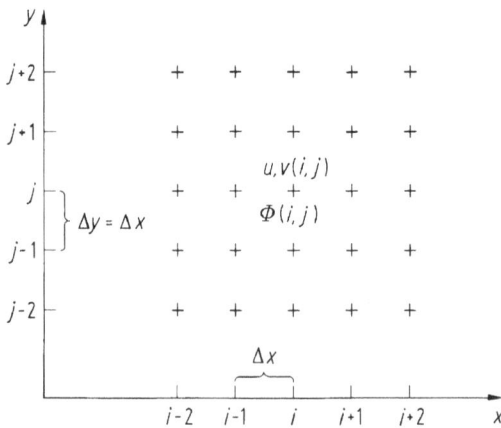

Abb. 3.85 Zweidimensionale Gitterpunktsverteilung zur numerischen Integration der Bewegungsgleichungen in Eulerscher Schreibweise.

In der Gl. (3.385) sind auf der rechten Seite die Geschwindigkeiten zum Zeitpunkt $t = 0$ gewählt; dadurch erscheint die linke Seite von selbst nach der Unbekannten $u(i, j, t = 1)$ aufgelöst (explizites Diskretisierungsverfahren). Alternativ kann man rechts die Geschwindigkeiten auch zum Zeitpunkt $t = 1$ oder als Mittelwert zwischen $t = 0$ und $t = 1$ wählen (implizite Verfahren). Ein Qualitätsmaß für diese numerischen Ausdrücke ist die Abweichung der numerischen von der idealen analytischen Lösung (*Diskretisierungsfehler* oder *truncation error*).

Eine vom Diskretisierungsfehler unabhängige Eigenschaft von Ausdrücken nach Art von Gl. (3.385) ist die numerische Instabilität mancher Verfahren. Man bezeichnet damit das exponentielle Anwachsen von Anfangsfehlern bei iterativer Anwendung des Verfahrens. Auch hier ist die Wahl des Zeitschrittes Δt nicht beliebig. Um numerische Stabilität zu gewährleisten, muß das Verhältnis $\Delta x/\Delta t \geq c\sqrt{2}$ sein (*Courant-Friedrichs-Lewy-Stabilitätskriterium*), wobei c die Phasengeschwindigkeit der schnellsten Wellen im betrachteten Medium darstellt. Für Schallwellen würde dies bei einem (vertikalen) Gitterpunktsabstand von 500 m einen Zeitschritt $\lesssim 1$ s bedeuten. Um so kleine Zeitschritte zu vermeiden, müssen unerwünschte Wellen schon bei der Analyse aus dem Feld entfernt werden. Die einfachste Möglichkeit, um Schallwellen zu eliminieren – sie spielen für die Wetterprognose ohnehin keine Rolle –, besteht in der Verwendung der hydrostatischen Gleichung. Auch das selektive Eliminieren anderer Wellen (z. B. Schwerewellen), die sehr rasch instabil werden können, ist für eine sinnvolle numerische Wetterprognose wichtig. Diesen Schritt nennt man *Initialisierung*.

3.3.3.4 Wettervorhersage mit den primitiven Gleichungen

Die heutigen operationellen Modelle der großen nationalen Wetterdienste verwenden den Satz der kompletten thermo-hydrodynamischen Gleichungen. Lediglich die hydrostatische Annahme wird zur Vereinfachung herangezogen, da alle meteorologisch relevanten Prozesse im Skalenbereich über 10 km (horizontal) hydrostatisch beschrieben werden können, wodurch auch das p-System verwendet werden kann. Dieser Gleichungssatz wird mit dem Begriff *primitive Gleichungen* umschrieben. Sie bestehen aus den beiden horizontalen Bewegungsgleichungen, vgl. Gl. (3.245):

$$\frac{\partial u}{\partial t} = -\mathbf{V} \cdot \nabla u - \omega \frac{\partial u}{\partial p} + fv - \frac{\partial \Phi}{\partial x}, \tag{3.386}$$

$$\frac{\partial v}{\partial t} = -\mathbf{V} \cdot \nabla v - \omega \frac{\partial v}{\partial p} - fu - \frac{\partial \Phi}{\partial y}, \tag{3.387}$$

der hydrostatischen Gleichung

$$\frac{\partial \Phi}{\partial p} = -\alpha, \tag{3.388}$$

der thermodynamischen Energiegl. (3.121) in der Form

$$\frac{\partial T}{\partial t} = -\mathbf{V} \cdot \nabla T - \omega \frac{\partial T}{\partial p} + \frac{\omega \kappa T}{p} + \frac{T}{c_p} \frac{ds}{dt} \tag{3.389}$$

und der Kontinuitätsgl. (3.267)

$$\frac{\partial \omega}{\partial p} = -\frac{\partial u}{\partial x} - \frac{\partial v}{\partial y}. \tag{3.390}$$

Hier ist $\mathbf{V} = \mathbf{V}_p$ der horizontale Nabla-Operator auf der p-Fläche. Die Gln. (3.386), (3.387), (3.389) nennt man *prognostisch* (weil sie zeitliche Ableitungen enthalten), während Gl. (3.388) und Gl. (3.390) *diagnostischer* Art sind. Sie stellen ein geschlossenes System von 5 Gleichungen für die 5 abhängigen Variablen (u, v, ω, T, Φ) dar. Wir betrachten α nicht als eigene abhängige Variable, da sie über die Gasgl. (3.42) durch T und p ausgedrückt werden kann; p hat die Rolle der Vertikalkoordinate.

Man beachte übrigens, daß die hier genannten 5 abhängigen Variablen nicht mit den ebenfalls 5 Variablen identisch sind, die routinemäßig gemessen werden (p, T, RH, u, v; vgl. Abschn. 3.3.1.1). Abweichend vom hier gewählten Gleichungssatz wird bisweilen die Gasgleichung als eigene diagnostische Gleichung und die Wasserhaushaltsgleichung als weitere prognostische Gleichung mitgeführt; dann hat man als zusätzliche Unbekannte α sowie die spezifische Feuchte q, also 7 Unbekannte und 7 Gleichungen.

Sollen sie für eine globale Prognose angewandt werden, so müssen die Gleichungen zunächst auf ein passendes Koordinatensystem transformiert werden (z. B. Kugelkoordinaten), wodurch eine Anzahl metrischer Terme hinzukommen.

Neben der Anfangsbedingung, d. h. der bekannten Verteilung der Variablen an jedem Gitterpunkt, müssen auch die unteren Randbedingungen gegeben sein (Orographie). Außerdem ist die Erwärmungsrate ds/dt in Gl. (3.389) zu spezifizieren; dazu können Bilanzgleichungen für Strahlung und Wasserdampf an das Gleichungssystem angeschlossen werden. Subskalige Prozesse müssen ferner durch Parametrisierung berücksichtigt werden (Bodenreibung, Turbulenz, Konvektion).

Statt das Modell durch einen Gitterpunktsraum zu repräsentieren, kann auch eine spektrale Darstellung gewählt werden (Kugelflächenfunktionen), wobei die räumliche Auflösung durch die kürzeste noch behandelte Welle gegeben ist. Spektrale Modelle haben den Vorteil, daß sie einen einfacheren Zugang zu allen wellenförmigen Vorgängen (z. B. Untersuchung des Instabilitätsverhaltens) in der Atmosphäre erlauben.

3.3.3.5 Messung der Vorhersagegüte

Der erste Schritt besteht hier in der Entscheidung, ob die Qualität der Prognose selbst (d. h. ihre wissenschaftliche Genauigkeit) oder ihr Wert (z. B. ihr ökonomischer Nutzen) untersucht werden soll. Eine Vorhersage mit hoher Qualität kann in ihrem Wert recht bescheiden sein (z. B. Sonnenscheinprognose in einem Wüstengebiet). Hingegen kann eine Vorhersage niedriger Qualität einen beträchtlichen Wert haben; wenn zum Beispiel auch nur ein geringer Prozentsatz von schadenverursachenden Ereignissen richtig vorhergesagt wird, kann der ökonomische Nutzen durch mögliche Vorsorgemaßnahmen groß sein.

Zur Quantifizierung der Qualität numerischer Vorhersagen wird häufig ein Korrelationskoeffizient r gebildet. Die Korrelation zwischen vorhergesagten und beobachteten Gitterpunktswerten einer Variablen selbst ist hierbei nicht sehr aussagekräftig, da die großskalige Verteilung meist nahe am quasistationären (klimatologischen) Klimazustand liegt, also annähernd konstant bleibt und somit einen hohen Wert für r ergibt. Hingegen ist der Zusammenhang zwischen der vorhergesagten und der eingetroffenen lokalzeitlichen Veränderung einer Variablen (*Tendenzkorrelation*) im allgemeinen aussagekräftiger und wird daher häufig verwendet (s. Abb. 3.86). Dabei zeigt sich, daß die Qualität der Vorhersage für die Bodendruckverteilung seit 1968, wo im Deutschen Wetterdienst der Einsatz numerischer Prognosen begann, bis 1992 deutlich zugenommen hat. Die Qualität selbst einer Viertages-Prognose des Bodendruckes ist heute besser als die einer Eintages-Prognose vor 20 Jahren.

Als weiteres Maß ist die mittlere und die rms-(root mean square)-Differenz zwischen den vorhergesagten und eingetroffenen Gitterpunktswerten von Bedeutung, womit auch systematische Fehler eines Vorhersagemodells aufgedeckt werden können. Zur Beurteilung der Güte einer lokalen Prognose kann ein Vergleich mit einer Referenzprognose (z. B. Persistenz-Prognose) verwendet werden:

$$Q = \frac{\overline{|\Psi_1 - \Psi_0|} - \overline{|\Psi_1 - \Psi_1^v|}}{\overline{|\Psi_1 - \Psi_0|}} \tag{3.391}$$

dabei steht Ψ für die beobachtete, Ψ^v für die vorhergesagte Variable, der Index gibt den Zeitpunkt an und der Querstrich (die Mittelung) ist räumlich zu verstehen; das Resultat gibt man in Prozent an. Eine exakte Prognose würde dabei auf 100 % kommen.

Bei der Prognoseprüfung ist die vorhergesagte Variable zunächst stets als *Zustandsgröße* im Sinne der Definition von Abschn. 4.2.5 in Kap. 4 zu verstehen, denn nur für Zustandsgrößen gibt es Vorhersagegleichungen nach Art der im letzten Abschnitt besprochenen. Für viele Zwecke ist jedoch die Vorhersage auch von *Flußgrößen* und *sekundären Klimaelementen* von Bedeutung, also solchen Größen, für die es keine eigene Vorhersagegleichung gibt (z. B. Niederschlag) bzw. solche, die

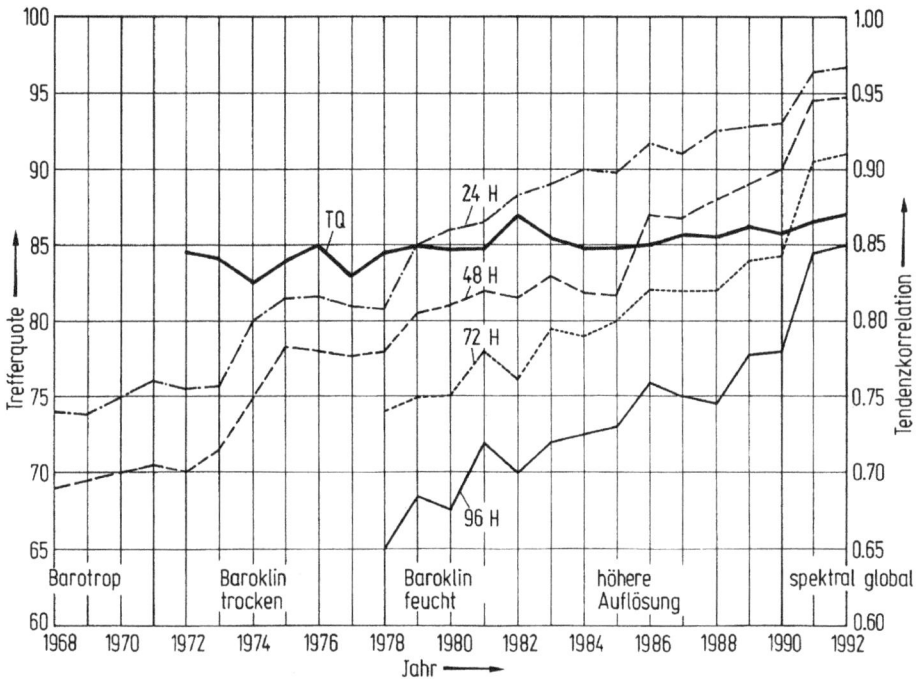

Abb. 3.86 Schrittweise Verbesserung der Vorhersagegenauigkeit im Laufe der letzten Jahrzehnte. Fette Kurve: Lokale Prognosegüte (Trefferquote) für die 12- bis 36-stündigen Prognosen der Temperatur, Bewölkung, des Windes und Niederschlags, ausgegeben vom Institut für Meteorologie der FU Berlin (Berliner Wetterkarte, 1972–1992). Dünne Kurven: Tendenzkorrelationskoeffizient des Luftdrucks im Meeresniveau für 24-, 48-, 72- und 96-stündige Vorhersagen der Modelle des Deutschen Wetterdienstes (DWD, 1993). Am unteren Rand ist das jeweils verwendete operationelle Vorhersagemodell gekennzeichnet.

in den hydrothermodynamischen Gleichungen gar nicht vorkommen (z. B. Bewölkung). Die Formel (3.391) ist jedoch unabhängig davon, auf welche Weise die vorhergesagte Variable erzeugt worden ist; sie ist daher für jede prognostizierte Größe Ψ^v anwendbar.

Betrachtet man die Qualitätsänderung der Prognose einzelner wetterbestimmenden Variablen über die letzten Jahre, so zeigt sich, daß bei Niederschlag und Bewölkung die Verbesserung wesentlich geringer war als etwa für den Bodendruck (Abb. 3.86). Dies erklärt sich aus der Tatsache, daß Niederschlag und Bewölkung wesentlich stärker von Prozessen in kleineren Skalenbereichen bedingt sind als etwa die Zustandsgrößen Druck, Temperatur und Wind.

3.3.3.6 Vorhersagbarkeit

Vom mathematisch-physikalischen Standpunkt aus scheint das Problem der deterministischen Wettervorhersage einfach zu sein. Bei gegebenem Anfangszustand, bekannten Randbedingungen und Kenntnis der hydro-thermodynamischen Differentialgleichungssysteme sollte eine zeitliche Integration das gewünschte Resultat liefern: Die exakte Vorhersage der Zustandsgrößen der Atmosphäre. Warum funktioniert dieses mathematisch einwandfreie Rezept eigentlich nicht so recht?

Die Antwort liegt in der Bemerkung, daß die ineinander eingebetteten Skalen verschiedener Größenordnung miteinander wechselwirken. Sie sind nicht exakt voneinander separiert, sondern nur näherungsweise. Die kleinskaligen, nicht routinemäßig meßbaren Phänomene (Skala unterhalb ca. 100 km) wirken sich in den Vorhersagegleichungen der größeren Skalen (oberhalb ca. 500 km) wie stochastische Störungen aus, welche die Vorhersagbarkeit nach endlicher Zeit zunichte machen. Obwohl die Prozesse der größeren Skalen ebenso wie die der kleineren Skalen nach bekannten Gesetzmäßigkeiten ablaufen, zwingt die Unkenntnis der Detaildaten der kleinen Skalen zur Beschränkung auf die deterministischen Vorhersagegleichungen nur der größeren Skalen. Die kleinen Skalen stören nun die großen, aber nicht deterministisch, sondern stochastisch. Das Ergebnis ist ein System, das teilweise, insbesondere kurzzeitig und großskalig, vorhersagbar ist, jedoch langzeitig und kleinskalig nicht.

Ein Beispiel zeigt Farbbild 4 (siehe Bildanhang). Durch kleine, in der gezeichneten Analyse gar nicht erkennbare Unterschiede in den Anfangsbedingungen driften zwei verschiedene Lösungen der hydrodynamischen Gleichungen im Lauf der Zeit auseinander. Weil die Gleichungen nichtlinear sind, können selbst bei beliebig hoher Genauigkeit der Anfangsanalyse die Unterschiede nach endlicher Zeit beliebig groß werden. Diese Situation läßt sich prinzipiell durch eine noch so hohe Steigerung der Meßgenauigkeit nicht beheben, denn den Meßfehler Null gibt es nicht.

Weiterhin sind die Randbedingungen, z. B. Energieflüsse vom Boden in die Atmosphäre, Bodenzustand, Vegetation, Schnee- oder Eisbedeckung, etc., unzureichend erfaßt. Strenggenommen müßte ein Gleichungssystem für die Atmosphäre auch mit Modellen der Hydro- und Lithosphäre gekoppelt werden. Die Kenntnis der Anfangs- bzw. Randbedingungen begrenzt die Länge des Vorhersagezeitraumes (vergleiche Abb. 3.87).

Man erkennt, daß dies ein vom klassischen Zweikörperproblem Newton's grundlegend verschiedenes Problem ist. Die Bewegung der Mondbahn um die Erde ist in so hohem Maße störungsfrei, daß die Integration der zugehörigen linearen Differentialgleichung zu einem vergleichsweise einfachen Problem wird, das mit astronomischer Genauigkeit lösbar ist; Fehler in den Anfangsbedingungen wirken sich linear auf die Fehler des Ergebnisses aus. Die nichtlinearen Gleichungen eines Fluids dagegen reagieren auf Fehler in den Anfangsbedingungen mit zunächst exponentiellem Fehlerwachstum. Dies kann man mit einem einfachen mechanischen System erläutern (Abb. 3.88). Läßt man eine Billardkugel mit äußerster Präzision auf den höchsten Punkt einer festen Kuppe fallen, so ist nicht vorherzusagen, auf welche Seite die Kugel schließlich von der Kuppe rollen wird. Sowohl der Fall der Kugel ist streng deterministisch wie auch das Abrollen von der Kuppe nach der Seitenentscheidung. Der kritische Moment tritt genau bem Aufprall ein, wo zwar beim elastischen Stoß das makroskopische, nicht aber das mikroskopische Verhalten berechenbar ist. Ein beliebig kleiner Zusatzimpuls aus der Molekularbewegung ist ausschlaggebend, für welche Seite sich die Kugel schließlich entscheidet.

In Analogie dazu gibt es auch bei atmosphärischen Bewegungen solche kritischen Situationen, wo eine kleine nicht erfaßte oder nicht erfaßbare Struktur einen ent-

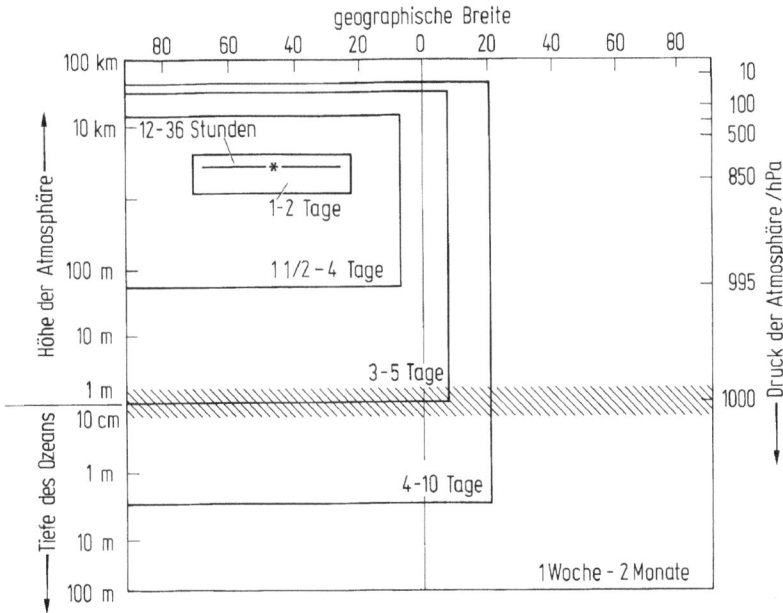

Abb. 3.87 Gebiet, aus dem Anfangsinformation benötigt wird, um eine Prognose für den mit Stern gekennzeichneten Punkt durchführen zu können. Die Größe des Gebietes hängt von der Länge des Vorhersagezeitraumes ab (nach Smagorinsky, zitiert nach Reuter, 1976).

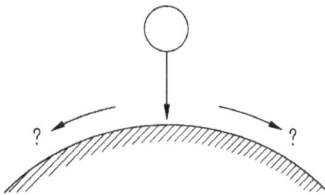

Abb. 3.88 Mechanisches Äquivalent zur Demonstration der Begrenztheit der Vorhersagbarkeit.

scheidenden Einfluß auf die größeren Skalen ausübt. Dieses Verhalten, das allen nichtlinearen dynamischen Systemen eigen ist, führt zu der Erscheinung, die man als *deterministisches Chaos* bezeichnet. Selbst ein kleinskaliges Ereignis, das für das aktuelle Wetter kaum Bedeutung hat und daher in seinem Anfangszustand auch nur unzureichend erfaßt wird, kann bereits nach kurzer zeitlicher Integration einen erheblichen Einfluß auf größere Skalen haben. Dies ist der oft zitierte *Schmetterlingseffekt*: Theoretisch könnte ein Schmetterlingsflügelschlag irgendwo in Mitteleuropa einen Hurrikan über der Karibik auslösen.

Aus der energetischen Besetzung der einzelnen Skalen und ihrer Wechselwirkung kann die Zeitdauer für eine brauchbare Vorhersage der verschiedenen Skalen angegeben werden (Abb. 3.89). Für die Skala der wetterbestimmenden Zyklonen liegt sie bei einigen Tagen. Das bedeutet nun nicht, daß man bei einer aktuellen Prognose

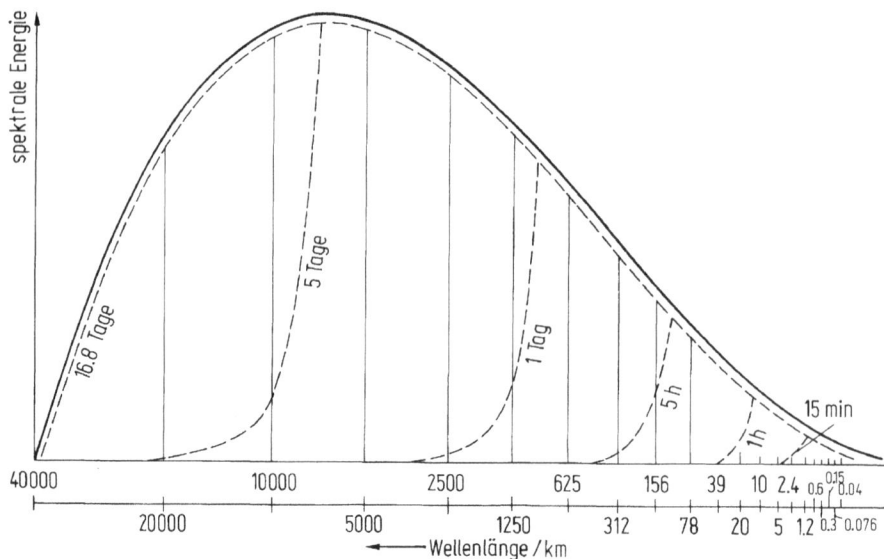

Abb. 3.89 Zeitliche Grenze der Vorhersagbarkeit atmosphärischer Prozesse in Abhängigkeit von der Längenskala und energetischen Besetzung (nach E. Lorenz in Fortak, 1971).

die Gültigkeitsdauer als fix gegeben annehmen kann. In einem Fall kann die Brauchbarkeit bei über fünf Tagen liegen, ein anderes Mal (für ein bestimmtes Gebiet) nur bei zwei Tagen.

Der geschilderte Mechanismus ist in allen Klimafluiden wirksam. Dadurch haben die Lösungen der Fluidgleichungen die Neigung, sich asymptotisch dem Klimazustand anzunähern. Um das zu verstehen, betrachten wir als einfache Analogie anhand von Abb. 3.88 den Fall von vielen Kugeln, die über einem Gitterbrett jeweils nach rechts oder links abgelenkt werden und in ihrer Gesamtheit schließlich im statistischen Mittel eine sehr stabile Konfiguration erzeugen – die bekannte Bernoulliverteilung. Die Aufgabe der Wettervorhersage besteht aber gerade darin, die Abweichungen vom Klimazustand, also gewissermaßen die Störungen der Bernoulliverteilung, zu prognostizieren. Wie soll man nun die deterministischen Auswirkungen von Beobachtungsfehlern berechnen, deren Natur es ja gerade ist, daß man sie nicht kennt?

Einer der heute zunehmend verwendeten Ansätze besteht darin, die numerischen Vorhersagemodelle im Anfangszustand an den sensiblen Stellen geringfügig zu modifizieren und die Prognose mehrfach zu rechnen. Die Streuung des *Ensembles* dieser Prognosen kann dann als Ausdruck für ihre Zuverlässigkeit angesehen werden: *Die Vorhersagbarkeit wird vorhergesagt* (vgl. Farbbild 4).

Bei kleineren Skalen (z. B. Cumulus- oder Cumulonimbus-Konvektion mit wenigen km Längenausdehnung) zeigt Abb. 3.89 eine Vorhersagbarkeitsdauer von weniger als 1 Stunde an. Dies betrifft die räumlich-zeitliche Prognose. Beschränkt man sich auf räumliche oder zeitliche Aussagen allein, so kann man die Cumulus- oder Cumulonimbus-Bildung längerfristiger vorhersehen. Bei gegebener Stabilität der Atmosphäre und Sonneneinstrahlung läßt sich die Entwicklung von Konvektion bis hin zur Gewitterentwicklung sehr präzise vorhersagen – allerdings nur zeitlich! In welchem Gebiet dann ein Gewitterregen niedergeht, kann man, wenn das Gelände homogen ist, nicht sagen, da die Auslösung der Konvektion durch zufällige klein-skalige Störungen bewirkt wird. Man kann aber in einem solchen Fall für einen bestimmten Ort eine „präzise" Angabe zur Gewitter/Schauer-Wahrscheinlichkeit machen.

3.4 Forschungsaufgaben der modernen Meteorologie

3.4.1 Wetterprognose

Der enorme Fortschritt in der numerischen Wetterprognose während der letzten Jahrzehnte ist zu einem wesentlichen Teil der Verbesserung der räumlichen und zeit-lichen Auflösung der numerischen Modelle zu verdanken. So arbeitete das quasi-geostrophische Zweischichtenmodell von Phillips in den 50er Jahren mit einer ho-rizontalen Gitterdistanz von 300 bis 600 km; dies gestattete die Erfassung nur der größten synoptischen Strukturen sowie der wesentlichen Züge der allgemeinen pla-netaren Zirkulation. Die neuesten operationellen Modelle (z. B. Regionalmodell des Deutschen Wetterdienstes) weisen eine horizontale Auflösung von 2 km auf. Damit sind heute eine Vielzahl von subsynoptischen Prozessen erfaßbar: Luv- und Lee-Effekte auch von kleineren Gebirgszügen, Mehrfachstruktur von Fronten oder ther-misch induzierte Windsysteme wie Land- und Seewind an den Meeresküsten. Ein großes Problem bei der Verfeinerung der räumlichen Auflösung liegt in der gleich-zeitig erforderlichen Verfeinerung der Parametrisierungsansätze.

Jedoch leidet die Vorhersage des lokalen Wetters weiterhin unter der zu geringen räumlichen Auflösung. Sehr kleinräumige, aber wetterbestimmende konvektive Pro-zesse (lokale Schauer oder Gewitter), tagesperiodische Windsysteme im komplexen Terrain (z. B. Tal- oder Hangwinde) oder die vertikale Feinstruktur der Stabilität (z. B. Inversion) in der planetaren Grenzschicht sind auch mit einer horizontalen Auflösung im Kilometerbereich und einer vertikalen von einigen hundert Meter nicht realistisch zu erfassen. Während also die prognostische Qualität der von den großen Skalen geprägten Parameter (Luftdruck, Temperatur und Wind in der freien Atmosphäre) eine enorme Steigerung erfahren hat, sind die kleinräumig geprägten Parameter (Temperatur und Wind in der planetaren Grenzschicht speziell über kom-plexem Terrain und insbesondere Feuchte, Bewölkung und Niederschlag) in der Qualität ihrer Prognosen nur relativ bescheiden gestiegen (vgl. dazu Abb. 3.86).

Man könnte nun annehmen, daß eine weitere Erhöhung der räumlichen Auflösung der Prognosemodelle bei Verfügbarkeit hinreichend leistungsfähiger Elektronenrech-ner auch dieses Manko beseitigt. Dem stehen jedoch weitere prinzipielle Schwierig-keiten entgegen: Der Anfangszustand ist nicht mit ausreichender Genauigkeit be-kannt, subskalige Prozesse müssen – auch bei höherer Auflösung – durch Parame-trisierung erfaßt werden und schließlich ist die Prognostizierbarkeit durch nichtli-neare Wechselwirkungen grundsätzlich beschränkt.

Diese Probleme weisen bereits auf die Richtung der aktuellen Forschung zur Ver-besserung der Wetterprognosen hin. Zur genaueren Erfassung des Anfangszustandes

müssen neue Techniken entwickelt werden, wobei neben der Erweiterung des meteorologischen Meßnetzes vor allem neue Fernerkundungsmethoden (z. B. Windpro-
filer) vielversprechend sind. Auch ist noch ein großer Aufgabenbereich in der Verfeinerung der Analysemethoden (objektive Analyse) offen. Im Bereich der Parametrisierung von subskaligen Prozessen ist sowohl bei der korrekten Erfassung des Ener-
gie- und Feuchteflusses in der planetaren Grenzschicht wie auch des Impulsflusses
(z. B. durch Gebirgswellen) in der freien Atmosphäre erheblicher Forschungsbedarf
gegeben. Schließlich steht die Erforschung des Problems der Vorhersagbarkeit als
zentrale Aufgabe an. Die bisherigen Erkenntnisse weisen auf die verstärkte Bedeutung einer probabilistischen Vorhersage (Ensemble-Prognosen) und der Abkehr von
kategorischen Aussagen hin.

3.4.2 Spurenstoffmeteorologie

Die meteorologische Komponente spielt bei Fragen des Umweltschutzes in der Regel
eine wesentliche Rolle. Modelluntersuchungen können Antwort auf die Frage geben,
wie sich die Schadwolke eines Emittenten in der Atmosphäre ausbreitet und welche
Konzentrationen bei vorgegebener Emission an bestimmten Stellen erwartet werden
müssen. Diese theoretischen Berechnungen werden an Meßstellen überprüft, gelten
aber auch als Grundlage für eventuell notwendige Emissionsbeschränkungen. In
vielen Staaten gibt es heute bestimmte Richtlinienwerte, nach Schadstoffarten getrennt, für eine maximale bodennahe Konzentration. Diese Grenzwerte werden insbesondere für die *Smog-Alarm-Pläne* herangezogen.

Die Hauptschwierigkeit bei der theoretischen Behandlung der Ausbreitung einer
Schadgaswolke oder auch staubförmiger Beimengungen besteht in der korrekten
Erfassung der vom momentanen Wetterzustand abhängigen Parameter, vor allem
der turbulenten Diffusionskoeffizienten in ihrer zeitlichen und räumlichen Abhängigkeit. Eine vollständige mathematische Beschreibung des Ausbreitungsprozesses
ist zwar grundsätzlich denkbar, scheitert aber zunächst daran, daß das Feld der
turbulenten Diffusion routinemäßig nicht bekannt ist. In der Praxis werden daher
stark simplifizierte Modelle verwendet.

Die einfachsten sind die *Gauß-Modelle*, bei denen angenommen wird, daß der
Konzentrationsabfall normal zur Rauchachse einer Gauß-Verteilung entspricht; die
Werte der Streuungsparameter werden durch empirische Beziehungen in Abhängig-
keit von der Wetterlage festgelegt. Eine weitere Vereinfachung besteht darin, die
Translationsgeschwindigkeit als konstant anzusetzen. Dagegen muß die vertikale
Windscherung (Windzunahme mit der Höhe) und die Modifikation der Strömung
durch Randeffekte unbedingt berücksichtigt werden. Für eine Abschätzung möglicher Belastungen durch ein geplantes Kraftwerk werden in den entsprechenden
Richtlinien der Behörden allgemein Modelle verwendet, in denen die Konzentrationen durch verallgemeinerte Gauß-Modelle, d.h. durch analytische Funktionen
beschrieben werden, die von meteorologischen und emissionsbestimmten Parametern abhängen (insbesondere: Stabilität, bodennahes Windfeld; Orographie; Konzentration und Volumenfluß des Emittenten).

Die nächste Approximation sind die *Trajektorienmodelle*. Bei ihnen wird mit einem
Lagrangeschen Modell (vgl. Abschn. 3.3.3.2) die Konzentration nach Maßgabe des

beobachteten oder vorhergesagten Windfeldes verlagert. Dabei wird angenommen, daß die Konzentration ein konservativer Parameter ist. Weiter wird im allgemeinen die Verlagerung auf isobaren oder isentropen Flächen, d. h. zweidimensional, durchgeführt. Diese Modelle beruhen auf einem physikalisch recht guten Ansatz, berücksichtigen jedoch chemische Umsetzungen in der Regel nicht; auch vertikale Verlagerungen, insbesondere Sedimentation und Auswaschen, werden meist nicht modelliert. Trajektorienmodelle werden dennoch für viele praktische Fragen des Umweltschutzes routinemäßig angewandt.

Die letzte Stufe sind die eigentlichen *Ausbreitungsmodelle* (*Eulersche Modelle*) auf einem festen raum-zeitlichen Gitter mit hoher Auflösung, bei denen das Problem der Diffusionskoeffizienten durch Parametrisierungsansätze teilweise gelöst ist; es hat sich gezeigt, daß eine realistische Vorgabe der Topographie der Erdoberfläche, die hier stets implementiert ist, noch wichtiger für die Vorhersage der kleinskaligen Konzentration ist als die genaue Kenntnis des Turbulenzfeldes. Solche Modelle haben sehr verschieden hohe Auflösung (80 km bis < 100 m) und ein unterschiedlich großes Einzugsgebiet (lokal bis kontinental); sie sind sehr rechenintensiv. Ein Beispiel ist das amerikanische ARAC-Modell, mit dem seit 1972 für nationale und internationale Unfälle eine Modellbegleitung in Echtzeit durchgeführt wird (Sullivan et al., 1993).

3.4.3 Biometeorologie (Medizinmeteorologie)

Die Tatsache, daß jeder Wetterwechsel biologisch wirksam ist, also einen Reiz ausübt und dadurch eine Wetterfühligkeit oder Wetterbeschwerden im lebenden Organismus auslösen kann, wird auf der ganzen Erde beobachtet (sog. *Biotropie* des Wetters). Untersuchungen zu diesem Fragenkomplex sind Gegenstand der Forschung im Rahmen der Biometeorologie und Medizinmeteorologie. Ihre Ergebnisse unterstützen die medizinische Krankenbehandlung ebenso wie die Raumplanung.

Die Wetterfühligkeit ist bei zyklonalen Wetterlagen gesteigert. Am unangenehmsten wirkt sinkender Luftdruck auf der Vorderseite eines in der allgemeinen Westströmung ostwärts ziehenden Tiefdruckgebietes. Dabei kommt es vorerst in der Höhe zu einem Zustrom feuchtmilder Luft aus südlicher Richtung, gefolgt von Niederschlägen. In der kühleren Jahreszeit bildet sich häufig eine Temperaturumkehrschicht zwischen der bodennahen Kaltluft und der mit der höheren Luftströmung herangeführten milderen Luft. Solche *Inversionswetterlagen* können sich erfahrungsmäßig ungünstig auf den menschlichen Organismus auswirken. Nach dem Durchzug des Tiefdruckgebietes tritt das kühlere Rückseitenwetter ein und erzeugt eine merkliche Befindensbesserung, obwohl bei dieser Wetterlage noch Schauerniederschläge auftreten können. Die beiden Haupttypen der Wetterfronten, die Kalt- und Warmfronten, lösen im allgemeinen keine spezifisch unterschiedlichen Reaktionen aus, doch bestehen Unterschiede der biotropen Wirkung je nach der momentanen Reaktionslage und der Konstitution des Betroffenen.

Besonders ausgeprägt ist die Biotropie des Wetters bei einem krassen Wetterwechsel. Die Anpassung an die neuen atmosphärischen Bedingungen kann nur innerhalb gewisser individueller Toleranzgrenzen, abhängig von der persönlichen Leistungsfähigkeit und Kondition erfolgen. Der wetterunempfindliche Gesunde reguliert die Wetterreize unbewußt.

Einzelne Wetterelemente können als Wirkungskomplex zusammengefaßt werden:

1. Thermischer Wirkungskomplex als Kombination aus Lufttemperatur, Feuchtigkeit, Wind, Einstrahlung von Sonne und Himmel, Infrarotstrahlung, Ab- und
   Gegenstrahlung der Umgebung.
2. Photoaktinischer Wirkungskomplex. Darunter versteht man photochemische Effekte im UV- und im sichtbaren Bereich des Sonnenlichtes. UV-Strahlung hat
   auf Viren und Bakterien eine abtötende Wirkung.
3. Luftchemischer Wirkungsbereich. Er betrifft die Art und Verteilung der Spurenstoffe (vor allem der Aerosole) und ist vom vertikalen Luftaustausch, aber auch
   von Niederschlägen abhängig. Mitunter wird er durch einen Luftreinheitsgrad
   definiert.
4. Luftelektrischer Wirkungskomplex aufgrund der Luftionen, der Radioaktivität,
   des luftelektrischen Feldes (Gewittertätigkeit) sowie der Radiofrequenzstrahlung
   der Sonne. Dieser Komplex gelangt fast ungeschwächt in Innenräume und wird
   daher meist als Auslöser der Wetterfühligkeit angesehen.

Da im Bereich des Westwindgürtels der gemäßigten Breiten der Wetterablauf gewisse
regelmäßig wiederkehrende Erscheinungen aufweist, hat man versucht, ein Schema
von sechs Wetterphasen zu entwerfen (Abb. 3.90). Dabei wird nach einem Vorschlag
von Ungeheuer zur Charakterisierung einer Wetterphase eine Kombinationsgröße,
das sogenannte Temperatur-Feuchte-Milieu, eingeführt. Zu diesem Zweck werden
die Lufttemperatur und die Luftfeuchte mit den Erwartungswerten einer tages- und
jahreszeitlichen Norm in Beziehung gebracht. Die Abweichungen von dieser Norm
liefern ein Maß für das Temperatur-Feuchte-Milieu.
    Besondere Erwähnung verdient im Wetterphasenschema die Phase 3_F, die Föhn-
phase. Der Föhn ist wegen seiner biotropen Wirkungen berühmt geworden. In der
Tat können föhnempfindliche Menschen bei dieser Wetterlage eine starke Beeinträch-
tigung ihres Wohlbefindens erleiden (Migräne).
    Im Gegensatz zur quantitativen Beschreibung der meteorologischen Vorgänge
erscheint eine präzise mathematische Formulierung des Zusammenhangs zwischen
atmosphärischen und biologischen Größen nicht möglich. Hier ist man auf empirische Aussagen angewiesen. Versucht man dennoch quantitative Angaben nach
Art von Abb. 3.90, so erkennt man bald die Grenzen eines solchen Vorgehens. Andererseits ist der Einfluß der Umwelt auf die physiologischen Vorgänge nicht zu
bestreiten, sodaß die interdisziplinäre Kooperation zwischen unserem Fach und der
Medizin zum Nutzen des Menschen eine ständige Herausforderung an die moderne
Meteorologie bleibt.

3.4.4 Energie und Klima

Die zentrale Frage der Energieversorgung der Menschheit ist ebenfalls als wichtige
Forschungsaufgabe der Meteorologie anzusehen. Da der globale Vorrat an fossilen
Energieträgern in absehbarer Zeit zur Neige gehen wird, ist neben der umstrittenen
Zukunft der Atomenergie vor allem die Nutzung der solaren Energie in allen ihren
direkten (z. B. Kollektoren, Elektrovoltaik) oder indirekten Formen (z. B. Bioener-
gie, Wasserkraft, Windenergie) zu favorisieren. Der heutige globale Primärenergie-

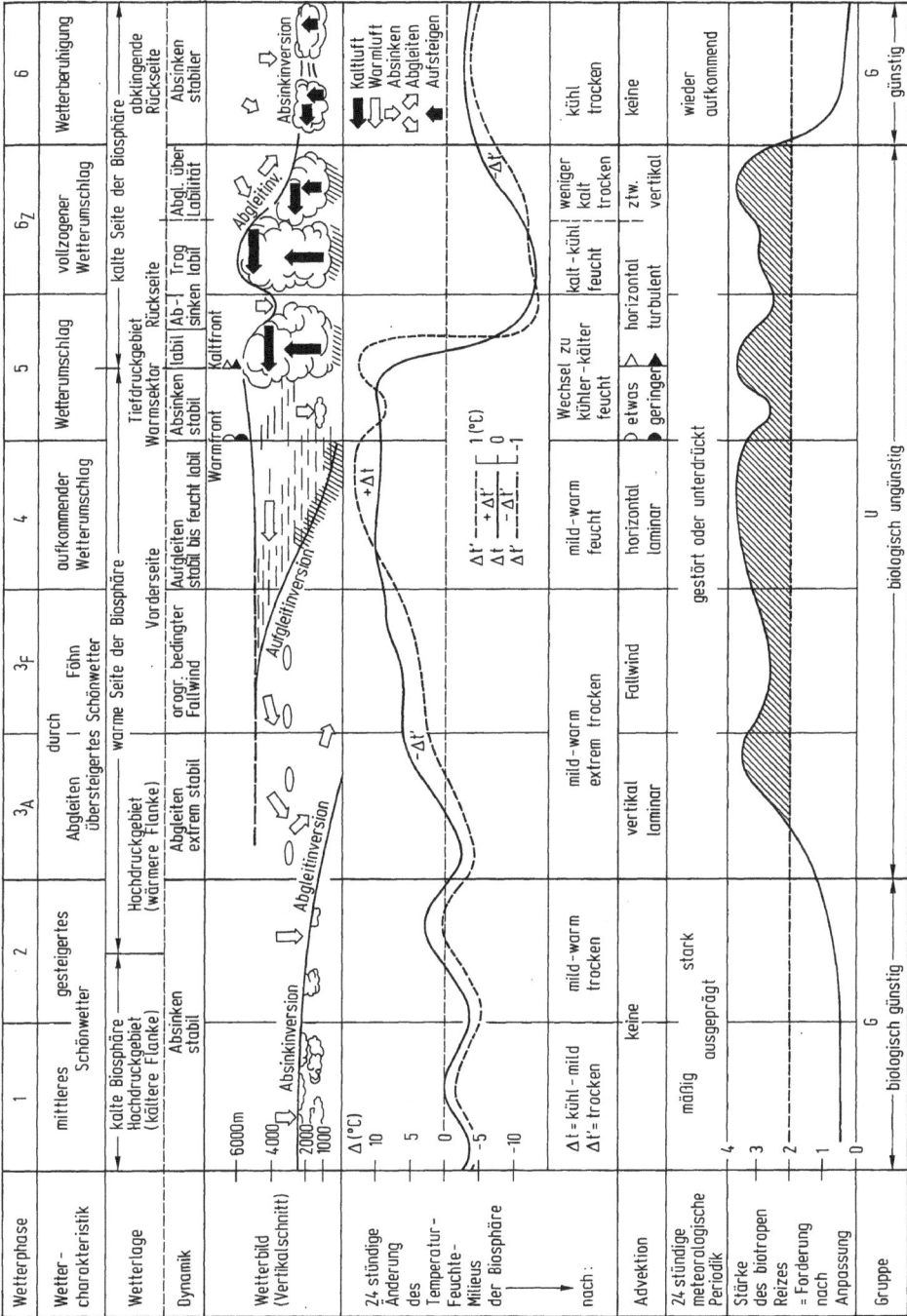

Abb. 3.90 Wetterschema von Ungeheuer und Brezowsky (zitiert nach Kügler, 1975).

aufwand der Menschheit beträgt (Heinloth, 1993) ca. $1.2 \cdot 10^{13}$ W; dies kann man mit dem globalen Wärmefluß aus dem Erdinneren von ca. $3 \cdot 10^{13}$ W sowie mit der gesamten solaren Strahlung von $1.7 \cdot 10^{17}$ W vergleichen, die die Erde von der Sonne empfängt. Hier besteht also zwischen dem Angebot von der Sonne und dem derzeitigen menschlichen Bedarf ein Unterschied von 4 Größenordnungen und man fragt sich: Sollte es dem menschlichen Erfindergeist nicht möglich sein, 0.01 % der solaren Energie selbst bei der jahreszeitlichen und breitenmäßigen Ungleichverteilung nutzbar zu machen?

Diese Überlegung wird jedoch stark relativiert, wenn man beachtet, daß von der solaren Einstrahlung nur 45 % an der Erdoberfläche ankommt (vgl. Kap. 4, Abschn. 4.3, Abb. 4.24); die Erdoberfläche ihrerseits besteht weiterhin nur zu 29 % aus Land. Dadurch wird die an Land verfügbare solare Energie um fast eine Größenordnung reduziert und beträgt etwa 1700 mal soviel wie der derzeitige Primärenergiebedarf. Dieses solare Potential wird weiterhin auf ca. 1 bis 10 % seines Wertes eingeengt durch den Umstand, daß nur ein Bruchteil der Landfläche für Solarenergienutzung einsetzbar wäre. Heinloth (1993) schätzt daher das nutzbare solare Potential auf höchstens das 100 fache des heutigen Primärenergiebedarfs. Während aber das nutzbare solare Potential nicht gesteigert werden kann, hat der Primärenergiebedarf der Menschheit steigende Tendenz.

Daraus ergibt sich die Notwendigkeit, nicht nur nach der Befriedigung des wachsenden Energiehungers der Menschheit zu fragen, sondern auch nach Möglichkeiten zu suchen, diesen Hunger selbst einzudämmen. Ein ökologisch angelegter Bedarf sollte in wachsendem Maße durch erneuerbare Energiequellen gedeckt werden (z. B. Schmidt-Bleek, 1993). Der Beitrag der Meteorologie zu diesem technologischen Problem besteht in der Bereitstellung von Strahlungsdaten, von Windinformation und Daten zum hydrologischen Zyklus.

3.4.5 Nichtlineare Dynamik

Die Nichtlinearität der Fluidgleichungen hat zur Folge, daß sich die Wetterphänomene nicht unabhängig voneinander entwickeln, sondern miteinander wechselwirken. Die einzelnen Phänomene können beispielsweise dadurch repräsentiert werden, daß man eine Fourieranalyse der Bewegung macht und jede der dabei auftretenden Wellenzahlen als eine individuelle Skala interpretiert. Wechselwirkung zwischen den Skalen wird dadurch beschrieben, daß die für eine Wellenzahl gültige Bewegungsgleichung auch von den anderen Wellenzahlen abhängt. Damit ist das *Superpositionsprinzip* außer Kraft gesetzt, das die gesamte lineare Physik beherrscht (z. B. die Planetenbewegungen oder den größten Teil der Strahlungsphysik).

Die Skalenwechselwirkung erzeugt bei den gemittelten (allgemeiner: gefilterten) atmosphärischen Gleichungen die subgitterskaligen *Reynoldsschen Flüsse* (vgl. z. B. Abschn. 3.2.9.2). Diese Korrelationsgrößen können nicht durch allgemeine Gesetze auf bereits bekannte Gleichungen zurückgeführt werden; man muß sie vielmehr modellieren bzw. parametrisieren. Nur die kleinsten Skalen werden in ihrer Dynamik durch die Annahme isotroper Turbulenz richtig erfaßt (*Mikroturbulenz*). Der Großteil der Grenzschichtturbulenz und vor allem die Konvektion in der freien Atmosphäre (Wolken, etc.) ist anisotrop. Ein sich heute stark entwickelndes Gebiet ist das der *Large Eddy Simulation* (LES, vgl. Galperin und Orszag, 1993). Dabei handelt es sich um numerische Lösungen der *Navier-Stokes-Gleichungen* im Skalenbereich oberhalb der Mikroturbulenz. LES wird in der Turbulenz- und Grenzschichtforschung bis hinein in die Schließungsprobleme der Klimaforschung angewandt (Überbrückung der Lücke zwischen der > 100-km-Auflösung der Klimamodelle und der < 1 km-Skala der konvektiven Eddies).

Ein weiteres Problem in diesem Zusammenhang ist die Rolle der Meßfehler und ihrer Auswirkungen im Vorhersageproblem (vgl. dazu Abschn. 3.4.1).

3.4.6 Internationales Programm Geosphäre-Biosphäre (IGBP)

Die Meteorologie macht starke Anleihen bei der Physik, denn die Atmosphäre ist gewiß ein physikalisches System. Jedoch ist Meteorologie nicht einfach nur angewandte Physik, sondern benötigt auch die angewandte Chemie. In zunehmenden Maße (z. B. im Umweltschutz und in der Klimatologie) kommen schließlich biologische Aspekte in die Meteorologie hinein.

Seit Anfang der 90er Jahre hat eine starke internationale Aktivität unter der Überschrift *Global Change* und im Rahmen des Projektes *International Geosphere-Biosphere-Program* (IGBP) eingesetzt. Dabei sollen die Stofftransporte in allen Komponenten des Klimasystems, vor allem in den Klimafluiden, quantitativ erfaßt und miteinander in Beziehung gesetzt werden. Damit soll das Problem der Physiologie des Lebewesens Erde identifiziert und einer Lösung zugeführt werden, als Voraussetzung für ein Verständnis der dynamischen Prozesse, die diesen Stoffwechsel kontrollieren. Die Meteorologie ist eine der wichtigsten Einzeldisziplinen in dieser Kooperation. Die Notwendigkeit, interdisziplinär mit der Ozeanographie, der Biologie und den ökologischen Disziplinen zusammenzuarbeiten, stellt keine geringe Herausforderung dar.

Danksagung

Für sachkundige Beratung in Einzelfragen danken wir Frau Dr. P. Seibert sowie den Herren Mag. M. Dorninger, Dr. M. Ehrendorfer, Dr. L. Haimberger, Prof. Dr. H. Pichler und Dr. F. Rubel. Frau B. Berger kümmerte sich um den Entwurf der Prinzipbilder sowie um die Reinschrift des Manuskripts.

Literatur

Zitierte Publikationen

Berckhemer, H., Grundlagen der Geophysik, Wissenschaftliche Buchgesellschaft, Darmstadt, 1990 (Gut lesbare Einführung in die allgemeine Geophysik)
Bjerknes, V., Bjerknes, J., Solberg, H., Bergeron, T., Physikalische Hydrodynamik, Springer, Berlin, Heidelberg, New York, 1933

Blumen, W. (Ed.), Atmospheric Processes over Complex Terrain, Meteorological Mono-graphs, **45**, 23, American Meteorological Society, Boston, 1990

Bolin, B., Biogeochemical processes and climate modelling, in: The Global Climate, (Hough-ton, J. T., Ed.), Cambridge University Press, Cambridge, 1984

Dt. Bundestag, Schutz der Erdatmosphäre – Eine internationale Herausforderung, Zwischen-bericht der Enquete-Kommission des 11. Deutschen Bundestages „Vorsorge zum Schutz der Erdatmosphäre", Bonn, 1988

Durran, D. R., Mountain Waves and Downslope Winds, Meteorological Monographs 45, Atmospheric Processes over Complex Terrain, (Blumen, W., (Ed.), 23, American Meteoro-logical Society, Boston, 1990

DWD, Allgemeine Meteorologie, Leitfäden für die Ausbildung im Deutschen Wetterdienst, **1**, Bohr, P., Buschner, W., Kasten, F., Kathe, G., Knorr, M., Kurz, M. und Lange, K.-D., (Hrsg.), Selbstverlag des Deutschen Wetterdienstes, 1987 (Enthält den in der Referendar-ausbildung des Deutschen Wetterdienstes vermittelten Stoff, hier mit dem Schwerpunkt Allgemeine Meteorologie)

DWD, Synoptische Meteorologie, Leitfäden für die Ausbildung im Deutschen Wetterdienst, **8**, Kurz, M., (Hrsg.), Selbstverlag des Deutschen Wetterdienstes, 1990 (Enthält den in der Referendarausbildung des Deutschen Wetterdienstes vermittelten Stoff, hier mit dem Schwerpunkt Wetteranalyse und -vorhersage)

DWD, Persönliche Mitteilung, 1993

Emanuel, K. A., Overview and Definition of Mesoscale Meteorology, Mesoscale Meteorology and Forecasting, Ray, P. S., (Ed.), American Meteorological Society, Boston, 1986

Fleagle, R. G., Businger, J. A., An Introduction to Atmospheric Physics, International Geo-physics Series, **25**, Academic Press, New York, 1980 (Standardlehrbuch der grundlegenden physikalischen Prinzipien in der Meteorologie)

Fortak, H., Prinzipielle Grenzen der deterministischen Vorhersagbarkeit atmosphärischer Pro-zesse, Annalen der Meteorologie, N. F., **6**, 111–120, 1973

Fortak, H., Meteorologie. Reimer, Berlin, 1982 (Sehr gut lesbare Einführung in alle Probleme der modernen Meteorologie, kaum Formeln)

Fröhlich, C., Changes of Total Solar Irradiance, Interactions Between Global Climate Sub-systems, The Legacy of Hann, Geophysical Monograph **75**, IUGG 15, 123–129, 1993

Galperin, B., Orszag, S. A., (Eds.), Large Eddy Simulation of Complex Engineering and Geo-physical Flows, Cambridge University Press, Cambridge, 1993

Gill, A. E., Atmosphere-Ocean Dynamics, Academic Press, New York, 1982 (Umfassendes Lehrbuch der Geofluidphysik, hohes Niveau, gleichzeitig deskriptiv und theoretisch, gut lesbar)

Goody, R. M., Yung, Y. L., Atmospheric Radiation – Theoretical Basis, Oxford University Press, Oxford, 1989

Heinloth, K., Energie und Umwelt. Klimaverträgliche Nutzung von Energie. Verlag der Fach-vereine, Zürich, 1993

Herbert, F., Data for the basic structure of the atmosphere, Landolt-Börnstein, Meteorologie, **4a**, 37–139, 1987

Holton, J. R., An Introduction to Dynamic Meteorology, Academic Press, New York, 1992 (Standardlehrbuch der dynamischen Meteorologie)

IPCC, Climate Change – The IPCC Scientific Assessment, Houghton, J. T., Jenkins, G. J., Ephraums, J. J., (Eds.), Cambridge University Press, Cambridge, 1990

IPCC, Climate Change 1992 – The Supplementary Report to the IPCC Scientific Assessment, Houghton, J. T., Callander, B. A., Varney, S. K., (Eds.), Cambridge University Press, Cam-bridge, 1992

Kuhn, M., Klimaänderungen: Treibhauseffekt und Ozon, Hochschulschriften: Forschungen, Bd. 1, Kulturverlag, Thaur/Tirol, 1990

Kügler, H., Medizin-Meteorologie nach den Wetterphasen, Lehmanns, München, 1975

Lighthill, J., Waves in Fluids, Cambridge University Press, Cambridge, 1978 (Ausgezeichnete Darstellung der Wellenvorgänge in Fluiden)

Liljequist, G. H., Cehak, K., Allgemeine Meteorologie, 3. Auflage, Vieweg, Wiesbaden, 1984

List, R. J., Smithsonian Meteorological Tables, Smithsonian Miscellaneous Collections, Vol. 114, Smithsonian Institution Press, Washington, D. C., 1968

Lorenz, E. N., Available potential energy and the maintenance of the general circulation, Tellus, VII, **2**, 157–167, 1955

Lorenz, E. N., Available energy and the maintenance of a moist circulation, Tellus, **30**, 15–31, 1978

Lovelock, J., GAIA – Die Erde ist ein Lebewesen, Scherz, München, 1992

Margules, M., Über die Energie der Stürme, J. B. k. k. Zentralanstalt für Met. und Erdmagn. 1903, 40. Bd. (Neue Folge), Anhang, Wien, 1905

Margules, M., Über Temperaturschichtung in stationär bewegter und ruhender Luft, Meteor. Z., Hann-Bd., 243–254, 1906

McDonald, J. E., The physics of cloud modification, Adv. Geophys., **5**, 223–298, 1958

Nylèn, P., Wigren, N., Joppien, G., Einführung in die Stöchiometrie, Steinkopff, Darmstadt, 1991 (Standardlehrbuch der elementaren quantitativen Chemie)

Obasi, G. O. P., Observing weather and climate, WMO-Bulletin, **43**, 3–5, 1994

Orlanski, I., A rational subdivision of scales for atmospheric processes, Bull. Amer. Meteor. Soc., **56**, 527–530, 1975

Peslen, C. A., Short-Interval SMS Wind Vector Determinations for a Severe Local Storms Area, Mon. Wea. Rev., **108**, 1407–1418, 1980

Pichler, H., Dynamik der Atmosphäre, Spektrum Akademischer Verlag, Heidelberg, Berlin, Oxford, 1997 (Standardlehrbuch der dynamischen Meteorologie, derzeit praktisch das einzige in deutscher Sprache)

Pichler, H., Mesoskalige Prozesse in der Atmosphäre, Ann. Met., Deutsche Meteorologen-Tagung 1989, **26**, 175–178, 1989

Preining, O., Global Climate Change due to Aerosols, Ch. 3, in: Hewitt, C. N., Sturges, W. T. (Eds.), Global Atmospheric Chemical Change, Elsevier Applied Science, London, 1993

Puxbaum, H., Luftchemie. Skriptum zur Vorlesung für Technische Chemiker und für das Aufbaustudium „Technischer Umweltschutz", Schriftenreihe „Moderne Analytische Chemie", Bd. 5, 1993

Raethjen, P., Dynamische Modell-Meteorologie, Hamburger Geophysikalische Einzelschriften, **13**, 1970

Reuter, H., Die Wettervorhersage. Einführung in die Theorie und Praxis. Springer, Wien, 1976

Shaw, G. E., Reagan, J. A., Herman, B. M., Investigations of atmospheric extinction using direct solar radiation measurements made with a multiple wavelength radiometer, J. Appl. Met., **12**, 374–380, 1972

Schmidt-Bleek, F., Wieviel Umwelt braucht der Mensch? MIPS – Das Maß für ökologisches Wirtschaften, Birkhäuser, Berlin, 1993 (Der Stoffverbrauch und seine Rolle als ökologisches Maß)

Stull, R. B., An Introduction to Boundary Layer Meteorology, Kluwer Academic Publishers, Dordrecht, 1988 (Umfassendes Lehrbuch der Grenzschichtmeteorologie mit praktischen Anwendungen, reich bebildert)

Sullivan et al., Atmospheric Release Advisory Capability: Real-Time Modeling of Airborne Hazardous Materials, Bull. Amer. Meteor. Soc., **74**, 2343–2361, 1993

Wallace, J. M., Hobbs, P. V., Atmospheric Science – An Introductory Survey. Academic Press, New York, 1977 (Standardlehrbuch der Allgemeinen Meteorologie)

Whitham, G. B., Linear and Nonlinear Waves. Wiley, New York, 1974 (Lehrbuch der Wellenvorgänge in Fluiden, starke theoretische Komponente, Schwergewicht auf der nichtlinearen Theorie)

Wyngaard, J.C., Pennell, W.T., Lenschow, D.H., LeMone, M.A., The temperature-humidity covariance budget in the convective boundary layer, J. Atmos. Sci., **35**, 47–58, 1978

Weiterführende Literatur

Baumgartner, A., Liebscher, H.-J., (Hrsg.), Lehrbuch der Hydrologie, Bd. 1, Allgemeine Hydrologie – Quantitative Hydrologie, Borntraeger, Stuttgart, 1990 (Umfassendes Lehrbuch der Hydrologie, mit weit in die Meteorologie reichenden Anwendungen)

Bohren, C.F., Clouds in a Glass of Beer. Simple Experiments in Atmospheric Physics. Wiley Science Editions, New York, 1987 (Amüsante Sammlung einfacher und teils verblüffender Experimente elementarer meteorologischer Phänomene)

Dooge, J.C.I., Goodman, G.T., la Rivière, J.W.M., Marton-Lefèvre, J., O'Riordan, T., Praderie, F., (Eds.), An Agenda of Science for Environment and Development into the 21st Century, Cambridge University Press, Cambridge, 1992

Dutton, J.A., The Ceaseless Wind. An Introduction to the Theory of Atmospheric Motion, McGrawhill Book Company, New York, 1976 (Standardlehrbuch der dyn. Meteorologie)

Houghton, J.T., The Physics of Atmospheres, Cambridge University Press, Cambridge, 1986 (Kurze Einführung in die Physik der Planetenatmosphären auf hohem Niveau)

Ludlam, F.H., Clouds and Storms, The Pennsylvania State University Press, University Park, 1980 (Umfassende Darstellung der Rolle des Wassers in der Atmosphäre)

Ray, P.S. (Ed.), Mesoscale Meteorology and Forecasting, Am. Meteorol. Society, Boston, 1986

Roedel, W., Physik unserer Umwelt – Die Atmosphäre, Springer, Berlin, Heidelberg, New York, 1992 (Lehrbuch der Physik der Atmosphäre, Schwergewicht auf den physikalischen Elementarprozessen)

Venkatram, A., Wyngaard, J.C., (Eds.), Lectures on Air Pollution Modeling, American Meteorological Society, Boston, 1988

Internet-Hinweise

Alle angegebenen Homepages bzw. ihr Inhalt sind kostenfrei zugänglich.

Weltweite Reisewetterinformationen findet man sehr bequem und allgemein verständlich unter: http://www.wetteronline.de; http://focus.de/D/DR/DRW/drw.htm; http://www.focus.de/G/GR/gr.htm; http://www.intellicast.com/LocalWeather/World.

Für eingehendere und weiterführende meteorologische und klimatologische Informationen sind folgende Seiten empfehlenswert: http://www.wetterzentrale.de; http://grads.iges.org/pix/head.html.
Dort findet man außerdem eine Anzahl von weiteren Links zu einzelnen Wetterdiensten, meteorologischen Universitätsinstituten etc.

Qualitativ hochwertige Satellitenbildinformation von Europa ist zugänglich unter: http://isis.dlr.de

Für all jene, die das Wetter in Augenschein nehmen wollen, ist die Sammlung von webcams empfehlenswert (darunter viele Wetterkameras): http://www.netcamera.de

Informationen zu den Autoren Hantel und Steinacker sowie deren Institut in Wien ist zu erhalten unter: http://univie.ac.at/IMG-Wien

4 Klimatologie

Michael Hantel

4.1 Einleitung: Das Klimasystem

Das Klima ist kein Gegenstand, sondern eine Eigenschaft. Ihr Träger ist das Klimasystem. Das Klima ist die Gesamtheit der Eigenschaften des Klimasystems.

Das globale Klimasystem (Abb. 4.1) umfaßt alle klimatisch relevanten Teilsysteme des Planeten. Wann soll ein Teil der Erde klimatisch relevant heißen? Wenn er fluide Bestandteile hat, die sich zeitlich und räumlich ändern. In dieser Definition sind die gasförmigen (Atmosphäre), flüssigen (Ozean), festen (Eis; Kontinente) Komponenten des Klimasystems erfaßt. Auch die festen Bestandteile? Nichts auf der Erde

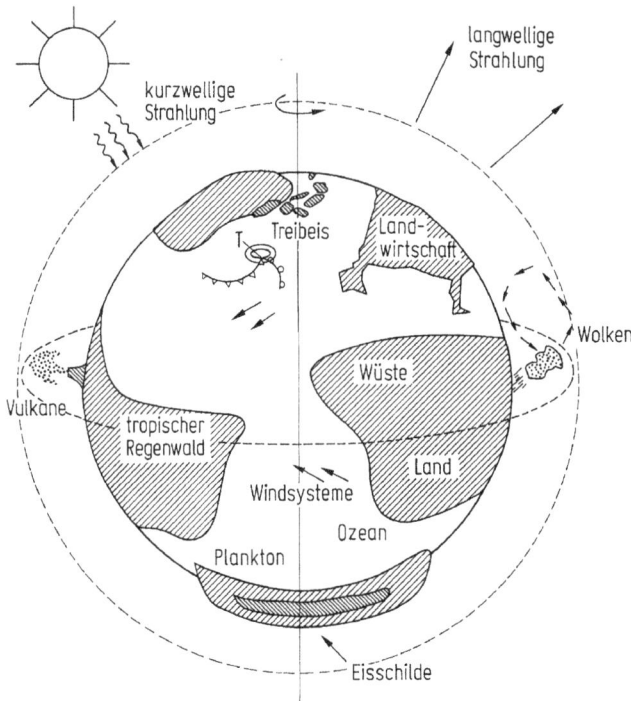

Abb. 4.1 Klimasystem (grob schematisch). Atmosphäre: Wolken, Luftzirkulation (horizontal, vertikal); Hydrosphäre: Ozean, Meeresströmungen, Niederschlag; Kryosphäre: Landeis, Meereis; Biosphäre: Natürliche Biosphäre (Plankton; Regenwald) und Anthroposphäre; Lithosphäre: Erdboden bis Grundwasser, Kontinentalverschiebung.

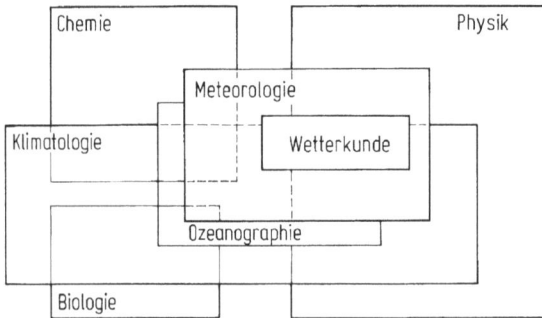

Abb. 4.2 Schema des Verhältnisses der Klimatologie zu den Nachbardisziplinen.

ist wirklich fest, nicht einmal die Kontinente. Wenn man ferner an die Biosphäre denkt (Pflanzen: zeitlich variabel; Tiere: raum-zeitlich variabel; Mensch: hohe Variabilität, aktive Beeinflussung des Systems), so wird klar, daß das Klimasystem im Grunde die gesamte Erde umfaßt, mit starker Konzentration in Nähe der Erdoberfläche, wo sich die aktiven Umsetzungen abspielen.

Die Klimatologie (Abb. 4.2) ist eine exakte Wissenschaft. Aber ihr Gegenstand (das Klimasystem) und seine Eigenschaftsgesamtheit (das Klima) entzieht sich den klassischen Methoden der Experimentalphysik. Man kann zwar die Klimagrößen messen (in situ und durch Fernbeobachtungen); aber man kann mit dem Klima nicht experimentieren. Daher steht in diesem Kapitel nicht so sehr der Laborversuch im Vordergrund, sondern als Datenhintergrund die großräumig gemessenen Felder und als argumentative Hilfe das Gedankenexperiment. Von besonderer Bedeutung ist in der Klimatologie (ähnlich wie in der Astronomie) die Erfassung der konzeptionellen Zusammenhänge über viele Größenordnungen von Raum und Zeit hinweg.

Die Klimatologie baut auf den Methoden der (theoretischen und angewandten) Physik auf. Darüberhinaus spielen chemische Prozesse (Stichwort: Luftverschmutzung) und die Rückkopplung zur Biosphäre (Stichwort: Tropischer Regenwald) eine zunehmende Rolle in der exakten Erfassung des globalen Klimas. Dem Charakter des vorliegenden Lehrbuches entsprechend werden diese Aspekte im folgenden Kapitel jeweils zwar kurz gestreift, die physikalischen Eigenschaften des Klimasystems stehen jedoch im Vordergrund der Darstellung. Wichtigstes Prinzip dabei ist der Budgetgedanke, der weiter unten erläutert wird.

Die verschiedenen Stoffe im Klimasystem stehen in einem permanenten Austausch miteinander, bei dem sich Reservoire und Flüsse über viele Größenordnungen hinweg ändern können. Die Quantifizierung der Physiologie des planetaren Klimasystems ist eine der Aufgaben der heutigen Wissenschaft; unter dem Vorzeichen *Global Change* ist sie angetreten, dieses Geheimnis zu lüften. Der Budgetgedanke ist dabei hilfreich, weil er die Erhaltungs- und Umwandlungseigenschaften der Stoffe zusammen mit ihren Transportgrößen zu quantifizieren und miteinander in Beziehung zu setzen gestattet. Ziel ist eine umfassende quantitative Beschreibung des dreidimensionalen Klimasystems.

Dieses Konzept kann nicht die Frage beantworten, warum die Vorgänge gerade so ablaufen. Zwar ist die genaue Kenntnis der Physiologie eines Patienten die Voraussetzung für die Diagnose und letzten Endes für die Therapie – in der Medizin ebenso wie in der Klimatologie. Aber die Analyse der Flüsse in der Geo-Biosphäre allein gibt keine Antwort auf die Frage von Ursachen und Antrieben des Klimas. Diese Antwort kann nur von einer umfassenden dynamischen Klimatheorie kommen; dieses Problem wird in Abschn. 4.10 kurz berührt.

Eine weitere Einschränkung betrifft die raum-zeitliche Skala der behandelten Klimaprozesse. In diesem Kapitel steht die *globale Skala* im Vordergrund (Konsequenz: Die kleinerskaligen Phänomene wie z. B. lokale Umweltfragen werden nicht umfassend dargestellt) mit dem Schwergewicht auf dem *heutigen Klima* (Konsequenz: Die Klimaschwankungen werden nicht umfassend dargestellt).

Schließlich noch eine Eingrenzung: Das vorliegende Kapitel kann nicht Klimatographie und Klimaatlas ersetzen. Die gezeigten Beispiele stellen daher nur eine bescheidene Auswahl aus der Fülle von Karten dar, wie moderne Klimaatlanten sie bieten. Auch wird der Leser größtenteils die Klimabeschreibung vermissen, wie sie in den schönen klassischen Darstellungen (z. B. Köppen, 1923) gegeben ist. Auch kann unser Kapitel nicht die Lehrbücher für Meteorologie, Ozeanographie, Glaziologie, Geologie und Biologie ersetzen; diese Fächer sind die Einzeldisziplinen, die zu den wichtigsten Komponenten des Klimasystems gehören.

4.1.1 Die Komponenten des Klimasystems

Historisch wurde das Klima lange Zeit nur aus der Perspektive der Erdoberfläche betrachtet. Das ist verständlich, weil wir schließlich auf der Erdoberfläche leben, und alle pflanzlichen, tierischen und menschlichen Aktivitäten sich in ihrer unmittelbaren Nähe abspielen. Außerdem fehlten Instrumente zur Erforschung der höheren Luftschichten, der Verhältnisse unter der Oberfläche der Ozeane und der Umwelt in weit entfernten Gegenden der Erde, etwa im Bereich der Pole. Diese Betrachtungsweise ist sogar erstaunlich sachgerecht, denn die Erdoberfläche ist die bei weitem wichtigste Klimafläche im physikalischen Sinn, wie sich noch zeigen wird.

Aber das Klima „entsteht" nicht an der Erdoberfläche, sondern ist der Inbegriff der Zustandsgrößen des globalen Klimasystems, d.h. es „entsteht" in einem dreidimensionalen physikalischen System. Das globale Klimasystem gliedert sich in Untersysteme, die man auch als **Komponenten** oder **Sphären** bezeichnet (Abb. 4.3). Unter ihnen verdienen *Atmosphäre* und *Lithosphäre* am ehesten diesen Namen, denn die Lithosphäre in Form der Erdkruste ist wirklich in guter Näherung eine komplette Kugelschale, und die Atmosphäre ist eine geschlossene Gashaut in Form einer Kugelschale. Die *Hydrosphäre* ist dagegen nicht geschlossen, denn außer dem Ozean als ihrem wichtigsten Teil gehört auch das Grundwasser und das atmosphärische Regenwasser zur Hydrosphäre – diese verschiedenen Komponenten der Hydrosphäre sind aber räumlich weit voneinander getrennt.

Noch mehr durchlöchert ist die *Kryosphäre*. Eis kommt nicht nur in der Antarktis und in Grönland vor, sondern auch in den außertropischen und tropischen Gletschern, in der winterlichen Schneedecke und in dem Eis der ewigen Gefrornis (Permafrostboden). Es spielt ferner eine wichtige Rolle in der Form des Meereises (Packeis der Arktis und Antarktis, treibende Eisberge); und schließlich gehören Hagel, Graupel, Schnee zur Kryosphäre.

Exosphäre

| kosmisches Material (z.B. Meteoriten) | solare Strahlung (z.B. Intensitätsänderung) | Gravitationskräfte (z.B. Gezeiten) |

terrestrische Strahlung   Stratosphäre (100–500 d)

CO_2, H_2O, N_2, O_2, O_3, SO_2, Aerosole

Atmosphäre

Biosphäre   Troposphäre (4–8 d)   Wolken CO_2, H_2O, H_2S, SO_2 Aerosole

Kryosphäre

Kopplung Luft-Biosphäre-Land   Schnee   Niederschlag

Wald (≈ 60 a)   Gletscher   Kopplung Luft-Eis

Eisschilde (10^4–10^6 a)   Windschub   Wärme-austausch   Verdunstung

Meereis (1–5 a)

Land (5–20 d)

Lithosphäre   Kopplung Eis-Ozean   Kopplung Atmosphäre-Ozean (10–200 d)

Grundwasser (10–10^4 a)

Hydrosphäre

| Mensch (z.B. Energie-wachstum) | Vegetation (z.B. Entwaldung) | Land (z.B. Verwitterung) |

tiefer Ozean (≈1500a)

| Land/Ozean-Eigenschaften (z.B. Kontinental-drift, Orographie) | chemische Zusam-mensetzung des Meeres (z.B. Wechsel im Salzgehalt) | natürliche Emission (z.B. Vulkan-ausbrüche) |

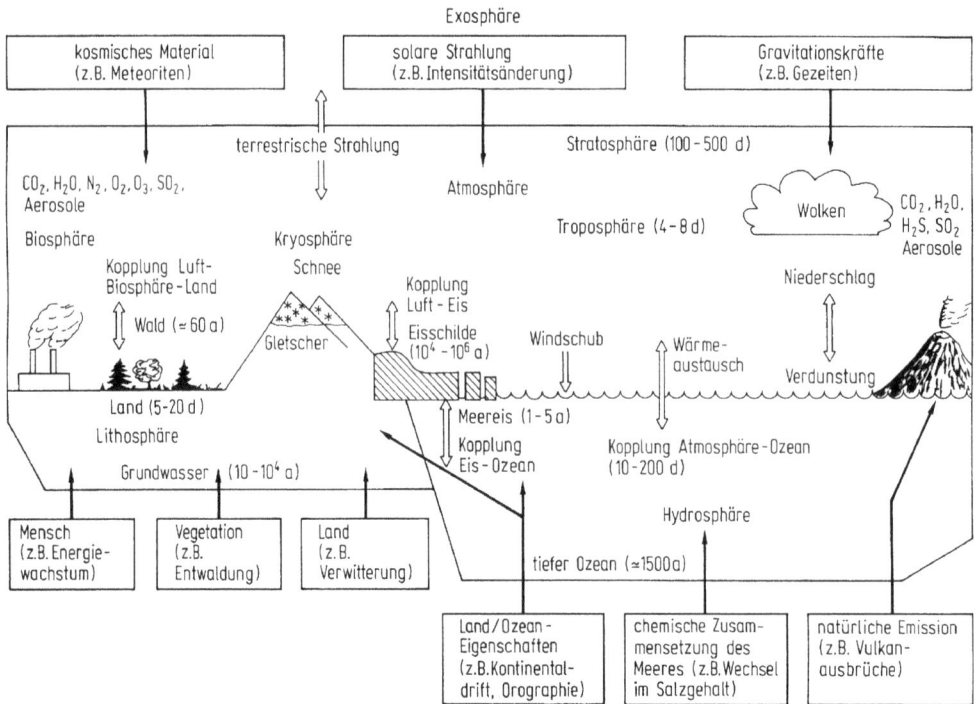

Abb. 4.3 Schema des Klimasystems mit Subsystemen, Klimamechanismen und typischen Zeitkonstanten (nach verschiedenen Autoren, modifiziert).

Die *Biosphäre* ist der Bereich des Klimasystems, der von Leben in pflanzlicher und tierischer Form erfüllt ist. Die Tatsache, daß man die Biosphäre überhaupt zum Klimasystem hinzurechnet, ist eine neue Entwicklung. Ursprünglich lehrte zwar Alexander von Humboldt im „Kosmos" (1845):

„Der Ausdruck Klima bezeichnet in seinem allgemeinsten Sinne alle Veränd rungen in der Atmosphäre, die unsre Organe merklich afficieren: die Temperatur, die Feuch tigkeit, die Veränd rungen des barometrischen Druckes, den ruhigen Luftzustand oder die Wirkungen ungleichnamiger Winde, die Größe der electrischen Spannung, die Reinheit der Atmosphäre oder ihre Vermengung mit mehr oder minder schädlichen gasförmigen Exhalationen, endlich den Grad habitueller Durchsichtigkeit und Hei terkeit des Himmels; welcher nicht bloß wichtig ist für die vermehrte Wärmestrahlung des Bodens, die organische Entwicklung der Gewächse und die Reifung der Früchte, sondern auch für die Gefühle und ganze Seelenstimmung des Menschen."

Köppen (1923) sagt in der Einleitung zu seinem grundlegenden Werk „Die Klimate der Erde": „Wie die Witterungskunde in die tägliche Wetterprognose und die Sturm warnung ausläuft, so liefert die Klimakunde dem Landwirt, dem Industriellen, dem Arzte die Unterlage zur Beurteilung des Einflusses des gewöhnlichen Verlaufs dieser Erscheinungen am gegebenen Orte auf das Gedeihen der Pflanzen, auf industrielle Prozesse, auf Krankheiten usw. Diese Bezugnahme auf den Menschen spielt sogar in der Abgrenzung der Klimatologie seit jeher eine Rolle, indem nur diejenigen meteorologischen Bedingungen, die das organische Leben in der Natur, insbesondere unsere eigenen Organe, direkt beeinflussen, als Bestandteile des Klimas anerkannt werden; so wird der Lehre vom Luftdruck, trotz ihrer außerordentlichen Wichtigkeit für die Meteorologie als Ganzes, aus diesem Grunde nur eine geringe klimatologische Bedeutung zuerkannt. Auch ist es wenig üblich, von ‚Klima' dort zu sprechen, wo nicht Menschen dauernd oder zeitweise ansässig sind oder sein können. Man spricht kaum jemals vom Klima der Meere oder von jenem der freien Atmosphäre, wohl aber von jenem der Inseln, Küsten und Berggipfel. Dem entspricht denn auch eine zweite Definition des Klimas als der ‚Gesamtheit der atmosphärischen Bedingungen, die einen Ort der Erdoberfläche mehr oder weniger für Menschen, Tiere und Pflanzen bewohnbar machen.' "

Diese Betrachtungsweise führte jedoch historisch zunächst in eine Sackgasse. Denn man kann die Beschränkung auf die für den Menschen und die belebte Natur relevanten Klimaphänomene nur durchhalten, wenn man sich mit der bloßen Beschreibung der Sachverhalte, gerade bis hin zur Klimaklassifikation, begnügt. Zu einer zusammenhängenden Klimatheorie, womöglich einer quantitativen Vorhersage, kommt man damit nicht. Es war also folgerichtig, daß beispielsweise Milankovitch (1930) in seiner astronomischen Klimatheorie den entgegengesetzten Standpunkt vertrat, und jede Bezugnahme auf die Prozesse des Lebens oder den Einfluß des Menschen ironisch für nicht sachgerecht erklärte. Dies machte den Weg frei für die sog. *Physikalische Klimatologie* (z.B. Budyko, 1963), die das Hauptaugenmerk auf die Flüsse durch die Erdoberfläche hindurch legte und auf der Grundlage der zugehörigen Stetigkeitsbedingung die Klimatheorie von Milankovitch fortführte.

Heute ist das Verständnis der unbelebten Komponenten des Klimasystems viel weiter als vor 60 Jahren, und nun wird man erneut auf die Rolle der Biosphäre aufmerksam. Die Biosphäre durchsetzt die klimatisch relevanten Teile der Erde. Es gibt in der Atmosphäre, auf dem Land, im Ozean, im Eis keine Stelle, an der nicht Leben angetroffen würde. Man könnte also das gesamte Klimasystem, das ja trotz der Dreidimensionalität des Ozeans und der Atmosphäre doch nur eine dünne Schale um die Erde herum darstellt, überhaupt als Biosphäre ansehen. Diese Denkweise entspricht dem 1990 angelaufenen internationalen *Geosphäre-Biosphäre-Programm* (IGBP). Danach wird das Klimasystem als die *Geobiosphäre* bezeichnet.

Tab. 4.1 Masse und näherungsweise Zusammensetzung des Klimasystems.

Masse der Biosphäre	$1.8 \cdot 10^{15}$ kg
Masse der Atmosphäre	$5.1 \cdot 10^{18}$ kg
Masse der Kryosphäre	$3.0 \cdot 10^{19}$ kg
Masse des Weltmeeres	$1.3 \cdot 10^{21}$ kg
Masse der Erde	$6.0 \cdot 10^{24}$ kg

In Tab. 4.1 sind die Partialmassen der Komponenten des Klimasystems zusammengestellt. Man erkennt, daß zwischen den einzelnen Komponenten ein Unterschied in der Masse von jeweils etwa drei Größenordnungen besteht. Die Kryosphäre fällt hier heraus, da sie eigentlich wieder nur ein Subsystem der Hydrosphäre ist.

Ein weiterer Aspekt betrifft den Phasenzustand der Komponenten des Klimasystems. Wir wollen unterscheiden:

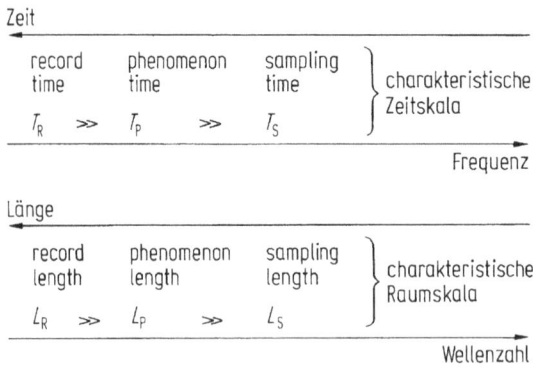

Abb. 4.4   Zeit und Längenskalen zur Charakterisierung von Klimaphänomenen (übliche englischsprachige Begriffe).

Klimafluide: Atmosphäre   Ozean
                                Biosphäre, Meereis
Klimasolide: Erdoberfläche   Landeis

Der Unterschied zwischen den *soliden* und den *fluiden* Komponenten des Klimasystems hängt von der Zeitskala ab (s. Abb. 4.4). Kurzzeitig gesehen ist ein Gletscher ein festes Gebilde, langzeitig gesehen fließt er. Dasselbe gilt für die Kontinente. Aus dieser Perspektive gehört die Lithosphäre wegen ihrer zeitlichen Veränderlichkeit zum Klimasystem.

Andererseits ist es sinnvoll und praktisch, für die besonders relevanten kürzeren Zeitskalen (50–500 Jahre) Kontinente und Eisschilde als fest anzusehen, im Unterschied zu den eigentlichen fluiden Komponenten Atmosphäre und Ozean. Dies wirkt sich in der physikalischen Beschreibung aus und ist die Grundlage für eine Hierarchie der Modelle:

Wettervorhersage ($\lesssim 10$ Tage):   Alle Komponenten (auch Ozean) stationär, nur Atmosphäre variabel.

Kurzzeitklima ($\lesssim 50$ Jahre):   Eisschilde und Kontinente stationär, Atmosphäre, Ozean, Meereis variabel.

Langzeitklima ($\lesssim 1000$ Jahre):   Nur Kontinente stationär, alle anderen Komponenten variabel.

Geologische Änderungen   Kontinentaldrift
($\gg 1000$ Jahre):

4.1.2 Definition von Begriffen in der Klimatologie

Wegen seiner Vielgestaltigkeit benötigt das Klima für seine quantitative Untersuchung mehr und komplexere Definitionen als es sonst in der Wissenschaft, speziell der Physik, üblich ist. Das beginnt schon mit dem Klimabegriff selbst. Aber was muß man hier definieren? Wenn man das Klimasystem hat, so hat man doch auch das Klima, oder? Die Antwort kann man so versuchen: Nicht für jedes physikalische System ist das Klimakonzept sinnvoll und nützlich.

Beispiel 1:   Pendel; Mondbahn – rein deterministisch
                (stetig, vorhersagbar)
Beispiel 2:   Würfel; Streuung von Lichtquanten – rein stochastisch
                (zufällig, nicht vorhersagbar)

Das Klimakonzept ist nützlich für physikalische Systeme, die teilweise stetig und teilweise erratisch verlaufen. Die Mischung von deterministischer und stochastischer Komponente ist charakteristisch für Systeme, denen man ein Klima zuordnet.

Ein weiterer Begriff ist das *Klimaphänomen*. Darunter versteht man einen einzelnen Erscheinungskomplex, der sich klimatisch auswirkt. Typische Beispiele sind: Der Golfstrom (s. Farbbild 5), eine außertropische Zyklone (s. Farbbild 6); die persistente winterliche Stratusdecke über der Arktis; der Mistral in Südfrankreich; der Hurrikan über dem Golf von Mexiko oder vor den Philippinen; der indische Sommermonsun mit seinen tropischen Regenmengen.

Davon zu unterscheiden ist der *Klimamechanismus*. Das ist ein bestimmter typischer Prozeßablauf, der nach physikalischen, chemischen oder biologischen Gesetzen vor sich geht. Beispiele sind (vgl. Abb. 4.3) das Strahlungsgleichgewicht des Planeten, Bildung und Zerstörung von Ozon in der Atmosphäre, Aufnahme und Abgabe von CO_2 durch die Pflanzendecke über Land und das Plankton im Ozean. Bei der Abhandlung der Klimafluide werden wir einige besonders zentrale Klimamechanismen besprechen.

Ein anderer Begriff in der Klimatologie ist das *Klimamittel*. Wir wollen drei verschiedene Mittelungsprozesse nennen:

1. Das *Ensemblemittel*. Hierbei wird eine Menge von verschiedenen Zuständen des Klimasystems betrachtet; dieses Ensemble hat im Idealfall unendlich viele Elemente. Der Mittelwert über alle Elemente ist das Ensemblemittel. Man benutzt es zur Definition der Skalen einzelner Klimaphänomene. Ein typischer Hurrikan ist das Ergebnis der Mittelung über eine gewisse Anzahl aktueller Hurrikane.
2. Das *Zeitmittel*. Ein Klimaelement wird zeitlich gemittelt, man betrachtet anschließend seine räumliche Struktur. Beispiel: $\bar{T}$ als Funktion der geographischen Koordinaten; der Querstrich über dem Symbol T für die Temperatur repräsentiert die Mittelbildung. Das Zeitmittel ist die klassische Betrachtungsweise der globalen und regionalen Klimatologie.
3. Das *Raummittel* eines Klimaelements wird gebildet und man betrachtet dessen zeitliche Struktur. Beispiel: $\{T\}$ = Mitteltemperatur der Erde; hier sind die geschweiften Klammern stellvertretend für die globale Mittelung. Man fragt etwa: Wie hat sich $\{T\}$ seit tausend Jahren entwickelt? Das ist die klassische Betrachtungsweise der Klimaschwankungen.

Zur weiteren Begriffsbildung wenden wir uns jetzt dem Skalenproblem zu.

4.1.3 Die Skaligkeit der Klimaphänomene

Die Unterscheidung von Klimafluiden und Klimasoliden und die Betrachtung der Teilsysteme der Klimakomponenten hat bereits den Begriff der Zeitskala als ein quantitatives Ordnungsprinzip erbracht (s. Abb. 4.3). In der Atmosphäre unterscheiden wir zusätzlich die an die Erdoberfläche anschließende *Grenzschicht* (ca. 1000 m dick, Zeitskala < 1 Tag) von der *freien Atmosphäre* (Zeitskala mehrere Tage). Im Ozean sind die Unterschiede der Zeitskalen noch auffälliger: Über der relativ dünnen ozeanischen *Mischungsschicht* (ca. 100 m dick, Zeitskala ca. 10 Tage) befindet sich, getrennt durch eine nicht einfach zu charakterisierende Übergangszone (die *Thermokline*), die *Tiefsee* mit Zeitkonstanten von 100 bis zu mehreren 1000 Jahren.

Um die Skala eines Klimaphänomens zu definieren, benutzen wir seine mittlere Lebensdauer. Beispielsweise haben kleine Cumuluswolken Lebenszeiten von einigen Minuten, außertropische Zyklonen dagegen Lebenszeiten von 2 bis 4 Tagen.

Auch die Raumskala von Klimaphänomenen läßt sich quantifizieren. Die kleinen Cumuluswolken haben typische Durchmesser von 100 m in allen drei Raumrichtungen. Dagegen hat die außertropische Zyklone, die vertikal die gesamte Troposphäre erfaßt (ca. 12 km) eine Horizontalerstreckung von 1000 bis 3000 km; es handelt sich also um ganz flache Gebilde (räumliche Anisotropie).

Zur Messung der Zeitskala eines Klimaphänomens ist es nötig, den Abstand der Messungen so kurz zu wählen, daß das Phänomen aufgelöst werden kann. Eine Zyklone durchläuft in 2 bis 4 Tagen die Phasen einer instabilen baroklinen Welle, und der Physiker, der dieses System messend erfassen will, muß zeitliche Abstände wählen, die klein gegen die charakteristische Zeit des Phänomens sind. Auf dieser Überlegung (die durch Notwendigkeiten der praktischen Durchführung unterstützt wird) beruht die weltweit verbindliche Zeit der Radiosondenaufstiege (00 und 12 UTC[1]), die bei den meisten Beobachtungsstationen noch durch Aufstiege um 06 und 18 UTC ergänzt wird. Schließlich ist klar, daß es nicht genügt, eine einzige Zyklone zu beobachten, sondern man muß viele Exemplare eines Klimaphänomens über längere Zeit hinweg beobachten (Ensemblemittelung).

Wir führen also (s. Abb. 4.4) drei Zeitskalen ein: Den Zeitabstand T_S zwischen zwei Beobachtungen (*sampling time*), die typische Zeitskala T_P des betrachteten Phänomens (*phenomenon time*) und die Dauer des gesamten Beobachtungszeitraumes T_R (*record time*). In entsprechender Weise definieren wir einen räumlichen Abstand L_S der Meßpunkte (*sampling length*), eine Raumskala L_P des Phänomens (*phenomenon length*) und eine Gesamtlänge L_R, über die hin das Phänomen räumlich überhaupt vorkommt (*record length*). Zwei Beispiele aus Atmosphäre und Ozean verdeutlichen diese Begriffsbildung in Tab. 4.2.

Es zeigt sich nun, daß T_P und L_P nicht einfach regellos verteilt sind (Abb. 4.5). Die wichtigsten Klimaphänomene ordnen sich im doppelt-logarithmischen T_P, L_P-Diagramm in brauchbarer Näherung längs einer Geraden an. In der Atmosphäre liefert das ein Exponentialgesetz $T \sim L^{\frac{2}{3}}$. Die Grenzkurve $T \sim L^{\frac{1}{2}}$ entspricht dem Übergang zu den Schallwellen, die Grenzkurve $T \sim L^2$ dem Übergang zur inneren Reibung der Atmosphäre als Gas.

Auch im Ozean (Abb. 4.6) zeigt sich dieser Zusammenhang. Das Bild ist recht schematisch, weil die ozeanischen Meßsysteme nicht die gleichmäßige Bedeckung aufweisen wie die atmosphärischen. Daher sind im Ozean die in Abb. 4.4 an die Skalen des Phänomens gestellten Bedingungen vielfach weniger gut erfüllt.

Wie gewinnt man T_P, L_P objektiv? Ein Weg ist die eben beschriebene Ausmessung des Phänomens, ein anderer die Messung der (massenspezifischen) kinetischen Energie K. Man setzt dann

---

[1] UTC = *Universal Time Coordinated* hat das früher benutzte GMT = *Greenwich Mean Time* ersetzt.

Tab. 4.2 Einige Charakteristiken klimatologischer Zeit/Raumskalen.

Zeit	Charakteristische Zeitskalen	Beispiele: Ozean	Atmosphäre
Meßabstand	T_S: Typischer Zeitabstand zwischen zwei verschiedenen Beobachtungen des Phänomens (oder Teilen davon). Keine physikalische Größe.	$T_S = 1\,h$[1] (Häufigkeit von XBTs[2] in hochauflösenden ozeanographischen Meßkampagnen).	$T_S = 12\,h$ (Häufigkeit der Radiosondenaufstiege im Routinewetterdienst).
Skala des Einzelphänomens	T_P (= Zeitskala) des Einzelphänomens. Charakteristische physikalische Größe.	$T_P = 200\,d$ (typische Lebenszeit eines mesoskaligen ozeanischen Wirbels).	$T_P = 3\,d$ (typische Lebenszeit einer Zyklone mittlerer Breiten).
Bereich der Beobachtungen	T_R: Gesamter Zeitraum, über den Daten verfügbar sind. Keine physikalische Größe.	$T_R = 100\,a$ (Periode der Segelschiffsbeobachtungen).	$T_R = 30\,a$ (klimatologische Normalperiode gemäß Empfehlung der WMO[3]).
Raum	Charakteristische Raumskalen	Beispiele: Ozean	Atmosphäre
Meßabstand	L_S: Typischer räumlicher Abstand zwischen zwei verschiedenen Beobachtungen des Phänomens (oder Teilen davon). Keine physikalische Größe.	$L_S = 10\,km$ (Abstand von XBTs in hochauflösenden ozeanographischen Meßkampagnen).	$L_S = 300\,km$ (Abstand der Radiosonden über Europa).
Skala des Einzelphänomens	L_P: Größenordnung (= Raumskala) des Einzelphänomens. Charakteristische physikalische Größe.	$L_P = 100\,km$ (typischer Durchmesser eines mesoskaligen ozeanischen Wirbels).	$L_P = 3000\,km$ (Horizontalskala einer Zyklone mittlerer Breiten).
Bereich der Beobachtungen	L_R: Regionalskala im Raum, in dem Phänomen vorkommt. Charakterisiert Gebiet, in dem Klimabedingungen günstig sind für viele gleichartige Phänomene. L_R ist physikalische Größe.	$L_R = 2000\,km$ (horizontale Raumskala, über die die Golfstromringe beobachtet werden).	$L_R = 20000\,km$ (Längenskala des Zyklonengürtels mittlerer Breiten).

[1] Einheiten: h = Stunde, d = Tag, a = Jahr.   [2] XBT: „expendable bathythermograph" (ozeanographische Meßmethode).
[3] WMO = World Metrological Organization

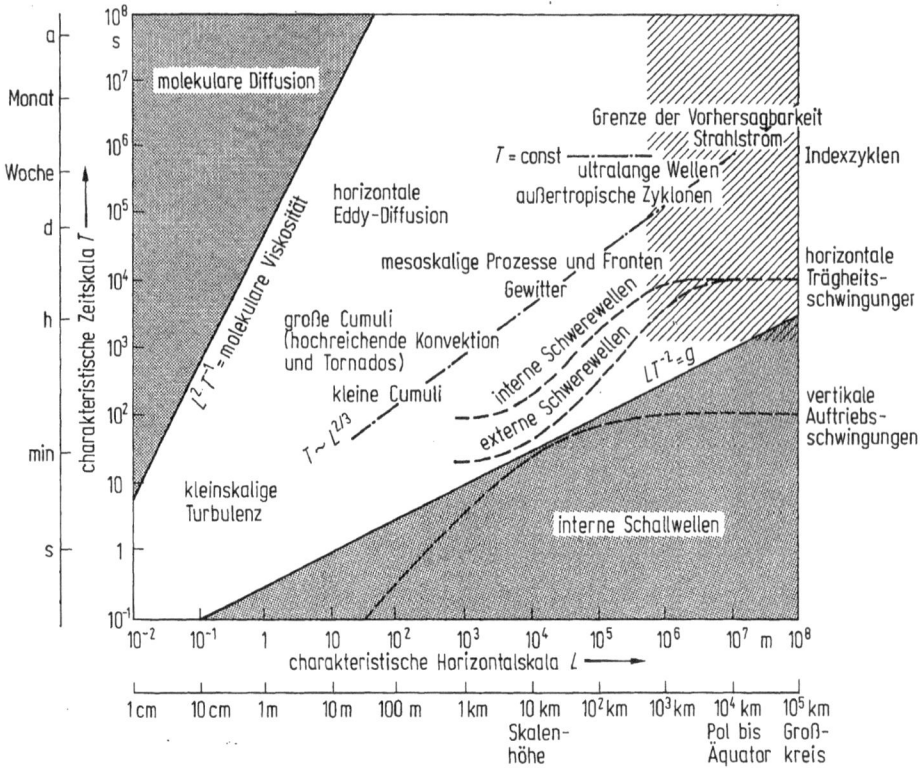

Abb. 4.5 Raum-Zeit-Diagramm für charakteristische atmosphärische Phänomene. Die strichpunktierte Linie umfaßt den Großteil der Klimaphänomene, die die kinetische Energie repräsentieren; vorherrschend sind: außertropische Zyklonen, ultralange Wellen, Strahlströme. Gerade Linien repräsentieren physikalisch verschiedene Potenzgesetze zwischen Zeitskala T und Raumskala L. Das Gebiet im oberen rechten Teil des Diagramms umfaßt Skalen und Phänomene, die durch Modelle der allgemeinen Zirkulation aufgelöst werden (nach Smagorinsky, 1974).

$$K = V^2/2 \sim L_P^2/T_P^2 \ . \tag{4.1}$$

(Der Faktor $\frac{1}{2}$ wird bei Größenordnungsbetrachtungen oft weggelassen.) Die Messung von K ersetzt die Messung einer der beiden anderen Skalen L_P oder T_P. Für eine typische (massenspezifische) kinetische Energie einer Zyklone von $K \simeq 100\ \mathrm{m}^2/\mathrm{s}^2$ und eine beobachtete Zeitskala von $T_P \simeq 3\ \mathrm{d}$ liefert das eine horizontale Raumskala von $L_P \simeq 3000\ \mathrm{km}$ in Übereinstimmung mit Tab. 4.2.

Bemerkenswert ist, daß sich die verschiedenskaligen Phänomen überhaupt bilden und klar voneinander separiert sind, sowie ferner, daß die kleinen Skalen gesetzmäßig in die größeren Skalen eingebettet sind. Dies wird in Abb. 4.7 erläutert. Man beachte, daß für die Periodenlängen P gilt $P(T') \ll \delta \ll P(\bar{T})$ und daß der Mittelwert der zeitlichen Ableitung $\overline{(\partial T'/\partial t)}^{(\delta)} = \delta^{-1} [T'(\tau + \delta/2) - T'(\tau - \delta/2)]$ eine stochastische Größe ist. Die Skaligkeit der voneinander unterschiedenen und ineinander eingebetteten Größenordnungen zeigt sich auf Satellitenbildern der Atmosphäre (Farbbild 5) und des Ozeans (Farbbild 6). Wir besprechen zuerst stichwortartig Farbbild 6:

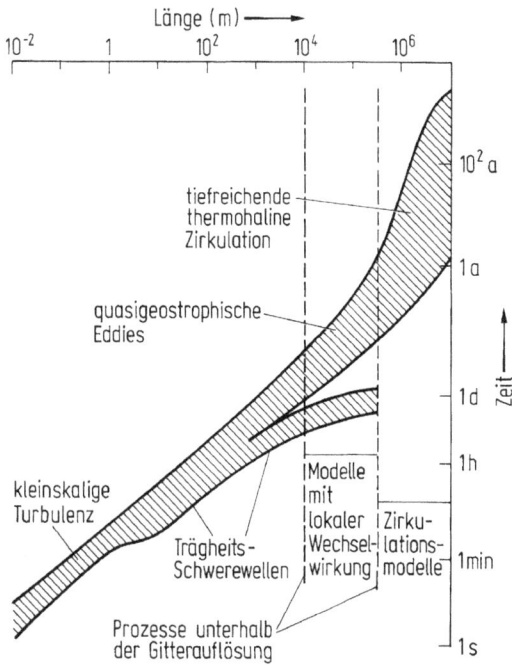

Abb. 4.6 Raum-Zeit-Diagramm für charakteristische ozeanische Phänomene. Im Unterschied zur Atmosphäre müssen quasigeostrophische Wirbel (sog. *Eddies*) als subgitterskalige Prozesse angesehen werden.

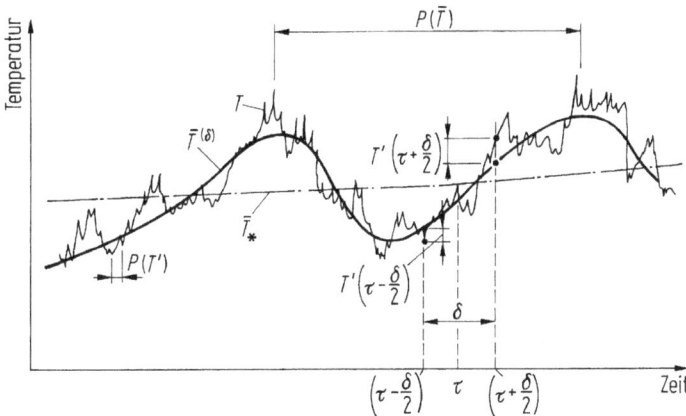

Abb. 4.7 Mathematische Behandlung der zeitlichen Fluktuationen eines Klimaelementes $T(t)$; der Jahresgang ist abgezogen. Kurve $\bar{T}^{(\delta)}$ ist übergreifendes Mittel, gefiltert jeweils über das Intervall δ; Kurve T' ist definiert durch $T'(t) = T(t) - \bar{T}^{(\delta)}(t)$, daher als Abweichung von $\bar{T}^{(\delta)}$ interpretiert. Kurve $\bar{T}_*$ bezeichnet langzeitigen Trend von $\bar{T}^{(\delta)}$. Typische Periodenlänge von T': $P(T')$, typische Periodenlänge von $\bar{T}^{(\delta)}$: $P(\bar{T})$ (nach Saltzman, zitiert nach Hantel et al., 1987).

– *Wetterlage:* Kaltluftvorstoß aus der Arktis über die Nordsee nach Mitteleuropa. Höhentief mit Kern über Südschweden, davor (Osteuropa) Warmlufttransport nordwärts. Typisches Aprilwetter.

– *Konvektive Bewölkung in der Grenzschicht:* Besonders ausgeprägt am oberen Bildrand, wo kalte Polarluft ($-26\,°C$, Spitzbergen) über offenes Wasser ($-2\,°C$) strömt. Von der Wasseroberfläche wird Wärme und Feuchte aufwärts geführt, dadurch Bildung organisierter Konvektion (Wolkenstraßen, $L_P \cong 20$ km). Weiter südlich Übergang zu zellularer Konvektion. Ähnliche Wolkenstraßen ($L_P \cong 10$ km) wie über dem Meer gibt es über den Landflächen (speziell England), nur daß die Wolken hier senkrecht zur Strömung angeordnet sind (über dem Eismeer parallel zur Strömungsrichtung).

– *Frontalbewölkung:* Die Grenze zwischen Warm- und Kaltluft wird je nach Bewegungsrichtung als Warm- oder Kaltfront bezeichnet; im Sektor zwischen beiden liegt die Warmluft, ihre Hebung führt zu den Stratus-, Stratocumulus- und Altostratusfeldern über Skandinavien und Mitteleuropa. An der Kaltfront bilden sich Cluster von hochreichenden Cumulonimben (weiße Flecken, $L_P \cong 40$ km). Die Skala des Tiefs liegt zwischen $L_P \cong 400$ km (Durchmesser der innersten Isobare) und 4000 km (Nord-Süd-Erstreckung des Höhentroges).

– *Orographische Strukturen:* Im Lee von Jan Mayen am oberen Bildrand markiert die Eismeerbewölkung eine lange Reihe von Wirbelpaaren (*Karmansche Wirbelstraße*, ca. 80 km breit, ca. 600 km lang).

– *Landoberfläche:* Bei fehlender Bewölkung zeigt das Satellitenbild Einzelheiten geologisch-morphologischer Strukturen, z. B. über Nordafrika (durch Erosion und Sedimentation bedingte Einzelheiten der Quartärbedeckung in der Sandwüste).

Die Falschfarbendarstellung von Farbbild 5 zeigt den Golfstrom, der als warme Meeresströmung von der Südspitze von Florida entlang (1) der Ostküste der USA fließt. Bei Cape Hatteras (2) beginnt er zu mäandrieren und bildet Ringe mit warmem Kern (3) bzw. kaltem Kern (4). Diese Ringe haben Ähnlichkeiten mit den Antizyklonen/Zyklonen in der Atmosphäre. Auf seinem Weg nach Nordosten kühlt das Wasser stark ab und gibt Wärme an Atmosphäre und darunter gelegenes Kaltwasser ab.

4.2 Erhebung und Ordnung von Klimadaten

Die Geo-Biosphäre ist ein physikalisches System (mit chemischen und biologischen Komponenten). Den Zustand eines solchen Systems gibt man durch Meßgrößen an, z. B. die Temperatur, den Niederschlag, den Wind. Meßbare physikalische (chemische, biologische) Größen, die den Zustand des Klimasystems quantitativ darstellen, bezeichnet man als *Klimaelemente*.

4.2.1 Die Klimabeobachtung

Historisch wurden die Grundlagen unseres heutigen Wissens durch Klimabeobachtungen an der Erdoberfläche gelegt. Eine vollständige Klimabeobachtung an einer Klimastation umfaßt die Messung folgender Klimaelemente: Luftdruck, Temperatur, Feuchte, Wind (Richtung und Stärke), Bewölkung, Sicht, Erdbodenzustand, Niederschlagsmenge. Ein europaweites Netz aus solchen Klimastationen (bis Grönland) wurde im 18. Jahrhundert von der *Societas Meteorologica Palatina* in Mannheim organisiert. Beobachtet wurde um 7 h, 14 h, 21 h Ortszeit (*Klimatermine* oder *Mannheimer Stunden*).

Abb. 4.8 zeigt ein derartiges Routineprotokoll von einer Hauptklimastation (Wien) für alle Monate des Jahres 1992, Tab. 4.3 eine Zusammenfassung für alle Monate des Zeitraums 1873 bis 1986. Wenn man in Abb. 4.8 die mittlere Monatstemperatur vom Januar 1992 (2.5 °C) mit den Extremwerten vergleicht (-8.9 °C am 21.1.1992, $+13.2$ °C am 3.1.1992), so wird der Unterschied zwischen Wetter und Klima deutlich: Die Wetterwerte haben kurzperiodische Schwankungen mit starken Extremen, das Klima zeigt langperiodische Schwankungen mit viel kleineren Amplituden. Warum wird gerade der Monat als Mittelungszeitraum zugrunde gelegt? Man hat versucht, langjährige Mittelwerte für jeden einzelnen Kalendertag zu bilden, mußte aber erkennen, daß hierbei die zeitliche Auflösung über eine sinnvolle Grenze hinausgetrieben ist. Die jahreszeitlich bedingten Extreme sind nicht auf den Kalendertag genau zu fixieren; im Winter liegt der kälteste Tag in Wien zwischen dem 8. und dem 28. Januar, im Sommer liegt der wärmste Tag zwischen dem 13. Juli und dem 7. August. In den Übergangsmonaten ist dem Monatsmittelwert ein deutlicher Trend überlagert: Im März (langjähriges Mittel 4.8 °C) ein systematischer Anstieg von 2.4 auf 7.9 °C, im Oktober (Mittel 9.6 °C) ein systematischer Abfall von 12.8 auf 7.0 °C. Die Mittelung nach dem Kalendermonat ist also, auch aus praktischen Gründen, ein vernünftiger Kompromiß.

Die Temperaturmittel des Einzelmonats in einem gegebenen Jahr weichen naturgemäß von den langjährigen Monatsmittelwerten ab. Beispielsweise ist das Monatsmittel im August 1992 (*Jahrhundertsommer*) mit 24.5 °C (s. Abb. 4.8) viel höher als das langjährige Augustmittel 18.8 °C (Tab. 4.3).

Noch dramatischer können die Niederschlagsmittel des Einzelmonats vom langjährigen Mittel abweichen (Abb. 4.9). In gemäßigten Klimaten wie dem von Mitteleuropa ist diese Schwankungsbreite normal. In empfindlichen Klimaten wie dem Sahel kann die Schwankungsbreite mehrere 100 % betragen mit den entsprechend katastrophalen Folgen für die Landwirtschaft.

Klimastationen an der Erdoberfläche sind auf das Land beschränkt. Jedoch werden seit 200 Jahren auch regelmäßig Messungen von Schiffen und seit 20 Jahren Messungen von unbemannten Bojen aus durchgeführt. Ferner liegen in der freien Atmosphäre die Routinebeobachtungen der Wetterdienste durch Radiosonden und im freien Ozean die sehr viel spärlicheren Tiefensondierungen der wissenschaftlichen Ozeanographie vor. Vor allem aber gibt es seit den 60er Jahren die Satellitenbeobachtungen. Damit wird eine heute lückenlose Überwachung des Klimasystems gewährleistet (Farbbild 7). Die Stärke der Satellitensysteme ist die flächendeckende Erfassung, jedoch sind die Fernerkundungsverfahren in der Genauigkeit vielfach stark beschränkt (z. B. Temperaturfehler ca. 2 K). Die Stärke der *in-situ-Verfahren* (Bodenstationen, Meßsonden) ist die relativ hohe Meßgenauigkeit (Temperaturfehler unter 0.5 K), jedoch sind sie teuer und in der Anzahl nicht beliebig vermehrbar. Wichtig ist, daß die Meßsysteme sich ergänzen, lokal unterstützt durch Radar- (*Ra*dar *D*etecting *a*nd *R*anging) sowie Lidar- (*Li*ght *D*etecting *a*nd *R*anging) und Sodar- (*So*und *D*etecting *a*nd *R*anging)-Messungen.

Monat	Luftdruck[1] hpa Mit.[2]	Max.[4]	Min.[4]	Lufttemperatur °C in 1.85 m über dem Boden Mit.[4]	Mit.[3]	Mit.[2]	21h	14h	7h	mittl. Max.[4]	mittl. Min.[4]	absol. Max.[4]	Tag	absol. Min.[4]	Tag	Relative Feuchtigkeit % 7h	14h	21h	Mit.[2]	Min.[4]	Tag	Dampfdruckmittel[2] hpa	Verdunstungssumme[5]	Bewölkungsmittel[2]
Januar	1003.7	1014.6	986.7	2.5	2.7	2.7	2.6	4.1	1.5	4.8	0.2	13.2	3.	−8.9	21.	78	68	74	73	22	21.	5.4	22.2	6.9
Februar	998.3	1008.6	983.3	4.0	4.2	4.2	3.9	6.8	2.0	7.6	0.7	15.0	29.	−3.4	19.	81	62	72	71	33	19.	5.9	21.4	6.0
März	991.4	1012.7	961.1	6.3	6.4	6.4	6.4	9.4	3.5	10.9	2.4	16.7	31.	−1.4	30.	78	54	66	66	21	30.	6.2	34.4	5.5
April	998.4	1001.7	966.3	10.6	10.7	10.8	10.2	14.3	8.1	15.5	6.2	26.5	26.	2.6	22.	69	48	60	59	18	22.	7.7	47.1	5.7
Mai	995.3	1005.8	983.0	15.8	15.9	16.2	15.0	19.9	13.6	20.8	10.7	24.9	14.	7.6	5.	67	47	67	58	28	5.	10.5	62.3	4.1
Juni	988.9	998.1	979.0	19.1	19.4	19.6	18.7	22.6	17.5	23.8	14.8	29.9	23.	10.7	7.	72	55	67	65	30	7.	14.4	57.7	5.9
Juli	992.6	1003.1	981.2	21.6	21.8	22.0	21.0	26.1	19.1	27.1	16.1	33.6	31.	12.4	29.	67	44	60	57	24	29.	14.7	82.9	4.0
August	991.1	1002.3	974.4	24.5	24.5	24.9	23.4	30.4	20.9	31.2	18.5	36.4	28.,29.	12.9	16.	67	35	54	52	17	16.	15.5	103.6	3.3
September	995.0	1002.4	976.8	16.2	16.2	16.4	15.7	20.5	13.0	21.8	11.6	25.8	12.	7.8	19.	77	51	64	64	32	16.	11.7	48.9	4.5
Oktober	986.4	1003.9	969.3	9.0	8.9	9.1	8.4	11.6	7.3	12.1	5.8	22.5	6.	−0.5	13.	84	65	78	76	36	13.	8.9	23.9	6.7
November	993.3	1007.6	972.4	5.7	5.8	5.7	5.8	7.4	4.0	8.4	2.8	17.3	7.	−1.7	30.	83	72	80	79	34	30.	7.2	18.0	6.9
Dezember	997.6	1018.2	969.5	0.4	0.5	0.5	0.3	1.4	−0.2	2.1	−1.3	11.5	5.	−10.0	29.	85	80	85	83	45	29.	5.5	11.4	7.7
Jahr	993.5	1018.2	961.1	11.3	11.4	11.5	11.0	14.5	9.2	15.5	7.4	36.4	28.8.	−10.0	29.12.	76	57	68	67	17	29.12.	9.5	533.8	5.6

Monat	Sonnenscheindauer in Stunden	% der mittleren Dauer[6]	Niederschlag Sum.[5]	Max.[7]	Zahl der Tage mit Niederschlag[8] ≥...mm 0.1	1.0	5.0	Frosttage[9]	Eistage[9]	Warme Tage[9]	*[14] u. *	*[14] u. ❄	⊞[14] ≥0 u. ●	⊞[14] ≥1	ℝ[14] u. ℝ	≡[14]	⌇[11]	h[12]	tr[13]	Windverteilung[15] N	NE	E	SE	S	SW	W	NW	Kal.
Jan.	68.9	123	29	11	10	6	1	14	2	0	1	5	7	7	0	4	5	3	14	14	3	9	11	2	6	41	7	0
Febr.	95.9	119	48	21	14	9	2	13	0	0	2	9	4	3	1	2	4	5	10	6	6	8	5	4	7	51	5	1
März	138.2	102	98	16	18	15	5	5	0	0	6	6	1	1	3	0	2	6	10	6	4	9	15	6	13	31	9	0
April	180.3	104	33	11	10	7	5	0	0	0	0	0	0	0	2	0	3	9	7	11	4	8	16	3	7	33	15	0
Mai	273.1	115	19	14	8	3	1	0	0	0	0	0	0	0	10	0	0	4	5	20	5	12	8	3	4	17	15	1
Juni	194.2	79	72	31	11	9	5	0	0	10	0	0	0	0	8	0	1	11	7	18	6	17	13	2	2	20	17	0
Juli	292.4	110	48	39	8	4	2	0	0	22	0	0	0	0	2	0	2	13	5	7	5	20	13	1	6	32	9	0
Aug.	306.9	126	20	11	8	5	1	0	0	29	0	0	0	0	1	0	2	6	1	6	11	6	13	10	10	30	11	4
Sept.	207.8	113	44	18	8	5	3	0	0	0	0	0	0	0	1	3	1	2	6	7	5	10	19	3	10	29	4	0
Okt.	89.7	76	70	31	15	9	5	1	0	0	0	0	0	0	2	3	1	3	11	7	5	16	17	5	10	26	7	1
Nov.	53.3	92	82	13	18	15	4	5	0	0	0	5	0	0	1	1	1	3	12	9	2	8	15	5	8	35	7	0
Dez.	38.6	93	39	13	10	6	3	14	8	0	0	5	0	0	0	0	0	4	18	6	9	13	24	5	4	21	11	0
Jahr	1939.5	105	602	39	138	95	35	52	10	61	3	30	12	11	32	13	22	69	106	117	57	136	162	52	81	366	120	7

[1] Mit Schwerekorrektur und Instrumentenkorrektur: $Gc = +0.25$, $Bc = +0.01$ (1991).

[2] $(7^h + 14^h + 21^h): 3$.

[3] $(7^h + 14^h + 21^h + 21^h): 4$.

[4] Aus der Registrierung.

[5] Millimeter.

[6] Registrierperiode 1901–1950.

[7] Maximum in einem Tag von 7^h bis 7^h.

[8] Von 7^h bis 7^h.

[9] Aus der Registrierung: Frosttage: Temperaturminimum $< 0°$, Eistage: Temperaturmaximum $< 0°$, warme Tage: Temperaturtagesmittel $\geq 20°$.

[10] Alle Tage, an denen Nebel (horizontale Sichtweite unter 1 km) beobachtet wurde.

[11] Sturmtage: Mittel der Windregistrierung mindestens 10 Minuten lang ≥ 39 km/h.

[12] Heitere Tage: Bewölkungsmittel < 2.0.

[13] Trübe Tage: Bewölkungsmittel > 8.0.

[14] * Schnee
● Regen
⊞ Schneedecke
ℝ (ℝ) Gewitter (Gewitter in Umgebung)

[15] Anzahl der Klimatermine (3 pro Tag), an denen Wind aus der angegebenen Richtung beobachtet wurde. Kal. = Windstille.

Abb. 4.8 Klimadaten der Station Wien, Hohe Warte: Jahresübersicht der meteorologischen Beobachtungen 1992.

Tab. 4.3 Monats-, Jahreszeiten- und Jahresmittel, höchste und tiefste Mittel sowie absolute Maxima und Minima der Lufttemperatur, Station Wien (Hohe Warte). Datenbasis: Stundenwerte und Tagesextremwerte – Standort Freilandhütte (1873–1986). Werte in °C. $\bar{T}$ Mittelwert, s Standardabweichung.

1873–1986	Jan.	Feb.	März	April	Mai	Juni	Juli	Aug.	Sept.	Okt.	Nov.	Dez.	FR	SO	HE	WI	Jahr
$\bar{T}$	−1.0	0.4	4.8	9.8	14.3	17.7	19.5	18.8	15.1	9.6	4.3	0.6	9.6	18.7	9.7	0.0	9.5°C
s	2.8	2.8	2.2	1.6	1.6	1.3	1.3	1.2	1.4	1.4	1.8	2.3	1.1	0.8	1.1	1.8	0.7°C
Höchstes Mittel	5.2	6.8	9.1	13.2	17.9	20.5	23.2	21.2	18.7	13.4	9.1	5.4	12.0	20.7	11.5	3.5	11.1°C
Jahr	1983	1966	1882	1961	1958	1930	1983	1873 1892	1947	1907	1926	1934	1934 1946	1983	1926 1982	1915	1934 1983
Tiefstes Mittel	−9.3	−9.9	0.1	6.3	10.5	14.2	16.2	16.3	10.4	5.6	−0.1	−7.5	7.5	16.8	6.5	−5.1	7.5°C
Jahr	1942	1929	1875	1929	1902	1923	1913	1940	1912	1905	1920	1879	1883 1900	1913	1912	1939	1940
Absol. Max.	17.1	20.0	24.5	27.8	32.6	36.8	38.3	37.0	32.5	27.8	21.7	17.4	32.6	38.3	32.5	20.0	38.3°C
Tag	31.1. 1948	23.2. 1903	23.3. 1977	26.4. 1947 26.4. 1986	11.5. 1958	30.6. 1950	8.7. 1957	19.8. 1892	12.9. 1962	2.10. 1956	3.11. 1970	5.12. 1915	11.5. 1958	8.7. 1957	12.9. 1962	23.2. 1903	8.7. 1975
Absol. Min.	−22.5	−26.0	−16.6	−8.2	−0.8	3.3	7.1	6.4	−1.1	−9.2	−14.6	−20.4	−16.6	3.3	−14.6	−26.0	−26.0°C
Tag	16.1. 1893	11.2. 1929	2.3. 1886	4.4. 1900	21.5. 1876	3.6. 1928	6.7. 1962	30.8. 1881	26.9. 1875	31.10. 1920	27.11. 1892	9.12. 1879	2.3. 1886	3.6. 1928	27.11. 1892	11.2. 1929	11.2. 1929

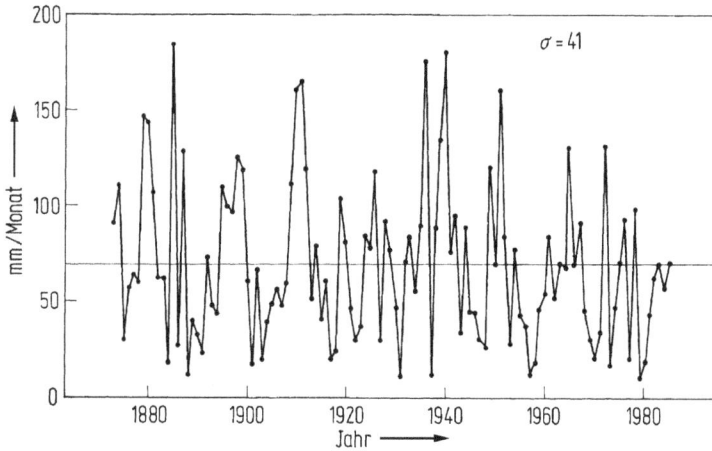

Abb. 4.9 Niederschlagsmengen Mai, Wien, Hohe Warte, 1873–1985. Linearer Mittelwert 69, quadratischer Mittelwert 80, Streuung 41, jeweils mm Niederschlagshöhe/Monat.

4.2.2 Das Klimadiagramm

Eine anschauliche und zweckmäßige quantitative Wiedergabe des Klimas bietet das von Walter und Lieth (1960–67) entworfene Klimadiagramm (Abb. 4.10). In ihm werden für eine feste Klimastation die Klimaelemente Temperatur und Niederschlag (jeweils langjährige Monatsmittel) im Jahresgang dargestellt, und zwar in einem festen Maßstab: die Abszisse ist in 12 Teile geteilt und gibt die Monate des Jahres wieder (1 = Januar, 2 = Februar, etc. auf der Nordhalbkugel, 1 = Juli, 2 = August, etc. auf der Südhalbkugel), die Ordinate hat ihren Nullpunkt für T bei $0\,°C$ und für N bei 0 mm/Monat. Temperatur und Niederschlag haben gleiche Ordinatenzuwächse für $\Delta T = 10$ K und $\Delta N = 20$ mm/Monat. Auf diese Weise werden die Diagramme untereinander vergleichbar.

Zusätzlich zu den beiden Kurven $T(t)$ und $N(t)$ enthält das Klimadiagramm Angaben über die Jahresmittel, Extremwerte, das zur Mittelung benutzte Zeitintervall, etc. sowie durch eine einfache Schraffur angedeutet: Feuchte, tropisch feuchte bzw. trockene oder steppenartige Monate. Damit lassen sich grob 9 Klimagebiete unterscheiden (Abb. 4.11), die von den immerfeuchten Tropen (Typ I) über das zentraleuropäische (Typ VI) bis hin zum arktischen Kontinentalklima reichen (Typ IX). Das Bergklima (Typ X) bildet eine eigene Kategorie. Diese Klimate lassen sich stichwortartig wie folgt charakterisieren:

Typ I   Äquatoriale immerfeuchte Zone (zwei Regenzeiten, frostfrei) in Kolumbien, Kamerun und Australien. Temperaturen meist über $20\,°C$. Geringer jahreszeitlicher Temperaturgang.

Typ II   Tropisches/subtropisches Sommerregengebiet in Brasilien, Südafrika, (Fröste möglich) und Australien; Dürrezeit kühler als bei Typ I.

Typ III   Aride subtropische Wüstenzone in Peru, Südwestafrika und Arabien, gelegentlich Strahlungsfröste.

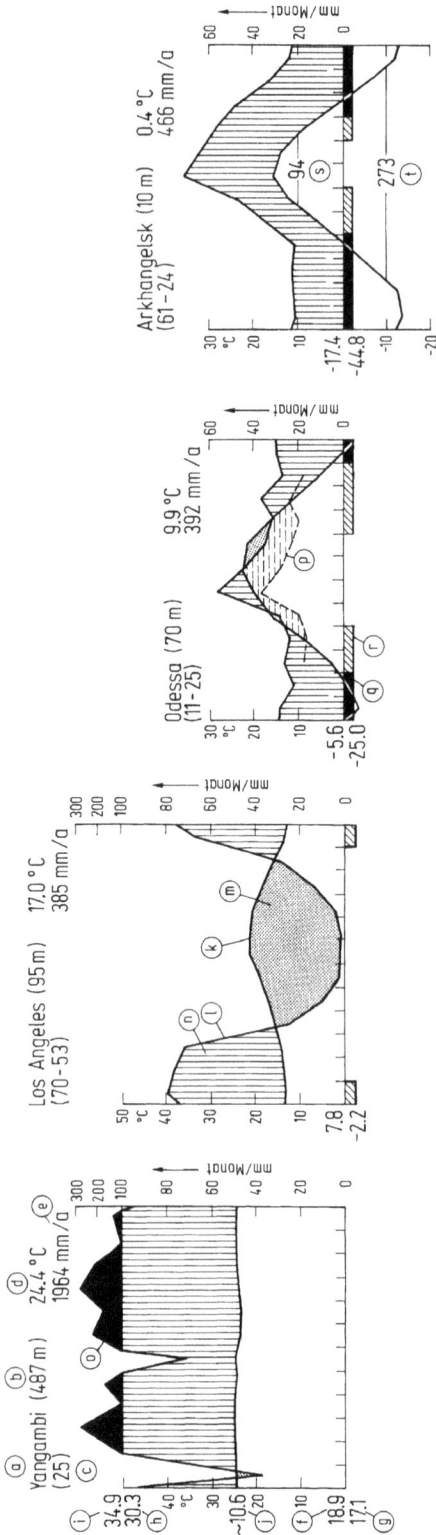

Abb. 4.10 Klimadiagramme nach Walter. Jedes Teilbild zeigt den Jahresgang der Monatsmittelwerte von Temperatur (°C, linke Skala) und Niederschlag (mm/Monat, rechte Skala). Die Symbole bedeuten: (a) Station, (b) Höhe über dem Meer, (c) Zahl der Beobachtungsjahre (eventuell erste Zahl für Temperatur und zweite Zahl für Niederschlagsmenge, (d) mittlere Jahrestemperatur, (e) mittlere jährliche Niederschlagsmenge, (f) mittleres tägliches Minimum des kältesten Monats, (g) absolutes Minimum (tiefste gemessene Temperatur), (h) mittleres tägliches Maximum des wärmsten Monats, (i) absolutes Maximum (höchste gemessene Temperatur), (j) mittlere tägliche Temperaturschwankung, (k) Kurve der mittleren Monatstemperaturen, (l) Kurve der mittleren monatlichen Niederschläge (im Verhältnis 10 °C = 20 mm/Monat), (m) Dürrezeit (punktiert), (n) humide Jahreszeit (vertikal schraffiert), (o) mittlere monatliche Niederschläge, die 100 mm/Monat übersteigen (Maßstab auf 1/10 reduziert), schwarze Fläche, (p) Niederschlagskurve erniedrigt, im Verhältnis 10 °C = 30 mm/Monat, darüber horizontal gestrichelte Fläche – Trockenzeit, (q) Monate mit mittlerem Tagesminimum unter 0 °C (schwarz), (r) Monate mit absolutem Minimum unter 0 °C (schräg schraffiert), (s) mittlere Zahl von Tagen mit Temperaturen über 10 °C, (t) mittlere Zahl von Tagen mit Temperatur über – 10 °C. Man beachte, daß nicht für jedes Klimadiagramm alle Daten a bis t verfügbar sind (Beispiele: h, i, j werden nur für tropische Stationen angegeben, s und t nur für Stationen in kalten Klimaten).

I   Andagoya (76 m)   27.6 °C
      (9 - 12)   7088 mm/a

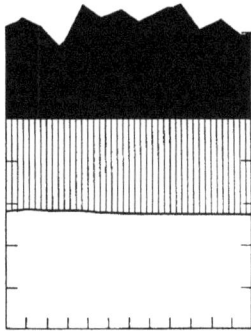

Lomie (640 m)   23.2 °C
(8 - 10)   1583 mm/a

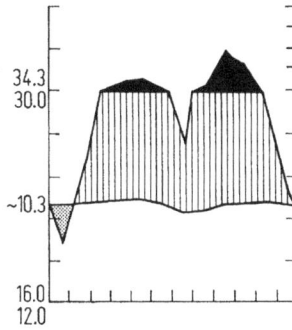

Cairns (5 m)   24.7 °C
(24 - 49)   2250 mm/a

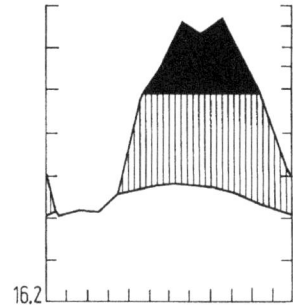

II   Paraná (260 m)   22.8 °C
      (19)   1580 mm/a

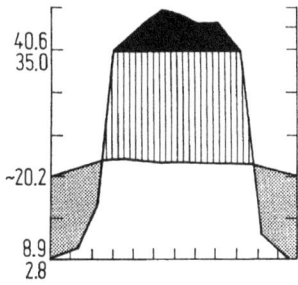

Johannesburg (1753 m) 16.2 °C
(20 - 46)   769 mm/a

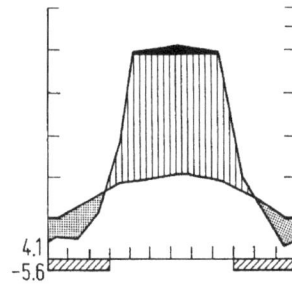

Darwin (32 m)   28.1 °C
(49 - 61)   1538 mm/a

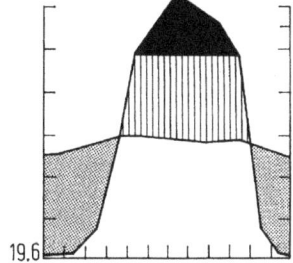

III   Lima (158 m)   19.3 °C
      (15 - 18)   48 mm/a

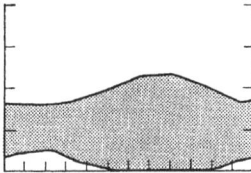

Swakopmund (10 m) 15.3 °C
                   15 mm/a

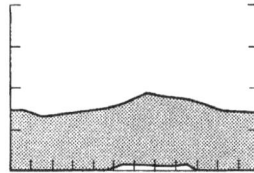

Kuweit   24.4 °C
(7)   122 mm/a

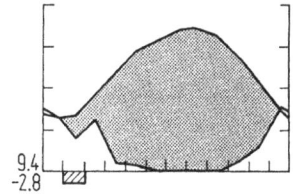

IV   Valparaiso (41 m) 14.3 °C
      (14 - 57)   490 mm/a

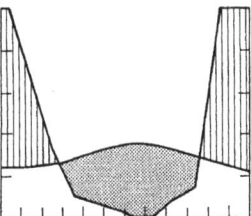

Cape Town (12 m)   17.3 °C
(18 - 109)   627 mm/a

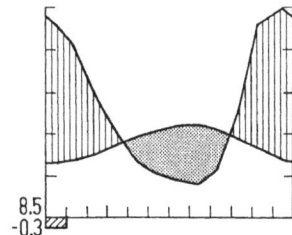

Lisbon (100 m)   15.9 °C
(30)   602 mm/a

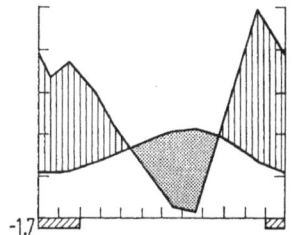

V   Montevideo (25 m) 16.1 °C
     (24)   986 mm /a

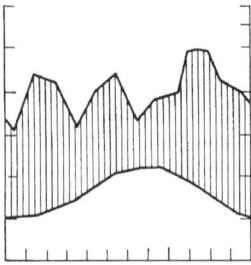

     East London (125 m) 18.7 °C
     (11-68)   808 mm /a
     10.2
     2.8

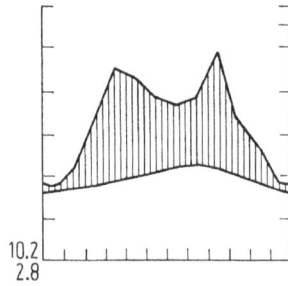

     Rize (60 m)   14.3 °C
     (22)   2510 mm /a
     3.6
     -6.6

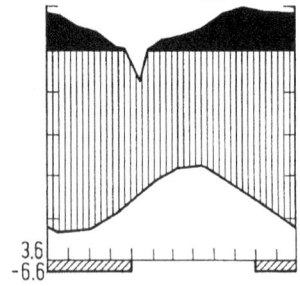

VI   Kristiansund (32 m) 6.8 °C
     (30)   1472 mm /a
     -126-
     -0.4
     -25.5

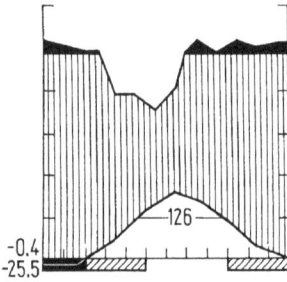

     Puerto Aisen (10 m) 8.9 °C
     (8)   3018 mm /a
     2.2
     -7.2

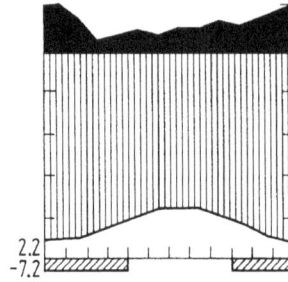

     Topeka (301 m)   12.0 °C
     (49-50)   853 mm /a
     -22.3
     -31.7

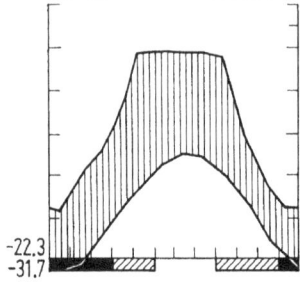

VII Turkestan (223 m) 12.1 °C
     (34-44)   175 mm /a

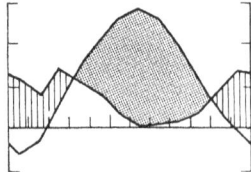

     Sarmiento (268 m) 10.7 °C
     (30)   135 mm /a

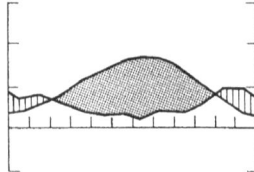

     Ely (1910 m)   5.5 °C
     (7)   278 mm /a
     -13.1
     -32.7

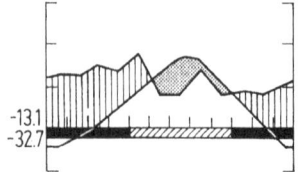

VIII Olekminsk (152 m) -7.0 °C
     (30-26)   272 mm /a
     -97-
     -197-

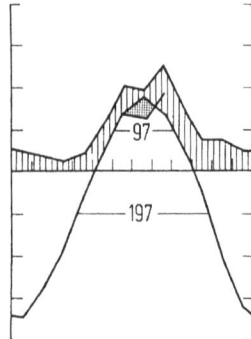

     Moscow (167 m)   3.2 °C
     (35-22)   538 mm /a
     -124-
     -14.6
     -40.8

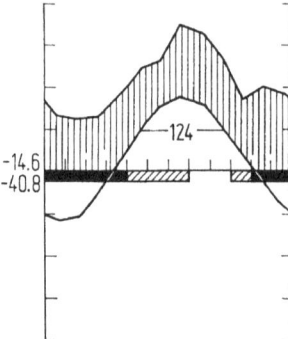

     Stockholm (44 m)   5.9 °C
     (30-50)   569 mm /a
     -114-
     -2.6
     -28.2

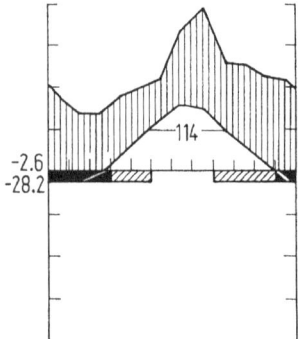

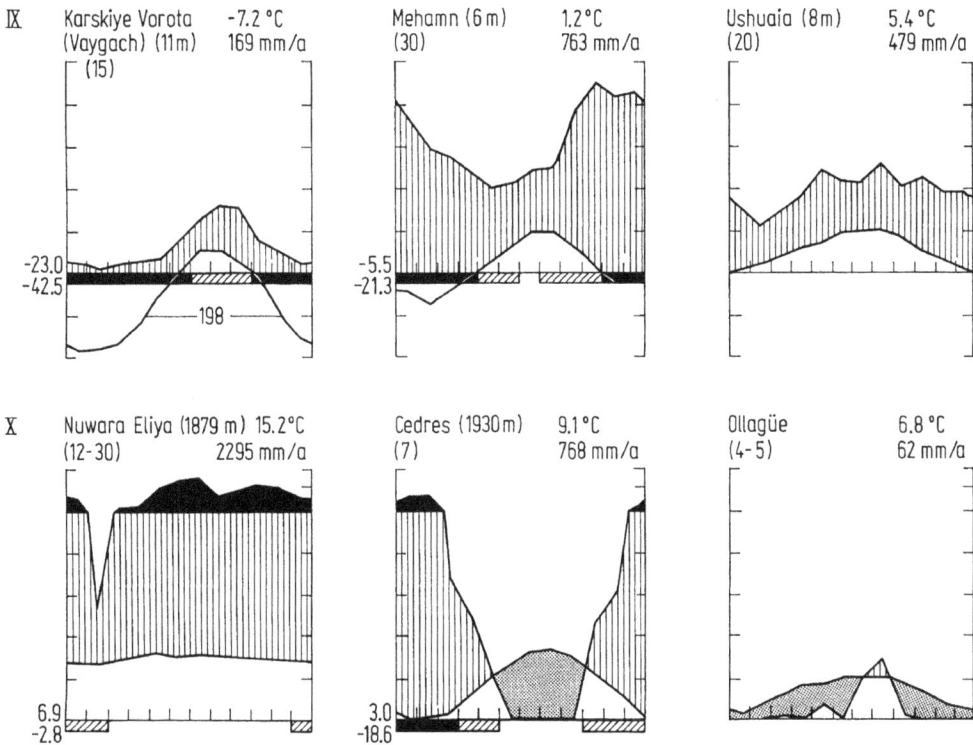

Abb. 4.11   Beispiele für die Temperatur/Niederschlags-Klimatypen (nach Walter, 1973). Zum Schlüssel der Ordinaten und Abszissen vgl. Abb. 4.10.

Typ IV   Mediterrane Winterregengebiete in Chile, Südafrika und Portugal.

Typ V   Warmtemperierte, immerfeuchte Zone in Uruguay, Südafrika und Nordanatolien, mit kalter Jahreszeit (Fröste selten).

Typ VI   Temperierte humide Zone in Norwegen, Chile (sehr feucht, milde Winter, kühle Sommer) und USA (kalte Winter, heiße Sommer) mit ausgeprägter (nicht langer) kalter Jahreszeit.

Typ VII   Temperierte aride Zone in Zentralasien (kontinental), Argentinien (gemäßigt) und USA, mit kalten Wintern und heißen Sommern.

Typ VIII   Boreale Zone in Sibirien (extrem kontinental), Zentralrußland und Schweden (gemäßigter) mit langer kalter Jahreszeit, Monatsmittel des wärmsten Monats über 10 °C.

Typ IX   Arktisches Gebiet in Nordrußland (kontinental), Norwegen (humid) und Argentinien (maritim), höchstens mit kurzer frostfreier Jahreszeit, wärmster Monat unter 10 °C.

Typ X   Gebirgsklimate inmitten der einzelnen Klimazonen: Sri Lanka (Ceylon, Zone I), Libanon (Zone IV) und Chile (Zone III), im einzelnen sehr verschieden.

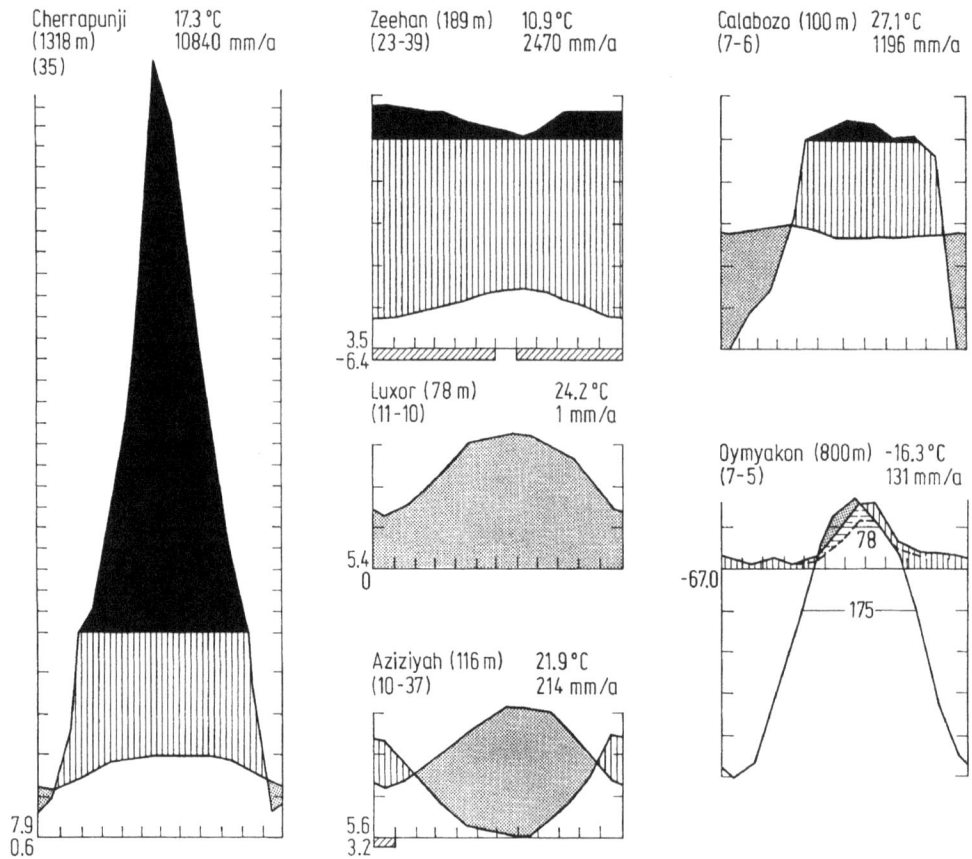

Abb. 4.12   Extremklimate der Erde anhand der Temperatur/Niederschlags-Diagramme (nach Walter et al., 1975). Zur Achsenbeschriftung vgl. Abb. 4.10.

In Abb. 4.12 sind Beispiele für extreme Klimate im Sinne dieser Klassifikation gezeigt: Cherrapunji in Assam (nordöstlich Kalkutta) mit äußerst hohem Jahresniederschlag und mittlerem Juni-Maximum von etwa 2800 mm/Monat, Zeehan an der Westküste von Tasmanien mit ständig feuchtem, gemäßigtem Klima, Luxor am Nil mit vollständig niederschlagsfreiem Klima, Aziziyah in Tripolitanien mit höchsten Einzeltemperaturen von über 55 °C, Calabozo in der Orinoco-Savanne am Wärmeäquator mit sehr hoher mittlerer Jahrestemperatur und Oymyakon in Ostsibirien, Kältepol des menschlichen Siedlungsraumes mit niedrigsten Wintertemperaturen.

4.2.3 Darstellung von Klimagrößen als Karte

Anstatt ein Klimaelement an einem festen Ort als Funktion der Zeit darzustellen, kann man komplementär den Zeitpunkt fixieren und die interessierende Größe als Funktion der Raumkoordinate darstellen. Abb. 4.13 zeigt die Temperatur T_s an der

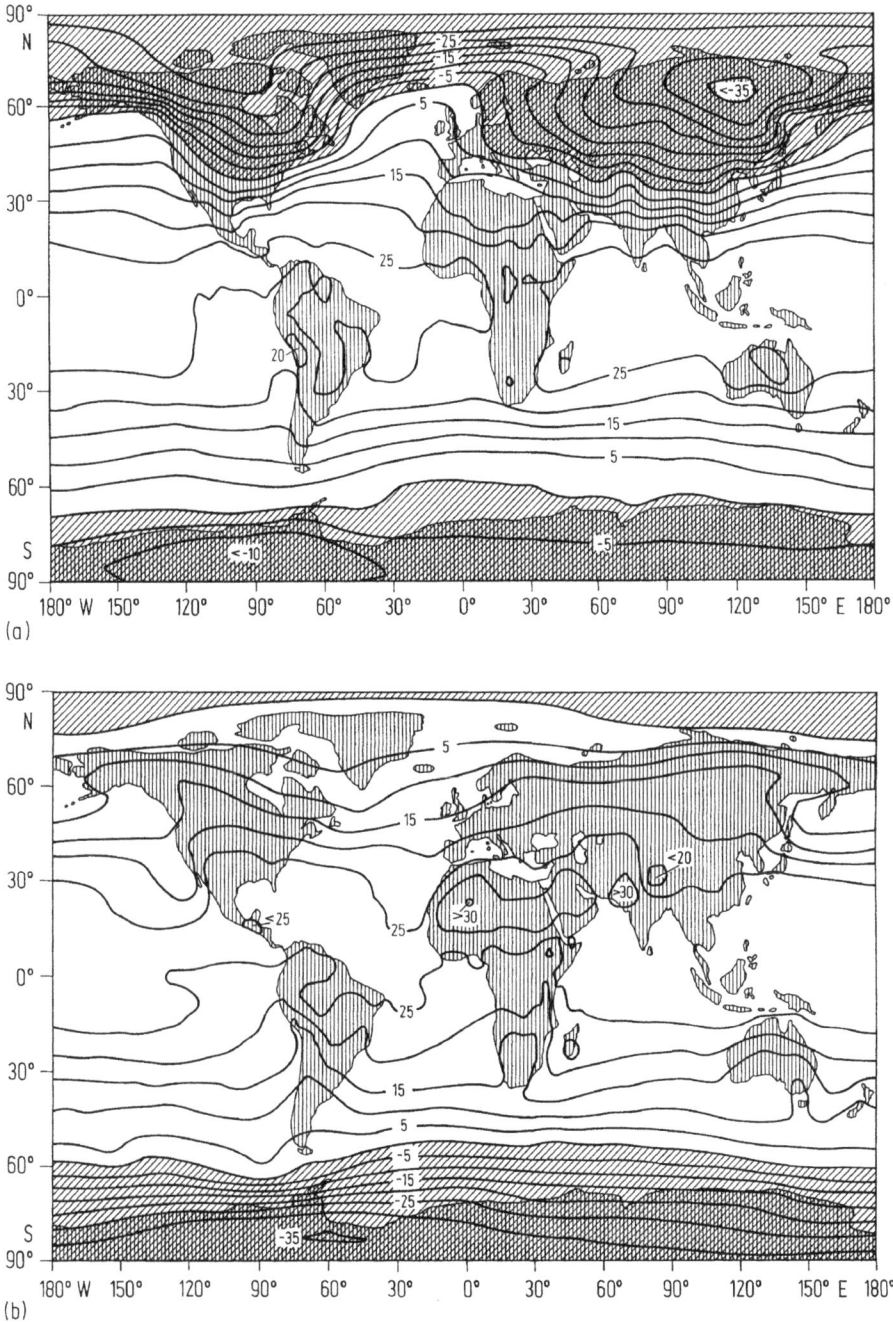

Abb. 4.13 Monatsmittel der Lufttemperatur an der Erdoberfläche für die extremen Jahreszeiten, 1963–1973, in °C. Abstand der Isolinien 5 K, Bereiche unter 0 °C schattiert. a) Januar (weltweites Mittel 13.1 °C), b) Juli (Mittel 16.7 °C) (nach Oort, 1983).

Erdoberfläche (weltweites Jahresmittel 14.9 °C). Man erkennt die warme Tropenzone ($T_s \geq 20$ °C) zwischen ca. 30 °N und 30 °S und die kalte Polarzone ($T_s \leq 0$ °C) für Breiten größer als ca. 60°. Die rechteckige Darstellung der Erdoberfläche in Abb. 4.13 (und den folgenden im gleichen Maßstab) hat den Vorteil des einfachen λ, φ-Koordinatensystems (λ = geographische Länge von 0 bis 360°, φ = geographische Breite von -90° am Südpol bis $+90$° am Nordpol), jedoch den Nachteil, nicht flächentreu zu sein. Der Breitenbereich von 0 bis 30° auf der Erdkugel hat die gleiche Fläche wie der Breitenbereich von 30° bis 90°; Ursache ist die Meridiankonvergenz. Daher sind die Außertropen von 30° bis 90° im Diagramm von Abb. 4.13 flächenmäßig um 100 % überrepräsentiert.

Den Sachverhalt, daß T_s starke Gradienten in Nord-Süd-Richtung und viel schwächere in Ost-West-Richtung hat, bezeichnet man als *Zonalität*. Die Zonalität ist besonders auf der Südhalbkugel auffällig. Für die Jahreszeiten zeigt Abb. 4.13 das Kältezentrum über Ostsibirien im Nordwinter und das Kältezentrum über der Antarktis im Südwinter, ferner das Wärmezentrum über der inneren Tropenzone mit ihrem Maximum im Nordsommer über Nordafrika. Die stärksten Nord-Süd-Temperaturgradienten finden sich im Winter der jeweiligen Halbkugel. Im Nordwinter ist die thermische Bevorzugung des atlantisch-europäischen Sektors sehr markant. Eine andere Asymmetrie, die nicht auf den ersten Blick auffällt, ist die deutlich niedrigere Temperatur der Antarktis als die der Arktis im Jahresmittel. Damit hängt der Umstand zusammen, daß der globale Mittelwert von T_s im Juli um 3.6 K höher liegt als im Januar („der Nordsommer ist wärmer als der Südsommer").

Eine wichtige Eigenschaft der Atmosphäre und damit des Klimasystems ist in Abb. 4.13 nicht zu erkennen: Der Abfall der Temperatur mit der Höhe. Dieser Effekt ist viel stärker als die wegen der Zonalität des Klimas nur schwache Variabilität der Temperatur in Ost-West-Richtung. Wenn man in jedem Druckniveau die Temperatur zonal mittelt und das Ergebnis $[T]$ als Funktion von p (Vertikalkoordinate) und φ (Horizontalkoordinate) aufträgt, so kommt man zum Vertikal-Meridionalschnitt einer Klimagröße. Abb. 4.14a reproduziert in Bodennähe die warme Tropenatmosphäre (≥ 20 °C) und die kalte Polaratmosphäre (< 0 °C). Man erkennt, daß T in allen Breiten nach oben hin geringer wird; dieses vertikale Temperaturgefälle in der Atmosphäre ist weltweit relativ konstant (ca. 6.5 K/km). Der Temperaturabfall endet an der Tropopause, einer meist scharf ausgeprägten Grenzfläche in der Hochatmosphäre, oberhalb der T wieder ansteigt. Abb. 4.14a zeigt, daß die tropische Tropopause (in ca. 16 km) höher liegt (und daher kälter ist) als die polare Tropopause (ca. 8 km Höhe).

Wenn man die Temperaturkarte (s. Abb. 4.13) nicht nur an der Erdoberfläche zur Verfügung hat, sondern in jedem Druckniveau, so kann man diese komplette dreidimensionale Verteilung statt durch zonale Mittelung auch durch vertikale Mittelung auf eine zweidimensionale Karte reduzieren. Dabei wird das vertikale Mittel nicht über die geometrische Koordinate z, sondern über die für ein Geofluid natürliche (weil massenproportionale) Druckkoordinate p gebildet. Die Mittelungsformel lautet

$$\langle T \rangle = \int_0^{p_s} T(p)\,\mathrm{d}p \Big/ \int_0^{p_s} \mathrm{d}p = \frac{1}{p_s} \int_0^{p_s} T(p)\,\mathrm{d}p \ ; \tag{4.2}$$

p_s ist der Bodendruck (Index s für surface).

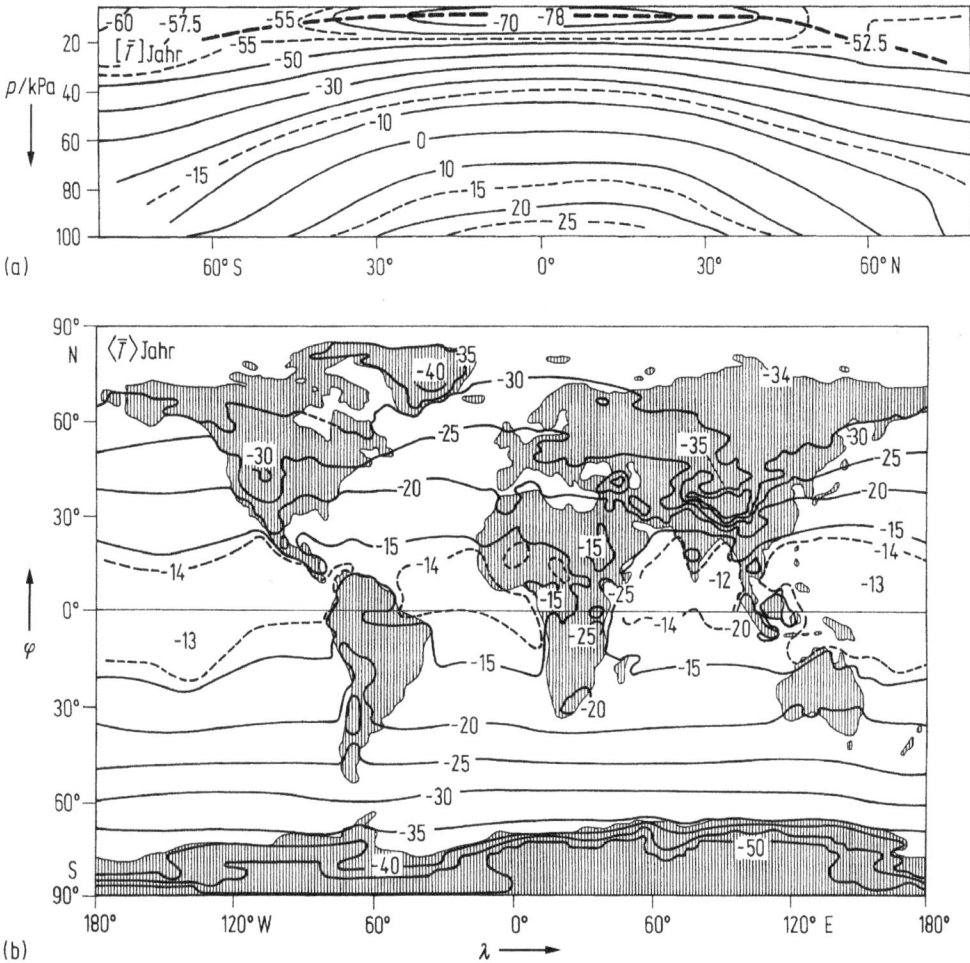

Abb. 4.14   Jahresmittel der Temperatur der Atmosphäre in °C (nach Peixoto und Oort, 1984). (a) Zonales Mittel, dargestellt als Funktion der Meridionalkoordinate (geogr. Breite φ, Abszisse) und der Vertikalkoordinate (Druck p, Ordinate). Dick gestrichelt: Tropopause. (b) Vertikales Mittel als Funktion der horizontalen Koordinaten λ (geogr. Länge) und φ (geogr. Breite).

Die vertikale Mittelung von T gem. Gl. (4.2) liefert nach zusätzlich zeitlicher Mittelung Abb. 4.14b. Wegen des gleichmäßigen vertikalen Temperaturabfalles (Abb. 4.14a) ist es nicht erstaunlich, daß Abb. 4.14b etwas glatter als Abb. 4.13 ausfällt und absolut um ca. 30 bis 40 K kleinere Werte hat, beide Funktionen jedoch recht ähnlich sind.

4.2.4 Satellitendaten (Fernerkundung)

Eines der wichtigsten Verfahren zur Datenbeschaffung in der modernen Klimatologie ist die *Fernerkundung* (*remote sensing*). Dabei wird, einfach gesagt, das Klima fotografiert. Genauer: In einem wohldefinierten Spektralbereich wird eine Karte nach Art von Abb. 4.13 vom Satelliten aus aufgenommen (z. B. Farbbild 6).

Durch geeignete Methoden der spektralen Differenzierung kann man auch Vertikalprofile durch die Atmosphäre hindurch gewinnen.

4.2.5 Ordnung der Klimaelemente

Angesichts der Fülle der Klimaelemente (Temperatur, Niederschlag, Bewölkung, Sonneneinstrahlung, Sturmhäufigkeit, Treibeisverteilung, Monsunintensität, ...) erhebt sich die Frage: Wie soll man sie ordnen? Welche sind wichtig, welche sind weniger wichtig? Manche Klimaelemente hängen ja voneinander ab. Beispielsweise sind Bewölkungsmenge und Sonnenscheindauer nicht unabhängig voneinander, sondern gegenläufig.

Ein weiterer Punkt, der sofort auffällt, ist eine gewisse Willkür in den Darstellungen der Klimaelemente. Worauf etwa beruht das Verhältnis 10 K zu 20 mm/Monat in der Temperatur-/Niederschlagsskala der Abb. 4.10 bis 4.12? Die damit getroffene Wahl mag geschickt sein; sie suggeriert ein humides Klima, wenn die Niederschlagskurve über der Temperaturkurve liegt, und ein arides Klima, wenn sie darunter liegt. Jedoch – gibt es da objektivere Kriterien als die Erfahrungswerte des Autors?

Wir wollen das Prinzip des Haushalts als objektives Kriterium benutzen (siehe Abb. 4.15). Die Badewanne mit einer Wassermenge der Masse m (in der Einheit kg, gemessen anhand des Wasserspiegels) habe einen Zufluß Z und einen Abfluß A; beide Wasserflüsse haben die Einheit kg/s. Die zeitliche Änderung von m ist gegeben durch die Differenz von A und Z. Diese Beziehung verknüpft *Zustandsgrößen*, hier m, (s. Kap. 3, Abschn. 3.2.2.1) mit *Flußgrößen*, hier A, Z. Wir betrachten die Kategorien

Zustandsgrößen/Flußgrößen

als zentral für die Ordnung der Klimaelemente. – In der allgemeinen Fassung tritt zu den Flußgrößen noch ein weiterer Term, die Quellstärke, hinzu, die im nächsten Abschnitt eingeführt wird.

Als weitere Kategorie für die Ordnung der Klimaelemente führen wir die *Feldartigkeit* oder Nichtfeldartigkeit ein. Ein Klimaelement soll feldartig heißen, wenn es eine drei- oder mindestens zweidimensionale stetige Verteilung besitzt. Die Temperatur beispielsweise ist im Klimasystem überall definiert und hat eine stetige 3D-Verteilung – sie ist also sicher feldartig. Überhaupt sind Zustands- und Flußgrößen, die in einer Haushaltsgleichung vorkommen, feldartig. Aber es gibt auch relevante feldartige Klimaelemente, die nicht in einer Haushaltsgleichung vorkommen; typische Beispiele sind die 2D-Häufigkeiten wie Niederschlagshäufigkeit, Sonnenscheindauer etc. Solche feldartigen, aber nicht unmittelbar haushaltsfähigen Größen wollen wir *sekundäre Klimaelemente* nennen.

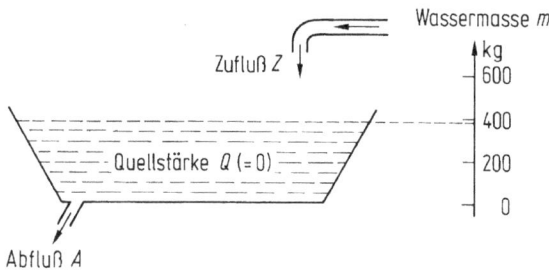

Abb. 4.15 Das Wasserbudget der Badewanne als einfachstes Beispiel für das Haushaltsprinzip bei Erhaltungsgleichungen.

Schließlich gibt es relevante Klimagrößen, die noch nicht einmal feldartig sind. Trotzdem darf man nicht auf sie verzichten, wenn man der Fülle der Erscheinungen gerecht werden will. Typische Beispiele sind die Zugbahnen. Die Zugbahn eines tropischen Hurrikans ist ein wichtiges Klimaelement, aber sicher nicht überall definiert und daher nicht feldartig, und schon gar nicht budgetartig. Solche Klimaelemente wollen wir *komplex* nennen.

Wir ordnen also die Klimaelemente gemäß Tab. 4.4 in ein einfaches Raster und unterscheiden Budget-, sekundäre und komplexe Klimaelemente. Eines der vier Felder bleibt leer, denn es kann keine Budgetelemente geben, die gleichzeitig nichtfeldartig sind. Bei weitem am wichtigsten sind die Budgetelemente.

Tab. 4.4 Typen von Klimaelementen. Ein Klimaelement ist eine meßbare physikalische (chemische, biologische) Größe, die den Zustand des Klimasystems an einem definierten Raum-/Zeitpunkt quantitativ kennzeichnet.

	Feldartige Elemente	Nichtfeldartige Elemente
Budgetartige Elemente	*Budget-Elemente* Das sind Klimaelemente, die als Zustands- oder Flußgrößen in Budgetgleichungen vorkommen. Beispiele: Temperatur; Niederschlag	
Nichtbudgetartige Elemente	*Sekundäre Elemente* Das sind feldartige Klimaelemente, für die es keine Budgetgleichung gibt. Beispiele: Albedo; Niederschlagshäufigkeit	*Komplexe Elemente* Das sind nichtfeldartige Größen, die klimatisch relevant sind und kartiert werden können. Beispiele: Zugstraßen von Zyklonen; Lage der innertropischen Konvergenzzone

4.2.6 Budgetelemente

Wir betrachten jetzt den Wasserhaushalt der Badewanne (s. Abb. 4.15) etwas näher.
Die Wanne enthalte je nach Höhe des Wasserspiegels eine bestimmte Wassermenge
mit der Masse m; Zufluß Z und Abfluß A seien gegeben; schließlich beschreibe die
interne Quelle Q die (physikalische oder chemische) Erzeugung der Substanz aus
anderen Stoffen. Mit physikalischer Erzeugung ist die Phasenumwandlung gemeint,
mit chemischer dagegen die echte Erzeugung des Stoffes aus anderen Stoffen. Als
typisches Beispiel für physikalische Erzeugung kann die Umwandlung von Wasserdampf in Wasser (Kondensation, $Q > 0$) oder umgekehrt (Verdampfung, $Q < 0$) dienen. Bei der wirklichen Badewanne ist diese Größe nicht aktiv ($Q = 0$ in Abb. 4.15);
aber wenn wir uns den Flüssigwassergehalt einer Wolke in der Wanne gesammelt
denken, so finden in der Wolke ja Kondensations- und Verdampfungsprozesse statt,
und diese Kondensationsrate ist die Quelle Q. Als einfaches klimarelevantes Beispiel
für chemische Erzeugung kann die Reaktion von atomarem und molekularem Sauerstoff zu Ozon dienen.

Der Zusammenhang zwischen diesen Größen wird durch die Wassererhaltungs-
gleichung gegeben

$$\frac{\mathrm{d}m}{\mathrm{d}t} + (A - Z) - Q = 0 \, . \tag{4.3}$$

Diese Beziehung enthält drei Typen von Größen:

a) Zustandsgröße m;
b) Flußgrößen A, Z;
c) Quellgröße Q. $\hspace{6cm}$ (4.4)

Ein Fluß repräsentiert den Transport der Zustandsgröße über die Grenze des Kon-
trollvolumens hinweg. Eine Quelle dagegen ist nicht als Zu- oder Abfluß zu verstehen,
sondern als Erzeugung der Substanz aus dem Inneren des Volumens heraus. Beispielsweise wird die Verdunstung des Wassers an der Oberfläche nicht als Quelle
angesehen, sondern als Flußgröße (obwohl die Verdunstung eine negative Quelle
von kondensiertem Wasser ist).

Klimaelemente, die einem der Typen (4.4) angehören, wollen wir Budgetelemente
nennen. Ferner gliedern wir intern nach den quellenfreien Erhaltungssätzen von
Masse, Energie und Impuls (vgl. dazu Tab. 4.5).

Die Badewannengleichung (4.3) faßt viele unterschiedliche Spezialfälle zusammen.
Halten sich beispielsweise Zu- und Abfluß die Waage ($A - Z = 0$) und sei die Quelle
Null, so verschwindet auch $\mathrm{d}m/\mathrm{d}t$, d.h. der Zustand ist stationär. Überwiegt der
Abfluß ($A - Z > 0$), so sinkt der Wasserspiegel ($\mathrm{d}m/\mathrm{d}t < 0$), überwiegt der Zufluß,
so steigt er. Sind Zu- und Abfluß praktisch gleich und jeder für sich sehr groß
verglichen mit der Pegeländerung, so kann $\mathrm{d}m/\mathrm{d}t$ aus Z und A nicht zuverlässig
bestimmt werden, denn die kleine Differenz zweier großer Größen wird durch den
Meßfehler der Einzelgrößen verfälscht. Vielfach kann man aber m und damit auch
$\mathrm{d}m/\mathrm{d}t$ separat messen (z. B. Hydrologie von Flußeinzugsgebieten; Gletschermassen-
haushalte; Kohlenstoffhaushalte von Waldgebieten) und so die Differenzmessung
$Z - A$ prüfen.

Tab. 4.5 Beispiele für die wichtigsten Budgetelemente.

Erhaltungssatz für	Größe	Einheit
a) Zustandsgrößen		
Substanz	spezifische Feuchte q	$g/kg = 10^{-3}$
	Spurenstoffe (Konzentration)	g/kg
	Gesamtmasse	kg
	Salzgehalt im Ozean	g/kg
	Bodenfeuchte	z. B. kg/m^2
	Gletschereismasse	z. B. kg/m^2
Energie	Temperatur T	K
	latente Energie	J/kg
	potentielle Energie	J/kg
	kinetische Energie	J/kg
Impuls	Wind V	m/s
	Strömung im Ozean	m/s
	Geschwindigkeit von Meereis	m/s
b) Flußgrößen		
Wasserflüsse (Hydrologie)	Niederschlag P	$kg\,m^{-2}\,s^{-1}$
	Verdunstung E	$kg\,m^{-2}\,s^{-1}$
	Abfluß A	$kg\,m^{-2}\,s^{-1}$
Energieflüsse	Nettostrahlung RAD	W/m^2
	Fluß latenter Wärme LH	W/m^2
	Fluß fühlbarer Wärme SH	W/m^2
Impulsfluß	Windschub τ	Pa
	Korrelationsfluß $\overline{u'v'}$	m^2/s^2
c) Quellgrößen		
Phasenwechsel	Kondensationsrate	$kg\,m^{-3}\,s^{-1}$
Chemische Reaktion	Umsatzrate	$kg\,m^{-3}\,s^{-1}$

Zu Teil (a) von Tab. 4.5 ist zu bemerken, daß die Erhaltung von Substanzgrößen als besonders fundamentale Klimaaussage gelten kann. Dabei muß man zwischen der Gesamtsubstanz (z. B. der Gesamtmasse m des Wassers in der Atmosphäre oder der Gesamtmasse eines Gletschers) und der feldartig verteilten Konzentration (spezifische Feuchte, Salzgehalt, etc.) unterscheiden. Der eigentliche Erhaltungssatz gilt für die Gesamtsubstanz, die Konzentration gehorcht einer davon abgeleiteten Kontinuitätsgleichung. – Die Energie tritt in verschiedenen Formen auf, wir werden uns in erster Linie für die innere Energie interessieren, die der Temperatur T proportional ist. – Der Wind ist keine Fluß-, sondern eine Zustandsgröße; die zugehörige Flußgröße ist der Impulsfluß.

In Teil (b) haben wir uns auf vertikale Flußdichten beschränkt; die horizontalen Flußkomponenten werden wir später kennenlernen. Dort wird auch der hier stillschweigend vorgenommene Übergang vom Begriff Fluß (Abb. 4.15) zu Flußdichte

(Tab. 4.5) allgemein erläutert. Im Vorgriff darauf wollen wir bereits hier die im hydrologischen Teil angegebene und allgemein bekannte physikalische Einheit für den Regenfluß kurz diskutieren. Wie ist die Angabe zu verstehen: In den letzten zwei Tagen sind 17 mm Niederschlag gefallen? Dazu schreiben wir

$$N = \text{Niederschlag}; \quad P = \varrho N; \quad \varrho = 10^3 \, \text{kg m}^{-3}. \tag{4.5}$$

N hat die Dimension einer Geschwindigkeit. Aus $N = 17 \, \text{mm}/2 \, \text{d}$ berechnen wir (beachte $1 \, \text{d} = 86\,400 \, \text{s}$, $2 \, \text{d} \simeq 1.7 \cdot 10^5 \, \text{s}$)

$$P = \frac{10^3 \, \text{kg}}{\text{m}^3} \frac{17 \cdot 10^{-3} \, \text{m}}{1.7 \cdot 10^5 \, \text{s}} = 10^{-4} \, \frac{\text{kg}}{\text{m}^2 \, \text{s}} \tag{4.6}$$

Die dem Niederschlag entsprechende *Wasserflußdichte* ist also P. Bei diesem Regen fällt pro Sekunde 0.1 g Wasser auf den Quadratmeter. Wenn das zwei Tage lang anhält, so steht (wenn es nicht vorher abfließt) das Wasser überall 1.7 cm hoch.

Energieflüsse und Impulsfluß im Teil (b) von Tab. 4.5 werden später näher besprochen. Für die Quellgrößen von Tab. 4.5 ist das wichtigste Beispiel in der klassischen Klimatologie der Phasenwechsel von Wasser; dazu muß man Dampf, Wasser und Eis als verschiedene Stoffe ansehen. Tut man dies nicht, d. h. betrachtet man den Haushalt der Substanz Wasser ohne Rücksicht auf die Phase, so ist der Wasserhaushalt quellenfrei; dasselbe gilt für die Haushalte von Energie und Impuls in der Gesamtheit des Klimasystems. Quellen gibt es in erster Linie für die Substanzen, die für die Umweltverschmutzung relevant sind; sie betreffen die chemischen Umwandlungen der Spurenstoffe.

4.2.7 Sekundäre Klimaelemente

Sekundäre Klimaelemente sind feldartige Elemente. Als Beispiele können wir nennen (Einheiten in Klammern):

- Bedeckung der Erdoberfläche mit Land/Meer/Eis/Schnee/Wüste (m²)
- Schneetiefe über Land (m)
- Dicke der Grenzschicht in den Geofluiden (m)
- Albedo (diffuses Rückstrahlvermögen %)
- Bewölkung (%)
- Häufigkeit von Gewitter (%)

Aus den vielen routinemäßig dargestellten sekundären Klimaelementen seien zwei Beispiele ausgewählt. Abb. 4.16 zeigt die Topographie der großen kontinentalen Eisschilde. Die Topographie der Erdoberfläche ist zunächst eine quasi-stationäre Klimagröße. Hier jedoch ist sie als die Höhe des Eises zu interpretieren. Um die wahre Eismächtigkeit zu haben, muß man von dem in Abb. 4.16 gezeichneten Profil das Profil des Untergrundes subtrahieren. Anschließend würde Abb. 4.16 die Verteilung der Zustandsgröße Eismächtigkeit anzeigen und damit zur Budgetgröße werden.

Abb. 4.17 zeigt eine für die Energetik der Erdoberfläche wichtige Größe, das *Bowen-Verhältnis*, definiert als Quotient aus fühlbarem und latentem Wärmefluß an der Erdoberfläche. Das ist ein echtes sekundäres Klimaelement. Über Land wird von der einkommenden Strahlungsenergie in den Trockenklimaten der größte Teil

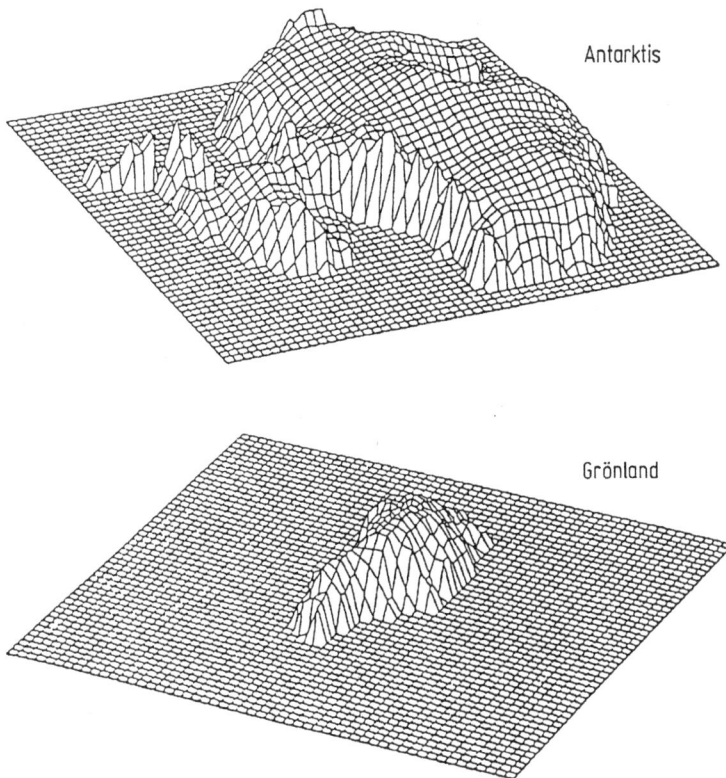

Abb. 4.16 Dreidimensionale Höhenkarte von Antarktis und Grönland auf $(100 \cdot 100)$ km-Gitter (nach Oerlemans und von der Veen, 1984).

als fühlbare Wärme nach oben abgegeben (Wüstengebiete der Erde, Bowen-Verhältnis > 1, in Abb. 4.17 verschieden schraffiert), während in den Niederschlagsgebieten der größte Teil als Verdunstung anfällt (Bowen-Verhältnis < 1, z. B. in Zentralafrika, in Südamerika sowie in den humiden Außertropen). Über See liegt das Bowen-Verhältnis wegen der dort meist vorherrschenden hohen Verdunstung regelmäßig unter 0.1 (mit Ausnahme der höheren Breiten).

4.2.8 Komplexe Klimaelemente

Als Beispiele für komplexe Klimaelemente seien genannt:

– Bodentypen
– Beginn der Baumblüte
– Status von Meereis
– Lage der Polarfront
– Lage der innertropischen Konvergenzzone
– Korrelationskoeffizient

Abb. 4.17 Weltkarte des Bowen-Verhältnisses. Das Bowen-Verhältnis ist der Quotient der Vertikalflüsse von fühlbarer Wärme und latenter Wärme an der Erdoberfläche. Gestrichelt über Land: Werte < 1,0; über See: Werte < 0,1 (nach Terjung, 1986).

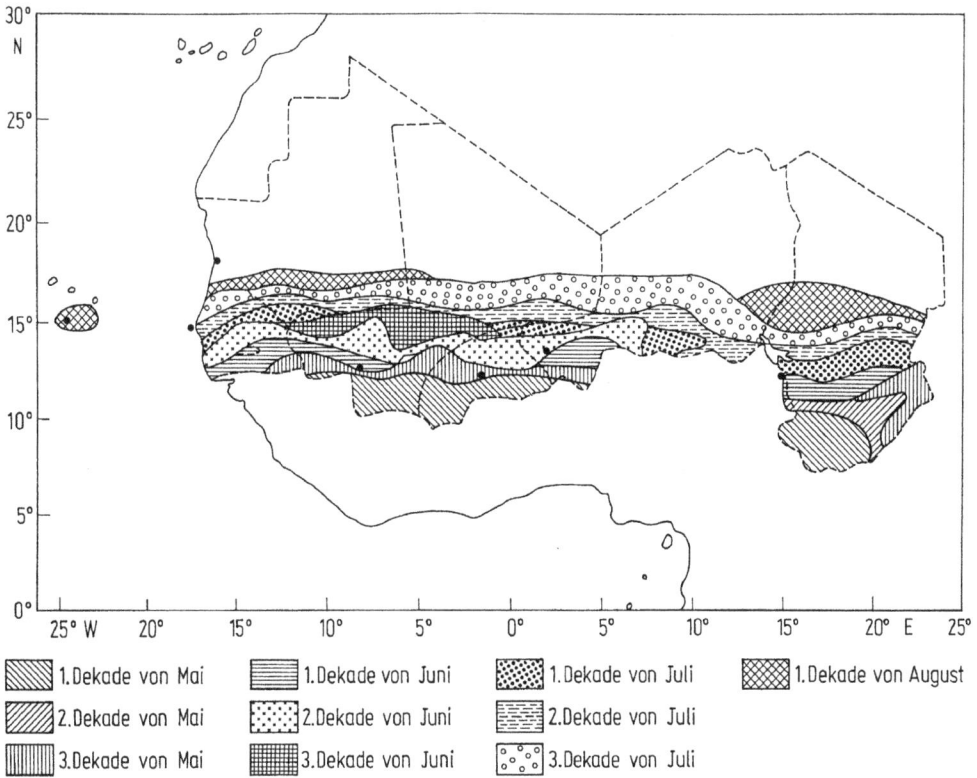

Abb. 4.18 Mittlerer Beginn der Feldbebauung in den Ländern der Sahelzone.

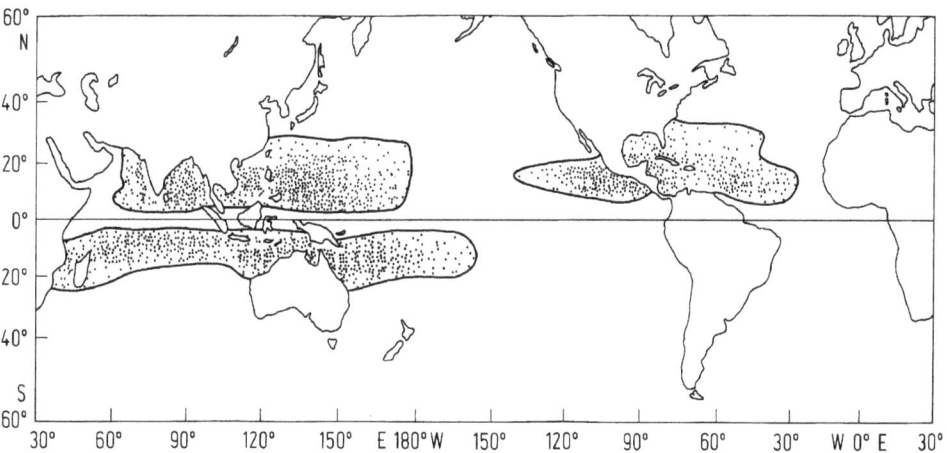

Abb. 4.19 Entstehungsgebiete tropischer Zyklonen; Beobachtungszeit 20 Jahre. Jeder Punkt gibt die Position der ersten Beobachtung der Zyklonen an. Ca. die Hälfte bis zwei Drittel der erfaßten Zyklonen erreichen Hurrikanstärke (Windgeschwindigkeit > 33 m/s) (nach Gray, 1978).

Abb. 4.18 zeigt den Beginn der Ackerbausaison in der regelmäßig von Dürre heimgesuchten Sahelzone. Man erkennt, daß auf einem Nord-Süd-Abstand von ca. 500 bis 800 km die Zeit für die Bestellung des Bodens um ein volles Vierteljahr auseinanderliegt. Abb. 4.19 zeigt die Entstehungsorte tropischer Zyklonen. Man sieht, daß tropische Wirbelstürme auf die Karibik und Mittelamerika, auf den Bereich von Südasien sowie auf die Zone zwischen Madagaskar und Nordaustralien konzentriert sind. Die Entstehungsgebiete der Hurrikane liegen sämtlich in Meeresgebieten, deren Oberflächentemperatur den Wert 26.5 °C nicht unterschreitet; die innere Äquatorialzone ist frei von Hurrikanen (dort verschwindet der Coriolis-Parameter, ohne den eine tropische Zyklone nicht leben kann).

4.3 Der Strahlungshaushalt

Ein Planet wie die Erde bekommt seine Energie von der Sonne in Form von elektromagnetischer Strahlung. Die Erde speichert die Energie aber nicht, sondern gibt sie neben vielfacher Umwandlung in andere Energieformen am Ende wieder in Form von Strahlung ab. Der Netto-Energiegewinn ist dabei Null. Die Energieumwandlungen jedoch sind es, die das Klimasystem in Gang halten.

Nach einer Rekapitulation der wichtigsten Strahlungsgesetze in Abschn. 4.3.1 (vgl. dazu auch Kap. 3.2.1) besprechen wir den globalen Strahlungshaushalt (Abschn. 4.3.2, 4.3.3).

4.3.1 Das Stefan-Boltzmannsche Strahlungsgesetz

Jeder Körper sendet elektromagnetische Strahlung aus. Diese Wärmestrahlung hängt von der Wellenlänge, von der Temperatur des Körpers sowie von seiner Oberflächenbeschaffenheit ab. Bei ideal rauher Oberfläche (*schwarzer Körper*) ist die über alle Wellenlängen summierte Gesamtstrahlung nur eine Funktion der Temperatur (*Stefan-Boltzmannsches Gesetz*), vgl. Kap. 3, Abschn. 3.2.1.2:

$$E = \sigma T^4 \tag{4.7}$$

mit der Stefan-Boltzmann-Konstanten $\sigma = 5.67 \cdot 10^{-8} \, \mathrm{W \, m^{-2} \, K^{-4}}$ und der Temperatur T. Tab. 4.6 gibt einige Beispiele für Strahlungsflußdichten.

Tab. 4.6 Strahlungsflußdichte E als Funktion der Temperatur der strahlenden Fläche, berechnet nach dem Stefan-Boltzmannschen Gesetz.

Strahlende Fläche	Temperatur	$E/\mathrm{kW\,m^{-2}}$
Sonnenoberfläche	5790 K	63723.00
Glasofen	1000 °C	135.00
Tropischer Ozean	27 °C	0.46
Schneedecke	−18 °C	0.24

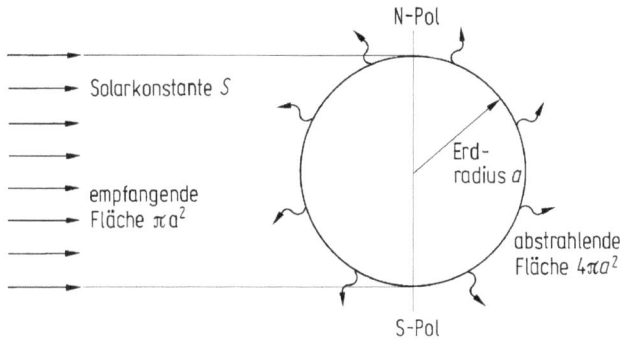

Abb. 4.20   Zum planetaren Strahlungshaushalt. Die von der Sonne kommende solare Strahlung hat die Strahlungsflußdichte S (*Solarkonstante*, $S = 1368 \text{ W/m}^2$). Die Erde schneidet mit ihrer Querschnittsfläche πa^2 die Leistung $S\pi a^2$ heraus. Den Bruchteil A (Weißegrad, *Albedo*) reflektiert sie, so daß die gesamte absorbierte Leistung den Wert hat $(1-A)S\pi a^2$. Im terrestrischen Wellenlängenbereich emittiert die Erde nach dem Stefan-Boltzmann-Gesetz die Leistung $\sigma T_e^4 \cdot 4\pi a^2$. Beide Strahlungsflüsse müssen im Gleichgewicht sein, das heißt $(1-A)\,S/4 = \sigma T_e^4$; T_e heißt Strahlungsgleichgewichtstemperatur.

Der Wellenlängenbereich hochtemperierter Strahler wie der Sonne ist nach dem *Plankschen Strahlungsgesetz* von dem niedertemperierter Strahler wie der Erde getrennt. Man unterscheidet daher den kurzwelligen oder *solaren Bereich* ($0.4-5\,\mu\text{m}$) vom langwelligen oder *terrestrischen Bereich* ($3-100\,\mu\text{m}$); die Grenzen sind nicht scharf. Im Strahlungsgleichgewicht gilt der in Abb. 4.20 dargestellte Zusammenhang. Die Formel ist vom Radius der Erde unabhängig; die Solarkonstante wirkt sich nur mit einem Viertel ihres Wertes auf die Strahlungsgleichgewichtstemperatur aus, weil die abstrahlende Erdoberfläche 4-mal größer ist als der sonnenbestrahlte Querschnitt. Der Faktor $(1-A)$ hat für die Erde den Wert 0.70. Die mittlere absorbierte solare Strahlung der Erde im weltweiten Mittel beträgt also $239\,\text{W/m}^2$. Dies entspricht der emittierten terrestrischen Strahlungsflußdichte einer eiskalten winterlichen Schneedecke gemäß Tab. 4.6.

Die gemäß Abb. 4.20 definierte Strahlungsgleichgewichtstemperatur beträgt

$$T_e = 255 \text{ K} . \tag{4.8}$$

Diese Temperatur wird in einer Höhe von ca. 5 km in der Atmosphäre angenommen. Das bedeutet aber nicht, daß nur diese Schicht (und noch dazu ideal schwarz) strahlen würde. In Wahrheit strahlen Erdoberfläche und alle Atmosphärenschichten unterschiedlich stark. Auch die Strahlungstemperatur der Sonne (5790 K) suggeriert eine einheitliche Oberflächentemperatur, obwohl in Wahrheit die Sonnenatmosphäre einen starken vertikalen Temperaturgradienten hat.

Das einfache Modell von Abb. 4.20 ist dennoch für viele Zwecke nützlich. Beispielsweise kann man damit den Einfluß von Albedo-bestimmenden Klimagrößen auf T_e studieren. Solche Größen sind die Kryosphäre (Flächenanteil der eis- und schneebedeckten Polkappen, jahreszeitlich wechselnde Schneebedeckung), die Hydrosphäre (Flächenanteil der unterschiedlich hoch reichenden Bewölkungstypen) sowie die Biosphäre (Bewaldung und Bewuchs auf den Kontinenten und Phytoplankton in den Weltmeeren).

Abb. 4.20 ist auch auf andere Planeten anwendbar. Dazu muß man die Albedo des Planeten messen und die Solarkonstante durch Kenntnis der Bahnradien des Planeten berechnen (Tab. 4.7). Das liefert einige interessante Ergebnisse. Beispielsweise sieht es so aus, als sei die Venus kälter als die Erde. Jedoch wird dies durch die besonders hohe Albedo der Venus bedingt. Der Mars hat trotz viel größeren Sonnenabstandes eine nur wenig geringere Strahlungsgleichgewichtstemperatur als die Erde. Merkur hat eine sehr hohe Strahlungsgleichgewichtstemperatur, Jupiter wegen des großen Sonnenabstandes und der gleichzeitig relativ hohen Albedo eine sehr niedrige. Jedoch ist der Jupiter hier nicht repräsentativ, denn er hat eine relativ große Energiequelle im Inneren (vgl. Kap. 5); daher ist er nicht im Sinne von Abb. 4.20 im Strahlungsgleichgewicht.

Tab. 4.7 Strahlungsdaten einiger Planeten. T_e = Strahlungsgleichgewichtstemperatur (e für *equilibrium*); T_s = mittlere Temperatur an der festen Oberfläche (s für *surface*).

Planet	Abstand zur Sonne (10^6 km)	Albedo	T_e/K	T_s/K
Merkur	58	0.06	442	
Venus	108	0.78	227	750
Erde	150	0.30	255	288
Mars	228	0.17	217	225
Jupiter	778	0.45	105	134 (Wolkenoberfläche)

4.3.2 Der „Treibhauseffekt"

Nach Tab. 4.7 ist die Venus scheinbar kälter als die Erde; dabei herrscht an der Venusoberfläche eine Temperatur, bei der Blei schmilzt. Die Gleichgewichtstemperatur der Erde ist 33 K kälter als die Temperatur der Erdoberfläche (288 K). Die Tatsache, daß Planeten mit einer Atmosphäre eine Oberflächentemperatur T_s haben, die höher als T_e ist, bezeichnet man als „Treibhauseffekt". Ursache dafür ist, daß die Planetenatmosphäre im terrestrischen Bereich Strahlung ebenso absorbiert wie emittiert, wodurch sich ein Anstieg der Temperatur vom Weltraum durch die Atmosphäre hindurch bis zur Oberfläche des Planeten ergibt. Dieser Effekt ist beim Mars trotz seiner dünnen CO_2-Atmosphäre bereits 8 K, bei der Erde kräftig (33 K) und bei der Venus-Atmosphäre extrem groß (ca. 500 K).

Zum ersten Verständnis des „Treibhauseffektes" genügt ein simples Strahlungsbilanzmodell des Systems Erde und Atmosphäre (Abb. 4.21). E sei die gemäß Abb. 4.20 absorbierte solare Strahlungsflußdichte. Dafür muß zunächst gelten

$$E = E_a \quad \rightarrow \quad T_a = (E/\sigma)^{\frac{1}{4}} = 255\,\text{K}\,. \tag{4.9}$$

Hier ist $E = \sigma T_e^4$ aus Abb. 4.20 benutzt worden. Gl. (4.9) besagt: Das Strahlungsgleichgewicht der Erde wird nur durch die Atmosphäre bestimmt, nicht durch die

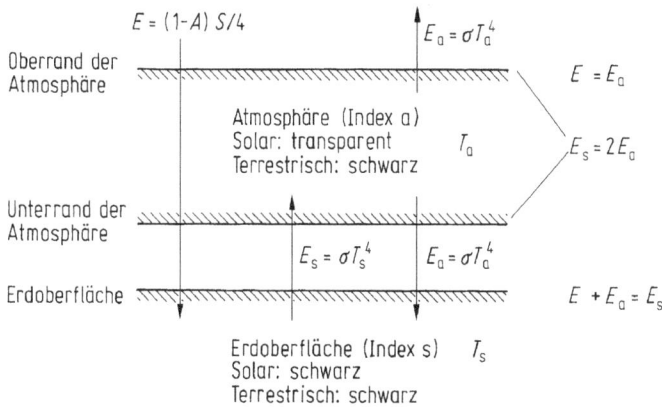

Abb. 4.21 Zweischichtenmodell der Erde mit Atmosphäre, das halbquantitativ den „Treib-hauseffekt" erklärt. Rechts im Bild ist jeweils die absorbierte Irradianz der emittierten Irra-dianz gleichgesetzt, und zwar am Oberrand der Atmosphäre, für die Gesamtatmosphäre und an der Erdoberfläche. Der Unterrand der Atmosphäre ist von der Erdoberfläche getrennt dargestellt, obwohl beide Flächen zusammenfallen.

Erdoberfläche. Weiter muß nach Abb. 4.21 für den Energiehaushalt der Atmosphäre und der Erdoberfläche gelten

$$E_s = 2 E_a \, . \tag{4.10}$$

Hier ist angenommen, daß die Atmosphäre im Solaren ideal durchlässig und im Terrestrischen ideal schwarz sein soll. Aus Gl. (4.10) folgt

$$\sigma T_s^4 = 2 \sigma T_a^4 \quad \rightarrow \quad T_s = 2^{\frac{1}{4}} T_a \, . \tag{4.11}$$

Der Anteil von 19 %, um den T_s demnach größer ist als T_a, ist unabhängig vom Wert von T_a. Dieses Ergebnis sagt aus: Die Atmosphäre ist der Träger der Strah-lungsgleichgewichtstemperatur der Erde und schirmt die Erdoberfläche strahlungs-mäßig gegen den Weltraum ab. Aus Gl. (4.11) folgt

$$T_s = 303 \, \text{K} \quad \rightarrow \quad T_s - T_a = 0.19 \, T_a = 48 \, \text{K} \, . \tag{4.12}$$

Dieser „Treibhaus"-Effekt ist größer als beobachtet (s. Tab. 4.7), aber in der Ten-denz richtig. Man beachte übrigens, daß T_a in Abb. 4.21 mit T_e in Tab. 4.7 gleich-zusetzen ist.

Warum schreiben wir eigentlich das Wort „Treibhauseffekt" in Gänsefüßchen? Weil der „Treibhauseffekt" zwar die Erwärmung der Erdoberfläche erklärt, nicht aber die eines Treibhauses. Als landläufige Erklärung für die Erwärmung des Treib-hauses wird das Glasdach mit der Atmosphäre identifiziert (Abb. 4.22a); in der Tat ist Glas für solare Strahlung durchlässig, für terrestrische nicht. Aber: Das Treibhaus würde auch warm, wenn das Glas für terrestrische Strahlung durchlässig wäre. Denn dann könnte (Abb. 4.22b) zwar die terrestrische Strahlung nach oben hinaus, gleich-zeitig aber die Gegenstrahlung der Atmosphäre von oben her hinein, und beides ist in nullter Näherung gleich. Experimentell zeigt sich, daß das Treibhaus mit dem

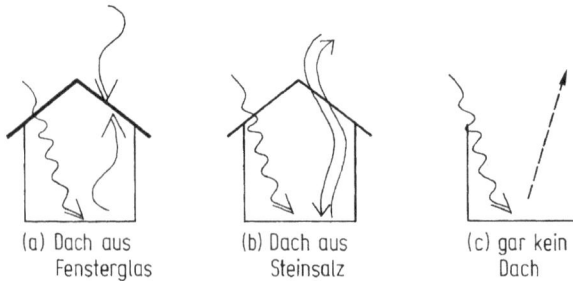

(a) Dach aus
    Fensterglas

(b) Dach aus
    Steinsalz

(c) gar kein
    Dach

Abb. 4.22   Zum „Treibhauseffekt": a) Fensterglas ist durchlässig für solare Strahlung (kurze Wellensymbole), jedoch undurchlässig für IR-Strahlung (lange Wellen); b) Steinsalz ist durchlässig für IR-Strahlung; c) Treibhaus ohne Dach (gestrichelt: Konvektion).

Steinsalzdach praktisch genauso warm wird wie das mit dem Fensterglas (Fleagle and Businger, 1980).

Das Glas auf dem Treibhaus verhindert zwar das Entweichen der IR-Strahlung, jedoch ist dies irrelevant. Relevant ist, daß das Dach des Treibhauses das Entweichen der latenten und fühlbaren Wärme verhindert. Wenn man das Dach entfernt, so kann der feuchte und warme Boden ungehindert sein Wasser durch Verdunstung und seine Wärme durch Konvektion abgeben und dadurch wird die absorbierte solare Energie abtransportiert und der „Treibhauseffekt" ist verschwunden (siehe Abb. 4.22c). Die landläufige Erklärung des Treibhauseffektes ist also für das (lokale) Treibhaus falsch, für die (globale) Atmosphäre dagegen richtig. Nach dieser Klärung wollen wir das Wort Treibhauseffekt wieder ohne Gänsefüßchen benutzen.

Obwohl Abb. 4.21 den Treibhauseffekt qualitativ richtig erklärt, enthält es einen gravierenden quantitativen Fehler. Das zeigt sich, wenn man das Modell auf die Venus anzuwenden versucht. Gl. (4.11) liefert hier mit $T_a = 227$ K (s. Tab. 4.7) eine Oberflächentemperatur $T_s = 270$ K, also einen Treibhauseffekt von 43 K; jedoch ist der beobachtete Treibhauseffekt der Venus um mehr als eine Größenordnung größer. Beim Mars ist es umgekehrt: beobachtet wird 8 K (Tab. 4.7), berechnet nach Gl. (4.11) 41 K. Was ist falsch an Abb. 4.21?

Bei einer realen Atmosphäre versagt das Modell eines einfachen schwarzen Körpers. Hier muß man die Strahlungsübertragungsgleichung heranziehen (Kap. 3.2.1). Dabei zeigt sich, daß eine optisch dichte Atmosphäre wie die der Venus durch eine ganze Menge einfacher schwarzer Atmosphären approximiert werden müßte. Die Tatsache, daß Abb. 4.21 den irdischen Treibhauseffekt fast quantitativ erklärt, ist also weiter nichts als ein glücklicher Umstand.

4.3.3 Der globale Strahlungshaushalt

In diesem Abschnitt wollen wir globale Mittelwerte des Klimasystems betrachten. Solche *Modelle* nennt man bisweilen *nulldimensional*, weil die Erde wie ein Punkt erscheint. Jedoch soll zwischen der Atmosphäre und der Erdoberfläche unterschieden werden, um den Treibhauseffekt zu erfassen. Das Schwergewicht bei dieser Betrachtung liegt dann auf der Bilanz der vertikalen Flüsse.

Abb. 4.23 zeigt schematisch den Weg der Energieströme durch das System Erde/ Atmosphäre: Es gibt eine Atmosphärenschicht und eine Erdoberfläche (= Ozeanoberfläche + Land + Eis). Von dem einkommenden Viertel der Solarkonstanten ($342\ \mathrm{W/m^2}$ = 100%) werden 25% sofort durch die Atmosphäre und 5% durch die Erdoberfläche reflektiert (globale Albedo 30%). Das ergibt eine reflektierte Strahlung von $103\ \mathrm{W/m^2}$, die Differenz entspricht der gesamten solaren Strahlungseinnahme von $239\ \mathrm{W/m^2}$; das sind 70% der einkommenden Strahlung. Die solare Strahlung wird weiterhin zu 25% durch die Atmosphäre absorbiert und diese werden terrestrisch wieder emittiert. Schließlich werden 45% durch die Oberfläche der Erde absorbiert, hauptsächlich durch den Ozean und durch die Vegetation. Diese 45% werden teilweise horizontal transportiert, was in der Zeichnung durch die horizontale Schlängellinie angedeutet ist.

Der nächste Zweig ist die Richtung, in der die Erdoberfläche ihre Energie wieder abgibt. 104% werden terrestrisch von der Erdoberfläche emittiert, davon gehen 4% sofort in den Weltraum hinaus, 100% werden zunächst von der Atmosphäre absorbiert. Davon werden jedoch nur 12% unmittelbar wieder nach oben emittiert. Die verbleibenden 88% werden von der Atmosphäre nach unten emittiert und von der als schwarz angenommenen Erdoberfläche vollständig absorbiert. Wenn man die Zahlen zusammen betrachtet, so haben wir es also mit einer terrestrischen Abstrahlung der Erdoberfläche von netto 104% − 88% = 16% zu tun.

Außer der terrestrischen Abstrahlung gibt es an der Erdoberfläche auch noch die Verdunstung *LH* (*latent heat flux*, 24%) und den Fluß fühlbarer Wärme *SH* (*sensible heat flux*, 5%). Diese nichtstrahlungsaktiven Energieströme werden vollständig in der Atmosphäre absorbiert und dort vollständig zum Weltall emittiert. An der Erdoberfläche haben wir also einen Verlust von 29% + 16% = 45%, die den solaren Strahlungsgewinn decken.

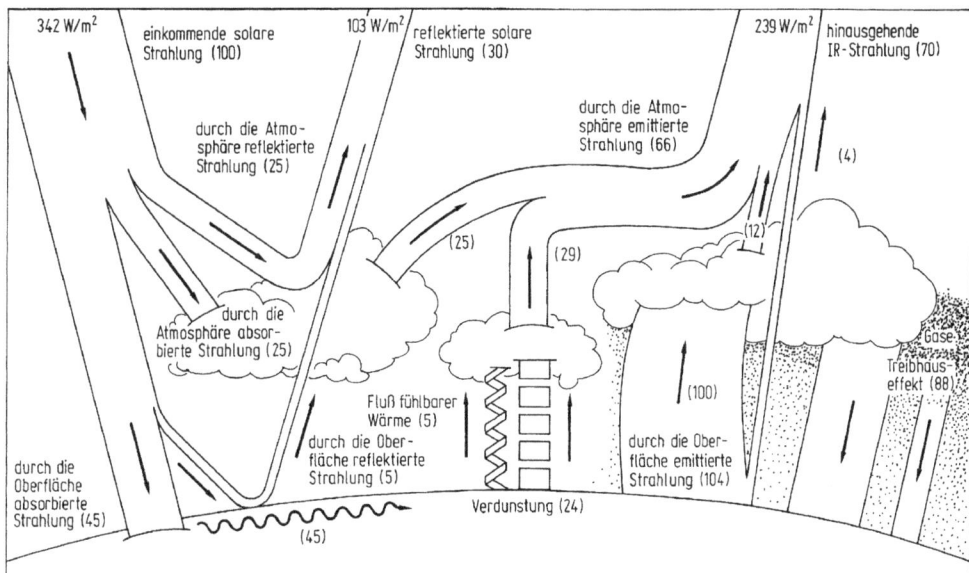

Abb. 4.23 Der Strahlungshaushalt der globalen Atmosphäre. $100\% = \dfrac{1368\ \mathrm{W/m^2}}{4}$ (nach Schneider, 1989, und Peixoto und Oort, 1984).

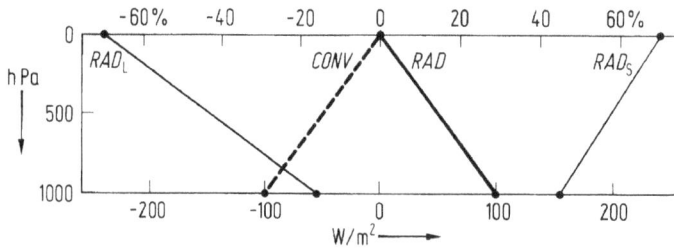

Abb. 4.24 Das *strahlungskonvektive Gleichgewicht* der globalen Atmosphäre. RAD_S, RAD_L, RAD: Solare (*short wave*), terrestrische (*long wave*), Nettostrahlungsflußdichte. $CONV$: Konvektive Energieflußdichte durch Transport latenter und fühlbarer Wärme. Alle Flußdichten sind vertikal gerichtet, positiv nach unten, die Einheit ist W/m^2; an der Erdoberfläche ist $CONV = LH + SH$.

Zum Schluß wird die gesamte Energie der Atmosphäre in Form von terrestrischer Strahlung mit $239\ W/m^2 = 100\%$ wieder an das Weltall zurückgestrahlt. Dies schließt den irdischen Energiekreislauf.

Die Daten in Abb. 4.23 sind die besten heute verfügbaren. Unsicherheiten von 10 bis 20% bestehen in der Aufteilung der Abstrahlung der Erde und der Rückstrahlung der Atmosphäre. Unsicherheiten bestehen weiterhin in dem Verhältnis der von den Wolken und der Erdoberfläche reflektierten solaren Strahlung und in dem Verhältnis der unmittelbar von den Wolken in verschiedener Höhe emittierten terrestrischen Strahlung.

Trotz der Nulldimensionalität von Abb. 4.23 ist die Darstellung schon recht komplex. Abb. 4.24 zeigt die Werte der kurz- und langwelligen Strahlungsflußdichte aus Abb. 4.23 an Ober- und Unterrand der Atmosphäre; gleichzeitig zeigt Abb. 4.24 die Netto-Strahlungsflußdichte $RAD = RAD_S + RAD_L$, auch Strahlungsbilanz genannt, sowie die Energieflußdichte $CONV$. Das ist der konvektive, an Materietransport gebundene, nicht strahlungsartige Energiefluß, der etwa in der freien Atmosphäre durch die Aufwärtstransporte in den Tiefdruckgebieten und in den Wolken bewerkstelligt wird; am Oberrand der Atmosphäre hat $CONV$ den Wert Null, am Unterrand ist er gleich der Summe von Verdunstungsfluß LH und Wärmeleitungsfluß SH. Zwischen den Werten am Ober- und Unterrand der Atmosphäre wurde linear interpoliert, was eine gute Näherung an die wahren Verhältnisse ist, wenn man detaillierte Auswertungen vergleicht (z. B. Hantel, 1976).

Abb. 4.24 zeigt, daß RAD (nach unten gerichtet) und $CONV$ (nach oben gerichtet) sich im globalen Maßstab gerade ausgleichen; ihre Summe ist Null. Das damit etablierte Gleichgewicht zwischen Strahlung und Konvektion ist fundamental für den Energiehaushalt einer Planetenatmosphäre.

Der gesamte Fluß von Energie durch das Klimasystem hindurch ergibt sich, wenn man die Flußdichten von Abb. 4.23 und 4.24 (Einheit W/m^2) mit der Erdoberfläche ($F = 511 \cdot 10^6\ km^2$) auf die Einheit Watt umrechnet. Das liefert für die global absorbierte solare Strahlung den Wert $1.2 \cdot 10^{17}\ W$. Wenn man das mit der anthropogenen Energieerzeugung vergleicht (globaler Primärenergieverbrauch 1987: $1.03 \cdot 10^{13}\ W$, vgl. Dt. Bundestag, 1988), die zu 97% aus nicht-regenerierbaren Quellen stammt, so ist die Einnahme von Sonnenenergie um 4 Größenordnungen höher.

4.3.4 Zonal gemittelter Strahlungshaushalt

Die Erde empfängt die eben besprochenen Energieflüsse nicht überall gleichmäßig. Zwar gibt es in allen geographischen Breiten ebenso Einnahme wie Verluste, doch überwiegt in den Tropen die Einnahme und in den Außertropen der Verlust. Abb. 4.25 zeigt die solare Strahlungsflußdichte am Oberrand der Atmosphäre als Funktion der Breite. Man erkennt an der Jahresmittelkurve, daß der globale Wert von Abb. 4.23 (342 W/m²) in den niedrigen Breiten überschritten wird (Werte größer als 400 W/m²) und in den hohen Breiten unterschritten wird (Werte kleiner als 200 W/m²).

Abb. 4.25 a zeigt weiter, daß im Sommer der jeweiligen Halbkugel die einkommende Strahlung fast breitenkonstant ist, ja, daß sie in den höchsten Breiten sogar noch einmal zum Pol hin zunimmt; das ist die kombinierte Wirkung von Kugelform der Erde und astronomischer Tageslänge. Im Winter fällt dagegen die Strahlung vom Äquator fast linear bis zum Pol hin ab. Abb. 4.25 b zeigt die Albedo als Funktion der Breite. Im globalen Mittel ergibt sich 30 % für die Rückstrahlfähigkeit des Klimasystems. Die Tropen reflektieren am wenigsten (bedingt durch das Überwiegen der Ozeane), die höheren Breiten wesentlich mehr (bedingt durch Schrägstand der Sonne, hohen Anteil von Stratusbewölkung, Eisbedeckung im Winter). Das Produkt der Teilbilder (a) und (b) ergibt, daß die reflektierte Strahlungsflußdichte im Jahresmittel kaum Breitenunterschiede zeigt, jedoch im Sommer maximal und im Winter minimal ist (nicht dargestellt).

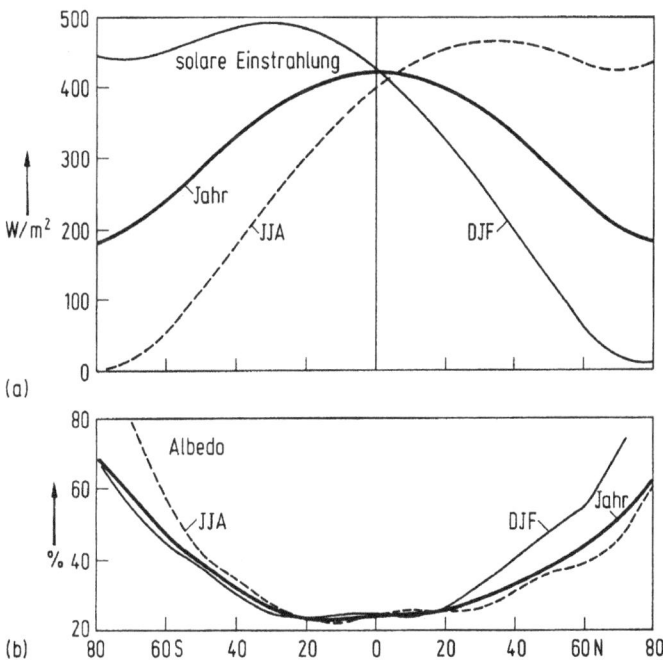

Abb. 4.25 Satellitenmessungen von a) solarer Einstrahlung am Oberrand der Atmosphäre in W/m² und b) solarer Albedo in %, jeweils als Funktion der geographischen Breite (links Südhalbkugel, rechts Nordhalbkugel). Fett: Jahreswerte; dünne Kurve: DJF = Dezember–Januar–Februar; gestrichelt: JJA = Juni–Juli–August (nach Peixoto und Oort, 1984).

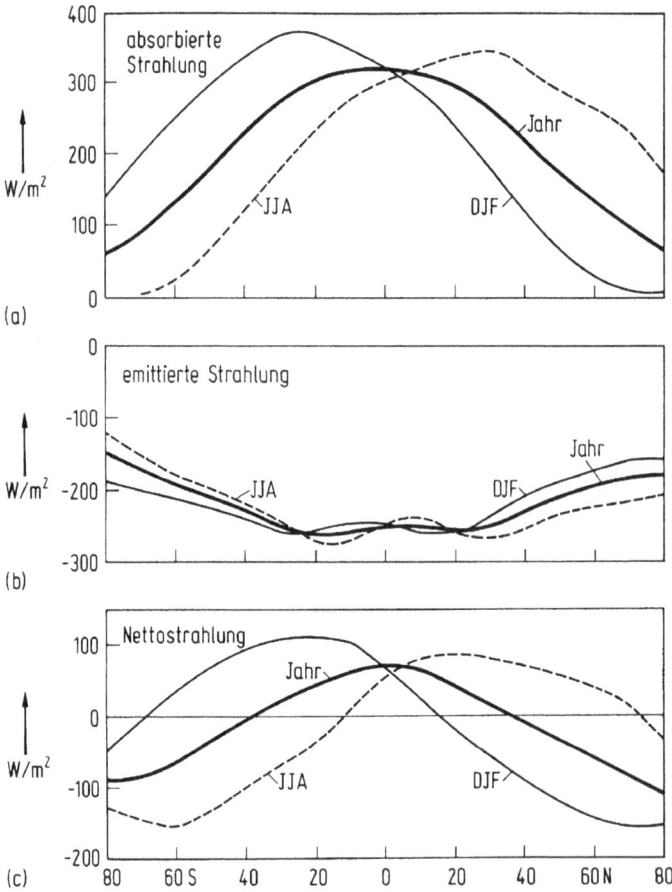

Abb. 4.26 Komponenten des globalen Strahlungshaushaltes als Funktion der geographischen Breite aus Satellitenmessungen. Fett: Jahreswerte; dünne Kurve: Dezember–Januar–Februar; gestrichelt: Juni–Juli–August. Die Einheit ist W/m², Flußdichten sind positiv nach unten gerichtet. (a) Solar absorbierte Strahlungsflußdichte. (b) Terrestrisch emittierte Strahlungs-flußdichte. (c) Algebraische Summe von a) und b): Strahlungsbilanz an der Obergrenze des Klimasystems (positiv = Einnahme) (nach Peixoto und Oort, 1984).

Für den planetaren Energiehaushalt ist die reflektierte Strahlungsflußdichte ohne Belang; sie dient zur Beleuchtung des Mondes auf seiner Nachtseite und bewirkt, daß man die Erde vom Weltall aus überhaupt sehen kann. Relevant für den Energie-haushalt ist die Nettostrahlungsbilanz, aufgeteilt in solare Absorption und terre-strische Emission (Abb. 4.26). Die Jahresmittelkurven der Teilbilder (a) und (b) re-produzieren den globalen Mittelwert von 239 W/m² Einnahme und Ausgabe. Dabei hat die solare Einnahme ein markantes Maximum in den Tropen und ein Minimum in den Polargebieten mit starkem Jahresgang, während die terrestrische Ausgabe eher schwachen Jahres- und Breitengang zeigt. In der Bilanz (Abb. 4.26c, Jahres-mittel Null) erscheinen die niedrigen Breiten als Positiv-, die hohen als Negativge-biete, wobei im jeweiligen Sommer das Positivgebiet bis dicht an den Pol reicht.

Die Nettostrahlungsbilanz (dicke Kurve von Abb. 4.26c) ist in Abb. 4.27 als Klimakarte für die Erde dargestellt. Der globale Mittelwert ist nur näherungsweise Null, bedingt durch die Meß-, Auswertungs- und Repräsentationsfehler der Satellitenmessungen (geschätzt 7 W/m^2). Das Bild zeigt Vorherrschen der *Zonalität* (starke Abhängigkeit von φ, schwache Abhängigkeit von λ) besonders auf der Südhalbkugel. Positive Abweichungen von der Zonalität gibt es über den tropischen Ozeanen, starke negative Abweichungen über den subtropischen Landgebieten, den Wüsten. Ursache ist der Unterschied der Strahlungstemperaturen (niedrige über Wasser, hohe über Land), wodurch die langwelligen Verluste besonders über hochtemperierten wolkenfreien Gebieten maximiert werden. Anschaulich: Der dunkle kühle Ozean wirkt wie ein schwarzes kaltes Loch, das die Sonnenstrahlung verschluckt und wenig Wärmestrahlung abgibt; die helle Wüste dagegen wirkt wie ein weißer heißer Kachelofen, der die Sonnenstrahlung reflektiert und viel Wärmestrahlung in den Weltraum abgibt. Die auffällige negative Anomalie über der Sahara von Abb. 4.27 ist eine der wirklichen Entdeckungen des Satellitenzeitalters gewesen.

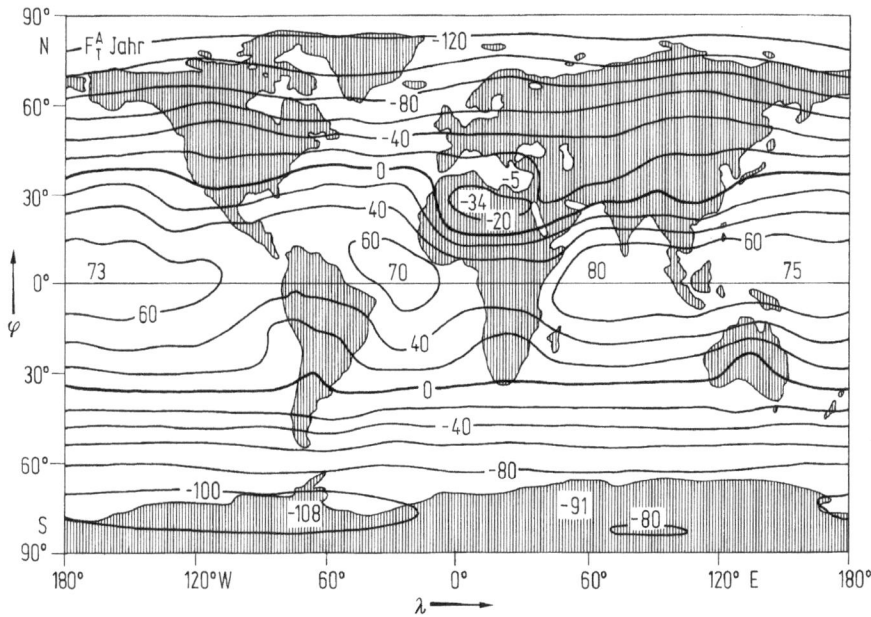

Abb. 4.27 Strahlungsbilanz *RAD* am Oberrand der Atmosphäre nach Satellitenmessungen im Jahresmittel in W/m^2. Dargestellt ist die Nettostrahlungsflußdichte (algebraische Summe von solar einkommender Strahlung RAD_S und terrestrisch emittierter Strahlung RAD_L nach Abzug der solar reflektierten Strahlung) als Funktion der geographischen Koordinaten Breite φ und Länge λ. Positiv: Strahlungsgewinn des Planeten (Strahlungsfluß nach unten gerichtet); Negativ: Strahlungsverlust (Strahlungsfluß nach oben gerichtet) (nach Peixoto und Oort, 1984).

4.4 Der Energiehaushalt des Klimasystems

Die Energie ist die wichtigste Zustandsgröße eines physikalischen Systems, weil sie einen fundamentalen Erhaltungssatz erfüllt. Der Satz von der Erhaltung der Masse scheint zunächst weniger fundamental, weil Masse in Energie umgewandelt werden kann. In unserem Zusammenhang spielen jedoch diese Prozesse der Hochenergiephysik keine Rolle, so daß man sagen kann: Im Bereich der Klimatologie gilt für die Energie ebenso wie für die Masse je ein strenger Erhaltungssatz. Da beide von gleicher Struktur sind, konzentrieren wir uns zunächst auf die Energieerhaltung.

4.4.1 Energieformen in den Klimafluiden

Die wichtigsten Energieformen der Klimafluide sind in Tab. 4.8 für das Beispiel der Atmosphäre angegeben. Zu den Grundlagen vgl. Kap. 3.2.3.

Die Enthalpie (= thermische Energie) $c_p T$ eines Gases ist seiner inneren Energie $c_v T$ proportional. Den Zusammenhang vermittelt die Definition $c_p T = c_v T + p\alpha$; mit der Gasgleichung findet man $c_p = c_v + R$. Die thermodynamische Kopplung zwischen innerer Energie und spezifischem Volumen α über den Druck p mit der Gibbsschen Differentialgleichung macht die Benutzung der Enthalpie in der Atmosphäre besonders zweckmäßig. Vielfach nennt man $c_p T$ einfach *fühlbare Wärme*.

Für das vertikale Integral über die Masse einer Luftsäule (p_s Oberflächendruck) gilt (zur Ableitung vgl. Abschn. 3.3.2.9)

$$\int_{p=0}^{p=p_s} \Phi(p)\,\mathrm{d}p = \frac{R}{c_p} \int_{p=0}^{p=p_s} c_p T(p)\,\mathrm{d}p . \tag{4.13}$$

Hier ist $\Phi = gz$ die massen-spezifische *potentielle Energie* mit $g = 9.80\,\mathrm{m/s^2}$. Die Gleichung sagt aus: Potentielle Energie, innere Energie und fühlbare Wärme einer gesamten Luftsäule sind einander proportional. Ferner: Die Summe von potentieller und innerer Energie einer Luftsäule ist gleich ihrer fühlbaren Wärme.

Tab. 4.8 zeigt, daß $c_p T$ die beherrschende Energieform darstellt; die kinetische Energie (auch die der Stürme) ist demgegenüber ganz unbedeutend. Die planetaren

Tab. 4.8 Wichtigste Energieformen in der Atmosphäre; Daten der letzten Spalte nach Peixoto und Oort (1992).

Energieform	Typischer Wert in der Atmosphäre	
	Massenspezifisch $10^4\,\mathrm{J/kg}$	Für planetare Atmosphäre $10^6\,\mathrm{J/m^2}$
Kinetische Energie $K = V^2/2$ (z. B. für $V \simeq 100\,\mathrm{km/h}$)	0.05	1
Potentielle Energie $\Phi = gh$ (z. B. für $h \simeq 5\,\mathrm{km}$)	4.9	693
Thermische Energie $c_p T$ (z. B. für $T \simeq 250\,\mathrm{K}$)	25.0	2496
Chemische Energie Lq (z. B. für $q \simeq 10\,\mathrm{g/kg}$)	2.5	64

Werte der potentiellen und thermischen Energie in Tab. 4.8 wurden unabhängig bestimmt; ihr Quotient ist daher mit dem von Gl. (4.13) geforderten Wert $R/c_p = 2/7$ nicht exakt identisch. Mit chemischer Energie ist die latente Wärme des Wasserdampfs gemeint. Obwohl sie nur einige Prozent der thermischen Energie ausmacht, ist sie nicht zu vernachlässigen.

Im Energiehaushalt des Ozeans spielt die chemische Energie der gelösten Salze keine nennenswerte Rolle (weil es keinen Phasenwechsel gibt), die Rolle der kinetischen Energie ist noch geringer als in der Atmosphäre, und für das in guter Näherung inkompressible Wasser gilt $c_p = c_v$. Das bedeutet: Im Ozean ist die durch T gegebene fühlbare Wärme die einzig wirklich relevante Energiegröße.

4.4.2 Das Konzept des Energieflusses

Die in Abschnitt 4.3 besprochene Strahlungsenergie kam in der eben gemachten Aufzählung der Energieformen nicht vor. Warum nicht? Weil die Strahlungsenergie im Klimasystem kein Reservoir hat, so wie etwa die Wärme; elektromagnetische Energie kann praktisch nicht gespeichert werden, sondern nur fließen. Wir haben also:

- Strahlungsfluß   (Fluß elektromagnetischer Energie, nicht an Materie geknüpft).
- Fluß kinetischer   (Bild: Gewitterwolke mit heftiger interner Turbulenz, die nach
  Energie   außen ruhig erscheint und als ganzes mit der Strömung
                         schwimmt).
- Wärmefluß   (Fluß von Enthalpie oder fühlbarer Wärme, an Materie geknüpft. Bild: Relativ warme Luft wird in die eine Richtung transportiert, relativ kalte Luft in die entgegengesetzte Richtung).
- Fluß chemischer   (Bild: Kondensierbarer Wasserdampf strömt in der globalen
  Energie   Atmosphäre netto von den Tropen in die hohen Breiten).

Alle diese Energieflüsse sind gemeinsam in den Klimafluiden aktiv. Der Fluß potentieller Energie (Bild: hochtroposphärische Luft fließt aus den Tropen polwärts und sinkt in den Subtropen ab) ist nicht eigens angeführt, weil er mit dem Fluß der inneren Energie im Fluß fühlbarer Wärme zusammengefaßt ist. Es ist nun zweckmäßig, zwischen den Flüssen in horizontaler und in vertikaler Richtung zu unterscheiden.

Horizontaler Energiefluß. Abb. 4.28 zeigt den gesamten nordwärts gerichteten Horizontalfluß in Atmosphäre und Ozean. In beiden Klimafluiden ist der vertikal und zonal gemittelte Fluß dargestellt. Es sind die Energiearten thermische (einschließlich der potentiellen) und chemische Energie beteiligt. Der Strahlungsfluß in horizontaler Richtung kann groß sein (man denke z. B. an die horizontale Komponente der solaren Strahlung bei niedrigem Sonnenstand); dennoch wird die horizontale Komponente der Strahlung korrekterweise nicht berücksichtigt, weil sie keinen Beitrag zur Divergenz leistet und daher energetisch inaktiv ist. Der Fluß kinetischer Energie spielt zahlenmäßig keine Rolle.

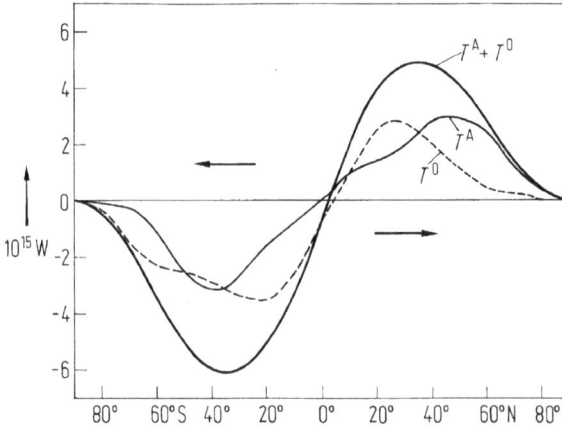

Abb. 4.28 Meridionaler Energiefluß in den Fluiden des Klimasystems (Einheit 10^{15} W). Werte sind in vertikaler und zonaler Richtung gemittelt. Der nordwärts gerichtete Fluß ist positiv. T^A = Fluß in der Atmosphäre aus Meßdaten. T^O = Fluß im Ozean, als Restglied bestimmt. Fluß $T^A + T^O$ ist aus dem zonal gemittelten Strahlungshaushalt bestimmt (nach Peixoto und Oort, 1984).

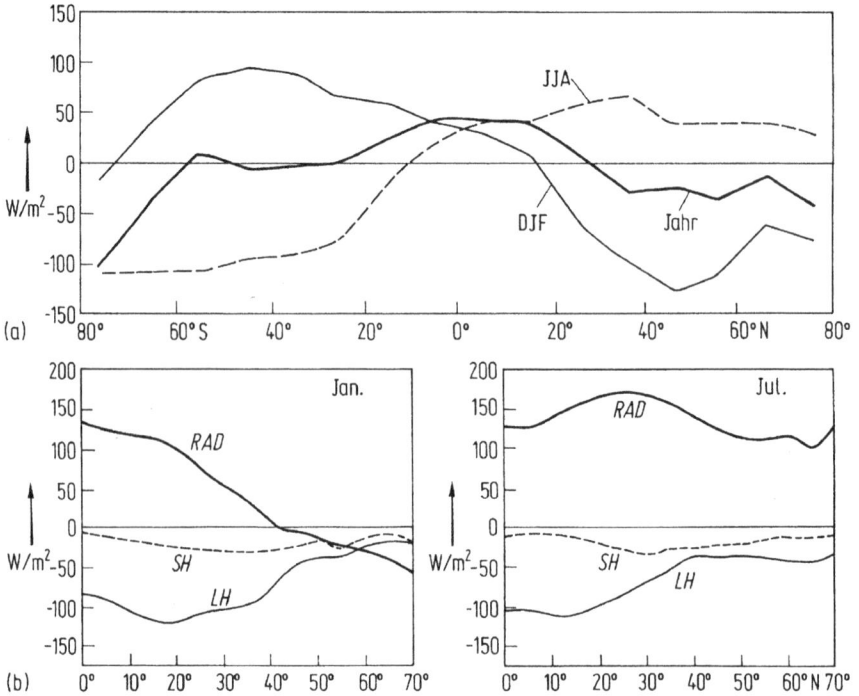

Abb. 4.29 Komponenten der vertikalen Energieflußdichte F_B^A durch die Erdoberfläche hindurch für extreme Jahreszeiten und Jahr in W/m². (a) F_B^A für die ganze Erde (JJA = Juni–Juli–August; DJF = Dezember–Januar–Februar) (nach Peixoto und Oort (1984)). (b) Komponenten von $F_B^A = RAD + SH + LH$ für Januar und Juli für die Atmosphäre der Nordhalbkugel (nach Oort und Vonder Haar, 1976).

Vertikaler Energiefluß. Am Oberrand der Atmosphäre (Index T für top) besteht der gesamte Energiefluß F_T^A nur aus dem Strahlungsanteil

$$F_T^A = RAD_T^A \,. \tag{4.14}$$

Der globale Mittelwert von RAD_T^A ist Null (vgl. Abb. 4.24), jedoch hat RAD_T^A eine Breitenverteilung (Abb. 4.26c, 4.27), die positiv in den Tropen und negativ in den Außertropen ist.

Am Unterrand der Atmosphäre (Index B für bottom = Oberrand von Ozean + Land) haben wir (zur Begründung vgl. weiter unten):

$$F_B^A = F_T^O \,. \tag{4.15}$$

Hier sind Strahlungs-, Wärme- und chemischer Energiefluß aktiv. Der Fluß F_B^A ist in Abb. 4.29 als Funktion von Breite und Jahreszeiten gezeigt. Im Jahresmittel muß F_B^A verschwinden (vgl. Summe $RAD + CONV$ in Abb. 4.24). Der Fluß hat gleichmäßig positive Werte auf der Sommerhalbkugel; in dieser Jahreszeit haben Ozean und Land einen Überschuß an Energieeinnahme. Auf der Winterhalbkugel ist der Fluß negativ, also nach oben gerichtet; d. h. Ozean und Land geben Energie an die Atmosphäre ab.

Der Fluß $CONV$ an der Erdoberfläche von Abb. 4.24 ist in Abb. 4.29 b) in seine Bestandteile latenter Energiefluß (*latent heat flux*) LH und fühlbarer Energiefluß (*sensible heat flux*) SH zerlegt dargestellt. Man erkennt auf der Nordhalbkugel relativ hohe Verdunstung (ca. $-100\ \mathrm{W/m^2}$) in den Tropen, mäßige dagegen (weniger als $-50\ \mathrm{W/m^2}$) in den Außertropen. Ferner ist die Strahlungsbilanz RAD an der Erdoberfläche dargestellt. Der Fehler der Einzelwerte der Kurven läßt sich nur schätzen, er liegt etwa bei $30\ \mathrm{W/m^2}$. RAD und $CONV$ balancieren sich größtenteils.

In der freien Atmosphäre sind alle vier oben genannten Energieflußarten aktiv, also auch der Fluß von potentieller Energie; der Fluß kinetischer Energie ist zahlenmäßig vernachlässigbar.

4.4.3 Die Flußdivergenz

Der Fluß einer Eigenschaft (Energiefluß, Wasserfluß, Verkehrsfluß) stellt ein Feld dar, das konvergieren oder divergieren kann. Wir machen uns dies am Bild einer Autoschlange klar, die von einer Verkehrsampel aus startet. Schaltet die Ampel auf grün, so fahren die ersten Autos los. Nach einigen Sekunden sind die ersten bereits auf Tempo, während die hinteren noch stehen: Das Feld zieht sich auseinander, der Verkehrsfluß *divergiert*. Umgekehrt rückt vor der roten Ampel das Feld zusammen, der Fluß *konvergiert*.

Die Koordinatenrichtung sei y; wir betrachten ein Intervall von y_1 bis y_2. Der Fluß bei y_1 sei F_1^y, der bei y_2 sei F_2^y. Das Vorzeichen der Flüsse sei positiv, wenn der Fluß in die positive y-Richtung zeigt und umgekehrt. Die Größe

$$DIV = F_2^y - F_1^y \tag{4.16}$$

bezeichnen wir als Divergenz des Flusses F. Ist DIV positiv, so sprechen wir von *Divergenz*, ist DIV negativ, so sprechen wir von *Konvergenz*. [Anmerkung: In der Mathematik wird der Begriff der Divergenz vektoranalytisch eingeführt. Durch Integration über das Intervall y_1 bis y_2 folgt daraus Gl. (4.16).]

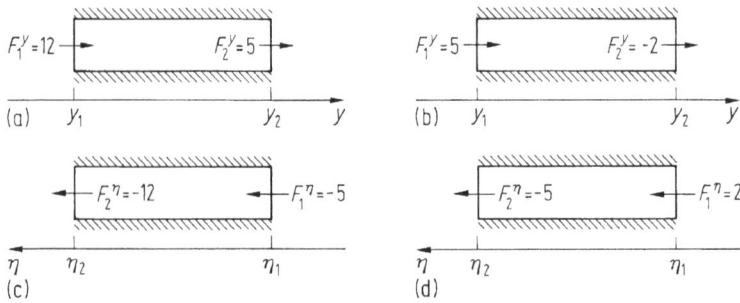

Abb. 4.30 Zum Begriff der Flußdivergenz. Pfeile deuten die positive Richtung des Koordinatensystems an, Einheiten der Flüsse sind willkürlich. (a) Eindimensionale Röhre, durch die von links der Fluß $F_1^y = 12$ eintritt und nach rechts der Fluß $F_2^y = 5$ austritt. $DIV = F_2^y - F_1^y = -7$. (b) Wie (a), jedoch mit anderen Werten der Flüsse. Der zu $F_2^y = -2$ gehörende Pfeil zeigt wie vorher nach rechts, um die Richtung der Koordinatenachse anzudeuten; der wahre Fluß geht aber nach links, ist daher negativ notiert. $DIV = F_2^y - F_1^y = -7$. (c) Wie (a), jedoch mit entgegengesetzt gerichteter Koordinate η. Daher ist der nach links zeigende Fluß $F_2^\eta = -12$ jetzt negativ, weil der wahre Fluß weiterhin nach rechts zeigt. $DIV = F_2^\eta - F_1^\eta = -7$. (d) Wie (a), jedoch mit der Koordinate η und anderen Werten der Flüsse. $DIV = F_2^\eta - F_1^\eta = -7$.

In Abb. 4.30 sind einige einfache Fälle angegeben, bei denen das Flußfeld konvergent ist. Der Divergenz-/Konvergenz-Begriff ist vom Koordinatensystem unabhängig und eine echte physikalische Größe. Der Leser übe sich (etwa anhand des Beispiels von Abb. 4.30) in dieser Begriffsbildung, indem er sich ein divergentes Feld vorgibt und überprüft, ob die Divergenz in der Tat von der Vorzeichenwahl der Flüsse unabhängig ist.

Wenn wir dies auf den Strahlungsfluß anwenden, so zeigt beispielsweise Abb. 4.24, daß RAD_S in der Atmosphäre konvergiert, RAD_L dagegen divergiert. Die Summe von beiden RAD divergiert ebenfalls, weil sich die Divergenz von RAD_L durchsetzt. Anschaulich: Der Nettostrahlungsfluß RAD transportiert aus der Atmosphäre ständig Energie hinaus (und zwar in den Erdboden hinein), obwohl durch reine Strahlung von oben nichts nachkommt. Dieses Strahlungsdefizit wird vom konvektiven Feuchte- und Wärmetransport wieder ausgeglichen: $CONV$ ist konvergent, an der Erdoberfläche fließt durch $CONV$ ständig Energie nach oben, obwohl am Oberrand der Atmosphäre durch $CONV$ nichts abfließt.

Wenn vertikale und horizontale Energieflüsse zusammenwirken, so erhalten wir den Energiehaushalt einer Klimasäule (Abb. 4.32, s. unten). Der einfachen Unterscheidbarkeit halber (und auch wegen ihrer ganz unterschiedlichen physikalischen Mechanismen) haben wir die vertikalen Energieflüsse mit dem Buchstaben F bezeichnet (Fluß), die horizontalen mit T (Transport – nicht mit der Temperatur zu verwechseln), obwohl beide Größen Flüsse sind und beide die gleiche Einheit Watt haben. Die vertikalen Flüsse werden vielfach auf die Grundflächen der betreffenden Klimasäule bezogen; dadurch entstehen Flußdichten (Einheit W/m²).

Vor Besprechung von Abb. 4.32 müssen noch zwei weitere Punkte kurz erläutert werden.

4.4.4 Die Speicherung

Das globale Klimasystem ist weitgehend stationär in seinem Energiegehalt. Jedoch gibt es bei jeder geographischen Breite, je nach der Jahreszeit, ein Anwachsen bzw. Absinken der Gesamtenergie, entsprechend dem Steigen oder Sinken des Wasserspiegels im Badewannenmodell. Wenn man die Gesamtenergie der Atmosphäre der Nordhalbkugel im Jahresgang betrachtet, so variiert sie um einen Mittelwert von $5.87 \cdot 10^{23}$ J; die Variation beträgt etwa $\pm 2.5\%$ (Oort, 1971). Für den globalen Mittelwert der Gesamtenergie beträgt die beobachtete Variation zwischen Winter und Sommer etwa $\pm 0.8\%$ (Peixoto und Oort, 1992). Die zeitliche Änderung der Zustandsgröße Energie nennt man die *Speicherung der Energie* (vgl. das Glied dm/dt im Badewannenmodell); Einheit der Energiespeicherung ist das Watt, nach Umrechnung auf die horizontale Fläche W/m^2.

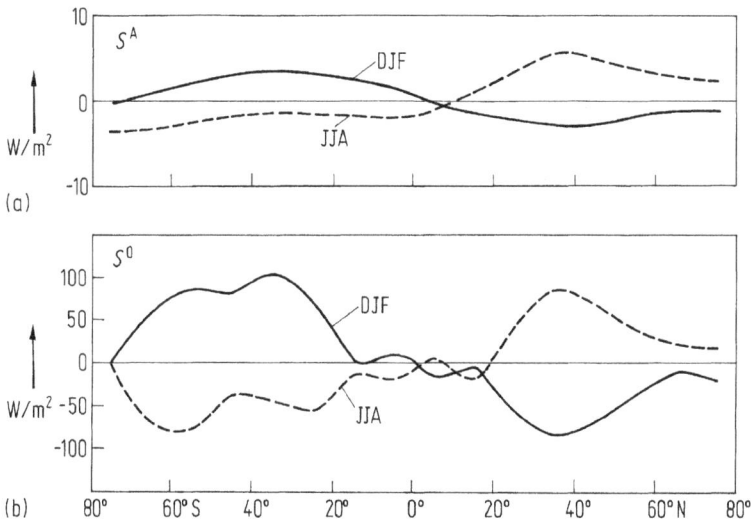

Abb. 4.31 Speicherung der Gesamtenergie (vertikal und zonal gemittelt) in den Klimafluiden für die extremen Jahreszeiten als Funktion der geographischen Breiten in W/m^2 (nach Peixoto und Oort, 1984). (a) Speicherung in der Atmosphäre S^A; (b) Speicherung im System Ozean + Land + Eis S^O; DJF = Dezember–Januar–Februar, JJA = Juni–Juli–August.

Die Speicherungsfähigkeit der beiden Klimafluide ist dabei ganz unterschiedlich (Abb. 4.31): Die Atmosphäre hat ein Maximum um $5\,W/m^2$, der Ozean dagegen über $50\,W/m^2$. Die Kurven von Abb. 4.31 zeigen in den extremen Übergangsmonaten (Atmosphäre: April, Oktober; Ozean: Juni, November) noch etwas stärkere Werte (nicht dargestellt). Bemerkenswert ist, daß der tropische Ozean wegen seiner weitgehenden Isothermie so gut wie nichts speichert, die außertropischen Meere dagegen einen starken Jahresgang der Speicherung haben. Die Speicherung ist ein reines Jahreszeitenphänomen, im Mittel ist sie Null (wenn man von langfristigen Klimaänderungen absieht).

4.4.5 Energiekonversionen

Die Umwandlung zwischen den verschiedenen Energiearten sind in den Abbildungen dieses Abschnitts nicht sichtbar, da nur die Gesamtenergie dargestellt wurde. Jedoch ist naturgemäß die Umwandlung der latenten Wärme des Wasserdampfs (chemische Energie) eine der wichtigsten Umwandlungsgrößen im Klimageschehen. Wir kommen darauf bei der Besprechung des hydrologischen Zyklus zurück.

4.4.6 Der Energiehaushalt einer Klimasäule

Die verschiedenen Komponenten des Energiehaushaltes sind in Abb. 4.32 im Modell der Klimasäule zusammengefaßt. Die Bilanz lautet, getrennt für die Klimafluide und für die gesamte Säule:

Atmosphäre $[S^A]$ $+ [T_N^A -$ $T_S^A]$ $+ [$ $F_B^A - F_T^A] = 0$, (4.17)

Ozean $[S^O] +$ $[T_N^O -$ $T_S^O] + [F_B^O - F_T^O]$ $= 0$, (4.18)

Gesamt $\underbrace{[S^A + S^O]}_{Speicherung} + \underbrace{[(T_N^A + T_N^O) - (T_S^A + T_S^O)]}_{Horizontalflüsse} + \underbrace{[F_B^O - F_T^A]}_{Vertikalflüsse} = 0$. (4.19)

Diese Gleichungen formulieren die Erhaltung der Energie für die Klimasäule sowie für ihren oberen (atmosphärischen) und unteren (ozeanischen) Teil; im Abschnitt über die Klimasolide werden wir denselben Gleichungssatz benutzen, nur wird der Ozean durch die Klimasolide (Land, Eis) ersetzt (was in Abb. 4.32 bereits durch die Speicherterme S^L und S^E zusätzlich zu S^O angedeutet ist).

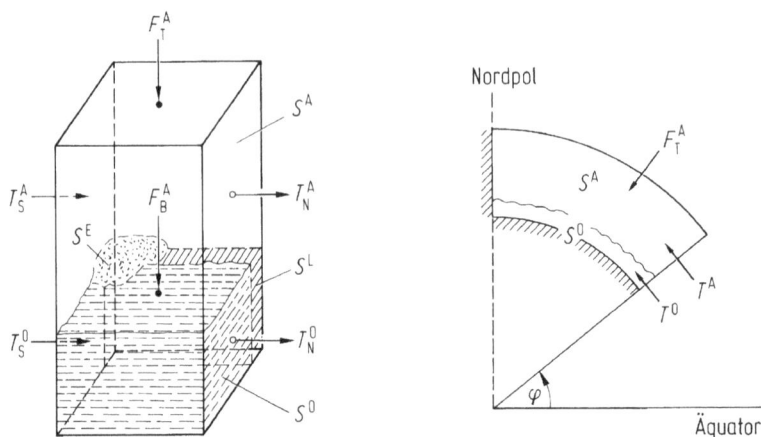

Abb. 4.32 Nomenklatur einer Klimasäule, bestehend aus den Fluiden Atmosphäre (oberer Index A) und Ozean + Land + Eis (oberer Index O). Vertikale Flüsse F sind nach unten positiv; am Oberrand des jeweiligen Klimafluids unterer Index T, am Unterrand Index B. Meridionale Flüsse T verlaufen positiv nach Norden (auch auf der Südhalbkugel); am Nordrand der Klimasäule ist der untere Index N, am Südrand S. Speicherungsglieder S sind unterschiedlich für Atmosphäre (oberer Index A), Ozean (O), Land (L) und Eis (E) (nach Oort und Vonder Haar, 1976, modifiziert). (a) Klimasäule; (b) Spezialfall Polarkappe.

Man erkennt, daß die Gesamtbilanz der Klimasäule die Summe der Bilanzen der Einzelfluide ist. Das zeigt nicht nur die innere Konsistenz unseres Haushaltskonzeptes, sondern eröffnet die Möglichkeit, durch unabhängige Messung jedes Einzelterms in den Gleichungen die Genauigkeit der Haushalte zu prüfen.

Die Gl. (4.17) bis (4.19) werden durch die wichtige Bedingung ergänzt, daß die Energieflußdichte ein überall stetiges Vektorfeld ist; dies folgt aus dem Energieprinzip (z. B. Hantel, 1993) und schreibt sich hier in der Form

$$F_B^A = F_T^O \,. \tag{4.20}$$

Dies ist die Stetigkeitsbedingung für den vertikalen Fluß der Gesamtenergie an der Grenzfläche Atmosphäre-Erdoberfläche. Sie gilt analog auch in der Kryosphäre. F_B^A wird manchmal als „Wärmebilanz" an der Erdoberfläche bezeichnet.

Zu den Einzelgrößen ist folgendes zu bemerken:

- $F_T^A = RAD_T^A$; diese Größe verschwindet im globalen Mittel.

$$F_B^A = RAD_B^A + LH + SH \,; \tag{4.21}$$

- $F_B^O < 0.1$ W/m². Das ist der Wärmefluß aus dem Erdinneren (Kontinent: $55 \cdot 10^{-3}$ W/m²; Ozean: $95 \cdot 10^{-3}$ W/m²). Er ist für praktische Zwecke vernachlässigbar.

Wie oben bemerkt, ist die korrekte Einheit der Terme in den Gl. (4.17) bis (4.19) das Watt. Wenn die F als Flußdichten gegeben sind (W/m²), so kann man sich das so entstanden denken, daß die ganze Gleichung durch die horizontale Grundfläche Σ der Klimasäule dividiert worden ist, insbesondere auch die T-Terme. F/Σ werden dadurch echte Flußdichten, sie sind stetig verteilt; T/Σ dagegen sind Pseudoflußdichten. Ferner beachte man, daß ein stetiges Profil strenggenommen nur für T (z. B. Abb. 4.28), nicht jedoch für T/Σ sinnvoll ist, es sei denn, man wählt Σ als weltweit konstante Größe.

4.5 Klimagrößen der globalen Atmosphäre

Wir versuchen, die Klimagrößen nach ihrem grundsätzlich verschiedenen Charakter als Zustandsgrößen und als Flußgrößen zu betrachten. Die zeitliche Änderung einer Zustandsgröße (Speicherung, Tendenz) wird durch räumliche Ableitungen von Flußgrößen (Flußdivergenzen) bestimmt. Diese haushaltsmäßige Gliederung ist grundlegend für den Zusammenhang der Klimaelemente, von denen die Budgetelemente die hier erfaßten sind (Peixoto und Oort, 1984; Speth und Madden, 1987).

4.5.1 Die Temperatur der Atmosphäre

Die Energieformen einer ruhenden Planetenatmosphäre sind innere Energie $c_v T$ und potentielle Energie Φ. Dazu tritt bei bewegter Luft die kinetische Energie sowie die latente Energie des Wasserdampfs (vgl. nächster Abschn.). Für die Gesamtenergie ist der Beitrag der kinetischen Energie unbedeutend, vgl. Tab. 4.8. Da ferner, wie oben gezeigt, die Summe von innerer und potentieller Energie einer Luftsäule gleich ihrer Enthalpie ist, genügt es, nur die Enthalpie oder fühlbare Wärme $c_p T$ zu betrachten. Die Temperatur ist also die erste relevante Zustandsgröße für den Energiehaushalt der Atmosphäre.

Ihre Verteilung haben wir bereits in Abschn. 4.2 betrachtet: Das Feld an der Erdoberfläche sowie T im zonalen und vertikalen Mittel (Abb. 4.13, 4.14). Als nächstes betrachten wir die Flußgrößen der Energie.

Der vertikale Energiefluß am Oberrand der Atmosphäre (F_T^A) ist in Abb. 4.26c im zonalen Mittel und in Abb. 4.27 in geographischer Verteilung dargestellt; dieser Energiefluß hat keine mit einem Materietransport verbundene Komponente, sondern nur eine elektromagnetische Strahlungskomponente (RAD_T^A). Am Unterrand der Atmosphäre dagegen hat der vertikale Energiefluß (F_B^A) drei Komponenten: die Strahlungsbilanz (RAD_B^A, Abb. 4.33a), den Fluß latenter Wärme LH (Abb. 4.33b) sowie den Fluß fühlbarer Wärme SH (Abb. 4.33c); die Daten von Budyko sind nicht gemessen, sondern berechnet (die entsprechenden Parametrisierungsformeln versagen in großer Höhe, weshalb die Gebirge schraffiert dargestellt sind). Während das weltweite Jahresmittel von F_T^A und von F_B^A verschwindet (und damit auch das von RAD_T^A), ist dasjenige von RAD_B^A positiv (ca. 105 W/m^2); die Strahlungsbilanz am Unterrand der Atmosphäre wird balanciert durch den aufwärts gerichteten Fluß LH (weltweiter Mittelwert ca. -84 W/m^2) und SH (ca. -21 W/m^2). Die eben genannten Zahlen vergleiche man mit der Diskussion in Abschn. 4.3, insbesondere mit den Abb. 4.23 und 4.24. Zu Abb. 4.33 ist ferner zu bemerken: Der Fluß F_B^A und seine Komponenten lassen sich nur *in situ* messen, d. h. an der Erdoberfläche selbst, jedoch nicht durch Fernerkundung; beispielsweise ist die Verdunstung LH der direkten Messung von Satelliten nicht zugänglich. Eine operationelle Messung von Flußgrößen an der Erdoberfläche *in situ* wäre jedoch aus praktischen Gründen nicht durchführbar. Daher ist man bei der Gewinnung der drei Größen von Abb. 4.33 auf indirekte Methoden angewiesen (Parametrisierung der Bodenflüsse durch Zustandsgrößen, Überprüfung durch global diagnostizierte Haushalte).

Die horizontalen Energieflüsse in der Atmosphäre haben wir in vertikal und zonal gemittelter Form in Abschn. 4.4 betrachtet, ebenso die Speicherung der Temperatur. Wir begnügen uns hier mit diesem Aspekt. Verfeinert man das Bild weiter auf einzelne Luftsäulen, kommt man zu einer Fülle von Detailbetrachtungen, wie sie in der modernen Klimadiagnostik für Einzelregionen üblich sind.

Abb. 4.33 Vertikale Flüsse durch die Erdoberfläche hindurch, nach unten positiv. Die Daten ▶ wurden berechnet (nach Budyko, 1963) im Jahresmittel, dargestellt als Funktion der geographischen Koordinaten. Man beachte den Unterschied der Einheiten und Isolinienabstände in den drei Teilbildern. (a) Strahlungsbilanz RAD, Einheit W/m^2. Dargestellt ist die Nettostrahlungsflußdichte (algebraische Summe von kurzwelliger einkommender Strahlung RAD_S und langwelliger emittierter Strahlung RAD_L nach Abzug der kurzwellig reflektierten Strahlung). (b) Verdunstung $-LH$, Einheit cm/a. Zum Vorzeichen: LH ist weltweit negativ (nach oben gerichtet). Bei der Umrechnung auf Energieeinheiten W/m^2 (Verdunstungsfluß $\cong$ Fluß latenter Wärme) dividiere man durch 1.2. (c) Fluß fühlbarer Wärme $-SH$, Einheit W/m^2. Zum Vorzeichen: SH ist weltweit negativ (nach oben gerichtet).

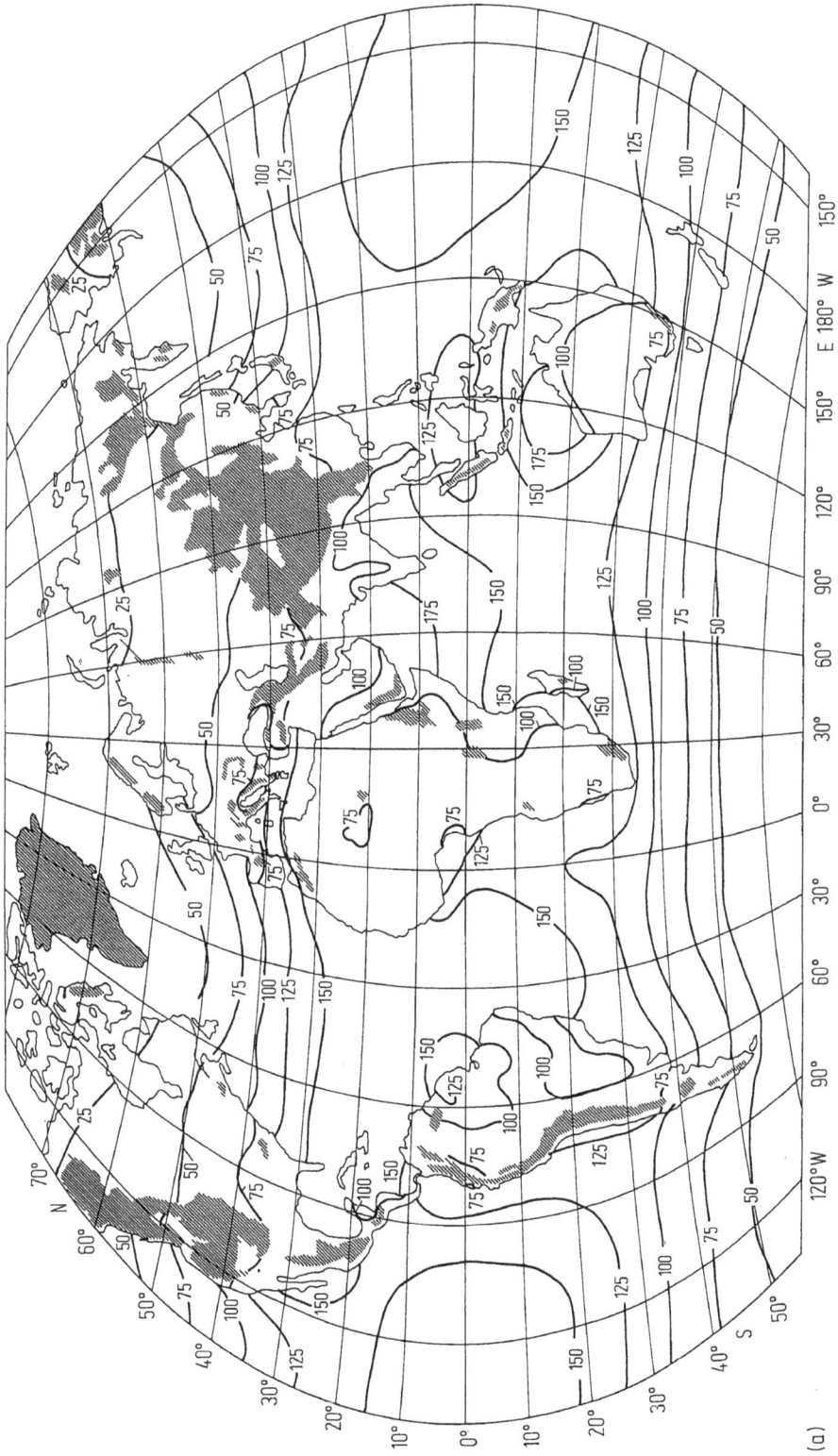

(a)

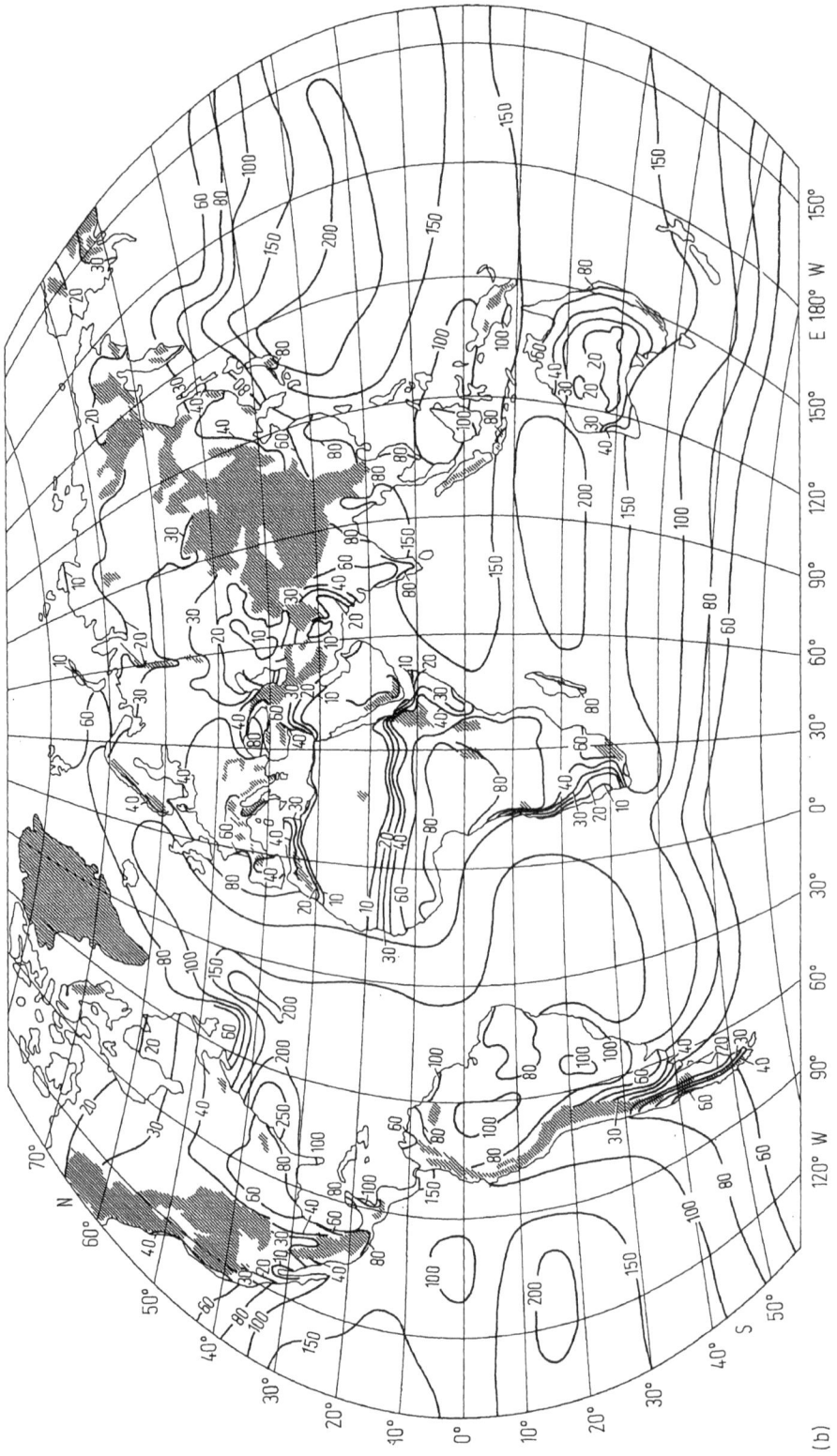

(b)

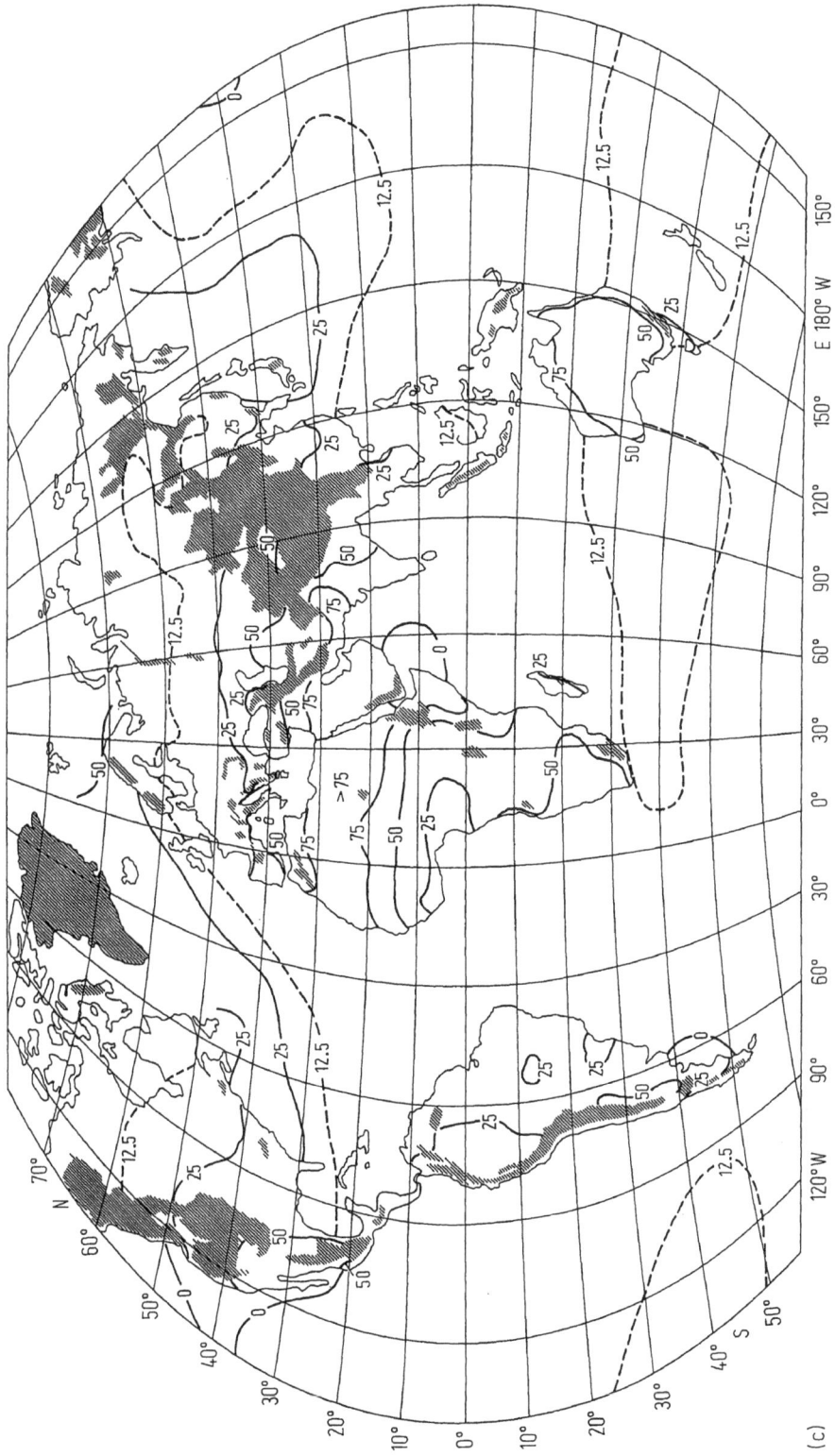

(c)

4.5.2 Der Feuchtehaushalt der Atmosphäre

So wie die Zustandsgröße Temperatur T maßgebend ist für den Haushalt der fühlbaren Wärme, so ist die Zustandsgröße spezifische Feuchte q maßgebend für den Haushalt der latenten Wärme; dieser Haushalt ist die quantitative Fassung des *hydrologischen Zyklus* der Atmosphäre.

Abb. 4.34 zeigt q im zonalen und vertikalen Mittel. Beim Vergleich mit der entsprechenden Abb. 4.14 für T sieht man einen ähnlichen Verlauf: Wie T fällt q vertikal nach oben hin und horizontal vom Äquator zu den Polen hin ab; die tropische Atmosphäre enthält ca. dreimal soviel Wasserdampf wie die außertropische.

Als nächstes betrachten wir den Vertikalfluß der Substanz Wasser durch die Erdoberfläche hindurch. Gemäß der Grundgleichung der Hydrologie setzt er sich aus *Niederschlag P*, *Verdunstung E* und *Abfluß A* zusammen (vgl. ferner Abschn. 4.8.2):

$$P + E = A \,. \tag{4.22}$$

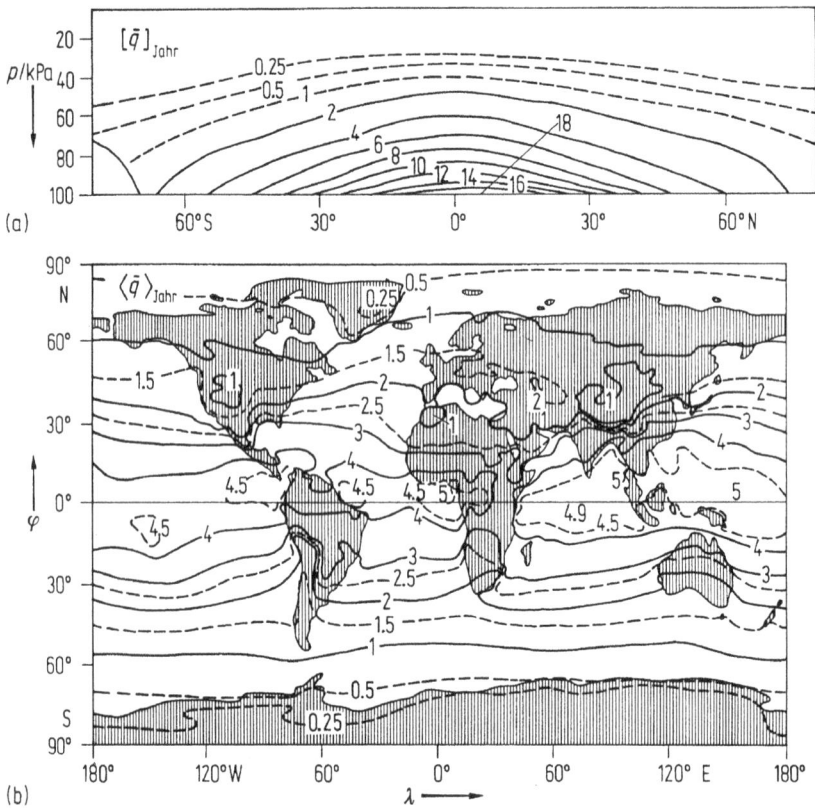

Abb. 4.34 Jahresmittel der spezifischen Feuchte q in der Atmosphäre. (a) Zonales Mittel, dargestellt als Funktion der Meridionalkoordinate (geographische Breite φ, Abszisse) und der Vertikalkoordinate (Druck p, Ordinate, nach unten zunehmend), Einheit $g/kg = 10^{-3}$. (b) Vertikales Integral von q, Einheit $10\ kg/m^2$. Diese Größe heißt auch niederschlagsfähiges Wasser (*precipitable water*).

Hierbei ist die oben getroffene Konvention beibehalten, daß nach unten gerichtete Flüsse (P, A) positiv zu zählen sind, nach oben gerichtete (E) negativ; in manchen Darstellungen der Klimatologie und Hydrologie werden andere Konventionen benutzt, wodurch sich die Vorzeichen in Gl. (4.22) ändern können.

Zunächst eine Bemerkung zu den Einheiten. Seiner Natur nach ist der vertikale Wasserfluß (gleichgültig ob in Form von Niederschlag nach unten oder in Form von Wasserdampf nach oben) eine Massenflußdichte mit der Einheit $kg\,m^{-2}\,s^{-1}$ (vgl. Tab. 4.5), die nach Umrechnung mit der als konstant angenommenen Dichte des kondensierten Wassers ($1000\,kg/m^3$) auch als Geschwindigkeit (Einheit m/s, m/Jahr, etc.) angegeben wird (vgl. dazu das Beispiel in Abschn. 4.2.6). Wegen der Bedeutung des Wasserdampfs als latente Energie ist jedoch ein Verdunstungsfluß gleichzeitig ein Energiefluß. Den Zusammenhang liefert die Kondensationswärme:

$$L = 2.50 \cdot 10^6 \, J/kg \,. \tag{4.23}$$

Daher gilt

$$LH = L \cdot E \,. \tag{4.24}$$

In LH sind die Buchstaben L und H Teile des Namens *latent heat* (*flux*). Auf der rechten Seite von Gl. (4.24) dagegen ist L durch Gl. (4.23) und E in der Einheit $kg\,m^{-2}\,s^{-1}$ definiert. Also hat LH die Einheit W/m², d.h. Gl. (4.24) ist eine Größengleichung. Für einfache Umrechnungen kann man die Formeln benutzen

$$1\,mm/Monat \simeq 1\,W/m^2\,; \quad 100\,cm/Jahr \simeq 80\,W/m^2\,. \tag{4.25}$$

Die schwache Temperaturabhängigkeit der Kondensationswärme (Variabilität von L im Bereich $\pm 40\,°C$ ca. $\pm 4\%$) wird für klimatologische Betrachtungen angesichts der Fehler der Felder P und E (20–50%) vernachlässigt.

Im Mittel müssen die linke und die rechte Seite von Gl. (4.22) verschwinden. Niederschlag und Verdunstung haben weltweit den Mittelwert

$$\{P\} = -\{E\} = 1\,m/Jahr\,. \tag{4.26}$$

Der Fehler beträgt ca. 10%. Abb. 4.35 zeigt große regionale Unterschiede von P; dementsprechend sieht das Bild von A aus (nicht gezeigt). Über den Kontinenten ist A durchwegs positiv: Dort überwiegt der Niederschlag über die Verdunstung, es gibt einen echten Abfluß. Über den Meeren äquatorwärts von etwa 40° Breite dagegen ist A negativ (nach oben gerichtet): Hier, vor allem über den subtropischen Ozeanen, überwiegt die Verdunstung. Über den außertropischen Ozeanen überwiegt wieder P mit dem Ergebnis, daß A dort schwach positiv ist.

Wegen der Proportionalität in Gl. (4.24) sollten LH in Abb. 4.33b und E in Abb. 4.35a die gleiche Verteilung zeigen. Dies ist nur in grober Näherung der Fall, weil die Ausgangsdaten aus verschiedenen Quellen stammen und weil es sich in beiden Fällen um parametrisierte Flüsse handelt. Die Verdunstung ist im globalen Maßstab routinemäßig nicht meßbar, sondern muß indirekt bestimmt werden. Dies ist eine bedeutende Fehlerquelle für die globale Energetik.

Der atmosphärische Wassertransport im zonalen und zeitlichen Mittel gehorcht der Erhaltungsgleichung

$$\frac{\partial[\bar{q}]}{\partial t} + \frac{1}{\cos\varphi}\frac{\partial([\overline{qv}]\cos\varphi)}{\partial y} + \frac{\partial[\bar{F}]}{\partial p} = 0\,. \tag{4.27}$$

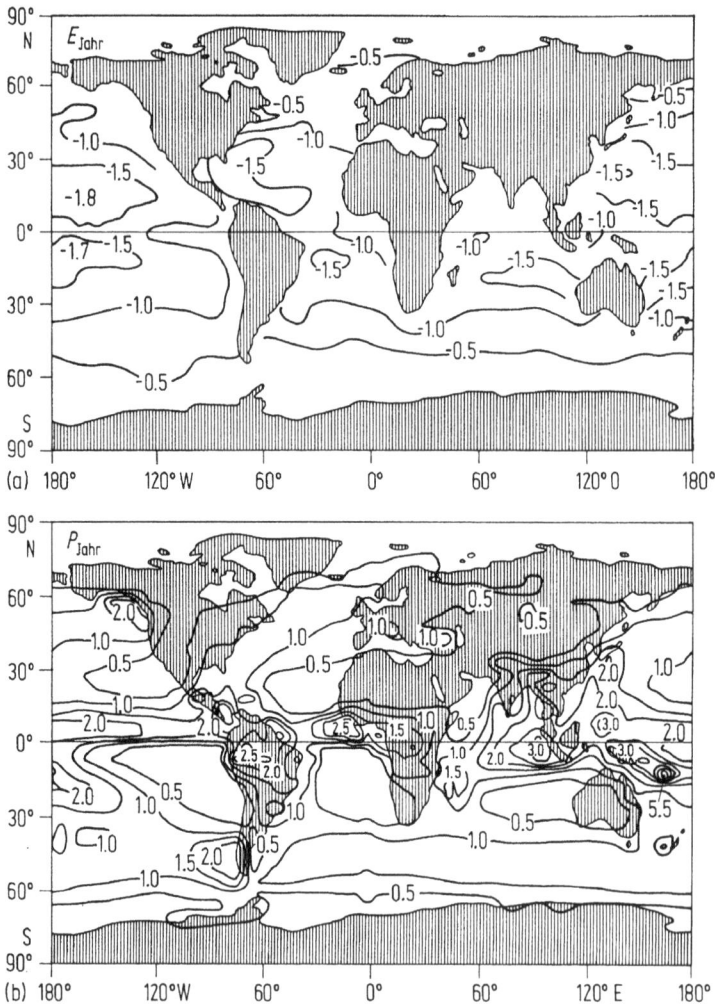

Abb. 4.35 Flüsse des hydrologischen Zyklus durch die Erdoberfläche hindurch im Jahresmittel, Einheit m/a. (a) Verdunstung E über dem Weltmeer, berechnet (nach Peixoto und Oort, 1984, geschätzter Fehler bis 50%). E ist überall negativ (nach oben gerichtet). (b) Niederschlag P, gemessen (nach Jaeger, 1976, geschätzter Fehler 20%).

Hier ist qv der meridionale Wasserdampffluß und $F = q\omega + gF_q + gF_c$ der totale vertikale Fluß von Wasser. F setzt sich aus dem gerichteten Feuchtefluß $q\omega$, dem turbulenten Feuchtefluß F_q und dem Kondensatfluß F_c zusammen. F_q und F_c haben dieselbe Einheit wie die Größen P, E und A in Gl. (4.22); der Wert von F_q an der Erdoberfläche ist gleich der Verdunstung E; F_c an der Erdoberfläche ist gleich dem Niederschlag P. Die eckigen Klammern bezeichnen das zonale Mittel, der Querstrich über den Symbolen das zeitliche Mittel. Wenn man Gl. (4.27) über eine Klimasäule (vgl. Abb. 4.32) integriert, erhält man eine Gleichung vom Typ (4.19).

Der Tendenzanteil $\partial[\bar{q}]/\partial t$ in Gl. (4.27), in der obigen Terminologie die Speicherung für Feuchte, kann für zeitliche Mittel von 1 Monat und länger gegen die beiden anderen Glieder vernachlässigt werden. Die Flußkomponenten $[\overline{qv}]$ und $[\bar{F}]$ können dann gemeinsam durch eine Stromfunktion Ψ_q dargestellt werden (Abb. 4.36). Besonders klar zeigt der Nordwinter (Abb. 4.36 a) den physikalischen Mechanismus: Im Breitengürtel von ca. 5° bis 35°N sind die Stromlinien von der Erdoberfläche weggerichtet, d. h. hier herrscht ein Nettotransport von Wasser in die Atmosphäre hinein. Dieser Verdampfungsüberschuß in den Subtropen wird zum größten Teil südwärts transportiert und speist die Niederschläge im tropischen Regengürtel, der im Nordwinter mit seinem Schwerpunkt südlich des Äquators liegt. Ein kleinerer Teil wird nordwärts transportiert und speist die Niederschläge in den mittleren und hohen Breiten der Nordhalbkugel.

Die Stromfunktion zeigt nur den totalen Transport der Substanz Wasser. In horizontaler Richtung wird ausschließlich Wasserdampf transportiert, in vertikaler Richtung dagegen Wasserdampf und Kondensat. Beispielsweise gibt es in den Subtropen auch Niederschläge, obwohl dort die Verdunstung überwiegt; ebenso ist in

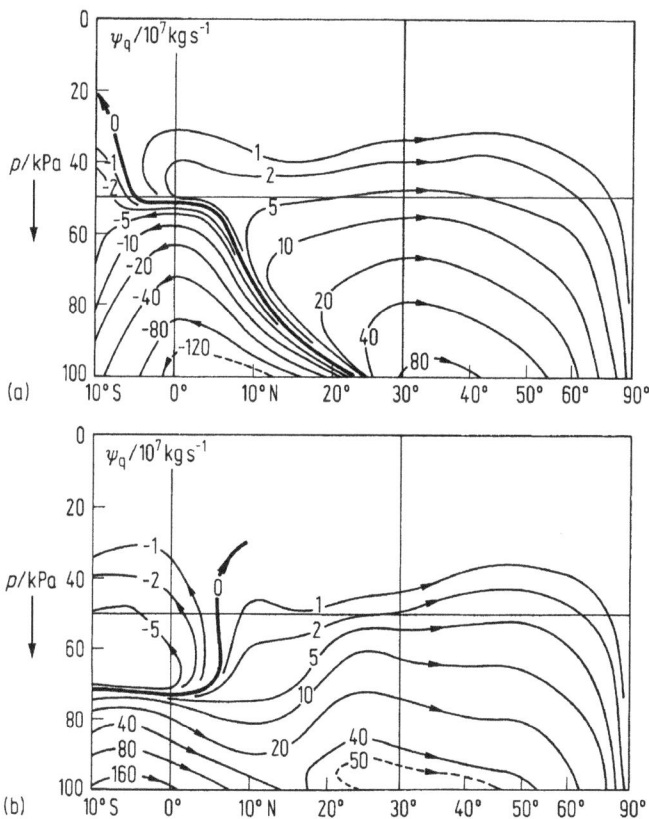

Abb. 4.36 Stromfunktion des globalen Wassertransports in der Vertikal-Meridionalebene der Nordhalbkugel (nach Hantel, 1974), Einheit 10^7 kg/s. Horizontaltransport: Nur Wasserdampf. Vertikaltransport: Dampf, flüssiges, festes Wasser. (a) Dezember–Januar–Februar. (b) Juni–Juli–August.

mittleren und hohen Breiten eine nennenswerte Verdunstung vorhanden, obwohl hier der Niederschlag überwiegt. Im Nordsommer (Abb. 4.36b) dreht sich die innertropische Zirkulation um, der Schwerpunkt des tropischen Regengürtels liegt jetzt auf der Nordhalbkugel, der Nachschub kommt von den subtropischen Ozeanen der Südhalbkugel. Im Jahresmittel (nicht gezeigt) überwiegt die Verdunstung in den Subtropen (ca. $10° - 30°$ Breite), der Niederschlag im tropischen Regengürtel ($5°S-10°N$) und in den Außertropen (ca. $35°-70°$ Breite).

Abb. 4.36 zeigt ferner, daß der Horizontaltransport der Substanz Wasser so gut wie ausschließlich in der unteren Troposphäre vor sich geht. Weiter oben ist der Feuchtegehalt ja so klein (vgl. Abb. 4.34a), daß trotz höherer Windgeschwindigkeit kein nennenswerter Feuchtetransport stattfinden kann.

4.5.3 Das globale Windsystem

Das globale Windsystem ist maßgebend für den Massen- und Impulshaushalt von Atmosphäre und Ozean. Die Gesamtheit dieses dreidimensionalen Feldes der Luftströmungen nennt man die *allgemeine Zirkulation*. Die allgemeine Zirkulation kontrolliert nicht nur den globalen Impulshaushalt, sondern auch sämtliche anderen Haushalte konservativer Eigenschaften wie der Energie (z. B. in Form von Temperatur) oder Substanz (z. B. in Form von Wasserdampf oder anderen Spurenstoffen).

Der Wind ist definiert als die Geschwindigkeit eines individuellen Luftpakets und daher ein dreidimensionaler Vektor v (Abb. 4.37). In p-Koordinaten definiert man statt der Vertikalkomponente $w = dz/dt$ die vertikale *Druckgeschwindigkeit* $\omega = dp/dt$; den Zusammenhang vermittelt die Näherungsformel $\omega \simeq - g\varrho w$.

Die Dreidimensionalität von v ist bei stürmischem Wetter in Bodennähe, oder auch im Inneren einer heftig arbeitenden Gewitterwolke, unmittelbar gegeben. Wenn man jedoch das zeitliche Mittel über mehr als 10 Minuten bildet, so wird w um den Faktor 100 bis 1000 kleiner als die Horizontalkomponente V. Klimatisch gesehen ist also v extrem anisotrop; das ist angesichts der geometrischen Anisotropie der Atmosphäre (Vertikalerstreckung ca. 20 km, Horizontalerstreckung ca. 20 000 km) nicht verwunderlich. Auch an der Erd- bzw. Meeresoberfläche spielt nur der Horizontalwind $V = (u, v)$ eine Rolle.

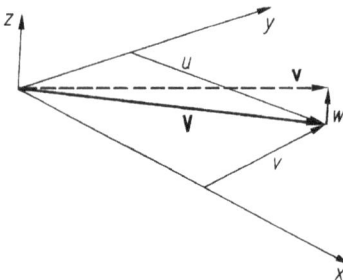

Abb. 4.37 Windvektor $v = (u, v, w)$ mit Geschwindigkeitskomponenten u (x-Richtung, positiv von West nach Ost), v (y-Richtung, positiv von Süd nach Nord) und w (z-Richtung, positiv von unten nach oben); Einheit m/s.

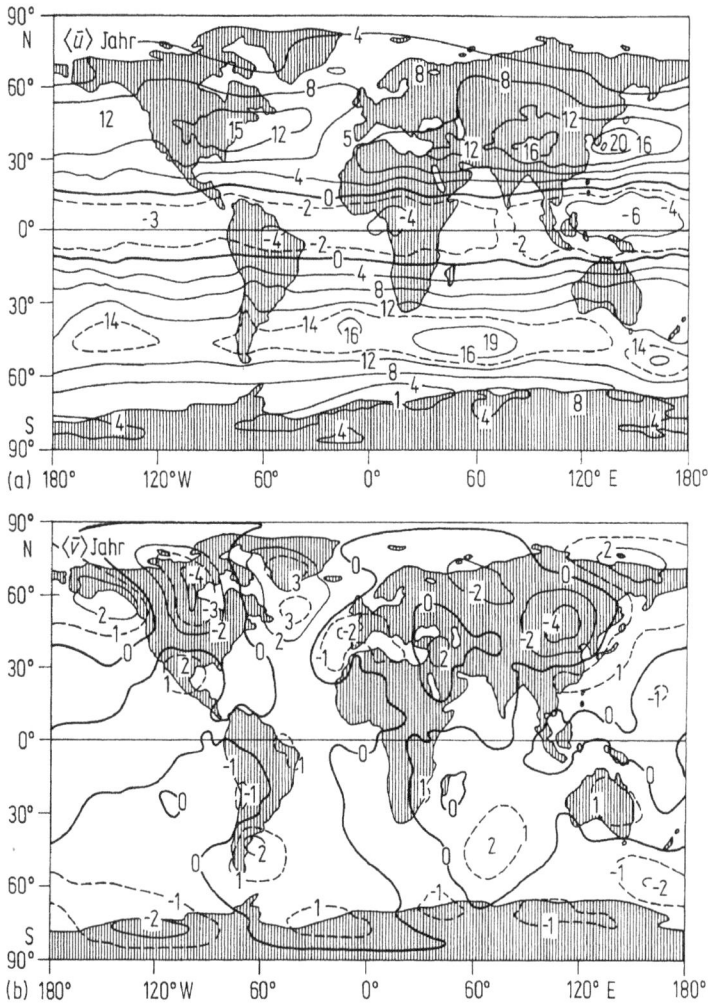

Abb. 4.38 Jahresmittel des vertikal gemittelten Horizontalwindes in der Atmosphäre, Einheit m/s (nach Peixoto und Oort, 1984). (a) Zonalkomponente $\langle \bar{u} \rangle$, positiv von W nach E. (b) Meridionalkomponente $\langle \bar{v} \rangle$, positiv von S nach N.

Aber selbst die beiden horizontalen Windkomponenten zeigen eine auffällige Anisotropie. In Abb. 4.38 erkennt man, daß das vertikale Klimamittel von u wesentlich größer ist (ca. 10 m/s) als das von v (ca. 1 m/s). Hier ist die Ursache die Anisotropie der Kugeloberfläche der Erde. Während der Zonalwind u ohne ein Hindernis in ost- oder westwärtiger Richtung um den Breitenkreis herumwehen kann, ist der Meridionalwind v im Norden und Süden durch die Pole begrenzt. Aber auch in jeder anderen Breite besteht die Bedingung, daß das zonale Mittel von $\langle \bar{v} \rangle$ verschwinden muß. Wäre in irgendeiner geographischen Breite $[\langle \bar{v} \rangle] \neq 0$, so würde das einen Nettotransport von Masse über diesen Breitenkreis hinweg bedeuten, was im zeitlichen Mittel unmöglich ist. Wenn wir etwa 60 °N betrachten, so sehen wir Gebiete

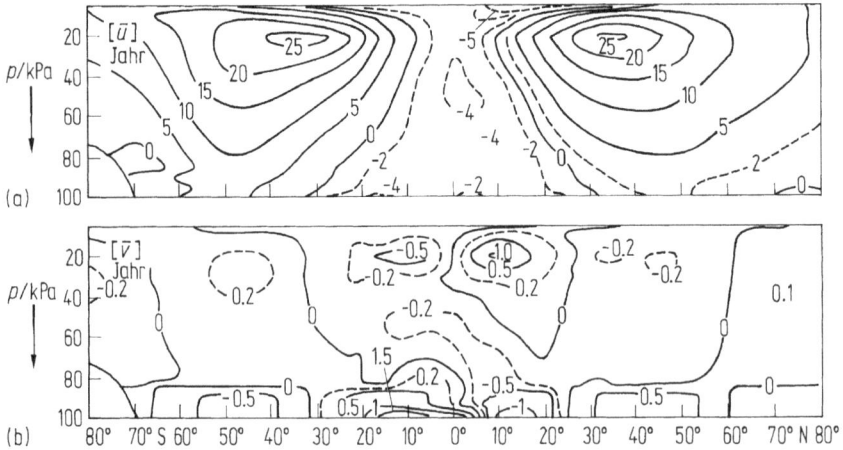

Abb. 4.39   Jahresmittel des zonal gemittelten Windfeldes (nach Peixoto und Oort, 1984, Meßwerte). (a) Zonalkomponente $[\bar{u}]$, positiv von W nach E; (b) Meridionalkomponente $[\bar{v}]$,
positiv von S nach N.

mit vorherrschendem Südwind (ca. 2 m/s) über dem nordwestlichen Nordamerika,
Südgrönland und Mittelasien, die von ebensolchen Gebieten mit vorherrschendem
Nordwind über Kanada, Westeuropa und Ostasien kompensiert werden; im zonalen
Mittel verschwindet $[\langle \bar{v} \rangle]$.

Die Dominanz von u verglichen mit v ist im zonalen Mittel (Abb. 4.39) noch
auffälliger. Hier ist $[\bar{u}]$ im Mittel etwa zwei Ordnungen größer als $[\bar{v}]$.

Die zonale Windkomponente. Was das Vorzeichen von u angeht[2], so sieht man
(Abb. 4.39 a) durch die ganze Atmosphäre hindurch in den Tropen einen schwachen
Ostwind (-2 bis -4 m/s), in den Außertropen dagegen einen starken Westwind
(5 bis 25 m/s). Der Westwind bildet ein breites Starkwindband (*Strahlstrom* oder *Jet*)
mit Maximum in 30° bis 40° Breite und ca. 250 hPa (ca. 10 km) Höhe. Das entspricht
einer *Superrotation* der Erdatmosphäre, wenn man daran denkt, daß ja bereits eine
ruhende Atmosphäre aufgrund der Erddrehung von West nach Ost rotiert.

Die Erklärung für das Klimaphänomen Strahlstrom liegt in der Kombination
von geostrophischem und hydrostatischem Gleichgewicht (f = Coriolis-Parameter,
R = Gaskonstante für Luft):

$$fu = -\frac{\partial \Phi}{\partial y}; \quad \frac{\partial \Phi}{\partial p} = -\frac{RT}{p}. \tag{4.28}$$

Dies ist ein Spezialfall von Gl. (3.245) für beschleunigungsfreie Strömung (d. h.
$d/dt = 0$) in x-Richtung (d. h. $v = 0$, $\partial \Phi / \partial x = 0$). Eliminiert man in Gl. (4.28) das
Geopotential Φ, indem man die geostrophische Gleichung nach p und die hydro-

---

[2] Ein Westwind ($u > 0$) weht von West (W) nach Ost (E). Ein Ostwind ($u < 0$) weht von E nach
W.

statische nach y differenziert, so erhält man nach anschließender vertikaler Mittelung zwischen Erdoberfläche ($p = p_s$, $u = 0$) und Strahlstromniveau p:

$$u(p) = -\frac{R}{f} \log\left(\frac{p_s}{p}\right)\frac{\partial \hat{T}}{\partial y}. \tag{4.29}$$

Hierbei ist $\hat{T}$ das vertikale Mittel der Temperatur zwischen p und p_s; die Mittelung ist über den Logarithmus des Druckes auszuführen (das vertikale Mittel $\langle\rangle$ in Abb. 4.38 dagegen ist durch Integration über den Druck definiert). In den mittleren Breiten der Nordhalbkugel ist $\partial\hat{T}/\partial y$ von der Ordnung $-5\,\mathrm{K}/1000\,\mathrm{km}$ (vgl. Abb. 4.14a). Wenn man $f = 10^{-4}\,\mathrm{s}^{-1}$, $R = 287\,\mathrm{J\,kg^{-1}\,K^{-1}}$ und $\log 4 = 1.4$ zugrundelegt, so liefert Gl. (4.29) einen positiven Zonalwind in der Höhe (Westwind):

$$u(250\,\mathrm{hPa}) \simeq 20\,\mathrm{m/s}. \tag{4.30}$$

Dies erklärt den Strahlstrom im zonalen Mittel (s. Abb. 4.39a). Auf der Südhalbkugel, wo der Temperaturgradient $\partial\hat{T}/\partial y$ sein Vorzeichen wechselt, ist auch f negativ; dadurch ist der Strahlstrom auf der Südhalbkugel ebenfalls ein Westwind.

Gl. (4.29) entspricht dem Konzept des *thermischen Windes* (vgl. dazu Kap. 3, Abschn. 3.3.2.3 und 3.3.2.4). Maßgebend sind differentielle Heizung (so entsteht $\partial\hat{T}/\partial y$) und Rotation (Parameter f). Jeder rotierende differentiell geheizte Planet mit Atmosphäre hat hochtroposphärische Westwinde in der Breite des maximalen polwärtigen Temperaturgradienten. Das führt dazu, daß das Maximum der kinetischen Energie $V^2/2 = (u^2 + v^2)/2$ praktisch identisch ist mit der Lage des Maximums von u; der Beitrag von v wirkt sich kaum aus.

Wie ist nun das Ostwindband in den Tropen (s. Abb. 4.39a) zu erklären? Dies ist nicht durch das Konzept des thermischen Windes möglich, denn in den Tropen ist $\partial\hat{T}/\partial y$ praktisch Null (Abb. 4.14a). Eine Erklärung des oberflächennahen Zonalwindes in den Tropen wird sich weiter unten aus dem Drehimpulshaushalt ergeben. Wegen des Zusammenhanges mit dem Windschub und der ozeanischen Zirkulation behandeln wir dies im Abschn. 4.7 über die Mechanismen der Klimafluide.

Die Vertikal-Meridionalzirkulation. Der Windvektor in Druckkoordinaten ist dreidimensional divergenzfrei; d. h. seine Komponenten u, v, ω gehorchen Gl. (3.267), die sich hier schreibt:

$$\frac{\partial u}{\partial x} + \frac{1}{\cos\varphi}\frac{\partial(v\cos\varphi)}{\partial y} + \frac{\partial\omega}{\partial p} = 0; \tag{4.31}$$

u ist die Westwindkomponente (x-Richtung, ostwärts), v die Südwindkomponente (y-Richtung, nordwärts), ω die vertikale Druckgeschwindigkeit (p-Richtung, abwärts). Die Funktion $\cos\varphi$ im zweiten Term repräsentiert die Meridiankonvergenz; die Radiendivergenz ist wegen der Flachheit der Atmosphäre nicht berücksichtigt. Nach zonaler und zeitlicher Mittelung lautet Gl. (4.31):

$$\frac{1}{\cos\varphi}\frac{\partial([\bar{v}])\cos\varphi}{\partial y} + \frac{\partial[\bar{\omega}]}{\partial p} = 0. \tag{4.32}$$

Die beiden Windkomponenten lassen sich durch eine Stromfunktion $\Psi(y, p)$ ausdrücken:

$$[\bar{v}] = \frac{g}{2\pi a \cos\varphi} \frac{\partial \Psi}{\partial p}; \quad [\bar{\omega}] = -\frac{g}{2\pi a \cos\varphi} \frac{\partial \Psi}{\partial y}. \tag{4.33}$$

Gl. (4.33) erfüllt Gl. (4.32) identisch; g ist die Erdbeschleunigung, a der Erdradius. Ψ hat die Dimension des Massenflusses (kg/s) in der Vertikal-Meridionalebene. Man gewinnt Ψ gemäß Gl. (4.33) durch Vertikalintegration des beobachteten Feldes von $[\bar{v}]$, vgl. Abb. 4.39b. Das Feld von ω wird nicht direkt gemessen, sondern gemäß Gl. (4.31) aus u und v berechnet. Ψ stellt also keine wirkliche Datenreduktion dar, sondern ist nur eine anschauliche Darstellung des gemessenen Feldes $[\bar{v}]$. Dies entspricht der Stromfunktion des Wassertransports (s. Abb. 4.36) – auch hier ist nur der Meridionalfluß $[\overline{qv}]$ meßbar.

Die Isolinien der Massenstromfunktion in Abb. 4.40 zeigen den Nettomassenfluß der Luft. Im Jahresmittel erkennt man ein Nettoaufsteigen in der Äquatorialzone (ca. $10\,°$S$-10\,°$N) und ein Nettoabsinken in den Subtropen (ca. $10°-40°$ Breite). Die so definierten beiden Zirkulationsräder auf jeder Halbkugel werden als *Hadley-Zelle* bezeichnet (vgl. auch Abb. 3.32). Es handelt sich um eine direkte Zelle im thermodynamischen Sinne; eine thermisch betriebene Zirkulation zeigt Aufsteigen im geheizten Teil (hier: innere Äquatorialzone) und Absinken im gekühlten Teil des geometrisch betroffenen Bereiches (hier: Sub- und Randtropen). Eine zweite thermodynamische Direktzelle ist die polare Zelle jeder Halbkugel mit Aufsteigen im Bereich $50°$ bis $70°$ Breite (Erwärmung durch außertropische Niederschlagsgebiete) und Absinken am Pol; jedoch ist die polare direkte Zelle um mehr als eine Ordnung schwächer als die Hadley-Zelle. Zwischen beiden liegt die indirekt verlaufende *Ferrel-Zelle*, die ebenfalls schwächer ist als die tropische Hadley-Zelle. Das Idealbild je dreier Zirkulationsräder auf jeder Halbkugel ist aber nur im Jahresmittel (Abb. 4.40a), bzw. kurzzeitig in den Übergangsjahreszeiten Frühling oder Herbst verwirklicht. In den extremen Jahreszeiten (Abb. 4.40b, c) dominiert die Hadley-Zelle der jeweiligen Winterhalbkugel, die weit in die Sommerhalbkugel hineingreift und dort ihr Aufstiegsgebiet hat; die Hadley-Zelle der Sommerhalbkugel ist verkümmert. Ferrel- und polare Zelle sind stets vorhanden, jedoch im Vergleich zur Hadley-Zelle noch schwächer als im Jahresmittel. Das eigentlich dominante Zirkulationsrad ist daher die Hadley-Zelle der jeweiligen Winterhalbkugel. Die mittleren Hadley-Zellen des Jahresmittels stellen nur ein stark reduziertes Bild dar.

Trotz der im Vergleich zu $[\bar{u}]$ kleinen Größe von $[\bar{v}]$ repräsentiert die Massenstromfunktion doch einen zentralen Teil der allgemeinen Zirkulation, nämlich den Transport von Masse über die Breitenkreise hinweg. Dieser Massentransport ist gleichzeitig eine Art Förderband, das andere transportierbare Eigenschaften, insbesondere Energie, Wasser und Spurenstoffe, mit sich nimmt.

Der Wind – eine Zustandsgröße. Wir haben in diesem Abschnitt bisher nur das Windfeld dargestellt, also die Zustandsgröße Impuls. Obwohl der Wind Bewegung repräsentiert, und in scheinbarem sprachlichen Widerspruch, ist er eine Zustandsgröße (nämlich der massenspezifische Impuls) und keine Flußgröße. Was aber ist die zugehörige Flußgröße? Das ist der Impulsfluß, der in der Impulserhaltungsgleichung auftritt. Wir verschieben die Diskussion dieses Punktes auf Abschn. 4.7.

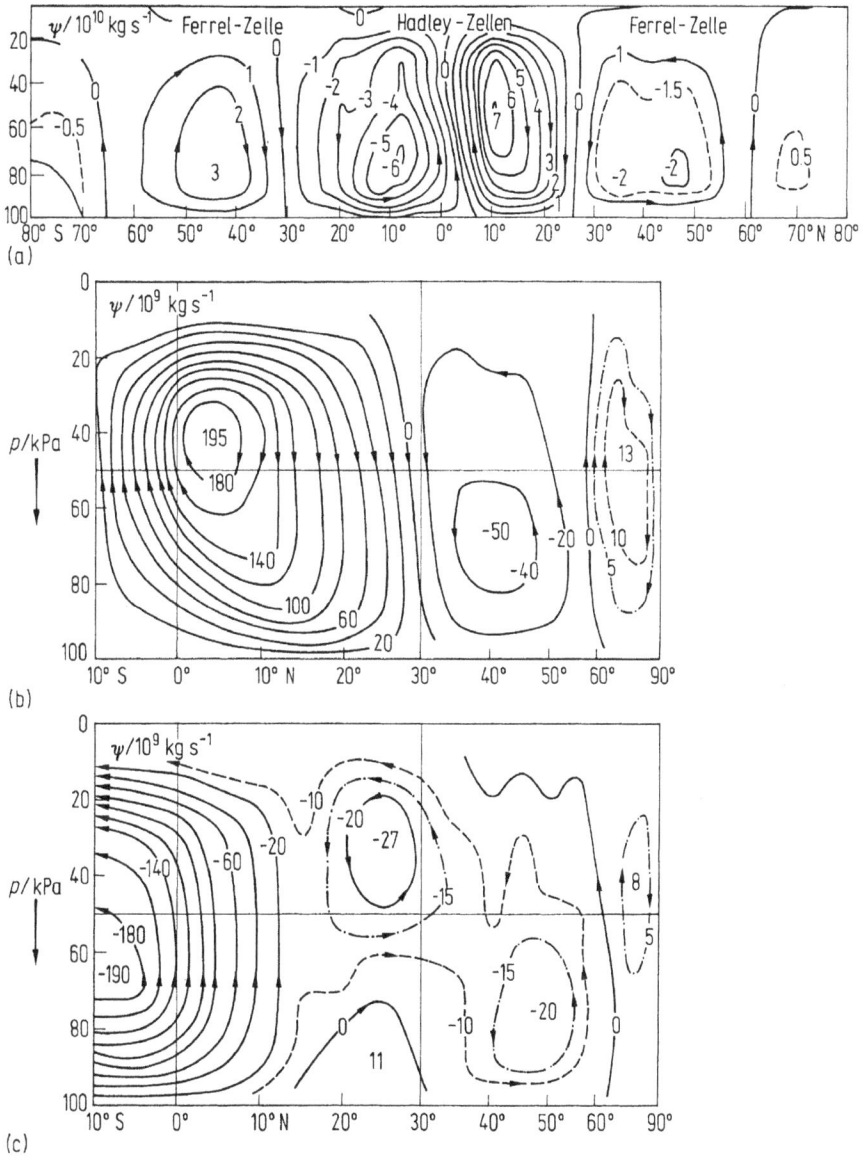

Abb. 4.40 Stromfunktion des globalen Massentransports in der Vertikal-Meridionalebene, aus dem gemessenen, zonal gemittelten Feld $[\bar{v}]$ berechnet. (a) Jahresmittel in 10^{10} kg/s (nach Peixoto und Oort, 1984); (b) Dezember–Januar–Februar, nur Nordhalbkugel, Einheit 10^9 kg/s (nach Hantel, 1974); (c) Juni–Juli–August, nur Nordhalbkugel, Einheit 10^9 kg/s (nach Hantel, 1974).

4.6 Klimagrößen des Weltmeeres

Auch im Ozean orientieren wir uns am Konzept der Zustands- und Flußgrößen. Wir besprechen zunächst das thermohaline Feld und anschließend das Strömungs- und Windfeld (vgl. dazu die Abschnitte 2.3–2.5).

4.6.1 Das thermohaline Feld

Die Temperatur der Meeresoberfläche (*sea surface temperature*, international als SST bezeichnet) ist in Abb. 4.41 dargestellt. Datengrundlage ist ein Satz von ca. 500 000 hydrographischen Stationen aus dem 20. Jahrhundert, mit maximaler Beobachtungshäufigkeit zwischen 1960 und 1970. Die Isolinien der SST verlaufen weitgehend parallel zur Lufttemperatur an der Erdoberfläche (vgl. Abb. 4.13). Man erkennt beispielsweise, daß die 10 °C-Linie in Europa bis 60° Breite polwärts reicht; auf der Südhalbkugel dagegen ist SST = 0 °C in 60° Breite. Tropische Ozeane haben Werte von SST > 25 °C mit Maxima im Westpazifik und im nördlichen Indischen Ozean; Minima erkennt man vor der afrikanischen und der südamerikanischen Westküste.

Die Differenz zwischen den Temperaturen von Wasser und Luft an der Meeresoberfläche (SST − T_s) kann aus den Daten von Abb. 4.41 und 4.13 berechnet werden (nicht dargestellt). SST − T_s ist über dem größten Teil des Ozeans ganzjährig positiv, d. h. das Wasser ist immer etwas wärmer als die Luft (typische Werte 1–2 K). Für den Badenden an der See scheint dies ein Widerspruch zu sein, denn er empfindet das Wasser als kalt. Die subjektive Wärmeempfindung des Badenden außerhalb des Wassers rührt jedoch in erster Linie von der Sonnenstrahlung her, und erst in zweiter Linie von der Temperatur der Luft; daher ist es bei Sonne subjektiv „in der Luft

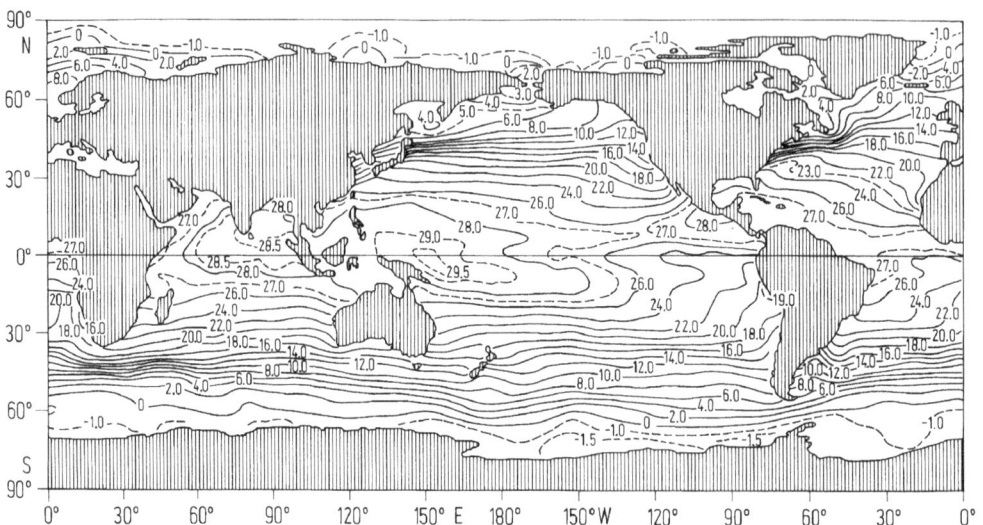

Abb. 4.41 Jahresmittel der Wassertemperatur an der Meeresoberfläche (1900–1978) in °C; Abstand der Isolinien 2 K (nach Levitus, 1982).

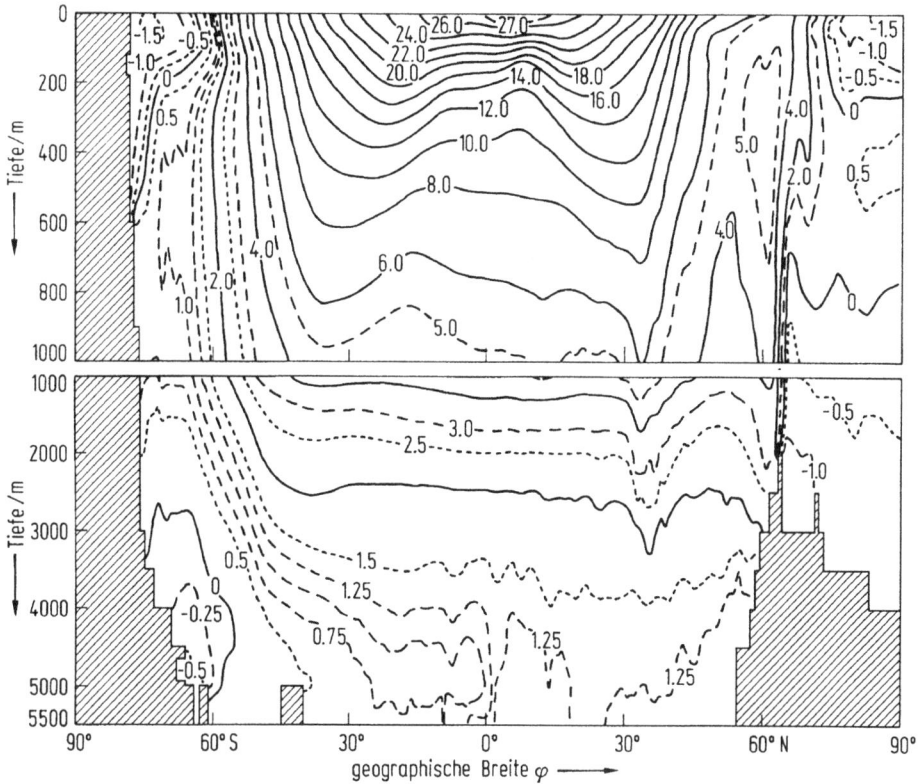

Abb. 4.42 Zonales Mittel der Wassertemperatur (°C) im Weltmeer als Funktion der Meridionalkoordinate (geographische Breite φ) und der Wassertiefe z (nach Levitus, 1982).

wärmer als im Wasser" (hinzu kommt der Strandeinfluß, der die Lufttemperatur vergrößert). Im freien Weltmeer ist das Oberflächenwasser geringfügig wärmer als die Luft; daher ist der Fluß von Verdunstung und fühlbarer Wärme praktisch überall im eisfreien Ozean nach oben gerichtet (s. Abb. 4.33).

Als nächstes betrachten wir die dreidimensionale Temperaturverteilung im Weltmeer. Abb. 4.42 zeigt die Temperatur im zonalen und jährlichen Mittel in einem Vertikal-Meridionalschnitt. Dargestellt ist nicht die aktuelle, sondern die potentielle Temperatur, die auch die Kompressibilität des Wassers berücksichtigt und darüberhinaus vom Salzgehalt abhängt; sie weicht bis 1000 m Wassertiefe von der aktuellen Temperatur um weniger als 0.06 K ab. Die dünne *Warmwassersphäre* in der ca. 100 m dicken Oberschicht des Ozeans, vorzüglich in den Tropen, ist der mächtigen *Kaltwassersphäre* unterhalb von ca. 1000 m in der Tiefsee überlagert. Hier sieht man die Bedeutung der Kompressibilität: Süßwasser hat bei Normaldruck seine höchste Dichte bei 4 °C, Meerwasser jedoch bei −4 °C; also sollte man am Meeresboden dieses Wasser höchster Dichte erwarten. Durch die Kompression in großen Wassertiefen ändern sich die Zustandsgrößen so, daß Wasser größter Dichte nur potentielle Temperaturen um 0 °C hat; dieser Effekt ist außerdem stark salzgehaltsabhängig.

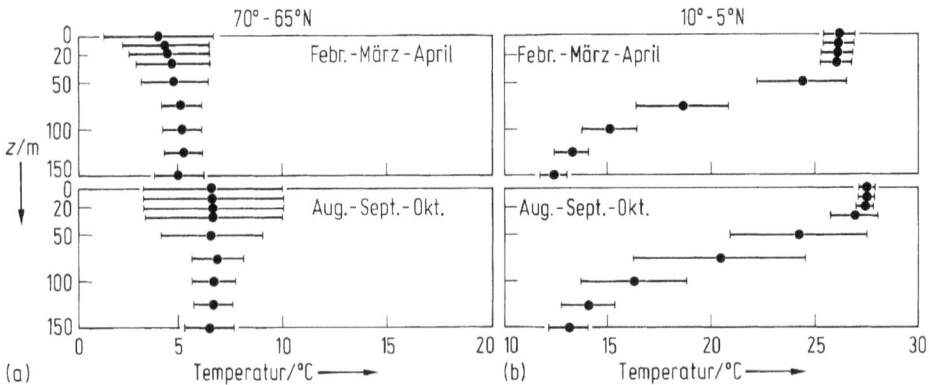

Abb. 4.43 Vertikale Temperaturprofile im Atlantischen Ozean (Längenbereich 25°–30°W) für extreme Jahreszeiten in subpolaren Breiten (70°–65°N) und in den Tropen (10°–5°N). Punkte: Mittlere Temperatur; Fehlerbalken: Standardabweichung (Daten von Levitus, 1982).

Wenn wir die Schicht 0 bis 1000 m betrachten, in der sich der Übergang von der Oberfläche bis hin zur Tiefsee vollzieht (sog. *Thermokline*), so zeigt sich ein auffälliger Unterschied zwischen den niederen und den hohen Breiten: In den Tropen sind Warm- und Kaltwassersphäre deutlich getrennt. In den subpolaren Breiten dagegen verlaufen die Isothermen fast vertikal, d. h. polwärts von ca. 50° Breite reicht die Kaltwassersphäre bis an die Meeresoberfläche.

Dieser Unterschied ist nochmals in Abb. 4.43 dargestellt: Man erkennt eine scharf ausgeprägte Warmwasserschicht von ca. 50 m Dicke praktisch ganzjährig in äquatorialen Breiten; der Temperaturabfall zur Tiefsee hin vollzieht sich in einer Schicht von wenig mehr als 100 m Dicke. Dagegen sind die Temperaturprofile in 65 bis 70°N vertikal fast konstant mit erkennbarem Minimum an der Oberfläche im Winter. Das bedeutet hohe statische Stabilität in den Tropen und neutrale Stabilität bis hin zur Labilität in den subpolaren Breiten, vor allem im Winter.

Der Salzgehalt ist die ozeanische Zustandsgröße, die dem Wassergehalt in der Atmosphäre entspricht. Im Unterschied zum atmosphärischen Wassergehalt ist aber der Salzgehalt im Weltmeer weitgehend konstant: er beträgt ca. 35 Promille; der zweite wesentliche Unterschied ist der Umstand, daß das Meersalz stets in Lösung ist und nicht ausfällt, also keine Phasenänderung zeigt. Maxima des Salzgehalts treten in den verdunstungsreichen Subtropen oder etwa dem Roten Meer auf (Werte > 37 Promille), Minima in den niederschlagsreichen Regentropen und vor allem in hohen Nordbreiten (Werte < 28 Promille im Nordpolarmeer vor Ostsibirien, teilweise bedingt durch Flußmündungen). Im Vertikal-Meridionalschnitt unterhalb von 500 m schwankt der Salzgehalt nur von 34.4 bis 34.9 Promille (Levitus, 1982; vgl. auch Abb. 2.16). Hohe Meßgenauigkeit bei den Salzgehalts- und Temperaturmessungen in der Tiefsee ist die Voraussetzung, um die durch die entsprechenden schwachen Gradienten getriebenen Komponenten der thermohalinen Zirkulation exakt zu erfassen.

Die Betrachtung der Zustandsgrößen Temperatur und Salzgehalt unter der gemeinsamen Überschrift *thermohalines Feld* rechtfertigt sich durch die enge Koppelung von T und S und die Gleichartigkeit der Mechanismen ihres Transportes; das entspricht der engen Koppelung von Temperatur und Feuchte im Wärmehaushalt der Atmosphäre.

Nach den Zustandsgrößen (Abb. 4.41 bis 4.43) besprechen wir die Flüsse in horizontaler Richtung. Abb. 4.44 zeigt die Größenordnung des Energieflusses und des Flusses von Frischwasser, geschätzt nach verschiedenen Datenquellen. Bei der Wärme (proportional zur Temperatur T) erkennt man Divergenzgebiete in allen drei tropischen Ozeanen, polwärtige Transporte in den Subtropen und Konvergenzgebiete in den hohen Breiten.

Der zweite Teil von Abb. 4.44 zeigt den Transport von Süßwasser (Salzgehalt Null) vorwiegend aus den hohen Breiten mit ihrem Niederschlagsüberschuß (auch: Eisberge aus der Antarktis) in die Tropen hinein – dort herrscht Verdunstungsüberschuß und Bedarf an Süßwasser: tropischer Pazifik, nördlicher Indischer Ozean und zentraler Atlantik. Abb. 4.44 wird dominiert von den Flüssen in der ozeanischen Oberschicht (bis ca. 100 m). Vollständigere Haushalte dieser Flußgrößen liegen bisher nicht vor.

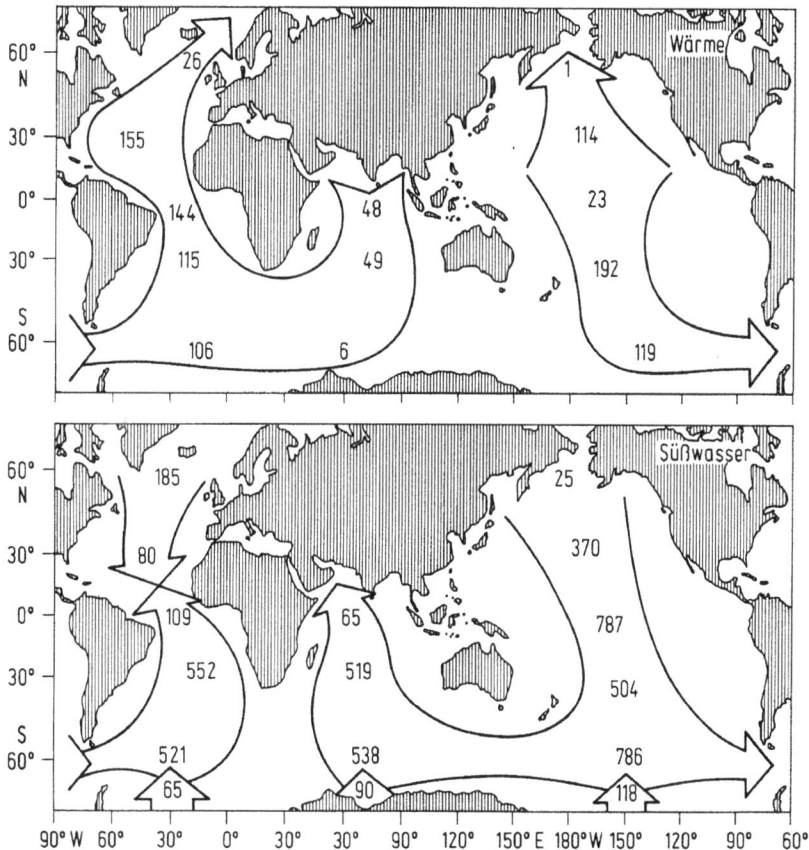

Abb. 4.44 Halbquantitatives Zirkulationsschema für Wärme (10^{10} kJ/s) und Süßwasser (10^6 kg/s) im Weltmeer (verschiedene Autoren, hier zitiert nach Fahrbach und Meincke, 1989).

Die Flüsse der ozeanischen Zustandsgrößen (vgl. Abb. 4.44) sind sehr viel weniger gut bekannt als die der atmosphärischen Zustandsgrößen (vgl. Abb. 4.28); man beachte beispielsweise, daß die ozeanische Transportkomponente in Abb. 4.28 indirekt bestimmt ist. Einer der Gründe dafür ist, daß die ozeanischen Messungen gewöhnlich viel aufwendiger sind als die atmosphärischen und wegen der geringen Größe der Gradienten extreme Ansprüche an die Meßgenauigkeit stellen. Sie sind daher sehr teuer und vielfach nur im Rahmen von zeitlich und räumlich begrenzten Forschungsexperimenten durchführbar. Ein Routinenetz von Beobachtungsstationen, wie es für die Atmosphäre aufgebaut ist (vor allem durch die Notwendigkeiten der Wetterdienste), existiert im Ozean nicht.

Wie steht es mit den vertikalen Flußgrößen? Wir haben gesehen, daß die Vertikalflüsse der Energie und des Wassers an der Meeresoberfläche identisch sind mit den Vertikalflüssen am Unterrand der Atmosphäre; diese sind uns bereits bekannt. Routinemessungen der Vertikalflüsse von Wärme und Salzgehalt in der Tiefsee gibt es nicht. Hier ist man vorläufig auf Abschätzungen aus Kontinuitätsbetrachtungen angewiesen.

4.6.2 Das oberflächennahe Strömungsfeld

Abb. 4.45 zeigt die Meeresströmungen für den Nordwinter nach Sverdrup. Diese alte Karte ist weiterhin eine gute Darstellung der Oberflächenströmungen im Weltmeer.

Die Strömungen außertropischer Breiten verlaufen vorwiegend von W nach E. Auf der Nordhalbkugel erkennt man den Nordpazifik- und den Nordatlantikstrom in 30 bis 50°N, auf der Südhalbkugel die Westwindtrift in 40 bis 60°S. Vor den Ostküsten der Kontinente, d.h. in den Westbecken der Ozeane der Nordhalbkugel, gibt es schnelle, starke sog. *westliche Grenzströme*: im Atlantik den Golfstrom, im Pazifik den Kuroshio.

Die Strömungen in den Tropen sind vorwiegend charakterisiert durch den *Nord-* und den *Südäquatorialstrom*, der praktisch in der ganzen Breitenzone von 25°N bis 25°S von E nach W setzt und sich vor den Küsten der Kontinente mit den Strömungen der Außertropen verbindet. Die beiden Äquatorialströme sind getrennt durch den ca. 400 km breiten *Äquatorialgegenstrom*, der in ca. 7°N von W nach E *gegen* den Wind fließt und am eindrucksvollsten im Pazifik ausgebildet ist; im Indischen Ozean bildet sich der Äquatorialgegenstrom auf der Südhalbkugel. Einen westlichen Grenzstrom gibt es auch in den Tropen: den Somalistrom vor dem Horn von Afrika, der im Nordwinter südwärts, im Nordsommer unter dem Einfluß des Indischen Monsuns mit hohen Stromgeschwindigkeiten nordwärts fließt.

4.6.3 Die Tiefenzirkulation

Das ozeanische Stromsystem an der Oberfläche ist nicht geschlossen. Es reicht in große Tiefen hinab, ist jedoch an der Meeresoberfläche am stärksten ausgeprägt. Zonal gemittelte Zirkulationsfelder in Analogie zur Massenzirkulation in der Atmosphäre gemäß Abb. 4.40 sagen wenig aus, weil die Strömungsfelder sich bei Mittelung stark kompensieren, ein Effekt, der durch die Trennung der Meeresbecken noch

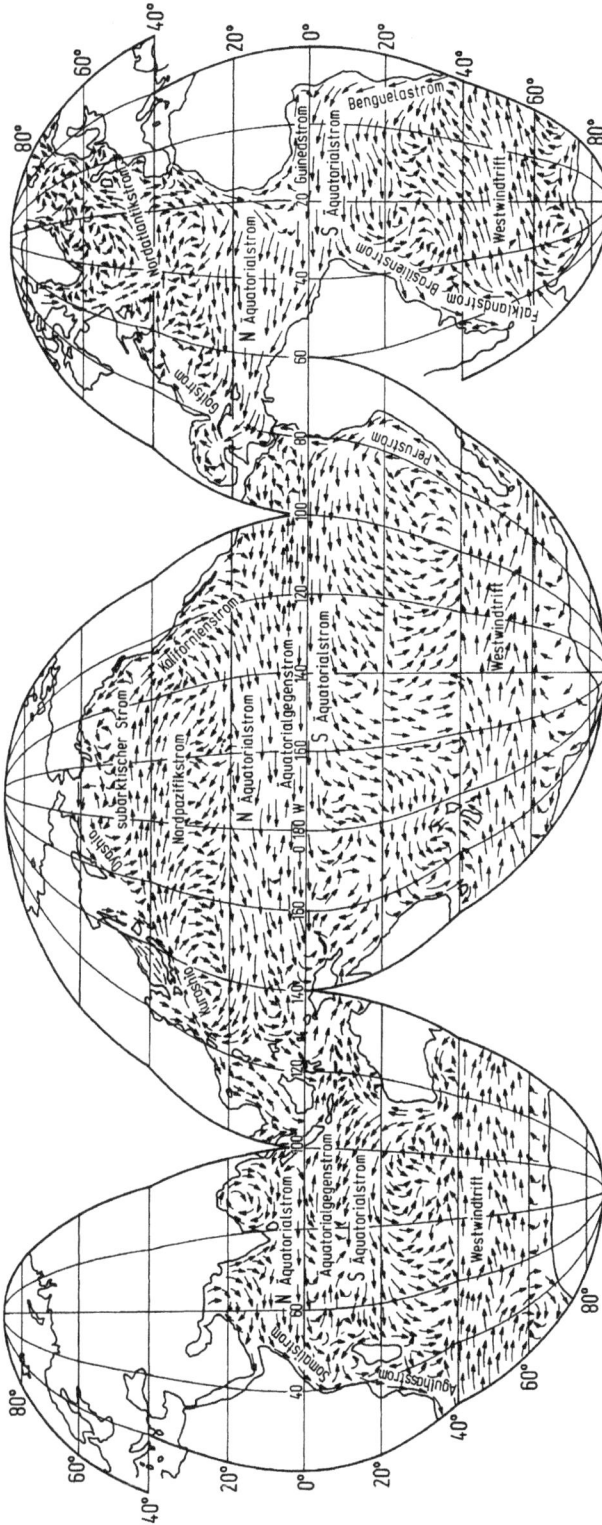

Abb. 4.45 Weltkarte der Meeresströmungen (nach Sverdrup et al., 1942, reproduziert von Peixoto und Oort, 1984).

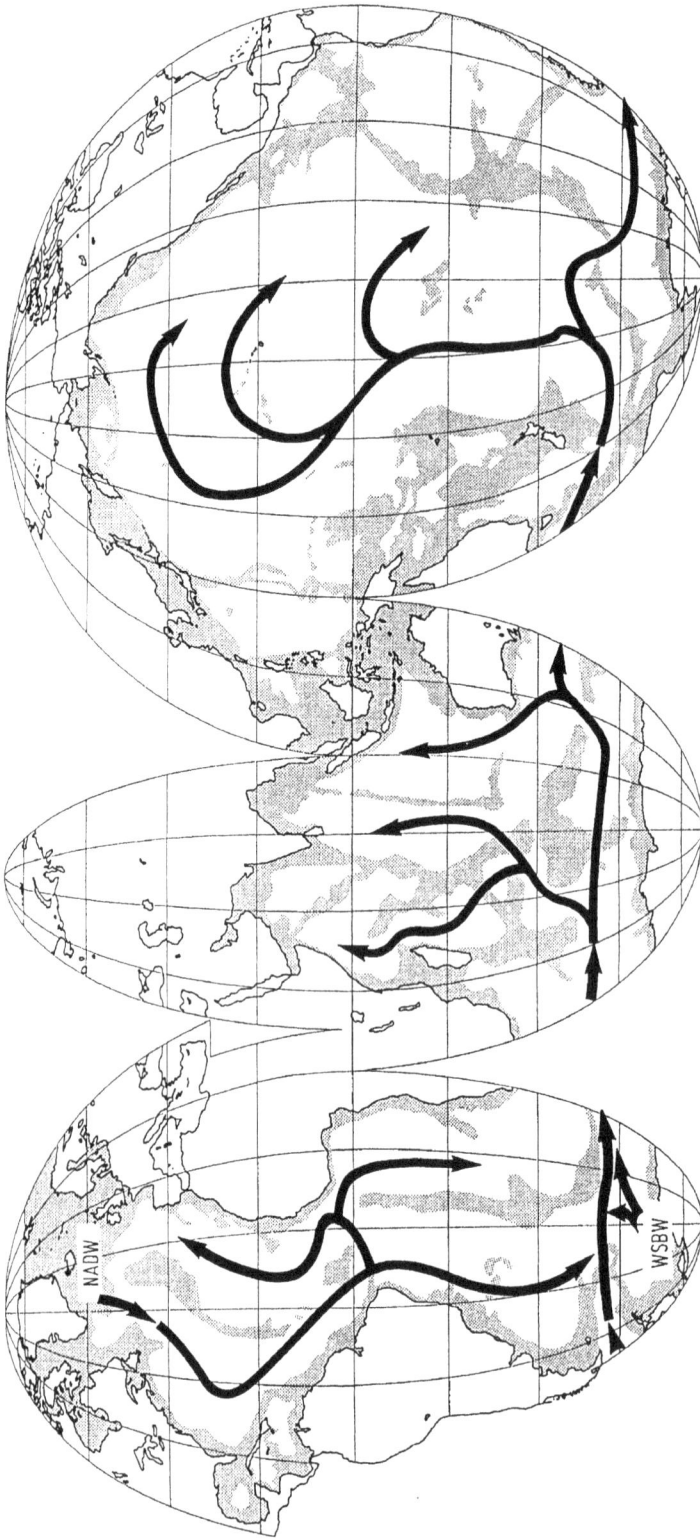

Abb. 4.46 Strömungskarte in 4000 m Meerestiefe nach Auswertungen von ^{14}C-Verteilungen. NADW = Nordatlantisches Tiefenwasser, WSBW = Weddellssee-Bodenwasser (reproduziert nach Fahrbach und Meincke, 1989).

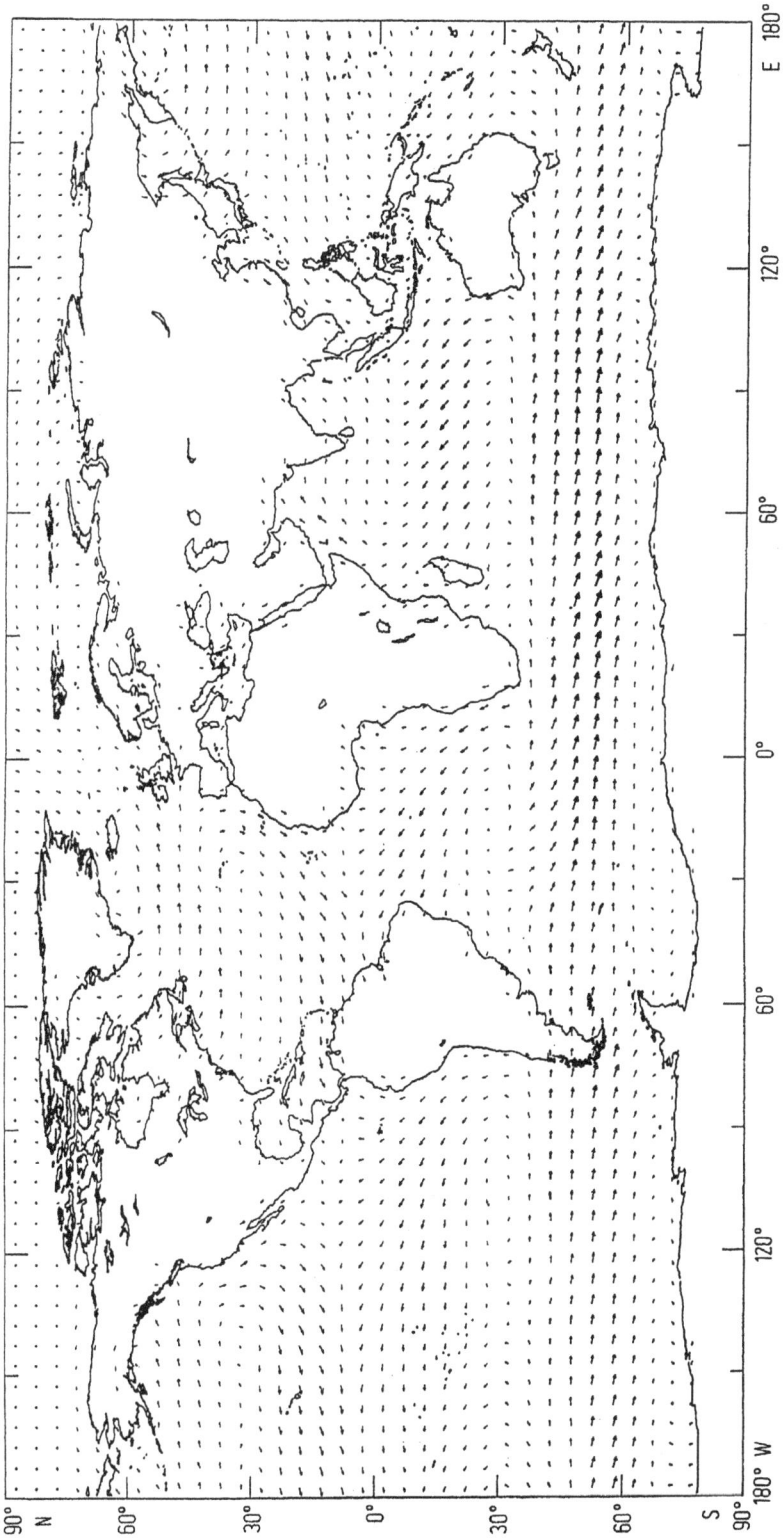

Abb. 4.47 Jahresmittelwert des Windschubs an der Meeresoberfläche (nach Auswertungen von Han und Lee, 1981). Der Windschub ist ein Tangentialdruck und hat die Einheit Pa. Typische Werte liegen um 0.01 bis einige 0.1 Pa.

weiter verstärkt wird. Aussagekräftiger sind Darstellungen der Tiefenzirkulation aus Tracermessungen. Abb. 4.46 zeigt als Quelle der Tiefenzirkulation im Atlantik das Absinken von Kaltwasser am Eisrand von Labrador und Grönland (NADW – Nordatlantisches Tiefenwasser). Es breitet sich bis in die Südhalbkugel hinein aus; vor der Westküste von Afrika fließt dieses Wasser wieder polwärts und steigt in den Subtropen langsam nach oben. Die andere Quelle von Tiefenwasser ist das Absinken von Schmelzwasser vor Antarktika (WSBW – Weddellsee-Bodenwasser); es fließt in 4000 m nordwärts und speist durch langsames Aufsteigen die oberflächennahen Divergenzgebiete in den Subtropen. Die Größenordnung der Transporte in den Pfeilen von Abb. 4.46 ist 20 Millionen m^3 Wasser pro Sekunde.

4.6.4 Der Windschub

Wenn der Wind über die Wasseroberfläche weht, übt er auf sie eine mitschleppende Kraft aus: *den Windschub* τ. Man schreibt ihn als horizontalen Vektor. Von seiner physikalischen Bedeutung her ist τ der (nach unten positiv gerechnete) vertikale turbulente Fluß von Horizontalimpuls. Anschaulich: Der Wind gibt seinen Impuls durch turbulente Reibung an die obersten Wasserschichten ab, die dabei beschleunigt werden (vgl. dazu Abschn. 3.2.6.4 und 4.7.1).

Eine Weltkarte von τ für das Jahresmittel zeigt Abb. 4.47. Sie reproduziert überall die Richtung des Oberflächenwindes. Man erkennt die außertropischen Westwinde und die tropischen, zum Äquator hin konvergierenden Ostwinde (Passate). Sie sind die Antriebskraft für die Meeresströmungen.

Außer den Horizontalströmungen verursacht der Windschub auch vertikale Massenumlagerungen, die sich vor allem an der Oberfläche auswirken. Geographisch treten sie dort in Erscheinung, wo die ozeanische Grenzschicht zusätzlich seitlich

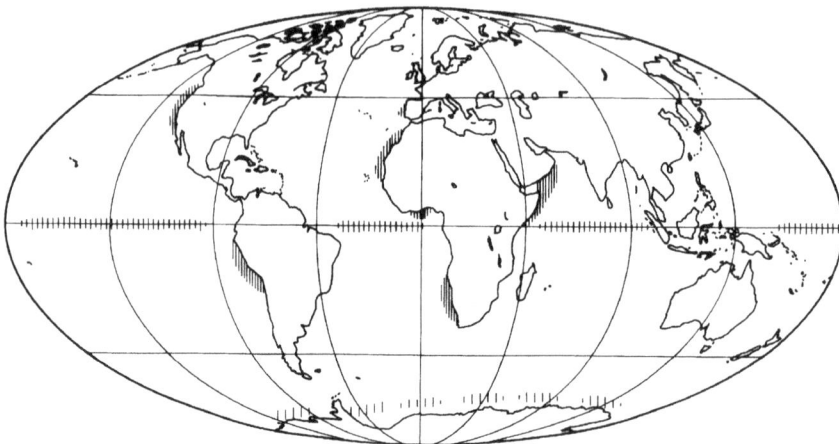

Abb. 4.48 Aufquellgebiete im Weltmeer. In den gekennzeichneten Regionen tritt Tiefenwasser an die Meeresoberfläche; diese sind daher durch negative Temperaturanomalien gekennzeichnet. Das kalte Tiefenwasser ist relativ nährstoffreich, was entsprechenden Fischreichtum hervorruft (nach Mittelstaedt, 1986).

begrenzt ist (an den Rändern der Kontinente) oder wo es für das sog. *Ekman-Pumpen* (vgl. Abschn. 3.2.9.5) eine dynamische Grenze gibt (Vorzeichenwechsel des Coriolis-Parameters am Äquator). Das klimatisch relevante Ergebnis ist in Abb. 4.48 dargestellt.

4.6.5 El Niño

Ein periodisch wiederkehrendes Klimaphänomen im Bereich des tropischen Pazifiks ist *El Niño* (das Christkind – diese Klimaanomalie tritt um Weihnachten herum auf). Dabei wird in unregelmäßigen Abständen (im Mittel 2mal alle 10 Jahre) abnorm warmes Oberflächenwasser aus dem westlichen äquatorialen Pazifik in den Ostteil bis an die Küstengebiete von Ecuador, Peru und Nordchile verfrachtet.

Im äquatorialen Pazifik bewirkt der normalerweise dort vorherrschende Südostpassat eine Oberflächenströmung, die an der Westküste Südamerikas nordwärts und auf dem Äquator westwärts gerichtet ist. Diese großräumige Zirkulation ist sehr persistent. Die ablandige Strömung im Küstenbereich (bedingt durch den dort negativen Coriolis-Parameter) führt kühles Tiefenwasser an die Oberfläche. Dieses Aufquellwasser ist reich an Nährstoffen und stellt die Grundlage für den großen Fischreichtum vor der südamerikanischen Westküste dar.

Das Stromsystem vor Südamerika ist über den pazifischen Äquator hinweg mit dem Westpazifik und dem östlichen Indischen Ozean gekoppelt. Dieser Bereich mit Indonesien als Zentrum stellt das wärmste Gebiet des Weltmeeres dar mit Temperaturen von mehr als 28 °C und Jahresniederschlägen von 3 bis 5 m (zum Vergleich: Deutschland 70 cm); demgegenüber liegen die Temperaturen vor Südamerika unter 26 °C, im unmittelbaren Küstenbereich unter 22 °C, wodurch Niederschläge weitgehend unterdrückt werden. Das Strömungsfeld hängt mit dem Druckfeld zusammen. Normalerweise herrscht niedriger Druck mit Zentrum über dem östlichen Indischen Ozean und hoher Druck mit Zentrum über dem tropischen Südostpazifik. Die Schwankungen des Druckfeldes bezeichnet man als *Southern Oscillation*, ausgedrückt durch die Druckdifferenz zwischen Tahiti und Darwin (Australien). Dieser SO-Index zeigt langjährige Schwankungen. Wird er über ein Jahr oder länger negativ, so bedeutet das ungewöhnlich hohen Druck bei Darwin (repräsentativ für den Indischen Ozean) und niedrigen Druck bei Tahiti. Das Ergebnis ist eine Abschwächung der tropischen Ostwinde auf dem pazifischen Äquator; bei einem starken ENSO-Ereignis (s. weiter unten) dreht der Wind über dem Äquator auf West.

Dies hat große Auswirkungen auf das Strömungs- und Temperaturfeld. Das warme Oberflächenwasser über dem westlichen Pazifik bekommt eine ostwärts gerichtete Komponente und das Aufquellen vor Südamerika setzt aus. Der sich über Monate hinweg einstellende Nährstoffmangel im Wasser bedingt einen Bruch in der Nahrungskette: Fischsterben, Stillstand der Guanoproduktion der Seevögel, Nahrungsmangel der Bevölkerung. Gleichzeitig verschiebt sich der Energiehaushalt des küstennahen Oberflächenwassers in Richtung starker Erwärmung. Während des El Niño von 1982/83, einem der stärksten, das man je beobachtet hat, wurden vor Südamerika Wassertemperaturen von 32 °C gemessen. Das Ergebnis sind hochreichende Konvektion, Starkniederschläge und Überschwemmungen. Da diese Vorgänge mit den SO-Schwankungen gekoppelt sind, bezeichnet man den Gesamtkomplex als *El Niño Southern Oscillation* (ENSO-Phänomen).

Das ENSO-Phänomen ist eine länger dauernde Klimaanomalie. Wegen der Kopplung mit dem gut beobachtbaren SO-Index ist ENSO vorhersagbar. Die entgegengesetzte Anomalie (Verstärkung der Passatwinde, negative Temperaturanomalie, auch als *La Niña* bezeichnet) gilt demgegenüber in den betroffenen Ländern nicht als Katastrophenereignis. Die Großräumigkeit des ENSO-Phänomens bedingt, daß diese Telekonnektionen im ganzen Tropengürtel spürbar sind und bis in die Außertropen hineinreichen (vgl. Flohn, 1984 oder Latif, 1998).

4.7 Mechanismen der Klimafluide

Eine der bemerkenswertesten Eigenschaften des Klimasystems ist der Umstand, daß die Klimafluide Strukturen bilden. Daß es in der Atmosphäre Wolken gibt, erscheint alltäglich. Aber warum organisieren sich die Wolken? Warum ist nicht die ganze Atmosphäre zwischen Pol und Äquator mit einer gleichmäßigen Bewölkungsschicht angefüllt? Schließlich ist ja auch die Zusammensetzung der Luft in Stickstoff, Sauerstoff, Argon weltweit völlig gleichmäßig und zwischen Pol und Äquator und auch in allen Höhen der Atmosphäre konstant. Oder: Warum haben die Hurrikane eine wohldefinierte Größe, die von der Größe der Tornados oder der einer Gewitterzelle deutlich verschieden ist? Warum gibt es den Strahlstrom in der Atmosphäre und den Golfstrom im Ozean? Wir wollen in diesem Abschnitt einige besonders grundlegende Mechanismen der Klimafluide besprechen.

4.7.1 Turbulenz: Nichtlinearität und Eddy-Mechanismus

Die Bewegung eines Pendels ist nicht turbulent. Warum nicht? Der Grund ist, so denkt man zunächst, daß das Pendel einer deterministischen Gleichung folgt. Aber das Ziehen von Lottozahlen oder das Ergebnis beim Würfeln ist auch nicht turbulent und trotzdem nicht deterministisch, sondern rein stochastisch. Wann ist ein physikalischer Prozeß turbulent?

Turbulenz kann nur in einem Fluid auftreten. Ein Fluid transportiert Zustandsgrößen, beispielsweise Wärme oder Spurenstoffe. Dazu muß das Fluid fließen, d. h. es muß ein Impulsfeld geben. Als Turbulenz können wir die nichtlineare Wechselwirkung zwischen der transportierten Zustandsgröße und dem transportierenden Impulsvektor definieren. Wie läßt sich das quantifizieren?

Die zeitliche Ableitung. Wir betrachten die Erhaltungsgleichung für die Partialdichte des Wasserdampfes: $\varrho_q = q\varrho$ (ϱ = Luftdichte, q = spezifische Feuchte)

$$\frac{d\varrho_q}{dt} + \varrho_q \nabla \cdot \boldsymbol{v} = 0 \, . \tag{4.34}$$

$\nabla \cdot \boldsymbol{v}$ ist die 3D-Divergenz des Geschwindigkeitsfeldes $\boldsymbol{v}$ im Fluid; Kondensationsprozesse und molekulare Diffusion sind in Gl. (4.34) nicht berücksichtigt.

Der Operator d/dt in Gl. (4.34) bezeichnet die zeitliche Änderung der Zustandsgröße, auf die er wirkt (in diesem Falle ϱ_q), unter der selbstverständlich erscheinenden

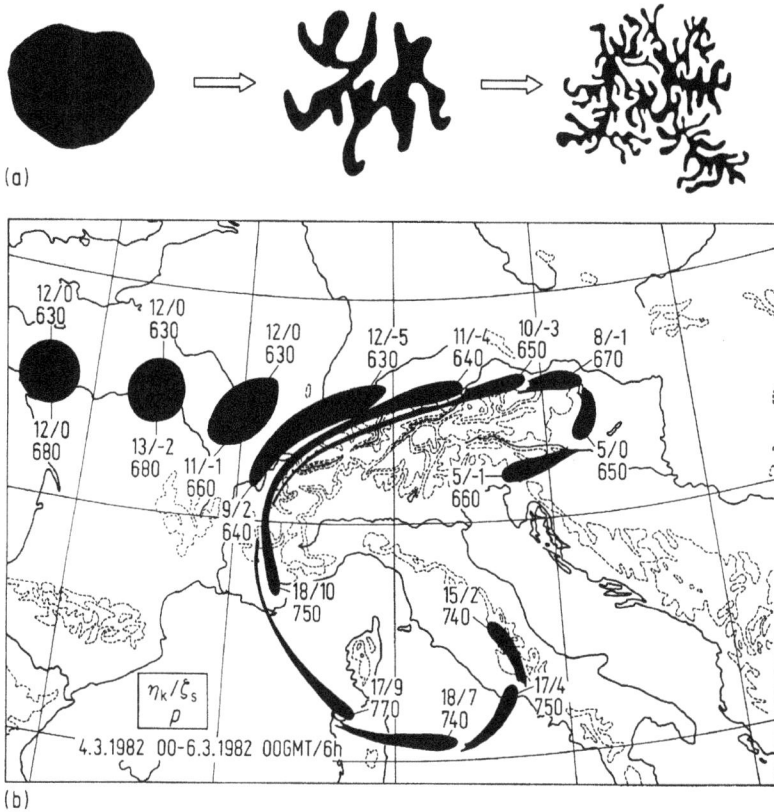

Abb. 4.49 Schema der turbulenten Ausbreitung eines Spurenstoffes durch nichtlineare Verformung des ursprünglich kompakten Fluidballens. Molekulare Diffusion ist nicht beteiligt. (a) Mikroturbulente Verformung im Labor, zeitliche Entwicklung einer Tracer-Verteilung bei zweidimensionaler Strömung (nach Franz, 1989). (b) Makroturbulente Verformung in der Atmosphäre, zeitliche Entwicklung eines Luftballens konstanter potentieller Vorticity (Wert $0.5 \times 10^{-6}\,\mathrm{K\,kg^{-1}\,m^{-2}\,s^{-1}}$) bei Überströmung der Alpen im Abstand von je 6 Stunden. Jede Zahlengruppe besteht aus Werten für: η_k (= absolute Krümmungsvorticity, Einheit $10^{-5}\,\mathrm{s^{-1}}$), ζ_s (= relative Scherungsvorticity, Einheit $10^{-5}\,\mathrm{s^{-1}}$), p (= Druckniveau, Einheit hPa). Zum Begriff der Vorticity vgl. Kapitel 3.2.6.7 und 3.3.2.6 (nach Pichler und Steinacker, 1989).

Nebenbedingung, daß sich dabei die Identität des Fluidballens, der mit der Eigenschaft ϱ_q behaftet ist, nicht ändert. Wenn wir uns den Ballen zu Beginn durch eine imaginäre Luftballonhülle begrenzt denken (Abb. 4.49), so läßt sich der Ausdruck $\mathrm{d}\varrho_q/\mathrm{d}t$ wie folgt bestimmen: Man messe $\varrho_q(t_1)$ im Inneren des Luftballons zum Zeitpunkt t_1 und $\varrho_q(t_2)$ zum Zeitpunkt t_2; dabei bewege man sich mit dem Luftballon mit und lasse auch zu, daß seine Grenzen sich durch das Strömungsfeld verformen – es darf nur keine Masse durch die Ränder der Ballonhülle aus- oder einfließen. Dann ist

$$\frac{\mathrm{d}\varrho_q}{\mathrm{d}t} = \lim_{t_1 \to t_2} \frac{\varrho_q(t_2) - \varrho_q(t_1)}{t_2 - t_1}. \tag{4.35}$$

Dies ist die sog. *Lagrangesche Betrachtungsweise* der zeitlichen Änderung einer Zustandsgröße in einem Fluid.

Die *Eulersche Betrachtungsweise* dagegen fixiert nicht den Fluidballen, sondern den Meßpunkt. Dann wird ϱ_q eine Funktion nicht nur der Zeit, sondern auch der Raumkoordinaten, und wir finden

$$\frac{d\varrho_q}{dt} = \frac{d}{dt} \varrho_q[t, x(t), y(t), z(t)]$$

$$= \frac{\partial\varrho_q}{\partial t} + \frac{\partial\varrho_q}{\partial x}\frac{dx}{dt} + \frac{\partial\varrho_q}{\partial y}\frac{dy}{dt} + \frac{\partial\varrho_q}{\partial z}\frac{dz}{dt}. \tag{4.36}$$

Nun ist aber $(dx, dy, dz)/dt = d\boldsymbol{x}/dt = \boldsymbol{v}$ der Geschwindigkeitsvektor, d.h.

$$\frac{d\varrho_q}{dt} = \frac{\partial\varrho_q}{\partial t} + \boldsymbol{v}\cdot\boldsymbol{\nabla}\varrho_q. \tag{4.37}$$

Hier kann man auch noch ϱ_q fortlassen und erhält eine Operatorgleichung. Man bezeichnet den Operator d/dt (bei Konstanz des Fluidballens) als *individuelle* (auch Lagrangesche) Zeitableitung und $\partial/\partial t$ (bei Konstanz des Beobachtungsortes) als *lokale* (auch Eulersche) Zeitableitung. Die lokale Zeitableitung ist das, was ein Experimentator mißt, wenn er sein Instrument in das vorbeifließende Fluid stellt – das ist sogar in der Regel die einzig mögliche Meßanordnung.

Mit Gl. (4.37) schreibt sich Gl. (4.34)

$$\frac{\partial\varrho_q}{\partial t} + \boldsymbol{\nabla}\cdot(\varrho_q\boldsymbol{v}) = 0. \tag{4.38}$$

Am zweiten Term dieser Formel erkennt man den oben behaupteten Zusammenhang zwischen der transportierten Eigenschaft (ϱ_q) und dem transportierenden Vektor ($\boldsymbol{v}$).

Reynoldssche Mittelung. Wir beobachten nun den aufwärts gerichteten Feuchtefluß über einer Wiese. Augenblicksmessungen der Größen ϱ_q und $\boldsymbol{v}$ in Gl. (4.38) zeigen turbulente, stochastische Schwankungen mit Frequenzen von 10 Hz. Maßgebend für den Klimahaushalt ist der zeitliche Mittelwert der Vertikalkomponente von $\varrho_q\boldsymbol{v}$ (z.B. über 5 min. oder 1 h). Wir drücken ihn aus durch einen darübergesetzten Querstrich und betrachten die Mittelwerte $\overline{\varrho_q}$, $\overline{w}$, $\overline{\varrho_q w}$.

Zunächst ist klar, daß bei mittleren Verhältnissen $\overline{w} = 0$ sein muß, denn dicht über der horizontalen Erdoberfläche kann kein mittlerer Vertikalwind wehen, weder abwärts noch aufwärts. Heißt das, daß auch der mittlere vertikale Wasserdampffluß $\overline{\varrho_q w}$ verschwinden muß?

Den aktuellen, turbulent fluktuierenden Wert der Größen ϱ_q und w schreiben wir als Mittelwert plus Abweichung:

$$\varrho_q = \overline{\varrho_q} + \varrho_q'; \quad w = \overline{w} + w'. \tag{4.39}$$

Daraus folgt $\overline{\varrho_q'} = 0$, $\overline{w'} = 0$. Durch Ausmultiplizieren ergibt sich:

$$\overline{\varrho_q w} = \overline{\varrho_q}\,\overline{w} + \overline{\varrho_q' w'}. \tag{4.40}$$

Wenn $\overline{w} = 0$, so ist der mittlere Feuchtefluß durch das *Korrelationsprodukt* $\overline{\varrho_q' w'}$ gegeben. Der mittlere Wert $\overline{\varrho_q}$ (typischerweise im Sommer 10^{-2} kg/m³) hat auf den Fluß Gl. (4.40) keinen unmittelbaren Einfluß.

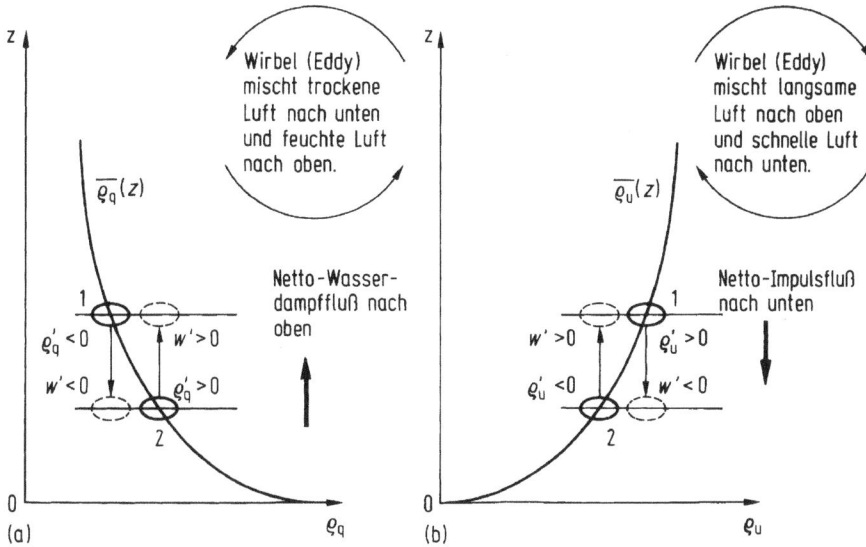

Abb. 4.50 Schema des vertikalen Austauschmechanismus (nach Wilhelm Schmidt, neugezeichnet und modifiziert nach Stull, 1988). Man beachte, daß die Umlaufungsrichtung der Wirbel in beiden Teilbildern zufällig gewählt wurde; die Richtung des Nettoflusses ändert sich nicht, wenn man die Umlaufungsrichtung umkehrt.

Mikroskaliger Feuchte- und Impulsfluß. Abb. 4.50 zeigt den Mechanismus des kleinskaligen vertikalen Feuchteflusses schematisch. Wenn ein turbulenter Luftballen von unten nach oben fließt ($w' > 0$), so ist er im allgemeinen feuchter als der Mittelwert ($\varrho'_q > 0$), weil er ja von der feuchten Wiese herkommt; der gleichzeitig von oben nach unten fließende ($w' < 0$) turbulente Luftballen ist im allgemeinen trockener ($\varrho'_q < 0$) als der Mittelwert, weil er ja von der trockenen Atmosphäre herkommt. Das Produkt $\varrho'_q w'$ ist also sowohl für den nach oben wie für den nach unten fließenden Luftballen positiv, d. h. *netto fließt Feuchte nach oben.*

Dies ist der Austauschmechanismus, den Wilhelm Schmidt zuerst beschrieben hat. Er ist auch auf andere Größen anwendbar, beispielsweise auf den Transport von Impuls. Hier ist die Zustandsgröße (nur x-Komponente) $\varrho_u = u\varrho$. Der Vertikaltransport (= vertikale Impulsflußdichte) ist analog zu Gl. (4.40):

$$\overline{\varrho_u w} = \overline{\varrho'_u w'} \,. \tag{4.41}$$

Hier ist aber die Impulsdichte ϱ_u (Einheit $\mathrm{kg\,m\,s^{-1}/m^3}$) im Mittel unten Null und in der freien Atmosphäre groß; also führt der gleiche Austauschmechanismus zu einem nach unten gerichteten turbulenten Impulsfluß $\overline{\varrho'_u w'}$ (Abb. 4.50 b). Man bezeichnet den (auch die y-Komponente erfassenden) Vektor

$$\boldsymbol{\tau} = (\tau_x, \tau_y) = - \overline{(\varrho_u, \varrho_v)' w'} = -\boldsymbol{\pi} \tag{4.42}$$

als *turbulente Schubspannung.* $\boldsymbol{\tau}$ ist der vertikale turbulente Eddy-Fluß von Horizontalimpuls; zu $\boldsymbol{\pi} = (\pi_x, \pi_y)$ vgl. Formeln (3.238), (3.239).

Makroskaliger Energie- und Impulsfluß. Der Mechanismus des Korrelationsflusses ist nicht nur in vertikaler, sondern auch in horizontaler Richtung wirksam. Während jedoch die einzelnen Turbulenzelemente in Beispiel von Abb. 4.50 stochastisch verteilt sind (Mikroturbulenz, Skala der Eddies cm bis m), sind sie beim Großaustausch von Zyklonen und langen Wellen geordnet (Makroturbulenz, Skala 200 bis 2000 km, vgl. Abb. 4.49b und 4.51a). Die Klimaphänomene der Außertropen, die Zyklonen, sind also nicht nur wetterwirksam, sondern sie haben auch die klimatisch wichtige Aufgabe, Wärme und Feuchte polwärts zu transportieren. Zum Beispiel ist im totalen Wärmetransport T^A der Atmosphäre von Abb. 4.28 der Eddy-Anteil des horizontalen Energieflusses das ausschlaggebende Glied.

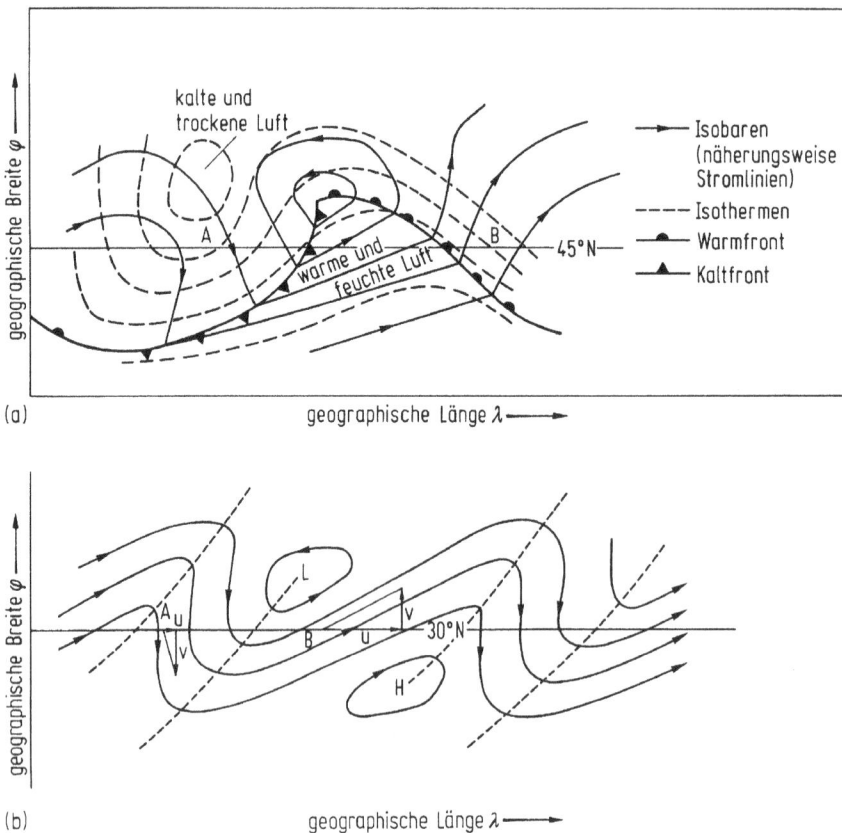

Abb. 4.51 Schema des großräumigen Meridionaltransports über die Breitenkreise hinweg, gültig für die Nordhalbkugel (nach Starr, 1986, modifiziert nach Peixoto und Oort, 1984). (a) Transport von Temperatur und Feuchte in Zyklonen. Isothermen und Windrichtung sind so korreliert, daß kalte (und gleichzeitig trockene) Luft nach Süden transportiert wird, warme (und gleichzeitig feuchte) Luft nach Norden. Im Zeitmittel gelten also für die meridionalen Eddy-Transporte der Enthalpiedichte $\varrho_T = c_p T \varrho$ (Einheit J/m^3) und der Wasserdampfdichte $\varrho_q = q\varrho$ (Einheit kg/m^3) die Aussagen: $\overline{T'v'} > 0, \overline{q'v'} > 0$. (b) Transport von Zonalimpuls durch von West nach Ost verlaufende lange Wellen. Diese Wellen mäandrieren, wobei Tröge und Rücken schräg verlaufende Achsen bilden. Dadurch sind zonale und meridionale Windkomponente positiv korreliert, d.h. im Zeitmittel $\overline{u'v'} > 0$.

Der Impulsfluß in Nord-Süd-Richtung (s. Abb. 4.51 b) folgt einem ganz ähnlichen Gesetz. Jedoch sind hier nicht primär die Verhältnisse in der unteren Troposphäre ausschlaggebend (wie insbesondere beim Feuchtefluß in Abb. 4.51 a), sondern die in der oberen Troposphäre im Niveau des Strahlstroms (s. Abb. 4.39 a). Das zonale Starkwindband ordnet sich in langen Wellen an, deren Tröge und Rücken in Südwest-Nordost-Richtung geneigt sind (auf der Südhalbkugel in Nordwest-Südost-Richtung). Diese Konfiguration produziert polwärts gerichteten Korrelationstransport von Zonalimpuls senkrecht zur Verbindung der Punkte A, B.

4.7.2 Grenzschichten in Atmosphäre und Ozean

Die Übergangzone zwischen der freien Strömung eines viskosen Fluids und einer festen Oberfläche, an der es haftet, bezeichnet man als Grenzschicht. Der Bereich, in dem die Klimafluide aneinander bzw. an die Klimasolide angrenzen, heißt *planetare Grenzschicht*. Außerhalb der planetaren Grenzschichten sind die reibungsfreien Bewegungsgleichungen eine gute Näherung für die Dynamik der Geofluide. Innerhalb dagegen spielt die Reibung in Form der turbulenten oder *Scheinreibung* eine ausschlaggebende Rolle. Wir haben gesehen, daß dies wesentlich mit Eigenschaftstransporten zusammenhängt. Die planetaren Grenzschichten der Klimafluide sind also gekennzeichnet durch mikroturbulente Eigenschaftstransporte.

Im einfachsten Fall nimmt man einen vertikal konstanten Druckgradienten an; dies definiert den Vektor V_g der stationären geostrophischen Strömung. Außerhalb der Grenzschicht ist $V = V_g$. In der Grenzschicht setzt man

$$V = V_g + V_a .\tag{4.43}$$

Der Index a bezeichnet die ageostrophische Komponente. Für den Tensor π_{ij} des Tangentialdruckes (vgl. Abschn. 3.2.6.4) wird die negative Horizontalkomponente gesetzt; sie wird gemäß Gl. (4.42) als Schubspannungsvektor τ angeschrieben. Über das Vertikalprofil von τ nimmt man an: (a) Im freien Geofluid außerhalb der Grenzschicht (d.h. für $z \to \pm\infty$) ist τ vernachlässigbar; (b) an der Erd- bzw. an der Meeresoberfläche $z = 0$ hat τ sein Maximum, es wird gemäß

$$\tau(0) = \tau_s = C_D \varrho_s |V_s^A| V_s^A \tag{4.44}$$

parametrisiert; hier ist C_D ein Reibungskoeffizient (ca. 10^{-3}), ϱ_s die Luftdichte, V_s^A der gemessene Wind in 10 m Höhe über der Meeresoberfläche. Daraus folgt: τ_s und V_s^A haben die gleiche Richtung. V_s^A ist nicht identisch mit V_a, V_g oder V in Gl. (4.43), sondern ein Meßwert, der hier zur Definition von τ_s dient. Ferner gilt: (c) Der zweidimensionale Schubspannungsvektor τ (letzten Endes also der vertikale turbulente Transport von Horizontalimpuls) senkrecht zur Grenzfläche Luft–Wasser ist stetig.

Wenn man nun den ageostrophischen Massentransport $M = (M_x, M_y)$ in der Grenzschicht einführt

$$M = \varrho \int_{z_1}^{z_2} V_a(z)\,dz ,\tag{4.45}$$

so bekommt man aus den horizontalen Bewegungsgleichungen, z.B. Gl. (3.239) durch Vertikalintegration unter Beachtung der Randbedingungen im linearen und

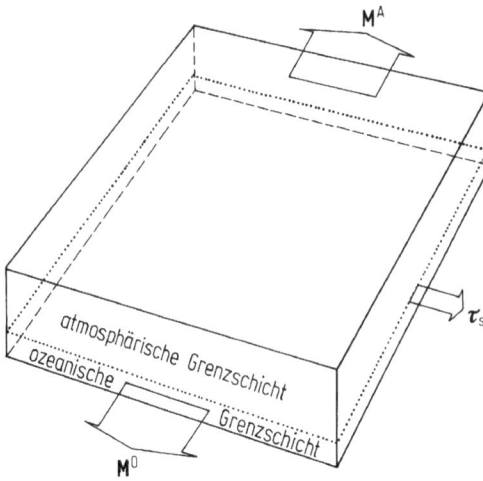

Abb. 4.52 Grenzschichten in Atmosphäre und Ozean auf der Nordhalbkugel, idealisierte räumliche Ansicht. Grenzschichten sind durch Windschubvektor τ_s charakterisiert an Meeresoberfläche und dazu senkrechten Massentransport M^A in atmosphärischer sowie M^O in ozeanischer Grenzschicht. Beide Massentransporte gleich und entgegengesetzt. Man beachte Unterschied in der vertikalen Mächtigkeit der beiden Grenzschichten.

stationären Fall (in der Atmosphäre: $z_2 \to \infty$, $z_1 = 0$; im Ozean: $z_2 = 0$, $z_1 \to -\infty$; $f = 2\Omega \sin\varphi = $ Coriolis-Parameter):

$$\text{Atmosphäre:} \quad -fM_y^A + \tau_{s,x} = 0; \quad fM_x^A + \tau_{s,y} = 0; \tag{4.46}$$

$$\text{Ozean:} \quad -fM_y^O - \tau_{s,x} = 0; \quad fM_x^O - \tau_{s,y} = 0. \tag{4.47}$$

Dies besagt für den ageostrophischen Transport, daß er in den beiden Grenzschichten entgegengesetzt gleich ist:

$$M^A + M^O = 0 \tag{4.48}$$

Seine Richtung ist durch τ_s gegeben. Wenn man (Abb. 4.52) $\tau_{s,y} = 0$ und $\tau_{s,x} < 0$ setzt (reiner Ost-Passat), so ist auf der Nordhalbkugel M^A von Nord nach Süd, M^O von Süd nach Nord gerichtet. Es ist bemerkenswert, daß dieses Ergebnis nicht von der Vertikalstruktur $\tau(z)$ in den Grenzschichten abhängt (vgl. z. B. Kraus and Businger, 1994).

Wodurch aber wird die Richtung von τ_s bestimmt, wenn wir V_g^A als gegeben ansehen? Der reibungsbedingte Wind V_s^A an der Meeresoberfläche ist auf der Nordhalbkugel gegen V_g^A in der freien Atmosphäre um ca. 45° nach links gedreht. Die Richtung von V_s^A ist gleich der Richtung von τ_s (Abb. 4.53). Dies folgt nach einiger Rechnung aus der folgenden Parametrisierung

$$\tau(z) = -\varrho v \frac{\partial V_a(z)}{\partial z} \tag{4.49}$$

mit konstantem Austauschparameter v (Ekman-Ansatz); damit läßt sich die horizontale Bewegungsgleichung analytisch integrieren. Das Ergebnis ist ein spiralartiges

Vertikalprofil des horizontalen Windvektors in der atmosphärischen Grenzschicht, der aus der freien Atmosphäre nach unten hinein nach links um ca. 45° gedreht ist und dabei zum Boden (bzw. zur Meeresoberfläche) hin erheblich schwächer wird (hier nicht dargestellt).

Wenn man vom Wind an der Meeresoberfläche in die ozeanische Grenzschicht hineingeht, so ist V_s^O gegen V_s^A um ca. 45° nach rechts gedreht; nach unten hin im Wasser setzt sich diese Drehung unter gleichzeitiger Abschwächung fort (Abb. 4.53a). Die Dicke der Ekman-Schicht

$$D_e = \pi (2\nu/f)^{1/2} \tag{4.50}$$

ist durch ν gegeben, dessen Mittelwert man durch Messung von D_e bestimmen kann. Die atmosphärische Ekman-Schicht ist etwa 1000 m dick, die ozeanische etwa 100 m.

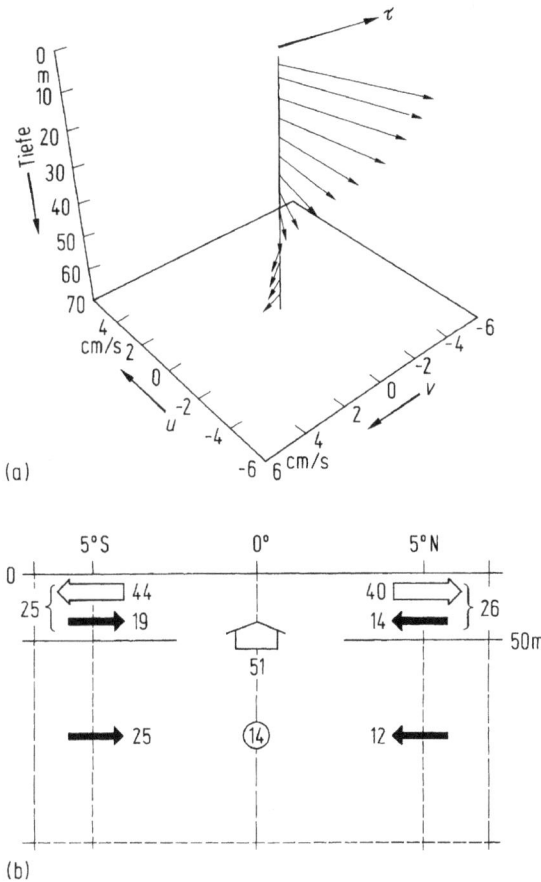

Abb. 4.53 Zum Mechanismus der Ekman-Schicht. (a) Vertikalprofil der Horizontalströmung im östlichen Nordpazifik ca. 400 km vor der Kalifornischen Küste. Meßwerte vom 29. April bis 25. Mai 1980, zeitlich gemittelt. Oberster Vektor zeigt in Richtung des Oberflächenwindes (zitiert nach Hantel, 1989). (b) Wassertransport (Einheit 10^6 m^3/s) im äquatorialen Aufquellgebiet, typisch für den freien Pazifik. Volle Pfeile repräsentieren die geostrophische Strömung, offene die reibungsbedingte Ekman-Strömung. Umkreiste Zahl: Ost-West-Konvergenz; Aufwärtspfeil: Aufquellen, weitgehend durch Ekman-Divergenz bedingt (nach Mittelstaedt, 1989).

In der Praxis ist die Spiralstruktur nur selten so rein verwirklicht wie in Abb. 4.53 a. Auch in der Atmosphäre wird die von der Theorie geforderte Ekman-Spirale so gut wie nie in idealer Form angetroffen. Ursache sind Instabilitäten der Ekman-Schichten.

Wenn der Windschub eine Rotationskomponente hat, so kann der Ekman-Wasser-transport divergent oder konvergent sein mit dem Ergebnis, daß am Unterrand der Schicht kaltes Tiefenwasser hochgesogen wird; man bezeichnet das als *Ekman-Pumpen*. Am Äquator wird durch den Vorzeichenwechsel von f bereits bei reinem Ostwind ein schwaches Ekman-Pumpen ausgelöst, das klimatisch sehr wirksam ist (s. Abb. 4.53 b); ebenso tritt bei äquatorwärts wehenden Winden vor den Westküsten der Kontinente sowie beim Südwestmonsun vor dem Horn von Afrika ein Ekman-Pumpen auf. Dies erklärt die Aufquellgebiete im Ozean (s. Abb. 4.48; vgl. auch Abschn. 3.2.9.5).

4.7.3 Konvektion in den Klimafluiden

Eine Schichtung, bei der sich schweres Fluid oben und leichtes Fluid unten befindet, ist statisch instabil. Einfachstes Beispiel ist das Heizen des Wasserkessels auf der Herdplatte: Die höhere Temperatur unten im Kessel bedingt geringere Dichte des Wassers, während das noch kalte Wasser oben höhere Dichte hat. Diese statische Instabilität führt zum Aufsteigen leichter (= heißer) Wasserballen und zum Absinken schwerer (= kalter) Wasserballen, also zu Konvektion und Turbulenz. Dadurch wird der Schwerpunkt der Wassermasse abgesenkt. Nach Abb. 4.50 entspricht dies einem Temperaturtransport nach oben im Wasserkessel.

Was passiert, wenn man den Wasserkessel von oben heizt? Dadurch wird die Schichtung stabilisiert. Konvektion wird unterdrückt, das Wasser würde nur durch Temperaturleitung warm werden und dies würde um Größenordnungen länger dauern. Der Ozean in den Tropen ist in dieser Situation. Er wird von oben geheizt, d.h. in den Tropen gibt es keine tiefreichende Durchmischung der Wassersäule. Das Ergebnis ist eine dünne isotherme Warmwasserhaut als oberste Schicht, ca. 50 m dick (vgl. Abb. 4.43) und eine mächtige Kaltwassersphäre (ca. 5000 m dick). In hohen Breiten dagegen, vor allem im Subpolarbereich am Eisrand, wird das Meerwasser von oben her gekühlt. Das wirkt wie Heizung von unten und erzeugt tiefreichende Konvektion. Deshalb ist die Temperaturschichtung hier fast isotherm (s. Abb. 4.43) mit leichter Zunahme nach unten hin entsprechend einer Zunahme der Dichte nach oben hin und statischer Instabilität.

In der Atmosphäre nimmt die Dichte nach unten hin exponentiell zu. Müßte dann nicht die Atmosphäre unter allen Umständen statisch stabil sein? Die Atmosphäre ist, anders als der Ozean, kompressibel. In einem kompressiblen Fluid darf man für die Frage der Stabilität nicht mit der aktuellen Dichte rechnen, sondern muß die *potentielle Dichte* heranziehen. Sie trägt, wie die potentielle Temperatur, der Kompressionserwärmung bei isentropen Zustandsänderungen Rechnung. Die potentielle Dichte der feuchten Luft läßt sich durch die *feuchte statische Energie E* annähern: Wenn E abnimmt, so nimmt ϱ_{pot} zu und umgekehrt:

Dies ist in Abb. 4.54 schematisch dargestellt. Man erkennt in der Atmosphäre eine Zunahme von E nach oben hin in den Außertropen, hauptsächlich bedingt

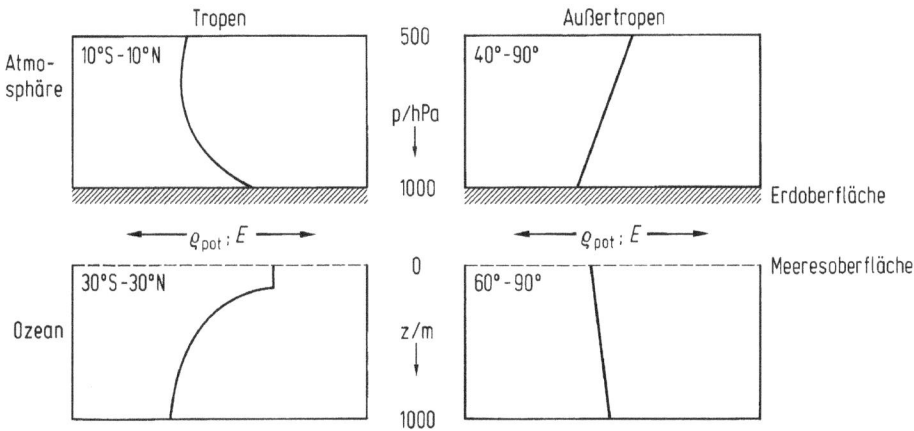

Abb. 4.54 Schema des vertikalen Profils der statischen Energie E in Atmosphäre und Ozean in niedrigen Breiten (Tropen) und höheren Breiten (Außertropen). In der Atmosphäre: $E = c_p T + Lq + \Phi$ (feuchte statische Energie), im Ozean: $E = c_p T$ (Enthalpie). E ist näherungsweise der potentiellen Dichte ϱ_{pot} proportional, wobei sich das Vorzeichen umdreht.

durch die Zunahme des Geopotentials Φ, die durch die Abnahme von T nach oben hin nur teilweise ausgeglichen wird. Die *außertropische Atmosphäre* ist daher im Mittel *statisch stabil geschichtet*. In den Tropen dagegen wirkt sich der hohe Wassergehalt der untersten Luftschichten (s. Abb. 4.34) so aus, daß E nach unten zur Erdoberfläche hin wieder zunimmt; dadurch entsteht in ca. 600 hPa ein charakteristisches Minimum von E. Die *untere tropische Atmosphäre* ist daher im Mittel *statisch instabil geschichtet* (vgl. z.B. Ruprecht, 1982a, b).

Daraus ergibt sich: Wenn E nach oben hin zunimmt (= Heizung von oben bzw. Kühlung von unten), so ist das Geofluid statisch stabil geschichtet, es gibt keine Konvektion (außertropische Breiten in der Atmosphäre im Jahresmittel und Winter, tropische und subtropische Breiten im Ozean ganzjährig). Wenn E nach oben hin abnimmt (= Heizung von unten bzw. Kühlung von oben), so ist das Geofluid statisch instabil, es gibt hochreichende Konvektion in der Atmosphäre (innertropische Konvergenzzone ganzjährig) bzw. tiefreichende Konvektion im Ozean (am Eisrand ganzjährig, maximal im Winter).

4.7.4 Der globale Drehimpulshaushalt

Der Drehimpuls des Gesamtsystems Erde ist eine Erhaltungsgröße. In seine Berechnung geht die zonale Geschwindigkeitskomponente jedes Massenpunktes ein. Uns interessiert der Beitrag, der durch die Ost-West-Komponente der Bewegung der Klimafluide relativ zur Erde entsteht.

In einem Aufpunkt (Abb. 4.55) in der Breite φ ist die absolute zonale Geschwindigkeitskomponente

$$a\Omega \cos\varphi + u \,. \tag{4.51}$$

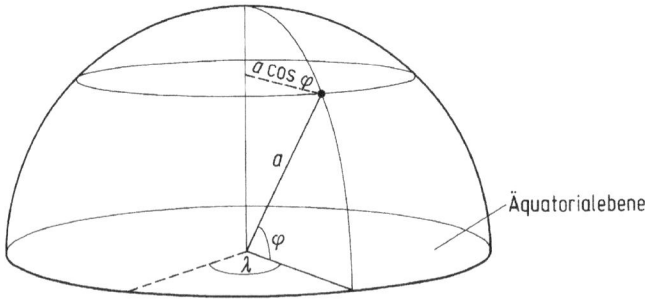

Abb. 4.55 Zur Definition des absoluten und relativen Drehimpulses für ein Fluidpaket im rotierenden Polarkoordinatensystem. λ = geographische Länge; φ = geographische Breite; a = Erdradius.

Hier ist $\Omega = 2\pi/24\,\text{h} \simeq 7.25 \cdot 10^{-5}\,\text{s}^{-1}$ die Winkelgeschwindigkeit der Erde und u die zonale Windgeschwindigkeit (relativ zur Erde). Der massenspezifische Drehimpuls eines Fluidballens ist also

$$I = a\cos\varphi\,(a\Omega\cos\varphi + u) = \underbrace{a^2\Omega\cos^2\varphi}_{I_0} + \underbrace{a\cos\varphi\,u}_{i}\,; \tag{4.52}$$

I_0 heißt *Erddrehimpuls, i relativer Drehimpuls*. In diesem Ansatz ist die Abplattung der Erde nicht berücksichtigt und die Höhe des Fluidballens über der Erdoberfläche wird als konstant angesetzt (Modell des Flach-Geofluids); beide Vereinfachungen wirken sich auf die hier interessierenden dynamischen Prozesse nicht aus.

Man kann nun aus der Impulserhaltungsgleichung die folgende Gleichung für die Erhaltung des relativen Drehimpulses ableiten:

$$\frac{\partial [\bar{i}]}{\partial t} + \frac{1}{a\cos\varphi}\frac{\partial \cos\varphi\,[\overline{iv}]}{\partial \varphi} + \frac{\partial}{\partial p}\left\{[\overline{i\omega}] - \frac{fg\,\Psi}{2\pi}\right\} = 0\,. \tag{4.53}$$

Hierin ist f der Coriolisparameter und Ψ die in Gl. (4.33) definierte Massenstromfunktion. Die eckigen Klammern bezeichnen wie vorher das zonale Mittel, der Querstrich bezeichnet die Zeitmittelung. Der vertikale Fluß ist in mittlere Zirkulation plus Eddies zerlegbar:

$$[\overline{i\omega}] = [\bar{i}][\overline{\omega}] + [\overline{i^e\omega^e}]\,, \tag{4.54}$$

wobei von der Zerlegung einer beliebigen Größe A gemäß

$$A = [\bar{A}] + A^e\,, \quad [\overline{A^e}] = 0 \tag{4.55}$$

Gebrauch gemacht wurde. Die analoge Zerlegung gilt für $[iv]$. Die Gl. (4.54), (4.55) entsprechen den Gl. (4.39), (4.40) bei der reinen Zeitmittelung.

Der Eddy-Anteil des vertikalen Drehimpulsflusses ist im freien Geofluid durch die Korrelation von Vertikalgeschwindigkeit und Zonalgeschwindigkeit in den Wolken gegeben. Man erkennt dies durch den Vergleich von $[\overline{i^e\omega^e}]$ mit Gl. (4.40), wobei man die Näherungsformel $\omega \simeq -g\varrho w$ zu verwenden hat. An der Erdoberfläche gilt

$$[\overline{i^e\omega^e}] = ga\cos\varphi\,[\overline{\tau_\lambda}]\,. \tag{4.56}$$

Hierin ist τ_λ die zonale Komponente des in Gl. (4.42) eingeführten Schubspannungsvektors.

τ_λ ist in den Tropen negativ (Ostwind, vgl. Abb. 4.47). Das entspricht einem nach oben gerichteten Impulstransport. In den Tropen fließt also Impuls (d.h. von West nach Ost gerichteter Impuls, kurz Westwind) von der Erdoberfläche in die Atmosphäre. In den Außertropen ist τ_λ positiv (s. Abb. 4.47), der vertikale Impulsfluß (= Vertikalfluß von Westwind) also nach unten gerichtet, wodurch der Kreislauf geschlossen wird.

Die zonale Mittelung in Gl. (4.54) ist auf p-Flächen auszuführen. Diese werden in den untersten Schichten der Atmosphäre von den Gebirgen (Rocky Mountains, Anden, Himalaya) durchstoßen; der so entstehende Sprung des Geopotentials in Ost-West-Richtung wirkt wie ein Drehmoment auf den Berg. Dieser Effekt ist im *Bergdrehmoment* τ_M zusammengefaßt und wird formal wie eine Schubspannung behandelt – beide Größen haben die Dimension Pa. Man erkennt (Abb. 4.56), daß $[\overline{\tau_M}]$ einen nicht vernachlässigbaren Zusatzeffekt zu $[\overline{\tau_\lambda}]$ ergibt.

In der freien Atmosphäre ist der vertikale Impulsfluß durch den Ausdruck $[\overline{i\omega}] - fg\Psi/2\pi$ gegeben. Der erste Teil beschreibt den Vertikalfluß von Zonalimpuls u durch mittlere Zirkulation und durch Eddies, der zweite Teil ist durch Ψ gegeben (vgl. Abb. 4.40) und liefert in den Tropen einen Nettoaufwärtsfluß; man beachte, daß der Vorzeichenwechsel von Ψ am Äquator durch den gleichzeitigen Vorzeichenwechsel von f rückgängig gemacht wird. In den Außertropen im Bereich der Ferrel-Zelle liefert Ψ einen Abwärtstransport. In den durchgezogenen vertikalen Pfeilen

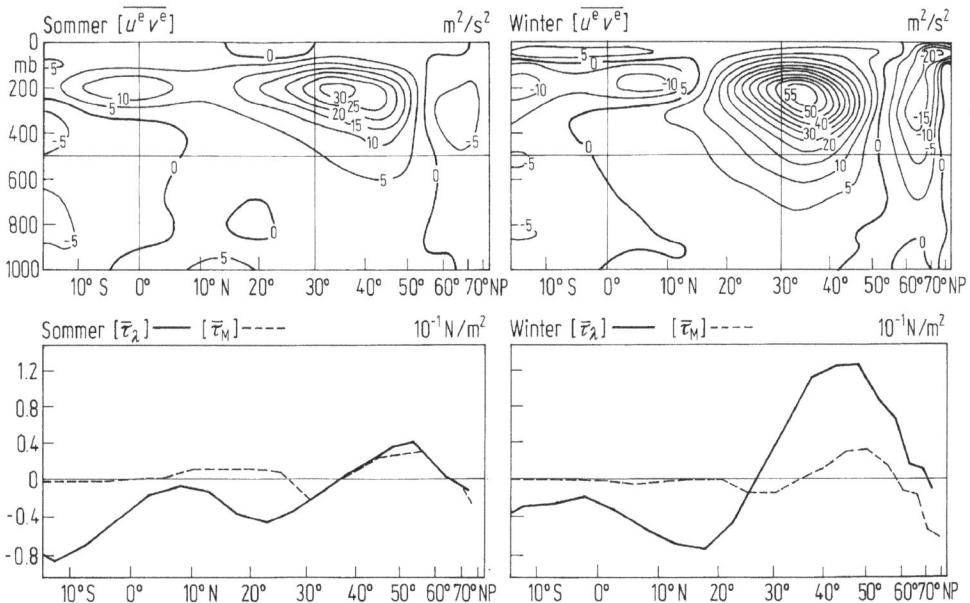

Abb. 4.56 Zonal gemittelte Beobachtungsgrößen für den Impulshaushalt der Nordhemisphäre, extreme Jahreszeiten. Obere Bilder: Gesamter meridionaler Impulsfluß $[\overline{u^e v^e}]$ durch Eddies (positiv nach N). Untere Bilder: Zonalkomponente $[\overline{\tau_\lambda}]$ der Bodenschubspannung und zonales Bergdrehmoment $[\overline{\tau_M}]$ (nach Hantel und Hacker, 1978).

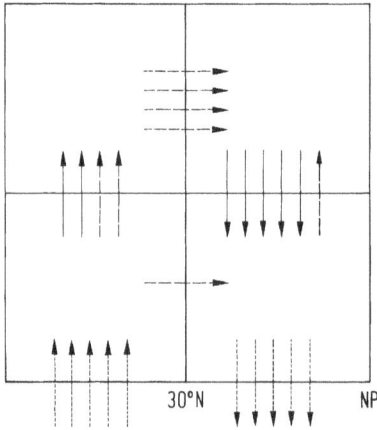

Abb. 4.57   Schema des Drehimpulshaushaltes in der Atmosphäre der Nordhalbkugel. Jeder Pfeil repräsentiert einen Fluß von $8 \cdot 10^{11}$ N. Punktierte Pfeile: Vertikaler Impulsfluß durch Schubspannung (Reibung) und Bergdrehmoment an der Erd-/Meeresoberfläche; durchgezogen: Impulsfluß durch mittransport; gestrichelt: durch Eddy-Transport (nach Hantel und Hakker, 1978, modifiziert).

von Abb. 4.57 sind die mittleren Transporte $[\bar{i}]\,[\bar{\omega}] - fg\,\Psi/2\pi$ zusammengefaßt (den überwiegenden Anteil macht der zweite Term aus), während der Eddy-Anteil $[\overline{i^e\omega^e}] = a\cos\varphi\,[\overline{u^e\omega^e}]$ durch die gestrichelten Pfeile dargestellt ist. Diese vertikalen Eddy-Flüsse sind hier nicht direkt gemessen, sondern aus Bilanzüberlegungen erschlossen; sie spielen aber im Haushalt eine nicht vernachlässigbare Rolle.

In horizontaler Richtung über den Breitenkreis 30 °N hinweg gibt es praktisch nur Eddy-Transporte (Abb. 4.57, gestrichelte Pfeile). Wenn man den meridionalen Transport explizit angibt,

$$[\overline{iv}] = a\cos\varphi([\bar{u}]\,[\bar{v}] + [\overline{u^e v^e}])\,, \tag{4.57}$$

so erkennt man an der Massenstromfunktion von Abb. 4.40, daß $[\bar{v}]$ in 30 °N praktisch Null ist. Dagegen hat $[\overline{u^e v^e}]$ in 30° bis 40 °N sein Maximum, und zwar in der oberen Hälfte der Atmosphäre (s. Abb. 4.56, obere Bilder). Der Mechanismus dieses Meridionaltransports von Zonalimpuls ist in Abb. 4.51 b bereits beschrieben worden. Der mäandrierende Strahlstrom hat eine charakteristische Schräglage der Tröge und Rücken, die die positive Korrelation von u und v, d. h. den polwärtigen Impulstransport, bewirken.

Den vollständigen Zusammenhang zeigt Abb. 4.57 für eine grobe Box-Aufteilung der Atmosphäre in $2 \cdot 2 = 4$ massengleiche Toren; jeder derartige Torus hat eine Vertikalerstreckung von 500 hPa und eine Grundfläche von 1/4 der Erdoberfläche. Man erkennt den Aufwärtstransport von Impuls durch Bodenreibung in den Tropen, den Polwärtstransport vorwiegend in der Hochatmosphäre, den Abwärtstransport in den Außertropen und die Schließung des Kreislaufs an der Erdoberfläche der Außertropen. Für den vertikalen Drehimpulstransport in der freien Atmosphäre stellt die Stromfunktion (s. Abb. 4.40) einen der wichtigsten Anteile dar: in den

Tropen die Hälfte, in den Außertropen mehr als 80 %. Für den polwärtigen Transport des Drehimpulses dagegen ist so gut wie ausschließlich die Korrelation des Zonal- und Meridionalwindes durch die Eddy-Transporte von Bedeutung. Interessant ist ferner die Tatsache, daß der Eddy-Aufwärtstransport durch das Niveau 500 hPa hindurch in den Tropen zwei Pfeile erhält (starke Konvektion durch tropische Wolken), jedoch auch in den Außertropen noch einen vertikalen Aufwärtstransport bewirkt. In den Außertropen erfordert dies zum Ausgleich einen zusätzlichen Abwärtstransport durch die mittlere Zirkulation, um auf netto vier Pfeile nach unten zu kommen.

Die Abweichungen von der exakten Balance in Gl. (4.53) bedingen einen Speicherterm $\partial[\bar{i}]/\partial t$, der auch im globalen Mittel nicht exakt verschwindet; das entsprechende zeitlich fluktuierende Drehmoment, welches die Klimafluide (vor allem die Atmosphäre) auf die Erde ausüben, ist in einer astronomisch meßbaren Fluktuation der Windgeschwindigkeit der Erde erkennbar (Variation der Tageslänge um einige Millisekunden).

4.8 Klimagrößen und -mechanismen der Klimasolide

Unter Klimasoliden wollen wir die festen Teile der Erdoberfläche verstehen, also in erster Linie das Land (die *Lithosphäre*), jedoch auch die Eisschilde. Charakteristisch für die Perspektive der Landoberfläche ist die Kleinskaligkeit. Hier konzentriert sich die Betrachtung auf die untersten 10 bis 100 m der Atmosphäre (*Prandtl-Schicht, constant-flux layer*) und den obersten Meter des Bodens. Das klimatisch bedeutsame Meereis (weltweiter Flächenanteil 4–5 %) ist eigentlich zu den Klimafluiden zu rechnen; jedoch wird der oberflächennahe Energiehaushalt des Meereises eher mit den Ansätzen für Klimasolide behandelt.

4.8.1 Der Energiehaushalt einer Luft-Boden-Säule

In Abschn. 4.4.6 haben wir den Energiehaushalt einer Klimasäule, bestehend aus Atmosphäre (Oberschicht) und Ozean (Unterschicht), betrachtet. Die Unterschicht enthielt in den Speichergliedern nicht nur den Ozean, sondern auch Land (Eis). Ebenfalls in den Formeln von Abschnitt 4.4.6 nicht explizit angegeben, jedoch implizit darin enthalten, ist der vertikale Energiefluß im Land. Statt F_T^O setzen wir F_T^L am Oberrand der Lithosphäre. Der Vertikalfluß am Unterrand der Lithosphäre (F_B^L, Wärmefluß aus dem Erdinneren) ist vernachlässigbar.

Vor allem vernachlässigbar sind die Horizontalflüsse im Boden; analog zu $T_N^O - T_S^O$ wäre in der Lithosphäre $T_N^L - T_S^L$ anzusetzen, eine Flußdivergenz, die praktisch stets als verschwindend angenommen wird. Das Fehlen der Horizontaltransporte ist einer der wesentlichen Unterschiede im Energiehaushalt der Klimafluide und der Klimasolide.

Damit lautet für eine Klimasäule mit Land als untere Begrenzung die Gl. (4.18):

$$S^L - F_T^L = 0 . \tag{4.58}$$

Die Stetigkeitsbedingung Gl. (4.20) nimmt die Form an

$$F_B^A = F_T^L \, . \tag{4.59}$$

Zusammen sagen die Gl. (4.58) und (4.59) aus, daß die drei in ihnen enthaltenen Größen trotz ihrer physikalischen Verschiedenheit dem Wert nach gleich sind.

Der Fluß am Oberrand der Lithosphäre wird vielfach als *Bodenwärmestrom B* bezeichnet:

$$F_T^L = B \, . \tag{4.60}$$

Wenn wir Gl. (4.21) in Gl. (4.59) einbringen, so nimmt unsere Stetigkeitsbedingung die Form an (Abb. 4.58)

$$RAD + LH + SH = B \, . \tag{4.61}$$

Hierbei haben wir RAD_B^A einfach durch RAD ersetzt. Gl. (4.61) ist grundlegend für mikroklimatische Studien an der Erdoberfläche. Sie ist theoretisch exakt, wenn alle Komponenten des Energieflusses berücksichtigt sind. Gewöhnlich sind in Gl. (4.61) der Wärmetransport durch fallenden Niederschlag vernachlässigt (der in SH zu berücksichtigen wäre) und die latente Komponente durch Flüsse von Spurenstoffen aus dem Boden in die Atmosphäre (z. B. CO_2).

Gl. (4.61) wird vielfach zur Darstellung des Tagesganges der Flüsse in der bodennahen Grenzschicht verwendet. Dabei ist $RAD = RAD_S + RAD_T$ die Summe der solaren und terrestrischen Netto-Strahlungsflußdichten. Jeder der beiden Komponenten setzt sich nochmals aus einem nach oben und einem nach unten gehenden Anteil zusammen; diese Aufteilung ist physikalisch begründet und meßtechnisch unumgänglich. Für Energiebetrachtungen zählt aber nur die gesamte Flußdichte RAD (die sog. „Strahlungsbilanz").

Ein Beispiel für einen mittleren Schönwettertag ist in Abb. 4.59 wiedergegeben. Man erkennt, daß tagsüber alle Komponenten aktiv sind. Bei Sonnenuntergang bricht RAD_S zusammen und $RAD = RAD_T$ wird negativ (warmer Boden, Netto-

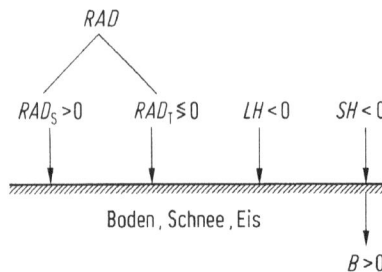

Abb. 4.58 Schema des vertikalen Energieflusses in der Atmosphäre und seiner Komponenten, des Bodenflusses B in der Lithosphäre sowie der Stetigkeitsbedingung an der Grenzfläche Atmosphäre–Lithosphäre. RAD_S = solare, RAD_T = terrestrische Strahlungsflußdichte, LH = Fluß latenter Wärme, SH = Fluß fühlbarer Wärme. Alle Flüsse verlaufen positiv nach unten (Pfeilrichtung); die Vorzeichen der meist verwirklichten Fälle sind angegeben. Beispiel: Pfeilrichtung und Vorzeichen von LH zusammen sagen aus, daß der Fluß latenter Wärme nach oben gerichtet ist.

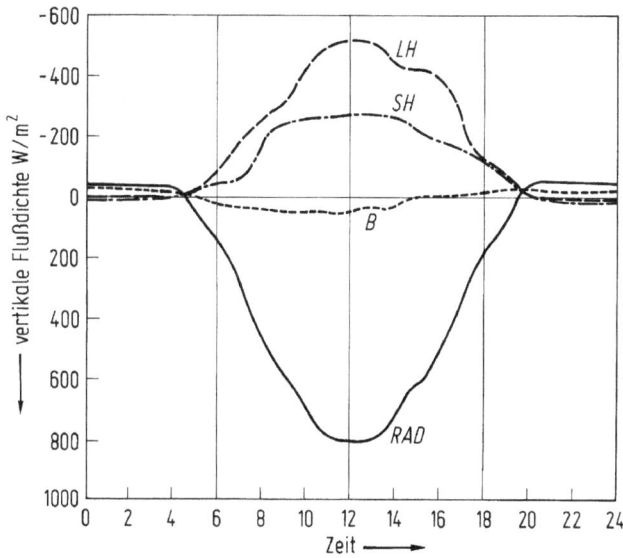

Abb. 4.59 Tagesgang der vertikalen Energieflüsse für einen Nadelwald von etwa 6 m Höhe aus stündlichen Ablesungen, gemittelt über 9 Tage ungestörten Sommerwetters. Station Hofoldinger Forst (Nähe München, 650 m Meereshöhe), Meßperiode 29. Juni bis 7. Juli 1952 (Messungen von Baumgartner, zitiert nach Kraus, 1987).

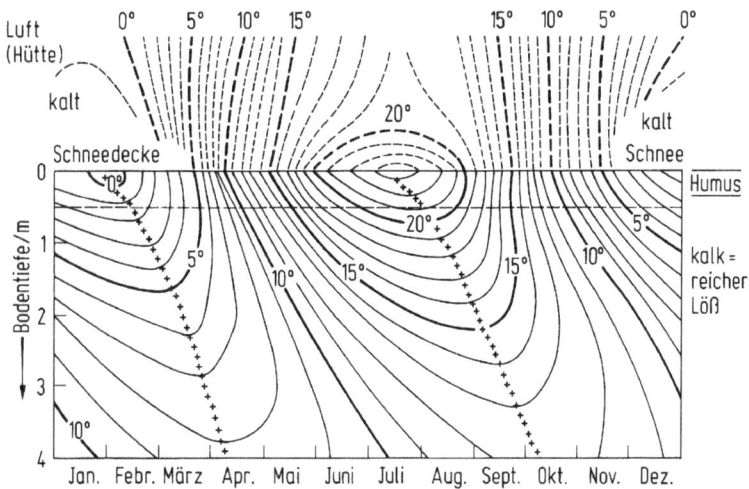

Abb. 4.60 Jahresgang der Bodentemperaturen im Gartengelände der Wiener Centralanstalt (nach Toperczer, zitiert nach Geiger, 1961).

abstrahlung nach oben). Eine Fülle weiterer Beispiele bieten Kraus (1987) sowie die schönen Lehrbücher von Geiger (1961, nicht veraltet!) und Stull (1988).

Wegen Gl. (4.58), (4.60) kann B auch als Speicherglied interpretiert werden. Der Wärmegehalt des Bodens ist

$$H = \int_{-\infty}^{0} c(z) \varrho(z) T(z) \mathrm{d}z ;$$

c = spezifische Wärme,

ϱ = Dichte $\hspace{6cm}$ (4.62)

Das Niveau $z = -\infty$ ist in der Praxis bei 1 bis 2 m anzusetzen; dies ist die Eindringtiefe der Tageswelle der Temperatur, zur Jahreswelle vgl. Abb. 4.60. Die Speicherung ist dann

$$S^{\mathrm{L}} = \partial H / \partial t . \hspace{5cm} (4.63)$$

Bei Erwärmung des Bodens tagsüber ist S^{L}, also auch B positiv, d.h. der Bodenwärmestrom fließt nach unten; nachts ist dies umgekehrt.

4.8.2 Der hydrologische Haushalt einer Luft-Boden-Säule

Die Substanz Wasser gehorcht der folgenden Erhaltungsgleichung

$$S + A - SUR = 0 . \hspace{5cm} (4.64)$$

Diese Grundgleichung der Hydrologie enthält

- $S = \dfrac{\partial}{\partial t} \displaystyle\int_{-\infty}^{0} \varrho_{\mathrm{W}}(z) \mathrm{d}z$ = zeitliche Änderung des Bodenwassergehaltes;
- A = Abfluß (horizontal abfließendes Wasser außerhalb des Bodens);
- SUR = Vertikaler Nettowasserfluß im Boden unmittelbar unter der Bodenoberfläche (surplus).

Die Wasserdichte ϱ_{W} im Boden oder die *Bodenfeuchte* ist die Dichte des im Boden enthaltenen flüssigen Wassers; diese ist wegen der Feinverteilung des Wassers in den Bodenporen wesentlich kleiner als die physikalische Wasserdichte $\varrho = 10^3 \, \mathrm{kg/m^3}$. Gl. (4.64) ist mit der quellfreien Gl. (4.3) in Übereinstimmung ($Z = SUR$) ebenso wie mit der Energiegleichung (4.18): A entspricht der horizontalen Transportdivergenz, SUR entspricht $F_{\mathrm{T}}^{\mathrm{O}}$ (hier: $F_{\mathrm{T}}^{\mathrm{L}}$) und $F_{\mathrm{B}}^{\mathrm{O}}$ verschwindet. Alle Terme in Gl. (4.64) haben die Dimension $\mathrm{kg \, m^{-2} \, s^{-1}}$.

Auch die Stetigkeitsbedingung Gl. (4.20) hat ein Äquivalent im Wasserhaushalt. Die zu $F_{\mathrm{B}}^{\mathrm{A}}$ äquivalente Größe ist der vertikale Gesamtwasserfluß $P + E$ am Unterrand der Atmosphäre mit:

- P = Niederschlag (positiv, d.h. nach unten gerichtet);
- E = Verdunstung (in der Regel negativ, d.h. nach oben gerichtet).

Die Verdunstung kann bei starker nächtlicher Abkühlung und Taubildung am Boden schwach positiv werden wie ebenso in Extremfällen im Winter. Die Stetigkeitsbedingung an der Erdoberfläche für den hydrologischen Haushalt lautet also:

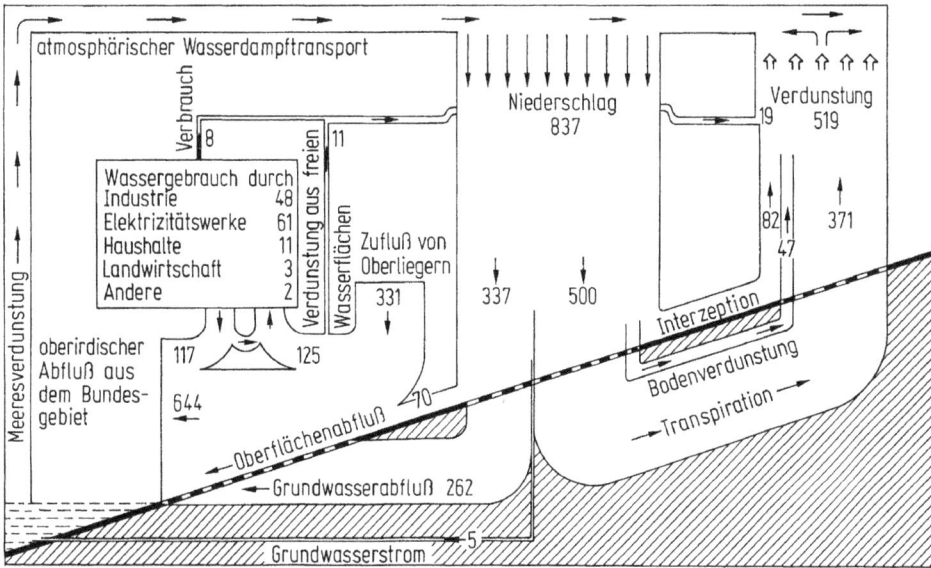

Abb. 4.61 Schematische Darstellung des Wasserkreislaufs in mm Wasserhöhe pro Jahr nach den Angaben im Hydrologischen Atlas der Bundesrepublik Deutschland (1979). Dem mittleren Gebietsniederschlag des Zeitraums 1931–1960 sind die Wassergebrauchszahlen des Jahres 1974 gegenübergestellt. 1 mm Wasserhöhe, bezogen auf die Fläche, entspricht einem Wasservolumen von etwa 248 Millionen m^3 (nach Promet, 1980).

$$P + E = SUR. \tag{4.65}$$

Die hydrologischen Gleichungen (4.64), (4.65) sind vollständig äquivalent zu den Energiegleichungen (4.58), (4.59), auch wenn sie ganz verschieden aussehen.

In der hydrologischen Praxis ist die Stetigkeitsbedingung Gl. (4.65) eine solche Selbstverständlichkeit, daß der (ohnehin nicht direkt meßbare) Zufluß SUR so gut wie nicht benutzt wird (im Unterschied zum Energiehaushalt – da wird B direkt gemessen und benutzt). Also werden gewöhnlich Gl. (4.64) und Gl. (4.65) zu

$$S + A - (P + E) = 0 \tag{4.66}$$

zusammengefaßt. Bei vernachlässigbarer Speicherung reproduziert Gl. (4.66) die oben angegebene hydrologische Gleichung (4.22). Sie ist die Grundlage aller mittleren regionalen und großräumigen Haushalte (z. B. Abb. 4.61).

Wir haben ferner in Gl. (4.24) bereits den Zusammenhang zwischen energetischem und hydrologischem Haushalt formuliert. Die Kopplung ist durch den Phasenübergangsfluß gegeben; sie gestattet durch unabhängige energetische und hydrologische Messungen, die Haushalte gegenseitig zu testen.

Für weitere Auskünfte zum Thema dieses Abschnitts sei auf das hydrologische Schrifttum verwiesen (z. B. Baumgartner und Liebscher, 1996).

4.8.3 Die Kryosphäre

Wenn die Klimasäule in ihrem soliden Teil nicht aus Land (Lithosphäre, Index L), sondern aus Eis oder Schnee (Index E) besteht, so bleiben die obigen Formeln im wesentlichen erhalten, wenn man die Indizes entsprechend ändert. Beispielsweise lautet der vertikale Energiefluß Gl. (4.60) für die Oberfläche von Gletschereis

$$F_{\mathrm{T}}^{\mathrm{E}} = RAD^{\mathrm{E}} + B \,. \tag{4.67}$$

Hierin ist B jetzt der Diffusionswärmestrom im Eis. Zusätzlich berücksichtigt ist der Strahlungsfluß RAD^{E}, der in den Boden überhaupt nicht eindringt und daher in Gl. (4.60) nicht vorkommt, an der Eis-Schnee-Oberfläche jedoch nicht vernachlässigt werden darf (Eindringtiefe 5–50 cm, vgl. z. B. Geiger, 1961).

Wenn das Wasser in flüssiger (Index W) und fester Form (Index E) vorkommt, so haben wir zwei Speicherreservoire: Wassergehalt des Bodens und Eis/Schnee-Gehalt. Beide Reservoire (Abb. 4.62) gehorchen einer hydrologischen Beziehung des Typs (4.66), jedoch tritt zusätzlich der Schmelzfluß $MELT$ als Phasenumwandlungsfluß (Quellterm im Sinne des Badewannenmodells) auf. Die Gleichungen lauten (wir schreiben hier etwas umständlicher, aber klarer: $PREC$ für P, $EVAP$ für E)

$$S^{\mathrm{W}} + A - (PREC^{\mathrm{W}} + EVAP^{\mathrm{W}}) - MELT = 0 \,; \tag{4.68}$$

$$S^{\mathrm{E}} - (PREC^{\mathrm{E}} + EVAP^{\mathrm{E}}) + MELT = 0 \,. \tag{4.69}$$

A ist wie vorher der Abfluß des Wassers in flüssiger Form. Das Vorzeichen in $MELT$ ist positiv, wenn das Eis schmilzt. Die entsprechende Phasenumwandlungswärme muß im Energiehaushalt Gl. (4.61) so berücksichtigt werden, wie bisher die Verdampfungswärme. Die Summe von Gl. (4.68) und Gl. (4.69) reproduziert Gl. (4.66).

Ein Beispiel für das Zusammenwirken der drei Wasserphasen beim Meereis zeigt Abb. 4.63. Hier ist in einem vertikal eindimensionalen Modell der Energie- und Massenhaushalt von Meereis berechnet worden. Meßwerte der Massenbilanz eines Alpengletschers sind in Abb. 4.64 wiedergegeben.

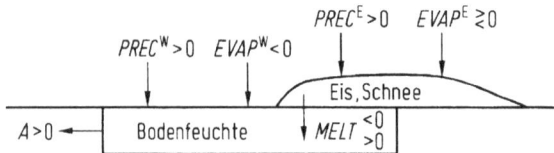

Abb. 4.62 Schema der Flüsse der Substanz Wasser im Bereich der Erd- bzw. Eis-Schnee-Oberfläche. Alle vertikalen Flüsse verlaufen positiv nach unten, meist vorkommendes Vorzeichen ist angegeben (z. B. ist $PREC$ stets nach unten gerichtet, also positiv; $EVAP$ ist meist negativ, bei Sublimation dagegen in extremen Fällen auch schwach positiv). Oberer Index W für flüssiges Wasser, E für Eis. $MELT$ = Phasenübergang von der E- in die W-Phase. Horizontaler Abfluß A.

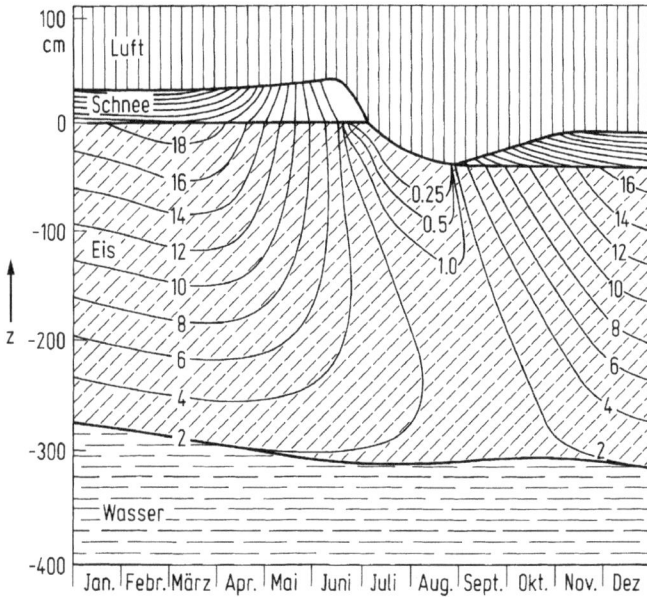

Abb. 4.63 Gleichgewichtstemperatur und Dicke von Meereis, berechnet mit dem 1 D-Modell über einen Jahreszyklus. Die Isothermen im Eis haben negative Grad Celsius. Die Isothermen im Schnee (ohne Beschriftung) haben einen Abstand von 2 K. Ober- und Untergrenze ohne Rücksicht auf hydrostatisches Gleichgewicht (nach Maykut und Untersteiner, zitiert nach Hantel, 1989).

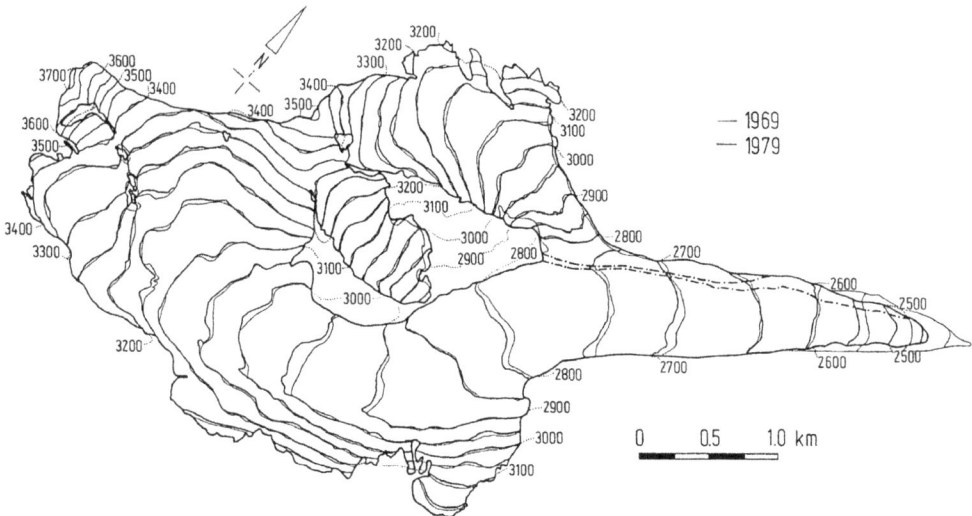

Abb. 4.64 Änderung der Isohypsen des Hintereisferners (Ötztaler Alpen) von 1969 bis 1979 (nach Herrmann und Kuhn, 1996).

4.9 Klimaklassifikation an der Erdoberfläche

Klimadiagramme benachbarter Stationen nach Art von Abb. 4.11 sind im allgemeinen recht ähnlich. Wien, Berlin, Hamburg, Köln, Zürich (immerfeuchtes gemäßigtes Klima *Cf*, s. weiter unten) zeigen trotz Unterschieden in den Details einen ähnlichen Verlauf: Temperatur- und Niederschlagskurven laufen ganzjährig parallel. Ganz anders sehen dagegen die Klimadiagramme von Stationen wie Athen, Rom, Lissabon (Mittelmeerklima *Cs*, s. weiter unten) aus: Hier sinkt im Sommer die Niederschlagskurve unter die Temperaturkurve ab. Um nun in diese Fülle (weltweit existieren mehr als 10000 Klimastationen) eine einfache Ordnung zu bringen, wurde seit dem 19. Jahrhundert versucht, durch objektive Klassifizierung einige wichtige Grundtypen herauszuarbeiten. Dabei orientierte man sich hauptsächlich an den Bedürfnissen der Menschen sowie an dem Erscheinungsbild der Vegetation.

Dabei ist bis heute die Klassifikation nach Wladimir Köppen von bleibendem Wert. Wir zitieren aus seinem klassischen Buch von 1923, in Einzelheiten modifiziert nach Geiger (1952): „Grundgedanke ist es, einen thermischen Parameter (die Zustandsgröße Temperatur) und einen hydrologischen Parameter (die Flußgröße Niederschlag) zur quantitativen Klassifizierung zu nutzen. Das bedeutet nicht, daß für diese Parameter ein physikalischer Zusammenhang explizit formuliert würde. Mit ihrer Hilfe werden lediglich Grenzen zwischen verschiedenen Klimaten objektiv definiert. Die Frage, wie sie zustandekommen, wird außer Acht gelassen. Diese Beschränkung erlaubt jedoch, mit relativ einfachem Aufwand eine effiziente und bis heute gültige Klimadarstellung zu geben, die sich für Großbereiche der Wirtschaft, Landwirtschaft, des Tourismus etc. als brauchbar erwiesen hat."

Als Grundlage der Klassifikation dient die Kombination von Temperatur- und Trockenheitslinien (Abb. 4.65). Die planetaren Wärme- und Niederschlagszonen verlaufen etwa parallel zu den Breitenkreisen. Diese Korrelation ist jedoch nicht perfekt; daher müssen die mit dem einen Klimaelement (hier der Temperatur) gewonnenen Klassen mit dem anderen Klimaelement (hier dem Niederschlag) modifiziert werden.

Primäre Klassifikationsgrenzen sind bei Köppen die Temperaturlinien der extremen Monate. Die Isotherme $+18\,°C$ des *kältesten* Monats trennt die Tropenzone (*A*-Klima) von den Außertropen (Klimate *C*, *D*, *E*); die Isotherme $-3\,°C$ des *kältesten* Monats trennt die warmgemäßigten (*C*) von den kaltgemäßigten Klimaten (*D*). Für die Trockenklimate (*B*, in Abb. 4.65 innerhalb der Kurven von *β*) gibt es keine absolute Grenze des Niederschlages, sondern die jährliche Niederschlagsmenge wird mit der jährlichen Mitteltemperatur in einer Zahlenwertformel verglichen; je nach Unter- oder Überschreitung liegt eine der Klimagruppen *A*, *C*, *D* vor oder das Trockenklima Steppe (*BS*) bzw. Wüste (*BW*). Weitere Temperaturlinien sind die Isothermen des *wärmsten* Monats, welche die kaltgemäßigten *D*-Klimate von den polaren *E*-Klimaten trennen ($+10\,°C$); innerhalb *E* grenzt die Isotherme $0\,°C$ des wärmsten Montas das Klima *ET* (Tundra) vom eigentlichen polaren Klima *EF* ab.

Köppen erhält so 5 klimatologische Hauptgürtel (Tab. 4.9):

1. *A* einen winterlosen tropischen Regengürtel;
2. *B* zwei isolierte Trockengürtel, die nicht um den ganzen Breitenkreis herum reichen;

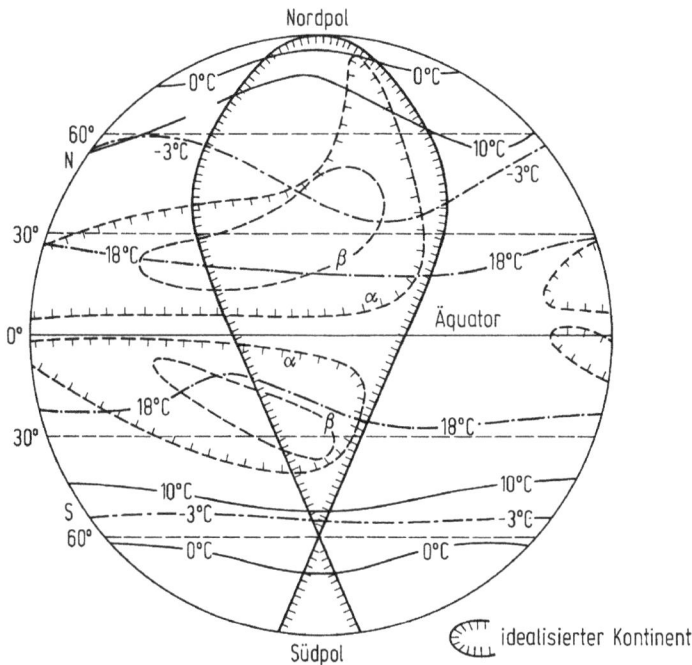

Abb. 4.65 Grundlegende Isothermen und Trockenheitslinien auf einer idealisierten Erde mit einem Kontinent und einem Ozean. Strichpunktiert: Isothermen des kältesten Monats (− 3 °C, 18 °C); durchgezogen: Isothermen des wärmsten Monats (0 °C, 10 °C). Trockenheitsgrenzen für: periodische Trockenheit α, eigentliche Trockenklimate β (modifiziert nach Köppen, 1923).

3. *C* zwei warmgemäßigte Gürtel ohne regelmäßige Schneedecke;
4. *D* einen borealen Schnee-Wald-Gürtel mit ausgeprägten Jahreszeiten, fehlt auf der Südhalbkugel;
5. *E* zwei Polkappen der Eisklimate jenseits der Baumgrenze.

Die Klimate *B* und *E* sind bereits nach Maßgabe der Trockenheit bzw. der Kälte untergliedert worden. Für die weitere Gliederung der Klimagürtel *A*, *C* und *D* wird das Auftreten einer trockenen oder nassen Zeit und deren Verhältnis zur warmen und kalten Jahreszeit herangezogen.

Der gleichförmigste Fall ist der, daß alle Monate genügend Niederschlag haben (ganzjährig feucht, Buchstabe *f*); das liefert die Klimate *Af* (Regenwaldklima), *Cf* (feuchtgemäßigtes Klima), *Df* (feuchtwinterkaltes Klima). Das Kriterium, daß alle Monate genügend Niederschlag haben, ist in den warmen und den gemäßigten Klimaten verschieden. Im *A*-Klima ist es gegeben, wenn der regenärmste Monat mindestens 6 cm Regenmenge hat; in den Klimaten *C* und *D* ist es gegeben, wenn (bei vorherrschendem Sommerregen) der niederschlagsärmste Monat des Winterhalbjahres mehr als 10 % des niederschlagsreichsten Monats des Sommerhalbjahres hat; bei vorherrschendem Winterregen lautet das Kriterium für *Cf* und *Df*, daß der niederschlagsärmste Sommermonat mindestens 33 % des Niederschlags des niederschlagsreichsten Wintermonats haben muß.

Tab. 4.9 Tabelle der 5 Klimagürtel und 11 Hauptklimate nach Köppen (1923), in Einzelheiten modifiziert nach Geiger (1952).

Die 5 Klimagürtel	Quantitative Grenzen	Weitere Klassifikation		Trockene Jahreszeit[3]	Die 11 Hauptklimagebiete
		Trockenheitsgrad[1]	Kältegrad[2]		
A) Tropische Regenklimate	Kältester Monat oberhalb 18°C	–	–	f: keine trockene Jahreszeit w: trockene Jahreszeit	Af Tropisches Regenwaldklima Aw Savannenklima
B) Trockenklimate	$\dfrac{N}{\text{cm}} < 2\left(\dfrac{T}{°\text{C}} + 7\right)^{*}$	S: Steppe W: Wüste	–	–	BS Steppenklima BW Wüstenklima
C) Warmgemäßigte Regenklimate	Kältester Monat zwischen –3°C und 18°C	–	–	s: sommertrocken f: ganzjährig feucht w: wintertrocken	Cs Mittelmeerklima Cf Feuchtgemäßigtes Klima Cw Sinisches Klima
D) Kaltgemäßigte Schnee-Klimate	Kältester Monat unter –3°C, wärmster Monat über 10°C	–	–	f: ganzjährig feucht w: wintertrocken	Df Feuchtwinterkaltes Klima Dw Transbaikalisches Klima
E) Eisklimate	Wärmster Monat unter 10°C	–	T: Tundra F: Ewiger Frost	–	ET Tundrenklima EF Klima ewigen Frostes

[1] Grenzen zwischen S, W: N oberhalb/unterhalb 50% des in der Fußnote * definierten Wertes.

[2] Grenze zwischen T, F: Wärmster Monat oberhalb/unterhalb 0°C.

[3] Quantitative Grenzen für s, f, w sind in Klimagürteln A, C, D verschieden.

* N = Jahresniederschlag, T = Jahrestemperatur. Konstanter Wert 7 gilt für ganzjährig feuchtes Klima; wird für Wintertrockenheit durch 14 (für Sommertrockenheit durch 0) ersetzt.

Werden diese Kriterien unterschritten, so gibt es eine Trockenzeit. Diese kann in die warme Jahreszeit fallen (sommertrocken *s*) oder in die kalte (wintertrocken *w*). Dementsprechend erhält man die Klimate *As, Aw, Cs, Cw, Ds, Dw*. Von ihnen spielen aber nur das tropische Savannenklima *Aw*, das Mittelmeer- oder Etesienklima *Cs* (heiße trockene Sommer, Winterregen), das sinische (indochinesische) Klima *Cw* (warme bis heiße feuchte Sommer, wintertrocken) und das wintertrockenkalte transbaikalische Klima *Dw* eine wirkliche Rolle (s. Tab. 4.9).

Mit der Definition der Hauptklimagebiete ist der wichtigste Teil der Klassifikationsaufgabe geleistet. Abb. 4.66 zeigt typische Beispiele, Abb. 4.67 die Gebiete auf einer schematisch vereinfachten Erde. Man erkennt die polaren Klimate *EF, ET*, die gemäßigten Klimate *Df, Dw, Cf, Cw, Cs* und die Tropenklimate *Aw, Af*. Dazwischen sind die Trockenklimate *BS, BW* eingebettet.

Die Hauptklimagebiete haben jedoch Nebenformen und Unterabteilungen, die zusätzliche Buchstaben erfordern und teilweise sehr kompliziert werden. Einige der wichtigsten sind:

– *Isotherme Klimate i:* Hier ist die Jahresschwankung zwischen den extremen Monaten < 5 K; diese Klimate sind weitgehend auf die Tropen beschränkt, auf den Ländern vielfach in größerer Höhe (Beispiele: Quito *Cwi*, Bogota *Cfi*, Gipfel des Kilimandscharo *Efi*).

– *Monsunklimate m:* In gewissen Gebieten der Tropen findet sich hochstämmiger Urwald trotz einer ausgeprägten Trockenzeit. Dort, wo der Jahresniederschlag mehr als 200 cm beträgt (z. B. an der Südküste von Westafrika), kann die Trockenzeit 4 Monate dauern, ohne der Vegetation zu schaden. Diese Zwischenform *Am* ist durch den Monsunwechsel bedingt.

– *Häufiger Nebel n:* Dieser Buchstabe wird nicht für die Nebelgebiete der hohen Breiten verwendet, sondern für die subtropischen Küstengebiete, wo das Meer am Ufer viel kühler ist als das Binnenland oder die hohe See. Hier führt die hohe Luftfeuchtigkeit so häufig zu Nebelbildung, daß diese zum Hauptcharakterzug wird (Garuaklima *Bn*, z. B. Westküste von Südafrika und Südamerika). Bei höheren Temperaturen des Binnenlandes kann die Nebelbildung trotz hoher Luftfeuchtigkeit unterdrückt sein (Dampfwüstenklima, z. B. im inneren Persischen Golf).

– *Missourityp x:* Dieser Buchstabe betrifft den Regenfall, der sein Maximum im Spätfrühling hat und für die Maisanbaugebiete der gemäßigten Breiten typisch ist (mittlerer Westen der USA, ungarische und russische Tiefebene).

– *Temperatur des wärmsten Monats a, b, c, d:* Das mitteleuropäische Klima *Cfb* ist ganzjährig feucht, der wärmste Monat liegt unter 22 °C. Das Klima der Südoststaaten der USA *Cfa* hat im wärmsten Monat mehr als 22 °C, das *Cfc*-Klima der hochozeanischen skandinavischen Länder (typisch: Reikjavik) hat maximal 4 Monate mit mehr als 10 °C; der Buchstabe *d* schließlich steht für Klimate mit Sommertemperaturen über +10 °C, aber kältesten Monaten unter −38 °C (typisch: Ostsibirien).

– *Heiße/kalte Trockenklimate, h, k:* Diese Buchstaben stehen für eine Jahresmitteltemperatur von über oder unter 18 °C, sie sind für die Steppe und Wüste relevant. Die Sahara (*BWh*) ist eine heiße, die Gobi (*BWk*) eine kalte Wüste. Auch die Steppengebiete können heiß sein (Westarabien, Zentralmexiko) oder kalt (z. B. Nordostchina).

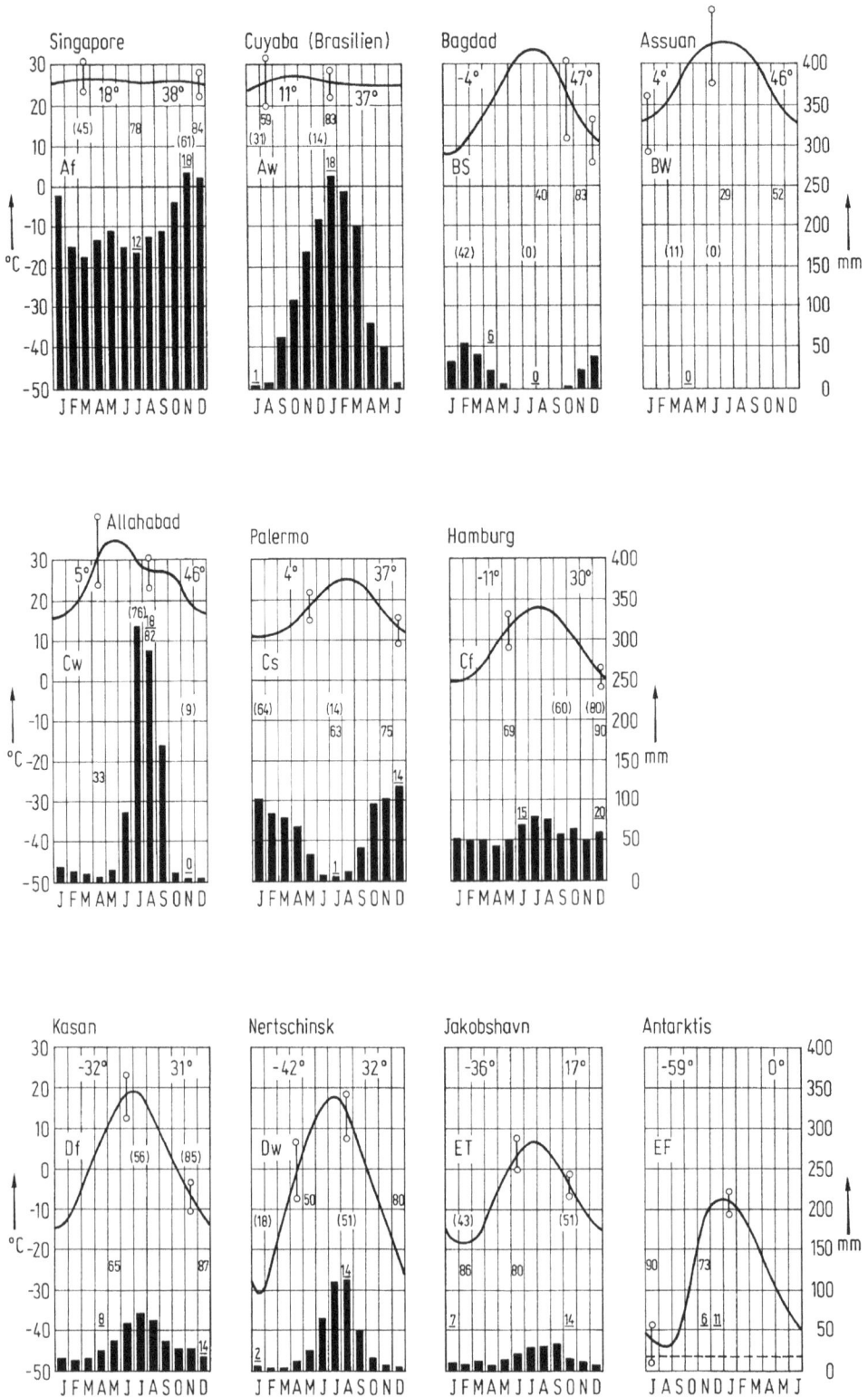

Singapore · Cuyaba (Brasilien) · Bagdad · Assuan · Allahabad · Palermo · Hamburg · Kasan · Nertschinsk · Jakobshavn · Antarktis

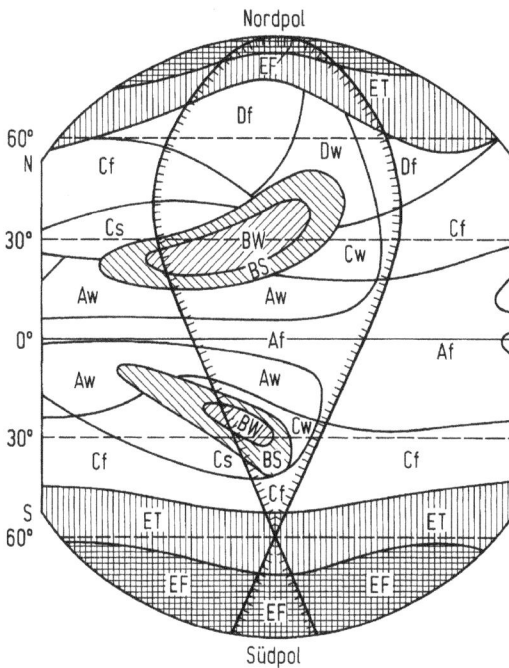

Abb. 4.67 Schematische geographische Lage der 11 Hauptklimate. Zur Definition der Buchstabengruppen vgl. Tab. 4.9.

– *Gangestyp g:* Ein dreiteiliger Jahresrhythmus in Temperatur und Niederschlag bestimmt Teile des indischen und afrikanischen Klimas: extrem heißes, trockenes Frühjahr; warme Regenzeit (Sommermonsun); kühle Trockenzeit (Wintermonsun).

Mit dieser Aufzählung sind die Nebenformen und Unterabteilungen nicht erschöpft. Man kann jetzt, dank der zwar willkürlich festgelegten, aber aus den Monatstemperaturen und -niederschlägen jeder Station (vgl. Abb. 4.66) objektiv erhebbaren Grenzen eine Klimaformel zusammenstellen und wie bei einem botanischen Schlüssel oder wie bei der Ermittlung der Lohnsteuer für den Computer programmieren. Die entsprechenden Klimakarten (z. B. Farbbild 9) lassen sich heute auch automatisch herstellen. Die Kunst liegt in der Festsetzung der Klimaformel.

Außer der Klassifikation von Köppen gibt es eine Reihe andere, die aber alle konzeptionell gleich gebaut sind: Temperatur und Niederschlag werden als Grund-

◄ **Abb. 4.66** Die 11 Hauptklimate nach Köppen (1923), modifiziert nach Geiger (1952). Linke Achse: Monatliche Temperatur in °C (volle Kurve). Rechte Achse: Monatlicher Niederschlag in mm (Histogramm). Große Zahlen: Mitteltemperatur der Extreme. Vertikale Balken: Monat und Betrag der maximalen und minimalen täglichen Temperaturfluktuation. Zahlen in Klammern: Durchschnittsbewölkung (0 = keine Wolken, 100 = bedeckt) im Monat mit maximaler und minimaler Bewölkung. Einfache Zahlen: Relative Feuchte in % für den feuchtesten und trockensten Monat. Unterstrichene Zahlen: Zahl der Niederschlagstage in Monat mit maximalem und minimalem Niederschlag.

lage herangezogen; schon die in Abb. 4.11 wiedergegebenen 9 Typen plus Höhen-
klimate sind im Grunde eine (jedoch subjektive) Klimaklassifikation. Der Köppen-
sche Ansatz, der das Klima der Erdoberfläche objektiv darstellt, dabei aber auf
eine Erklärung verzichtet, hat sich damit als quantitative Deskription gut bewährt
und ist auch im Zeitalter dreidimensionaler Klimamodelle ein praktisch wertvolles
Hilfsmittel.

4.10 Die Geobiosphäre

In diesem Abschnitt sollen einige Gebiete gestreift werden, die aus der modernen
Klimatologie nicht mehr wegzudenken sind; die meisten befinden sich in schneller
Entwicklung. Sie alle sind im Grunde Teilaspekte der umfassenden Vorstellung des
Klimasystems als einer Geobiosphäre, an der alle Komponenten, wenn auch in un-
terschiedlicher Weise, aktiv beteiligt sind.

4.10.1 Spurenstoffhaushalte

Die Spurenstoffe im Klimasystem können trotz ihrer teilweise winzigen Mengen
außerordentliche Wirkungen haben. Beim Wasserdampf (globales Mittel $25\,kg/m^2$,
verglichen mit $10^4\,kg/m^2$ der Atmosphäre, d.h. 2.5 Promille) haben wir gesehen,
daß er maßgebend an den atmosphärischen Energieumsätzen beteiligt ist. Ein Spurenstoff, der in sehr viel kleinerer Menge vorkommt, ist der Kohlenstoff (globales
Mittel ca. $1.5\,kg/m^2$).

Der Kohlenstoff liegt in der Atmosphäre praktisch ausschließlich als Kohlendioxid
CO_2 vor. Dies ist ein Treibhausgas und im Gegensatz zum Wasser weltweit gleichmäßig in der Atmosphäre verteilt. Der Spurenstoff CO_2 hat von ca. 280 ppm im
18. Jahrhundert („vorindustriell") auf heute 370 ppm zugenommen mit steigender
Tendenz (Abb. 4.68). Der CO_2-Gehalt im Boden kann naturgemäß nicht weltweit
gemessen werden, sondern nur lokal. Ein Beispiel zeigt Abb. 4.69. Man beachte
den starken Jahresgang.

Derzeit werden große Anstrengungen gemacht, die bestehenden Unsicherheiten
des Kohlenstoffhaushaltes (Abb. 4.70) durch genauere Messungen zu verkleinern.
Die Datenfehler (teilweise 50 %) haben zur Folge, daß der beobachtete CO_2-Anstieg
von Abb. 4.68 vorläufig nicht wirklich erklärt werden kann. Es scheint naheliegend,
ihn auf die anthropogene Verbrennung fossiler Kohlenstoffverbindungen zurückzuführen (s. Abb. 4.70: Verbrennung 6 CE/a, Kohlenstoffanstieg 4 CE/a; CE = Car-
bon-Einheit, $1\,CE = 10^{12}\,kg$ Kohlenstoff). Jedoch ist dies unsicher, weil die anthropogenen Quellen nur ca. 3 % des natürlichen Austausches zwischen Bio- und Atmosphäre betragen; der natürliche Austausch wird auf 220 CE/a geschätzt.

Außer für den Kohlenstoff gibt es für eine wachsende Zahl von Spurenstoffen
im Klimasystem erste Haushaltsabschätzungen, die derzeit noch mit hohen Fehlern
behaftet sind. Ausführliche Daten findet man in: Dt. Bundestag (1988), IPCC (1990)
und IPCC (1995). Gute Darstellungen des Problemes bieten ferner Kuhn (1990)
sowie Graedel und Crutzen (1994).

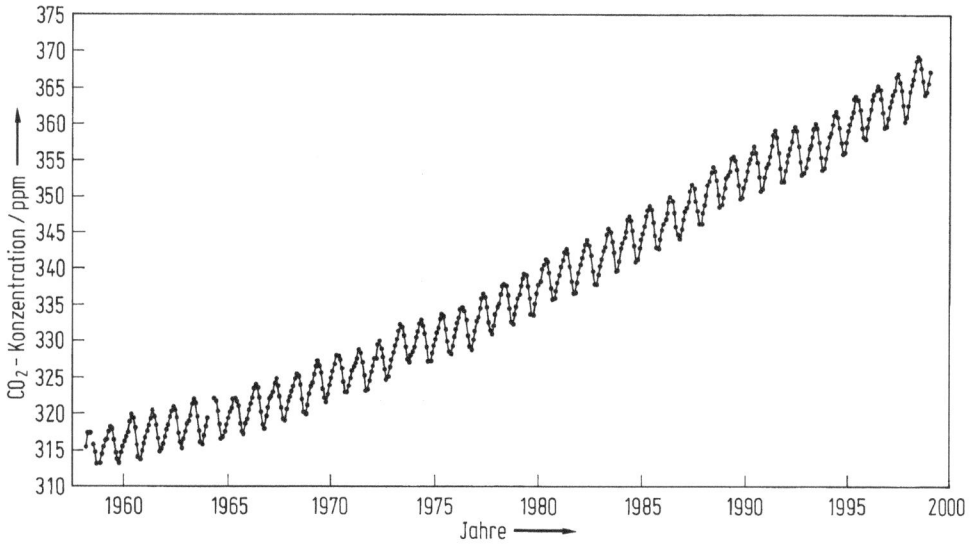

Abb. 4.68 Monatsmittel der CO_2-Konzentration (Einheit ppmv, d. h. 1 Molekül pro 10^6 Moleküle trockene Luft) nach Messungen am Mauna Loa, Hawaii, von 1958 bis 1998 (nach Keeling und Whorf).

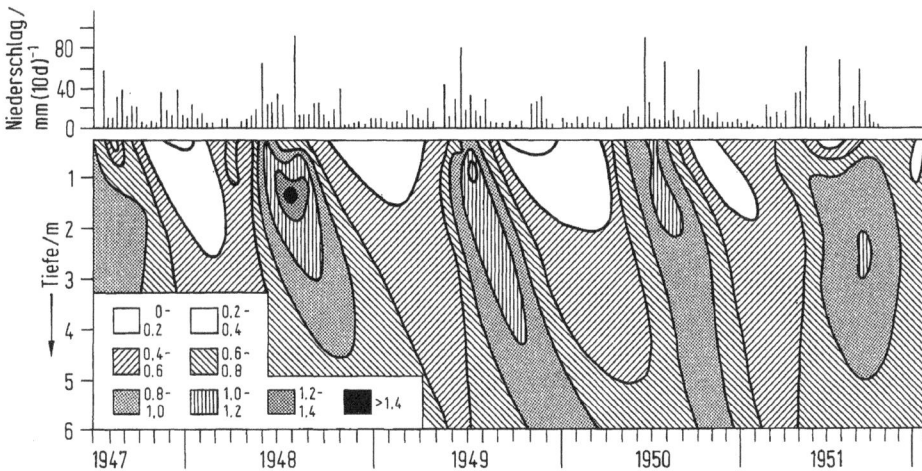

Abb. 4.69 Jahresgang des CO_2-Gehalts in der Porenluft des Steppenbodens im Zentralen Schwarzerde-Schutzgebiet. CO_2-Gehalt in Vol.-% der Bodenporenluft. Zum Vergleich: Niederschlag (Einheit mm/10 Tage) (nach Walter und Breckle, 1983).

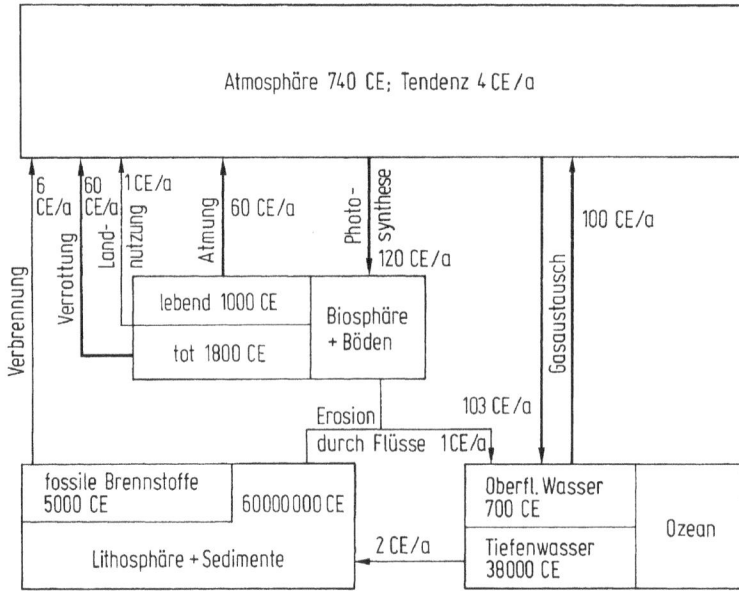

Das Diagramm zeigt folgende Beschriftungen:

Atmosphäre 740 CE; Tendenz 4 CE/a

Verbrennung 6 CE/a; Verrottung 60 CE/a; Landnutzung 1 CE/a; Atmung 60 CE/a; Photosynthese 120 CE/a; Gasaustausch 100 CE/a

lebend 1000 CE; tot 1800 CE; Biosphäre + Böden

Erosion durch Flüsse 1 CE/a; 103 CE/a

fossile Brennstoffe 5000 CE; 60 000 000 CE; Lithosphäre + Sedimente; 2 CE/a

Oberfl. Wasser 700 CE; Tiefenwasser 38000 CE; Ozean

Abb. 4.70 Der globale Kohlenstoffkreislauf. Die Vorräte in den Speichern sind die Zustandsgrößen (Einheit CE = 10^{12} kg), die Austäusche (Pfeile) zwischen den Speichern sind die Flüsse (Einheit CE/a). Ein näherungsweise vollständiges Budget gibt es nur für die Atmosphäre: Tendenz: $dm/dt = 4$ CE/a; Gesamtabfluß $A = 223$ CE/a; Gesamtzufluß $Z = 227$ CE/a. Also: $dm/dt + (A - Z) = 0$. Reservoire für Biosphäre, Lithosphäre und Ozean haben nichtquantifizierbare Tendenzen, daher gibt es für sie keine Haushalte. (Quelle: Deutscher Bundestag (1988), Kuhn (1990), Darstellung modifiziert. Vgl. ferner Watson et al., 1990, sowie Siegenthaler und Sarmiento, 1993).

4.10.2 Der Treibhauseffekt

Dieser Mechanismus wurde bereits in Abschn. 4.3.2 erläutert. Wir schreiben schematisch

$$T = T_e + (\Delta T)_0 + (\Delta T)_T (\pi_{H_2O}, \pi_{CO_2}, \dots) . \qquad (4.70)$$

Hierin ist $T_e = -18\,°C$ die planetare Gleichgewichtstemperatur, $(\Delta T)_0 = 33$ K der *mittlere Treibhauseffekt* und $(\Delta T)_T$ der *zusätzliche Treibhauseffekt*. In manchen Publikationen wird $(\Delta T)_0$ natürlich und $(\Delta T)_T$ anthropogen genannt. Der zusätzliche Treibhauseffekt (der viel kleiner ist als der mittlere) hängt unter anderem von der relativen Änderung der strahlungsintensiven Spurengase ab:

$$\pi = (q - \bar{q})/\bar{q} ; \qquad (4.71)$$

q ist die Konzentration (oder der Partialdruck) des betreffenden Spurengases; der Querstrich bezeichnet den langjährigen Mittelwert (z. B. vorindustriell). Für CO_2 in der Atmosphäre haben wir langfristig und weltweit heute:

$$\pi_{CO_2} = 0.25 . \qquad (4.72)$$

Dies sollte nach Modellrechnungen ein $(\Delta T)_T$ von knapp 1 K ergeben. Den Wert für π_{H_2O} schätzten Flohn et al. (1990) auf 0.1 bis 0.2 in den letzten 20 Jahren (regional unterschiedlich) mit einem Erwärmungspotential von noch einmal 1 K. Weitere Effekte betreffen Ozon, FCKWs, Methan, um nur die wichtigsten zu nennen. Unter Annahme der Additivität der Effekte sollte die weltweite Mitteltemperatur in den letzten 100 Jahren um mindestens 2 K gestiegen sein.

Die Effekte sind aber sicher nicht additiv. Das Nachweisproblem besteht darin, daß man die Anteile von $(\Delta T)_T$ in Gl. (4.70) nicht separat messen kann, sondern nur die Summe. Die Summe der letzten 100 Jahre beträgt 0.3 bis 0.6 K – ein Wert am Rande der Meßgenauigkeit. Einen zusätzlichen Treibhauseffekt kann man nach verschiedenen Szenarien frühestens in der Zeitspanne 2002 bis 2047 entdecken (Wigley and Barnett, 1990). Die Entwicklung der Modelle, ja der Modellkonzeption ist stark im Fluß. Der Begriff des Treibhauspotentials (*global warming potential, GWP*, vgl. IPCC 1990, 1992) ist umstritten.

4.10.3 Die Biosphäre

Die Rolle der Biosphäre in der globalen Klimatologie wurde in den letzten 25 Jahren „entdeckt" (z.B. Lovelock, 1972; Lieth and Whittacker, 1975; Walter und Breckle, 1983, Bolin, 1984). Eine Zusammenstellung einzelner Komponenten der Biosphäre mit Angaben des Gehaltes an Trockenmaterie bzw. Kohlenstoff (die Zustandsgröße) sowie der Nettoprimärproduktion (die Flußgröße – eigentlich die Quelle) gibt Tab. 4.10. Die Flußgröße in globaler Darstellung ist in Farbbild 8 angegeben.

Man vergleiche beispielsweise die Quelle von $52.6 \cdot 10^9$ Tonnen Kohlenstoff pro Jahr (Tab. 4.10) mit dem Flußdichtefeld von Farbbild 8. Bei Umrechnung auf die Oberfläche der Erde entspricht der erste Wert rund $0.1 \, \text{kg} \, \text{m}^{-2} \, \text{Jahr}^{-1}$ – das ist die Größenordnung der Flußdichten von Farbbild 8.

Die Ermittlung ihrer Zustands- und Flußgrößen ist der erste notwendige Schritt, um den Einfluß der Biosphäre auf das Klimasystem quantitativ zu erfassen. Von vornherein ist klar, daß diese Ermittlung des Stoffwechsels zunächst nichts erklärt – was sagen schon Kontenhöhe und Geldmengenfluß einer Bank über den Bankdirektor aus? Dennoch verraten sie eine Menge über ihn – Finanzexperten können aus Bilanzen weitreichende Rückschlüsse darüber ziehen, ob beispielsweise die Bank „gesund" ist.

Diese Hoffnung steht auch hinter den heute angestellten Versuchen, den Stoffwechsel der Biosphäre quantitativ in den des gesamten Klimasystems einzubauen. Endgültige Ergebnisse liegen nicht vor, aber das Konzept von Zustands-, Fluß- und Quellgrößen ist die entscheidende Methode der Quantifizierung.

4.10.4 Klimaschwankungen

Das Klima ist nicht konstant. Präzise: Die Zustandsgrößen in den Klimasphären, vor allem in den Klimafluiden, sind Funktionen der Zeit. Wir wissen, daß die Konzentration mancher Spurenstoffe in der Atmosphäre ansteigt (CO_2, FCKW); manche Spurenstoffe (so das Ozon in der Hochatmosphäre) nehmen ab. Beide Entwicklun-

Tab. 4.10 Biomasse verschiedener Vegetationstypen und Bodengebiete an organischer Materie (Bolin, 1984).

Ökosystemtyp	Biomasse			Kohlenstoff	Bodenkohlenstoff		Nettoprimärproduktion	
	Trockenmasse							
	Bereich kg m^{-2}	Mittelwert kg m^{-2}	Gesamtwert 10^9 t	Gesamtwert 10^9 t	Mittelwert kg m^{-2}	Gesamtwert 10^9 t	Mittlere Trockenmasse kg m^{-2} a^{-1}	Totaler Kohlenstoff 10^9 t a^{-1}
Tropischer Regenwald	6–80	45	765	344	11.7	288	2.2	16.8
Tropischer Wald mit Jahreszeiten	6–60	35	260	117			1.6	5.4
Wald gemäßigter Breiten	6–200	32	385	174	13.4	161	1.3	6.7
Borealer Wald	6–40	20	240	108	20.6	247	0.8	4.3
Buschland	2–20	16	50	23	6.9	59	0.7	2.7
Savanne	0.2–15.0	4	60	27	4.2	63	0.9	6.1
Grasland gemäßigter Breiten	0.2–5	1.6	14	66	18.9	170	0.6	2.4
Alpine Tundra	0.1–30	0.6	5	2	20.4	163	0.14	0.5
Wüste, Halbwüste	0.1–40	0.7	13	6	5.8	104	0.09	0.7
Vollwüste	0–0.2	0.02	0.5	–	0.2	4	0.003	0.0
Kultiviertes Land	0.4–12.0	1	14	6	7.9	111	0.7	4.1
Sümpfe, Marschen	3–50	15	30	14	72.3	145	3.0	2.7
Seen und Flüsse	0–0.1	0.02	0.5	–	–	–	0.4	0.4
Gesamtwert		12.2	1837	827	10.2	1515		52.6

gen gelten als bedrohlich, weil man über den Treibhauseffekt eine irreversible Veränderung zentraler Klimaparameter wie der Temperatur befürchtet. Andererseits gleichen sich die anthropogene Zunahme der Spurengase und des Aerosols in ihrem Einfluß auf die globale Temperatur zum Teil aus.

Die langfristige historische Entwicklung der Temperatur an der Erdoberfläche ist in Abb. 4.71 dargestellt. In Teilbild A erkennt man den Rhythmus von globalen Warm- und Eiszeiten, der sich auf Zeitskalen von 100 000 Jahren abspielt und mit den Bahnparametern der Erde als Planet korreliert ist; eine solche Eiszeit (zwischen 60 000 und ca. 10 000 Jahren vor heute, Teilbild B) liefert globale Temperaturänderungen im Bereich von 5 K. Die Klimaschwankungen der letzten 10 000 Jahre (Teilbilder C, D) liegen demgegenüber im Bereich < 2 K.

Die Daten der Mitteltemperatur der Erdoberfläche nach dem IPCC-Bericht (Abb. 4.72) sind mit Abb. 4.71 D in Übereinstimmung. Danach lagen die Tempera-

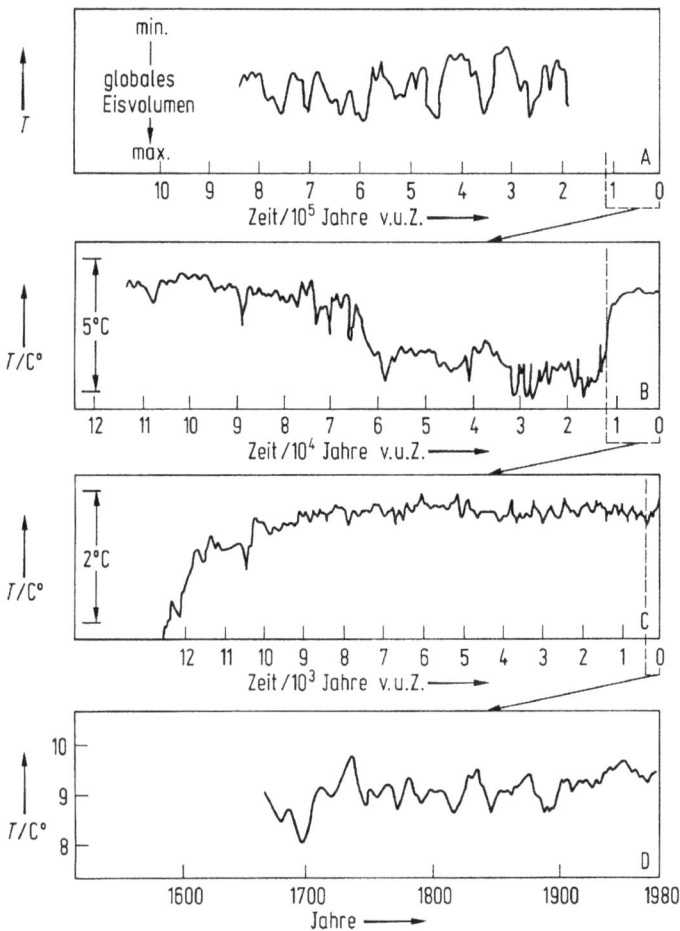

Abb. 4.71 Klimaentwicklung anhand der großräumigen Temperatur an der Erdoberfläche (zitiert nach Hantel, 1989). Zeitreihe der Temperatur der letzten 10^6 Jahre aus verschiedenen Quellen. Teilbilder A, B, C: Temperatur erschlossen aus Sauerstoff-Isotopen-Verhältnissen; Teilbild D: Thermometermessungen in England.

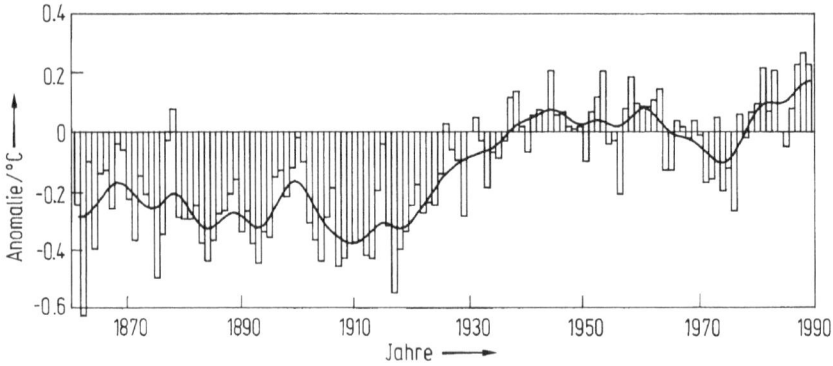

Abb. 4.72 Erdoberflächentemperatur der Nordhalbkugel (nach Folland et al., 1990).

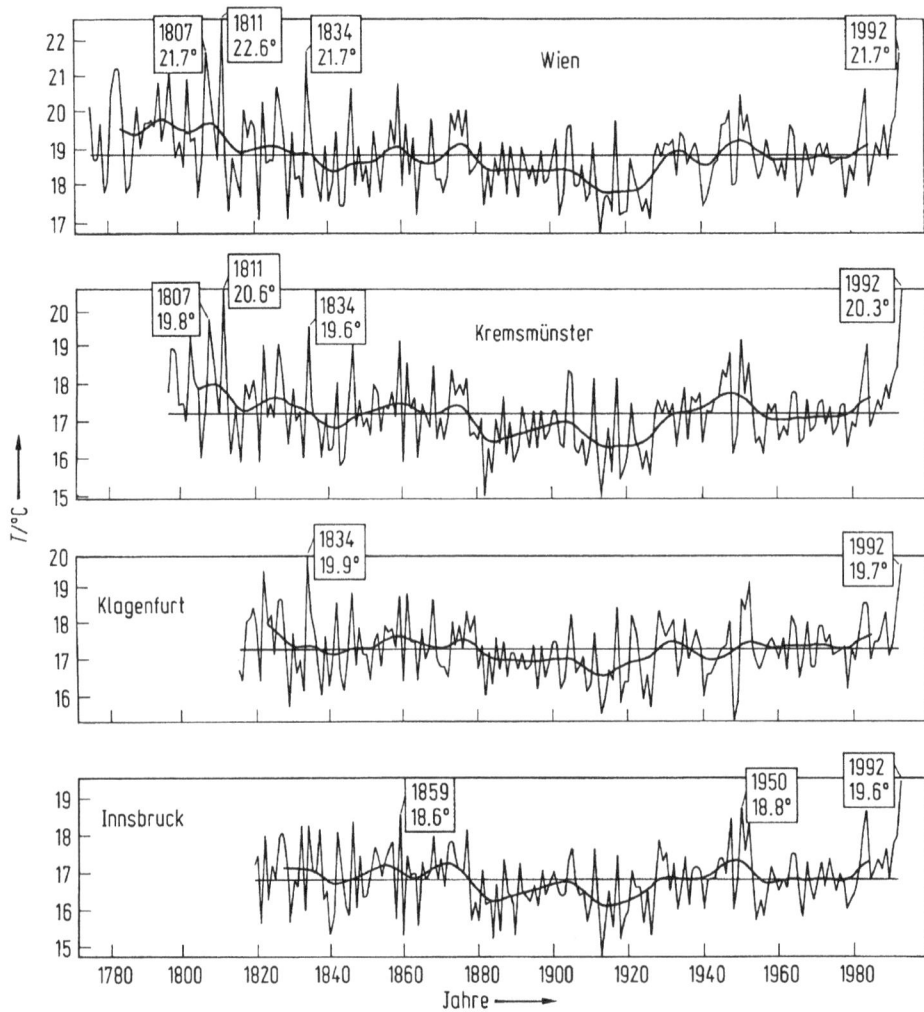

Abb. 4.73 Klimaentwicklung der Sommertemperaturen in Österreich. Sommermittel der Langzeitregistrierstationen (Einzelwerte, geglättete Kurven und Mittelwert) (nach Auer et al., 1992).

turen zu Ende des 19. Jahrhunderts am niedrigsten und sind seither, unterbrochen durch eine stationäre Phase 1940 bis 1980, im Mittel gestiegen. Noch auffälliger (und bedrohlicher) wird das Bild, wenn man sich auf den Temperaturanstieg der Jahre 1910 bis 1992 beschränkt.

Wenn man dagegen die letzten 200 Jahre für eine Region Mitteleuropas betrachtet, für die weit zurückliegende Messungen vorliegen (Abb. 4.73), so bestätigt sich zunächst das Bild im bisher betrachteten zeitlichen Fenster. Die relative kühle Periode 1880 bis 1930 trat auch in Österreich auf. Jedoch erscheint jetzt beispielsweise das Jahr 1992 nicht mehr als Einzelfall, sondern wird von Sommern mit noch höheren Maxima (1807, 1811, 1834) übertroffen. Diese warmen Sommer im frühen 19. Jahrhundert sind in den vom IPCC-Bericht (Folland et al., 1990) veröffentlichten Kurven nicht enthalten (jedoch z. B. bei Schönwiese, 1987).

Daraus ergibt sich, daß zeitliche Entwicklungen nach Art von Abb. 4.72 zunächst nichts über eine bevorstehende Klimakatastrophe aussagen, weil es sich um natürliche Klimaschwankungen auf Zeitskalen von Jahrzehnten handeln könnte; dies wird durch die neueren Werte Mitte der 90er Jahre unterstützt, wonach der jüngste Anstieg wieder zurückgeht (IPCC 1995, in Abb. 4.72 noch nicht eingetragen). Die räumliche Struktur der Daten und die Klimamodelle deuten jedoch mittlerweile darauf hin, daß die globale Klimaerwärmung im 20. Jahrhundert (0.6 K/100 a) sich nicht natürlich erklären läßt (z. B. von Storch et al., 1999). An der Absicherung und Quantifizierung dieses Befundes (Wie stark ist der anthropogene Anteil? Was haben wir in Zukunft zu erwarten?) wird derzeit gearbeitet.

4.10.5 Klimamodelle

Ein Klimamodell ist ein Satz von Gleichungen, der die raumzeitliche Entwicklung von Zustandsgrößen, Flußgrößen und Parametern des Klimasystems oder seine Komponenten zu berechnen gestattet. Ein einfaches und dennoch relevantes Beispiel ist die Gleichung für die Strahlungsgleichgewichtstemperatur T_e der Erde (vgl. Abschn. 4.3.1):

$$\frac{\mathrm{d}T_e}{\mathrm{d}t} \sim [1 - A(T_e)]\,\frac{S}{4} - \sigma T_e^4 \,. \tag{4.73}$$

Hierbei wird angenommen, daß T_e nur von der Zeit t abhängt. Die Solarkonstante (heute $S = 1368 \ \mathrm{W/m^2}$) wird als konstante Antriebsfunktion betrachtet, A ist die planetare Albedo (heute $A = 0.30$). Bei konstantem Wert von T_e gleichen sich die kurzwellige Einstrahlung der Sonne (erster Term der rechten Seite der Gleichung) und die langwellige Ausstrahlung des Planeten (zweiter Term) aus.

Bei Abweichungen vom Gleichgewicht zeigt Gl. (4.73) einfache Stabilität, falls die Albedo konstant ist: Wird etwa T_e größer, so beeinflußt das den ersten Term rechts nicht, der zweite wird jedoch größer und für $\mathrm{d}T_e/\mathrm{d}t$ gibt es eine rücktreibende Beschleunigung hin zum Gleichgewichtszustand. Das Umgekehrte passiert bei verminderter Strahlungsabkühlung – dann wird die rechte Seite positiv.

Nun ist aber die Albedo eine Funktion der Temperatur. Genauer: Sie ist eine Funktion der Oberflächenbeschaffenheit des Planeten und diese ist temperaturab-

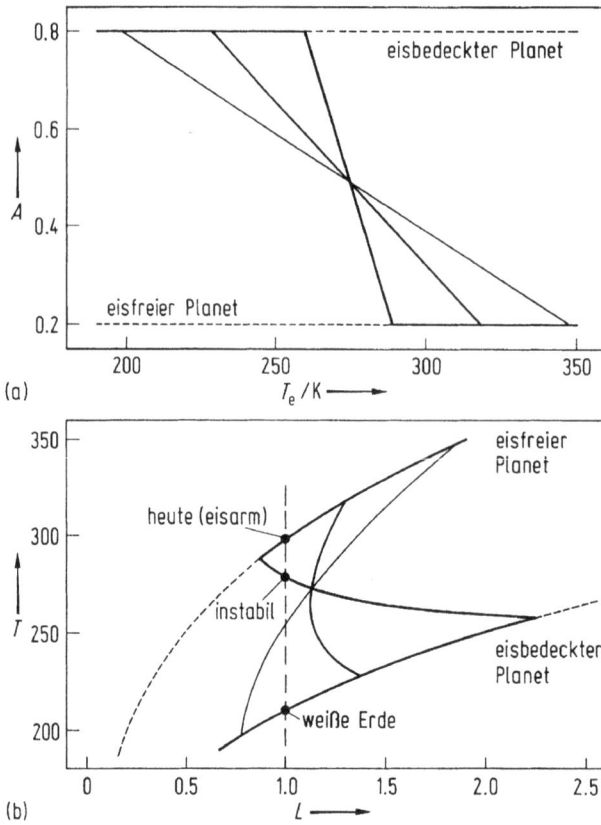

Abb. 4.74 Prototyp eines nulldimensionalen Klimamodells für Abweichungen vom Strahlungsgleichgewicht der Erde. (a) Einfache Profile $A(T_e)$ zur Parametrisierung der Abhängigkeit der Albedo von der Eisbedeckung. (b) Stefan-Boltzmann-Kurven $T = T(L)$ für $A = 0.2$ (eisfreier Planet) und $A = 0.8$ (eisbedeckter Planet); $L = S/S_0$ normierte Solarkonstante (*Luminosität*). Kopplung durch $A = A(T_e)$ liefert verschiedene Übergangskurven (dünn, mittel, dick). Je nach Schärfe des Übergangsprofils (Teilbild a) gibt es für festes L eine Gleichgewichtstemperatur (dünne Kurve), zwei (mittlere Kurve) oder drei (dicke Kurve); Gleichgewichtstemperaturen sind nur für dicke Kurve gezeichnet.

hängig. Das Eis beispielsweise erhöht die Albedo, d. h. sinkende Temperatur → mehr Eis → höhere Albedo. Dieser Zusammenhang ist in Abb. 4.74 a) skizziert.

Die entstehende Rückkopplung hat Einfluß auf die Stabilitätseigenschaften der stationären Lösung. Es gibt jetzt nicht nur einen stationären Zustand, sondern drei (Abb. 4.74 b). Der obere, gerade noch eisfreie Zustand ist der heutige (*eisarm*). Der untere Zustand ist der einer eisbedeckten (*weißen*) Erde. Beide sind gegen Störungen stabil. Der mittlere jedoch ist ein instabiler Zustand, der bei kleinen Störungen von selbst seine Gleichgewichtslage verläßt. Befindet sich unsere Erde vielleicht im Bereich des mittleren Zustandes und könnte sie durch kleine, anthropogene Störungen in den Zustand der weißen Erde kippen?

Dieses Modell (vgl. North et al., 1981) hat historisch die Klimadiskussion wesentlich mitgeprägt. Die Horrorvision einer vollständig eisbedeckten Erde erscheint

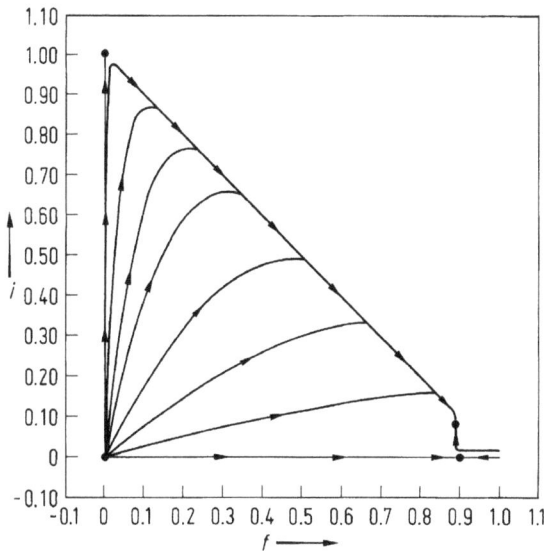

Abb. 4.75 Klima eines erdähnlichen Planeten mit Pflanzen (relative Bedeckung f) und Eis (relative Bedeckung i); die Summe $f + i$ kann höchstens 1 sein. Die zeitliche Entwicklung von f und i wird durch zwei logistische Gleichungen beschrieben (Kopplung durch nichtlineare Wechselwirkung). Im Zustandsdiagramm gibt es vier stationäre Zustände (dicke Punkte). Bei Abweichungen wandert der Zustand entlang der Pfeile. Der einzige unbedingt stabile Klimazustand gehört zu Parametern $f = 0.89$, $i = 0.08$ (nach Trojan, 1992).

heute als weniger gefährlich gegenüber der einer zu warmen Erde. Aber hier geht es um Modellansätze. Wie kann man das Verständnis der Klimamechanismen mit Modellen fördern? Das Modell in Abb. 4.74 ist so simpel, daß es bestenfalls als Prototyp eines Klimamodells angesehen werden kann. Es hat zwar den Vorteil, von jedermann sofort nachgerechnet werden zu können, aber es berücksichtigt nur die Schnee-Eisbedeckung, nicht dagegen die andere für die Albedo maßgebende Komponente der Erdoberfläche – die Biosphäre. Ein etwas umfassenderes Modell, ebenfalls nulldimensional, jedoch mit einer die Albedo über die Temperatur steuernden Pflanzendecke (Trojan, 1992), zeigt Abb. 4.75. Hier erkennt man vier stationäre Zustände, jedoch nur einen stabilen Zustand: wird die Luminosität der Sonne geändert (nicht gezeigt), so verschieben sich die stationären Punkte. Bei Luminosität 80 % ist die Erde vollständig eisbedeckt ($f = 0.00$, $i = 1.00$), bei 120 % lauten die Parameter $f = 0.70$, $i = 0.00$. Im hier gezeichneten Fall (Luminosität 100 %) finden die Pflanzen optimale Wachstumsbedingungen vor. Dementsprechend ist die Biosphäre der Kryosphäre überlegen, wenn es darum geht, Ausbreitungsgebiete zu behaupten; trotzdem gibt es hier eine stabile, wenn auch kleine Eiskappe an den Polen.

Nach den Modellen der biogeochemischen Kreisläufe (Boxmodelle) folgt als nächste Stufe (mit zusätzlich räumlicher Abhängigkeit der Zustandsgrößen, Flußgrößen und Parameter) die Klasse der Energiebilanz-Modelle bis hinauf zu den Zirkulationsmodellen (*Global Circulation Model*, GCM) in Atmosphäre und Ozean und den gekoppelten Modellen (*Coupled* GCM).

4.10.6 Schlußbemerkungen

Verglichen mit anderen Fachgebieten ist die dreidimensionale Klimatologie eine junge Wissenschaft. Die Interdependenz der fluiden und soliden Komponenten des Klimasystems, deren Prozesse ja auf sehr unterschiedlichen Zeitskalen ablaufen, ist erst seit wenigen Jahren in das volle Bewußtsein gerückt. Die Schwierigkeit bei einer derart umfassend verstandenen Klimatologie besteht darin, daß die beteiligten Partialdisziplinen (Physik, Chemie, Biologie, etc.) von Vorurteilen Abschied nehmen müssen, die aus guten Gründen bisher strikt gegolten haben und allgemein anerkannt waren. Eines der klassischen Prinzipien in der Physik ist das der experimentellen Sauberkeit, wissenschaftstheoretisch *Reduktionismus* genannt: Höchste Kunst des Experimentators ist es seit jeher, das gerade betrachtete Phänomen gewissermaßen rein herauszupräparieren und von allem störenden Ballast („Schmutzeffekte") zu befreien. Die Klimatologie, in der das nicht geht, weil die Prozesse einander durchdringen, wurde von der Physik daher früher auch nicht als exakte Wissenschaft anerkannt, ebensowenig wie die Biologie. Die Physiker konstatierten, daß in der Biologie und in der Klimatologie klassifiziert wurde; diese Arbeitsweise, die man als historisch ansah, billigte man eher den ehrwürdigen Anfängen Aristotelischer Physik zu, nicht jedoch der Physik des 20. Jahrhunderts.

Aber durch die Quantentheorie wurde das reduktionistische Bild erschüttert. Die nachgewiesene Unmöglichkeit, einen Prozeß *objektiv* zu messen, d. h. so, daß sein Ablauf durch die Beobachtung des Experimentators nicht geändert wird, hat Parallelen zu der notorischen Schwierigkeit der Klimatologie (und Biologie bis hin zur Medizin), die Einzelprozesse zu separieren und rein, unbeeinflußt voneinander, darzustellen. Hier bietet sich die holistische Betrachtungsweise an, wie sie etwa von Lovelock (1972, 1992) in seiner GAIA-Hypothese formuliert wurde. Kern dieser Hypothese ist die Vorstellung, daß das globale Klimasystem den gesamten Planeten umfaßt und daß dieses Gebilde eine Art Lebewesen ist, dessen Komponenten sich gegenseitig auf eine Weise beeinflussen, die eine Betrachtung mit strikter Trennung der Einzelvorgänge nicht zuläßt. Daraus ergibt sich: Die globale Klimatologie der Geobiosphäre muß die Methoden und Ergebnisse der Einzeldisziplinen in ein Gesamtbild einbringen, das von keiner Partialwissenschaft allein, auch nicht von der Physik im klassischen Sinne, entworfen werden kann. Die entsprechende Kollaboration hat inzwischen in großem Stil begonnen. Auch der Umweltgedanke gehört zu dieser zunehmend ganzheitlichen Betrachtungsweise.

Es ist jetzt wichtig, den Bogen nicht zu überspannen. Die reduktionistische Arbeitsweise, die in der heilsamen Verpflichtung besteht, nur eine Sache zur gleichen Zeit und hübsch separat zu untersuchen, bleibt weiterhin gesicherte Methode der exakten Wissenschaften. Auch die Prinzipien der Quantifizierung und der Reproduzierbarkeit sind in die holistische Methode einzubringen – wir wollen nicht in antikes Philosophieren zurückverfallen. Ebenfalls muß vor der Gefahr von Glaubenskriegen gewarnt werden: Reduktionisten gegen Holisten. Ein Ausspielen der komplementären Betrachtungsweisen gegeneinander führt nicht weiter – weiter führt ihre aktive Kooperation. In jedem Fall ist es eine neue Herausforderung, das komplexe Klimageschehen in seiner Abhängigkeit vom globalen Stoffwechsel der Erde verstehen zu wollen. Dieser Aufgabe wird nur die gemeinsame Anstrengung aller beteiligten Wissenschaften unter Einsatz aller bewährten Methoden gewachsen sein.

Literatur

Zitierte Publikationen

Auer, I., Böhm, R., Dobesch, H., Koch, E., Rudel, E., Der Jahrhundertsommer 1992, Österreichische Gesellschaft für Meteorologie-Bulletin, **2**, 1–4, 1992

Baumgartner, A., Liebscher, H.-J., (Hrsg.), Lehrbuch der Hydrologie, Bd. 1: Allgemeine Hydrologie – Quantitative Hydrologie, Borntraeger, Stuttgart, 1996

Bolin, B., Biogeochemical processes and climate modelling, in: The Global Climate, Houghton, J. T., (Ed.), Cambridge University Press, Cambridge, 213–223, 1984

Budyko, M. I. (Ed.), Atlas Teplovogo Balansa Zemnogo Shara (Atlas of the heat balance of the earth). Mezhved. geofiz. komitet, Moskva, 1963

Dt. Bundestag, Schutz der Erdatmosphäre – Eine internationale Herausforderung, Zwischenbericht der Enquete-Kommission des 11. Deutschen Bundestages „Vorsorge zum Schutz der Erdatmosphäre", Bonn, 1988

Fahrbach, E., Meincke, J., Temperature-salinity characteristics of world ocean waters, Landolt-Börnstein, Oceanography, **V/3b**, Springer, Berlin, 15–58, 1989

Fleagle, R.G., Businger, J.A., An Introduction to Atmospheric Physics, Academic Press, New York, London, Toronto, Sydney, San Francisco, 1980

Flohn, H. (Ed.), Tropical Rainfall Anomalies and Climate Change, Bonner Meteorologische Abhandlungen, **31**, 1984

Flohn, H., Kapala, A., Knoche, H.R., Mächel, H., Recent changes of the tropical water and energy budget and of midlatitude circulations. Climate Dynamics, **4**, 237–252, 1990

Folland, C.K., Karl, T., Vinnikov, K.Ya., Observed Climate Variations and Change, IPCC, 1990: Climate Change – The IPCC Scientific Assessment, Houghton, J.T., Jenkins, G.J., and Ephraums, J.J., (Eds.), Cambridge University Press, Cambridge, 195–238, 1990

Franz, H., Ocean turbulence – Basic features and classification, Landolt-Börnstein, Oceanography, **V/3b**, Springer, Berlin, 151–210, 1989

Geiger, R., Klassifikation der Klimate nach W. Köppen, Landolt-Börnstein: Zahlenwerte und Funktionen aus Physik, Chemie, Astronomie, Geophysik, Technik, Bartels, J., Ten Bruggencate, P., (Hrsg.), **III**, 6. Aufl., Springer, Berlin, 603–607, 1952

Geiger, R., Das Klima der bodennahen Luftschicht – Ein Lehrbuch der Mikroklimatologie. Vieweg, Braunschweig, 1961

Gray, W.M., Hurricanes: Their Formation, Structure and Likely Role in the Tropical Circulation, in: Shaw, Meteorology over the Tropical Oceans, Royal Meteorological Society, Berkshire, 155–218, 1978

Han, Y.-J., and Lee, S.-W., A new analysis of monthly mean wind stress over the global ocean, Climate Res. Inst., **26**, Corvallis, Oregon State University, 1981

Hantel, M., On the display of the atmospheric circulation with streamfunctions, Mon. Wea. Rev., **102**, 649–661, 1974

Hantel, M., On the vertical eddy transports in the northern atmosphere, Part I: Vertical eddy heat transport for summer and winter, Journal of Geophysical Research, **81**, 1577–1588, 1976

Hantel, M., Hacker, J.M., On the vertical eddy transports in the northern atmosphere, Part II: Vertical eddy momentum transport for summer and winter, Journal of Geophysical Research, **83**, 1305–1318, 1978

Hantel, M., Climate Modeling, in: Landolt-Börnstein-Meteorology, Fischer, G., (Ed.), New Series, **V/4c2**, Springer, Berlin, 1–116, 1989

Hantel, M., The Present Global Surface Climate, in: Landolt-Börnstein-Meteorology, Fischer, G., (Ed.), New Series, **V/4c2**, Springer, Berlin, 117–474, 1989

Hantel, M., A note on the energy flux across the earth's surface. Interactions Between Global

Climate Subsystems, The Legacy of Hann, Geophysical Monograph 75, IUGG, **15**, 21–28, 1993.

Herrmann, A., Kuhn, M., Schnee und Eis, in: Baumgartner, A., und Liebscher, H.-J., (Eds.), Lehrbuch der Hydrologie, Bd. 1: Allgemeine Hydrologie – Quantitative Hydrologie, Borntraeger, Stuttgart, 278–319, 1996

Humboldt, von, A., Kosmos – Entwurf einer physischen Weltbeschreibung, Stuttgart, Tübingen, 1845

IPCC, Climate Change – The IPCC Scientific Assessment, Houghton, J.T., Jenkins, G.J., Ephraums, J.J., (Eds.), Cambridge University Press, Cambridge, 1990, (Umfassende quantitative Einschätzung der globalen Klimasituation, bearbeitet von mehreren hundert führenden Fachleuten, Standard des ausgehenden 20. Jahrhunderts; trotz aller Sorgfalt nicht frei von Einseitigkeiten)

IPCC, Climate Change 1995 – The Science of Climate Change. Houghton, J.T., Meira Filho, L.G., Callander, B.A., Harris, N., Kattenberg, A., Maskell, K. (Eds.). Cambridge University Press, Cambridge, 1996, (wie IPCC 1990, Aktualisierung der Daten)

Jaeger, L., Monatskarten des Niederschlags für die ganze Erde, Berichte des Deutschen Wetterdienstes, **139**, Bd. 18, 1976

Köppen, W., Die Klimate der Erde, de Gruyter, Berlin, 1923

Kraus, E.B., Businger, J.A., Atmosphere-Ocean Interaction, Oxford Univ. Press, Oxford, 1994

Kraus, H., Specific surfaces climates, in: Fischer, G., (Ed.), Landolt-Börnstein, New Series, **4-c1**, Springer, Berlin, 29–92, 1987

Kuhn, M., Klimaänderungen: Treibhauseffekt und Ozon. Hochschulschriften: Forschungen; Bd. 1, Kulturverlag Thaur/Tirol, 1990

Latif, M., El Nino/Southern Oscillation, Phys. Blätter, **54**, Nr. 6, 1998

Levitus, S., 1982: Climatological Atlas of the World Ocean, NOAA Professional Paper 13, National Oceanic and Atmospheric Administration, 1982

Lieth, H., Whittacker, R.A., (Eds.), Primary Productivity of the Biosphere, Springer, Berlin, 1975

Lovelock, J., GAIA as seen through the atmosphere, Atmospheric Environment, **6**, Pergamon Press, London, 579–580, 1972

Lovelock, J., GAIA – Die Erde ist ein Lebewesen. Scherz, München, 1992

Milankovitch, M., Mathematische Klimalehre und astronomische Theorie der Klimaschwankungen, Handbuch der Klimatologie, Köppen, W., Geiger, R., (Eds.), **I/A**, A1, Berlin, 1930

Mittelstaedt, E., 1986: Upwelling regions, Landolt-Börnstein, Oceanography, **V/3c**, 135–163, Springer, Berlin, 1986

Müller, M.J., Handbuch ausgewählter Klimastationen der Erde, 5. Heft, Forschungsstelle Bodenerosion, G. Richter, (Ed.), Universität Trier, Mertesdorf (Ruwertal), 1983

North, G.R., Cahalan, R.F., Coakley, jr., J.A., Energy Balance Climate Models, Reviews of Geophysics and Space Physics, **19/1**, 91–121, 1981

Oerlemans, J., van der Veen, C.J., Ice Sheets and Climate, Reidel, Dordrecht, 1984

Oort, A.H., The Observed Annual Cycle in the Meridional Transport of Atmospheric Energy, J. Atmos. Sci., **28/3**, 325–339, 1971

Oort, A.H., Vonder Haar, T.H., On the Observed Annual Cycle in the Ocean-Atmosphere Heat Balance Over the Northern Hemisphere, Journal of Physical Oceanography, **6/6**, 781–800, 1976

Peixoto, J.P., Oort, A.H., Physics of Climate, Rev. Modern Phys., **56**, 365–429, 1984

Peixoto, J.P., Oort, A.H., Physics of Climate, American Institute of Physics AIP, 1992

Pichler, H., Steinacker, R., On the Synoptics and Dynamics of Orographically Induced Cyclones in the Mediterranean, Meteorol. Atmos. Phys., **36**, 108–117, 1987

Promet, Klima und Planung II – Anwendungen klimatologischer Erkenntnisse, Promet – Meteorologische Fortbildung, Matthäus, H.G., (Ed.), **4/80**, Offenbach, 1980

Ruprecht, E., An Investigation of Tropical Clusters over the GATE Area, Part I: The environmental fields of the cloud ensembles within the cloud clusters, Beitr. Phys. Atmosph., **55**, **1**, 61–78, 1982a.

Ruprecht, E., An Investigation of Tropical Clusters over the GATE Area, Part II: Vertical transport by cumulus and cumulonimbus drafts and energy budgets, Beitr. Phys. Atmosph., **55**, **2**, 85–107, 1982b.

Schneider, S., Global Warming, Sierra Club-Books, San Francisco, 1989

Schönwiese, C.-D., Climate Variations, in: Landolt-Börnstein – Meteorology, Fischer, G., (Ed.), New Series, **V/4c1**, 93–150, Springer, Berlin, 1987

Siegenthaler, U., Sarmiento, J.L., Atmospheric carbon dioxide and the ocean, Nature, **365**, 119–125, 1993

Smagorinsky, J., Global atmospheric modeling and the numerical simulation of climate, in: Hess, W.N. (Ed.), Weather and Climate Modification, Wiley, New York, 1974

Speth, P., Madden, R., The observed general circulation of the atmosphere, in: Landolt-Börnstein – Meteorology, Fischer, G., (Ed.), New Series, **V/4a**, 140–453, Springer, Berlin, 1987

Starr, V.B., Physics of Negative Viscosity Phenomena, McGraw-Hill, New York, 1968

Stull, R.B., An Introduction to Boundary Layer Meteorology, Kluwer Academic Publishers, Dordrecht, 1988

Terjung, W.H., Some maps of isanomalies in energy balance climatology, Arch. Meteorol. Geophys. Bioklimat., Ser. B., **16**, 1968

Trojan, A., Wechselwirkungen zwischen Biosphäre und Kryosphäre. Ein Konkurrenzmodell, Diplomarbeit, Wien, 1992

Walter, H., Die Vegetation der Erde. Bd. I: Die tropischen und subtropischen Zonen, Fischer, Stuttgart, 1973

Walter, H., Harnickell, E., Mueller-Dombois, D., Climate Diagram Maps (of the Individual Continents and the Ecological Climate Regions of the Earth), Springer, Berlin, Heidelberg, New York, 1975

Walter, H., Lieth, H., Klimadiagramm – Weltatlas, Fischer, Stuttgart 1960, 1967

Walter, H., Breckle, S.-W., Ökologie der Erde, Band 1: Ökologische Grundlagen in globaler Sicht. UTB, Fischer, Stuttgart, 1983

Watson, R.T., Rodhe, H., Oeschger, H., Siegenthaler, U., Greenhouse Gases and Aerosols, IPCC, 1990: Climate Change – The IPCC Scientific Assessment, 1–40, 1990

Wigley, T.M.L., Barnett, T.P., a.O., Detection of the greenhouse effect in the observations, in: IPCC (1990), 239–255, 1990

Weiterführende Literatur

Apel, J.R., Principles of Ocean Physics, International Geophysics Series, **38**, Academic Press, London, Orlando, 1987 (Mechanismen des Ozeans, stark physikalisch-mathematisch orientiert)

Fortak, H., Meteorologie, Reimer, Berlin, 1982 (Lesenswerte Einführung in die Meteorologie, wenig Formeln)

Graedel, T.E., Crutzen, P.J. Chemie der Atmosphäre, Spektrum Akademischer Verlag, Heidelberg, 1994 (Anschauliche Einführung in die Chemie der Atmosphäre in ihrer Bedeutung für Klima und Umwelt. C. Crutzen erhielt 1995 den Nobelpreis für Chemie für die Erklärung des Ozonlochs über der Antarktis)

IPCC Third Assessment Report: Dieser Bericht des *Intergovernmental Panel on Climate Change* (IPCC) erscheint voraussichtlich 2001 bei Cambridge University Press und stellt die derzeit beste kritische Zusammenfassung zum Thema Klimaschwankungen dar; vgl. auch IPCC 1995, 1996

Hantel, M., Kraus, H., Schönwiese, C.-D., Climate Definition, in: Landolt-Börnstein-Meteorology, Fischer, G., (Ed.), New Series, **V/4c1**, Springer, Berlin, 1987

Larcher, W., Ökologie der Pflanzen, 4. Auflage, Uni-Taschenbücher 232, Eugen Ulmer, Stuttgart, 1984 (Klimatisch relevante Mechanismen der Vegetation)

Press, F., Siever, R., Earth, Freeman and Company, San Francisco, 1978 (Geologisch orientierte Einführung in die Mechanismen der Erde)

Raschke, E., (Ed.), Radiation and Water in the Climate System, Remote Measurements, NATO ASI Series, Series I: Global Environmental Change, **45**, Springer, Berlin, 1996

Schmidt, V.A., Planet Earth and the new Geoscience. Metropolitan Pittsburgh Public Broadcasting, Inc., 1986 (Begleitband zur Fernsehserie PLANET EARTH, wissenschaftlich überwacht von einem Team führender Wissenschaftler, mit Übungsbeispielen; ansprechende und balancierte Darstellung auf hohem Niveau)

Schönwiese, C.-D., Diekmann, B., Der Treibhauseffekt. Der Mensch ändert das Klima. Deutsche Verlags-Anstalt, Stuttgart, 1987

von Storch, H., Güss, S., Heimann, Th., Das Klimasystem und seine Modellierung, Springer, Berlin, 1999

Trewartha, G.T., Horn, L.H., An Introduction to Climate, McGraw-Hill, New York, 1980 (Beschreibende Klimatologie, anschaulich, geographisch orientiert)

Washington, W.M., Parkinson, C.L., An Introduction to Three-Dimensional Climate Modeling, University Science Books/Oxford University Press, Oxford, 1986 (Anleitung zur praktischen Entwicklung von Klimamodellen)

Internet-Hinweise

Die offizielle Adresse der World Meteorological Organization: http://www.wmo.ch

Aktuelle Klimaforschung: Das World Climate Research Programme koordiniert globale Anstrengungen zur Erforschung des derzeitigen Klimastatus. Das WCRP ist weiter untergliedert in groß angelegte regionale Experimente. Beispiele: GEWEX(www.gewex.com), WOCE (www.soc.soton.ac.uk/OTHERS/woceipo/ipo.html), ACSYS(www.npolar.no:80/acsys/), CLIC (www.npolar.no:80/acsys/)CLIC/clicindex.html), SPARC(www.aero.jussieu.fr/~sparc/). http://www.wmo.ch/web/wcrp/wcrp-home.html

CLIVAR (Climate Variability and Predictability) ist ein Forschungsprogramm zur Untersuchung von Klimaschwankungen auf einer Zeitskala von Monaten bis Jahrzehnten. Am ECMWF (www.ecmwf.int) gibt es dazu passende saisonale Vorhersagen über drei Monate. http://www.clivar.org

Das IGBP (International Geosphere Biosphere Programme) befaßt sich mit der Wechselwirkung zwischen Biosphäre und Klima. Darunter fallen Untersuchungen des Kreislaufes von CO_2 und anderer Spurengase, Auswirkungen der Landnutzung. http://www.igpp.kva.se

Der Intergovernmental Panel on Climate Change (IPCC) verfaßt Berichte und Richtlinien, das Klima betreffend. Diese Berichte sind für einen breiteren Leserkreis (insbesondere auch für politische Entscheidungsträger) gedacht. Der IPCC Third Assessment Report soll im Laufe von 2001 erscheinen. http://www.ipcc.ch

Das Atmospheric Modelling Intercomparison Project (AMIP) untersucht die Qualität der derzeitigen Klimamodelle, die an den großen nationalen Rechenzentren im Einsatz sind, beispielsweise am deutschen Klimarechenzentrum (www.dkrz.de). http://www-pcmdi.llnl. gov/amip

5 Planetologie

Tilman Spohn

5.1 Einleitung

5.1.1 Historischer Überblick und Bedeutung der Weltraumfahrt

Die Astronomie ist eine der ältesten Wissenschaften. Ihre Anfänge gehen zurück auf die Beobachtung der Bewegung der Sonne, des Mondes, der Planeten und der Kometen durch Astrologen der Antike, die diesen Bewegungen mystische Bedeutungen beimaßen und sie zur Vorhersage zukünftiger Ereignisse zu benutzen versuchten. In der Antike waren außer dem Mond die mit dem bloßen Auge beobachtbaren Planeten Merkur, Venus, Mars, Jupiter und Saturn bekannt. Der Begriff *Planet* stammt von dem griechischen Wort πλανετοσ, i.e. der Umherschweifende, und bezieht sich auf die Eigenschaft der Planeten, sich relativ zum Fixsternhimmel über Zeiträume von Tagen (Merkur und Venus) bzw. Monaten (Mars, Jupiter und Saturn) scheinbar zu bewegen. Die Planeten Uranus, Neptun und Pluto wurden wie die großen Trabanten der Planeten erst in der Neuzeit mit der Hilfe von Teleskopen entdeckt.

Der Planet Uranus wurde 1781 durch Sir W. F. Herschel gefunden. Neptun wurde 1846 durch J. G. Galle entdeckt, nachdem seine Bahn aus Störungen der Uranusbahn von J. C. Adams und von U. J. Le Verrier unabhängig voneinander vorausberechnet worden war. Pluto wurde 1930 durch C. Tombaugh entdeckt. Seine Bahn war vorher sowohl von P. Lowell als auch von W. H. Pickering aus Bahnstörungen des Neptun berechnet worden.

Ein wesentlicher Beitrag der frühen Planetenforschung zur allgemeinen Physik bestand in der Ableitung der Keplerschen Gesetze aus den Beobachtungen der Planetenbahnen. Die Keplerschen Gesetze bildeten die Grundlage der Newtonschen Mechanik (vgl. Band 1 Mechanik). Bis zum Beginn der Raumfahrt war die Planetenforschung Teil der Astronomie. Ihr Ziel bestand weitgehend in der Beobachtung der Planetenbewegungen und der Interpretation dieser Bewegungen im Rahmen der Himmelsmechanik. Ein frühes historisches Beispiel für den Erfolg dieser Forschung ist die Entdeckung der Jupitermonde Io, Europa, Ganymed und Callisto durch Galileo Galilei im Jahre 1610.

Mit dem Beginn der Raumfahrt hat die Planetologie eine neue Qualität erhalten, da die Planeten und die anderen Körper des Sonnensystems nunmehr durch Raumsonden aus der Nähe beobachtet werden können. Auf einigen Planeten und Trabanten (Mond, Venus, Mars) konnten sogar Meßinstrumente zur *in-situ-Beobachtung* abgesetzt werden. Dadurch ist es möglich geworden, die Methoden der Erderkundung auf diese Körper anzuwenden, z. B. die Methoden der Geophysik, der

Meteorologie, der Mineralogie, der Geologie und der Fernerkundung durch Satelliten. Mit Hilfe der Methoden der Plasmaphysik können die Teilchen und Felder im innerplanetaren Raum vermessen und interpretiert werden.

Abb. 5.1   Erde und Mond von der Sonde *Galileo* aus gesehen. Aufnahme von 1992. © NASA/JPL

5.1.2 Ziele der physikalischen Planetenforschung

Die Planetologie befaßt sich nicht nur mit den Planeten, sondern mit allen Körpern im Planetensystem. Unter dem *Planetensystem* versteht man das *Sonnensystem* mit Ausnahme der Sonne. Das Ziel der physikalischen Planetenforschung ist die Bildung von Theorien des inneren Aufbaus, der Entstehung und der Entwicklung der Körper im Planetensystem auf den Grundlagen der

- Beobachtung und Erfassung der Erscheinungsformen dieser Körper,
- Beobachtung der auf ihnen ablaufenden Vorgänge,
- Messung der von ihnen ausgehenden und sie umgebenden Felder.

Bisher gab es etwa 120 Missionen ins Planetensystem, davon etwa 70 zum Mond.

Tab. 5.1 Meilensteine in der Erforschung des Planetensystems durch bemannte und unbemannte Raumsonden.

Planet	Sonde	Begegnung	Bemerkungen
Merkur	Mariner 10	29.03.1974	Vorbeiflug
Venus	Mariner 2	14.12.1962	Vorbeiflug
	Venera 3	01.03.1966	harte Landung
	Venera 7	15.12.1970	weiche Landung
	Venera 9	15.12.1970	weiche Landung, Photos der Oberfläche
	Pioneer Venus 1	04.12.1978	langlebiger Venussatellit
	Vega 1	15.12.1984	Ballon in Atmosphäre
	Magellan	15.09.1990	langlebiger Venussatellit, Radaraufnahmen
Mond	Lunik 1	02.01.1959	Vorbeiflug in 6000 km Abstand
	Lunik 2	12.09.1959	harte Landung
	Lunik 3	07.10.1959	1. Photo von der Rückseite
	Ranger 7	31.06.1964	harte Landung, Nahaufnahmen
	Luna 10	03.04.1966	Mondsatellit
	Lunar Orbiter 2	06.11.1966	Mondsatellit mit Kamera
	Luna 13	21.12.1966	weiche Landung
	Zond 5	18.09.1968	Mondumkreisung und Rückflug
	Apollo 8	24.12.1968	Bemannter Flug (ohne Landung)
	Apollo 11	20.07.1969	1. bemannte Landung, Probenrückführung
	Luna 17	10.11.1970	weiche Landung, autom. Fahrzeug
	Apollo 15	26.07.1971	Landung mit Mondrover
	Luna 20	14.02.1972	weiche Landung, autom. Probenrückführung
	Apollo 17	11.12.1972	letzte bemannte Landung
	Luna 24	20.09.1976	Bohrung bis 2 m Tiefe
	Clementine	30.01.1994	Mondsatellit mit hochauflösender Kamera
	Lunar Prospector	12.01.1998	Mondsatellit, harte Landung am Südpol
Mars	Mariner 4	14.07.1965	Vorbeiflug
	Mariner 9	13.11.1971	langlebiger Marssatellit
	Mars 3	02.12.1971	weiche Landung
	Viking 1	20.07.1976	weiche Landung, Oberflächenphotographien, Suche nach Leben
	Mars Global Surveyor	12.09.1997	langlebiger Marssatellit
	Mars Pathfinder	04.07.1997	weiche Landung, Mikrorover
Jupiter	Pioneer 10	03.12.1972	Vorbeiflug
	Voyager 1	05.03.1979	Vorbeiflug
	Voyager 2	09.07.1979	Vorbeiflug
	Galileo	07.12.1995	langlebiger Jupitersatellit, Atmosphärensonde
Saturn	Pioneer 11	01.09.1971	Vorbeiflug
	Voyager 1	13.11.1980	Vorbeiflug
	Voyager 2	26.08.1981	Vorbeiflug
Uranus	Voyager 2	24.01.1986	Vorbeiflug
Neptun	Voyager 2	25.08.1989	Vorbeiflug
Kometen	ICE	12.08.1978	Flug durch Plasmaschweif von pGiacobini-Zinner
	Giotto	12.08.1986	naher Vorbeiflug am Kern von pHalley

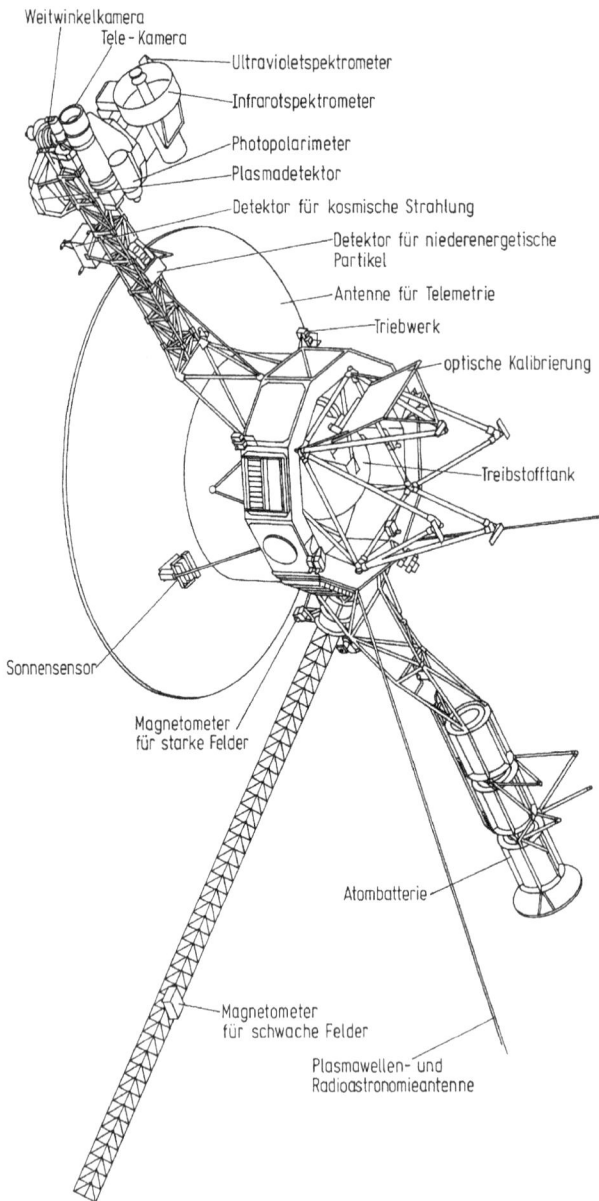

Weitwinkelkamera
Tele - Kamera
Ultravioletspektrometer
Infrarotspektrometer
Photopolarimeter
Plasmadetektor
Detektor für kosmische Strahlung
Detektor für niederenergetische Partikel
Antenne für Telemetrie
Triebwerk
optische Kalibrierung
Treibstofftank
Sonnensensor
Magnetometer für starke Felder
Atombatterie
Magnetometer für schwache Felder
Plasmawellen- und Radioastronomieantenne

Abb. 5.2 Die *Voyager*-Raumsonde. Die beiden *Voyager*-Sonden wurden 1977 gestartet. *Voyager* I flog zu Jupiter und Saturn und beendete 1980 ihre nominelle Mission. *Voyager* II flog darüberhinaus zu Uranus (1986) und Neptun (1989). Mit ihren durch Radioaktivität geheizten thermoelektrischen Generatoren zur Stromerzeugung („Atombatterien") waren die Raumsonden gut geeignet für Missionen ins äußere Sonnensystem. (Raumsonden, die zu Zielen im inneren Sonnensystem fliegen, werden mit Solarzellen ausgerüstet). Die *Voyager*-Sonden wiegen 815 kg; die beiden Kameras haben ein 200-mm-Weitwinkelobjektiv und ein 1500 mm-Teleobjektiv. Darüberhinaus tragen die Sonden Geräte für 10 weitere wissenschaftliche Experimente. Zwölf Triebwerke dienen der Lagekorrektur der Sonde, vier weitere der Kurskorrektur. Die Datenübertragung erfolgt mit einer Sendeleistung von nur 25 W. *Voyager* gilt als eine der bisher erfolgreichsten Missionen mit automatischen Raumsonden.

Einige Meilensteine der Erforschung des Sonnensystems durch Raumsonden sind in der Tab. 5.1 aufgeführt. Zu den bisher wichtigsten Ereignissen gehören die Erforschung des Mondes durch die 24 *Luna-Sonden*, die Mondlandungen im Rahmen des *Apollo-Programms*, die Erforschung des Mars durch die *Mars-, Mariner-, Viking-Mars Global Surveyor-* und *Mars Pathfinder-Sonden*, die Erforschung der Venus durch die *Mariner-, Pioneer-Venus-, Venera- und Magellan-Sonden* und die Erforschung des äußeren Sonnensystems durch die *Pioneer-* und die *Voyager-Sonden* (Abb. 5.2). Gegenwärtig umkreist die *Galileo-Sonde* den Jupiter.

Die Erforschung des Sonnensystems folgt dabei einem Dreistufenplan: In der ersten Stufe sind bis heute alle Planeten mit Ausnahme von Pluto durch Raumsonden auf einem Vorbeiflug erkundet worden. In einer zweiten Stufe erfolgt die Erforschung vor Ort durch Satelliten und durch Landegeräte oder durch Sonden, die in die Atmosphären eindringen. Dies ist bisher beim Mars und bei der Venus gelungen. Zu dieser zweiten Stufe darf auch die Jupitersonde Gallileo gerechnet werden, die eine Sonde in die Gashülle des Jupiter abgeworfen hat. Der Start einer ähnlichen Sonde zum Saturn, *Cassini*, ist für Oktober 1997 geplant. Bei dieser Mission soll eine von der europäischen Raumfahrtagentur ESA bereitgestellte Sonde mit Namen *Huygens* in die Atmosphäre des größten Saturntrabanten Titan eindringen. In der dritten Stufe folgt die Landung mit Gewinnung und Rückführung von Materialproben. Dies ist bisher nur beim Mond gelungen und selbstverständlich nicht bei allen Körpern möglich.

Die bemannte Raumfahrt kann Wissenschaftler direkt zum Beobachtungsobjekt bringen. Unter den Astronauten des Apollo-Programms gab es ausgebildete Wissenschaftler. Dennoch muß die bemannte Raumfahrt wegen ihrer hohen Kosten, verursacht im wesentlichen durch die hohen Sicherheitsanforderungen, weiter kritisch gesehen werden. Automatische Raumsonden können in der Regel ein günstigeres Kosten/Nutzen-Verhältnis aufweisen.

Die Forschung im Rahmen der Planetologie beschränkt sich allerdings nicht nur auf die Beobachtung der Planeten mit Hilfe von Raumsonden. Eine große Bedeutung kommt auch der Laborforschung zu, die einerseits extraterrestrische Materie – insbesondere Meteorite und Mondgestein – untersucht und andererseits das Verhalten von Modellsubstanzen erforscht, die repräsentativ für planetare Materie sein könnten. Darüberhinaus entwickelt die theoretische Forschung Modelle der auf und in den planetaren Körpern ablaufenden Vorgänge.

5.2 Überblick über das Sonnensystem

Das Sonnensystem besteht aus der Sonne, einem mittleren Hauptreihenstern (vgl. Bd. 8, Kap. 2), aus den neun die Sonne umkreisenden Planeten, ihren Trabanten, aus den Asteroiden, aus einer Vielzahl von Kometenkernen und aus Staub. Es ist vor etwa 4.66 Ga (1 Ga = 10^9 Jahre) entstanden. Die Sonne beinhaltet 99.87% der Gesamtmasse des Sonnensystem, der Rest der Masse ist hauptsächlich im Jupiter ($\approx 71\%$) konzentriert. Am Gesamtdrehimpuls von $3.16 \times 10^{43} \mathrm{kg\,m^2\,s^{-1}}$ hat die Sonne nur einen geringen Anteil von lediglich 0.5%; dagegen trägt der Bahndreh-

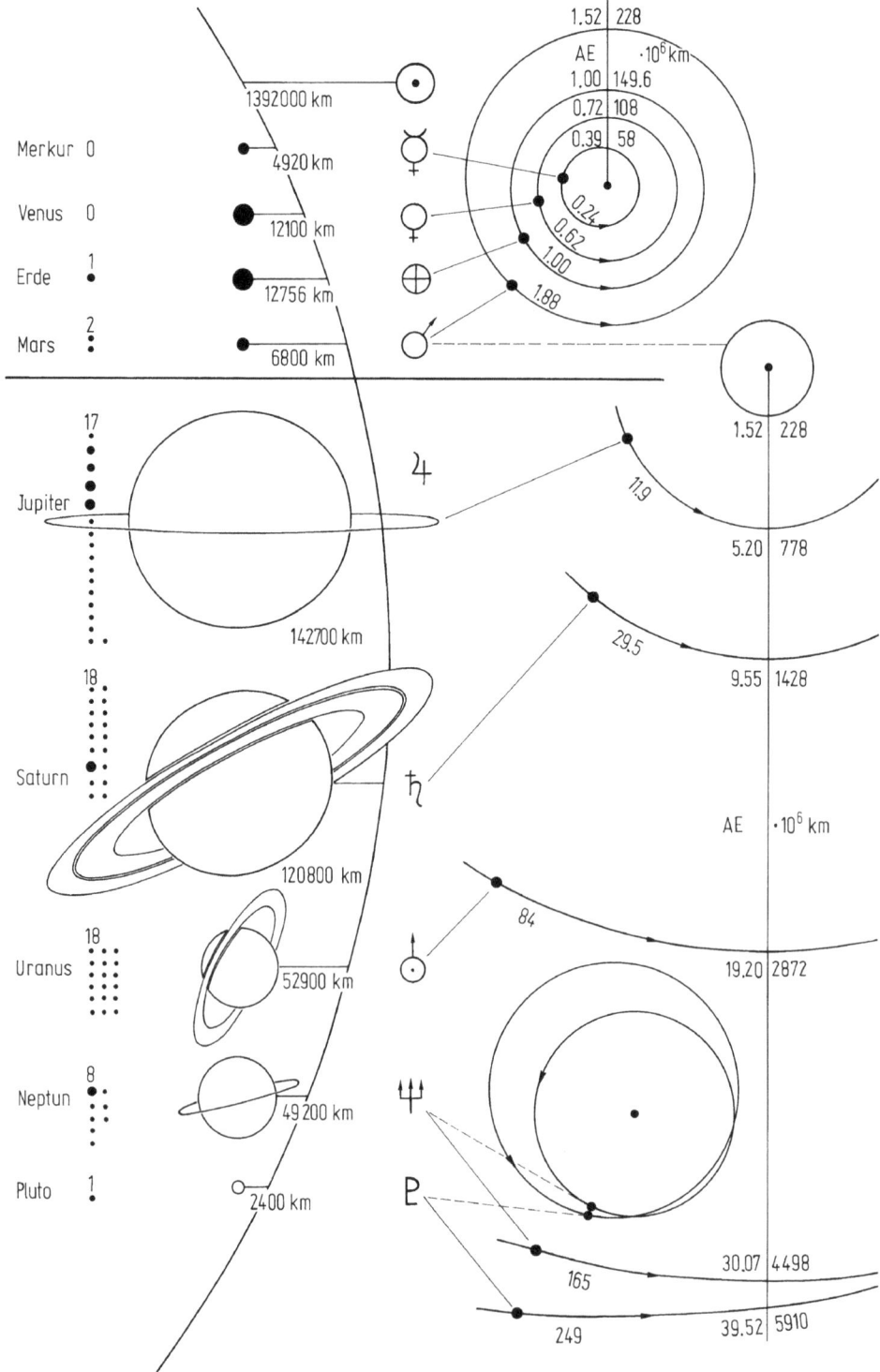

impuls des Jupiter mehr als die Hälfte zum Gesamtdrehimpuls bei. Der Bahn-drehimpuls nimmt mit der Planetenmasse und mit der Wurzel aus dem Abstand von der Sonne zu. Weitere Beiträge zum Gesamtdrehimpuls ergeben sich durch die Rotationsdrehimpulse der Planeten. Die letzteren sind allerdings gegenüber den Bahndrehimpulsen vernachlässigbar klein.

Unser Planetensystem weist einige interessante Regelmäßigkeiten auf (vgl. Abb. 5.3 und die Tabelle im Anhang). Die neun Planeten umkreisen die Sonne *pro-grad* (gegen den Uhrzeigersinn) auf elliptischen Bahnen mit geringer Exzentrizität, so daß in erster Näherung von Kreisbahnen gesprochen werden kann. Die Bahn-ebenen liegen nahe beieinander, die Inklinationen der Bahnebenen betragen nur wenige Grad (Abb. 5.4). Die *Inklination* ist die Neigung der Bahnebene des Planeten gegenüber der Erdbahnebene. Sie wird gemessen als der Winkel zwischen der Flä-chennormalen auf der Bahnebene des Planeten und der Flächennormalen auf der Bahnebene der Erde, der *Ekliptik*. Die Ekliptik ist die gebräuchliche Referenzebene des Planetensystems. Die Bahnen der größeren Trabanten (mit Radien > 500 km) weisen ähnliche Eigenschaften auf: Ihr Umlaufsinn ist prograd und ihre Bahnex-zentrizitäten und -inklinationen sind gering. Man bezeichnet solche Trabanten als *reguläre Trabanten*. Der Neptunmond Triton bildet die einzige Ausnahme mit einem retrograden Umlaufsinn (im Uhrzeigersinn). Sogar der Rotationssinn der meisten Planeten und größeren Trabanten entspricht dem gemeinsamen prograden Umlauf-sinn. Die Rotationsachsen der meisten Planeten und der größeren Trabanten stehen annähernd senkrecht auf ihren Bahnebenen. Die Ausnahmen sind in diesem Zu-sammenhang die Venus mit einem retrograden Umlaufsinn entsprechend einer In-klination der Rotationsachse von 177.3° und Uranus mit einer Inklination der Ro-tationsachse von 97.86°. Die Rotationsperioden betragen 10 bis 20 h (1 h = 1 Stun-de). Die Ausnahmen sind Merkur mit einer Rotationsperiode von 59 d (1 d = 1 Tag) und Venus mit einer Rotationsperiode von 298 d. Alle Planeten und die größeren Trabanten haben annähernde Kugelgestalt.

Die mittleren Bahnabstände der Planeten von der Sonne weisen ebenfalls eine gewisse Regelmäßigkeit auf. Numeriert man die Planeten in der Reihenfolge wach-senden Bahnabstands von 1 bis 10 durch und weist dem Asteroidengürtel die Num-mer 5 zu, so ist nach der Titius-Bode-Regel der Bahnabstand des $(n+1)$ten Planeten etwa doppelt so groß wie der des $n$ten Planeten (Abb. 5.5).

Der *Asteroidengürtel* teilt das Planetensystem in einen inneren und einen äußeren Bereich und besteht aus einer Vielzahl von steinernen Kleinkörpern mit recht breiter Verteilung der Exzentrizitäten und Inklinationen (vgl. Abb. 5.4). Im inneren Bereich des Planetensystems finden wir die vier erdähnlichen, oder *terrestrischen*, Planeten

Abb. 5.3 Überblick über das Sonnensystem nach [1]. Die Abbildung zeigt in der linken Hälfte die Sonne und die Planeten in maßstäblicher Darstellung. Außerdem sind (links außen) die Zahl und die relative Größe der Trabanten, die Durchmesser der Planeten (Mitte) und die Symbole der Sonne und der Planeten (rechts) angegeben. In der rechten Hälfte der Ab-bildung sind die Umlaufbahnen der Planeten dargestellt und die Bahnabstände in astrono-mischen Einheiten AE angegeben. (1 AE = 1.496 · 10^{11} m ist die Länge der großen Halbachse der Erdbahn).

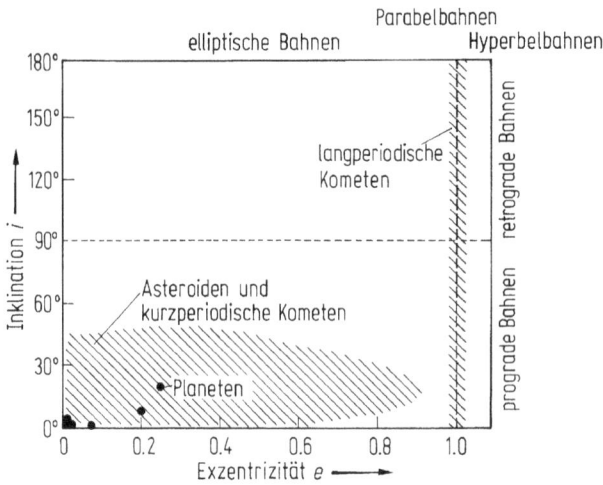

Abb. 5.4 Bahnexzentrizitäten e und -inlinationen i der Planeten, Asteroiden und der kurz-
und langperiodischen Kometen nach [2]. Die Bahnexzentrizitäten und -inklinationen der Planeten sind sehr klein. Ausnahmen sind Merkur und Pluto. Die Asteroiden haben Exzentrizitäten mit Werten zwischen 0 und 0.4 und Inklinationen von weniger als 30°. Die kurzperiodischen Kometen haben ähnliche aber etwas weiter streuende Bahnparameter. Die Bahnen
langperiodischer Kometen weisen Exzentrizitäten nahe 1 auf, befinden sich also auf Parabel-
oder Hyperbelbahnen oder auf sehr exzentrischen elliptischen Bahnen und zeigen eine Gleichverteilung der Inklinationen über einen Winkelbereich von 180°. Die Bahnen mit $e < 1$ sind
Ellipsen, solche mit $e = 1$ Parabeln und solche mit $e > 1$ Hyperbeln. Bahnen mit $0° < i < 90°$
haben einen prograden Umlaufsinn (gegen den Uhrzeigersinn) wie die Planetenbahnen in
Abb. 5.3, solche mit $90° < i < 180°$ einen retrograden Umlaufsinn.

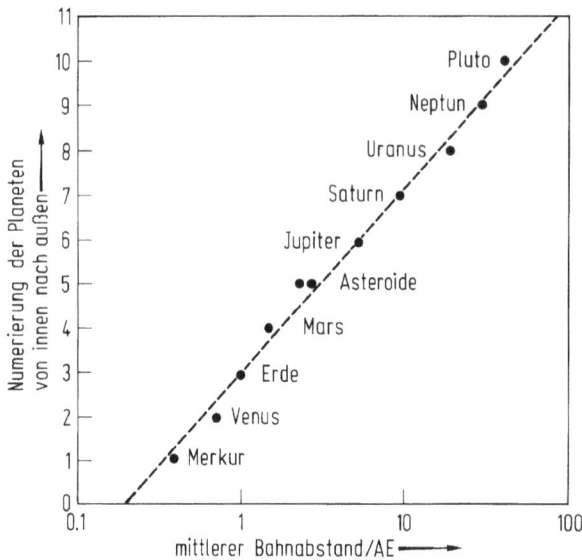

Abb. 5.5 Die Verteilung der Bahnabstände der Planeten (Titius-Bode-Gesetz). Die Asteroiden des Asteroidengürtels werden hier als ein Planet gezählt. Der Abstand von einem Planeten
zum nächstäußeren ist etwa doppelt so groß wie der zum nächstinneren.

Merkur, Venus, Erde und Mars. Die Erdähnlichkeit ergibt sich vor allem aus ihren Radien von einem halben bis einem Erdradius (6371 km) und aus ihren mittleren Dichten von 3.7 bis 5.5 kg m^{-3} (vgl. Tabelle 5.3). Berücksichtigt man den Effekt von Druck und Temperatur durch unterschiedliche Kompressionen des Innern dieser Planeten als Folge der unterschiedlichen Massen, so erhält man Werte der sog. unkomprimierten *Referenzdichten* der terrestrischen Planeten von 3.7 bis 4.5 kg m^{-3}.

Die Ähnlichkeit der Dichten ergibt sich aus einer ähnlichen chemischen Zusammensetzung. Nach unserer heutigen Erkenntnis dürfen wir davon ausgehen, daß ein terrestrischer Planet aus einer Kruste und einem Mantel aus Silicatgestein und einem (weitgehend flüssigen) eisenreichen Kern besteht. Die Kruste besteht aus erstarrter Lava, die durch partielles Aufschmelzen des Mantels entstanden und zur Oberfläche aufgedrungen ist. Weil die Eigenschaften dieser Planeten wesentlich von dem festen Gesteinsmantel und der Kruste bestimmt werden, bezeichnet man sie auch oft als die Festkörperplaneten. Als einziger terrestrischer Planet hat die Erde einen größeren Trabanten, den Mond. Die terrestrischen Planeten beinhalten etwa 0.5 % der Masse des Planetensystems und etwa 1 % des Gesamtdrehimpulses.

Im äußeren Bereich des Planetensystems finden wir die beiden Riesenplaneten Jupiter und Saturn und die etwas kleineren Subriesen Uranus und Neptun. Diese vier Planeten beinhalten zusammen etwa 99.5 % der Masse des Planetensystems und 99 % des Gesamtdrehimpulses. Auch bei den Riesen- und Subriesenplaneten sind Ähnlichkeiten hinsichtlich der Radien und der Dichten festzustellen (vgl. die Tabelle im Anhang). Die mittleren Radien der Riesenplaneten betragen etwa 10 Erdradien, die der Subriesen etwa 4 Erdradien. Die mittleren Dichten liegen um 1000 kg m^{-3}, woraus auf ähnliche chemische Zusammensetzungen geschlossen werden darf. Die Riesenplaneten und Subriesen bestehen im wesentlichen aus drei chemischen Komponenten: Aus einer Gesteinskomponente (mit Eisen), aus Wasser, Ammoniak und Methan, in der Literatur als „Eiskomponente" bezeichnet, und aus Wasserstoff und Helium. Die Eiskomponente darf nicht als festes Eis aufgefaßt werden; die Stoffe dieser Komponenten befinden sich im Gaszustand. Die weniger flüchtigen Komponenten befinden sich vornehmlich in den größeren Tiefen, so daß im tiefsten Innern die Gesteinskomponente vorherrscht und darüber die Eiskomponente; die Wasserstoff-Helium-Komponente hat den größten Anteil an der Zusammensetzung der äußersten Schichten. Die Grenzen sind, zumindestens in den Subriesen, nicht unbedingt scharf ausgeprägt. Die Massen der Gesteinskomponente und der Eiskomponente zusammengenommen, das ist die Gesamtmasse der Stoffe außer Wasserstoff und Helium, sind ähnlich und entsprechen etwa 10 bis 15 Erdmassen. Das Massenverhältnis zwischen Eis und Gestein ist wahrscheinlich ähnlich dem solaren Verhältnis von 2.7. Die Wasserstoff-Helium-Hülle ist die massenreichste Schale der beiden Riesenplaneten (vgl. Abb. 5.43 und 5.45), der Anteil der übrigen Stoffe beträgt nur wenige 10 %. Bei den Subriesen ist die Wasserstoff-Helium-Hülle relativ dünn (vgl. Abb. 5.47). Diese Planeten bestehen im wesentlichen aus der Gesteins- und der Eiskomponente mit einem Massenanteil der Wasserstoff-Helium-Komponente von nur etwa 10 %. Über die größten Tiefenbereiche befinden sich die Gase in den Riesen- und Subriesenplaneten in einem überkritischen Zustand. Ab einem Druck von 0.5 TPa (1 Terapascal = 10^{12} Pa; 1 Pa = 1 kg/s^2 m) wird Wasserstoff metallisch. Da die Eigenschaften dieser Planeten wesentlich von der Gashülle bestimmt werden, bezeichnet man die Riesen- und Subriesenplaneten oft als die Gasplaneten. Die vier *Gasplaneten* haben eine Fülle von *Trabanten*, die vermutlich nicht alle bekannt sind. Jupiter hat mindestens 17, Saturn mindestens 18 Trabanten. Von Uranus sind 18 Trabanten bekannt, von Neptun 8. Diese Trabanten ähneln den terrestrischen Planeten darin, daß sie feste Körper sind. Die Jupitertrabanten Io und Europa weisen darüberhinaus chemische Ähnlichkeiten mit den terrestrischen Planeten auf, d.h. sie bestehen im wesentlichen aus Silicatgestein und haben einen Eisenkern. Die anderen Trabanten der Gasplaneten bestehen zu etwa gleichen Teilen aus Eis und Silicatgestein. Beim Eis handelt es sich hier im wesentlichen um Wassereis sowie um Ammoniak- und Methaneis. Diese Körper können im Innern homogen, oder aber in einen Eismantel und einen Gesteins-Eisenkern differenziert sein. Auch eine Art Vulkanismus durch Ammoniaklava ist möglich. Ammoniak ist flüchtiger als Wasser und wasserlöslich; die beiden Stoffe bilden aber keine feste Lösung. Die Schmelzpunktkurve von H_2O-NH_3 weist ein Eutektikum auf, so daß der Schmelzpunkt gegenüber den reinen Stoffen erniedrigt ist. Steigt die Temperatur im Inneren eines Eismondes bis zum Schmelzpunkt, dann bildet sich eine wässrige Ammoniakschmelze, die aufgrund ihres Auftriebs zur Oberfläche aufsteigen wird. Dies ist ganz analog zur Bildung von Lava durch Teilschmelze in einem Silicatgestein. In Abb. 5.6 sind die Radius-Dichte-Beziehungen für die kleineren festen Körper des Planetensystems dargestellt. In ihr sind die Eis-Gesteinskörper (z. B. Ganymed, Callisto, Ti-

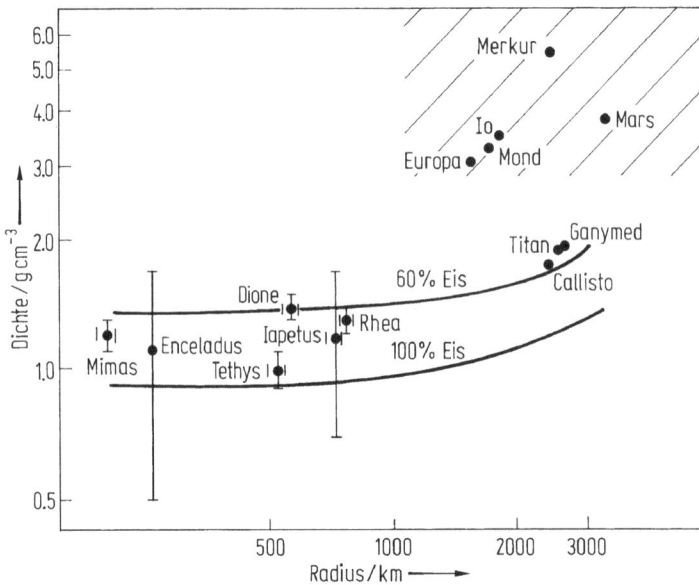

Abb. 5.6   Radius-Dichte-Beziehung für kleinere terrestrische Planeten und für Trabanten der Riesen- und Sub-Riesenplaneten nach [16]. Man erkennt deutlich wie sich die Gesteins-Eisenkörper (Europa, Io, Mars, Merkur, Mond) von den Eis-Gesteinskörper unterscheiden. Eingezeichnet sind weiterhin die Radius-Dichte-Beziehungen für Modellkörper, die aus reinem Wassereis und aus einem Gemisch von 0.6 Massenanteilen Wassereis und 0.4 Massenanteilen Gestein besteht. Der Anstieg dieser Kurven für größere Radien ist eine Folge der Kompression durch Eigengraviation.

Abb. 5.7 *Voyager*-Aufnahme der Ringe des Saturn.

tan, Triton) deutlich von den Gesteins-Eisenkörpern (z. B. Merkur, Mond, Io, Europa) unterschieden.

Eine weitere Besonderheit der Gasplaneten sind ihre *Ringe*. Das auffallendste Ringsystem ist das schon Galileo Galilei bekannte Ringsystem des Saturn (Abb. 5.7), das auch mit einfachen Amateurteleskopen beobachtet werden kann. Die äußerst dünnen Ringe des Jupiter, und die etwas ausgeprägteren Ringe von Neptun und Uranus sind erst durch die Voyager-Sonden entdeckt worden.

Zum äußeren Planetensystem zählen weiterhin Pluto und sein Trabant Charon. Pluto und Charon bilden das einzige Planeten-Trabanten-System, das noch nicht von Raumsonden aus beobachtet worden ist. Daher sind die physikalischen Eigenschaften dieser Körper (vgl. Tabelle im Anhang) nur ungenau bekannt. Die bisher verfügbaren Daten deuten darauf hin, daß es sich bei beiden um Eis-Gesteinskörper handelt, die den Trabanten der Riesenplaneten ähneln. Pluto und Charon sind wahrscheinlich nicht, wie früher vielfach angenommen, ehemalige Trabanten des Neptun, sondern im *Kuipergürtel* (s. u.) entstanden.

Zu den Kleinkörpern im Planetensystem gehören die Kometenkerne (Abb. 5.8). Nach unserer heutigen Kenntnis, die im wesentlichen aus der Beobachtung des Kometen Halley durch eine Reihe von Raumsonden stammt, darunter die europäische Sonde Giotto, die dem Kometenkern am nächsten kam, sind die *Kometenkerne* hochporöse Eiskörper mit Dichten kleiner als $1000 \, \mathrm{kg \, m^{-3}}$. Das Eis besteht im wesentlichen aus Wasser, Kohlenmonoxid und -dioxid, Ammoniak, Methan und höherkomplexen organischen Verbindungen. Kommt ein Kometenkern ins innere Planetensystem, so entstehen durch *Sublimation* des Eises die *Koma* und die *Staub-* und *Plasmaschweife*. Die Bahnen der Kometenkerne weisen im Gegensatz zu den Bahnen der Planeten und Trabanten eine breite Verteilung der Exzentrizitäten und Inklina-

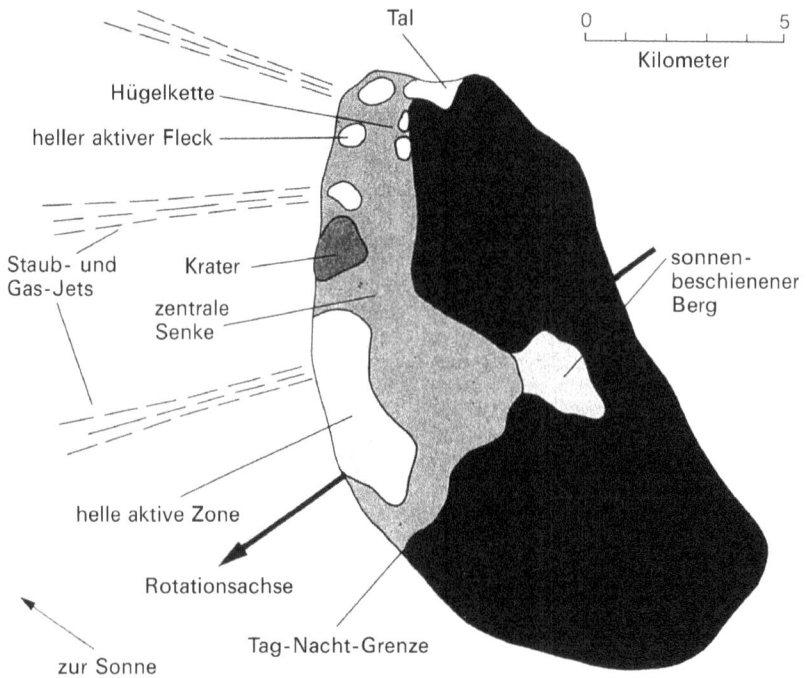

Abb. 5.8 Der Komet Halley, beobachtet durch die Europäische Südsternwarte, (oben) und eine Karte des Kerns (unten), hergestellt nach Aufnahmen der Halley Multispectral Camera auf der Europäischen Raumsonde *Giotto*. Die Schweiflänge ist etwa 10^8 km, der Kometenkern, die Quelle des Schweifs, hat eine Ausdehnung von etwa 10 km.

tionen auf (Abb. 5.4). Nach unserer heutigen Vorstellung befindet sich die überwiegende Mehrzahl der Kometenkerne in der sog. *Oort-Wolke*, weit außen im Planetensystem (Bahnabstände > 20 000 AE (1 AE = 149.597870 · 10^9 m)). Von dort wird die Population der Kometen im inneren Bereich des Planetensystems ergänzt, da die Bahnen der Kometenkerne durch die Gravitationskraft vorbeiziehender Molekülwolken und Sterne gestört werden und ins innere Sonnensystem gelenkt werden können. Die langperiodischen Kometen stammen in der Regel aus der Oort-Wolke. Eine weitere Population von Kometenkernen befindet sich im sog. *Kuiper-Gürtel*, der sich von der Bahn des Uranus bis über die Bahn des Pluto hinaus erstreckt. Die kurzperiodischen Kometen stammen vermutlich in der Regel von dort. Ihre Bahnen können durch Gravitationswechselwirkungen mit den Riesenplaneten gestört werden, wodurch die Komentenkerne dann ins innere Sonnensystem gelenkt werden. Manche Bahnen werden allerdings so gestört, daß diese Körper in die Oort-Wolke katapultiert werden. Andererseits können Kometenkerne, die aus der Oort-Wolke kommen, im Kuiper-Gürtel gefangen werden. Auf diese Weise findet ein Austausch zwischen den beiden Populationen statt.

Das Planetensystem ist vor etwa 4.6 Milliarden Jahren entstanden. Die heute diskutierten *Entstehungshypothesen* entsprechen nach wie vor im wesentlichen der Kant-Laplace-Kosmogonie, nach der sich die Planeten und die anderen Körper des Planetensystems durch Kondensation und Agglomeration aus einer Gas-Staub-Scheibe gebildet haben. Ein neuerer Überblick über Akkretionstheorien (Akkretion: Massenzunahme kosmischer Objekte) findet sich in [3]. Die Gas-Staub-Scheibe entstand als Folge einer Rotationsinstabilität des präsolaren Nebels. Im Zentrum der Scheibe sammelte sich die meiste Masse und bildete die Sonne. Durch die Verdichtung im Zentrum stieg die Temperatur dort an und sorgte schließlich für ein Temperaturgefälle von einigen 10^3 K im inneren Bereich auf einige 10 K im äußeren Bereich des Nebels. Dieser Temperaturgradient sorgte für einen chemischen Gradienten der kondensierten Materie, so daß refraktäre Stoffe im inneren und volatilere Stoffe im äußeren Bereich angereichert wurden. Durch turbulente Konvektion im Nebel sind die chemischen Gradienten allerdings möglicherweise zum Teil ausgeglichen worden.

Im inneren Bereich des Nebels bildeten sich, vermittelt durch adhäsive Kräfte, aus den Staubteilchen größere Teilchen auf anfangs relativ irregulären Bahnen, die sich schließlich gravitativ zu immer größeren Teilchen, danach zu *Planetesimalen* und schließlich zu den terrestrischen Planeten verbanden. Dabei hat die Gravitationsstörung der Bahnen durch Jupiter die Akkretion möglicherweise beschleunigt, indem sie die Bahnen der Planetesimalen zum überlappen brachte. In der Spätphase der Akkretion kam es dabei wahrscheinlich zu Kollisionen planetengroßer Körper. Wie wir weiter unten im Abschn. 5.6.1 sehen werden, wird eine Kollision der Protoerde mit einem etwa marsgroßen Körper für die Entstehung des Mondes verantwortlich gemacht. Weitere Folgen solcher Riesenimpakte könnten die langsame retrograde Rotation der Venus und der relativ wenig mächtige Gesteinsmantel des Merkur sein. In Folge einer solchen Kollision könnte die äußerste Gesteinsschale des Merkur verdampft sein.

Im äußeren Bereich des Nebels, jenseits der Bahn des Jupiter, kam es vermutlich zu Instabilitäten der Scheibe, die dadurch in Ringe zerfiel, aus denen sich dann die Gasplaneten bildeten. In der Umgebung der Gasplaneten entstanden dann, möglicherweise auf ähnliche Weise wie die terrestrischen Planeten im inneren Sonnensystem, die Trabantensysteme der Gasplaneten. Auch im äußeren Sonnensystem könnten Kollisionen planetengroßer Körper eine wichtige Rolle gespielt haben. Auf diese Weise ist möglicherweise die Kippung der Rotationsachse des Uranus aus der Ekliptik zustande gekommen. Die Kometenkerne sind möglicherweise weitgehend unverändert gebliebene Planetesimale. Daher ist das wissenschaftliche Interesse an diesen Körpern besonders groß.

5.3 Aufbau und Zusammensetzung der Planeten

5.3.1 Das physikalische Konzept des planetaren Körpers

Die Beobachtung durch die Raumfahrt hat gelehrt, daß sich die größeren Trabanten der Planeten nicht wesentlich von den terrestrischen Planeten in ihrer Masse, ihrer chemischen Zusammensetzung, ihrer Form und ihrer Oberflächenbeschaffenheit unterscheiden, so daß man in der Planetenphysik den allgemeineren Begriff des planetaren Körpers vorzieht, der die Planeten und eine Vielzahl von Trabanten – hauptsächlich die regulären Trabanten – beschreibt. Wir werden in diesem Kapitel deshalb den Begriff Planet nicht immer streng auf die eigentlichen Planeten anwenden, sondern ihn des öfteren synonym mit dem allgemeineren Begriff des planetaren Körpers verwenden. Der planetare Körper soll sich physikalisch wohldefiniert von anderen Körpern unterscheiden. Die wichtigsten Eigenschaften der Körper sind in diesem Zusammenhang ihre Masse und ihre chemische Zusammensetzung. Zur massenreicheren Seite hin unterscheidet man den planetaren Körper von den Sternen und zur massenärmeren Seite hin von den Kleinkörpern oder Planetesimalen. Zu den *Kleinkörpern* zählen die *Asteroiden*, die kleinen, meist irregulären, Trabanten und die *Kerne der Kometen*. Wegen der großen Häufigkeiten von Wasserstoff und Helium im Kosmos bestehen die massenreicheren Körper, die Sterne, hauptsächlich aus diesen Elementen. Die Kleinkörper dagegen sind feste Körper aus Silicatgestein und Eis; ihre Gravitation reicht nicht aus, um volatilere Elemente zu binden, es sei denn in *Clathraten*. Clathrate sind Festkörper mit sehr lockerem Gefüge, die bei sehr niedrigen Drücken entstehen können und in deren Gefüge Gase eingebaut sein können. Das Eis kann Wassereis, Methaneis und Ammoniakeis oder ein Gemisch aus diesen Eisen sein. Planetare Körper haben chemische Zusammensetzungen, die von sehr volatilreichen Zusammensetzungen im Falle der Riesenplaneten bis zu wenig volatilreichen Zusammensetzungen im Falle der terrestrischen Planeten reichen.

Im tiefen Inneren von Sternen liegt Materie nicht mehr in molekularer Form vor. Der Druck, bewirkt durch die Eigengravitation ihrer Masse, ist dort größer als die atomare Druckeinheit $e^2/(4\pi\varepsilon_0\, a_0^4)$, wobei e die Elementarladung, ε_0 die elektrische Feldkonstante und a_0 der Bohr-Radius, die atomare Längeneinheit, ist (vgl. Kapitel 1 in Bd. 4.). Unter solch hohen Drücken ist die Struktur des Atoms nicht mehr stabil und die Materie ist ionisiert. Die atomare Druckeinheit beträgt etwa $3 \cdot 10^{13}$ Pa. Dieser Wert ist etwa 3 mal größer als der Druck im Mittelpunkt des größten Planeten Jupiter und etwa 30 mal größer als der Druck im Mittelpunkt der Erde. Demnach unterscheidet sich der planetare Körper vom Stern dadurch, daß der Druck im Inneren klein genug ist, so daß die Materie in atomarer und mole-kularer Form vorliegt. Der planetare Körper ist darüberhinaus ein sog. kalter Kör-per, da die Innentemperatur klein gegenüber der atomaren Temperatureinheit $e^2/(4\pi\varepsilon_0 a_0 k) \approx 3 \cdot 10^5$ K ist; k ist die Boltzmann-Konstante. Bei Temperaturen von weniger als $e^2/(4\pi\varepsilon_0 a_0 k)$ spielt diese für die Stabilität des Atoms keine Rolle. Da-durch unterscheidet sich der planetare Körper von den meisten Sternen, aber nicht von den *Weißen Zwergen* und den *Neutronensternen*. Dies bedeutet nicht, daß die Temperatur im Innern des Planeten ohne Bedeutung ist. So sind unter anderem, wie wir weiter unten diskutieren werden, das Volumen der Planeten und das Ma-terialverhalten im Inneren der terrestrischen Planeten abhängig von der Temperatur.

Von den Kleinkörpern kann man den planetaren Körper dadurch unterscheiden, daß letzterer eine annähernd hydrostatisch ausgeglichene Gleichgewichtsfigur ein-nimmt. Diese Figur wird durch die mathematische Figur eines abgeplatteten Ro-tationssphäroiden beschrieben. Die Figur der Kleinkörper ist dagegen eher unregel-mäßig geformt und nicht hydrostatisch ausgeglichen. Abb. 5.9 zeigt eine Aufnahme des Asteroiden Gaspra, eines typischen Kleinkörpers.

Hier spielt die Temperatur im Inneren der Körper und ihr Einfluß auf die *Rheologie* eine wichtige Rolle. Die Scherfestigkeit fester planetarer Materie ist eine Funktion der Temperatur und des Drucks. Als grobe Leitlinie darf gelten, daß diese Materialien ihre Festigkeit gegenüber langandauernden Scherspannungen mit zunehmender Temperatur verlieren, sofern die Temperatur größer als etwa die Hälfte der Schmelz-temperatur ist. Dies ist im tieferen Inneren (> 100 km Tiefe) der planetaren Körper der Fall, hauptsächlich wegen der Wärmeerzeugung im Innern durch radioaktiven Zerfall, der schlechten Wärmeübertragungseigenschaften fester planetarer Materie und wegen ihrem relativ kleinen Verhältnis von Oberfläche zu Volumen. Bedeutende Abweichungen von der Gleichgewichtsfigur im planetaren Körper werden daher im

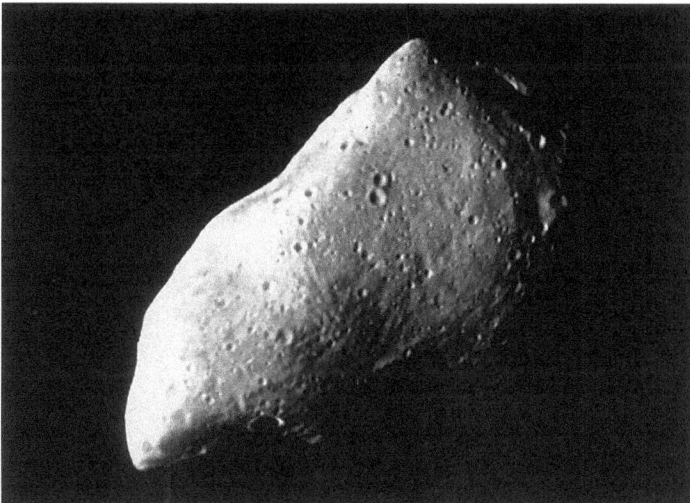

Abb. 5.9   Aufnahme des Asteroiden Gaspra durch die Kamera auf der amerikanische Raum-sonde *Galileo*. Gaspra ist ein typischer Kleinkörper. Seine Gestalt weicht erheblich von einer hydrostatischen Gleichgewichtsfigur ab. © NASA/JPL.

Laufe der Zeit ausgeglichen. Kleinkörper dagegen haben eine große Oberfläche im Vergleich zu ihrem Volumen, so daß sie recht effektiv abkühlen und die Temperatur im Innern niedrig bleibt.

5.3.2 Physikalische Methoden zur Bestimmung des inneren Aufbaus eines planetaren Körpers

Zur Bestimmung des inneren Aufbaus von Planeten wurden bisher vornehmlich *Verfahren des remote sensing*, d.h. der Beobachtung aus der Distanz, angewendet. Diese Verfahren erlauben keine direkte Ermittlung des Schalenaufbaus eines Planeten, sondern die Bestimmung von Meßgrößen, mit deren Hilfe die Vielfalt möglicher Aufbaumodelle eingeschränkt werden kann. *In-situ-Verfahren* erlauben eine direktere Bestimmung der Tiefenlage von Schalengrenzen im Planeteninnern durch Messungen von der Planetenoberfläche aus, können aber nur verwendet werden, wenn man einen oder mehrere Landegeräte auf der Oberfläche niedergebracht hat und kommen daher natürlich nur für feste Planeten in Frage. Bei den Gasplaneten ist es möglich, Sensoren in die Gashülle eintauchen und Meßwerte übertragen zu lassen, solange die Sensoren bei ansteigender Temperatur und ansteigendem Druck betriebstauglich bleiben.

Das erfolgreichste Verfahren der Geophysik zur Bestimmung des Aufbaus der Erde ist die *Seismologie*, ein *in-situ-Verfahren* (vgl. Kap. 1). Das Verfahren basiert auf der Messung der Laufzeiten von Schallwellen durch das Erdinnere. Die Schallwellen werden durch Erdbeben oder durch Sprengungen bis hin zu nuklearen Explosionen angeregt. Seismische Wellen, die von starken Beben erzeugt werden, können planetenweit registriert werden und einige dieser Wellen haben große Tiefenbereiche durchlaufen. Man spricht dann von einem teleseismischen Ereignis. Schwächere Beben können nur lokal registriert werden. Die aufgezeichneten Wellen sind dann nur durch relativ geringe Tiefenbereiche gelaufen. Von oberflächennahen Beben werden Oberflächenwellen angeregt, von starken Beben auch Eigenschwingungen des Erdkörpers. Die Dispersionsrelation dieser Wellen kann gemessen und interpretiert werden.

Die Registrierung der seismischen Signale erfolgt durch Seismometer. Seismometer messen entweder die Bodenbewegung oder die Beschleunigung der Bodenbewegung. Liegen Aufzeichnungen von genügend vielen Stationen und von einer genügend großen Anzahl von Ereignissen vor, so können aus den Laufzeiten der Kompressions-, Scher- und Oberflächenwellen Tiefenverteilungen der Wellengeschwindigkeiten berechnet werden. Die Genauigkeit nimmt natürlich mit der Anzahl der Stationen zu. Aus den Geschwindigkeitstiefenverteilungen können Tiefenverteilungen der Dichte und der elastischen Moduli berechnet werden, da die seismischen Wellengeschwindigkeiten von den Dichten und den Moduli abhängen. Darüberhinaus kann die Tiefenlage von Reflektoren der Schallwellen bestimmt werden. Solche Reflektoren werden durch diskontinuierliche Änderungen der Wellengeschwindigkeiten erzeugt, hauptsächlich verursacht durch diskontinuierliche Änderungen der Dichte. Die Dichteänderungen ergeben sich entweder aus chemischen Schichtungen oder durch Phasengrenzen. In der Geophysik (vgl. Kap. 1) ist die Datenmenge inzwischen ausreichend, um zusätzlich zu Tiefenverteilungen laterale Variationen der Geschwindigkeiten auflösen zu können. Man spricht in diesem Zusammenhang von seismischer Tomographie. Eine besonders wichtige Anwendung der Tomographie besteht in dem Versuch, aus der lateralen Variation der Geschwindigkeiten laterale Dichtevariationen und aus diesen die die Dichtevariationen verursachenden Temperaturvariationen berechnen zu können. Aus den Temperaturvariationen hofft man auf das Geschwindigkeitsfeld großräumiger Konvektionsströmungen schließen zu können, deren Bedeutung weiter unten erläutert werden soll.

Für die Festkörperplaneten ist die *Seismologie* das sicherlich wünschenswerteste Verfahren. Registrierungen von seismischen Wellen sind außer auf der Erde bisher nur in nennenswertem Umfang auf dem Mond durchgeführt worden. Die Quellen der seismischen Energie waren Mondbeben und in einem Fall der kontrollierte Absturz einer Raketenstufe. Die Hoffnung, schon 1997 seismische Messungen auf dem Mars vornehmen zu können, wurde mit dem Scheitern der russischen *Mars-96-Mission* im November 1996 zerschlagen. Zur eindeutigen Lokalisierung von Bebenherden und zur Bestimmung von Laufzeiten benötigt man wenigstens zwei Stationen, die das Signal des Bebens vektoriell registrieren können. Der größte Abstand, in dem ein Beben von einer Station registriert werden kann, hängt vornehmlich von der Empfindlichkeit des Seismometers, der Stärke des Bebens und von dem Störgeräuschspegel auf dem Planeten ab. Die beiden letzteren Größen können von Planet zu Planet sehr unterschiedlich sein. Auf der Erde wird der Störgeräuschspegel hauptsächlich von den Gezeitenbewegungen der Ozeane verursacht. Diese fehlen auf anderen Planeten. Dagegen sind die erwarteten Stärken von Beben auf anderen Planeten geringer. Man muß deshalb einige Abwägungen durchführen, bevor man die Abstände der Stationen festlegt. Weitere in-situ-Verfahren sind die Aufzeichnung der Ausbreitung elektromagnetischer Wellen im Planeteninnern, die sog. *Magneto-Tellurik*, die Messung des Wärmestroms durch die Oberfläche, sowie die kleinräumige Vermessung des Gravitationsfeldes.

Das *wichtigste Remote-Sensing-Verfahren* ist die großräumige Vermessung des Gravitationsfeldes durch Dopplertracking der Umläufe eines künstlichen Satelliten mit dem Ziel, das Quadrupolmoment und höhere Momente des Gravitationsfeldes des Planeten zu bestimmen. Beim *Dopplertracking* werden Radiosignale in stetiger Folge zu einem Raumfahrzeug gesendet und von diesem unmittelbar zurückgesendet. Durch die Bahnbewegung der Sonde und als Folge des Dopplereffekts ist die Frequenz des zurückgesendeten Signals gegenüber dem ursprünglichen Signal erhöht oder erniedrigt. Die Frequenzverschiebung ist proportional zur Geschwindigkeit der Sonde relativ zum Sender, der sich gewöhnlich auf der Erde befindet. Man erhält die Beschleunigung der Sonde und damit die Gravitationsbeschleunigung aus der Änderung der Frequenzverschiebung mit der Zeit. Aus diesen Messungen können die Terme niedriger Ordnung des Gravitationspotentials des Planeten bestimmt werden. Mit diesen Termen können, wie nun gezeigt werden soll, Aufbaumodelle eingeschränkt werden.

Die hydrostatische Gleichgewichtsfigur eines nichtrotierenden Körpers unter Eigengravitation ist die Kugel. Das Potential $V(r)$ des Gravitationsfelds eines solchen Körpers im Abstand r vom Massenmittelpunkt ist für $r > R_{\mathrm{P}}$ gegeben durch

$$V(r) = G\,\frac{m_{\mathrm{P}}}{r}, \tag{5.1}$$

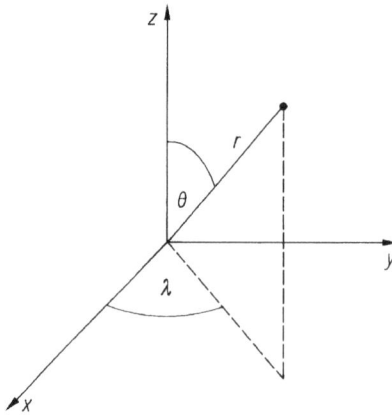

Abb. 5.10 Planetozentrisches Koordinatensystem zur Darstellung der Potentiale des Gravitations- und des Magnetfelds.

wobei G die Gravitationskonstante (vgl. Tab. im Anhang des Bandes), R_P der mittlere Planetenradius und m_P die Masse ist.

Die Gleichgewichtsfigur eines rotierenden Körpers unter Eigengravitation ist ein an den Polen abgeplattetes *Rotationssphäroid*. Das Potential des Gravitationsfelds eines Planeten, dessen Figur annähernd der eines Rotationssphäroids entspricht, kann für $r > R_P$ dargestellt werden durch:

$$V(r) = G\,\frac{m_P}{r}\left(1 - \sum_{n=2}^{\infty}\left(\frac{R_P}{r}\right)^n J_n P_n(\cos\theta)\right.$$

$$\left. + \sum_{n=2}^{\infty}\sum_{m=1}^{n} P_{nm}(\cos\theta)\left(\frac{R_P}{r}\right)^n (C_{nm}\cos m\lambda + S_{nm}\sin m\lambda)\right). \quad (5.2)$$

In Gl. (5.2) sind J_n, C_{nm} und S_{nm} zu bestimmende Koeffizienten, P_n sind die gewöhnlichen Legendre-Polynome, P_{nm} sind assoziierte Legendre-Polynome, θ ist der planetozentrische Polwinkel (Abb. 5.10), und λ ist die Länge. Die Terme mit m und $n > 0$ werden einerseits verursacht durch die Abweichung der Figur des Planeten von der Kugelgestalt als Folge der Rotation des Planeten und andererseits durch Abweichungen der Massenverteilung im Inneren des Planeten von der des hydrostatischen Gleichgewichts. Die Gravitationsmultipolmomente J_2, C_{22} und S_{22} hängen von den Trägheitsmomenten des Körpers ab:

$$m_P R_P^2 J_2 \;\; = \left(C - \frac{(A+B)}{2}\right), \quad (5.3)$$

$$m_P R_P^2 C_{22} = \frac{(B-A)}{4}\cos(2\Delta\lambda), \quad (5.4)$$

$$m_P R_P^2 S_{22} = \frac{(B-A)}{4}\sin(2\Delta\lambda), \quad (5.5)$$

wobei die $C > B > A$ die Hauptträgheitsmomente des Planeten sind. C ist das Trägheitsmoment um die Hauptachse nahe der Rotationsachse; A und B sind Trägheitsmomente um die beiden Hauptachsen, die in der Nähe der Äquatorebene liegen. Der Winkel $\Delta\lambda$ ist die Länge des Durchstoßpunktes der Hauptträgheitsachse mit dem kleinsten Trägheitsmoment. Im strengen hydrostatischen Gleichgewicht sind $C_{nm} = S_{nm} = 0$ und die Figur des Planeten ist gegeben durch die Äquipotentialfläche

$$r(R_{\mathrm{P}}, \theta) = R_{\mathrm{P}} \left(1 - \frac{2}{3} f P_2(\cos\theta) \right), \tag{5.6}$$

wobei f die Abplattung ist:

$$f \equiv \frac{R_{\mathrm{Pol}} - R_{\ddot{\mathrm{A}}\mathrm{qu}}}{R_{\mathrm{Pol}}} . \tag{5.7}$$

$R_{\ddot{\mathrm{A}}\mathrm{qu}}$ ist der Äquatorialradius und R_{Pol} der Polradius des Planeten.

Zusätzlich zur Gravitationskraft wirkt auf ein Massenelement des rotierenden Planeten die Zentrifugalkraft. Ihr Potential ist

$$Z(r) = \frac{1}{2} r^2 \omega^2 \sin^2\theta , \tag{5.8}$$

$$= \frac{1}{3} r^2 \omega^2 (1 - P_2(\cos\Theta)) . \tag{5.9}$$

Die Summe der Potentiale des Gravitationsfeldes und des Feldes der Zentrifugalbeschleunigung bezeichnet man als das Schwerepotential.

Im Falle genügend schneller Rotation (Rotationsperioden von Dekastunden; alle Planeten außer Merkur, Venus, Mond und eventuell Pluto) dominieren die hydrostatischen Anteile, so daß $B \approx A$ und $(C - A) \gg (B - A)$. Daraus ergibt sich, daß J_2 eine besondere Bedeutung zukommt, da aus diesem Term das Trägheitsmoment um die Rotationsachse bestimmt werden kann. Für die meisten Planeten ist J_2 sehr viel größer als C_{22} und S_{22}. Die Terme C_{nm} und S_{nm} sind hauptsächlich zur Bestimmung oberflächennaher Massenundulationen (Krusten und oberer Mantel) nützlich.

Das *Trägheitsmoment* um die Rotationsachse ist eine wichtige Beobachtungsgröße, die von Modellen des Planetenaufbaus erfüllt werden muß. Das Trägheitsmoment ist ein Maß für die Dichtezunahme mit der Tiefe im Innern des Planeten. Für einen homogenen Planeten ist das dimensionslose *reduzierte Trägheitsmoment* $C m_{\mathrm{P}}^{-1} R_{\mathrm{P}}^{-2}$ gleich 0.4. Nimmt die Dichte nach innen z. B. wegen eines Eisenkerns zu, dann ist $C m_{\mathrm{P}}^{-1} R_{\mathrm{P}}^{-2} < 0.4$. Der Wert des reduzierten Trägheitsmoments ist um so kleiner, je stärker bei festgehaltener Gesamtmasse die Dichte nach innen zunimmt. Zur Bestimmung von C aus Gl. (5.3) müssen A und B eliminiert werden. Für Planeten, deren Rotationsachsen eine Präzessionsbewegung durchführen, kann die Präzessionskonstante

$$H \equiv \frac{C - \dfrac{(A + B)}{2}}{C} \tag{5.10}$$

aus der Präzessionsfrequenz bestimmt werden. Die Bestimmung gelingt entweder durch Fixsternbeobachtung von der Planetenoberfläche aus, oder durch Peilung von Radiosendern auf der Oberfläche des Planeten von der Erde aus. Werte der Präzessionskonstanten sind bislang nur für die Erde, für Mars und für den Mond bekannt. Für Mars gelang die Messung der Präzessionskonstanten und damit des Trägheitsmomentenfaktors kürzlich im Rahmen der Mars Pathfinder Mission.

Unter der Annahme hydrostatischen Gleichgewichts kann eine Näherungsbeziehung zwischen J_2 und C hergeleitet werden

$$\frac{C}{m_P R_P^2} \approx \frac{2}{3}\left[1 - \frac{2}{5}\left(\frac{4\psi - 3J_2}{\psi + 3J_2}\right)^{1/2}\right],\tag{5.11}$$

wobei

$$\psi \equiv \frac{\omega^2 R_P^3}{G m_P}\tag{5.12}$$

ein dimensionsloses Maß für das Potential der Zentrifugalkraft ist. Die Gl. (5.11) ist die sog. *Radau-Darwin-Beziehung*. Für einen Planeten im hydrostatischen Gleichgewicht sind J_2 und die Abplattung von derselben Größenordnung wie ψ, und es gilt

$$f = \frac{3}{2}J_2 + \frac{1}{2}\psi .\tag{5.13}$$

Die höheren zonalen harmonischen (J_4, J_6, etc.) sind von höherer Ordnung in ψ und daher erheblich kleiner als J_2. Allgemein kann man für hydrostatische Körper ansetzen

$$J_{2n} = \sum_{l=0}^{\infty} \Lambda_{2n,l}\psi^{n+l} .\tag{5.14}$$

Die Reihe konvergiert rasch, da die Koeffizienten $\Lambda_{2n,l}$ von der Größenordnung 1 oder kleiner sind. Die Koeffizienten $\Lambda_{2n,l}$ hängen von der Massenverteilung im Inneren des Planeten ab. So ist z. B. für einen isochemischen Körper konstanter Dichte $\Lambda_{2,0} = 1/2$. Daraus folgt

$$J_2 \approx \frac{1}{2}\psi ,\tag{5.15}$$

$$f \approx \frac{5}{4}\psi ,\tag{5.16}$$

sowie aus Gl. (5.11), wie es für einen Körper konstanter Dichte sein muß,

$$\frac{C}{m_P R_P^2} = \frac{2}{5} .\tag{5.17}$$

Gl. (5.14) findet vornehmlich bei den Gasplaneten Anwendung, da bei diesen Körpern die gemessenen Werte von J_4, und evtl. auch J_6 durch eine hydrostatische Theorie interpretiert werden dürfen. Bei den terrestrischen Planeten werden diese Terme der Potentialentwicklung durch hydrostatisch nicht ausgeglichene Massenverteilungen in Kruste und oberem Mantel erzeugt. Bei Venus und Merkur ist selbst J_2 nicht

Tab. 5.2 Werte von J_2, J_4 und m für einige Planeten und Trabanten.

	J_2	J_4	ψ	Abplattung $\cdot 10^3$	$\dfrac{C}{m_{\mathrm{P}} R_{\mathrm{P}}^2}$	$\Lambda_{2,0}$
Merkur	$6 \qquad \cdot 10^{-5}$	–	$1.01 \cdot 10^{-6}$	–	–	
Venus	$4.458 \ \cdot 10^{-6}$	$-1.997 \cdot 10^{-6}$	$5.74 \cdot 10^{-8}$	–	–	
Erde	$1.0826 \cdot 10^{-3}$	$-1.62 \ \cdot 10^{-6}$	$3.44 \cdot 10^{-3}$	3.35282	0.3308	0.315
Mond	$2.024 \ \cdot 10^{-4}$	–	$7.57 \cdot 10^{-6}$	–	0.394	–
Mars	$1.959 \ \cdot 10^{-3}$	–	$4.58 \cdot 10^{-3}$	6.48	0.366	0.428
Jupiter	$1.4736 \cdot 10^{-2}$	$-5.84 \ \cdot 10^{-4}$	0.0834	64.87	0.254	0.177
Io	$7.38 \qquad \cdot 10^{-4}$	–	$1.7 \ \cdot 10^{-3}$	7.8	0.382	0.434
Saturn	$1.630 \ \cdot 10^{-2}$	$-9.14 \ \cdot 10^{-4}$	0.140	97.96	0.210	0.167
Uranus	$3.343 \ \cdot 10^{-3}$	$3.19 \ \cdot 10^{-5}$	0.0288	22.93	0.225	0.116
Neptun	$3.411 \ \cdot 10^{-3}$	$(-38 \pm 10) \cdot 10^{-6}$	0.0256	17.08	0.239	0.133

mehr durch eine hydrostatische Theorie erklärbar. In Tab. 5.2 sind beobachtete Werte von J_2, J_4, ψ, f und $C/m_{\mathrm{P}} R_{\mathrm{P}}^2$ zusammengestellt. Der Tabelle kann man entnehmen, daß für Venus und Merkur $J_2 \gg \psi$ ist. Für die Erde und die Riesenplaneten ist neben J_2 auch J_4 bekannt. Die Zahl der signifikanten Stellen gibt die Genauigkeit an, mit der die Werte gemessen werden konnten.

5.3.3 Modelle des inneren Aufbaus: Festkörperplaneten

Physikalische Modelle des inneren Aufbaus eines planetaren Körpers geben den Verlauf der Dichte, der Temperatur und des Drucks mit der Tiefe an. Bei der Ableitung solcher Modelle ist es nützlich, wenn man zumindest eine grobe Vorstellung von der chemischen Zusammensetzung des Körpers hat. Diese Vorstellung gewinnt man aus einem Vergleich der mittleren Dichte mit den Dichten und kosmischen Häufigkeiten der Elemente und ihrer Verbindungen. Für die terrestrischen Planeten kann man zusätzliche Anhaltspunkte aus einer Anwendung dessen gewinnen, was man über den Aufbau der Erde und des Monds weiß. Mit Hilfe physikalischer Planetenmodelle können dann wiederum chemische Aufbaumodelle verfeinert werden. Planetenmodelle sind meist sphärisch symmetrische Modelle, d. h. die Figur des planetaren Körpers – das abgeplattete Rotationssphäroid – wird durch eine volumengleiche Kugel ersetzt.

Einfache Zweischichtenmodelle. Die einfachsten Modelle fester planetarer Körper sind Zweischichtenmodelle mit *Kern* und *Mantel* konstanter Dichten unter Vernachlässigung des Dichteanstiegs durch Kompression als Folge der Eigengravitation. Bei terrestrischen Planeten und erdähnlichen Trabanten besteht der Kern aus Eisen oder aus eisenreichen Legierungen und der Mantel aus Gestein. Bei Eismonden besteht der Kern aus Gestein und Eisen und der Mantel aus Eis. Sind die Masse m_{P} und der Trägheitsmomentenfaktor $C m_{\mathrm{P}}^{-1} R_{\mathrm{P}}^{-2}$ eines festen planetaren Körpers bekannt, so können jeweils zwei von den drei Größen Kerndichte, Kernradius und

Manteldichte berechnet werden, wenn man die dritte vorgibt. Dazu müssen die beiden Gleichungen

$$m_P = \frac{4}{3} \pi [\varrho_c R_c^3 + \varrho_m (R_P^3 - R_c^3)] , \tag{5.18}$$

$$\frac{I}{m_P R_P^2} = \frac{2}{5} \frac{\varrho_c R_c^5 + \varrho_m (R_P^5 - R_c^5)}{0.4 \varrho R_P^5} \tag{5.19}$$

gelöst werden. In Gl. (5.19) haben wir C durch I ersetzt, da das Trägheitsmoment des sphärisch symmetrischen Modells nicht exakt dem Trägheitsmoment des Planeten um die Rotationsachse entsprechen kann. Der (hydrostatische) Druck an der Kernmantelgrenze P_{cm} ist in diesen Modellen

$$P_{cm} = \frac{4}{3} \pi \varrho_m G \left[(\varrho_c - \varrho_m) R_c^2 \left(1 - \frac{R_c}{R_P} \right) + \frac{1}{2} \varrho_m (R_P^2 - R_c^2) \right] \tag{5.20}$$

und der Druck im Mittelpunkt P_z ist

$$P_z = P_{cm} + \frac{2}{3} \pi G \varrho_c^2 R_c^2 . \tag{5.21}$$

Detailliertere Modelle berücksichtigen Dichteänderungen mit Druck und Temperatur durch Kompression und thermische Ausdehnung sowie Dichteänderungen als Folge von Phasenumwandlungen. Die Massen einiger terrestrischer Planeten sind so groß, daß durch Kompression als Folge der Eigengravitation die Dichte mit der Tiefe erheblich zunimmt. Im Erdinnern und im Inneren der Venus wird durch Kompression eine Verringerung des spezifischen Volumens relativ zum unkomprimierten Zustand um etwa 30 % erreicht. Im Zentrum des Mars beträgt die Verdichtung etwa 10 %. In diesen Fällen ist die mittlere Dichte des Planeten größer als die mittlere Dichte bei Standardbedingungen. Als Standardbedingungen wählt man gewöhnlich einen Druck von 10^5 Pa und eine Temperatur von 298 K. Andererseits können kleinere planetare Körper, wie etwa der Mond oder der Jupitermond Io eine mittlere Dichte haben, die geringer ist als die mittlere Dichte bei Standardbedingungen. In diesen Körpern überwiegt der Effekt der thermischen Ausdehnung relativ zur Dichte bei Standardbedingungen den Effekt der Kompression.

Zustandsgleichungen. Zur Beschreibung der Dichteänderungen durch Kompression und thermische Ausdehnung werden Zustandsgleichungen für planetare Materie benötigt, die die Änderung der Dichte als Funktion von Druck- und Temperaturänderungen beschreiben. In allgemeiner, impliziter Form lautet die Zustandsgleichung

$$F(P, T, \varrho) = 0 \tag{5.22}$$

wobei P den Druck, T die Temperatur und ϱ die Dichte bezeichnen. (In der Planetenphysik wählt man meist die Dichte anstelle des spezifischen Volumens als Zustandsvariable.) Eine vielfach verwendete explizite Form der Zustandsgleichung ist

$$P(\varrho, T) = P(\varrho)|_T + P(T)|_\varrho . \tag{5.23}$$

In dieser Form ist der Druck die abhängige Zustandsvariable und die Druckänderung wird in einen isothermen und einen isochoren Anteil zerlegt.

Als einfache *isotherme Zustandsgleichung* ist die *Murnaghan-Zustandsgleichung* gebräuchlich. Danach ist $P(\varrho)|_T$ eine Funktion der Dichte, der *isothermen Inkompressibilität* K_T

$$\frac{1}{K_T} \equiv \frac{1}{\varrho}\left(\frac{\partial \varrho}{\partial P}\right)_T \tag{5.24}$$

und von

$$K_T' \equiv \frac{dK_T}{dP} . \tag{5.25}$$

Die Murnaghan-Gleichung lautet:

$$P(\varrho)|_T = \frac{K_0}{K_T'}\left[\left(\frac{\varrho}{\varrho_0}\right)^{K_T'} - 1\right] \tag{5.26}$$

wobei

$$K_0 \equiv K_T(\varrho = \varrho_0) \tag{5.27}$$

und ϱ_0 die Referenzdichte im unkomprimierten Zustand bei der Temperatur T ist. Mit Hilfe der Definition der isothermen Inkompressibilität Gl. (5.24) erhält man aus Gl. (5.26) einen linearen Zusammenhang zwischen Inkompressibilität und Druck:

$$K_T = K_0 + K_T' P . \tag{5.28}$$

Tatsächlich weiß man aus der Inversion der Laufzeiten seismischer Wellengeschwindigkeiten, daß der Verlauf der isentropen Inkompressibilität

$$\frac{1}{K_S} \equiv \frac{1}{\varrho}\left(\frac{\partial \varrho}{\partial P}\right)_S , \tag{5.29}$$

wobei S die Entropie bezeichnet, im tiefen Erdinnern annähernd linear ist. Die Steigung K_S' beträgt etwa 3.5. Da aber das tiefe Erdinnere nicht isotherm, sondern weitgehend isentrop ist und da die Inkompressibilität im allgemeinen mit zunehmender Temperatur abnimmt, muß K_T' größer als K_S' sein. Unter Berücksichtigung des Temperatureffekts ergibt sich für K_T' ein Wert von 4 bis 5.

Eine gebräuchliche isotherme Zustandsgleichung höherer Ordnung, die die Druckabhängigkeit von K_T berücksichtigt ist die *Birch-Murnaghan-Zustandsgleichung*:

$$P(\varrho)|_T = K_0(x^{7/3} - x^{5/3})\left\{1 + \frac{3}{4}(K_0' - 4)(x^{2/3} - 1)\right. \tag{5.30}$$

$$\left. + \frac{3}{8}\left[K_0 K_0'' + (K_0' - 4)(K_0' - 3) + \frac{35}{9}\right](x^{2/3} - 1) + \cdots\right\}$$

wobei

$$x \equiv \frac{\varrho}{\varrho_0}, \tag{5.31}$$

$$K_0' \equiv K_T'(\varrho = \varrho_0), \tag{5.32}$$

$$K_0'' \equiv K_T''(\varrho = \varrho_0) . \tag{5.33}$$

Die isotherme Inkompressibilität kann mit Hilfe der Definition Gl. (5.24) aus Gl. (5.30) berechnet werden zu

$$K_T(\varrho) = K_0 \, x^{5/3} \left\{ 1 + \left[\frac{3}{2} \left(K_0' - \frac{5}{2} \right) \right] (x^{2/3} - 1) \right. \tag{5.34}$$

$$\left. + \frac{9}{8} \left[K_0 K_0'' + K_0'(K_0' - 4) + \frac{35}{9} \right] (x^{2/3} - 1)^2 + \cdots \right\}.$$

Für K_T' erhält man durch Differentiation der Gl. (5.34)

$$K_T'(\varrho) = K_0' + \frac{3}{8} K_0 K_0''(x^{2/3} - 1) + \cdots. \tag{5.35}$$

Sowohl die Murnaghan-Gleichung als auch die Birch-Murnaghan-Gleichung sind semiempirische Zustandsgleichungen und beruhen auf der Theorie der endlichen Dehnungen. Eine Reihe von alternativen Zustandsgleichungen sind vorgeschlagen worden, bieten aber gegenüber Gl. (5.26) und (5.30) keine wesentlichen Vorteile. Eine gute Übersicht über Zustandsgleichungen für Festkörperplaneten geben Stacey et al. [7].

Die Isochore erhält man aus dem Integral

$$P(T)|_\varrho = \int\limits_0^T \left(\frac{\partial P}{\partial T} \right)_\varrho dT \equiv \int\limits_0^T \alpha K_T \, dT, \tag{5.36}$$

wobei α der thermische Ausdehnungskoeffizient ist:

$$\alpha \equiv -\frac{1}{\varrho} \left(\frac{\partial \varrho}{\partial T} \right)_P. \tag{5.37}$$

Oberhalb der Debye-Temperatur Θ_D, die für terrestrische planetare Körper bei etwa 1000 K liegt, darf αK_T in guter Näherung als konstant angesehen werden (Abb. 5.11), so daß

$$P(T)|_\varrho = \int\limits_0^{\Theta_D} \left(\frac{\partial P}{\partial T} \right)_\varrho dT + \alpha K_T T = a + bT. \tag{5.38}$$

Die *Debye-Temperatur* ist die charakteristische Temperatur, oberhalb der die klassische, harmonische Näherung für Festkörper gilt (vgl. Band 6). Aus Labormeßwerten für Mineralien, die repräsentativ für die Mäntel der terrestrischen Planeten sein sollten, ergibt sich a zu etwa -1.6 bis -1.2 GPa und für $b = \alpha K_T$ erhält man 0.005 bis 0.0065 GPa K^{-1} [8].

Zur Bestimmung des Dichteverlaufs im flüssigen (äußeren) Kern sind die oben angeführten Festkörperzustandsgleichungen ebenfalls mit einigem Erfolg angewendet worden. Eine bessere Beschreibung ist allerdings aus der Theorie des flüssigen Zustands zu erwarten. Mit Hilfe dieser Theorie konnten zwei wichtige Beziehungen für den Kern hergeleitet werden [9]. Die erste Beziehung ist eine isotherme Zustandsgleichung für den Kern mit einem auf hohe Drücke eingeschränkten Geltungsbereich:

$$K_T' \approx 5 - 5.6 \, \frac{P}{K_T}. \tag{5.39}$$

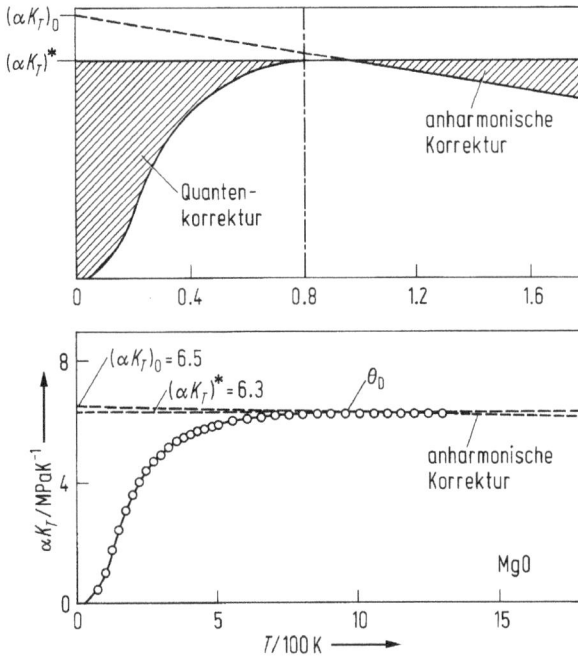

Abb. 5.11 Verlauf von αK_T aus theoretischen Überlegungen (a) und aus Messungen an MgO (b) nach [11]. αK_T als Funktion der Temperatur verläuft ähnlich wie die klassische Debye-Kurve der spezifischen Wärme. $\alpha K_T = 0 \, \text{Pa} \, \text{K}^{-1}$ für $T = 0 \, \text{K}$ und nimmt mit T^3 bis zur Debye-Temperatur θ_D zu, von wo ab αK_T in idealen Festkörpern konstant bleibt (angedeutet durch αK_T^*). In nicht idealisierten Festkörpern führen anharmonische Effekte zu einer leichten Abnahme von αK_T mit steigender Temperatur.

Die zweite Gleichung beschreibt den Verlauf der Schmelzpunktkurve mit dem Druck und ist eine Verallgemeinerung des *Lindeman-Gesetzes*:

$$\frac{\mathrm{d} T_{\mathrm{m}}}{\mathrm{d} P} = \frac{2 \, (C_V \, \gamma - R \, m_{\mathrm{mol}}) \, T_{\mathrm{m}}}{K_T \, (2 \, C_V \, \gamma - 3 \, R \, m_{\mathrm{mol}})}, \tag{5.40}$$

wobei T_{m} die Schmelztemperatur ist, C_V ist der Phononenbeitrag zur spezifischen Wärme bei konstantem Volumen, R ist die allgemeine Gaskonstante, m_{mol} ist die Molmasse und γ ist der thermodynamische Grüneisenparameter

$$\gamma \equiv \frac{\alpha K_T}{\varrho \, C_V} = \frac{\alpha K_S}{\varrho \, C_P}, \tag{5.41}$$

mit C_P der spezifischen Wärme bei konstantem Druck. Im klassischen Grenzfall $C_V/m_{\mathrm{mol}} = 3 \, R$ entspricht (5.40) dem Lindeman-Gesetz. Im allgemeinen weicht aber für Metallschmelzen in der Nähe des Schmelzpunktes C_V um bis zu 15 % vom klassischen Grenzwert ab. Abb. 5.12 zeigt Schmelzpunktdaten für Eisen aus Labormessungen. Gl. (5.40) kann verwendet werden, um diese Daten zu hohen Drücken zu extrapolieren, wird aber auch für Legierungen von Eisen mit Schwefel oder Sauer-

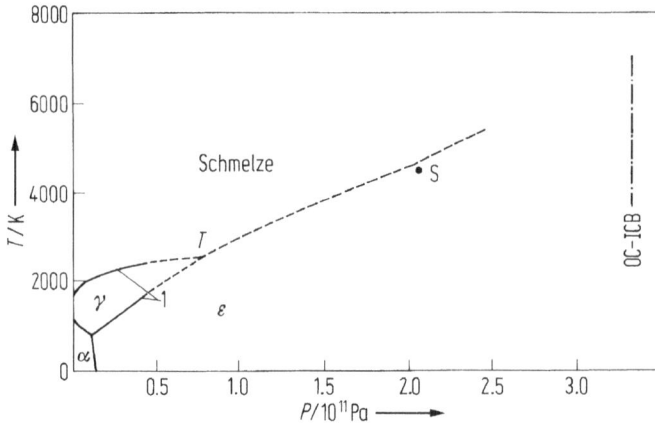

Abb. 5.12 Phasendiagramm von reinem Eisen nach [10]. Die durchgezogenen Linien (1) basieren auf Meßwerten aus statischen Experimenten, die gestrichelten Linien sind Extrapolationen. Der Punkt T ist der Tripelpunkt von festen ε-Eisen, γ-Eisen und Eisenschmelze. Der Punkt S wurde in Schockwellenexperimenten gemessen. OC-ICB zeigt die Grenze zum inneren Erdkern an.

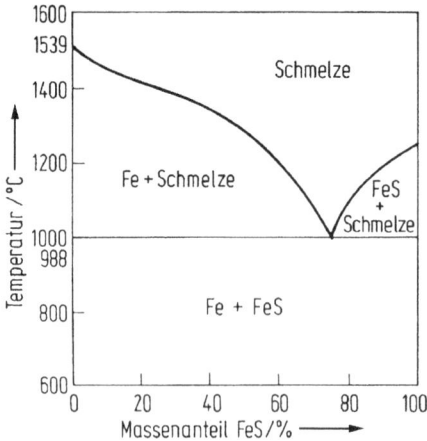

Abb. 5.13 Phasendiagramm für das Eisen-Schwefel-System bei Atmosphärendruck nach [18]. Die Abszisse gibt den Schwefelmassenanteil in %, die Ordinate die Temperatur in °C an. Die Schwefelanteile in den Kernen der terrestrischen Planeten sind wahrscheinlich geringer als die der eutektischen Zusammensetzung.

stoff oder anderen Elementen in nicht zu großen Konzentrationen gelten. Es ist wahrscheinlich, daß die Kerne der terrestrischen Planeten ähnlich wie die Erde einen Massenanteil von bis zu 15 % eines leichten legierenden Elements enthalten. Die wichtigste Bedeutung des leichten legierenden Elements ist eine Absenkung der Schmelztemperatur des Kerns relativ zur Schmelztemperatur von reinem Eisen. Abb. 5.13 zeigt die Schmelzpunktkurve einer Eisen-Schwefel-Legierung bei moderatem Druck. Man erkennt, daß die Absenkung der Schmelztemperatur wesentlich von der Konzentration des Schwefels abhängt. Die Temperaturdifferenz bei höheren Drücken ist nicht sehr gut bekannt und dürfte mit dem Druck abnehmen. Für den Erdkern wird bei einem Schwefelanteil von 10 Gewichtsprozenten gewöhnlich etwa 1000 K angenommen.

Modelle mit Dichte-, Druck- und Temperaturvariationen. Die Dichte im Inneren des Modellplaneten ergibt sich als Funktion der Tiefe z aus Gl. (5.23) sofern $P(z)$ und $T(z)$ bekannt sind. Bei den verfeinerten Modellen handelt es sich wie bei den einfachen Modellen um sphärisch symmetrische, hydrostatische Modelle. Da die Gleichgewichtsfigur eines hydrostatischen, rotierenden Planeten aber bekanntlich ein abgeplatteter Rotationssphäroid ist, (Gl. (5.6)), muß die Tiefe z etwas genauer definiert werden. Die Äquipotentialflächen im Inneren des Planeten werden wie die Gleichgewichtsfigur abgeplattete Rotationssphäroide sein. Die Tiefe z wird festgelegt als der Abstand zwischen dem mittleren Planetenradius R_P, definiert als der Radius der mit dem Planeten volumengleichen Kugel, und der zu einer bestimmten Äquipotentialfläche im Inneren gehörenden Kugel mit dem Radius r, die das gleiche Volumen wie die Äquipotentialfläche umfaßt, d.h. $z \equiv R_P - r$.

Zur Berechnung von $P(z)$ benutzt man die hydrostatische Grundgleichung

$$\frac{\mathrm{d}P}{\mathrm{d}z} = g(z)\varrho(z),$$ (5.42)

wobei $g(z)$ der Betrag der Schwerebeschleunigung als Funktion der Tiefe z ist. Er ist gegeben durch

$$g(z) = \frac{G m(r)}{(R_P - z)^2}\left[1 - \psi\left(\frac{R_P - z}{R_P}\right)^3\right].$$ (5.43)

$m(r)$ ist die Masse der von $r = R_P - z$ eingeschlossenen Kugel und ψ ist durch Gl. (5.12) gegeben. $m(r)$ kann mit Hilfe von

$$m(r) = m_P - 4\pi \int_0^{R_P - r} \varrho(z)(R_P - z)^2\,\mathrm{d}z$$ (5.44)

berechnet werden. Für die terrestrischen Planeten ist $\psi \ll 1$ (Tab. 5.2) und der entsprechende Term in Gl. (5.43) kann meist vernachlässigt werden.

Zur Berechnung eines *Temperaturprofils* müssen etwas umfangreichere Überlegungen angestellt werden. Zunächst darf festgehalten werden, daß aus dem Verlauf der seismischen Wellengeschwindigkeiten mit der Tiefe gefolgert werden kann, daß die Temperatur im Erdmantel und im Erdkern über weite Tiefenbereiche der *Adiabaten* folgt. Als adiabatische Änderung bezeichnet man in der Thermodynamik eine Zustandsänderung, bei der dem betrachteten Volumen keine Wärme zugeführt wird. Die Änderung der Temperatur mit dem Druck ist unter diesen Umständen

$$\left(\frac{\mathrm{d}T}{\mathrm{d}P}\right)_{\mathrm{ad}} = \frac{\alpha T}{\varrho\, C_P}.$$ (5.45)

Man bezeichnet den so beschriebenen Temperaturverlauf mit dem Druck oder mit der Tiefe als Adiabate. Die Adiabate ist ein wichtiges Modell des Temperaturverlaufs in planetaren Körpern, anwendbar auf weite Bereiche sowohl im Inneren als auch in den Atmosphären, in denen Wärme hauptsächlich durch *Konvektion*, d.h. durch

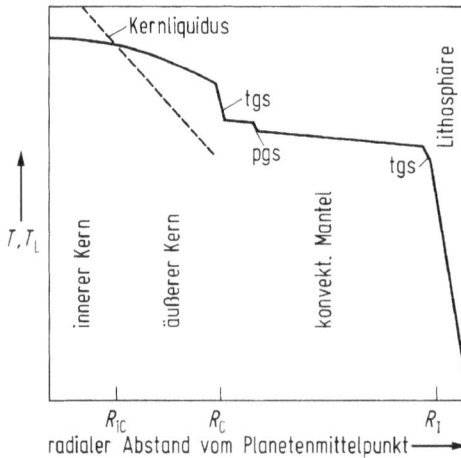

Abb. 5.14 Schematisches Temperaturprofil für das Innere eines terrestrischen Planeten. Unterhalb der Lithosphäre folgt die Temperatur über weite Bereiche der Adiabaten. Ausnahmen bilden die thermischen Grenzschichten (tgs) und Schichten, über die Phasenumwandlungen erfolgen (pgs). Die obere Grenzschicht der Mantelkonvektion ist unmittelbar unterhalb der Lithosphäre. Die thermischen Grenzschichten sind wahrscheinlich nicht viel mehr als 100 km dick, die Phasengrenzschichten sind eher dünner. Im Kern folgt die Temperatur ebenfalls der Adiabaten. Die thermischen Grenzschichten im Kern sind vermutlich sehr dünn und haben geringe Temperaturänderungen. Die gestrichelte Linie deutet den Liquidus des Kerns T_L an. Der Schnittpunkt der Kernadiabaten mit dem Liquidus bezeichnet die Grenze vom flüssigen äußeren zum festen inneren Kern.

Materialströmung, transportiert wird. Überlegungen zum Wärmetransport im Inneren fester planetarer Körper, auf die weiter unten genauer eingegangen werden wird (Abschn. 5.4.4), zeigen, daß ab Tiefen von einigen wenigen 100 km – unterhalb der Lithosphäre[1] – thermische Konvektion in den festen Mänteln der Planeten und Trabanten zu erwarten ist. Festkörper verhalten sich gegenüber langandauernden Spannungen bei Temperaturen oberhalb der Hälfte der Temperatur beginnender Schmelze, wie sehr zähe Flüssigkeiten. Man bezeichnet dieses Verhalten als Festkörperkriechen. Die Zeitskala für die Konvektion in den festen Mänteln dieser Körper, d. h. die mittlere Umwälzzeit, beträgt etwa 100 Ma. Ein Materieteilchen in einer Konvektionsströmung wird seine Temperatur hauptsächlich als Folge von Kompression und Dekompression ändern, während es Druckgradienten durchläuft. Im idealisierten Fall wird es Wärme mit seiner Umgebung nur in thermischen Grenzschichten an den Grenzflächen der konvektierenden Schicht austauschen. Thermische Grenzschichten sind im Mantel unmittelbar unterhalb der Lithosphäre und an der Kern-Mantel-Grenze zu finden (Abb. 5.14). In diesen Grenzschichten und in Schichten mit Phasenumwandlungen sind steile überadiabatische Temperaturgradienten zu erwarten. Die überadiabatischen Schichten sind in den größeren terrestrischen Planeten relativ dünn. Nur bei kleinen terrestrischen Planeten wie dem Mond und

---

[1] Die Lithosphäre wird in Abschn. 5.4.3 näher definiert.

bei Eismonden können die thermischen Grenzschichten einen beträchtlichen Teil des Mantels einnehmen.

Die Tiefenverläufe der Mantel- und Kernadiabaten lassen sich aus den Materialeigenschaften berechnen. Zur Abschätzung des Temperaturverlaufs in den thermischen Grenzschichten und ihrer Dicken benötigt man neben der Wärmeleitfähigkeit Energiebilanzgleichungen, die die Wärmeflüsse über die Grenzschichten abzuschätzen erlauben. Auf diese Energiebilanzgleichungen werden wir in Abschn. 5.4.5 eingehen. Die untere Grenztemperatur der Lithosphäre, die als die Temperatur gelten kann, oberhalb der feste planetare Materie sich über geologische Zeiträume wie eine sehr zähe Flüssigkeiten verhält, ist dagegen bekannt und beträgt etwa 1600 K für Silicatgesteine und etwa 250 K für Eis. Der Temperaturanstieg über *Schichten mit Phasenumwandlungen* kann aus der Clapeyron-Gleichung berechnet werden. Die meisten Phasenumwandlungen im Inneren planetarer Körper erstrecken sich über Schichten endlicher Dicke, hauptsächlich weil planetare Materialien Mehrstoffsysteme sind. Bezeichnet man mit ΔP die Druckänderung über die Schicht, dann ist

$$\Delta T = \left(\frac{\mathrm{d}T}{\mathrm{d}P}\right)_{\mathrm{Cl}} \Delta P, \tag{5.46}$$

$$= \frac{L\Delta\varrho}{T} \Delta P, \tag{5.47}$$

wobei $(\mathrm{d}T/\mathrm{d}P)_{\mathrm{Cl}}$ die Steigung der Clapeyron-Kurve, L die latente Wärme und $\Delta\varrho$ die mit der Phasenumwandlung verbundene Dichteänderung ist.

Die Grundgleichung zur Berechnung einer Adiabaten ist

$$\left(\frac{\mathrm{d}T}{\mathrm{d}z}\right)_{\mathrm{ad}} = \left(\frac{\mathrm{d}T}{\mathrm{d}P}\right)_{\mathrm{ad}} \frac{\mathrm{d}P}{\mathrm{d}z} = \frac{\alpha T g}{C_P}. \tag{5.48}$$

Mit dem thermodynamischen Grüneisenparameter Gl. (5.41) ergibt sich die folgende, vielfach gebrauchte Formulierung:

$$\left(\frac{\mathrm{d}T}{\mathrm{d}z}\right)_{\mathrm{ad}} = \gamma \frac{T}{K_S} \varrho g. \tag{5.49}$$

Empirische Untersuchungen haben ergeben, daß γ für Gase ungefähr 0.5, für Festkörper 1 bis 1.5, und für Metallschmelzen 1.5 bis 2 ist. Die Variation des adiabatischen Temperaturgradienten in Mantel und Kern eines Festkörperplaneten läßt sich mit Hilfe der Gl. (5.48) und (5.49) abschätzen. Nehmen wir zunächst an, daß sich α und C_P nur wenig mit der Tiefe ändern und daß g entsprechend $g_0(1 - z/R_{\mathrm{P}})$ mit der Tiefe abnimmt. Dies wird eine gute Abschätzung für kleinere Festkörperplaneten sein. Dann ergibt eine Integration von (5.48) für $z = R_{\mathrm{P}}$

$$\left.\frac{T}{T_0}\right|_{\mathrm{max}} = \exp\left(\frac{\alpha g_0 R_{\mathrm{P}}}{2 C_P}\right). \tag{5.50}$$

Mit $\alpha = 5 \cdot 10^{-5}\,\mathrm{K}^{-1}$, $g_0 = 4\,\mathrm{m\,s}^{-2}$, $R_{\mathrm{P}} = 10^3\,\mathrm{km}$ und $C_P = 1200\,\mathrm{J\,kg}^{-1}$ als repräsentative Werte für kleine Festkörperplaneten erhält man einen maximalen adiabatischen Temperaturanstieg um einen Faktor von etwa 1.1. Da T_0 die Temperatur an der Untergrenze der Lithosphäre ist, beträgt der absolute adiabatische Temperaturanstieg für kleine terrestrische Planeten etwa 150 K und etwa 15 K für Eismonde. Für die meisten Anwendungen sind diese Temperaturänderungen vernachlässigbar klein und die Adiabate kann für kleinere planetare Körper durch eine Isotherme ersetzt werden.

Die exponentielle Zunahme der Temperatur mit der Tiefe nach Gl. (5.50) ist für größere Festkörperplaneten unrealistisch, vornehmlich deshalb, weil α mit steigendem Druck abnimmt. Eine genauere, aber immer noch übersichtliche Diskussion kann mit Hilfe der Gl. (5.26) und (5.49) durchgeführt werden: Aus Gl. (5.41) ergibt sich unter den für Temperaturen oberhalb der Debye-Temperatur gültigen Annahmen, daß αK_T und C_V annähernd konstant sind:

$$\gamma = \gamma_0 \left(\frac{\varrho}{\varrho_0} \right)^{-1} . \tag{5.51}$$

Darüber hinaus folgt aus Gl. (5.26) und (5.28)

$$\frac{K_T}{K_0} = \left(\frac{\varrho}{\varrho_0} \right)^{K_T} \tag{5.52}$$

und aus Gl. (5.52) mit $\alpha K_T = \text{const.}$

$$\frac{\alpha}{\alpha_0} = \left(\frac{\varrho}{\varrho_0} \right)^{-K_T} . \tag{5.53}$$

Zusammengefaßt ergibt sich aus den Gl. (5.52), (5.51) und (5.49) mit Hilfe der Approximation $K_S \approx K_T$ und unter der realistischen Annahme, daß g im Mantel aufgrund der Dichtezunahme durch Kompression annähernd konstant ist, die folgende Abschätzung

$$\frac{\Delta T}{T_0} \approx \frac{\gamma_0 \varrho_0 g_0}{K_0} \left(\frac{\varrho_0}{\varrho} \right)^{K'} \Delta z . \tag{5.54}$$

Mit $\gamma_0 = 1.5, \varrho_0 = 4 \cdot 10^3 \, \text{kg m}^{-3}, g_0 = 10 \, \text{m s}^{-2}, K_0 = 10^{11} \, \text{Pa}, \varrho_0/\varrho = 0.8, K' \approx 5.5$ und $\Delta z = R_\text{P} - R_\text{c} = 3000$ km als repräsentative Werte für größere terrestrische Planeten wie Erde oder Venus ergibt sich in der Nähe der Kern-Mantel-Grenze

$$\frac{\Delta T}{T_0} \approx 0.5 , \tag{5.55}$$

entsprechend einem adiabatischen Temperaturanstieg über den Mantel von etwa 800 K. Der adiabatische Temperaturanstieg im Kern kann auf ähnliche Art und Weise abgeschätzt werden. Mit $\gamma_0 = 2, \varrho_0 = 7 \cdot 10^3 \, \text{kg m}^{-3}, g = 5 \, \text{m s}^{-2}, K_0 = 10^{11} \, \text{Pa}, \varrho_0/\varrho = 0.6, K' \approx 4.5$ und $\Delta z = 6000$ km als repräsentative Werte für Erde oder Venus ergibt sich ein adiabatischer Temperaturanstieg von der Kern-Mantel-Grenze mit einer grob abgeschätzten Temperatur von 3500 K bis zum Mittelpunkt um 1500 K.

An dieser Stelle sollte noch auf die wichtige Tatsache aufmerksam gemacht werden, daß die Steigung der Schmelzpunktkurve des Kerns geringer ist als die Steigung der Kernadiabaten, wie ein Vergleich der Gl. (5.40) und Gl. (5.49) ergibt. Dies bedeutet, daß im Zentrum eines terrestrischen Planeten ein *fester Kern ausfrieren* wird, sobald dort die Schmelztemperatur als Folge der Auskühlung unterschritten wird.

Dies ist in Abb. 5.14 angedeutet. Wir wissen, daß die Erde einen festen inneren Kern besitzt. Die Masse des inneren Kerns wird mit fortschreitender Auskühlung zunehmen. In gleichem Maße wird die Konzentration der leichten Elemente im äußeren Kern zunehmen und die Schmelztemperatur weiter absinken, da die in Frage kommenden leichten Elemente keine festen Lösungen mit Eisen bilden und daher vom inneren Kern weitgehend ausgeschlossen bleiben. Wir werden in Abschn. 5.5.2 sehen, daß das Wachstum eines inneren Kerns für die Erzeugung planetarer Magnetfelder große Bedeutung haben kann. Die Schmelztemperatur eines Fe-S-Kerns in eutektischer Zusammensetzung ist vermutlich geringer als die Temperaturen in den Mänteln der terrestrischen Planeten. Daher ist es wahrscheinlich, daß keiner der Kerne der terrestrischen Planeten vollständig ausgefroren ist.

Die in diesem Abschnitt besprochenen Modelle können auch dazu verwendet werden, die mittleren Dichten der festen planetaren Körper bei Standardbedingungen abzuschätzen. Diese Dichten sind hinsichtlich der chemischen Zusammensetzungen der Planeten aussagekräftiger als die wahren mittleren Dichten. In der Tab. 5.3 haben wir für einige Körper jeweils die beobachteten Dichten und die aus eigenen Abschätzungen berechneten Dichten bei Standardbedingungen zusammengestellt.

Tab. 5.3 Aus Masse und Radius berechnete mittlere Dichten bei Standardbedingungen ($T = 300$ K, $P = 10^5$ Pa) berechnet mit Hilfe von Aufbaumodellen.

	mittlere Dichte beobachtet in $kg\,m^{-3}$	mittlere Dichte bei Standardbedingungen in $kg\,m^{-3}$
Merkur	5430	5300
Venus	5250	4000
Erde	5515	4100
Mond	3340	3400
Mars	3940	3800
Io	3554	3600

5.3.4 Modelle des inneren Aufbaus: Riesen- und Subriesenplaneten

Modelle der Riesen- und Subriesenplaneten können auf ganz ähnliche Weise wie Modelle der Festkörperplaneten berechnet werden. Man muß allerdings bedenken, daß uns das Innere der Gasplaneten und die physikalischen Bedingungen im Inneren dieser Planeten noch weit weniger als das Innere der terrestrischen Planeten zugänglich sind, so daß diese Modelle notwendigerweise einen noch größeren spekulativen Charakter haben. So sind z. B. die Drücke im Innern der Gasplaneten so hoch (von etwa 500 GPa in Uranus und Neptun bis zu 1 TPa in Saturn und 5 TPa in Jupiter), daß die Eigenschaften der Materie unter diesen Bedingungen gegenwärtig im Labor nicht untersucht werden und theoretische Vorhersagen über das Verhalten der Materie nicht überprüft werden können. Allerdings kann man davon ausgehen, daß

einige der vereinfachenden Annahmen, die für die Modelle der Festkörperplaneten getroffen wurden, für die Gasplaneten sogar mit größerer Sicherheit erfüllt
sein dürften. So wird das Innere in guter Näherung im hydrostatischen Gleichgewicht
sein und der Druck darf aus der hydrostatischen Grundgleichung (5.42) berechnet
werden, wobei allerdings der Term mit ψ nicht ohne weiteres vernachlässigt werden
darf, da ψ für die Gasplaneten von der Größenordnung 10^{-1} ist (vgl. Tab. 5.2).
Die Temperaturverteilung im Innern der Gasplaneten folgt höchstwahrscheinlich
weitgehend der Adiabaten, da molekulare Wärmetransportmechanismen, wie Wärmeleitung und Strahlung nicht effektiv genug sein können, um Wärme mit der aus
der beobachteten Luminosität (vgl. Abschn. 5.4.1) geforderten Rate zu transportieren. Heftige Konvektion in den praktisch reibungslosen Gasen sollte unter diesen
Umständen eine adiabatische Temperaturverteilung gewährleisten.

Sehr viel schwieriger ist eine Angabe relevanter Zustandsgleichungen, da dies eine
entsprechende Kenntnis des Verhaltens der Materie bei den geforderten hohen Drük-
ken voraussetzen würde. Wie wir schon früher festgestellt haben (vgl. Abschn. 5.2),
darf man davon ausgehen, daß Wasserstoff und Helium (Jupiter und Saturn) sowie
Wasser, Methan und Ammoniak (Uranus und Neptun) und Gestein die wesentlichen
Bestandteile der Gasplaneten sind. Es wird allgemein für wahrscheinlich gehalten,
daß Wasserstoff bei Drücken, wie sie im Innern von Jupiter und Saturn zu finden
sein werden, metallisch wird. Dies konnte experimentell zwar bisher noch nicht bestätigt werden, ergibt sich aber zum einen aus der Feststellung, daß nach dem Pauli-
Prinzip alle Stoffe bei genügend hohen Drücken metallisch werden müssen und zum
anderen aus theoretischen Abschätzungen des Übergangsdrucks für Wasserstoff.
Dieser liegt nach diesen Berechnungen bei 0.5 TPa. In Abb. 5.15 ist das Phasendiagramm von Wasserstoff zusammen mit den Adiabaten für Jupiter und Saturn

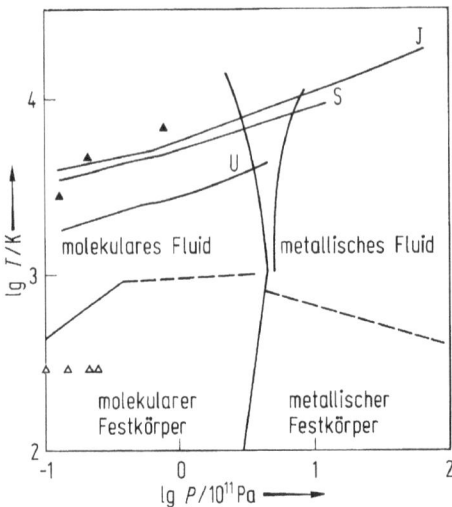

Abb. 5.15 Phasendiagramm von Wasserstoff nach [33]. Die Dreiecke deuten Meßwerte an.
Die gestrichelten Phasengrenzlinien sind besonders unsicher. Die mit U, S und J bezeichneten
Linien sind Abschätzungen der Verläufe der Adiabaten im Innern von Uranus (Neptun),
Saturn und Jupiter.

wiedergegeben. Dem Diagramm entnimmt man auch, daß die Gase in diesen Planeten überkritisch sind, d.h. fluiden Charakter haben. Die Thermodynamik von molekularem und metallischem Wasserstoff ist mit Ansätzen für innermolekulare Potentiale bzw. mit Ansätzen für die Energie eines Elektronengases und der Wechselwirkungsenergie mit Protonen modelliert worden. Die sog. Eiskomponenten H_2O, NH_3 und CH_4 wurden mit Hilfe der Thomas-Fermi-Dirac-Theorie und mit Hilfe quantenstatistischer Methoden modelliert. Bei Drücken von mehr als 20 GPa deutete sich in Experimenten an, daß die elektrische Leitfähigkeit von Wasser signifikant ansteigt. Dies könnte eine Folge der Dissoziation von Wasser zu $H_3O^+OH^-$ sein. In ähnlicher Weise könnte $NH_3 \cdot H_2O$ zu $NH_4^+OH^-$ dissoziiert sein. Man bezeichnet diese hypothetischen, elektrisch leitenden Schichten im tieferen Innern dieser Modelle der Subriesen als *Ionenozeane*. Die postulierten metallischen und ionischen Bereiche der Gasplaneten geben eine plausible Erklärung für die beobachteten Magnetfelder dieser Planeten. Da die genannten Schichten sowohl elektrisch leitend als auch fluid sein würden, könnte in ihnen, wie weiter unten in Abschn. 5.5.2 diskutiert werden wird, ein Magnetfeld durch einen planetaren Dynamo erzeugt werden.

Es hat sich herausgestellt, daß die Dichtevariation entlang der Isentropen bei großen Drücken, entsprechend den Drücken im tiefen Innern der Gasplaneten, durch eine sog. *Polytrope* mit Index 1 recht zufriedenstellend angenähert werden kann. Die Polytrope ist

$$P(\varrho)|_T = \Phi \varrho^{1+1/n}, \tag{5.56}$$

wobei Φ die Polytropenkonstante und n der Polytropenindex ist. Der Gesamtdruck ergibt sich nach Gl. (5.23), (5.28) und (5.41), unter Beachtung, daß $C_v = 3R$ für ein ideales Gas, zu

$$P(\varrho) = \Phi \varrho^{1+1/n} + \frac{3\gamma \varrho RT}{\tilde{m}_{\mathrm{mol}}} \tag{5.57}$$

wobei $\tilde{m}_{\mathrm{mol}}$ die Molmasse ist. Im Inneren der Riesenplaneten ist der thermische Druck $P(T)|_\varrho$ etwa 10 % des Gesamtdrucks und damit nicht vernachlässigbar klein. Mit $P(\varrho)$, gegeben durch die Polytrope, wird die Adiabate zu

$$\frac{T}{T_0} = \left(\frac{P}{P_0}\right)^{\gamma/(1+1/n)} \tag{5.58}$$

Die Polytrope ist eine Zustandsgleichung mit interessanten Eigenschaften. Der Polytropenindex hängt vom Druck ab. Bei sehr geringen Drücken ($P \to 0$) muß die Dichte unabhängig vom Druck sein und daher ist $n \approx 0$. In diesem Grenzfall entspricht die Polytrope dem idealen Gasgesetz. Im Falle sehr großer Drücke, bei denen der mittlere Elektronenabstand gegen 0 strebt, ist $n = 3/2$. In diesem Fall ist

$$P \approx \frac{G m_{\mathrm{P}}^2}{R_{\mathrm{P}}^4} \approx \Phi \left(\frac{m_{\mathrm{P}}}{R_{\mathrm{P}}^3}\right)^{5/3}. \tag{5.59}$$

Daraus ergibt sich

$$m_{\mathrm{P}} \sim R_{\mathrm{P}}^{-3}. \tag{5.60}$$

Der Radius eines solchen Körpers schrumpft also mit zunehmender Masse. Weiße Zwerge werden durch solche Zustandsgleichungen beschrieben. Diese Sterne haben Massen von etwa 1000 Erdmassen. Diese Überlegungen gelten für kalte Körper, für die Temperatureffekte auf die Zustandsgleichungen relativ unbedeutenden Einfluß haben. Hauptreihensterne, wie die Sonne, in deren Innern Kernfusionsreaktionen ablaufen, werden durch diese Gleichungen nicht beschrieben.

Im mittleren Druckbereich, entsprechend den Drücken im tiefen Innern der Gasplaneten, hat der Polytropenindex den Wert 1. In diesem Fall ist $R_P^2 \approx \Phi/G$ unabhängig von der Masse. Wird zu einem solchen Körper – etwa während der Akkretion – Masse zugeführt, so komprimiert der Körper gerade so, daß der Radius nicht zunimmt. Dieser Radius ist demnach der maximale Radius, den ein Körper einnehmen kann, dessen Zustand durch die Polytrope beschrieben wird. Die Dichteverteilung in einem Körper unter Gültigkeit der ($n = 1$)-Polytrope kann man analytisch berechnen und man erhält

$$\varrho(r) = \varrho_z \frac{\sin(\Gamma r)}{\Gamma r}. \tag{5.61}$$

Hierbei ist r der radiale Abstand vom Massenzentrum des Planeten, ϱ_z ist die Zentraldichte und $\Gamma = (2\pi G/\Phi)^{1/2}$. Die Zentraldichte hängt mit der mittleren Dichte ϱ über $\varrho_z = 3.29\,\varrho$ zusammen. Der (maximale) Radius des Körpers ist für $n = 1$

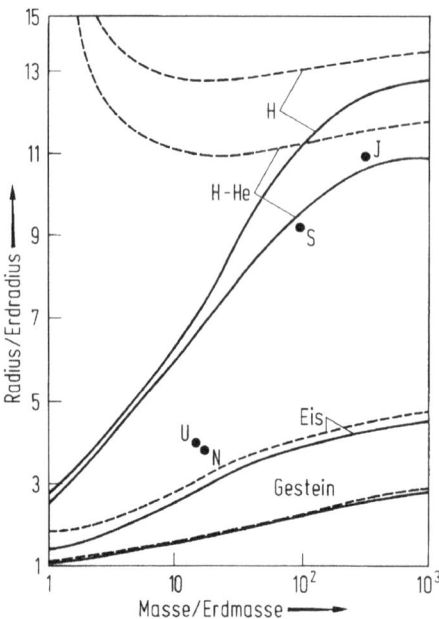

Abb. 5.16 Radius-Masse-Relationen für isentropische (gestrichelte Linien) und ($T = 0$ K)-isotherme (durchgezogene Linien) planetare Modellkörper nach [5]. Die Massen und Radien der Gasplaneten Jupiter, Saturn, Uranus und Neptun sind durch die Buchstaben J, S, U und N markiert.

$$R_P = \frac{\pi}{\Gamma} \tag{5.62}$$

$$= \left(\frac{\pi\,\Phi}{2\,G}\right)^{\frac{1}{2}} \tag{5.63}$$

und der Zentraldruck ist

$$P_z = 0.393\,\frac{G M^2}{R_P^4}\,. \tag{5.64}$$

Man kann Φ aus Betrachtungen der atomaren Wechselwirkungsenergien für einfache Stoffe berechnen [6]. Mit Hilfe von Gl. (5.63) erhält man Radien von Modellplaneten: Der maximale Radius einer Wasserstoffkugel wäre 82 600 km, der einer Heliumkugel 35 000 km und der einer Kohlenstoffkugel 26 000 km.

Abb. 5.16 zeigt die Radius-Masse-Relation für einige einfache isentropische Modellkörper im Vergleich mit den Massen und Radien einiger Planeten nach [5]. Man erkennt deutlich, daß Jupiter und Saturn aus Wasserstoff-Helium-Mischungen in annähernd solarer Zusammensetzung bestehen müssen. Kein anderes Material ist leicht genug, um die Radien dieser Körper erklären zu können. Das Eismodell (nach [12]) ergibt eine recht befriedigende Erklärung für die beiden Subriesen. Die Bereiche in der Nähe der Maxima der Radius-Masse-Relationen sind die Gültigkeitsbereiche der ($n = 1$)-Polytropen. Der Maximalradius der Wasserstoffkugel entspricht in etwa dem weiter oben angegebenen Wert.

5.4 Energiebilanz und Dynamik planetarer Körper

Einige Planeten und Trabanten zeigen eine erstaunliche Aktivität. Auf der Erde kennen wir Vulkanismus und Erdbebentätigkeit, sowie – über lange Zeiträume betrachtet – die Verschiebung von Kontinenten, die Hebungen und Senkungen von Krustenblöcken und die Aufwerfung von Faltengebirgen, wie etwa die Alpen, den Himalaya und die Anden. Maßgrößen für die Aktivität eines Planeten sind neben der Erneuerungsrate der Oberfläche auch, wie wir weiter unten sehen werden, der *Wärmefluß* aus dem Innern, die sog. intrinsische *Leuchtkraft* oder *Luminosität*, sowie die Stärke des im Inneren des Planeten erzeugten *Magnetfeldes*. Für einige Planeten sind diese Daten in den Tab. 5.4 und 5.8 (Abschn. 5.5) zusammengestellt.

Es wird vermutet, daß auch die Venus heute vulkanisch aktiv ist, ohne allerdings Plattentektonik zu zeigen (vgl. Abschn. 5.6.1). Vielmehr scheinen die Vulkane auf einer weitgehend geschlossenen Lithosphärenhülle zu sitzen. Die Vulkanschlote durchbohren die Lithosphäre und fördern Magma aus dem oberen Mantel. Die Radaraufnahmen durch die Magellansonde 1990–1994 haben gezeigt, daß die Oberfläche der Venus tausende Vulkane aufweist. Die Oberflächenerneuerungsrate beträgt nach Abschätzungen aus diesen Daten $1\,\mathrm{km^2\,a^{-1}}$. Als den vulkanisch aktivsten Körper im Planetensystem kennen wir den Jupitermond Io (vgl. Abschn. 5.6.1). Dort beträgt die Oberflächenerneuerungsrate mindestens $4000\,\mathrm{km^2\,a^{-1}}$, d.h., daß die Oberfläche alle 10^4 Jahre erneuert wird; der Oberflächenwärmefluß beträgt minde-

Tab. 5.4 Leuchtkraft (Oberflächenwärmeflüsse) und Oberflächenerneuerungsrate einiger planetarer Körper.

	intrinsische Leuchtkraft/Fläche in mW m^{-2}	spezifische Leuchtkraft in pW kg^{-1}	Oberflächen-erneuerungsrate in km^2 a^{-1}
Venus	?	?	1
Erde	84 ± 20	7	
(Ozeanböden)	99		1,5
(Kontinente)	60		$4 \cdot 10^{-2}$
Mond	15	7,6	–
Jupiter	5400 ± 400	176	–
Io	2500 ± 300	890	$> 4 \cdot 10^3$
Saturn	2000 ± 140	152	–
Uranus	41	4	–
Neptun	444	67	–

stens 2.5 Wm^{-2} und ist damit vergleichbar mit dem des Jupiter. Besonders auffällig ist die sehr hohe Luminosität pro Masse (*spezifische Leuchtkraft*) der Io, die eine außergewöhnliche Wärmequelle im Inneren des Trabanten vermuten läßt. Wir werden weiter unten sehen, daß *Dissipation von Gezeitenenergie* die wahrscheinliche Energiequelle in Io ist. Auf den anderen terrestrischen planetaren Körpern scheint der Vulkanismus erloschen zu sein. Es gibt aber auf jedem Körper Belege vergangener vulkanischer Aktivität. Beispiele dafür sind die lunaren Maria, dunkle tiefliegende Gebiete, und die riesigen Schildvulkane auf dem Mars (Abb. 5.17).

Vulkanismus ist die Folge partiellen Schmelzens des Planeteninneren und des Aufsteigens der spezifisch leichteren Schmelze. Dieser Vorgang ist nicht nur auf die erdähnlichen Gesteinskörper beschränkt. Auch die Eise im Innern der Eismonde der Riesenplaneten können chemische Komponenten enthalten, die einen relativ niedrigen Schmelzpunkt haben. Dies kann zum Beispiel Ammoniak sein. Bei genügender Energiezufuhr kann deshalb eine „Lava" aus Ammoniak-Wasser-Lösung erzeugt werden. Dies führt zu Oberflächenereignissen auf Eismonden, die dem Vulkanismus ähneln. Zeugnisse von früheren Oberflächenerneuerungen auf Eismonden findet man beispielsweise auf den Jupitermonden Europa und Ganymed. Auf dem Neptunmond Triton ist aktive *Geysirtätigkeit* beobachtet worden. Vermutlich handelt es sich dabei um Stickstoffgeysire, die ihre Energie allerdings höchstwahrscheinlich nicht aus dem Planeteninnern sondern aus der solaren Einstrahlung beziehen.

Auch die Atmosphäre der Planeten zeigen dynamische Aktivität. Bemerkenswert sind insbesondere die großen Flecken auf Jupiter und Neptun, die als gigantische Wirbelstürme interpretiert werden. Über planetare Atmosphären wird an anderer Stelle in diesem Band berichtet (Kap. 7).

Die Ursache der dynamischen Aktivität der Planeten darf in Konvektionsbewegungen gesehen werden. Sowohl die Mäntel der terrestrischen Planeten als auch die Atmosphären sind instabil gegenüber freier thermischer Konvektion. Auch die Magnetfelderzeugung in den Kernen der terrestrischen Planeten und in den metallischen Schichten der Gasplaneten ist auf Konvektion zurückzuführen. Ein wesent-

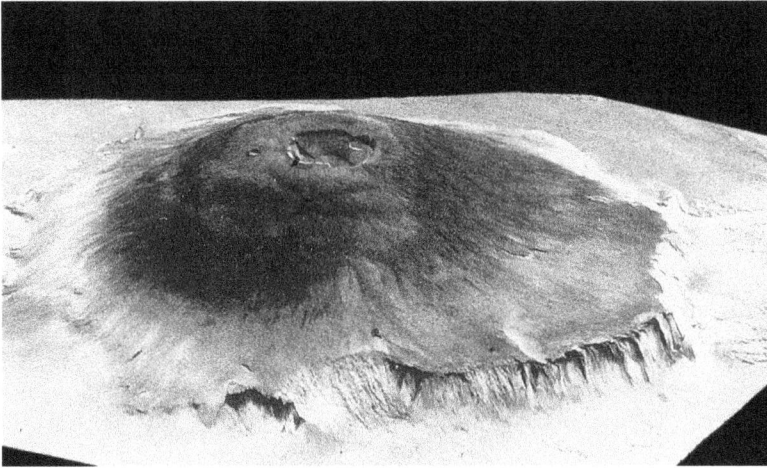

Abb. 5.17 Der Vulkan Olympus Mons auf dem Mars ist der größte Vulkan im Planetensystem (Aufnahme des *Viking*-Satelliten). Er hat einen Durchmesser von etwa 500 km und eine Höhe von 26.5 km über dem mittleren Marsniveau. Der Durchmesser der Kaldera beträgt 80 km; die steile Flanke hat eine Höhe von etwa 6 km. © NASA/JPL.

licher Unterschied besteht allerdings in den Zeitskalen: Während eine Skalenhöhe[2] der Atmosphären in Stunden durchlaufen wird, sind dies in den Mänteln der terrestrischen Planeten Millionen Jahre. In den Kernen der terrestrischen Planeten beträgt die Zeitskala vermutlich Jahre. Die Planeten können daher als geschichtete *Wärmekraftmaschinen* aufgefaßt werden, die Wärme in mechanische Arbeit und magnetische Feldenergie umsetzen.

5.4.1 Planetare Energiebilanz

Die von einem Planeten abgestrahlte Leistung wird als seine *Leuchtkraft* oder *Luminosität* L_P bezeichnet und setzt sich aus drei Komponenten zusammen:

$$L_P = L_r + L_s + L_i \,. \tag{5.65}$$

L_r ist die Leistung der vom Planeten reflektierten Sonneneinstrahlung und L_s ist die Leistung, mit der solare Energie, die zunächst vom Planeten absorbiert wurde, wieder abgestrahlt wird. L_i ist die intrinsische Leuchtkraft und entspricht dem Wärmefluß aus dem Inneren des Planeten. Zur Bestimmung der Luminositäten wird die abgestrahlte Leistung über alle Raumwinkel gemessen und gemittelt. Die *Bond-Albedo*

$$A = \frac{L_r}{L_r + L_s} \tag{5.66}$$

---

[2] Eine Skalenhöhe ist die Höhenstrecke in einer konvektierenden Schicht, über die der Druck um $1/e$ abnimmt.

gibt den Teil der auf den Planeten einstrahlenden Sonnenleistung an, der unmittelbar reflektiert wird. L_r und $L_s + L_i$ können relativ leicht von Raumfahrzeugen aus gemessen werden, da ihre Spektren bei sehr verschiedenen Wellenlängen ihr Maximum haben. Das Maximum des Spektrums von L_r liegt im sichtbaren Bereich des elektromagnetischen Spektrums bei Wellenlängen von 0.4 bis 0.8 μm und entspricht der Strahlungstemperatur der Sonne von etwa 6000 K. Die $L_s + L_i$ zugeordnete Temperatur eines schwarzen Strahlers, die *effektive Temperatur* T_e der Oberfläche eines Planeten, ist gegeben durch

$$\sigma T_e^4 = (2\hbar c^2) \int\limits_0^\infty \lambda^{-5} (e^{\left(\frac{\hbar c}{\lambda k T_e}\right)} - 1)^{-1} \, d\lambda \,, \tag{5.67}$$

$$= \frac{1}{S_{eff}} (L_s + L_i) \,, \tag{5.68}$$

$$\sigma T_e^4 = \frac{1}{S_{eff}} \left((1 - A) L_{sol} \left(\frac{R_P}{2a}\right)^2 + L_i \right). \tag{5.69}$$

In Gl. (5.67) ist σ die Stefan-Boltzmann-Konstante, $\hbar$ die Planck-Konstante, c die Lichtgeschwindigkeit und λ die Wellenlänge der Strahlung. In Gl. (5.68) ist S_{eff} die effektiv strahlende Fläche des Planeten. Bei schnell rotierenden Planeten entspricht S_{eff} im wesentlichen der gesamten Oberfläche; bei langsam rotierenden Planeten ist S_{eff} in guter Näherung gleich der halben Oberfläche. In Gl. (5.69) ist L_{sol} die Luminosität der Sonne und a der mittlere Bahnabstand des Planeten. Werte von T_e liegen zwischen 30 K für Pluto und 450 K für Merkur. Obwohl die Planeten keine idealen Strahler sind, entsprechen diese Temperaturen in etwa ihren Oberflächentemperaturen bzw. den Temperaturen in den äußersten, optisch dichten Schichten der planetaren Atmosphären. Die Wellenlängen, für die $L_s + L_i$ ihr Maximum annimmt, liegt im infraroten Bereich des elektromagnetischen Spektrums bei 5 bis 100 μm.

L_s und L_i können durch eine Inversion des elektromagnetischen Spektrums im Infrarotbereich separiert werden. Sei T_s die effektive Temperatur des Planeten für $L_i = 0$, dann ist

$$L_i = 4 \pi R_P^2 \sigma (T_e^4 - T_s^4) \,. \tag{5.70}$$

Dieses Verfahren kann allerdings nur angewendet werden, sofern L_i nicht sehr viel kleiner als L_s ist, da sonst $T_e^4 \approx T_s^4$. Leider ist dies für die terrestrischen Planeten durchweg der Fall. Dies liegt zum einen an ihrer Sonnennähe und zum anderen an ihrer relativ geringen intrinsischen Leuchtkraft. Der einzige feste planetare Körper für den T_e signifikant verschieden von T_s ist, ist der Jupitermond Io, auf dessen hohe intrinsische Leuchtkraft schon hingewiesen wurde.

Der Wärmefluß aus dem Inneren eines festen Planeten kann *in situ* auf der Oberfläche gemessen werden. Die Messung des *Oberflächenwärmeflußes* geschieht durch Messung des oberflächennahen Temperaturgradienten und der Wärmeleitfähigkeit in Bohrlöchern. Allerdings muß die Messung unterhalb der Eindringtiefe der Sonneneinstrahlung durchgeführt werden, oder aber entsprechend korrigiert werden. Die Erfahrung auf der Erde, dem einzigen Planeten, für den solche Messungen in globaler Überdeckung vorliegen, hat gezeigt, daß der Wärmefluß regional um Faktoren von 3 bis 5 variieren kann und an manchen Stellen den globalen Mittelwert von $84\,\text{mW}\,\text{m}^{-2} \pm (10-20)\%$ sogar um eine Größenordnung übersteigt. Man darf deshalb nicht erwarten, daß Wärmeflußmessungen an einigen Stellen ohne weiteres repräsentative Werte ergeben. Der einzige andere Körper für den – insgesamt zwei – Wärmeflußmessungen vorliegen, ist der Mond. Die beiden Meßwerte sind $21\,\text{mW}\,\text{m}^{-2}$ und $14\,\text{mW}\,\text{m}^{-2}$, entsprechend einer intrinsischen Leuchtkraft von $7 \cdot 10^{11}\,\text{W}$.

5.4.2 Innere Energiequellen

Die intrinsische Leuchtkraft eines Planeten wird, indem er abkühlt, in erheblichem Umfang aus seinem Vorrat an innerer Energie gespeist. Dieser Vorrat stammt zu einem großen Teil aus potentieller Energie, die während der Akkretion als Wärme im Planeten gespeichert wurde. Darüberhinaus kommen als innere Energiequellen in Betracht:

- potentielle Energie, insbesondere die bei der Differentiation dissipierte,
- nukleare Bindungsenergie, die beim radioaktiven Zerfall freigesetzt wird,
- latente Wärme, hauptsächlich Kristallisationswärme,
- Joulesche Wärme sowie
- Dissipation von Bahn- und Rotationsenergie durch Gezeiten.

Heute spielt die Dissipation von Gezeitenenergie nur noch beim Jupitermond Io mit einiger Sicherheit eine wichtige Rolle. Darüberhinaus könnte im Kern des Merkur [20] und im Jupitertrabanten Europa Gezeitenenergie mit nicht vernachlässigbarer Rate dissipiert werden. In der Vergangenheit war Gezeitendissipation mit großer Wahrscheinlichkeit für weitere Trabanten der Riesenplaneten von erheblicher Bedeutung, insbesondere für die Jupitermonde Europa und Ganymed sowie für den Neptunmond Triton.

Joulesche Wärme entsteht in Gebieten, in denen elektrische Ströme fließen. Dies sind die Ionosphären der Planeten und die Gebiete, in denen durch magnethydrodynamische Dynamowirkung ein Magnetfeld erzeugt wird (vgl. Abschn. 5.5). Latente Wärme ist vermutlich eine wichtige Wärmequelle im Erdkern. Sie wird beim Ausfrieren des festen inneren Kerns frei und könnte auch für die Kerne anderer terrestrischer Planeten von Bedeutung sein oder in der Vergangenheit bedeutend gewesen sein. Modellrechnungen haben eine gegenwärtige Wachstumsrate des festen inneren Kerns der Erde von $250\,\text{mm}\,\text{Ma}^{-1}$ ergeben. Bei einer latenten Wärme von 50 bis $100\,\text{kJ}\,\text{K}^{-1}$ ergibt sich daher eine Wärmeerzeugungsrate von $10^{12}\,\text{W}$. Dies sind etwa 2.5% des gegenwärtigen Oberflächenwärmeflusses der Erde und etwa 30% des Wärmeflußes aus dem Kern in den Mantel.

Potentielle Energie wird beim Abkühlen und der damit verbundenen Kontraktion eines Planeten, aber auch bei gravitativer Differentiation des Planeten frei. Während die beim Abkühlen freigesetzte potentielle Energie des Planeten als Teil seiner Wärmekapazität aufgefaßt werden kann, kann die bei der Differentiation freiwerdende potentielle Energie als Wärmequelle eine gewisse Bedeutung haben. Ein Beispiel für Differentiationsvorgänge in terrestrischen Planeten ist wiederum das Ausfrieren des inneren Kerns. Es wird weitgehend angenommen, daß der Kern aus einer Legierung von Eisen und Schwefel besteht. Da beide Elemente zusammen keine feste Legierung bilden, besteht der ausfrierende innere Kern aus fast reinem Eisen und der Schwefel wird im äußeren Kern angereichert. Die dabei freiwerdende potentielle Energie ist von der gleichen Größenordnung wie die latente Wärme. Ein weiteres Beispiel ist das vermutete Abregnen von Heliumtropfen im Inneren des Saturn (vgl. Abschnitt 5.6.2).

Akkretions- und Differentiationsenergie. Während der Akkretion sind die Protoplaneten wahrscheinlich erheblich aufgeheizt worden. Als obere Abschätzung für die während der Akkretion in Wärme umgesetzte Energie kann die insgesamt verfügbare Gravitationsenergie eines Planeten dienen. Sie ist von der Größenordnung Gm_P/R_P. Für Jupiter beispielsweise beträgt die insgesamt verfügbare Gravitationsenergie pro Masse $1\,\mathrm{GJ\,kg^{-1}}$, der Wert für Uranus ist etwa eine Größenordnung kleiner. Für die terrestrischen Planeten beträgt die insgesamt verfügbare Gravitationsenergie pro Masse zwischen einem $\mathrm{MJ\,kg^{-1}}$ für größere Trabanten wie den Erdmond oder Io und $40\,\mathrm{MJ\,kg^{-1}}$ für die Erde. Wieviel von diesen Energien in innere Energie umgesetzt worden ist und mit welcher Rate dies geschah, hängt von der Zeitdauer der Akkretion ab, von der Temperatur in der Umgebung des wachsenden Planeten, von den Größen- und Geschwindigkeitsverteilungen der Planetesimale, und davon, wie effektiv der wachsende Planet die Energie zurückhalten kann. Die wichtigsten Wärmeverlustmechanismen sind Strahlung und Konvektion in der Protoatmosphäre. Die Effekte aller genannten Prozesse sind quantitativ so gut wie unbekannt.

Eine einfache Energiebilanzgleichung kann für wachsende terrestrische Planeten aufgestellt werden, wenn die Effekte der Kompression vernachlässigt werden:

$$\varrho \left[\frac{Gm_P(r)}{r} - C_P(T(r) - T_0) \right] \frac{\mathrm{d}r}{\mathrm{d}t} = \sigma \left(T(r)^4 - T_0^4 \right). \tag{5.71}$$

Hier bezeichnet ϱ die mittlere Dichte des wachsenden Planeten (entsprechend der mittleren Dichte der Planetesimalen), r den augenblicklichen Radius des Planeten, $m_P(r)$ seine Masse, $\mathrm{d}r/\mathrm{d}t$ die Wachstumsrate, C_P die mittlere Wärmekapazität bei konstantem Druck, $T(r)$ die Temperatur im Planeten im Abstand r vom Zentrum, σ die Stefan-Boltzmann-Konstante und T_0 die mittlere Umgebungstemperatur des Planeten. In dieser Gleichung sind die wichtigen Parameter $\mathrm{d}r/\mathrm{d}t$ und T_0 unbekannt, wobei die mangelnde Kenntnis von $\mathrm{d}r/\mathrm{d}t$ bedeutender ist. Dennoch läßt sich aus Gl. (5.71) schließen, daß die Temperatur in einem gerade entstandenen Planeten mit Abstand r vom Zentrum anwachsen wird, und, sofern der Akkretionsprozeß in wenigen 10 Ma abgeschlossen wurde, bis zu einigen 10^3 K betragen kann. Das Akkretionstemperaturprofil hat den umgekehrten Verlauf des im vorigen Abschnitt für die heutigen terrestrischen Planeten geschilderten Temperaturprofils. Darüberhinaus ist es gegenüber thermischer Konvektion stabil geschichtet. Die Umkehrung des Temperaturprofils ist allerdings eine unvermeidliche Folge der Aufheizung des Innern durch radioaktive Wärmequellen bzw. durch die Differentiation des homogen angenommenen Planeten durch Kernbildung.

Die Energie, die bei der Bildung eines solchen Kerns dissipiert wird, kann aus der Differenz der potentiellen Energien des Planeten vor und nach der Differentiation berechnet werden. Die potentielle Energie des homogenen Planeten U_H ist

$$U_H = -\frac{16}{15}\,\pi^2 G R_P^5 \varrho^2 = -\frac{3}{5}\,\frac{Gm_P^2}{R_P}.$$ (5.72)

Die potentielle Energie U_D eines in Kern und Mantel differenzierten Planeten mit mittlerer Manteldichte ϱ_m und mittlerer Kerndichte ϱ_c ist

$$U_D = -\frac{16}{15}\,\pi^2 G R_P^5 \left[\varrho_m^2 + \frac{5}{2}\,\varrho_m(\varrho - \varrho_m) \right.$$
$$\left. + \left(\frac{3}{2}\,\varrho_m - \varrho_c\right)(\varrho_m - \varrho_c)\left(\frac{\varrho - \varrho_m}{\varrho_c - \varrho_m}\right)^{5/3} \right].$$ (5.73)

Hierbei wurde wiederum angenommen, daß die Kompression vernachlässigt werden kann; darüberhinaus wurde angenommen, daß die Gesamtmasse erhalten bleibt. Aus den Gl. (5.72) und Gl. (5.73) kann man nun die Differentiationsenergie relativ zur maximal verfügbaren Akkretionsenergie berechnen und erhält:

$$\frac{U_H - U_D}{-U_H} = -1 + \frac{5}{2}\,\frac{\varrho_m}{\varrho} - \frac{3}{2}\,\frac{\varrho_m^2}{\varrho^2}$$
$$+ \left(\frac{3}{2}\,\frac{\varrho_m}{\varrho} - \frac{\varrho_c}{\varrho}\right)\left(\frac{\varrho_m}{\varrho} - \frac{\varrho_c}{\varrho}\right)\left(\frac{\varrho - \varrho_m}{\varrho_c - \varrho_m}\right)^{5/3}.$$ (5.74)

Sowohl für Eismonde als auch für terrestrische Planeten kann die relative Differentiationsenergie etwa 10 % der Akkretionsenergie betragen und ist damit erheblich, zumal diese Energie insgesamt im Inneren dissipiert wird und nicht wie die Akkretionsenergie größtenteils von der Oberfläche unmittelbar wieder abgegeben wird.

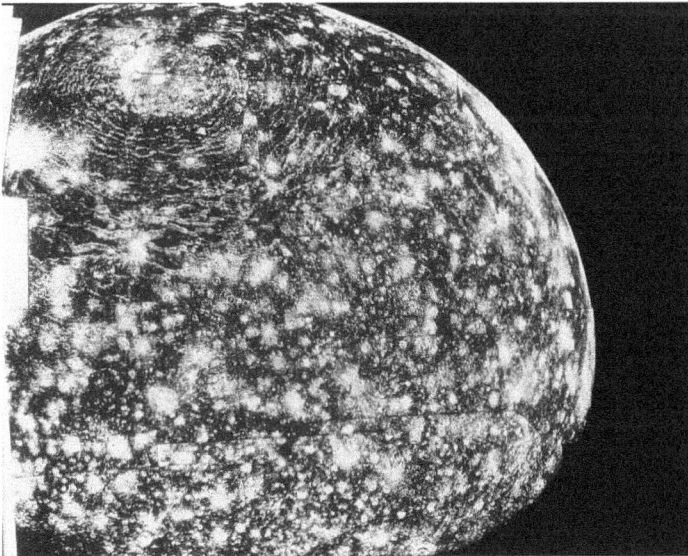

Abb. 5.18 Der Jupitermond Callisto (Photomosaik aus *Voyager*-Aufnahmen, die durch Bildverarbeitung kontrastverstärkt wurden). Die Oberfläche des Mondes zeigt eine der höchsten im Planetensystem gemessenen Kraterdichte und ist demnach sehr alt.

Abb. 5.19 Der Jupitermond Ganymed in einer *Voyager*-Aufnahme. Die Oberfläche des Ganymeds ist morphologisch sehr variabel. Sie zeigt dunkle Flächen hoher Kraterdichte und helle Flächen mit niedriger Kraterdichte sowie Verwerfungen und Flächenverschiebungen. Die dunklen Flächen sind durch die Sonnen- und die kosmische Strahlung gealtert, die hellen Flächen zeigen relativ frisches Eis. © NASA/JPL.

Es wird heute angenommen, daß die terrestrischen Planeten alle sehr früh, entweder während der Akkretion oder bald danach, in einen eisenreichen Kern und einen silicatischen Mantel differenzierten. Die dabei dissipierte Energie hat vermutlich dafür gesorgt, daß die Kerne aufgeschmolzen wurden und die Mäntel bis nahe an die Solidustemperatur aufgeheizt wurden. Als Folge der Kerndifferenzierung ergab sich damit sehr früh in der Entwicklung der terrestrischen Planeten ein Temperaturprofil, das dem der Abb. 5.14 entsprach.

Ein weiterer Differentiationsvorgang in terrestrischen Planeten ist die Bildung der planetaren Kruste durch partielles Aufschmelzen des Mantels und durch Aufstieg des Magmas zur Oberfläche. Die dabei freiwerdende potentielle Energie ist allerdings vernachlässigbar klein. Wie wir weiter unten sehen werden, hat die Bildung der Kruste allerdings durch die mit ihr einhergehende Umverteilung der radioaktiven Elemente eine erhebliche Bedeutung für den Energiehaushalt der terrestrischen Planeten.

Für die Eismonde ergibt sich möglicherweise ein ähnliches Bild: Einige Eismonde, wie z. B. Callisto (Abb. 5.18), zeigen eine sehr stark zerkraterte Oberfläche. Diese Oberfläche trägt damit vermutlich noch die Spuren der Spätphase der Akkretion. Die Oberflächen anderer Eismonde, wie z. B. die des Jupitermonds Ganymed (Abb. 5.19), sind erheblich weniger zerkratert und vermutlich nach der Akkretion durch endogene Aktivität erneuert worden. Die Energie, die für die Erneuerung der Oberfläche aufgewendet werden müßte, könnte aus der Differentiation eines Gesteinskerns gewonnen worden sein. Das Innere des Jupitermonds Callisto ist wahrscheinlich nicht vollständig ausdifferenziert.

Radiogene Quellen. Nach dem Abschluß der Akkretion und einer möglichen Differentiation durch Kernbildung ist der Zerfall der radioaktiven Isotope ^{238}U, ^{235}U, ^{232}Th und ^{40}K die Hauptwärmequelle für die meisten der festen planetaren Körper. Dies gilt für die terrestrischen Planeten und für den Mond; für die Eismonde in dem Maße, in dem Silicatgestein zu ihrer Zusammensetzung beiträgt.

Die Halbwertszeiten des Zerfalls der genannten Isotope ist vergleichbar mit dem Alter des Planetensystems. Die relativen Anteile der radioaktiven Isotope an den Gesamtkonzentrationen der jeweiligen Elemente betragen 0.9928 für ^{238}U, 0.0072 für ^{235}U, 1.0 für ^{232}Th und $1.167 \cdot 10^{-4}$ für ^{40}K. Die Konzentrationen der radioaktiven Isotope im Inneren der festen planetaren Körper sind selbst für die Erde nicht sehr genau bekannt. Nimmt man die Konzentrationen in primitiven Meteoriten den sog. *Chondriten* als repräsentativ an, so erhält man 12 ppb U, 40 ppb Th und 840 ppm ^{40}K. 1 ppb (part per billion) entspricht einem Teil pro 10^9 Teilen; 1 ppm (part per million) entspricht einem Teil pro 10^6 Teilen. Konzentrationen radioaktiver Isotope sind zwar in Krustengesteinen der Erde und des Mondes, in einigen Mantelgesteinen der Erde und in SNC-Meteoriten (vgl. Fußnote auf S. 509), die nach weitgehend akzeptierter Meinung ursprünglich von der Marskruste stammen, bestimmt worden, doch kann aus diesen Daten nicht ohne weiteres auf die Gesamtgehalte der Planeten an radioaktiven Elementen geschlossen werden. Allenfalls kann davon ausgegangen werden, daß die gemessenen Verhältnisse der Konzentrationen K/U und Th/U repräsentativ sind. Der Wert des Verhältnisses von Th/U von etwa 4 (im Mittel) scheint für die meisten planetaren Körper repräsentativ zu sein. Dagegen variiert K/U erheblich, von $2 \cdot 10^3$ in Mondgesteinen bis zu $7 \cdot 10^4$ in chondritischen Meteoriten. Kalium ist ein recht flüchtiges Element und wird in Planeten mit hohen Bildungstemperaturen abgereichert sein. Das Krustengestein der Venus zeigt (an drei Stellen) K/U-Werte von $7 \cdot 10^3$, die denen des irdischen Krustengesteins ($1.2 \cdot 10^4$) ähneln. Ähnliches gilt für die SNC-Meteorite (vgl. Tab. 5.5).

Wegen ihrer großen Ionenradien und ihrer Valenzen sind U, Th und K stark lithophil, d.h. sie reichern sich in partiell geschmolzenem Gestein in der Schmelze an. Aus diesem Grund ist Krustengestein als Produkt des partiellen Schmelzens des Mantels (sog. *magmatische Differentiation*) an radioaktiven Elementen angereichert und der Mantel entsprechend verarmt. In der Tat hat die durch die radioaktiven Elemente der Erdkruste erzeugte Wärme einen Anteil von mehr als 10 % am Oberflächenwärmefluß. Schon aus diesen Gründen können die in Krustengestein gemessenen Konzentrationen von U, Th und K nicht repräsentativ für den gesamten Planeten sein. Ähnliches sollte für die anderen terrestrischen Planeten gelten. An wenigen Stellen der Erdoberfläche ist Mantelgestein bis in geringe Tiefen aufgestiegen und durch Erosion freigelegt worden. Die in diesen Gesteinen bestimmten Wärmequelldichten betragen bis zu weniger als 1 % der Werte kontinentaler Krustengesteine. Aus diesem Grund wird manchmal die Konzentration der radioaktiven Elemente für den gesamten Planeten unter der Annahme abgeschätzt, daß der Mantel völlig verarmt ist und alle radioaktiven Elemente in der Kruste konzentriert sind.

Es wird gewöhnlich angenommen, daß radioaktive Elemente lediglich in Kruste und Mantel vorkommen, nicht aber in den eisenreichen Kernen der Planeten. Bei hohen Drücken (> 30 GPa) könnte K allerdings eine Phasenumwandlung durchlaufen, bei der die 4 *s*-Elektronen in die 3 *d*-Schale gezwungen würden. Kalium wäre unter diesen Umständen ein Übergangselement und würde eine Affinität zu Eisen zeigen. Die Annahme von Kalium im Erdkern könnte eine Erklärung zumindest für einen Teil der Verarmung der Kruste und des Mantels der Erde an K relativ zu Chondriten sein.

Eine obere Abschätzung der Wärmeproduktionsraten für die Erde und den Mond kann unter der Annahme eines Gleichgewichts zwischen radiogener Wärmeerzeugung und Oberflächenwärmefluß berechnet werden. Die Wärmeerzeugungsrate pro Masse über die Gesamtheit der radioaktiven Isotope ergibt sich aus den Konzentrationen c_i dieser Elemente und ihren spezifischen Wärmeerzeugungsraten H_i zu

$$H = \sum_i c_i H_i \,. \tag{5.75}$$

Unter der Annahme, daß keine nennenswerten Konzentrationen radioaktiver Isotope im Kern vorhanden sind, erhält man für die Erde als mittlere Wärmequelldichte $9.1 \cdot 10^{-12}$ W kg^{-1}. Mit Hilfe der obigen Konzentrationsverhältnisse K/U und Th/U vgl. Tab. 5.5 sowie den Wärmeerzeugungsraten von Tab. 5.6 berechnet man die mittleren Konzentrationen von U, Th und K zu 41 ppb, 168 ppb und 455 ppm.

Überlegungen zu den Wärmeübertragungseigenschaften der Mantelkonvektion haben allerdings gezeigt, daß die radiogene Wärmeerzeugung und der Oberflächenwärmefluß nicht miteinander im Gleichgewicht sein können. Wenigstens 25 bis 50% des gegenwärtigen Oberflächenwärmeflusses sind auf die Abkühlung des Planeten zurückzuführen. Ähnliche Anteile sind auf Grund geochemischer Argumente errechnet worden. Eine Abschätzung des Kaliumgehalts des Erdmantels kann aus der Konzentration von Argon in der Atmosphäre gewonnen werden. ^{40}Ar ist das Zerfallsprodukt von ^{40}K und wird durch vulkanische Aktivität aus dem Erdmantel in die Atmosphäre befördert. Man erhält daraus eine mittlere Konzentration von K im Mantel von 100 bis 200 ppb, 25 bis 50% der weiter oben errechneten Konzentrationen. Geochemische Abschätzungen des Urangehalts ergeben Konzentrationswerte zwischen 18 ppb und 26 ppb. Diese Konzentrationen stimmen mit der Abschätzung der Konzentration von K und mit dem typischen K/U Verhältnis von 10^4 überein. Die Wärmeerzeugungsrate durch radioaktiven Zerfall wäre demnach $(5-7) \cdot 10^{-12}$ W kg^{-1}.

Neuere geophysikalische Modelle lassen vermuten, daß bei nur 18 ppb U im Mantel K im Kern benötigt wird, um den gegenwärtigen Oberflächenwärmefluß der Erde zu erklären. In der Tab. 5.5 sind Abschätzungen der gegenwärtigen Konzentrationen radioaktiver Isotope und Wärmeproduktionsraten für die silicatischen Bereiche (Mantel und Kruste) einiger terrestrischer Planeten zusammengestellt. Die zur Berechnung benutzten Daten stammen von Meteoriten bzw. von Mondgestein. Die spezifischen Wärmeproduktionsraten liegen innerhalb eines Faktors von 2 relativ nahe beieinander. Für die Erde entspricht die spezifische Wärmeproduktionsrate etwa 50 bis 60% des gemessenen Oberflächenwärmeflusses. Dieser Anteil würde sich um 10 bis 20% erhöhen, wenn sich 1 bis 2 Massenäquivalente von Kalium im silicatischen Teil der Erde im Kern befänden.

Die Halbwertszeiten $\tau_{1/2}$ der Isotope ^{238}U, ^{235}U, ^{232}Th und ^{40}K sind gut bekannt (Tab. 5.6). Daher können die Konzentrationen C_i dieser Isotope mittels

Tab. 5.5 Abschätzungen der Konzentrationen radioaktiver Elemente und der Wärmeprodukstionsraten durch radioaktiven Zerfall in den silicatischen Bereichen (Mantel + Kruste) einiger terrestrischer Planeten und in Chondriten.

	U in ppb	Th/U	K/U	H in pW kg^{-1}
Erde	20–26	4	10^4	5–6
Mond	20–30	3,5	2500.	4–6
Mars	16	3	10^4	3
Chondrite	12	3,3	$(4-7) \cdot 10^4$	4–5

Tab. 5.6 Spezifische Wärmeproduktionsraten, Halbwertszeiten und spezifische Häufigkeiten langlebiger Isotope.

Isotop	spez. Wärme-produktionsrate in W kg^{-1}	Halbwerts-zeit in Jahren	Massenanteil in kg kg^{-1}
^{238}U	$9.48 \cdot 10^{-5}$	$4.47 \cdot 10^9$	0.9928
^{235}U	$5.69 \cdot 10^{-4}$	$7.04 \cdot 10^8$	0.0071
^{232}Th	$2.69 \cdot 10^{-5}$	$1.40 \cdot 10^{10}$	1.0
^{40}K	$2.92 \cdot 10^{-5}$	$1.25 \cdot 10^9$	$1.19 \cdot 10^{-4}$

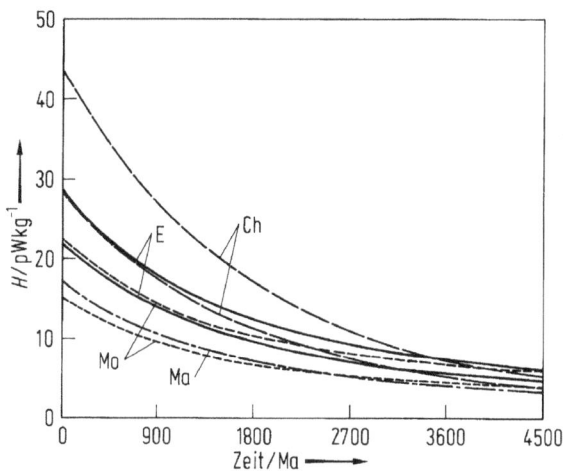

Abb. 5.20 Wärmeproduktionsrate als Funktionen der Zeit für die in Tab. 5.5 aufgeführten Körper. Ch bezeichnet die Werte für Chondrite, E für die Erde, Mo für den Mond und Ma für den Mars.

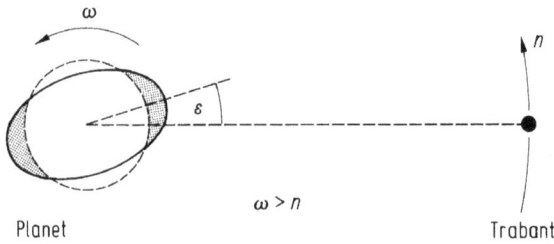

Abb. 5.21 Schematische Darstellung der Gezeitenwirkung eines Trabanten auf seinen Planeten. ω ist die Rotationswinkelgeschwindigkeit des Planeten und n ist die Bahnwinkelgeschwindigkeit (*mittlere Bewegung*) des Trabanten. Die Rotationsachse steht senkrecht auf der Bildebene, die der Bahnebene entspricht. Es wurde angenommen, daß der Planet anelastische Eigenschaften besitzt und daß $\omega > n$. In diesem Fall läuft der Gezeitenwulst vor dem Trabanten her. Für $\omega = n$, sowie für einen ideal elastischen Planeten (und für beliebige Werte der Winkelgeschwindigkeiten), wäre der Verstellwinkel $\varepsilon = 0$. Für $\omega < n$ würde der Gezeitenberg hinter dem Trabanten herlaufen.

$$C_i = C_i(t = t_{\mathrm{pr}})\, e^{\lambda(t_{\mathrm{pr}} - t)}$$

$$\lambda = \frac{\ln \frac{1}{2}}{\tau_{1/2}} \tag{5.76}$$

in die Vergangenheit zurückgerechnet werden. In Gl. (5.76) ist t_{pr} das heutige Alter der Planeten und $C_i(t = t_{\mathrm{pr}})$ die heutige Konzentration des betreffenden Isotops. Aus den Konzentrationen und den Wärmeerzeugungsraten (Tab. 5.5) kann man die Wärmeerzeugungsrate als Funktion der Zeit berechnen (vgl. Abb. 5.20). Sie hat in 4.5 Ga um Faktoren zwischen 3 und 6 abgenommen.

Es ist möglich, daß kurzlebige radioaktive Isotope in der frühen Geschichte der terrestrischen Planeten merklich zum Wärmehaushalt beigetragen haben. Hier ist vor allem ^{26}Al zu nennen. Allerdings ist die Halbwertszeit von ^{26}Al mit $7 \cdot 10^5$ Jahren klein gegen die Akkretionszeit von 10^7 bis 10^8 Jahren.

Wärmeerzeugung durch Gezeitenreibung. Die Gezeitenwechselwirkung zwischen Planeten und Trabanten, die als Wärmequelle insbesondere beim Jupitertrabanten Io bedeutsam ist, ist nicht nur eine mögliche Wärmequelle, sondern verändert auch die Parameter der Umlaufbahnen und die Rotationsperioden der Planeten und der Trabanten. So wird z. B. die Rotationswinkelgeschwindigkeit der Erde durch die vom Mond erzeugten Gezeiten abgebremst und der Bahnabstand des Monds vergrößert. Im Gegensatz dazu bewirkt die Gezeitenwechselwirkung zwischen dem Marsmond Phobos und dem Mars eine (geringfügige) Beschleunigung der Rotation des Mars und eine Verringerung des Bahnabstandes des Phobos.

Die physikalischen Grundlagen der Gezeitenwechselwirkung lassen sich am einfachsten am Beispiel der Gezeitenverformung eines Planeten durch das Gravitationsfeld eines Trabanten erläutern (vgl. Abb. 5.21). Nehmen wir zunächst an, daß die Bahn kreisförmig ist und daß die Rotationswinkelgeschwindigkeit ω des Planeten größer ist als die Bahnwinkelgeschwindigkeit n (die *mittlere Bewegung*) des Trabanten. (Letzteres ist der Normalfall im Planetensystem.) Das Gravitationsfeld des Trabanten verformt den Körper des Planeten in einen Sphäroid. Der Gezeitenwulst entsteht als Folge der vektoriellen Differenz zwischen der an einem beliebigen Punkt im Planet und der am gemeinsamen Schwerpunkt von Planet und Trabant wirkenden Gravitationskraft. Im Fall eines ideal elastischen Planeten liegt der Gezeitenwulst auf der Verbindungslinie zum Trabanten und läuft, da $\omega \neq n$, um den Planeten. Reale Planeten sind anelastisch, und der Gezeitenwulst vermag der Änderung der anregenden Kraft nicht unmittelbar zu folgen, da Arbeit gegen innere Reibungskräfte verrichtet werden muß. Dabei wird Rotationsenergie als Wärme dissipiert und die Rotationsrate erniedrigt.

Die Dissipation ist also eine Folge der *Anelastizität des Planeten*, sie würde bei einem ideal elastischen Körper nicht auftreten. Da $\omega > n$ ist, läuft der Gezeitenwulst vor dem Trabanten her. Das Drehmoment, das der Trabant auf den Gezeitenwulst ausübt, bewirkt die Abbremsung der Rotation. Da der Gesamtdrehimpuls erhalten bleiben muß, wird der Bahndrehimpuls und damit der Bahnabstand und die Bahnenergie des Trabanten vergrößert. Dies wird bewirkt durch das Drehmoment, das der Gezeitenwulst auf den Trabanten ausübt. Diese Wechselwirkung dauert so lange an, bis die Rotation des Planeten und der Umlauf des Trabanten synchron geworden sind, d.h. bis $\omega = n$ ist. Dies ist wahrscheinlich heute bei Pluto und Charon der Fall. Im Fall des Jupiters und seiner Trabanten wird dieser Zustand in endlicher Zeit nicht eintreten, da das Reservoir an Rotationsenergie des Jupiters praktisch unendlich groß ist.

Ist $\omega < n$, dann wird in analoger Weise die Rotation des Planeten beschleunigt und der Bahnabstand des Trabanten verkleinert werden. Ist die Bahn des Trabanten exzentrisch, dann sind die Gezeitenkräfte im *Perizentrum* (dem Ort des geringsten Bahnabstands) vorherrschend. Dies ist so, weil die Gezeitenkräfte umgekehrt proportional zur siebten Potenz des Bahnabstands sind. Daraus folgt, daß die Perizentrumsdistanz sich wesentlich langsamer ändern wird als die große Halbachse und daß damit die Bahnexzentrizität für $\omega > n$ als Folge der Gezeitenverformung des Planeten zunehmen wird.

Der Planet verursacht in ähnlicher Weise eine Gezeitenverformung des Trabanten. Ist die Rotationswinkelgeschwindigkeit des Trabanten $\omega_{Tr} > n$, dann wird die Rotation des Trabanten abgebremst. Auch dabei wird Drehimpuls auf die Bahn übertragen. Die regulären Trabanten rotieren heute alle synchron mit ihrem Umlauf. Man bezeichnet dies auch als (1 : 1)-Spin-Orbit-Kopplung. Bei zunehmendem Bahnabstand muß die Rotationsperiode des Trabanten zunehmen, um die Synchronisation der Rotation des Trabanten mit seinem Umlauf aufrecht zu erhalten. Wegen der Anelastizität des Trabanten ergibt sich nun eine Verstellung des Gezeitenwulsts des Trabanten gegenüber der Verbindungslinie zum Planeten, ganz ähnlich wie die Verstellung des Gezeitenwulsts des Planeten. Das Drehmoment, das der Planet auf diesen Gezeitenwulst ausübt, bewirkt die notwendige Verlangsamung der Rotationsrate des Trabanten zur Aufrechterhaltung der Synchronisation. Die Leistung der dabei dissipierten Energie ist allerdings gering.

Wichtig zum Verständnis der Gezeitendissipation in Trabanten sind nun noch die Effekte der *Bahnexzentrizität*. Auf einer exzentrischen Bahn ändert sich der Bahnabstand des Trabanten periodisch und mit ihm die Höhe des Gezeitenbergs. Durch diese periodische Verformung wird Energie auch in einem synchron rotierenden Trabanten dissipiert. Ein zweiter Beitrag zur Dissipation entsteht auf einer exzentrischen Bahn durch die sog. geometrische *Libration*. Da die Bahngeschwindigkeit mit dem Bahnabstand abnimmt, kann die Spin-Orbit-Synchronisation auf einer exzentrischen Bahn nicht perfekt sein. Die Bahnwinkelgeschwindigkeit wird zum Perizentrum hin zu- und zum Apozentrum hin abnehmen. Sie wird um den Wert der Rotationswinkelgeschwindigkeit mit einer Periode oszillieren, die der Umlaufperiode entspricht. Der Gezeitenberg schwingt mit der gleichen Periode und mit einer Amplitude von $2e$, wobei e die Bahnexzentrizität ist. Bei dieser Form der Gezeitenreibung wird Bahnenergie dissipiert. Da der Bahndrehimpuls sich dabei nur wenig ändert, führt die Gezeitendissipation im Trabanten zu einer Abnahme der Bahnexzentrizität. Es ist wichtig festzuhalten, daß der Effekt der Gezeitendissipation im Trabanten auf die Bahnexzentrizität (Verringerung) gegen den Effekt der Gezeitendissipation im Planeten (Vergrößerung der Exzentrizität) gerichtet ist. Da die Bahnen der regulären Trabanten annähernd kreisförmig sind, folgt daraus, daß die Gezeitendissipation in den Trabanten die Entwicklung der Exzentrizität bestimmt hat, oder daß die Bahnentwicklung selbst nur geringfügig war.

Im Jupitersystem wird die Bahnexzentrizität der drei inneren der großen Jupitermonde Io, Europa und Ganymed durch die *Laplace-Resonanz* aufrecht erhalten. Die Umlaufperioden dieser Trabanten stehen in den ganzzahligen Verhältnissen $1 : 2 : 4$. Dies bedeutet, daß sich die Trabanten immer in der Nähe der gleichen Bahnpunkte treffen, wobei ihre wechselseitige Gravitationswirkungen die an sich nicht großen Bahnexzentrizitäten aufrechterhalten. Die so erzwungene Bahnexzentrizität der Io z. B. ist 0.0041.

Die Gezeitendissipationsrate $\dot{E}_{\text{tid}}$ in einem synchron rotierenden Trabanten auf einer exzentrischen Bahn kann aus den Bahnparametern und den rheologischen Parametern des Trabanten berechnet werden. In einem einfachen Modell eines homogenen Trabanten ist

$$\dot{E}_{\text{tid}} = \frac{21}{2} \frac{\tilde{k}}{Q} \frac{G m_{\text{p}} R_{\text{Tr}}^5}{a^6} n e^2 \, . \tag{5.77}$$

In Gl. (5.77) ist Q der Dissipationsfaktor des Trabanten, m_P die Masse des Planeten, R_{Tr} der Radius des Trabanten, a die große Halbachse der Bahn, e ihre Exzentrizität. Die Lovezahl $\tilde{k}$ ist gegeben durch

$$\tilde{k} = \frac{3/2}{1 + \dfrac{19 \mu}{2 \varrho g R_{\text{P}}}} \tag{5.78}$$

mit μ dem Schermodul des Trabanten ϱ seiner mittleren Dichte und g der Schwerebeschleunigung auf der Oberfläche. Die Lovezahl $\tilde{k}$ gibt das Verhältnis an zwischen dem Schwerepotential, das durch die Massenverschiebung erzeugt wird, und dem die Gezeiten anregenden Potential. Der Dissipationsfaktor Q gibt das Verhältnis der bei einem Umlauf dissipierten Energie zur insgesamt gespeicherten elastischen Energie an. Das Verhältnis von $\tilde{k}/Q$ ist ein Maß für das Dissipationsvermögen des Körpers. Aus Gl. (5.77) wird deutlich, warum Gezeitendissipation hauptsächlich eine Wärmequelle für Trabanten ist. Die Dissipationsrate ist proportional zum Quadrat der Masse des Planeten. Vertauscht man, was man in diesem Zusammenhang darf, die Rollen von Planet und Trabant, dann wird deutlich, daß die Gezeitendissipation eine bedeutende Wärmequelle für den Planeten sein kann, wenn Planet und Trabant annähernd gleiche Masse haben. Dies ist in unserem Planetensystem nur bei Erde und Mond und bei Pluto und Charon der Fall.

5.4.3 Rheologie

Zum Verständnis der Aktivität und der Entwicklung eines festen Planeten ist die Kenntnis der Rheologie seines Innern von großer Bedeutung. Kristalline Festkörper fließen bei genügend hohen Temperaturen und genügend langandauernden Spannungen wie sehr zähe Flüssigkeiten. Man spricht in diesem Zusammenhang vom Festkörperkriechen. Die geforderten Temperaturen betragen im allgemeinen mehr als etwa 50 % der *Solidustemperatur*. Die Solidustemperatur ist die Temperatur, bei der ein chemisch mehrkomponentiger, kristalliner Festkörper partiell zu schmelzen beginnt. Falls die Kriechrate des festen planetaren Mantels genügend groß ist, wie etwa im Erdmantel, kann die im Innern erzeugte bzw. gespeicherte Wärme durch *Konvektion* abgeführt werden (vgl. Abschn. 5.4.4). Man kann sogar argumentieren, daß die Wärmeerzeugung in planetaren Körpern, die einen Radius von mehr als etwa 1000 km haben, notwendigerweise zu Konvektionsströmungen führt. Würde man für einen Körper dieser Größe annehmen, daß die Wärme durch Wärmeleitung abgeführt wird, dann würde man unter der Voraussetzung chondritischer Konzentrationen radioaktiver Isotope Temperaturen im Inneren errechnen, die weit über der Solidustemperatur liegen müßten. Die vorauszusetzende Fließfähigkeit wäre demnach gegeben. Wegen der Konvektion und der stark temperaturabhängigen Kriechrate wird die Temperatur im Innern eines festen Planeten wie durch einen Thermostaten geregelt. Sind Temperatur und Kriechrate zu niedrig, um die erzeugte Wärme durch Konvektion abzuführen, wird die Temperatur und mit ihr die Kriechrate so lange ansteigen, bis Wärmeerzeugungsrate, Abkühlrate und Wärmeverlustrate in ein Gleichgewicht gekommen sind.

Da die Kriechraten mit abnehmender Temperatur stark abnehmen, und da die Temperatur zur Oberfläche hin abnehmen muß (vgl. Abb. 5.14), ist das konvektive Innere eines festen Planeten von einer starren Hülle, der sog. *Lithosphäre* umgeben, über die Wärme durch Wärmeleitung transportiert wird. Die äußerste Schicht dieser Lithosphäre, die sog. *elastische Lithosphäre*, reagiert auch auf langandauernde Spannungen elastisch. Die Lithosphäre wird für kleine Planeten heute dicker sein als für große, da kleine Planeten rascher auskühlen. So werden die Lithosphärendicken der Erde und der Venus auf etwa 100 km abgeschätzt, die des Mars auf 200 bis 300 km und die des Mondes auf bis zu 600 km.

Die Abhängigkeit der Kriechraten von der Temperatur und vom Druck sowie die Kriechmechanismen geologisch bedeutsamer kristalliner Festkörper sind recht gut untersucht worden, wenn auch nicht bei den in den Planeten vorkommenden äußerst kleinen Kriechraten. Als Kriechmechanismen kommen *Diffusionskriechen* und *Dislokationskriechen* in Betracht. Dislokationskriechen erfolgt durch Klettern von Versetzungen und durch Gleiten entlang von Versetzungen im kristallinen Festkörper. Diffusionskriechen geschieht durch Fehlstellendiffusion oder durch Diffusion entlang von Korngrenzen. Der jeweils vorherrschende Kriechmechanismus hängt von der anliegenden Scherspannung, der Temperatur und der Korngröße ab

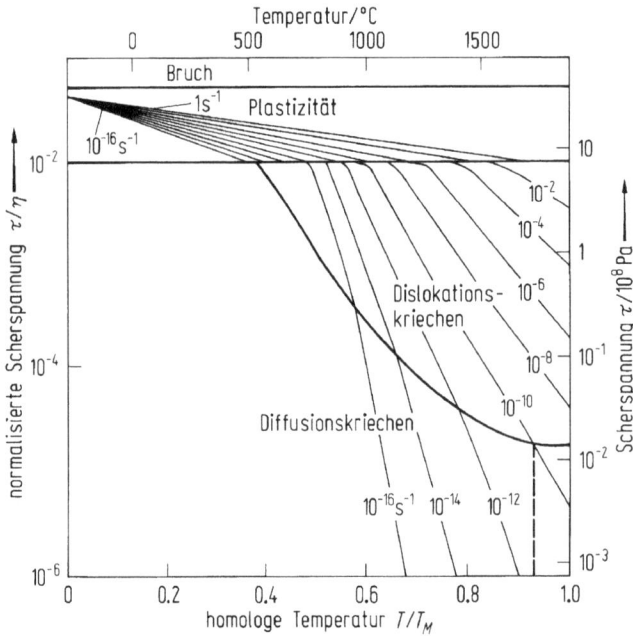

Abb. 5.22 Kriechraten von Olvin als typischem Mineral für den Mantel eines terrestrischen Planeten, gemessen bei einem statischen Druck von 8.1 GPa nach [13]. Man erkennt deutlich die verschiedenen Fließgebiete von Diffusionskriechen und Dislokationskriechen. Bei sehr hohen Scherspannungen erfolgt rein plastisches Fließen, bei noch höheren Scherspannungen wird die Bruchfestigkeit überschritten.

(vgl. Abb. 5.22). Ein verallgemeinertes Kriechgesetz, das sowohl auf Gestein als auch auf Eis anwendbar ist, lautet

$$\dot{\varepsilon} = \dot{\varepsilon}_0 \tau^n \exp\left(\frac{-F}{RT}\right). \tag{5.79}$$

Hierbei sind $\dot{\varepsilon}$ die Fließrate, $\dot{\varepsilon}_0$ und n Konstanten, τ die deviatorische Scherspannung, F die Aktivierungsenthalpie des dominierenden Kriechprozesses und R die allgemeine Gaskonstante. Falls Diffusionskriechen vorherrscht, ist $n = 1$ und die dynamische Viskosität

$$\eta = \frac{\tau}{2\dot{\varepsilon}} = \frac{1}{2\dot{\varepsilon}_0} \exp\left(\frac{F}{RT}\right) \tag{5.80}$$

ist unabhängig von τ. Falls Dislokationskriechen vorherrscht, dann nimmt n Werte zwischen 3 und 5 an, und η ist proportional zu τ^{n-1}. In vielen festen planetaren Körpern sind die Scherspannungen wahrscheinlich so klein, daß Diffusionskriechen vorherrschen sollte.

Die Aktivierungsenthalpie kann dargestellt werden durch

$$F = E_a + P V_a, \tag{5.81}$$

wobei E_a die temperaturabhängige Aktivierungsenergie, P der Druck und V_a das Aktivierungsvolumen ist. Ein repräsentativer Wert für die Aktivierungsenergie in trockenem Mantelgesteinen ist $500\,\mathrm{kJ\,mol^{-1}}$, für Eis 50 bis $100\,\mathrm{kJ\,mol^{-1}}$. Repräsentative Werte für die Aktivierungsvolumina von Silicaten und Eis liegen zwischen 10^{-5} und $2 \cdot 10^{-5}\,\mathrm{m^3\,mol^{-1}}$. Die Aktivierungsenergie kann durch Kristallwasser erheblich, auf 50 bis 75 % der Werte für trockenes Mantelgestein, verringert werden. Im Erdmantel spielt Wasser für die Rheologie eine erhebliche Rolle. In den Eismonden können Wasser-Ammoniak-Lösungen eine ähnliche Rolle spielen. In den Mänteln der anderen terrestrischen Planeten fehlt möglicherweise dieses Wasser, so daß bei gleicher Temperatur die Viskosität erheblich größer wäre. Aus der Chemie der SNC-Meteorite (vgl. Fußnote auf Seite 509) hat man beispielsweise geschlossen, daß der Marsmantel im Vergleich zum Erdmantel sehr trocken sein muß. Dies ist vermutlich eine Folge der fehlenden Plattentektonik (vgl. Abschn. 5.6.1), die auf der Erde Wasser durch Subduktion von Krustengestein in den Mantel bringt.

Die Druckabhängigkeit von F wird oft mit Hilfe der Druckabhängigkeit der Solidustemperatur modelliert, wobei angenommen wird, daß die Aktivierungsenthalpie für *homologe Temperaturen* konstant bleibt. Die homologe Temperatur ist definiert als das Verhältnis der Solidustemperatur T_m zur Temperatur T. Die Aktivierungsenthalpie wird dann angesetzt als

$$F = E_a + PV_a = \tilde{g}RT_m, \tag{5.82}$$

wobei $\tilde{g}$ eine empirisch zu bestimmende Konstante ist. Typische Werte für $\tilde{g}$ liegen zwischen 20 und 30. Die Viskosität ist dann gegeben durch

$$\eta = \eta_m \exp(\tilde{g}(T_m/T - 1)). \tag{5.83}$$

Meist ist η_m nicht exakt die Viskosität bei $T_m/T = 1$ sondern ein von tieferen Temperaturen extrapolierter Wert. Dies liegt daran, daß $\tilde{g}$ nicht über den gesamten Temperaturbereich von $0.5\,T_m$ bis T_m konstant ist. Typische Werte für η_m liegen um 10^{15}–$10^{16}\,\mathrm{Pa\,s}$.

Die Viskosität des Erdmantels und die Mächtigkeit der rheologischen Lithosphäre kann aus der Relaxation des Erdkörpers auf langsame Belastungsänderungen bestimmt werden. Beispiele sind die Hebungen Fennoskandiens und des kanadischen Schilds nach dem Ende der letzten Eiszeit und dem Abtauen der Vereisung. Hieraus ist die Viskosität des oberen Erdmantels zu $10^{21}\,\mathrm{Pa\,s}$ bestimmt worden. Möglicherweise nimmt die Viskosität mit größerer Tiefe um eine weitere Größenordnung zu. Aus der Eindellung der Erdoberfläche aufgrund von Auflasten (Vulkane etc.) kann auf die Dicke der elastischen Lithosphäre geschlossen werden. Man erhält Werte um 30 km.

Modellrechnungen zur thermischen Evolution anderer terrestrischer Planeten ergeben vergleichbare Größenordnungen für die Viskosität der sublithosphärischen Mäntel. Dies ist eine Folge der weiter oben ausgeführten Selbstregulierung der Kriechrate und der Temperatur, die zu ähnlichen homologen Temperaturen in den Mänteln der terrestrischen Planeten führen. Modellrechnungen für Eiskörper ergeben ebenfalls Größenordnungen der Viskosität um $10^{21}\,\mathrm{Pa\,s}$, allerdings bei sehr viel niedrigeren absoluten Temperaturen.

Ein wichtiger Aspekt für Eiskörper ist der Einfluß von Staub und größeren Gesteinsteilchen auf die Rheologie. Bei gleicher absoluter Temperatur sind die homologen Temperaturen und damit die Kriechraten von Eis und Gestein sehr verschieden. Im Eis eingelagerte Gesteinsteilchen werden die Kriechraten hemmen; im allgemeinen nimmt die Fließrate einer Suspension mit der Konzentration der festen Teilchen ab, da letztere Scherkräfte auf das Fluid ausüben. Bei Dislokationskriechen in festem Eis zwingen die Gesteinsteilchen die Dislokationen um sie herum zu klettern und erhöhen damit die Aktivierungsenthalpie. Die Fließrate nimmt dramatisch ab, sobald die Konzentration der festen Teilchen so groß ist, daß diese eine zusammenhängende Matrix bilden. Dieser Effekt wird durch die sog. *Roscoe-Einstein-Theorie* beschrieben. Die Abhängigkeit der Viskosität von der Konzentration x der als Kugeln angenommenen festen Teilchen ist demnach

$$\eta = \eta(T)(1-x)^{-\tilde{m}} . \tag{5.84}$$

In Gl. (5.84) ist $\tilde{m}$ eine Konstante. Gl. (5.84) wird wegen ihrer formalen Einfachheit recht häufig in Modellrechnungen angewendet, obwohl der empirische Erfolg der Theorie recht beschränkt ist.

5.4.4 Wärmetransport

Wärmeleitung. Grundsätzlich kann Wärme durch Wärmeleitung, Konvektion und elektromagnetische Strahlung transportiert werden. Wärmeleitung ist eine Folge des Austauschs kinetischer Energie zwischen Molekülen, in Festkörpern durch Phononenwechselwirkung. Konvektion ist Wärmetransport durch makroskopische Bewegung. In stark absorbierenden Materialien kann der Beitrag der Strahlung zum Wärmetransport, die Photonenleitung, in die Definition der Wärmeleitfähigkeit aufgenommen werden. Die Wärmeleitfähigkeiten von Silicaten bei hohen Temperaturen und Drücken sind nicht sehr gut bekannt. Generell nimmt mit steigender Temperatur die Photonenleitfähigkeit zu und die Phononenleitfähigkeit ab; die Phononenleitfähigkeit ist dabei meist sehr viel größer. Für niedrige Drücke gelten die folgenden empirischen Zusammenhänge für die Phononenleitfähigkeit k_L

$$k_L = (7.4 + 0.05\,T)^{-1} \cdot 10^2 \;\mathrm{Wm}^{-1}\mathrm{K}^{-1} \tag{5.85}$$

und für die Photonenleitfähigkeit k_R

$$k_R = \begin{cases} 0 & T \le 500\,\mathrm{K} \\ 2.3\,(T-500) \cdot 10^{-3} \;\mathrm{Wm}^{-1}\mathrm{K}^{-1} & T \ge 500\,\mathrm{K} . \end{cases} \tag{5.86}$$

Mit steigendem Druck nimmt die Phononenleitfähigkeit zu. Ihre Variation entlang der Isentropen bei einem Druckanstieg ΔP kann aus den Variationen der elastischen Eigenschaften entlang der Isentropen abgeschätzt werden:

$$k_L = k_0 \left\{ 1 + \left[\frac{3}{c}\left(\frac{\partial c}{\partial P}\right)_S - \frac{2}{\gamma}\left(\frac{\partial \gamma}{\partial P}\right)_S - \frac{2}{3K_S} \right] \Delta P \right\} . \tag{5.87}$$

In Gl. (5.87) ist k_0 ein Referenzwert und $c = \sqrt{K_S/\varrho}$ ist die Geschwindigkeit der Kompressionsschallwellen. Über den Bereich des Erdmantels nimmt die Wärmeleitfähigkeit nach Gl. (5.87) um den Faktor 5 zu. Für planetare globale Modellrechnungen wird gewöhnlich $5\,\mathrm{Wm}^{-1}\mathrm{K}^{-1}$ angenommen. Die Wärmeleitfähigkeit im flüssigen äußeren Kern kann mit der Wiedemann-Franz-Beziehung aus der elektrischen Leitfähigkeit zu $40\,\mathrm{Wm^{-1}K^{-1}}$ abgeschätzt werden.

Die charakteristische Zeitskala für den Wärmetransport durch Wärmeleitung ist

$$t_{\mathrm{Wl}} = \frac{L^2}{\kappa}.\tag{5.88}$$

Hier sind L eine charakteristische Länge (z. B. die Dicke des planetaren Mantels) und $\kappa = k/\varrho\, C_{\mathrm{P}}$ die Temperaturleitfähigkeit, ϱ die Dichte und C_{P} die spezifische Wärmekapazität bei konstantem Druck. Ein charakteristischer Wert für κ ist $10^{-6}\,\mathrm{m^2 s^{-1}}$. Mit L von der Größenordnung $1000\,\mathrm{km}$ folgt $t_{\mathrm{Wl}} = 10^{18}\,\mathrm{s}$, etwa $3 \cdot 10^{10}$ Jahre; dies ist eine lange Zeit im Vergleich zum Alter der Erde, selbst wenn die Wärmeleitfähigkeit um einen Faktor 10 unsicher sein sollte. Dies bedeutet, daß die Planeten durch Wärmeleitung kaum abkühlen können. Die charakteristische Zeit für Wärmeleitung durch die Lithosphäre ($L = 10^5\,\mathrm{m}$) beträgt dagegen 10^8 Jahre und ist daher von Bedeutung für die Wärmebilanz. Für die Modellierung des Wärmetransports in Riesen- und Subriesenplaneten spielt Wärmeleitung praktisch keine Rolle.

Thermische Konvektion. Freie Konvektion kann nur in einem fluiden Medium auftreten. Wie weiter oben dargelegt wurde, verformen sich die Mäntel der terrestrischen Planeten und die tieferen Schichten größerer Eissatelliten bei genügend hoher Temperatur ($T > 0.5\,T_{\mathrm{m}}$) über geologische Zeiträume gesehen wie hochviskose Flüssigkeiten. Bei freier thermischer Konvektion fließt Strömung von Gebieten hoher Temperatur zu solchen niedriger Temperatur und wegen der Massenerhaltung wieder zurück. Dabei wird Wärme transportiert. Die treibende Kraft ist der Auftrieb, der auf die Änderung der Dichte mit der Temperatur zurückzuführen ist. Eine adiabatische Temperaturverteilung ist gerade stabil, nur Abweichungen davon können Auftrieb erzeugen. Konvektion tritt auf, solange durch Auftrieb ($\sim \varrho\alpha g\Delta TL$) mehr kinetische Energie durch Zeit erzeugt wird als durch innere Reibung ($\sim \mu u L^{-1}$) und durch Auftriebsverlust durch Wärmeleitung ($\sim \kappa u^{-1}L^{-1}$) dissipiert wird. Hierbei ist ΔT die überadiabatische Temperaturdifferenz über die konvektierende Schicht, L die Schichtmächtigkeit und u die mittlere Strömungsgeschwindigkeit. Das Verhältnis dieser Größen ergibt die Rayleigh-Zahl Ra

$$Ra = \frac{\varrho\alpha g\Delta TL^3}{\kappa\mu}.\tag{5.89}$$

In einer von unten beheizten Kugelschale wird thermische Konvektion auftreten, sofern Ra größer als die kritische Rayleigh-Zahl Ra_{c} ist. Die kritische Rayleighzahl hängt von den Randbedingungen und der Geometrie ab und ist von der Größenordnung 10^3. Für eine von innen beheizte Kugelschale mit spezifischer Wärmeproduktionsrate H ist

$$\Delta T = \frac{HL^2}{k} - \Delta T_{\mathrm{ad}}.\tag{5.90}$$

In Gl. (5.90) ist ΔT_{ad} der adiabatische Temperaturanstieg über L.

Tab. 5.7 Abschätzungen der Rayleigh-Zahlen *Ra* und Nusselt-Zahlen *Nu* der Mäntel einiger planetarer Körper.

	Ra	*Nu*
Merkur	$5 \cdot 10^4$	3.
Venus	10^8	40.
Erde	$5 \cdot 10^8$	55.
Mond	10^4	2.
Mars	10^6	8.
Io	10^{10}	130.

Das Verhältnis Ra/Ra_c ist ein Maß für die Stärke der Konvektion. Repräsentative Zahlenwerte der Rayleigh-Zahlen für die Mäntel der terrestrischen Planeten sind in der Tab. 5.7 zusammengefaßt.

Da die kinematische Viskosität von geschmolzenem Eisen etwa $1\,\mathrm{m}^2\mathrm{s}^{-1}$ beträgt, genügen in den Kernen schon kleine überadiabatische Temperaturgradienten um Konvektion auszulösen. Dies gilt auch für die Gashüllen der Riesen- und Subriesenplaneten.

Auch Konzentrationsgradienten einer spezifisch leichten chemischen Komponente können Konvektion in ähnlicher Form wie Temperaturgradienten antreiben. Dabei wird in der Definition der Rayleigh-Zahl die Temperaturdifferenz durch eine Konzentrationsdifferenz und die thermische Diffusivität durch eine chemische Diffusivität ersetzt. Darüber hinaus wird der thermische Ausdehnungskoeffizient ersetzt durch einen Koeffizienten, der die Änderung der Dichte mit der Konzentration der leichten Komponente angibt. *Chemische Konvektion* kann in den Kernen der terrestrischen Planeten eine bedeutende Rolle spielen. Als leichtes Element käme Schwefel in Frage, der beim Ausfrieren eines festen inneren Eisenkerns im flüssigen äußeren Kern unmittelbar oberhalb der Grenzfläche zum inneren Kern angereichert werden würde. Der Ausgleich der Konzentrationsgradienten würde über chemische Konvektion erfolgen. Diese Konvektion transportiert Wärme, ist aber weitgehend unabhängig vom Temperaturgradienten. Sie kann sogar Wärme gegen den Temperaturgradienten transportieren. Die Konvektion dauert an, solange der innere Kern wächst. Während der innere Kern wächst, steigt die Konzentration von Schwefel im äußeren Kern kontinuierlich an. Die Liquidustemperatur der Eisen-Schwefel-Legierung nimmt dabei mit steigender Schwefelkonzentration ab (vgl. Abschn. 5.3.3). Diese Änderung der Schmelztemperatur ist neben der Abkühlung des Kerns von großer Bedeutung für die Wachstumsrate des inneren Kerns.

Thermische Konvektion setzt Wärme in kinetische Energie um. Dabei wird im Innern des Planeten Arbeit gegen die viskosen Kräfte geleistet. Im Zuge der mit der Konvektion verbundenen sog. *endogenen Dynamik* eines Planeten wird darüber hinaus Verformungsarbeit bei der Deformation der oberflächennahen Schichten geleistet. In den Kernen der terrestrischen Planeten und in den elektrisch leitenden Schichten der Gasplaneten kann außerdem kinetische Energie in magnetische Feldenergie umgesetzt werden. In diesem Sinne sind die Planeten Wärmekraftmaschinen, deren Wirkungsgrad von Interesse ist. Leider ist der Wirkungsgrad schwierig abzuschätzen, insbesondere deshalb, weil die viskose Dissipation von Energie im Mantel und die ohmsche Dissipation im Kern, bzw. in den entsprechenden Schichten der Gasplaneten, sowie die Entropieerzeugungsrate durch Wärmeleitung schwer zu quantifizieren sind. Vorsichtige Abschätzungen aus dem Gesamtwärmefluß der Erde und aus der in den geologischen Vorgängen steckenden Leistung kommen auf Wirkungsgrade der Mantelkonvektion von der Größenordnung 10^{-2} [22]. Der Wirkungsgrad des Kerns könnte nach diesen Abschätzungen eine Größenordnung höher sein.

5.4.5 Thermische Entwicklung der Planeten

Da die endogene Dynamik der Planeten aus ihrem Wärmeinhalt gespeist wird und da dieser mit der Zeit abnehmen muß, werden sich beobachtbare Größen wie Verschiebungsraten der Lithosphärenplatten, Raten der Gebirgsbildung, der vulkanischen und seismischen Aktivität sowie die Stärke des Magnetfeldes im Laufe der Zeit ändern. Modellrechnungen zur thermischen Evolution der Planeten versuchen, den heutigen Zustand aus Annahmen über den Anfangszustand abzuleiten. Dabei können Beiträge zum Verständnis des Aufbaus und der Wirkungsweise der Vorgänge im Innern der Planeten geleistet werden.

Die Rate, mit der sich die innere Energie einer Kugel oder einer Kugelschale mit der Zeit ändert, wenn Wärme durch Wärmeleitung transportiert wird, ist gegeben durch

$$\varrho\, C_{\mathrm{P}} \frac{\partial T}{\partial t} = \nabla \cdot \boldsymbol{q} + \varrho H\,, \tag{5.91}$$

wobei der Wärmefluß $\boldsymbol{q}$

$$\boldsymbol{q} = -k\nabla T \tag{5.92}$$

ist. Setzt Konvektion ein, so ist der mittlere Wärmefluß q_{s} an der Oberfläche der Kugel oder Kugelschale zunächst gleich dem mittleren konduktiven Oberflächenwärmefluß q_{cS}. Der Wert der Nusselt-Zahl

$$Nu \equiv \frac{q_{\mathrm{s}}}{q_{\mathrm{cS}}} \tag{5.93}$$

ist dann gleich 1. Mit zunehmender Heftigkeit der Konvektion, gemessen durch zunehmende Werte der Rayleigh-Zahl, nimmt die Nusselt-Zahl proportional zu Ra^{β} zu:

$$Nu = a_{\mathrm{Nu}} Ra^{\beta}\,, \tag{5.94}$$

wobei $a_{\mathrm{Nu}} \approx 0.13$ und $\beta \approx 0.3$. In ähnlicher Weise nimmt die Dicke δ der thermischen Grenzschichten (vgl. Abschn. 5.3.3 und Abb. 5.14) mit steigender Rayleigh-Zahl ab:

$$\delta = a_{\delta} Ra^{-\beta}\,, \tag{5.95}$$

wobei $a_{\delta} \approx 0.065$. Der Wärmefluß über die Grenzflächen der konvektierenden Schicht entspricht dem konduktiven Wärmefluß über die thermische Grenzschicht und ist $k(\Delta T)_{\mathrm{tgs}}/\delta$ wobei $(\Delta T)_{\mathrm{tgs}}$ die Temperaturdifferenz über die Grenzschicht ist. Benutzt man die Gl. (5.94) oder (5.95), um die Rate des konvektiven Wärmetransports zu parametrisieren, dann kann die thermische Evolution einer Kugelschale mit Volumen V und den Oberflächen S_1 und S_2 ($S_1 > S_2$; $S_2 = 0$ für eine Kugel) mit Hilfe der Bilanzgleichung

$$\int\limits_{V} \left[\frac{\mathrm{d}}{\mathrm{d}t} (\varrho c_p T) - \varrho H \right] \mathrm{d}V = \int\limits_{S_2} q_{S_2} \mathrm{d}S - \int\limits_{S_1} q_{S_1} \mathrm{d}S \qquad (5.96)$$

berechnet werden. Gl. (5.96) findet Anwendung bei den größeren festen planetaren Körpern. Wie wir schon weiter oben ausgeführt haben, ist das konvektive Innere dieser Planeten von der Lithosphäre umgeben, über die Wärme durch Wärmeleitung nach Gl. (5.91) abgeführt wird. Als untere Randbedingung für die Lithosphäre wird häufig eine konstante Übergangstemperatur von etwa 0.6–0.7 der Solidustemperatur angenommen werden. Dies entspricht etwa 1100–1300 K für Silicatgestein und 170–200 K für Eis. Eine Energiebilanz an der Lithosphärenuntergrenze ergibt eine zweite Randbedingung, mit der man das Anwachsen der Lithosphärenmächtigkeit l bei zunehmender Abkühlung des Planeten berechnen kann:

$$\varrho\, C_\mathrm{P}(T - T_\mathrm{l}) \frac{\mathrm{d}l}{\mathrm{d}t} = -q_S + k \left(\frac{\partial T}{\partial r} \right)_{r=l}, \qquad (5.97)$$

wobei $(T - T_\mathrm{l})$ die Temperaturdifferenz zwischen dem konvektiven Inneren des Planeten und dem unteren Lithosphärenrand und r der radiale Abstand vom Mittelpunkt des Planeten ist.

Für die Riesen- und Subriesenplaneten benutzt man gewöhnlich eine etwas einfachere Evolutionsgleichung:

$$L_\mathrm{i} = -\frac{\mathrm{d}}{\mathrm{d}t} (\varrho\, C_V T), \qquad (5.98)$$

wobei ϱ, C_V und T global repräsentative Werte der Dichte, der spezifischen Wärme und der Temperatur sind. Um die in die Gl. (5.96) und (5.98) eingehenden Mittelwerte der Temperatur und der Materialparameter berechnen zu können, benötigt man die im Abschn. 5.3.3 beschriebenen Aufbaumodelle.

5.5 Magnetfelder der Planeten und das innerplanetare Magnetfeld

Von sechs der neun Planeten unseres Planetensystems wissen wir um dipolartige Magnetfelder (vgl. die Tabelle im Anhang und Tab. 5.8). Diese Planeten sind Merkur, Erde, Jupiter, Saturn, Uranus und Neptun. Man darf davon ausgehen, daß diese Magnetfelder im Innern der Planeten erzeugt werden. Venus hat offenbar kein intrinsisches Magnetfeld. Die magnetischen Eigenschaften von Pluto sind unbekannt. Die Magnetfeldmessungen der *Mars Global Surveyor*-Sonde (vgl. S. 528) weisen im südlichen Hochland des Mars Muster einer remanenten Magnetisierung der Kruste auf, die im nördlichen Tiefland fehlen. Die magnetischen Anomalien haben Feldstärken von bis zu 1600 nT. Auch der Erdmond zeigt gegenwärtig kein selbsterzeugtes Magnetfeld, jedoch ist auch vom Mond seit den Apollomissionen bekannt, daß das Krustengestein an einigen Stellen remanent magnetisiert ist. Beide Planeten haben wahrscheinlich in der Frühphase ihrer Entwicklung selbsterzeugte Magnetfelder be-

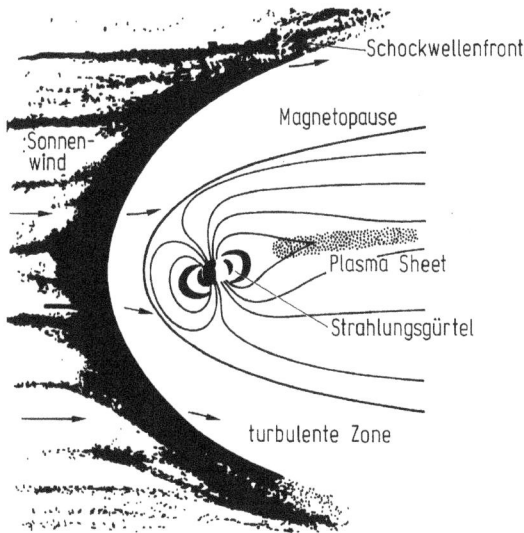

Abb. 5.23   Das Magnetfeld der Erde. Durch die Wechelwirkung des Sonnenwindes mit dem Erdmagnetfeld entsteht die Magnetosphäre und davor eine Schockwelle; dahinter befindet sich eine turbulente Zone. Die Magnetopause begrenzt die Magnetosphäre. Hinter dem Planeten, in Äquatornähe, befindet sich ein „Plasma Sheet". Der innerste Teil der Magnetosphäre wird von den Van-Allen-Strahlungsgürteln beherrscht. Die Magnetosphäre der Erde ist typisch für die Magnetosphären von Planeten mit eigenem Magnetfeld.

sessen, die die remanenten Magnetisierungen bewirkt haben. Überraschenderweise hat die *Galileo-Sonde* bei Vorbeiflügen am Ganymed ein intrinsisches Magnetfeld nachgewiesen. Zuvor hatte man nicht geglaubt, daß Ganymed einen flüssigen Kern besitzen könnte, dessen Existenz für einen Dynamo vorauszusetzen ist. Ein weiterer Kandidat für ein intrinsisches Magnetfeld ist der vulkanisch aktive Jupitermond Io. Allerdings erlauben die Daten der Galileo-Sonde hier leider keine eindeutigen Schlüsse. Die signifikanten Störungen des Jupitermagnetfeldes in der Umgebung der Trabanten Europa und Callisto werden als Folgen von Induktionseffekten erklärt. Induzierte Felder setzen leitfähige Schichten in geringer Tiefe in diesen Trabanten voraus. Dies sind möglicherweise sublithosphärische Ozeane.

Die Planeten und ihre Satelliten sind in einen Strom von (hauptsächlich positiv geladenem) Wasserstoff und ^{4}He-Kernen und negativ geladenen Elektronen eingebettet. Dieser Sonnenwind trägt ein Magnetfeld, das mit den selbsterzeugten Magnetfeldern der magnetisch aktiven Planeten in Wechselwirkung tritt. Dabei wird das planetare Magnetfeld auf der der Sonne zugewandten Seite zusammengedrückt, die nahe der Pole gelegenen Feldlinien werden umgebogen und zusammen mit den Feldlinien der abgewandten Seite zu einem langen Schweif ausgezogen. In der Abb. 5.23 ist die *Magnetosphäre* der Erde als Beispiel dargestellt. Die Magnetosphäre der Erde reicht mindestens 1000 Erdradien weit; Jupiters Magnetosphäre erstreckt sich bis zum Saturn.

5.5.1 Darstellung planetarer Magnetfelder

Das Erdmagnetfeld ist das am besten vermessene planetare Magnetfeld. Es wird gewöhnlich durch ein skalares Potential V_m dargestellt. Dabei wird angenommen, daß im oberflächennahen Außenraum des Planeten keine Ströme fließen. Unter diesen Umständen genügt V_m der Laplace-Gleichung mit einer Lösung ähnlich der Gl. (5.2) für das Gravitationspotential:

$$V_m(r) = R_P \sum_{n=1}^{\infty} \sum_{m=0}^{n} P_{nm}(\cos\theta) \left(\frac{R_P}{r}\right)^{n+1} (g_{nm}\cos m\lambda + h_{nm}\sin m\lambda). \quad (5.99)$$

In Gl. (5.99) sind P_{nm} die assoziierten Legendrepolynome, θ der planetozentrische Polwinkel und λ die planetozentrische Länge (Abb. 5.10). Die g_{nm} und h_{nm} sind die sogenannten Gauss-Koeffizienten und entsprechen den Koeffizienten der zonalen und tesseralen Kugelfunktionen des Gravitationspotentials. Die drei Terme mit niedrigster Ordnung $n = 1$ beschreiben das Potential eines magnetischen Dipols. Da die Terme höherer Ordnung mit der Entfernung von der Quelle mit zunehmender Ordnung n schneller abnehmen, dominieren in großer Entfernung die Dipolterme. Man stellt daher in der Planetenphysik ein planetares Magnetfeld oft durch das Modell des sog. *äquivalenten Dipols* dar, der aus dem Mittelpunkt des Planeten verschoben und dessen Achse gegen die Rotationsachse geneigt sein darf. Ein solcher Dipol wird in einem planetozentrischen Koordinatensystem durch sieben Größen beschrieben, dem gesamten magnetischen Moment des Planeten, den 3 Koordinaten der Orientierung des äquivalenten Dipols und den 3 Komponenten des Vektors, der die Verschiebung des Dipols aus dem Planetenzentrum beschreibt. Die magnetische

Tab. 5.8 Dipolmomente und Lage der äquivalenten Dipole der Planeten. Die Verschiebung ist der Betrag des Verschiebungsvektors des äquivalenten Dipols aus dem Mittelpunkt des Planeten. Die Inklination ist der Winkel zwischen der Dipolachse und der Rotationsachse des Planeten.

	Dipolmoment in $A\,m^2$	Verschiebung des äquivalenten Dipols in km	Inklination in Grad
Merkur	$4{,}9 \cdot 10^{19}$	500	2.3
Venus	$< 4 \cdot 10^{18}$	–	–
Erde	$7.98 \cdot 10^{22}$	510	11.4
Mond	$< 4.4 \cdot 10^{10}$	–	–
Mars	$< 2.5 \cdot 10^{19}$	–	–
Jupiter	$1.5 \cdot 10^{27}$	5 000	9.6
Saturn	$4.7 \cdot 10^{25}$	2 400	0.0
Uranus	$3.8 \cdot 10^{24}$	8 000	58.6
Neptun	$2.1 \cdot 10^{24}$	13 600	46.9

* Das Dipolmoment wird in der Planetologie oft nicht in der SI-Einheit $A \cdot m^2$ angegeben, sondern – multipliziert mit $\mu_o/4\pi = 10^{-7}\,T \cdot m/A$ – in $T \cdot m^3$. Die letztere Form, geteilt durch die dritte Potenz des Planetenradius, gibt die B-Feldstärke am magnetischen Äquator. (An den magnetischen Polen ist B doppelt so groß.)

Induktion B an einem Punkt mit dem Verschiebungsvektor r vom äquivalenten Dipol r ist dann gegeben durch

$$B(r) = \frac{3\,r\,(r \cdot M)}{r^5} - \frac{M}{r^3}, \tag{5.100}$$

wobei M das Moment des äquivalenten Dipols ist [6]. In der Tab. 5.8 sind Magnetfelddaten der Planeten zusammengestellt. Wie man der Tabelle entnimmt, sind insbesondere die Dipole der Subriesenplaneten Uranus und Neptun stark exzentrisch.

5.5.2 Erzeugung planetarer Magnetfelder

Planetare Magnetfelder können, zumindest im Prinzip, entweder in der Vergangenheit erzeugt und dann eingefroren sein, oder durch Dynamowirkung gegenwärtig erzeugt werden. Eingefrorene Felder sind denkbar, wenn in einem Planeten ein remanent magnetisierbares Material vorliegt, das durch ein starkes Magnetfeld magnetisiert wurde und dessen Temperatur anschließend unter die sog. *Curie-Temperatur* abgekühlt wurde. Ferro- und ferrimagnetische Stoffe verlieren ihre remanente Magnetisierung, wenn die Temperatur über die Curie-Temperatur ansteigt, die in der Größenordnung von 1000 K liegt. Daraus folgt, daß diese Erklärung nur für erdähnliche Planeten in Frage kommt, denn nur hier sind Eisen und Magnetit in genügend hoher Konzentration bei niedriger Temperatur vorhanden. Der relativ niedrige Wert der Curie-Temperatur würde allerdings verlangen, daß sich das magnetisierte Material in der planetaren Kruste befinden müßte. In der Tat erzeugt eine gleichmäßig magnetisierte Kugelschale ein Dipolfeld und dieser Mechanismus ist vereinzelt zur Erklärung des Magnetfeldes des Merkur herangezogen worden. Für die Erde kann diese Erklärung nicht genügen, da das Feld bekanntermaßen zeitlich variabel ist: Die Terme der Ordnung > 1 zeigten in den letzten Dekaden eine deutliche Westdrift; aus der Datierung remanent magnetisierter Gesteine ergab sich, daß sich die Polarität des Feldes mit einer Periode von etwa 10^6 Jahren fast regelmäßig umkehrt und daß die Pole des äquivalenten Dipols langsam wandern. Diese Phänomene weisen auf eine dynamische Erzeugung des Erdmagnetfeldes hin.

Ein zweiter möglicher Mechanismus der Erhaltung eines in der Vergangenheit erzeugten Feldes beruht auf der Diffusion von magnetischer Feldenergie durch einen elektrischen Leiter. Die charakteristische Diffusionszeit τ_{Diff} ist

$$\tau_{\text{Diff}} = \frac{L^2}{D_{\text{ma}}}, \tag{5.101}$$

wobei L eine charakteristische Länge, z. B. der Planetenradius, und

$$D_{\text{ma}} = \frac{1}{4\pi\sigma_{\text{c}}} \tag{5.102}$$

der magnetische Diffusionskoeffizient mit der elektrischen Leitfähigkeit σ_{c} ist. Abschätzungen für τ_{Diff} ergeben Werte, die sehr klein im Vergleich zum Alter des Sonnensystems sind, so daß wir davon ausgehen müssen, daß die Magnetfelder in den terrestrischen Planeten und in den Riesen- und Subriesenplaneten durch einen regenerativen Dynamomechanismus erhalten werden müssen.

Die Theorie des zur Erklärung der Magnetfelder gewöhnlich herangezogenen *hydromagnetischen Dynamos* ist sehr komplex und noch nicht vollständig entwickelt. Zusätzlich zu den Maxwell-Gleichungen und der Induktionsgleichung müssen die Feldgleichungen der Hydrodynamik gelöst werden. Die Prinzipien des Dynamos lassen sich allerdings mit Hilfe der Induktionsgleichung für einen bewegten Leiter

$$\frac{\partial \boldsymbol{B}}{\partial t} = \nabla \times (\boldsymbol{u} \times \boldsymbol{B}) + D_{\mathrm{ma}} \nabla^2 \boldsymbol{B} \tag{5.103}$$

qualitativ illustrieren. In Gl. (5.103) ist $\boldsymbol{u}$ die Geschwindigkeit des Leiters bzw. das Strömungsgeschwindigkeitsfeld in einem fluiden und elektrisch leitenden Material. Die relativen Gewichte der beiden Terme auf der rechten Seite werden durch die *magnetische Reynolds-Zahl* Re_{m}

$$Re_{\mathrm{m}} \equiv \frac{uL}{D_{\mathrm{ma}}} \tag{5.104}$$

angegeben: Ist $Re_{\mathrm{m}} \gg 1$, dann verhält sich das Feld so, als ob die Feldlinien in dem Leiter eingefroren seien und mit dem Strömungsfeld konvektiert würden. Dabei können Feldlinien gestaucht und gedehnt werden und magnetische Induktion erzeugt bzw. vernichtet werden. Die Strömung muß dabei Arbeit gegen die Lorentz-Kraft verrichten. Ist $Re_{\mathrm{m}} \ll 1$, dann klingt das Feld durch Diffusion magnetischer Feldenergie relativ rasch ab. Damit wird deutlich, daß in terrestrischen Planeten nur der flüssige äußere Kern als Ort des Dynamos in Frage kommt, da nur hier die beiden Voraussetzungen für den Dynamo, elektrisch leitendes und fluides Material, erfüllt sein können. Die notwendige Strömung kann durch thermische oder chemische Konvektion bewerkstelligt werden. Ähnliches gilt für die Schichten der Riesenplaneten, in denen Wasserstoff metallisch ist und für die elektrisch leitenden Gasschichten der Subriesen. Es konnte allerdings durch die Dynamotheorie gezeigt werden, daß regenerative Dynamowirkung nur mit einer eingeschränkten Vielfalt der denkbaren Strömungsfelder möglich ist. Nach dem Cowlingschen Theorem müssen die Strömungsfelder eine endliche Helizität aufweisen, d.h. ($\boldsymbol{u} \cdot \boldsymbol{r}$) mit dem Radiusvektor $\boldsymbol{r}$ muß von Null verschieden sein. Diese Helizität kann durch die Wirkung der Coriolis-Kraft erzeugt werden, die die Stromlinien der Strömung und nach Gl. (5.103) die magnetischen Feldlinien aufwickeln wird. Dadurch wird nach dem Induktionsprinzip ein elektrischer Strom induziert, dessen induziertes Magnetfeld das ursprüngliche Magnetfeld verstärken kann.

Die zeitliche Änderung der magnetischen Feldenergiedichte $E_{\mathrm{m}} = B^2/(8\pi)$ in einem hydromagnetischen Dynamo ist gegeben durch

$$\frac{\partial E_{\mathrm{m}}}{\partial t} = -\frac{j^2}{\sigma_{\mathrm{c}}} - \boldsymbol{u} \cdot \boldsymbol{F}_{\mathrm{L}} \, . \tag{5.105}$$

Dabei ist j die elektrische Stromdichte und $\boldsymbol{F}_{\mathrm{L}}$ die Lorentzkraft. Der erste Term auf der rechten Seite von Gl. (5.105) gibt die Rate der ohmschen Dissipation und der zweite Term die Leistung der Strömung gegen die Lorentz-Kraft an. Im stationären Fall wird der Verlust an magnetischer Feldenergie durch ohmsche Dissipation gerade durch die magnetische Leistung ausgeglichen, die die Strömung erzeugt.

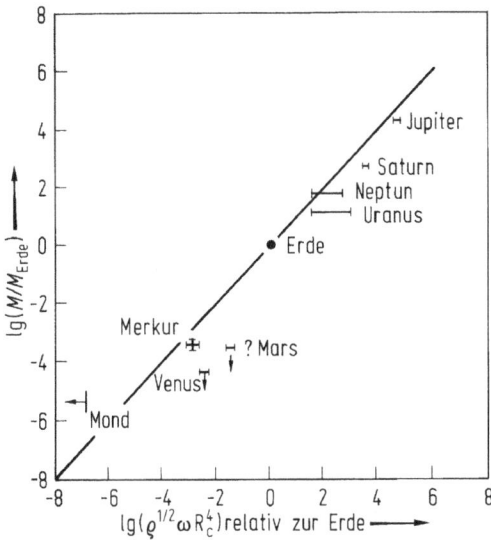

Abb. 5.24 Gemessene und durch Gl. (5.107) vorhergesagte Dipolmomente der Planeten nach [14].

Die relative Stärke der Dipolmomente der heutigen Magnetfelder der Planeten folgt annäherungsweise einem Gesetz, das aus einem postulierten Gleichgewicht zwischen Lorentz-Kraft $(\nabla \times \boldsymbol{B}) \times \boldsymbol{B}/4\pi$ und Coriolis-Kraft $2\varrho_{\rm c}(\boldsymbol{\omega} \times \boldsymbol{u})$ abgeleitet werden kann. Demnach ist

$$B^2 \approx \varrho_{\rm c} R_{\rm c} \omega u \tag{5.106}$$

mit $\varrho_{\rm c}$ der Dichte, $R_{\rm c}$ dem Radius der Schale, in der das Feld erzeugt wird und ω der Rotationsrate des Planeten. Nehmen wir ferner an, daß u von der Größenordnung $\omega R_{\rm c}$ und daß das Dipolmoment von der Größenordnung $B R_{\rm c}^3$ ist, dann erhalten wir

$$M \approx \varrho^{1/2} \omega R_{\rm c}^4 \, . \tag{5.107}$$

Diese Beziehung ist in der Abb. 5.24 dargestellt. Danach erklärt die Relation Gl. (5.107) die beobachteten Daten recht gut. Man sieht aber auch, daß das Fehlen eines Magnetfeldes der Venus nicht ohne weiteres durch ihre geringe Rotationsrate erklärt werden kann. Auch Mars und der Mond genügen der einfachen Relation nicht.

Eine Erklärung für das Fehlen von selbsterzeugten Magnetfeldern der letztgenannten Planeten kann aber aus einer einfachen Leistungsbilanz für den Dynamo abgeleitet werden: Wie weiter oben schon dargelegt wurde, kann Konvektion im Kern einerseits thermisch angetrieben werden, sofern eine genügend hohe Temperaturdifferenz zwischen Kern und Mantel vorhanden ist, andererseits aber auch durch die Umverteilung von Schwefel oder von einem anderen leichten Element. Dies wird beim Ausfrieren eines festen inneren Kerns an der Grenze vom äußeren zum inneren Kern angereichert und durch Konvektion mit dem restlichen Material des äußeren Kerns vermischt (vgl. Abschn. 5.4.4).

Die Leistung P_{mag}, die dem Dynamo zum Ausgleich des Verlusts an magnetischer Feldenergie durch ohmsche Dissipation zur Verfügung steht, ist gegeben durch [17]

$$P_{mag} = E_G \frac{dm_i}{dt} + \chi \left(E_L \frac{dm_i}{dt} + \frac{dE_{th}}{dt} - 4\pi R_c^2 F_{w1} \right), \qquad (5.108)$$

wobei E_G die Gravitationsenergie ist, die durch Umverteilung des Schwefels pro Masseneinheit des inneren Kerns frei wird, m_i ist die augenblickliche Masse des inneren Kerns, χ ist ein Carnot-Wirkungsgrad, mit dem der Dynamo thermische Energie in magnetische Feldenergie umzusetzen vermag; E_L ist die massenbezogene latente Wärme, die beim Wachstum des inneren Kerns freigesetzt wird, E_{th} der Wärmeinhalt des Kerns und F_{w1} der konduktive Wärmefluß entlang des adiabatischen Temperaturgradienten im äußeren Kern. Der Wert von χ hängt davon ab, ob ein innerer Kern ausfriert oder nicht. Wird die Leistungsbilanz von der Rate der Freisetzung latenter Wärme wesentlich bestimmt, dann ist $\chi \approx 0.2$. Ist die Rate der Freisetzung latenter Wärme relativ unbedeutend, dann ist $\chi \approx 0.06$. Gl. (5.108) unterstreicht die Bedeutung des Ausfrierens eines inneren Kerns, da nur die Gravitationsenergie dem Dynamo ungemindert zur Verfügung steht. Friert kein innerer Kern aus, dann ist der Wirkungsgrad des Dynamos gering. Ist die Verlustrate an innerer Energie gar gleich dem konduktiven Wärmefluß entlang der Adiabaten, kann der Dynamoprozeß bei fehlendem Wachstum eines inneren Kerns nicht aufrecht erhalten werden. Die (thermische) Konvektion kommt dann zum Erliegen. Es ist denkbar (s. Abschn. 5.6.1), daß die Kerne der Venus, des Mars und des Mondes zur Zeit vollständig geschmolzen und stabil gegenüber thermischer Konvektion sind.

5.6 Ergebnisse für einige planetare Körper

In diesem Abschnitt sollen Ergebnisse der physikalischen Planetenforschung für einige planetare Körper dargestellt werden. Eine – sicherlich subjektive – Auswahl ist schon allein deshalb nötig, weil eine umfassende Darstellung den Rahmen dieses Kapitels sprengen würde.

5.6.1 Terrestrische Planeten

Die Erde. Die Erde ist – selbstverständlich – der uns am besten bekannte Planet. Sie dient als Modell der terrestrischen Planeten. Im Tabellenanhang des Bandes sind einige Daten über die Erde zusammengestellt. Eine umfangreichere Einführung in die Physik des Erdkörpers findet sich im 1. Kapitel. Unser Wissen über den inneren Aufbau der Erde wurde im wesentlichen aus der Interpretation der Aufzeichnungen seismischer Wellen und der Daten des Schwerefeldes gewonnen. Der *Schalenaufbau der Erde*, der sich aus diesen Daten ergibt, ist in Abb. 5.25 dargestellt. Der eisenreiche Kern mit einem Radius von 3486 km weist einen festen inneren Kern mit einem Radius von 1217 km und einen flüssigen äußeren Kern auf. Der Mantel aus Silicatgestein ist in einen oberen und einen unteren Mantel gegliedert. Der Übergang

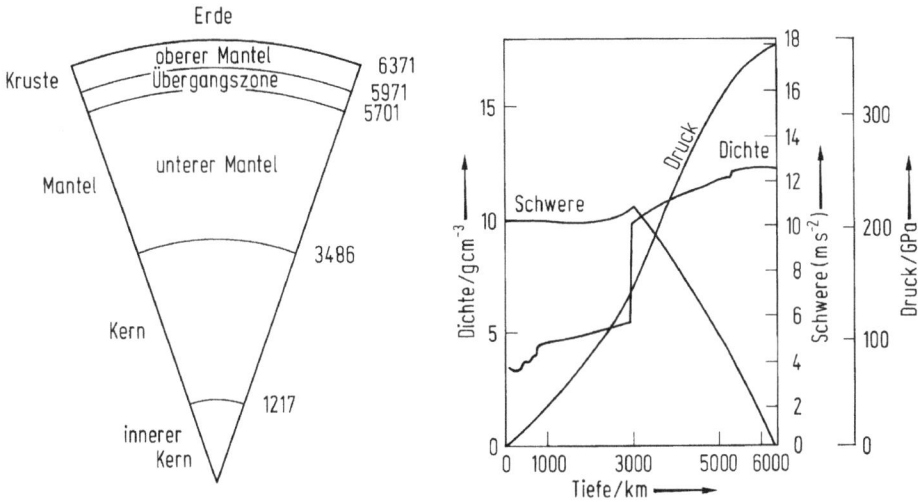

Abb. 5.25 Schalenaufbau der Erde und Verlauf der Schwerebeschleunigung, der Dichte und des Drucks mit der Tiefe. Der obere Mantel besteht im wesentlichen aus Olivin und Pyroxen. In 400 km Tiefe, an der oberen Begrenzung der Übergangszone, erfolgt die Umwandlung von Olivin in die Hochdruckphase Spinell. In der Übergangszone folgen mit steigender Tiefe eine Reihe von Phasenumwandlungen. Beim Übergang in den weitgehend homogenen und adiabatischen tiefen Mantel bilden sich Perovskit und Gesteinssalze (MgO, FeO, SiO_2) als charakteristische Hochdruckphasen. Der flüssige äußere Kern besteht im wesentlichen aus Eisen mit einem leichten legierenden Element (Schwefel oder Sauerstoff). Der feste innere Kern besteht im wesentlichen aus Eisen.

in 670 km Tiefe ist durch einen Anstieg der Dichte gekennzeichnet und könnte durch eine Phasenumwandlung erster Ordnung verursacht sein. Charakteristische Hochdruckmineralien im tiefen Mantel sind Perovskit $(Mg, Fe)SiO_3$ mit kubischer oder pseudokubischer Struktur und Gesteinssalze, z. B. Periklas (MgO) und Wüstit (FeO). Es ist aber auch möglich, daß der untere Mantel etwas eisenreicher ist und daß der Dichteanstieg hauptsächlich dadurch verursacht wird. Der obere Mantel ist bis in eine Tiefe von 400 km weitgehend homogen. In 400 km Tiefe finden wir eine Phasengrenze, die *Olivin-Spinell-Grenze*. Hier findet eine Umkristallisation von Olivin $(Mg_2, Fe_2)SiO_4$ in die Spinellstruktur statt. Der Bereich zwischen der Tiefe von 400 km und 670 km wird als die Übergangszone bezeichnet, in der eine Reihe von Phasenumwandlungen verbunden mit chemischen Reaktionen stattfinden. Oberhalb des Mantels finden wir die *Erdkruste*, die ihrer Dicke und chemischen Zusammensetzung nach in die ozeanische und die kontinentale Kruste unterteilt wird. Ihrem Namen entsprechend bildet die kontinentale Kruste im wesentlichen die Kontinente der Erde, während die ozeanische Kruste weitgehend von den Ozeanen bedeckt ist.

Die beiden Krustentypen haben unterschiedliche physikalische und chemische Eigenschaften, werden unterschiedlich erzeugt und haben ein sehr verschiedenes mittleres Alter. Die kontinentale Kruste bedeckt etwa 40 % der Erdoberfläche, der Rest wird von der ozeanischen Kruste eingenommen. Die mittlere Dicke der ozeanischen Kruste beträgt $\approx$ 10 km; sie besteht, wie die meisten planetaren Krusten

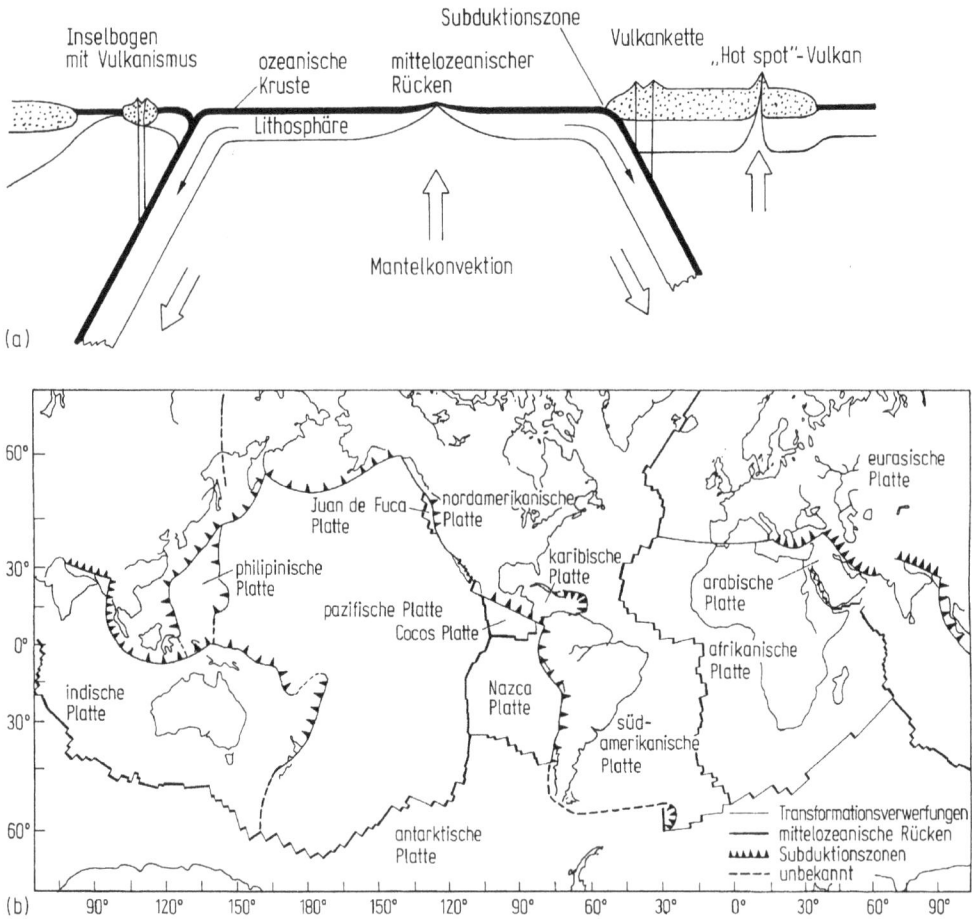

Abb. 5.26 Schematische Darstellung der Elemente der Plattentektonik der Erde (a) und geographische Lage der größeren Platten und Plattengrenzen nach [35] (b). Der Typ einiger Plattengrenzen ist unbekannt.

im wesentlichen aus Basalt und ist gegenüber dem Mantel um etwa einen Faktor 5 an radioaktiven Isotopen angereichert. Die mittlere Dicke der kontinentalen Kruste beträgt 36 km. Ihre chemische Zusammensetzung ist Silicat-reicher als die der ozeanischen Kruste und ihre Anreicherung an radioaktiven Isotopen ist um etwa einen Faktor 10 größer. Das mittlere Alter ozeanischen Krustengesteins beträgt 60 Ma, das mittlere Alter des kontinentalen Krustengesteins beträgt dagegen 2 Ga.

Die Entstehung und Entwicklung der beiden Krustentypen kann im Rahmen der Theorie der Plattentektonik (Abb. 5.26) verstanden werden, die die endogene Dynamik der Erde im allgemeinen recht befriedigend beschreiben kann. Demnach ist die Lithosphäre der Erde keine geschlossene Schale wie bei den anderen terrestrischen Planeten, sondern in sieben größere und einige kleinere Platten zerbrochen, die sich gegeneinander verschieben. Die Lithosphäre ist im Mittel etwa 100 km dick und umfaßt die Erdkruste und den äußersten Tiefenbereich des Mantels. Die Plattenbewegungen werden durch die Konvektionsströme im darunterliegenden Mantel angetrieben. An divergenten Plattengrenzen, sog. *mittelozeanischen Rücken*, dringt basaltisches Magma aus dem Mantel in die Lithosphäre, die dort relativ dünn ist, und führt zur Ausweitung der Platten. Das geförderte Magma entsteht durch Druckentlastungsschmelzen im Mantel und bildet, nachdem es erstarrt ist, die ozeanische Kruste. An konvergenten Plattengrenzen werden die Platten in den Mantel zurückgeschoben, wo sie sich durch Erwärmung auflösen. Die konvergenten Plattenränder befinden sich hauptsächlich an Kontinentalrändern. Das höchste heute gemessene Alter der gerade abtauchenden ozeanischen Kruste, gerechnet von der Bildung am mittelozeanischen Rücken an, ist 180 Ma. Einige Platten, wie die eurasische, tragen Kontinente, andere, wie die pazifische, sind rein ozeanisch. Kollisionen von Kontinenten führen zur Aufwerfung von Faltengebirgen. Verhakungen an Plattengrenzen sich gegeneinander bewegender Platten führen zu Erdbeben. Auch der Vulkanismus läßt sich im Konzept der Plattentektonik verstehen: Er ist weitgehend an Plattengrenzen gebunden.

Kontinentales Krustengestein entsteht heute hauptsächlich durch Differentiation in einer zweiten Stufe, in der die subduzierende ozeanische Kruste unterhalb des Kontinentalrandes partiell aufgeschmolzen wird. Diese Schmelze dringt durch Vulkanismus in die kontinentale Kruste ein und vermehrt das kontinentale Krustenvolumen. Teilschmelzen aus dem subkontinentalen Mantel und partiell geschmolzene subduzierte Sedimente können ebenfalls zur Bildung kontinentaler Krustengesteine beitragen. Die chemische Zusammensetzung der heutigen kontinentalen Kruste ist durch das Modell der zweistufigen Differentiation schlüssig erklärt worden. Die Bildung der frühen kontinentalen Kruste ist weniger gut bekannt. Modelle reichen von einer aktualistischen Übertragung der heute wirksamen Mechanismen bis zu einer direkten Bildung aus partieller Mantelschmelze.

Kontinentales Krustengestein wird auch wieder in den Mantel zurückgeführt. Dies geschieht hauptsächlich durch Subduktion von Sedimenten. Es ist wahrscheinlich, daß die heutigen Bildungs- und Subduktionsraten kontinentalen Krustengesteins annähernd gleich sind, so daß das kontinentale Krustenvolumen heute nicht weiter zunimmt. Die irreversible Differentiation des Mantels durch Krustenbildung ist bei der Erde im wesentlichen auf die kontinentale Kruste beschränkt, da die ozeanische Kruste relativ schnell wieder in den Mantel zurückgeführt wird. Auch heute nimmt vermutlich die Konzentration radioaktiver Elemente im Mantel durch Bildung von Krustengestein ab, obwohl die Produktions- und Recyclingraten kontinentaler Kruste in etwa gleich sind. Dies ist darauf zurückzuführen, daß junges Krustengestein stärker an radioaktiven Elementen angereichert zu sein scheint als das ältere Krustengestein, das als Sediment subduziert wird. Die Zunahme der Anreicherung jungen Krustengesteins im Laufe der Entwicklung der Erde kann durch eine Abnahme des Grades der partiellen Schmelze im Mantel als Folge der Abkühlung der Erde verstanden werden [19].

Die Entwicklung der Erde wird wesentlich von ihrer Abkühlung bestimmt. Während der Akkretion und der Bildung des Kerns durch Differentiation ist die Erde vermutlich sehr früh und sehr rasch bis in die Nähe des Schmelzpunktes aufgeheizt worden. Eine weitere globale Aufheizung über den Schmelzpunkt hinaus wurde möglicherweise durch Konvektion des festen Mantels verhindert. Es ist allerdings denkbar, daß eine Kollision mit einem Körper von der Größe eines kleineren bis

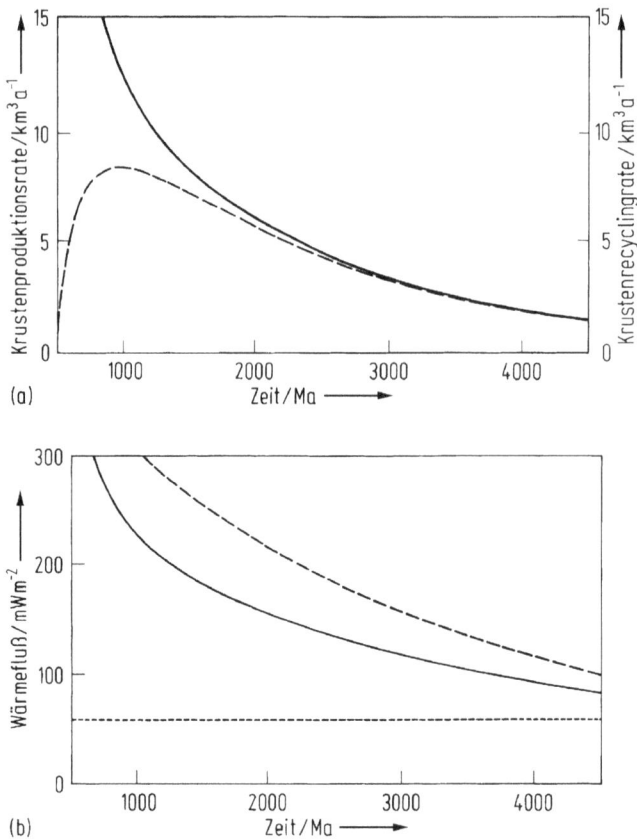

Abb. 5.27 (a) Wachstums- (durchgezogen) und Recyclingraten (gestrichelt) der kontinentalen Kruste, berechnet mit einem Evolutionsmodell der Erde [19]. Die heutigen Werte ($t = 4600$ Ma) entsprechen den beobachteten Raten. (b) Nach dem gleichen Modell berechnete Wärmeflüsse der Erde als Funktionen der Zeit. Die gepunktete Kurve zeigt den kontinentalen Oberflächenwärmefluß, der vermutlich zeitlich annähernd konstant war. Die gestrichelte Kurve zeigt den ozeanischen Wärmefluß und die durchgezogene Linie den mittleren Wärmefluß.

mittleren terrestrischen Planeten in der Spätphase der Akkretion, ein sog. *Riesenimpakt*, einen großen Teil der äußeren Schichten der Erde aufgeschmolzen hat, so daß in der Frühphase ein Magmaozean vorhanden war. Ein Riesenimpakt auf der Erde ist die Grundlage einer modernen Theorie der Entstehung des Mondes, wie wir weiter unten ausführen werden. Der Magmaozean hat allerdings vermutlich nicht lange bestanden. Die Äquilibrationszeit der Erde nach einem solchen Ereignis ist auf etwa 10 Ma abgeschätzt worden.

Die Ergebnisse thermischer Evolutionsrechnungen, wie sie beispielsweise in den Abb. 5.27 und 5.28 dargestellt sind, spiegeln die Abkühlung der Erde wieder. Die Ergebnisse müssen als spekulativ angesehen werden und dienen vornehmlich der Illustration der in den vorstehenden Abschnitten besprochenen Vorstellungen über Wärmetransport und thermische Entwicklung in Anwendung auf die Erde. Dargestellt sind die berechneten Bildungs- und Recyclingraten kontinentaler Kruste, die

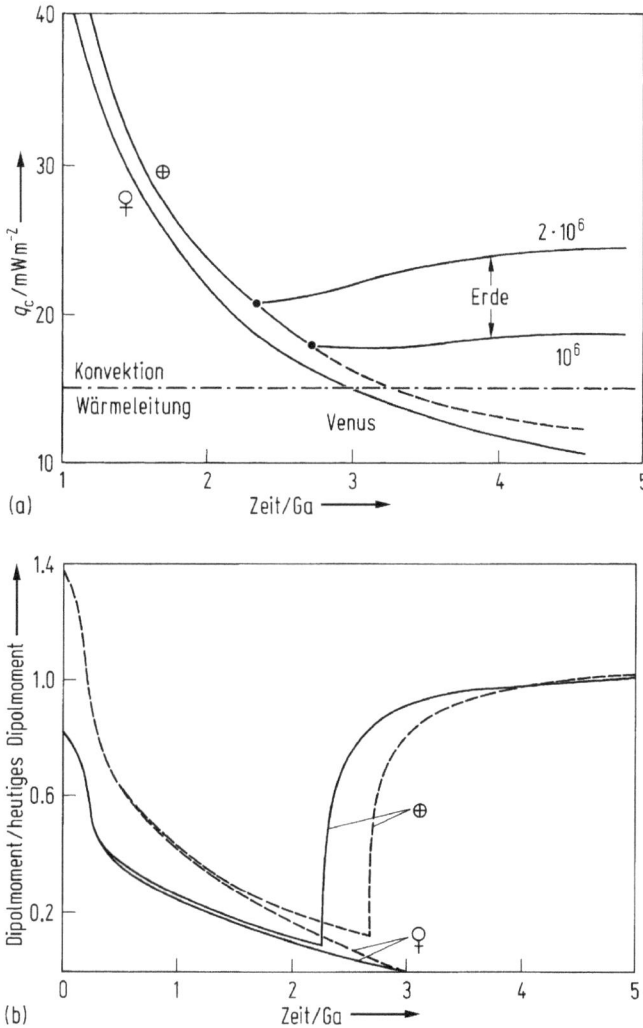

Abb. 5.28 Thermische Entwicklung der Kerne der Erde und der Venus (a) und Geschichte der Magnetfelder der beiden Planeten (b) nach Modellen von [17]. Die Grenze zwischen Konvektion und Wärmeleitung als hauptsächlichen Wärmeübertragungsmechanismen in (a) wird durch den konduktiven Wärmefluß bei adiabatischem Temperaturgradienten bestimmt. Der innere Erdkern beginnt nach 2 bis 2.5 Ga auszufrieren. Die dabei freiwerdende Energie hält den Wärmefluß vom Erdkern oberhalb des Übergangswertes von Konvektion zu Wärmeleitung. Die beiden Kurven entsprechen zwei verschiedenen Annahmen über die durch Wachstum des inneren Kerns freiwerdenden spezifischen Energien (latente Wärme + Differentiationsenergie; 1 und 2 MJ kg^{-1}). In Venus friert in 4.5 Ga kein innerer Kern aus. Der heutige Kern der Venus wäre demnach stabil geschichtet. Das Ausfrieren des inneren Kerns könnte einen Anstieg des Dipolmoments (b) des Erdfelds zur Folge gehabt haben, da die mit dem Ausfrieren einhergehende Umverteilung des leichten Elementes im äußeren Kern für einen effektiveren Dynamoprozeß sorgen kann. Das Magnetfeld der Venus kam nach etwa 3 Ga zum Erliegen. Die durchgezogene Linie (b) entspricht dem Modell mit 2 MJ kg^{-1} in (a), die gestrichelte dem mit 1 MJ kg^{-1}.

Oberflächenwärmeflüsse, der Wärmefluß vom Kern und eine nominelle Stärke des Magnetfeldes als Funktion der Zeit, beginnend zu einem Zeitpunkt vor 4.5 Ga kurz nach dem Abschluß der Akkretion der Erde. Es wurde allerdings angenommen, daß die Bildung der kontinentalen Kruste erst vor 4.0 Ga begann. Die ältesten Krustengesteine sind etwas jünger als dieses Alter. Es ist möglich, daß eine primordiale Kruste in der Postakkretionsphase durch Impakte zerstört worden ist. Den dargestellten Größen ist gemeinsam, daß sie im ersten Ga relativ rasch ab- bzw. zunehmen. Eine Ausnahme bildet der kontinentale Wärmefluß, der (annähernd) konstant bleibt. Dies wird durch die weiter oben schon angeführte zunehmende Anreicherung von kontinentaler Kruste an radioaktiven Elementen verursacht. Die angesprochene Ab- bzw. Zunahme im Verlaufe der ersten Jahrmilliarde ist auf die im Abschn. 5.4.3 besprochene Selbstregulierung der Heftigkeit der Mantelkonvektion durch die temperaturabhängige Rheologie zurückzuführen. Dies führt im übrigen dazu, daß Unterschiede in Anfangsbedingungen verschiedener Modellrechnungen relativ schnell ausgeglichen werden. Nach den Ergebnissen dieser Modellrechnungen ist die Bildung des heutigen kontinentalen Krustenvolumen nach etwa 1 Ga abgeschlossen. Die weitere Differentiation des Mantels bei konstantem Krustenvolumen führt zu einer Abnahme der Wärmeproduktionsrate mit einer Rate von $0.2\,\lambda$, wobei λ die mittlere Zerfallskonstante der radioaktiven Elemente ist (vgl. Gl. (5.76)). Die Unterschiede im Wärmefluß nehmen im Laufe der Zeit ab. Der Wärmefluß vom Mantel wird vornehmlich durch die ozeanische Oberfläche abgeführt. Der mittlere Wärmefluß vom Mantel durch die kontinentale Oberfläche ist nur etwa 20 % des Mantelwärmeflusses durch die ozeanische Fläche, da der kontinentale Wärmefluß hauptsächlich durch die Wärmequellen in der kontinentalen Kruste erzeugt wird. Dadurch wirken die Kontinente als Wärmedecken auf dem Mantel, was wichtige Konsequenzen für die Plattenbewegung und die Struktur der Mantelströmung haben sollte, auf die aber hier nicht weiter eingegangen werden kann.

Nach den Modellen beginnt das Ausfrieren des inneren Kerns vor etwa 2 bis 2.5 Ga. Dies geht einher mit einem Anstieg des Wärmeflusses vom Kern, da die latente Wärme und die Gravitationsenergie, die bei der Umverteilung der leichten chemischen Komponente frei wird, als zusätzliche Wärmequellen wirken. Mit dem Beginn des Wachstums des inneren Kerns könnte die Stärke des Magnetfelds zugenommen haben, da der Dynamo effektiver geworden ist, vornehmlich durch die chemische Konvektion (vgl. Gl. (5.108)).

Der Mond. Unsere heutige Vorstellung vom inneren Aufbau des Mondes (Abb. 5.29, 5.30) leitet sich im wesentlichen aus Schwerefelddaten und von den Auswertungen der Aufzeichnungen von Mondbeben ab. Die Masse des Mondes kann aus der Lage des gemeinsamen Schwerpunktes des Erde-Mond-Systems bestimmt werden. Der Abstand des gemeinsamen Schwerpunktes vom Massenmittelpunkt der Erde ergibt sich aus der Bewegung der Erde um den gemeinsamen Schwerpunkt. Diese Bewegung kann astrometrisch vermessen werden. Die Masse des Monds kann darüber hinaus aus der Vermessung der Bahn von Raumsonden zum Mond und aus der Dopplerverschiebung in Radiosignalen, die von Raumsonden zur Erde gesendet werden, bestimmt werden. Die Dopplerverschiebung wird durch die Bewegung der Sonde und die Bewegung der Erde um den gemeinsamen Schwerpunkt des Erde-Mond-Systems verursacht. Die Masse des Mondes ist 0.0123 Erdmassen. Mit dem mittleren

Abb. 5.29   Der Erdmond. © NASA/JPL.

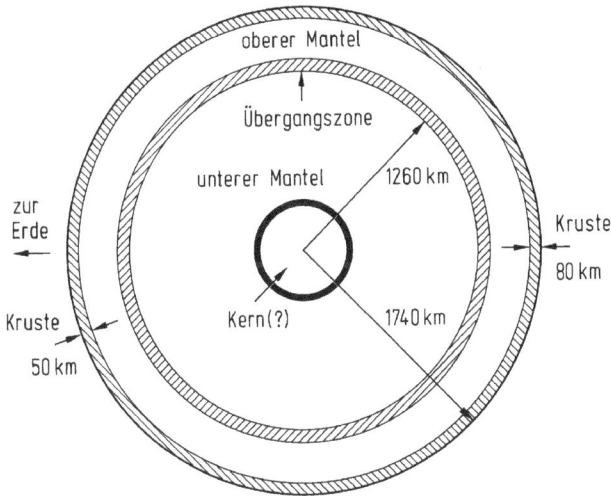

Abb. 5.30   Schalenaufbau des Mondes nach heutiger Kenntnis. Die Krustenmächtigkeit variiert zwischen 50 und 80 km und ist vermutlich auf der der Erde abgewandten Seite signifikant dicker.

Radius von 1737 km ergibt sich eine mittlere Dichte von 3340 kg m^{-3}. Wegen der geringen Masse des Mondes ist die zu erwartende Kompression unter Eigengravitation im Vergleich zur Erde gering, und der obige Wert der mittleren Dichte entspricht etwa dem Wert der unkomprimierten Dichte. Modellrechnungen zeigen, daß der Effekt des gegenüber dem Standarddruck höheren Drucks im Mondinneren auf die Dichte geringer ist als der Effekt der relativ zur Standardtemperatur höheren Temperatur, so daß die Dichte bei Standardbedingungen ein wenig größer als die gemessene mittlere Dichte sein dürfte. Ein Vergleich der mittleren Dichten bei Standardbedingungen zeigt, daß der Mond im Vergleich zu den anderen terrestrischen Planeten eine anomale Zusammensetzung hat. Die geochemischen Untersuchungen der Mondgesteine haben ergeben, daß die Zusammensetzung des gesamten Mondes etwa der des Erdmantels entspricht. Dies läßt vermuten, daß der Mond entweder keinen Eisenkern oder einen Eisenkern von nur relativ geringer Größe besitzt.

Die Hauptträgheitsmomente des Mondes können aus den Librationsbewegungen des Mondkörpers durch Lasermessungen mit Hilfe von Reflektoren auf der Mondoberfläche bestimmt werden. Der Trägheitsmomentenfaktor $C/m_P R_P^2$ beträgt 0.394 (vgl. Tab. 5.2); sein Wert ist damit nur wenig kleiner als der einer homogenen Kugel von 0.4. Dies bedeutet, daß die Dichte zum Mondmittelpunkt hin zunimmt, aber daß die Masse weniger stark nach innen konzentriert ist, als dies beispielsweise bei der Erde der Fall ist ($C/m_P R_P^2 = 0.345$). Der Mond könnte demnach einen eisenreichen Kern mit einem Radius von etwa 450 km oder $0.26 R_P$ haben; dieser würde etwa 5 % der Masse des Mondes einnehmen. Im Vergleich dazu nimmt der Radius des Erdkerns 55 % des Erdradius ein; die relative Kernmasse ist 32 % der Gesamtmasse. Die Interpretationen der seismischen Registrierungen haben keinen sicheren Hinweis auf einen Eisenkern ergeben, würden jedoch einen Kern mit einem Radius von bis zu etwa 450 km erlauben. Magnetfeldmessungen haben ergeben, daß der Mond gegenwärtig kein eigenes Magnetfeld erzeugt. Das äquivalente Dipolmoment des Magnetfelds ist mindestens um einen Faktor 10^{-7} kleiner als das der Erde. Einige Oberflächengesteine des Mondes sind jedoch schwach magnetisiert. Die gegenwärtig beste Erklärung für diese Magnetisierung ist die Hypothese, daß der Mond in der Frühphase seiner Entwicklung ein Magnetfeld besaß, welches das vulkanische Gestein magnetisierte, das damals eine Temperatur größer als die Curietemperatur besessen haben muß. Da nach unserem heutigen Verständnis planetare Magnetfelder in flüssigen, eisenreichen Kernen oder Kernschalen erzeugt werden, müßte der Mond demnach einen Eisenkern besitzen, in dem der Dynamoprozeß zum Erliegen gekommen ist. Dies kann geschehen sein, indem entweder der Mondkern fest geworden ist oder die notwendige Leistung zum Betrieb des Dynamos in Folge der Abkühlung nicht mehr zur Verfügung stand. Altersdatierungen der magnetisierten Gesteine lassen vermuten, daß der Dynamo vor etwa 3 Ga zum Erliegen kam.

Die *Mondkruste* ist vermutlich unterschiedlich dick. Die aus Bahnumlaufdaten von Raumsonden bestimmte Verschiebung des Schwerpunktes des Mondes aus dem Mondmittelpunkt um 2 km bedeutet, daß die der Erde abgewandte Seite spezifisch leichter als die erdzugewandte Seite sein muß. Wenn der Mantel als mehr oder weniger homogen angenommen wird, dann ist ein Unterschied in der Krustenmächtigkeit von 10 bis 20 km die einfachste Erklärung. Die mittlere Dicke der Mondkruste, die aus seismischen Daten abgeleitet wurde, beträgt etwa 50 bis 75 km. Die Mondkruste scheint stark an radioaktiven Elementen angereichert zu sein. Die in Tab. 5.6 angegebenen Konzentrationen beziehen sich auf die Gesamtmasse des Mondes. Mit Hilfe der γ-Spektroskopie hat man von Satelliten aus die mittleren Konzentrationen von Kalium und Thorium in den Oberflächengesteinen der Mondhochländern bestimmt und erhielt Werte von 600 ppm für K und 900 ppb für Th. Für Uran ergibt sich mit dem Konzentrationsverhältnis K/U von 2500 eine Konzentration von 240 ppb. Diese Werte liegen um rund eine Größenordnung höher als diejenigen in Tab. 5.6. Sollten diese Konzentrationen repräsentativ für die gesamte Kruste sein, dann kann man den Oberflächenwärmefluß allein durch radioaktive Wärmeerzeugung in der Kruste erklären. Dies würde einen an radioaktiven Elementen stark verarmten Mantel nahelegen. Das im Vergleich zu Chondriten relativ geringe Konzentrationsverhältnis von K/U geht einher mit der allgemein beobachteten starken Verarmung des Mondes an volatilen Elementen. Dies deutet darauf hin, daß er während der Entstehung oder in seiner frühen Geschichte einen Großteil seiner volatilen Bestandteile verloren hat.

Die *Entstehung des Mondes* wird in jüngster Zeit wieder verstärkt diskutiert [23], seit zu den klassischen Entstehungshypothesen

- Einfang,
- Abspaltung von der Erde durch Rotationsinstabilität,
- gemeinsame Akkretion als Doppelplanet

die Impakthypothese getreten ist. Von physikalischer Seite ergeben sich aus dem Drehimpuls des Erde-Mond-Systems und aus der Masse des Mondes relativ zur Masse der Erde – die für einen Trabanten erstaunlich groß ist – einschränkende empirische Bedingungen für Entstehungshypothesen. Von kosmochemischer Seite sind insbesondere die Ähnlichkeit der Isotopenverteilungen in Erdmantelgestein und Mondgestein und die starke Verarmung des Mondes an volatilen Elementen und an Eisen, letzteres abgeleitet aus der relativ geringen Dichte, zu nennen.

Gegen die Einfanghypothese kann man einwenden, daß ein Einfang aus himmelsmechanischen Gründen höchst unwahrscheinlich ist und daß sie die kosmochemischen Besonderheiten nicht erklären kann. Die Abspaltungshypothese wird heute allgemein verworfen, hauptsächlich weil der heutige Gesamtdrehimpuls des Erde-Mond-Systems zu klein ist, um eine Rotationsinstabilität der frühen Erde zu erklären; es sei denn, der Drehimpuls wäre auf bisher unbekannte Weise abgebaut worden. Die Koakkretionshypothese kann ebenfalls den Drehimpuls des Erde-Mond-Systems nicht befriedigend erklären, allerdings mit dem Unterschied, daß in diesem Fall der beobachtete Drehimpuls zu groß ist. Vom kosmochemischen Standpunkt kann man die Koakkretion nicht ausschließen, obwohl die Verarmung an Eisen und an Volatilen auf diese Weise nicht zwanglos zu erklären ist. Dieser Einwand wird nach wie vor kontrovers diskutiert.

Gerade die Ähnlichkeit der Isotopien des Erdmantels und des Mondes hat die Abspaltungshypothese für die Kosmochemie attraktiv werden lassen, da es in ihr einen genetischen Zusammenhang zwischen Erde und Mond gibt. Die Schwierigkeiten dieser Hypothese können durch die Riesenimpakthypothese vermieden werden, unter weitgehender Beibehaltung der Vorteile. Die *Riesenimpakthypothese* besagt, daß die Erde im Spätstadium ihrer Akkretion – die Erde muß allerdings zu diesem Zeitpunkt bereits einen Kern gebildet haben – von einem Körper annähernd so groß wie der Mars getroffen wurde. Beim Impakt eines derart großen Körpers verdampfen die Kruste und die äußere Schale des Mantels. Die Gesteinsdampfwolke expandiert, kühlt ab und kondensiert. Es bildet sich eine Akkretionsscheibe um die Erde, aus der dann der Mond entsteht. Die Verdampfung muß vorausgesetzt werden, da festes Material, das durch einen Impakt von der Erde ausgeworfen würde, auf einer parabolischen Bahn auf diese zurückfallen würde.

Die Riesenimpakthypothese hat, ähnlich wie die Abspaltungshypothese, den weiteren Vorteil, daß die Verarmung des Mondes an volatilen Elementen zwanglos durch die hohen Temperaturen erklärt werden kann. Schwierigkeiten der Hypothese ergeben sich aus der Frage, wie gewährleistet werden kann, daß der Mond nicht zum allergrößten Teil aus dem Material des Impaktors besteht und aus der fehlenden Evidenz für einen Magmaozean auf der frühen Erde. Ein derart heftiges Ereignis müßte einen weitgehend geschmolzenen Planeten zurückgelassen haben. Der Erdmantel ist aber offenbar nicht in dem Maße differenziert, wie es unter diesen Umständen zu erwarten wäre. Die Entstehung des Mondes kann heute noch nicht als geklärt gelten, obwohl aus der Sicht vieler Planetologen die Impakthypothese die attraktivste Hypothese zu sein scheint.

Merkur. Merkur ist der innerste der Planeten. Die Nähe zur Sonne macht die Erkundung des Merkur durch Satelliten problematisch, da eine relativ große Treibstoffmenge zur Abbremsung des Flugkörpers vor dem Einschwenken in die Umlaufbahn mitgeführt werden muß. Daneben ergeben sich technische Probleme durch die hohe solare Strahlungsleistung in der Umgebung des Planeten. Merkur ist bisher nur durch drei kurze Vorbeiflüge von Mariner 10 erkundet worden. Mariner 10 hat etwa 1/3 der Oberfläche aufgenommen und das Magnetfeld vermessen. Eine neuere Zusammenfassung des gegenwärtigen Kenntnisstands über Merkur findet sich in [24].

Aus der Masse des Merkur und dem mittleren Radius berechnet man eine mittlere Dichte von $5430 \, \mathrm{kg \, m^{-3}}$. Dieser Wert liegt zwischen denen der Erde und der Venus. Berücksichtigt man aber die sehr viel kleinere Masse des Merkur im Vergleich zu Erde und Venus und die daher sehr viel geringere Kompression durch Eigengravitation, so erhält man eine mittlere Dichte bei Standardbedingungen von etwa $5300 \, \mathrm{kg \, m^{-3}}$ (vgl. Tab. 5.3). Diese Dichte ist erheblich größer als die entsprechenden Werte der Erde und der Venus von 4000 bis $4100 \, \mathrm{kg \, m^{-3}}$. Daraus folgert man, daß der Anteil von Eisen an der Zusammensetzung des Merkur erheblich größer als bei den vorgenannten Planeten sein und mehr als 50 % der Masse betragen muß. Es wird heute allgemein davon ausgegangen, daß sich dieses Eisen hauptsächlich in einem großen Kern befindet. Der relativ dünne Mantel könnte durch eine Variante der Impakthypothese zur Entstehung des Mondes erklärt werden: Durch eine Kollision des Protomerkur mit einem anderen planetengroßen Körper in der Spätphase der Akkretion könnten die äußerste Schale des Mantels und die Protokruste verdampft sein. Die Nähe der Sonne hätte die Bildung eines Trabanten verhindert.

Die Rotationsperiode des Merkur beträgt rund 60 Erdtage. Sie befindet sich in einer 2 : 3 Spin-Orbit-Kopplung mit der Umlaufperiode. Der Grund für diese ungewöhnliche Kopplung ist in der großen Bahnexzentrizität von 0.206 zu suchen. Bei niedrigen Bahnexzentrizitäten führt die Gezeitenentwicklung der Rotationsperiode in der Regel zu einer 1 : 1 Kopplung (vgl. Abschn. 5.4.2). Die 2 : 3 Kopplung bei Merkur hat zur Folge, daß die Rotationswinkelgeschwindigkeit der Bahnwinkelgeschwindigkeit im Perihel entspricht und die Achse des Gezeitenbergs im Perihel auf die Sonne zeigt. Dadurch wird das Drehmoment auf Merkur minimiert und die Kopplung stabilisiert. Die Entwicklung in die 2 : 3 Kopplung wird erleichtert, wenn der Kern des Merkurs geschmolzen ist. Die Amplituden der Gezeiten und die Gezeitendissipationsrate eines Planeten sind größer, wenn der Kern flüssig ist.

Wegen der großen Rotationsperiode des Merkur ist die Abplattung des Planeten gering und daher ist auch der Wert des Quadrupolmoments des Schwerefeldes J_2 klein (Tab. 5.2). Aus oberen Abschätzungen des Wertes von J_2 mit Hilfe von Mariner 10-Daten konnten keine brauchbaren Abschätzungen des polaren Trägheitmomentes des Merkur gewonnen werden, so daß allein aus dem Schwerefeld nicht auf einen Kern geschlossen werden kann. Allerdings erlaubt das magnetische Dipolmoment von $(2-5) \times 10^{19}$ Am^2 – oder von $5 \cdot 10^{-4}$ dem Dipolmoment der Erde – den indirekten Schluß auf das Vorhandensein eines heute wenigstens in den äußersten Schichten flüssigen Eisenkerns. Zwar kann man nicht völlig ausschließen, daß das Magnetfeld durch magnetisiertes Krustengestein erzeugt wird, aber ein Kerndynamo wird allgemein für wahrscheinlicher gehalten. Es sind allerdings Zweifel angemeldet worden, ob das Magnetfeld des Merkur durch den klassischen Geodynamoprozeß erzeugt wird. Als Alternative ist ein auf dem thermoelektrischen Effekt [20] basierender Dynamo vorgeschlagen worden, der allerdings auch einen flüssigen Eisenkern voraussetzt. Der Nachweis eines flüssigen äußeren Kerns wäre durch eine genügend genaue Bestimmung der Inklination der Rotationsachse, der Terme niedriger Ordnung des Schwerefelds und der Libration der Rotationswinkelgeschwindigkeit mit Hilfe eines künstlichen Satelliten möglich [25].

Aufbaumodelle des Merkur [24] weisen daher einen Kern auf mit einem Radius von etwa 1800 km, der von einem Silicatmantel von etwa 600 km Mächtigkeit umhüllt wird. Aus diesem Silicatmantel ist in der frühen Geschichte des Merkur durch (partielles) Aufschmelzen und Vulkanismus eine Kruste abgeschieden worden. Diese Kruste ist nach Modellrechnungen einige wenige 10 km dick; die Lithosphäre des Merkur ist 200 bis 300 km mächtig [21]. Der Kern ist wahrscheinlich wie der Erdkern in einen festen inneren Kern und einen flüssigen äußeren Kern gegliedert. Ein vollständiges Ausfrieren des Kerns kann vermieden werden, wenn der Kern insgesamt einige Prozent eines leichten legierenden Elements wie Schwefel enthält [17]. Wie weiter oben in den Abschn. 5.3.3 und 5.4.4 dargelegt wurde, wird beim Ausfrieren des inneren Kerns Schwefel im flüssigen äußeren Kern angereichert. Da das Eutektikum der Eisenschwefellegierung (ein anderes mögliches Element wäre Sauerstoff) unterhalb der wahrscheinlichen Temperaturen des Merkurmantels liegt, bliebe ein flüssiger äußerer Kern erhalten. Es ist allerdings auch möglich, daß die Dissipation von Gezeitenenergie im festen inneren Kern zum Erhalt eines flüssigen äußeren Kern beiträgt [20].

Der bekannte Teil der Oberfläche des Merkur ähnelt der Mondoberfläche. Fotografische Aufnahmen zeigen kraterbedeckte Flächen mit gesättigter Kraterdichte aber auch solche, deren Kraterdichte untersättigt ist. Sättigung ist erreicht, wenn neu hinzukommende Krater die Kraterstatistik nicht mehr verändern können, da sie gleichzeitig bestehende Krater überdecken. Darüberhinaus gibt es Ebenen mit relativ geringer Kraterdichte sog. *smooth plains* und sogenannte *Multiringbecken*, von denen man annimmt, daß es sich um große Einschlagbecken handelt. Das größte dieser Becken ist das sogenannte *Calorisbecken* mit einem Durchmesser von 1300 km. Dieses Becken ähnelt den Imbrium- und Orientalisbecken des Mondes. Die *smooth plains* haben eine relativ geringe Albedo und könnten vulkanischen Ursprungs sein. Aus Altersdatierungen dieser Flächen schließt man, daß die vulkanische Aktivität bis etwa 1 Ga nach der Entstehung des Planeten angedauert haben könnte. Die Oberfläche zeigt weiterhin eine Reihe von Verwerfungen, die auf die Kontraktion als Folge der Abkühlung des Planeten zurückgeführt werden. Andere Rücken könnten vulkanischen Ursprungs sein. Es gibt auf Merkur allerdings weder Hinweise auf plattentektonische Vorgänge noch sind ausgeprägte Vulkanstrukturen zu sehen. In jüngster Zeit sind allerdings auf Radaraufnahmen, die von der Erde aus aufgenommen worden sind, Hinweise auf eine große Vulkanstruktur entdeckt worden.

Venus. Unser Wissen über die Venus befindet sich gegenwärtig im Umbruch. Von September 1990 bis Oktober 1994 sendete die Venussonde Magellan Radaraufnahmen (Farbbild 10, s. Bildanhang) mit einer bisher nicht erreichten Auflösung von bis zu 100 m. Da die Wolkendecke der Venus im sichtbaren Bereich des elektromagnetischen Spektrums undurchlässig ist, beobachtet man die Oberfläche der Venus im Radarbereich. In 3 Zyklen von jeweils 1 Tageslänge der Venus (entsprechend 243 Erdtagen) wurden 97% der Oberfläche aus einer Höhe von 290 km kartiert, davon etwa ein Drittel in Stereo. Dadurch konnte die Topographie der Venus, die Kraterformen und die tektonischen und vulkanischen Landformen sowie die Folgen von Ablagerungs- und Erosionsprozessen wesentlich detaillierter vermessen und abgebildet werden und der Radius und die Rotationsrate der Venus wesentlich genauer als zuvor bestimmt werden. In einem 4. Zyklus auf einer niedrigeren Umlaufbahn mit einer Höhe von 180 km wurde das Gravitationsfeld der Venus neu vermessen (Abb. 5.32). Bei vorherigen Kartierungen der Venus wurde von der Erde aus eine Auflösung von 1.5 km und mit den Pioneer-Venus-Sonden, die auch das Schwerefeld vermessen haben, und den Sonden Venera 15 und 16 eine Auflösung von etwa 1 km erreicht. Darüber hinaus sollte an dieser Stelle noch an die Landungen der Sonden Venera 9, 10, 13 und 14 erinnert werden. Wegen der hohen Temperatur und der Korrosivität der Venusatmosphäre waren die Übertragungen von Bildern, die zum Teil in Farbe waren, und von chemischen Analysen der Oberflächengesteine besonders bemerkenswerte Leistungen. Die Venera-Landesonden haben einige Stunden überlebt.

Die Masse der Venus wurde bisher mit der besten Genauigkeit durch die Magellan-Sonde bestimmt. Aus der Masse und dem Radius ergibt sich eine mittlere Dichte von 5250 kgm^{-3}, die um etwa 265 kgm^{-3} kleiner ist als die der Erde (vgl. Tab. 5.3). Der Dichteunterschied kann zum Teil durch höhere Temperaturen im Innern, verursacht durch die höhere Oberflächentemperatur, und zum Teil durch die geringere Masse und damit die geringere Kompression erklärt werden. Die Oberflächentemperatur ist deshalb so hoch, weil die Atmosphäre vermutlich wegen eines Treibhauseffektes (vgl. Kap. 7) außergewöhnlich heiß ist.

Die Dichte bei Standardbedingungen ist wahrscheinlich etwas geringer als die der Erde, so daß Unterschiede in der Zusammensetzung der Erde und der Venus erwartet werden dürfen. Man kann dennoch davon ausgehen, daß die Venus ähnlich aufgebaut ist wie die Erde (vgl. Abb. 5.25). Bedingt durch die langsame Rotation der Venus kann der Trägheitsmomentenfaktor aus Schwerefelddaten leider nicht bestimmt werden. Im Unterschied zur Erde hat die Venus heute kein selbsterzeugtes Magnetfeld. Diese Beobachtung ist als Folge des Fehlens eines inneren Kerns erklärt worden [17]. Abb. 5.31 zeigt die Temperaturen im Erdkern und im Venuskern im Vergleich zur Schmelzpunktkurve. Die Temperaturen in den Kernen der beiden Planeten sind annähernd gleich. Der Druck im Zentrum der Venus ist allerdings etwas geringer als der Druck an der Grenze zum inneren Kern der Erde. Daraus kann man folgern, daß sich in der Venus vermutlich noch kein innerer Kern gebildet hat.

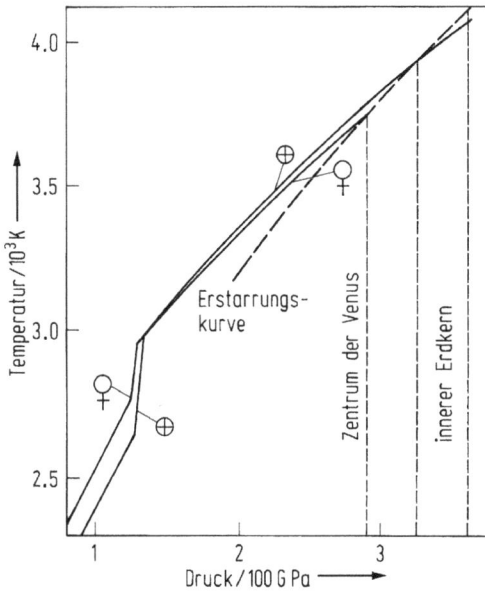

Abb. 5.31 Temperaturen und Schmelztemperaturen in den heutigen Kernen der Erde und der Venus nach [17]. Der Druck an der Kern-Mantel-Grenze ist etwa 130 GPa in Venus und etwa 135 GPa in der Erde. Die Temperaturen in den Kernen sind ungefähr gleich. Der Druck im Mittelpunkt der Venus ist etwas kleiner als der Druck an der Grenze zum inneren Kern in der Erde. Nach dem Modell könnte in der geologisch nahen Zukunft der Dynamo in der Venus wieder aufleben.

Abb. 5.28 zeigt die thermische Evolution des Kerns der Venus im Vergleich zu der des Erdkerns und die Geschichte der beiden planetaren Dynamos. Demnach hatte die Venus früher ein magnetisches Feld, das durch einen Dynamo erzeugt wurde, der durch thermische Konvektion angetrieben wurde. Nach etwa 3 Ga war der Kern so weit abgekühlt, daß die verbliebene Abkühlrate dem Wärmefluß durch Wärmeleitung entlang der Kernadiabaten entsprach und die Konvektion – und damit der Dynamo – zum Erliegen kamen (vgl. Abschn. 5.4.4). In Folge weiterer Abkühlung würde in den kommenden Jahrmillionen ein innerer Kern ausfrieren und der Dynamo könnte wieder aufleben, nunmehr durch chemische Konvektion angetrieben.

Das Schwerefeld der Venus ist aus Dopplervermessungen der Bahnen der Pioneer-Venus- und Magellan-Sonden gut bekannt (Abb. 5.32). Das Schwerefeld korreliert bemerkenswert gut mit der beobachteten Topographie (s. a. Farbbild 11). Dies ist auf der Erde nicht der Fall. Daraus kann man folgern, daß sich die Topographie der Venus nicht in gleichem Maße wie die Topographie der Erde in einem annähernden Schwimmgleichgewicht – sog. *Isostasie* (vgl. Kap. 1) – befindet. Eine Erklärung könnte sein, daß die Topographie der Venus in stärkerem Maße als die der Erde die Konvektionsströmungen im Mantel widerspiegelt. Eine andere Erklärung könnte in einer dickeren oder steiferen Lithosphäre liegen, die Auflasten über längere Zeiten tragen könnte, bevor sie den Spannungen nachgeben würde. Dem widersprechen aber anscheinend die zu erwartenden höheren Temperaturen im Innern der Venus und die aus Modellrechnungen abgeleitete Vorstellung [21], daß die Litho-

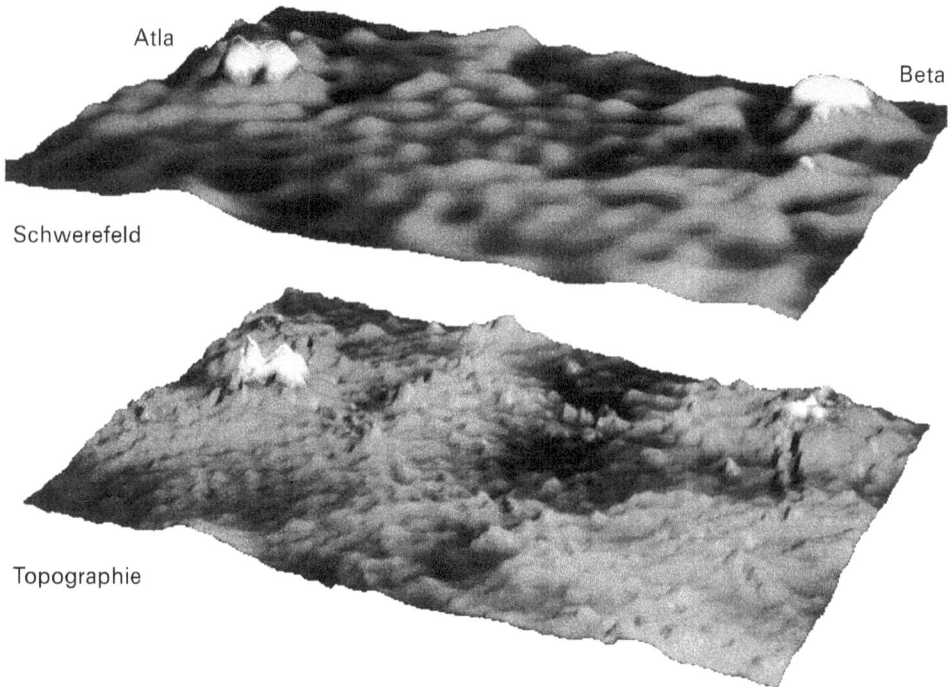

Abb. 5.32   Schwerefeld und Topographie der Venus aus Magellandaten. Dieses Bild wurde durch rechnergestützte Datenverarbeitung erzeugt und zeigt einen Bereich der Venusoberfläche von $180°$ bis $300°$ E und von $40°$ N bis $40°$ S. Die tektonisch aktiven Atla und Beta Regiones sind deutlich erkennbar. Eine Besonderheit der Venus ist die hohe Korrelation zwischen Topographie und Schwerefeld, wobei topographische Höhen mit positivem und topographische Tiefen mit negativen Schwereanomalien korrelieren. © NASA/JPL.

sphäre der Venus nicht wesentlich dicker als die Kruste ist. Es ist aber möglich, daß durch das heute offenbar auf der Venus nicht vorhandene Wasser der Einfluß der höheren Temperaturen auf die Fließfähigkeit des Mantels überkompensiert wird.

Es hat auf der Venus allerdings früher Wasser in erheblichen Mengen, möglicherweise als Dampf aber möglicherweise auch als Ozeane, gegeben. Dies wird aus den relativ hohen Konzentrationen von Deuterium und von schwerem Wasserstoff geschlossen, die in der Venusatmosphäre 1992 durch die Sonde Pioneer-Venus während ihres Absturz und kurz vor ihrem Verglühen gemessen wurden. Ob es in den Ozeanen möglicherweise Leben gab, das dann einem später einsetzenden Treibhauseffekt zum Opfer fiel, kann zumindestens vorläufig nur spekuliert werden.

Die Topographie der Venus (vgl. Farbbild 11) zeigt bemerkenswert geringe Höhenschwankungen. Etwa 64% der Oberfläche werden von einer Ebene eingenommen, deren Höhenvariation 2 km nicht überschreitet. Hochländer nehmen nicht mehr als 5% der Oberfläche ein. Ihre Erhebung über dem mittleren Niveau beträgt bis zu 10 km. Tiefländer, die 2 bis 3 km unter dem mittleren Niveau liegen, bedecken die übrigen 31% der Oberfläche. Die Hochländer sind im wesentlichen Ishtar Terra im Norden, etwa von der Größe Australiens, sowie Aphrodite Terra und Beta Regio

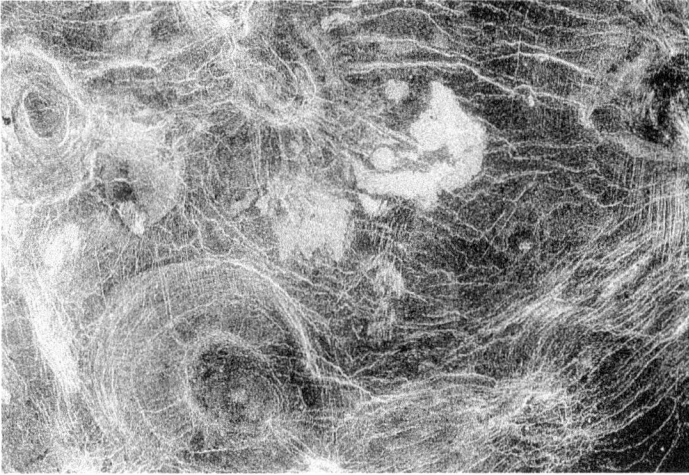

Abb. 5.33 *Magellan*-Radaraufnahme einer Coronastruktur. ©NASA/JPL.

in Äquatornähe. Aphrodite Terra ist etwa von der Größe Afrikas, Beta Regio ist erheblich kleiner. Die höchste Erhebung mit 11 km ist Maxwell Montes auf Ishtar Terra. Der tiefste Punkt liegt 3 km unter dem mittleren Niveau und befindet sich in einem Graben. Die Verteilung der Höhen ist unimodal im Gegensatz zur Erde mit ihrer bimodalen Höhenverteilung, die durch die beiden Niveaus der Kontinente und der Ozeanböden bestimmt wird. Hinweise auf Plattentektonik durch erdähnliche Rücken und Grabensysteme mit engen orogenen Deformationsgürteln, den Faltengebirgen, fehlen. Zeugen aktiver Tektonik gibt es dennoch, obwohl sie von denen der Erde verschieden sind: Gebiete, die weiträumig deformiert sind, sog. *Coronae* (vgl. Abb. 5.33), die es nur auf der Venus zu geben scheint, Hunderte von Vulkanen unterschiedlicher Größe – Schildvulkane und Dome – und Lavaströme. Coronae sind Strukturen, die durch einen Ring von konzentrischen tektonischen Störungen gekennzeichnet sind. Sie sind nicht zufällig über die Planetenoberfläche verteilt, sondern in Gruppen und könnten durch zylindrische, aufsteigende Konvektionsströme im Mantel, sog. *Mantelplumes*, verursacht sein.

Die Entstehung der tektonischen Bauten auf der Venus ist verstärkt Gegenstand heutiger Forschung. Die aus den Magellan-Daten abgeschätzten Oberflächenerneuerungsraten (s. Tab. 5.4) sind unwesentlich geringer als die der Erde. Es scheint, daß die Venus ein sehr erdähnlicher Planet ist, dessen Tektonik aber nicht der Plattentektonik gleicht, sondern eine eigene Form annimmt. Ähnlich wie bei den anderen terrestrischen Planeten, mit Ausnahme der Erde, scheint die Lithosphäre der Venus geschlossen zu sein. Aufsteigende Konvektionsströme scheinen die Lithosphäre aufzuwölben und Vulkanschlote scheinen sie durchbohren zu können. Andererseits gibt es möglicherweise Subduktion von Lithosphäre, aber nicht als abtauchende Platte, sondern eher wie bei einem aus einem hochviskosen Film sich bildenden Tropfen.

Schließlich bleibt noch anzumerken, daß die langsame und retrograde Rotation der Venus (vgl. die Tabelle im Anhang) die Folge einer Kollision der Protovenus mit einem planetengroßen anderen Körper in der Spätphase der Akkretion gewesen sein könnte.

Mars. Der Mars (s. Farbbild 12) ist für die Planetologie von besonderem Interesse. Von der Erde aus gesehen, ist er der nächstäußere Planet und ist deshalb für Raumsonden relativ leicht erreichbar. Die Umweltbedingungen auf dem Mars lassen es möglich erscheinen, daß dort primitive Lebensformen entstanden sind. Eine umfangreiche Zusammenstellung des neueren Wissens über Mars findet man in [27]. In den neunziger Jahren begann ein groß angelegtes internationales Programm zur Erforschung des Mars. Im Zweijahresrhythmus sollen bis 2010 Missionen zum Mars durchgeführt werden. Der amerikanische Orbiter *Mars Global Surveyor* (MGS) hat zwischen 1997 und 1999 die Topographie des Mars mit einer Höhenauflösung von 1 m mit Hilfe eines Radaraltimeters vermessen. Darüber hinaus entdeckte MGS die remanente Magnetisierung der Marskruste sowie, mit Hilfe des Thermal Emission Spectrometers, chemische Unterschiede zwischen Krustenprovinzen. Die hochaufgelösten Bilder von MGS haben neue Erkenntnisse über die Geschichte von Oberflächenwasser auf dem Mars ermöglicht. Mit Mars Pathfinder hat die NASA neue Landetechnologien auf dem Mars erprobt. Das Landegerät führte den Mikrorover Sojourner mit, der die unmittelbare Umgebung der Landestation erkunden und dabei mit Hilfe eines Alpha-Protonen-Rückstrahlspektrometers chemische Analysen des Marsgesteins vornehmen sollte. Dabei wurde entdeckt, daß es auf dem Mars mindestens zwei Typen von Krustengestein gibt. Einen basaltischen Typ, der den SNC-Meteoriten entspricht (vgl. Fußnote auf S. 509) sowie einen silicatreicheren Typ. Chemisch ähnliche Gesteine findet man auf der Erde bei Inselbogenvulkanen.

Ein wesentlicher Beitrag zum internationalen Marsprogramm wird von Europa durch die beiden Missionen *MarsExpress* und *Netlander* geleistet werden. MarsExpress (Start 2003) wird als Remote Sensing Orbiter u. a. ein abbildendes Infrarotspektrometer und eine hochauflösende Stereokamera an Bord haben. Netlander (Start 2005), ein Unternehmen französischer, finnischer und deutscher Partner, wird vier geowissenschaftliche Stationen auf dem Mars landen. Diese Stationen werden u. a. mit Seismometern bestückt sein und Atmosphärenforschung betreiben.

Durch die Beobachtung der Umlaufperioden der Marstrabanten Phobos und Deimos waren schon vor dem Raumfahrtzeitalter die Masse des Planeten und der Koeffizient des Quadrupolmoments des Schwerefeldes J_2 bekannt. Aus dem mittleren Planetenradius von 3389 km ergibt sich zusammen mit der Masse eine mittlere Dichte von 3940 kg m^{-3}. Die mittlere Dichte bei Standardbedingungen beträgt etwa 3800 kg m^{-3}. Dieser Wert ist etwa 300 kg m^{-3} geringer als der der Erde (vgl. Tab. 5.3) und läßt einen erheblich geringeren Eisengehalt des Mars vermuten. Mars Pathfinder konnte den Trägheitsmomentenfaktor $C/m_p R_p^2$ zu 0.366 bestimmen. Terme höherer Ordnung des Gravitationspotentials (Gl. 5.2) wurden ab 1971 durch Dopplertrakking von Satelliten – Mariner 9 und folgende bis Mars Global Surveyor – vermessen. Dadurch wissen wir heute, daß die Figur des Mars nicht hydrostatisch ausgeglichen ist. Die größte Abweichung wird durch die Tharsisaufwölbung verursacht (vgl. Abb. 5.35). Die Tharsisaufwölbung ist geologisch gesehen ein Schild mit einem Durchmesser von etwa 5000 km und einer maximalen Höhe über dem mittleren Niveau von 25 km. Das Fehlen magnetischer Anomalien bei Tharsis und im nördlichen Tiefland deutet daraufhin, daß diese nach dem Abschalten des Magnetfeldes (vor etwa 3.5 Ga) gebildet wurden.

Ein Modell des inneren Aufbaus des Mars ist in Abb. 5.35 dargestellt. Dieses Modell benutzt außer den planetenphysikalischen Daten Informationen über die

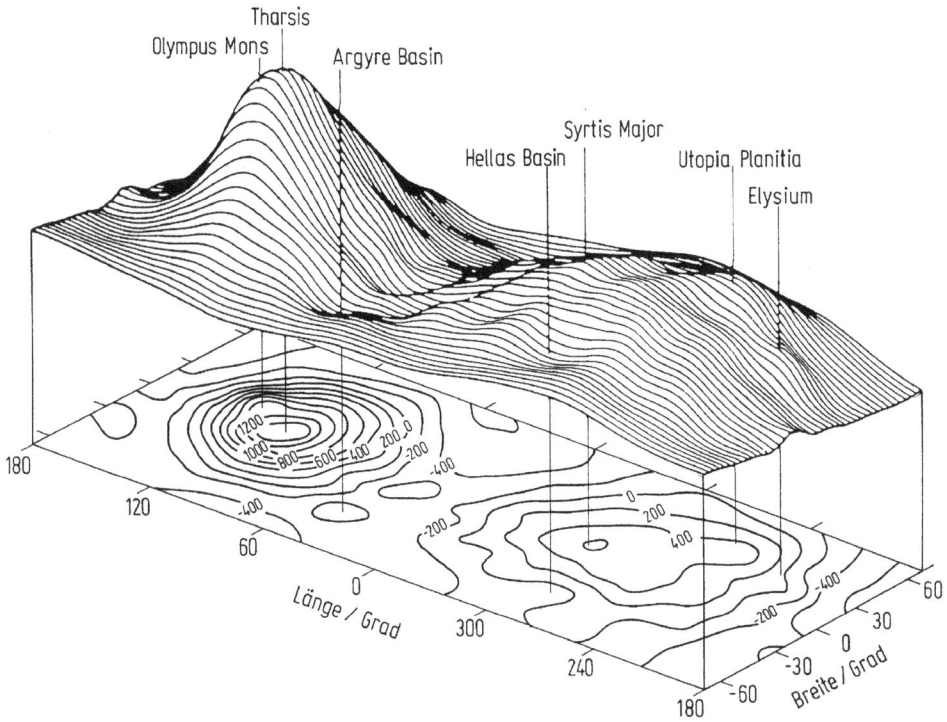

Abb. 5.34 Das Schwerefeld des Mars nach [28]. Die Schwereanomalie der Tharsis-Aufwölbung ist deutlich zu erkennen.

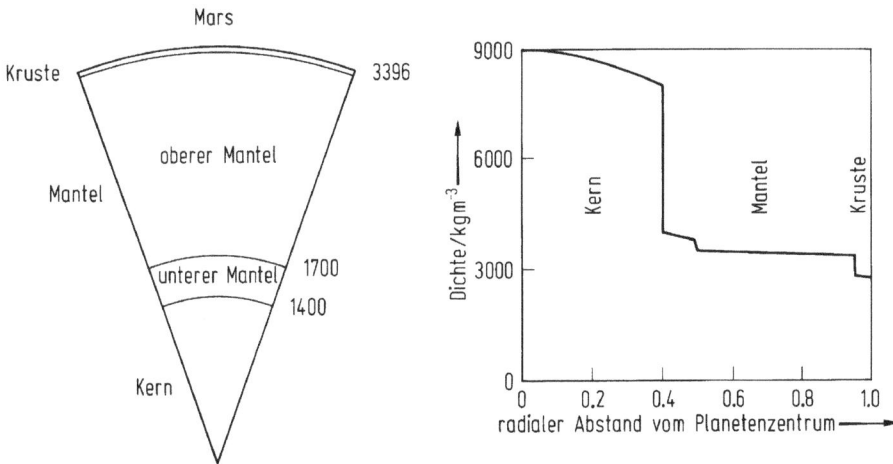

Abb. 5.35 Schalenaufbau des Mars und Dichte-Tiefen-Profil. Die Kruste ist in diesem Modell im Mittel 50 km mächtig. Die Grenze vom oberen zum unteren Mantel wird durch die Olivin-Spinell-Umwandlung markiert. Der Kern ist insgesamt flüssig.

wahrscheinlichen chemischen Zusammensetzungen des Kerns und des Mantels, die
aus den SNC-Meteoriten (vgl. Fußnote auf Seite 509) gewonnen wurden. Demnach
hat der Kern einen Massenanteil von 15% Schwefel. Außerdem ergibt sich für den
Marsmantel ein im Vergleich zum Erdmantel relativ hoher FeO-Gehalt. Der relativ
hohe Fe_2O_3-Gehalt des Marsbodens verursacht die rostige Farbe der Marsoberfläche. Der Radius des Kerns beträgt etwa 1800 km und ist im Gegensatz zum Erdkern,
aber ähnlich wie der Kern der Venus, vermutlich vollständig flüssig. Mit dieser Annahme wäre das Fehlen eines selbsterzeugten Magnetfelds erklärbar. Über dem Mantel befindet sich eine Kruste von 10–80 km Mächtigkeit. Im tiefen Mantel könnten
die Olivin-Spinell- und die Spinell-Perovskit-Umwandlungen für weitere Schichtungen sorgen. Eine genauere Kenntnis des Aufbaus des Mars kann voraussichtlich
nur durch seismische Messungen gewonnen werden. Die beiden Viking-Sonden hatten jeweils ein Seismometer an Bord, von denen jedoch nur das Instrument auf
Viking 2 arbeitete. Der durch Winde verursachte Störpegel war allerdings zu hoch,
um verläßliche Messungen zuzulassen. Dies lag zum größten Teil an der Montage
des Seismometers auf der Plattform der Sonde. Zukünftige seismische Messungen
werden den Wind als Störquelle ausschalten müssen. Leider ist die natürliche seismische Aktivität des Mars weitgehend unbekannt. Abschätzungen der Thermospan-
nungen, die bei der Abkühlung der Marslithosphäre entstehen, lassen Häufigkeiten
von einem Beben der Magnitude 5 pro Jahr und von etwa 100 Beben der Magnitude
3 pro Jahr erwarten. Die Magnitude ist ein Maß für die Stärke von Beben (vgl.
Kap. 1). Von Vorteil für die Marsseismologie ist allerdings, dass der seismische Störpegel auf dem Mars um etwa 2 Größenordnungen kleiner als auf der Erde ist. Der
höhere Störpegel auf der Erde wird vor allem von den Ozeanen verursacht, die es
auf dem Wüstenplanet Mars nicht gibt. Daher ist die Häufigkeit von Beben mit
dem gleichen Signal/Rauschverhältnis auf dem Mars vermutlich nur eine Größenordnung geringer.

Durch die Fotoaufnahmen der Mariner- und der Viking-Sonden ist die Oberfläche
des Mars relativ gut bekannt. Zukünftige Missionen lassen vor allem erwarten, daß
die Auflösung der Oberflächenaufnahmen verbessert und daß mit Hilfe von Stereo-
aufnahmen ein digitales Geländemodell erstellt werden kann. Die Oberfläche des
Mars zeigt eine sog. *morphologische Dichotomie*, eine Zweiteilung nach den groben
Erscheinungsformen der Oberfläche. Eine im wesentlichen südliche Hemisphäre
($\approx 60\%$ der Oberfläche) ist durch eine hohe Dichte von Einschlagkratern gekennzeichnet und ist nach der Datierung von Oberflächen durch Kraterstatistik relativ
alt (Abb. 5.36). Die Nordhälfte zeigt eine wesentlich geringere Kraterdichte. Dafür

Abb. 5.36 Marskarte mit Altersverteilung der Oberflächeneinheiten und mit einigen wich- ▶
tigen tektonischen Bauten und großen Einschlagkratern. Die südliche Hemisphäre zeigt durchweg eine deutlich höhere Kraterdichte und ist damit vergleichsweise alt. Das Ende des heftigen
Bombardements war vor etwa 3.8 Milliarden Jahren. Olympus Mons, die Tharsis Montes
und Alba Patera sind große Schildvulkane wobei die zuerst genannten noch bis vor einigen
millionen Jahren aktiv gewesen sein dürften. Alba Patera dagegen ist relativ alt und heute
stark erodiert. Valles Marineris ist eine große Grabenstruktur, die durch Aufwölbung von
Tharsis entstanden sein dürfte. Elysium Planitia ist eine vulkanische Ebene mit den beiden
Schildvulkanen Elysium Montes, deren Alter mit dem von Alba Patera vergleichbar ist. Isidis
Planitia, Hellas Planitia und Argyre Planitia sind große Einschlagkrater, die mit Lava gefüllt
wurden.

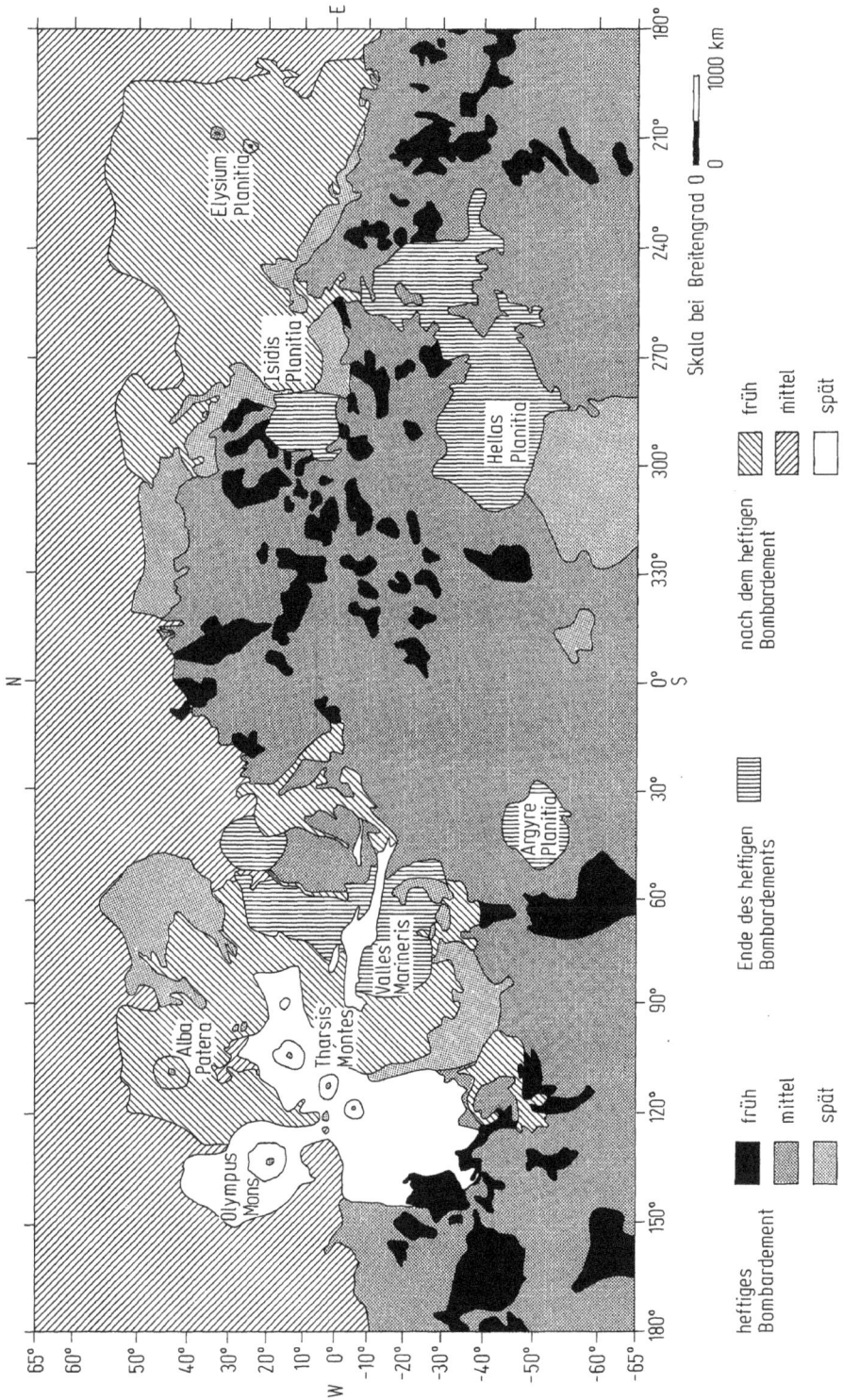

Elysium
Planitia

Isidis
Planitia

Helas
Planitia

Argyre
Planitia

Valles
Marineris

Alba
Patera

Tharsis
Montes

Olympus
Mons

N

E

S

W

180° 210° 240° 270° 300° 330° 0° 30° 60° 90° 120° 150° 180°

65° 60° 50° 40° 30° 20° 10° 0° -10° -20° -30° -40° -50° -60° -65°

Skala bei Breitengrad 0

0   1000 km

heftiges
Bombardement

früh

mittel

spät

Ende des heftigen
Bombardements

nach dem heftigen
Bombardement

früh

mittel

spät

zeigen sich hier die markantesten Spuren *endogener* Tektonik, d. h. einer Tektonik, deren Ursache in Prozessen im Marsinneren zu suchen sind. Dazu gehören insbesondere die vier großen Vulkane auf der Tharsisaufwölbung sowie das Valles Marineris, ein Graben, der dem ostafrikanischen Grabensystem ähnelt, diesen in seiner Ausdehnung aber weit übertrifft. Ein weiteres Vulkanzentrum auf der Nordhemisphäre sind die Elysium Montes. Die nördliche Hemisphäre weist ein geringeres Schwerepotential als die südliche auf, was auf eine Verschiebung des Schwerpunkts des Mars um 6 km nach Norden zurückzuführen ist. Aus der Interpretation der Schwerefelddaten wurde gefolgert, daß die Kruste der südlichen Hemisphäre etwa 20 km mächtiger sein sollte als die der nördlichen Hemisphäre.

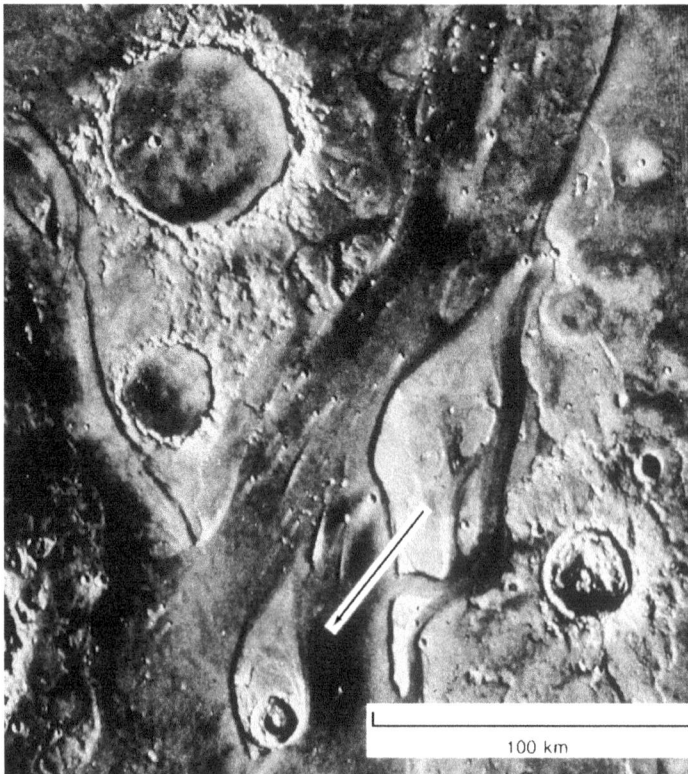

Abb. 5.37   Fluviale Ablagerungen in einem alten Flußbett auf Mars. © NASA/JPL.

Im Norden und insbesondere an der Grenze der beiden Hemisphären finden sich fluidale Ablagerungen (Abb. 5.37), die beweisen, daß auf dem Mars früher eine Flüssigkeit geflossen sein muß. Diese Flüssigkeit war höchstwahrscheinlich Wasser oder Schlamm, möglicherweise mit einer Eiskruste bedeckt. Heute findet sich auf der Oberfläche kein flüssiges Wasser mehr. Wohin das Wasser geraten ist, ist eine besonders wichtige Frage der Marsforschung. Eine plausible Erklärung besagt, daß das Wasser heute als Permafrost vorhanden ist.

Die Isotopenzusammensetzung der SNC-Meteorite[3] legt den Schluß nahe, daß der Marsmantel sehr früh, bald nach der Akkretion, durch Krustenbildung differenzierte. Dabei könnte die südliche Hochlandkruste entstanden sein. Durch das Differentiationsereignis muß der Marsmantel an radioaktiven Elementen verarmt worden sein. Die jüngere Kruste im Norden könnte durch vulkanische Aktivität seit dem Differentiationsereignis entstanden sein. Diese sekundäre Kruste wäre dann aus einem verarmten Mantel entstanden und möglicherweise weniger stark angereichert als die Südlandkruste. Die Datierung der Vulkanoberflächen durch Kraterstatistik läßt vermuten, daß die Vulkane bis in die jüngste geologische Vergangenheit aktiv gewesen sind. Es wird sogar für möglich gehalten, daß vulkanische Lava noch heute im Valles Marineris gefördert wird. Einige der SNC-Meteorite sind relativ junge Basalte, die vermutlich von der nördlichen Hemisphäre stammen. Aus ihrer Isotopenzusammensetzung sind auch die in Tab. 5.5 aufgeführten Konzentrationen an wärmeproduzierenden Elementen abgeschätzt worden. Es fällt auf, daß die Konzentrationswerte im Vergleich zu den anderen Planeten etwas niedrig sind, obwohl die Unterschiede wegen der Unsicherheit der Daten möglicherweise wenig signifikant sind. Dennoch könnte sich hier der Umstand widerspiegeln, daß die SNC-Meteorite aus einem verarmten Mantel stammen. In Abb. 5.38 sind empirische Produktionsraten basaltischer Lava mit Modellrechnungen verglichen, die von einem verarmten Mantel ausgehen [32]. Die Ergebnisse der Modellrechnungen stimmen mit den Daten gut überein und lassen eine heutige globale Produktionsrate basaltischer Lava von 10^{-3} bis 10^{-2} km^3 a^{-1} möglich erscheinen. Der größere der beiden Werte entspricht in etwa der rezenten Lavaproduktionsrate der Hawaii-Vulkankette. Die globale Produktionsrate kontinentalen Krustengesteins der Erde (vgl. Abb. 5.27) ist allerdings um 2 bis 3 Größenordnungen größer, die Gesamtproduktionsrate von Krustengestein auf der Erde beträgt etwa 10 km^3 a^{-1}.

Die *Entwicklung von Leben* auf einem Planeten scheint an Voraussetzungen geknüpft zu sein, zu denen insbesondere gemäßigte Temperaturen und das Vorhandensein von Wasser zählen. Demnach gibt es heute außer der Erde keinen Planeten in unserem Sonnensystem auf dem Leben zu erwarten wäre. Es hat sich aber gezeigt, daß auf der Erde Organismen unter Extrembedingungen existieren können, die an sich als lebensfeindlich gelten. Dazu zählen Ökosysteme in großen Ozeantiefen, in denen Photosynthese nicht möglich ist, sowie Ökosysteme in extrem kalten bzw. heißen ariden Zonen. Es ist deshalb nicht auszuschließen, daß auf dem Mars primitive Lebensformen existieren bzw. früher existiert haben. Die Biologie-Experimen-

---

[3] Die SNC-Meteorite sind benannt nach ihren Fundorten Shergotty (Indien), Nakhla (Ägypten) und Chassigny (Frankreich). Man nimmt an, daß die SNC-Meteorite ursprünglich Krustengesteine auf dem Mars waren, da ihre Zusammensetzung Ähnlichkeiten aufweist mit den von den Viking-Sonden gemessenen Zusammensetzungen des Marsbodens und der Marsatmosphäre. Wahrscheinlich wurden diese Gesteine durch den Einschlag eines Körpers auf Geschwindigkeiten beschleunigt, die größer als die Fluchtgeschwindigkeit (vgl. Tab. im Anhang) waren, so daß sie das Gravitationsfeld des Mars verlassen konnten. Einige Gesteinsbrocken sind dann später von der Erde eingefangen worden und als Meteorite niedergegangen. Während diese Hypothese nicht vollständig bewiesen ist, ist bekannt, daß Gesteine vom Mond auf diese oder ähnliche Weise zur Erde gekommen sind.

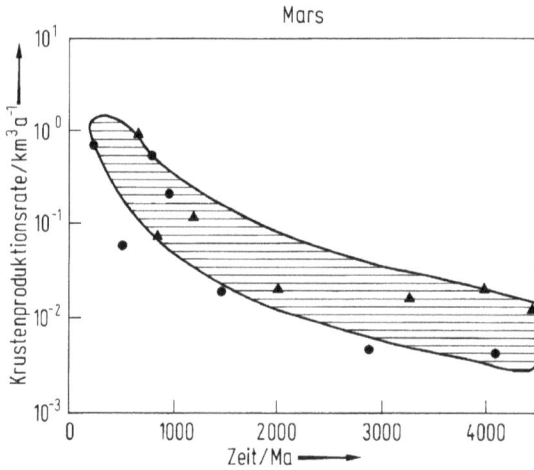

Abb. 5.38 Lavaproduktionsrate aus geologischen Daten und Wachstumsrate für die sekundäre Kruste in der nördlichen Hemisphäre als Funktionen der Zeit nach [32].

te im Rahmen des Viking-Programms haben keine letztlich schlüssigen Resultate erbracht. Seit kurzem wird über mögliche Spuren organischen Lebens in Meteoriten, die wahrscheinlich vom Mars stammen, heftig diskutiert. Eine weiterführende Diskussion findet sich in [27].

Jupitertrabant Io. Neben den Planeten bieten einige Trabanten Gelegenheit zum Studium besonders interessanter Aspekte der Planetenphysik. Erwähnenswert sind in diesem Zusammenhang insbesondere der Jupitertrabant Io, der Saturntrabant Titan, der Uranustrabant Miranda und der Neptuntrabant Triton (vgl. Farbbild 13). Titan verfügt als einziger Trabant über eine optisch dichte Atmosphäre und es scheint möglich zu sein, daß die Oberfläche von einem Methanozean bedeckt ist. Miranda zeigt eine besonders bizarre Oberflächenstruktur und Triton ist der einzige große Trabant, der retrograd um seinen Planeten kreist. Darüberhinaus zeigt Triton sowohl Spuren vergangener als auch gegenwärtiger endogener Aktivität. Eine umfassende Darstellung der Planetologie der Trabanten findet sich in [29], die allerdings die Ergebnisse der Voyager-Vorbeiflüge am Uranus und am Neptun noch nicht enthält. Darüber hinaus sei auf die Darstellung in [4] verwiesen.

Der Jupitertrabant Io ist sicherlich der aktivste und vielleicht der bizarrste dieser Körper. Obwohl er in der Größe und der Masse dem Mond gleicht, ist er der vulkanisch aktivste Trabant im Sonnensystem. Seine intrinsische Leuchtkraft beträgt $2.5 \pm 0.3\,\mathrm{Wm^{-2}}$ und seine Oberflächenerneuerungsrate ist größer als $4 \cdot 10^3\,\mathrm{km^2\,a^{-1}}$ (vgl. Tab. 5.4). Demnach ist Io aktiver als jeder andere terrestrische planetare Körper. Die Ursache dieser besonderen Aktivität ist nach allgemeiner Überzeugung in der Dissipation von Gezeitenenergie zu suchen.

Ios Oberfläche zeichnet sich durch eine besonders lebhafte Farbgebung aus. Die Grundfärbung ist gelblich-rötlich (vgl. Farbbild 13); darüber hinaus findet man weiß, gelb, orange, rot, braun und schwarz gefärbte Strukturen. Diese Farben sind auf Schwefel und Schwefeldioxid zurückzuführen, Stoffe, die auf der Oberfläche spektroskopisch nachgewiesen werden konnten. Wasser fehlt dagegen offenbar völlig. Die mittlere Oberflächentemperatur der Io beträgt 135 K; örtlich werden allerdings Temperaturen bis zu 1000 K erreicht. Im Bereich der mittleren Oberflächentemperatur ist Schwefeldioxid, das wahrscheinlich als Frost auf der Oberfläche vorhanden ist stabil und von weißlicher Farbe. Die verschiedenen allotropen Formen von festem Schwefel, die sich bei steigender Temperatur einstellen, können die Gelb- über Rotbis Schwarzfärbungen erklären. Die braunen bis schwarzen, meist rundlichen Flekken oder Flüsse sind vermutlich vulkanische Kalderen oder Lavaströme mit Temperaturen von 600 K oder mehr. Diese Strukturen sind zahlreich (> 300) vertreten und sind vielfach von weißlichen Aureolen umgeben. Bei den Lavaströmen kann es sich um Schwefel oder um silicatische Lava, möglicherweise mit einer Schwefelkruste, handeln. Darüberhinaus zeigt die Oberfläche bis zu 9 km hohe Berge und bis zu 2 km hohe, steile Klippen.

Impaktkrater konnten auf den Voyager- und Galileo-Aufnahmen nicht gefunden werden. Aus der Auflösung der Kameras ergibt sich, daß Impaktkrater mit einem Durchmesser größer als 1 km nicht vorhanden sein können und daß die Oberfläche daher sehr jung sein muß. Während des Vorbeiflugs von Voyager I wurden neun aktive vulkanische Geysire beobachtet. Vier Monate später, beim Vorbeiflug von Voyager II waren acht dieser Geysire noch aktiv, woraus auf eine Lebensdauer dieser Geysire von Monaten bis Jahren geschlossen wird. Diese relativ kleinen Geysiren mit einer Auswurfhöhe von 50 bis 200 km und einem Durchmesser von 150 bis 550 km werden als Geysire von Prometheus-Typ bezeichnet (Abb. 5.39). Die Bahnen der Teilchen in den Geysiren scheinen ballistisch zu sein. Man erhält dann aus der Geometrie der *Prometheus-Geysire* Auswurfgeschwindigkeit von bis zu $0.5\,\mathrm{km\,s^{-1}}$. Die Prometheus-Geysire erzeugen weißliche ringförmige Ablagerungen um ihre Quellen und scheinen bevorzugt in niedrigen Breiten vorzukommen. Die weißlichen Ablagerungen in Verbindung mit Infrarotmessungen lassen auf Temperaturen in den zugehörigen Vulkanschloten von weniger als 400 K schließen. Vermutlich bestehen die Prometheus-Geysire hauptsächlich aus Schwefeldioxidgas und -schnee in Verbindung mit kleineren Mengen von Schwefel und anderen Stoffen.

Der große Geysir Pele, der die vordere Hemisphäre (in Bahnrichtung) der Aufnahmen von Voyager I deutlich markiert, ist der einzige des zweiten Typs Geysire, der aktiv beobachtet wurde (Abb. 5.40). Zum Zeitpunkt des Vorbeiflugs von Voyager II war Pele erloschen. Veränderungen der Oberfläche zwischen den Vorbeiflügen von Voyager I und Voyager II ließen darauf schließen, daß zwischenzeitlich zwei weitere Geysire des Pele-Typs aktiv gewesen sein mußten. Demnach haben diese Geysire eine Lebensdauer von Tagen bis Wochen. Von den Prometheus-Geysiren unterscheiden sich die Geysire des Pele-Typs durch ihre Größe, ihre Temperatur und die Färbung der Ablagerungen. Pele hatte eine Höhe von 300 km und einem Durchmesser von 1200 km. Die Auswurfgeschwindigkeit betrug demnach etwa $1\,\mathrm{km\,s^{-1}}$. Die Temperatur des Vulkanschlots, aus dem Pele austrat, wird mit mindestens 650 K angegeben. Die Ablagerungen um die Schlote sind rötlich-bräunlich bis schwärzlich gefärbt. Im Gegensatz zum Prometheus-Typ besteht der Pele-Geysir wahrscheinlich hauptsächlich aus Schwefel. Galileo hat bisher vielfältige Veränderungen der Oberfläche seit dem Vorbeiflug der Voyager-Sonden entdeckt. Etwa die Hälfte der Geysire war noch aktiv, darunter Prometheus, der allerdings um etwa 50 km verschoben ist. Pele ist offenbar gegenwärtig nicht aktiv, doch könnte es sich

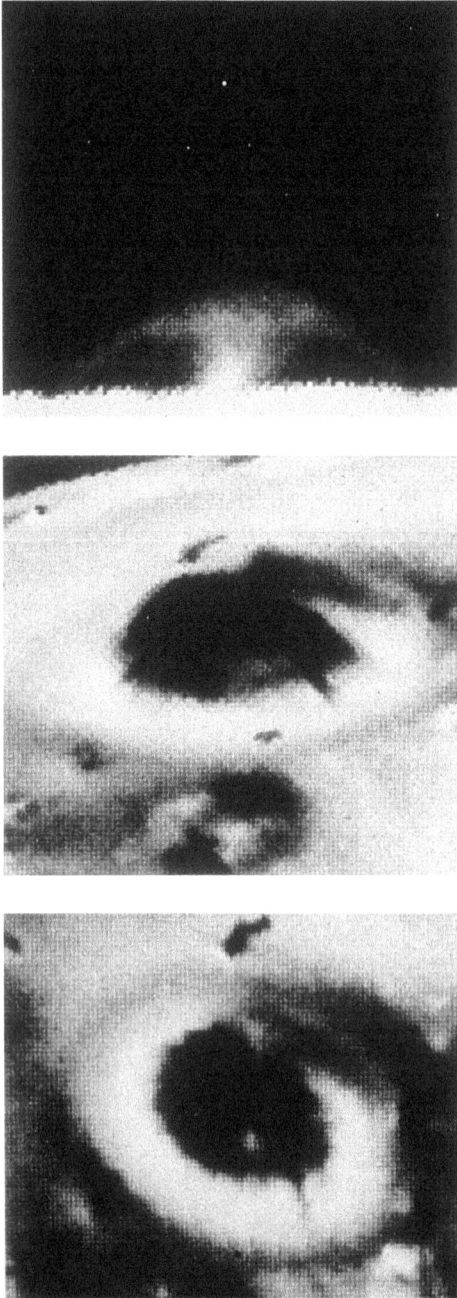

Abb. 5.39   Der Geysir Prometheus auf dem Jupitertrabanten Io. Prometheus ist der Prototyp der kleinen, langlebigen Geysire, die vermutlich aus Schwefeldioxid bestehen. © NASA/JPL.

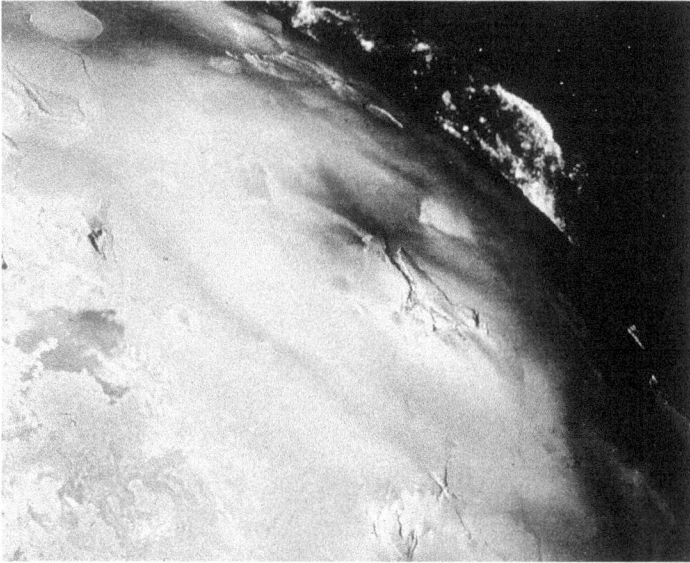

Abb. 5.40   Der Geysir Pele auf dem Jupitertrabanten Io. Pele ist der Prototyp der großen, kurzlebigen Geysire, die vermutlich aus Schwefel bestehen. ©USGS.

bei Pele auch um einen Vulkan handeln, der nur Gas emittiert, welches im optischen nicht sichtbar ist. Es ist vorgeschlagen worden, daß viele Vulkane der Io unsichtbare Gasgeysire emittieren könnten. Als neu aktiver Vulkan ist Ra Patera beobachtet worden, in dessen Umgebung ausgedehnte neue Ablagerungen beobachtet werden konnten.

Man nimmt an, daß die Io von einer *Kruste* aus Schwefel und Schwefelverbindungen, darunter hauptsächlich SO_2, mit einer Mächtigkeit von einigen wenigen Kilometern bedeckt ist. Allerdings ist die beobachtete Topographie mit einer sehr mächtigen Schwefelkruste nicht gut verträglich, da Gebirge bestehend aus Schwefel mit den beobachteten topographischen Höhen nicht stabil wären und unter ihrem Eigengewicht kollabieren würden. Daraus folgt, daß Schwefel nur eine relativ dünne Auflage bildet. Dafür sprechen auch die Formen der Kalderen der Geysire. Die Entstehung der Geysire wird ohnehin mit silicatischem Vulkanismus in Zusammenhang gebracht, da Silicatvulkanismus wahrscheinlich die einzige Möglichkeit darstellt, die von den Geysiren verbrauchte Energie bereitzustellen. Schwefelgeysire können entstehen, wenn silicatische Lava in die Kruste eindringt und der Schwefel verdampft. Die kühleren Schwefeldioxidgeysire können durch den Kontakt von heißem Schwefel mit SO_2 oder aber durch den direkten Kontakt von Lava mit SO_2 entstehen.

Silicatischer Vulkanismus kann als Folge der Dissipation von Gezeitenenergie und partiellem Schmelzen des Mantels gedeutet werden. Die physikalischen Grundlagen der Gezeitenwechselwirkung zwischen Jupiter und Io sind weiter oben in Abschn. 5.4.2 beschrieben worden. Die Dissipation der Gezeitenenergie findet in Io wahrscheinlich in einer *Asthenosphäre*, einer partiell geschmolzenen Schicht von einigen 10 km Mächtigkeit, und im darunterliegenden Mantel statt [30, 31]. Aus Modellrechnungen zur Gezeitendissipation [30] ergeben sich Werte für die Viskosität

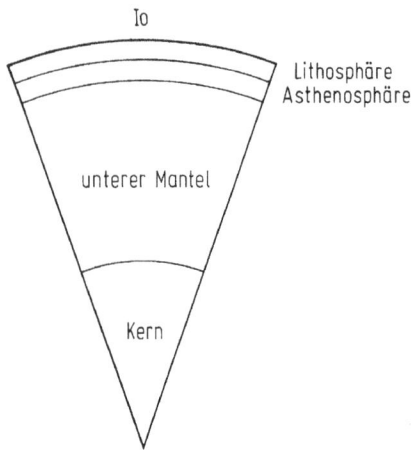

Abb. 5.41 Schalenaufbau der Io. Die Lithosphäre ist in diesem Modell 30 km mächtig. Der Kernradius beträgt etwa die Hälfte des Oberflächenradius; der Kern ist insgesamt flüssig.

einer Asthenosphäre von 10^8 bis 10^{12} Pa s. Diese Viskositäten sind erheblich kleiner als die Unterschranke der Viskosität fester Gesteine von 10^{17} Pa s und verlangen einen erheblichen Schmelzgrad in der Asthenosphäre. Die spezifisch relativ leichte Schmelze wird von der Asthenosphäre aufsteigen und die Lithosphäre durchdringen und so den silicatischen Vulkanismus erzeugen.

Die Abb. 5.41 zeigt ein Modell des inneren Aufbaus der Io im wesentlichen nach [30, 31]. Die mittlere Dichte der Io von 3550 kg m^{-3} läßt das Vorhandensein eines eisenreichen Kerns vermuten. Da Io gebunden rotiert und ihre Figur vom Schwerefeld des Jupiter verformt wird, kann aus den Längen der Figurenachsen und unter Annahme hydrostatischer Verhältnisse das mittlere reduzierte Trägheitsmoment $I/m_{Io} R_{Io}^2$ aus den folgenden Gleichungen abgeschätzt werden:

$$R_1 - R_3 \approx 5 \frac{m_J}{m_{Io}} R_{Io} \left(\frac{R_{Io}}{a}\right)^3 f \tag{5.109}$$

$$\approx 15.39 \, f \, \text{km}$$

$$R_2 - R_3 \approx \frac{1}{4} (R_1 - R_3) \tag{5.110}$$

$$\approx 3.85 \, f \, \text{km}$$

wobei R_1, R_2 und R_3 die Achsenlängen des Sphäroids sind, das die mittlere Oberfläche beschreibt. Das reduzierte Trägheitsmoment erhält man dann aus

$$\frac{I}{m_{Io} R_{Io}^2} \approx \frac{2}{3}\left[1 - \frac{2}{5}\left(\frac{2-f}{f}\right)^{1/2}\right]. \tag{5.111}$$

Diese Gleichung ist eine Form der Radau-Gleichung (Gl. (5.11)). Aus einer aufwendigen Triangulation der Oberfläche hat man die Werte der Figurenachsen zu $R_1 = 1829.9$ km, $R_2 = 1818.7$ km und $R_3 = 1815.3$ km mit einem Fehler von etwa

1 km bestimmt. Das Verhältnis der Differenzen $(R_2 - R_3)/(R_1 - R_3)$ ist mit 0.23 nahe am idealen hydrostatischen Wert von 0.25 und das reduzierte Trägheitsmoment ist 0.386. Dies bedeutet, daß Io einen eisenreichen Kern von 600 bis 1000 km Radius je nach Schwefelgehalt haben sollte, der weitgehend oder vollständig geschmolzen sein wäre, da ohne einen flüssigen Kern die notwendige Gezeitendissipationsrate in Io nicht zu erklären ist. Eine völlig feste Io könnte bei Annahme vernünftiger rheologischer Parameterwerte für den Mantel nicht mit einer solchen Rate verformt werden, wie sie zur Erklärung der hohen Leuchtkraft notwendig ist.

Weitere interessante Phänomene ergeben sich aus der Wechselwirkung der Io mit dem Magnetfeld des Jupiter. Die Bahn der Io liegt innerhalb der Magnetosphäre des Planeten. Da das Magnetfeld des Jupiter schneller rotiert, als Io Jupiter umläuft, werden durch die Relativbewegung Ströme induziert. Diese Ströme fließen entlang den magnetischen Feldlinien zwischen Jupiter und Io und bilden zusammen mit Strömen in den Ionosphären der beiden Körper geschlossene Stromkreise. Es ist aber auch möglich, daß der Stromkreis bei Io nicht in einer Ionosphäre, sondern durch Ströme, die das Innere durchlaufen, geschlossen wird.

Die Bahn der Io ist umgeben vom sog. *Io-Torus* (Abb. 5.42), einer Flußröhre bestehend aus neutralen und geladenen Teilchen mit einem Querschnittsradius, der in etwa einem Jupiterradius entspricht. Die Flußröhre enthält neutrale Atome (Na, K, O und S) sowie ein Plasma, das hauptsächlich aus Schwefel- und Sauerstoffionen besteht. Darüberhinaus ist Io von einer bananenförmigen Wolke aus Natriumatomen umgeben (Abb. 5.42). Die Wolke eilt Io größtenteils voraus und überlagert teilweise den Torus. Man nimmt an, daß die Teilchen in der Flußröhre und in der Natriumwolke von der Oberfläche der Io stammen, wobei allerdings die Ablösungsmechanismen nicht gut bekannt sind. Darüberhinaus verfügt Io über eine dünne Atmosphäre, die wahrscheinlich von den Geysireruptionen verursacht wird und deren Druck mit den Eruptionen schwankt.

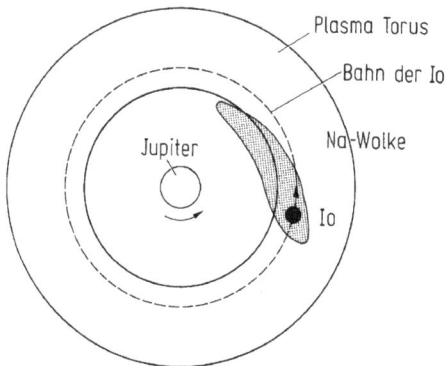

Abb. 5.42 Verlauf des *sog. Io-Torus*, einer Flußröhre aus neutralen und geladenen Teilchen mit einem Querschnittsradius von etwa einem Jupiterradius und Lage der Natriumwolke, nach [29].

5.6.2 Riesenplaneten

Unser heutiges Wissen von den Riesen- und Subriesenplaneten ist weitgehend durch die Ergebnisse der beiden Voyager-Missionen und der Galileo-Mission geprägt worden. Diese Missionen haben eine Fülle von Daten übermittelt, die unser Bild vom äußeren Sonnensystem nachhaltig verändert haben.

Zur Berechnung von statischen Aufbaumodellen hat man für die Riesen- und Subriesenplaneten zusätzlich zur Masse die Koeffizienten J_2 und J_4 der Potentialentwicklung Gl. (5.2) zur Verfügung (vgl. Tab. 5.2). Darüber hinaus benötigt man eine genaue Bestimmung der Rotationsrate und des Radius, wobei wegen der nach oben offenen Atmosphäre das Druckniveau von 10^5 Pa zur Definition des Planetenradius benutzt wird. Eine genaue Bestimmung der Rotationsrate ist notwendig, da die Rotation die Multipolmomente J_n eines hydrostatischen Körpers verursacht. Daß diese Planeten weitgehend hydrostatisch ausgeglichen sind, ergibt sich schon daraus, daß tesserale und ungerade Koeffizienten der Potentialentwicklung nicht gemessen werden konnten. Als Rotationsrate des Planeten wird die Rotationsrate des Magnetfeldes angenommen. Diese ist charakteristischer für die Rotation des tiefen Inneren als die Rotationsrate von oberflächennahen Merkmalen, da in den Atmosphären dieser Planeten starke Winde beobachtet werden können. Die Zusammensetzung und die Temperatur der Atmosphäre sind weitere wichtige Daten für die Bestimmung der Aufbaumodelle. Die Zusammensetzung der Atmosphäre gibt Hinweise auf die Zusammensetzung des gesamten Körpers und die Temperatur (bei 10^5 Pa) gibt den Startwert zur Berechnung der Temperaturtiefenkurve. Die Wolkenstrukturen der Atmosphären der Gasplaneten zeigen einige besonders spektakuläre Eigenschaften. Diese werden in Kap. 6 des Bandes eingehend besprochen.

Jupiter. In Abschnitt 5.3.4 wurde schon darauf hingewiesen, daß der Radius des Jupiter nahezu gleich dem Maximalradius einer Wasserstoffkugel ist. Die herausragende Bedeutung von Wasserstoff als Bestandteil des Jupiter ergibt sich auch aus der folgenden Überlegung nach [6]. Als Zustandsgleichung eines Körpers in der Nähe des Maximalradius darf die $(n = 1)$-Polytrope (Gl. (5.56)) angenommen werden. Der Koeffizient $\Lambda_{2,0}$ der Entwicklung Gl. (5.14) kann für einen isochemischen Körper, dessen Inneres durch die $(n = 1)$-Polytrope beschrieben werden kann, bestimmt werden zu

$$\Lambda_{2,0} = \left(\frac{5}{\pi^2} - \frac{1}{3} \right). \tag{5.112}$$

Aus Gl. (5.15) erhält man dann mit ψ aus Tabelle 5.2 für J_2 einen Wert von 0.015. Dieser Wert ist eine gute Näherung an den beobachteten Wert von 0.01473. Die $(n = 1)$-Polytrope erlaubt offenbar eine recht gute Beschreibung des Inneren des Jupiters. Der Erfolg des Wasserstoffmodells bedeutet, daß ein Eis-Gesteins-Eisenkern nur einen geringen Anteil an der Masse des Jupiters haben kann.

Die Polytropenkonstante Φ kann aus Gl. (5.63) berechnet werden und hat den Wert 0.2 MPa kg^{-2} m^6. Die Dichte im Innern ergibt sich aus Gl. (5.61), wobei die Zentraldichte aus der mittleren Dichte zu etwa 4800 kg m^{-3} berechnet wird. Der Druck berechnet sich aus der hydrostatischen Grundgleichung; der Zentraldruck ist nach Gl. (5.64) 4 T Pa. Der Übergangsdruck von 0.5 T Pa für die Phasenumwand-

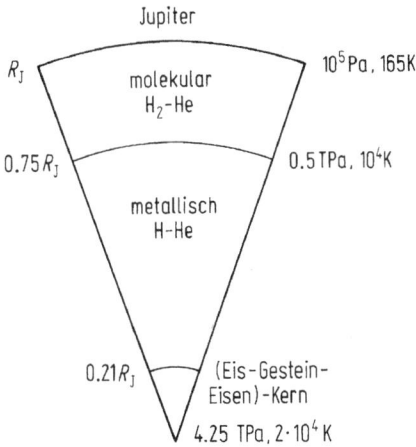

Abb. 5.43 Schalenaufbau des Jupiter nach [33].

lung von molekularen in metallischen Wasserstoff wird in einer Tiefe von etwa $0.25\,R_P$ oder $1.8\cdot 10^4$ km auftreten. Die Temperaturtiefenverteilung entspricht der Adiabaten, da wir für das Innere des Planeten heftige Konvektion voraussetzen dürfen, obwohl die Wärmeleitfähigkeit ungefähr 10^3 Wm^{-1}K^{-1} beträgt. Die adiabatische Temperaturzunahme ergibt sich aus Gl. (5.58) mit $\gamma \approx 0.6$ zu etwa $3\cdot 10^4$ K; an der Grenze zur metallischen Wasserstoffschicht wird eine Temperatur von etwa 10^4 K erreicht. Die metallische Wasserstoffschicht ist, wie schon zuvor angesprochen, die Schicht, in der das beobachtete Magnetfeld (Tab. 5.8) durch einen hydromagnetischen Dynamo erzeugt werden kann.

Abb. 5.43 zeigt ein verfeinertes Aufbaumodell nach [6, 33] das sich vor allem durch eine realistischere chemische Zusammensetzung auszeichnet, indem es von einem solaren Wasserstoff-Helium-Gemisch ausgeht und sowohl Eiskomponenten, H_2O, NH_3, CH_4, als auch Gestein und Eisen enthält. Das verfeinerte Modell weicht in den wesentlichen physikalischen Daten nicht sehr von dem einfachen Wasserstoffmodell ab. Der Kern hat eine relative Masse von 5 bis 10% und nach dem Modell in Abb. 5.43 einen Radius von etwa 1 100 km. Die Masse des Kerns entspricht etwa 10 bis 15 Erdmassen. Hätte der Jupiter eine exakt solare Zusammensetzung, dann dürfte der Kern nur etwa eine Erdmasse enthalten. Die verfeinerten Modelle legen auch den Schluß nahe, daß die molekulare Hülle 15 bis 30 Erdmassen H_2O, NH_3 und CH_4 enthält. In exakt solarer Zusammensetzung dürften dies nur 3 bis 5 Erdmassen sein. Eine relative Anreicherung dieser Stoffe findet man auch in der Atmosphäre. Nimmt man an, daß der Protojupiter während der Akkretion eine solare Zusammensetzung hatte, dann muß er 50 bis 90% seiner ursprünglichen Masse an Wasserstoff und Helium verloren haben. Dies zeigt, daß nicht nur die terrestrischen Planeten erhebliche Mengen an flüchtigen Bestandteilen verloren haben.

Die thermische Evolution des Jupiter kann nach Gl. (5.98) berechnet werden. Die spezifische Leuchtkraft des Jupiters ist mit 176 pW kg^{-1} um mindestens einen Faktor 30 bis 40 höher als die spezifische Wärmeproduktion durch den Zerfall radioaktiver Elemente (vgl. Tab. 5.6). Die Lösung der Gl. (5.98) ergibt jedoch, daß die heutige

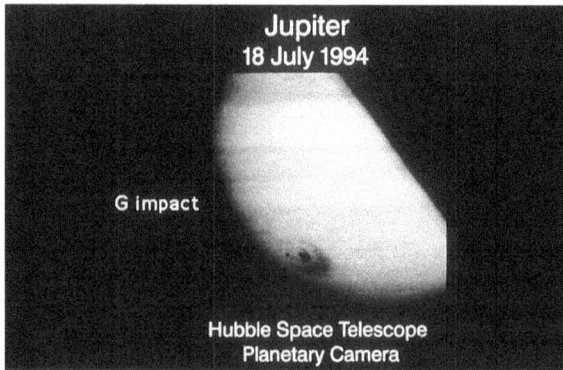

Abb. 5.44 Jupiters Wolkendecke nach dem Einschlag des ersten Bruchstücks (A) des Kometen Shoemaker-Levy 9 am 16. Juli 1994. Das Bild wurde um 10 : 32 MEZ, 1,5 Stunden nach dem Impakt mit der Weitwinkelkamera 2 des Hubble Space Teleskops unter Benutzung eines Violettfilters (410 nm) aufgenommen. Der Komet Shoemaker-Levy 9 zerbrach bei einem vorherigen Jupitervorbeiflug im Juli 1992. Die Bruchstücke schlugen auf Jupiter zwischen dem 16. und dem 22. Juli 1994 ein. Die Spuren des ersten Impakts sind als dunkle, halbmondartig geformte Streifen in dem linken, unteren Teil des Bildes zu sehen. Der Durchmesser der Spur beträgt mehrere tausend Kilometer. Das Kometenbruchstück traf die Oberfläche des Jupiters von Süden kommend unter einem Winkel von etwa 45°. Die dunklen Spuren sind möglicherweise die Überreste des Kometenbruchstücks oder Kondensate von Gasen, die aus dem tieferen Inneren nach oben gerissen wurden. © NASA/JPL.

Luminosität als Folge der Abkühlung von einer hohen Anfangstemperatur zwanglos erklärt werden kann. Der genaue Wert der Anfangstemperatur spielt keine wesentliche Rolle, solange sie nur sehr viel größer als die heutige effektive Temperatur von 165 K ist. Eine ausreichende Wärmequelle zur Erzeugung der hohen Anfangstemperatur könnte die Differentiation des Inneren gewesen sein.

Saturn. Im Gegensatz zu Jupiter kann Saturn nicht befriedigend durch ein einfaches Wasserstoffmodell erklärt werden, da der aus dem beobachteten Wert von J_2 (Tab. 5.2) berechnete Wert des Koeffizienten $\Lambda_{2,0}$ signifikant kleiner als der mit dem Wasserstoffmodell berechnete ist. Dies bedeutet, daß die Masse des Saturn stärker nach innen konzentriert sein muß, als dies beim Jupiter der Fall ist, und als dies durch ein einfaches Modell vorhergesagt werden würde. Die einfachste Erklärung für die beobachteten Werte von J_2 ist, daß Saturn einen Kern aus einem Gemisch von Eis, Gestein und Eisen besitzt, dessen Anteil an der Gesamtmasse erheblich größer als die relative Masse des Jupiterkerns ist. Dies zeigt sich auch als Ergebnis detaillierter Saturnmodelle, die einen Kern aufweisen, dessen absolute Masse der des Jupiterkerns entspricht. Daraus folgt, daß Saturn in noch stärkerem Maße als Jupiter an Stoffen angereichert sein muß, die schwerer als Wasserstoff und Helium sind. Das Scheitern des einfachen Modells schließt allerdings nicht aus, daß die äußere Gashülle des Saturn ähnlich wie die des Jupiter modelliert werden kann. Detaillierte Modelle berücksichtigen die in der Atmosphäre beobachtete Verarmung an Helium relativ zur solaren Zusammensetzung, weisen adiabatische Temperaturverteilungen in den molekularen und metallischen Gasschichten auf und nehmen eine Dichtezunahme nach der ($n = 1$)-Polytropen an. Abb. 5.45 zeigt ein typisches Aufbaumodell nach [6, 33]. Die molekulare Wasserstoffhülle umfaßt natürlich einen sehr viel größeren relativen Radienbereich, da im massenärmeren Saturn der Übergangsdruck zu metallischem Wasserstoff in einer größeren Tiefe erreicht wird.

Die große Tiefenlage des Übergangs zu metallischem Wasserstoff kann einige Besonderheiten des Magnetfeldes des Saturn im Vergleich zu den Feldern der anderen Gasplaneten erklären (vgl. Tab. 5.8 und Abb. 5.46). Die Dipolanteile des Saturn-

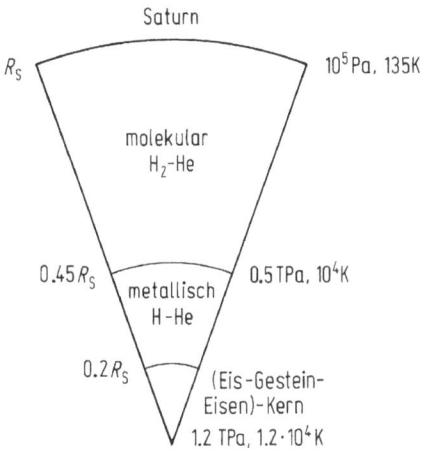

Abb. 5.45 Schalenaufbau des Saturn nach [33].

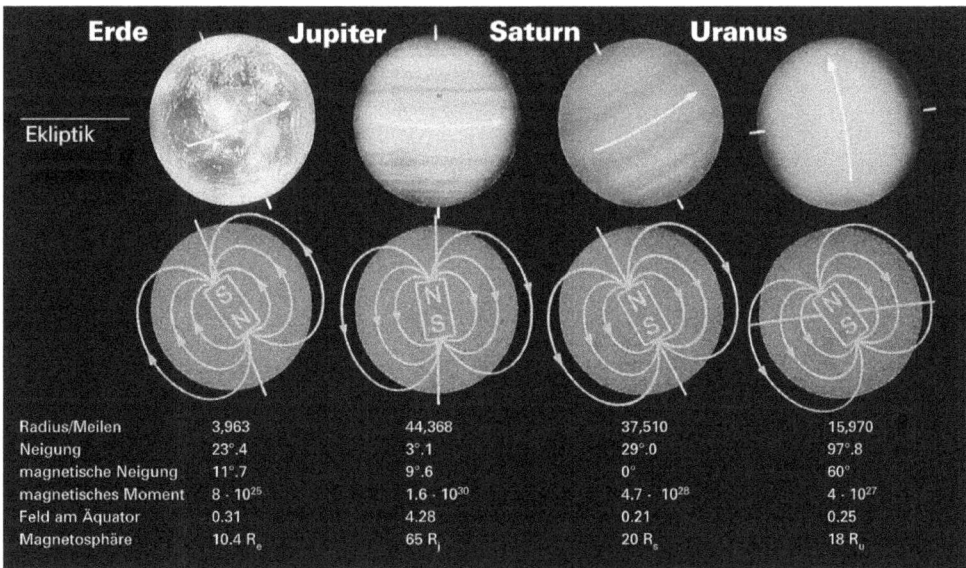

Abb. 5.46 Schematische Darstellung der äquivalenten Dipole der Magnetfelder der Gasplaneten. © NASA/JPL.

feldes überwiegen deutlich die höherpoligen Anteile. Der äquivalente Dipol hat von allen planetaren Dipolen die relativ geringste Verschiebung aus dem Planetenzentrum (Verschiebung/R_p) und die geringste Inklination gegenüber der Rotationsachse. Diese Beobachtungen lassen sich zum Teil zwanglos aus der großen Tiefenlage der metallischen Schicht erklären, da die höherpoligen Anteile des erzeugten Felds mit dem Abstand von der Quelle rasch abklingen.

Die geringe Inklination läßt sich allerdings so nicht erklären. Ein vollkommen achsensymmetrisches Feld scheint dem in Abschn. 5.5 angesprochenen Cowlingschen Theorem zu widersprechen. Eine Erklärung könnte eine mit unterschiedlicher Winkelgeschwindigkeit rotierende, elektrisch leitende Schicht oberhalb des Dynamo bieten. In dieser Schicht würden die asymmetrischen Anteile durch die differentielle Rotation einen zeitlich variablen magnetischen Fluß erzeugen, während die achsensymmetrischen Anteile zeitlich konstant blieben. Der zeitlich variable Fluß würde Ströme in der besagten Schicht induzieren, deren Magnetfelder den erzeugenden magnetischen Fluß abschirmen würden. Die starken zonalen Winde, die in der Saturnatmosphäre beobachtet werden, legen in der Tat den Schluß nahe, daß die Winkelgeschwindigkeit in Schichten unterhalb der molekularen Schicht der Gashülle des Saturn und vielleicht ebenfalls in der obersten metallischen Schicht nach außen zunimmt, so daß die Schichten wie einander umgebende Zylinder rotieren.

Die Ursache für die elektrisch leitende Schicht oberhalb des Dynamos ist nicht vollkommen geklärt. Eine attraktive Erklärung bietet die Hypothese [5], daß Helium in dieser Tiefenlage übersättigt ist und aus der Lösung ausfällt. Daß eine solche Phasentransformation im H—He-System auftreten kann, ist unbestritten, da es sich um ein binäres System handelt. Bei welcher Temperatur He ausfällt ist ungeklärt, allerdings scheint die Sättigungstemperatur in metallischem Wasserstoff höher zu liegen als in molekularem Wasserstoff. Da die He-Tropfen schwerer als die H—He-Lösung sind, würden sie nach unten abregnen, bis sie in eine Schicht genügend hoher Temperatur geraten würden, in der sie wieder in Lösung treten könnten. Die Schicht, in der Helium übersättigt wäre, hätte einen Temperaturgradienten, der durch die Sättigungskurve festgelegt wäre. Der Dichtegradient würde dadurch stabilisiert und Konvektion würde verhindert werden. Darüber hinaus würde durch den Heliumregen Gravitationsenergie frei und in Wärme umgesetzt werden. Im Gegensatz zu Jupiter kann nämlich die Leuchtkraft des Saturn nicht durch Abkühlen allein erklärt werden. Der Heliumregen könnte schließlich auch die Ursache für die beobachtete Verarmung der Atmosphäre an Helium sein, die nach dem Aufbaumodell nicht auf die äußersten Schichten beschränkt zu sein scheint.

5.6.3 Subriesenplaneten

Die Ergebnisse der Voyager II-Mission und ihre Bedeutung für die Modelle der Subriesen sind in [34] zusammengefaßt worden. Aus der Radius-Masse-Beziehung, dargestellt in Abb. 5.16, folgt, daß die chemischen Zusammensetzungen der beiden Subriesenplaneten sehr verschieden von denen der beiden Riesenplaneten sein müssen, da Wasserstoff nicht der Hauptbestandteil der beiden Subriesen sein kann. Statt dessen darf man davon ausgehen, daß H_2O, NH_3 und CH_4 sowie Gestein und Eisen die Hauptbestandteile bilden. Es ist zwar möglich, die Dichten der beiden

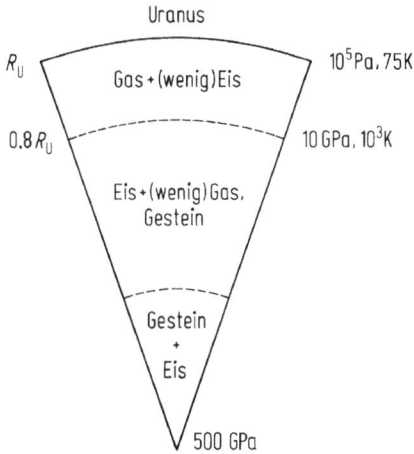

Abb. 5.47 Schalenaufbau des Uranus nach [33]. Der Schalenaufbau des Neptuns könnte ähnlich sein. Jedoch legen die Gravitationsfelddaten den Schluß nahe, daß das Innere dieses Planeten noch weniger differenziert ist.

Planeten zu erklären, indem man sie z. B. als Heliumkugeln oder als Eisenkugeln mit entsprechenden Wasserstoffhüllen modelliert, doch diese Modelle wären kosmochemisch nicht plausibel. Es ist undenkbar, daß ein aus dem planetaren Urnebel kondensierter Planet lediglich aus Helium bestünde. In ähnlicher Weise ist es unvorstellbar, daß ein Planet vornehmlich aus Wasserstoff und Eisen besteht. Die plausibelste Erklärung für die Zusammensetzung der Subriesen ist die, daß die beiden Planeten ihre Wasserstoff-Helium-Hüllen weitgehend verloren haben und daß die schwereren chemischen Komponenten, möglicherweise in solaren relativen Häufigkeiten, verblieben sind.

Frühere Modelle nahmen an, daß das Innere dieser Planeten in einen Gesteins-Eisenkern und eine $H_2O-NH_3-CH_4$-Eisschicht differenziert ist und daß darüber eine dünne Atmosphäre aus Wasserstoff und einigen schwereren Anteilen zu finden sein würde. Diese Modelle müssen heute verworfen werden, da sie die seit den Voyager-Vorbeiflügen 1986 und 1988 besser bekannten Werte von J_2, J_4 und der Rotationsrate nicht erfüllen können. Ein differenziertes Modell eines Subriesen weist einen Antwortkoeffizienten $\Lambda_{2,0}$ von 0.085 auf, während sich aus dem Verhältnis von J_2 zu ψ (Tab. 5.2) Werte von 0.119 für Uranus und 0.158 für Neptun ergeben. Dies bedeutet, daß die Masse dieser Planeten weniger stark nach innen konzentriert ist, als das für ein differenziertes Modell der Fall sein würde. Für Neptun gilt dies in noch stärkerem Maße als für Uranus. Abb. 5.47 zeigt ein neueres Modell des Uranus nach [33, 34]. In diesem Modell findet sich zwar die frühere Schichtung wieder, allerdings sind die Grenzen nicht scharf, sondern es wird angenommen, daß die Differentiation entweder nicht abgeschlossen ist, oder aber daß das Innere durchmischt worden ist. Zur Erklärung einer Durchmischung sind Kollisionen der Planeten mit größeren Planetesimalen oder kleineren Planeten herangezogen worden. Solche Kollisionen könnten möglicherweise auch die Ursache für die sehr große Inklination der Rotationsachse des Uranus sein. Die Inklination der Rotationsachse beträgt (vgl. Tab. im Anhang) fast 98°. Die Bahnebenen der Uranustrabanten liegen annähernd in der Äquatorebene des Planeten, sind also ebenfalls stark gegen die Ekliptik geneigt.

Die intrinsischen Leuchtkräfte der beiden Planeten sind merklich verschieden (vgl. Tab. 5.4), wobei die intrinsische Luminosität des Uranus erheblich kleiner als die des Neptun ist. Die spezifische Luminosität des Uranus ist dabei vergleichbar mit denen der terrestrischen Planeten und der chondritischen Wärmeproduktionsrate (vgl. Tab. 5.4 und 5.6). Dies bedeutet, da die Gasplaneten nach den Modellen von Hubbard und Marley [33] Gesteinskerne von durchweg 10 bis 15 Erdmassen haben, daß radioaktiver Zerfall an den Energiehaushalten von Uranus und Neptun erhebliche Anteile haben muß, da die Gesamtmasse dieser Planeten nur 14 bis 17 Erdmassen beträgt. Die intrinsische Leuchtkraft des Uranus könnte durch radioaktivem Zerfall erklärt werden, die des Neptun ist aber zu groß. Bei Neptun trägt wahrscheinlich die Abkühlung und die Dissipation von Gravitationsenergie in Folge von Kontraktion des Planeten erheblich zur Leuchtkraft bei. Dabei könnte die unterschiedliche Sonneneinstrahlung aufgrund des unterschiedlichen Bahnabstands von Bedeutung sein. Beide Planeten haben die gleiche effektive Temperatur T_e von 59 K. Für Uranus ist die effekte Temperatur T_e allerdings ungefähr gleich der Temperatur T_s, die mit der Sonneneinstrahlung im Gleichgewicht steht, während für Neptun T_s nur 46 K beträgt. Dies bedeutet, daß bei gleicher effektiver Temperatur Uranus erheblich langsamer abkühlt als Neptun und daß daher der Wärmestrom aus dem Innern des Uranus erheblich geringer sein muß.

Die Magnetfelder der beiden Subriesenplaneten zeigen hohe Grade an Asymmetrie. Die äquivalenten Dipole sind weit aus dem Planeteninnern verschoben und die Inklinationswinkel sind beträchtlich (vgl. Tab. 5.8 und Abb. 5.46). Die beste Erklärung hierfür ist wahrscheinlich, daß die Magnetfelder in relativ geringen Tiefen erzeugt werden, so daß ein hoher Multipolanteil zu sehen ist.

5.7 Zusammenfassung und Ausblick

In diesem Kapitel haben wir versucht, einen Überblick über die Planetologie mit dem Schwerpunkt Planetenphysik zu geben. Die Planetologie ist eine interdisziplinäre Wissenschaft, die außer mit physikalischen Methoden mit den Methoden der Atmosphärenforschung (Atmosphärenforscher waren die Pioniere der wissenschaftlichen Raumfahrt), der Chemie, der Geologie und der Biologie arbeitet. Eine sachgerechte Darstellung alleine der physikalischen Aspekte auf beschränktem Raum ist schwierig, vielleicht sogar unmöglich. Viele Aspekte der Planetologie mußten in der vorliegenden Darstellung deshalb leider allzusehr verkürzt dargestellt werden.

Der Planetologie ist in den vergangenen rund drei Jahrzehnten der Erforschung des Planetensystems mit Raumsonden – begonnen als ein politisch motivierter Wettlauf um das Prestige der damaligen Supermächte – im wesentlichen eine Bestandsaufnahme der Vielfalt der Körper im Planetensystem und eine gründlichere Erforschung unserer unmittelbaren Nachbarn Mond, Mars und Venus gelungen. Aus den etwas verschwommenen Scheibchen, den Abbildern der Planeten in Teleskopen, sind eigene Welten geworden. Dabei stellte sich als ein wichtiger Aspekt die individuelle Verschiedenheit der Planeten heraus. Dies gilt für Merkur ebenso wie für Venus und Mars, für Jupiter und Saturn ebenso wie für Uranus und Neptun und darüberhinaus für die Trabanten, Asteroiden und Kometenkerne. Je mehr wir über die planetaren Körper erfahren, desto deutlicher werden die Unterschiede zwischen den Körpern, die wir in Familien geordnet haben. Sicher werden zukünftige Fortschritte uns die Verwandtheiten wieder deutlicher machen, wenn wir die Zusammenhänge im Planetensystem besser verstehen lernen.

Im Zuge dieser Forschungsarbeiten wurde besonders augenfällig, wie sehr sich die Erde von den anderen terrestrischen Planeten unterscheidet. Dies gilt nicht nur hinsichtlich des Lebens, das bisher auf keinem anderen Körper nachgewiesen werden konnte, sondern auch hinsichtlich der chemischen Zusammensetzung der Atmosphäre, der Temperatur und der Tektonik unseres Planeten. Es scheint sich zu zeigen, daß Leben, atmosphärische Prozesse und Entwicklung des Erdkörpers nicht getrennt betrachtet werden dürfen, sondern miteinander wechselwirkende Teile eines komplexen Systems darstellen. Besonders deutlich ist dies vielleicht erst kürzlich während der Erforschung der Venus, des Schwesterplaneten der Erde, durch Magellan geworden: Venus, die fast die gleiche Masse aufweist und in der unmittelbaren Nachbarschaft der Erde im Planetensystem beheimatet ist, unterscheidet sich zumindest heute in vielen Aspekten wesentlich von der Erde. Obwohl wir dies noch nicht mit Sicherheit wissen, ist dies wahrscheinlich die Folge einer auf beiden Planeten anders verlaufenden Entwicklung durch eine starke Treibhauserwärmung der Venusatmosphäre. Auf die mögliche Bedeutung der Erforschung der Gründe dieser verschiedenen Entwicklungen für die Zukunft unseres Planeten muß nicht gesondert hingewiesen werden.

Trotz der klaren Besonderheit der Erde dient sie nach wie vor als Modell für die festen planetaren Körper. Bisher ist es noch nicht gelungen, den inneren Aufbau eines anderen Planeten zufriedenstellend zu bestimmen. Dies wird wahrscheinlich in der näheren Zukunft am ehesten für den Mars gelingen, sofern wie geplant Marsseismologie betrieben werden wird. So wie diese Frage sind viele, wenn nicht die meisten Fragen der Planetologie nach wie vor offen: Sei es die Entstehung des Mondes, die Erzeugung planetarer Magnetfelder, die Entwicklungen der Atmosphären und Hydrosphären der Venus und des Mars etc. Fortschritte in der Planetologie benötigen eine Fortsetzung der Erforschung des Sonnensystems nach dem Dreistufenplan 1. der Erkundung durch Vorbeiflug, 2. der näheren Erforschung durch langlebige Satelliten und Landegeräte und 3. der Probengewinnung und Rückführung zur Erde. Darüberhinaus sind aber auch Fortschritte in der Laborforschung und der theoretischen Forschung nötig.

Die Planetologie steht also sicher nicht am Ende, sondern eher erst am Anfang ihrer Entwicklung. Für die nähere Zukunft werden vor allem Fortschritte in der Erforschung des Mars und in der Erforschung des äußeren Planetensystems erwartet. Gegenwärtig umkreist die Galileosonde den Jupiter und beobachtet den Planeten und seine Trabanten. Der Start von mehreren Sonden zum Mars und von Cassini-Huygens zu Saturn und Titan steht unmittelbar bevor. In den nächsten 10 Jahren könnten eine Probenrückführung vom Mars und ein seismisches Netz auf diesem Planeten Wirklichkeit werden. Weitere bedeutende Missionen sind in der Planung, so etwa die Kometenmission Rosetta der European Space Agency (ESA), in deren Verlauf erstmalig auf einem Kometenkern gelandet werden soll und von der man sich Aufschlüsse über die Entstehung des Sonnensystems und über die Bedingungen im präsolaren Nebel erhofft, und ein Merkurorbiter. Planungen und Vorbereitungen von Raummissionen sind aber für die Beteiligten zuweilen mit Frustrationen verbunden. Ein Grund für die oft erheblichen Verzögerungen in der Planung und Vorbereitung sind die hohen Kosten, die die Missionen verursachen. Dem soll neuerdings mit einem neuen Konzept kleinerer Missionen nach der Maxime „smaller, faster, better", aber auf jeden Fall billiger begegnet werden.

Auf lange Sicht werden gegenwärtig in der NASA vier Schwerpunkte der zukünftigen Planetenforschung gesehen: (1) die Errichtung einer permanenten Station auf dem Mond, (2) eine bemannte Landung auf dem Mars, (3) die weitere Erforschung des Sonnensystems nach dem Dreistufenplan und (4) eine intensive Erforschung der Erde. Man erkennt aus diesem Plan, daß der Erforschung des Sonnensystems mit automatischen Raumsonden zwei Schwerpunkte vorangestellt werden, deren Kosten erheblich sein werden und die nur politisch begründet werden können. Dies zeigt, wie auch schon beim Apolloprogramm, daß die Erforschung unserer unmittelbaren Nachbarschaft im Weltraum nicht allein aus wissenschaftlichen Gründen erfolgen wird.

Literatur

[1] Rükl, A., Welten, Sterne und Planeten, Artia, Prag, 1979

[2] Wood, J.A., The Solar System, Prentice-Hall, Englewood Cliffs, N.J., 1979

[3] Weaver, H.A., Danly, L. (Eds.), The Formation and Evolution of the Planetary System, Cambridge Univ. Press, Cambridge, 1988

[4] Beatty, J.K., Chaikin, A. (Eds.), The New Solar System, Sky Publ. Corp., 3rd ed., Cambridge, Mass., 1990

[5] Stevenson, D.J., Interiors of the giant planets, Annu. Rev. Earth Planet. Sci., **10**, 257–295, 1982

[6] Hubbard, W.B., Planetary Interiors, Van Nostrand, New York, 1984

[7] Stacey, F.D., Brennan, B.J., Irvine, R.D., Finite strain theories and comparisons with seismological data, Geophys. Surveys, **4**, 189–232, 1981

[8] Baumgardner, J.R., Anderson, O.L., Using the thermal pressure to compute the physical properties of terrestrial planets, in: Advances in Space Research, Vol.1, (Stiller, H., Sagdeev, R.Z., Eds.), Pergamon Press, Oxford, 1981

[9] Stevenson, D.J., Application of liquid state physics to the Earth's core, Phys. Earth Planet. Int., **22**, 42–52, 1980

[10] Boehler, R., Melting temperatures of the Earth's mantle and core: Earth's thermal structure, Annu. Rev. Earth Planet. Sci., **24**, 15–40, 1996.

[11] Anderson, O.L., Are anharmonicity corrections needed for temperature profile calculations of interiors of terrestrial planets? Phys. Earth Planet. Inter., **29**, 91–104, 1982

[12] Hubbard, W.B., McFarlane, J.J., Structure and Evolution of Uranus and Neptune, J. Geophys. Res., **85**, 225–234, 1980

[13] Ashby, M.F., Verrall, R.A., Micromechanisms of flow and fracture, and their relevance to the rheology of the upper mantle, Phil. Trans. Roy. Soc., **A288**, 59–95, 1977

[14] Russel, C.T., Elphic, R.C., Slavin, J.A., Limits on the possible magnetic field of Venus, J. Geophys. Res., **85**, 8319–8332, 1980

[15] Stacey, F.D., Physics of the Earth, Wiley, New York, 1977

[16] Johnson, T. V., The Galilean satellites, in: The New Solar System (Beatty, J. K., O'Lear,y B., Chaikin, A., Eds.), 3rd ed., Sky Publ. Corp., Cambridge, Mass., 1981

[17] Stevenson, D. J., Spohn, T., Schubert, G., Magnetism and thermal evolution of the terrestrial planets, Icarus, **54**, 466–489, 1983

[18] Usselman, T. M., Experimental approach to the state of the core, Part I, Part II, Amer. J. Sci., **275**, 278–303, 1975

[19] Spohn, T., Breuer, D., Mantle differentiation through crust growth and renewal and the thermal evolution of the Earth, in: Evolution of the Earth and Planets (Takahashi, E., Jeanloz, R., Rubie, D. C., Eds.), Geophysical Monograph 74, IUGG Vol. 14, Am. Geophys. Union, Washington, D. C., 1993

[20] Schubert, G., Ross, M. N., Stevenson, D. J., Spohn, T., Mercury's thermal history and the generation of its magnetic field, in: Mercury, Vilas, F., Chapman, C. R., Matthews, M. S., Eds.), Univ. of Arizona Press, Tucson, 1988

[21] Spohn, T., Mantle differentiation and thermal evolution of Mars, Mercury, and Venus, Icarus, **90**, 222–236, 1991

[22] Verhoogen, J., Energetics of the Earth, National Academy Press, Washington, D. C., 1980

[23] Hartmann, K. W., Phillips, R. J., Taylor, G. J. (Eds.), Origin of the Moon, Lunar & Planet. Inst., Hoston, Tx., 1986

[24] Vilas, F., Chapman, C. R., Matthews, M. S. (Eds.), Mercury, Univ. of Arizona Press, Tucson, 1988

[25] Peale, S. J., The rotational dynamics of Mercury and the state of its core, in: Mercury (Vilas, F., Chapman, C. R., Matthews, M. S., Eds.), Univ. of Arizona Press, Tucson, 1988

[26] Basaltic Volcanism Study Project, Basaltic Volcanism on the Terrestrial Planets, Pergamon Press, New York, 1981

[27] Kieffer, H. H., Jakosky, B. M., Snyder, C. W., Matthews, M. S. (Eds.), Mars, Univ. of Arizona Press, Tucson, 1992

[28] Esposito, P. B., Banerdt, W. B., Lindal, G. F., Sjogren, W. L., Slade, M. A., Bills, B. G., Smith, D. E., Balmino, C., Gravity and Topography, in: Mars (Kieffer, H. H., Jakosky, B. M., Snyder, C. W., Matthews, M. S., Eds.), Univ. of Arizona Press, Tucson, 1992

[29] Burns, J. A., Matthews, M. S. (Eds.), Satellites, Univ. of Arizona Press, Tucson, 1986

[30] Segatz, M., Spohn, T., Ross, M. N., Schubert, G., Tidal dissipation, surface heat flow, and figure of viscoelastic models of Io, Icarus, **75**, 187–206, 1988

[31] Ross, M. N., Schubert, G., Spohn, T., Gaskell, R. W., Internal Structure of Io and the global distribution of its topography, Icarus, **85**, 309–325, 1990

[32] Breuer, D., Spohn, T., Wüllner, U., Mantle differentiation and the crustal dichotomy of Mars, Planet, Space Sci., **41**, 269–283, 1993

[33] Hubbard, W. B., Marley, M. S., Optimized Jupiter, Saturn, and Uranus Interior Models, Icarus, **78**, 102–118, 1989

[34] Bergstrahl, J. T., Miner, E. D., Matthews, M. S. (Eds.), Uranus, Univ. of Arizona Press, Tucson, 1991

[35] Turcotte, D. L., Schubert, G., Geodynamics, Wiley, New York, 1982

Internet-Hinweise

Die Planetologie zeichnet sich wie viele Naturwissenschaften durch eine rasche Entwicklung des Wissensstandes und durch teilweise erhebliche Umbrüche aus. Daher ist es so gut wie unmöglich, ein Lehrbuch zu schreiben, welches über viele Jahre Gültigkeit auch in Einzelfragen behält. Das Internet ermöglicht eine rasche Reaktion auf wissenschaftliche Fortschritte und ergänzt deshalb die Printmedien in idealer Weise. Aus diesem Grund geben wir hier Einstiegsseiten, die für Leser des vorstehenden Kapitels von Interesse sein könnten. Darüber hinaus werden wir auf einer speziellen Seite den Lesern des Bergmann-Schäfer Ergänzungen und Korrekturen anbieten.

Die Seite des National Space Science Data Centers NSSDC enthält eine große Fülle interessanter Daten über Planeten und Missionen und ermöglicht im Bedarfsfalle einen tieferen Einstieg in das Datenarchiv des NSSDC: http://nssdc.gsfc.nasa.gov/planetary

Die Einstiegseite der NASA: http://www.nasa.gov

Die Einstiegseite des Jet Propulsion Laboratory JPL der NASA, des bedeutendsten Zentrums für planetenwissenschaftliche Raumfahrt des NASA: http://www.jpl.nasa.gov

Das Bildarchiv des Jet Propulsion Laboratory JPL: http://photojournal.jpl.nasa.gov

Die Einstiegseite der European Space Agency ESA: http://www.esa.int

Die Einstiegseite des Deutschen Zentrums für Luft und Raumfahrt DLR: http://www.dlr.de

Die Einstiegseite des Max-Planck-Instituts für Aeronomie Lindau: http://www.linmpi.mpg.de

Die Einstiegseite des Instituts für Planetologie der Westfälischen Wilhelms-Universität Münster: http://ifp.uni-muenster.de

Seite für Leser der Bergmann-Schaefer mit Ergänzungen und Korrekturen zum Band 7, Kapitel 5 „Planetologie": http://ifp.uni-muenster.de/Bergmann-Schaefer

6 Planetenmagnetosphären

Helmut O. Rucker

Die Physik der Magnetosphäre ist ein relativ junges Forschungsgebiet, obwohl einige sehr bedeutsame Phänomene, deren Ursache und Erklärung in den Bereich der Magnetosphärenphysik hineinreichen, schon vor Jahrhunderten bekannt waren. Dazu zählen etwa die Polarlichterscheinungen und die erdmagnetischen Störungen; auch die Orientierung der Kometenschweife ist in diesem Zusammenhang zu nennen.

Die Erforschung des erdnahen Weltraums, der Vorstoß von Raketen und Raumsonden in bislang unerreichte und unbekannte Räume hat der Physik des sog. Magnetoplasmas Impulse und neue Erkenntnisse gebracht. Die Erde, und mit ihr die meisten anderen Planeten unseres Sonnensystems, besitzen ein eigenes planetares Magnetfeld, das in der Umgebung des jeweiligen Planeten weit in den Weltraum hinausreicht, dort aber durch eine von der Sonne ausgehende Plasmaströmung in ganz charakteristischer Art und Weise verformt wird. Dieser vom planetaren Magnetfeld dominierte Raum wird **Magnetosphäre** genannt.

Zu Beginn der vorliegenden Ausführungen wird das von der Sonne abströmende Sonnenwindplasma und die damit zusammenhängenden Eigenschaften des interplanetaren Raumes beschrieben. Die danach folgenden Abschnitte behandeln die Wechselwirkung des Sonnenwindes mit einem planetaren Magnetfeld, im speziellen mit dem terrestrischen Feld, wobei Aufbau und Dynamik der Erdmagnetosphäre erläutert werden.

Mit dem Verständnis der Magnetosphärenphysik eng verknüpft ist die Frage, wie die Plasma- und Feldgrößen gemessen werden. Die physikalische Weltraumforschung bedient sich neben bodengebundenen Meßmethoden vor allem jedoch in-situ-Messungen durch Satelliten und Raumsonden. In diesem Zusammenhang wird der Aspekt der Komplementarität von Plasma- und Feldmessungen in einem Magnetoplasma hervorgehoben: Die Untersuchung von Teilchenabsorptionsstrukturen in der Saturn-Magnetosphäre (hervorgerufen z. B. durch Monde) ermöglicht eine Verbesserung der Beschreibung des Saturn-Magnetfeldes. Desweiteren läßt die Analyse von Wellengrenzfrequenzen in einem Magnetoplasma auf die Schichtung bzw. Dichte einer Plasmastruktur schließen. Dies wird am Beispiel der Jupiter-Plasmascheibe gezeigt werden.

Die Erforschung der äußeren Planeten Jupiter, Saturn, Uranus und Neptun hat die Vielfalt (möglicher) planetarer Magnetosphärenkonfigurationen erweitert und eine Reihe überraschender Phänomene aufgezeigt. Planetenspezifische Strukturen und Prozesse in den Magnetosphären werden hier im Mittelpunkt der Betrachtungen stehen. Als Abschluß wird ein vergleichender Blick auf die Planetenmagnetosphären geworfen, wobei neben den genannten Planeten auch Merkur mit seinem (allerdings schwachen) Magnetfeld in die vergleichende Theorie miteinbezogen wird.

6.1 Der Sonnenwind

Nach heutigem Kenntnisstand ist der interplanetare Raum erfüllt von Plasma- und Feldstrukturen, die ihren Ursprung im wesentlichen in der Sonne haben. Diese Vorstellung hat sich allerdings erst in diesem Jahrhundert entwickelt. Um 1900 hat Oliver Lodge eine Hypothese aufgestellt, wonach die Sonne eine Quelle von Plasmawolken sei, welche durch den interplanetaren Raum fliegen und beim Auftreffen auf die irdische Atmosphäre Nordlichter und magnetische Stürme (also Störungen des erdmagnetischen Feldes) erzeugen.

Die erste wissenschaftlich fundierte Veröffentlichung über mögliche Zusammenhänge zwischen einem solaren Teilchenstrom und plötzlichen Veränderungen des Erdmagnetfeldes erfolgte 1931 durch S. Chapman und V.C.A. Ferraro [1]. Aber auch in dieser Arbeit wurde der Sonnenteilchenstrom keineswegs als stetige Strömung, sondern nach wie vor als momentane und sporadische Teilchenemission von der Sonne angesehen.

Die Vorstellung einer kontinuierlich sich ausdehnenden Atmosphäre der Sonne wurde erst in der Mitte unseres Jahrhunderts entwickelt. Im Jahre 1951 erkannte L. Biermann [2] den Zusammenhang zwischen Kometenschweifen und dem von der Sonne ausgehenden Partikelstrom. *Kometenschweife* sind immer von der Sonne weggerichtet, als Ursache dafür wurde bislang immer nur der Strahlungsdruck der Sonne verantwortlich gemacht. Bei etlichen Kometen wurden aber zwei verschiedene Schweife beobachtet: Ein breit gefächerter, gekrümmter Schweif ohne innere Struktur, der aus Staubteilchen und neutralen Molekülen besteht und aufgrund der Einwirkung des Sonnenstrahlungsdruckes gebildet wird – und ein zweiter, gerader, langer und schmaler Schweif mit innerer Struktur, welcher aus ionisierten Gasen besteht. Auf diesen Schweif wirkt eine wesentlich stärkere, von der Sonne weggerichtete Kraft, offensichtlich eine Strömung geladener Teilchen.

Aus den Beobachtungen der Kometenschweife zog Biermann den Schluß, daß auch bei geringer Sonnenaktivität ein *kontinuierlicher Partikelstrom* von der Sonne aus in alle Richtungen geht. Bereits damals, also noch vor der Zeit der Satelliten und Raumsonden, konnte die Geschwindigkeit dieser Partikelströmung abgeschätzt werden. Aus dem Zeitunterschied zwischen den beobachteten Veränderungen und Bewegungen innerhalb eines Kometenschweifes, ausgelöst offenbar durch Variationen in diesem von der Sonne ausgehenden Teilchenstrom, und dem Auftreten von erdmagnetischen Störungen sowie aus der radialen Entfernung zwischen Komet und Erde hat man Geschwindigkeiten von einigen hundert bis eintausend $\mathrm{km\,s^{-1}}$ errechnet, was später durch in-situ-Messungen bestätigt werden konnte.

6.1.1 Die expandierende Sonnenatmosphäre

Chapman hat 1957 [3] ein *hydrostatisches Modell* für die Sonnenatmosphäre erstellt. Er nahm an, daß die Korona und ihre Ausläufer in Ruhe bleiben, Energie allein durch Wärmeleitung transportiert wird und alle anderen Flüsse vernachlässigbar seien. Die entsprechenden Gleichungen für das Plasma waren die Impuls- (6.1), die Energieerhaltungs- (6.2) und die Zustandsgleichung (6.3), sowie die Gleichung (6.4) für den radialen Wärmefluß:

$$\frac{\mathrm{d}p}{\mathrm{d}r} + \frac{Gm_\mathrm{s}m_\mathrm{p}n}{r^2} = 0 \,, \tag{6.1}$$

$$\frac{\mathrm{d}}{\mathrm{d}r}\,(r^2 Q) = 0 \,, \tag{6.2}$$

$$p = 2nkT \,, \tag{6.3}$$

$$Q = -\,\kappa\,\frac{\mathrm{d}T}{\mathrm{d}r} \,. \tag{6.4}$$

Die Beziehungen enthalten den totalen Druck p der Elektronen und Protonen, die Gravitationskonstante G, die Sonnenmasse m_s, die Protonenmasse m_p, die Teilchendichte n (Elektronen und Protonen mit gleicher Teilchendichte, somit Ladungsneutralität angenommen), die heliozentrische Distanz r, den Wärmefluß Q, die Boltzmann-Konstante k, die Temperatur T (für beide Ladungskomponenten gleich groß), und die thermische Leitfähigkeit κ. Eine von Parker [4] durchgeführte Untersuchung des Chapman-Modells [3] ergab, daß der Druck p für $r \to \infty$ einen endlichen Wert behält, der um Größenordnungen zu hoch gegenüber realistischen Einschätzungen für den Gesamtdruck ist, resultierend aus dem galaktischen Magnetfeld, dem interstellaren Gas und der kosmischen Strahlung.

Die Schlußfolgerung von Parker [4] war, daß „... es für die Sonnenkorona ... wahrscheinlich nicht möglich ist, in großen heliozentrischen Entfernungen in vollständig hydrostatischem Gleichgewicht zu sein."

Das von Parker 1958 entwickelte *dynamische Modell* eines von der Sonne fortwährend abströmenden ionisierten, im wesentlichen aus Elektronen und Protonen bestehenden Gases, eben die expandierende Sonnenatmosphäre, war der Beginn eines realistisch erfaßten Bildes vom *Sonnenwind* (Solar wind), einer von Parker geprägten Bezeichnung.

Parkers Vorschlag einer expandierenden Korona (mit v_r als der mittleren Radialgeschwindigkeit der Strömung, von der Sonne aus gemessen) enthielt das folgende hydrodynamische Modell:

$$\frac{\mathrm{d}}{\mathrm{d}r}\,(r^2 n v_r) = 0 \,, \tag{6.5}$$

$$m_\mathrm{p} n v_r \frac{\mathrm{d}v_r}{\mathrm{d}r} = -\,\frac{\mathrm{d}p}{\mathrm{d}r} - \frac{Gm_\mathrm{s}m_\mathrm{p}n}{r^2} \,. \tag{6.6}$$

Gl. (6.5) stellt die Kontinuitätsrelation dar, und Gl. (6.6) ist die radiale Komponente der Impulsgleichung für eine stationäre, sphärisch symmetrische Strömung. Als weitere Beziehungen im Parker-Modell waren Gl. (6.3) sowie die Vorgabe eines radialen Temperaturverlaufes: $T = $ const bis zu einer bestimmten Distanz und danach $T = 0$ (mit der Begründung, daß im Vergleich zu den anderen Energieflüssen der Wärmefluß vernachlässigbar sei).

Die wesentliche Stärke des Parker-Modells lag darin, daß es analytische Lösungen für die Sonnenwind-Geschwindigkeit in Übereinstimmung mit den Arbeiten von Biermann [2] lieferte, daß die berechnete Sonnenwinddichte in der Gegend des Erdorbits akzeptable Werte (für die damaligen Vorstellungen) annahm und daß der Druck p für $r \to \infty$ gegen Null ging.

Die meisten nach Parker entwickelten Modelle beinhalten spezifische Verbesserungen, begründen sich im wesentlichen aber immer auf seine Ausgangsgleichungen, wobei immer die Kontinuitäts-, Impuls-, und Energiegleichung sowie die Wärmeflußgleichung (in spezieller Weise formuliert, um das Gleichungssystem zu schließen) vorzufinden sind.

Über der Chromosphäre – getrennt durch die Übergangsregion – liegt die *Sonnenkorona*, welche als Quellgebiet des Sonnenwindes gilt. Ein wesentliches Strukturelement in der Korona sind die – erst 1973 von der Raumstation Skylab entdeckten – *koronalen Löcher* (Coronal holes), großflächige, scharf begrenzte Gebiete geringer Dichte, welche mit offenen magnetischen Feldlinien korreliert sind. (Die gedankliche Manipulation von physikalisch nicht existierenden Feldlinien hat sich als Hilfsvorstellung in der Plasmaphysik sehr bewährt und führt zu Ergebnissen, welche mit der Feldphysik konsistent sind.) In der Magnetosphärenphysik sind die Begriffe der „offenen" und „geschlossenen" Magnetfeldlinien üblich: Selbstverständlich hat in der Plasmaphysik zu gelten: $\nabla \cdot \boldsymbol{B} = 0$. Somit gibt es grundsätzlich nur geschlossene Magnetfeldlinien, welche im Inneren eines magnetischen Körpers – z. B. Sonne, Planet – und außerhalb desselben – z. B. interplanetarer Raum – eine insgesamt geschlossene Struktur haben. Wenn nun von „offenen" Magnetfeldlinien gesprochen wird, dann meint man jene Feldlinien, deren Schließen im interplanetaren Raum sich der Beobachtung entzieht. Für die Sonnenwindexpansion sind offene, also nur mit einem Fußpunkt auf der Sonne verankerte Magnetfeldlinien von Bedeutung. Diese Koronalöcher, die in Röntgen- und UV-Bildern von der Sonne als dunkle Gebiete erscheinen und demnach kühler als die angrenzenden, magnetisch abgeschlossenen Regionen sind, gelten als Quelle der schnellen Sonnenwindströmung.

Ein äußerst schwieriges Problem ist immer noch die Erklärung für den Beschleunigungsmechanismus des Sonnenwindplasmas. Ein relevanter Mechanismus für die Beschleunigung ist der Prozeß der Dissipation von Wellen. Die Aufheizung der Korona, und damit die direkte Energiezufuhr an das Sonnenwindplasma, kann durch magnetohydrodynamische Wellen, z. B. durch Alfvèn-Wellen erfolgen, wobei im Zuge der Energieabgabe an das Plasma die Wellen gedämpft werden und schließlich vollständig dissipieren. (Alfvèn-Wellen äußern sich durch Schwingungen der Magnetfeldlinien, wobei die Ausbreitung längs der Feldlinie erfolgt. Ihre Geschwindigkeit ist proportional zur Magnetfeldstärke und reziprok zur Wurzel aus der Plasmadichte.)

In der Chromosphäre (Abb. 6.1) gibt es neben den *Spikulen* (das sind Jet-ähnliche Phänomene mit aufwärts strömendem Plasma) noch kleinräumige und kurzlebige (etwa 20 s) Strukturen, die sog. *Explosive events*, in denen Geschwindigkeiten bis zu 400 km s^{-1} gemessen wurden. Diese Ereignisse spielen vermutlich eine bedeutende Rolle für die Energiezufuhr in die Korona und in den Sonnenwind. Das Plasmamaterial, das während dieser „Explosionsereignisse" in die Korona geschleudert wird, ergibt zusammen mit dem Massenfluß, welcher aus den Spikulen ebenfalls in höhere Sonnenatmosphärenschichten gebracht wird, einen etwa um den Faktor 100 größeren Massenfluß gegenüber dem Sonnenwind. Dies bedeutet, daß der größte Teil des Plasmas wieder in die Chromosphäre zurückfällt.

Der Hauptteil der Sonnenwindbeschleunigung findet in der Nähe der Sonne, im Bereich zwischen etwa 2 und 5 Sonnenradien Entfernung vom Sonnenmittelpunkt,

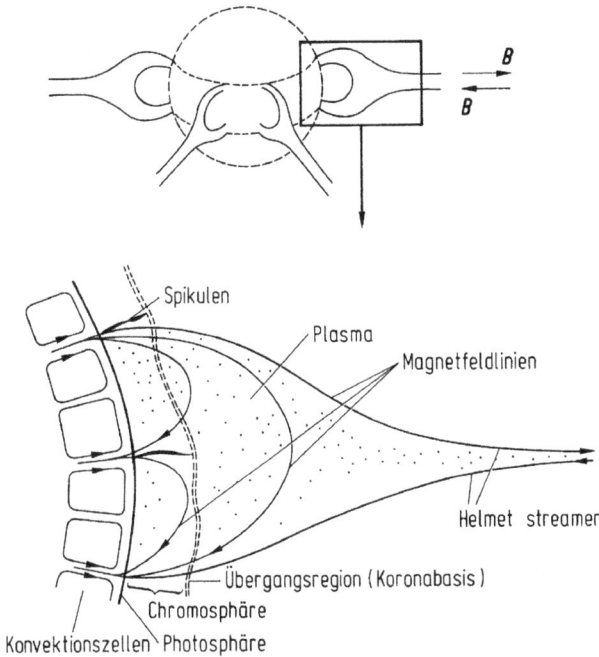

Abb. 6.1   Die globale Magnetfeldstruktur der Sonne ist dipolartig, wobei sich die Polarität im Sonnenzyklus (ungefähr 11 Jahre) umkehrt. Rund um die Äquatorzone bilden sich ,,helmartig'' ausgeformte Strukturen, welche die unterschiedlichen Magnetfeldrichtungen (zur bzw. von der Sonne weg) in den jeweiligen Hemisphären voneinander trennen (Helmet streamer). Das untere Bild zeigt einige Detailstrukturen sowie ein vereinfachtes Schema der Sonnenatmosphärenschichtung. (Im Sonneninneren verbinden sich komplementäre Magnetfeldlinien zu geschlossenen Linien.)

statt. In größerer Entfernung ist der koronale bzw. interplanetare Raum bereits vollständig von offenen Magnetfeldlinien erfüllt. Der gesamte Beschleunigungsprozeß dürfte mit hoher Wahrscheinlichkeit bei 20 bis 30 Sonnenradien Entfernung beendet sein.

Die im Sonnenwindplasma charakteristischen Ausbreitungsgeschwindigkeiten für die Informationsübertragung sind die Schallgeschwindigkeit v_S,

$$v_\text{S} = \sqrt{\frac{c_p}{c_V} \cdot \frac{p}{\varrho}}, \tag{6.7}$$

(c_p/c_V = Verhältnis der Molwärmen, p = Druck, ϱ = Massendichte des Gases) sowie die Alfvèn-Geschwindigkeit v_A,

$$v_\text{A} = \frac{B}{\sqrt{\mu_0 \varrho}} \tag{6.8}$$

(B = magnetische Induktion, μ_0 = magnetische Feldkonstante).

Beide Geschwindigkeiten sind signifikant kleiner als die Sonnenwindgeschwindigkeit v_{SW} (bulk velocity). Demnach ist der Sonnenwind eine Überschallströmung mit typischen Machzahlen $M_S = v_{SW}/v_S$ bzw. $M_A = v_{SW}/v_A$ von etwa 10 in der Nähe des Erdorbits (Entfernung Erde-Sonne: $1.496 \cdot 10^{11}$ m $= 1$ Astronomische Einheit, AE).

Im allgemeinen zeigt der Sonnenwind in einigen Eigenschaften eine breite Variabilität (Einteilung in Sonnenwindtypen s. u.), für den *langsamen Sonnenwind* sind in einer Entfernung von 1 AE (= Erdbahn) beispielsweise folgende *charakteristische Parameter* gemessen worden (Schwenn, [5]):

1. Strömungsgeschwindigkeit 300 km s^{-1},
2. Teilchendichte 10^7 m^{-3},
3. Zusammensetzung: etwa 96% Protonen (H$^+$), etwa 4% Heliumionen (He^{++}), sowie geringe Anteile mehrfach ionisierter Elemente wie Sauerstoff (O), Eisen (Fe), Silicium (Si), Argon (Ar), Neon (Ne), Kohlenstoff (C) und ladungsneutralisierende Elektronen,
4. Protonentemperatur $4 \cdot 10^4$ K,
5. Elektronentemperatur $1.5 \cdot 10^5$ K,
6. Magnetfeldstärke 4 Nanotesla (1 nT $= 10^{-9}$ V s m^{-2} $= 1\gamma$)[1].

Sowohl die Magnetfeldstärke B als auch die Teilchendichte n zeigen eine heliozentrische Entfernungsabhängigkeit (z. B. $n \sim 1/r^2$). Parameter wie die Strömungsgeschwindigkeit, Dichte und Zusammensetzung bestimmen im wesentlichen den Sonnenwindtyp.

6.1.2 Das interplanetare Magnetfeld

Die Sonnenwindpartikel bewegen sich geradlinig in fast radialer Richtung von der Sonne weg in den interplanetaren Raum. (Durch die Sonnenrotation bedingt gibt es eine geringe azimutale Bewegungskomponente in der Größenordnung von ≈ 2 km s^{-1} am Sonnenäquator.) Hinsichtlich des Magnetfeldes hat die Sonnenrotation jedoch einen dominierenden Einfluß. Das heiße koronale Plasma hat sowohl hohe thermische als auch hohe elektrische Leitfähigkeit. Wenn nun ein derartiges Plasma von einem Magnetfeld durchsetzt ist (wie das Sonnenwindplasma durch das solare Magnetfeld), dann nimmt das sich bewegende Plasma das Magnetfeld mit: Das Magnetfeld ist im Plasma „eingefroren" (*frozen-in magnetic field*).

Die kontinuierliche Strömung koronaler Materie in den interplanetaren Raum bringt somit auch einen Transport von solarem Magnetfeld mit sich. Eine offene solare Magnetfeldlinie wird durch die radiale Bewegung des Plasmas nach außen gezogen, gleichzeitig wird jedoch durch die Sonnenrotation jenes Gebiet, aus dem die Magnetfeldlinie entspringt, azimutal weiterbewegt. Es entsteht eine spiralenförmige Magnetfeldlinie. Die einem Dipol ähnliche globale Magnetfeldstruktur der Sonne wird durch das Zusammenwirken von radialer Plasmabewegung sowie der Sonnenrotation in eine charakteristische dreidimensionale Spiralstruktur verformt.

Die beobachtete *Spiralstruktur des interplanetaren Magnetfeldes* B_{IMF} (IMF $=$ Interplanetary magnetic field) entspricht im wesentlichen einer Archimedischen Spi-

---

[1] Die historische Einheit γ wird im folgenden durch nT ersetzt.

rale, wobei der Winkel ψ, den die Magnetfeldrichtung $\boldsymbol{B}_{\mathrm{IMF}}$ in einer Entfernung r von der Sonne gegenüber der Radialrichtung $\boldsymbol{r}$ einnimmt, gegeben ist mit

$$\tan\psi = \frac{\omega r}{v_{\mathrm{SW}}} \tag{6.9}$$

($\omega = 2.86 \cdot 10^{-6}\,\mathrm{rad\,s^{-1}}$ = Winkelgeschwindigkeit der Sonnenrotation; v_{SW} = makroskopische Plasmageschwindigkeit des Sonnenwindes).

Gemäß dieser Beziehung ergibt sich unter der Annahme eines langsamen Sonnenwindes mit $v_{\mathrm{SW}} = 300\,\mathrm{km\,s^{-1}}$ bei einer Entfernung von $r = 1\,\mathrm{AE}$ der Winkel $\psi \simeq 55°$, für $v_{\mathrm{SW}} = 450\,\mathrm{km\,s^{-1}}$ der Wert $\psi \simeq 44°$. In einer Entfernung von, beispielsweise, $r = 9.5\,\mathrm{AE}$ berechnet sich der Winkel zwischen dem interplanetaren Magnetfeldvektor $\boldsymbol{B}_{\mathrm{IMF}}$ und der Radialrichtung $\boldsymbol{r}$ zu $\psi \simeq 84°$. Diese Werte stehen in voller Übereinstimmung mit entsprechenden Messungen in der Nähe des Erdorbits bzw. des Saturnorbits und beweisen, daß die spiralenförmige Struktur des interplanetaren Magnetfeldes über große Entfernungen erhalten bleibt.

In der Nähe der Ekliptik bildet die magnetische Struktur der sog. *Helmet streamers* (s. Abb. 6.1) eine Trennfläche zwischen den zur Sonne hin bzw. von der Sonne weg orientierten Feldlinien. Eine auf relativ engem Gebiet entgegengesetzte Orientierung von Magnetfeldlinien kann nur durch eine Stromschicht realisiert werden. Diese heliosphärische Stromschicht wird durch die Dynamik unterschiedlicher Sonnenwindströmungen verformt und gewellt (*Ballerina skirt*, Alfvèn [6]) und rotiert mit der Winkelgeschwindigkeit der Sonne in etwa 25.4 Tagen um die Sonnenrotationsachse.

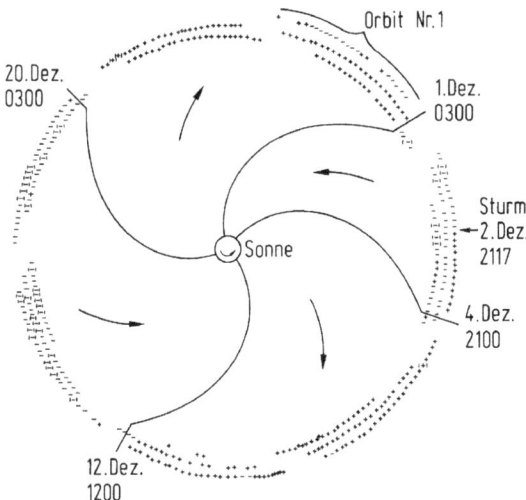

Abb. 6.2 Die durch die Helmet streamer gebildete und von unterschiedlich schnellen Sonnenwindströmungen gewellte Trennfläche zwischen dem zur bzw. von der Sonne weg gerichteten interplanetaren Magnetfeld zeigt im Schnitt mit der Erdorbitalebene die charakteristische Sektorstruktur von $\boldsymbol{B}_{\mathrm{IMF}}$. Die Zeichen $(-)$ und $(+)$ geben die Richtung der Feldstruktur auf die Sonne zu bzw. von der Sonne weg über eine Periode von drei Sonnenrotationen an (Messung vom Satelliten IMP 1, 1963 [7]).

Die gewellte Struktur dieser Stromschicht sowie die gegen die Normale des Erdorbits (Ekliptik) um 7° geneigte Sonnenrotationsachse führen im Zuge der Rotationsbewegung dazu, daß sich die Erde abwechselnd im Bereich einer Orientierung des interplanetaren Magnetfeldes zur Sonne hin (B_{toward}) bzw. von der Sonne weg (B_{away}) befindet (Abb. 6.2). Der Wechsel der Polarität erfolgt beim Überstreichen der sog. Sektorgrenze, wobei charakteristische Prozesse im Zusammenhang mit der erdmagnetischen Aktivität (siehe 6.3.5) ausgelöst werden können. Anzahl und Größe der *magnetischen Sektoren* sind von der vorherrschenden Koronastruktur bzw. der Form der Koronalöcher abhängig, im allgemeinen werden zwei oder vier Sektoren unterschiedlicher azimutaler Länge beobachtet.

6.1.3 Die Sonnenwindtypen

Die strukturlose Plasmaströmung ist eine von mehreren Erscheinungsformen des Sonnenwindes. In dieser ruhigen Strömung eingebettet treten auch Hochgeschwindigkeitsströmungen auf, die über einen längeren Zeitraum, d. h. über mehrere Tage, stabil sein können und mit der Sonne korotieren. Diese High speed streams komprimieren das Plasma des langsamen Sonnenwindes in der Wechselwirkungszone (Schnittstelle, Interface), wobei longitudinale Druckgradienten auftreten. Ist die Geschwindigkeit der Wechselwirkungszone größer als die Ausbreitungsgeschwindigkeit des Drucksignals, dann kommt es zur Ausbildung einer Schockwelle. Im umgekehrten Fall (Geschwindigkeit der Schnittstelle kleiner als Geschwindigkeit des Drucksignals) tritt Erosion der scharfen Parametersprünge auf, wobei der ursprünglich langsamere Sonnenwind beschleunigt, die ursprünglich schnelle Strömung abgebremst wird. Dabei fließt Materie in Richtung des longitudinalen Druckgradienten.

Aufgrund nunmehr zahlreicher Messungen des Sonnenwindplasmas, auch in relativer Nähe an der Sonne von etwa 0.3 AE durch die Helios-Sonden 1 und 2, sind im wesentlichen vier Sonnenwindtypen bekannt, deren Charakteristika wie folgt definiert sind [5]:

Typ 1. Der **schnelle Sonnenwind** hat seine Quelle in den Koronalöchern, ist über längere Zeit stabil und ist somit der „ruhigen" Sonne zuzuschreiben. Seine Geschwindigkeit ist 400 bis 800 km s^{-1}, seine niedere Dichte ist (in der Nähe des Erdorbits) $3 \cdot 10^6$ m^{-3}, und der Heliumanteil im Sonnenwindplasma ist mit 3 bis 4 % relativ stabil.

Typ 2. Der **langsame Sonnenwind vom Minimumtyp.** Dieser Typ ist charakterisiert durch geringe Geschwindigkeit (250 bis 400 km s^{-1}) und hohe Dichte (etwa $11 \cdot 10^6$ m^{-3} bei $r = 1$ AE). Der Heliumanteil liegt unter 2 % und ist variabel. Als besonderes Kennzeichen dieses Typs gilt, daß dieser variable Sonnenwind häufig um eine Sektorgrenze herum auftritt.

Typ 3. Der **langsame Sonnenwind vom Maximumtyp** hat ähnliche Eigenschaften wie Typ 2, jedoch einen höheren Heliumanteil (etwa 4 %) und ist äußerst turbulent und von Stoßwellen durchsetzt.

Typ 4. Massenauswürfe aus der Korona (coronal mass ejections, CMEs) haben Geschwindigkeiten von 400 bis 2000 km s^{-1} und verursachen demnach Stoßwellen. Der Heliumanteil (He^{++}) kann bis zu 30 % betragen.

6.2 Wechselwirkung des Sonnenwindes mit einem planetaren Magnetfeld

6.2.1 Die globalen Strukturen

Beim Auftreffen des Sonnenwindes auf ein planetares Hindernis in Form eines Magnetfeldes oder einer elektrisch leitenden Atmosphärenschicht (Ionosphäre, s. Kap. 7), treten charakteristische Wechselwirkungsstrukturen in Erscheinung. Das um den Planeten befindliche Magnetfeld wird auf der vom Sonnenwind angeströmten Seite (Sonnenseite) zusammengedrückt und auf der Nachtseite zu einem sehr langen Magnetschweif ausgedehnt. Es entsteht ein durch Magnetfeldlinien charakterisierter Stromlinienkörper, in dessen Innerem das planetare Magnetfeld dominiert. Man nennt diesen Bereich die sog. **Magnetosphäre**.

Die Wechselwirkung zeigt sich insofern, als das planetare Magnetfeld einerseits verformt wird, und andererseits die Sonnenwind-Plasmaströmung abgebremst und abgelenkt wird. Ein wichtiges plasmaphysikalisches Theorem besagt, daß ein hochleitendes Plasma, wie es der Sonnenwind darstellt, nicht in eine Magnetfeldstruktur eindringen kann und demnach um die Magnetosphäre herumfließen muß. (Es werden noch spezifische Prozesse besprochen werden, wo ein begrenztes Eindringen des Sonnenwindes in die Magnetosphäre möglich ist.)

Da der Sonnenwind eine Überschallströmung ist, entsteht vor dem Hindernis eine stehende Stoßwelle, die sog. *Bugstoßwelle* (Bow shock, siehe Abb. 6.3). An der Bugstoßwelle erfährt der Sonnenwind eine Thermalisierung, d. h. fast die gesamte kinetische Energie wird in thermische Energie umgewandelt. Der Sonnenwind setzt hinter der Bugstoßwelle seine Strömung mit Unterschallgeschwindigkeit als heißes und dichtes Plasma fort. Diese Region zwischen der Bugstoßwelle und der äußersten

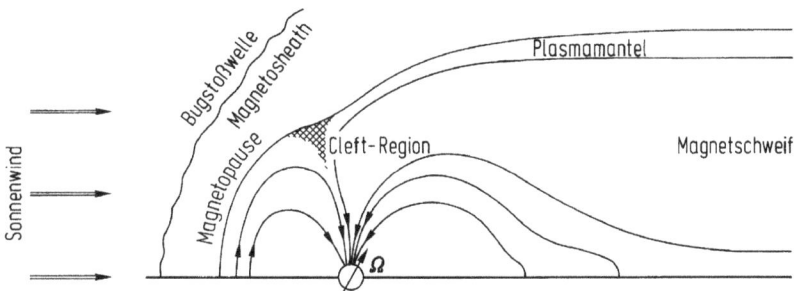

Abb. 6.3 Globale Wechselwirkungsstrukturen im Meridianschnitt. Ω symbolisiert die Erdrotationsachse. Zwischen der nördlichen und südlichen Hemisphäre wird Symmetrie angenommen.

Begrenzung der Magnetosphäre, der sog. *Magnetopause*, wird als Übergangsregion bzw. *Magnetosheath* bezeichnet. Dieser Bereich ist voll heftiger Turbulenz: Die Richtung des Magnetfeldes ändert sich fortwährend, sowohl zeitlich als auch örtlich, die Plasmaströmung erfolgt ungeordnet. Diese Übergangsregion selbst kann noch als Teil des Sonnenwindes angesehen werden, ist aber bereits stark beeinflußt von der Nähe der Magnetosphäre.

Die Magnetopause als äußerste Grenzhülle der Magnetosphäre ist jene komplizierte dreidimensionale Fläche, jene Region von Oberflächenströmen, welche als Resultat der Wechselwirkung zwischen dem Sonnenwind und einem planetaren Magnetfeld entstehen. Die auf dieser Oberfläche fließenden Ströme und die im Magnetosphäreninneren sich einstellende Feldstruktur sollen im Detail noch in den Abschnitten 6.2.3 und 6.2.4 diskutiert werden.

Auf der Nachtseite geht die stromlinienförmige Magnetosphärenstruktur über in den sog. *Magnetosphärenschweif* (Magnetotail), welcher Hunderte von Planetenradien lang sein kann und im Falle von Jupiter z.B. bis zum Saturnorbit reicht (s. Abschn. 6.4). Der Magnetschweif wird vom sog. *Plasmamantel* begrenzt; hier strömt Plasma schweifwärts.

6.2.2 Die Stoßwelle der Erde

Da sich „Information" über ein in der Strömung des Sonnenwindes befindliches Hindernis – ein planetares Magnetfeld – in einer Überschallströmung nicht „rechtzeitig" bemerkbar machen kann, tritt vor dem Hindernis eine Bugstoßwelle auf. Innerhalb dieser Stoßwelle werden die Teilchen unstetig auf Unterschallgeschwindigkeit abgebremst, ebenso unstetig verändern sich die anderen Parameter des Sonnenwindes. Dieser Sprung in den charakteristischen Daten des Sonnenwindes wird durch die Rankine-Hugoniot-Gleichungen der Magnetohydrodynamik (MHD) beschrieben.

Wenn in einer Strömung momentane Sprung-Diskontinuitäten auftreten, dann hängen damit immer irreversible Prozesse zusammen. Dabei wird aber die Erhaltung der Masse, des Impulses und der Energie, bei Vorhandensein von magnetischen Feldern auch die Erhaltung des magnetischen Flusses gefordert.

Aus der Kontinuitätsgleichung ergibt sich, daß der Massenfluß vor und hinter der Stoßwelle erhalten sein muß. Die Differenz des aus der Massendichte ϱ und der Normalgeschwindigkeit v_n (normal zur Stoßfront) gebildeten Massenflusses $\varrho_1 v_{n1}$ vor der Stoßwelle (Index 1) und des Massenflusses $\varrho_2 v_{n2}$ hinter der Stoßwelle (Index 2) muß Null ergeben (eckige Klammern geben Differenzbildung an):

$$[\varrho v_n] = 0 \,. \tag{6.10}$$

Die Impulserhaltungsgleichung enthält neben dem Plasmadruck p auch die Tangentialkomponente B_t und die Normalkomponente B_n der magnetischen Induktion **B** (**n** ist der Einheitsvektor in Richtung der Stoßfrontnormalen):

$$\left[\varrho \boldsymbol{v} v_n + \left(p + \frac{B^2}{2\mu_0} \right) \boldsymbol{n} - \frac{\boldsymbol{B}_t B_n}{\mu_0} \right] = 0 \,. \tag{6.11}$$

In der Energieerhaltungsgleichung tritt der Term der Enthalpie $H = U + pV$ mit U als der inneren Energie und dem Volumen V auf:

$$\left[\varrho v_{\mathrm{n}} \left(\frac{v_{\mathrm{n}}^2}{2} + H \right) + v_{\mathrm{n}} \frac{B_{\mathrm{t}}^2}{\mu_0} - B_{\mathrm{n}} \frac{B_{\mathrm{t}} v_{\mathrm{t}}}{\mu_0} \right] = 0 \, . \tag{6.12}$$

Die Erhaltung des magnetischen Flusses $[B_{\mathrm{n}}] = 0$ sowie des elektrischen Feldes $[E_{\mathrm{t}}] = 0$ führen über die Beziehung $\boldsymbol{E} + \boldsymbol{v} \times \boldsymbol{B} = 0$ zur Bilanzgleichung

$$[v_{\mathrm{n}} B_{\mathrm{t}} - v_{\mathrm{t}} B_{\mathrm{n}}] = 0 \, . \tag{6.13}$$

Allgemein gilt festzuhalten, daß beim Durchgang durch die Bugstoßwelle der Sonnenwind charakteristische Veränderungen erfährt, wobei Druck, Dichte und Temperatur hinter der Stoßwelle ansteigen, die Geschwindigkeit hingegen abfällt. In dieser „stoßfreien" Stoßwelle wird die in der Strömung des Sonnenwindplasmas befindliche Energie thermalisiert.

Durch eine Vielzahl von Satellitenbeobachtungen konnte die Struktur der terrestrischen Bugstoßwelle näher analysiert werden. Abbildung 6.4 zeigt eine schematische Darstellung der terrestrischen Stoßwelle im Ekliptikschnitt, wobei die Feldlinien des interplanetaren Magnetfeldes B_{IMF} durch die Sonnenwindströmung gegen die Stoßwelle konvektiert werden. An der Morgen- bzw. Abendseite der Stoßwelle zeigen sich grundsätzliche Unterschiede hinsichtlich der Stoßwellenstruktur und der stromaufwärts auftretenden Phänomene. Eine entsprechende Trennung dieser Regionen kann durch die Definition des Winkels θ zwischen der Richtung des interplanetaren Magnetfeldes und der Stoßfrontnormalen erfolgen: Mit dem Winkel ψ zwischen der interplanetaren Magnetfeldrichtung und der Sonnenwind-Strömungsrichtung (s. Gl. 6.9) im Wertebereich um etwa $50°$ ist die Morgenseite der Stoßfront

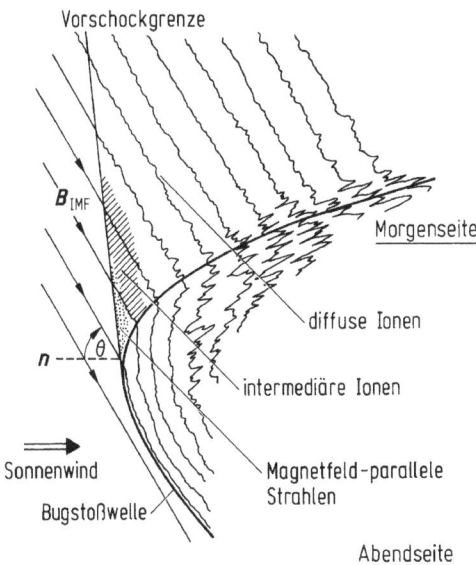

Abb. 6.4 Die terrestrische Bugstoßwelle (schematische Darstellung in der Ekliptikebene) mit den stromaufwärts beobachteten Teilchen und Wellenphänomenen (nach [10]).

durch $\theta(\boldsymbol{B}_{IMF}, \boldsymbol{n}) < 50°$, die Abendseite durch $\theta(\boldsymbol{B}_{IMF}, \boldsymbol{n}) > 50°$ definiert. Im ersten Fall liegt demnach eine sog. *quasi-parallele*, im letzteren Fall eine sog. *quasi-senkrechte Stoßfront* vor.

Es hat sich gezeigt, daß im wesentlichen drei Parameter die Struktur bestimmen: (1) die Machzahl M_S (siehe oben), (2) das sog. Plasma-Beta β als Relation zwischen dem thermischen Sonnenwind-Plasmadruck und dem magnetischen Druck,

$$\beta = \frac{nkT}{B^2/2\mu_0}, \tag{6.14}$$

und (3) der Winkel $\theta(\boldsymbol{B}_{IMF}, \boldsymbol{n})$ zwischen der Orientierung des interplanetaren Magnetfeldes $\boldsymbol{B}_{IMF}$ und der Stoßfrontnormalen $\boldsymbol{n}$ [8].

Aus der Magnetohydrodynamik kann eine kritische Machzahl M_c formuliert werden, gewissermaßen als Grenzgeschwindigkeitsrelation. Für $M_S < M_c$ ist die elektrische Resistivität (Impulsaustausch zwischen den negativen und positiven Plasmakomponenten) ausreichend, eine Stoßstruktur zu beschreiben, für $M_S > M_c$ müssen zusätzliche Prozesse auftreten, um Dissipation zu bewirken.

Die Klassifikationsparameter M_S, β und $\theta(\boldsymbol{B}_{IMF}, \boldsymbol{n})$ treten nun je nach Art der beobachteten Bugstoßwelle innerhalb bestimmter Wertebereiche auf:

Laminare Schockstrukturen mit $\theta(\boldsymbol{B}_{IMF}, \boldsymbol{n}) > 50°$ (quasisenkrecht) sind unterkritisch ($M_S < M_c$) mit $\beta \ll 1$. Abbildung 6.5 zeigt den vom Satelliten OGO 5 gemessenen Verlauf der magnetischen Induktion beim Durchgang durch eine laminare Schockstruktur.

Quasilaminare Schockstrukturen weisen bei vergleichbaren Wertebereichen für θ und β eine Machzahl $M_S > M_c$ auf. Hier findet man hinter der Schockfront gedämpfte Plasmaschwingungen.

Quasiturbulente Schockstrukturen sind ebenfalls quasisenkrecht ($\theta > 50°$), unterkritisch ($M_S < M_c$), weisen jedoch ein deutlich wärmeres Plasma auf: $\beta \gtrsim 1$.

Während diese drei genannten Strukturen in ihrer Gesamtheit eine beobachtete Häufigkeit von nur wenigen Prozent haben, ist die *turbulente* Schockstruktur mit größter Häufigkeit ($\approx 92\%$) zu beobachten. Die entsprechenden Wertebereiche der Parameter sind gegeben mit $\theta > 50°$, $M_S > M_c$ und $\beta \gtrsim 1$. In Abb. 6.6 ist wiederum

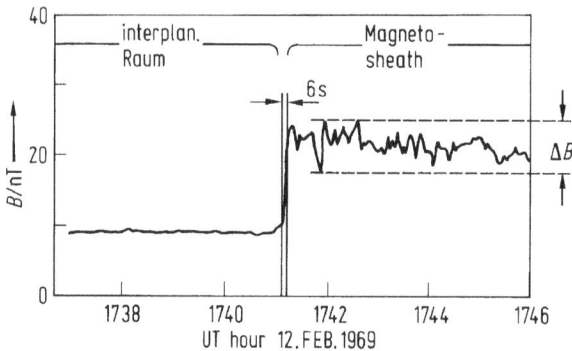

Abb. 6.5 Profil der magnetischen Induktion beim Durchgang durch eine laminare Schockstruktur, gemessen vom Satelliten OGO 5 (nach [9]). Die Magnetfeldschwankung ΔB (angegeben in Nanotesla) ist relativ schwach (UT = Universal Time = Greenwich Zeit).

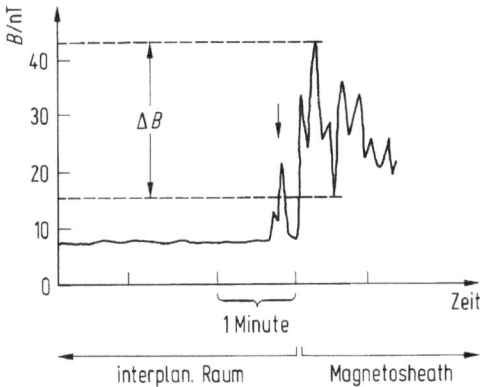

Abb. 6.6 Schematischer Verlauf der magnetischen Induktion beim Durchgang eines Satelliten durch eine turbulente Schockstruktur. Die Magnetfeldvariation ΔB ist stark. (Der „Vorläufer" ist durch einen nach unten weisenden Pfeil gekennzeichnet.)

der Verlauf der magnetischen Induktion angegeben, wobei gegenüber der laminaren Struktur deutliche Unterschiede sichtbar sind. Beim Übergang vom interplanetaren Raum in den Bereich der Magnetosheath ist ein „Vorläufer", eine kurzzeitige Schwankung des Magnetfeldes zu beobachten. Außerdem sind die B-Feldschwankungen wesentlich ausgeprägter als bei den laminaren Schockstrukturen.

Alle vorhin genannten Schockstrukturen treten auf der Seite der quasisenkrechten Bugstoßwelle auf. Hier kann es an der senkrechten Stoßfront zur Reflexion von Sonnenwindionen kommen, welche in weiterer Folge durch die Magnetfeldkonvektion auf die Morgenseite der Bugstoßwelle auftreffen können.

Als wesentliches Charakteristikum für die auf der Morgenseite befindliche *vermischte Struktur* der Bugstoßwelle sind die stromaufwärts beobachteten Teilchen mit instabilen Verteilungsfunktionen zu nennen, die mit der Stoßfront in Wechselwirkung treten. Teilchenströmungen mit entgegengesetzter Geschwindigkeit können elektromagnetische Wellen anregen, welche ihrerseits wieder Einfluß auf die Struktur der Bugstoßwelle haben. Nähere Details sind einem Artikel von Scholer [10] und den angegebenen Referenzen zu entnehmen.

6.2.3 Die Magnetopause

Nach dem Prozeß der Thermalisierung des Sonnenwindes an der Bugstoßwelle befindet sich das turbulente Plasma weiterhin auf dem Weg in Richtung des terrestrischen Magnetfeldes, kann aber aufgrund seiner hohen elektrischen Leitfähigkeit nicht in den magnetfelddominierten Raum der Magnetosphäre eindringen. Der Sonnenwind muß um das Hindernis herumströmen. Die Grenzschichte zwischen der turbulenten Sonnenwindströmung und einer planetaren Magnetosphäre wird *Magnetopause* genannt.

Ein zentrales Problem der Magnetosphärenphysik war die Frage, warum es keine Durchdringung zwischen dem Plasma und dem planetaren Magnetfeld gibt: Bei

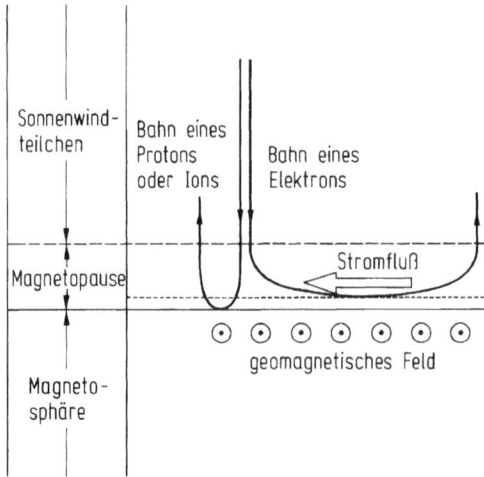

Abb. 6.7 Vereinfachte Darstellung der Ablenkung der geladenen Teilchen in der Magnetopausenschichte (nach [11]).

Annäherung des hochleitenden Sonnenwindplasmas werden die Ladungsteilchen durch das Magnetfeld abgelenkt. Elektronen in die eine Richtung, Protonen und andere positiv geladene Ionen in die andere Richtung (Abb. 6.7), es wird ein Strom innerhalb einer relativ dünnen Schichte erzeugt. Nun wirkt dem anströmenden Plasma jedoch keine einfache Magnetfeldstruktur, sondern ein in Richtung und Stärke variables, planetares Magnetfeld (im wesentlichen ein Dipolfeld) entgegen, sodaß sich ein kompliziertes Stromsystem in dieser charakteristisch verformten Grenzschichte, eben der Magnetopause, aufbaut. Dieses induzierte Magnetopausen-Stromsystem erzeugt nun seinerseits gerade so ein Magnetfeld, daß es auf der Sonnenwindseite (in der Magnetosheath) das planetare Magnetfeld auslöscht, auf der Magnetosphärenseite das planetare Magnetfeld hingegen verstärkt.

Das nach den Pionieren der Magnetosphärenphysik benannte *Chapman-Ferraro-Stromsystem* fließt in der Grenzschichte der sonnenseitigen Magnetosphäre und ist zusammen mit den in der Außenschichte des Magnetosphärenschweifes fließenden Strömen verantwortlich für die nach außen hin fast vollständige Abschirmung des planetaren Magnetfeldes.

Der Druck des anströmenden Sonnenwindes und der magnetische Gegendruck, resultierend aus dem planetaren Magnetfeld und dem Feld aus den induzierten Strömen, halten sich im stationären Zustand die Waage. Man kann demnach eine Gleichgewichtskonfiguration finden, welche der Form der Magnetopause entspricht. Im Dreidimensionalen ist eine entsprechende mathematische Lösung analytisch exakt nicht darstellbar, Näherungslösungen konnten jedoch mit hinreichender Genauigkeit in einer Reihe von Modellen gefunden werden.

Die dreidimensionale Oberfläche der Magnetosphärengrenzschichte, der Magnetopause, wird unter vereinfachenden Annahmen (kaltes Sonnenwindplasma, $T = 0$, kein interplanetares Magnetfeld, $B_{IMF} = 0$, Anströmrichtung des Sonnenwindes ist senkrecht auf der Magnetfelddipolachse, $v_{SW} \perp M$, die Sonnenwindteilchen werden an der Grenzschichte reflektiert, das Innere der Magnetosphäre ist plasmafrei) im wesentlichen von zwei Gleichungen definiert. Die Druckbilanzgleichung (6.15) besagt, daß der Strömungsdruck des Sonnenwindes dem magnetischen Druck an der Magnetopause gleichgesetzt wird. Als zweite Bedingungsgleichung (6.16) wird gefordert, daß durch das tangentiale Anliegen der magnetosphärischen Magnetfeldlinien an die Magnetopause die Normalkomponente des Magnetfeldes Null ist:

$$f n m v^2 \cos^2 \alpha = \frac{B^2}{2 \mu_0} , \qquad (6.15)$$

$$B_\mathrm{n} = 0 . \qquad (6.16)$$

Der kinetische Strömungsdruck setzt sich zusammen aus der Zahl der Teilchen durch Zeit und Fläche $nv \cos \alpha$ mit α als dem Winkel zwischen der Anströmrichtung und der Magnetopausennormalen, sowie aus der Impulsänderung $fmv \cos \alpha$ pro Teilchen mit f als dem Impulsübertragungsfaktor, $f = 2$ entspricht einer vollständigen Teilchenumkehr durch totale Reflexion.

Die Annahme einer Sonnenwindteilchen-Reflexion an der Grenzschicht der Magnetosphäre entspricht der Modellvorstellung der sog. *geschlossenen Magnetosphäre* und bei einer nur vom Magnetfeld erfüllten Magnetosphäre, also ohne magnetosphäreninneres Plasma, spricht man vom *Vakuummodell*. Satellitenbeobachtungen haben aber eindeutig ergeben, daß ein Energiefluß durch die Magnetopause hindurch auftritt, welcher etwa 5% vom totalen Energiefluß beträgt, den der Sonnenwind über den gesamten Magnetosphärenquerschnitt anbietet. Diesbezügliche Details werden im nächsten Abschnitt im Zusammenhang mit der magnetosphärischen Dynamik besprochen werden.

Die Erstellung eines stationären quantitativen Magnetosphärenmodells mit der Magnetopause als Magnetosphärenberandung entspricht der Verknüpfung der beiden Bedingungsgleichungen (6.15) und (6.16) unter Einbeziehung der entsprechenden physikalischen Parameter (Sonnenwindteilchendichte, -masse, -geschwindigkeit, magnetische Induktion an der Magnetopause), wobei der mathematische Formalismus in jedem Raumpunkt r innerhalb der Magnetosphäre die drei Richtungskomponenten des magnetischen Feldvektors in Abhängigkeit von den oben genannten Parametern ergeben muß.

Die Messung des Erdmagnetfeldes sowie die entsprechende Kugelfunktionsanalyse zeigen, daß das Gesamtfeld der Erde zu etwa 88% von einem Dipol gebildet wird und der Rest auf die Pole höheren Grades (Quadrupol, Oktupol, usw.) entfällt. Für eine qualitative Abschätzung der Entfernung der tagseitigen Magnetopause vom Erdmittelpunkt ist eine Vernachlässigung dieser Restanteile, welche mit der Entfernung ohnedies stärker als der Dipol abnehmen, kein gravierender Fehler.

Die magnetische Induktion eines Dipols $\boldsymbol{B}_\mathrm{D}$ läßt sich aus einem Dipolpotential Φ_D ableiten:

$$\boldsymbol{B}_\mathrm{D} = - \mu_0 \nabla \Phi_\mathrm{D} = - \nabla \frac{\mu_0 \boldsymbol{M} \cdot \boldsymbol{r}}{4 \pi r^3} . \qquad (6.17)$$

Die drei Raumkomponenten der magnetischen Induktion sind demnach gegeben mit

$$(B_\mathrm{D})_r = - \frac{\mu_0 M}{4 \pi} \cdot \frac{2 \cos \vartheta}{r^3} , \qquad (6.18)$$

$$(B_D)_\vartheta = -\frac{\mu_0 M}{4\pi} \cdot \frac{\sin\vartheta}{r^3}, \tag{6.19}$$

$$(B_D)_\phi = 0 \,. \tag{6.20}$$

M ist das magnetische Moment des Dipols, bei der Erde gegeben mit $M_E \approx 8 \cdot 10^{22}\,\mathrm{A\,m^2}$, und die Poldistanz ϑ ist der Winkel zwischen dem Dipolmoment M und dem Radiusvektor r zum Aufpunkt; das negative Vorzeichen in der B_r- und B_ϑ-Komponente soll die nach unten gerichtete Orientierung des terrestrischen Dipolmomentes simulieren (Abb. 6.8). Durch die Rotationssymmetrie des Dipols hat jede Meridianebene dieselbe Feldstruktur, es existiert demnach keine ϕ-Komponente.

Die Größe der magnetischen Induktion am Ort r ist gegeben mit

$$B(r, \vartheta) = \sqrt{B_r^2 + B_\vartheta^2}\,, \tag{6.21}$$

$$B(r, \vartheta) = \frac{\mu_0 M}{4\pi r^3}\sqrt{1 + 3\cos^2\vartheta}\,. \tag{6.22}$$

Die Dipolstärke zeigt eine $1/r^3$-Entfernungsabhängigkeit. In der Äquatorebene ($\vartheta = 90°$) reduziert sich Gl. (6.22) zu

$$B_\text{Äquator} = \frac{\mu_0 M}{4\pi r^3} = B_0 \left(\frac{r_E}{r}\right)^3 \tag{6.23}$$

mit B_0 als der magnetischen Induktion am (geomagnetischen) Äquator ($B_0 \approx 31000\,\mathrm{nT}$) und r_E als dem Erdradius ($r_E \approx 6378\,\mathrm{km}$).

Mit der Kenntnis, daß die in der Druckbilanzgleichung (6.15) befindliche magnetische Induktion B sich zusammensetzt aus dem Anteil des aus dem Erdinneren stammenden Dipolfeldes B_D und der Induktion B_{CF}, die aus den in der Magnetopause fließenden Chapman-Ferraro-Strömen resultiert, können quantitative Ab-

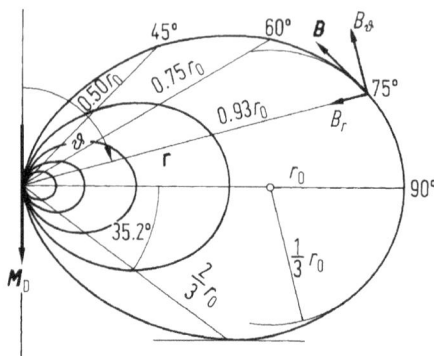

Abb. 6.8   Die Komponenten der magnetischen Induktion am Ort r einer Dipolfeldlinie, gegeben durch $r = r_0 \sin^2\vartheta$. Die Zahlenwerte sind als Konstruktionsanleitung für Dipolfeldlinien zu verstehen (nach [23]): Für $\vartheta = 75°$ beträgt die Länge des Radiusvektors $r = 0.93 r_0$. Für $r = 2/3 r_0$ ist die Tangente parallel zum Magnetfeldäquator, für $\vartheta = 90°$ ist der Krümmungsradius $1/3 r_0$.

schätzungen für den subsolaren Punkt an der Magnetopause (= Schnittpunkt der Verbindungslinie Erde–Sonne mit der Magnetopause) durchgeführt werden.

$$B = B_D + B_{CF} = sB_D .\tag{6.24}$$

Hier sei s der Verstärkungsfaktor des Dipolfeldes an der Magnetopause. Eine Umformung von Gl. (6.15) für den Ort des subsolaren Punktes (hier gilt auch $\alpha = 0°$) ergibt

$$r = r_E \left(\frac{s^2 B_0^2}{2\mu_0 f n m v_{SW}^2} \right)^{\frac{1}{6}} .\tag{6.25}$$

Bei Annahme reflektierter Sonnenwindteilchen ($f = 2$) und typischer Sonnenwindeigenschaften ($n = 10^7\,\mathrm{m}^{-3}$, $v_{SW} = 300\,\mathrm{km\,s}^{-1}$) sind für die Magnetopausen-Gleichgewichtslage am subsolaren Punkt etwa $B \approx 87\,\mathrm{nT}$ für den magnetischen Gegendruck notwendig. Die Beobachtung der subsolaren Magnetopausendistanz bei $r_{SSP} \approx 10\,r_E$ zeigt, daß die Verstärkung der vom Erddipol stammenden tangentialen magnetischen Induktion $B_D = B_t(r = 10\,r_E) \approx 31\,\mathrm{nT}$ durch die Chapman-Ferraro-Ströme im Wertebereich um $s \approx 2.8$ liegen muß. Demnach wird der größere Teil des magnetischen Gegendruckes von den Grenzschichtströmen selbst erzeugt.

Aus der Erkenntnis, daß zu definierten Sonnenwindparametern und bei einem bestimmten planetaren Magnetfeld die Magnetosphärenberandung und die innere Magnetfeldstruktur berechnet werden kann, wurden etliche Magnetosphärenmodelle erstellt, die man je nach physikalischer Voraussetzung in unterschiedliche Klassen einteilen kann (siehe [12] und Referenzen darin). Die *Spiegeldipol-Modelle* verlangen die Vorgabe zusätzlicher Induktionen, d. h. der Spiegeldipol ersetzt jenes Magnetfeld, das die Magnetopausen-Stromsysteme erzeugen [13, 14]. Die Vorgabe der *Magnetopausengeometrie* erlaubt die analytische Berechnung der magnetosphäreninneren Magnetfeldstruktur für jeden beliebigen Neigungswinkel des planetaren Dipols bei Erfüllung der Randbedingungen für jede beliebige Magnetfeldquelle im Magnetosphäreninneren. Weitere Modellklassen sind charakterisiert durch die Vorgabe von Stromschleifen in der Modellmagnetosphäre (*Distributed-Current-Modelle*) bzw. durch die Vorgabe von *Satellitendaten*. Als theoretische *Referenzmagnetosphäre* gilt jene Modellklasse, welche aus der Wechselwirkung des Sonnenwindes mit einem planetaren Magnetfeld zu einer selbstkonsistenten dreidimensionalen Darstellung der Magnetopause und der magnetosphäreninneren Magnetfeldstruktur führt (*Modelle mit selbstkonsistenter Magnetopause* [15]).

6.2.4 Der Magnetosphärenschweif

Die Wechselwirkung des Sonnenwindes mit einem planetaren Magnetfeld führt auf der sonnenabgewandten Seite, wie erwähnt, zur Ausbildung einer langen Magnetschweifkonfiguration, dem sog. Magnetosphärenschweif (Magnetotail). Aus Abb. 6.9 bzw. 6.10 ist ersichtlich, daß der Magnetschweif im wesentlichen aus offenen Magnetfeldlinien gebildet wird, d. h. die Feldlinien haben nur einen Fußpunkt auf der Erde. Die „Schließung" der Feldlinien entzieht sich der direkten Beobachtung; der terrestrische Magnetschweif ist derzeit bereits über eine Länge von $3000\,r_E$ detektiert worden.

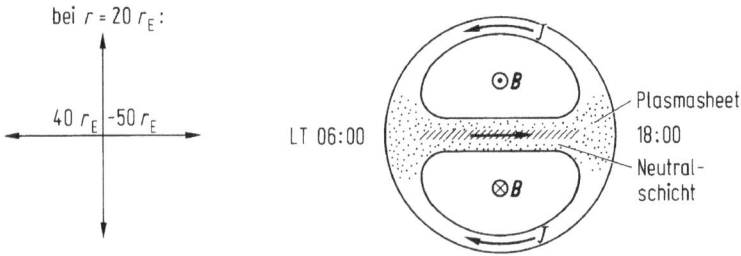

Abb. 6.9 Querschnitt durch den Magnetosphärenschweif (Blickrichtung von der Erde in den Schweif hinein, LT = Lokalzeit). Bei einer nachtseitigen Entfernung von $r = 20\,r_E$ von der Erde beträgt die Magnetschweif-Querschnittsgröße etwa $40-50\,r_E$. ($\boldsymbol{J}$ = Stromdichte)

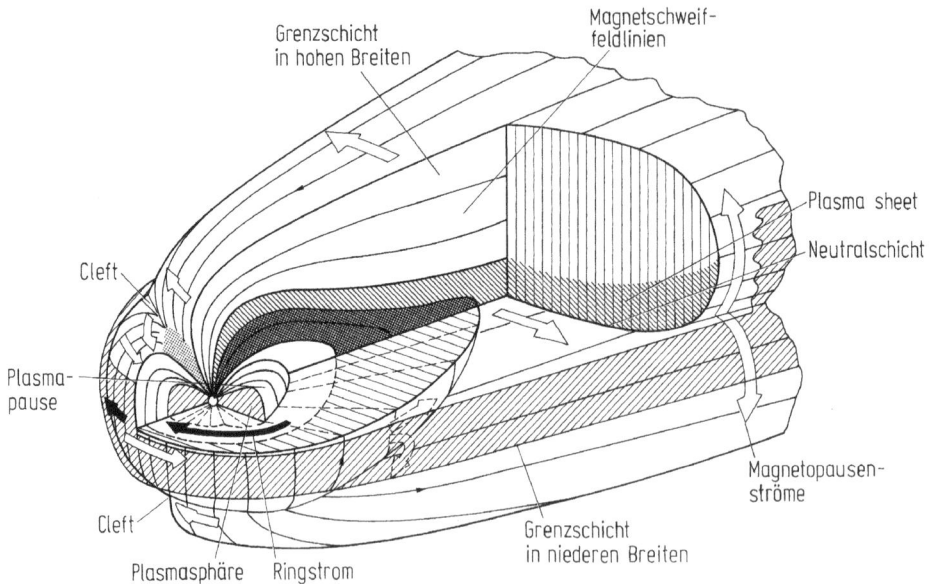

Abb. 6.10 Überblick über die globalen Strukturen der terrestrischen Magnetosphäre (nach [19]).

Im Falle der offenen Magnetschweif-Feldlinien ist dieser eine Fußpunkt in der Polarzone lokalisiert. Diese Region ist demnach auch der Ort spezifischer Prozesse, welche im Zuge der Dynamik der Magnetosphäre in der Aurora-Zone auftreten: Polarlichter, planetare Radiostrahlung, magnetosphärische Teilstürme (siehe Abschn. 6.3).

Der im wesentlichen zylindrische Erdmagnetschweif besteht aus zwei Teilen (*Lobes*) mit entgegengesetzter Magnetfeldorientierung. Die nördliche Hälfte des Magnetschweifs hat ein zur Erde gerichtetes Magnetfeld, das entsprechende Stromsystem umkreist diesen Lobe entgegen dem Uhrzeigersinn (Blickrichtung von der Erde weg in den Schweif, s. Abb. 6.9). Die südliche Magnetschweifhälfte wird von einem im Uhrzeigersinn orientierten Stromsystem umflossen, beide Stromsysteme addieren sich in der Mitte zum sog. Neutralschichtstrom. Neben der viskosen Wechselwirkung des Sonnenwindes mit dem Magnetschweif (eine direkte Auftrefffläche ist für den Sonnenwind nicht gegeben) sind die Magnetschweif-Stromsysteme verantwortlich für die Erhaltung der zylinderförmigen Schweifstruktur.

Die besondere Bedeutung des Magnetosphärenschweifs liegt in der Funktion als Energiespeicher bzw. -lieferant für die magnetosphärische Aktivität, welche im folgenden noch näher besprochen werden wird.

Die globalen Wechselwirkungsstrukturen und die großräumigen Stromsysteme sind in Abb. 6.10 zu einer schematischen Darstellung der terrestrischen Magnetosphäre zusammengefügt, wobei andere planetare Magnetosphären im Aufbau eine grundsätzliche Ähnlichkeit aufweisen. (Entsprechende Abweichungen und spezifische Eigenheiten werden in Abschn. 6.4 näher angeführt.)

Abschließend soll die Frage beantwortet werden, welche Parameter eigentlich die Größe und Gestalt der Magnetosphäre bestimmen. Der Sonnenwind beeinflußt im wesentlichen nur die Größe der Magnetosphäre, liefert jedoch (fast) keinen Beitrag, um die Gestalt der Magnetosphäre zu formen. (Kleinräumige Strukturveränderungen können durch Magnetfeldverschmelzung zwischen dem interplanetaren Magnetfeld B_{IMF} und dem planetaren Magnetfeld bewirkt werden.) Starke Zunahmen des Sonnenwinddrucks können z. B. die terrestrische Magnetopause auf der Tagseite bis unter die Distanz des geostationären Orbits ($6.6\,r_E$) drücken; Variationen der Magnetopausendistanz wurden im Bereich $4.5\,r_E \leq r_{SSP} \leq 20\,r_E$ gemessen.

Seitens der planetaren Komponenten (Magnetfeldmoment M in Größe und Orientierung, Plasma in der planetaren Magnetosphäre) besteht jedoch die Möglichkeit, Größe und Gestalt zu variieren: Ein definiertes Moment M beeinflußt durch seinen Betrag die Magnetosphärengröße, die Orientierung von M zur Anströmrichtung des Sonnenwindes v_{SW} bestimmt die Gestalt der Magnetosphäre. Weitere Einflußmöglichkeiten sind z. B. gegeben durch magnetosphärische Plasmapopulationen (Korotationseffekte wie bei Jupiter). Diese Betrachtungen sind Teil des Inhaltes von den Abschnitten 6.4 und 6.5.

6.3 Aufbau und Dynamik der Erdmagnetosphäre

Für das Verständnis eines komplexen Systems, wie es eine planetare Magnetosphäre darstellt, ist eine analytische Betrachtung von Teilsystemen vorteilhaft. Dabei darf jedoch nicht übersehen werden, daß die Magnetosphäre als Ganzes ein System voneinander abhängiger und miteinander wechselwirkender Teilsysteme ist. Somit soll am Beginn einer detaillierten Beschreibung von Einzelphänomenen innerhalb der terrestrischen Magnetosphäre der holistische Aspekt nochmals betont werden.

Magnetosphärische Konvektion erfolgt in einer Art Kreislaufsystem: Im mechanischen Bild ist dies eine Zirkulation von Magnetfeldlinien, welche vom Sonnenwind über die Grenzschicht in hohen Breiten (High-latitude boundary layer, HLBL, s. Abb. 6.10) schweifwärts transportiert werden und im Inneren des Magnetschweifs wieder in Richtung Erde konvektieren. Dies ist ein Transport von geomagnetischen Feldlinien von der Tagseite über die Polregion in den Magnetschweif, und von der Schweifregion wieder zurück in Richtung Erde. Diese sowohl in der nördlichen als auch in der südlichen Hemisphäre auftretende Zirkulation in einer Ebene parallel zur Mittags-, Mitternachtsmeridianebene wird gemäß dem Dungey-Modell [16] *Dungey-Zelle* genannt. Eine weitere, ebenfalls vom Sonnenwind durch viskose Kopplung angetriebene Magnetfeldzirkulation wird an den Flanken der Magnetosphäre angenommen, und zwar pro Ost- bzw. Westseite je eine parallel zur Äquatorebene zirkulierende sog. *Axford-Hines-Zelle* [17]. Diese globalen magnetosphärischen Kreislaufsysteme haben einen Zirkulationssinn, welcher seitlich der Magnetopause mit der Richtung des außen vorbeiströmenden Sonnenwindes übereinstimmt. Folgende Regionen werden von diesen Kreislaufsystemen umfaßt: die Grenzschichten in hoher und niederer Breite (HLBL, LLBL), die Magnetschweif-Lobes, die Plasma-sheet boundary layer (PSBL), der Ringstrom und die Ionosphäre (s. Abb. 6.10). Globale Kohärenz in und zwischen diesen großräumigen Regionen wird durch die magnetosphärischen Stromsysteme gewährleistet, welche Energie (und damit auch Information über Veränderungen) durch die gesamte Magnetosphäre transportieren.

Im „elektrischen" Bild hat das globale elektrische Netzwerk die Aufgabe, die magnetosphärische Konvektion zu organisieren und die von den „Generatoren" eingebrachte Leistung zu verteilen. Dieses globale Stromsystem umfaßt die folgenden Teilstromsysteme: die Chapman-Ferraro-Ströme auf der Tagseite der Magnetopause, die Region-1-Ströme als Verbindung zwischen Magnetopause und Ionosphäre, Schweifströme, die jene direkt vom Sonnenwind eingebrachte Energie magnetisch speichern, das Ringstromsystem, die Region-2-Ströme als Verbindung zwischen Ringstrom und Ionosphäre, und schließlich die nur in der Ionosphäre fließenden Ströme. Die Synthese aller Einzelsysteme zur gesamten Erdmagnetosphäre ist demnach die Integration aller Komponenten in ein kohärentes, globales, elektromechanisches System [18].

Wurde im vorangegangenen Kapitel die Magnetosphäre als zwar magnetfelddominierter, im wesentlichen jedoch plasmafreier Hohlraum behandelt, so soll nun der Tatsache Rechnung getragen werden, daß die Magnetosphäre von verschiedenen Plasmapopulationen unterschiedlicher Dichte und Energie erfüllt ist. Die Einzelteilchen führen im von magnetischen und elektrischen Feldern durchsetzten Raum komplizierte Bahnen aus und ergeben in ihrer Gesamtheit die oben erwähnten Stromsysteme.

6.3.1 Die adiabatischen Invarianten

Ladungsteilchen werden in magnetischen und elektrischen Feldern beschleunigt, die entsprechende Bewegungsgleichung ist gegeben durch

$$m \frac{\mathrm{d}^2 r}{\mathrm{d}t^2} = eE + e\left(\frac{\mathrm{d}r}{\mathrm{d}t} \times B\right) + mg \tag{6.26}$$

mit m = Teilchenmasse, r = Ortsvektor des Teilchens, e = elektrische Elementarladung ($1.6 \cdot 10^{-19}$ A s), E, B = elektrische Feldstärke und magnetische Flußdichte, g = Schwerebeschleunigung. Wird die Teilchenbewegung durch die „Führungszentrum"-Näherung beschrieben, d.h. ist die Position des Teilchens zu einem gegebenen Zeitpunkt durch eine Kreisbewegung mit Radius r_c um die magnetische Feldlinie

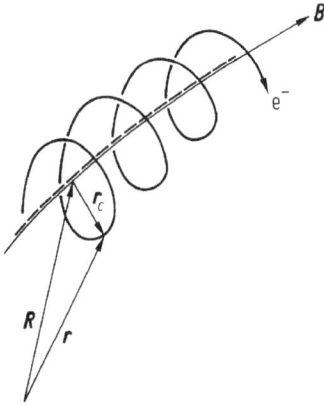

Abb. 6.11 Die Teilchenbewegung in einem Magnetfeld kann zerlegt werden in eine Kreisbewegung um die Feldlinie und in eine Bewegung längs der Feldlinie. Per definitionem gyriert ein Elektron (positives Ion) bei Blickrichtung in die Richtung von $\boldsymbol{B}$ im (gegen den) Uhrzeigersinn.

und durch eine Verschiebung des Kreiszentrums entlang der Feldlinie, dem Führungszentrum $\boldsymbol{R}$ (Abb. 6.11), definiert,

$$\boldsymbol{r} = \boldsymbol{R} + \boldsymbol{r}_{\mathrm{c}}, \tag{6.27}$$

dann kann die Bewegung eines Ladungsteilchens in einer Magnetosphäre mit Dipolfeld-ähnlicher Konfiguration zerlegt werden in eine Gyration um die Feldlinie, Oszillation längs der Feldlinie mit Reflexion an den Spiegelpunkten, und in eine longitudinale Driftbewegung um die Erde. Diese drei Teilbewegungen sind jeweils verknüpft mit Erhaltungsgrößen, den sog. *adiabatischen Invarianten*.

Durch Gleichsetzen der Lorentz-Kraft (2. Term rechts in Gl. (6.26)) mit der Zentrifugalkraft läßt sich – unter der Annahme $|\boldsymbol{E}| = 0$ und $|\boldsymbol{g}| = 0$ – der Gyrationsradius r_{c} eines geladenen Teilchens im Magnetfeld $\boldsymbol{B}$ bestimmen:

$$|e(\boldsymbol{v} \times \boldsymbol{B})| = m\,\frac{v_{\perp}^2}{r_{\mathrm{c}}}, \tag{6.28}$$

$$r_{\mathrm{c}} = \frac{mv \sin \alpha}{eB}. \tag{6.29}$$

Hier ist $v_{\perp} = v \sin \alpha$ die Normalkomponente der Geschwindigkeit bezüglich des Magnetfeldes; der Winkel α zwischen dem Geschwindigkeitsvektor $\boldsymbol{v}$ des Teilchens und der Magnetfeldrichtung $\boldsymbol{B}$ wird als *Pitch-Winkel* bezeichnet.

Unter der Voraussetzung eines kaum veränderlichen Feldes über einen Gyrationsradius r_{c} (6.30) und über eine Gyrationsperiode τ_{c} (6.31)

$$\left| \frac{\boldsymbol{\nabla} B}{B} \right| \ll \frac{1}{r_{\mathrm{c}}}, \tag{6.30}$$

$$\left| \frac{\mathrm{d}\boldsymbol{B}}{\mathrm{d}t} \right| \ll \frac{B}{r_{\mathrm{c}}} \tag{6.31}$$

gilt, daß der magnetische Fluß Φ durch den Gyrationskreis konstant bleibt, d.h. $\mathrm{d}\Phi/\mathrm{d}t = 0$:

$$\Phi = r_c^2 \pi B = \frac{p_\perp^2 \pi}{e^2 B} = \text{const}\,. \tag{6.32}$$

Dies führt direkt zur *1. adiabatischen Invariante* mit dem Dipolmoment μ ($p_\perp = mv_\perp$ ist die Impuls-Normalkomponente des Teilchens)

$$\mu = \frac{p_\perp^2}{2mB} = \text{const}\,. \tag{6.33}$$

Da in einem statischen Magnetfeld die kinetische Teilchenenergie $K = mv^2/2$ konstant bleibt, gilt weiter

$$\frac{K_\perp}{B} = \frac{K \sin^2 \alpha}{B} = \text{const}\,, \tag{6.34}$$

$$\frac{\sin^2 \alpha_1}{B_1} = \frac{\sin^2 \alpha_2}{B_2} = \text{const}\,. \tag{6.35}$$

Bei Bewegung in einem inhomogenen Magnetfeld (Abb. 6.12) nimmt α zu bis $\pi/2$ ($\sin \alpha = 1$). An diesem Punkt erfährt das Teilchen eine Reflexion und bewegt sich spiralförmig längs der Magnetfeldlinie wieder zurück. Die Lorentz-Kraft $e(\boldsymbol{v} \times \boldsymbol{B})$ wirkt immer gegen die Richtung des zunehmenden B-Feldes (s. Gl. (6.42)). In einem Dipolfeld ist die Feldstruktur derart, daß vom Äquator zu den Polen hin die Magnetfeldlinien konvergieren. In dieser Magnetfeldstruktur oszillieren nun die Ladungsteilchen zwischen den Spiegelpunkten in der nördlichen bzw. südlichen Magnetfeldhemisphäre. Je nach Pitch-Winkel α_0 am Äquator finden die Teilchen unterschiedliche Spiegelpunktspositionen vor.

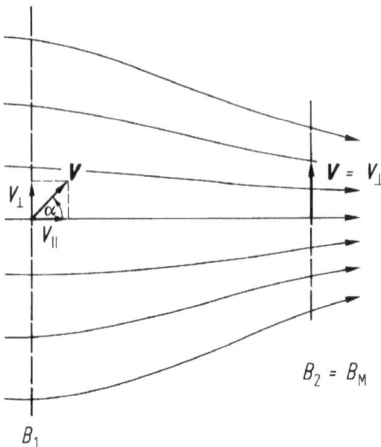

Abb. 6.12 Teilchen mit einem Pitch-Winkel α im Bereich der magnetischen Induktion B_1 erreichen in einem inhomogenen Magnetfeld bei $\alpha = 90°$ ihren Spiegelpunkt mit der magnetischen Induktion B_M. Die Invarianz des Dipolmomentes μ bewirkt die Reflexion gyrierender Teilchen am magnetischen Spiegelpunkt, da die Lorentz-Kraft immer gegen die Richtung des zunehmenden **B**-Feldes wirkt.

Unter der Voraussetzung, daß sich während einer Oszillationsperiode τ_B (z.B. Bewegung vom südlichen Spiegelpunkt M_1 zum nördlichen Spiegelpunkt M_2 und wieder zurück) das magnetische Feld zeitlich kaum ändert, wenn also gilt

$$\tau_B \cdot \frac{1}{B} \frac{\partial B}{\partial t} \ll 1 , \tag{6.36}$$

dann kann eine *2. adiabatische Invariante* als Integral des Teilchen-Parallelimpulses entlang der Feldlinie zwischen zwei Spiegelpunkten formuliert werden:

$$J = 2 \int_{M_1}^{M_2} m v_{\parallel} \, dl . \tag{6.37}$$

Eine Umformung von Gl. (6.37) unter Verwendung von Gl. (6.35) am Ort des Spiegelpunktes mit der Induktion B_M

$$\frac{\sin^2 \alpha}{B} = \frac{1}{B_M} \tag{6.38}$$

führt zur sog. Integralinvariante I,

$$I = \frac{J}{2mv} , \tag{6.39}$$

$$I = \int_{M_1}^{M_2} \frac{v_{\parallel}}{v} \, dl = \int_{M_1}^{M_2} \left(1 - \frac{B}{B_M} \right)^{\frac{1}{2}} dl . \tag{6.40}$$

Diese Darstellung zeigt, daß I in einem statischen Magnetfeld nur von der Feldkonfiguration abhängt.

Unter dem Einfluß einer externen Kraft F führt ein Ladungsteilchen während der Gyrations- und Oszillationsbewegung noch eine zusätzliche Bewegung aus, welche als Drift bezeichnet wird:

$$\boldsymbol{v}_D = \frac{\boldsymbol{F} \times \boldsymbol{B}}{eB^2} . \tag{6.41}$$

Die Driftbewegung steht senkrecht auf $\boldsymbol{F}$ und $\boldsymbol{B}$, kann jedoch je nach Art der externen Kraft für die positiven und negativen Ladungen in gleicher oder entgegengesetzter Richtung erfolgen. Wird die externe Kraft z.B. durch ein elektrisches Feld $F = eE$ verursacht, so ist leicht zu erkennen, daß die Drift unabhängig von der Teilchenladung, -masse und -energie ist und nur von der Konfiguration des E- und B-Feldes abhängt.

Von wesentlicher Bedeutung für die Teilchenbewegung in der Magnetosphäre sind jedoch jene externen Kräfte, die sich von zwei Eigenschaften des Dipolfeldes ableiten lassen: (a) dem Gradienten des Magnetfeldes und (b) der Krümmung der Feldlinien.

Während der Gyration erfährt das Ladungsteilchen durch den Gradienten eine variable Lorentz-Kraft. Die zum B-Feldgradienten parallele Lorentz-Kraftkomponente, gemittelt über eine volle Gyration, ist gegeben durch

$$\boldsymbol{F}_{av} = -\frac{1}{2} e v_{\perp} \boldsymbol{\nabla}_{\perp} B r_c . \tag{6.42}$$

Wird $\boldsymbol{F}_{\mathrm{av}}$ nun in (6.41) eingesetzt, dann erhält man die Gradient-B-Drift

$$\boldsymbol{v}_{\mathrm{grad\,B}} = -\frac{\mu\,\boldsymbol{\nabla}_{\perp}B\times\boldsymbol{B}}{eB^2}\,. \tag{6.43}$$

Durch das Dipolmoment μ ist die Gradient-B-Drift abhängig von der Teilchenenergie. Zusätzlich erkennt man, daß die Drift ladungsspezifisch orientiert ist.

Während der Oszillation zwischen den Spiegelpunkten (Bounce motion) wirkt auf das Ladungsteilchen durch die Krümmung der Feldlinien (mit dem Krümmungsradius R_{c}) eine Zentrifugalkraft $\boldsymbol{F}_{\mathrm{c}}$ (mit $\boldsymbol{n}$ als Einheitsvektor in Richtung der Zentrifugalkraft)

$$\boldsymbol{F}_{\mathrm{c}} = \frac{mv_{\|}^2}{R_{\mathrm{c}}}\,\boldsymbol{n}\,. \tag{6.44}$$

Die Krümmungsdrift ist demnach gegeben durch

$$\boldsymbol{v}_{\mathrm{Kr}} = \frac{mv_{\|}^2}{eR_{\mathrm{c}}}\,\frac{\boldsymbol{n}\times\boldsymbol{B}}{B^2}\,. \tag{6.45}$$

Da in einem inhomogenen Magnetfeld ein Gradient immer zu einer Krümmung der Feldlinien führt, treten beide Driftbewegungen Gl. (6.43) und Gl. (6.45) immer kombiniert auf:

$$\boldsymbol{v}_{\mathrm{D}} = \frac{m}{2eB^3}\,(v_{\perp}^2 + 2v_{\|}^2)\,\boldsymbol{B}\times\boldsymbol{\nabla}_{\perp}B\,. \tag{6.46}$$

Diese ladungs- und massenabhängige Drift erfolgt normal zu den Richtungen des Magnetfeldes und des Normalgradienten des Magnetfeldes. Das Teilchen bewegt sich dabei auf einer Fläche, die durch die Oszillationsbewegung des Führungszentrums zwischen den Spiegelpunkten sowie durch die Driftbewegung gebildet wird, anschaulich darstellbar als longitudinale *Verschiebung der Führungsfeldlinie* (siehe Abb. 6.13). Das Ladungsteilchen bewegt sich demnach auf einer Schalenfläche (sog.

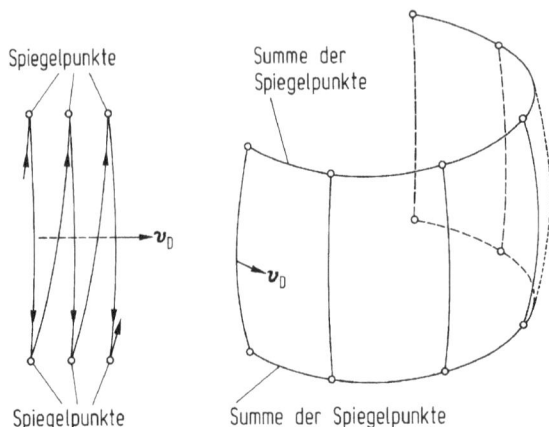

Abb. 6.13   Die mit der Driftgeschwindigkeit $\boldsymbol{v}_{\mathrm{D}}$ sich bewegende Führungsfeldlinie, längs der die Oszillationsbewegung der Teilchen zwischen den Spiegelpunkten erfolgt, erzeugt die Driftschale.

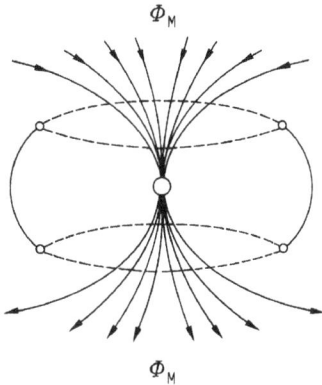

Abb. 6.14   Durch den von Spiegelpunkten begrenzten Ring tritt magnetischer Fluß Φ_M, der durch die 3. adiabatische (Fluß-)Invariante definiert ist.

L-Schale), welche in der nördlichen bzw. südlichen Hemisphäre durch die Summe aller Spiegelpunkte begrenzt wird.

Mit der Driftbewegung verknüpft ist schließlich die *3. adiabatische Invariante.* Da die Driftschale selbst durch Magnetfeldlinien gebildet wird, kann ein magnetischer Fluß Φ_M nur durch den nördlichen bzw. südlichen offenen Ring treten (Abb. 6.14):

$$\Phi_M = \int B \, ds \,. \tag{6.47}$$

(Die Integration erfolgt entlang der Spiegelpunkte.) Diese Invariante wird auch *Fluß-invariante* genannt.

Die nun bekannten Zusammenhänge über die Teilchenbewegung bilden die Grundlage für das Verhalten des Plasmas in den sog. **Van-Allen-Gürteln**.

6.3.2 Die Van-Allen-Gürtel der Erde

Die in den terrestrischen Teilchenzonen befindlichen Ladungsteilchen, die ohne Ausnahme den vorhin besprochenen Gesetzmäßigkeiten der Gyration, Oszillation und Driftbewegung unterliegen, bevölkern je nach Energie und Ladungsart unterschiedliche Bereiche. Während des Internationalen Geophysikalischen Jahres (IGY) 1957/58 wurden diese vom US-Satelliten Explorer 3 gemessenen Teilchenzonen vom amerikanischen Physiker J. A. Van Allen entdeckt und richtig interpretiert.

In Ergänzung zu den vorangegangenen Ausführungen betragen die in der Erdmagnetosphäre beobachteten charakteristischen Zeiten für Protonen (bzw. Elektronen) im Energiebereich um etwa 100 keV für die Gyration Zehntelsekunden (Millisekunden), für die Oszillation einige Zehn Sekunden (Sekunden) und für die Drift um die Erde etwa 60 Minuten (mehrere Stunden). Genaue Daten sind der Tab. 6.1 zu entnehmen. Für das nach geographisch Süd orientierte terrestrische Dipolmoment M_D erfolgt die Drift für Protonen westwärts, für Elektronen ostwärts.

Tab. 6.1 Charakteristische Zeiten für eingefangene Teilchen (Gyrationsperiode τ_c, Oszillationsperiode τ_B, Driftperiode τ_D).

Äquator-Pitchwinkel $\alpha_0 = 6°$, Drift bei $L = 6$ (nach [20])

Teilchen/Energie	τ_c/ms	τ_B/s	τ_D
Proton/110 keV	430	33	58 min
Elektron/80 keV	0.3	1.3	2.2 h

Äquator-Pitchwinkel $\alpha_0 \approx 90°$, Drift bei $L = 4$

Teilchen/Energie	τ_c/ms	τ_B/s	τ_D/min
Proton/1 MeV	140	5.45	10.8
Elektron/1 MeV	0.22	0.27	3.66

Die Angabe einer Periode für eine Drift um volle 360° setzt allerdings voraus, daß sich das Teilchen in der Zone stabilen Gefangenhaltens befindet. Eine nähere Analyse der magnetosphärischen Feldstruktur zeigt, daß bezüglich der Driftbewegung jedoch unterschiedliche Regionen existieren. Bekanntlich erfolgt durch die Wechselwirkung mit dem Sonnenwind eine Verzerrung des planetaren Magnetfeldes. Die *geschlossenen* Feldlinien (mit zwei Fußpunkten auf der Erde) werden auf der Tagseite zusammengedrückt, auf der Nachtseite gedehnt, und die – hauptsächlich auf der Nachtseite befindlichen – *offenen* Feldlinien (mit nur einem Fußpunkt in der Polarzone der Erde) werden zum Magnetosphärenschweif gestreckt (Abb. 6.15a).

Diese um die Erde azimutale Asymmetrie hat nun wesentliche Auswirkungen auf die Driftbewegung der Teilchen. Nur dort, wo die Teilchen eine vollständige Driftschale vorfinden, kann eine 2π-Drift auch vollzogen werden. Die Teilchen befinden sich dann in der Zone stabilen Gefangenhaltens (trapping) (s. Abb. 6.15b). Die Asymmetrie der Magnetosphärenfeldstruktur bewirkt aber auch, daß Teilchen in höheren tagseitigen Breiten auf der Nachtseite keine Driftschalenfortsetzung vorfinden und in den Magnetschweif verloren gehen. Ähnliches trifft für Teilchen zu, die sich in niederen Breiten in größerer Entfernung nachtseitig aufhalten und auf ihrer Drift in Richtung Tagseite auf die Magnetopause stoßen und für die Driftbewegung verloren gehen. In beiden Fällen ist nur teilweises Trapping (*Pseudo trapping*) möglich. Durch offene Feldlinien können Teilchen grundsätzlich nicht gefangengehalten werden.

Im Konzept des sog. *Verlustkegels* läßt sich eine anschauliche Darstellung der Bereiche des stabilen Trapping bzw. des Pseudo trapping in den Van-Allen-Gürteln finden. Aus den bisherigen Ausführungen ist zu entnehmen, daß die Bedingungen für ein Gefangenhalten von Ladungsteilchen im wesentlichen durch den Anstellwinkel des Teilchengeschwindigkeitsvektors bezüglich der Magnetfeldorientierung (Pitch-Winkel) und durch die azimutale Position in der Magnetosphäre (Länge) definiert sind. Ein Koordinatensystem mit den zwei Achsen Distanz (in Erdradien) und äquatorialer Pitch-Winkel kann für eine gegebene Meridianebene die Bereiche verdeutlichen.

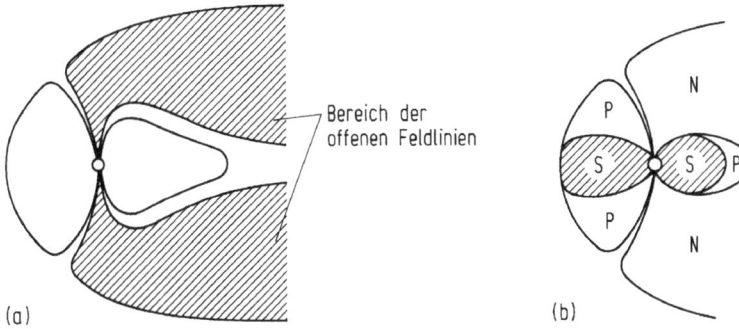

Abb. 6.15 a) Die magnetosphärische Feldstruktur läßt sich in einen Bereich von offenen und geschlossenen Feldlinien unterteilen. b) Stabiles Trapping (S) ist nur auf vollständigen Driftschalen, die durch geschlossene Feldlinien gebildet werden, möglich. Tagseitige Regionen in hohen Breiten bzw. nachtseitige entferntere Regionen in Äquatornähe, welche auch von geschlossenen Feldlinien durchsetzt sind, ermöglichen nur partielles Trapping (P). Offene Feldlinien können Teilchen nicht gefangenhalten (N, no trapping).

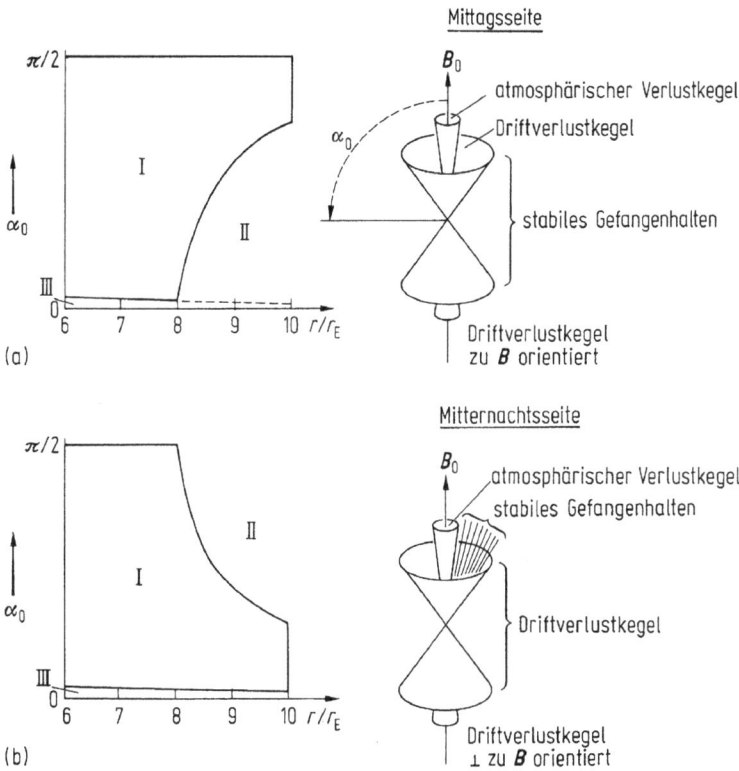

Abb. 6.16 Zonen stabilen Trappings (I) und Pseudo trappings (II) in den Van Allen-Gürteln der Erde in Abhängigkeit von Distanz (in Erdradien r_E) und Pitch-Winkel α_0 am Äquator. Der Fall (a) gilt für die Mittags-, der Fall (b) für die Mitternachtsmeridianebene. Im rechten Teil der Abbildung sind für die Position $r \approx 8.5\,r_E$ am Äquator die jeweiligen Pitch-Winkelbereiche angegeben. Der Bereich (III) entspricht dem atmosphärischen Verlustkegel (nach [21]).

In der oberen Hälfte der Abb. 6.16 sind die Trapping-Bereiche von Teilchen für die Mittagsmeridianebene dargestellt. Stabiles Trapping (I) wird bis zu einer radialen Entfernung von $r = 10\,r_E$ angenommen. Die entsprechende Verlustkegeldarstellung (rechts) bei einer radialen Entfernung von z. B. $8.5\,r_E$ in der Äquatorebene zeigt, daß die Teilchen bei einem Pitch-Winkelbereich um 90° eine vollständige azimutale Drift um 2π durchführen können. Befindet sich der zum Magnetfeld $\boldsymbol{B}_0$ eingenommene Anstellwinkel α_0 allerdings unter einem bestimmten Grenzwinkel, dann tritt sog. Pseudo trapping (II) auf: Durch den kleineren Pitch-Winkel finden die Ladungsteilchen ihre Spiegelpunkte in höheren Breiten, die entsprechende L-Schale ist jedoch nachtseitig nicht mehr geschlossen, die Teilchen können keine vollständige 360°-Drift mehr durchführen und gehen in dem Magnetschweif verloren. Die Teilchen befinden sich im sog. *Drift loss cone*. Bei äußerst geringem Winkel zwischen dem Geschwindigkeitsvektor $\boldsymbol{v}$ des Teilchens und $\boldsymbol{B}_0$ gerät das Teilchen in den sog. *atmosphärischen Verlustkegel* (III) und wird bei seiner Oszillationsbewegung so weit entlang der Magnetfeldlinie geführt, bis es durch Kollision mit Atmosphärenteilchen verloren geht.

In der unteren Hälfte der Abb. 6.16 sind die Trapping regions für die Mitternachtsmeridianebene gezeichnet. Auch hier wurde angenommen, daß stabiles Trapping bei $r = 10\,r_E$ (nachtseitig) begrenzt ist. Im Bild des Verlustkegels (rechts) sind die Regionen I und II gegenüber jenen für die Mittagsmeridianebene vertauscht.

Umfangreiche Messungen der hochenergetischen Teilchenpopulationen in der Erdmagnetosphäre haben im Laufe der letzten Jahrzehnte ein vollständiges Bild von den Teilchenzonen ergeben. Jedoch erst die Einführung geeigneter Koordinaten, welche die Abweichungen des Erdmagnetfeldes von einem ungestörten Dipolfeld eliminieren und dadurch Vergleiche von Teilchenmessungen an unterschiedlichen Orten ermöglichen, führte zu dem nun bekannten Bild der Van-Allen-Gürtel.

Der von McIlwain 1961 eingeführte geomagnetische Schalenparameter L ist eine Größe mit der Dimension 1 und definiert durch

$$L = \frac{r_0}{r_p} \tag{6.48}$$

mit r_0 als Scheitelabstand der Feldlinie (siehe Abb. 6.8) und r_p als dem planetaren Radius.

Durch die Rotation von Dipolfeldlinien entstehen demnach Schalen mit konstantem L. Für das reale magnetosphärische Magnetfeld als Resultat der Wechselwirkung zwischen der Sonnenwindströmung einerseits und dem planetaren Magnetfeld andererseits können die Schalen mit $L = $ const keineswegs aus unverzerrten Dipolfeldlinien erzeugt werden. Allerdings kann jedem Raumpunkt in der Magnetosphäre und jedem Punkt der Erdoberfläche ein L-Wert zugeordnet werden, wobei die Punkte mit gleichem L eine L-Schale bilden, auf der die Ladungsteilchen sich bewegen müssen.

Werden in einer bestimmten Entfernung r vom Erdmittelpunkt alle L-Schalen durch eine Sphäre mit dem Radius r, z. B. $r = r_E$ geschnitten, so erhält man ein anschauliches Bild vom Verlauf der Fußpunkte der Magnetfeldlinien auf der Erdoberfläche (Abb. 6.17a). Man erkennt sehr deutlich die Auswirkungen der Inhomogenität des Erdmagnetfeldes. Die Linie $L = 2$ z. B. besagt, daß sich entlang dieser Linie in der nördlichen und südlichen Hemisphäre die Erdoberfläche mit der Schale $L = 2$ schneidet, wobei der Scheitel der diese Schale bildenden Feldlinien in einer Entfernung des zweifachen Erdradius liegt. Aus der Abb. 6.17a ist auch ersichtlich,

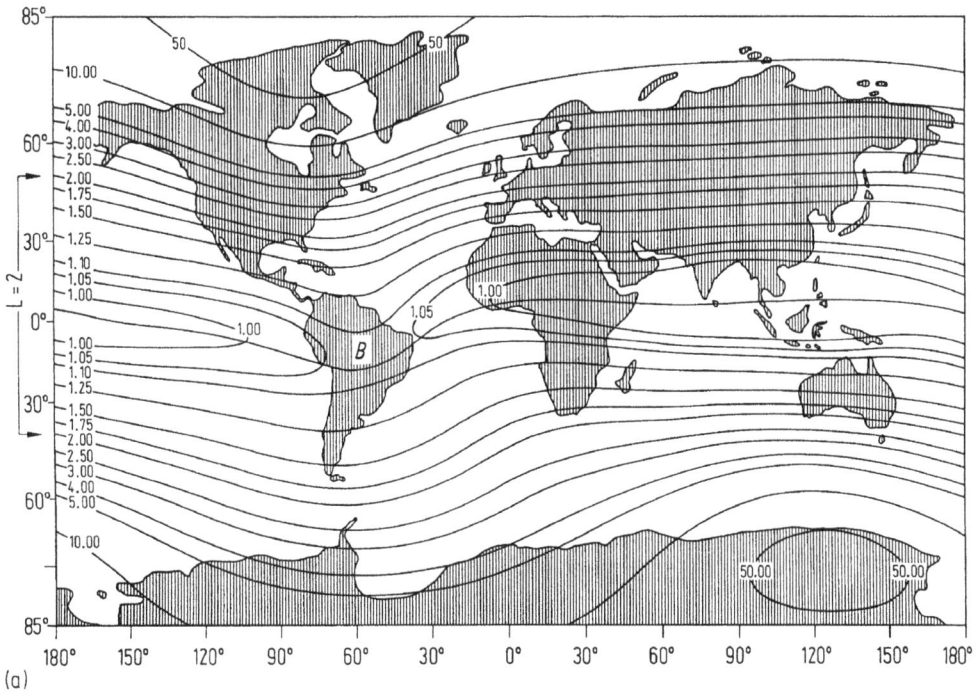

(a)

zentrierter Dipol, geneigt

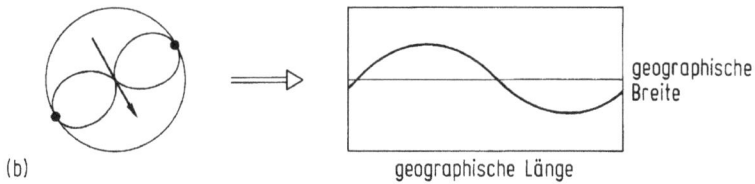

(b)

offset tilted dipole

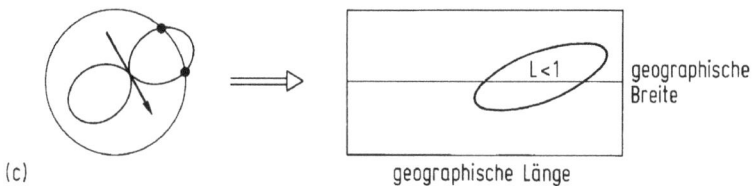

(c)

Abb. 6.17 (a) Linien konstanten Schalenparameters L auf der Erdoberfläche. In der Gegend der Brasilianischen Magnetfeldanomalie (*B*) bilden die L-Linien eine Art Sattel. Die nicht bezeichnete Linie zwischen L = 1 nördlich und L = 1 südlich ist der *magnetische Äquator*. (b) Der Verlauf des magnetischen Äquators (Dip-Äquator) ist durch die Neigung des Erddipols gegenüber der Erdrotationsachse im geographischen Koordinatensystem eine gewellte Linie. (c) Durch die zusätzliche asymmetrische Lage des Erddipols bezüglich des Erdmittelpunktes können innerhalb bestimmter Bereiche auch Feldlinien mit L < 1 die Erdoberfläche erreichen.

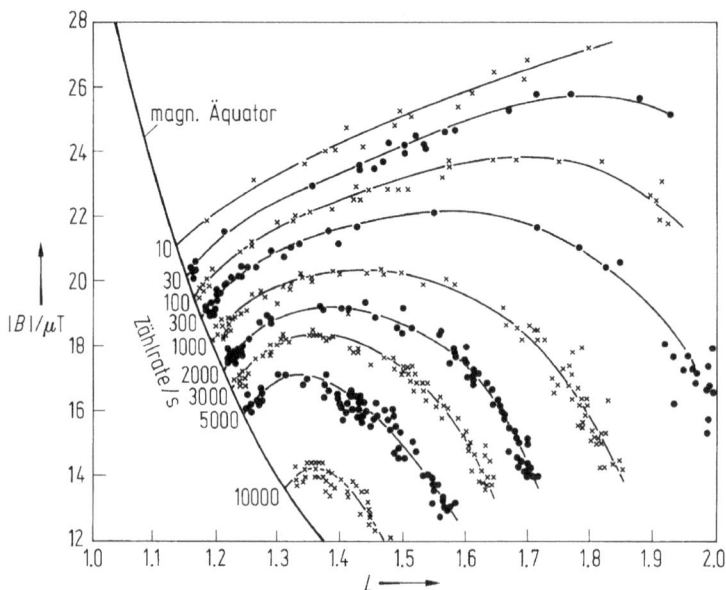

Abb. 6.18 Darstellung des von Explorer 4 gemessenen Protonen-Teilchenflusses mit Energien $E > 30$ MeV in den magnetischen Koordinaten B und L [22].

daß jene in mitteleuropäischen Breiten entspringenden Feldlinien etwa zwei Erdradien in den Raum hinausreichen. In der Gegend des europäischen Polarkreisteils wird die Schale $L = 5$ geschnitten. Die Schalenparameterlinien bilden in der sog. *Brasilianischen Magnetfeldanomalie* eine Art Sattelpunkt. Durch die in bezug auf den Erdmittelpunkt asymmetrische Lage des Dipols (Abb. 6.17c) gelangen im äquatorialen Raum über weite Längenbereiche (Afrika, indischer Ozean, Pazifik, s. Abb. 6.17a) auch Feldlinien mit $L < 1$ an die Erdoberfläche.

Die globale Verteilung der hochenergetischen Plasmapopulation in der Geomagnetosphäre in Abhängigkeit von Energie und Teilchenflußdichte wurde durch zahlreiche Satellitenmessungen erhalten. Die Zuordnung aller Meßdaten in ein anschauliches Gesamtbild ist durch die magnetischen Koordinaten B und L möglich, welche von McIlwain eingeführt wurden [22]. Die Abbildung 6.18 zeigt den vom Satelliten Explorer 4 gemessenen Protonenteilchenfluß mit Energien $E > 30$ MeV im Bereich bis maximal $L = 2$. Konturen jeweils konstanter Intensitäten (repräsentiert durch die Anzahl der Einschläge pro Sekunde in den Geigerzähler) ordnen sich im B-L-Koordinatensystem in übersichtlicher Weise an, wobei die Darstellung eine zeitlich einigermaßen stationäre Situation wiedergibt. Folgt man der Begrenzungslinie *magnetischer Äquator* in Richtung abnehmender Induktion B, dann entspricht dies einem äquatorialen Querschnitt der Protonen-Teilchenenergien quer durch den inneren Van-Allen-Gürtel in Richtung zunehmender Erddistanz. Die Verteilung der Teilchenenergien auf einer definierten L-Schale ist durch einen vertikalen Schnitt durch Abb. 6.18 ($L = $ const) zu erhalten.

Im Kap. 1 sind in Abb. 1.33 die Van-Allen-Gürtel in den Koordinaten invarianter geozentrischer Abstand und invariante Breite dargestellt. Diese Art der Darstellung setzt einen Wert der Teilchenintensität, der an einem bestimmten Ort (B und L) in der Magnetosphäre gemessen wurde, an einen äquivalenten Ort innerhalb eines Dipolfeldes – mit gleichem Wertepaar B und L.

Man kann hinsichtlich der Van-Allen-Zonen zusammenfassend folgendes festhalten: Die innere Zone ($L \leq 2$) weist relativ stabile Verhältnisse auf, die äußere Zone ($L > 2$) erfährt durch die Variationen der solaren und erdmagnetischen Aktivität (s. Abschn. 6.3.5) stärkere zeitliche und räumliche Schwankungen. Die energiereichen Protonen entstehen aus dem CRAND-Prozeß (**C**osmic **R**ay **A**lbedo **N**eutron **D**ecay), wobei sie aus zerfallenden Neutronen generiert werden, die ihrerseits beim Aufprall der kosmischen Strahlung (das sind energiereiche kosmische Teilchen) auf die Erdatmosphäre erzeugt und in die Magnetosphäre zurückgestreut werden (Albedo-Neutronen). Das Maximum der energiereichen Protonen ($E_p > 30$ MeV) liegt bei $L = 1.5$, die mittlere Lebensdauer (= Aufenthaltsdauer) für 20 MeV-Protonen in etwa 1500 km Höhe über der Erdoberfläche liegt bei drei Jahren, für 1-MeV-Protonen bei etwa einem Jahr.

Die harte Komponente der in den Van-Allen-Gürteln befindlichen Elektronen mit Energien $E_e > 1.6$ MeV hat ein Maximum im Gebiet $3 \leq L \leq 4$.

Niederenergetische Protonen und Elektronen sind hauptsächlich Bestandteil des sog. *Ringstromes*, welcher aus dem allseitigen Fluß von Elektronen (in Richtung Osten) und positiven Ionen (in Richtung Westen) als ein von Ost nach West fließender Strom resultiert. Nähere Details werden im Zusammenhang mit der erdmagnetischen Aktivität besprochen.

6.3.3 Elektrische Felder in der Magnetosphäre. Die Plasmasphäre

In der Geomagnetosphäre existieren großräumige elektrische Feldstrukturen, welche aus unterschiedlichen Phänomenen resultieren. In einem in bezug auf die Erde ruhenden Referenzsystem erzeugt die Sonnenwindströmung v_{SW} zusammen mit einer magnetischen Induktion B, die aus der Verbindung des interplanetaren Magnetfeldes B_{IMF} mit den offenen Feldlinien des Polarkappen-Magnetfeldes B_{polar} entsteht, ein elektrisches Feld E

$$E = -\, v_{SW} \times (B_{IMF} + B_{polar}) \tag{6.49}$$

quer über die Polarkappenregion, das entlang der polaren Feldlinien in die nördlichen und südlichen Polarzonen herein abgebildet wird (*Field mapping*). In weiterer Folge bilden sich in der Äquatorebene entlang einer fiktiven Grenzlinie, die die offenen von den geschlossenen Feldlinien trennt, eine positive Ladungsansammlung auf der Morgenseite und eine negative Aufladung auf der Abendseite (Abb. 6.19). Die Ladungen verursachen in der Gegend der Äquatorebene ein sog. *Dawn-to-dusk-E-Feld* innerhalb des Bereiches der geschlossenen Magnetfeldlinien.

Dieses quer durch die Magnetosphäre von Lokalzeit 6:00 Uhr nach 18:00 Uhr gerichtete elektrische Feld bewirkt zusammen mit dem magnetischen Feld eine Teilchendrift v_D, die senkrecht zur Orientierung beider Felder verläuft:

$$v_D = \frac{E \times B}{B^2}\,. \tag{6.50}$$

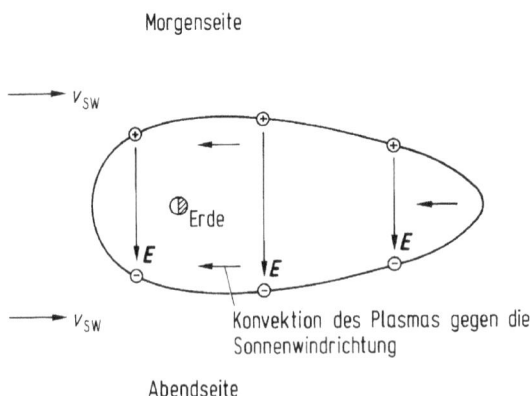

Abb. 6.19 Bereich der geschlossenen Magnetfeldlinien in der Äquatorebene der Magneto-sphäre. Innerhalb dieses Bereiches tritt das Konvektions-*E*-Feld auf, das von der Morgen- zur Abendseite weist und eine Plasmakonvektion gegen die Sonnenwindrichtung verursacht.

Innerhalb dieses begrenzten Gebietes (Abb. 6.19; s. auch Abb. 6.10: Dawn-to-dusk-Schraffierung im Horizontalschnitt) konvektiert nun das Plasma gegen die Sonnen-windrichtung. Das von der Morgen- zur Abendseite orientierte E-Feld wird demnach auch *Konvektions-E-Feld* genannt. Die Äquipotentialkonturen dieses elektrischen Feldes entsprechen den Strömungslinien des Plasmas (Abb. 6.20a).

Dieser Konvektion ist aber noch eine weitere Bewegungskomponente des Plasmas in der Nähe der Erde hinzuzufügen, nämlich die *Korotation*, die Mitbewegung des Plasmas mit der planetaren Rotation.

Das sog. *Korotations-E-Feld*, das in der E-Region der Ionosphäre (Dynamo-schicht) erzeugt und entlang der Magnetfeldlinien nach außen abgebildet wird,

$$E_{\mathrm{cor}} = - v_{\mathrm{cor}} \times B_{\mathrm{D}}$$ (6.51)

ist das Vektorprodukt aus der Korotationsgeschwindigkeit

$$v_{\mathrm{cor}} = \vec{\omega} \times r$$ (6.52)

(Winkelgeschwindigkeit $\vec{\omega}$, Radialdistanz r) und dem terrestrischen Dipolfeld. Ge-mäß Beziehung (6.51) ist dieses elektrische Feld radial zur Erde gerichtet (Abb. 6.20b). Auch hier gilt, daß die Äquipotentialkonturen den Strömungslinien des Plasmas entsprechen. Aufgrund der Gl. (6.48), (6.51) und (6.52) ergibt sich für den Betrag des Korotations-E-Feldes in der Äquatorebene (mit $B_{\mathrm{Äquator}} = B_0$) fol-gende Relation:

$$|B| = \frac{B_0}{L^3} \, ,$$ (6.53)

$$|\vec{\omega} \times r| = \omega L r_{\mathrm{p}} \, ,$$ (6.54)

$$E_{\mathrm{cor}} = \frac{B_0 \omega r_{\mathrm{p}}}{L^2} \, .$$ (6.55)

Die Äquipotentialkonturabstände werden mit zunehmendem Abstand r (oder L) größer, wie aus Abb. 6.20 b ersichtlich ist.

Die Überlagerung dieser beiden elektrischen Felder, des Konvektions- und des Korotations-E-Feldes, führt zum globalen Bild des magnetosphärischen elektrischen Feldes (Abb. 6.21). In der Nähe der Erde dominiert das Korotations-E-Feld, und das Plasma ist gezwungen, auf geschlossenen Bahnen mit der Erde mitzurotieren.

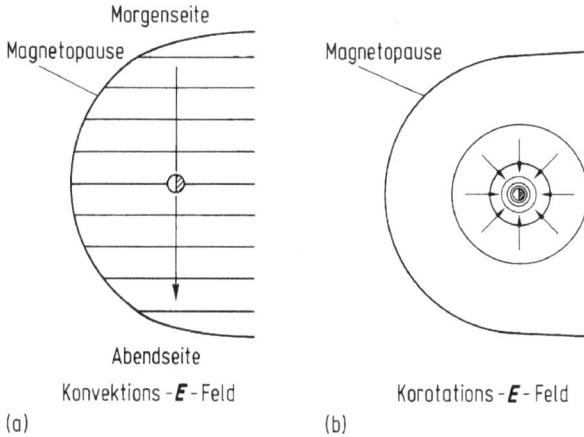

Abb. 6.20 (a) Das sog. dawn-to-dusk-E-Feld hat Äquipotentialkonturen, die den Strömungslinien des gegen die Sonnenwindströmung konvektierenden Plasmas entsprechen. (b) Das Korotations-E-Feld weist kreisförmige Äquipotentialkonturen auf. Das in diesem Bereich befindliche Plasma korotiert mit der Erdrotation.

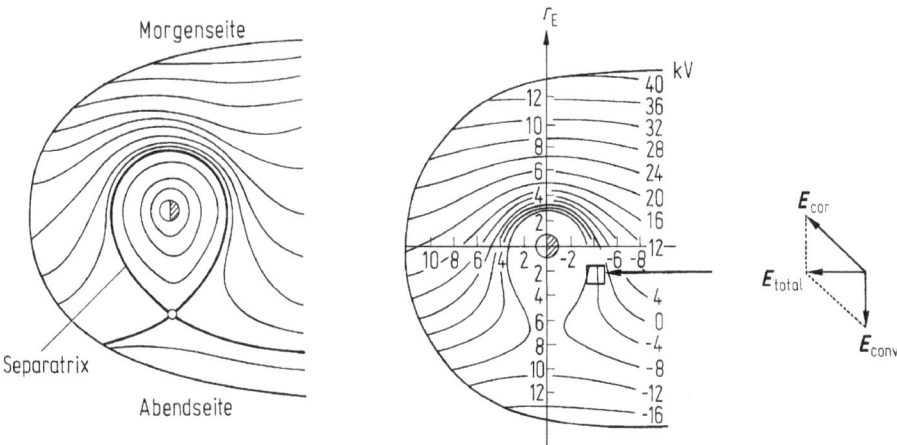

Abb. 6.21 Die Superposition des Konvektions- und Korotations-E-Feldes führt zu einer charakteristischen Struktur der Plasmaströmungslinien in der Nähe der magnetosphärischen Äquatorebene. (a) Schematische Darstellung der durch die Separatrix getrennten Bereiche, (b) typische Werte für die Potentialdifferenz quer durch die Magnetosphäre. Das Vektordiagramm veranschaulicht die Addition der E-Feldvektoren im ausgewiesenen Quadrat. Die Plasmaströmungslinie bzw. Äquipotentialkontur steht senkrecht auf dem Vektor E_{total}.

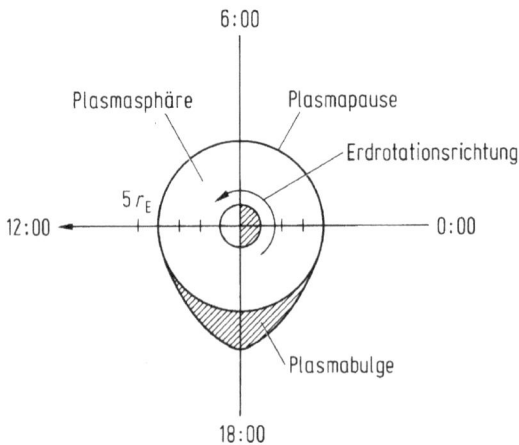

Abb. 6.22   Durch die entgegengesetzten Strömungsrichtungen in der Korotations- bzw. Konvektionszone kommt es auf der Abendseite zur Ausbildung des sog. Plasmabulges. Die hier dargestellte Korotationszone entspricht einem äquatorialen Schnitt quer durch die Plasmasphäre.

In größerer Entfernung dominiert das Konvektions-E-Feld, die entsprechenden Äquipotentialkonturen (= Plasma-Strömungslinien) müssen die Existenz der Korotationszone respektieren und führen außen herum. Die Grenze (*Separatrix*) zwischen konvektierendem und korotierendem Plasma ist dort gegeben, wo die entsprechenden Felder gleich groß sind: In der Gegend der Morgenseite führt die Superposition zu einer Addition der gleich orientierten elektrischen Felder, auf der Abendseite hingegen tritt durch die entgegengesetzte Orientierung der E-Felder eine Abschwächung auf. An einem bestimmten Punkt mit der Lokalzeit LT = 18:00 Uhr kommt es zur vollständigen Eliminierung des elektrischen Feldes.

Die elektrische Potentialdifferenz quer durch die äquatoriale Magnetosphäre (Distanz $\approx 30\, r_{\mathrm{E}}$) ist typischerweise mit etwa 60 kV anzugeben (Abb. 6.21b), was einem elektrischen Feld von ungefähr $E \approx 0.3\ \mathrm{mV\,m^{-1}}$ entspricht.

Die Bereiche des korotierenden Plasmas sind identisch mit der sog. **Plasmasphäre**, die auf der Abendseite durch die entgegengesetzten Strömungen von Korotation und Konvektion eine Ausbuchtung, den sog. *Bulge* der Plasmasphäre, aufweist (Abb. 6.22). Die Grenzfläche der Plasmasphäre im Dreidimensionalen ist die Gesamtheit aller Feldlinien, die ihren Scheitelpunkt in der Äquatorebene am Ort der Separatrix (Abb. 21a) haben. Diese Begrenzung wird *Plasmapause* genannt.

In Zeiten mäßiger erdmagnetischer Aktivität befindet sich die Plasmapause in etwa 4 Erdradien Entfernung vom Erdmittelpunkt, in der Gegend des Plasmabulges jedoch bei 6 bis 7 r_{E}. Während erdmagnetisch aktiver Perioden verkleinert sich die Plasmasphäre als Folge des verstärkten Konvektions-E-Feldes. Somit hängt die Plasmasphärenkonfiguration sehr stark von den magnetosphärischen Störungen ab.

Innerhalb der Plasmasphäre befindet sich thermisches Plasma (hauptsächlich H^{+}-Ionen und Elektronen), das fortwährend von der Ionosphäre (s. Kap. 7) nachgeliefert wird. Die räumliche Verteilung des thermischen Plasmas folgt im wesentlichen einem einfachen Potentialgesetz, wobei für die Dichte innerhalb der Plasmasphäre näherungsweise $n \sim r^{-s}$ mit $3 \leq s \leq 4$ gilt. An der Plasmapause selbst wird ein abrupter Dichtesprung gemessen, wobei innerhalb kürzester Distanz (etwa ein Zehntel r_E) die Teilchendichte von $n \geq 10^8\,\mathrm{m}^{-3}$ auf $n \leq 10^6\,\mathrm{m}^{-3}$ abnimmt. Dieser charakteristische Knick im Dichteprofil kann durch die gezielte Auswertung von sog. *Whistlerbeobachtungen* sehr genau festgestellt werden.

6.3.4 Der Whistler

Ein charakteristisches Radiophänomen in der Ionosphäre und Magnetosphäre ist der sog. Whistler, ein in der Atmosphäre durch eine elektrische Entladung (Blitz) erzeugtes *Paket elektromagnetischer Wellen* unterschiedlicher Frequenzen. Die Ausbreitung dieses mit einem breiten Spektrum ausgestatteten Wellenpaketes erfolgt – ausgehend vom Ort der Entstehung in der Troposphäre – nach allen Richtungen hin, aber die Richtung längs der Magnetfeldlinien wird bevorzugt. Der Whistler folgt eigentlich einer Flußröhre, einem Bündel von Magnetfeldlinien, in der sich thermisches Plasma befindet. Es kann sich nämlich um einzelne Feldlinien herum eine Art Wellenleiter (Duct) in Form von sporadischen Plasmakonzentrationen um benachbarte Feldlinien ausbilden. Diese Dichteansammlungen führen zur Ausbildung von Ionisationsschläuchen, in deren Innerem die Plasmadichte etwas geringerer ist, so daß sich Whistler wie in einem Hohlleiter besonders gut ausbreiten können.

Ein in mittleren und höheren Breiten erzeugtes Whistler-Wellenpaket kann von einer Hemisphäre über den Äquator in die andere gelangen und durch teilweise Reflexion an der Oberseite der Ionosphäre wieder in die ursprüngliche Hemisphäre zurückgeführt werden. Diese dabei auftretenden Mehrfachreflexionen zeigen sich in den entsprechenden Spektren (Diagramme der Frequenz in Abhängigkeit von der Zeit) als sog. *Whistler echo trains* (Abb. 6.23).

Die Laufzeit eines Whistlers hängt primär von der Dichte der Elektronen entlang seines Ausbreitungsweges ab, wobei höhere Frequenzen schneller unterwegs sind als tiefere (Abb. 6.23). Die Signale wandern mit der Gruppengeschwindigkeit v_G

$$v_G = \frac{d\omega}{dk} \tag{6.56}$$

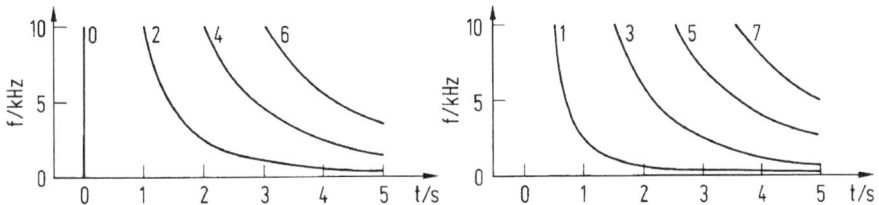

Abb. 6.23 Schematische Darstellung von Whistler-Spektrogrammen. Ein zum Zeitpunkt $t = 0$ erzeugtes Whistler-Wellenpaket (mit 0 bezeichnet) erfährt während seiner Ausbreitung längs der Magnetfeldlinien eine Dispersion (mit 1 bezeichnet). Bei Mehrfachreflexionen können magnetisch konjugierte Stationen (das sind Stationen am nördlichen bzw. südlichen Fußpunkt derselben Feldlinie) die in der Abbildung gezeigten Whistler echo trains beobachten (nach [23]).

(Kreisfrequenz ω der Welle, Kreiswellenzahl $k = 2\pi/\lambda$, Wellenlänge λ), wobei die Kreiswellenzahl k mit der Brechzahl n verknüpft ist durch die Relation

$$n^2 = \frac{k^2 c^2}{\omega^2} \qquad (6.57)$$

(Lichtgeschwindigkeit c).

Die Dispersionsrelation, also die Abhängigkeit der Wellengeschwindigkeit von der Wellenlänge, ist für Whistlerwellen mit guter Näherung gegeben mit

$$n^2 = \frac{\omega_p^2}{\omega(\omega_c - \omega)}, \qquad (6.58)$$

wobei ω_p die Eigenschwingung des Plasmas, die sog. Plasmakreisfrequenz ist

$$\omega_p = \sqrt{\frac{ne^2}{m\varepsilon_0}} \qquad (6.59)$$

(Dichte n des Plasmas, Elementarladung e, Masse m der Plasmakomponente, elektrische Feldkonstante ε_0) und ω_c die Gyrationskreisfrequenz, also die Umlauf- bzw. Larmorkreisfrequenz der geladenen Teilchen um eine Magnetfeldlinie definiert:

$$\omega_c = \frac{eB}{m}. \qquad (6.60)$$

Für die Gruppengeschwindigkeit v_G erhält man somit (unter Verwendung der Wellenfrequenz $f = \omega/2\pi$)

$$v_G = \frac{2c\sqrt{f(f_c - f)^3}}{f_c f_p}. \qquad (6.61)$$

Die Laufzeit T einer bestimmten Frequenzkomponente f aus dem Whistler-Wellenpaket erhält man durch Integration der reziproken Gruppengeschwindigkeit längs des gesamten Ausbreitungsweges (also längs einer Feldlinie):

$$T(f) = \int \frac{1}{v_G}\, ds\,, \qquad (6.62)$$

$$T(f) = \frac{1}{2c} \int \frac{f_c f_p}{\sqrt{f(f_c - f)^3}}\, ds\,. \qquad (6.63)$$

Eine Vereinfachung kann mit der durchaus vertretbaren Annahme, daß die Whistlerfrequenz sehr klein ist gegenüber der Gyrationsfrequenz ($f \ll f_c$), erzielt werden (Low frequency approximation). Somit kann im Term $(f_c - f)^3$ die Wellenfrequenz f vernachlässigt werden und es gilt:

$$T(f) \simeq \frac{1}{2c} \int \frac{f_p}{\sqrt{ff_c}}\, ds\,. \qquad (6.64)$$

Mit dem sog. Dispersionsintegral D

$$D = \frac{1}{2c} \int \frac{f_p}{\sqrt{f_c}}\, ds \qquad (6.65)$$

ist die Laufzeit T eines Whistlersignals näherungsweise gegeben [24] mit

$$T(f) \simeq D\, \frac{1}{\sqrt{f}}. \tag{6.66}$$

Im Dispersionsintegral D (Gl. (6.65)) tritt die Plasmafrequenz f_p und die Gyrationsfrequenz f_c auf. Somit ist die Laufzeit $T(f)$ für eine bestimmte Frequenz f eine Funktion der Elektronendichte und der Magnetfeldstärke längs des Ausbreitungsweges. Selbst unter der Voraussetzung, daß der Ausbreitungsweg und damit die Magnetfeldstärke B bekannt ist, ermöglicht die Laufzeit T keine Aussagen über die Verteilung der Elektronendichte längs des Whistlerweges. Es wird lediglich eine Information über die Gesamtverteilung der Elektronen als integrale Größe erhalten.

Nun hat sich an bestimmten geomagnetischen Breiten gezeigt, daß Whistler, die von ein und derselben Blitzentladung erzeugt wurden und auf verschiedenen, aber benachbarten Wegen entlang der Feldlinien durch die Magnetosphäre laufen, äußerst unterschiedliche Laufzeiten aufwiesen. Offensichtlich ist bei den großen Laufzeitunterschieden eine Whistlergruppe noch innerhalb der Plasmasphäre durch ein Gebiet relativ hoher Plasmadichte, und daher langsam unterwegs, während die andere Whistlergruppe außerhalb der Plasmasphäre mit deutlich geringerer Plasmadichte eine entsprechend schnellere Gruppengeschwindigkeit hatte.

Der Knick im Elektronendichteprofil genau an der Plasmapause kann in Abhängigkeit von der Lokalzeit durch systematische Auswertung von Whistlerbeobachtungen lokalisiert werden. Darüber hinaus ist die genaue Lage des Plasmabulges im Abendsektor aus Whistlerspektrogrammen feststellbar. Auf diese Weise kann das Whistlerphänomen als ein wichtiger Schlüssel zur Fernerkundung (*Remote sensing*) der Plasmasphäre bzw. zum „Abtasten" der Plasmapause betrachtet werden ([25]).

6.3.5 Erdmagnetische Aktivität

Die Veränderungen der Magnetfeldkomponenten an der Erdoberfläche sind eine Folge von magnetischen Veränderungen in der Magnetosphäre, und die wiederum werden ausgelöst durch Variationen im Sonnenwind. Die ersten systematischen Studien über die Veränderungen des terretrischen Magnetfeldes wurden von Carl F. Gauß (1777–1855), der die magnetischen Störungen mit großer Zuverlässigkeit permanent aufgezeichnet hatte, durchgeführt.

Die an der Erdoberfläche gemessene magnetische Induktion $\boldsymbol{B}$ ist immer eine Überlagerung des Innenfeldes $\boldsymbol{B}_I$ (aus dem Erdinneren stammend) und des Außenfeldes $\boldsymbol{B}_A$ (als Wirkung aller Ströme in der Ionosphäre und Magnetosphäre), wobei grundsätzlich die Relation $B_A \ll B_I$ gilt. Das Außenfeld B_A reagiert sehr empfindlich auf Veränderungen im Sonnenwind, wobei erdmagnetische Variationen mit unterschiedlichen Perioden auftreten. Zahlreiche magnetische Observatorien zeichnen kontinuierlich die Komponenten des Erdmagnetfeldes (Abb. 6.24) auf; man erhält auf diese Weise ein umfassendes Bild von der erdmagnetischen Aktivität.

Magnetische Veränderungen mit Perioden $T > 600\,\mathrm{s}$ nennt man Variationen, und Veränderungen mit Perioden im Intervall $0.2\,\mathrm{s} \leq T \leq 600\,\mathrm{s}$ werden als *Pulsationen* klassifiziert. Diese zeitlichen Grenzen haben eine physikalische Begründung: Feld-

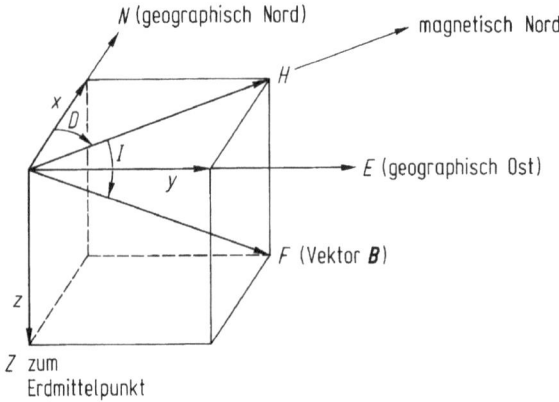

Abb. 6.24 Der an der Erdoberfläche gemessene *B*-Feldvektor kann je nach Koordinatensystem in verschiedene Komponenten zerlegt werden. Kartesisches Koordinatensystem: $X =$ Nordkomponente, $Y =$ Ostkomponente, $Z =$ Vertikalintensität; Zylinderkoordinatensystem: $H =$ Horizontalintensität, $D =$ Deklination, Z; Kugelkoordinatensystem: $F =$ Totalintensität, $I =$ Inklination, D.

veränderungen mit Perioden $T < 0.2$ s liegen im Bereich von Radiowellen, und $T \approx 600$ s ist ungefähr die Schwingungsdauer der längsten, tagseitig geschlossenen Feldlinien. Damit ist bereits eine wichtige Eigenschaft der Magnetosphäre angesprochen: Durch äußere Energiezufuhr (Wellen oder Druckveränderungen im Sonnenwind, Instabilitäten an der Magnetopause) kann die Magnetosphäre in Schwingung versetzt werden, die Feldlinien haben eine in Abhängigkeit von ihrer Länge, der Magnetfeldstärke und der Plasmadichte entlang der Feldlinien charakteristische Eigenschwingung (Resonanz).

Die Eigenperiode der *Feldlinienoszillation* ist gegeben durch

$$T = 2 \int\limits_a^b \frac{\mathrm{d}v}{v_{\mathrm{A}}} \, . \tag{6.67}$$

Neben der Länge der Feldlinien (zwischen den Fußpunkten a und b) hängt die Schwingungsdauer von der Alfvén-Geschwindigkeit v_{A} (Gl. (6.8)) ab, die eine Funktion der magnetischen Induktion B und der Plasmadichte ϱ entlang der Feldlinie ist. Die Abb. 6.25 zeigt (für relativ ruhige erdmagnetische Verhältnisse, d. h. für planetare Kennziffern $K_{\mathrm{p}} = 2$ bzw. 3) die Schwingungsperiode von Einzelfeldlinien. In niederen Breiten entspringen „kurze" Feldlinien, ihre Eigenperiode liegt in der Größenordnung von wenigen bis etwa 30 Sekunden. In mittleren Breiten haben die Feldlinien Eigenoszillationen bis zu 100 s.

Obwohl mit der Zunahme der geomagnetischen Breite auch die Feldlinienlänge, und damit eine Zunahme der Schwingungsperiode T zu erwarten wäre, gibt es in der Gegend der Plasmapause einen deutlichen Rückgang von T: Der charakteristische Dichtesprung an der Plasmapause ist dafür verantwortlich. In höheren geomagnetischen Breiten, z. B. 70°, treten Schwingungsperioden von etwa 8 min auf.

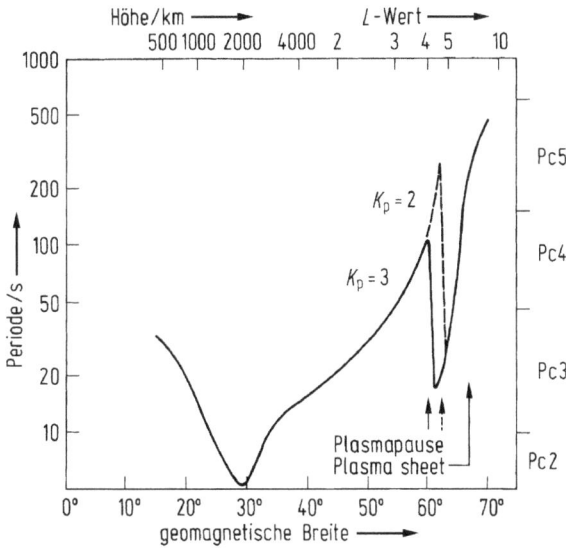

Abb. 6.25 Fundamentalperioden der Oszillation einzelner Feldlinien. Beispielsweise beträgt die Schwingungsperiode einer Feldlinie $L = 4$, deren Fußpunkte in $60°$ geomagnetischer Breite liegen, etwa $T \approx 100$ s. Dies führt am Erdboden zu Pc-4-Pulsationen. (Pc = Pulsation continuous; die planetare Kennziffer K_p gibt den magnetischen Störzustand für die gesamte Erde an: $K_p = 2$ bzw. $K_p = 3$ charakterisiert noch relativ ruhige magnetische Verhältnisse. Nach [28].)

In diesem Fall werden an der Erdoberfläche sog. Pc-5-Pulsationen (Pc = Pulsation continuous) gemessen.

Es hat sich allerdings in Beobachtungen gezeigt, daß über kleine Bereiche der geomagnetischen Breite die Periode T konstant bleibt. Dies bedeutet, daß die Feldlinien keineswegs einzeln schwingen, sondern immer nur im Ensemble; die Feldlinien sind miteinander gekoppelt. Weitere Informationen über die Theorie und die Messungen magnetosphärischer Eigenschwingungen können in der allgemeinen weiterführenden Literatur sowie in [29] nachgelesen werden.

Je nach Ausmaß der im Sonnenwind eingelagerten Störungen unterliegt das Außenfeld $\boldsymbol{B}_A$ stärkeren Schwankungen, die über jene von „ruhigen" Tagen deutlich hinausgehen. Diese erdmagnetischen Schwankungen werden als *Sturmvariation* des geomagnetischen Feldes bzw. der Magnetosphäre bezeichnet. Die Klassifikation eines magnetischen Sturms erfolgt durch einige in einem sog. *Magnetogramm* sichtbare Charakteristika.

Der Sturm beginnt annähernd zeitgleich auf der tagseitigen Erde mit einer stufenartigen Feldänderung (Abb. 6.26): Der als plötzlicher Sturmbeginn (Sudden storm commencement, SSC) bezeichnete Effekt entsteht durch eine Stoßwelle im Sonnenwind, die auf das Erdmagnetfeld trifft und es komprimiert. Direkte Folge dieser Kompression ist ein Anstieg der magnetischen Induktion in der Horizontalkomponente während der sog. Anfangsphase. Die Ströme auf der tagseitigen Magnetopause werden durch den vermehrten Teilchenstrom im Sonnenwind deutlich verstärkt.

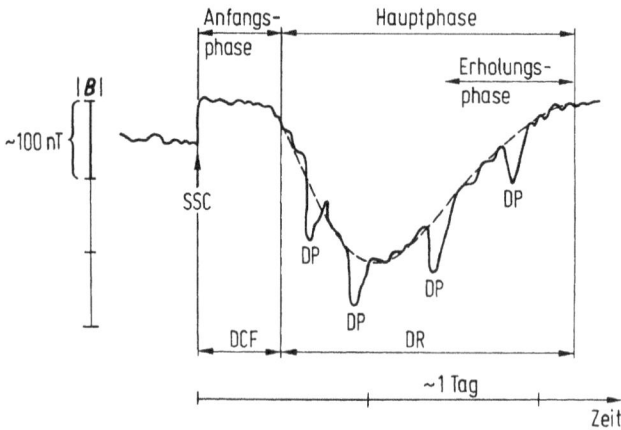

Abb. 6.26 Schematische Darstellung eines Magnetogramms während einer Sturmvariation. Die Horizontalintensität erfährt in der Anfangsphase eine Verstärkung und sinkt während der Hauptphase um einige Hundert Nanotesla, um in der Erholungsphase den Ausgangswert wieder zu erreichen (DCF: Disturbance corpuscular flux, DR: Disturbance ring current, DP: Disturbance polar current).

Die Information über das Auftreffen der Stoßwelle auf die Vorderfront der Erdmagnetosphäre breitet sich innerhalb der Magnetosphäre mit der Geschwindigkeit der sog. *schnellen MHD-Kompressionswelle* aus:

$$v_{\text{MHD-KW}} = \sqrt{v_S^2 + v_A^2} \tag{6.68}$$

(s. Gl. (6.7) und (6.8) für v_S und v_A). Diese longitudinale Magnetschallwelle läuft quer zur Richtung der Magnetfeldlinien, die Laufzeit dieser Welle vom subsolaren Magnetopausenpunkt bis zum Erdboden liegt bei etwa einer Minute.

Nach der Initialphase folgt der über ein oder zwei Tage andauernde Hauptteil des Magnetsturms – die sog. Hauptphase. Während dieser Zeit kommt es zu einem Absinken der Horizontalintensität an allen Lokalzeiten – ein Hinweis darauf, daß sich im Inneren der Magnetosphäre ein Stromsystem aufgebaut hat, welches die Erde umgibt: das sog. *Ringstromsystem*.

Die Zusammensetzung des Ringstromplasmas und damit auch die Quelle der Ringstromteilchen ist noch immer nicht vollständig geklärt. Die vermehrte Teilchenzufuhr (Particle injection) in das Ringstromsystem wird besonders durch ein südwärts orientiertes B_{IMF} gefördert, das zu einem teilweisen und lokalen Öffnen der tagseitigen Magnetosphäre für Sonnenwindteilchen führt. In weiterer Folge bewirkt ein mit südwärts orientierter Vertikalkomponente versehenes B_{IMF} ein erhöhtes Konvektions-E-Feld. Ladungsteilchen konvektieren verstärkt aus der nachtseitigen Plasmaschicht in die Gegend der inneren Magnetosphäre. Aber auch Teilchen aus polaren Ionosphärenregionen kommen als Quelle für den Ringstrom in Betracht.

Der von Ost nach West fließende und im Bereich zwischen etwa 3 und 5 Erdradien Entfernung auftretende Ringstrom erzeugt ein Magnetfeld, das erdseitig die Horizontalintensität des Erdmagnetfeldes in niederen und mittleren Breiten abschwächt (Abb. 6.27). Um magnetische Variationen in der Größenordnung von $\Delta B \approx 50$ nT

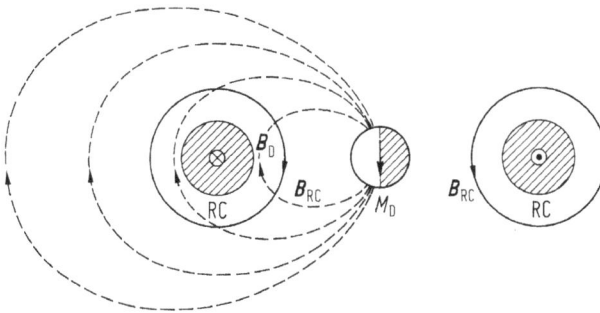

Abb. 6.27 Meridianschnitt durch die innere Magnetosphäre: Der Ringstrom (RC, schraffierte Kreisfläche) bewirkt konzentrische Magnetfeldlinien B_{RC}, die in der Äquatorebene im Bereich zwischen Ringstrom und Erde gegen die Richtung des Erddipolfeldes B_D orientiert sind. Somit verursacht der von Ost nach West laufende Ringstrom in allen Lokalzeiten rund um die Erde eine Abschwächung der Horizontalkomponente des Erdmagnetfeldes M_D.

in der H-Komponente an der Erdoberfläche erzeugen zu können, müssen Teilchen mit Energien bis zu mehreren Zehn keV (≈ 50 keV) den Ringstrom bilden.

Erfolgt in der Anfangsphase des magnetischen Sturms eine Kompression der Magnetosphäre, so zeigt sich in der Hauptphase eine Expansion, ein Aufblähen der Magnetosphäre durch den Ringstrom. Das zusätzliche Teilchenangebot wird allerdings nicht nur in die äquatoriale Magnetosphäre gebracht, sondern gelangt auch vom Rand der Plasmaschicht in das nachtseitige Polarlichtoval. Ein direkter Zugang in die Polarzone kann auch über die Cleftregion erfolgen (s. Abb. 6.3 und 6.10). Die einfallenden Teilchen bewirken in der oberen Atmosphäre neben dem bekannten Polarlicht (s. folgenden Abschn.) in der polaren Ionosphäre auch eine Zunahme der polaren Ströme, die sich in den beobachteten Störfeldern (DP, Abb. 6.26) äußern.

Das Abklingen des Ringstromes zeigt sich wieder in einer Abnahme der Magnetfeldstörung, die Horizontalkomponente nähert sich langsam jenem Niveau, das für magnetisch ungestörte, ruhige Tage charakteristisch ist (Erholungsphase). Häufig tritt während dieser letzten Phase (oder auch schon während der Hauptphase) des Magnetsturms ein neuer Magnetsturm auf, der Normalwert der H-Komponente wird dann für längere Zeit nicht erreicht.

Für eine Reihe weiterer interessanter Phänomene und Prozesse im Zusammenhang mit der erdmagnetischen Aktivität (beispielsweise magnetische Verbindung – „Reconnection", Magnetteilsturm – „Substorm", Physik der polaren Ionosphärenströme) muß auf die Literatur verwiesen werden (s. weiterführende Literatur sowie [26], [27] und Kap. 1).

6.3.6 Das Aurora-Oval und das Polarlicht

Das wohl faszinierendste und auch augenscheinliche Phänomen der Magnetosphärenphysik ist am (nächtlichen) Firmament der nördlichen und südlichen Polarregion zu beobachten – das Farbenspiel des Polarlichtes in all seinen Erscheinungsformen. Das Polarlicht ist die Folge eines Entladungsprozesses von in die hohe Atmosphäre vordringenden Ladungsteilchen, wobei es zur Anregung oder auch Ionisation von Atmosphärenteilchen kommt. Der Übergang der angeregten Atmosphärenkomponenten in den Grundzustand ist verbunden mit der Emission von Photonen, welche in ihrer Gesamtheit die zu beobachteten Leuchterscheinungen bewirken.

Das sog. *Aurora-Oval* (s. Farbbilder 15 und 16 im Bildanhang) ist eine um die geomagnetischen Pole befindliche Zone mit einem Durchmesser von etwa 5000 km. Die in dieser Polzone entspringenden bzw. wieder in die Erde eintretenden Magnetfeldlinien, die bereits erwähnten „offenen" Magnetfeldlinien, können sich besonders leicht mit dem interplanetaren Magnetfeld B_{IMF} verbinden; der entsprechende Prozeß wird als *Reconnection* bezeichnet. Wenn nun der Sonnenwind über die Polzone quer zu den verbundenen Magnetfeldlinien strömt, dann stellt diese Konfiguration einen Dynamo dar, bei dem sich ein elektrischer Leiter (= die Ladungsteilchen des Sonnenwindes) in einem Magnetfeld bewegt.

Dieser Dynamo treibt einen Stromfluß von der Morgenseite (ausgehend von dem mit positiven Ladungen versehenen Gebiet der Grenzregion zwischen offenen und geschlossenen Feldlinien, s. Abb. 6.19) entlang den Feldlinien in das Aurora-Oval, dort in Höhen der polaren Ionosphäre entlang des Ovals in Richtung Abendseite, und dann entlang von Magnetfeldlinien wieder aus dem Aurora-Oval heraus gegen die mit negativen Ladungen versehene Grenzregion (Abb. 6.19).

Die Abb. 6.28 a zeigt schematisch die Struktur der Polkappenregion mit den entlang der Magnetfeldlinien strömenden Ladungsteilchen. Die Verteilung der feldlinienparallelen Ströme, der sog. *Birkeland-Ströme*, folgt dabei einem charakteristischen Muster (Abb. 6.28 b). Im Bereich der Morgenseite führen die polnäheren Feldlinien die in die Ionosphäre fließenden Ströme. Auf der Abendseite hingegen führen die polnäheren Feldlinien jene Ströme, welche die Ionosphäre verlassen. Dabei gilt festzuhalten, daß die Ströme primär durch Elektronen gebildet werden, so daß ein nach oben gerichteter Strom durch nach unten strömende Elektronen verursacht wird.

Diese nach unten strömenden Elektronen (auf der Morgenseite äquatorseitig, auf der Abendseite polseitig, Abb. 6.28 b) werden durch elektrische Felder auf höhere Energien beschleunigt (einige keV) und können dadurch tiefere Atmosphärenschichten (bis etwa 100 km Höhe) erreichen. Dort deponieren sie ihre Energie, indem sie die Atmosphärenteilchen anregen oder ionisieren.

Wenn das die Anregung oder Ionisation auslösende Teilchen mit X und die Atmosphärenkomponente (hauptsächlich atomarer bzw. molekularer Sauerstoff bzw. Stickstoff) mit M bezeichnet werden, dann kann für den Anregungs- bzw. Ionisationsprozeß folgende „Reaktionsgleichung" angegeben werden [30] (die rechts oben stehenden Symbole * und $^+$ bedeuten angeregter Zustand, bzw. positive Ionisation):

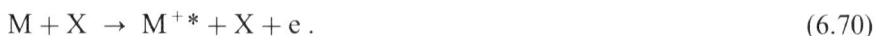

$$M + X \; \rightarrow \; M^* + X \, , \tag{6.69}$$

$$M + X \; \rightarrow \; M^{+*} + X + e \, . \tag{6.70}$$

Anregungszustände können unter Atmosphärenkomponenten auch übertragen werden

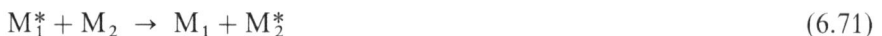

$$M_1^* + M_2 \; \rightarrow \; M_1 + M_2^* \tag{6.71}$$

oder durch dissoziative Rekombination entstehen:

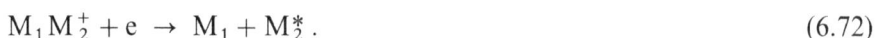

$$M_1 M_2^+ + e \; \rightarrow \; M_1 + M_2^* \, . \tag{6.72}$$

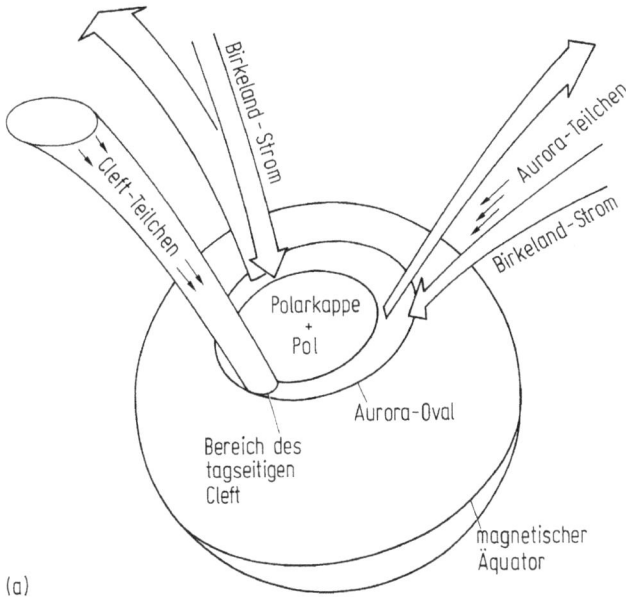

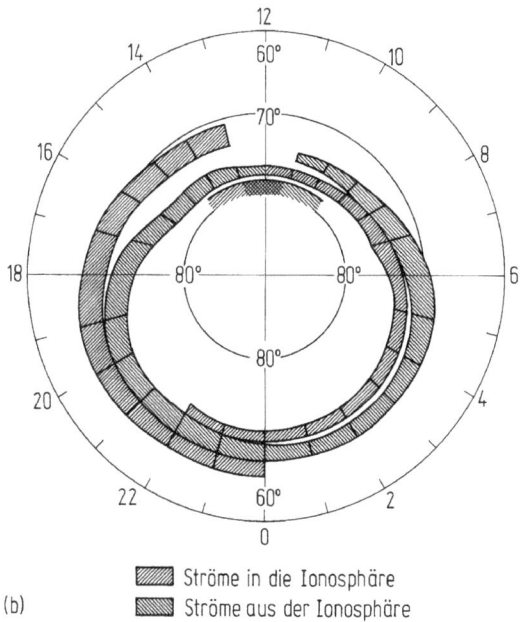

Abb. 6.28   (a) Schematische Darstellung der nördlichen Polarregion mit den feldlinienparallelen Strömen (Birkeland-Ströme). (b) Richtungsmäßige Verteilung der Ströme über der Polarregion in Abhängigkeit von der Lokalzeit.

Die häufigste Farbe des Polarlichts ist eine grünlich-weiße Emission des atomaren Sauerstoffs bei einer Wellenlänge von 557.7 nm (s. Farbbild 17), die rötliche Färbung entstammt einer Emission bei 630.0 nm bzw. 636.4 nm.

Der Formenreichtum und das Bewegungsspiel der Polarlicht-Erscheinung ist ein Spiegelbild der in der Aurorazone wirkenden Kräfte. Mit „Bögen", „Bänder", „Vorhänge" versucht man die Erscheinungsformen zu beschreiben. Das Auftreten eines „Vorhang"-ähnlichen Polarlichts steht offenbar in Zusammenhang mit vertikalen stromführenden Schichten, welche in der Nord-Süd-Richtung sehr dünn (mehrere Hundert Meter), längs des Aurora-Ovals aber sehr lang sind (≈ 1000 km und länger). Zusätzliche, quer zu den Magnetfeldlinien auftretende lokale elektrische Felder können einem „Vorhang" eine wellige, „Draperie"-ähnliche Struktur geben.

Die physikalischen Abläufe eines Polarlichts und dessen schnelle Ortsveränderung am Firmament lassen in vieler Hinsicht einen Vergleich mit der Bildentstehung und -bewegung in einer Fernsehröhre zu [30, 31]. Es ist nicht die Bewegung der einzelnen leuchtenden Atome oder Moleküle, die das Bewegungsspiel des Polarlichts verursacht, sondern der durch magnetosphärische elektrische und magnetische Felder gelenkte Elektronenstrahl. Die das Polarlicht auslösenden Prozesse sind somit eher eine Folge polarer, vom Sonnenwind indirekt angetriebener Stromsysteme als eine direkt in die Cleftregion eindringende Strömung geladener Teilchen.

Ein mit dem Polarlicht in engem Zusammenhang stehendes, weiteres Aurora-Phänomen ist die terrestrische, nichtthermische Radiostrahlung. Die Physik dieses für die Erde und auch für die Riesenplaneten typischen Magnetosphärenprozesses soll im folgenden Abschnitt diskutiert werden.

6.3.7 Die terrestrische Radiostrahlung

Das Phänomen der planetaren, nichtthermischen Radiostrahlung wurde 1955 durch Bodenbeobachtungen zuerst bei Jupiter entdeckt [32]. Erst 10 Jahre später [33] konnte die terrestrische Radiostrahlung (TKR, Terrestrial Kilometric Radiation) mit Hilfe von erdumlaufenden Satelliten beobachtet und gemessen werden. Diese im Kilometerwellenlängenbereich auftretende elektromagnetische Strahlung wird in der Aurora-Zone in Höhen oberhalb der irdischen Ionosphäre erzeugt, wobei die zur Erde gerichteten Radioemissionen von der Ionosphäre abgeschirmt werden.

Das auch als Auroral Kilometric Radiation (AKR) bezeichnete Radiophänomen ist eng korreliert mit magnetosphärischen Stürmen und tritt hauptsächlich im Nachtbereich (zwischen 22 und 1 Uhr Lokalzeit) auf. Für die Erzeugung dieser nichtthermischen Radiostrahlung sind Elektronen verantwortlich, die in die nachtseitigen polaren Regionen mit konvergierenden Magnetfeldlinien eindringen, in bestimmten Höhen magnetisch gespiegelt werden und diesen Bereich nach oben hin wieder verlassen. Diese Teilchenpopulation ist nicht mehr dieselbe wie die ursprünglich eingedrungene: Ein Teil der Elektronen ist durch Kollision mit Teilchen der Ionosphäre und Atmosphäre verloren gegangen. Diese Veränderung in der Teilchenpopulation ist unter anderem maßgeblich für die Erzeugung der planetaren Radiostrahlung.

In der kinetischen Theorie wird der Zustand eines Gases oder Plasmas durch die Verteilungsfunktion F beschrieben, die angibt, wieviele Teilchen an welchem Ort

(r), mit welcher Geschwindigkeit (v), und wann (t) auftreten:

$$F = F(r, v, t) \,. \tag{6.73}$$

Für eine bildliche Darstellung einer Teilchenverteilungsfunktion muß die Anzahl der Dimensionen reduziert werden. So kann z. B. zu einem bestimmten Zeitpunkt t und an einem gegebenen Ort r eine Verteilungsfunktion $F = F(v)$ dargestellt werden, die nun eine sog. Geschwindigkeitsverteilung ist. Bei Geschwindigkeitskomponenten parallel ($v_\parallel$) und senkrecht ($v_\perp$) zur vorherrschenden Magnetfeldrichtung ergibt die Darstellung $F = F(v_\parallel, v_\perp)$ im Falle einer isotropen Geschwindigkeitsverteilung konzentrische Kreise, wobei als Komponente vertikal zur $v_\parallel$-$v_\perp$-Ebene die Verteilung F aufgetragen wird. Hat das Plasma die Temperatur T, so gibt die Verteilungsfunktion F die Anzahl der Teilchen an, welche gemäß ihrer Geschwindigkeit um diesen Temperaturwert T streuen. Das Maximum von F befindet sich dann bei der der Temperatur T entsprechenden Geschwindigkeit v.

Eine typische Verteilungsfunktion der Elektronengeschwindigkeit parallel und senkrecht zur Magnetfeldrichtung für jene nachtseitig in der Aurora-Zone auftretende Elektronenpopulation zeigt die Abb. 6.29. Die nach unten weisende $v_\parallel$-Komponente gibt die Geschwindigkeit der Elektronen parallel zum Magnetfeld in Richtung Erde an. Der durch Kollision mit Ionosphären- und Atmosphärenteilchen verlorengegangene Anteil an Elektronen ist im Bereich der aufsteigenden Population

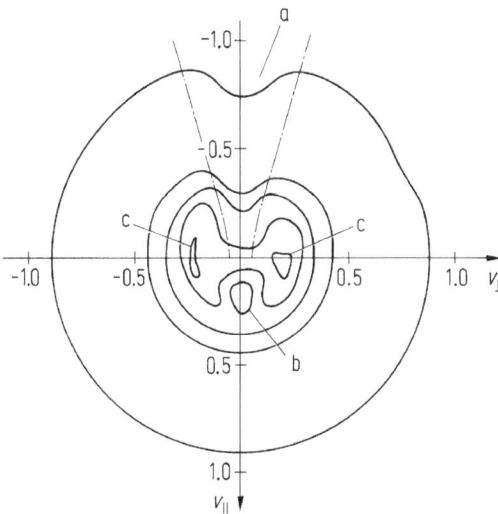

Abb. 6.29 Geschwindigkeitsverteilung der Elektronenpopulation während eines aktiven AKR-Prozesses, gemessen durch den Satelliten S 3-3 (nach [34]). Die positive Geschwindigkeitskomponente $v_\parallel$ weist in Richtung Erde. Für Elektronen im Energiebereich von wenigen keV entspricht die auf den Wert 1 normierte Geschwindigkeit typischerweise etwa 100 000 km/s. Jene Komponente wieder aufsteigender Elektronen, die sich innerhalb der Grenzen des Verlustkegels (Loss cone boundary, Bereich (a) der durch strichpunktierte Linien begrenzt ist) befinden, können kinetische Energie für die Verstärkung elektromagnetischer Wellen abgeben. Auch Elektronen innerhalb anderer Bereiche der Verteilungsfunktion (Bereiche (b), (c)), die von der Maxwell-Verteilung (charakterisiert durch konzentrische Kreise) abweichen und somit auch ein $\partial F / \partial v_\perp > 0$ aufweisen, sind dazu in der Lage.

(mit negativer Geschwindigkeit, $v_\parallel < 0$) als deutliche Abweichung von der Maxwell-Verteilung (mit konzentrischen Kreisen) zu erkennen.

Jede von der Gleichverteilung abweichende Teilchenverteilung hat die Tendenz, durch Teilchenkollisionen die Gleichverteilung wieder herzustellen. Im Zuge dieses Ausgleichprozesses wird nun Energie frei, welche dem Erzeugungsmechanismus für die nichtthermische Radiostrahlung zugeführt wird.

Die sog. *Zyklotron-Maser-Instabilität* ist eine resonante Wechselwirkung zwischen Welle und Teilchen. Ein um eine Magnetfeldlinie gyrierendes Elektron (= Zyklotronbewegung) gibt durch die Beschleunigung, die es im Zuge der Zyklotronbewegung erfährt, ein elektrisches Feld ab. Wenn nun dieser elektrische Feldvektor eine wie das Elektron gleich orientierte Zyklotronbewegung ausführt und darüber hinaus mit der Bewegung der Elektronen über längere Zeit eine konstante Phasenlage einnimmt, dann steht die Welle mit dem Elektron in Resonanz. Im Falle der Resonanz gilt die Beziehung

$$\omega - \frac{\omega_c}{\Gamma} - k_\parallel v_\parallel = 0 \,, \tag{6.74}$$

d. h. die Welle mit der Kreisfrequenz ω steht im Gleichgewicht mit der um die Doppler-Verschiebung $k_\parallel v_\parallel$ (resultierend aus der Translation der Teilchen längs $\boldsymbol{B}$, Wellenvektor $k_\parallel$) korrigierten Gyrationsfrequenz ω_c (s. Gl. (6.60)).

Eine allgemein anerkannte Erklärung für den Erzeugungsmechanismus der Radiostrahlung, die von Wu und Lee [35] publizierte Theorie zur Cyclotron Maser Instability (CMI), berücksichtigt in der Resonanzgleichung (6.74) den Lorentz-Faktor

$$\Gamma = \left(1 - \frac{v^2}{c^2}\right)^{-\frac{1}{2}} \,. \tag{6.75}$$

Dieser Lorentz-Faktor ist selbst für schwach relativistische Teilchen (AKR wird von Elektronen mit einigen keV erzeugt) von Bedeutung, da Γ von vergleichbarer Größenordnung ist wie die Doppler-Verschiebung $k_\parallel v_\parallel$.

Aus der CMI-Theorie folgen wesentliche Eigenschaften für die Radiostrahlung, die die Beobachtungen verifizieren konnten [36]: Die erzeugte Radiowellenfrequenz liegt in der Nähe der lokalen Gyrationsfrequenz, d. h. die Höhe des Erzeugungsortes, der Radioquelle, ist aus der Emissionsfrequenz bzw. der Stärke der magnetischen Induktion ableitbar. Der Ort der Erzeugung, im Fall von AKR im nachtseitigen Aurora-Bereich, liegt in einem Gebiet äußerst geringer Hintergrund-Plasmadichte, d. h. ein temporär auftretendes feldparalleles elektrisches Feld entleert das Radioquellgebiet von ursprünglich vorhandenem thermischen Plasma, in dem dann keV-Elektronen einströmen. Die CMI-Theorie begünstigt die Erzeugung der außerordentlichen (X) (d. h. vom Magnetfeld beeinflußten) elektromagnetischen Welle gegenüber der ordentlichen (O) Mode, d. h. die größte Verstärkung – wie auch beobachtet – erfährt die RX-Mode (R steht für rechtshändig polarisiert). Und letztlich erfolgt die Abstrahlung der Radiowelle unter großem Winkel (fast senkrecht) zur Magnetfeldrichtung. Dies hat zur Folge, daß die Radiowellen in einem weit geöffneten Emissionskegel (die Strahlung befindet sich im Kegelmantel) abgestrahlt werden.

Weitere Details über die terrestrische Radiostrahlung, über Frequenzbereiche, sog. dynamische Spektren und über andere Eigenschaften werden im Abschn. 6.4 im Vergleich mit den anderen Radioplaneten Jupiter, Saturn, Uranus und Neptun noch besprochen werden.

6.4 Die Magnetosphären der Riesenplaneten

Unsere Kenntnis über die Magnetosphären der Planeten Jupiter, Saturn, Uranus und Neptun beruht fast ausschließlich auf in-situ-Messungen von Raumsonden. Die Vorbeiflüge an Jupiter durch Pioneer-10, -11, Voyager 1 und 2 sowie Ulysses, an Saturn durch Pioneer-11 und den beiden Voyager-Sonden, sowie an Uranus und Neptun durch Voyager 2 haben unser Wissen über die äußeren Planeten und deren planetennahe Räume erheblich vergrößert.

Die im vorangegangenen Abschnitt behandelte und am Beispiel der Erde vorgeführte Magnetosphärenphysik behält grundsätzlich ihre Gültigkeit bei allen anderen Magnetosphären, es gibt jedoch ganz charakteristische Eigenheiten und interessante Unterschiede, und einige dieser Besonderheiten sollen selektiv in den folgenden Ausführungen diskutiert werden.

6.4.1 Die Magnetosphäre des Jupiter

Von allen Planeten hat Jupiter das stärkste Magnetfeld. In der Gegend der magnetischen Pole tritt eine magnetische Induktion von etwa $1.4 \cdot 10^{-3}$ T (am magnetischen Nordpol) und von etwa $1.04 \cdot 10^{-3}$ T (am magnetischen Südpol) auf. Diese Werte von Oberflächen-Totalintensitäten zeigen, daß Jupiter ein etwa zwanzigfach stärkeres Oberflächenmagnetfeld gegenüber der Erde hat und daß eine deutliche Abweichung von einer symmetrischen Dipolstruktur vorliegt.

Aus der Potentialtheorie folgt, daß eine beliebige Magnetfeldstruktur $B(r)$, die aus einem skalaren Potential Φ ableitbar ist (s. Gl. (6.17)), durch Superposition von Multipolen (Dipol, Quadrupol, Oktupol, etc.) darstellbar ist. Beim Jupiter-Magnetfeld haben die Multipole höheren Grades (Quadrupol, Oktupol, usw.) gegenüber dem Dipol einen wesentlich größeren Anteil am Gesamtfeld als bei der Erde (s. Tab. 6.2). Abb. 6.30 zeigt die Totalintensität des Jupiter-Magnetfeldes an der „Oberfläche" bzw. in zwei Jupiterradien Entfernung ($= 1$ Jupiterradius über der Oberfläche). Das magnetische Moment[2] M beträgt etwa $M_J \simeq 4.28 \cdot 10^{-4}$ TR_J^3 bei einem Jupiterradius von $R_J \approx 71\,372$ km. (Zum Vergleich das terrestrische magnetische Moment: $M_E = 0.304 \cdot 10^{-4}$ TR_E^3. Dies entspricht dem o.a. Wert $M_E \simeq 8 \cdot 10^{22}$ A m^2.)

Dieses starke Jupiter-Magnetfeld steht nun – gemeinsam mit jenen Magnetfeldern, die aus den Magnetopausenströmen resultieren – dem kinetischen Druck des Sonnenwindes entgegen, der bei einer Sonnenentfernung von mehr als 5 AE nur mehr

---

[2] Die SI-Einheit für das *magnetische Moment* M ist A m^2 = J T^{-1}. In der Geophysik wird Begriff und Symbol auch auf die mit $\mu_0/4\pi$ (μ_0 = magnetische Feldkonstante) multiplizierte Größe angewendet, deren SI-Einheit T m^3 ist.

Tab. 6.2 Zusammenfassung der sphärisch harmonischen Koeffizienten für die Erde und die Riesenplaneten sowie einiger weiterer charakteristischer Parameter (nach [54]).

Planet (Radius in km)	Erde (6378)	Jupiter (71372)	Saturn (60330)	Uranus (25600)	Neptun (24765)
Modell	IGRF 85[a]	O4	Z3	Q3	O8
$g(1,0)$	− 0.29877	+ 4.2180	+ 0.21535	+ 0.11893	+ 0.09732
$g(1,1)$	− 0.01903	− 0.6640	0	+ 0.11579	+ 0.03220
$h(1,1)$	+ 0.05497	+ 0.264	0	− 0.15685	− 0.09889
$g(2,0)$	− 0.02073	− 0.203	+ 0.01642	− 0.06030	+ 0.07448
$g(2,1)$	+ 0.03045	− 0.735	0	− 0.12587	+ 0.00664
$h(2,1)$	− 0.02191	− 0.469	0	+ 0.06116	+ 0.11230
$g(2,2)$	+ 0.01691	+ 0.513	0	+ 0.00196	+ 0.04499
$h(2,2)$	− 0.00309	+ 0.088	0	+ 0.04759	− 0.00070
$g(3,0)$	+ 0.01300	− 0.233	+ 0.02743	0	− 0.06592
$g(3,1)$	− 0.02208	− 0.076	0	0	+ 0.04098
$h(3,1)$	− 0.00312	− 0.580	0	0	− 0.03669
$g(3,2)$	+ 0.01244	+ 0.168	0	0	− 0.03581
$h(3,2)$	+ 0.00284	+ 0.487	0	0	+ 0.01791
$g(3,3)$	+ 0.00835	− 0.231	0	0	+ 0.00484
$h(3,3)$	− 0.00296	− 0.294	0	0	− 0.00770
Dipolmoment	$0.304 \, 10^{-4} \, T R_E^3$	$4.28 \, 10^{-4} \, T R_J^3$	$0.215 \, 10^{-4} \, T R_S^3$	$0.228 \, 10^{-4} \, T R_U^3$	$0.142 \, 10^{-4} \, T R_N^3$
Dipolneigung	+ 11.4°	− 9.6°	− 0.0°	− 58.6°	− 46.9°
OTD[b]	$0.08 \, R_E$	$0.07 \, R_J$	$0.04 \, R_S$	$0.31 \, R_U$	$0.55 \, R_N$
Äquatorneigung	23.45°	3.1°	26.7°	97.8°	28.8°
r_{SSP}[c]	$11 \, R_E$	$47–110 \, R_J$	$17–24 \, R_S$	$18–19 \, R_U$	$23–26 \, R_N$

[a] IGRF 85 = International Geomagnetic Reference Field 1985
[b] OTD = Offset Tilted Dipole, Verschiebung des fiktiven magnetischen Zentrums vom Planetenzentrum
[c] Subsolare Magnetopausendistanz (Merkur: $r_{SSP} = 1.6 \, R_M$, $1 \, R_M = 2425$ km)

1/25 der Plasmadichte gegenüber jener im Erdorbit aufweist. Die Wechselwirkung resultiert in einer riesigen Magnetosphäre, die tagseitig eine Größe von 50 bis 100 Jupiterradien aufweist (die neuesten Ulysses-Daten ergeben eine tagseitige Magnetopausendistanz von $r \approx 110 \, R_J$) und nachtseitig eine Magnetschweiflänge hat, die bis zur Orbitalbahn von Saturn reichen kann.

Eine dominierende Rolle für die Größe, vor allem aber für die Konfiguration der Magnetosphäre, nimmt das Plasma und dessen räumliche Verteilung im Magnetosphäreninneren ein. Bis etwa $r \simeq 20 \, R_J$ erfolgt starre Korotation des Plasmas mit Jupiter, der mit 9.925 h die von allen Planeten kürzeste Rotationsperiode hat. Zusätzlich ist jener Schalenparameterwert L_z, der den Übergang von dem durch Gravitation dominierten Bereich in den durch Zentrifugalkraft dominierten Bereich markiert, bei Jupiter sehr klein ($L_z = 1.95$ [37]), für $L > L_z$ hat in der Jupiter-Magnetosphäre der Plasmadruck und die Dichte ein Maximum am magnetischen Äquator. Es bilden sich azimutale Ströme innerhalb der Magnetosphäre, die eine Verzerrung der Feldlinien nach außen hin zur Folge haben. Die globale Magnetosphärenkonfiguration zeigt in der Vertikalen demnach auch eine charakteristische „Stauchung".

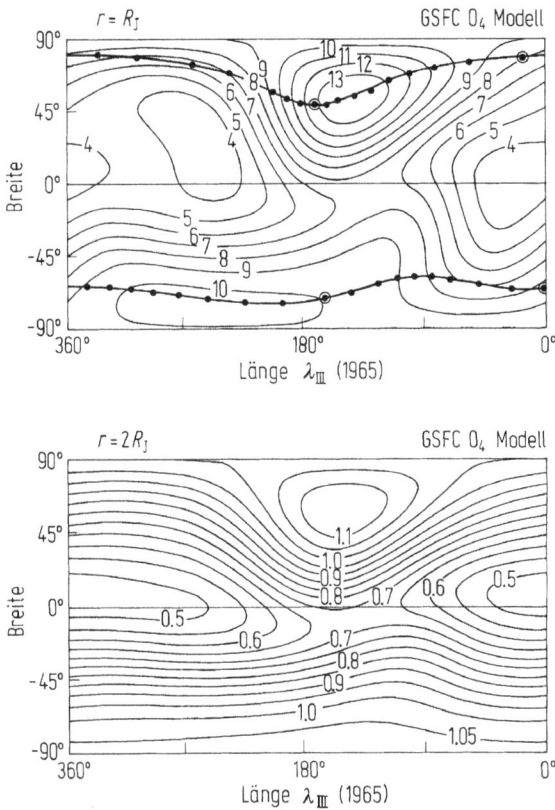

Abb. 6.30 Isokonturen der Totalintensität der magnetischen Induktion (Zahlenwerte in 10^{-4} T) an der Jupiter-Oberfläche bzw. in zwei Jupiterradien Entfernung, berechnet nach dem sog. GSFC O_4-Modell (GSFC = Goddard Space Flight Center, Greenbelt, MD, USA). Die Länge λ_{III} (1965) definiert einen Meridian auf Jupiter, in dem am 1.1.1965, 0 Uhr UT, die Verbindungslinie Jupiter–Erde gelegen hat. Die beiden Linien (mit Punkten im Bild für $r = R_{\mathrm{J}}$) in der nördlichen bzw. südlichen Hemisphäre verdeutlichen die Fußpunkte jener Feldlinien bzw. Flußröhren, die zum Mond Io reichen. Im Bild für $r = 2\,R_{\mathrm{J}}$ ist deutlich zu erkennen, daß die Isokonturen dipolähnlicher werden, da die Intensitätsbeiträge der Multipole höheren Grades mit zunehmender Entfernung schneller abnehmen als die des Dipols (nach [38]).

Hauptlieferant des magnetosphäreninneren thermischen Plasmas ist der Mond Io, welcher aufgrund der Kräfte anderer Galileiischer Monde (Europa, Ganymed) Bahnänderungen erfährt, die mit Änderung der Gezeitenkraft vom Jupiter verbunden sind, so daß Io einer fortwährenden Energiedissipation im Mondinneren ausgesetzt ist. Sichtbare Zeichen dieser Aufheizung sind die auf Io beobachteten aktiven Vulkane. Um die Io-Mondbahn ($r = 5.91\,R_{\mathrm{J}}$) bildet sich der sog. *Io-Torus*, der mit Jupiter starr korotiert. Allerdings wird der aus Schwefel- und Sauerstoffionen gebildete Plasmatorus vom Magnetfeld kontrolliert, die Torus-Teilchen ordnen sich um den sog. *Zentrifugaläquator* an, einer Fläche, welche durch Feldlinienpunkte maximaler Distanz von der Rotationsachse definiert ist. Der Zentrifugaläquator liegt demnach zwischen dem Rotationsäquator und dem magnetischen Äquator.

(Der magnetische Momentenvektor M und der Rotationsvektor Ω schließen im O_4-Modell (s. Tab. 6.2) einen Winkel von 9.6° ein.) Die Ebene des Io-Torus ist somit gegenüber der Orbitalebene von Io (senkrecht auf der Jupiter-Rotationsachse) geringfügig geneigt.

Aus der Vielfalt der Charakteristika, die insgesamt die Jupiter-Magnetosphäre beschreiben, sollen im folgenden zwei Aspekte herausgegriffen werden: Die von Io kontrollierte Jupiter-Radiostrahlung, gemessen durch Bodenbeobachtungen, und die Analyse der Jupiter-Plasmascheibe aus komplementären Raumsondenmessungen.

6.4.2 Die Io-Dekameterwellen-Radiostrahlung

Die komplexe Wechselwirkung des Mondes Io mit dem umgebenden Magnetosphärenplasma führt dazu, daß ein Stromsystem längs der sog. *Io-Flußröhre* angetrieben wird, das in weiterer Folge in der Nähe von Jupiter sehr intensive nichtthermische Radiostrahlung auslöst.

Ausgangspunkt der Betrachtungen ist die unmittelbare Wechselwirkung von Io mit dem korotierenden Plasma. Io bewegt sich mit einer Orbitalperiode von 42.46 h um Jupiter und wird laufend von korotierendem Magnetosphärenplasma (rotierend mit 9.925 h) umströmt. Im Io-zentrierten Koordinatensystem ergibt sich im anströmenden Plasma ein elektrisches Feld E quer zur Io-Flußröhre und radial nach außen gerichtet:

$$E = - v_{\mathrm{rel}} \times B(r = r_{\mathrm{Io}}). \tag{6.76}$$

Die Relativgeschwindigkeit v_{rel} des anströmenden Plasmas in bezug auf den sich bewegenden Mond Io beträgt 56.8 km/s. Bei einer lokalen magnetischen Induktion von $B \approx 2000$ nT resultiert aus Gl. (6.76) ein elektrisches Feld $E = 114$ mV m^{-1}. Die elektrische Potentialdifferenz über den Durchmesser von Io, also quer durch die Io-Flußröhre, von 415 kV bewirkt nun einen von Io ausgehenden Strom in die nördliche und südliche Hemisphäre von Jupiter, entlang der äußeren, Jupiter-entfernteren Feldlinien der Flußröhre und entlang der Jupiter-näheren Feldlinien zurück zu Io. Der Stromkreis wird geschlossen durch Ströme quer zu den Feldlinien in der Jupiter-Ionosphäre bzw. in der Ionosphäre von Io.

Die entlang konvergierender Magnetfeldlinien in Richtung Jupiter beschleunigten Elektronen (Abb. 6.31) können unter Anwendung der in Abschnitt 6.3.7 vorgestellten CMI-Theorie elektromagnetische Strahlung erzeugen. Die Frequenz dieser Radiostrahlung ist aufgrund der großen magnetischen Induktion in der Nähe von Jupiter entsprechend hoch: Die von Io getriggerte Emission hat Frequenzen im MHz-Bereich mit einer durch das Magnetfeld vorgegebenen Maximalfrequenz von 39.5 MHz. Diese Frequenzen haben Wellenlängen im Zehnmeterbereich (Dekameterwellen, DAM) und können die terrestrische Ionosphäre durchdringen. Mit Hilfe von Radiostationen ist ein Empfang am Erdboden möglich.

Wie bereits erwähnt, wurde die Jupiter-Radiostrahlung bereits 1955 entdeckt [32]. Die Tatsache, daß Io eine besondere Rolle dabei spielt, wurde erst einige Zeit später, 1964, herausgefunden [40]. Nach nunmehr jahrzehntelanger Beobachtung hat sich ein relativ umfassendes Bild ergeben, das hinsichtlich des Auftretens der DAM-Aktivität in Abb. 6.32 zusammengefaßt ist. Wann immer Jupiter innerhalb bestimm-

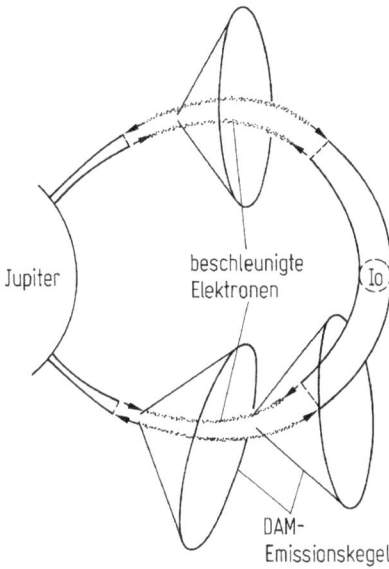

Abb. 6.31 Schematische Darstellung der von Io ausgelösten Dekameterwellenlängen-Radiostrahlung und deren Abstrahlung in Form von Emissionskegel (nach [39]). Weist ein im Kegelmantel befindlicher Radiostrahl in Richtung Erde, so kann diese Emission aufgrund der hohen Frequenz die terrestrische Ionosphäre durchdringen und von Bodenstationen empfangen werden.

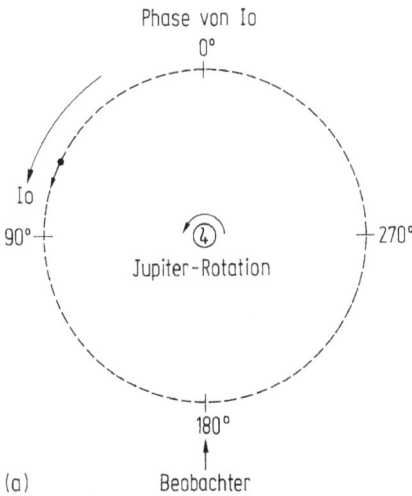

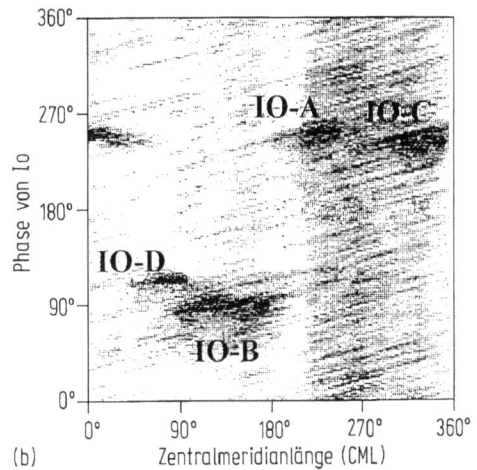

Abb. 6.32 Auftreten der DAM-Aktivität in Abhängigkeit von der Zentralmeridianlänge (CML) und der Io-Phase, welche von der oberen Konjunktion bezüglich des Beobachters im Io-Umlaufsinn gezählt wird.

ter Längenbereiche (d. h. innerhalb bestimmter Magnetfeldregionen) mit Io über die Io-Flußröhre verknüpft ist, wird – mit einer gewissen Wahrscheinlichkeit – Radiostrahlung ausgelöst. Für die Beobachtung von DAM ist dabei die Position von Io in bezug auf den Beobachter (Abb. 6.32a) relevant, da ein Teil des Emissionskegelmantels (und damit der Radiostrahl) den Beobachter treffen muß. Die Häufigkeit des Auftretens von DAM, abhängig von der Jupiterlänge (Central Meridian Longitude, CML) und von der sog. *Io-Phase* γ_{Io}, wird in Abb. 6.32b durch graduelle Schwärzung symbolisiert. Es zeigen sich auf diese Weise sog. *Radioquellen* Io-A, Io-B, Io-C und Io-D. Aus der Abbildung ist auch zu entnehmen, daß innerhalb gewisser CML-Bereiche (z. B. $230° \leq CML \leq 280°$) die Dekameterstrahlung unabhängig von der Io-Position auftreten kann. (Im genannten Fall spricht man von „non-Io-A".)

Die Io-Dekameterwellen-Radiostrahlung ist nur ein Teil des gesamten Radiostrahlungsphänomens von Jupiter. Während Bodenstationen – schon vor der Zeit der ersten Satelliten- und Raumsondenflüge – die Jupiter-Radiostrahlung allerdings nur im MHz-Bereich beobachten konnten, haben die Voyager-Raumsonden und Ulysses auch den unteren Frequenzbereich (kHz) erkunden können.

In einer zeitlichen Hierarchie zeigt die von Io beeinflußte Radiostrahlung unterschiedliche *Radioburst*-Erscheinungsformen, welche am besten in Form eines sog. *dynamischen Spektrums* dargestellt werden. Abbildung 6.33 zeigt Daten des sog. Planetary-Radio-Astronomy-(PRA-)Experiments von Voyager 1 über einen Zeitraum von einer Jupiterrotation, 5 Tage nach dem Punkt der größten Annäherung an Jupiter (= 5. 3. 1979). In diesem Frequenz-Zeit-Diagramm wird die empfangene Strahlungsintensität proportional in unterschiedliche Schwärzung umgesetzt, wobei charakteristische Strukturen sichtbar werden. Im CML-Bereich von etwa $140° \leq CML \leq 200°$ (Abb. 6.33) tritt ein sehr intensiver *Radiosturm* auf, der aufgrund dieses CML-Bereichs und wegen der Position des Mondes Io in bezug auf Voyager 1 als Io-B-Radiosturm zu klassifizieren ist.

Während eines Radiosturms (bei einer Zeitdauer von Stunden) treten im dynamischen Spektrum signifikante Bogenstrukturen auf, deren individuelle Zeitdauer im Bereich von Minuten liegt. Io-B-Radiobursts haben immer sich öffnende Spektralbögen, während Io-A-Stürme aus sich schließenden Bögen bestehen. Dies könnte ein Hinweis sein, daß Io-A und Io-B zwei Emissionen ein und derselben Radioquelle sind, wobei jeweils einer der beiden Emissionskegelränder für den Beobachter ins Visier kommt. Die Bogenstruktur wird als Effekt unterschiedlicher Ausbreitungsbedingungen für verschiedene Frequenzen innerhalb der Jupiter-Magnetosphäre interpretiert.

Im Rahmen der zeitlichen Hierarchie sind Radiostürme und deren interne Bogenstruktur somit Phänomene im Stunden- bzw. Minutenbereich. Im Sekundenbereich treten *Szintillationseffekte* (Intensitätsschwankungen) der Radiostrahlung auf, welche möglicherweise dem interplanetaren Raum zuzuschreiben sind. Der Radiostrahl durchmißt Regionen unterschiedlicher Plasmadichte im Sonnenwind und erfährt daher unterschiedliche Intensitätsabschwächung [41]. Eine andere Interpretation geht davon aus, daß eine Radiostrahlstreuung bereits an Plasmadichte-Variationen in der Nähe des Io-Orbits erfolgt, wobei die Intensitätsschwankungen durch Interferenz benachbarter Radiostrahlen erzeugt werden [42].

Im Zeitbereich von Millisekunden treten nun neue Strukturen zutage, die derzeit nur von bodengebundenen Radiostationen mit entsprechend aufwendigen Anten-

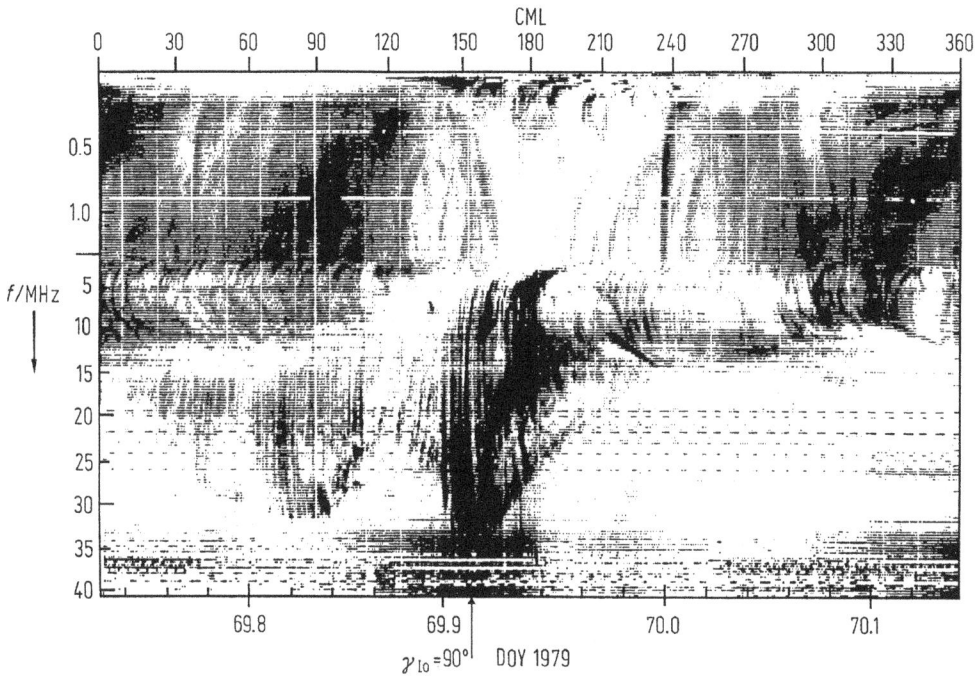

Abb. 6.33 Dynamisches Spektrum der Jupiter-Radiostrahlung im Frequenzbereich von wenigen kHz bis etwa 40 MHz, über eine Rotationsperiode von 9.925 h, aufgenommen von Voyager 1 nach dem Vorbeiflug an Jupiter im März 1979. (Die Frequenzachse hat bei etwa 1.3 MHz aufgrund unterschiedlicher Empfangskanalbelegung im Voyager-PRA-Experiment einen Wechsel in der Skala.) Um den Zeitpunkt 69.9 DOY 1979 (DOY = day of year), im CML-Bereich zwischen etwa $140° \leq CML \leq 200°$, tritt ein intensiver Radiosturm der Io-B-Quelle auf; der Mond Io stand zu diesem Zeitpunkt für den Beobachter (= Voyager 1) unter der Io-Phase $\gamma_{Io} = 90°$.

nenanlagen, Empfängern und Aufzeichnungsgeräten wahrgenommen werden können: die sog. *S-Bursts* oder *Millisekunden-Radiobursts* (s. Farbbild 18). (Die Voyagersonden haben einige „Zufallsereignisse" sporadischer S-Burstemission detektiert.) Aus dynamischen Spektren von S-Bursts sind Parameter ableitbar, aus denen – mit gewisser Einschränkung – Rückschlüsse auf die in den Radioquellregionen ablaufenden Prozesse möglich sind.

In Farbbild 18 ist die Intensität der empfangenen S-Bursts mit Farbe codiert, wobei die am oberen und unteren Rand angeordneten (Regenbogen-)Farben von links nach rechts zunehmende Intensität symbolisieren. Ein Schnitt durch eine S-Burststruktur zum Zeitpunkt t = konstant zeigt z. B. Intensitätsmaxima und -minima, wobei diese Amplitudenextremwerte innerhalb eines längeren Zeitintervalls (Minuten) auf annähernd gleichen Frequenzen liegen. Die Erklärung dieses physikalischen Befundes erfolgt durch den *Faraday-Effekt*. Die elliptisch polarisierte Radiowelle eines S-Burst (hier während einer Io-B-Emission) durchquert, ausgehend vom Quellgebiet in der Jupiter-Magnetosphäre, Magnetoplasmen unterschiedlichster Dichte. Der Einfluß der terrestrischen Ionosphäre ist dominierend. Nachdem verschiedene Frequenzen unterschiedliche Dispersion erfahren, gibt es für bestimmte Frequenzen in bezug auf die Antennenpolarisation (und damit in bezug auf die „Empfangsbereitschaft") optimale Raumorientierungen des E-Feldvektors der Welle und damit ein Intensitätsmaximum an bestimmten Frequenzen. Die frequenzmäßige Lageveränderung dieser Maxima und Minima (die sog. *Faraday fringes*) spiegelt primär die Veränderung des Elektroneninhalts der terrestrischen Ionosphäre längs des Radiostrahlweges wider. Die Auswertung von Millisekunden-Radioburstspektren kann somit als *Remote sensing* ferner Magnetoplasmen betrachtet werden.

6.4.3 Die Jupiter-Plasmaschicht

Im Unterschied zur Erde, die im Magnetosphäreninneren die Plasmasphäre hat, ist bei Jupiter das Plasma mehr in Äquatornähe in Form einer Plasmaschicht konzentriert. Die Jupiter-nahen Bereiche der Magnetosphäre sind, wie erwähnt, durch starre Korotation des Plasmas geprägt, welches einerseits der Kontrolle des Magnetfeldes unterworfen ist, andererseits durch die extrem schnelle Rotation die Zentrifugalkraft „spürt". Die Kombination dieser Einflüsse führt dazu, daß in Planetennähe das Magnetfeld die Plasmaschicht kontrolliert – die Plasmaschicht (auch als Current sheet bezeichnet) liegt in der magnetischen Äquatorebene, während in größerer Entfernung die zunehmende Zentrifugalkraft ein Abbiegen der Plasmaschicht parallel zum Rotationsäquator bewirkt (Abb. 6.34). Durch die Achsenneigung der Magnetfeldachse M gegenüber der Rotationsachse Ω von etwa 9.6° ergibt sich für die Plasmaschicht eine charakteristisch verformte Rotationsstruktur, die Voyager 1 durchquert hat.

In einem Jupiter-zentrierten Koordinatensystem führt die Raumsondenbewegung (Annäherung und Entfernung) zusammen mit der Jupiterrotation zu einer spiralenförmigen Raumsondentrajektorie, die im Takt der Rotationsperiode alternierend in der nördlichen und südlichen Hemisphäre liegt. Dieser Umstand wurde ausgenützt, um die Struktur der magnetosphäreninneren Plasmaschicht sowohl in Radial- als auch in Vertikalrichtung (soweit möglich) zu messen.

An Bord von Voyager 1 wurden Plasmadichtemessungen mit Hilfe von Plasmadetektoren durchgeführt. In diesem Abschnitt soll jedoch eine Methode vorgestellt

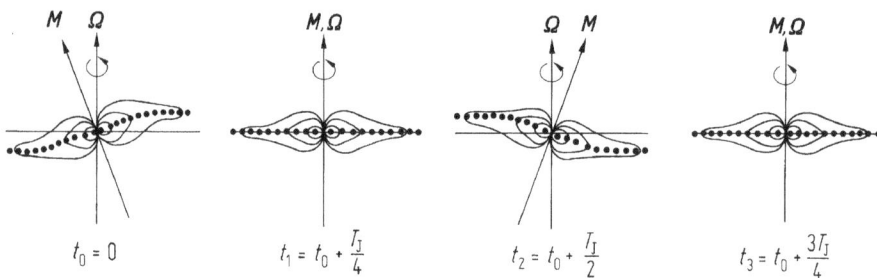

Abb. 6.34 Verformung der Plasmaschicht (punktierte Linie) durch die mit der Entfernung zunehmende Zentrifugalkraft. (M = Achse des magnetischen Momentes, Ω = Rotationsachse, T_J = Jupiter-Rotationsperiode. Der Winkel zwischen M und Ω ist überhöht gezeichnet.)

werden, welche durch die Messung von sog. *Grenzfrequenzen* (Cutoffs) eine Bestimmung der Plasmadichte erlaubt.

Im Inneren planetarer Magnetosphären werden auch elektromagnetische Wellen erzeugt, welche durch ihre niedere Frequenz nicht in der Lage sind, die Magnetosphäre – im Unterschied zu den Radiowellen von AKR oder DAM – zu verlassen. Die als *Continuum* oder *Myriametric radiation* bezeichnete Strahlung bleibt im Magnetosphärenhohlraum eingeschlossen (trapped radiation), da der Rand der Magnetosphäre durch den vorbeiströmenden Sonnenwind eine gegenüber dem Magnetosphäreninneren höhere Plasmadichte aufweist. Die Strahlung wird reflektiert, wenn die Wellenfrequenz f kleiner ist als die Plasmafrequenz f_p (s. Gl.(6.59)). Diese Reflexion tritt in Äquatornähe auch an der Plasmaschicht auf, so daß die Kontinuumstrahlung durch Mehrfachreflexion zwischen Magnetopauseninnenfläche und Plasmaschicht schließlich die gesamte Jupitermagnetosphäre „erfüllt", auch in den Magnetschweif eindringt und wie in einem Hohlleiter weitergeführt werden kann.

Unter der Annahme, daß sich die Kontinuumstrahlung als ordentliche (O-)Mode, somit ohne Beeinflussung durch das Magnetfeld ausbreitet, kann aus der Dispersionsrelation (mit der Brechzahl n)

$$n^2 = \frac{c^2 k^2}{\omega^2} = 1 - \frac{\omega_p^2}{\omega^2} \tag{6.77}$$

an der Stelle des Cutoff (wo also für die Welle keine Ausbreitung mehr möglich ist und Reflexion eintritt) die Grenzfrequenz und damit die Plasmadichte n_e ermittelt werden. Cutoff bzw. Reflexion tritt auf bei $n^2 \to 0$ und wegen $\omega^2 = \omega_p^2$ läßt sich die Plasma- bzw. Elektronendichte n_e bestimmen:

$$n_e = \frac{m_e \varepsilon_0 \omega^2}{e^2} . \tag{6.78}$$

Wird allerdings die X-Mode als die charakteristische Kontinuumsmode betrachtet, dann ist aus der zugehörigen Dispersionsrelation

$$n^2 = \frac{c^2 k^2}{\omega^2} = 1 - \frac{\omega_p^2}{\omega^2} \cdot \frac{\omega^2 - \omega_p^2}{\omega^2 - \omega_h^2} \tag{6.79}$$

mit der höheren Hybridfrequenz ω_h

$$\omega_h^2 = \omega_p^2 + \omega_c^2 \tag{6.80}$$

eine direkte Bestimmung der Plasma- bzw. Elektronendichte nicht mehr möglich. Aus Gl.(6.79) ist zu erkennen, daß die Dispersionsrelation durch die Gyrationskreisfrequenz ω_c die lokale magnetische Induktion enthält, somit ist die Bestimmung der Teilchendichte an der Stelle des Auftretens der Grenzfrequenz ($n^2 \to 0$) nur unter Zugrundelegen eines entsprechend gültigen Magnetfeldmodells möglich.

Abbildung 6.35 zeigt PWS-Daten (PWS = Plasma Wave Science), aufgenommen von Voyager 1 beim Durchflug durch die nachtseitige Jupiter-Plasmaschicht. Innerhalb bestimmter Zeitintervalle tritt Cutoff der beobachteten Wellenfrequenz auf. Die Kontinuumstrahlung wird am Eindringen in tiefere Schichtbereiche gehindert, wenn die Wellenfrequenz kleiner als die lokale Plasmafrequenz ist. Wird O-Moden-

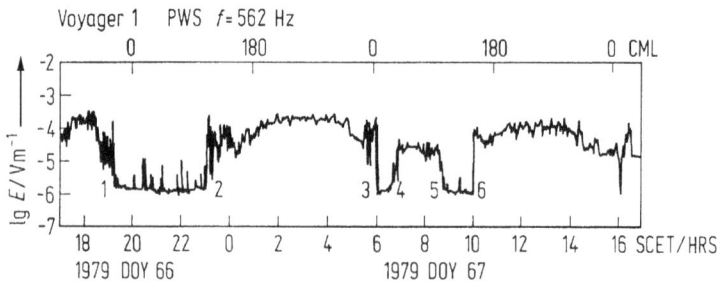

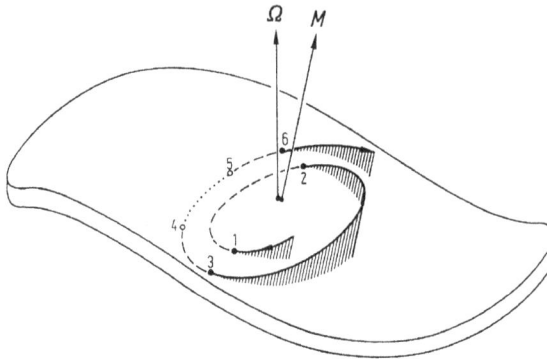

Abb. 6.35 Messung der Trapped radiation durch das Voyager 1 PWS-Experiment (PWS = Plasma Wave Science) während des Durchflugs durch die nachtseitige Plasmaschicht. Auf einer Frequenz von $f = 562\,\text{Hz}$ wurde zwischen den Zeitpunkten 1 und 2, 3 und 4, sowie zwischen 5 und 6 keine Kontinuumstrahlung detektiert. Das untere Bild zeigt eine schematische Darstellung der einer Scheibe ähnlichen Plasmaschicht und der Jupiter-zentrierten Raumsondentrajektorie von Voyager 1 (für den Zeitbereich nach dem „Encounter"). Die oben dargestellte PWS-Messung wird so interpretiert, daß Voyager 1 während der genannten Zeitintervalle in die Plasmaschicht eintaucht, wobei die Kontinuumstrahlung auf der Frequenz von $f = 562\,\text{Hz}$ abgeblockt wird. Im Zeitintervall zwischen 4 und 5 empfängt Voyager 1 Kontinuumstrahlung von der südlichen Hemisphäre (SCET = Spacecraft Event Time, nach [44]).

ausbreitung angenommen, dann entspricht der Grenzfrequenz $f = 562\,\text{Hz}$ eine Plasmadichte von $n_\text{e} \approx 4 \cdot 10^{-3}\,\text{cm}^{-3}$. Die Verbindung aller Ortspunkte (entlang der Raumsondenbahn), wo Cutoff bei $f = 562\,\text{Hz}$ eingetreten ist, ergibt eine entsprechende Dichteisolinie für die Plasmaschicht.

Die Auswertung der PWS-Daten von mehreren Empfangskanälen zeigt [44], daß höhere Frequenzen der Kontinuumstrahlung tiefer in die Plasmaschicht eindringen konnten. Dies bedeutet, daß die Teilchendichte in Richtung Plasmaschichtzentrum, also in Vertikalrichtung, zunimmt. Die Datenanalyse ergab weiter, daß mit zunehmender radialer Entfernung von Jupiter die Plasmaschichtdicke entlang einer Dichteisolinie abnimmt. Bei einer nachtseitigen Entfernung von beispielsweise $r \approx 30\,R_\text{J}$ beträgt die Dicke der Plasmaschicht, deren Rand mit einem Dichtewert von $4 \cdot 10^{-3}\,\text{cm}^{-3}$ belegt wird, etwa $6\,R_\text{J}$ und nimmt kontinuierlich auf eine Dicke von etwa $2\,R_\text{J}$ bei einer Entfernung von etwa $r = 55\,R_\text{J}$ ab. (Die Daten von Voyager 2 haben bei dieser nachtseitigen Radialentfernung noch eine Schichtdicke von über $3\,R_J$ ergeben.)

Die Vorstellung einer scheibenförmigen Plasmaschicht trifft am ehesten in der nachtseitigen Region zu. Jenseits von $r = 20\,R_J$ geht die starre Korotation in eine Azimutalbewegung mit größer werdendem „Schlupf" über, d. h. die Winkelgeschwindigkeit nimmt zusehends ab.

6.4.4 Die Magnetosphäre von Saturn

Die Vorbeiflüge der Raumsonden Pioneer 11 (September 1979) sowie Voyager 1 (November 1980) und Voyager 2 (August 1981) an Saturn fanden unter sehr unterschiedlichen Sonnenwindverhältnissen statt. So hat gerade vor dem Eintritt von Pioneer 11 in die Magnetosphäre eine sehr schnelle Sonnenwindströmung die tagseitige Saturn-Magnetopause auf etwa 17.3 Saturnradien ($1\,R_S \simeq 60\,330$ km) gedrückt, während Voyager 1 zu Zeiten eines relativ stabilen Sonnenwindes die tagseitige Magnetosphärenbegrenzung bei etwa $r \approx 23\,R_S$ vorgefunden hat.

Das physikalische Szenario während der Annäherung und des Vorbeifluges von Voyager 2 an Saturn verdient eine eigene Notiz: Schon Monate vor dem Voyager 2-Saturn-„Encounter" haben Messungen ergeben, daß die Sonnenwindplasmadichte sporadisch auf ungewöhnlich niedere Werte ($\approx 10^{-3}$ cm^{-3}) abgesunken ist und daß sich zur gleichen Zeit die übliche Magnetfeldorientierung (spiralförmige Struktur des interplanetaren Magnetfeldes, s. Gl. (6.9)) in eine sonnenzentrierte Radialrichtung geändert hat. Darüber hinaus wurde während dieser sporadischen Zeitintervalle eine niederfrequente elektromagnetische Strahlung ($f \approx 1$ kHz) detektiert, wie sie sonst nur innerhalb von planetaren Magnetosphären gemessen wird (Trapped radiation). Schlußfolgerung all dieser unabhängigen Beobachtungen [45]: Die Raumsonde Voyager 2 wurde vom Jupiter-Magnetschweif überstrichen, der in dieser großen Entfernung (bereits in der Nähe von Saturn) eine filamentartige Struktur bekommen hat.

Während des Durchfluges von Voyager 2 durch die Saturn-Magnetosphäre muß ein Teil des Jupiter-Magnetschweifs auch Saturn eingehüllt haben, da ein „Aufblähen" der Magnetosphäre, offenbar verursacht durch das Abschirmen der Magnetosphäre vom Sonnenwind, beobachtet wurde. Diese einzigartige Magnetosphären-Magnetosphären-Wechselwirkung tritt aufgrund der Umlaufzeiten von Jupiter (11.86 Jahre) und Saturn (29.46 Jahre) etwa alle 20 Jahre auf.

Hinsichtlich der Konfiguration liegt die Saturn-Magnetosphäre zwischen denen der Erde und des Jupiter. Einerseits ist das Dipolmoment mit $M_S = 0.21 \cdot 10^{-4}\,T\,R_S^3$ erdähnlich, andererseits wird durch einen äquatorialen Ringstrom im Bereich $8\,R_S \le r \le 16\,R_S$ (mit einer vertikalen Dicke von etwa $5\,R_S$) die Geometrie der äußeren Magnetosphäre – ähnlich Jupiter – in der Weise verformt, daß die Feldlinien in der Nähe der Äquatorebene nach außen verzerrt werden.

Im Gegensatz zu Erde und Jupiter, wo die Neigung der Magnetfeldachse M gegenüber der Rotationsachse Ω 11.5° bzw. 9.6° beträgt, liegt die Saturn-Magnetfeldachse beinahe parallel zur Rotationsachse. Das planetare Magnetfeld ist um die Rotationsachse sehr symmetrisch, d. h. die Struktur ist in hohem Maße dipolähnlich. Da jedoch in der beobachteten Saturn-Radiostrahlung SKR (Saturn Kilometric Radiation) eine starke, mit der Saturnrotation gekoppelte Modulation auftritt, muß in unmittelbarer Planetennähe eine deutliche Abweichung von der magnetischen Axialsymmetrie vorliegen. (Diese Evidenz konnte jedoch in den Beobachtungen noch nicht verifiziert werden, ist aber u. a. ein Forschungsziel der zukünftigen Cassini-Mission, die eine Raumsonde in den Saturnorbit bringen soll.)

Neben der Rotationsmodulation ist SKR noch einer weiteren externen Kontrolle unterworfen, nämlich der Intensitätsmodulation durch das Sonnenwindplasma. Unter den Radioplaneten ist dieses Phänomen bei Saturn am deutlichsten ausgeprägt und wird im folgenden näher untersucht.

Eine bedeutende Teilchenquelle in der Saturn-Magnetosphäre ist der Mond Titan. Aus der Titan-Exosphäre ist ein Entweichen von Atmosphärenteilchen möglich, und es bildet sich um Titan ein riesiger neutraler Wasserstofftorus (Details s. Abschn. 7.5.4).

6.4.5 Die externe Kontrolle der Saturn-Radiostrahlung

Neben der Rotationsperiode als Fundamentalperiode in der Modulation von SKR zeigt sich eine weitere Variabilität, die mit dem Sonnenwind in direktem Zusammenhang steht. In Abb. 6.36 sind verarbeitete Meßdaten von Voyager 2 während seiner Annäherung an Saturn zu sehen. Im oberen Bildteil ist die emittierte SKR-Energie dargestellt, wobei ein Punkt der Zeitreihe der auf eine Saturnrotationsperiode (10.66 h) gemittelten und auf eine Einheitsentfernung normierten Wellenenergie durch Raumwinkel entspricht. Für die Bestimmung der Wellenenergie erfolgte zusätzlich eine Aufsummierung über eine bestimmte Frequenzbandbreite (für SKR typischerweise im Intervall $200\,\mathrm{kHz} \leq f \leq 500\,\mathrm{kHz}$).

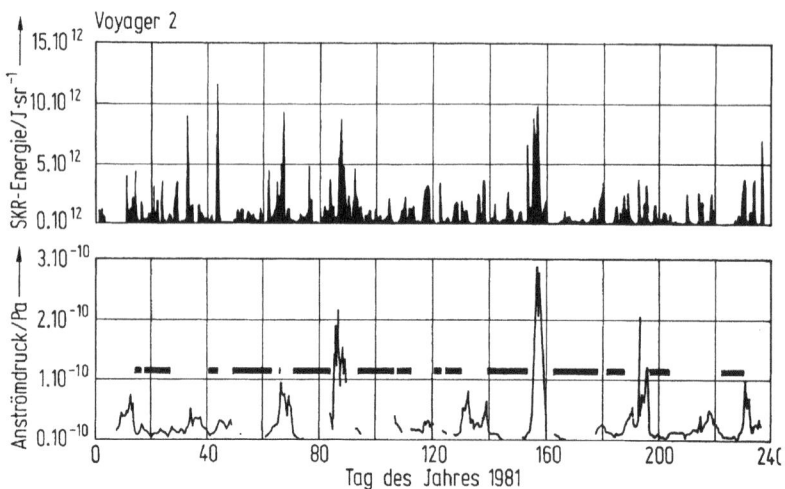

Abb. 6.36 Emittierte Strahlungsenergie der Saturn-Kilometerwellenlängen-Strahlung (oberer Bildteil) und Anströmdruck des Sonnenwindplasmas (unterer Bildteil), gemessen während der Annäherung von Voyager 2 an Saturn. Es zeigt sich eine deutliche Abhängigkeit der SKR-Energie vom Anströmdruck, insbesondere zu Zeiten der „Jupiter-Magnetschweifereignisse" (schwarze Balken im unteren Bildteil) [46].

Der untere Teil der Abb. 6.36 zeigt den Anströmdruck des Sonnenwindes, wie er am vordersten (subsolaren) Punkt der Saturn-Magnetosphäre auftritt. Zu diesem Zweck wurde aus der von Voyager 2 gemessenen Sonnenwindgeschwindigkeit v_{SW} die Laufzeit der Plasmateilchen von der jeweiligen Raumsondenposition bis zum subsolaren Magnetopausenpunkt berechnet; damit ließe sich der Zeitpunkt bestimmen, wann die Sonnenwindströmung auf die Magnetosphäre auftrifft. Das Produkt aus Massendichte ϱ und Geschwindigkeit zum Quadrat v_{SW}^2 ergibt den auf die Magnetosphäre ausgeübten Anströmdruck (s. Gl. (6.15)).

Aus Korrelationsstudien konnte nun gezeigt werden [46], daß die Radiostrahlung SKR, welche in der tagseitigen Cleftregion der Saturn-Magnetosphäre lokalisiert ist, äußerst stark vom Sonnenwind-Anströmdruck beeinflußt wird: Ein großer Druck – und damit auch ein großes Angebot an Sonnenwindteilchen – bewirkt eine verstärkte Radioemission.

Während der Annäherung von Voyager 2 an Saturn wurden filamentartige Strukturen des Magnetosphärenschweifes von Jupiter beobachtet. Die entsprechenden Zeitintervalle dieser Magnetschweifbeobachtungen sind im unteren Bildteil (Abb. 6.36) durch Balken gekennzeichnet. Zu Zeiten dieser Magnetschweifereignisse sinkt der Sonnenwind-Anströmdruck auf geringe Werte, gleichzeitig ist die emittierte SKR-Energie sehr niedrig. Dies ist ein deutlicher Hinweis, daß der Jupiter-Magnetschweif die Saturn-Magnetosphäre vom Sonnenwind abschirmen und somit die Teilchenzufuhr für die planetare Radiostrahlung verhindern kann.

Radiostrahlungskomponenten von Erde und Jupiter zeigen hinsichtlich ihrer Intensitätsvariation ebenfalls eine – allerdings wesentlich schwächere – Abhängigkeit vom Sonnenwind. In welchem Ausmaß nun die jeweilige Radiostrahlung von außen beeinflußt werden kann, hängt vor allem von der Zugänglichkeit der Radioquelle durch das Sonnenwindplasma ab.

6.4.6 Mikrosignaturen in der Saturn-Magnetosphäre

Das in der Magnetosphäre befindliche Plasma, das den Gesetzmäßigkeiten der adiabatischen Invarianten folgt, wird durch die Existenz eines Planetenmondes empfindlich gestört: Teilchen treffen auf die Mondoberfläche und werden absorbiert. Die als *Mikrosignatur* bezeichnete Absorptionsstruktur im Magnetosphärenplasma, welche in unmittelbarer Nähe eines Mondes und entlang eines Teiles seines Orbits zu beobachten ist, wird durch radiale Diffusion benachbarter Teilchen wieder aufgefüllt.

Indem nun geladene Teilchen mit Gyration, Oszillation und Drift der Kontrolle des Magnetfeldes unterliegen, können aus der Beobachtung von Mikrosignaturen Rückschlüsse, unter Umständen sogar Verbesserungen in der Bestimmung eines planetaren Magnetfeldes erzielt werden. Diese Methode bleibt im wesentlichen jedoch auf die Saturn-Magnetosphäre beschränkt, da durch die hohe Symmetrie des Magnetfeldes in bezug auf die Rotationsachse die Absorptionsstrukturen ohne Mehrdeutigkeit bestimmten Monden zugeordnet werden können. Diese wichtige Einschränkung wird durch die folgenden Ausführungen verständlich.

Die über die Querschnittsfläche eines Mondes erfolgte Absorption von Plasma zum Zeitpunkt $t = 0$ bewirkt in unmittelbarer Nähe ein Absinken der magnetosphärischen Teilchendichte auf $n_e = 0$, wie es in Abb. 6.37 schematisch dargestellt ist.

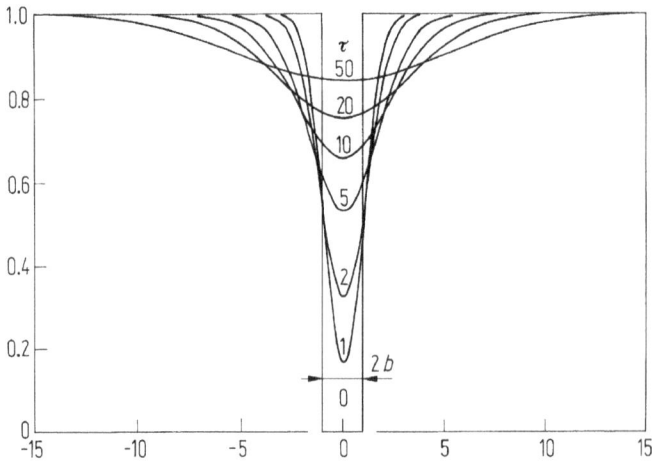

Abb. 6.37 Zeitabhängiges Auffüllen einer Absorptionsstruktur durch radiale eindimensionale Teilchendiffusion. Zum Zeitpunkt $t = 0$ ist die Plasmadichte (vertikale Achse, ungestörte Dichte auf Wert 1 normalisiert) über einer Breite des doppelten Mondradius $2b$ auf dem Wert $n_e = 0$. Nach dem Zeitpunkt $t = 0$ unmittelbar einsetzende Diffusion füllt die Mikrosignatur auf, wobei der Parameter τ verschiedene Stadien der „Auffüllung" definiert (nach [47]).

Die radiale (eindimensionale) Diffusionsgleichung

$$\frac{\partial^2 n_e}{\partial r^2} = \frac{1}{D} \cdot \frac{\partial n_e}{\partial t} \tag{6.81}$$

mit dem Diffusionskoeffizienten D (hier unabhängig vom Ort r und von der Teilchenenergie E angenommen) gibt an, wie sich eine Absorptionsstruktur in Abhängigkeit von Ort und Zeit wieder mit Plasma füllt. Die Lösung der Gl. (6.81) führt zu einer Beziehung, die das sog. *Wahrscheinlichkeitsintegral* (error function) enthält, dessen Argument eine Funktion des Mondradius b und des dimensionslosen Parameters τ ist [47]:

$$\tau = \frac{4Dt}{b^2} . \tag{6.82}$$

Man erhält in Abhängigkeit von τ eine Klasse von Profilen, die die Entwicklung einer Absorptionsstruktur von der Entstehung ($t = 0$) bis zur Wiederauffüllung durch radiale Teilchendiffusion veranschaulichen (Abb. 6.37). Diese Profile können als Referenzkurven für die tatsächlich gemessenen Mikrosignaturen herangezogen werden, wobei aus dem Absorptionsprofil (definiert durch τ) und der zwischen Absorption und Messung vergangenen Zeit t (sowie aus dem bekannten Mondradius b) der Diffusionskoeffizient D für eine Teilchensorte innerhalb eines bestimmten Energieintervalls berechnet werden kann.

Durch die gegenüber der Mondorbitalgeschwindigkeit höhere Korotationsgeschwindigkeit des Plasmas ist die Mikrosignatur *vor* dem jeweiligen Mond entlang seines Orbits zu sehen. Mikrosignaturmessungen von Voyager 1, die durch den

Saturnmond Dione verursacht wurden, (Distanz vom Saturnzentrum $r = 6.283\,R_S$) haben z. B. ergeben, daß Elektronen mit Energien E_e im Bereich $26\,\text{keV} \leq E_e \leq 37\,\text{keV}$ eine Absorptionsstruktur innerhalb von $\approx 4000\,\text{s}$ soweit auffüllen, daß ein Profil entsprechend $\tau = 10$ (Abb. 6.37) entsteht. Der Diffusionskoeffizient wurde mit $D \simeq 5.4 \cdot 10^{-8}\,R_S^2\,\text{s}^{-1}$ bestimmt. Absorptionsstrukturen wurden auch in den Orbitalbahnen der Monde Mimas (Distanz vom Saturnzentrum $r = 3.12\,R_S$), Enceladus ($r = 3.981\,R_S$), Tethys ($r = 4.916\,R_S$) und Rhea ($r = 8.749\,R_S$) sowie in den L-Schalen der Saturnringe detektiert.

Die Analyse von Mikrosignaturen ermöglicht, wie erwähnt, auch Aussagen über das Magnetfeld, wenn zwischen Verursacher und Absorptionstruktur eine eindeutige Zuordnung gemacht werden kann. Protonen-Teilchenmessungen im Energiebereich $63\,\text{MeV} \leq E_p \leq 160\,\text{MeV}$ während der Annäherung (inbound) von Voyager 2 an Saturn bzw. Entfernung (outbound) von Saturn haben deutliche Mikrosignaturen der Monde Mimas und Enceladus ergeben. Hätte Saturn ein reines, im Planetenzentrum positioniertes Dipolfeld, dann wären die Absorptionsstrukturen sowohl beim Inbound- als auch beim Outbound-Flug an derselben L-Schale beobachtet worden. (Die oben besprochenen Gesetzmäßigkeiten über die Bewegung geladener Teilchen in einer Magnetosphäre fordern ja, daß die Teilchen auf ein und derselben L-Schale bleiben.) Wie Abb. 6.38 jedoch zeigt, war dies nicht der Fall.

Eine bessere Übereinstimmung der Inbound- und Outbound-Absorptionsstrukturen in Abhängigkeit von L kann nun durch eine gezielte Veränderung des Magnetfeldmodells, d. h. durch Verändern der Koeffizienten der Kugelfunktionsentwicklung für das Magnetfeld, erreicht werden. Im vorliegenden Fall konnten die Inbound- und Outbound-Mikrosignaturen durch eine Verschiebung des fiktiven Dipols vom

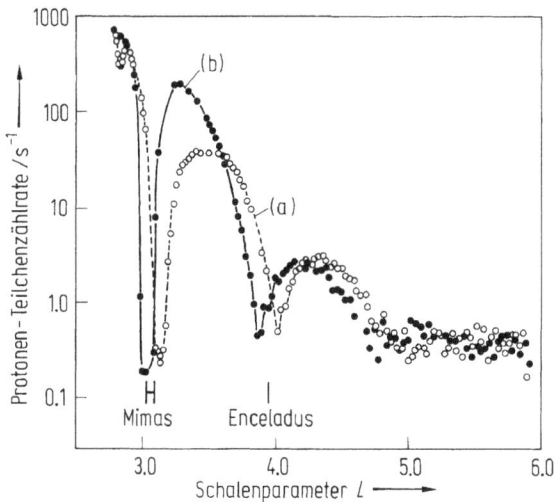

Abb. 6.38 Teilchenzählrate von Protonen, gemessen von Voyager 2 im Energiebereich $63\,\text{MeV} \leq E_p \leq 160\,\text{MeV}$ während des Durchfluges durch die Saturn-Magnetosphäre. Unter Zugrundelegen eines planetenzentrierten Dipolfeldes liegen die Mimas- und Enceladus-Mikrosignaturen entlang der Inbound-(a) und Outbound-(b) Raumsondentrajektorie auf unterschiedlichen L-Schalen. Eine Korrektur des Magnetfeldes kann die Absorptionsstrukturen zur Deckung bringen (nach [48]).

Planetenzentrum um $0.05\,R_S$ in Richtung Norden, parallel zur Rotationsachse, zur Deckung gebracht werden [48]. Ein Vergleich des durch Mikrosignatur-Analysen verbesserten Saturn-Magnetfeldes mit dem sog. Z3-Modell, welches ausschließlich aus Magnetfeldmessungen hergeleitet wurde, hat gezeigt, daß dieses Magnetfeld durch eine axialsymmetrische, zonale harmonische Kugelfunktionsentwicklung dritten Grades dargestellt werden kann (s. Tab. 6.2 in Abschn. 6.4.1).

6.4.7 Die Magnetosphären von Uranus und Neptun

Die Raumsonde Voyager 2 ist die bislang einzige Sonde, die die Riesenplaneten Uranus und Neptun durch Vorbeiflüge erkundet hat. Nach etwas mehr als 8 Jahren Flugzeit erfolgte die größte Annäherung an Uranus im Januar 1986, Neptun wurde im August 1989 erreicht. Daß diese Flugzeiten von der Erde zu den äußeren Planeten relativ kurz gehalten werden konnten, ist der praktizierten Sling-shot-Methode bzw. der Schwerkraft-unterstützten Flugbahnwahl zu verdanken. Ein Flugkörper, der die der Orbitalbewegungsrichtung abgewandte Hemisphäre des Planeten beim Vorbeiflug anvisiert, erfährt durch die Planetenbewegung einen Geschwindigkeitszuwachs (im sonnenzentrierten Koordinatensystem). Die Anwendung der Methode des *Gravity-assist flyby* hat allerdings den Nachteil, daß die Freiheit der Flugbahnwahl begrenzt ist und damit die Exploration bestimmter Magnetosphärenbereiche nur eingeschränkt oder gar nicht möglich ist.

Die im Vergleich zu den anderen Planeten unseres Sonnensystems ungewöhnliche Orientierung der Uranus-Rotationsachse war bekannt, der Winkel zwischen dem planetaren Äquator und der Orbitalebene ist mit $97.8°$ bestimmt worden. Im Jahre 1986 wies die Uranus-Rotationsachse ungefähr in Richtung Sonne. In-situ-Messungen des Magnetfeldes haben nun ergeben, daß die magnetische Achse um $58.6°$ gegenüber der Rotationsachse geneigt ist (Abb. 6.39). Zusätzlich ist das magnetische Zentrum (Z_m) gegenüber dem Planetenzentrum (Z_p) um etwa ein Drittel des Uranus-Radius $(R_U = 25\,600\ \text{km})$ in Richtung (derzeitige) Nachtseite versetzt. Mit dieser Magnetfeldkonfiguration setzt sich Uranus deutlich ab von den bisher besprochenen *symmetrischen* Konfigurationen von Erde, Jupiter und Saturn.

Die aus der Wechselwirkung zwischen dem Sonnenwind und dem Uranus-Magnetfeld resultierende Magnetosphärenstruktur ändert sich fortwährend – selbst bei gleichbleibendem Sonnenwinddruck. In Richtung der magnetischen Achse M ist (gemäß dem Aufbau eines magnetischen Dipols) ein stärkeres Magnetfeld vorhanden, das dem kinetischen Sonnenwinddruck vermehrten magnetischen Druck entgegenstellen kann. Somit ist anzunehmen, daß eine deutliche Magnetopausen-„Ausbuchtung" im Takt der Rotationsperiode $(T_U \simeq 17.24\ \text{h})$ um die Rotationsachse kreist. Die subsolare Distanz der Magnetopause wurde von Voyager 2 zwischen 17.8 und $22.5\,R_U$ beobachtet.

Die Analyse der Magnetfeldmessungen ergab, daß die Durchstoßpunkte der Magnetfeldachse durch die Uranus-„Oberfläche" extrem asymmetrische Positionen aufweisen. Der positive Pol liegt (derzeit sonnenseitig) $15.2°$ über dem Äquator, der negative Pol $-44.2°$ unter dem Äquator, wie auch aus Abb. 6.39 ungefähr zu entnehmen ist. Demzufolge sind die magnetischen Induktionen an der Oberfläche in der Nähe der magnetischen Pole auch um eine Größenordnung verschieden:

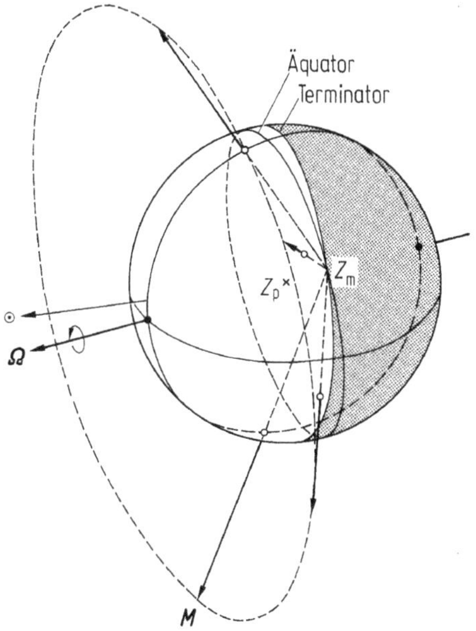

Abb. 6.39 Zwischen der (1986) ungefähr zur Sonne weisenden Uranus-Rotationsachse Ω und der magnetischen Achse M ist ein ungewöhnlich großer Winkel von 58.6° bestimmt worden. Die Rotationsbewegung des magnetischen Momentenvektors M bewirkt eine ständige Veränderung der Uranus-Magnetosphäre im Takt der Uranus-Rotationsperiode ($T_U = 17.24$ h).

$\approx 10^{-5}$ T am (sonnenseitigen) Nordpol, $\approx 1.1 \cdot 10^{-4}$ T am (nachtseitigen) Südpol. Das magnetische Moment wurde mit $2.28 \cdot 10^{-5}$ T R_U^3 berechnet.

Ein für die Magnetosphärenphysik neues Phänomen wurde im Schweifbereich beobachtet. Die eigentümliche Magnetfeldkonfiguration führt dazu, daß der durch die Wechselwirkung mit dem Sonnenwind entstandene Magnetschweif um seine eigene Längsachse rotiert. Die schraubenförmige Verzerrung des Magnetschweifs wird mit Alfvèn-Geschwindigkeit in den Schweif „transportiert", somit tritt eine durch die endliche Alfvèn-Geschwindigkeit verursachte Verdrillung der Schweif-Magnetfeldlinien von etwa 5° gegenüber der Richtung der Sonnenwindströmung auf.

Von besonderem Wert hat sich die Messung der Uranus-Radiostrahlung erwiesen. Durch die asymmetrische Magnetfeldkonfiguration wurde intensive Radiostrahlung – durch die Magnetfeldstärke vorgegeben im Frequenzbereich von $30 \text{ kHz} \leq f \leq 800$ kHz – erst auf der Nachtseite detektiert. Periodisch auftretende Strukturen in den dynamischen Spektren der Radioemission haben eine sehr genaue Bestimmung der Rotationsperiode des Planeteninneren von Uranus ermöglicht. (Dies ist übrigens bei allen anderen Radioplaneten ebenfalls erfolgt mit besonders gutem Resultat bei Jupiter durch die jahrzehntelange Bodenbeobachtung von DAM.)

Beim Durchflug durch die nachtseitige Magnetosphäre befand sich Voyager 2 für bestimmte Radiofrequenzen im Bereich des Kegelmantels des Strahlungskegels – Radiostrahlung wurde beobachtet. Bedingt durch die Planetendrehung wurde der Strahlungskegel von der Raumsonde weggedreht, Voyager „blickte" in das strahlungsleere Kegelinnere und es wurde keine Radioemission detektiert. Dieses mit der Rotationsperiode auftretende Phänomen konnte in 19 von 26 Rotationen beobachtet und daraus eine, für die kurze Vorbeiflugzeit außerordentlich genaue Rotationsperiode von $T_U = (17.239 \pm 0.009)$ h bestimmt werden [49].

Der Durchflug durch die Neptun-Magnetosphäre war der letzte Höhepunkt der sehr erfolgreichen Voyager-2-Mission und ergänzte das Bild über die planetaren Magnetosphären um einige weitere Phänomene [64].

Im Unterschied zu vorangegangenen planetaren Vorbeiflügen konnte für Voyager 2 eine Flugbahn vorbei an Neptun gewählt werden ohne Rücksicht auf nachfolgende Missionsziele. Die engste Annäherung (Closest approach) erfolgte in der nördlichen Polargegend bei einer planetenzentrierten Distanz von $1.18\,R_N$ $(1\,R_N = 24\,765$ km$)$.

Die Neigung der Neptun-Rotationsachse gegenüber der Vertikalen auf der Ekliptik beträgt $28.8°$ (zum Vergleich die Erdachsenneigung mit $23.45°$). Zur Zeit des Voyager-2-Vorbeifluges war die nördliche Hemisphäre im Neptun-,,Winter", die Rotationsachse $\mathbf{\Omega}$ war gegenüber der Sonnenrichtung um etwa $113°$ geneigt. (Dies entspricht $\approx 67°$ zwischen $\mathbf{\Omega}$ und der Sonnenwind-Anströmrichtung $\mathbf{v}_{SW}$.) Diese Konstellation zusammen mit der gegenüber symmetrischen Magnetosphären wiederum ungewöhnlichen Magnetachsenneigung von $\approx 47°$ zwischen $\mathbf{M}$ und $\mathbf{\Omega}$ bringt periodisch eine neue magnetosphärische Wechselwirkungsstruktur zutage: die sog. *Pole-on-Magnetosphäre*.

Durch die Planetenrotation variiert der Winkel zwischen $\mathbf{v}_{SW}$ und $\mathbf{M}$ im Bereich von $\vartheta_1 = 67° + 47° = 114°$ bis $\vartheta_2 = 67° - 47° = 20°$. Die Neptun-Magnetosphäre erfährt im Rhythmus der halben Rotationsperiode ($T_N \simeq 16.1$ Stunden) eine Variation zwischen einer erdähnlichen Konfiguration (ϑ_1) und einer neuen einzigartigen Struktur, bei der der Sonnenwind die Magnetfeldachse (fast) parallel anströmt: der Pole-on-Magnetosphäre (ϑ_2).

Abbildung 6.40 zeigt eine schematische Darstellung der Neptun-Magnetosphärenstruktur zu Zeiten der erdähnlichen Konfiguration (linkes Bild) und während der Pole-on-Konfiguration (rechts). Diese besondere Struktur führt konsequenterweise zu einer weiteren neuen Topologie im Magnetschweif, und zwar zu einer zylinderförmigen Plasmaschicht. Die in der Plasmasheet (s. Abb. 6.9) befindliche Stromschicht trennt die Magnetschweif-Lobes unterschiedlicher Magnetfeldorientierung. Im Falle der erdähnlichen Konfiguration werden die *in den Schweif* orientierten Magnetfeldlinien (in der nördlichen Schweifhälfte) von den *zu Neptun* hin orientierten Feldlinien (in der südlichen Schweifhälfte) separiert. (Die ,,Erdähnlichkeit" bezieht sich nur auf die Topologie, die Magnetfeldrichtungen in der nördlichen und südlichen Schweifhälfte sind bei der Erde wegen des nach geographisch Süd orientierten $\mathbf{M}_{Erde}$ bezüglich Neptun umgekehrt.) Im Falle der Pole-on-Konfiguration nimmt im Neptun-Magnetschweif die Stromschicht zusammen mit der Plasmaschicht eine zylindrische Struktur an, wobei sich außerhalb das in Richtung Neptun weisende, innerhalb das von Neptun weggerichtete Magnetfeld befindet.

Diese fortwährende Strukturveränderung hat sicherlich auch entscheidende Auswirkungen auf die magnetosphäreninnere Plasmadynamik. Entsprechende Studien haben noch nicht zu einem einheitlichen und widerspruchsfreien Bild geführt.

Die Analyse der planetaren Magnetfeldmessungen hat ergeben, daß das Neptun-Magnetfeld innerhalb eines radialen Bereiches von $4\,R_N \le r \le 15\,R_N$ am besten

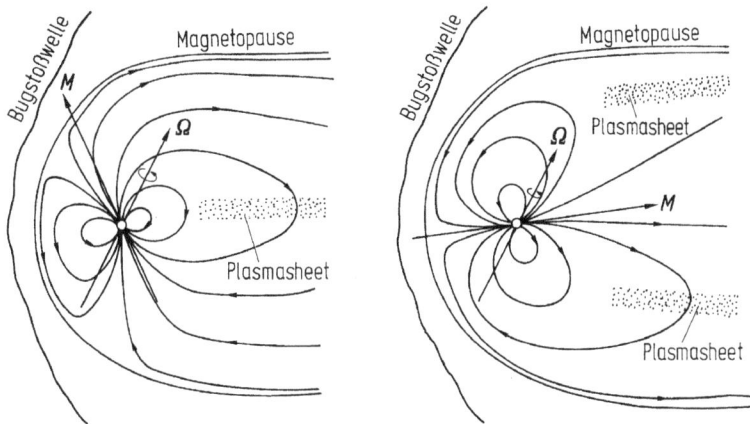

Abb. 6.40 Schematische Darstellung von Meridianschnitten durch die Neptun-Magneto-sphäre. Die Position der magnetischen Achse *M* (linkes Bild) gegenüber der Sonnenwind-Anströmrichtung (von links) führt zu einer erdähnlichen Magnetosphärenkonfiguration, während eine halbe Neptunrotation später (rechtes Bild) beinahe eine sog. Pole-on-Magnetosphäre entsteht. Dabei bekommt die Plasmaschicht eine zylinderförmige Struktur (nach [50]).

durch einen vom Planetenzentrum verschobenen (Offset), geneigten (Tilted) Dipol (OTD) repräsentiert werden kann [51]. Die berechnete Distanz zwischen Masse- und fiktivem Dipolzentrum, verschoben in Richtung südliche Nachthemisphäre, beträgt $0.55\,R_{\mathrm{N}}$. Damit hat Neptun wie Uranus vergleichbar große Unterschiede in den magnetischen Oberflächeninduktionen (Minimum $< 10^{-5}$ T, Maximum $> 10^{-4}$ T).

Aus diesen Ausführungen wird verständlich, daß die Magnetosphären von Uranus und Neptun sich hinsichtlich ihrer Eigenschaften deutlich von den vorhin besprochenen symmetrischen Magnetosphären von Erde, Jupiter und Saturn unterscheiden. Der deutlichste Unterschied zeigt sich in der mit der Planetenrotation wechselnden Magnetosphärenstruktur. Die Ursache dieser magnetischen Asymmetrie liegt in der Verteilung der planeteninneren Stromsysteme.

6.5 Die planetaren Magnetosphären im Vergleich

Eine vergleichende Theorie planetarer Magnetosphären ist aufgrund der erfolgreichen Exploration aller Planeten unseres Sonnensystems – mit Ausnahme des Pluto – zulässig. Nachdem nun auch bekannt ist, welche Parameter und welche physikalischen Prozesse bei der Wechselwirkung zwischen dem Sonnenwind und dem planetaren Magnetfeld eine relevante Rolle spielen, und wie es zur Ausbildung einer planetaren Magnetosphäre kommt, sollen im abschließenden Abschnitt die bekannten Magnetosphären zueinander in Bezug gestellt werden. Vorher sollen noch zwei in diesem Zusammenhang wichtige Fragen beantwortet werden:

1. Wie verändert sich der Sonnenwind über die Distanz von der Sonne bis jenseits des Neptun-Orbits?
2. Welchen Einfluß hat die zeitliche Komponente der Messungen, d. h. wann wurden die jeweiligen Magnetosphären beobachtet bzw. durchflogen?

Die Entwicklung des Sonnenwindes ist mit dem Vorbeiflug von Voyager 2 an Neptun nun über eine Entfernung von mehr als 30 AE bekannt. Ein überraschendes Ergebnis ist, daß die Geschwindigkeit des Sonnenwindes nahezu unverändert bleibt, die Entfernungsabhängigkeit somit $v_{SW} \propto r^0$ ist. Anders hingegen verhält es sich mit der Sonnenwind-Teilchendichte. Wie bereits erwähnt, nimmt die Plasmadichte mit dem Quadrat der Entfernung ab: $n_{SW} \propto r^{-2}$. Ein für den Erdorbit typischer Wert der Teilchendichte (s. Abschn. 6.1.1) sinkt nach 30 AE um fast 3 Größenordnungen ab.

Gemäß Gl. (6.15) bzw. Gl. (6.25) sind nun sowohl Geschwindigkeit als auch Teilchendichte seitens des Sonnenwindes (linke Seite von Gl. (6.15)) größenbestimmend für die Magnetosphäre. Mit zunehmender Sonnenentfernung ist somit ein immer geringerer magnetischer Gegendruck (rechte Seite von Gl. (6.15)) notwendig, um eine Magnetosphäre von bestimmter Größe zu bilden.

(In Abschn. 6.2.3 wurde festgestellt, daß für die terrestrische Magnetopausen-Gleichgewichtslage am subsolaren Punkt etwa $B \approx 87$ nT für den magnetischen Gegendruck erforderlich sind. Allein durch die Dichteabnahme des Sonnenwindes mit dem Quadrat der Entfernung variiert der notwendige magnetische Gegendruck (unter den im Abschnitt 6.2.3 getroffenen Annahmen) von über 600 nT bei Merkur bis einige wenige nT bei Neptun.)

Der Vollständigkeit halber soll noch erwähnt werden, daß die Temperatur des Sonnenwindplasmas mit zunehmender Entfernung geringer wird, wobei die Protonentemperatur gegenüber der Elektronentemperatur stärker abnimmt. Bezüglich des interplanetaren Magnetfeldes wurde bereits festgehalten, daß die spiralenförmige Struktur über große Distanzen erhalten bleibt. Nachdem das B_{IMF} im wesentlichen aus dem Dipolfeld der Sonne stammt, nimmt die Radialkomponente mit r^{-2}, die Azimutalkomponente mit r^{-1} ab. Für die Magnetosphärenphysik haben diese Parameter und ihre Entfernungsabhängigkeiten insofern eine Bedeutung, als z. B. die Art der Stoßwelle vor einer planetaren Magnetosphäre durch die angeführten Klassifikationsparameter M_S, β und θ (B_{IMF}, n) (s. Abschn. 6.2.2) bestimmt wird, wobei die Wertebereiche dieser Klassifikationsparameter eben von der jeweiligen Entfernungsabhängigkeit mitbestimmt werden.

Bezüglich der zweiten Frage kann festgestellt werden, daß die Erforschung der unterschiedlichen Magnetosphären zu Zeiten unterschiedlicher Phasen innerhalb des Sonnenzyklus stattgefunden hat. Wie Abb. 6.41 zeigt, erfolgten die Vorbeiflüge am Planeten Merkur und an den vier Riesenplaneten während der Sonnenzyklen 20 bis 22, die einen unterschiedlichen Verlauf hinsichtlich ihrer Sonnenflecken-Relativzahl R_Z aufweisen:

$$R_Z = 10g + f \tag{6.83}$$

(g = Zahl der Fleckengruppen, f = Zahl der Einzelflecken). Aus dieser Darstellung ist z. B. ersichtlich, daß fünf Raumsonden-Vorbeiflüge die Jupiter-Magnetosphäre während unterschiedlicher Phasen des Sonnenzyklus erkundet haben; die Reaktion der Jupiter-Magnetosphäre auf unterschiedliche interplanetare Bedingungen kann somit besser erforscht werden. So variierte auch die tagseitige Magnetopausenpo-

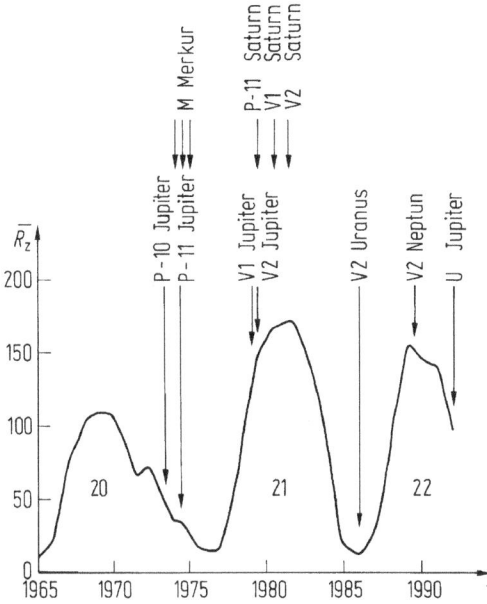

Abb. 6.41   Jahresmittelwerte der Sonnenfleckenrelativzahl $\overline{R_Z}$ im Zeitraum von 1965 bis 1992. Raumsonden-Vorbeiflüge an den jeweiligen Planeten erfolgten während unterschiedlicher Phasen im Sonnenzyklus. Zeitpunkte der größten Annäherung an Merkur: 29. 3. 1974, 21. 9. 1974, 16. 3. 1975 durch Mariner-Venus-Merkur; an Jupiter: 3. 12. 1973 durch Pioneer-10, 2. 12. 1974 durch Pioneer-11, 5. 3. 1979 durch Voyager 1, 9. 7. 1979 durch Voyager 2, 8. 2. 1992 durch Ulysses; an Saturn: 1. 9. 1979 durch Pioneer-11, 12. 11. 1980 durch Voyager 1, 25. 8. 1981 durch Voyager 2. An Uranus 24. 1. 1986 und an Neptun 25. 8. 1989 durch Voyager 2.

sition von Jupiter im Distanzbereich von $47 R_J$ bis $110 R_J$ (siehe Tab. 6.2 in Abschnitt 6.4.1). Diese Möglichkeit der Untersuchung temporärer Variabilitäten über größere Zeitskalen hinweg ist derzeit bei Uranus und Neptun aufgrund des jeweils singulären Vorbeifluges (durch Voyager 2) nicht gegeben.

Nach diesen vorangestellten Ausführungen sollen zum Abschluß die Eigenschaften der planetaren Magnetosphären zusammengefaßt und am Beispiel spezifischer Strukturen (folgender Abschnitt) und Prozesse (Abschnitt 6.5.3 Radiostrahlung) exemplarisch verglichen werden.

6.5.1 Die planetaren Magnetfeldstrukturen

Die Struktur des Magnetfeldes der Planeten Erde, Jupiter, Saturn, Uranus und Neptun kann durch sphärische harmonische Koeffizienten, wie sie in Tab. 6.2 angeführt sind, bestmöglich approximiert und durch nachfolgende Beziehungen auch exakt nachmodelliert werden. Die traditionelle sphärisch harmonische Entwicklung des magnetischen Potentials Φ ist gegeben durch [52]

$$\Phi = a \sum_{n=1}^{\infty} \left\{ \left(\frac{r}{a}\right)^n T_n^e + \left(\frac{a}{r}\right)^{n+1} T_n^i \right\} \tag{6.84}$$

mit a als dem planetaren Radius und der Distanz r vom Planetenzentrum. Die Beiträge T_n^e mit Potenzen von r entsprechen den Feldanteilen aufgrund externer Quellen (z. B. Ringstrom, Magnetschweif-Stromschicht), während die Anteile T_n^i aus internen Quellen (dem Planeteninneren) resultieren:

$$T_n^i = \sum_{m=0}^{n} \left\{ P_n^m(\cos\vartheta) \left[g_n^m \cos(m\varphi) + h_n^m \sin(m\varphi) \right] \right\} . \tag{6.85}$$

Die Terme $P_n^m(\cos\vartheta)$ sind die Schmidt-normalisierten assoziierten Legendre-Polynome mit dem Grad n und der Ordnung m, die Größen g_n^m und h_n^m die internen Schmidt-Koeffizienten, wie sie in Tab. 6.2 angegeben sind. Die Winkel ϑ und φ sind der Polwinkel, gemessen von der Rotationsachse, und die azimutale Länge, zunehmend in Richtung der Rotation. Die Raumkomponenten der magnetischen Induktion B_r, B_ϑ und B_φ sind durch Gradientenbildung der Beziehung (6.84) (gemäß Gl. (6.17)) ableitbar.

Durch die relativ kurzen Vorbeiflüge – unter keineswegs optimalen Voraussetzungen für die Ausmessung eines planetaren Magnetfeldes – sind die Koeffizienten nur bis zum 3. Grad der sphärisch harmonischen Analyse sinnvoll anzuführen. Im Fall der Erde ist die geomagnetische Feldanalyse allerdings wesentlich genauer und kann Koeffizienten bis zum 10. Grad bestimmen [53].

In Tab. 6.2 sind weiter das Dipolmoment, die Neigung der Dipolachse M relativ zur Rotationsachse Ω (negatives Vorzeichen weist auf umgekehrte Richtung gegenüber M_{Erde} hin) und die Versetzung des fiktiven magnetischen Zentrums bezüglich des Planetenzentrums angegeben.

Aus dieser Zusammenstellung ist ableitbar, daß es offenbar zwei verschiedene Typen interner planetarer Dynamos gibt. Die Dynamos der Planeten Erde, Jupiter und Saturn produzieren hauptsächlich ein Dipol-ähnliches Feld mit relativ kleinem Winkel zur Rotationsachse. Die Dynamos der Planeten Uranus und Neptun erzeugen hohe nichtdipolare Anteile und das magnetische Moment M steht unter großem Winkel zur Rotationsachse.

Die vorletzte Zeile in Tab. 6.2 gibt die Neigung der Rotationsachse Ω gegenüber der Ekliptiknormalen N an, dies entspricht der Äquatorneigung gegenüber der Ekliptikebene. Der entsprechende Komplementärwinkel gibt annähernd die Anströmrichtung des Sonnenwindes v_{SW} an. Wie in Abschn. 6.5.4 gezeigt wird, kann aus der Stellung der Vektoren M, Ω und v_{SW} zueinander eine grundsätzliche Einteilung planetarer Magnetosphären hinsichtlich ihrer Struktur getroffen werden.

Die letzte Zeile in der Tab. 6.2 gibt die durchschnittliche bzw. gemessene subsolare Magnetopausendistanz (in Einheiten des jeweiligen Planetenradius) an.

6.5.2 Magnetosphärisches Plasma

Aus den vorangegangenen Ausführungen geht hervor, daß die Magnetosphäre keineswegs als „leerer" Raum zu verstehen ist, sondern von Plasmen unterschiedlicher Herkunft, Dichte und Temperatur erfüllt ist. Als hauptsächliche Quellen des thermischen Plasmas sind die planetaren Ionosphären, der Sonnenwind sowie einige bestimmte Monde zu betrachten, wie aus Tab. 6.3 ersichtlich ist.

Tab. 6.3 Plasma-Charakteristika des thermischen sowie des energetischen Plasmas im Teilchengürtel (nach [37, 50]).

Thermisches Plasma

	Erde	Jupiter	Saturn	Uranus	Neptun
Quelle	Ionosphäre Sonnenwind	Io Ionosphäre	Dione, Tethys, Titan Ionosphäre Sonnenwind	H-Korona Ionosphäre Sonnenwind	Triton Ionosphäre Sonnenwind
Quellstärke Ionen s^{-1}	$2 \cdot 10^{26}$	$3 \cdot 10^{28}$	10^{26}	10^{25}	10^{25}
Lebensdauer	Std.[a]–Tage[b]	10–100 Tage	Monate	1–30 Tage	~ 1 Tag

Energetisches Plasma im Teilchengürtel

	Erde	Jupiter	Saturn	Uranus	Neptun
Fluß von 50-keV-Teilchen:					
Ionen	100[c]	1 000	10	1	0.5
Elektronen	100[c]	10 000	100	100	10
Plasma-Beta	< 1	> 1	> 1	~ 0.1	~ 0.2

[a] Auffüllzeit für die terrestrische Plasmasphäre
[b] Konvektionszeit außerhalb der Plasmapause
[c] Wert 100 = terrestrischer Referenzwert

Das Eindringen von Sonnenwindplasma in den Magnetosphärenraum kann durch die Cleftregionen und an bestimmten Stellen an der Magnetopause erfolgen, wo magnetische *reconnection* mit dem interplanetaren Magnetfeld stattfindet. Ionosphärisches Plasma ist zwar schweremäßig an den Planeten gebunden, für geringe Teile besteht aber die Möglichkeit, entlang von Feldlinien ebenfalls in die Magnetosphäre vorzudringen. Hauptquellen des thermischen Plasmas für Jupiter ist aber der Mond Io, für Saturn die Monde Dione, Tethys und Titan und für Neptun der Mond Triton. Als Folge dieser kontinuierlichen Plasmaabgabe bilden sich ausgedehnte Tori entlang der Orbitalbahnen der jeweiligen Monde.

Bezüglich des energetischen Plasmas gilt festzuhalten, daß nur Jupiter einen deutlich stärkeren Strahlungsgürtel als die Erde hat, während Saturn erdähnliche Verhältnisse aufweist. Uranus und Neptun haben energetisch und flußmäßig einen schwächeren Teilchengürtel. In Tab. 6.3 ist der Fluß von 50 keV Ionen und Elektronen angegeben mit dem terrestrischen Referenzwert von 100 Teilchen pro Fläche und Zeit.

Für den Fall, daß die Energiedichte der energetischen Teilchenkomponente gleich oder größer als die magnetische Energiedichte ist (Plasma-Beta $\beta \geq 1$, s. Gl. (6.14)), produziert der aus dem energiereichen Plasma resultierende Ringstrom signifikante Störanteile ΔB zum planetaren Magnetfeld. Dies kann zu erheblichen Feldverzerrungen führen, wie es bei Jupiter und Saturn auch zu beobachten ist.

Die Herkunft der energetischen Plasmakomponente ist solaren und galaktischen Ursprungs, es können aber auch Teile des thermischen Plasmas auf höhere Energien beschleunigt werden.

6.5.3 Nichtthermische planetare Radiostrahlung

Direkte Evidenz von der Existenz eines magnetosphärischen Plasmas und eines planetaren Magnetfelds liefert die Beobachtung der nichtthermischen Radiostrahlung. Obwohl Merkur ein meßbares Magnetfeld, aber kein nennenswertes magnetosphärisches Plasma besitzt, und obwohl Venus genügend ionosphärisches Plasma, aber kein Magnetfeld hat, zählen diese beiden Planeten eben nicht zu den Radioplaneten. Auch bei Mars ist keine Radiostrahlung detektiert worden.

Radioplaneten wie die Erde und die Riesenplaneten bieten dem magnetosphärischen bzw. dem von außen in die Magnetosphäre eindringenden Plasma sowie den Feldstrukturen ausreichenden „Magnetosphärenraum", welcher für die Erzeugung von nichtthermischer Radiostrahlung notwendig ist. Die Unterschiede in den Radiostrahlungscharakteristika spiegeln die unterschiedlichen magnetosphärischen Strukturen, Feldstärken, Feldinhomogenitäten, Sonnenwind- bzw. Satellitenbeeinflussung und viele weitere Ursachen wider. Tab. 6.4 faßt die wichtigsten Eigenschaften der Radiokomponenten zusammen.

Aufgrund des starken Magnetfeldes von Jupiter erstreckt sich der beobachtete Frequenzbereich der Radiostrahlung von wenigen kHz bis auf etwa 40 MHz. Die emittierte Strahlungsleistung ist bei der HOM- und DAM-Radiokomponente am höchsten (Faktor 100 bis 1000 gegenüber AKR).

Trotz jahrelanger bodengebundener Beobachtung der Jupiter-DAM-Strahlungskomponente und trotz der umfangreichen Daten durch die Raumsonden-Vorbeiflüge (hauptsächlich Voyager 1 und 2) ist die Messung der Radiostrahlung über alle magnetischen Breiten und Lokalzeiten nur bei der Erde vollständig. Bei Jupiter beträgt die „Bedeckung" einige wenige Prozent, bei allen anderen Radioplaneten noch deutlich weniger. Somit sind genauere Angaben, z.B. über die Radioquellgebiete oder über die Emissionsleistung, noch ausständig. Diesbezügliche Verbesserungen können durch Raumsonden im Orbit um Planeten (Galileo um Jupiter [59], Cassini um Saturn [60]) erwartet werden.

6.5.4 Hierarchie planetarer Magnetosphären

Den Abschluß bildet eine verallgemeinerte Betrachtung über die Wechselwirkungsstrukturen zwischen der Sonnenwindströmung und Himmelskörpern in unserem Sonnensystem. Grundsätzlich lassen sich drei Kategorien definieren, welche die folgenden Wechselwirkungen umfassen:

1. *Magnetosphären* im eigentlichen Sinne, welche auch Inhalt des vorliegenden Kapitels sind (einschließlich Ganymed [61, 62]).
2. *Induzierte Magnetosphären* mit Himmelskörpern, welche magnetosphärenähnliche Strukturen bei der Wechselwirkung mit dem Sonnenwind aufbauen. Dazu

Tab. 6.4 Wesentliche Parameter der nichtthermischen planetaren Radiostrahlung (nach [55, 56]).

	Erde	Jupiter	Saturn	Uranus	Neptun
Radiokomponente	AKR (oder TKR)	DAM, HOM, Io-/non-Io DAM, KOM	SKR	UKR, SHF, SLF	NKR, „smooth" Emission
Frequenzbereich [kHz]	30–800	DAM: 500–40000 HOM: 300–3000 KOM: 20–1000	≤20–1200	≤20–900	≤20–800
Ort der Quelle	nachtseitige Aurorazonen 60°–78° (N&S) Höhe $1.3\,r_E$–$4\,r_E$ lokalzeitlich fixiert: LT ≈ 22 Uhr	Io-DAM: nahe Io-Flußröhre Höhe $1\,r_J$–$5\,r_J$ HOM und non-Io DAM-fixiert in CML: 90°–240°	tagseitige Cleftregion 75°–85° (N&S) Höhe $\leq 1.1\,r_S$–$>4\,r_S$ lokalzeitlich fixiert: LT ≈ 12 Uhr	nachtseitige Aurorazone SHF: >75° (S) Höhe $1.3\,r_U$–$>3.6\,r_U$	Aurorazonen (N&S) Höhe $1.5\,r_N$–$\geq 5\,r_N$
Polarisation	100% zirkular RH(S), LH(N)	DAM: elliptisch HOM: 100% zirkular RH(N), LH(S)	100% zirkular RH(N), LH(S)	SHF: >90% zirkular LH(S) SLF: 100% zirkular LH	zirkular, RH
Emissionsmode	X-Mode (schwächere O-Mode)	X-Mode (teilw. schwächere O-Mode)	X-Mode	X-Mode (SLF: O-Mode)	X-Mode
Emissionsleistung [W/2π sr]	10^8	10^{10}–10^{11}	10^9	$3 \cdot 10^7$	1–$2 \cdot 10^7$
Sonnenwind-Energiezufuhr	1 (= Referenzwert)	200	4	0.12	0.08

AKR = Auroral kilometric radiation, TKR = Terrestrial k.r., DAM = Dekametric r., HOM = Hectometric r., KOM = Kilometric r., SKR = Saturn k.r., UKR = Uranus k.r., SHF (SLF) = Smooth high (low) frequency r., NKR = Neptune k.r., RH(N) = rechtshändig polarisiert (magnetisch Nord), LH(S) = linkshändig polarisiert (magnetisch Süd)

zählen der Planet Venus (Wechselwirkung des Sonnenwindes mit der Venus-Ionosphäre), Titan (wenn außerhalb der Saturn-Magnetosphäre, dann Wechselwirkung des Sonnenwindes mit der Titan-Ionosphäre) und die Kometen (?) nahe der Sonne. Mars hat remanenten lokalen Magnetismus [63].

3. *Minimal-Wechselwirkung* bei Plasma-absorbierenden Himmelskörpern. Der Erdmond, möglicherweise die Asteroiden und unter Umständen der Uranusmond Oberon, wenn er außerhalb der Uranus-Magnetosphäre ist, absorbieren das Sonnenwindplasma. Es treten hinter dem „Hindernis" geringe Störungen auf, aber vorne bildet sich *keine* Schockfront.

Innerhalb der Kategorie 1, die für unsere Betrachtung von Relevanz ist, kann eine rein geometrische Klassifikation der Magnetosphären aufgrund der Orientierung der Vektorgrößen magnetisches Moment M, Rotationsvektor Ω und Sonnenwind-Anströmrichtung v_{SW} vorgenommen werden:

Orientierungstyp 1: $M \parallel \Omega$, $\Omega \perp v_{SW}$
Orientierungstyp 2: $M \parallel \Omega$, $\Omega \parallel v_{SW}$
Orientierungstyp 3: $M \perp \Omega$, $\Omega \perp v_{SW}$
Orientierungstyp 4: $M \perp \Omega$, $\Omega \parallel v_{SW}$

Symmetrische Magnetosphären (Erde, Jupiter, Saturn) entsprechen offenbar dem Orientierungstyp 1, wo M annähernd parallel zur Rotationsachse Ω ist (Maximalabweichung liegt bei der Erde mit 11.4° vor), Ω ist ungefähr senkrecht auf der Anströmrichtung v_{SW} (hier weist Saturn eine Maximalabweichung von 26.7° auf; der Winkel zwischen M und v_{SW} kann bei der Erde fast 35° erreichen).

Derzeit ist keine Magnetosphäre bekannt, welche dem Orientierungstyp 2 entsprechen würde. Die Vektorstellung $M \parallel \Omega$ und $\Omega \parallel v_{SW}$ impliziert eine parallele Orientierung von M und v_{SW}, was auf eine (stabile) Pole-on-Magnetosphäre hin-

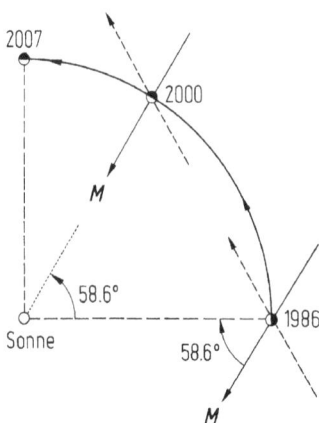

Abb. 6.42 Im Laufe des Uranus-Orbits führt die geänderte Orientierung von M bezüglich der Sonnenwind-Anströmrichtung v_{SW} zu einer völlig neuen Situation im Jahre 2000. Die Uranus-Magnetosphäre variiert dann im Laufe eines Uranus-Halbtages zwischen einer Poleon-Magnetosphäre und einer erdähnlichen Magnetosphäre, wie es die Neptun-Magnetosphäre während des Vorbeifluges von Voyager 2 durchgeführt hat.

Tab. 6.5 Hierarchie planetarer Magnetosphären. Unterschiedliche Wechselwirkungsstrukturen führen im wesentlichen zu drei Gruppen: Wechselwirkung mit geringer bis mäßiger Strukturentwicklung, symmetrische und asymmetrische Magnetosphären. Die einmal angeführte Eigenschaft (Struktur oder Prozeß) tritt auch bei den nachfolgend angeführten Magnetosphären (teilweise modifiziert) auf (nach [57, 58]).

Planet	magnetosphärische Strukturen bzw. Prozesse
Venus	Bugstoßwelle
	„Magnetosheath"
Mars	Magnetopause
	Plasmaschicht
Merkur	zeitabhängige Prozesse
	Auftreten energetischer Teilchen
Erde	Plasmasphäre
	Auftreten planetenrotationskontrollierter Strukturen und Prozesse
	energetische Teilchenzonen (Van Allen Gürtel)
	Aurora-Prozesse
	nicht-thermische Radiostrahlung
Jupiter	starke Rotationseffekte (Feldverzerrung durch Einwirkung der Zentrifugalkraft auf Plasma)
	Mondeffekte (Modulation der Radiostrahlung, Quelle und Senke von Teilchen)
	Ringsystem
Saturn	(Fallweise) Mondmagnetosphäre (Titan)
Uranus	Magnetschweifrotation
Neptun	periodischer Wechsel zwischen „Pole-on"
	Magnetosphäre und erdähnlicher Magnetosphärenstruktur
	periodischer Wechsel zwischen zylinderförmiger und ebener Plasmaschicht

führt. Wir wissen nun aber, daß die M-Ω-Orientierungen bei Uranus und Neptun zwischen parallel und senkrecht liegen, so daß eine Pole-on-Konfiguration nur im Takte der Planetenrotation auftritt, und dann auch nur innerhalb gewisser Bereiche entlang des Orbits (s. Abb. 6.42).

Die Orientierungstypen 3 und 4 gehen davon aus, daß das magnetische Moment, das im Planeteninneren erzeugt wird, im rechten Winkel zur Rotationsachse steht. Dies ist mit der Dynamotheorie kaum vereinbar. Heutige Vorstellungen von der Magnetfeldstruktur während der Perioden der magnetischen Umpolungen bei der Erde unterstützen eher die Vermutung, daß das Dipolmoment (M annähernd parallel zu Ω) schwächer wird, einen Nulldurchgang aufweist und sich dann in antiparalleler Orientierung wieder aufbaut. Somit dominieren während solcher Umpolungsintervalle die magnetischen Momente höheren Grades, was zu neuen Magnetosphärentypen führen könnte (z. B. einer Quadrupol-Magnetosphäre).

In Tab. 6.5 ist eine Art Evolution bzw. Hierarchie der derzeitig bekannten Magnetosphären bzw. Wechselwirkungsstrukturen zusammengefaßt. Drei Gruppen lassen sich unmittelbar ableiten:

- Wechselwirkung mit *geringer* bis *mäßiger* Strukturentwicklung, die an Venus, Mars und Merkur auftritt,
- Wechselwirkung, die zu *symmetrischen* Magnetosphären und
- Wechselwirkung, die zu *asymmetrischen* Magnetosphären führt.

Die in Tab. 6.5 angeführten Parameter bzw. Magnetosphärencharakteristika sind nur jeweils einmal angeführt, d. h. alle nachfolgenden Magnetosphären besitzen die bereits angeführte Struktur oder Eigenschaft. (Die Wechselwirkung des Sonnenwindes mit Venus führt z. B. zur Ausbildung einer Bugstoßwelle; alle nachfolgenden Magnetosphären weisen auch Bugstoßwellen auf.)

Die Erforschung des interplanetaren Mediums und der planetennahen Räume wird wie in den letzten Jahren auch in den nächsten Jahrzehnten durch bodengebundene, vor allem aber durch in-situ-Beobachtungen fortgesetzt werden. Die Physik der planetaren Magnetosphären wird dementsprechend ein wesentlicher Bestandteil der Weltraumforschung bleiben.

Literatur

Weiterführende Literatur

Akasofu, S.-I., Kamide, Y., The Solar Wind and the Earth, Terra Scientific, D. Reidel, Tokio, 1987

Akasofu, S.-I., Kan, J. R., Physics of Auroral Arc Formation, Geophysical Monograph **25**, AGU, Washington D. C., 1981

Bergstralh, J. T., Miner, E. D., Matthews, M. S. (Ed.), Uranus, The University of Arizona Press, Tucson, Arizona, 1991

Dessler, A. J. (Ed.), Physics of the Jovian Magnetosphere, Cambridge University Press, Cambridge, 1983

Gehrels, T., Matthews, M. S. (Ed.), Saturn, The University of Arizona Press, Tucson, Arizona, 1984

Glaßmeier, R.-H., Scholer, M. (Hrsg.), Plasmaphysik im Sonnensystem, Bibliographisches Institut Mannheim, Wien, Zürich, 1991

Jacobs, J. A., Geomagnetic Pulsations, Springer, Berlin, 1970

Kennel, C. F., Lanzerotti, L. J., Parker, E. N. (Ed.), Solar System Plasma Physics. Bd. I, Solar and solar wind plasma physics. Bd. II, Magnetospheres. Bd. III, Solar system plasma processes, North-Holland, Amsterdam, New York, Oxford, 1979

Kertz, W., Einführung in die Geophysik I, II, BI Hochschultaschenbücher, Bd. 275, 535, Bibliographisches Institut, Mannheim, 1985

Kippenhahn, R., Möllenhoff, C., Elementare Plasmaphysik, Bibliographisches Institut, Mannheim, Wien, Zürich, 1975

Kivelson, M. G., Russell, C. T. (Eds.), Introduction to Space Physics, Cambridge University Press, Cambridge, 1995

Lang, K. R., Whitney, Ch. A., Wanderers in space. Exploration and discovery in the solar system, Cambridge University Press, Cambridge, New York, Port Chester, Melbourne, Sydney, 1991

Littmann, M., Planets beyond. Discovering the outer solar system, Wiley, New York, Chichester, Brisbane, Toronto, Singapore, 1990

Nishida, A., Geomagnetic Diagnosis of the Magnetosphere, Physics and Chemistry in Space, Vol. 9, Springer, New York, Heidelberg, Berlin, 1978

Rucker, H.O., Bauer, S.J., Pedersen, B.-M., Kaiser, M.L. (Eds.), Planetary Radio Emissions, Verlag d. Österr. Akademie d. Wissenschaften, Wien. Vol. I (Rucker, H.O., Bauer, S.J., Eds.), 1985; Vol. II (Rucker, H.O., Bauer, S.J., Pedersen, B.-M., Eds.), 1988; Vol. III (Rucker, H.O., Bauer, S.J., Kaiser, M.L., Eds.), 1992; Vol. IV (Rucker, H.O., Bauer, S.J., Lecacheux, A., Eds.), 1997

Spektrum der Wissenschaft, Planeten und ihre Monde, Spektrum, Heidelberg, 1988

Waite, J.H., jr., Burch, J.L., Moore, R.L. (Eds.), Solar System Plasma Physics, Geophysical Monograph **54**, AGU, Washington D.C., 1989

Zeitschriften

Scientific American Special Issue: Exploring Space, 1990.

Jupiter: Science, **183**, 301–324, 1974 (Pioneer 10), **188**, 445–477, 1975 (Pioneer 11), **204**, 945–1008, 1979 (Voyager 1), **206**, 925–996, 1979 (Voyager 2), Nature, **280**, 725–806, 1979 (Voyager 1), Planet. Space Sci., **41**, Nr. 11/12, 1993 (Ulysses).

Saturn: Science, **207**, 400–453, 1980 (Pioneer 11), **212**, 159–243, 1981 (Voyager 1), **215**, 499–594, 1982 (Voyager 2), Nature, **292**, 675–755, 1981 (Voyager 1).

Uranus: Science, **233**, 1–132, 1986 (Voyager 2).

Neptun: Science, **246**, 1361–1532, 1989 (Voyager 2).

Zitierte Publikationen

[1] Chapman, S., Ferraro, V.C.A., A new theory of magnetic storms, Terr. Magn., **36**, 77, 1931

[2] Biermann, L., Kometenschweife und solare Korspuskularstrahlung, Z. Astrophys., **29**, 274, 1951

[3] Chapman, S., Notes on the solar corona and the terrestrial ionosphere, Smith. Contr. Astrophys., **2**, 1, 1957

[4] Parker, E.N., Dynamics of the interplanetary gas and magnetic fields, Astrophys. J., **128**, 664, 1958

[5] Schwenn, R., Der Sonnenwind, in: Plasmaphysik im Sonnensystem (Glaßmeier, K.-H., Scholer, M., Hrsg.), BI Wissenschaftsverlag Mannheim, Wien, Zürich, 1991

[6] Alfvèn, H., Electric currents in cosmic plasmas, Rev. Geophys. Space Phys., **15**, 271, 1977

[7] Wilcox, J.M., Ness, N.F., Quasi-stationary corotating structure in the interplanetary medium, J. Geophys. Res., **70**, 5793, 1965

[8] Greenstadt, E.W., Fredricks, R.W., Shock systems in collisionless space plasmas, in: Solar System Plasma Physics, Vol. III (Lanzerotti, L.J., Kennel, C.F., Parker, E.N., Eds.), North-Holland, Amsterdam, New York, Oxford, 1979.

[9] Greenstadt, E.W., Russell, C.T., Scarf, F.L., Formisano, V., Neugebauer, M., Structure of the quasi-perpendicular laminar bow shock, J. Geophys. Res., **80**, 502, 1975.

[10] Scholer, M., Stoßwellen in stoßfreien Plasmen, in: Plasmaphysik im Sonnensystem, Glaßmeier, K.-H., Scholer, M., Hrsg.), BI Wissenschaftsverlag Mannheim, Wien, Zürich, 1991

[11] Willis, D.M., Structure of the magnetopause, Rev. Geophys. Space Phys., **9**, 953, 1971

[12] Voigt, G.-H., Stand und Entwicklungsmöglichkeiten quantitativer Magnetosphärenmodelle, Kleinheub. Ber. **22**, 161, 1979

[13] Taylor, H.E., Hones, E.W., Adiabatic motion of auroral particles in a model of the electric and magnetic fields surrounding the earth, J. Geophys. Res., **70**, 3605, 1965

[14] Rucker, H., Biernat, H., Analytische Berechnung der Magnetopausenkonfiguration im Zweidimensionalen, Acta Phys. Austriaca, **51**, 281, 1979

[15] Mead, G.D., Beard, D.B., Shape of the geomagnetic field solar wind boundary, J. Geophys. Res., **69**, 1169, 1964

[16] Dungey, J.W., Interplanetary magnetic field and the auroral zones, Phys. Rev. Lett., **6**, 47, 1961

[17] Axford, W.I., Hines, C.O., A unifying theory of high-latitude geophysical phenomena and geomagnetic storms, Can. J. Phys., **39**, 1433, 1961

[18] Siscoe, G., The magnetosphere: A union of interdependent parts, EOS Trans. AGU, **72**, 494, 1991

[19] Heikkila, W.J., Penetration of particles into the polar cap and auroral regions, in: Critical Problems of Magnetospheric Physics, Proceedings (Dyer, E.R., Ed.), **77**, 1972

[20] Søraas, F., Particle observations in the magnetosphere, in: Cosmical Geophysics (Egeland, A., Holter, Ø., Omholt, A., Eds.), Universitetsforlaget, Oslo, 143, 1973

[21] Lyons, L.R., Williams, D.J., Quantitative aspects of magnetospheric physics, D. Reidel, Dordrecht, Boston, Lancaster, 1984

[22] McIlwain, C.E., Coordinates for mapping the distribution of magnetically trapped particles, J. Geophys. Res., **66**, 3681, 1961

[23] Kertz, W., Einführung in die Geophysik II: Obere Atmosphäre und Magnetosphäre, Bibliographisches Institut, Mannheim, 1985

[24] Helliwell, R.A., Whistlers and Related Ionospheric Phenomena, Stanford University Press, Stanford, California, 1965

[25] Corcuff, Y., Probing the plasmapause by whistlers, Ann. Geophys., **31**, 53, 1975

[26] Pudovkin, M.I., Semenov, V.S., Magnetic field reconnection theory and the solar wind – magnetosphere interaction: A review, Space Sci. Rev., **41**, 1, 1985

[27] Wiechen, H., Schindler, K., Grundprozesse magnetosphärischer Aktivität, in: Plasmaphysik im Sonnensystem (Glaßmeier, K.-H., Scholer, M., Hrsg.), BI Wissenschaftsverlag, Mannheim, Wien, Zürich, 1991

[28] Saito, T., Proc. Magnetosph. Symp., ISAS, Univ. Tokio, 1976

[29] Glaßmeier, K.-H., Eigenschwingungen planetarer Magnetosphären, in: Plasmaphysik im Sonnensystem (Glaßmeier, K.-H., Scholer, M., Hrsg.), BI Wissenschaftsverlag, Mannheim, Wien, Zürich, 1991

[30] Schlegel, K., Das Polarlicht, in: Plasmaphysik im Sonnensystem (Glaßmeier, K.-H., Scholer, M., Hrsg.), BI Wissenschaftsverlag, Mannheim, Wien, Zürich, 1991

[31] Akasofu, S.-I., What causes the aurora? EOS Trans. AGU, **73**, 209, 1992

[32] Burke, B.F., Franklin, K.L., Observations of a variable radio source associated with the planet Jupiter, J. Geophys. Res., **60**, 213, 1955

[33] Benediktov, E.A., Getmantsev, G.G., Sazonov, Y.A., Tarasov, A.F., Preliminary results of measurements of the intensity of distributed extraterrestrial radio frequency emission at 725 and 1525 kHz frequencies by the satellite Electron-2, Cosmic Res., **3**, 492 (Übersetzung von Kosm. Issled., **3**, 614), 1965

[34] Croley, D.R., jr., Mizera, P.F., Fennel, J.F., Signature of a parallel electric field in ion and electron distributions in velocity space, J. Geophys. Res., **83**, 2701, 1978

[35] Wu, C.L., Lee, L.C., A theory of the terrestrial kilometric radiation, Astrophys. J., **230**, 621, 1979

[36] Rucker, H.O., The cyclotron maser instability: Application to the planetary radio emission, in: Theoretical Problems in Space and Fusion Plasmas (Biernat, H.K., Bauer, S.J., Heindler, M., Eds.), Verlag d. Österr. Akademie d. Wissenschaften, Wien, 1991

[37] Neubauer, F.M., Die Magnetosphären anderer Planeten im Sonnensystem, in: Plasmaphysik im Sonnensystem (Glaßmeier, K.-H., Scholer, M., Hrsg.), BI Wissenschaftsverlag Mannheim, Wien, Zürich, 1991.

[38] Acuna, M.H., Behannon, K.W., Connerney, J.E.P., Jupiter's magnetic field and magnetosphere, in: Physics of the Jovian magnetosphere (Dessler, A.J., Ed.), Cambridge University Press, Cambridge, 1983

[39] Goldstein, M. L., Goertz, C. K., Theories of radio emissions and plasma waves, in: Physics of the Jovian magnetosphere (Dessler, A. J., Ed.), Cambridge University Press, Cambridge, 1983

[40] Bigg, E. K., Influence of the satellite Io on Jupiter's decametric emission, Nature, **203**, 1008, 1964

[41] Genova, F., Boischot, A., Structure of the source of Jovian decametric emission and interplanetary scintillation, Nature, **293**, 382, 1981

[42] Imai, K., Wang, L., Carr, T. D., Origin of Jupiter's decametric modulation lanes, in: Planetary Radio Emissions III (Rucker, H. O., Bauer, S. J., Kaiser, M. L., Eds.), Verlag Österr. Akademie d. Wissenschaften, Wien, 1992

[43] Rucker, H. O., Mostetschnig, V., Ladreiter, H. P., Rabl, G. K. F., Spectrometric observations of Jupiter S-bursts at the Observatory Lustbuehel, Graz, in: Planetary Radio Emissions III (Rucker, H. O., Bauer, S. J., Kaiser, M. L., Eds.), Verlag Österr. Akademie d. Wissenschaften, Wien, 1992

[44] Rucker, H. O., Ladreiter, H. P., Leblanc, Y., Jones, D., Kurth, W., Jovian plasma sheet density profile from low-frequency radio waves, J. Geophys. Res., **94**, 3495, 1989

[45] Lepping, R. P., Desch, M. D., Klein, L. W., Sittler, E. C., jr., Sullivan, J. D., Kurth, W. S., Behannon, K. W., Structure and other properties of Jupiter's distant magnetotail, J. Geophys. Res., **88**, 8801, 1983

[46] Rucker, H. O., Desch, M. D., Influence of the solar wind/interplanetary medium on Saturnian kilometric radiation, J. Geomagn. Geoelectr., **42**, 1351, 1990

[47] Van Allen, J. A., Energetic particles in the inner magnetosphere of Saturn, in: Saturn (Gehrels, T., Matthews, M. S., Eds.), The Univ. of Arizona Press, Tucson, Arizona, 1984

[48] Chenette, D. L., Davis, L., jr., An analysis of the structure of Saturn's magnetic field using charged particle absorption signatures, J. Geophys. Res., **87**, 5267, 1982.

[49] Desch, M. D., Connerney, J. E. P., Kaiser, M. L., The rotation period of Uranus, Nature, **322**, 42, 1986

[50] Bagenal, F., Giant planet magnetospheres, Annu. Rev. Earth Planet. Sci., **20**, 289, 1992

[51] Ness, N. F., Acuna, M. H., Burlaga, L. F., Connerney, J. E. P., Lepping, R. P., Neubauer, F. M., Magnetic fields at Neptune, Science, **246**, 1473, 1989

[52] Chapman, S., Bartels, J.: Geomagnetism, Oxford University Press, New York, 1940

[53] Langel, R. A., IGRF, 1991 Revision, EOS Trans. AGU, **73**, 182, 1992

[54] Ness, N. F., Planetary magnetic fields: Salient characteristics, in: Planetary Radio Emissions III (Rucker, H. O., Bauer, S. J., Kaiser, M. L., Eds.), Verlag Österr. Akademie d. Wissenschaften, Wien, 1992

[55] Rucker, H. O., Erkundung der Radioplaneten durch Voyager, Physik in unserer Zeit, **4**, 149, 1991.

[56] Zarka, P., The auroral radio emission from planetary magnetospheres. What do we know, what don't we know, what do we learn from them? Adv. Space Res., **12**, 99, 1992

[57] Siscoe, G. L., Towards a comparative theory of magnetospheres, in: Solar System Plasma Physics, Vol. II (Kennel, C. F., Lanzerotti, L. J., Parker, E. N., Eds.), North-Holland, Amsterdam–New York–Oxford, 1979

[58] Rucker, H. O., Solar wind influence on non-thermal planetary radio emission, Ann. Geophys., **5A**, 1, 1987

[59] Special section ‚Magnetospheres of the outer planets‘, J. Geophys. Res., **103**, Nr. E9, August 30, 1998

[60] Special issue ‚Cassini/Huygens Mission‘, Planet. Space Sci., **46**, Nr. 9/10, 1998

[61] Gurnett, D. A., Kurth, W. S., Roux, A., Bolton, S. J., Kennel, C. F., Evidence for a magnetosphere at Ganymede from plasma wave observations by the Galileo spacecraft, Nature, **384**, 535, 1996

[62] Kivelson, M.G., et al., The magnetic field and magnetosphere of Ganymede, Geophys. Res. Lett., **24**, 2155, 1997

[63] Acuna, M.H., Connerney, J.E.P., Ness, N.F., Lin, R.P., Mitchell, D., Carlson, C.W., McFadden, J., Anderson, K.A., Reme, H., Mazelle, C., Vignes, D., Wasilewski, P., Cloutier, P., Global Distribution of Crustal Magnetization Discovered by the Mars Global Surveyor MAG/ER Experiment, Science, 30. April 1999, Vol. 284

[64] Neptune and Triton, Cruikshank, D.P. (Ed.), Matthews, M.S., Schumann, A.M. (editorial assistance), The University of Arizona Press, Tuscon, 1995

Internet-Hinweise

Institutionen

Amerikanische Weltraumbehörde NASA: http://www.nasa.gov

Europäische Weltraum-Agentur ESA: http://www.esa.int

National Oceanic & Atmospheric Administration NOAA: http://www.spaceweather.noaa.gov

Radio Observatorium Nancay (Frankreich): http://www.obs-nancay.fr

Institut für Weltraumforschung der Österreichischen Akademie der Wissenschaften: http://www.iwf.oeaw.ac.at

Österreichisches Weltraumforum: http://www.oewf.org

Austrian Space Agency: http://www.asaspace.at

Space Physics at the National Space Science Data Center: http://nssdc.gsfc.nasa.gov/space/space_physics_home.html#project

Space Studies Board ("News about Space Science"): http://www.nationalacademies.org/ssb/whatsnew.html

Projekte, Lecture Notes

EU-INTAS Project France-Austria-Ukraine-Russia: New Frontiers in Decametre Radio Astronomy http://www.iwf.oeaw.ac.at/intas

International Jupiter Watch: http://www.iwf.oeaw.ac.at/ijw

Committee on Radio Astronomy Frequencies: http://www.nfra.nl/craf/raobs.htm

Wynne Calvert (Univ. Iowa, USA), Lecture Notes on the Aurora: http://members.home.net/wcx/TOC.htm

Raumsonden – Missionen

SOHO Solar and Heliospheric Observatory: http://sohowww.nascom.nasa.gov

Earth from Space: http://earth.jsc.nasa.gov

Geomagnetic Storm: http://spacescience.com/newhome/headlines/ast29dec99_1.htm

NOAA's Space Weather: http://www.spaceweather.noaa.gov; http://sec.noaa.gov/today2.html

WAVES Experiment on Wind spacecraft (Radio-Experiment): http://lep694.gsfc.nasa.gov/waves/waves.html

Mars Global Surveyor: http://mpfwww.jpl.nasa.gov/mgs

Galileo: Journey to Jupiter: http://galileo.ivv.nasa.gov

Cassini Mission to Saturn: http://www.jpl.nasa.gov/cassini

Cassini Imaging: http://ciclops.lpl.arizona.edu

7 Die Planetenatmosphären

Siegfried J. Bauer

7.1 Einleitung

In den letzten zwei Jahrzehnten hat sich unser Wissen über unser Sonnensystem durch Raumflugmissionen gewaltig vergrößert. Ein wichtiger Aspekt der Planetenforschung ist neben der Untersuchung der Planetenkörper auch die Analyse ihrer unmittelbaren Umgebung, der Atmosphäre und des angrenzenden interplanetaren Mediums.

Aufgrund dieser Untersuchungen wissen wir heute, daß nicht nur unsere Erde, sondern auch ihre unmittelbaren Nachbarn Venus und Mars, ebenso wie die großen gasförmigen Planeten im äußeren Sonnensystem, ja sogar einige ihrer Monde (Io, Titan, Triton) *Atmosphären* besitzen. Unter einer Planetenatmosphäre verstehen wir ganz allgemein die Gashülle, die durch die Schwerkraft an den Planeten gebunden ist. Der sonnennächste Planet Merkur und unser Mond besitzen nur eine *Exosphäre*, d.h. eine ganz dünne Gashülle, die dauernd der Teilchenflucht vom Schwerefeld dieser Körper unterworfen ist. Prinzipiell ist der „oberste" Bereich jeder Atmosphäre eine Exosphäre. Dort ist die Teilchenkonzentration so gering und daher die mittlere freie Weglänge so groß, daß die Teilchen keine Zusammenstöße mehr erleiden und Teilchen mit Geschwindigkeiten, die größer als die Fluchtgeschwindigkeit des jeweiligen Körpers sind, tatsächlich entfliehen können. Für Merkur und den Mond sind diese exosphärischen Bedingungen bereits an ihrer Oberfläche gegeben.

Eine Planetenatmosphäre kann in Analogie zur Erdatmosphäre in eine Zahl von Regionen (*Sphären*) eingeteilt werden. Zur Klassifikation wird einerseits die Temperaturverteilung, andererseits die chemische Zusammensetzung herangezogen (Abb. 7.1).

An Hand der Temperatur können wir eine Atmosphäre folgendermaßen einteilen: Der unterste Teil entspricht der *Troposphäre*, wo die Wärmequelle im allgemeinen die Planetenoberfläche ist, d.h. wo Wärme durch Konvektionsbewegung verteilt wird, weil die Zeitkonstante für diesen Prozeß kürzer als die für Strahlungsgleichgewicht ist. Der resultierende vertikale Temperaturgradient ergibt sich aus der Annahme einer adiabatischen Zustandsänderung in einer hydrostatisch geschichteten Atmosphäre und wird daher auch als adiabatischer Temperaturgradient $\Gamma_a \equiv dT/dz = -g/c_p$, (wo T die Temperatur, z die Ortskoordinate, g die Schwerebeschleunigung und c_p die spezifische Wärme bei konstantem Druck bedeutet) bezeichnet. Der tatsächliche Temperaturgradient weicht gewöhnlich wegen großräumiger Bewegungsvorgänge, aber auch wegen Freisetzung latenter Wärme bei Vorhandensein von kondensierbaren Spurengasen (z. B. H_2O), von diesem idealen Temperaturgradienten ab.

Höhe

Exosphäre T_∞

Exobase

Ionosphäre   Thermosphäre   Heterosphäre

T_0

Homopause

Mesopause
Mesosphäre   Homosphäre

Stratopause

Stratosphäre
Tropopause
Troposphäre

T_S Temperatur

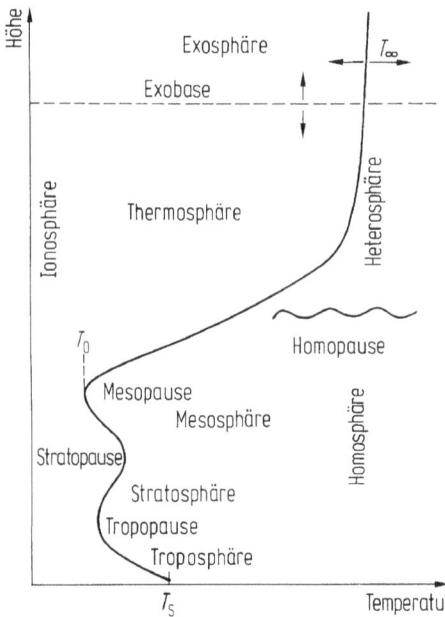

Abb. 7.1   Nomenklatur der Schichten einer Planetenatmosphäre.

Die Troposphäre hört an der *Tropopause* auf, wo der Temperaturverlauf nicht mehr adiabatisch erfolgt; er wird anstelle von konvektiven durch Strahlungsprozesse bestimmt. Die Abnahme der Temperatur erfolgt daher weitaus langsamer, bzw. wird nahezu konstant. Mit der Tropopause enden daher auch großräumige Konvektionsbewegungen, da die Atmosphäre für $dT/dz < \Gamma_a$ stabil geschichtet ist. Ursprünglich war die darüber liegende *Stratosphäre* als isotherme Schicht konzipiert. In der Erdatmosphäre steigt jedoch wegen der Absorption der solaren UV-Strahlung durch den Spurenbestandteil Ozon (O_3) die Temperatur wieder an und erreicht ein Maximum an der *Stratopause*. In anderen Planetenatmosphären gibt es teilweise ebenfalls positive Temperaturgradienten über der Tropopause wegen der UV-Absorption durch Aerosole oder Kohlenwasserstoffverbindungen. Oberhalb des stratosphärischen Temperaturmaximums in der *Mesosphäre* nimmt die Temperatur aufgrund des Strahlungsgleichgewichts wieder ab und erreicht an der *Mesopause* ein Temperaturminimum (T_0). Oberhalb der Mesopause, in der *Thermosphäre* steigt die Temperatur wieder an ($dT/dz > 0$), um schließlich in größeren Höhen einen (mit der Höhe) konstanten Wert zu erreichen; diese Temperatur wird als *Exosphärentemperatur* (T_∞) bezeichnet, da sie für die Exosphäre charakteristisch ist. Der Beginn, die *Exobasis*, ist dadurch definiert, daß die Stoßwahrscheinlichkeit eines nach außen strebenden Teilchens einen bestimmten Wert (allgemein $e^{-1} = 0.378$) nicht überschreitet. Aus dieser Überlegung ergibt sich die Exobasis dort, wo die mittlere freie Weglänge der Atmosphärenteilchen gleich der vorherrschenden charakteristischen Skalenhöhe H der Atmosphäre ist, d.h. gleich dem logarithmischen Dekrement des Druckes. Der Temperaturverlauf in der Thermosphäre ($dT/dz \geq 0$) ergibt sich durch eine Wärmeproduktion aufgrund der Absorption von extremer UV-(EUV-)Strahlung ($\lambda \le 180\,\text{nm}$) in ungefährem Gleichgewicht mit Wärmeleitung nach unten (Strahlungsgleichgewicht ist in diesen Höhen im allgemeinen nicht möglich, da dort die mehratomigen Moleküle zur „Abstrahlung" fehlen). Die Temperatur im Bereich oberhalb der Stratosphäre muß im Sinne einer gaskinetischen Definition als Maß für die Bewegungsenergie der Atmosphärenteilchen gesehen werden, da Zusammenstöße für eine „sensible" Temperatur bereits zu selten sind.

Die Troposphäre und Stratosphäre zusammen werden oft auch als die *Untere Atmosphäre*, die Region darüber als *Hohe Atmosphäre* bezeichnet. Für die Erde hat sich in letzter Zeit auch der Begriff *Mittlere Atmosphäre* für Stratosphäre und Mesosphäre eingebürgert. In Planetenatmosphären ohne eine stratosphärische Wärmequelle, d.h. ein Temperaturmaximum, wird die Region zwischen Tropopause und Mesopause entweder als Stratosphäre oder als Mesosphäre bezeichnet.

Neben der Einteilung von Planetenatmosphären nach ihrer Temperaturverteilung ist auch eine solche nach ihrer Zusammensetzung möglich. Hier unterscheiden wir zwei Regionen: Die *Homosphäre* und die *Heterosphäre*, deren Übergang die *Homopause* darstellt. In der Homosphäre ist die Zusammensetzung gleichförmig und kann durch ein *konstantes* mittleres Molekulargewicht ausgedrückt werden (variable Spurengase von geringer Konzentration tragen hierbei nicht zum Molekulargewicht bei). Dieses konstante Molekulargewicht ist das Resultat von turbulenten Durchmischungsvorgängen, die im unteren Teil durch Konvektion, im stabilen Bereich der Stratosphäre und darüber durch kleinräumige turbulente Zellen (*Eddies*) erfolgen. In der Heterosphäre ist die Zusammensetzung variabel mit der Höhe aufgrund von molekularer Diffusion im Schwerefeld (und weil molekulare Bestandteile bereits teilweise in ihre atomaren Bestandteile dissoziiert sind).

Der Übergang von der Homosphäre zur Heterosphäre, die Homopause, entspricht dem Niveau, wo molekulare Diffusionsvorgänge die turbulenten Durchmischungsvorgänge zu überwiegen beginnen. Da kleinräumige turbulente Durchmischung (ein dreidimensionaler Vorgang) mathematisch durch einen eindimensionalen, der Diffusion ähnlichen Ansatz dargestellt werden kann, wird die Homopause dadurch definiert, daß dort der *Eddy-Diffusionskoeffizient* (nicht a priori bestimmbar) dem molekularen Diffusionskoeffizienten (aufgrund der kinetischen Gastheorie berechenbar) entspricht. Empirisch ist die Homopause dadurch erkennbar, daß ein leichtes Edelgas aufgrund seines Molekulargewichtes über dem „schwereren" Hauptbestandteil herauszuragen beginnt.

Die untere Atmosphäre (Troposphäre und Stratosphäre) ist im allgemeinen die Domäne der *Meteorologie* wegen des dort vorherrschenden „Wettergeschehens"; die mittlere und hohe Atmosphäre dagegen die der *Aeronomie*. Sie befaßt sich mit den dortigen physikalisch-chemischen Prozessen einschließlich Dissoziation und Ionisation von Molekülen wegen der bis dort eindringenden kurzwelligen Strahlung von höherer Photonenenergie. Der Bereich über der Mesosphäre bis zur Exosphäre ist die *Ionosphäre*. Diese ist die Region der hohen Atmosphäre, wo geladene Teilchen (Elektronen und Ionen) mit thermischer Energie vorhanden sind, die durch ionisierende Strahlung (elektromagnetischer oder korpuskularer Natur) erzeugt werden. Die Untergrenze der Ionosphäre liegt in einem Höhenbereich, wo die am tiefsten eindringende Strahlung – gewöhnlich die kosmische Strahlung – noch eine genügende Menge von Elektronen-Ionen-Paaren erzeugen kann, um eine stabile Schichtung zu ermöglichen. Die obere Grenze der Ionosphäre wird direkt oder indirekt durch die Wechselwirkung des Planeten mit dem interplanetaren Medium gegeben. Für nichtmagnetische oder schwach magnetische Planeten (Venus, Mars) bestimmt der *Sonnenwind*, das von der Sonne kontinuierlich ausströmende (neutrale) Plasma (Protonen und Elektronen mit einer Teilchenkonzentration von 10 cm^{-3} und einer Geschwindigkeit von $v = 400$ km/s), die Begrenzung der Ionosphäre: Sie ist auf der sonnenzugewandten Seite der Planeten dort, wo der Strömungsdruck des Sonnenwindes dem kinetischen Druck des Ionosphärenplasmas entspricht. Diese Begrenzung wird als *Ionopause* bezeichnet. Auf der Nachtseite erstreckt sich die Ionosphäre schweifförmig durch die Wechselwirkung mit dem Sonnenwind, ähnlich dem Ionenschweif eines Kometen, in große Entfernungen. Für magnetische Planeten, wo das planetare Magnetfeld das Hindernis für den Sonnenwind meist in viel größerer Entfernung als die Ionosphäre darstellt, erstreckt sich die Ionosphäre bis zur Korotationsgrenze der auf magnetischen Feldlinien gebundenen Ionen und wird als *Plasmapause* bezeichnet (z. B. Erde, Jupiter). Diese liegt innerhalb der *Magnetosphäre* eines magnetischen Planeten, welche durch die Wechselwirkung mit dem Sonnenwind entsteht und die auch für eine „Verformung" der Plasmapause verantwortlich ist (vgl. Kap. 6).

7.2 Physikalische Grundlagen

7.2.1 Statische Verteilungsgesetze

Eine Atmosphäre im Schwerefeld eines Planeten kann durch ihre Druck- und Dichteverteilung charakterisiert werden. Der Startpunkt ist die hydrostatische Grundgleichung

$$\mathrm{d}p = -g\varrho\,\mathrm{d}z \tag{7.1}$$

und die Zustandsgleichung für ein ideales Gas

$$p = nkT\,, \tag{7.2}$$

wobei p der Druck, g die Schwerebeschleunigung, $\varrho = nm$ die Massendichte mit n der Teilchendichte (Konzentration) und $m = \sum_j n_j m_j / \sum_j n_j$ der mittleren Molekülmasse, k die Boltzmannkonstante, T die absolute Temperatur und z die Höhenkoordinate ist. Aus Gln. (7.1) und (7.2) folgt durch Integration im einfachsten Fall mit $T, g, m = $ const

$$p(z) = p_0 \mathrm{e}^{-mgz/kT}\,, \tag{7.3}$$

$$n(z) = n_0 \mathrm{e}^{-z/H}\,; \tag{7.4}$$

außerdem gilt

$$p = \varrho g H \tag{7.5}$$

worin H die atmosphärische Skalenhöhe

$$H = \frac{kT}{mg} \qquad (7.6)$$

ist, d. h. die Höhe innerhalb welcher der Atmosphärendruck um e^{-1} absinkt. Der Säuleninhalt durch Querschnitt einer Atmosphäre mit konstanter Skalenhöhe ergibt sich aus Gl. (7.4) zu

$$\mathcal{N} = \int_0^\infty n\,dz = n_0 H = \frac{p_0}{mg} \qquad (7.7)$$

und damit auch die Masse der planetaren Atmosphäre

$$M_A = \left(\frac{p_0}{g}\right) 4\pi R_0^2 , \qquad (7.8)$$

wobei R_0 der Planetenradius ist.

Aus dieser Überlegung ergibt sich auch, daß in der untersten Skalenhöhe ca. 2/3 der Atmosphärenmasse vorhanden ist. Damit ist allgemein der Hauptanteil der Atmosphärenmasse in der Troposphäre und Stratosphäre vertreten.

Das unter Gln. (7.3) und (7.4) dargestellte barometrische Gesetz ist auch konsistent mit einer Maxwell-Boltzmann-Gleichgewichtsverteilung $f(z, \mathfrak{v})$ für die Atmosphärenteilchen. Stellen wir diese Verteilung dar durch

$$f(z, \mathfrak{v}) = \frac{n(z)}{(2\pi kT/m)^{3/2}}\, e^{-m\mathfrak{v}^2/2kT} \qquad (7.9)$$

und berücksichtigen die Gesamtenergie der Teilchen, einschließlich der potentiellen Energie im Schwerefeld, $W = \frac{1}{2}m\mathfrak{v}^2 + mgz$, so ist Gl. (7.9) erfüllt, wenn $n = n_0 \exp(-mg/kT)z$ d. h. $n = n_0 \exp(-z/H)$.

Eine allgemein gültige Darstellung des barometrischen Gesetzes in differentieller Form ist

$$\frac{dp}{p} = \frac{dn}{n} + \frac{dT}{T} = -\frac{dz}{H} . \qquad (7.10)$$

7.2.2 Dynamische Prozesse (Transport)

Vertikale Gradienten in der relativen Konzentration von atmosphärischen Bestandteilen verursachen einen Massentransport in der hohen Atmosphäre, der als *Diffusion* bezeichnet wird. Wenn man einen atmosphärischen Bestandteil unter dem Einfluß der Diffusion betrachtet, dann kann angenommen werden, daß der Gesamtdruck praktisch konstant bleibt, während dieses Gas aufgrund örtlicher Quellen und Senken nach oben oder unten transportiert wird. Dies erfordert, daß die Divergenz des Flusses $F(z)$ des j-ten Bestandteiles die Kontinuitätsgleichung erfüllt:

$$\frac{dF_j(z)}{dz} = q_j(z) - L_j(z) , \qquad (7.11)$$

wobei q und L die Quellen und Senken für diesen Bestandteil darstellen. Der diffusive Fluß, der sich aus einer gegebenen Dichteverteilung ergibt ist

$$F_j = n_j w_j = - n_j D_j \left[\frac{1}{n_j} \frac{dn_j}{dz} + \frac{1}{H_j} + \frac{(1+\alpha)}{T} \frac{dT}{dz} \right]$$
$$- n_j K_D \left[\frac{1}{n_j} \frac{dn_j}{dz} + \frac{1}{H} + \frac{1}{T} \frac{dT}{dz} \right], \tag{7.12}$$

worin w_j die vertikale Diffusionsgeschwindigkeit, D_j den molekularen und K_D den Eddy-Diffusionskoeffizienten, H_j die Skalenhöhe des Bestandteiles mit Konzentration n_j, H die (mittlere) atmosphärische Skalenhöhe darstellt. Der molekulare Diffusionskoeffizient ist nach der kinetischen Gastheorie $D_j \sim T^{1/2} n^{-1}$ bzw. $D_j = D_{j_0} \exp(z/H)$, d.h. abhängig von der Temperatur und der Gesamtkonzentration. Der Eddy-Diffusionskoeffizient, der die turbulenten Durchmischungsvorgänge empirisch beschreibt, ist dagegen $K_D \sim n^{-1/2}$. Der thermische Diffusionskoeffizient für die leichtesten Gase (H, D, He) ist $\alpha = 0.25$.

Der Einfluß eines Diffusionsflusses F_j auf die Dichteverteilung eines Bestandteiles j, wenn nur molekulare Diffusion von Bedeutung ist, kann folgendermaßen dargestellt werden

$$n_j = n_{j_0} \exp(- z/H_j) \times \left[1 - \frac{F_j H H_j}{n_{j_0} D_{j_0}(H_j - H)} \left\{ 1 - \exp\left[-\left(\frac{H_j - H}{H_j H} \right) z \right] \right\} \right]. \tag{7.13}$$

Der maximale Fluß (nach oben, für eine Senke im Unendlichen) ergibt sich zu

$$F_j^* = \frac{n_{j_0} D_{j_0}}{H} \left[1 - \frac{m_j}{m} \right] \equiv \frac{n_{j_0} D_{j_0}}{H H_j} (H_j - H). \tag{7.14}$$

Idealisierte Dichteverteilungen für einen atmosphärischen Bestandteil in einer isothermen Atmosphäre für Durchmischung, diffusiven Fluß und hydrostatisches Gleichgewicht (diffusives Gleichgewicht) sind in Abb. 7.2 dargestellt.

Abb. 7.2 Höhenverteilung der Konzentration eines atmosphärischen Bestandteiles, der molekularer Diffusion im Schwerefeld des Planeten unterworfen ist.

Die Zeitkonstante für turbulente Durchmischung (Eddy-Diffusion) bzw. molekulare Diffusion ergibt sich aus dem Verhältnis (Skalenhöhe)^2/Diffusionskoeffizient

$$\tau_D = \frac{H^2}{D}; \tag{7.15}$$

$$\tau_{K_D} = \frac{H^2}{K_D}. \tag{7.16}$$

Die Höhe, in der $\tau_D = \tau_{K_D}$, wird gewöhnlich als Homopause bezeichnet.

Zum Unterschied zu der vertikalen Dichteverteilung, die durch Diffusion aufgrund
von Gradienten im Schwerefeld bestimmt ist, wird horizontale Luftbewegung in
erster Linie durch horizontale Druckgradienten verursacht. Die massenbezogene
Bewegungsgleichung, die sog. Gradientwindgleichung, ergibt sich aus

$$\frac{dV_n}{dt} = -\frac{1}{\varrho} \nabla p_n + 2\,(V_n \times \Omega) - K, \tag{7.17}$$

wobei V_n die Horizontalgeschwindigkeit des Neutralgases der oberen Atmosphäre,
$\frac{1}{\varrho}\nabla p_n$ die Druckgradientkraft, $2\,(V_n \times \Omega)$ die Corioliskraft mit Ω der planetaren Winkelgeschwindigkeit, und K eine „Reibungskraft" darstellt (vgl. Kap. 3).

7.3 Charakteristische Eigenschaften der Atmosphärenregionen

7.3.1 Die Troposphäre

Während der Boden*druck* der Atmosphäre eines Planeten mit fester Oberfläche von
der darüber liegenden Atmosphärenmasse M_A abhängt, wird die Boden*temperatur*
T_B durch das Gleichgewicht zwischen Einstrahlung von der Sonne und Abstrahlung
vom Planeten aufgrund des Stefan-Boltzmann-Gesetzes bzw. unter Berücksichtigung des durch bestimmte Atmosphärenbestandteile hervorgerufenen *Treibhauseffektes* bestimmt.

Die effektive (Strahlungs-)Temperatur (T_{eff}) des Planeten ergibt sich aus dem
Gleichgewicht zwischen Ein- und Abstrahlung

$$S(1-A)\,\frac{\pi R_0^2}{D^2} = a\,\pi R_0^2\,\sigma\,T_{eff}^4, \tag{7.18}$$

wobei S die Solarkonstante, A die Albedo (das Rückstrahlvermögen des Planeten
aufgrund der Oberfläche und Wolken), σ die Stefan-Boltzmann-Konstante, R_0 der
Planetenradius, D der Sonnenabstand in AE und $a = 4$ oder 2 je nach der im Infraroten abstrahlenden Planetenoberfläche ($a = 4$ für einen rasch rotierenden und
$a = 2$ für einen langsam rotierenden Planeten, z. B. Venus) ist. Die effektive Strahlungstemperatur ist für einen Planeten mit einer Atmosphäre immer geringer als
die tatsächliche Bodentemperatur T_B, da eine Atmosphäre wegen Absorption im
Infraroten durch atmosphärische Bestandteile wie CO_2, H_2O, CH_4 und andere drei-

und mehratomiger Moleküle (Treibhausgase) einen *Treibhauseffekt* erzeugt, der zu einer Erhöhung der Bodentemperatur T_B über die effektive Strahlungstemperatur führt.

$$T_B = T_{eff}(1 + \tau_{IR})^{1/4} = T_{eff} + \Delta T, \tag{7.19}$$

worin τ_{IR} die atmosphärische optische Dicke im Infraroten darstellt. Tab. 7.1 zeigt die Strahlungs- und Bodentemperatur für die terrestrischen Planeten sowie den Treibhauseffekt ΔT. Die Troposphäre, in der sich der Großteil der Atmosphärenmasse befindet (in der untersten Skalenhöhe etwa 2/3 der Gesamtmasse), ist charakterisiert durch Konvektionsbewegungen aufgrund der erwärmten Oberfläche und „Wettersystemen" im allgemeinen (vgl. Kap. 4). Die Temperatur nimmt dort mit der Höhe nach dem adiabatischen Temperaturgradienten Γ_a ab.

Tab. 7.1 Temperaturen der terrestrischen Planeten.

	Venus	Erde	Mars
T_{eff}/K	232	255	217
T_B/K	750	288	225
$\Delta T^a/K$	518	33	8

[a] Treibhauseffekt
Venus: $\sim 90\%$ CO_2 (einschließlich Druckverbreiterung der Absorption),
    $\sim 10\%$ Wolkentröpfchen mit schwefelsäuriger Lösung
Erde: 60% H_2O, 30% CO_2, 10% CH_4 u. a.
Mars: $\sim 100\%$ CO_2

Der adiabatische Temperaturgradient ist auch ein Maß für die Stabilität der Atmosphäre gegen Konvektionsbewegungen; besonders für eine Temperaturinversion ($dT/dz > 0$) ist Stabilität gegeben. Andererseits treten Konvektionsbewegungen, d. h. instabile Schichtung, für einen superadiabatischen Temperaturgradienten ($\Gamma > \Gamma_a$) auf. Wenn in der Troposphäre ein kondensierbarer Bestandteil, wie z. B. H_2O in der Erdatmosphäre, vorhanden ist, wird der adiabatische Temperaturgradient wegen des Freiwerdens der latenten Wärme reduziert. In der tropischen Erdtroposphäre kann der Temperaturgradient sogar nur $\Gamma \approx (1/3)\Gamma_a$ ausmachen. Neben H_2O gibt es andere kondensierbare Bestandteile von Planetenatmosphären, sogar CO_2 in der kalten Marsnacht (Abb. 7.3); in den Atmosphären von Jupiter und Saturn und der anderen äußeren Planeten und Monden z. B. Titan sind es NH_3, CH_4 und viele andere Kohlenwasserstoffe, die zur Kondensation und Wolkenbildung beitragen.

Die globalen Tag- und Nacht-Temperaturunterschiede auf rasch rotierenden Planeten (aber auch auf der langsam rotierenden Venus wegen der großen Wärmekapazität ihrer massiven Atmosphäre) sind im allgemeinen relativ gering, während zwischen Äquator und Pol wegen der breitenabhängigen Sonneneinstrahlung Temperatur- (und Druck-)Unterschiede weitaus wichtiger sind. Diese Tatsache führt zu einem zweidimensionalen Zirkulationssystem (*Hadley-Zelle*), das wegen der Drehimpulserhaltung zu globalen *zonalen* Zirkulationen führt. Diese zonalen Winde sind gewöhnlich in größeren Höhen in derselben Richtung wie die Planetenrotation, d. h.

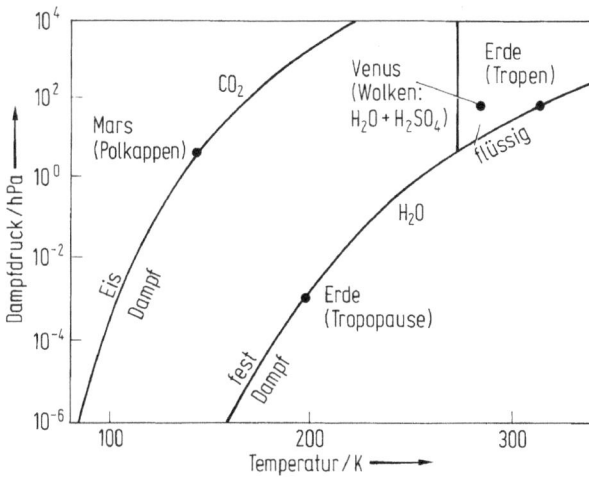

Abb. 7.3 Dampfdruckkurven für H_2O und CO_2 in den Atmosphären von Erde, Mars und Venus, die Phasenübergänge darstellen.

superrotierend. Die zonalen Winde können aus der *Gradient-Windgleichung* (7.16) abgeleitet werden, unter der Voraussetzung, daß die Inertialkraft im Gleichgewicht mit der meridionalen Druckgradientkraft ($\partial p / \varrho \partial \phi$) und der Corioliskraft ist. Wenn die Corioliskraft wegen schneller Planetenrotation von Bedeutung ist (z. B. Erde, Jupiter, Saturn), dann sind die zonalen Winde (mit Geschwindigkeit u_g) *geostrophisch*

$$u_g = \frac{-\partial p / \partial \phi}{2 \varrho \, \Omega \sin \phi}, \tag{7.20}$$

wobei ϕ die Breite, ϱ die Dichte und Ω die planetare Winkelgeschwindigkeit (Rotationsrate) sind.

Für einen langsam rotierenden Planeten wie Venus (oder Titan), bei dem die Corioliskraft vernachlässigbar gering ist, werden die zonalen Winde durch ein *zyklostrophisches* Gleichgewicht zwischen Inertialkraft und meridionalen Druckgradienten bestimmt

$$u_c = -\left(\frac{\cot \phi}{\varrho} \frac{\partial p}{\partial \phi} \right)^{\frac{1}{2}}. \tag{7.21}$$

In beiden Fällen sind die zonalen Winde in der oberen Troposphäre in der Richtung der Planetenrotation, d. h. superrotierend, wobei Venus (allerdings retrograd rotierend) die höchste Superrotationsrate zeigt, gefolgt von der Erde, Saturn und Jupiter. Im allgemeinen scheinen meridionale Druckgradienten zu einem globalen Windsystem zu führen, das im wesentlichen superrotierend ist. Zusätzlich zum globalen gibt es natürlich in planetaren Atmosphären kleinskalige (synoptische) zyklonale (Tiefdruck-) und antizyklonale (Hochdruck-)Systeme (z. B. der Große Rote Fleck des Jupiter).

7.3.2 Die mittlere Atmosphäre (Stratosphäre/Mesosphäre)

Oberhalb der Troposphäre mit ihrem adiabatischen Temperaturgradienten, der mit der Tropopause aufhört (die für etliche Planeten wie Erde, Jupiter und Saturn bei einem Druck von ca. 100 hPa liegt), kontrollieren Strahlungsprozesse den Temperaturgradienten, der kleiner als der adiabatische ist ($\Gamma < \Gamma_a$) und damit zu einer gegenüber Konvektion stabilen Region führt. In der Erdstratosphäre ist Ozon (O_3) für die Absorption der solaren UV-Strahlung im Bereich von 200 bis 300 nm verantwortlich, das einerseits einen Schutz gegen die für die DNS (*Desoxyribonukleinsäure*) schädliche Strahlung (Absorptionsmaximum der DNS liegt bei 260 nm) darstellt, andererseits zu einem positiven Temperaturgradienten mit einem Temperaturmaximum an der Stratopause führt.

Ozon wird durch einen Dreierstoß gebildet (wegen der Impulserhaltung) zwischen molekularem Sauerstoff O_2 und atomaren Sauerstoff O, der in der Mesosphäre durch Dissoziation von O_2 (durch UV-Strahlung ($\lambda < 175$ nm)) entsteht, mit einem dritten molekularen Stoßpartner (O_2, N_2). O_3 wird photochemisch durch Dissoziation, aber vor allem durch die katalytischen Reaktionen mit NO, Cl, Br (aber auch H und OH) abgebaut. Die einzige andere Planetenatmosphäre, in der O_3 nahe der Oberfläche entdeckt wurde, ist die des Mars. Hier ist der Ausgangspunkt allerdings die Dissoziation des Hauptbestandteiles CO_2 durch UV-Strahlung ($\lambda < 167$ nm).

Das in der Mesosphäre vorherrschende Strahlungsgleichgewicht für die inneren Planeten besteht in erster Linie durch die IR-Emission im 15-μm-Band des CO_2 für die inneren Planeten und durch NH_3, CH_4 und andere Kohlenwasserstoffe für die äußeren Planeten (letztere auch auf Titan). Die Mesosphäre stellt eine wichtige Wärmesenke für die in der darüberliegenden Thermosphäre durch Absorption von kurzwelliger UV-Strahlung (EUV) hervorgerufenen Aufheizung dar, die über Wärmeleitung nach unten kompensiert wird.

7.3.3 Die Homosphäre/Heterosphäre

Wie bereits in der Einleitung erwähnt, kann die Atmosphäre auch nach dem Gesichtspunkt der chemischen Zusammensetzung, und zwar in zwei Regionen eingeteilt werden: die *Homosphäre* und *Heterosphäre*. Solange die Atmosphäre stark durchmischt ist, wie in der Troposphäre durch großräumige Konvektionsbewegungen oder in der Stratosphäre und Mesosphäre durch kleinräumige Turbulenz (Eddies), ist die Zusammensetzung homogen, und wir beschreiben die Homosphäre daher durch eine konstante mittlere molekulare Masse

$$m = \frac{\sum n_j m_j}{\sum n_j}, \tag{7.22}$$

die vom Mischverhältnis der einzelnen Bestandteile abhängt (Spurengase von geringem Mischverhältnis, die z. B. photochemisch kontrolliert sind, tragen zur mittleren Molekülmasse wegen ihrer geringen Konzentration nur vernachlässigbar bei). Wegen der exponentiell abnehmenden Teilchenkonzentration wird diese jedoch in einem bestimmten Höhenniveau niedrig genug, damit molekulare Diffusion einsetzen kann, und damit die Verteilung der Bestandteile nach ihrer eigenen Masse im Schwerefeld bestimmt ist. Der Übergang von Durchmischung zur diffusiven „Entmischung" geschieht an der *Homopause*, die als das Niveau definiert ist, wo der nach der kinetischen Gastheorie bestimmbare Diffusionskoeffizient $D = b/n$ (wo b eine „Konstante" für T = const) gleich dem Eddy-Diffusionskoeffizienten K_D wird, der die kleinräumige dreidimensionale turbulente Durchmischung (in mathematischer Analogie zum eindimensionalen Diffusionsvorgang im Schwerefeld) repräsentiert. In der Homosphäre gilt für ein Spurengas ohne Quellen und Senken, mit der Dichte n_1 ein konstantes Mischverhältnis ($f = n_1/n$), d.h.

$$\frac{\mathrm{d}\left(\dfrac{n_1}{n}\right)}{\mathrm{d}z} = 0 \,, \tag{7.23}$$

und n_1 hat eine Höhenabhängigkeit

$$n_1 = n_{10}\,\mathrm{e}^{-z/H} \tag{7.24}$$

mit einer Skalenhöhe H der durchmischten Atmosphäre entsprechend der mittleren Molekülmasse m. Oberhalb der Homopause, in der Heterosphäre, in der molekulare Diffusion der kontrollierende Prozeß ist, wird sich die Verteilung des Bestandteiles mit der Konzentration n_1 einem *diffusiven Gleichgewicht* nähern, d.h. seiner *eigenen* Skalenhöhe $H_1 = kT/m_1 g$ folgen:

$$\frac{\mathrm{d}n_1}{\mathrm{d}z} = -\frac{n_1}{H_1} \,,$$

$$n_1 = n_{10}\,\mathrm{e}^{-z/H_1} \,. \tag{7.25}$$

Die Homopause kann auch experimentell dadurch identifiziert werden, daß z.B. ein leichtes Edelgas wie He (mit einer großen Skalenhöhe) über einen schweren Hauptbestandteil (kleine Skalenhöhe) aufgrund der diffusiven Verteilung herauszuragen beginnt. Diffusives Gleichgewicht stellt den Idealzustand dar; entstehen Abweichungen des Dichtegradienten, so setzt ein Diffusionsfluß ein, der Ausgleich verschafft. Diffusive Flüsse liefern auch Bestandteile nach, wenn Teilchen von der Atmosphäre entfliehen, wie z.B. das leichteste Gas, der Wasserstoff, von der Exosphäre. Wenn der Diffusionsfluß den kritischen Wert F^* erreicht, ist die Verteilung durch das Medium bestimmt, durch den der Bestandteil mit Dichte n_1 durchdiffundiert (vgl. Abb. 7.2).

7.3.4 Die Thermosphäre

Oberhalb der Mesopause führt Absorption von EUV-Strahlung (≤ 170 nm) durch atmosphärische Bestandteile zu einem neuen Temperaturanstieg; diese Region mit $\mathrm{d}T/\mathrm{d}z > 0$ wird als *Thermosphäre* bezeichnet. Die Thermosphäre liegt im allgemeinen bereits in der Heterosphäre; der Hauptbestandteil der Thermosphäre und damit das mittlere Molekulargewicht m ist von dem in der Homosphäre verschieden. Da die Dichteverteilung bereits nach Diffusionsgleichgewicht erfolgt, werden die schweren drei- und mehratomigen Moleküle, die für die Abstrahlung im Infraroten verantwortlich sind, im allgemeinen nicht in genügender Menge vorhanden sein, um für Strahlungsgleichgewicht zu sorgen. Die Wärme, die durch Absorption von EUV-Strahlung in der Thermosphäre produziert wird, muß daher durch *Wärmeleitung* nach unten in die Mesosphäre abgeleitet werden. Die Temperaturverteilung in der Thermosphäre kann daher im stationären Zustand durch ein Gleichgewicht zwischen Wärmeproduktion Q und der Divergenz des Wärmeflusses F_T angenähert werden

$$Q = \operatorname{div} F_T.$$

(7.26)

Die Wärmeproduktion durch Absorption der EUV-Strahlung mit der Intensität (Energiefluß) I durch einen atmosphärischen Bestandteil mit der Dichte n_1 und einem Absorptionsquerschnitt σ_a (wellenlängenabhängig) kann dargestellt werden durch

$$Q = \varepsilon n_1 \sigma_a I,$$

(7.27)

worin ε den Wirkungsgrad der in Wärme umgewandelten absorbierten Strahlung darstellt (gewöhnlich liegt ε zwischen 0.1 und 0.3).

Die Intensität der EUV-Strahlung nimmt wegen der Absorption mit zunehmender Tiefe aufgrund der optischen Dicke $\tau(z) = \int_z^\infty \sigma_a n_1(z) \, dz$ ab, und daher ist $I = I_\infty \exp(-\tau(z))$, wobei I_∞ die Intensität außerhalb der absorbierenden Atmosphäre darstellt.

Der Wärmefluß lautet

$$F_T = -K_n \frac{dT}{dz},$$

(7.28)

wobei $K_n = K_0 T^s$ den vom thermosphärischen Bestandteil (K_0) und von der Temperatur abhängigen Wärmeleitungskoeffizienten darstellt. Der die Temperaturabhängigkeit darstellende Exponent s ist ebenfalls vom thermosphärischen Bestandteil abhängig; für atomaren Sauerstoff (O) ist $s = 0.71$, für Kohlendioxid (CO_2) ist $s = 1.23$. Aus dem stationären Gleichgewicht zwischen Wärmeproduktion und der Divergenz des Wärmeflusses folgt

$$\frac{dF_T}{dz} = -\frac{d}{dz}\left(K_n \frac{dT}{dz}\right) = Q$$

(7.29)

und nach Integration

$$F_T = \int_0^\infty Q \, dz = -\varepsilon I_\infty (1 - e^{-\tau})$$

(7.30)

ergibt sich der Temperaturgradient in der Thermosphäre

$$\frac{dT}{dz} = \frac{\varepsilon I_\infty (1 - e^{-\tau})}{K_n(T)}.$$

(7.31)

In niedrigen Höhen, wo die optische Dicke sehr groß wird, ergibt sich ein nahezu konstanter Temperaturgradient

$$\frac{dT}{dz} = \frac{\varepsilon I_\infty}{K_n(T)},$$

(7.32)

während sich in großen Höhen, wo $\tau \to 0$, $dT/dz = 0$, die Temperatur einem konstanten Wert nähert, der sog. *Exosphärentemperatur* T_∞.

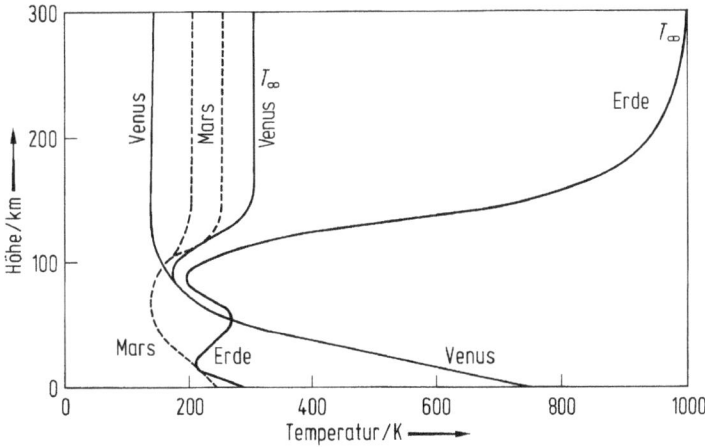

Abb. 7.4 Temperaturverteilung der Atmosphäre von Venus, Erde und Mars von der Oberfläche bis in die hohe Atmosphäre. T_0 zeigt die Mesopausentemperatur an, T_∞ die charakteristische Temperatur der hohen Atmosphäre, die Exosphärentemperatur; für Mars und Venus ist auch die tageszeitliche Variation angegeben, für die Erde ein Mittelwert für mittlere Sonnenaktivität.

Aus der Integration von Gl. (7.31) folgt mit einigen Näherungen die Abhängigkeit von T_∞:

$$T_\infty \sim \left(\frac{I_\infty}{K_0\, mg}\right)^{\frac{1}{s}}. \tag{7.33}$$

Der absolute Wert der Exosphärentemperatur hängt daher nicht nur von der Intensität der absorbierten Strahlung und dem Wärmeleitungskoeffizienten, sondern auch von der Masse des gasförmigen Bestandteiles m und der Schwerebeschleunigung g in der Thermosphäre ab. Abb. 7.4 zeigt die Temperaturverteilung in der Atmosphäre von Erde, Mars und Venus. Während die Bodentemperaturen direkt mit der von der Sonnenentfernung abhängigen Strahlungsintensität korrelieren (die besonders hohe Bodentemperatur der Venus beruht auf einem Super-Treibhauseffekt) ist dies für die Exosphärentemperaturen nicht der Fall. So ist die Exosphärentemperatur der Venus trotz fast zweimal höherer Intensität I_∞ als für die Erde viel geringer (der Hauptbestandteil der Thermosphäre der Venus ist CO_2 ($m = 44$), während die Thermosphäre der Erde aus O ($m = 16$) besteht, wobei g nicht sehr unterschiedlich ist). Andererseits haben Venus und Mars bei gleicher Thermosphärenzusammensetzung, aber einer fast viermal höheren Strahlungsintensität I_∞ für Venus, nahezu dieselbe Exosphärentemperatur, was hier auf die Verschiedenheit von g zurückzuführen ist. Die Abhängigkeit der Exosphärentemperatur T_∞ von der Sonnenaktivität ist durch deren Abhängigkeit von I_∞ gegeben; diese ändert sich um nahezu einen Faktor 2 zwischen niedriger und hoher Sonnenaktivität.

Während das oben angenommene stationäre Gleichgewicht die mittlere vertikale Verteilung der Temperatur der Thermosphäre wiedergibt, ist der Tagesgang durch eine weitaus kompliziertere Wärmegleichung gegeben. In vereinfachter Form kann man mit einer parametrischen Studie die Abhängigkeit des zeitlichen Verlaufs T_∞ von den wichtigsten Input-Parametern darstellen. Die Tagesamplitude ist

$$\frac{T_{\infty\,\mathrm{max}}}{T_{\infty\,\mathrm{min}}} \sim \frac{Q\Omega}{|L_{\mathrm{con}} - \Omega C|} \tag{7.34}$$

worin Q die Wärmequelle, Ω die Winkelgeschwindigkeit, L_{con} der Wärmeverlust durch Wärmeleitung und horizontale Konvektion (Winde) und $C = c_v \varrho$ die Wärmekapazität der Atmosphäre ist. Der Zeitpunkt des Tagesmaximums von T_∞ ist abhängig von

$$t_{\mathrm{max}} \sim \frac{C}{L_{\mathrm{con}}} \tag{7.35}$$

Abbildung 7.5 zeigt den gemessenen Tagesgang von T_∞ für Erde und Venus als Beispiel für deren verschiedene Input-Parameter.

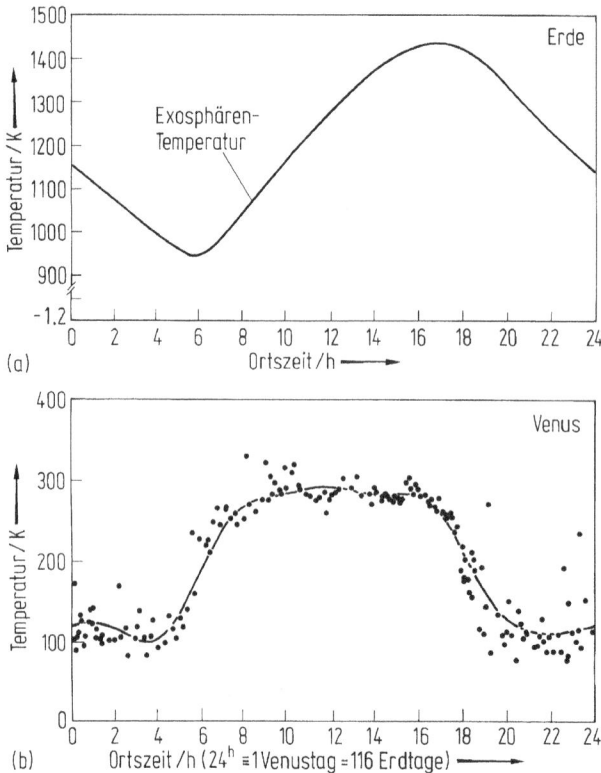

Abb. 7.5 Tagesgänge der Exosphärentemperatur. (a) Tagesgang der Exosphärentemperatur der Erde. (b) Tagesgang der Exosphärentemperatur der Venus.

7.3.5 Die Ionosphäre

Innerhalb der Thermosphäre wird EUV-Strahlung der Sonne nicht nur absorbiert, sondern führt auch zur Dissoziation und Ionisation von atmosphärischen Bestandteilen. Der Ionisationsprozeß kann schematisch dargestellt werden durch

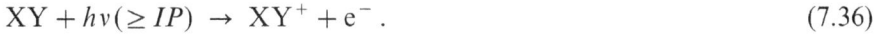

$$XY + h\nu(\geq IP) \ \rightarrow \ XY^+ + e^- \,. \tag{7.36}$$

Ionisationspotentiale IP (in Elektronenvolt, eV) für typische Bestandteile planetarer Atmosphären liegen zwischen 24.6 eV ($\lambda = 50$ nm) und 12 eV ($\lambda = 102.6$ nm $\equiv$ Lyman β). Die im Photoionisationsprozeß erzeugten Elektronen (Photoelektronen) gewinnen die überschüssige Energie, wenn das Photon der ionisierenden Strahlung über dem Ionisationspotential liegt. Im allgemeinen wird daher die Temperatur der Elektronen T_e höher sein als die der schweren Ionen T_i und die des neutralen (ionisierbaren) Gases T_n. Die Ionentemperatur kann aber auch die Neutralgastemperatur übersteigen, da aufgrund von Coulomb-Zusammenstößen zwischen den geladenen Teilchen eine bevorzugte Energieübertragung von Elektronen auf Ionen erfolgt. Daher wird in der *Ionosphäre*, der Atmosphärenregion mit Elektronen-Ionenpaaren im Gleichgewichtszustand, im allgemeinen $T_e > T_i \geq T_n$ sein.

Die Produktion von Elektronen-Ionenpaaren kann folgendermaßen ausgedrückt werden

$$q = \sigma_i \, n(z) \, \Phi_\infty \, e^{-\tau} \,, \tag{7.37}$$

wobei σ_i der Ionisationsquerschnitt abhängig vom Bestandteil und der Wellenlänge ist. Φ_∞ ist der Photonenfluß der ionisierenden Strahlung außerhalb der absorbierenden Atmosphäre (dieser wird hier verwendet, da nur Strahlung, die ionisieren kann, d.h. $h\nu \geq IP$ für die Elektronen-Ionen-Paarbildung in Frage kommt im Gegensatz zur Wärmeproduktion, die vom *Energie*fluß ($I = h\nu \, \Phi_\infty = (ch/\lambda) \, \Phi_\infty$) abhängt; n ist die Konzentration des ionisierbaren Gases und τ ist die optische Dicke, auch abhängig vom Sonnenstand χ. Die Ionenpaarproduktion hat ein Maximum bei $dq/dz = 0$; dort ist $\tau_0 = 1$ (optische Dicke für ionisierende Strahlung im Zenit ($\chi = 0$)). Da $\tau_0 = \int_0^\infty \sigma_a n \, dz = \sigma_a n_0 H$, entspricht die Bedingung für das Produktionsmaximum ($\tau_0 = 1$) nun auch

$$\mathcal{N}_0 = n_0 H = \sigma_a^{-1} \,. \tag{7.38}$$

Die Ionenpaarproduktion im Maximum ist

$$q_m = \frac{\sigma_i}{\sigma_a} \frac{\Phi_\infty}{eH} \cos\chi = q_0 \cos\chi \,, \tag{7.39}$$

wobei e die Basis des natürlichen Logarithmus und H die Skalenhöhe des ionisierbaren Gases ist.

Die Höhe für q_m ergibt sich zu

$$h^* = h_0^* + H \ln(\sec\chi) \,, \tag{7.40}$$

wobei h_0^* der Bedingung $\tau_0 = 1$ entspricht.

Die nach *Chapman* benannte Ionenpaar-Produktionsfunktion ergibt sich für $z = h - h^*$ zu

$$q = q_0 \cos\chi \exp\left[1 - \frac{z}{H} - \sec\chi \exp\left(-\frac{z}{H}\right)\right]. \tag{7.41}$$

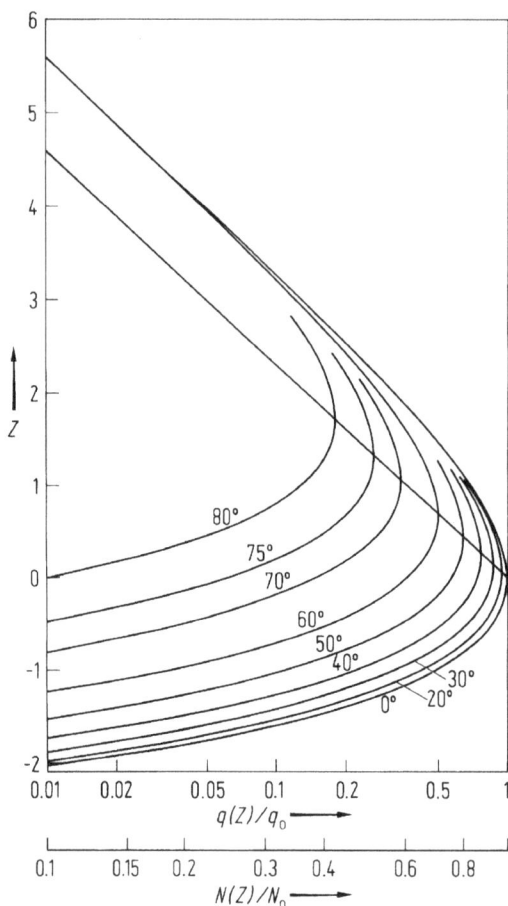

Abb. 7.6 Chapman-Funktion, die eine idealisierte Ionosphärenschicht für verschiedene Sonnenstände (Zenitwinkel) darstellt. Die Ordinate entspricht einem normalisierten Höhenparameter $Z = (h - h^*/H)$ mit h^* der absoluten Höhe der Schicht unter senkrechtem Einfall (Zenitwinkel $\chi = 0°$) und H der Skalenhöhe; die Abszisse stellt die Ionen-Elektronenpaar-Erzeugungsfunktion q und die Gleichgewichtskonzentration des Plasmas N dar.

Diese Funktion, normalisiert auf einem Höhenparameter $Z = (h - h_0^*)/H$ als Funktion des Zenitwinkels χ, ist in Abb. 7.6 dargestellt. Aufgrund dieser Verteilung sprechen wir auch von einer *Schicht*. Da im Photoionisationsprozeß die gleiche Anzahl von Ionen und Elektronen erzeugt wird, folgt $N_i = N_e \equiv N$, d. h. ein Plasma mit der Konzentration N. Für eine Ionosphärenschicht gilt allgemein eine Kontinuitätsgleichung

$$\frac{dN}{dt} = q - L(N) - \mathrm{div}(Nv)\,, \tag{7.42}$$

wobei q die oben bestimmte Produktion der Ionenpaare darstellt, $L(N)$ den chemischen Verlust der Ionenpaare und $\mathrm{div}(Nv)$ Transportprozesse aufgrund einer Geschwindigkeit v darstellt. Für den stationären Zustand ergeben sich zwei Grenzfälle der Kontinuitätsgleichung: Wir betrachten zunächst das *chemische Gleichgewicht*

$$q = L(N), \qquad (7.43)$$

wobei der chemische Verlustprozeß $L(N)$ der Rekombination der Ladungsträger entspricht, z. B. für Molekülionen

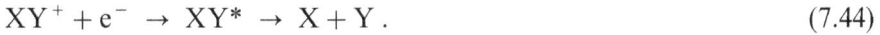

$$XY^+ + e^- \rightarrow XY^* \rightarrow X + Y. \qquad (7.44)$$

Damit ist $L = \alpha N_i N_e = \alpha N^2$, d.h. ein *quadratischer* Verlustprozeß (in diesem Fall dissoziative Rekombination, weil die bei der Rekombination eines Molekülions mit dem Elektron freiwerdende Energie zur Dissoziation des Moleküls führt) mit einem (dissoziativen) Rekombinationskoeffizienten α.

Chemisches Gleichgewicht, d.h. Produktion = Verlust mit dissoziativer Rekombination $q = \alpha N^2$ führt zu einer *Chapman-Schicht*

$$N = N_m \exp \frac{1}{2}\left[1 - \left(\frac{z}{H}\right) - \sec\chi \exp\left(-\frac{z}{H}\right) \right] \qquad (7.45)$$

mit

$$N_m = \left(\frac{q_m}{\alpha}\right)^{\frac{1}{2}} = \left(\frac{q_0}{\alpha}\right)^{\frac{1}{2}} \cos^{\frac{1}{2}}\chi = N_0 \cos^{\frac{1}{2}}\chi \qquad (7.46)$$

und einer Höhe des Maximums von N bei $h_m = h^*$ (s. Abb. 3.4).

Chemische Gleichgewichts-Schichten (*Chapman-Schichten*) sind repräsentativ für die beobachteten Ionosphärenschichten von Venus und Mars, während für die Erdionosphäre nur die D-, E- und F_1-Schicht unter chemischer Kontrolle stehen. Die D-Schicht enthält verschiedene molekulare Ionen und Ion/H_2O-Cluster; in der E-Schicht dominiert O_2^+, und in der F_1-Schicht sind O_2^+ und NO^+ vorherrschend.

Die Ionosphärenschichten können in Analogie mit der für die Erdionosphäre gültigen Terminologie durch den Säuleninhalt des ionisierbaren Gases für die Bedingung $\tau_0 = 1$ definiert werden:

$$\text{D-Schicht:} \quad \mathscr{N}_0 > 10^{20}\, \text{cm}^{-2} \qquad (7.47)$$

$$\text{E-Schicht:} \quad \mathscr{N}_0 \sim 10^{19}\, \text{cm}^{-2}$$

$$F_1\text{-Schicht:} \quad \mathscr{N}_0 \sim 10^{18}\, \text{cm}^{-2} \qquad (7.48)$$

Ideale Chapman-Schichten ergeben sich nur, wenn Molekülionen gebildet werden, für die der *dissoziative* Rekombinationskoeffizient von der Größenordnung $\alpha_D = 10^{-7}\, \text{cm}^3\, \text{s}^{-1}$ ist.

Der für atomare Ionen zuständige *radiative* Rekombinationskoeffizient ist äußerst klein ($\alpha_r = 10^{-12}\, \text{cm}^3\, \text{s}^{-1}$), so daß andere chemische Prozesse, wie z. B. Ionen-Molekül-Reaktionen

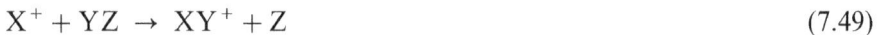

$$X^+ + YZ \rightarrow XY^+ + Z \qquad (7.49)$$

mit einer kürzeren Zeitkonstante den Verlust dieser Ionen beherrschen, wobei $L = k n(YZ) N \equiv \beta(z) N$ mit einer Reaktionskonstante k ein höhenabhängiges *lineares* Verlustgesetz ergibt. Die Zeitkonstante für chemische Verlustprozesse ist $\tau_c = N/L$, das heißt $\tau_c = 1/\alpha_r N \gg 1/k n(YZ)$, da die typischen Reaktionsraten $k \simeq 10^{-9}\, \text{cm}^3\, \text{s}^{-1}$ und $n(YZ) > N$ sind.

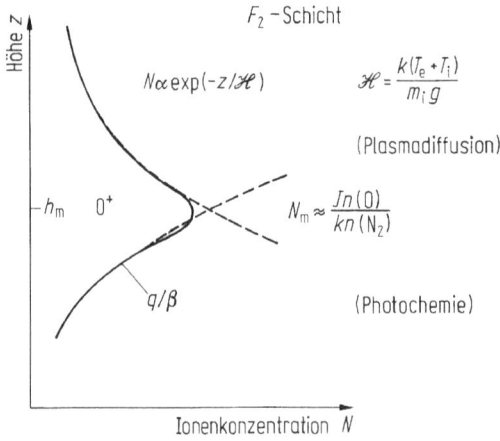

Abb. 7.7   Physikalische Prozesse, die für die Bildung der terrestrischen F_2-Schicht verantwortlich sind.

Diese Situation gilt für die *F_2-Schicht* der Erdionosphäre (Abb. 7.7), in der atomarer Sauerstoff der ionisierende Bestandteil ist. Ihr Konzentrationsmaximum $N_m(F_2)$ bei ca. 300 km liegt weit über der höchsten Eindringtiefe der ionisierenden EUV-Strahlung, das der F_1-Schicht entspricht ($\tau_0 = 1$, wo $\mathcal{N}_0 = 10^{18}\,\mathrm{cm}^{-2}$, d. h. in einer Höhe von ca. 170 km). Eine ionosphärische F_2-Schicht ist daher *keine* Chapman-Schicht. Im stationären Zustand gilt hier für chemisches Gleichgewicht $N = q/k\,n(YZ)$. Da q weit oberhalb seines Maximums q_m nur eine Abhängigkeit von Φ_∞ (da $\tau \to 0$) zeigt, ergibt sich für die Plasmadichte im F_2-Maximum

$$N_m \approx \frac{Jn(X)}{k\,n(YZ)} \tag{7.50}$$

wobei $J = \langle \Phi_\infty \sigma_i \rangle$ der Ionisationskoeffizient, $n(X)$ die Konzentration des ionisierbaren neutralen Bestandteiles (Erdionosphäre O) und $n(YZ)$ der molekulare Bestandteil für die Umwandlung von atomaren in rasch rekombinierende Molekülionen (Erde $n(XY) = n(N_2)$) ist; eine solche Schicht wird manchmal auch als *Bradbury-Schicht* bezeichnet. Mit chemischem Gleichgewicht allein würde sich jedoch kein ausgeprägtes Maximum ausbilden, da $N \sim n(X)/n(YZ)$ mit der Höhe zunimmt (weil die Skalenhöhe $H(YZ) < H(X)$ und daher der Nenner rascher abnimmt als der Zähler); das Maximum bildet sich dort wo *Plasma-* oder *ambipolare* (weil Ionen und Elektronen durch ein elektrisches Polarisationsfeld zusammengehalten werden) *Diffusion* im Schwerefeld der kontrollierende Prozeß wird (s. Transport-Term in der Kontinuitätsgleichung (7.43)). Das F_2-Maximum bildet sich daher dort aus, wo die chemische Zeitkonstante gleich der Plasmadiffusionszeitkonstante $\tau_{D_a} = H^2/D_a$ ist. D_a ist der ambipolare Diffusionskoeffizient $D_a = k(T_e + T_i)/m_i v_{in}$ mit m_i als Ionenmasse und v_{in} als Stoßfrequenz für Ionen im neutralen Gas. Oberhalb des F_2-Maximums herrscht Diffusionsgleichgewicht

$$N \sim N_0 e^{-z/\mathcal{H}}, \tag{7.51}$$

wobei die Plasmaskalenhöhe $\mathscr{H} = k(T_e + T_i)/m_+ g$ ist. Die Verteilung eines leichten Ions unter Diffusionsgleichgewicht ist im Gegensatz zur neutralen Diffusion *nicht* unabhängig von den anderen Ionen wegen des Vorhandenseins eines elektrischen Polarisationsfeldes, das von der *mittleren* Ionenmasse ($m_+ = \sum N_i m_i / \sum N_i$) abhängig ist. Dieses Polarisationsfeld $eE = m_+ g T_e/(T_e + T_i)$, wo e das elektrische Elementarquantum ist, beschleunigt leichte Ionen nach oben; d. h. deren Konzentration nimmt mit der Höhe zu bis sie selbst das Hauption werden und damit die *mittlere* Ionenmasse bestimmen.

In einem Magnetfeld ist Plasmadiffusion nur *entlang* von Magnetfeldlinien möglich; die terrestrische F_2-Schicht ist daher unter starker geomagnetischer Kontrolle. Bisher wurde jedoch in keiner der bekannten Planetenionosphären eine predominierende Schicht gefunden, die der (irdischen) F_2-Schicht entspricht.

Da für einen magnetischen Planeten, der damit eine *Magnetosphäre* besitzt, die Verteilung der Ionen durch das Magnetfeld kontrolliert wird, ist die räumliche Ausdehnung der Ionosphäre (bestehend aus *thermischem* Plasma) durch die Korotation des Magnetfeldes mit dem Planeten einerseits und durch das aus der Wechselwirkung des Sonnenwindes mit der Magnetosphäre resultierende „konvektionselektrische Feld" andererseits beschränkt. Letzteres verursacht durch die Lorentzkraft eine „Konvektionsbewegung" des thermischen Plasmas im Schweif der Magnetosphäre zum Planeten hin. In erster Näherung ist die obere Begrenzung der von der Ionosphäre her bevölkerten Plasmasphäre, wenn das konvektionselektrische Feld nicht zu groß ist (ruhiger Sonnenwind), durch das Korotationslimit von Ionen, die auf Dipolfeldlinien gebunden sind, gegeben. Damit ist die Korotationsentfernung nicht durch das Gleichgewicht zwischen Schwerkraft und Zentrifugalkraft allein gegeben, sondern durch eine Lorentzkraft teilweise kompensiert, so daß die Radialkomponente der Zentrifugalkraft (F_c) durch 2/3 der Schwerkraft F_G ausgeglichen wird ($(F_c)_r = 2/3(-F_G)$). Damit ergibt sich das Korotationslimit (in Planetenradien) für Ionen auf rotierenden Magnetfeldlinien zu

$$R_{ci} = \left(\frac{2}{3}\right)^{\frac{1}{3}} R_{cn}, \tag{7.52}$$

d. h. das „neutrale" Korotationslimit R_{cn} ist um den Faktor $(\frac{2}{3})^{1/3} = 0.875$ reduziert. Daraus erklärt sich auch die Tatsache, daß empirisch die *Plasmapause* innerhalb der Erdmagnetosphäre unter „ruhigen" magnetischen Bedingungen (normaler Sonnenwind) in einer Entfernung von ca. $5.7 R_E$ liegt. (Das normale neutrale Korotationslimit liegt bei $6.6 R_E$, der sog. geostationären Bahn).

Im Fall eines nichtmagnetischen Planeten, z. B. Venus, ist die obere Begrenzung durch die *Ionopause* gegeben. Diese ist eine Konsequenz der direkten Wechselwirkung des Sonnenwindes mit der Venus-Ionosphäre. Auf der Tagseite der Venus bildet sich die Ionopause in erster Näherung dort aus, wo sich das Druckgleichgewicht zwischen Sonnenwindströmungsdruck p_{sw} und dem ionosphärischen Plasmadruck p_{ion} einstellt.

$$p_{sw} \equiv (\varrho v^2)_{sw} = p_{ion} \equiv Nk(T_e + T_i). \tag{7.53}$$

Die Variabilität der Plasmapause der Erde und der Ionopause der Venus als Funktion des Sonnenwinddruckes ist in Abb. 7.8 dargestellt, wobei für die Erde die Kennziffer für „magnetische Aktivität" K_p vom Sonnenwinddruck abhängig ist ($K_p \sim v_{sw}$).

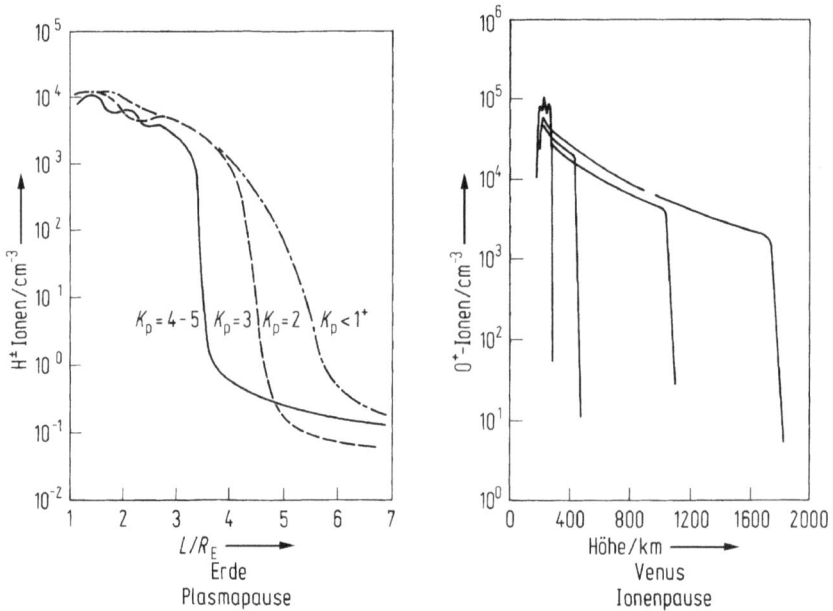

Abb. 7.8 Obere Begrenzung der Erdionosphäre (Plasmapause) und der Venusionosphäre (Ionopause). Für die Erde ist die Plasmapause als Funktion der geomagnetischen Kennziffer K_p dargestellt; für die Venusionosphäre entsprechen die verschiedenen Kurven verschiedener Stärke des Sonnenwindes.

Neben der in erster Linie verantwortlichen Ionisationsquelle, der solaren EUV-Strahlung, können ionosphärische Schichten auch durch ionisierende korpuskulare Strahlung (kosmische Strahlung) sowie energetische Elektronen, die besonders in planetaren Magnetosphären vorhanden sind, entstehen. Die Energie der Teilchen darf jedoch nicht zu hoch sein, damit ihre Eindringtiefe noch innerhalb eines Bereiches liegt, in dem freie Elektronen-Ionenpaare in Schichtform, d.h. unter der Bedingung $\tau_0 = 1 \rightarrow \mathcal{N}_0 \gtrsim 10^{20}\,\mathrm{cm}^{-2}$, bestehen können.

7.3.6 Die Exosphäre

Die Atmosphärenregion, in der Zusammenstöße von Teilchen so selten sind, daß solche mit der planetaren Fluchtgeschwindigkeit entsprechenden nach außen gerichteten Geschwindigkeitskomponenten tatsächlich aus dem Schwerefeld des Planeten entweichen können, wird als *Exosphäre* bezeichnet. Die Wahrscheinlichkeit für ein Teilchen, eine bestimmte Entfernung (Höhenabstand z) ohne Zusammenstoß zu durchqueren, ergibt sich aus

$$P(z) = \mathrm{e}^{-z/\lambda} \tag{7.54}$$

mit der mittleren freien Weglänge

$$\lambda = (n\sigma)^{-1}\,, \tag{7.55}$$

worin n die Teilchenkonzentration und σ der gaskinetische Querschnitt für Stöße ist. Damit repräsentiert die mittlere freie Weglänge die Entfernung, für die die Stoßwahrscheinlichkeit $1/e$ beträgt. Die Basis der Exosphäre, *Exobasis* (ursprünglich kritisches Niveau) genannt, wird gewöhnlich durch diese Wahrscheinlichkeit definiert. Es ergibt sich daraus

$$\int_{z_c}^{\infty} \frac{dz}{\lambda(z)} = \int_{z_c}^{\infty} n(z)\sigma\,dz = n_c H \sigma = \frac{H}{\lambda} = 1 \, . \tag{7.56}$$

Die Teilchendichte für die Exobasis ist damit definiert als

$$n_c = (\sigma H)^{-1} \, . \tag{7.57}$$

Wegen des gaskinetischen Stoßquerschnittes $\sigma = 3 \cdot 10^{-15}\,\mathrm{cm}^2$ ist eine Exosphäre auch durch einen Säuleninhalt

$$\mathcal{N}_\infty \equiv n_c H = \sigma^{-1} \leq 3 \cdot 10^{14}\,\mathrm{cm}^{-2} \tag{7.58}$$

definiert; d.h. eine dünne Gashülle, deren Säuleninhalt den Wert von $\mathcal{N}_\infty$ unterschreitet (z.B. bei Mond und Merkur) kann daher höchstens als eine „Exosphäre" bezeichnet werden. Die Exobasis ist eine Definitionsangelegenheit und zum Unterschied von Tropopause oder Homopause experimentell nicht nachweisbar; sie stellt aber ein Niveau dar, für das gerade noch die Gültigkeit einer Maxwell-Boltzmann-Geschwindigkeitsverteilung angenommen werden kann. (Für die Erde liegt die Exobasis bei ca. 500 km, für Venus und Mars bei ca. 180 km und für Titan bei 1450 km).

Die Fluchtgeschwindigkeit v_∞ ist jene, für welche die kinetische Energie eines Teilchens der potentiellen Energie im Schwerefeld entspricht

$$v_\infty = \sqrt{\frac{2GM}{R}} = \sqrt{2g(R)R} \tag{7.59}$$

worin G die Gravitationskonstante, M die Planetenmasse, R die planetozentrische Entfernung und $g(R)$ die Schwerebeschleunigung bei R darstellen. (Die Fluchtgeschwindigkeit ist $\sqrt{2}$ mal die Geschwindigkeit einer kreisförmigen Bahn im Schwerefeld).

Die Atmosphärenflucht wurde in der klassischen Theorie von Jeans behandelt; daher wird heute auch Flucht von atmosphärischen Teilchen aufgrund ihrer thermischen Bewegung als *thermische* oder *Jeanssche Flucht* bezeichnet. In der Betrachtung der Flucht von atmosphärischen Teilchen ist es nützlich, einen *Fluchtparameter* X mit der zu Dimension Eins zu definieren

$$X = \left(\frac{v_\infty}{v_0}\right)^2 \, , \tag{7.60}$$

wobei v_∞ die Fluchtgeschwindigkeit und $v_0 = (2kT/m)^{1/2}$ die wahrscheinlichste Geschwindigkeit der Maxwell-Boltzmann-Verteilung darstellen; unter Verwendung dieser Größen erhält man auch

$$X = \frac{2g(R)mR}{2kT} \equiv \frac{R}{H} \, , \tag{7.61}$$

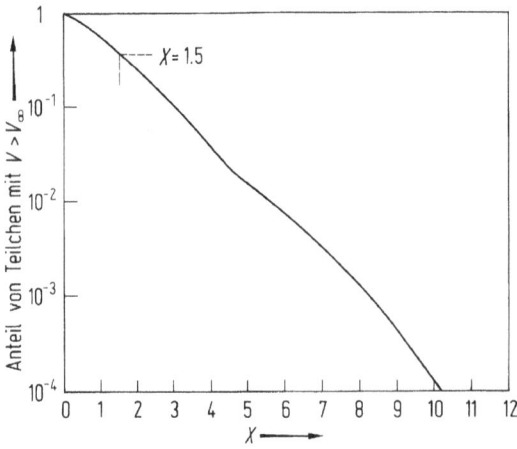

Abb. 7.9 Anteil der Teilchen einer Maxwell-Boltzmann-Geschwindigkeitsverteilung mit Geschwindigkeiten größer als der Fluchtgeschwindigkeit als Funktion des Fluchtparameters X.

das ist ein „Entfernungsparameter" mit der Dimension Eins, worin H die Skalenhöhe ist.

Der Fluß der Fluchtteilchen (Jeans-Fluß) ergibt sich zu

$$F_\infty = \frac{v_0}{2\sqrt{\pi}}\, f n_c (1 + X_c)\, e^{-X_c}\,. \tag{7.62}$$

Darin ist X_c der Fluchtparameter an der Exobasis (R_c), wo die Teilchendichte n_c vorherrscht, und $f = n_c'/n_c$ der Anteil des „entfliehenden" Bestandteiles an der Gesamtkonzentration an der Exobasis (z. B. das leichteste Gas). Der Fluchtparameter ist ein Maß für die Effizienz der Flucht eines Teilchens mit der Masse m bei der Temperatur $T = T_\infty$ und proportional zu m/T_∞. Für $X \gg 1$ ist Flucht vernachlässigbar gering, während für $X < 10$ die entfliehende Komponente bereits in der Bestimmung der Teilchenkonzentration der Exosphäre berücksichtigt werden muß. In diesem Fall gilt das barometrische Gesetz nicht mehr exakt, da der Anteil der Fluchtkomponente in der Maxwell-Boltzmann-Verteilung bereits fehlt. Der Anteil der Teilchen mit $v > v_\infty$ ist als Funktion des Fluchtparameters X in Abb. 7.9 dargestellt.

Ein kritischer Wert des Fluchtparameters wird für $X = 1.5$ erreicht. Dies entspricht dem Zustand, wo die thermische Energie gleich oder größer als die Fluchtenergie wird ($3/2\,kT \geq m v_\infty^2/2$). In diesem Fall kommt es im Unterschied zu einer gaskinetischen Flucht von Einzelteilchen zu einer *hydrodynamischen* Flucht, einem Phänomen, das erstmalig vom Astrophysiker Ernst Öpik erkannt wurde. Er nannte diesen Prozeß wegen seiner hohen Effizienz *Blow-off*. Blow-off wird manchmal zur Erklärung des ausgedehnten Masseverlustes von frühen H_2O-dominierten Atmosphären (z. B. für Venus) herangezogen; dieser Fluchtprozeß ist aber ohne Bedeutung für die heutigen Planetenatmosphären (mit der möglichen Ausnahme des Saturnmondes Titan), weil die Exosphärentemperaturen weit unter den für diesen Prozeß notwendigen kritischen Temperaturen T_c liegen (s. Tab. 7.2). Für Titan dürfte jedoch hydro-

Tab. 7.2 Fluchtgeschwindigkeit V_∞, Exosphären-Temperatur T_∞ und kritische Temperatur T_c für dynamische Flucht von Wasserstoff für Venus, Erde, Mars und Titan.

	$V_\infty / \mathrm{km\,s^{-1}}$	T_∞ / K	T_c / K
Venus	10.4	~ 300	~ 4000
Erde	11	~ 1000	~ 5000
Mars	5.3	~ 250	~ 1000
Titan	2.4	~ 190	~ 200

dynamische Flucht für dessen ausgedehnten Wasserstofftorus im Schwerefeld des Saturns verantwortlich sein.

Thermische (Jeanssche) Atmosphärenflucht scheint jedoch nach heutiger Erkenntnis nicht der wichtigste Verlustprozeß für Planetenatmosphären zu sein. Eine Anzahl von *nichtthermischen* Prozessen führen zu einer weitaus effizienteren Atmosphärenflucht nicht nur des leichtesten Bestandteiles H, sondern sogar von schwereren atomaren Bestandteilen einiger Planetenatmosphären.

Atmosphärische Teilchen können auch unabhängig von ihrer thermischen Bewegung Fluchtenergien erreichen, besonders durch chemische Prozesse mit ionisierten Bestandteilen in der jeweiligen Ionosphäre. Ein Fluchtprozeß, der für die Flucht von Wasserstoff aus der Erdatmosphäre den größten Anteil darstellt, ist der resonante Ladungsaustausch zwischen energiereichen („heißen") Protonen, die im Magnetfeld gefangen sind, mit „kalten" Wasserstoffatomen nach dem Schema

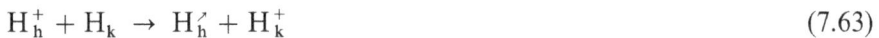

$$\mathrm{H_h^+ + H_k \ \rightarrow \ H_h' + H_k^+} \tag{7.63}$$

Dieser Ladungsaustauschprozeß führt zu einer Flucht von Wasserstoff, die drei- bis viermal so groß wie die thermische (Jeanssche) Flucht ist. In der Exosphäre der Venus scheint ein Ladungsaustauschprozeß zwischen O^+ und H_2 den wichtigsten Verlustprozeß für H zu repräsentieren.

Andere nichtthermische Fluchtprozesse, die schwerere Atome betreffen, sind chemische Reaktionen in Ionosphären nahe der Exobasis. Dissoziative Rekombination von molekularen Ionen kann atomare Bestandteile mit Energien, die über der notwendigen Fluchtenergie liegen, erzeugen. (Den atomaren Dissoziationsprodukten stehen einige eV zur Verfügung.) Abbildung 7.10 zeigt die für Atmosphärenflucht von Venus, Mars und Titan notwendigen Energien. Dieser Prozeß ist besonders wichtig für Mars, wo der Hauptbestandteil der Ionosphäre O_2^+ ist; dissoziative Rekombination bildet eine „heiße Sauerstoffcorona" und ein Teil besitzt die nötige Fluchtenergie, um zu entweichen; dasselbe gilt auch für die Flucht von Stickstoffatomen, die aus der dissoziativen Rekombination des Spurenbestandteiles N_2^+ hervorgehen. Obwohl für Venus die im dissoziativen Rekombinationsprozeß freiwerdende Energie nicht für die Flucht von Sauerstoffatomen ausreicht, bildet sich auch dort ebenso wie beim Mars eine ausgedehnte *Sauerstoffcorona*. Aufgrund der höheren Teilchenenergie nimmt die Konzentration des „heißen" Sauerstoffes viel langsamer mit der Höhe ab als der „kalte" Sauerstoff, dessen Verteilung von der relativ niedrigen Exosphärentemperatur abhängt (Abb. 7.11). Für Titans N_2-Atmosphäre kann Stoßionisation und Dissoziation durch energiereiche Elektronen und *sputtering*

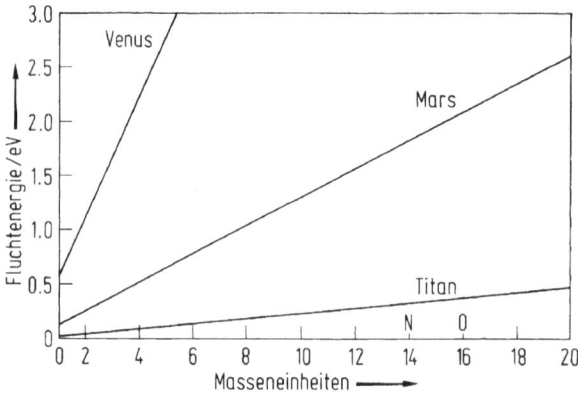

Abb. 7.10 Notwendige Fluchtenergie für atmosphärische Bestandteile der Atmosphären von Venus, Mars und Titan.

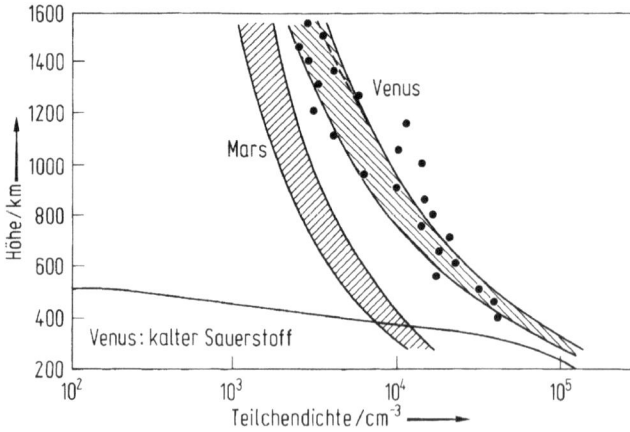

Abb. 7.11 Verteilung des „heißen" Sauerstoffes (Sauerstoffcorona) in der Atmosphäre von Venus und Mars. Schraffierte Flächen: Berechnungen; Punkte: Meßergebnisse.

durch Ionen in der Saturn-Magnetosphäre, innerhalb der sich Titan meistens bewegt, zur Flucht von Stickstoffatomen führen. Nichtthermische Verlustprozesse können zu atmosphärischen Masseverlustraten im Bereich von 100 g/s bis zu einigen kg/s führen.

Bei nichtmagnetischen oder schwachmagnetischen Planeten, wie Venus und Mars, kann der mit der Planetenionosphäre in Wechselwirkung tretende Sonnenwind Ionen mitnehmen (ion pick-up) und damit aus der Umgebung des Planeten entfernen. Obwohl dieser Prozeß durch die Gyrationsbewegung der Ionen im interplanetaren Magnetfeld modifiziert wird, ist in erster Näherung der Massenverlust durch diesen Prozeß gegeben durch

$$\frac{\mathrm{d}M_\mathrm{a}}{\mathrm{d}t} \approx -K \times (\varrho v)_\mathrm{sw}\, 2\pi R_\mathrm{ip}^2 \tag{7.64}$$

mit $(\varrho v)_{sw}$ dem Massenfluß des Sonnenwindes, R_{ip} der planetozentrische Entfernung der Ionopause (wo $p_{ion} \simeq p_{sw}$) und K einem Akommodationsfaktor, der zwischen 0.3 und 0.6 liegt. Neben dem Sonnenwind kann auch das korotierende Plasma einer Magnetosphäre (Magnetosphärenwind), z. B. im Fall von Titan das der Saturnmagnetosphäre, ionosphärische Bestandteile mitnehmen.

Für ein Verständnis der Evolution von Planetenatmosphären müssen die verschiedenen Verlustprozesse berücksichtigt werden, die über die Exosphäre stattgefunden haben. Verlust von atmosphärischen Gasen kann aber auch im Bodenbereich, z. B. über Phasenumwandlungen, z. B. von CO_2-Gas, in CO_2-Trockeneis auf den Mars-Polkappen oder bei Umwandlung von CO_2-Gas in Karbonatgestein in der frühen Erdatmosphäre, erfolgen.

7.4 Entstehung der Planetenatmosphären

7.4.1 Die primären Atmosphären

Die Atmosphären der äußeren Planeten weisen eine nahezu solare Komposition auf; sie sind zusammen mit den Planeten aus dem solaren Urnebel entstanden und werden daher auch als *primäre Atmosphären* bezeichnet.

Modelle für eventuelle primäre Atmosphären der inneren Planeten beziehen sich darauf, daß die gegenwärtige atmosphärische Zusammensetzung für die Entstehung bzw. die Existenz des Lebens ungeeignet erscheint und dazu eine reduzierende Atmosphäre notwendig wäre. Solche Primäratmosphären, bestehend aus CH_4, NH_3 und Spuren von H und H_2O, wurden von Oparin, Haldane sowie Urey propagiert, vor allem im Hinblick auf das erfolgreiche Miller-Urey-Experiment, das für ein solches Gasgemisch unter Einwirkung von UV-Strahlung oder Blitzentladungen die Bildung von Aminosäuren nachwies. Andererseits wurde von Abelson experimentell gezeigt, daß auch Atmosphären aus CO_2, CO, H_2, N_2, H_2O für die Entstehung von Aminosäuren, wenn auch mit geringerer Ausbeute, geeignet sind. Dabei ist aber wesentlich, daß kein freier Sauerstoff vorhanden ist.

Geologische Untersuchungen zeigen, daß es in der frühen Erdatmosphäre nur wenig NH_3 und CH_4 gegeben haben kann, da sonst der pH-Wert der Meere höher gewesen wäre, was eine größere Menge von Karbonatgestein auf Kosten eines Silicatmangels bedeutet hätte. Durch Dissoziation von CH_4 (wie sie bei Anwesenheit von zweiwertigem Eisen (Fe^{++}) erfolgt) müßten größere Mengen von nichtorganischem Kohlenstoff im Gestein zu finden sein als tatsächlich vorhanden sind. Die Eigenschaften des Sedimentgesteins sprechen für die Entstehung einer *nichtreduzierenden Atmosphäre*, wie ja auch die heutigen aus CO_2 und N_2 bestehenden Atmosphären unserer Nachbarplaneten Mars und Venus nichtreduzierend sind [1].

Ein weiteres Indiz für diese *sekundären Atmosphären* der inneren Planeten ist die Verarmung an bestimmten Isotopen primärer Edelgase (^{36}Ar um 10^6, ^{20}Ne um $6 \cdot 10^7$) gegenüber der kosmischen Häufigkeit.

Aufgrund solcher Überlegungen wurde schon früh für die Entstehung der Erdatmosphäre ein sekundärer Entgasungsursprung vorgeschlagen. Die ersten konkreten Vorschläge dieser Art wurden bereits um die Jahrhundertwende vom schwedischen Geologen Högbom und später von seinem berühmten Landsmann S. Arrhenius gemacht.

7.4.2 Die sekundären Atmosphären der inneren Planeten und Monde

Es wird heute allgemein angenommen, daß die sekundären Atmosphären von Venus, Erde und Mars durch vulkanische Entgasung aus dem oberen Mantel während der Aufschmelzung des Planeten in Form eines *Magmaozeans* [2] und der Differenzierung des Planeteninneren sowie durch Zulieferung von leichtflüchtigen Bestandteilen während der frühen Impaktphase der Planetenentstehung gebildet wurden (vgl. Kap. 5). Die Aufheizung führte zur Dissoziation von H_2O- und CO_2-haltigen Mineralien, wie auch zur Verflüchtigung von ursprünglich in Hohlräumen gefangenen Gasen. Die atmosphärischen Entgasungsprozesse sind eng mit der thermischen Entwicklung der inneren Planeten verbunden. Ausschlaggebend für die Evolution der sekundären Atmosphären aus Entgasungsprodukten (vor allem CO_2, H_2O, N_2) waren noch Kondensation, Phasenübergänge und Atmosphärenflucht. Alle diese Prozesse waren wiederum von den lokalen Temperaturverhältnissen als Konsequenz des thermischen Gleichgewichts in Abhängigkeit vom Sonnenabstand abhängig.

Der amerikanische Geologe W. Rubey stellte als erster Mengenbilanzen für die Verteilung von leichtflüchtigen *volatilen* Substanzen in der Erdkruste und in der Erdatmosphäre auf und fand eine starke Ähnlichkeit zwischen den Entgasungsprodukten irdischer Vulkane und der Zusammensetzung einer sekundären Uratmosphäre. Das sogenannte *Rubey-Inventar* berücksichtigt nicht nur freie atmosphärische Gase sondern auch die an der Oberfläche gebundenen [3].

Dieses Rubey-Inventar wird heute häufig als Ausgangspunkt für die Entstehung und Entwicklung der Atmosphären von Venus, Erde und Mars verwendet (s. Tab. 7.3), was auf einer vereinfachten Vorstellung eines einheitlichen chemischen Aufbaus der terrestrischen Planeten beruht, während aller Voraussicht nach in der Akkretionsphase der Planeten sich Unterschiede zwischen dem innersten (Venus) und dem äußersten (Mars) der *inneren Planeten* ergaben, z. B. Mangel an H_2O-haltigen Bestandteilen auf der Venus im Vergleich zu Mars und Erde.

Für den eigentlichen Entgasungsprozeß gibt es zwei extreme Möglichkeiten [1]:

1. Plötzliche (episodische, katastrophische) Entgasung, die mit einem impulsartigen Prozeß im Planeteninneren (Kontraktion, Differentiation) verbunden ist, wobei

Tab. 7.3 Zusammensetzung der gegenwärtigen Entgasungsprodukte der irdischen Vulkane, das sogenannte Rubey-Inventar.

Molekül	H_2O	CO_2	HCl u. Cl_2	N_2	H_2S, SO_2, HF, H_2, CO, CH_4, NH_3, Ar
molarer Anteil in %	80	17	1.7	0.2	in Spuren
Partialdruck in bar bei nur gasförmigem Vorkommen	330	70		1	

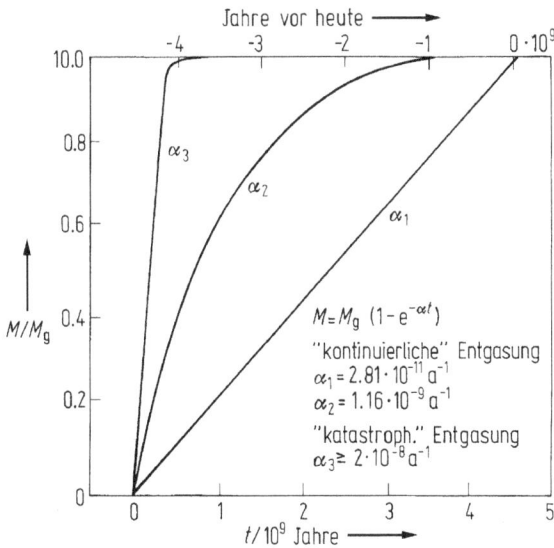

Abb. 7.12 Zeitlicher Verlauf der Entgasung für verschiedene Entgasungskoeffizienten (a = Jahre).

die Gesamtmenge der Entgasungsprodukte innerhalb kurzer Zeit der Atmosphäre zugeführt wird und

2. Dauernde (kontinuierliche) Entgasung, die durch ständige Freisetzung vulkanischer Gase über die geologische Epoche ($\sim 10^9$ Jahre) gekennzeichnet ist.

Die Entgasung selbst kann durch ein Exponentialgesetz dargestellt werden

$$M(t) = M_g(1 - e^{-\alpha t}) \tag{7.65}$$

wobei α die Entgasungskonstante und M_g die Gesamtmenge der Entgasung ist (Abb. 7.12).

Die katastrophische Entgasung beginnt mit der Planetenbildung bzw. nach der Phase eines „Magmaozeans" [2]. Geologische Befunde weisen darauf hin, daß präkambrische (vor $3.3 \cdot 10^9$ Jahren) metamorphe Sedimente bereits Verwitterungserscheinungen aufweisen, was für die Unterwassersedimentation verantwortlich sein könnte.

Für den Ursprung sekundärer Atmosphären sind neben der Entgasung aus dem Inneren aber auch noch Zulieferung durch Impakte von kometarem und chondritischem Material verantwortlich; für die weitere Evolution sind aber auch noch mechanische und chemische Prozesse verschiedenster Art ausschlaggebend.

Ein Vergleich der heutigen Atmosphären von Venus, Erde und Mars (s. Tab. 7.4) zeigt, daß die Erde mit ihrer N_2-O_2-Atmosphäre gegenüber den CO_2-Atmosphären von Venus und Mars eine Sonderstellung einnimmt. (Das Edelgas Argon rührt vom radioaktiven Zerfall von Kalium her). Auch weicht der Bodendruck unserer beiden Nachbarplaneten in jede Richtung grob um einen Faktor 100 gegenüber der Erde ab.

Mit zunehmender Entgasung steigen auch die ursprünglichen „Bodentemperaturen" aufgrund des Treibhauseffektes an. Die Endtemperatur bzw. die Wirksamkeit

Tab. 7.4 Atmosphären-Zusammensetzung der terrestrischen Planeten.

Venus		Erde		Mars	
CO_2	98 %	N_2	78 %	CO_2	95 %
N_2	1.8 %	O_2	21 %	N_2	2.6 %
^{40}Ar	200 ppm	^{40}Ar	0.9 %	^{40}Ar	1.6 %
		CO_2	350 ppm	O_2	0.0015 %
$p_0 = 90$ bar		$p_0 = 1$ bar		$p_0 = 0.007$ bar	

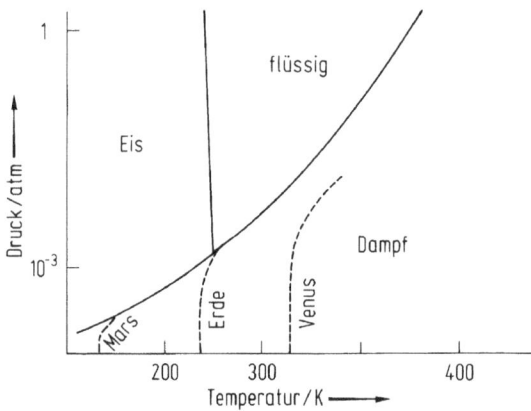

Abb. 7.13 Phasendiagramm für Wasser, das die Verhältnisse der frühen Atmosphäre von Mars, Erde und Venus darstellt; nur für die Erde wird der Tripelpunkt erreicht.

des Treibhauseffektes hängt aber letztlich von der heliozentrischen Distanz der Planeten, d. h. ihrer effektiven Strahlungstemperatur ab. Diese ist ausschlaggebend dafür, ob es zu Phasenumwandlungen von Entgasungsprodukten (z. B. H_2O auf der Erde) kommt, und ein sich selbstverstärkender Treibhauseffekt verhindert werden kann oder nicht (Abb. 7.13).

Da zur Zeit der Entstehung des Planeten die Leuchtkraft der Sonne S nur etwa 70 % der heutigen betrug, wären die Gleichgewichtstemperaturen T_{eff} für das Auftreten eines sich selbstverstärkenden Treibhauseffektes weder auf der Venus noch auf der Erde vorhanden gewesen. Der dafür notwendige Wärmefluß vom Planeten von $\sim 1.4 S$ läßt sich auch durch Impakterwärmung über einen Zeitraum von 10^8 Jahren erklären. Die dabei freiwerdende Gravitationsenergie entspricht $\sim 1 S$ und ist sicher ausreichend, um das Einsetzen des Treibhauseffektes auf Venus und Erde auszulösen.

Impakte von Kleinkörpern (Kometen und Asteroiden), die während der ersten 500 Millionen Jahre nach der Entstehung des Sonnensystems besonders häufig waren, können verschiedene Auswirkungen auf Planetenatmosphären haben:

Impakterosion [4, 5] stellt einen möglichen *Verlustprozeß* atmosphärischen Materials dar. In Abhängigkeit von der Größe des Planeten und der Dichte seiner Atmosphäre muß ein Einschlagkörper eine bestimmte Mindestmasse und Geschwindigkeit aufweisen. Der Impakt muß so rasch erfolgen, daß die Geschwindigkeit der beim Aufprall entstehenden „Wolke" verdampften Materials die Fluchtgeschwindigkeit des Planeten, unter Berücksichtigung der notwendigen Verdampfungsenergie, überschreitet. Die Masse der Dampfwolke muß die der jeweiligen Atmosphären übertreffen, dann kann die gesamte Atmosphäre oberhalb der Tangentialfläche am Aufprallpunkt entfliehen. Die entsprechenden Durchmesser der Impaktkörper betragen 3 km für den Mars, 13 km für die Erde und 70 km für die Venus. Impakterosion kommt daher für Mars wegen seiner geringen Schwerebeschleunigung am ehesten in Frage (Abb. 7.14).

Impakte von Kometen und Asteroiden kommen aber auch als *Quelle* atmosphärischer Gase in Frage. Akkumulation von Gasen (Quelle) durch Impakt, verglichen mit Verlust (Impakterosion) ist abhängig vom Verhältnis zwischen Häufigkeit (Mischverhältnis des atmosphärischen Bestandteils) zur Häufigkeit des gasförmigen Bestandteils im Impaktor.

Da die Zusammensetzung von Kometen und Asteroiden unterschiedlich ist, wird sich für diese zwei Typen von Impakten auch die Modifikation der Planetenatmosphäre unterscheiden.

Eine wesentliche Rolle in der Entwicklung (Evolution) von Planetenatmosphären spielen chemische Reaktionen mit Oberflächenmaterial, da diese einige Gase für kürzere oder längere Zeit an das Gestein binden und eine Anreicherung dieser Gase in der Atmosphäre verhindern können. Ein Beispiel dafür ist O_2 in der Erdatmosphäre, wo dessen Abwesenheit die Entstehung und Evolution primitiven Lebens bedingt, andererseits aber auch die Umwandlung von CO_2 in Carbonatgestein.

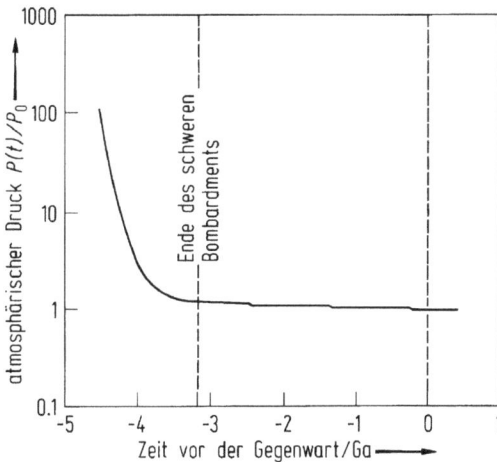

Abb. 7.14 Abnahme des Atmosphärendruckes des Mars aufgrund von Impakterosion, d.h. Mitnahme von atmosphärischen Bestandteilen durch Einfall von Asteroiden und Kometen.

7.5 Eigenschaften der heutigen (sekundären) Planetenatmosphären

7.5.1 Die Venusatmosphäre

Der gegenwärtige Zustand der Venusatmosphäre (s. Tab. 7.4) läßt sich am besten aufgrund der hohen Gleichgewichtstemperatur und des Treibhauseffektes erklären. Auch wenn Venus mit gleich viel Wasser als die Erde entstanden sein sollte, so konnte das entgaste H_2O wegen der hohen Bodentemperatur nie kondensieren, da der damit verbundene erhöhte Sättigungsdampfdruck wiederum den Treibhauseffekt verstärkt und damit zu einer weiteren Erhöhung der Oberflächentemperatur führt. Dieser sich selbst verstärkender Treibhauseffekt wird als *runaway-greenhouse effect* bezeichnet [6]. Aber auch in Abwesenheit von großen Mengen von H_2O in der frühen Venusatmosphäre ist der Treibhauseffekt durch das entgaste CO_2 ausreichend, damit die Temperatur einen kritischen Wert erreicht, bei dem es zu einem annähernd chemischen Gleichgewicht zwischen Oberflächengestein und Atmosphäre, dem sogenannten *Urey-Gleichgewicht* kommt. Bei ihm ist für hohe Temperaturen die Zeitkonstante klein im Vergleich zur Entgasungsflucht und Photolyse.

Die häufigsten Oberflächenreaktionen sind

$$CaSiO_3 \text{ (Wollastonit)} + CO_2 \rightleftharpoons CaCO_3 + SiO_2 , \tag{7.66}$$

$$MgSiO_3 \text{ (Enstatit)} + CO_2 \rightleftharpoons MgCO_3 + SiO_2 . \tag{7.67}$$

Der Gleichgewichtsdruck von CO_2 für Silikatreaktionen ist stark temperaturabhängig:

$$p_{CO_2} \sim e^{-K/T} . \tag{7.68}$$

Die oben genannten Reaktionen erreichen – laufen sie bei Zimmertemperatur ab – schon bei $p_{CO_2} \leq 10^{-5}$ bar chemisches Gleichgewicht. (Reaktionen, bei denen der Dampfdruck ausschließlich eine Funktion der Temperatur ist, nennt man *Puffer-Reaktionen*.) Für die Richtung des Reaktionsablaufes ist das Vorhandensein von flüssigem Wasser maßgeblich: H_2O wirkt als Katalysator für den Einbau von CO_2 in Carbonaten. Durch die Abwesenheit von Wasser konnte sich CO_2 in derart großen Mengen in der Venusatmosphäre anhäufen. (Es ist interessant, daß die im Carbonatgestein der Erde gebundene Menge von CO_2 größenordnungsgemäß dem Atmosphärengehalt von Venus entspricht.)

Um die heute geringe Menge von H_2O in der Venusatmosphäre zu erklären, gibt es zwei Hypothesen: a) Venus ist mit geringen Mengen von wasserhaltigem Material entstanden, und der heutige atmosphärische H_2O-Gehalt stammt von Kometenimpakten oder b) Venus hatte einst viel mehr H_2O (im Extremfall soviel wie die Erde), doch dieses wurde über geologische Zeiträume *verloren*. Dafür spricht die Anreicherung von Deuterium relativ zu Wasserstoff, die in der Venusatmosphäre gemessen wurde. (Venus D/H $\simeq 2 \cdot 10^{-2}$, Erde $\simeq 1.5 \cdot 10^{-4}$). Dieses D/H-Verhältnis, das fast 130 mal so groß ist wie das auf der Erde, könnte durch eine verstärkte atmosphärische Flucht erklärt werden (der überhöhte D/H-Wert entspricht einer selektiven Flucht des leichteren Isotops), wobei dafür eine ursprüngliche H_2O-Menge auf der Venus von ca. 0.3 % der irdischen Ozeane, entsprechend einer „Wassertiefe" von 10 m bis 20 m, notwendig wäre [7].

Eine wasserdampfreiche Atmosphäre könnte über Dissoziation zu einer H_2-dominierten Thermosphäre führen, und die damit verbundene hohe Exosphärentemperatur T_∞ (s. Tab. 7.2) könnte sehr wohl den kritischen Wert für dynamische Flucht erreicht haben. Diese dynamische Flucht könnte solange geherrscht haben, bis das Mischverhältnis von H_2O von 15 % auf 2 % gesunken war und die Anreicherung von Deuterium (D) begann. Ein Problem für diesen Fluchtprozeß ist jedoch die notwendige Oberflächensenke für O_2. Neben dem Hauptbestandteil CO_2 ist N_2 der wichtigste Spurenbestandteil der Venusatmosphäre, was mit dem Rubey-Inventar einigermaßen konsistent ist.

Die Venus ist von einer dichten Wolkendecke (ohne Löcher) umgeben, die eine direkte Sicht der Oberfläche verhindert. Diese wurde daher erst mit Hilfe von Radarbeobachtungen, sowohl von der Erde als auch von Satelliten in einer Umlaufbahn um die Venus (Pioneer Venus, Magellan) beobachtet. Die retrograde Rotationsrate von 242 d wurde ebenfalls erst durch Radarmessungen vom Erdboden aus bestimmt. Ultraviolett-Beobachtungen von der Erde aus zeigten dagegen eine 4-Tage-Superrotation der Atmosphäre (eine Ost-West-Rotation von Wolkenmarkierungen, die im Sichtbaren nicht hervorstechen). Diese 4-Tage-Rotation entspricht einer Windgeschwindigkeit in Äquatornähe von 110 m/s, entsprechend einer zonalen Bewegung. Während diese Winde in Wolkenhöhe von ca. 50–60 km wehen, ist die Oberfläche der Venus nahezu windstill; auch zeigen sich aufgrund der auf der Venus gelandeten Pioneer-Eintrittssonden trotz der langsamen Bodenrotation und eines solaren Tages von 117 d keine Temperaturkontraste, in erster Linie wegen der hohen Wärmekapazität der massiven Atmosphäre. Die Venusatmosphäre außerhalb des Äquators zwischen $\sim$ 50–60 km scheint sich in einem Zustand von *zyklostrophischem* Gleichgewicht (vgl. Abschn. 7.3.4) zu befinden, das dadurch gekennzeichnet ist, daß die zum Äquator gerichtete Komponente der Zentrifugalkraft eines zonal rotierenden Luftpaketes im Gleichgewicht mit der polarwärts gerichteten meridionalen Druckgradientkraft steht. Trotz dieser qualitativen Übereinstimmung sind die theoretischen Gründe für die Superrotation der Venusatmosphäre noch immer Anlaß für Diskussionen.

Die Wolken der Venus bestehen aus Tröpfchen von Schwefelsäurelösung (H_2SO_4) mit einem Durchmesser von 2 bis 3 µm, obwohl die größten Teilchen bis zu 35 µm Durchmesser aufweisen. Die dichteste Wolkendecke befindet sich zwischen 45 und 75 km Höhe mit Dunstschichten darunter und darüber. Der Ursprung der Wolkentröpfchen scheint die Zufuhr von SO_2 von unten zu sein, das über photochemische Oxidation zu H_2SO_4-Tröpfchen führt (wobei 75 % nach Gewicht dem H_2SO_4-Anteil entspricht).

Innerhalb der Homosphäre (die Homopause liegt bei $\sim$ 135 km) ist CO_2 der Hauptbestandteil; bei ca. 140 km Höhe wird auch ein Temperaturminimum (Mesopause; 100 K) erreicht, das auch der Nachtseite der Thermosphäre entspricht, die wegen der niedrigen Exosphären-Temperatur dann auch als *Cryosphäre* bezeichnet wird, während die tagseitige Thermosphäre eine Exosphärentemperatur von 300 °K erreicht. Eine CO_2-Atmosphäre wie bei Venus (und Mars) dürfte eigentlich gegenüber Photolyse nicht stabil sein und in eine Atmosphäre aus CO und O_2 umgewandelt werden. Aufgrund von katalytischen Reaktionen mit Spurenbestandteilen wie HO_x, ClO_x, NO_x und SO_x wird jedoch der Bestand von CO_2 als Hauptbestandteil gesichert.

Die hohe Atmosphäre der Venus wird zunehmend von O (oberhalb von 180 km) dominiert, das durch Photodissoziation von CO_2 entsteht. Die Ionosphäre der Ve-

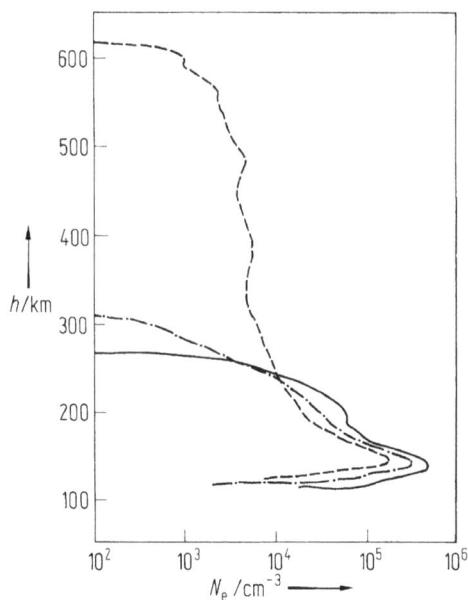

Abb. 7.15 Konzentration der Venusatmosphäre für verschiedene Tageszeiten und Sonnenwindaktivitäten. Der rapide Abfall der Konzentration in größeren Höhen entspricht der Ionopause.

nus bildet durch Photoionisation des Hauptbestandteiles CO_2 ein Maximum (nach der Chapman-Theorie), wo die optische Dicke $\tau_0 = 1$ ist entsprechend einer Höhe von ca. 140 km mit einer Plasmadichte von $N_m = 5 \cdot 10^5\,\text{cm}^{-3}$. Das Hauption ist jedoch nicht CO_2^+, sondern O_2^+, das durch eine Ionen-Atom-Reaktion ($CO_2^+ + O \rightarrow O_2^+ + CO$) entsteht. In größeren Höhen werden auch O^+- und H^+-Ionen von Bedeutung. Aber auch auf der Nachtseite der Venus findet man gewöhnlich eine Ionosphäre mit $N_m \sim 10^4\,\text{cm}^{-3}$. Wegen der langen Abwesenheit der solaren ionisierenden Strahlung (Nacht = 58 d) wird die Nachtionosphäre vermutlich durch Impaktionisation von energiereichen Elektronen bzw. in geringerem Maße durch Plasmatransport von der Tagseite erzeugt. In größeren Höhen zeigt die Venusionosphäre einen abrupten Abfall, eine *Ionopause*, die durch die Wechselwirkung mit dem Sonnenwind wegen der Abwesenheit eines planetaren Magnetfeldes zustande kommt (Abb. 7.15).

Wegen der niedrigen Exosphärentemperatur ($T_\infty = 300\,\text{K}$) ist die Jeanssche Flucht relativ gering. Atmosphärenverlust, besonders von H, kann jedoch auch über nicht-thermische Prozesse vor sich gehen. Der Ladungsaustauschprozeß und dissoziative Rekombination

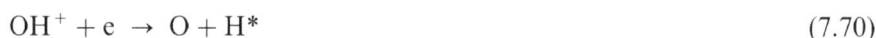

$$O^+ + H_2 \rightarrow OH^+ + H^*, \tag{7.69}$$

$$OH^+ + e \rightarrow O + H^* \tag{7.70}$$

kann zu „heißen" Wasserstoffatomen H^* führen, die dem Schwerefeld der Venus entfliehen können.

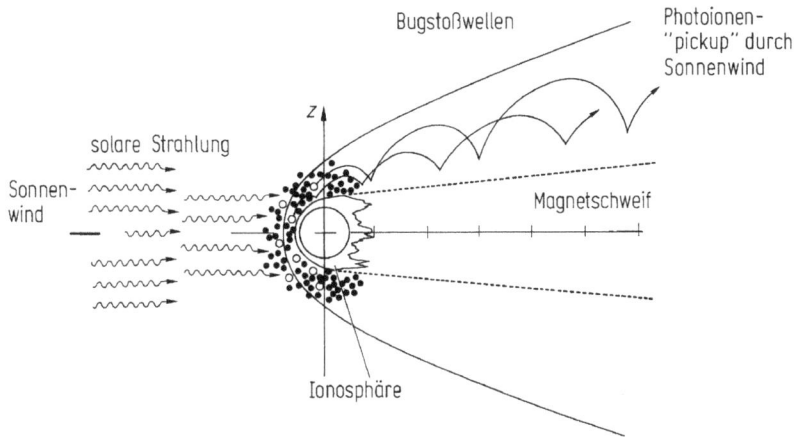

Abb. 7.16 Wechselwirkung des Sonnenwindes mit der Ionosphäre der Venus.

Darüberhinaus ist auch die direkte Einwirkung des Sonnenwindes auf die Venus-ionosphäre für den Verlust von atmosphärischen Bestandteilen in Form von Ionen verantwortlich. Auf der Tagseite kann der Sonnenwind Sauerstoffatome der ausgedehnten heißen *Sauerstoffcorona*, die durch die dissoziative Rekombination des Hauptions O_2^+ bevölkert wird, „mitnehmen" (*pick-up ions*); auf der Nachtseite können in dem durch die Sonnenwindwirkung entstehenden Schweif Ionen direkt beschleunigt werden und entfliehen. Diese nichtthermischen Fluchtprozesse stellen einen Verlustprozeß für atmosphärische Bestandteile, besonders O, dar (Abb. 7.16).

7.5.2 Die Erdatmosphäre

Betrachtet man die gegenwärtige Zusammensetzung der Erdatmosphäre (s. Tab. 7.4), dann stellt sich diese im Gegensatz zur CO_2-Atmosphäre der Venus als eine N_2-O_2-Atmosphäre dar. Trotz dieses drastischen Unterschiedes wird heute allgemein die Ansicht vertreten, daß der Ursprung der beiden Atmosphären gewisse Gemeinsamkeiten aufweist. Die ursprünglich angenommene stark reduzierende primäre Atmosphäre der Erde, bestehend aus CH_4, NH_3 und H_2, wird heute aus mehreren Gründen für eine unwahrscheinliche Variante angesehen. Wie schon erwähnt sprechen einerseits geologische Gründe dagegen, andererseits ist auch die „Überlebenschance" einer stark reduzierten Atmosphäre, die zu einer von Wasserstoff dominierten Thermosphäre und damit zur kritischen Exosphärentemperatur führt, wegen der großen Effizienz der dynamischen Atmosphärenflucht äußerst gering. Eine solche Atmosphäre hätte gewiß nur eine Lebensdauer von 10^6 bis 10^7 Jahren, wohl auch zu kurz für die Synthese von Aminosäuren nach dem bekannten Miller-Urey-Experiment.

Heute wird bevorzugt als Ursprung der *sekundären* Erdatmosphäre die Entgasung von H_2O, CO_2, N_2 und anderen Spurengasen in Anlehnung an das Rubey-Inventar angesehen, wie es sich in der Zusammensetzung von heutigen vulkanischen Gasen darstellt. Um aus diesen Entgasungsprodukten den Zustand der heutigen Atmosphäre zu erklären, bedarf es evolutionärer Vorgänge. Aufgrund der größeren heliozentrischen Distanz im Vergleich zur Venus und der damit verbundenen niedrigeren Bodentemperatur (ohne Atmosphäre) für eine nur durch die Oberfläche bestimmte Albedo ($A = 0.07$) von ca. 275 K konnte der entgaste Wasserdampf kondensieren und die Meere bilden. Das entgaste CO_2 reagierte mit flüssigem H_2O und wurde über Bildung von CO_3 als $CaCO_3$ abgelagert. Durch die Kondensation des H_2O und Entzug von CO_2 konnte das träge, nicht wasserlösliche N_2 als ursprünglicher Nebenbestandteil (ca. 1 % des Rubey-Inventars) in der Atmosphäre mit 78 % dominieren. Das heutige Vorhandensein von O_2 als zweitwichtigstem (aber lebenswichtigstem) Bestandteil (21 %) der Erdatmosphäre stammte jedoch nicht aus der Entgasung, sondern aus photosynthetischer Aktivität. In der präbiologischen Atmosphäre konnte O_2 über Photolyse von H_2O entstehen. Dieses O_2 wurde teilweise durch Oxidation von Mineralien, die der Atmosphäre zur Verwitterung ausgesetzt waren, sowie durch direkte Photolyse und Reaktion mit H_2, die wiederum zu H_2O führten, verloren. In der präbiologischen frühen Erdatmosphäre konnte jedoch der Anteil von O_2 an der Erdoberfläche einen Wert von einigen ppm ($= 10^{-9}$) nicht überschreiten. Die Umwandlung der frühen Erdatmosphäre von einem schwach reduzierenden Gasgemisch in ein stark oxidierendes Gemisch, konnte daher nicht auf photochemischem Wege erfolgen sondern war das Nebenprodukt der biologischen Photosynthese nach

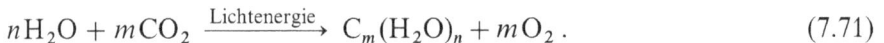

$$n\,H_2O + m\,CO_2 \xrightarrow{\text{Lichtenergie}} C_m(H_2O)_n + m\,O_2 \,. \tag{7.71}$$

Da für jedes Molekül CO_2 in der Photosynthese ein O_2-Molekül freigesetzt wird, läßt sich diese Produktion von O_2 aus dem im Sedimentgestein gespeicherten organischen Kohlenstoff abschätzen [8]. Der im Sedimentgestein enthaltene Kohlenstoff besteht aus zwei Anteilen: dem im Kalkstein ($CaCO_3$) und im Dolomit (magnesiumhaltiger Kalkstein) gespeicherten Carbonatkohlenstoff (C_{carb}) und den aus der Photosynthese hervorgehenden organischen Kohlenstoffisotopen ^{12}C (99 %) und ^{13}C (1 %). Das von der Photosynthese bevorzugte leichtere Isotop ist in der organischen Kohlenstoff-Fraktion der Sedimente stärker vertreten als in Carbonatgesteinen. Aus der Abweichung des ^{13}C-Isotops im organischen Kohlenstoff läßt sich abschätzen, daß ca. ein Fünftel (20 %) des gesamten Kohlenstoffes, der in Ablagerungen der Erdkruste vorkommt, organischen Ursprungs ist; die restlichen 4/5 sind im Carbonat-Kohlenstoff. Von der Gesamtmasse der Sedimente ($2.4 \cdot 10^{24}$ g) bestehen 3 %, d. h. $7.2 \cdot 10^{22}$ g, aus Kohlenstoff, von dem wiederum 20 % aus organischem Kohlenstoff bestehen. Hochrechnungen aus tausenden Direktbestimmungen von organischem Kohlenstoff entsprechen einer Gesamtmasse von ca. $1.4 \cdot 10^{22}$ g; daraus ergibt sich $3.2 \cdot 10^{22}$ g Sauerstoff, der durch die Photosynthese entstanden sein muß. Abbildung 7.17 zeigt den berechneten Anstieg des irdischen Vorrates an photosynthetisch gebundenem Sauerstoff seit der Bildung der ersten bekannten Sedimentgesteine vor 3.8 Milliarden Jahren. Von der photosynthetisch produzierten Gesamtmenge von O_2 entfallen nur $1.2 \cdot 10^{21}$ g auf die Atmosphäre und die Meere (ca. 4 %). Fast der ganze Rest ist in der Erdkruste in Form von Eisenoxid Fe_2O_3 und verschiedener Sulfate, die das Ion SO_4^{2-} enthalten, gebunden.

Zu Beginn der Entwicklung des Lebens, vor mehr als drei Milliarden Jahren, existierte wahrscheinlich eine ursprünglichere Art von Photosynthese, bei der kein

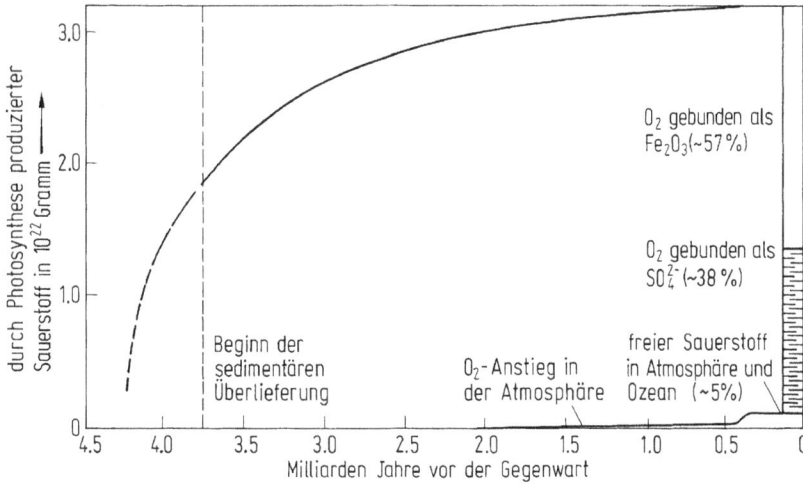

Abb. 7.17   Anreicherung des atmosphärischen Sauerstoffes auf der Erde aufgrund von photosynthetischen Prozessen.

freier gasförmiger Sauerstoff, sondern sauerstoffreiche Verbindungen wie Sulfat (SO_4^{2-}) durch primitive Bakterien, den heutigen Schwefelbakterien ähnlich, ausgeschieden wurden. Bei der ersten Photosynthese haben wahrscheinlich Cyanobakterien (früher Blaualgen genannt), aus dem ins Meer gelangenden Kohlendioxid unter Verwendung von Wasser und mit Hilfe von Sonnenlicht organische Substanzen (Kohlenhydrate) synthetisiert, wobei der freiwerdende Sauerstoff das im Meer gelöste zweiwertige Eisen in das schwerlösliche dreiwertige Oxid Fe_2O_3 verwandelte und die Abbaustoffe als organischer Kohlenstoff im Sediment abgelagert wurden. Erst später entwickelte sich über eine Landflora die pflanzliche Photosynthese.

Das Leben ist einerseits für den atmosphärischen Sauerstoff verantwortlich, dieser wiederum hatte wichtige Auswirkungen auf das Leben selbst. Durch die Atmung konnten Lebewesen das 14fache der Energie gewinnen, die bei der anaeroben Gärung frei wird. Durch das Vorhandensein von atmosphärischem Sauerstoff kam es auch zur Bildung einer schützenden Ozonschicht [9]. Erst als ca. 10 % des gegenwärtigen Sauerstoffgehaltes vorhanden war, konnte sich genügend Ozon bilden, das für den Boden ein Schutzschild vor der biologisch schädlichen UV-Strahlung der Sonne im Wellenbereich von 200 bis 300 nm darstellt (Abb. 7.18). Die Ozonschicht bietet äquivalenten Schutz vor dieser Strahlung wie ca. 10 m Wasser. Damit konnte sich Leben auch auf dem Land ausbreiten und „explodierte" sowohl in Zahl als auch Vielfalt. Das Leben sorgt auch für ein stationäres Gleichgewicht für den Sauerstoff in unserer Atmosphäre. Das Nebeneinander von Stickstoff, Sauerstoff und Methan wäre auf Dauer nicht möglich (da CH_4 zu CO_2 und H_2O aufoxidieren und N_2 mit O_2 zu NO_x würde, das wiederum zusammen mit H_2O zu Salpetersäure HNO_3 reagierte), wenn nicht Mikroorganismen Salze der Salpetersäure (Nitrate) wieder in N_2 zurückverwandeln würden, und Methan nicht dauernd durch bakterielle Vorgänge neu entstünde.

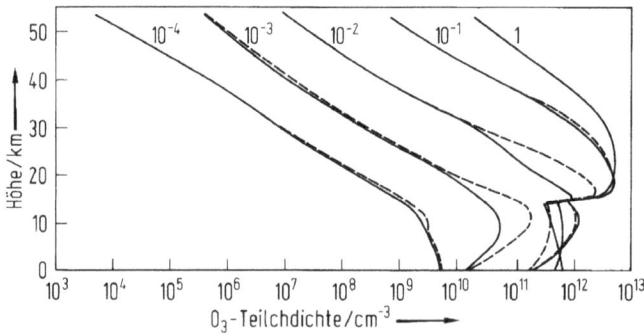

Abb. 7.18 Bildung einer Ozonschicht für verschiedene Konzentrationen des atmosphärischen Sauerstoffes (1 entspricht dem gegenwärtigen Sauerstoffgehalt von 21 %). Eine Sauerstoffkonzentration zwischen 10^{-1} und 10^{-2} der gegenwärtigen bietet bereits einen ähnlichen Schutz der schädlichen UV-Strahlung wie die heutige Ozonschicht.

Diese Wechselwirkung zwischen Biosphäre und Atmosphäre hat in der *Gaia-Hypothese* von Lovelock [10] ihren Ausdruck gefunden, wonach die Erde ein *lebendiges* System ist, das selbstregulierend nach Art der biologischen Homeostase wirkt und keine großen Abweichungen von einem Gleichgewichtszustand duldet.

Neben den chemischen Prozessen, die für die Zusammensetzung der Erdatmosphäre verantwortlich sind, führen dynamische und thermodynamische Prozesse im unteren Teil der Erdatmosphäre (Troposphäre und Stratosphäre), wo sich mehr als 90 % der Atmosphärenmasse befindet, zu globalen zonalen und meridionalen Zirkulationen, zur Bildung von geschlossenen Hoch- und Tiefdruckgebieten (Zyklonen und Antizyklonen) sowie zu Kondensation und Niederschlag des als Spurenbestandteils (~ 1 %) vorhandenen atmosphärischen Wasserdampfes. Externe (solare, astronomische) wie auch interne Faktoren, einschließlich der Wechselwirkung zwischen Atmosphäre und Hydrosphäre bestimmen das globale Klima und deren Veränderungen. Diese Bereiche werden von der Meteorologie und Klimatologie behandelt (vgl. Kap. 3 und Kap. 4).

Photochemische Prozesse durch die kurzwellige Strahlung der Sonne, die nicht bis zum Erdboden vordringt, führen zur Dissoziation von atmosphärischen Bestandteilen. Diese Prozesse werden von der *Aeronomie* behandelt, die sich im Gegensatz zur Meteorologie mit der oberen Atmosphäre beschäftigt. Die Bildung des stratosphärischen Ozons gehört in diese Kategorie. Die Eindringtiefe der Strahlung, wird durch die Höhe bestimmt, für die die optische Dicke $\tau_0 = 1$ ist, d. h., wo die Intensität der Strahlung außerhalb der absorbierenden Atmosphäre I_∞ auf e^{-1} abgefallen ist. Abbildung 7.19 zeigt die Höhe, in der $\tau_0 = 1$ für senkrechten Einfall der Sonnenstrahlung der Wellenlänge λ ist, die sogenannte *Eindringtiefe* für die Erdatmosphäre und die damit verbundenen Schichten: die Ozonschicht (O_3) sowie die ionosphärischen D-, E- und F_1-Schichten.

Das stratosphärische Ozon entsteht durch den Dreierstoß $O_2 + O + M \rightarrow O_3 + M$, wobei M ein weiteres Molekül (O_2 oder N_2) zur Erhaltung der Impulsbilanz darstellt; der atomare Sauerstoff wird durch Dissoziation von O_2 im Höhenbereich der Mesosphäre geliefert.

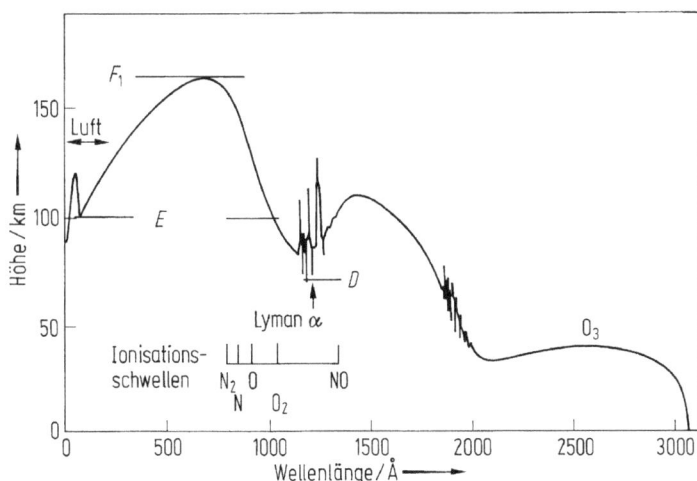

Abb. 7.19 Eindringtiefe der solaren UV-Strahlung in die Erdatmosphäre. Die Bildung der D-, E- und F_1-Schicht sowie die Absorption durch das Ozon (O_3) ist angedeutet, ebenso sind die Ionosationsschwellen für wichtige atmosphärische Bestandteile dargestellt (Å = Angström, $10\,\text{A} = 1$ nm).

Die einfachen Verlustprozesse für O_3 sind

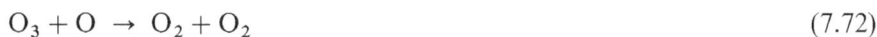

$$O_3 + O \;\rightarrow\; O_2 + O_2 \tag{7.72}$$

und

$$O_3 + h\nu \;\rightarrow\; O_2 + O\,. \tag{7.73}$$

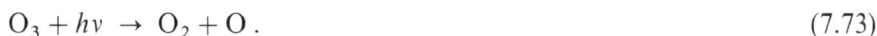

Diese Reaktionen wurden zur Erklärung der Ozonschicht von S. Chapman (1930) vorgeschlagen. Einige Jahrzehnte später wurden weitere Ozonverlustprozesse aufgrund von katalytischen Reaktionen erkannt, die nach dem folgenden Schema ablaufen

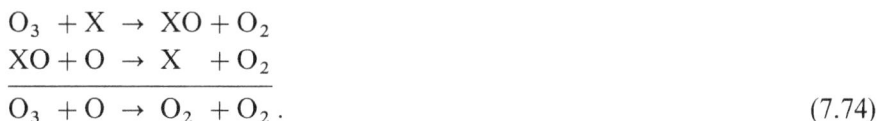

$$
\begin{array}{rcl}
O_3 + X & \rightarrow & XO + O_2 \\
XO + O & \rightarrow & X \;+ O_2 \\
\hline
O_3 + O & \rightarrow & O_2 \;+ O_2\,.
\end{array}
\tag{7.74}
$$

Die wichtigsten Katalysatoren sind das natürliche Spurengas NO, sowie durch menschliche Aktivitäten zugeführte Cl- und Br-enthaltende Verbindungen (Bromverbindungen sind teilweise auch natürlichen Ursprungs). Die gegenwärtige O_3-Problematik ist darauf zurückzuführen, daß O_3 global abnimmt, was eine Zunahme der für die Biosphäre schädlichen UV-Strahlung bedingt. Besonders kraß ist die *temporäre* (einige Wochen dauernde) Abnahme im antarktischen *Ozonloch* zu Ende des südpolaren Winters (im Oktober). Hier befindet sich wegen des zirkumpolaren Vortex, eines um den Pol kreisenden Luftwirbels, O_3 abgeschlossen von niedrigeren Breiten, wo noch neues O_3 produziert wird. Daher können die katalytischen Reaktionen (ohne neue O_3-Bildung in der Polarnacht) voll wirksam werden, besonders verstärkt durch heterogene Reaktionen (zwischen gasförmiger und fester Phase) mit Aerosolen, die sich bei den tiefen Stratosphärentemperaturen im polaren Winter (~ 90 K) in Form von polaren stratosphärischen Wolken (Polar Stratospheric

Clouds (PSC)) bilden und welche die sonst in der Eisphase „gefangenen" Katalysatoren-Reservoirsubstanzen freisetzen. Die O_3-Reduktion im Inneren des Lochs kann bis zu 50% des Säuleninhaltes (gemessen in Dobson-Einheiten, 100 DU = 1 mm O_3), betragen, die Ausdehnung der verdünnten O_3-Schicht (Ozonloch) umfaßt ein großes zirkumpolares Gebiet. Auf der Nordhalbkugel scheint das Ozonloch noch weniger ausgeprägt zu sein, sowohl wegen der etwas höheren Stratosphärentemperatur als auch wegen der geringeren Stabilität des arktischen Vortex im Vergleich zum antarktischen [11].

Die Bildung des atmosphärischen Ozons ist auch für den positiven Temperaturgradienten der Stratosphäre verantwortlich. Die Homosphäre, die bis zur Homopause bei 110 km reicht, ist gut durchmischt und hat ein konstantes mittleres Molekulargewicht von 28.9. In der Heterosphäre werden aufgrund der Moleklardiffusion zuerst der atomare Sauerstoff, dann He und endlich H von zunehmender Bedeutung. In der Thermosphäre ist O der Hauptbestandteil, was zu einer mittleren Exosphärentemperatur im Bereich von 1000 K führt; tageszeitliche relative Änderungen betragen ca. 30%, als Folge der Sonnenaktivität ergeben sich Änderungen von ca. 100%. Für diese Exosphärentemperatur ist die Jeanssche Atmosphärenflucht von H bemerkbar, aber nicht erheblich, für He aber insignifikant. Viel wesentlicher ist die *nichtthermische* Flucht von H über den resonanten Ladungsaustausch mit energiereicheren Protonen (H^+), die als geladene Teilchen ans Erdmagnetfeld gebunden sind.

Die Erdionosphäre besteht aus einer Reihe von Schichten, deren Höhe von der Eindringtiefe der ionisierenden Strahlung und dem ionisierbaren Atmosphärenbestandteil abhängt (Abb. 7.20). Die D-, E- und F_1-Schichten bestehen aus molekularen Ionen und entsprechen daher dem idealen Chapman-Schicht-Verhalten. Die F_2-Schicht, die aus O^+-Ionen besteht, folgt im Gegensatz zu den anderen Schichten nicht einem quadratischen Verlustgesetz (dissoziative Rekombination), sondern einem linearen, weil die atomaren Ionen zuerst in Molekülionen umgewandelt werden; aus diesem Grund nimmt die Ionenkonzentration oberhalb des Produktionsmaximums ($\tau_0 = 1$) in der F_1-Schicht weiter zu. Das F_2-Maximum wird dort gebildet (ca. 300 km), wo sich chemische und Plasmatransport-Prozesse das Gleichgewicht halten. Oberhalb des F_2-Maximums nimmt die Plasmadichte als Konsequenz von Diffusionsgleichgewicht exponentiell mit der Höhe ab. Für die F_2-Schicht übt das Erdmagnetfeld eine starke Kontrolle auf die Plasmatransportprozesse aus. Die F_2-Schicht zeigt daher, verglichen mit den idealen Chapman-Schichten ein „anomales" Verhalten. Besonders ausgeprägt ist die *Winteranomalie*, die darin besteht, daß im Winter die Ionenkonzentration in der F_2-Schicht höher ist als im Sommer (im Gegensatz zum Sonnenstand), was darauf zurückzuführen ist, daß im F_2-Maximum das Verhältnis von O/N_2, d.h. dem ionisierbaren atomaren Gas zum molekularen Gas, das für den chemischen Verlustprozeß (Umwandlung von O^+ in das molekulare Ion NO^+) verantwortlich ist, im Winter höher als im Sommer ist. Diese Tatsache ist auf meridionale Transportvorgänge (Winde) in der Thermosphäre aufgrund von jahreszeitlichen (Temperatur-)Druckunterschieden zurückzuführen. Die *geomagnetische* oder *äquatoriale Anomalie* der F_2-Schicht bezieht sich auf die Tatsache, daß die maximale Ionenkonzentration nicht am (magnetischen) Äquator, sondern ca. 20° nördlich und südlich davon auftritt, mit einem Minimum am Äquator. Der Grund dafür ist der sogenannte „Springbrunneneffekt". Ionisierte Bestandteile

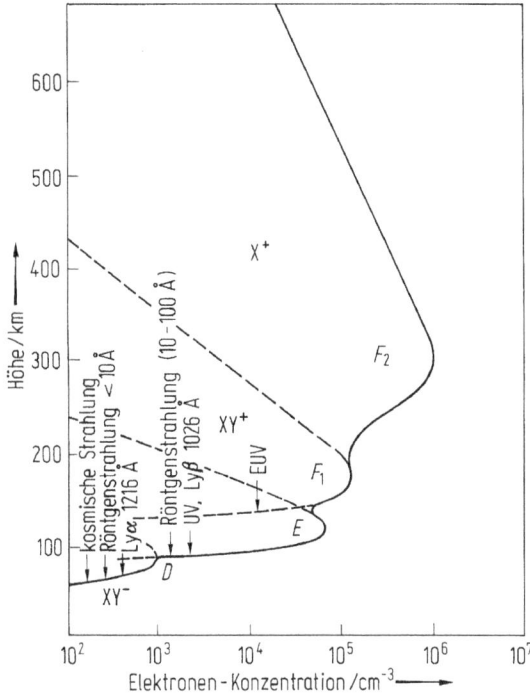

Abb. 7.20 Schematische Darstellung einer planetaren Ionosphäre und die wichtigen Ionisationsquellen. D-, E- und F_1-Schichten entsprechen idealen Chapman-Schichten; in diesen sind molekulare Ionen (XY^+) vorherrschend. Eine F_2-Schicht ist durch atomare Ionen gekennzeichnet (X^+).

(Elektronen und Ionen) werden über dem Äquator hochgehoben und fließen durch Plasmadiffusion entlang magnetischer Feldlinien ab, wobei sich die Ionisation in ca. 20 bis 30° vom Äquator aufbaut. Die vertikale Bewegung der Ionisation *senkrecht* zum Magnetfeld B ist nur wegen des Vorhandenseins eines externen elektrischen Feldes E möglich, d.h. durch eine Bewegung des Plasmas $E \times B$ bedingt; das E-Feld ist mit starken Strömen in der äquatorialen E-Schicht (Elektrojet) verbunden, die dort wegen der hohen Leitfähigkeit fließen und die auch für die tageszeitlichen Schwankungen des Erdmagnetfeldes verantwortlich sind (vgl. Kap. 1).

In großen Höhen sind Protonen der Hauptbestandteil der ausgedehnten Ionosphäre, die entlang magnetischer Feldlinien verteilt sind. Dieser Bereich wird heute allgemein als *Plasmasphäre* bezeichnet. Sie enthält das thermische Plasma (ionosphärischen Ursprungs) innerhalb der Magnetosphäre zum Unterschied von den energiereichen Teilchen der Van-Allen-Strahlungsgürtel (vgl. Kap. 6).

Die Begrenzung der Plasmasphäre innerhalb der Magnetosphäre ist die *Plasmapause*, die durch ein Gleichgewicht zwischen der Korotation des auf Magnetfeldlinien gebundenen Plasmas und die durch die Wechselwirkung des Sonnenwindes mit der Magnetosphäre induzierte Plasmakonvektion gegeben ist. Daher variiert die Position der Plasmapause auch mit der geomagnetischen Aktivität bzw. der Stärke des Sonnenwindes.

7.5.3 Die Marsatmosphäre

Ebenso wie die Venusatmosphäre besteht die Marsatmosphäre zu mehr als 95%
aus CO_2 mit einem Spurenanteil von N_2 (s. Tab. 7.4). Zum Unterschied von Venus
ist jedoch der Bodendruck (~ 7 mbar) bzw. die Atmosphärenmasse gering ($2 \cdot 10^{16}$ g)
und auch der Anteil der Atmosphäre zur Planetenmasse ist bei weitem der niedrigste
($3 \cdot 10^{-8}$) der drei terrestrischen Planeten. Im Hinblick auf einen Entgasungsursprung der Marsatmosphäre ergibt sich aus den heutigen Werten, daß die Entgasung
am Mars nur 1/100 der für Venus und Erde entspricht; zwar ist das Verhältnis von
Oberfläche zu Masse (Volumen) für Venus und Erde um einen Faktor 2.7 mal größer
als für Mars, doch ist auch eine 30 mal schwächere Entgasung für Mars nicht ganz
plausibel. Es erscheint daher wahrscheinlich, daß Mars ursprünglich eine weitaus
massivere Atmosphäre besaß, die seither verlorengegangen sein muß. Dafür sprechen
auch andere Anzeichen, wie das Vorhandensein flußbettartiger Formationen auf
der Oberfläche, die auf das Vorhandensein von flüssigem Wasser hinweisen. Heute
ist schon wegen der niedrigen Bodentemperatur (230 K) Wasser nur als Permafrost
möglich. In der ersten Milliarde von Jahren nach der Entstehung des Planeten müßte
die Bodentemperatur über 273 K gelegen haben. Das würde aber eine dichtere CO_2-
Atmosphäre mit einem höheren Anteil von H_2O, d. h. einen Bodendruck von ~ 1 bar
voraussetzen. Tatsächlich würde eine solche Atmosphäre eine Bodentemperatur ergeben, die flüssiges Wasser auf der Marsoberfläche ermöglichen würde. Das Schicksal
einer ursprünglich dichteren Marsatmosphäre ist jedoch ungewiß. Ein guter Kandidat für die Entfernung von atmosphärischem Material ist *Impakterosion* durch
Bombardement von Asteroiden und Kometen [4] (aber auch *Zufuhr* von gasförmigen Bestandteilen durch Impakte ist andererseits möglich), besonders innerhalb
der ersten 100 Millionen Jahre nach der Entstehung der Planeten. Impakterosion
wäre auch konsistent mit der rel. Häufigkeit von CO_2 und N_2 in der heutigen Atmosphäre, die ähnlich dem Rubey-Inventar ist. Unter dieser Annahme wären auch für
Mars H_2O, CO_2 und N_2 die ursprünglichen Hauptentgasungsprodukte, doch nahm
die Evolution der Marsatmosphäre wegen der größeren heliozentrischen Distanz
des Planeten einen anderen Verlauf. Wäre das gesamte H_2O in flüssigem Zustand
vorhanden, könnte es den Planeten mit einem ca. 100 m tiefen Ozean bedecken.
CO_2 ist heute gewiß noch im Regolith und Carbonatgestein gebunden, während
H_2O im Polareis und als Permafrost bzw. im Regolith gebunden ist. Die Polkappen
im Winter bestehen hauptsächlich aus CO_2-Trockeneis.

Von Mars kann nicht nur Wasserstoff durch thermische Flucht entweichen, sondern auch C, O und N, die über dissoziative Rekombination der Molekülionen
(CO_2^+, O_2^+ und N_2^+) in der Ionosphäre Fluchtenergie erreichen. Aufgrund der geringen Schwerebeschleunigung ($v_\infty \approx 5$ km/s) ergibt sich trotz niedriger Exosphärentemperatur $T_\infty < 300\,°K$ ein Jeansscher Fluß von ca. 10^8 H-Atomen cm^{-2} s^{-1}, der
einer gemessenen Wasserstoffkonzentration von $3 \cdot 10^4$ cm^{-3} entspricht. Um eine
solche Konzentration aufrechtzuerhalten, ist eine ständige Nachlieferung aus einem
H_2O-Reservoir notwendig. Einem solchen Jeansschen Fluß über 4.5 Milliarden Jahren entspricht ein Verlust einer Wassermasse von ca. 5 m Dicke. Massenspektro-
metrische Messungen des Isotopenverhältnisses $^{15}N/^{14}N$ mit der Viking-Landekap-
sel zeigten eine 1.6 fache Anreicherung gegenüber der Erde, die durch nichtthermische selektive Flucht des ^{14}N erklärt wird. Die heutige Anreicherung von ^{15}N ent-

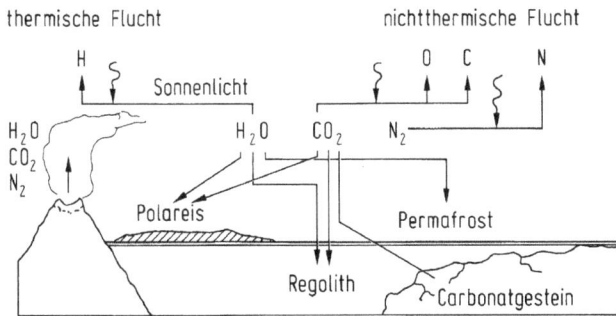

Abb. 7.21 Kreislauf der ursprünglichen Entgasungsprodukte am heutigen Mars.

spricht einem ursprünglich höheren Partialdruck als heute; wahrscheinlich enthielt die frühere Marsatmosphäre mindestens 100 mal soviel Masse wie heute.

Der Kreislauf der ursprünglichen Entgasungsprodukte am heutigen Mars ist in Abb. 7.21 skizziert. Berücksichtigt man die verschiedenen Fluchtprozesse (thermische und nichtthermische), so hat der Mars im Laufe von $4.5 \cdot 10^9$ Jahren das mindestens 3.5 fache der heutigen Atmosphärenmasse verloren; dies allein ist schon ein Hinweis auf eine ursprünglich viel massivere Atmosphäre des Mars.

Charakteristisch für die heutige Atmosphäre des Mars ist eine 30 prozentige jahreszeitliche Änderung des Bodendruckes aufgrund von Kondensation und Sublimation von CO_2 in den Polgebieten bei Temperaturen um 148 K, die zu einem meridionalen Massentransport führt (*Kondensationswind*). Die dünne, kalte ($T_B \sim 230$ K) Marsatmosphäre kann, auch wenn gesättigt, nur wenig Wasser aufnehmen. Die Gesamtmenge von atmosphärischem Wasser auf dem Mars entspricht etwa 1 bis 2 km³ Eis; die irdische Atmosphäre enthält dagegen 13 000 km³ Eis, während die Erdstratosphäre ungefähr gleich viel H_2O enthält wie die Atmosphäre des Mars. Die relative Feuchte ist jedoch viel geringer (um einen Faktor ~ 5) als die der weniger massiven Marsatmosphäre. Mit einem geringen absoluten Wassergehalt der Marsatmosphäre ist daher die bei vollständiger Kondensation freiwerdende latente Wärme verglichen mit Strahlungseffekten vernachlässigbar und daher ist der ideale Temperaturverlauf in der unteren Marsatmosphäre durch den trockenadiabatischen Temperaturgradienten von $\Gamma_a = -4.5$ K km^{-1} bestimmt. Da jedoch in der Marsatmosphäre wegen häufiger Staubstürme Staubteilchen, die in der Atmosphäre schweben, solare Strahlung und Wärmestrahlung von der Oberfläche absorbieren, ist der tatsächliche Temperaturgradient geringer als der adiabatische. Dies führt zu einer höheren statischen Stabilität der Atmosphäre.

Am Mars wird Ozon (O_3) photochemisch durch Photolyse von CO_2 und einem Dreierstoß von O und O_2 erzeugt, während die Prozesse für die Ozonvernichtung weniger durchsichtig sind. Der Ozongehalt von Mars ist ca. 300 mal geringer als der globale Wert für die Erde. Wegen der großen relativen Feuchte der Marsatmosphäre sind aber die katalytischen Verlustprozesse mit H und OH, die aus der Photolyse von Wasserdampf entstehen, besonders wichtig. Daher ist Ozon vor allem im Winter in hohen Breiten zu finden, wo die niedrigeren Temperaturen nur geringe

Feuchtigkeit erlauben. Ähnlich wie bei der Venus gibt es kaum CO und O trotz der Photolyse von CO_2, vor allem wegen katalytischer Reaktionen und hoher Durchmischung. Die Mesopause und Homopause auf dem Mars liegen bei ca. 125 km; bis zu dieser Höhe ist die Atmosphäre gut durchmischt. Die Region bis zu einer Höhe von ~ 45 km wird ähnlich wie bei der irdischen Troposphäre durch Strahlung und Wärmeaustausch mit der Oberfläche dominiert.

Eine besonders wichtige Rolle spielt der Staub in der Marsatmosphäre wegen seiner absorbierenden und streuenden Wirkung für sichtbare und infrarote Strahlung. Lokale Staubwolken mit einer Ausdehnung von einigen Millionen km² bilden sich jedes Jahr, manchmal in jeder Jahreszeit. In manchen Jahren expandieren diese Wolken in einen zonalen Korridor in den „Subtropen", und dieser kann sich über eine ganze oder beide Hemisphären ausbreiten. Solche globalen Staubstürme können letztlich Staub über einen großen Teil der Oberfläche verbreiten. Während eines Staubsturmes werden die oberen Bereiche der Atmosphäre aufgrund der Absorption durch die schwebenden Staubteilchen erwärmt, während die Bodentemperatur sinkt. Die Verhältnisse sind nahezu analog zu den Konsequenzen eines großen Vulkanausbruches auf der Erde, jedoch mit verschiedenen Zeitkonstanten. Während der Effekt eines Staubsturmes am Mars innerhalb von Wochen abklingt, sind die Auswirkungen eines Vulkanausbruches wegen der langen Verweilzeit von Staubteilchen in der Erdstratosphäre für 2 bis 3 Jahre nachweisbar.

Die allgemeine Zirkulation in der Atmosphäre des Mars ist ebenso wie auf der Erde durch die differentielle Aufheizung aufgrund der Sonneneinstrahlung bestimmt. Wegen der kurzen Zeitkonstante für Strahlungsgleichgewicht in der Marsatmosphäre, der geringen Wärmekapazität der Oberfläche, der großen Exzentrizität (0.093) der Marsumlaufbahn, der Neigung der Rotationsachse (25°) sowie des Auftretens von großen Staubstürmen zeigt diese Zirkulation eine wesentlich größere Variabilität als die durch die Ozeane gemilderte Zirkulation der Erdatmosphäre. Wassereiswolken bilden sich bevorzugt in zwei Regionen und Jahreszeiten: in der nördlichen subpolaren Region im Winter (weniger in der südpolaren Region im südlichen Winter) und über den „tropischen Regionen" im nördlichen Sommer; auch Trockeneis-(CO_2) erscheint in Polarnähe, aber auch in anderen Breiten und in anderen Jahreszeiten in großen Höhen. Atmosphärische Gezeiten brechen in Höhen von 35 km und 45 km in niedrigen bzw. höheren Breiten und erzeugen Temperaturveränderung und Windscherungen, die letztlich Turbulenz und starke vertikale Durchmischung erzeugen. In den größeren Höhen und Breiten führt dies zum Brechen von internen Schwerewellen und damit zu turbulenter Durchmischung.

Die hohe Atmosphäre von Mars (Thermosphäre, Ionosphäre, Exosphäre) ist charakterisiert durch die Exosphärentemperatur, die zwischen 200 K bei Sonnenaktivitätsminimum und weniger als 300 K bei Maximum liegt. Die Ionosphäre hat ihr Maximum in einer Höhe von 135 km, wo sich neben O_2^+ als Hauption geringere Anteile von CO_2^+ und O^+ befinden; letzteres wird das wichtigste Ion oberhalb von ca. 180 km Höhe. Diese Ionosphäre kann sehr gut durch die Chapman-Theorie erklärt werden; wobei allerdings das wichtigste Ion O_2^+ nicht dem ionisierbaren Hauptbestandteil CO_2 entspricht, sondern wie auf der Venus durch Ladungsaustausch mit O ($CO_2^+ + O \rightarrow O_2^+ + CO$) entsteht (Abb. 7.22).

Neben der thermischen Flucht von Wasserstoff kann Mars auch über nichtthermische Prozesse, vor allem durch dissoziative Rekombination des ionosphärischen

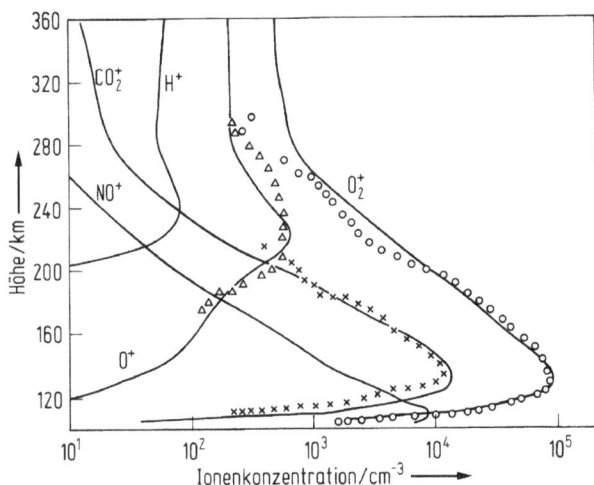

Abb. 7.22 Chemische Zusammensetzung der Marsionosphäre aufgrund von Viking-Messungen und Modellen.

Hauptbestandteils O_2^+, sogar atomaren Sauerstoff verlieren; jedenfalls bevölkert der in der dissoziativen Rekombination entstehende „heiße Sauerstoff" eine ausgedehnte *Sauerstoffcorona*, die weit über die „kalten" atmosphärischen Bestandteile hinausreicht (Abb. 7.11). In Höhen, in denen Sonnenwind auf die Atmosphäre einwirkt, kann Sauerstoff auch von diesem mitgenommen werden.

Zum Unterschied von der Venus zeigt die Marsionosphäre keine Ionopause, was darauf hinweist, daß die Ionosphäre zum Teil durch ein (wenn auch sehr schwaches) planetares Magnetfeld vor einer direkten Einwirkung geschützt ist. Man spricht in diesem Zusammenhang von einer Hybridmagnetosphäre, da bisherige Messungen mit der russischen Phobos-2-Mission Hinweise für eine Kontrolle durch das vom Sonnenwind mitgeführte interplanetare Magnetfeld für die Nachtseite gegeben hat, während das Verhalten der Bugstoßwelle und der tagseitigen Ionosphäre auf ein geringes planetarisches Magnetfeld schließen ließ. Magnetfeldmessungen mit dem Mars Global Surveyor im Jahre 1998 haben allerdings die Abwesenheit eines globalen Magnetfeldes gezeigt, dafür aber Spuren eines frühen, wegen des Vorhandenseins von remanenter Krustenmagnetisierung [28].

7.5.4 Die Atmosphäre des Titan

Eine der größten Überraschungen der erfolgreichen amerikanischen Voyager-Mission, die uns wesentliche Erkenntnisse über das äußere Sonnensystem gebracht hat, war die Entdeckung einer massiven N_2-Atmosphäre des Saturnmondes Titan [12]. Der zweitgrößte Mond (nach dem Jupitermond Ganymed) in unserem Sonnensystem, seiner Größe nach vergleichbar mit dem innersten Planeten Merkur, besitzt eine N_2-Atmosphäre mit einem Bodendruck von 1.5 bar und einer Bodentemperatur von 94 K. Ein Vergleich der Atmosphärenmasse mit der Masse des Titans zeigt,

Tab. 7.5 Zusammensetzung der Atmosphäre von Titan.

Bestandteil	Mischungsverhältnis		
N_2	0.76–0.98		
	Oberfläche	Stratosphäre	Thermosphäre (3900 km)
CH_4	0.02–0.08	≤ 0.026	0.08 ± 0.03
Ar	< 0.16		< 0.06
Ne	< 0.002		< 0.01
CO	60 ppm		< 0.05
H_2	0.002 ± 0.001		
C_2H_6		20 ppm	
C_3H_8		1–55 ppm	
C_2H_2		3 ppm	∼ 0.0015 (3400 km)
C_2H_4		0.4 ppm	
HCN		0.2 ppm	< 0.0005 (3500 km)
C_2N_2		0.01–0.1 ppm	
HC_3N		0.01–0.1 ppm	
C_4H_2		0.01–0.1 ppm	
CH_3C_2H		0.03 ppm	
CO_2		1–5 ppb	

daß diese ebenso „massiv" wie die der Venus ist, d. h. daß der Anteil der Atmosphäre an der Gesamtmasse 10^{-4} beträgt, beträchtlich mehr als für die Erde (10^{-6}). Tab. 7.5 zeigt die Zusammensetzung der Titanatmosphäre aufgrund von Beobachtungen mit Voyager (mit Hilfe von IR- und UV-Spektroskopie). In-situ-Messungen der Titanatmosphäre sollen zu Beginn des nächsten Jahrhunderts (2004) mit der ESA-Huygens-Eintrittssonde vorgenommen werden, einem Teil der NASA-ESA-Cassini-Mission zum Saturnsystem, die im Jahre 1997 gestartet werden soll.

Obwohl N_2, der Hauptbestandteil in der unteren Atmosphäre, nicht direkt spektroskopisch nachgewiesen werden konnte, beruht diese Feststellung auf sicheren indirekten Argumenten. Die IR-spektroskopischen Beobachtungen mit dem IRIS-Experiment haben nicht nur eine Fülle von Kohlenwasserstoffen als Spurenbestandteil, sondern auch Nitrile (besonders HCN) gefunden, die auf das Vorhandensein von N_2 schließen lassen [13]. Andererseits wurde aus dem Luftleuchten im EUV die Existenz von N_2^+- und N^+-Ionen nachgewiesen und durch eine stellare Okkultation der Säuleninhalt von N_2 in der oberen Atmosphäre bestimmt [14]. Die wesentliche Information über die Zusammensetzung in Bodennähe sowie über den Bodendruck stammt vom Radiookkultationsexperiment (s. Abschn. 7.7.1.1, Abb. 7.30). Der Dopplereffekt der durch die Titanatmosphäre von Voyager zur Erde gesendeten Radiosignale (im GHz-Bereich) weicht wegen der Brechzahl in der Atmosphäre vom Vakuumdopplereffekt ab. Aus der Veränderung des Radiosignals mit der Höhe über Titan läßt sich die Skalenhöhe $H = kT/mg$ und damit T/m bestimmen. Unter Zuhilfenahme der durch das IRIS-Experiment bestimmten Temperaturprofile, bzw. deren Anpassung an die Okkultationsbeobachtungen konnte das mittlere Molekulargewicht $\bar{m} \simeq 28.6$ bestimmt werden, das auf N_2 als Hauptbestandteil hinweist.

Zusätzlich zu anderen, durch die IR-Beobachtungen bestimmten Spurengasen CH_4 ($\sim 8\%$), C_2H_2, CO, C_2H_6 scheint ein schwereres, noch nicht bestimmtes Spurengas notwendig zu sein (vermutet wird das Edelgas Argon, das spektroskopisch nicht nachgewiesen werden konnte). Jedenfalls hat der Hauptbestandteil $N_2 > 80\%$ eine noch größere Häufigkeit als in der Erdatmosphäre. Damit ist die Titanatmosphäre neben der Erdatmosphäre die zweite massive Stickstoffatmosphäre im Sonnensystem. Wegen der niedrigen Bodentemperatur wird für das atmosphärische Spurengas CH_4 der Tripelpunkt erreicht, es kann somit in allen drei Phasen vorkommen. Damit spielt CH_4 in der Atmosphäre des Titan eine ähnliche Rolle wie H_2O in der Erdatmosphäre. Ursprünglich wurden auf der Oberfläche des Titan nicht nur CH_4-Eis, sondern auch CH_4-C_2H_6-„Ozeane" vermutet [15, 16]. Die Oberfläche ist nicht sichtbar wegen der geschlossenen Wolken aus CH_4 und einer Dunstdecke von Aerosolen aus Kohlenwasserstoffen und Nitrilen. Aus IR-Temperaturmessungen wurden zonale Winde in der Stratosphäre von 75 m/s nachgewiesen; diese zonale Strömung ergibt sich ebenfalls wie bei der Venus aus einem zyklostrophischen Gleichgewicht. Kürzlich vom Erdboden aus durchgeführte Radarbeobachtungen scheinen jedoch aufgrund der Reflexionseigenschaften der Titanoberfläche das Vorhandensein von ausgedehnten Massen von flüssigem Ethan-Methan (C_2H_6-CH_4-Meere) auszuschließen. Das heißt allerdings nicht, daß flüssiges C_2H_6-CH_4 nicht in Form von „Seen" existieren könnte. Aufgrund der gemessenen Temperaturverteilung ist es unwahrscheinlich, daß auch für den Hauptbestandteil (N_2) Sättigung eintritt, d.h. daß Wolken aus N_2 gewiß nicht überwiegen werden (s. Abb. 7.23). Wegen des nachgewiesenen Vorhandenseins von Nitrilen (besonders HCN) ist die Titanatmosphäre nun auch ins Blickfeld des Interesses der Exobiologen gerückt, da diese Atmosphäre sehr wohl ein „natürliches Labor" für die Synthese von prebiotischen organischen Substanzen darstellen könnte.

Während des Voyager-2-Vorbeifluges befand sich Titan bei $20\,R_S$ (Saturnradien) innerhalb der Saturnmagnetosphäre und war daher deren energiereicher Teilchenpopulation ausgesetzt. Die Emissionen von N_2^+, N^+ wurden daher auf Impaktionisations- und Dissoziationsprozesse des Hauptbestandteils N_2 zurückgeführt, da wegen der hohen Bindungsenergie von N_2 solare UV-Strahlung als Ursache weniger geeignet scheint. Gegenwärtig tendiert man zu einer Erklärung dieser als Luftleuchten erscheinenden Emissionen jedoch durch solare EUV-Einstrahlung als nicht unwesentliche Ionisationsquelle. Vor allem die Temperaturverteilung der Thermosphäre bzw. die Exosphärentemperatur von ca. 180 K kann sehr wohl über eine „solare" Wärmequelle erklärt werden. Obwohl eine Ionosphäre innerhalb der Meßgrenzen des Radiookkultationsexperiments ($\sim 10^3$ Elektronen cm^{-3}) nicht gemessen wurde, ist ihre Existenz wegen des Vorhandenseins von ionisierender Strahlung bzw. aufgrund der Emissionen von N_2^+, N^+, N^* außer Zweifel. Mit Hilfe der Chapman-Theorie kann die Bedingung für eine Ionosphärenschichtbildung ($\tau_0 = 1$) für die ionisierende Strahlung aus dem atmosphärischen Säuleninhalt abgeschätzt werden. Abb. 7.24 zeigt den Bereich, für den das Ionosphärenmaximum für ionisierende Strahlung durch EUV und Elektronenimpakt zu erwarten ist; ebenso die Basis der Exosphäre nach der Bedingung, daß dort die mittlere freie Weglänge gleich der örtlichen atmosphärischen Skalenhöhe wird ($\lambda = H$).

In der Ionosphäre werden vornehmlich N_2^+-Ionen gebildet; über Ionen-Molekülreaktionen mit Kohlenwasserstoffen, vornehmlich CH_4, können aber auch Nitril-

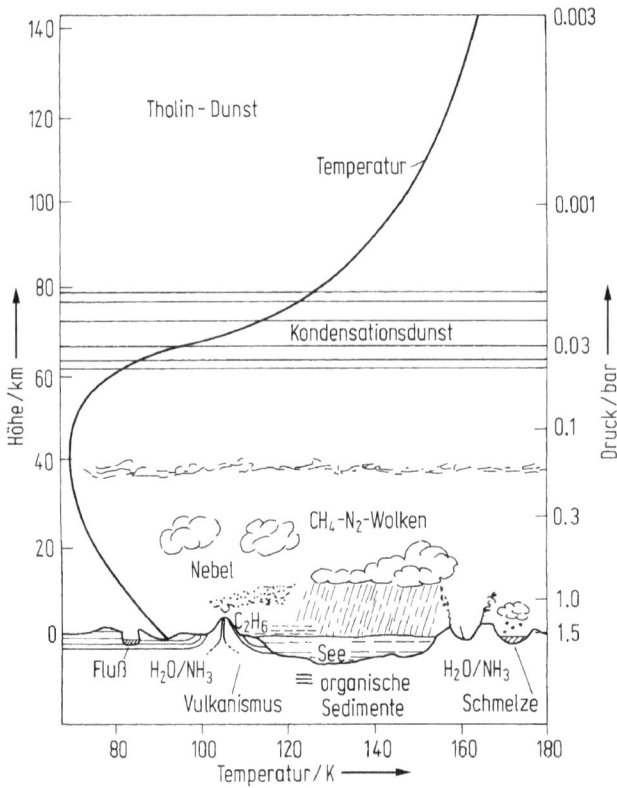

Abb. 7.23 Temperaturverlauf in der Atmosphäre des Titan, zusammen mit Hinweisen auf Wolken, Niederschlagsbildung und Kondensationsprodukte.

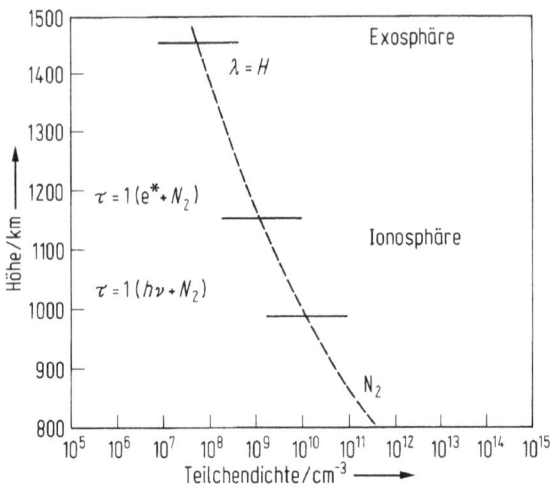

Abb. 7.24 Bildung von Ionosphärenschichten und die Basis der Exosphäre von Titan. Eindringtiefe der korpuskularen und UV-Strahlung, d. h. entsprechende Ionisationsmaxima sind notwendig, ebenso wie die Basis der Exosphäre.

ionen wie H_2CN^+ und Kohlenwasserstoffionen wie CH_3^+ und $C_2H_5^+$ vorhanden sein. Wegen der relativ niedrigen Fluchtgeschwindigkeit von $v_\infty = 2.4\,\text{km/s}$ und der relativ hohen Exosphärentemperatur von 190 K liegt der Fluchtparameter für atomaren Wasserstoff bei $X = 1.6$ nur geringfügig über dem kritischen Wert von $X = 1.5$ für die höchst effiziente dynamische Flucht. Der im Saturnsystem in der Umgebung von Titan gelegene ausgedehnte *Wasserstofftorus* (zwischen $8\,R_S$ und $25\,R_S$) hat seinen Ursprung in der Flucht von Titan [17]. Aber auch der schwerere atomare Bestandteil (N), der von Dissoziationsprozessen des Hauptbestandteils N_2 Energien über der Fluchtenergie erhält, kann entfliehen. Neben diesen chemischen Prozessen kann vor allem „Sputtering" der Atmosphäre durch Ionen der Magnetosphäre bzw. Sonnenwindprotonen, wenn Titan sich zeitweilig außerhalb der Saturnmagnetosphäre aufhalten sollte (zur Zeit von Voyager 2 war Titan am „Rande" der Saturnmagnetosphäre), atomarem Stickstoff die nötige Fluchtenergie verliehen. Sputtering scheint derzeit der wichtigste Fluchtprozeß für Stickstoff zu sein. Die Titanatmosphäre könnte auf diese Weise ca. 10% ihrer heutigen Masse verloren haben.

Über den Ursprung der massiven N_2-Atmosphäre des Titan gehen die Meinungen derzeit noch auseinander. Die Mischung von N_2 und CH_4 scheint vom chemischen Standpunkt aus ein Sonderfall zu sein (gegenüber der Mischung von N_2 mit CO_2 und CO auf den terrestrischen Planeten oder von NH_3 und CH_4 auf den äußeren Planeten). Da CH_4 photochemisch umgewandelt wird – die Lebensdauer des CH_4 in der Titanatmosphäre ist ca. 50 Millionen Jahre – erscheint CH_4 als mögliches Produkt flüssigen Ethans (C_2H_6). Die Quelle des N_2 könnte sehr wohl photochemische Umwandlung von NH_3 sein, das im äußeren Sonnensystem die vorherrschende Stickstoffverbindung ist. Die Titanatmosphäre aus N_2 und CH_4 könnte vielleicht als dritter stabiler Atmosphärentyp neben CO_2-N_2-Atmosphären (Venus, Mars) und Jupiterähnlichen CH_4-NH_3-Atmosphären sein. Obwohl allgemein vermutet wird, daß Titans Atmosphäre über Akkretion von kälterem Material im äußeren Sonnensystem herrührt, gibt es auch die Ansicht, daß die Titanatmosphäre aus dem Impakt von Meteoriten und Kometen hervorgegangen ist. Das Verhältnis von Deuterium zu Wasserstoff (D/H) in Titans Atmosphäre ist ähnlich dem von Erde, Mars, kohlenstoffhaltigen Meteoriten und Komet Halley, d. h. die Isotopenverteilung von Methan auf Titan sollte den Impaktoren entsprechen. Andererseits scheint eine kürzlich spektroskopisch gefundene Stickstoffisotopenanomalie ($^{15}N/^{14}N$) auf eine mehr als 30mal so dichte „Uratmosphäre" hinzuweisen, was auch einen massiven Atmosphärenverlust innerhalb der ersten 500 Millionen Jahre erfordern würde [29].

7.5.5 Die Atmosphäre des Mondes Io

Zu den größten Überraschungen der Raumsonden-Missionen zählt wohl die Entdeckung von aktivem Vulkanismus im äußeren Sonnensystem [18, 19]. Eine vulkanische Eruption wurde zuerst zufällig in Bildern des Jupitermondes Io entdeckt, der in der Größe vergleichbar mit unserem Mond ist. Derzeit sind mehr als ein halbes Dutzend aktive Vulkane bekannt. Die Ursache des Vulkanismus auf Io ist variable Gezeitenwirkung, die durch Jupiter und einen weiteren galileischen Mond, Europa, auf Io ausgeübt wird. Auf diese Weise wird im Inneren von Io etwa 1000mal soviel Wärme produziert wie durch langlebige Radioaktivität in unserem Mond.

Die Atmosphäre von Io, obwohl transitorisch und variabel, ist die Konsequenz der Vulkantätigkeit. Den ersten Hinweis für die Existenz einer Atmosphäre ergab die Beobachtung einer Ionosphäre sowohl auf der Tag- als auch auf der Nachtseite von Io, die mit dem Radiookkultationsexperiment der Pioneer-10-Raumsonde im Jahre 1973 durchgeführt wurde. Etwa zur selben Zeit wurde von der Erde aus spektroskopisch das Vorhandensein von Natrium und Kalium sowie später ionisiertem Schwefel nachgewiesen. Eine Ionosphäre mit einer maximalen Plasmakonzentration von $6 \cdot 10^4 \, \text{cm}^{-3}$ bei Tag und $10^4 \, \text{cm}^{-3}$ bei Nacht in einer Höhe von 100 km ist der direkte Beweis für das Vorhandensein einer *Atmosphäre* mit einem Säuleninhalt weit über dem einer Exosphäre. Unter der Annahme, daß das ionisierbare Gas SO_2 ist (Oberflächeneigenschaften (Färbungen) von Io sowie das Vorhandensein von S^+ und O^+ im Iotorus außerhalb des Mondes in der Jupitermagnetosphäre weisen auf Schwefelverbindungen hin), kann die beobachtete Ionosphäre durch Impaktionisation von magnetosphärischen Elektronen mit der Energie $E \geq 20$ eV erklärt werden; daraus lassen sich auch die Konzentrationen von SO_2 und O_2 an der Oberfläche von der Größenordnung $10^{11} \, \text{cm}^{-3}$ bzw. $10^{10} \, \text{cm}^{-3}$ auf der Nachtseite erklären. Dort friert bei einer Bodentemperatur $T_B \approx 90$ K SO_2 aus; auf der Tagseite ist die Temperatur $T_B \geq 110$ K bei einem Bodendruck von $\geq 10^{-9}$ bar.

Aufgrund der Ionosphärenbeobachtungen ergibt sich eine Exosphärentemperatur von $T \approx 1000$ K (die vergleichbar mit der Erde ist, aber aus der Aufheizung durch korpuskulare Wechselwirkung mit der Atmosphäre statt aus solarer EUV-Strahlung resultiert). Für die atomaren Bestandteile der Io-Atmosphäre ist jedoch thermische Flucht vernachlässigbar gering; die entsprechenden Fluchtparameter liegen alle bei $X > 6$. Die wesentlichen Fluchtprozesse sind daher nichtthermisch, vor allem Sputtering der Oberfläche und der Atmosphäre (die Fluchtgeschwindigkeit ist $v_\infty = 2.6$ km/s). Um die im Io-Torus vorhandenen Ionen und die neutralen „Wolken" zu erklären, sind Flüsse von der Größenordnung $\sim 6 \cdot 10^{10} \, \text{cm}^{-2} \, \text{s}^{-1}$ notwendig (das mehr als 100fache des Flußes der entfliehenden Teilchen von der Erdexosphäre). Da der typische Säuleninhalt $\mathcal{N}(SO_2) = 3 \cdot 10^{16} \, \text{cm}^{-2}$ ist, wäre ohne dauernde Zufuhr von atmosphärischen Bestandteilen diese Atmosphäre äußerst kurzlebig (~ 6 Tage). Aktiver Vulkanismus ist daher notwendig, um die Atmosphäre zu regenerieren. Durch Sputtering der Oberfläche allein kann aber die Atmosphäre auch in ca. 16 Tagen erneuert werden. Wenn keine vulkanischen Eruptionen stattfinden, würde die Io-Atmosphäre jedoch nur die charakteristischen Eigenschaften einer dünnen Exosphäre besitzen. Farbbild 19 im Bildanhang zeigt eine Fotografie des Iovulkanismus.

7.5.6 Die Atmosphäre des Triton

Triton, der größte Mond Neptuns ist etwa halb so groß wie Saturns Mond Titan und besitzt ebenfalls eine Atmosphäre, die hauptsächlich aus N_2 besteht. CH_4 ist mit einem Anteil von ca. 0.01 % in der unteren Atmosphäre vorhanden. Der Bodendruck ist ca. 14 μbar (etwa 1/50 des Bodendrucks am Mars), die Bodentemperatur von 37 K ist eine der niedrigsten beobachteten Oberflächentemperaturen im Sonnensystem [20]. Mit Hilfe des Radiookkultationsexperiments auf Voyager 2 wurde eine Ionosphäre mit einem Schichtmaximum bei ~ 350 km oberhalb der Oberfläche, einer

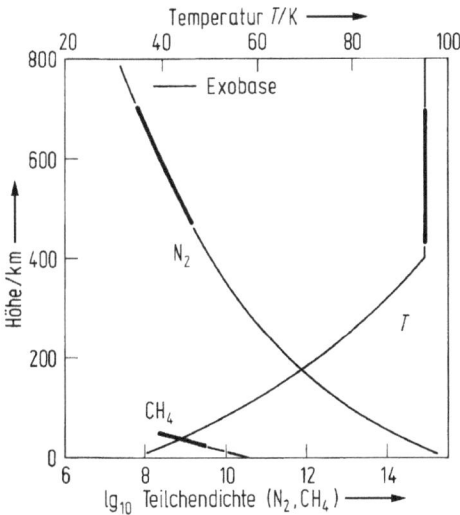

Abb. 7.25 Modell der Tritonatmosphäre, basierend auf Messungen mit der Voyagersonde. Die Meßpunkte liegen im fett gezeichneten Bereich der Kurven.

Plasmakonzentration von 2 bis $5 \cdot 10^4$ cm^{-3} und mit einer scharfen Unterkante bei 200 km entdeckt; die abgeleitete Exosphärentemperatur entspricht ca. 95 K; sie ist ab 400 km Höhe konstant (Abb. 7.25).

Die N_2^+-Ionosphäre kann über dissoziative Rekombination N-Atomen die nötige Fluchtenergie liefern und damit als Quelle von schweren Ionen in der Neptunmagnetosphäre dienen.

Der Bodendruck von 14 μbar bei ca. 37 K entspricht auch dem Sättigungsdampfdruck von N_2, was andeutet, daß die Tritonatmosphäre im Gleichgewicht mit festem Stickstoff ist. Die Oberfläche des Triton scheint daher von einer N_2-Frostschicht bedeckt zu sein; auch gibt es Hinweise für Transport von Stickstoff aufgrund von lokalen Quellen und Senken (Sublimation, Kondensation). Es wurden Wolken bzw. Eruptionen von der Oberfläche in Form von „Geysiren" beobachtet, die bis zu einer Höhe von 8 km reichen (wahrscheinlich der Tropopause entsprechend).

Auch der fast gleich große Außenseiter-Planet Pluto besitzt wie Triton eine dünne N_2-Atmosphäre, die wegen der hohen Bahnexzentrizität des Pluto im Aphel aber „ausgefroren" ist.

7.6 Die Atmosphären der äußeren Planeten

7.6.1 Die Atmosphären von Jupiter und Saturn

Im Gegensatz zu den Atmosphären der terrestrischen Planeten, deren Ursprung in der Entgasung von leichtflüchtigen Bestandteilen aus deren Kruste und Mantel zu suchen ist und die daher sekundären Ursprungs sind, stellen die Atmosphären der beiden Großplaneten Jupiter und Saturn eine sich nach außen fortsetzende Gashülle

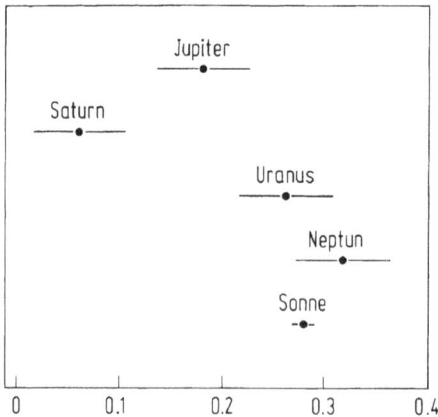

Abb. 7.26   Heliumanteil der großen äußeren Planeten und der Sonne. Die Werte für die äußeren Planeten beruhen auf Voyager-Messungen.

dieser „gasförmigen" Planeten dar (vgl. Kap. 5). In diesem Sinne sind die Atmosphären von Jupiter und Saturn wahrhaft primäre Atmosphären, da sie nicht *nach* sondern *gleichzeitig* mit der Bildung der Planeten entstanden sind. Die chemische Zusammensetzung von Jupiter und Saturn als auch die von Uranus und Neptun wurde besonders mit Hilfe der Voyager-Raumsondenmissionen ermittelt [21]. Obwohl das Massenverhältnis der beiden Hauptbestandteile H_2/He der solaren Häufigkeit *ähnlich* ist, unterscheidet sich der He-Massenanteil der beiden Planeten; er ist für Jupiter 18 % und für Saturn ca. 6 % (Abb. 7.26). Diese Zusammensetzung scheint mit demselben Entstehungsalter und den gemessenen Wärmeflüssen konsistent zu sein. Saturn strahlt im IR etwa 2.5 bis 3 mal soviel Energie ab wie er von der Sonne erhält, während Jupiter etwa das 1.8 bis 2 fache des solaren Energieflusses im Infraroten abstrahlt. Die unterschiedliche Häufigkeit von He kann so verstanden werden, daß die zusätzliche innere Wärmeenergie des Saturn durch viskose Reibung der im Wasserstoff (H_2) absinkenden kondensierten Heliumtröpfchen entsteht. Da Jupiter der massivere Planet ist, würde die höhere innere Wärme dort die Kondensation von Helium und das Absinken der Heliumtröpfchen verhindern. Beide Planeten enthalten zusätzlich zu den beiden Hauptbestandteilen H_2 und He Spurengase wie Methan (CH_4), Ethan (C_2H_6), Acetylen (Ethin) (C_2H_2), Ammoniak (NH_3) sowie Phosphin (PH_3) und Wasser (H_2O). Die wichtigste Rolle dieser Spurengase besteht darin, daß sie kondensierbar sind und zur Wolkenbildung führen.

Die *Jupiteratmosphäre* [19, 22] zeigt ausgeprägte Muster von dunklen „Gürteln" und hellen „Zonen", die ursprünglich als Konsequenz von Hadley-Zellen mit auf- und absteigenden Luftmassen angesehen wurden: Die aufsteigende Luft und die damit verbundene Abkühlung führt zur Bildung von NH_3-Cirruswolken in der Zone und die absinkende Luftbewegung in den „Gürteln" zur Wolkenauflösung, wodurch die darunterliegenden „dunklen" Wolken sichtbar werden. Diese abwechselnden Zonen-Gürtel-Strukturen scheinen jedoch keine einfache Erklärung zu haben, da der Zusammenhang zwischen gemessenen zonalen Winden (Jets), die eine maximale Geschwindigkeit von ~ 150 m/s in der Äquatorregion erreichen (ca. 15 m/s in höheren

Breiten) und sichtbaren Gebilden nicht eindeutig ist. Tatsächlich scheint das zonale Wind(Jet)-System stabiler zu sein als die farbenprächtigen Markierungen. Neben den zonalen Mustern gibt es Hinweise auf zyklonale und antizyklonale Bewegungen. Das hervorstechendste antizyklonale System ist der Große Rote Fleck (GRF) auf der Südhalbkugel von Jupiter, der eine Ausdehnung von 11 000 mal 22 000 km hat und eine Rotationsrate von ca. 6 Tagen (im Gegenuhrzeigersinn) aufweist.

Daneben gibt es einige weiße Ovale und kleinere Flecken mit antizyklonaler Bewegung, während bräunliche Gebilde zyklonalen Bewegungen entsprechen. Ein interessanter Aspekt des Großen Roten Flecks ist, daß die darüberliegende Atmosphäre kälter als die Umgebung ist. Außerdem gibt es Hinweise auf eine Wechselwirkung zwischen dem GRF und kleineren Flecken. Kleine Wirbel scheinen an die zonale Strömung Impuls zu *übertragen*, ein Vorgang, der auch in der Photosphäre (Atmosphäre) der Sonne beobachtet wurde, und unter dem Begriff *negative Viskosität* bekannt ist. Die Tropopause des Jupiters liegt bei ca. 0.1 bar und bei einer Temperatur von ca. 125 K, die der effektiven Strahlungstemperatur des Planeten entspricht.

Die *Saturnatmosphäre* [23], die eine ähnliche Zusammensetzung wie die des Jupiter hat, weist viele Wolkenstrukturen von niedrigerem Kontrast als bei Jupiter auf. Die Höchstgeschwindigkeiten der zonalen Winde sind ca. dreimal so hoch wie auf Jupiter und erreichen am Äquator etwa 2/3 der Schallgeschwindigkeit. Die zonalen „Jets" sind viel breiter als auf Jupiter und sind kaum mit den „gefärbten" Bändern korreliert. Saturn hat keine „Riesenflecken", doch sind kleinere mit Durchmessern über 1000 km häufiger als am Jupiter. Der größte „Fleck" am Saturn hat jedoch nicht mehr als 1/10 der Ausdehnung des Großen Roten Flecks.

Größere atmosphärische Streuung am Saturn scheint für die vergleichsweise geringen Kontraste verantwortlich zu sein. Farbgebende Substanzen (Chromophore), aller Wahrscheinlichkeit nach Polymere von Kohlenwasserstoffen, scheinen am Saturn in geringerem Maße erzeugt zu werden als am Jupiter, vor allem wegen der niedrigeren Temperatur, der geringeren Intensität der Sonnenstrahlung und der langsameren chemischen Reaktionen. Die Tropopause des Saturn liegt ebenfalls bei ca. 0.1 bar, aber bei einer Temperatur von ca. 95 K, die auch der effektiven Strahlungstemperatur des Planeten entspricht.

Aus detaillierten Beobachtungen der thermischen Struktur von Jupiter und Saturn, die mit Hilfe des Infrarotspektrometers IRIS auf den Voyagersonden gemessen werden konnten, wurden Veränderungen der Temperatur mit der Breite ($\partial T/\partial \phi$) in zwei atmosphärischen Niveaus (Troposphäre, Stratosphäre) beobachtet.

Unter Verwendung der sogenannten *thermischen Windgleichung*, die der Vektordifferenz der geostrophischen Winde u_g in verschiedenen Höhenniveaus entspricht, kann man die zonale Wind(Jet)-Struktur relativ gut simulieren, vorausgesetzt, daß man den thermischen Wind (du_g/dz) mit einigen atmosphärischen Skalenhöhen multipliziert. Die thermische Windgleichung lautet

$$\frac{du_g}{dz} = -\frac{R^*}{2\Omega R_0 H \sin\phi} \frac{\partial T}{\partial \phi} \tag{7.75}$$

wobei R^* die universelle Gaskonstante, Ω die planetare Rotationsrate, R_0 der Radius und H die atmosphärische Skalenhöhe im Bereich der Troposphäre/Stratosphäre ist, welche für Jupiter 22 km und für Saturn 38 km beträgt.

Informationen über die hohe Atmosphäre und Ionosphäre von Jupiter und Saturn kommen in erster Linie von Okkultationsmessungen (Radio und Ultraviolett). Die Exosphärentemperatur von Jupiter beträgt $T_\infty \approx 1200$ K, die von Saturn etwa 800 K. In beiden Fällen reicht die Intensität der solaren EUV-Strahlung nicht aus, um diese Temperaturen zu erklären; es werden zusätzliche Wärmequellen, wie energiereiche Teilchen aus der Magnetosphäre sowie interne Schwerewellen in den Atmosphären von Jupiter und Saturn in Betracht gezogen.

Beide Planeten besitzen auch Ionosphären, die durch Radiookkultationsmessungen nachgewiesen wurden. Für Jupiter ergaben sich maximale Elektronen(Plasma)-Konzentrationen im Bereich $10^4\,\mathrm{cm}^{-3} < N < 10^5\,\mathrm{cm}^{-3}$ in einer Ionosphäre, die sehr große Feinstruktur aufweist und nicht als eine einfache Chapmanschicht erklärbar ist; die Höhe der Schichtmaxima liegt bei ca. 1000 bis 2000 km oberhalb des 1-bar-Niveaus. Ionisation durch energetische Elektronen der Magnetosphäre (Impaktionisation) spielt neben der Ionisation durch solare EUV-Strahlung eine gewisse Rolle. Die Ionosphäre besteht wahrscheinlich aus H^+, H_2^+ und H_3^+; aber auch komplexere Kohlenwasserstoffionen ($C_n H_m^+$) sind möglich wegen chemischer Reaktionen mit Spurengasen.

Für Saturn wurde eine Ionosphäre mit geringerer Konzentration von ca. $10^4\,\mathrm{cm}^{-3}$ maximaler Elektronendichte in Höhen zwischen 2000 und 3000 km oberhalb des 1-bar-Niveaus gefunden. Als Grund für die geringeren Plasmakonzentrationen wird angenommen, daß Wassermoleküle, die aus den Saturnringen stammen, zu einem verstärkten Verlust der ursprünglich produzierten H_2^+- und H^+-Ionen führen, und zwar aufgrund der Reaktionen:

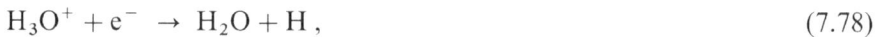

$$H^+ + H_2O \;\rightarrow\; H_2O^+ + H\,, \tag{7.76}$$

$$H_2O^+ + H_2 \;\rightarrow\; H_3O^+ + H\,, \tag{7.77}$$

$$H_3O^+ + e^- \;\rightarrow\; H_2O + H\,, \tag{7.78}$$

die H^+ rasch abbauen können.

7.6.2 Die Atmosphären von Uranus und Neptun

Aufgrund der Tatsache, daß die Rotationsachse des *Uranus* nahezu in der Ekliptik liegt, scheint die Sonne direkt auf die polaren Regionen. Trotzdem hat die Atmosphärenstruktur des Uranus gewisse Ähnlichkeit mit Jupiter und Saturn, d.h. sie weist *zonale Bänder* auf, die sich nach der Rotationsachse orientieren [24]. Die Hauptbestandteile der Atmosphäre sind ebenfalls H_2 und He, jedoch ist der Anteil von He mit 0.25 etwas größer als für Jupiter und Saturn, aber konsistent mit der solaren Häufigkeit. In der oberen Atmosphäre ist Methan (CH_4) als Spurengas vorhanden, das im roten Wellenlängenbereich absorbiert und daher dem Uranus seine blau-grüne Färbung verleiht. In der „unteren" Atmosphäre beträgt der CH_4-Anteil ca. 2%. Eine Wolkendecke aus CH_4 scheint bei Drücken von 900 bis 1300 mbar vorhanden zu sein. In einer Breite von 50°S haben die CH_4-Wolken eine Bandstruktur von ca. 700 km Breitenausdehnung; bei niedrigeren Breiten zeigen sich konvektive CH_4-Eiswolken mit prograden zonalen Geschwindigkeiten von 40 bis 160 m/s relativ zur Rotationsperiode der Planeten von 17.24 Stunden, die aus den

Radioemissionen der Uranusmagnetosphäre abgeleitet wurde. Bei einem Druckniveau von 600 mbar sind die Temperaturen am Pol und Äquator gleich, eine Tatsache, die auf eine Umverteilung der in der Polregion von der Sonnenstrahlung deponierten Energie hinweist. Im Gegensatz zu Jupiter und Saturn erscheinen etwas „kältere" Bänder in Breiten 25 S und 40 N. Die Tropopause scheint bei 150 mbar zu liegen und weist eine Temperatur von ca. 52 K auf. Dieser Wert liegt unter der effektiven Strahlungstemperatur des Planeten von ca. 59 K und entspricht einem Druckniveau von ca. 400 mbar. Zum Unterschied von Jupiter und Saturn scheint Uranus keine „interne" Wärmequelle zu besitzen. Ebenso im Gegensatz zu Jupiter und Saturn, wo die zonalen äquatorialen Winde (Jets) in Richtung der planetaren Rotation weisen, zeigen die Winde auf Uranus in die entgegengesetzte Richtung, was auf den umgekehrten Temperaturgradienten (Pol-Äquator) zurückzuführen zu sein scheint, wenn man sich auf die thermische Windgleichung bezieht.

In der hohen Atmosphäre wurde eine vielschichtige Ionosphäre ähnlich der von Jupiter und Saturn im Höhenbereich von 2000 bis 3500 km oberhalb der Tropopause (100 mbar) mit Spitzenkonzentrationen von einigen tausend Elektronen und Ionen pro cm^3 entdeckt. Mit Hilfe von stellaren und solaren Okkultationen wurde eine Exosphärentemperatur von 750 K in der hohen Atmosphäre (Thermosphäre) bestimmt, deren Bestandteile hauptsächlich atomarer und molekularer Wasserstoff sind; in etwas niedrigeren Höhen kommen noch Methan und Acetylen (Ethin) (C_2H_2) als Spurengase vor, wobei $[C_2H_2] : [CH_4] \cong 0.3$. Auf der sonnenzugewandten Seite zeigen die EUV-Emissionen auch von Teilchenimpakt herrührende diskrete Linien und Kontinuumstrahlung von H_2 und H, eine als *Elektroglow* bezeichnete Leuchterscheinung. Aus dem Luftleuchten in der Lyman-α-Linie ersieht man eine ausgedehnte Wasserstoffcorona des Uranus; die Basis der Exosphäre liegt bei $\sim 1.2\,R_U$ ($1\,R_U = 26\,000$ km). Ebenso wie Jupiter und Saturn zeigt auch Uranus Polarlichtemissionen im EUV-Wellenlängenbereich.

Ebenso wie bei den anderen äußeren Planeten ist auch bei *Neptun* Wasserstoff (H_2) der Hauptbestandteil seiner Atmosphäre [20]. Der Heliummassenanteil ist aufgrund der Voyager Beobachtungen bei ca. 32 % kleiner als der von Uranus, größer als der von Jupiter und Saturn und vergleichbar mit dem der Sonne [21]. Das Spurengas Methan (CH_4) ist in Neptuns hoher Atmosphäre häufiger als in der des Uranus. Die Absorption im roten Wellenlängenbereich gibt daher Neptun seine charakteristische Blaufärbung. Neben CH_4 sind auch Acetylen (Ethin), und Ammoniak (NH_3) als Spurengase vorhanden. Ausgeprägte Wolkenformationen sind ebenfalls in Neptuns Atmosphäre sichtbar, besonders der „Große Dunkle Fleck" von Erdgröße in Breite 20 °S, der in relativer Größe und Breite an den „Großen Roten Fleck" des Jupiter erinnert. Der Neptunfleck rotiert ebenfalls in antizyklonaler Richtung (im Gegenuhrzeigersinn auf der Südhemisphäre) mit einer Umlaufperiode von 16 Tagen. Ein kleinerer dunkler Fleck liegt bei 55 °S. Helle Cirruswolken flankieren den „Großen Dunklen Fleck", ebenso gibt es nach oben reichende CH_4-Wolkentürme. Die großräumigen atmosphärischen Gebilde bewegen sich in Breite 55 °S mit Geschwindigkeiten von + 20 m/s (prograd) bis zu − 325 m/s (retrograd) in einer Breite von 22 °S. Diese Geschwindigkeiten sind relativ zur inneren, planetaren Rotationsrate von 16.11 Tagen, die von den Radioemissionen bestimmt wurde. Der große dunkle Fleck liegt in einer Zone großer Windscherung, wie auch die „Flecken" am Jupiter und Saturn. Die effektive Temperatur von Neptun liegt bei 59 K, d.h.

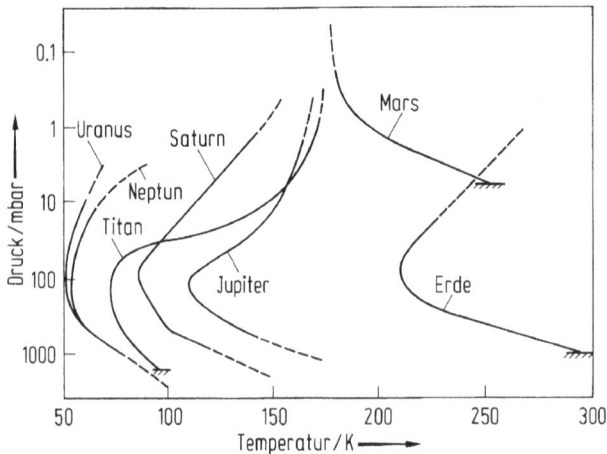

Abb. 7.27 Temperaturverteilung als Funktion des Druckes für die Planeten Erde, Mars, Jupiter, Saturn, Uranus und Neptun sowie des Saturnmondes Titan, die mit Hilfe von Infrarotspektrometrischen Messungen (IRIS-Experiment) durchgeführt wurden.

Neptun strahlt etwa 2.6 mal soviel Energie ab wie er von der Sonne absorbiert. Diese größere innere Wärmequelle scheint auch dafür verantwortlich zu sein, daß die Neptunatmosphäre „aktiver" ist als die des Uranus (was sich auch in einer stärkeren Durchmischung äußert). Obwohl die solare Einstrahlung für Neptun am Äquator und für Uranus am Pol am stärksten ist, sind die horizontalen Temperaturverteilungen beider Atmosphären sehr ähnlich: Die beiden Pole und der Äquator sind nahezu auf gleicher Temperatur, während die mittleren Breiten einige Grade kälter sind. Das Temperaturminimum liegt bei 50 K in der Nähe des 100-mbar-Niveaus (Tropopause). Die gemessenen Temperaturverteilungen von Jupiter, Saturn, Uranus, Neptun (und Titan) sind in Abb. 7.27 zusammengefaßt.

In der hohen Atmosphäre hat der Neptun wieder eine „vielschichtige" (der *sporadischen* E-Schicht der Erde entsprechende) Ionosphäre in einem Höhenbereich von 1000 bis 4000 km oberhalb des 1-bar-Niveaus von einigen Tausend Elektronen und Ionen cm^{-3}. Die Exosphärentemperatur liegt bei ca. 750 K; die Hauptbestandteile sind wiederum H_2 und H. Schwache Polarlichtemissionen wurden ebenfalls entdeckt.

7.7 Experimentelle Methoden

7.7.1 Fernerkundung (Remote Sensing)

Die meiste Information über Planetenatmosphären (außer der Erdatmosphäre) beruht auf Methoden der Fernerkundung, d. h. mittels elektromagnetischer Wellen (vom Infraroten bis zum Radiobereich des Spektrums), die bei ihrem Durchgang durch Planetenatmosphären bzw. als Quelle der Atmosphäre (Emission) Aufschluß über Druck, Temperatur und Zusammensetzung der Planetenatmosphäre aus so-

wohl neutralen als auch ionisierten Komponenten geben. Diese Fernerkundungsmethoden werden von der Erde aus (besonders im Radiowellenbereich) sowie auch
von Erdsatelliten und Raumsonden in Planetennähe bzw. künstlichen Satelliten im
Umlauf um andere Planeten eingesetzt. Eine wichtige Methode ist die Okkultations-
methode, bei der im Falle von Radiowellen, die eine Verbindung zwischen Raumsonde oder Satellit und der Erde herstellen, die Radioquelle (der Satellitensonden)
vom Planeten okkultiert wird. Der Einfluß der Atmosphäre/Ionosphäre auf die Radiowellen führt über die Veränderung des Dopplereffektes (verglichen mit dem Vakuumdopplereffekt) zu den aus der Brechzahl ableitbaren physikalischen Größen.
Ebenso kann die bei der Okkultation eintretende Absorption der Wellen Information
über die Eigenschaften des absorbierenden Mediums liefern. Diese Art von Okkul-
tationsmessung wird vor allem bei stellaren Quellen (einschließlich der Sonne) im
Ultravioletten verwendet, um Säuleninhalt bzw. die Konzentration des absorbierenden Gases und die Skalenhöhe (Temperatur der hohen Atmosphäre) zu bestimmen.

Die zweite Art der Fernerkundungsmethoden betrifft Absorptions- und Emmis-
sionsspektrometrie von Satelliten aus, die sowohl im Infraroten und Mikrowellenbereich für die untere Atmosphäre als auch im Ultravioletten für die hohe Atmosphäre durchgeführt wird.

7.7.1.1 Okkultationsmessungen

Die am häufigsten durchgeführten Messungen sind die *Radiookkultationen* mit Hilfe
der auf allen Satelliten und Raumsonden mitgeführten Sender, die auch der Kommunikation und Bahnbestimmung dienen. Der Frequenzbereich liegt im allgemeinen
im Bereich von Hunderten bis Tausenden MHz. Sowohl die Eigenschaften der neutralen Atmosphäre (Troposphäre/Stratosphäre) als auch der Ionosphäre können aus
diesen Messungen bestimmt werden [25].

Aufgrund des Dopplereffektes weicht die beobachtete Radiofrequenz f' von der
höchst stabilen Sendefrequenz f ab, d. h. $f' = f + f_D$, wobei sich f_D aus der Frequenz
für den Vakuumdopplereffekt $f_{D_0} = (f/c)v_s$ (v_s ist die Geschwindigkeit der Radioquelle (Satellit)) und der durch die Eigenschaften (Brechzahl) der Atmosphäre/Io-
nosphäre verursachten Frequenz des Dopplereffektes Δf_D zusammensetzt, i.e.
$f_D = f_{D_0} + \Delta f_D$. Letztere hängt von der Brechzahl μ des Mediums ab. Aus dem Vergleich vom gemessenen Dopplereffektes und dem Vakuumdopplereffekt können die
Brechzahl bzw. die Refraktivität ($\mu - 1$) und damit die Eigenschaften des Mediums
abgeleitet werden. Die Brechzahl ist für die neutrale Atmosphäre (Troposphäre/
Stratosphäre) im allgemeinen eine Funktion des Drucks (Teilchendichte) und $\mu > 1$,
während für die Ionosphäre wegen des Vorhandenseins von freien Ladungsträgern
(Elektronen und Ionen) $\mu < 1$. Die Dopplerresiduen, ausgedrückt durch die Refraktivität $\tilde{\mu} = (\mu - 1)$ als Funktion der Höhe, zeigen daher die Ionosphäre für $\tilde{\mu} < 0$,
und die neutrale Atmosphäre für $\tilde{\mu} > 0$, wie es im Beispiel von Abb. 7.28 dargestellt
ist.

Der Brechungsindex μ, bzw. die Refraktivität $\tilde{\mu}$, für eine neutrale Atmosphäre
mit Gesamtkonzentration n_m entspricht

$$\tilde{\mu} \equiv \mu - 1 = n_m V_m \,, \tag{7.79}$$

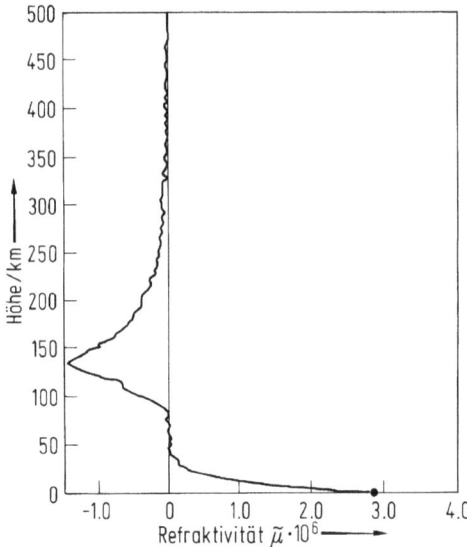

Abb. 7.28 Höhenprofil der Refraktivität der Marsatmosphäre. Die negativen Werte zeigen die Marsionosphäre an, die positiven Werte entsprechen der neutralen Atmosphäre.

wobei $V_m = \sum_j V_j n_j / n_m$ das mittlere Refraktionsvolumen für ein Gemisch von Bestandteilen n_j und deren Refraktionsvolumina ist; V_j sind typisch von der Größenordnung der klassischen Molekülvolumina und liegen im Bereich von 0.5 bis $5 \cdot 10^{29}$ m³ für einen weiten Bereich von atmosphärischen Bestandteilen.

Für den ionisierten Teil einer Atmosphäre, d.h. einer Ionosphäre, ist

$$\tilde{\mu} - 1 = - N_e V_e \tag{7.80}$$

wobei $N_e V_e \ll 1$ und V_e das Refraktionsvolumen des Elektrons $V_e = r_e \lambda^2 / 2\pi$ mit $r_e = 2.82 \cdot 10^{-15}$ m, dem klassischen Elektronenradius und λ der Wellenlänge der verwendeten Radiosignale, bedeutet. Radiookkultationsmessungen können zur Bestimmung der Brechzahl (oder der Refraktivität) als Funktion der planetozentrischen Entfernung (oder Höhe über der Planetenoberfläche) verwendet werden und damit für die neutrale Atmosphäre den relativen Druck bzw. die Skalenhöhe (m/T) und, zusammen mit anderen Informationen, sogar absolute Werte des Druck- und Temperaturprofiles und der mittleren Molekülmasse liefern. Für die Ionosphäre ergibt sich aus dem Höhenprofil der Brechzahl (oder der Refraktivität) das Profil der Anzahl der freien Elektronen N_e. Die Geometrie der Radiookkultationsmethode ist in Abb. 7.29 dargestellt. Der Winkel Θ zwischen der Ausbreitungsrichtung und dem Geschwindigkeitsvektor der Raumsonde kann aus der gemessenen Dopplerverschiebung f_D bestimmt werden ($\Theta = \cos^{-1}(f_D c / f_s)$) und damit $a(\alpha)$, so daß die Verteilung der Brechzahl

$$\mu(r_{01}) = \exp\left\{ -\frac{1}{\pi} \int\limits_{\alpha = \alpha(a_1)}^{\alpha = 0} \ln\left\{ \frac{a(\alpha)}{a_1} + \left[\left(\frac{a(\alpha)}{a_1} \right)^2 - 1 \right]^{\frac{1}{2}} \right\} dx \right\} \tag{7.81}$$

ist.

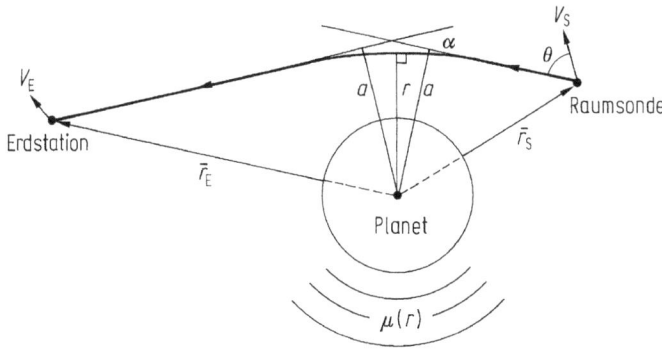

Abb. 7.29   Geometrie des Radiookkultationsexperiments

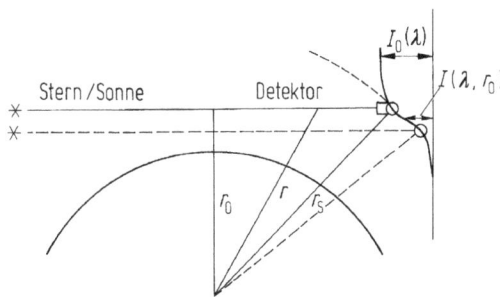

Abb. 7.30   Geometrie eines UV-stellaren oder solaren Okkultationsexperiments

Okkultationen im Ultraviolett beruhen auf der Abschwächung der Strahlungsintensität durch Absorption des Bestandteils mit der Konzentration n_1 (Wellenlänge der Strahlung λ) nach dem Beerschen Gesetz

$$I(\lambda, r) = I_\infty(\lambda) e^{-\tau(\lambda)} , \tag{7.82}$$

wobei $I_\infty(\lambda)$ die in der Entfernung nicht abgeschwächte Strahlung (außerhalb der absorbierenden Schicht) und $\tau(\lambda)$ die optische Dichte ist. Für einen absorbierenden Bestandteil mit der Konzentration n_1 ist $\tau_1(\lambda) = \sigma_1(\lambda) \mathcal{N}_1$ mit σ_1 als Absorptionsquerschnitt und $\mathcal{N}_1$ als Säuleninhalt entlang der Sichtlinie des absorbierenden Gases. Da $\mathcal{N}_1(r_s) = n_1(r_0) H \eta$, worin H die Skalenhöhe und der geometrische Faktor $\eta(r_s) = (2 \pi r_0 / H)^{1/2}$ ist, ergibt sich die Teilchenkonzentration $n_1(r_0) = \mathcal{N}_1(r_s) / (2 \pi r_0 H)^{1/2}$ aus der Intensitätsvariation $I(\lambda, r_0)$ (Abb. 7.30).

7.7.1.2 Spektroskopische Messungen

Zur Untersuchung der physikalischen Eigenschaften von Planetenatmosphären werden spektroskopische Messungen sowohl im Infraroten und Mikrowellenbereich als auch im Ultraviolettem mit Hilfe von Satelliten und Raumsonden in Nähe des

Planeten bzw. in Erdbahn außerhalb der störenden Erdatmosphäre verwendet. Mit Hilfe der Infrarotspektroskopie können sowohl die Temperaturverteilung der Troposphäre und Stratosphäre als auch die atmosphärischen Bestandteile, sogar Spurengase von geringer Konzentration, bestimmt werden [26].

Bei jeder Wellenlänge im Infraroten, die von einem atmosphärischen Bestandteil stark absorbiert wird, ist die Strahlungsintensität oberhalb der Atmosphäre eine Funktion der Höhenverteilung des emittierenden Gases und der Temperaturverteilung der Atmosphäre. Für örtliches Strahlungsgleichgewicht ist die emittierte Strahlung von der Temperaturverteilung abhängig. Mit Hilfe von höhenabhängigen *Gewichtsfunktionen* kann aus der gemessenen Strahlungsintensität das Temperaturprofil abgeleitet werden. Aus Absorptionsbanden können molekulare Spurengase und ihre Verteilung besonders über dem Horizont gemessen werden, sowohl in Emission als auch in Absorption solarer Strahlung, da auf diese Weise der Hintergrund des festen Planeten bzw. von Wolken verhindert werden kann.

Als Instrumente werden hochauflösende Spektrometer verwendet; im Infraroten vor allem auf Fourier-Interferometrie beruhende, wie das IRIS-Instrument (Infrared Interferometer Spectrometer), das Temperaturprofile und molekulare Spurengase in fast allen Planetenatmosphären bestimmt hat.

Spektroskopische Messungen im Ultravioletten dienen vor allem zur Bestimmung von Bestandteilen in der hohen Atmosphäre; d.h. in Wellenlängenbereichen, wo über Dissoziation, Ionisation und Rekombination Aufschluß über Moleküle wie N_2, die im Infraroten nicht beobachtbar sind, ober über mit photochemischen Prozessen in Verbindung stehende Atome gewonnen werden kann. Im Ultravioletten werden diese Emissionen allgemein als Luftleuchten (*airglow*) bezeichnet. Neben Emissionen werden auch Resonanzfluoreszenzphänomen verwendet, die durch einfallende solare Strahlung hervorgerufen werden, um aus der gemessenen Intensität die Verteilung der emittierenden (fluoreszierenden) Bestandteile zu bestimmen. Die Bestimmung der vertikalen Verteilung erfolgt ähnlich wie bei den Okkultationsmessungen aus den Intensitätsmessungen, die vom Säuleninhalt entlang des optischen Weges abhängig sind, wobei auch die Emissionsrate der entsprechenden Strahlung berücksichtigt werden muß. Die Intensität der Emissionsraten für Luftleuchten werden gewöhnlich in Einheiten von Rayleigh (1 rayleigh (R) = 10^6 Photonen cm^{-2} s^{-1}) angegeben.

7.7.2 In-situ-Meßmethoden

Mit Ausnahme der Erdatmosphäre können *in-situ-Messungen* nur in solchen Planetenatmosphären durchgeführt werden, wo atmosphärische Eintrittssonden Verwendung finden bzw. in Hochatmosphären dort, wo künstliche Satelliten in Umlaufbahnen um den Planeten gebracht werden können. Bisher war dies nur der Fall für unsere beiden Nachbarplaneten Venus und Mars. Die russischen Venera-Sonden erlaubten die ersten Messungen der Venusatmosphäre bis zur Planetenoberfläche; die amerikanische Pioneer-Venus-Mission bestand sowohl aus Eintrittssonden als auch aus einem Satelliten um die Venus, den Pioneer Venus Orbiter (PVO), der 12 Jahre Daten über die Hochatmosphäre der Venus lieferte [27]. Die Atmosphäre des Mars wurde durch die beiden amerikanischen Viking-Landekapseln Direktmessungen unterzogen; nach der Landung dienten sie für ca. 2 Jahre als meteorologische Bodenstation.

Alle Meßmethoden für die Erdatmosphäre können und wurden auch für atmosphärische Eintrittssonden angewendet. In der unteren Atmosphäre sind dies die Standardmessungen der meteorologischen Parameter Druck, Temperatur, Windgeschwindigkeit sowie Aerosole und Wolken. Für letztere wurden Nephelometer mit Lasertechnik verwendet, die auch die Teilchengröße und Anzahl von Aerosolen in der Venusatmosphäre bestimmen konnten. Darüberhinaus fanden Gaschromatographen und Massenspektrometer (sowohl auf Viking als auch auf der großen Pioneer Venus Sonde) Anwendung. In niedrigeren Höhen müssen Druckreduktionsvorrichtungen vorgeschaltet werden, da Massenspektrometer erst bei Drücken von ca. 10^{-9} bar verwendet werden können; auf Satelliten in der Hochatmosphäre stellen sie jedoch die geeigneten Instrumente zur Bestimmung von Zusammensetzung und Konzentration der atmosphärischen Bestandteile dar.

Für die ionisierten Bestandteile (Elektronen und Ionen) der Hochatmosphäre finden Methoden der Plasmalabordiagnostik Verwendung, wie Langmuir-Sonden (zur Bestimmung der Elektronentemperatur und Konzentration), Gegenspannungsanalysatoren zur Bestimmung der Ionenenergie (Komposition, Temperatur und Konzentration) sowie Ionenmassenspektrometer zur hochauflösenden Massen- bzw. Isotopenbestimmung.

Bisher wurden die erwähnten Meßmethoden nur in der Venus- und Marsatmosphäre (Ionosphäre) verwendet. Ähnliche Messungen sind zu Beginn des nächsten Jahrhunderts mit Hilfe der Huygens-Eintrittssonde in der Atmosphäre des Titan geplant. Die europäische Huygens-Sonde ist ein Teil des amerikanisch-europäischen Gemeinschaftsprojektes Cassini zur Erforschung des Saturnsystems. Die Cassini-Mission wurde 1997 gestartet und soll 2004 den Saturn bzw. Titan erreichen.

In der Massenspektrometrie der Planetenatmosphären wurden bisher magnetische und Quadrupol-Massenspektrometer (Paulsche Massenfilter) verwendet, sowohl für neutrale als auch für ionisierte atmosphärische Bestandteile (Abb. 7.31, 7.32).

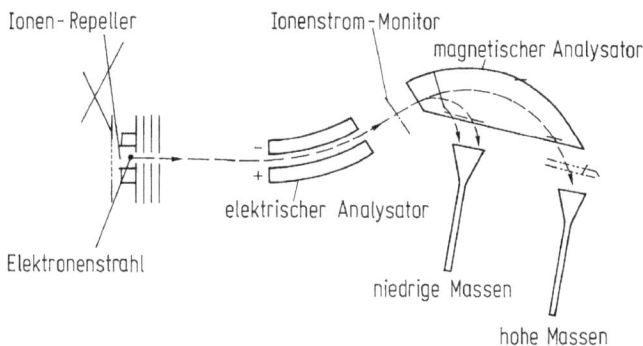

Abb. 7.31 Neutrales Massenspektrometer, das auf dem Trägerbus für die Pioneer-Venus-Eintrittssonde zur Messung der vertikalen Verteilung der hohen Atmosphäre der Venus verwendet wurde (Experimentator: U. v. Zahn, Universität Bonn).

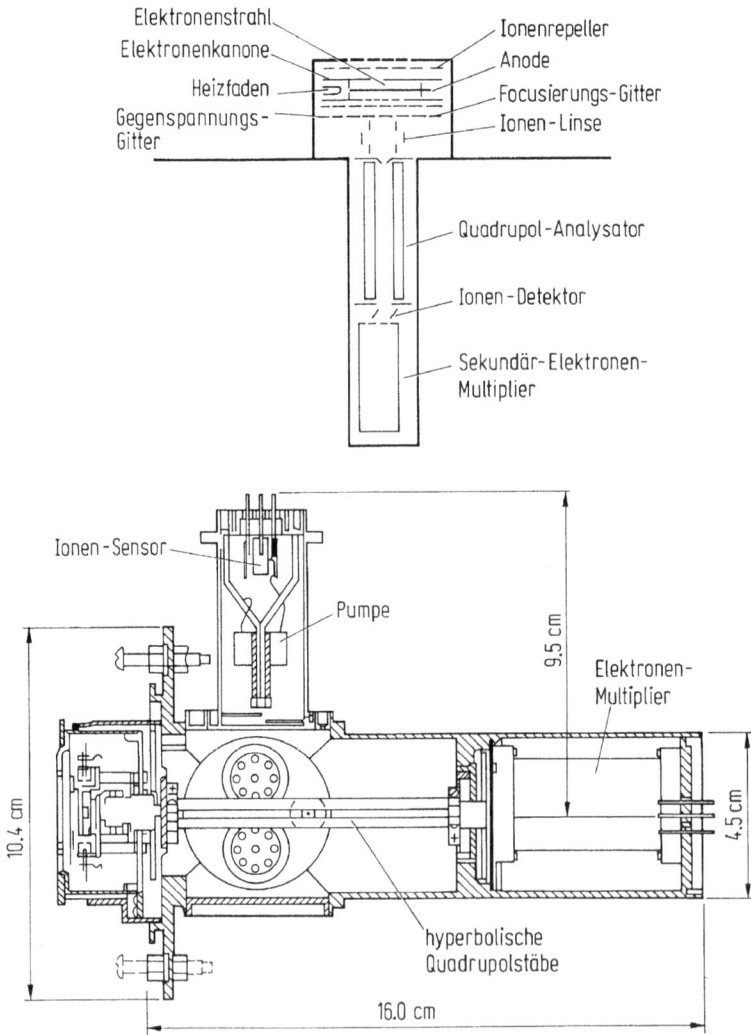

Abb. 7.32 Neutrales (Quadrupol) Massenspektrometer, das vom Pioneer Venus Orbiter (Satellit in Umlaufbahn um die Venus) zur Messung der neutralen Zusammensetzung und Konzentration der Thermosphäre Verwendung fand (Experimentator: H. B. Niemann, NASA/Goddard Space Flight Center).

Literatur

Weiterführende Literatur

Atreya, S. K., Atmospheres and Ionospheres of the Outer Planets and their Satellites, Springer, New York, Heidelberg, Berlin, 1986

Atreya, S. K., Pollack, J. B., Matthews, M. S. (Eds.), Origin and Evolution of Planetary and Satellite Atmospheres, The University of Arizona Press, Tucson, 1989

Bauer, S. J., Physics of Planetary Ionospheres, Springer, New York, Heidelberg, Berlin, 1973

Bergstralh, J. T., Miner, E. D., Matthews, M. S. (Eds.), Uranus, The University of Arizona Press, Tucson, 1991

Chamberlain, J. W., Hunten, D. M., Theory of Planetary Atmospheres (2nd ed.), Academic Press, Orlando, Fl., 1987

Gehrels, T., Matthews, M. S. (Eds.), Saturn, Univ. of Arizona Press, Tucson, 1984

Goody, R. M., Walker, J. C. G., Atmosphären, Ferd. Enke, Stuttgart, 1985

Hanel, R. A., Conrath, B. J., Jennings, D. E., Samuelson, R. E., Exploration of the Solar System by Infrared Remote Sensing, Cambridge Press. Univ., Cambridge UK, 1992

Henderson-Sellers, A., The Origin and Evolution of Planetary Atmospheres, Adam Hilger, Bristol, 1983

Hunten, D. M., Colin, L., Donahue, T. M., Moroz, V. I. (Eds.), Venus, Univ. Arizona Press, Tucson, Arizona, 1983

Kieffer, H.-H., Jakosky, B. M., Snyder, C. W., Matthews, M. S. (Eds.), Mars, Univ. of Arizona Press, Tucson, 1992

Lewis, J. S., Prinn, R. G., Planets and their Atmospheres, Academic Press, Orlando, 1989

Miller, S. L., Orgel, L. E., The Origin of Life on the Earth, Prentice Hall, Englewood Cliffs, N. Y., 1974

Zitierte Publikationen

[1] Bauer, S. J., Über die Entstehung der Planetenatmosphären, Arch. Geophys. Bioklim. **A 27**, 217–232, 1978

[2] Stevenson, D. J., Greenhouse and magmaocean, Nature **335**, 587, 1988

[3] Rubey, W. W., Geologic history of sea water, Bull. Geol. Soz. Am. **62**, 111–1148, 1951

[4] Mellosh, H. J., Vickery, A. M., Impact erosion of the primordical atmosphere of Mars, Nature **338**, 487, 1989

[5] Trageser, G., Wie der Mars um seine Atmosphäre kam, Spektrum der Wiss. **6**, 34 und 38, 1989

[6] Rasool, S. I., de Bergh, C., The runaway greenhouse effect and the accumulation of CO_2 in the Venus atmosphere, Nature **226**, 1037–1039, 1970

[7] Bauer, S. J., Water on Venus: lack or loss?, Ann. Geophys. **1**, 477–480, 1983

[8] Schidlowski, M., Die Geschichte der Erdatmosphäre, Spektrum der Wissenschaft **4**, 183–193, 1981

[9] Levine, J. S., The photochemistry of the paleoatmosphere, J. Mol. Evol. **18**, 161–172, 1982

[10] Lovelock, J. C., Margulis, L., Atmospheric Homeostasis by and for the Biosphere: The Gaia Hypothesis, Tellus **26**, 2–10, 1974

[11] Cicerone, R. J., Changes in stratosphere ozone, Science **237**, 35–42, 1987

[12] Owen, T., Titan, ein Mond mit Atmosphäre, Spektrum d. Wiss. **4**, 146, 1982

[13] Hanel, R., et al., Infrared observations of the Saturnian system from Voyager I, Science **212**, 192, 1981

[14] Smith et al., Titan's upper atmosphere: Composition and temperature from the EUV solar occultation results, J. Geophys. Res. **87**, 1351, 1982

[15] Lunine, J. I., Titan's surface: Nature and implications for Cassini, ESA SP-**241**, 83–88, 1985

[16] Lunine, J. I., Plausible surface models for Titan, in: Proc. Symposium on Titan, ESA SP-**338**, 233, 1991.

[17] Ip, W.-H., Titan's hydrogen torus, in: Proc. Int. Workshop on The Atmospheres of Saturn and Titan, ESA SP-**241**, 129, 1985

[18] Soderblom, L. A., Johnson, T. V., Io, Spektrum d. Wiss. **4**, 116, 1988

[19] Nature **280**, 725, 1979 (Jupiter and Io: A Special Supplement)

[20] Science **246**, 4936, 1989 (Artikel über Neptun)

[21] Conrath, B. J., et al., The helium abundance of Neptune from Voyager measurements, J. Geophys. Res. **96**, 18 907–18 919, 1991

[22] Science **204**, 4396, 1979 (mehrere Artikel über Jupiter)

[23] Nature **292**, 675, 1981 (Voyager 1 bei Saturn)

[24] Science **233**, 1–132, 1986 (Artikel über Uranus)

[25] Tyler, G. L., Radio propagation experiments in the outer solar system with Voyager, Proc. of the IEE **75**, 10, 1987

[26] Houghton, J. T., Taylor, F. W., Remote sounding from artificial satellites and space probes of the atmospheres of the earth and the planets, Rep. Progr. Phys. **36**, 827–919, 1973

[27] Fimmel, R. O., Colin, L., Burgess, E. (Eds.), Pioneer Venus, NASA SP-**461**, Washington D.C., 1983

[28] Acuña, M. H., et al., Magnetic field and plasma observations at Mars: Preliminary results of the Mars Global Surveyor Mission, Science **279**, 1676–1680, 1998;
Ness, N. F., et al., MGS Magnetic fields and electron reflectometer investigations, Discovery of paleomagnetic fields due to crystal remanence, Adv. Space Res. **23**, 1999

[29] Lammer, H., et al., Nitrogenisotope fractionation and its consequence for Titan's atmospheric evolution, Planet. Space Sci. **48**, 529–543, 2000

Internet-Hinweise

http://spacescience.nasa.gov/missions/index.htm
http://solarsystem.estec.esa.nl/
http://planetary.org/

Bildanhang

1 Physisches Relief der Erde (aus Diercke, 1992).

Maßstab 1 : 80 000 000

Ständige Eisbedeckung, Gletscher

Landhöhen

0   100 200   500   1000   2000   4000 m

unter 0

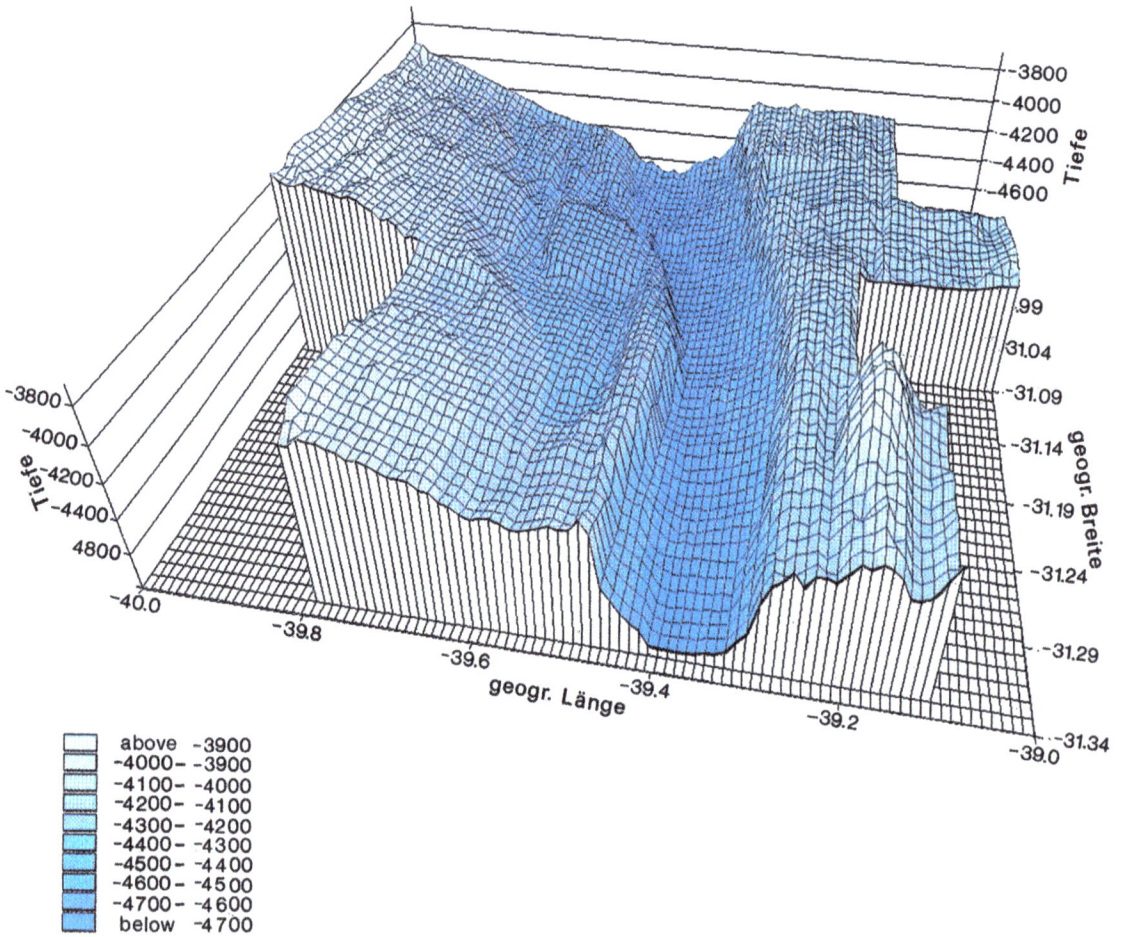

2 Der Vema-Kanal stellt einen tiefen Einschnitt in die Rio-Grande-Schwelle des Südatlantiks dar. Durch ihn findet ein maßgeblicher Austausch von äquatorwärts fließendem Bodenwasser statt. Der Vema-Kanal verbindet das tiefe Argentinische Becken mit dem Brasilianischen Becken (nach Zenk et al., 1993). Tiefen in m.

3 Satellitenbild (Falschfarbendarstellung, Mischung Kanäle 2 und 4, Auflösung am Boden 1.1 km, Satellit NOAA-9 vom 6.9.1986) einer reifen Zyklone (Skala ca. 2000 km) mit spiraligen Bändern (Skala ca. 200 km) und eingelagerten Konvektionszentren (Skala ca. 20 km). Große Konvektionsgebiete mit vereisendem Schirm in der Höhe über Süditalien (Skala ca. 100 km) und einzelne Konvektionszellen u.a. über Korsika (Skala der kleinsten ca. 5 km) (Deutscher Wetterdienst, 1988).

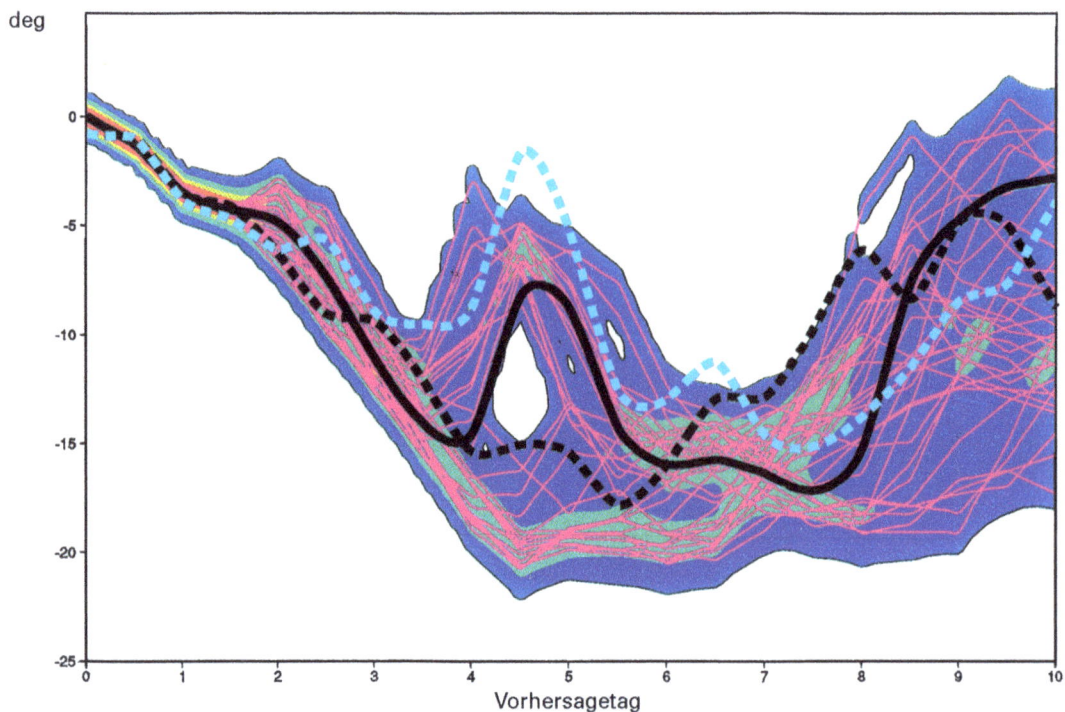

Wahrscheinlichkeitsprognose für die Temperatur in 850 hPa; angegeben in Intervallen von 1°C.

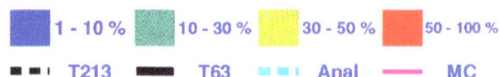

1 - 10 %   10 - 30 %   30 - 50 %   50 - 100 %

▪▪▪ T213   ▬▬ T63   ▪▪▪ Anal   ▬▬ MC

4 Möglichkeiten und Grenzen der Vorhersagbarkeit atmosphärischer Vorgänge, demonstriert anhand von insgesamt 34 verschiedenen 10-Tagesprognosen des globalen Modells des Europäischen Zentrums für Mittelfristige Wettervorhersage (EZMW). Ausgangspunkt: Routine-Analyse der Wetterlage vom 14.2.1993. Schwarz gestrichelte Kurve: Vorhergesagte Temperatur auf der Druckfläche 850 hPa (ca. 1500 m über NN) für Stockholm, berechnet mit der hoch aufgelösten (T213) Version des EZMW-Modells. Schwarz durchgezogene Kurve: Das gleiche mit geringerer räumlicher Auflösung (T63). Simulation der Meßfehler im Anfangsfeld durch Aufsetzen kleiner stochastischer Störungen auf das Original-Anfangsfeld, dadurch Erzeugung von 32 geringfügig verschiedenen Anfangsfeldern, 32 Prognosen mit T63 (dünne rote Kurven MC). Nach ca. drei Tagen beginnen die roten Kurven stark zu streuen. Aus ihrer Dichte wird die Wahrscheinlickeit dafür geschätzt, daß die Temperatur über Stockholm in einem bestimmten Intervall liegt (Intervallbreite 1 Grad C). Zu Beginn des Prognosezeitraums liegen die roten Kurven größtenteils im roten Bereich (100–50 %), seitlich davon im gelben (50–30 %) etc. Bereich. Nach drei Tagen jedoch gibt es keinen roten und gelben Bereich mehr, nur noch einen grünen (30–10 %) und einen lila Bereich (10–1 %). Nach 8 Tagen verschwindet weitgehend auch der grüne. Interessant die zwei Wahrscheinlichkeitsmaxima am 5. Vorhersagetag, die um mehr als 10 Grad auseinanderliegen; eine Temperaturprognose für diesen Zeitpunkt ist demnach besonders unsicher. Blau gestrichelte Kurve: Tatsächlich beobachteter (analysierter) Temperaturverlauf. Die Abbildung wurde freundlicherweise vom EZMW zur Verfügung gestellt.

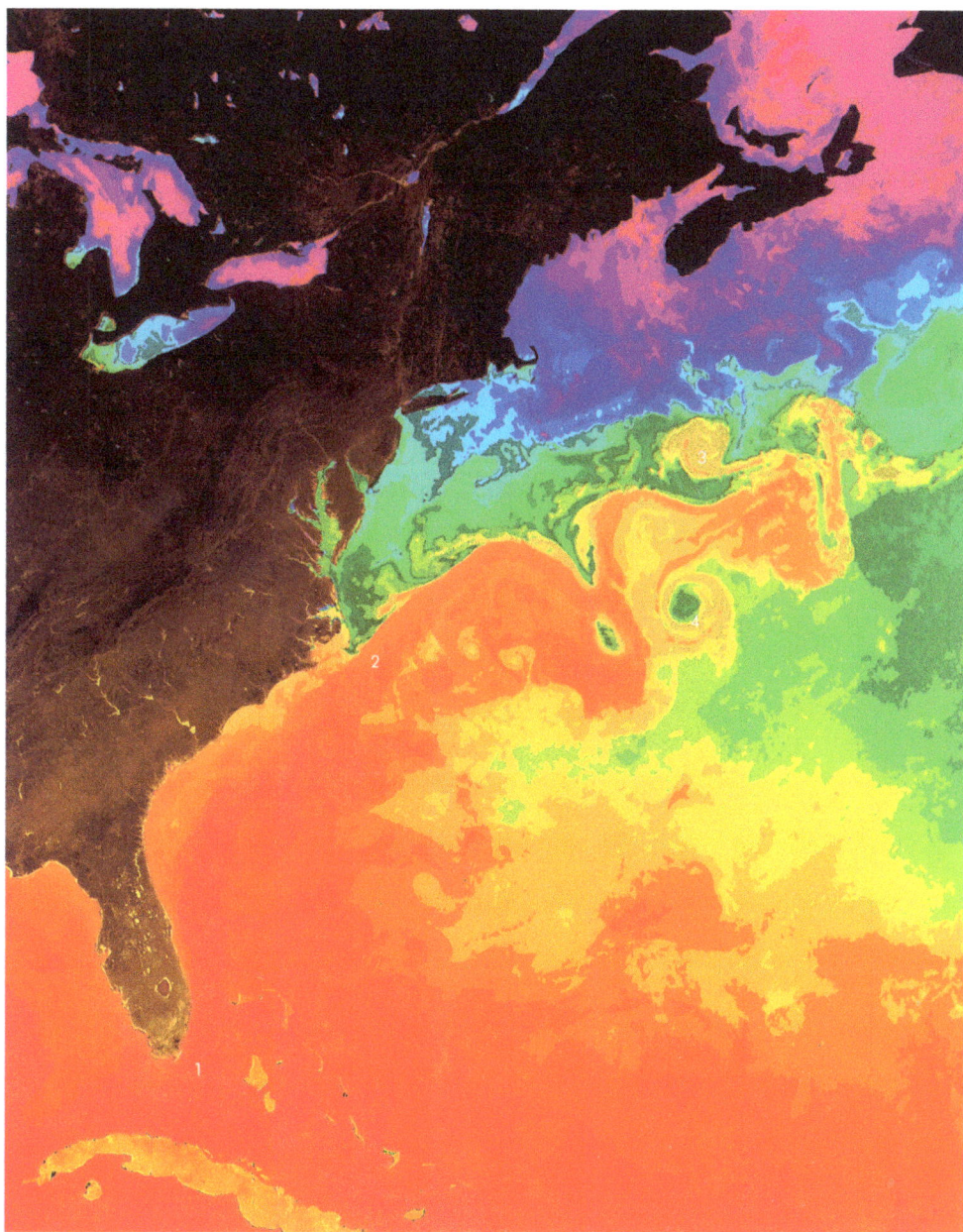

5 Falschfarbenbild der Meeresoberflächentemperatur im westlichen Nordatlantik, aufgenommen vom Very High Resolution Radiometer (AVHRR) auf NOAA-Satelliten.
Zeitraum: 1. Woche April 1984. Farbschlüssel: rot und orange: 24–28 °C, gelb und grün: 17–23 °C, blau: 10–16 °C, lila: 2–9 °C.

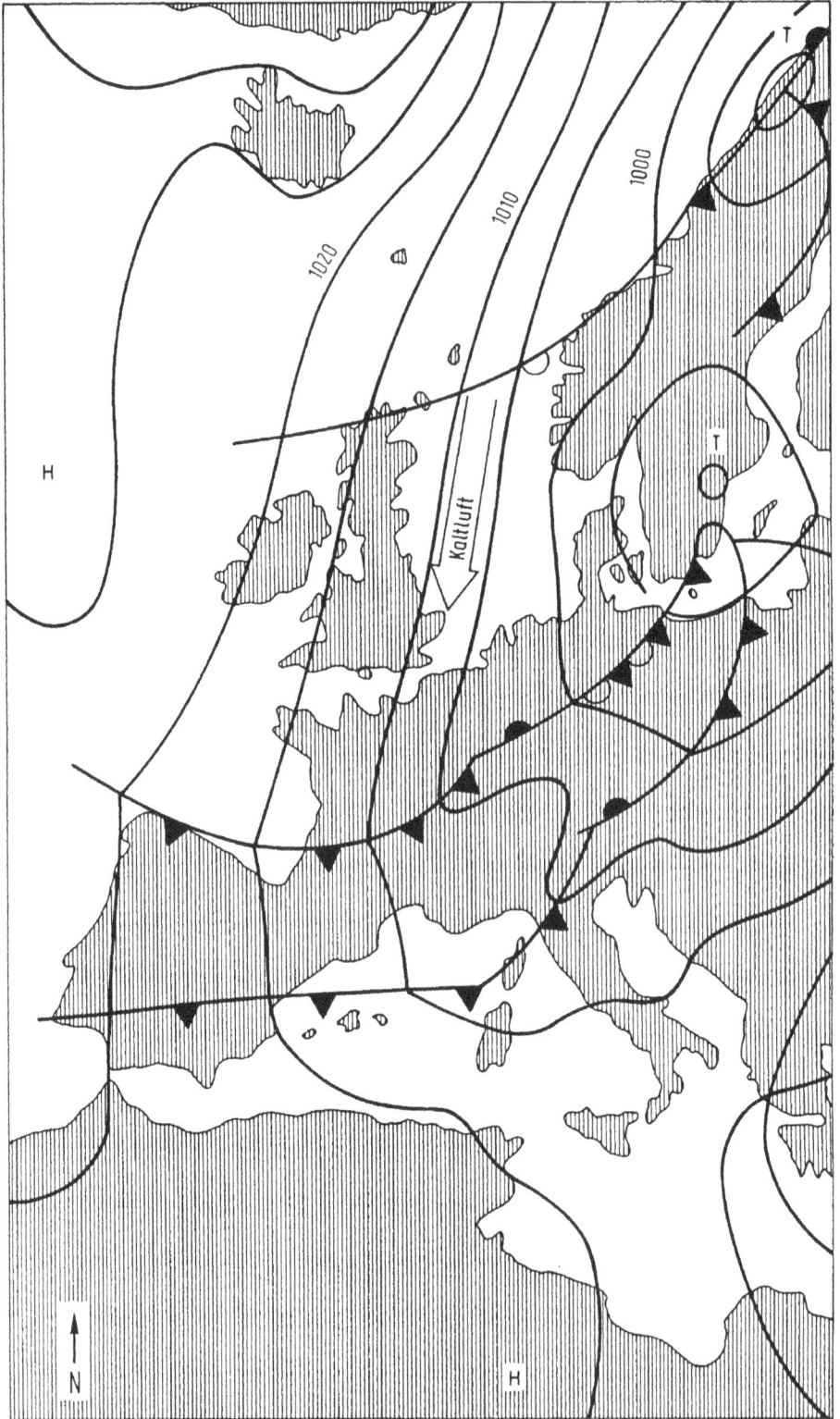

6a

6b

◄ **6** Frühlingswetterlage über Europa im Satellitenbild (NOAA-9, 27.3.1985, 13.25 Uhr, Auflösung ca. 1 km). (a) Bodenisobaren (hPa) und Fronten; (b) Falschfarbenkombination der Satellitenkanäle im Sichtbaren (0.55–0.7 μm), im nahen Infrarot (0.7–1.0 μm) und im thermischen Infrarot (10.3–11.3 μm). Farbgebung: Wasser – blau; Land mit Vegetation – grün; ohne Vegetation – gelb bis rotbraun; Schnee/Eis – hellblau bis violett; Wolken – grau, weiß (Bild und Bildbeschreibung: Dr. K. T. Kriebel, DLR, Oberpfaffenhofen).

Seite 677–680

7 Wichtigste Verfahren der Klimabeobachtung, demonstriert anhand der geographischen Position der vom Europäischen Zentrum für Mittelfrist-Wettervorhersage (EZMW) für die Wettervorhersage benutzten aktuellen Daten. Termin 22.9.1992, 00 Uhr ± 3 Stunden. (a) Daten SATOB-Fernerkennung durch Satelliten (geostationär): METEOSAT (Infrarot: blaue Kreise; Wasserdampfkanal: lila Kreise), HIMAWARI (grüne Kreuze), GOES (rote Quadrate). Gesamtzahl der Beobachtungen: 2203. (b) Daten SATEM – Fernerkundung durch Satelliten (polarumlaufend): NOAA11 (blaue Kreise), NOAA12 (rote Quadrate). Gesamtzahl der Beobachtungen: 1399. (c) Daten TEMP – Sondengebundene in situ-Messung (Wetterballone): Landstationen (rote Kreise), Schiffe (blaue Quadrate). Gesamtzahl der Beobachtungen: 630. (d) Daten SYNOP/SHIP – Oberflächengebundene in situ-Messung: Landstationen (rote Kreise), Schiffe (blaue Kreuze). Gesamtzahl der Beobachtungen: 8771 (Bilder: EZMW, Reading).

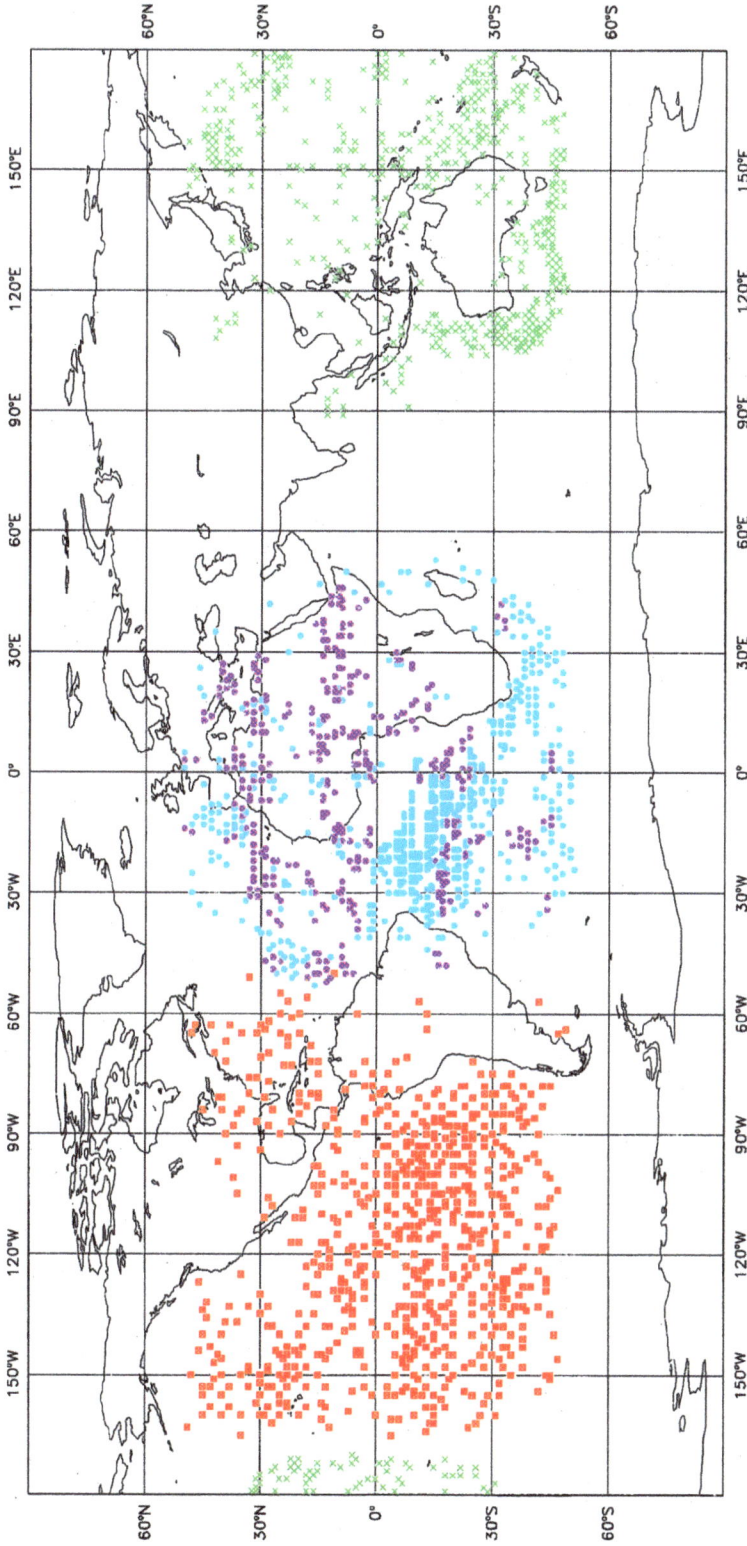

7a

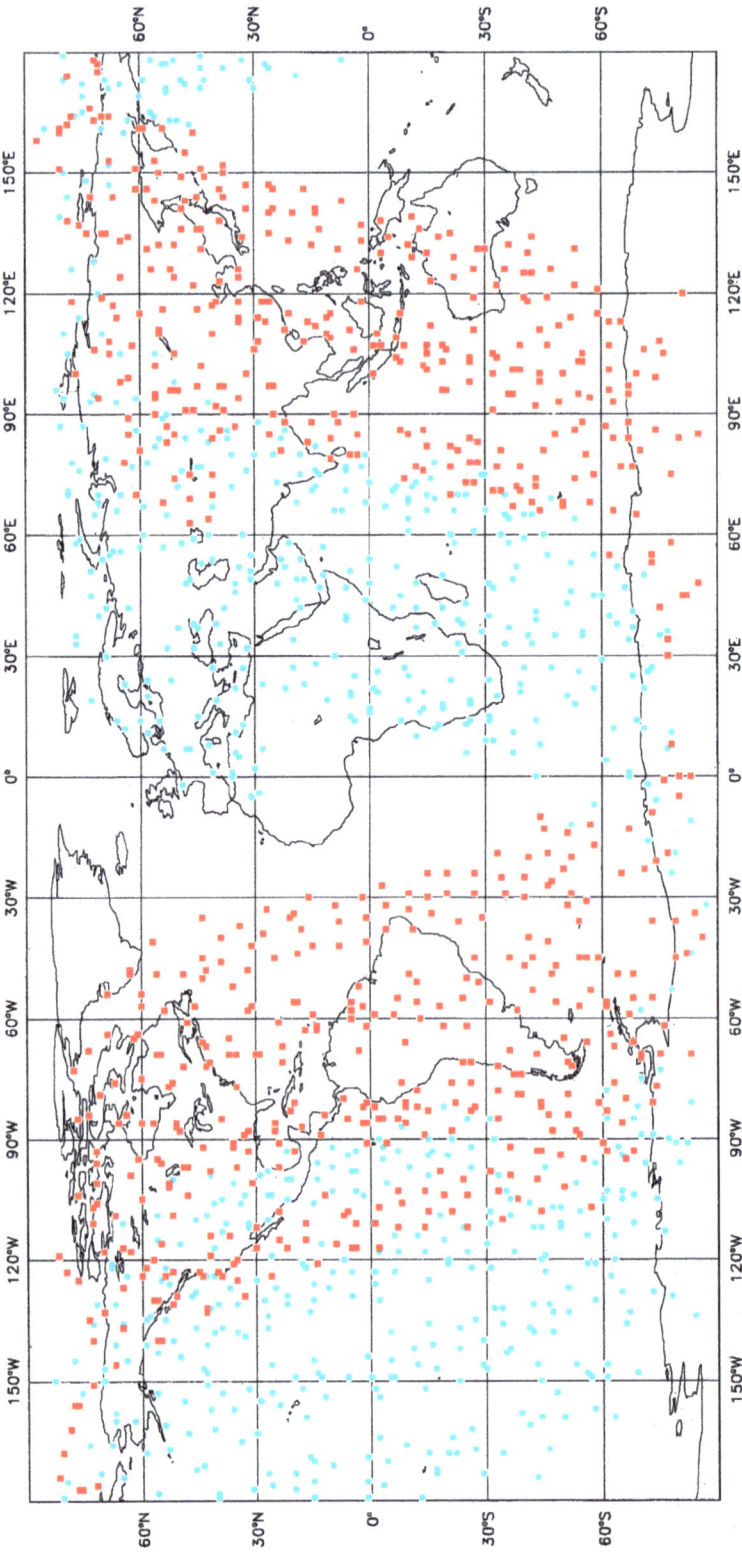

7b

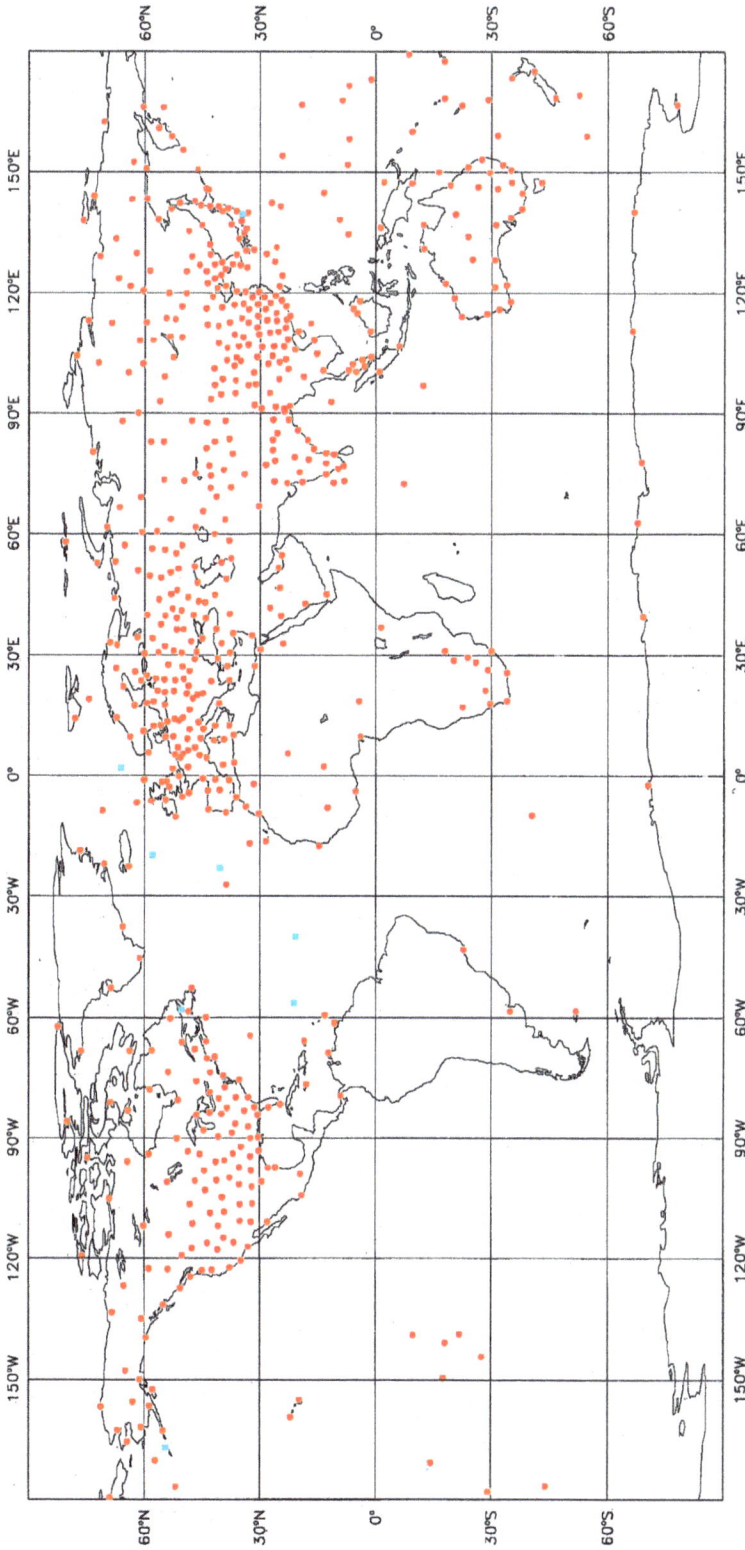

7c

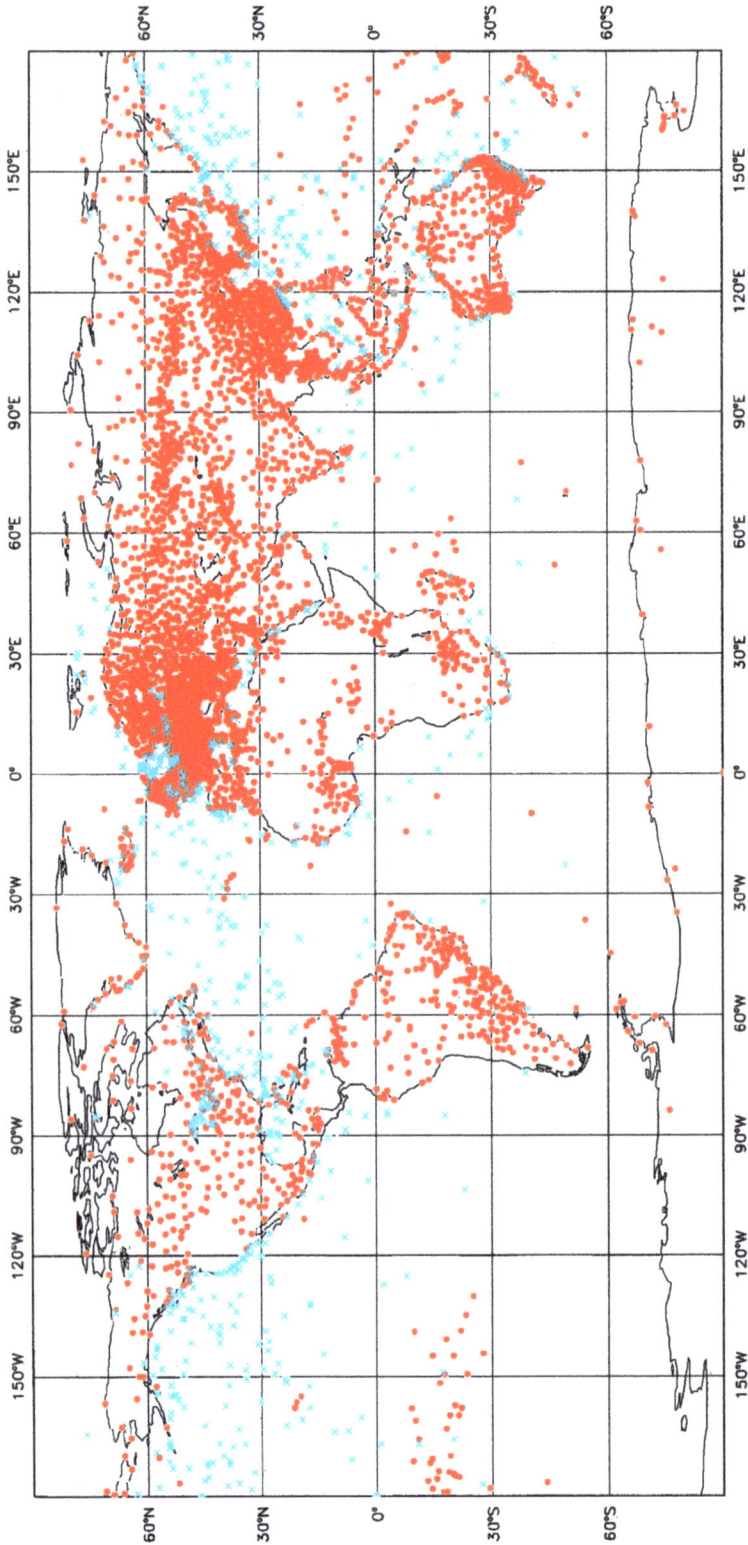

7d

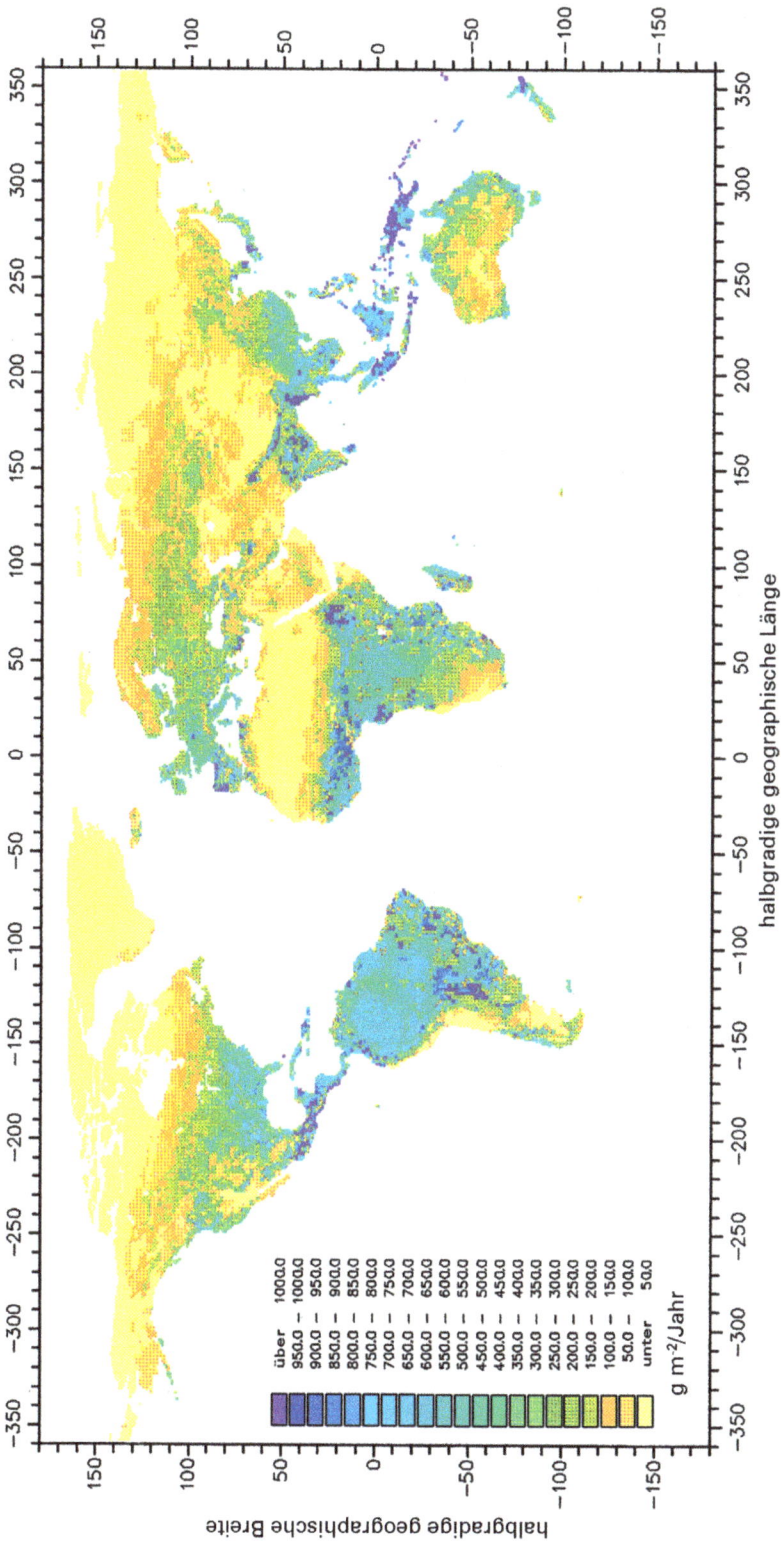

8 Nettoprimärproduktion der Vegetation der Erde, ausgedrückt als Vertikalfluß von Kohlenstoffäquivalent, in g m^{-2} Jahr^{-1}. Erfaßt sind dabei sowohl krautige (bzw. holzige) wie auch ober- bzw. unterirdische NPP (nach Esser, persönliche Mitteilung).

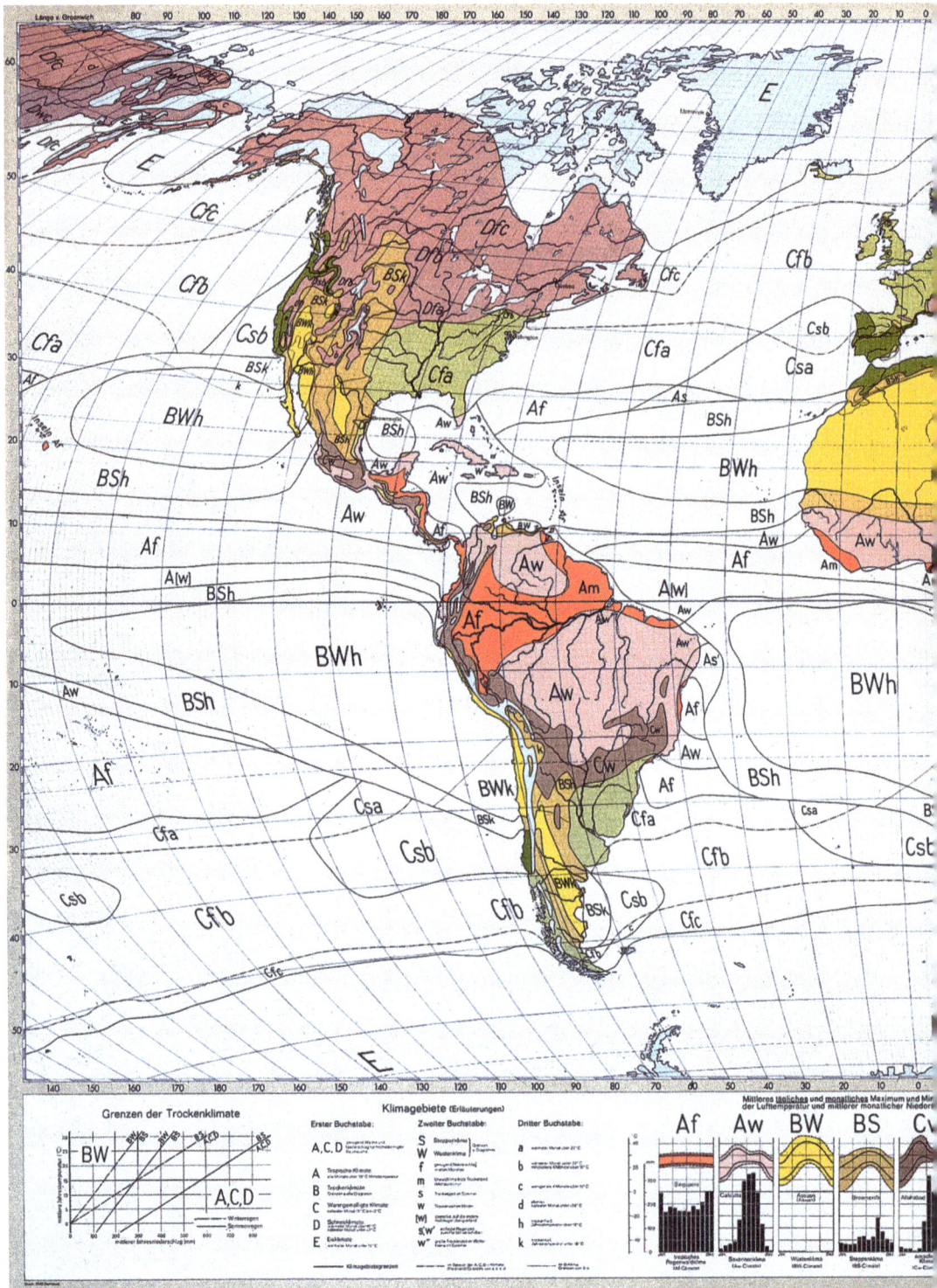

9 Klimate nach Köppen (1923) in Form der klassischen Wandkarte „Klima der Erde" (Köppen/Geiger, 1952).

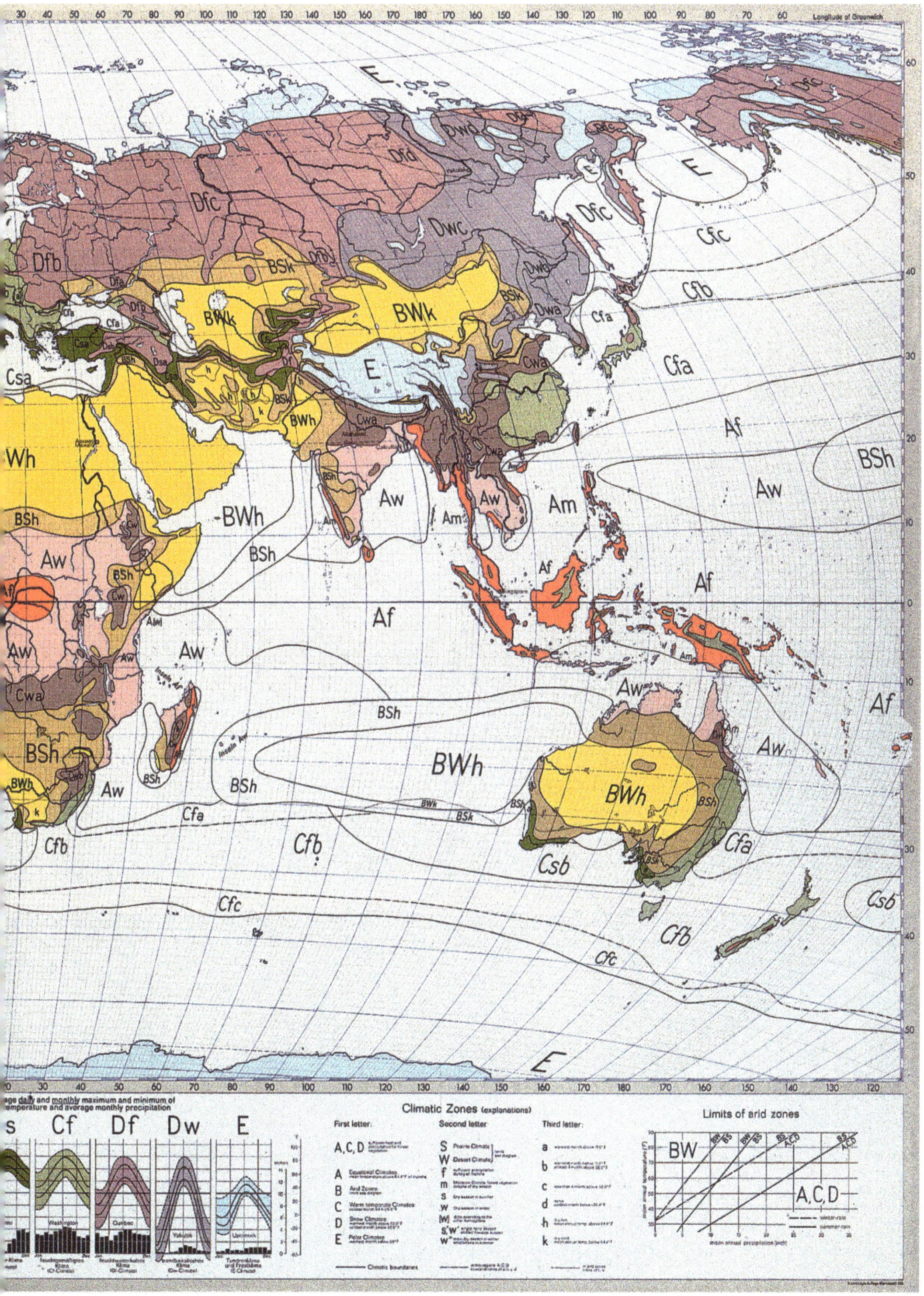
Longitude of Greenwich
Dfc
Dwd
Dfd
Dfc
Dwc
Dfb
BSk
BWk
BWk
E
Cwa
Cfa
Cfb
Cfc
Cfa
Csa
Wh
BWh
BSh
Aw
Am
Af
Aw
Am
Aw
BSh
Aw
Af
Aw
Af
Cwa
BSh
BSh
BWh
Aw
Cfa
Cfb
BSh
BWh
BWh
BSh
Cfa
Csb
Cfb
Csb
Cfc
Cfb
Cfc
E
Climatic Zones (explanations)
First letter:
Second letter
Third letter:
Limits of arid zones
A,C,D
Cf
Df
Dw
E
Washington
Quebec
Yakutsk
Upernivik
A, C, D
A
B
C
D
E
S Prairie Climate
W Desert Climate
f
m
s
w
a
b
c
d
h
k
Climatic boundaries
BW
BS
A,C,D
winter-rain
summer-rain
mean annual precipitation (inch)

10 Mosaik von Radaraufnahmen der Oberfläche der Venus durch die Magellan-Sonde. Die Farbe wurde nachträglich dazugefügt. Sie entspricht in etwa der Farbe der Venusoberfläche in den Farbaufnahmen der Venera-Landegeräte. © NASA/JPL

11 Topographische Karte der Venus aus Radaraltimetriedaten der Magellan-Venus-Sonde. Hochländer sind gelb, orange und rot gefärbt, Tiefländer in Blautönen. © NASA/JPL

12   Die nördliche Hemisphäre des Mars (Photomosaik aus Viking-Aufnahmen). In der Bild-
mitte ist das Valles Marineris zu sehen. Am linken Rand erkennt man die Kette der drei
Tharsis-Vulkane (von Norden nach Süden) Ascraeus Mons, Pavonis Mons und Arsia Mons.
© USGS

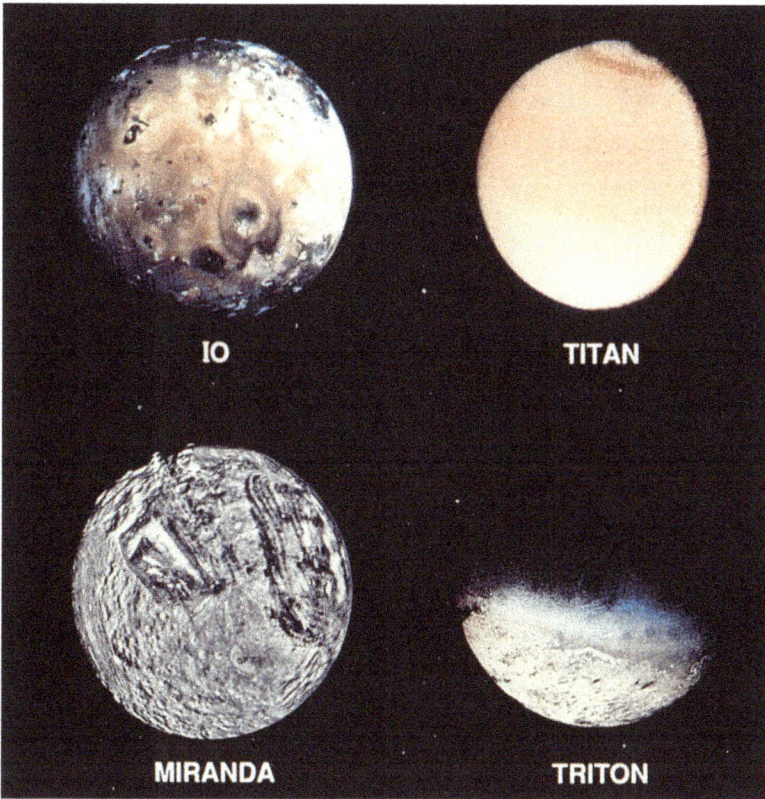

IO   TITAN

MIRANDA   TRITON

13

14

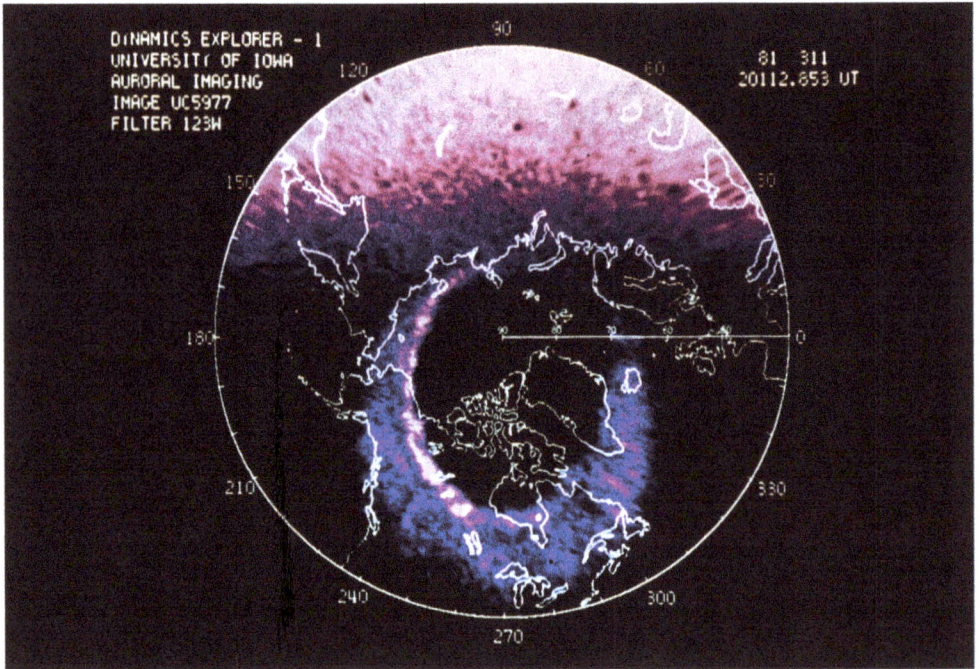

15

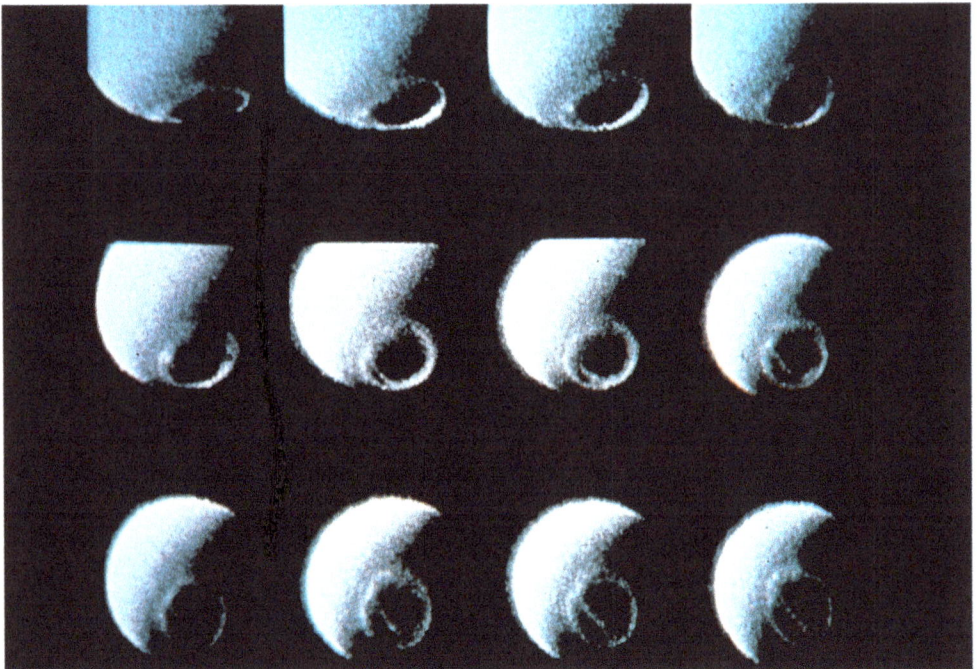

16

17

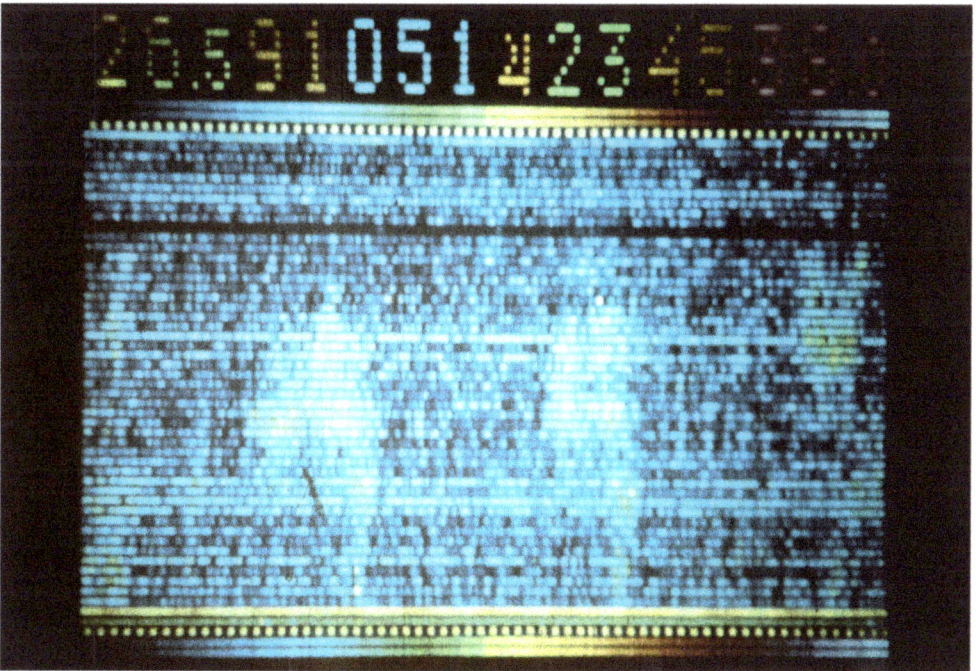

18

Seite 687–689

13 Voyager-Aufnahmen der Trabanten Io (Jupiter), Titan (Saturn), Miranda (Uranus) und Triton (Neptun). © NASA/JPL

14 Voyager-Aufnahmen der vier Gasplaneten (von links) Jupiter, Saturn, Uranus und Neptun. Zum Größenvergleich sind Erde und Venus (rechts oben) mit abgebildet. © NASA/JPL/RPIF/DLR

15 Aufnahme des Aurora-Ovals durch den Satelliten Dynamics Explorer 1 (DE 1) bei Wellenlängen zwischen 123 und 165 nm. Geographische Konturen zeigen die Lage des Aurora-Ovals, die Tagseite ist durch den hellen oberen Bereich erkennbar. Innerhalb des Ovals, polseitig zwischen etwa 13 und 23 Uhr Lokalzeit, sind Polarlicht-Bogensysteme als Folge eines intensiven magnetischen Teilsturmes (vom 7. November 1981) deutlich sichtbar. © University of Iowa/Archiv Baader Planetarium (UI-4/8111)

16 UV-Aufnahmen des nördlichen Aurora-Ovals durch den Satelliten DE 1. Die Emission stammt hauptsächlich von den Übergängen des atomaren Sauerstoffs bei 130.4 und 135.6 nm. In den Bildern ist die Entwicklung einer einzigartigen Aurora-Konfiguration, der Theta-Aurora, zu sehen. Der quer über die Polarkappe reichende Bogen ändert im Laufe der Zeit (wenige Stunden) seine Orientierung und Position und tritt auf, wenn die Vertikalkomponente von B_{IMF} nordwärts zeigt. © University of Iowa/Archiv Baader Planetarium (UI-9/8111)

17 Polarlicht in Form einer diffusen Aurora mit diskreten Strukturen. Die Anregung atomaren Sauerstoffs führt zur Emission von Photonen mit einer Wellenlänge von 557.7 nm, das Polarlicht erscheint in einer grünlich-weißen Farbe. © Rüdiger Gerndt/Archiv Baader Planetarium

18 Dynamisches Spektrum von Io-B Millisekunden Radiobursts, aufgenommen am 20.02.1991 (= 91051) im Frequenzbereich von 26.5 MHz $\pm$ 0.5 MHz (Frequenzachse von oben nach unten) von der Jupiter Radiostation am Observatorium Lustbühel, Graz. Das Bild zeigt ein Zeitintervall von 500 Millisekunden, die Zeit- bzw. Frequenzauflösung beträgt 2 ms bzw. 20 kHz [43].

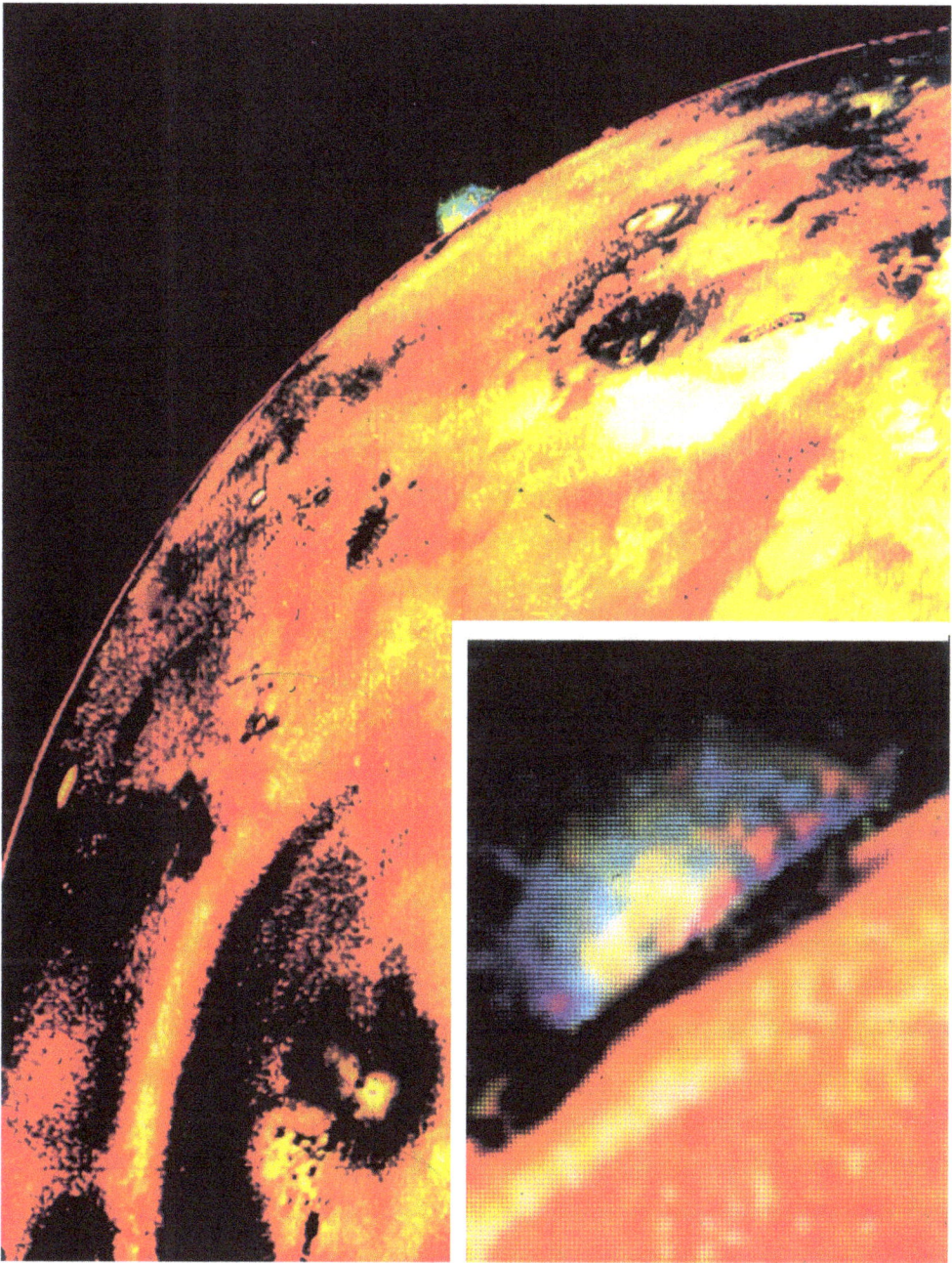

19 Vulkanausbruch auf Io, aufgenommen von Voyager 1 am 4. März 1979, als dieser ca. 1/2 Million km von Jupiter entfernt war. Die Helligkeit des Ausbruches wurde mit Hilfe eines Computers erhöht, die Farbe jedoch belassen (Foto: NASA/JPL).

Zahlenwerte und Tabellen

Wegen der im Deutschen und Englischen unterschiedlichen **Schreibung von Dezimalzahlen** und der dadurch bedingten Fehlermöglichkeiten, wird im Bergmann-Schaefer der englische Dezimal*punkt* anstelle des deutschen *Kommas* verwendet.

Naturkonstanten

Vakuum-Lichtgeschwindigkeit	$c \equiv 299\,792\,458 \text{ m s}^{-1}$
magnetische Feldkonstante	$\mu_0 \equiv 4\pi \cdot 10^{-7} \text{ V s A}^{-1} \text{m}^{-1}$
elektrische Feldkonstante	$\varepsilon_0 = (\mu_0 c^2)^{-1}$
	$= 8.854187\ldots \cdot 10^{-12} \text{ A s V}^{-1} \text{m}^{-1}$
Gravitationskonstante	$G = 6.67259(85) \cdot 10^{-11} \text{ m}^3 \text{ kg}^{-1} \text{s}^{-2}$
Stefan-Boltzmann-Konstante	$\sigma = 5.67051(19) \cdot 10^{-8} \text{ W m}^{-2} \text{K}^{-4}$
molare Gaskonstante	$R = 8.314510(70) \text{ J mol}^{-1} \text{K}^{-1}$
Faraday-Konstante	$F = 96\,485.309(29) \text{ A s mol}^{-1}$
Avogadro-Konstante	$N_A = 6.0221367(36) \cdot 10^{23} \text{ mol}^{-1}$
Elementarladung	$e = 1.60217733(49) \cdot 10^{-19} \text{ A s}$
Planck-Konstante	$h = 6.6260755(40) \cdot 10^{-34} \text{ J s}$
Boltzmann-Konstante	$k = 1.380658(12) \cdot 10^{-23} \text{ J K}^{-1}$
	$= 8.617385(73) \cdot 10^{-5} \text{ eV K}^{-1}$
Elektronenmasse	$m_e = 9.1093897(54) \cdot 10^{-31} \text{ kg}$
	$= 0.51099906(15) \text{ MeV}/c^2$
Protonenmasse	$m_p = 1.6726231(10) \cdot 10^{-27} \text{ kg}$
	$= 938.27231(28) \text{ MeV}/c^2$
Atommassenkonstante	$m(^{12}\text{C})/12 = 1.6605402(10) \cdot 10^{-27} \text{ kg}$
	$= 931.49432(28) \text{ MeV}/c^2$

SI-fremde Einheiten

Zeit	mittlerer Sonnentag	1 d	$= 86\,400 \text{ s}$
	tropisches Jahr	1 a	$= 365.24220 \text{ d}$
	Megajahr	1 Ma	$= 10^6 \text{ a}$
	Gigajahr	1 Ga	$= 10^9 \text{ a}$
Länge	Seemeile (*nautical mile*)	1 sm (auch Sm)	$= 1852 \text{ m}$
	astronomische Einheit	1 AE	$= 1.495\,978\,70(2) \cdot 10^{11} \text{ m}$
			$= c \cdot 499.004\,782(6) \text{ s}$
Geschwindigkeit	Knoten	1 kn	$= 1 \text{ sm h}^{-1} = 0.514 \text{ m s}^{-1}$
Beschleunigung	Gal	1 Gal	$= 10^3 \text{ mGal} = 10^{-2} \text{ m s}^{-2}$
			(auch „gal", „mgal")
Volumentransport	Sverdrup	1 Sv	$= 10^6 \text{ m}^3 \text{ s}^{-1}$
Druck	Bar	1 bar	$= 10^5 \text{ Pa} = 1000 \text{ hPa}$
	Dezibar	1 dbar	$= 10^4 \text{ Pa}$
	Millibar	1 mbar	$= 10^2 \text{ Pa} = 1 \text{ hPa}$
Magnetische Feldstärke	Gauß	1 G	$= 10^{-4} \text{ T}$
$(B = \mu_0 H)$	Gamma	$1\,\gamma$	$= 10^{-5} \text{ G} = 1 \text{ nT}$

Erdkörper (s.a. „Die Festkörper-Planeten")

Radius	äquatorialer Radius	$a = 6378.1$ km
	polarer Radius	$c = 6356.8$ km
	Abplattung	$f = (a - c)/a$
		$= 1/298.26$
		$= 0.00335$
	Radius für volumengleiche Kugel	$R_\oplus = 6370.8$ km
Masse	$M_\oplus = 5.9742 \cdot 10^{24}$ kg	
Rotation	Sterntag = siderische Rotationsperiode	$= 86164.09$ s
	$= 23^h 56^m 4^s$ mittlere Sonnenzeit	
	Winkelgeschwindigkeit der Erdrotation	$7.292 \cdot 10^{-5}$ s^{-1}
	Trägheitsmoment	$8.070 \cdot 10^{37}$ kg m^2
	Rotationsenergie	$2.137 \cdot 10^{29}$ J
	Neigung der Erdachse gegen die Erdbahn-Normale	$23.45°$
	Präzessionsperiode	25800 a
Beschleunigungen	Fallbeschleunigung	
	am Äquator	9.78036 m s^{-2}
	am Pol	9.83208 m s^{-2}
	Änderung mit der Höhe	$3.086 \cdot 10^{-3}$ (m s^{-2})/m
	Zentrifugalbeschleunigung am Äquator	$3.392 \cdot 10^{-2}$ m s^{-2}
	lunare Gezeitenbeschleunigung	$8.23 \cdot 10^{-7}$ m s^{-2}
	solare Gezeitenbeschleunigung	$3.79 \cdot 10^{-7}$ m s^{-2}
Geschwindigkeiten	Fluchtgeschwindigkeit von der Erdoberfläche in die erdferne Erdbahn (Luftreibung vernachlässigt)	11.2 km/s
	Erdbahngeschwindigkeit	29.8 km/s
	Fluchtgeschwindigkeit von der Erdbahn in den sonnenfernen Raum ($=$ Erdbahngeschwindigkeit $\cdot \sqrt{2}$)	42.1 km/s

Radialbereiche des Erdkörpers

Name	Radialbereich ($R_\oplus$)	Dichte (g cm^{-3})	Aggregatzustand
Kruste	$1 - 0.997$	$2.7 - 2.9$	fest, starr
Mantel	$0.997 - 0.55$	$3.3 - 5.6$	fest, unter starker Belastung zähflüssig
äußerer Kern	$0.55 - 0.2$	$10.0 - 12.1$	flüssig
innerer Kern	$0.2 - 0$	$12.7 - 13.0$	fest

Geschwindigkeit von Kompressionswellen in Sedimentgesteinen (nach Posgay, 1967)

Gestein	V_p (m/s)
Verwitterungszone	100- 500
trockener Sand, Schotter	100- 600
Lehm	500-1900
feuchter Sand, Kies	200-2000
Ton	1200-2800
lockerer Sandstein	1500-2500
Mergel	2000-4700
verdichteter Sandstein	1800-4300
Kreide	1800-3500
Tonschiefer	2700-4800
Kalkstein, Dolomit	2000-6250
Anhydrit, Steinsalz	4500-6500
Steinkohle	1600-1900
andere Substanzen zum Vergleich:	
Luft	310- 360
Erdöl	1300-1400
Wasser	1430-1590
Eis	3100-4200

Geschwindigkeiten von Kompressions- und Scherwellen in Krusten- und Mantelgesteinen (nach Kern, 1982)

Gestein	V_p (m/s)	V_s (m/s)
ozeanisches Krustengestein		
Basalt (Tholeiit)	5360-6560	3200-4000
kontinentales Krustengestein		
Granit	6070	3580
Gneiss	6630	4080
Mantelgestein		
Peridotit	8080	4770
Dunit	7970	4630
Eklogit	8040	4620

Erdmagnetfeld (s.a. „Magnetfelder der Planeten")

Magnetischer Dipol

Dipolmoment	$8.0 \cdot 10^{22}$ A m^2
Dipolfeldstärke am geomagnetischen Äquator	H = 31 000 nT
Dipolfeldstärke am geomagnetischen Pol	Z = 62 000 nT
Achsendurchstoßpunkt	79° N 290° E bei geomagnetisch Süd

Erdmagnetische Elemente

Jahresmittel für die Epoche 1990	X (nach Norden)	Y (nach Osten)	Z (nach unten)
Niemegk (Brandenburg)	18757.1 nT	122.2 nT	44821.9 nT
Wien	20734.5 nT	535.2 nT	47906.8 nT
Horizontalkomponente	$H = (X^2 + Y^2)^{1/2}$		
Deklination	$\sin D = Y/H$		
Inklination	$\tan I = Z/H$		

Van-Allen-Gürtel

Protonen-Gürtel	≈ 3000 km Höhe
Elektronen-Gürtel	$15000-25000$ km Höhe

Globale Verteilung des Wassers

Subsystem	Masse (kg)
Meer	$1.35 \cdot 10^{21}$
Gletscher	$2.5 \cdot 10^{19}$
Sub-Oberflächen-Wasser	$8.4 \cdot 10^{18}$
Seen und Flüsse	$2 \cdot 10^{17}$
Atmosphäre	$1.3 \cdot 10^{16}$

Ozeane und Nebenmeere

	Fläche (10^{12} m^2)	Tiefe (m) Mittel	Tiefe (m) Maximum
Pazifik	166	4188	11022
Atlantik	84	3844	9219
Indik	73	3872	7455
Mittelmeere,			
interkontinental	29	1354	
intrakontinental	2	184	
Randmeere	7	979	
Weltmeer	362	3729	11022
Erdoberfläche	510		

Wasserbedeckung	Bedeckungsgrad der Erdkugel	70.8%
	der Nordhemispäre	60.7%
	der Südhemisphäre	80.9%

Temperatur	Extrema		$-2.2\,°C$ Weddell-Meer
			ca. $+31$ $°C$ äquatornahe Gebiete
	Mittelwert:	Pazifik	$3.36\,°C$
		Indik	$3.72\,°C$
		Atlantik	$3.73\,°C$
		Gesamtozean	$3.52\,°C$

Salzgehalt

Maßeinheit: *Practical Salinity Unit* (psu)
(exakt definiert über die elektrische Leitfähigkeit)
1 psu $\approx$ g Salz / kg Meerwasser

Extrema			2	psu Ostsee
			41	psu Rotes Meer
Mittelwert:		Pazifik	34.62 psu	
		Indik	34.76 psu	
		Atlantik	34.90 psu	
		Gesamtozean	34.72 psu	

Chemische Zusammensetzung des Meerwassers, Hauptbestandteile, Salzgehalt 35 psu

Element	mg/kg	Element	mg/kg
Sauerstoff	857018	Brom	67
Wasserstoff	107982	Kohlenstoff	28
Chlor	19357	Strontium	7.9
Natrium	10759	Bor	4.5
Magnesium	1293	Silicium	2.8
Schwefel	904	Fluor	1.3
Calcium	413		
Kalium	399	andere Elemente	< 1.0

Erdatmosphäre (s.a. „Atmosphären der terrestrischen Planeten")

Masse der Luft	$5.1 \cdot 10^{18}\,kg = 8.6 \cdot 10^{-7}\,M_{\oplus}$	
Sonnen-Einstrahlung	Strahlungsstrom in Erdentfernung (Solarkonstante)	$1.37\,kW\,m^{-2}$
	auf Erde einfallende Strahlung	$173 \cdot 10^{15}\,W$
	von Erde absorbierte Strahlung	$121 \cdot 10^{15}\,W$
	davon zur Wasserverdunstung	$40 \cdot 10^{15}\,W$
	mittlere Oberflächentemperatur	
	berechnet ohne Treibhauseffekt	$-18°C$
	beobachtet mit Treibhauseffekt	$+15°C$

Druck, Temperatur, freie Weglänge als Funktion der Höhe

Höhe (km)	Druck (hPa)	Temperatur (°C)	freie Weglänge (m)
0 (= NN)	1013	+15	$6.6 \cdot 10^{-8}$
10	265	−50	
20	55	−56.5	
50	0.8	−2.5	
100	$2.1 \cdot 10^{-4}$	−63	$1.6 \cdot 10^{-1}$
200	$1.3 \cdot 10^{-6}$	≈ +1000	$2.2 \cdot 10^{2}$
700	$1.2 \cdot 10^{-9}$	≈ +1000	$3 \quad \cdot 10^{5}$

Atmosphärenschichten

Schichtbezeichnung	Höhe (km)	Anmerkungen T = Temp. h = Höhe
Troposphäre	0– 12	Wetterschicht $\mathrm{d}T/\mathrm{d}h \approx (4\text{–}8)°\,C/km$
Stratosphäre	15– 50	thermisch stabile Schicht, $\mathrm{d}T/\mathrm{d}h \geq 0$
		UV-Absorption in Ozonschicht
Mesosphäre	50– 90	$\mathrm{d}T/\mathrm{d}h < 0$, $T \approx -80°\,C$
Natriumdampf-Schicht	90	aus Meteoriten
Thermosphäre	90–600	$\mathrm{d}T/\mathrm{d}h \geq 0$
Ionosphäre		
D-Schicht	60– 90	Absorption und Reflexion
E-Schicht	≈ 100	von Radiowellen (KW)
F_1-Schicht	≈ 170	
F_2-Schicht	≈ 300	
Exosphäre	> 600	Atome mit Fluchtgeschwindigkeit können entfliehen

Erdsatelliten

Kreisbahn-Parameter

	Radius ($R_\oplus$)	Umlaufzeit
niedrigste Bahn	1.03	1.47 h
Bahn des Hubble-Observatoriums	1.10	1.6 h
2h-Bahn	1.27	2 h
geostationäre Bahn	6.628	24 h
Mondbahn	60.3	27.3217 d

Erdmond (s.a. „Die großen Monde")

Masse	$7.35 \cdot 10^{22}\,kg = 0.0123\,M_\oplus$
Radius	$1\,737.4\,km \quad = 0.273\,R_\oplus$
mittlerer Abstand von der Erde	384 400 km
Schwerpunkt des Erde-Mond-Systems	im Erdinneren bei 0.73 $R_\oplus$
Neigung der Mondbahn gegen die Ekliptik	5.15°
Oberflächentemperatur	am Äquator mittags 400 K
	nachts 115 K (Minimum)
Fallbeschleunigung auf Mondoberfläche	$1.62\ \mathrm{m\ s^{-2}}$

Planeten*

Die Festkörper-Planeten

Name	Merkur	Venus	Erde	Mars	Pluto
Symbol	☿	♀	♁, ⊕	♂	♇
große Bahnhalbachse (AE)	0.387	0.723	1	1.524	39.236
Bahn-Exzentrizität	0.2056	0.0067	0.0167	0.0935	0.244
Neigung der Bahn gegen Erdbahn (Grad)	7.0	3.39	–	1.85	17.16
siderischer Umlauf (a)	0.24	0.615	1	1.881	247.68
siderische Rotation (d)	58.65	243.686	0.997	1.029	6.405
Neigung der Rotationsachse gegen Bahnnormale (Grad)	0.01	177.36	25.19	23.45	122.53
Masse/Erdmasse	0.0553	0.815	1	0.107	0.0021
Radius/Erdradius	0.383	0.949	1	0.533	0.187
mittlere Dichte (g cm^{-3})	5.427	5.243	5.515	3.933	1.75
Dipolfeldstärke an der Oberfläche (Gauß)	$3.3 \cdot 10^{-3}$	0	0.3076	< 0.02	?
beobachtete Monde	0	0	1	2	1
Ringsysteme	–	–	–	–	–

Die Gas-Planeten

Name	Jupiter	Saturn	Uranus	Neptun
Symbol	♃	♄	♅	♆
große Bahnhalbachse (AE)	5.204	9.582	19.201	30.047
Bahn-Exzentrizität	0.0489	0.0565	0.0457	0.0113
Neigung der Bahn gegen Erdbahn (Grad)	1.305	2.485	0.772	1.769
siderischer Umlauf (a)	11.86	29.457	84.011	164.79
siderische Rotation (d)	0.415	0.445	0.720	0.673
Neigung der Rotationsachse gegen Bahnnormale (Grad)	3.13	26.73	97.77	28.32
Masse/Erdmasse	317.83	95.159	14.536	17.147
Äquatorialradius (10^5 Pa-Niveau/Erdradius)	11.209	9.449	4.007	3.883
mittlere Dichte (g cm^{-3})	1.326	0.687	1.270	1.638
Dipolfeldstärke an der Oberfläche (Gauß)	4.28	0.21	0.228	0.142
beobachtete Monde	28	30	21	8
Ringsysteme	ja	ja	ja	ja

* Neueste Daten: http://nssdc.gsfc.nasa.gov/planetary/planetfact.html

Die großen Monde. Vergleich mit den kleinsten Planeten und den größten Asteroiden

Zentralkörper	Name	Radius (km)	Dichte (g cm^{-3})
Erde	Mond	1737.4	3.340
Jupiter	Io	1821.3	3.530
	Europa	1565	2.990
	Ganymed	2634	1.940
	Kallisto	2403	1.851
Saturn	Titan	2575	1.881
Uranus	Titania	789	1.710
Neptun	Triton	1353	2.050
Pluto	Charon	593	2.0
Sonne	Merkur	2439.7	5.427
	Pluto	1195	1.75
	Ceres	480 × 466*	1.99
	Pallas	285 × 263 × 241*	4.20

* Zueinander senkrecht stehende Halbachsen (km).

Magnetfelder der Planeten

| Planet | Dipolmoment* | Lage des äquivalenten Dipols | | Inklination zur Rotationsachse |
| | | Entfernung vom Mittelpunkt | | |
	(T m^3)	(km)	(Planetenradius)	(Grad)
Merkur	4.9 $\cdot 10^{12}$			169
Venus	<4 $\cdot 10^{11}$			
Erde	8.0 $\cdot 10^{15}$	462	0.0725	11.4
Mars	<3 $\cdot 10^{12}$			
Jupiter	1.56$\cdot 10^{20}$	9400	0.131	9.6
Saturn	4.58$\cdot 10^{18}$	2400	0.04	<1
Uranus	3.79$\cdot 10^{17}$	7600	0.3	58.6
Neptun	2.15$\cdot 10^{17}$	13610	0.55	46.9

* Das magnetische Dipolmoment (= Strom · Fläche) hat die SI-Einheit A · m^2. In Geophysik und Planetologie wird auch die mit $\mu_0/(4\pi) \equiv 10^{-7}$ T m A^{-1} multiplizierte Größe als magnetisches Dipolmoment bezeichnet. Dieses Moment wird (wie hier) in der SI-Einheit T m^3 angegeben und hat folgende Bedeutung: geteilt durch (Radius)^3 ergibt es die äquatoriale Feldstärke ($B = \mu_0 H$).

Atmosphären der terrestrischen Planeten (s.a. „Erdatmosphäre")

Planet	Venus	Erde	Mars
chem. Zusammensetzung	CO_2 (95%) N_2 (1.8%) ^{40}Ar (0.02%)	N_2 (78%) O_2 (21%) ^{40}Ar (0.9%) CO_2 (0.035%)	CO_2 (95%) N_2 (2.6%) ^{40}Ar (1.6%) O_2 (0.0015%)
Aerosole	H_2SO_4-Wolken	H_2O-Wolken vulkan. A. erdige A.	Staub H_2O-Eis CO_2-Eis
Druck an Oberfläche	90 bar	1 bar	0.007 bar
Albedo	0.76	0.30	0.17
effektive Temperatur	232 K	255 K	217 K
Oberflächentemperatur	750 K	288 K	225 K
Treibhauseffekt			
Temperaturerhöhung	518 K	33 K	8 K
Verursachergase	$\approx 90\% - CO_2$ (mit Druckverbreitung), $\approx 10\% - H_2SO_4$ (in Wolkentröpfchen)	$60\% - H_2O$ $30\% - CO_2$ $10\% - CH_4$ u.a.	$\approx 100\% - CO_2$

Sonne

Masse	$M_\odot$	$= 1.99 \cdot 10^{30}$ kg
Massenänderungsrate	$dM_\odot/dt =$	$-1.35 \cdot 10^{17}$ kg/a durch Kernfusion
		$-4 \quad \cdot 10^{16}$ kg/a durch Sonnenwind
Leuchtkraft (Strahlungsfluß)	$L_\odot$	$= 3.83 \cdot 10^{26}$ W
effektive Oberflächentemperatur		5780 K
Sonnenfleckenzyklus		ca. 11 a (Anzahl)
		ca. 22 a (magnetische Polarität)

Register